《长空鹰隼》彩图集

▲德国入侵挪威战役地图。

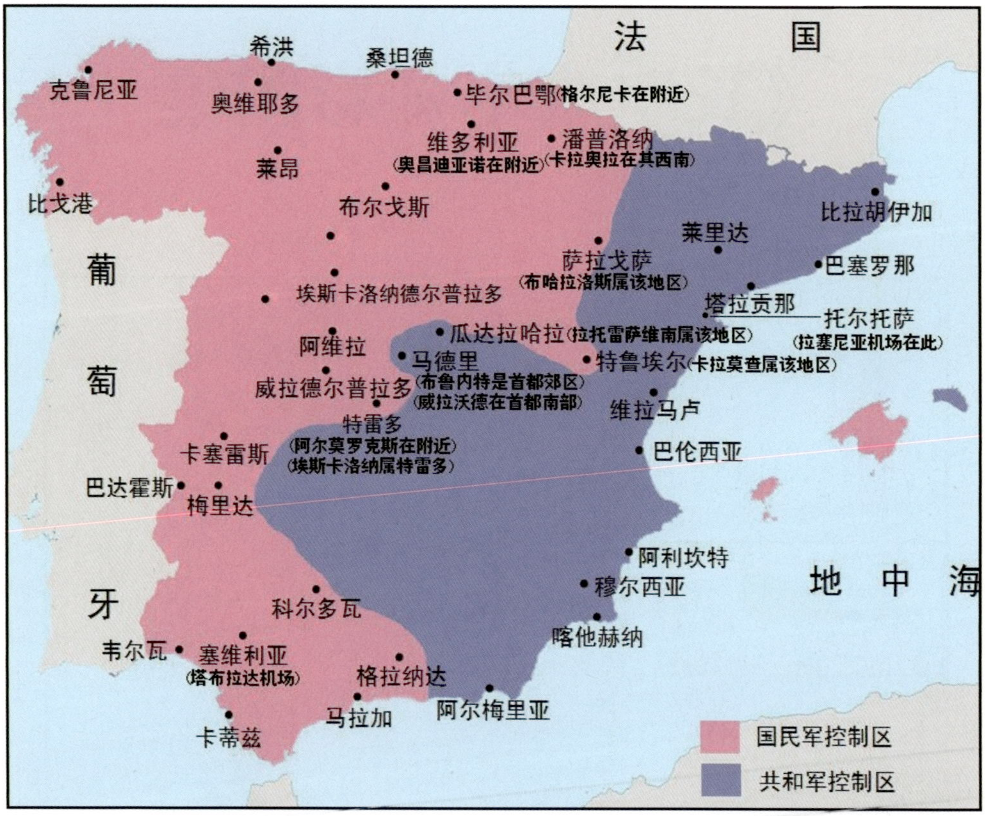

▲1937年10月西班牙内战态势图。本书中涉及的地名均在此地图内。红色为国民军控制区，蓝色为共和军控制区。

▲1936年9月的西班牙内战战场态势图。图中外文地名的中译名请参看上图。

▲1938年7月西班牙内战态势图。

▲1939年2月西班牙内战态势图。

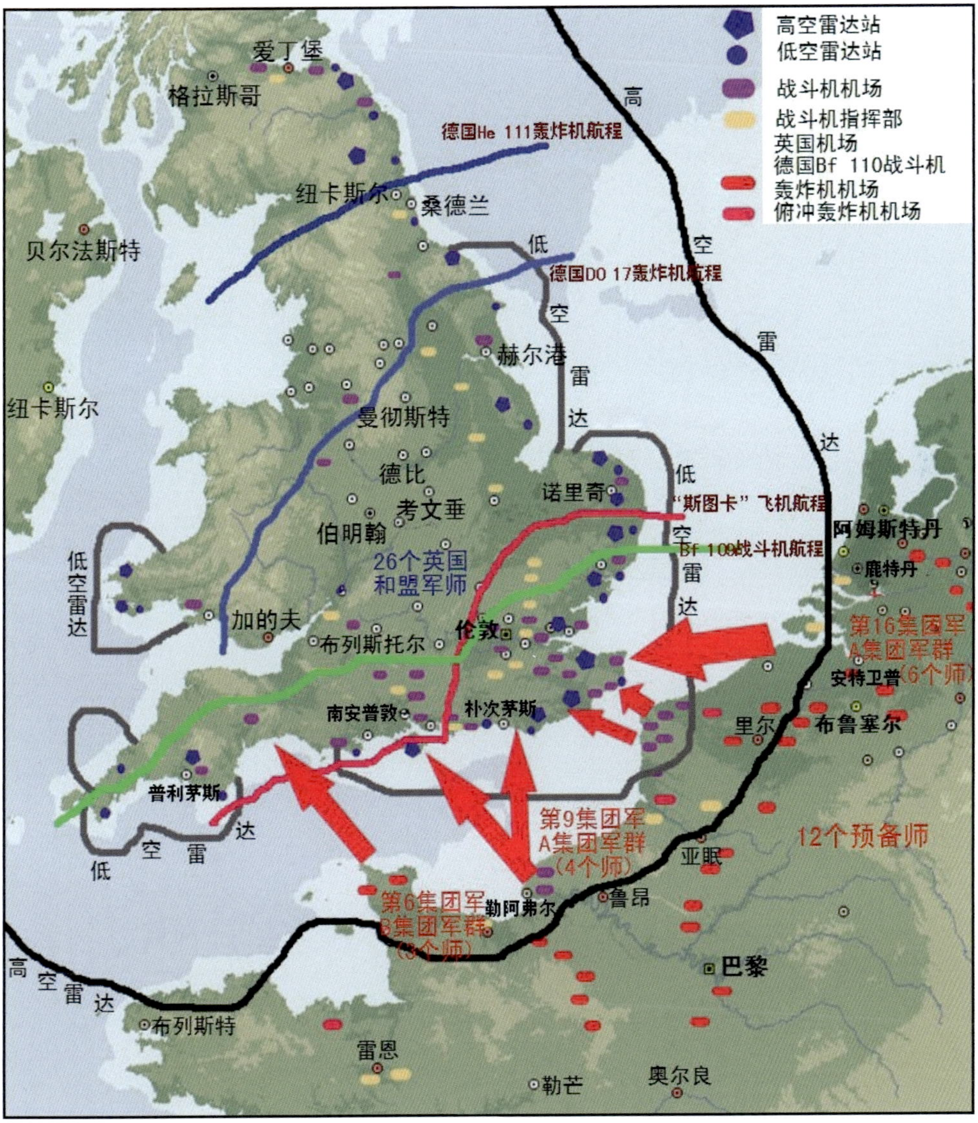
高空雷达站
低空雷达站
战斗机机场
战斗机指挥部
英国机场
德国Bf 110战斗机
轰炸机机场
俯冲轰炸机机场
爱丁堡
格拉斯哥
德国He 111轰炸机航程
纽卡斯尔
桑德兰
贝尔法斯特
德国DO 17轰炸机航程
高空雷达
低空雷达
赫尔港
纽卡斯尔
曼彻斯特
德比
诺里奇
考文垂
伯明翰
“斯图卡”飞机航程
Bf 109战斗机航程
阿姆斯特丹
鹿特丹
26个英国和盟军师
加的夫
布列斯托尔
伦敦
第16集团军 A集团军群（6个师）
安特卫普
南安普敦
朴次茅斯
里尔
布鲁塞尔
普利茅斯
第9集团军 A集团军群（4个师）
12个预备师
亚眠
第6集团军 B集团军群（3个师）
勒阿弗尔
鲁昂
巴黎
布列斯特
雷恩
勒芒
奥尔良

▲英国战役态势图。

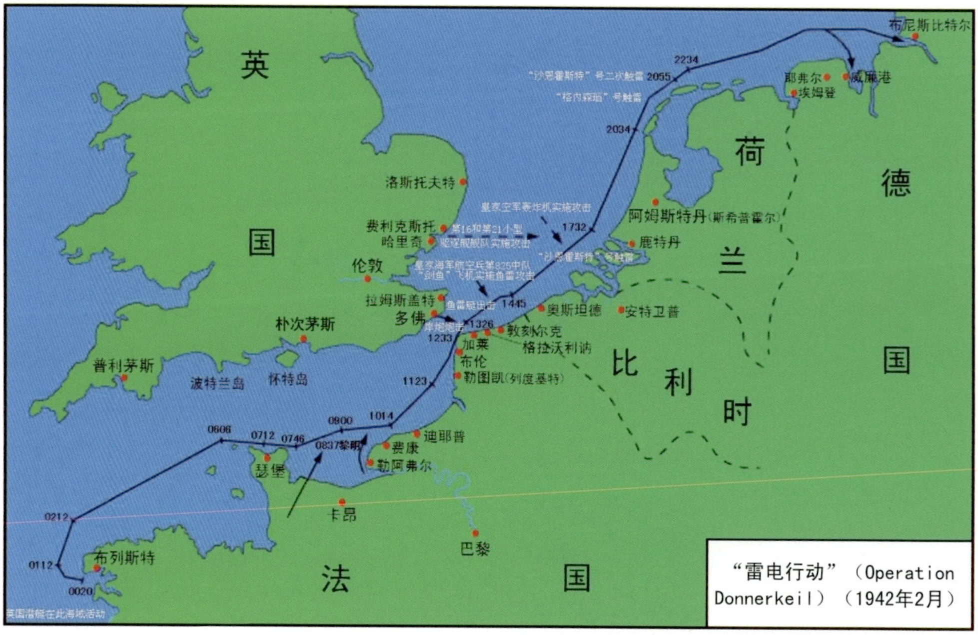

▲"雷电行动"作战示意图。

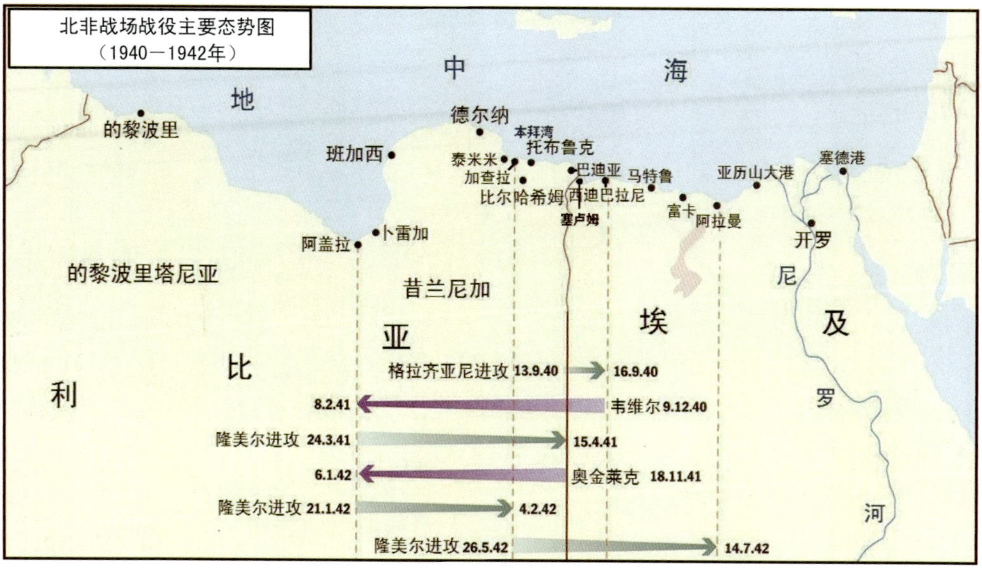

▲1940年至1942年间北非战场战役主要态势图。

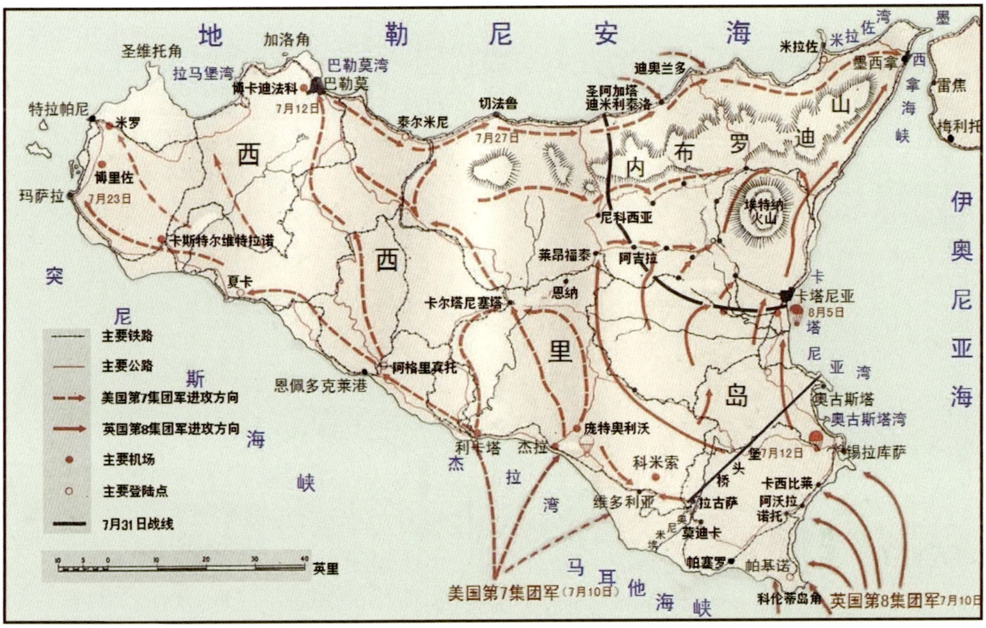

▲盟军在西西里岛登陆作战示意图。

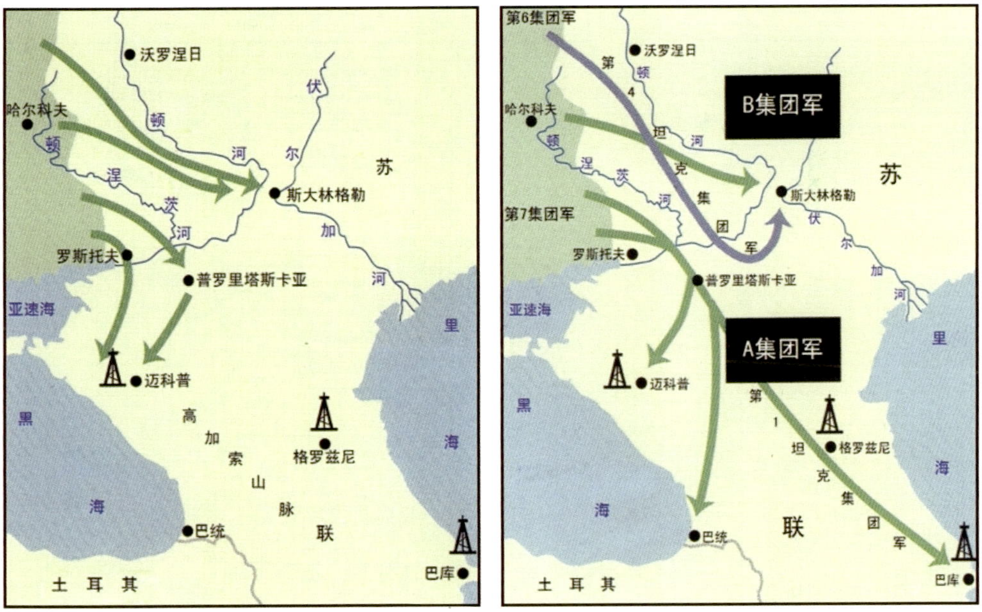

▲德国“布伦斯威克行动”作战计划图。

▲德国“布伦斯威克行动”实际作战图。

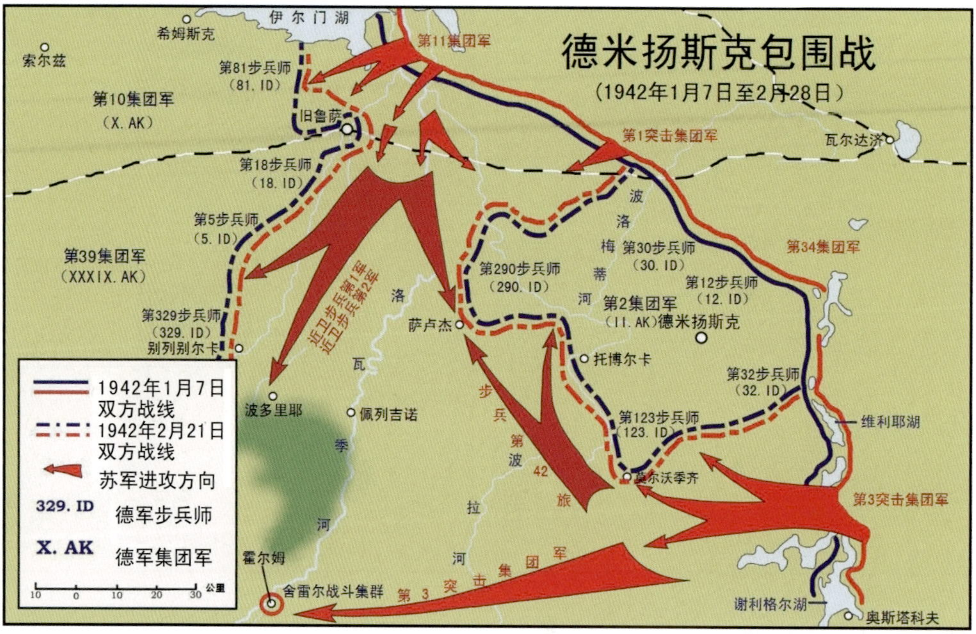

▲德米扬斯战役作战态势图。

北海
北弗里西亚群岛
基尔湾
波罗的海
弗伦斯堡
赫尔格兰岛
德国湾
基尔
梅克伦堡湾
石勒苏益格-荷尔斯泰因州
诺伊明斯特
罗斯托克
吕贝克
东弗里西亚群岛
库克斯港
梅克伦堡-前波莫瑞
西弗里西亚群岛
博尔库姆岛
耶弗尔
威廉港
不来梅港
汉堡
什未林
埃姆登
吕伐登
阿森
不来梅
维特施托克
巴特茨维什安
下萨克森州
荷
兰
多布里茨
波茨坦
法兰克福
汉诺威
马格德堡
萨克森安哈特州
科特巴斯
乌尔斯
多特蒙德
格丁根
莱比锡
杜塞尔多夫
卡塞尔
德累斯顿
科隆
爱尔福特
耶拿
萨克森州
比利时
黑森
图林根
茨维考

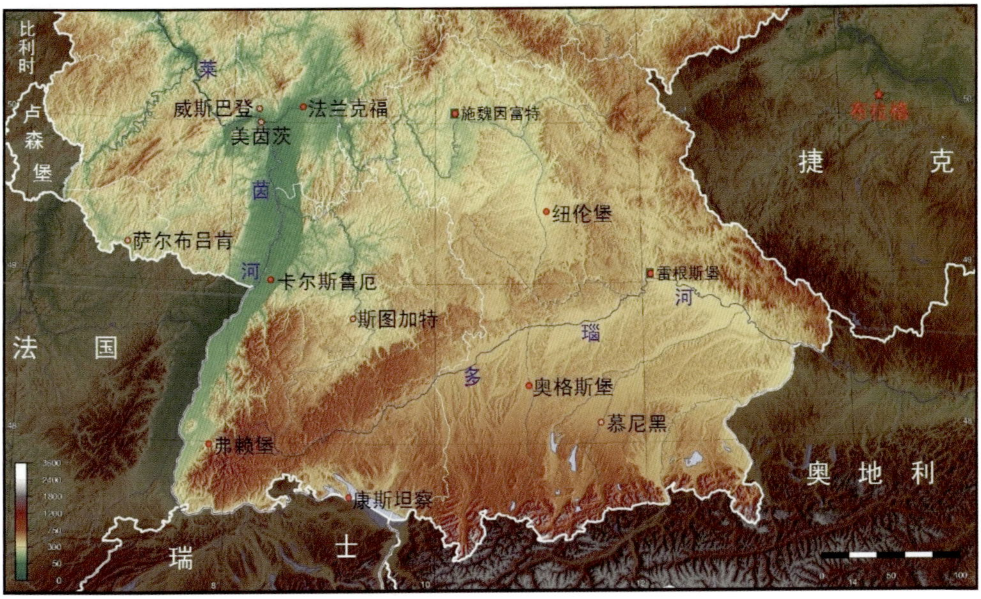

比利时
莱
卢森堡
威斯巴登
法兰克福
施魏因富特
美因茨
茵
河
捷
克
纽伦堡
萨尔布吕肯
卡尔斯鲁厄
雷根斯堡
斯图加特
法
国
瑙
多
河
奥格斯堡
慕尼黑
弗赖堡
奥地利
康斯坦察
瑞
士

▲（上、下）德国地图。

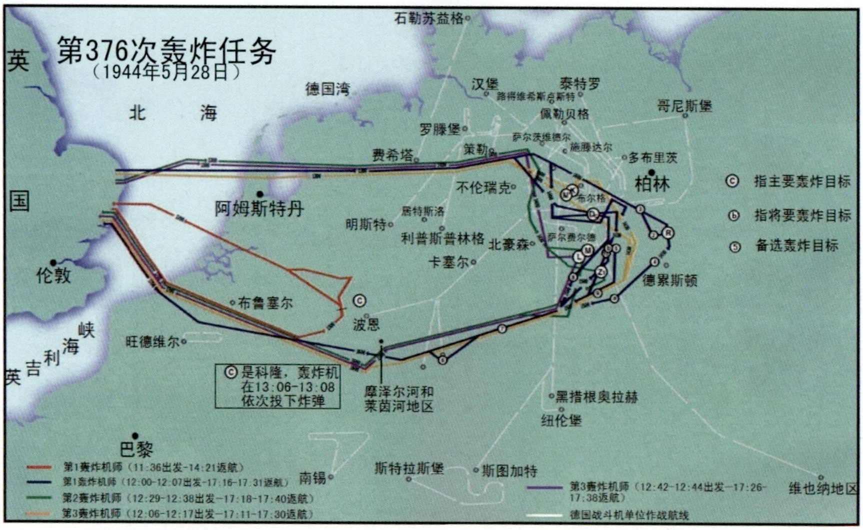

▲美国陆军航空兵第376次轰炸任务示意图。

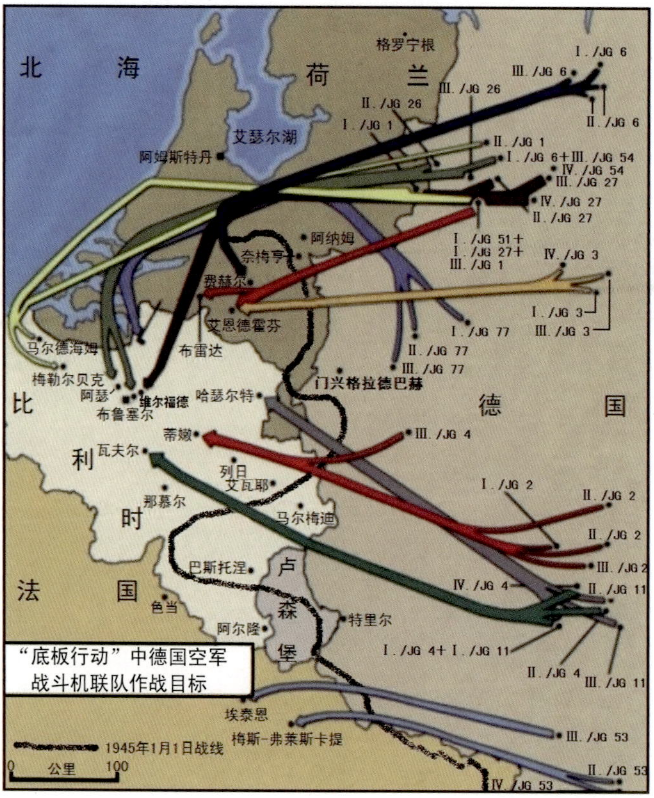

▲“底板行动”中德国空军战斗机联队作战目标分配示意图。

▲ Ⅰ./JG 27大队的2架Bf 109E-7/Trop飞机在地中海沿岸巡逻。

▲这架Bf 109F-2采用沙漠迷彩涂装，显然是准备装备北非作战单位的，飞机还未采用战术编号。

▲Ⅱ./JG 53大队的Bf 109G-6/Trop战斗机驻扎在意大利坎切洛基地，随后这个基地遭到美国轰炸机高强度轰炸。

▲JG 53联队第6中队（6./JG 53）的1架Bf 109F-4/Z战斗机，照片拍摄于1942年1月意大利西西里岛科米索基地。

▲维尔纳·莫尔德斯和他的机械师及地勤人员在Bf 109F-1座机前留影。照片拍摄于1941年4月。

▲一位德国士兵扛着德国空军军旗站立在Bf 109E-7/Trop飞机前。他后面是Ⅰ./JG 27大队的飞机，该大队非洲图案的单位标志很明显。照片拍摄于加查拉基地。

▲JG 51联队第Ⅳ大队（Ⅳ./JG 51）的1架Bf 109F-2飞机。照片拍摄于1941年苏联前线。

▲JG 27联队第1中队（1./JG 27）的几架Bf 109E-7/Trop飞机在起飞，飞机扬起的沙尘绵延上千米，飞机不安装沙尘过滤器绝对不行。

▲梅塞施密特公司位于奥格斯堡工厂的1架Bf 109G-6飞机在盟军的空袭中被炸毁，照片摄于1945年5月，注意后机身识别条纹。

▲保存仍完好的1架Bf 109G-6飞机，注意后机身识别条纹和白色方向舵，这是1943年间帝国保卫战识别条纹。

▲两图是西班牙HA-1112-M1L战斗机，飞机采用的是德国空军机徽，下图飞机机头还有Ⅰ./JG 27大队的标志。

德国战斗机联队、大队和中队标志，以及个人使用图案（之一）

德国战斗机联队、大队和中队标志，以及个人使用图案（之二）

德国战斗机联队、大队和中队标志，以及个人使用图案（之三）

德国战斗机联队、大队和中队标志，以及个人使用图案（之四）

2./JG 52 | 4./JG 52 | 7./JG 52 | 9./JG 52 | 15. (Kroat)/JG 52 | JG 53 | 10. (N)/JG 53

10. (Jabo)/JG 53 | JG 53 | Stab I./JG 53 | 1./JG 54 | 2./JG54 | 3./JG54 | II./JG 54

7./JG 54 (and of the war) | IV./JG 54 (and of the war) | 13./JG 54 | Stab/JG 77 | 2./JG 77 | 10. (N)/JG 77 | III./JG 77 | 9./JG 77

11. (N)/JG 2 | 1./JG 102 | 1./JGr 102 | JG 300 | JG 300 (variant) | I./JG 300 | 8./JG 300 | I./JG 302

1./Aufkl. Gr. 122 | FFS A/B 123 | 7./EJG 5 | EJG Öst | Erg. Gr./JG 54 | NJG Schule | Jabostaffel Afrika | Hans von Hahn's personal insignia

Günther Scholz's personal insignia | Detlev Rohwer's personal insignia | Karl Rammelt 's personal insignia | Insignia of the *Infanterie Sturmabzeichen* | 3° Gruppo autonomo *(Regia Aeronautica)* | 23° Gruppo *(Reggia Aeronautica)* | 150ᵉ Gruppo *(Reggia Aeronautica)* | 7th Company, Swiss Air Force

帝国保卫战各个联队识别条纹

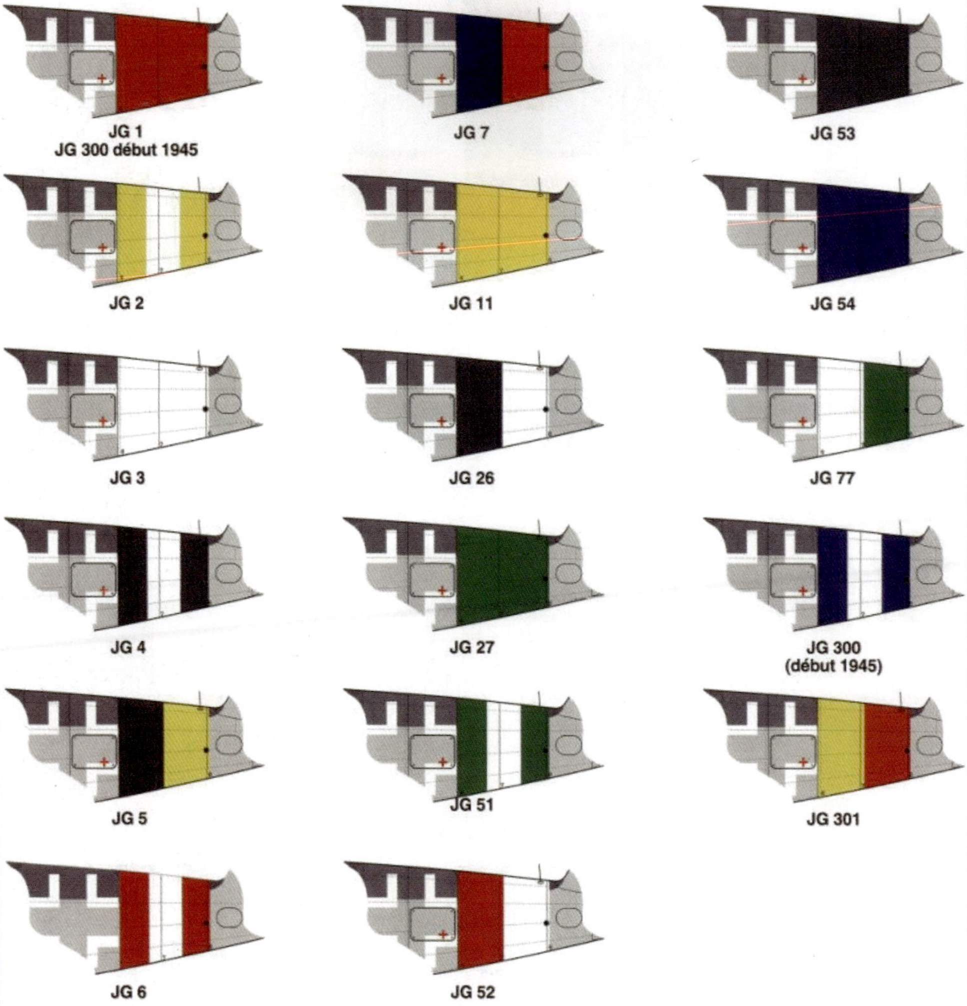

经典战史回眸·兵器系列

长空鹰隼

——二战德国Bf 109战斗机战史

高 智 著

武汉大学出版社

图书在版编目(CIP)数据

长空鹰隼:二战德国 Bf 109 战斗机战史/高智著 .—武汉:武汉大学出版社,2015.5(2024.5 重印)
(经典战史回眸.兵器系列)
ISBN 978-7-307-15202-1

Ⅰ.长…　Ⅱ.高…　Ⅲ.歼击机—介绍—德国　Ⅳ.E926.31

中国版本图书馆 CIP 数据核字(2015)第 028788 号

责任编辑:王军风　　责任校对:鄢春梅　　版式设计:马　佳

出版发行:**武汉大学出版社**　(430072　武昌　珞珈山)
(电子邮箱:cbs22@ whu.edu.cn　网址:www.wdp.whu.edu.cn)
印刷:武汉中科兴业印务有限公司
开本:720×1000　1/16　印张:51.25　字数:1048 千字　插页:10
版次:2015 年 5 月第 1 版　2024 年 5 月第 4 次印刷
ISBN 978-7-307-15202-1　定价:99.00 元

目　录

序　言

这个世界有一种非常有意思的现象，当初被十分看好的东西后来证明是一种错误，而当初被排除在竞争之外的方案后来却成了经典之作，世界著名的悉尼歌剧院设计者丹麦人约恩•乌松当年的悉尼歌剧院设计方案就被扔到了废纸篓里，但历史证明它才是最好的方案。世界航空的历史也存在着这种现象，Bf 109战斗机的历史就证明了这个十分有意思的悖论。在设计期间，因为它的设计超前，采用了许多当时的革新技术，在技术角度上根本不被看好。德国空军当时说话举足轻重的乌德特看了Bf 109原型机后说“它永远也成不了战斗机”，就连雷希林试飞基地的试飞员也不看好Bf 109飞机；另外，Bf 109在政治上也坎坷颇多，一再受到排挤，厄哈德•米尔希自始至终都在从中作梗，但后来，它却成为二战时期最有名的战斗机之一，是其他战斗机设计成功与否的参考标准。

Bf 109服役后，它在德国空军中几乎扮演了所有的角色，包括截击机、战斗轰炸机、夜间战斗机、照相侦察机、护航战斗机和对地攻击机，在整个二战期间，它都作为德国空军重要的空中力量，因此，它的生产数量比其他任何一种飞机都要多，达到34000架以上。同样，Bf 109的生产型号也比其他的飞机要多得多，仅Bf 109G型号就达到11个。

一些驾驶Bf 109战斗机的超级王牌飞行员似乎也存在着类似“非常有意思的现象”，像赫尔曼•格拉夫在差不多两年时间里，格哈德•巴克豪恩在一年多的时间里都没有击落1架敌机，当他们艰难地突破首架战果后便一路飙升；世界航空史上排名第一的埃里希•哈特曼第一次上战场险些被击落。

即使是在1940年，也就是Bf 109战斗机投入生产5年后，它仍是当时世界上最先进的两款战斗机之一，另一款就是英国几乎相同时间研制的“喷火”战斗机。1945年二战中的欧洲战场快结束时，英国和美国研制出了一批高性能战斗机，但Bf 109战斗机在一些有经验的飞行员驾驶下仍然是非常令人胆寒的对手。从发展的角度看，没有哪款飞机是不能被超越的，这是发展规律，因此美国的P-51“野马”战斗机号称螺旋桨战斗机的顶峰也被喷气式战斗机取代。这是一个可喜的现象。Bf 109战斗机就是世界航空技术发展过程某一个阶段突出的代表，被超越说明技术在发展，其实Bf 109也是超越前辈才世界闻名的。德国也没有因为Bf 109战斗机而固步自封，Fw 190战斗机和Me 262喷气战斗机就是很好的例证。

二战前，Bf 109进入德国空军后立即成为标准的昼间战斗机，它表现出远远超过所有其他在役战斗机的优异性能，这也正是希特勒发动第二次世界大战的信心之一。Bf 109成功最基本的因素是它先进的结构设计和独特的空气动力学布局，在当时来说这些革命性的设计概念并不是新生事物，也不是德国首创，世界其他国家已经有一些飞机制造商进行了这些方面的尝试和测试，但是，没有哪款飞机像Bf 109一样同时运用这么多新技术，风险也是相当明显的。但是，是金子总要发光，米尔希的阻挠（Ju 87“斯图卡”俯冲轰炸机的研制他也阻挠）只是螳臂挡车，除了给Bf 109增加点传奇色彩，剩下的只是笑料。

尽管Bf 109战斗机存在着一些内在的缺点，但在为德国空军研制新型战斗机上显然没有竞争对手，首次在西班牙内战亮相证明德国空军的选择是对的。同样是在西班牙小试牛刀，最为反对Ju 87“斯图卡”俯冲轰炸机的里希特霍芬不久就成了俯冲轰炸机最坚定的支持者，不知道米尔希后来对Bf 109在整个二战期间的表现做何感想，但是Bf 109不需要他来证明什么。

Bf 109是一款纯制空战斗机，虽然可以执行各类作战任务，实际上执行多种任务的适应性并不好，随着二战进程的发展德国空军也发现了这个问题，因此二战中期开始多任务性较好的Fw 190战斗机逐渐取代Bf 109

▲德国空军Ⅱ./JG 2大队2架Bf 109F-4战斗机在法国圣布里厄上空为Ju 52运输机护航，照片拍摄于1942年。

而成为德国空军标准战斗机，但是，Bf 109战斗机并没有离开战场，相反，有的已经换装Fw 190战斗机的单位又重新换装更先进的Bf 109型号。从巅峰滑落后的Bf 109战斗机在最不好的状况下也占德国单发战斗机力量的一小半，一些换装了Fw 190战斗机的单位指挥官因为用惯了Bf 109战斗机而在单位保留1架作为自己的坐骑。当然，Fw 190单位也有类似的现象，主要原因是个人偏爱。

其实，Bf 109研制之初德国最好的发动机功率不过640马力，因此新设计的战斗机必须与此功率相匹配，这是Bf 109飞机设计小巧，而武器火力弱，航程短的主要原因之一；德国空军还未成立，受国际公约限制，德国新战斗机不敢明目张胆地强调火力是另一个因素。随着发动机功率不断增加，到后来DB 605C达到2000马力，Bf 109家族飞机也不断改进。受原始设计的局限，Bf 109飞机跟后来居上的Fw 190相比在火力上存在较大的不足，而恰恰随后德国从战略进攻转向战略防御，特别是美国高空重型轰炸机的登场，Fw 190显示出了在攻击重型轰炸机方面的火力优势。Bf 109战斗机家族在发展过程中最核心的改进之一就是不断增加火力，同时期其他航空大国将6挺或8挺机枪作为战斗机标准火力配置时，Bf 109的基本武器系统是2挺7.92毫米机枪，这是先天不足，因此改进方面除了发动机动力节节上升外，增加火力就是另一项重要内容，甚至火力不足时依靠增加翼下机炮吊舱来增加火力。相比之下，Fw 190战斗机设计之初就是2挺机枪和机翼4门20毫米机炮。

▲Bf 109G型号是二战中后期各个战场的主角，特别是苏联战场。图中是JG 54联队2架Bf 109G-2战斗机在苏联一处机场上。照片拍摄于1943年。

从1935年试验开始直到1967年西班牙空军的Bf 109战斗机退役，Bf 109战斗机各类型号的服役历史长达30多年，二战结束后的历史基本可以忽略不计，真正能代表Bf 109历史的就是西班牙内战和二战这两个阶段。世界公认，Bf 109的发展史就是纳粹德国空军的发展史，没有其他德国飞机具备这种可比性。

下文介绍的Bf 109各个型号战斗机的战史中只提及德国当时参加的重要战役，或作战历史丰富的联队，其实Bf 109装备的德国空军单位几乎涵盖了战史的方方面面，有的单位很多读者都不太熟悉，如NAG 5/8/11/15短程侦察联队、（F）./122、JG 105/106联队等等，这些单位不太出名，因此正文中不再提及。根据德国空军王牌的标准，苏联战役开始后，战绩达到几十架甚至一百多架的飞行员基本上都忽略不计，除非在其他方面有建树的人才会提及。即使如此，要想把德国当时最著名的几个联队Bf 109战斗机战史讲清楚都要很大的篇幅，因此有朋友建议取舍这些战史，实际上不取舍根本做不到。真正能取舍的就是德国空军以外的其他装备Bf 109战斗机国家空军的战史，这方面的战史也相当丰富，几乎每个德国仆从国Bf 109战斗机飞行员都有一些十分出众的人物，如芬兰空军第一王牌依诺•尤蒂莱南（Eino Juutilainen）的总战绩是94架，其中驾驶Bf 109G-2的战绩为58架。

关于德国空军Bf 109战斗机王牌飞行员，那些战绩排名前十名的一般都有专门的传记，本文除了提及他们的战斗，不再涉及个人经历介绍。但是，还有一些王牌飞行员，不论是战绩还是对德国空军建设、战术理论发展的贡献和指挥能力等都相当突出，因此会简要介绍他们的经历，这些简介也会反映出德国空军的早期建设，故笔者觉得有必要提及。

德国空军Bf 109战斗机单位的战史笔者选用也有取舍，每个战场一般都有特定的战斗机单位在此长时间作战，如JG 27联队主要在北非和地中海地区，JG 51联队、JG 53联队和JG 54联队在苏联战场、JG 2联队和JG 26联队在西线战场、JG 5联队主要在北极地区（芬兰和挪威）、JG 1联队和JG 11联队在德国北部和荷兰等等，而德国处于失败时期，为了挽救败局，其他联队通常会派出一个大队或是中队前去某一战区助战，比如德国在突尼斯战役中，除了JG 27联队，还有JG 53联队、JG 77联队和JG 3联队的个别大队或中队参加，这种情况下文中要么不涉及，要么一带而过。

Bf 109战斗机战史一书的问世跟好友蒙创波有很大关系，基本上就是他促成的，请原谅借用一点篇幅说明。Bf 109战斗机是二战最著名的几种战斗机之一，如果从其服役历史和击落敌机，以及对德国二战进程的影响来看，Bf 109战斗机排名第一应该没有多大问题。正因如此，很多如蒙创波一类精通二战史的人都希望Bf 109战斗机有专著问

▲德国空军JG 3联队1架Bf 109G-6/R6战斗机，飞机翼下携带的是MG 151/20机炮吊舱。

世，但是，这些精通二战史，甚至是精通Bf 109战斗机的朋友都挤不出时间来写Bf 109飞机。笔者有幸为武汉大学出版社写了一本《尖叫死神——“斯图卡”俯冲轰炸机战史》，几年前也写过几万字的有关Bf 109战斗机文章，因此几位朋友建议我来写Bf 109飞机，自觉能力有限，不敢贸然接受。拖了半年时间后实在拖不过去了，笔者才答应试试，实际上，笔者除了时间上比他们多外，其他方面不占优势。好在几位朋友都答应提供帮助，西线不明问阿蒙（蒙创波），东线不明问顾剑，令笔者不胜感铭的是蒙创波提供了所有Bf 109飞机资料及帮助提供本书封面的创意。

另一位特别需要感谢的是侯戈，他指出了笔者以前德国人名翻译中的错误，并发来专门的德国人名中文翻译方面的书，参照这些资料，笔者受益良多。其他好友不再一一点名，但感谢之心是相同的。

高 智

2014年12月15日

第一篇　Bf 109战斗机研制过程及型号简介

Bf 109战斗机的研制背景

1926年3月，威廉•埃米尔•梅塞施密特博士（Dr. Wilhelm Emil Messerschmitt，1898年6月26日－1978年9月15日）创建了自己的飞机公司：梅塞施密特飞机制造公司（Messerschmitt Flugzeughbau GMBH），主要研制运动飞机和客机，如M 17、M 18和M 19等，因为经营较为成功，公司享受巴伐利亚州的政府津贴。当时，当地的巴伐利亚飞机制造公司（BFW）给巴伐利亚州带来了很多税收，它也在财政上得到了州政府的支持。因巴伐利亚州政府无力同时支持两家公司，1927年，州政府强令梅塞施密特公司并入到巴伐利亚飞机制造公司。1927年9月8日，两家公司签署合并协议，协议规定梅塞施密特公司设计小组负责新飞机的设计和研制，而原巴伐利亚飞机制造公司负责生产飞机，公司定在巴伐利亚州奥格斯堡（Augsburg）。

两家公司合并后第一款投入生产的飞机是10座的M 20全金属单翼客机。这种飞机看起来非常有前途，因此，德国国营汉莎航空公司（Deutsche LuftHansa，DLH）订购了2架。

但是大量意想不到的问题使得新公司研制新飞机遇到了很大的困难，尤其是M 20的原型机在1928年2月26日试验中坠毁，试飞员汉斯•哈克曼（Hans Hackmann）丧生，凑巧的是哈克曼是汉莎航空公司采购部主任兼德国作战参谋部（Operation Staff）的代表厄哈德•米尔希（Erhard Milch）的朋友，米尔希认为梅塞施密特应该为哈克曼的死负责，而且博士在处理善后上缺乏同情心，为此米尔希取消了客机的订单，两人也从此结怨。这里有必要说明一下，当时，由于《凡尔赛公约》不允许德国保留空军，德国通过一些民用机构半遮半掩地来为军事服务，上述两家公司也享受德国航空部（German Air Ministry，RLM）津贴支持就是这个原因。

▲梅塞施密特博士因设计Bf 109战斗机而世界闻名，他有天才的一面，也有固执和精明的一面。很多人认为在西方完全靠个人能力取得成功，实际上这只是误解，即使微软公司总裁比尔•盖茨出道时也利用过他父母的关系，这不是丢人的事儿。梅塞施密特博士也非常注重走上层路线，他跟当时德国二号人物鲁道夫•赫斯和空军实权人物赫尔曼•戈林关系密切，因此他才能化解手握实权的厄哈德•米尔希（图中中立者）的阻挠。照片中左侧为德国军备与战争生产部部长阿尔伯特•施佩尔（Albert Speer），右侧为梅塞施密特博士。

第一架飞机坠毁后，巴伐利亚飞机制造公司紧急生产了第二架原型机，这架原型机试验非常成功，8月通过了验收试验，厄哈德•米尔希很不情愿地恢复了原来的订单，M 20客机立即投产。可是，试验中又有2架飞机坠毁，为此，生产10架 M 20的订单再次被厄哈德•米尔希取消，这次他还要求巴伐利亚飞机制造公司退还研制定金，不仅如此，米尔希还指责飞机生产商生产了“不安全的飞机”，并要求生产商为死者负责，当时坠毁的M 20飞机上有八名德国航空部的官员。但是，巴伐利亚飞机制造公司已经使用一部分定金购买了原材料并支付给已经下了订单的零配件费用，还有一部分费用用于研制更先进的飞机。由于资金出现困难而无法偿还汉莎公司的定金，1931年6月1日公司被起诉破产。这一时期正是西方资本主义大萧条时期，即使汉莎航空公司不取消订单公司经营也会受到很大的影响。

▲梅塞施密特博士从一开始就钟情于单翼飞机，他对航空未来前景的分析是正确的，同一时期，很多飞机研制单位仍念念不忘双翼飞机，其中不乏当时世界著名的飞机公司。但是，每一次技术飞跃或革新都会淘汰一些著名的公司。M 17飞机虽然非常简陋，却融入了梅塞施密特博士技术特点，即将主要承力结构设计成一个整体，这样更利于减轻飞机重量和生产制造。上图最左侧为梅塞施密特博士，中图站立者也是他。梅塞施密特在1925年驾驶了自己设计的M 17首飞，结果飞机摔了下来，他在医院里呆了好长时间。现今仍有好事者仿制M 17飞机升空体验飞行乐趣。

梅塞施密特博士和厄哈德•米尔希两人从1929年开始就意见相左，在这一时期矛盾开始激化，甚至两人之间出现了无法调解的仇恨，这种局面持续了好几年，毫无疑问这种关系严重影响了巴伐利亚飞机制造公司的发展和公司未来的Bf 109飞机的设计。

幸运的是，梅塞施密特博士是个十分懂经营、善管理的精明商人，在他的指导下，巴伐利亚飞机制造公司重新成立并进行了重组，但是，梅塞施密特博士和厄哈德•米尔希两人的矛盾依然存在，更不幸的是厄哈德•米尔希这个时候升迁到国家航空部部长（应该是副部长）的位置直接接受希特勒的领导，他继续限制梅

▲上三图M 18型号各不相同，早期的大肚子类似蝈蝈，后期的M 18型号等看着顺眼多了。最上图是民国时期中国空军装备的1架M 18飞机用于航空测量。

塞施密特的新公司发展，在纳粹上台后航空产品需求旺盛的时候，他没有给巴伐利亚飞机公司研制新机的机会，相反强迫该公司专利生产12架亨克尔公司的He 45双翼飞机。厄哈德•米尔希反对巴伐利亚飞机制造公司的信念非常明显和坚决，他利用手中的权力，把新政府的飞机研制项目给了德国国内二流的飞机制造商，只同意巴伐利亚飞机制造公司专利生产其他公司的飞机，这已经算是很开恩了。此外，当时他也极力阻挠Ju 87飞机的研制。

▲注意看最上图，M 19飞机的主承力部件就是机翼，机身只需三个人就可以抬起，机头发动机稍重。

▲经过M 17、M 18和M 19的发展，M 20的技术已经十分成熟，但是，飞机本身还存在一些问题，这是新机研制过程中经常会出现的，不幸的是M 20给梅塞施密特博士制造了一个敌人——米尔希。

因为缺少德国政府的有力支持，巴伐利亚飞机制造公司无法从政府那里得到商业和军事飞机项目，梅塞施密特博士决定冒着被希特勒政权惩罚的危险开始向国外寻求客户以保留住公司已经很小的设计队伍和维持公

▲M 20的成功也伴随着数次坠毁并导致多人死伤。

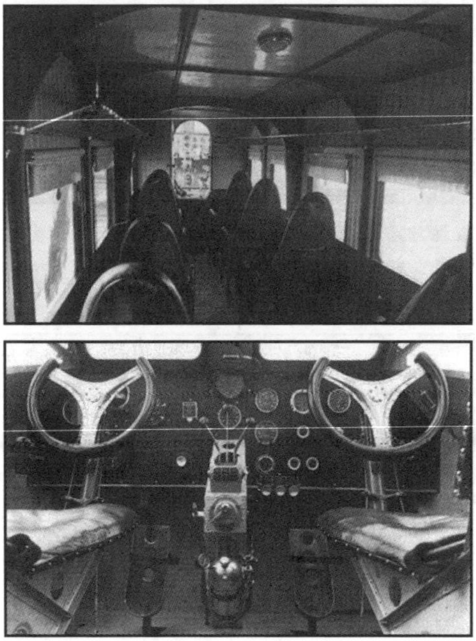

▲M 20的客舱和驾驶舱，看上去简洁明快。

司的生产，这种尝试取得了成功。巴伐利亚飞机制造公司从罗马尼亚获得了2个飞机的研制和生产合同，一个是M 36商业运输机，另一个是M 37单座教练机。由于年代久远，现在找不到M 37的照片，因此也不清楚所谓

▲M 37教练机跟后来的Bf 109战斗机有直接的关系，不仅Bf 109战斗机世界著名，M 37的改进型Bf 108教练机也相当出名，目前仍有在飞行的。图中是后来改称Bf 108的原型机，跟后期生产型区别还是相当明显的，但并列双座座舱布局一直延用。

“单座教练机”的座舱布局是什么。

仅几天之后，厄哈德•米尔希就公开地谴责梅塞施密特博士和巴伐利亚飞机制造公司支持外国的航空工业的“卖国行为”，尤其是日后可能成为德国敌人的国家，米尔希称梅塞施密特为叛徒。为此，德国的盖世太保数次前往奥格斯堡与梅塞施密特博士和巴伐利亚飞机制造公司其他高层讨论此事，但是年轻的梅塞施密特博士始终坚持自己的作法，并不断重申他的新公司必须从外国获得资金才能够发展下去，而国内的德国航空部很多官员和厄哈德•米尔希都极力阻止巴伐利亚飞机制造公司的发展，他必须另寻途径寻求发展，否则公司就会破产。

跟厄哈德•米尔希作对是没有好果子吃的，但是好在米尔希没有采取进一步的措施来惩罚梅塞施密特博士和巴伐利亚飞机制造公司，原因很可能是梅塞施密特博士和航空部部长赫尔曼•戈林的关系密切，另外，戈林在1933年以个人名义把西奥•克罗尼斯（Theo Croneiss）介绍给梅塞施密特博士以帮助他对重新组建的巴伐利亚飞机制造公司进行改

组。另外，一些德国政府官员也表现出了对巴伐利亚飞机制造公司的同情和支持，认为米尔希官报私仇有点过分了。

1933年晚些时候，巴伐利亚飞机制造公司终于出现了转机。这个时候，德国空军决定在1934年举办第4届国际航空飞行大赛（Challenge de Tourisme Internationale），它可以为新的德国政府提供一个展示其最先进航空科技的机会。巴伐利亚飞机制造公司和德国其他公司一同受邀为这次的航空竞赛设计一种运动飞机，有资料称是应波兰航空俱乐部之邀设计一款运动飞机。事实上，巴

▲Bf 108设计非常成功，由于时间来不及，梅塞施密特博士就将其改进成Bf 109战斗机原型机。Bf 108可作为要员运输机、观察飞机、运动飞机、观光飞机和Bf 109战斗机的教练机，甚至后来也有型号可以携带武器执行低烈度战斗。Bf 108不仅德国用，美国（1939年）、法国和中国等国家都装备过。法国也曾生产过Bf 108飞机。

▲Bf 108飞机的座舱开启方式非常独特，向前双开。

伐利亚飞机制造公司已经为1932年的航空博览会设计了一种运动飞机，其编号为M 29。预计生产4架M 29用于竞赛，但是，第一架在1932年8月8日坠毁，第二天，第二架飞机在空中飞行时失去动力，尽管飞行员成功跳伞，但飞机随后坠毁。其余的2架被停飞，由于2次重大事故，巴伐利亚飞机制造公司飞机被禁止参加当年的飞行竞赛。

1933年6月，巴伐利亚飞机制造公司开始为波兰航空俱乐部设计参赛运动飞机，由于时间所剩不多，另一方面巴伐利亚飞机制造公司的主要的设计力量都投入到了罗马尼亚的M 37教练机上，运动飞机的研制十分紧迫。为了节约时间，梅塞施密特博士决定采用M 37教练机的机体结构来设计新型运动飞机。到1933年10月，巴伐利亚飞机制造

公司为这种新型运动飞机编号为Bf 108，由于没有民用航空器和军用飞机的各种限制，Bf 108采用了很多先进的设计理念，很多技术都是首次实践，甚至堪称革命性的技术。归纳起来Bf 108飞机的主要特点是：采用并列式双座布局，双操纵系统；机翼则采用最先进的下单翼式结构布局；机身蒙皮采用平头铆钉技术，外形光滑，阻力小；飞机主起落架向外收到机翼起落架舱内（主梁前方），起落架控制机构极为简单，重量也不大。机尾起落架为回收式雪橇板形。Bf 108安装1台希尔斯公司（Hirth）生产的8缸倒V形HM8U直列式发动机，3叶桨，其功率为250马力，或者是阿格斯公司（Argus）生产的As17发动机，其功率为218马力。最为独特的是Bf 108A除了常规的后缘襟翼，其机翼还安装了前缘缝翼，这是英国汉德利•佩季公司最早发明的缝翼，前缘缝翼和后缘襟翼使飞机可以获得较大的升力系数，后缘襟翼伸出使得机翼面积增加8%，因此飞机的着陆速度降低到72－80公里/小时。不利之处在于飞机的翼载比同时代其他飞机的要高一些；Bf 108A机翼采用单一的主梁结构，结构简单、结实耐用，这是梅塞施密特博士的专利设计，这个设计影响了世界其他国家数年之久。Bf 108A飞机的最大速度超过320公里/小时，巡航速度达到260公里/小时，飞机机动性非常优秀。

Bf 108A的设计工作于1934年年初完成，随后进行机体制造。1934年2月，Bf 108A在巴伐利亚飞机制造公司机场（奥格斯堡附近）首飞，飞行试验的结果表明Bf 108A的性能非常出众，甚至超过了巴伐利亚飞机制造公司设计人员的想象。也就是在这个时候，德国航空部要求巴伐利亚公司为即将诞生的德国空军设计一款战斗机原型机，这话听起来有点别扭，实际上就是让巴伐利亚公司朝军用战斗机方面发展，德国空军还未成立，因此不能说为其研制战斗机，只能说研制战斗机原型机，原型机试验成功并定型后批生产就是战斗机。在首飞后的2月到6月间又有5架飞机在奥格斯堡公司生产出来，这些飞机被德国空军全部接收下来去参加由西奥•奥斯特坎普（Theo Osterkamp）领导的飞行员专家组举办的飞行竞争试验。尽管在5月和6月期间Bf 108A飞机出现了一些小的问题，但没有大的问题出现，测试过程很顺利，也没有造成时间拖延。

新技术运用的多，风险也相当大，从1934年7月27日开始，梅塞施密特博士的坏运气接踵而来。27日这天，代号为D-LBUM的Bf 108第一架原型机在表演时坠毁，不仅飞行员丧生，坠毁还造成了一些航空部人员的伤亡。为了不至于让Bf 108跟1932年时的M 20一样被勒令停飞，梅塞施密特博士和巴伐利亚飞机制造公司的设计人员疯狂地日夜工作以排除剩余5架飞机的缺陷，防止悲剧再次发生。最后，在7月底前Bf 108A终于通过了官方确认，公司正式宣布飞机参加竞赛。

Bf 108A的表演十分成功，其性能也很让人羡慕，但是最终获胜的却是2架波兰的RWD-9飞机（1932年获胜的也是RWD-9飞机）和1架德国菲施乐公司（Fieseler）的Fi 97飞机，Bf 108A只获得第三名。虽然

Bf 108A没有赢得比赛，但这次比赛却证明了它的速度在所有的参赛飞机中是最快的。在德国，只要飞行员一接触到Bf 108A就忍不住要驾驶它来创造世界纪录。德国女飞行员艾莉•贝恩豪恩（Elly Beinhorn）驾驶1架名为“台风”（Taifun，即英文Typhoon）的Bf 108A只用一天就从柏林飞到了君士坦丁堡，在当时这个壮举轰动一时，因此，巴伐利亚飞机制造公司也采用“台风”作为Bf 108A的绰号。

因为Bf 108的设计获得了很大的成功，梅塞施密特决定在Bf 108A的基础上设计一款4座旅游观光飞机，即Bf 108B，它也可以用于军事联络和空中救护。Bf 108B采用的是阿格斯公司生产的As8C倒V形发动机，固定式2叶桨，其功率为240马力。机尾雪橇板起落架改为机轮起落架。Bf 108B比Bf 108A还要成功，巴伐利亚飞机制造公司共生产了数百架该型飞机。

Bf 109战斗机诞生

有了Bf 108A和Bf 108B的设计经验，巴伐利亚飞机制造公司开始为这些飞机进入德国空军的新型战斗机竞争进行着一些准备工作，这个时候，巴伐利亚飞机制造公司对本公司的结构设计技术和其他先进的技术在设计中的运用更加有信心。在当时，世界技术发展非常迅速，各种新技术层出不穷，但敢于将众多技术运用在一款飞机上还属梅塞施密特，特别是Bf 108的成功更坚定了他采用新技术的决心。在当时德国，最大胆采用新技术的小公司后来都获得很大成功，如容克公司，它的创始人雨果•容克教授也善于采用最新航空科技，而且比梅塞施密特博士还早。

1933年1月，希特勒掌握了国家政权，此后德国开始明里暗里地大力发展军事航空工业。1934年早些时候，德国空军开始制定并颁布新型战斗机技术规范以取代亨克尔公司的He 51战斗机，随后向福克－沃尔夫公司（Focke-Wulf）、阿拉多公司（Arado）和亨克尔公司（Heinkel）发出招标邀请，由于受到厄哈德•米尔希的影响，巴伐利亚飞机制造公司并没有接到招标邀请。这种新型战斗机技术规范是德国航空部的技术办公室（Teachnical Office，德语C-Amt）长期技术研究的结果，它要求新型战斗机采用速度更快的下单翼结构；武器的最低配置是2挺7.92毫米的MG 17机枪；飞机在有动力俯冲的情况下具有足够的结构强度；飞机具有从螺旋状态改出的控制能力；飞机可以安装12缸倒V形液冷发动机。关于发动机问题，当德国航空部的技术办公室颁布技术规范后，容克公司和戴姆勒－奔驰公司就开始积极地参与了发动机的研制工作。

由于梅塞施密特博士跟戈林和克罗尼斯的关系密切，德国空军的几个高官对Bf 108A表示出了好感，认为巴伐利亚飞机制造公司设计能力优秀，他们并没有卷入梅塞施密特博士和厄哈德•米尔希间的斗争，个人观点也较为中立。除了跟上层关系亲密外，巴伐利亚飞机制造公司的公关也取得了效果，因此，1935年巴伐利亚飞机制造公司终于获得了合同来研制新型战斗机参加竞争。厄哈德•米尔希这时仍不忘排挤巴伐利亚飞机制造公司，他告诉梅塞施密特，巴伐利亚飞机制造公司获得的只是研制原型机合同，（如果获胜也）别想得到空军生产合同，瞧！厄哈德•米尔希够偏执的。梅塞施密特博士这个时候一方面要面对如何在竞争中获胜，目前，他对自己的设计能力十分有信心，他希望设计出一款优异的战斗机来彻底改变厄哈德•米尔希对巴伐利亚飞机制造公司的偏见；另一方面他也考虑过放弃合同，因为，巴伐利亚飞机制造公司获得合同的时间比其他公司要晚近一年，所剩的时间不多。就在这个时候，德国但泽技术大学主动聘请梅塞施密特博士去大学做教授。对德国来说，幸运的是梅塞施密特选择了前者，因此，德国才诞生了世界著名的Bf 109战斗机。

即使是在最强烈反对梅塞施密特博士和巴伐利亚飞机制造公司的时候，厄哈德•米尔希也预想到巴伐利亚飞机制造公司的Bf 109方案相当具有实力，跟其他的大公司方案可

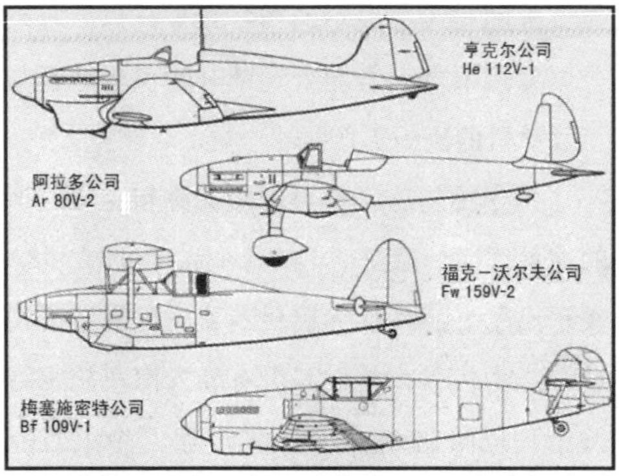

▲当时德国国内几家公司应征He 51战斗机后继飞机方案。后来的福克-沃尔夫公司以Fw 190战斗机而闻名世界，但那时竞争方案中属这家公司的方案最为落后，仍是双翼布局。

▲Bf 109V-1一出现就显示出了设计理念的先进性，外观上也漂亮流畅得多。

以相提并论，甚至性能会更好，为此，他尽力阻止巴伐利亚飞机制造公司获得原型机研制合同。从这个角度看，厄哈德•米尔希已经完全将个人的好恶置于国家利益之上了。

在1934年2月Bf 108A进行首飞的时候，巴伐利亚飞机制造公司正式开始Bf 109战斗机的设计工作，当时公司还没获得研制合同参与新型战斗机的研制，只是口头上要求研制战斗机原型机。Bf 109飞机采用了Bf 108A的机体结构，因此，跟Bf 108一样，Bf 109A飞机也采用悬臂式下单翼结构，后起落架可回收，座舱为单人布局，全封闭结构，座舱罩为铰链式向右开启，这些革新并不是首次在Bf 108和Bf 109上使用，但这么多新设计集中在一架飞机上还是首次。

Bf 109的原型机设计于1934年晚些时候开始，至1935年，首架原型机生产完毕并准备在奥格斯堡进行地面测试。这架原型机安装的是罗尔斯•罗易斯公司生产的“红

隼”（Kestrel）12缸倒V形液冷直列式发动机，其起飞最大功率为695马力，正常功率为640马力，容克公司的Ju 87V-1、亨克尔公司的He 112、阿拉多公司的Ar 80等也采用该型号发动机。上文提到的容克公司的Jumo 210/211发动机和戴姆勒－奔驰公司的DB 600/601发动机尚处在研制测试阶段，没能赶上上述飞机研制的进度，因此，竞争方案飞机都采用了外国生产的发动机。英国罗尔斯•罗易斯公司在当时大功率航空发动机研制方面属世界最强，一战后《凡尔赛公约》限制德国航空工业发展，而这一时期正是航空技术大发展的关键阶段，英国罗尔斯•罗易斯公司获得大量发动机订单，技术更是突飞猛进。在准备发展军事航空时，德国发动机企业也和其他飞机研制企业一样加紧研制工作，试图减少对英国发动机的依赖。当时德国研制发动机方面有实力的是容克公司、巴伐利亚摩托工厂（Bavarian Motor Works，即我们现在熟知的宝马公司（BMW））和戴姆勒－奔驰公司，这三家企业当时也在研制与英国罗尔斯•罗易斯公司“红隼”和“秃鹰”（Buzzard）功率相当的发动机，宝马公司

▲从这个角度看，Bf 109V-1原型机相当单薄，起落架和起落架舱非常扎眼，后来的Bf 109各个型号均采用这种窄轮距起落架，这一设计被批评得最多。注意图中飞机的起落架之间安装了一个横杠，这是用于起落架加强作用，早期试验时这个杠一直都在。

的发动机较重，单位功率也较低，只适合民用飞机，而容克公司和戴姆勒－奔驰公司的产品性能与英国的产品相当，但研制进度稍慢。

在奥格斯堡的测试工作包括大量的主起落架支柱结构强度和回收可靠性试验，还有其他的机械问题测试，测试结果让人满意，没有出现任何问题。经过小幅度改进后，这架编号为Bf 109V-1（V表示试验）的原型机（民用代号为D-IABI）在1935年9月进行了首飞，首飞驾机的是巴伐利亚飞机制造公司首席试飞员汉斯•科诺特施（Hans Knotzsch），他在跑道上滑行几个来回后驾机升空，之后在梅塞施密特博士的视野可及范围内飞了几圈，首飞持续了20分钟。Bf 109原型机比未来的对手——英国“喷火”原型机早了几个月升空。Bf 109首飞后进行的初期飞行试验非常成功，其操纵品质和性能达到了设计的要求，因此，Bf 109V-1获准进入在雷希林（Richlin）的德国空军测试中心做进一步的测试和试验。Bf 109V-1飞到雷希林后立即遭到德国空军测试中心试飞员的一致反对，这些试飞员习惯了敞开式座舱、低翼载、结实耐用的早期双翼飞机，试飞员们对全封闭座舱非常不适应，他们根本无法接受这么狭窄的座舱，无法接受的还有机翼的自动襟翼和飞机停在地面过大的仰角，试飞员认为仰角过大影响了飞行员在地面滑行时的视野。总之，习惯了老式双翼飞机的试飞员把Bf 109V-1说的一无是处。德国航空部采购办公室主任厄恩斯特•乌德特（一战中的德国王牌，共击落62架敌机）到巴伐利亚飞机制

造公司视察时，梅塞施密特博士骄傲地向他展示了Bf 109V-1飞机，但是不领情的厄恩斯特•乌德特看了Bf 109飞机后，说“它永远也成不了战斗机”。人，往往就是这样，用惯了一样东西就很难接受别的新事物，即所谓的习惯性势力，美国F-16先进的无结构框座

▲图中这架Bf 109V-1原型机起落架间起加强作用的横杠去掉了。Bf 109机头翘起角度太高，起飞时会影响飞行员的视野。

▲Bf 109V-1原型机安装的是罗尔斯•罗易斯公司生产的“红隼”（Kestrel）12缸倒V形液冷直列式发动机，德国其他飞机公司也采用这个型号发动机。

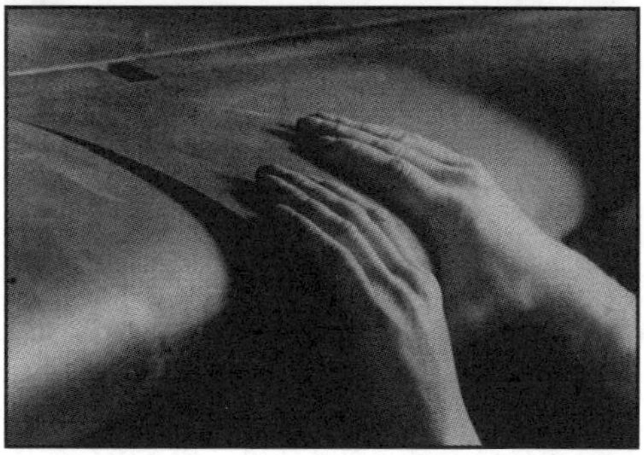

▲Bf 108A开始，Bf 109战斗机也采用了前缘缝翼。二战时期，战斗机采用前缘缝翼并不多见，冷战时期倒是比较常见了，前缘缝翼的作用是飞机大仰角状态飞行时缝翼产生的气流会带走机翼表面的附面层流，提高飞机的可用仰角。另一方面可以提高机翼的升力系数。

舱也曾遭到飞行员的反对，很多飞行员觉得坐在这种座舱里没有安全感。厄恩斯特•乌德特也极不看好Ju 87飞机，但他对俯冲轰炸机还是很推崇的。

试飞期间最为人们所诟病的就是Bf 109V-1的主起落架轮间距太小，Bf 109V-1的主起落架设计在机身处，飞机起飞后起落架向外侧收回机翼起落架舱内。正是由于起落架设计在机身，使得整个飞机看起来像是旱冰鞋，而且瘦弱的起落架使得人们总感觉它要散架。而事实上这个起落架确实也存在着一些问题，在送往雷希林试验中起落架问题就一直是人们批判的重点，在滑行时，Bf 109V-1总是不走正道，歪歪扭扭地蛇行。有些资料

说，在Bf 109的整个生涯中，最失败的设计就是主起落架。

雷希林空军测试中心的试飞员喜欢亨克尔He 112V-1是有道理的，那么多新技术运用到Bf 109V-1飞机上让他们无法适应，而亨克尔公司的方案设计陈旧，满足了试飞员们怀旧的心理。但在竞争试飞中，Bf 109 V-1的速度达到了467公里/小时，比同在雷希林测试的He 112V-1快5%，虽然如此，仍然无法改变试飞员们对Bf 109V-1的偏见，他们认为翼载低、轮距宽的He 112V-1综合性能更胜一筹，He 112V-1的翼展达到12.50米，飞行平稳，停在地面也给人一种四平八稳的感觉。形势很明朗，外界已经盛传德国空军一些技术官员看好He 112，它很可能在竞争中获胜。而这个时候，巴伐利亚飞机制造公司只有继续生产第二架和第三架原型机来进一步完善Bf 109的性能。巴伐利亚飞机制造公司的第二架原型机Bf 109V-2（民用代号为D-IUDE）安装了容克公司研制的Jumo 210A型12缸V形水冷直列式发动机，采用的是3叶可变桨距螺旋桨，功率为610马力（455千瓦）。这架飞机于1935年10月完成制造，它与Bf 109V-1的主要区别是发动机不同，其他方面包括起落架结构上有一些非常小的改动，主要是加强起落架结构强度。另外，在发动机的整流罩留有为MG 17机枪冷却的空气进气口，机枪暂时还未安装，但保留了安装空间。第一个安装机枪的就是Bf 109V-3（民用代号为D-IOQV），它是在Bf 109V-2的基础上改进而来的，该机发动机后上方安装了德国航空部要求的2挺莱茵金属公司（Rheinmetall）研制的MG 17机枪，每门备弹500发。由于Jumo 210A发动机交付的延期，这架飞机1936年5月才生产出来。

关于武器系统的选择，德国航空部要

▲Bf 109V-2是第一个具备安装武器系统能力的原型机，但武器并未安装，它跟Bf 109V-1的区别非常小。关于Bf 109V-2的介绍资料比较少，笔者仔细对比发现它的座舱罩实际上进行了改进，比Bf 109V-1的视野更好。

▲Bf 109V-3是第一个安装机枪的原型机，但是图中飞机座舱前的机枪并未安装，枪口槽用整流罩盖住了。有一个疑问，Bf 109V-3的民用代号为D-IOQV，但图中飞机是D-IOQY，查遍所有资料均称这是第三架原型机，不清楚个中缘由。照片经润色过。

▲跟上图是同一架飞机，注意已经安装了机枪，两个机枪枪口槽清晰可见。

求安装2门MG 17机枪，在当时，这个火力是极弱的。同时期的英国已经在考虑为战斗机安装6挺或8挺机枪以提高火力密度，早在1914－1918年的第一次世界大战中英国就为战斗机和对地攻击机安装4挺机枪了。法国也在20世纪20年代后期和30年代初期就确定了战斗机安装4挺机枪作为基本火力配置，美国在1934年前也在试验为战斗机安装6挺机枪的可能，就连立陶宛装备的法国战斗机也安装了6挺机枪，如此看来，德国战斗机只安装2挺机枪的火力实在太薄弱了，简直就是倒退。以笔者之见，当时德国不可能没注意世界航空技术发展的大趋势，更何况德国飞机最早采用全金属结构，多安装几挺机枪比其他国家都更具优势。可能的原因是德国不想刺激国际社会，毕竟德国还不敢过于明目张胆地违反《凡尔赛公约》。

其实，就在英国考虑为战斗机安装6挺或8挺机枪的时候，英国人又在设想为战斗机安装12.7毫米机枪或20毫米机炮的可能性。全金属结构的飞机出现（虽然还没有正式装备部队的型号）使得7.92毫米口径（注意，不是后来世界标准的7.62毫米）机枪的打击能力大大削弱，提高口径势在必行。赶时髦是法国人的天性，此时法国已经对机翼安装20毫米机炮进行了试验，但是试验结果非常糟糕，不难想像，以木质结构为主要材料的飞机根本就无法承受20毫米机炮的后坐力，以及机炮射击时的震动，炮弹的供弹方式也存在一些问题。

事实上，德国人一点也不傻，20世纪30年代的战斗机个头小得很，起飞重量也不大，在机翼上安装20毫米机炮还无法解决一些关键性的问题，而将机炮部署在机头发动机处可以解决这些问题，机枪射击协调器早在一战期间就投入了使用，这种协调器跟机枪相比更适用机炮，因此精明的德国人在研制Jumo 210和DB 600/601发动机时就预留了安装同步器和机炮，或大口径机枪（比如12.7毫米）的位置。德国的枪炮研制企业此时也没闲着，不断地在提高枪炮的射速和精度。

关于速度，德国航空部对于战斗机速度要求是450公里/小时，也就是安装功率为600－700马力的Jumo 210A改进型号发动机的战斗机速度必须要达到450公里/小时。而同一时期，英国空军技术部对于安装相同功率发动机的战斗机速度要求是426公里/小时。德国Bf 109V-1飞机毫不费力地就达到了467公里/小时，英国人坐不住了，在1934年中期，英国罗尔斯•罗易斯公司的1000马力PV 12“默林”（Merlin，也译成“灰背隼”）发动机问世后，英国皇家空军将战斗机的速度重新规定为515公里/小时。德国发动机技术与英国有相当的差距，但是这个差距是政治因素造成的，在突破了政治上的阻碍后，德国航空发动机也出现大发展的迹象。

在雷希林竞争试飞到这个时候，阿拉多公司的Ar 80和福克－沃尔夫公司的方案遭到淘汰，这两个方案飞机存在着一些机械问题，而且这两种飞机的试飞性能也较差。而不被看好的巴伐利亚飞机制造公司方案却有望成为德国空军下一代主力战斗机，促使德国空军看中Bf 109战斗机的原因是德国情报部门在1936年获知，英国秀泼马林公司（Supermarine）研制的“喷火”（Spitfire）战斗机收到英国皇家空军310架的订单准备批量生产，“喷火”战斗机跟梅塞施密特设计的Bf 109战斗机十分相似，也采用了很多类似的新技术，而且两个型号飞机的性能也差不多。换一个角度看这个问题那就是只有Bf 109性能可与“喷火”飞机匹敌，德国飞行员喜欢的He 112远远不是“喷火”飞机的对手，两者性能落差极大。英国“喷火”战斗机让德国空军高层迅速改变了对巴伐利亚飞机制造公司的看法，Bf 109原型机的试验工作也加快了步伐。英国的“喷火”在一定程度上促使了Bf 109的诞生，而Bf 109的诞生就是为了与“喷火”为敌。

另外，在竞争试飞中，Bf 109不断表现出在性能上比又重又慢的He 112要优秀得多，对比试飞的结果开始慢慢影响到德国航空部那些曾经最反对巴伐利亚飞机制造公司的某些高层官员。随后的Bf 109在特拉福明德（Travemuende）试验一直持续到1936年秋天，这时，几乎可以肯定Bf 109会在新一代战斗机竞争中获胜。曾几何时，它连参加竞争的资格都没有。Bf 109在性能演示中可以任意进入横滚状态并退出，在高空做大角度带动力俯冲表明机体结构强度好，它的爬升性能和转弯性能也都比He 112要强很多。在11月的最终性能评估试验中，赫尔曼•沃尔斯特尔（Herman Wurster）驾驶Bf 109原型机（不清楚是哪架）完成了23个左螺旋，随后立即又做了21个连贯的右螺旋，紧接着，Bf 109飞机又从7010米高度近乎垂直向下俯冲。同时在天上进行性能展示的亨克尔He 112飞行员被Bf 109的这些机动惊呆了，他根本无法跟着做相同的动作。除了性能上具备无法比拟的优势，Bf 109的生产工艺也较He 112简单，生产成本更低。尽管并不是全体一致的意见，德国航空部最终选定Bf 109为获胜者，随后向巴伐利亚飞机制造公司下单订购10架预生产型。亨克尔公司的He 112同时也获得了航空部的订单，但只是备用方案。至此，梅塞施密特博士赢得了这场与米尔希的博弈，米尔希只得在办公室大发雷霆，他后悔给了梅塞施密特一个小小的机会，这个小小的机会最后变成了大大的胜利。

Bf 109获胜仅几个星期后，德国空军

▲亨克尔公司的He 112战斗机看上去挺漂亮，但比较大的败笔是机翼，仍采用跟Ju 87“斯图卡”俯冲机类似的海鸥翼，飞机的性能平平，产量只有104架，日本购买过，但在1941年12月偷袭珍珠港前就退役了，其他使用的国家有西班牙、匈牙利和罗马尼亚等。

在雷希林为德国航空部的高级官员如戈林等举办了一次小型的航空展览，在展览快结束时，举办方进行了一次模拟战场战斗，战斗中，4架He 51战斗机拦截了一个轰炸机编队。模拟截击空战结束后，厄恩斯特•乌德特又驾驶Bf 109V-2战斗机升空去拦截4架He 51战斗机，在模拟战斗中，他干净利索地击落了这4架He 51飞机。随后，他又主动去攻击刚才的轰炸机编队，他再次将编队中所有的轰炸机击落。Bf 109战斗机的性能让所有的人都感到震惊，它的性能无与伦比。这就是乌德特亲口说的“永远也成不了战斗机”的飞机，几个月前他还看不上Ju 87飞机，但在一次试验中彻底改变了看法，跟米尔希不同的是，乌德特只认飞机性能，绝不掺杂个人

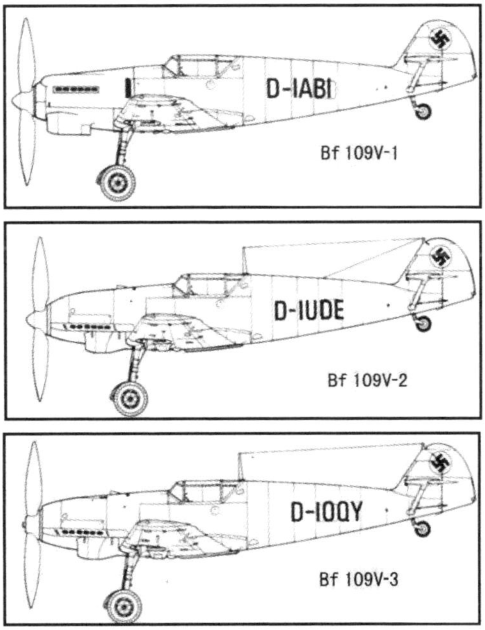

▲Bf 109V-1/V-2、V-3原型机侧视图。

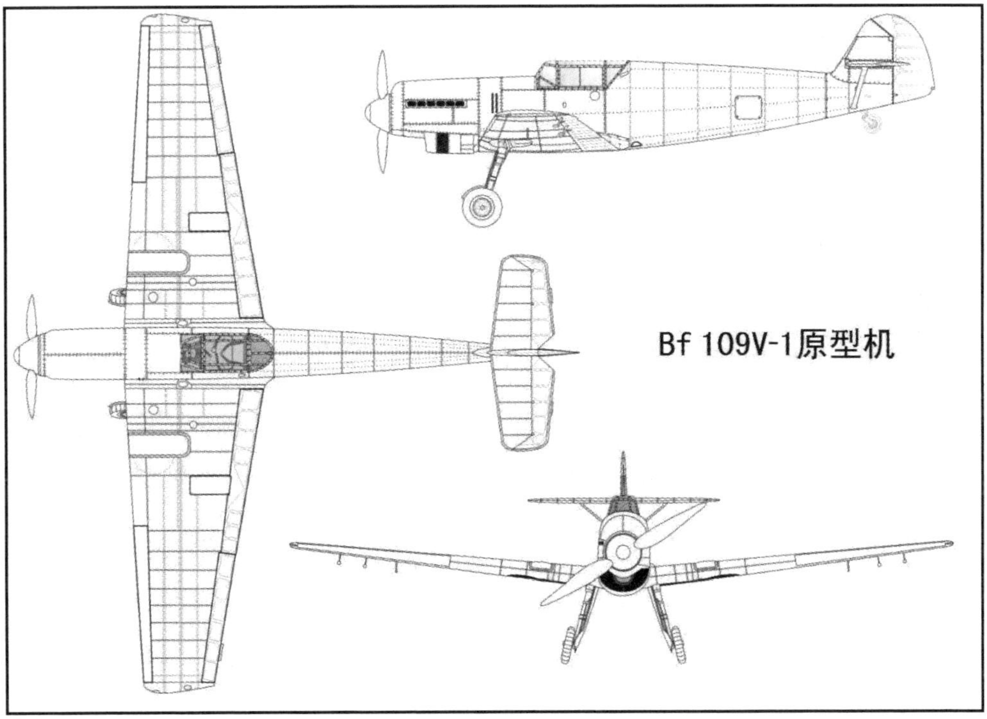

▲Bf 109V-1原型机三视图。

感情。

1936年8月，在柏林举办的第11届奥林匹克运动会场上，Bf 109V-2原型机进行了飞行表演，当时世界上第一次用摄影机拍下了这一盛况。这是Bf 109战斗机日后辉煌的第一次公开展示，这仅仅是个开始。

Bf 109B系列（预生产型）

Bf 109B-0是预生产型的编号，不是正式服役的编号，德国称之为“B-0”系列，书写时必须加上“0”，如Bf 109B-01、Bf 109B-02……Bf 109B-013等，这个“0”系列的机体结构、动力装置和武器系统跟Bf 109V-1/2/3的一样，主要也是用试验来充分挖掘飞机的性能，因此，这些飞机也有表示“试验”的V字母，第一架Bf 109B-01就是V-4，即Bf 109V-4（序列号Wk-Nr 878 D-IALY）。这架飞机在原来Bf 109V-3的基础上又增加1挺机枪，这门机枪安装在发动机螺旋桨桨毂中间。这是应德国空军的要求安装的，空军参谋部在对Bf 109原型机做最后评估后发现，最初的新型战斗机的技术规范中规定的2挺7.92毫米机枪火力明显不足，敌对方英国的“喷火”战斗机安装的是4挺机枪，火力比Bf 109的要猛烈，因此要求增加1挺机枪。增减机枪（炮）数量并不奇怪，但没有哪款飞机像Bf 109在以后的型号改进中这么频繁地增减机枪（炮），下文就可知一二。这也印证了上文笔者的猜测，德国人早期规定安装2挺机枪是故意迷惑行为。

这架Bf 109V-4于1936年11月进行了首飞，随后两个月，Bf 109V-5（序列号Wk-Nr 879 D-IEKS）和Bf 109V-6（序列号Wk-Nr 880 D-IHHB）也进行了首飞。这2架飞机安装的是改进后的Jumo 210B发动机，这款

▲Bf 109V-4是预生产型，它的机头发动机螺旋桨桨毂中间增加1挺机枪，它和其他3架原型机一道参加了西班牙内战，不过这架飞机在西班牙第一次试飞时坠毁。Bf 109的性能比西班牙战场上任何战斗机都先进得多。

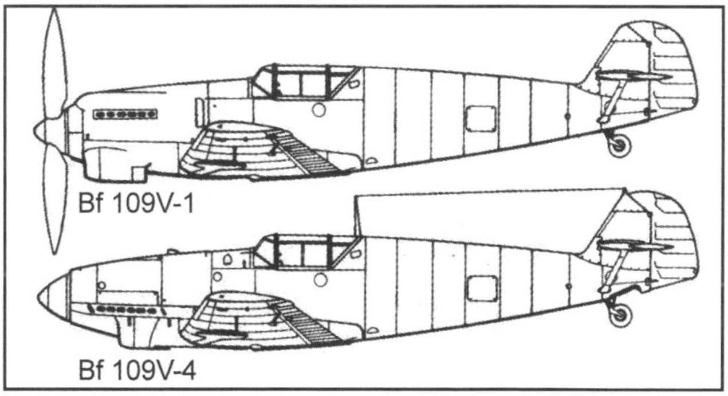

▲Bf 109V-1和Bf 109V-4原型机侧视对比图，发动机整流罩和发动机散热器进气口区别较大。

Bf 109B-0的这三架原型机不仅装备部队前的测试非常成功，而且后来又被送到真实战场环境下进行测试，实战的测试和评估也取得了极大的成功。1936年12月至1937年1月，这三架飞机被船运到西班牙的塞维利亚（Seville，西班牙西南），装备那里的德国空军第88战斗机大队（Jagdgruppe 88，简称J./88，下辖4个中队和一个队部直属单位（Stab，有的中文资料也称队部））的VJ./88试验战斗机中队（Experimental Fighter Squadron）[①]，该大队隶属“秃鹰军团”（Condor Legion）战

发动机可以提供五分钟600马力的应急功率，持续功率为540马力。其他方面小改进包括机枪冷却空气进气口改为三个条形的开口槽，座舱前视风挡结构加强，机翼的支撑结构做了改进，因此，原来机翼上的加强肋不再需要。

▲图中是Bf 109V-5原型机。

① J./88和VJ./88到底是什么关系很多资料都没说清楚，如果说VJ./88是中队编制就隶属J./88大队。J./88这个首先肯定没有错，但是，在专门介绍西班牙内战的书籍中没有看到VJ./88这个称呼，“V”的意思是试验，因此笔者更倾向于J./88和VJ./88是一个单位的不同称呼。从德国空军单位番号书写规范来看VJ./88中的“VJ”不能指中队，中队一般用阿拉伯数字，比如J./88大队的第3中队就是3.J/88。

斗机单位。德国空军是应西班牙佛朗哥政府要求镇压民族主义运动的，也就是西班牙内战，在1936年中期，德国政府就同意向西班牙派遣装备He 51B战斗机的第88战斗机大队（以下简称J./88大队）。但是，在战争初期，J./88大队的He 51B战斗机在和苏联提供给共和派军队的波利卡波夫设计局研制的I-15战斗机交战中表现欠佳，为此，德国空军决定向西班牙战场派遣新型的试验飞机以评估飞机的优缺点，其中就包括Bf 109B-0几架预生产型飞机和Ju 87俯冲轰炸机。

▲这架Bf 109V-6原型机比较特别，座舱前撑起了高高的架子，飞机的垂尾顶部安装了照相机，下图水平尾翼上摆放着几部照相机。这架飞机实际上是用来试验加速失速问题。

▲以上两图中Bf 109V-6原型机在完成了Bf 109B的试验后又被用来进行其他试验，物尽其用。

跟预期的一样，3架Bf 109战斗机在作战中出现了一系列新研制飞机正常出现的毛病，但是，作战中也证明了Bf 109飞机性能非常出色，德国空军选中它而不是He 112飞机的决定是正确的。随后，这三架飞机返回奥格斯堡工厂改回到研制项目状态继续做试验。参加西班牙内战的Bf 109飞行员冈瑟尔•拉杜施（Günther Radusch[②]）中校后来在回忆驾驶Bf 109参加西班牙内战时称：

我们伪装成游客从汉堡乘船前往西班牙塞维利亚，我们一行有十名或十二名飞行员和6架用板条箱包装起来的He 51战斗机。我们一到目的地就立即组装飞机并投入战斗，为Ju 52轰炸机护航。1936年年底，我们接收首架 Me 109 战斗机（即Bf 109），我驾驶着只有两挺机枪的Me 109战斗机取得了第一次空战胜利。当天，我们的任务是从维托里奥（Vitorio）起飞去为驻扎在我们北部的J./88大队一个测试中队的轰炸机护航。当时天空晴朗，我们3架Me 109战斗机保护着一支Ju 87轰炸机编队，快到港口的时候我看到 4 架 Avia 534 型双翼战斗机急速爬升上来，准备攻击轰炸机编队。我们快速超过轰炸机编队迎着敌机俯冲下去，而后从后方把敌机围拢。我的两个伙伴首先开火，但开火过早没有命中，3架Avia 534飞机遭到攻击后立即散

① 冈瑟尔•拉杜施后来成为夜间战斗机王牌飞行员，他的战绩达到60架以上。

▲Bf 109V-7原型机。

开逃走，但他们的长机似乎并没有注意到遭到了攻击，他还追着轰炸机。我的座机只安装2挺机枪，因此我决定飞到50米距离内再开火。我只射击了短暂一会儿就迅速退出，这已经足够了，敌机翻了个身向下坠去，没有冒烟，什么也没有。（被击中的）敌机下坠到1000 米高度时解体。

1937年3月，Bf 109V-7飞机进行了首飞，这个型号安装的是Jumo 210G发动机，该发动机采用喷射供油技术和2级增压器，起飞功率达到了700马力，喷射供油方式比过去的化油方式要先进，尤其是飞机做大过载机动时供应稳定，不会出现断油现象。这架Bf 109V-7飞机同时也作为Bf 109B-2的原型机。

Bf 109V-8、V-9和V-10是Bf 109C的原型机，Bf 109V-8和V-9安装的是改进的Jumo 210Ga发动机，而Bf 109V-10最初安装的也是Jumo 210Ga发动机，后改为性能更好的DB 600Aa发动机，该发动机起飞功率为900马力。Bf 109V-8起落架支撑臂外侧机翼上安装了2挺MG 17机枪，每门备弹420发，为此，机翼的前缘缝翼做了适应修改。机枪的射击试验效果非常好，因此，安装4门机枪成为后来Bf 109C的标准武器配置。

Bf 109V-9跟V-8型十分相似，但这个型号机翼处V-8上采用的MG 17机枪改为2门20毫米MG FF机炮，每门备弹60发。但是这种大口径机炮存在着一些小问题，影响了飞机的性能，因此，Bf 109前面的型号没有安装20毫米机炮，直到Bf 109E才开始安装机炮。

安装了DB 600Aa发动机的Bf 109V-10在1937年7月坠毁，当时，在苏黎世国际飞行大会上，厄恩斯特•乌德特（此时他成了最强烈支持Bf 109的人，对Ju 87“斯图卡”飞机的态度也是如此）驾驶Bf 109飞机准备创造一项飞行速度世界记录时失事坠毁。由于这架飞机坠毁，巴伐利亚飞机制造公司只得又生产一架原型机，即Bf 109V-11，这架飞机用来测试戴姆勒－奔驰公司的DB 600Aa发动机。最后2架预生产型原型机是Bf 109V-12和V-13，这两架飞机安装的也是DB 600Aa发动机，其中Bf 109V-13后来换装了新型的、马力更强劲的DB 601发动机，其功率达到1175马力，该发动机性能非常可靠。1937年11月，这架飞机创造了陆基飞机的飞行速度记录，在3000米直线距离上（从两个方向进入），Bf 109V-13的平均速度达到了610.5公里/小时。

Bf 109B-0原型机和试验型号（V）的对应关系（共10架）：

Bf 109B-01——Bf 109V-4

Bf 109B-02——Bf 109V-5

Bf 109B-03——Bf 109V-6

Bf 109B-04——Bf 109V-7

Bf 109B-05——Bf 109V-8

Bf 109B-06——Bf 109V-9

Bf 109B-07——Bf 109V-10

Bf 109B-08——Bf 109V-11

Bf 109B-09——Bf 109V-12

Bf 109B-10——Bf 109V-13

Bf 109B“伯莎”（生产型）

由于早期Bf 109B的原型机试验非常成功，德国空军开始向巴伐利亚飞机制造公司订购生产型Bf 109B飞机。1937年2月，早期的Bf 109B-1从生产线上下线，它是在Bf 109V-4、V-5和V-6基础上改进的，生产型Bf 109B-1采用的是带增压器的Jumo 210Da发动机，螺旋桨为斯瓦兹公司（Schwarz）生产的固定桨叶木质结构，2片桨叶，发动机起飞功率为680马力（有资料称是720马力，转速为2700转/分）；武器系统为安装在发动机整流罩上的2挺MG 17机枪，原螺旋桨毂中间那挺机枪因在Bf 109V-4、V-5和V-6上试验和西班牙战场上实战时都出现过因冷却问题而卡壳的现象，这个问题一时无法解决，因此决定去掉这挺机枪。为机枪提供瞄准的是卡尔•泽斯公司（Carl Zeiss）研制的Reflexvisier（Revi）C/12C反射式瞄准具，预生产型安装的是Revi C/12B；原散热器处的油冷却装置被去除，取而代之的是在左侧翼下增加一个独立的冷却空气进口；FuG VⅡ通讯电台，空对空有效作用距离为65公里。Bf 109B的绰号为“伯莎”（Bertha），这个绰号没有任何意义，只是按“B”开头字母随意起的。

按计划，Bf 109B-1首先交付给JG 132“里希特霍芬”（Richthofen）联队，这个联队的主要任务就是为Bf 109B-1战斗机研究出一套战术和后勤保障方面的理论数据，也就是尽可能大地挖掘战斗机的性能，制定出完善的作战和后勤保障条例，这些都是新机必须要做的一套程序。JG 132联队的Ⅱ大队（即Ⅱ./JG 132）计划首先装备Bf 109B-1战斗机，而后Ⅰ./JG 132大队开始装备。但是，

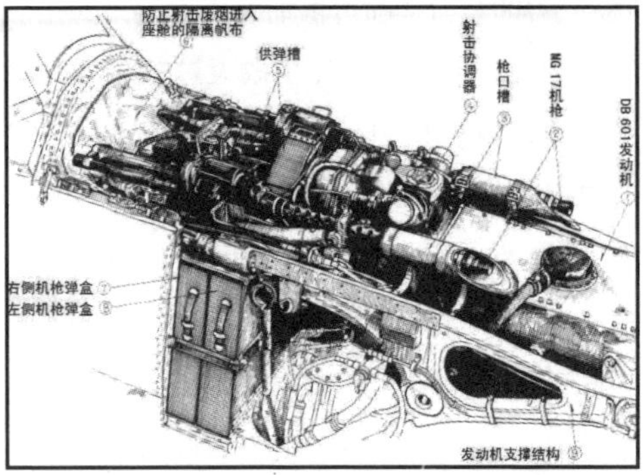

▲发动机上方2挺7.92毫米MG 17机枪后来成为几个Bf 109早期型号的标准武器系统，图中是Bf 109E的MG 17机枪安装示意图，与其他安装该型机枪的安装结构完全一样。

▲图中是Bf 109B-1早期型号，注意座舱后天线桅杆与尾翼单元连接的三根天线，这是这个型号的主要特征。

▲Bf 109B-1早期型号的发动机整流罩前上方没有冷却空气进气口，下面配图可以清楚看出区别。

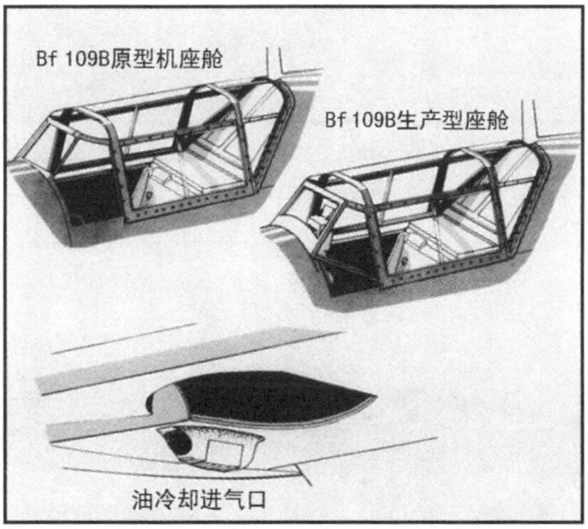

▲Bf 109B-1原型机和生产型座舱对比，区别非常小，后者的侧风挡增加一个加强框（每侧）。油冷却进气口就在主起落架舱内侧。

由于西班牙战场上的苏联I-15和I-16机明显比德国的He 51B战斗机性能要好，德国空军决定把首批的Bf 109B-1飞机装备在西班牙战场的J./88大队，因此，JG 132联队抓紧改装训练，训练一结束便立即于1937年4月前往西班牙加入到J./88大队中，组成2.J/88中队，中队原He 51B转交给西班牙空军。在西班牙战场实战中，I-15和I-16在低空的性能比Bf 109B-1要优秀，德国飞行员吃过几次苦头后很快学会将敌机引向高空作战，再也不敢在低空与之缠斗。

西班牙内战期间，有一架Bf 109B-1因燃油不足在共和军控制的地区迫降，法国得知这个消息后谨慎地提出要检查一下Bf 109B-1飞机，共和军同意了法国的要求。法国派出技术人员赶往西班牙对Bf 109B-1进行了详细检查并出具了一份内容详细的报告，报告对该机的设计赞赏有加，由于怕引起外交麻

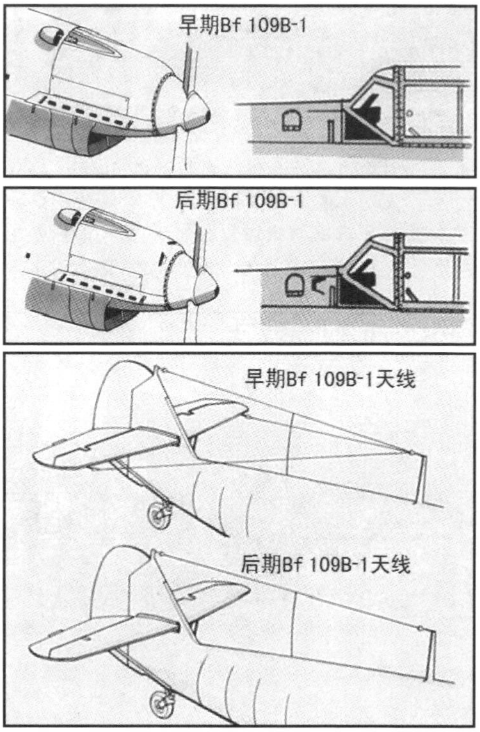

▲Bf 109B-1早期型号和后期型号主要外观对比图。

▲上三图均为参加西班牙内战的Bf 109B-1后期型号，发动机整流罩前方有机枪冷却进气口。参加西班牙内战的德国飞机机身、机翼和垂尾都有“X”标志，这也是一种识别标志。

烦，这份报告外界当时无从知晓，只有极少数人看过。测试试验完成后这架飞机还给了共和军，但是此时苏联对这架飞机产生了兴趣，对西班牙内战出工又出力的苏联提出要求，共和军爽快地答应了。1938年2月，这架Bf 109B-1飞机（6-15）被拆解并送到苏联，苏联空军研究中心（VII VVS）对飞机进行了仔细研究，但是，这些研究并没有对苏联飞机产生多大的影响，主要由于苏联当时政治气候因素的制约。

Bf 109B-1实际上只生产了30架，但，这30架B-1型号中也分早期型和后期型，但改动非常小，比如后期B-1飞机后背天线由早期型

▲Bf 109B-1的Jumo 210Da发动机。注意看发动机上方的MG 17机枪。

▲飞行状态的Bf 109B-1战斗机。

的三根改为一根；原Bf 109V-5和V-6上的第三挺机枪冷却空气进口再次装上，德国空军仍然希望增加飞机的火力；座舱风挡左侧，即MG 17机枪维护舱盖后侧增加一个排气口。

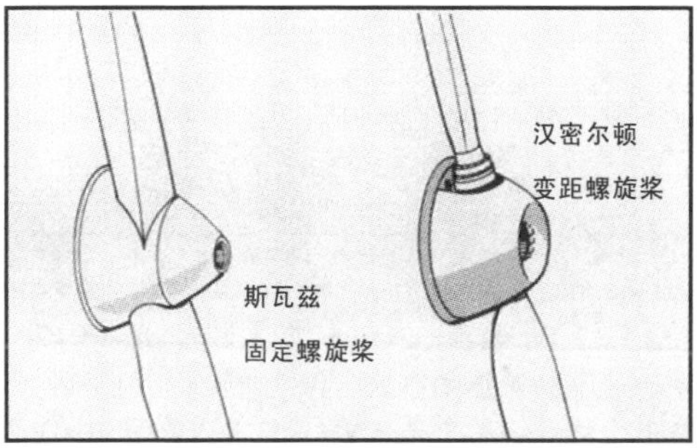

▲Bf 109B-2和Bf 109B-1螺旋桨对比图。

▲这架全新出厂的Bf 109B-2飞机发动机整流罩上没有机枪冷却空气进气口。因是黑白照片看不出飞机的涂装，实际上德国空军采用的是深色迷彩涂装，上机身为两种深绿色，下机身为蓝色。这个色调跟欧洲的地理环境较为相似。

▲德国空军飞机的机身艺术画非常丰富，当时德国的政治氛围较宽松，飞机上采用了美国动画片人物，二战开始后，连听美国音乐都是不允许的。

▲德国空军JG 32“里希特霍芬”联队的两个大队率先装备Bf 109B-2战斗机。经过西班牙内战的磨炼，德国空军的战术得到了很大的提高，图中就是灵活的双机编队，这是最小的战斗机出动编队，两个双机编队可以组成四机编队，更大规模的编队则以四机编队为基数。德国的战斗机队形相对其他国家更加先进，特别是英国皇家空军仍固守一战形成的三机编队形式。

▲上两图均为Bf 109B-2战斗机。

▲除了参加西班牙内战，Bf 109B在德国空军主要用于训练。图中是Ⅱ./JG 32大队的Bf 109B-2战斗机，而最右侧这些飞机安装了Bf 109E才有的突出排气管，这点比较少见。

仅仅生产了30架Bf 109B-1后，德国空军作战参谋部命令在奥格斯堡的生产线上将Bf 109B-1改为Bf 109B-2飞机，它跟Bf 109B-1的主要区别是发动机原来的2叶木质螺旋桨改为专利生产的汉密尔顿标准公司（Hamilton Standard）的VDM全金属2叶变距螺旋桨。发动机更换螺旋桨后起飞功率达到了720马

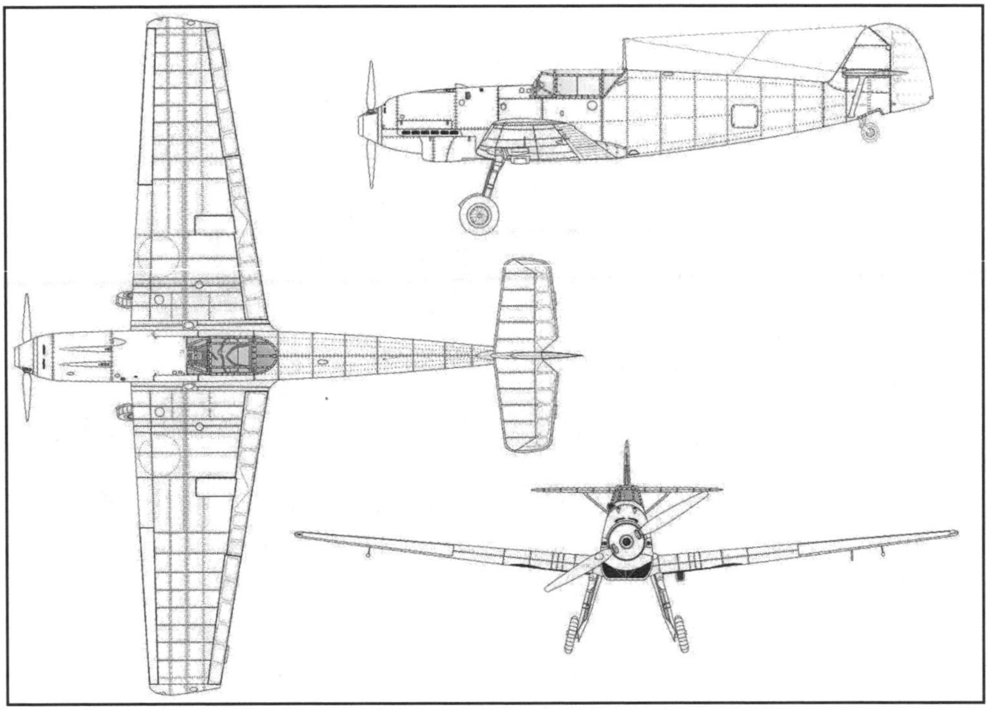

▲Bf 109B-2战斗机三视图。

力，持续最大功率为610马力。1937年7月，Bf 109B-2开始交付给J./88大队所属第1飞行中队（即1.J/88），在西班牙战场，J./88大队共装备了40架Bf 109B-1和Bf 109B-2战斗机，这种世界最先进的战斗机很快统治了西班牙天空。德国宣传机构对Bf 109B的表现大加宣扬，事实上Bf 109不管是在当时还是未来都值得这些美誉之词，但是，德国人宣称Bf 109B战斗机已经“广泛”地装备部队确实是吹牛。截至1937年8月，只有Ⅰ./JG 132大队、Ⅱ./JG 132大队和Ⅰ./JG 234大队装备了Bf 109战斗机，而且没有一个大队满编装备，直到1937年11月，Ⅱ./JG 234大队才开始装备Bf 109B战斗机。

截至1938年3月12日德国入侵奥地利时，德国空军共有12个战斗机大队（西班牙J./88大队不算）已经装备或正在换装Bf 109B战斗机。已经装备或正在换装的单位如下：

Ⅰ./JG 131	驻扎在约绍（Jesau）	装备Bf 109B
Ⅰ./JG 132	驻扎在多布里茨（Doberitz）	装备Bf 109B
Ⅱ./JG 132	驻扎在约特伯格-达姆（Juterborg-Damm）	装备Bf 109B
Ⅰ./JG 234	驻扎在科隆（Cologne）	装备Bf 109B
Ⅱ./JG 234	驻扎在杜塞尔多夫（Dusseldorf）	装备Bf 109B
Ⅰ./JG 334	驻扎在韦斯巴赫（Wiesbach）	装备Bf 109B

还在装备其他战斗机的联队：

Ⅰ./JG 136	驻扎在埃格尔－马林巴德（Eger-Marinbad ）	装备He 51C-2
Ⅰ./JG 134	驻扎在多特蒙德（Dortmund）	装备Ar 68
Ⅱ./JG 134	驻扎在韦尔（Werl）	装备Ar 68
Ⅰ./JG 135	驻扎在埃布林（Aibling）	装备Ar 68
Ⅰ./JG 137	驻扎在贝恩堡（Bernburg）	装备Ar 68
Ⅱ./JG 133	驻扎在曼海姆（Mannheim）	装备Ar 68

因为巴伐利亚飞机制造公司已经以自身最大能力生产新型战斗机，虽然在奥格斯堡新建了生产工厂，但还是无法满足德国空军的需要。为此，巴伐利亚飞机制造公司与菲施乐公司签署协议利用菲施乐公司在卡塞尔（Kassel）的生产设备及厂房生产Bf 109B-2战斗机，1937年12月，菲施乐公司的工厂开始交付新生产的战斗机。曾几何时，巴伐利亚飞机制造公司还被强令专利生产菲施尔公司的飞机。三十年河东，三十年河西啊！

Bf 109C“克拉拉斯”（Claras）系列

Bf 109C-1的原型机是Bf 109V-8、V-9和V-10，因此，它的结构和配置跟这3架原型机类似，动力装置也是容克公司的Jumo 210Ga改进型发动机，起飞功率为700马力。Bf 109C

▲两图分别是Bf 109V-8和Bf 109V-10原型机，没有Bf 109V-9的照片。

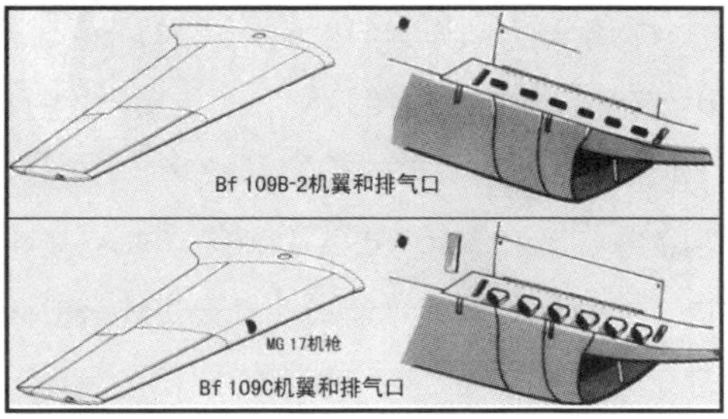

▲Bf 109B-2和Bf 109C的机翼和发动机排气口对比图。

在研制成功时Bf 109B-2仍在生产，因此，Bf 109B-2的最后批次也安装了Jumo 210Ga发动机。

Bf 109C-1跟 Bf 109V-8一样起落架舱外侧机翼上安装了2挺MG 17机枪（左右各一），但是安装2挺机枪对于Bf 109飞机来说并不容易。早期德国空军要求Bf 109安装2挺机枪，因此梅塞施密特博士在设计飞机时就没有考虑机翼安装机枪后的结构强度，机翼采用的是轻质结构设计，单梁结构和前缘缝翼等。英国的“喷火”和“飓风”战斗机在设计时就考虑了在机翼安装机炮，虽然“喷火”战斗机采用的是单翼梁设计，但主翼梁靠近机翼前缘，机枪后膛在主梁后方；“飓

▲Bf 109C的排气管伸出机体表面，这是与此前型号最明显的外观区别。

▲这张画面质量不高的是Bf 109C-3试验飞机，照片极为罕见，虽然模糊，仍可见机翼前缘伸出的炮管。

▲Bf 109C战斗机的三个角度，突出于机身的排气管和机翼的机枪孔清晰可见。

▲德国空军JG 71联队的1架Bf 109C战斗机正在补充机翼和发动机上方机枪子弹，联队番号已经改为两位数，不是三位数。照片拍摄于1939年1月。

▲德国空军JG 137联队的地勤人员正在检查Bf 109C的无线电设备。注意看飞机机翼后缘襟翼上白色框，这里是禁止踩踏部位。有资料称这是Bf 109D型号。

▲这架深色涂装的Bf 109C竟然又采用了Bf 109B-1才有的天线，只是后机身上方是两条。

风”战斗机采用的是双翼梁设计，机翼厚度也足够布置机枪弹药盒。Bf 109的情况则完全相反，机翼弦长短于英国两款飞机，主翼梁又在机翼中间位置，安装机枪极为头疼。最后技术人员运用智慧解决了问题，不必在主翼梁上挖洞，也不必重新设计机翼，只是弹药盒稍突出机翼下表面。但是，机翼无论怎么改都只能安装1挺机枪，再想增加肯定不行；Bf 109C-1发动机的改进是排气口做了修改，排气管伸出机体表面，排出的发动机废气远离机身。散热器进气口面积也增大，这是Bf 109C-1与Bf 109B-1外形上最大的区别。另外，Bf 109C-1安装了FuG 7无线电设备，它可以实现空中飞机与地面部队的直接联系，此前型号的飞机没有这种设备。

1938年3月，Bf 109C开始从奥格斯堡工厂下线，跟Bf 109B型一样，这些飞机也被送到了西班牙战场接受考验，接替那里的He 51B和早期的Bf 109B-1战斗机。第一个装备Bf 109C-1战斗机的是德国空军Ⅰ./JG 132大队，该大队所有的Bf 109B-1全部替换成Bf 109C-1型号。此时的德国已经吞并奥地利，希特勒又将目光投向了苏德台地区，试图“收复”该地区，全世界的注意被吸引过来，德国自己都没想到没费什么周折就成功地获得了苏德台地区。

在奥格斯堡工厂的Bf 109C还有C-2、C-3和C-4等型号，Bf 109C-2是一个实验型号，它跟Bf 109C-1基本上一样，但在Bf 109B-1型号上去除的螺旋桨毂上那门

MG 17机枪再次安装了上去，一方面对机枪的冷却系统做了改进，运用了一些新材料；另一方面对机枪与发动机之间采用隔离措施，增加了一些散热导管，因此机枪冷却问题得到了解决。Bf 109C-3也是实验型号，它主要用来测试机翼上安装20毫米MG FF机炮的可行性。

Bf 109C-4跟C-3差不多，但螺旋桨毂上的MG 17机枪改为20毫米的MG FF机炮，Bf 109C-4也只用来做实验，因此没有装备作战部队。

截至1938年7月1日，德国空军又迅速扩充了至少8个战斗机大队，只不过这些大队装备的是重新喷漆的老旧飞机。新增8个战斗机大队如下：

Ⅲ./JG 132　驻扎在约特伯格－达姆（Juter-borg Damm）*

Ⅳ./JG 132　驻扎在韦尔诺伊兴（Werneuchen）

Ⅳ./JG 134　驻扎在多特蒙德（Dortmund）

Ⅱ./JG 135　驻扎在埃布林（Aibling）

Ⅱ./JG 137　驻扎在采尔布斯特（Zerbst）

Ⅰ./JG 138　驻扎在阿斯篷（Aspern）**

Ⅲ./JG 234　驻扎在杜塞尔多夫（Dusseldorf）

Ⅲ./JG 334　驻扎在曼海姆（Mannheim）

*由原奥地利空军富有经验的飞行员组成。

**该单位早期装备的是Ar 68E双翼战斗机，不久接收了原本要发往日本的12架亨克尔He 112B-0战斗机。

在Bf 109C生产期间，有一件重大意义的事件发生了，那就是巴伐利亚飞机制造公司（BFW）改名为梅塞施密特 A.G公司，原因一方面是梅塞施密特博士设计的飞机非常成功，另一方面是梅塞施密特博士在航空领域的革新和新设计概念方面做出了很大的

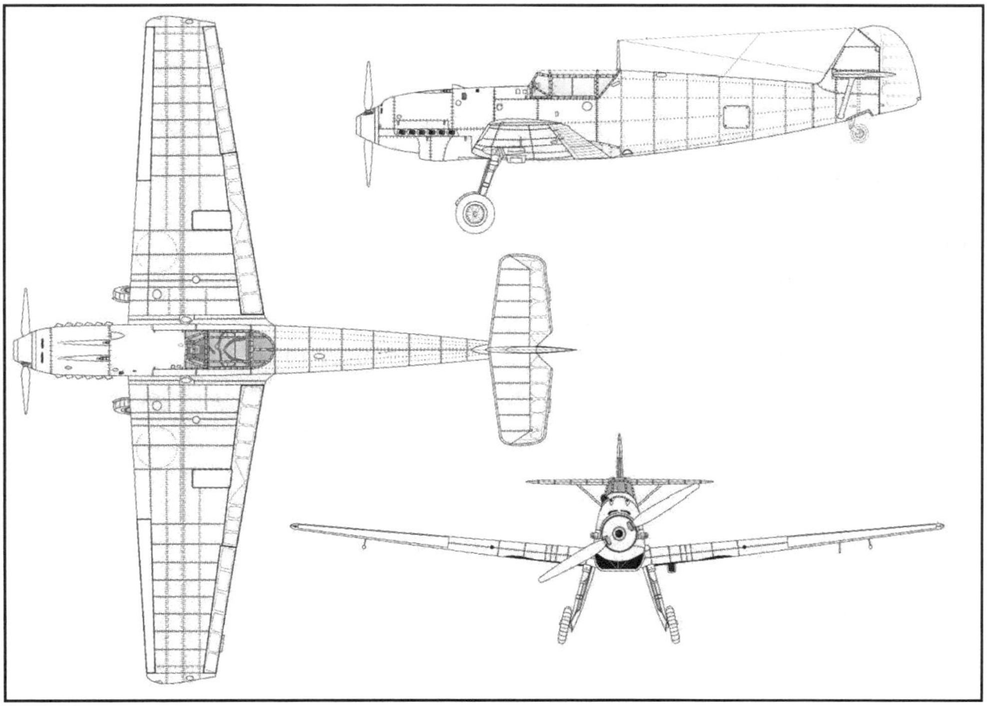

▲Bf 109C战斗机三视图。

贡献。为了利用他的名气，德国航空部建议巴伐利亚飞机制造公司管理层（包括梅塞施密特博士）通过改变公司名称树立一个全新的国际形象。由于Bf 109战斗机已经开始生产，它的“Bf”前缀仍保留，但从此以后，新研制的飞机均以“Me”为前缀。

Bf 109D“多拉”（Dora）系列

Bf 109D型只是作为安装Jumo 210发动机的Bf 109C飞机和计划安装DB 601发动机的Bf 109E飞机之间的过渡型号，因此，它的产量很小，只有大约200架。

早在1934年颁布新型战斗机技术规范时，德国航空部就告知几家竞标公司未来战斗机要安装戴姆勒－奔驰公司的DB 600或

▲以上三图分别是Bf 109V-11、Bf 109V-12和Bf 109V-13原型机。

DB 601型发动机，这两款发动机的功率比容克公司的Jumo 210发动机的要高得多，也更先进，它可以大幅度提高Bf 109的性能。德国航空部的计划是Bf 109C以后的型号开始安装戴姆勒－奔驰公司的发动机，但是，这两款发动机的研制进度较慢，直到1937年才研制成功，在随后的两年里发动机的交付也成了问题。由于戴姆勒－奔驰公司的发动机迟迟不能及时到位，它不仅影响到是否投产Bf 109D飞机，还影响到了Bf 109D的生产数量，因为从一开始Bf 109就计划采用奔驰公司的DB 600系列发动机。DB 600系列发动机于1937年研制成功后，除了为数不多的发动机被安装到Bf 109上用来测试外，大部分提供给了亨克尔公司用在He 111轰炸机上，当时，He 111轰炸机是德国空军最优先的发展项目，这也说明德国空军的战略是首先消灭敌人，优先研制战斗机的国家注定是防御型空军，一战结束后德国备受英法两国欺凌，德国决定用轰炸机一雪前耻。另外，在He 111轰炸机上性能表现稳定的发动机在战斗机上却出了问题，DB 601发动机在验收试验中发现新型自动监测增压器存在一些技术问题，新型自动监测增压器不仅可以提高发动机的功率，还可消除发动机供油系统在做大过载（g）机动性出现的断流现象，但这方面遇到的技术问题导致了DB 601发动机交付的延期。

因考虑到DB 600发动机在短期内无法向梅塞施密特公司大量提供，计划大量生产的Bf 109D的产量会受到很大的影响，另一方面DB 601解决技术问题还需要数月时间，德国

▲这架失事的Bf 109V-11是Bf 109D的原型机之一。

▲整齐排列的这些Bf 109D-1是福克－沃尔夫公司生产的，这家公司还得靠后来的Fw 190来证明自己的能力。

航空部决定将Bf 109D作为一个过渡型号，飞机安装Jumo 210D和Jumo 210G发动机，即使是这两款发动机数量也极为有限。因此，直到Bf 109E系列飞机才开始装备DB 601发动机。但是，德国工业界做不到的事，戈培尔这个“大能人”可以做到，确实有几台DB 600被送到梅塞施密特公司进行装机试验，安装了DB 600发动机的Bf 109飞机被喷涂成服役涂装和标志对外隆重展示，戈培尔的意思就是迷惑外界让他们相信德国空军已经装备了更加先进的战斗机。

Bf 109D项目在1937年中期提出研制，最初计划将Bf 109V-14和V-15作为它的预生产型，但是，Bf 109E型开始研制时，这2架飞

▲Bf 109D-1两个视角图。

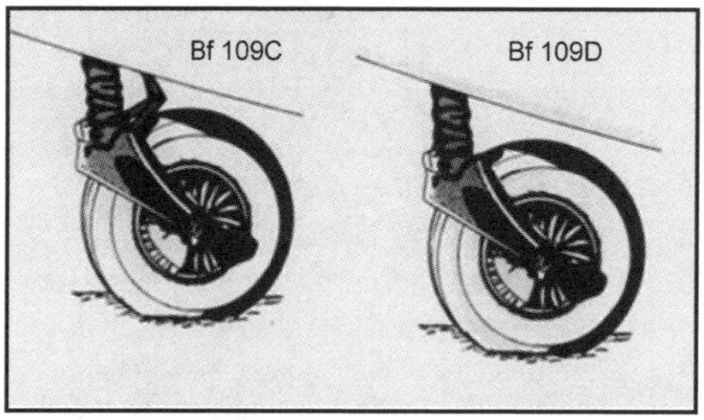

▲Bf 109C和Bf 109D的后起落机轮对比图。

机被用来作为E型的原型机。为此，Bf109D只能将Bf 109V-11、V-12和V-13（均是Bf 109B-0的原型机）作为原型机进行设计和结构测试。梅塞施密特公司原计划将Bf 109D生产线作为第一个标准的生产线，以后的型号也按这个标准进行生产，因发动机问题Bf 109D降格为过渡型号，产量预计也有限，建标准生产线的计划只得向后拖。原来设想的Bf 109D跟此前的型号相比，座舱后面的结构布局基本一样，但座舱前面部分变化较大，主要是：发动机散热进气口改为体积更小、更光滑的油冷却进气口，两侧机翼下表面安装2个体积较小的乙醇散热器；长条形增压器进气口安装在发动机整流罩左侧发动机排气口

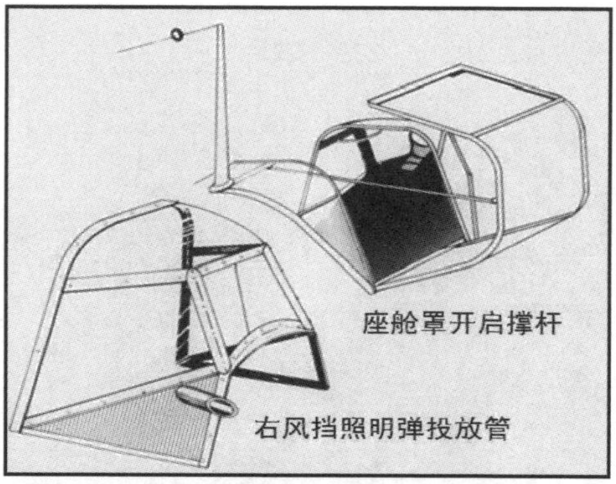

▲Bf 109D-1座舱罩开启和照明弹投放管示意图和实物图。

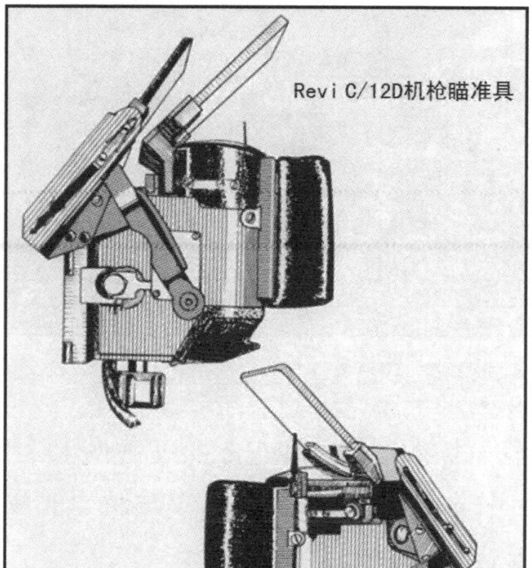

▲Bf 109D-1的ReviC/12D机枪瞄准具。

▲Revi C/12D机枪瞄准具实物图。

▲实物图近距观察Bf 109D-1的发动机螺旋桨和机枪冷却空气进气口。

▲Bf 109D后来也装备“秃鹰军团”，在西班牙接受实战检验，这是一个难得的实战机会，因此德国战斗机发展上有针对性，二战初期的领先地位跟实战测试有很大关系。

▲上图是Bf 109D-1的后期型号，而下图是更后期的型号。注意左侧翼下的油冷却装置突出的整流罩，前面的黑洞是冷却空气进气口。而机翼前缘的黑洞是机枪或机炮预留孔，Bf 109D虽然可以安装机翼机枪或机炮，实际上到Bf 109E-3才真正安装。

▲瑞士空军最早购买了Bf 109D-1战斗机，装备部队发现飞机的性能实在比其他飞机强得多，因此匆忙地采购了Bf 109E型号。

▲JG 32联队的Bf 109D-1战斗机。

▲正在起飞的Bf 109D-1战斗机。

▲飞行中的Bf 109D-1，近处飞机机翼前缘伸出的是空速管。

▲Bf 109D-1战斗机座舱。

上方；飞机尾起落架由支撑式改为悬臂式，铰链和发动机接合部结构加强。但是，除了结构加强外，其他的改进都造成了很大的拖延，原因就是Bf 109D前机身是按DB 600发动机设计的，此时必须重新设计前机身以便安装Jumo发动机。

Bf 109D的武器系统包括：2挺安装在发动机整流罩上方的MG 17机枪，1挺安装在倒V字形汽缸之间的20毫米MG FF机炮，后来一些飞机上又把这门机炮去除，因为该机炮射击时经常出现卡壳现象；另一方面，机炮射击时的后坐力会影响到飞机操纵品质。机枪瞄准具由Revi C/12B升级为Revi C/12D。

为了增加飞机的火力，也为了解决发动机上安装机枪尚存在的一些问题，梅塞施密特公司随即研制了Bf 109D-2飞机，这个型号跟D-1的类似，但发动机头部的机炮被去除，机翼安装2挺MG 17机枪。另外，梅塞施密特公司还生产了少量的Bf 109D-3型飞机，它与Bf 109D-2唯一的区别是机翼处的2挺MG 17机枪被2门20毫米机炮取代。以上可以看出，

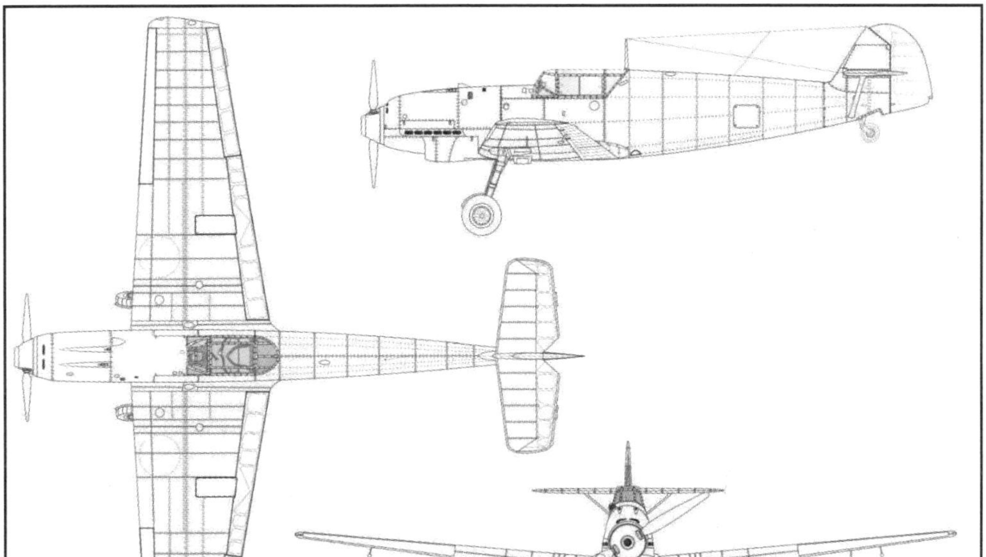

▲Bf 109D-1战斗机三视图。

Bf 109D子型号只是武器上有区别。

1938年春天，Bf 109D“多拉”下线并开始交付空军部队，第一个装备该型号飞机的是驻扎在约绍的Ⅰ./JG 32大队。截至1938年8月，德国空军总共643架一线战斗机中，Bf 109各个型号占了一半还不到。但是短短七个星期之后，德国空军的军力报告中就提到了有583架Bf 109已经装备空军部队，足可见Bf 109战斗机在德国空军中的地位。就在这时，双发Bf 110战斗机也即将完成量产，战斗机部队从此分成轻型（Leichten，即英语light）和重型（Schweren即英语heavy）两种。1939年1月1日，重型战斗机大队（Schweren Jagdgruppen）更名为驱逐机大队（Zerstorergruppen），不久开始装备 Bf 110战斗机。梅塞施密特战斗机终于成为德国空军的主力。

装备德国空军后，Bf 109D战斗机也被送到西班牙战场接受考验，“秃鹰军团”的年轻飞行员像阿道夫•加兰德（Adolf Galland）和维尔纳•莫尔德斯（Werner Moelders）是比较突出的两个，维尔纳•莫尔德斯不仅是一名优秀的飞行员，还是一位出色的战术家，他在西班牙发明了一些新型战斗机战术，比如四机指尖编队（或称四指编队）和快速接近敌机方法等，莫尔德斯在西班牙战场共击落14架敌机，是击落敌机最多的飞行员。

Bf 109E“埃米尔”（Emil）系列

此前的Bf 109型号安装的Jumo 210发动机无法使飞机的速度超过480公里/小时，梅塞施密特一直希望尽快得到戴姆勒－奔驰公司的DB 600系列发动机以提高Bf 109飞机的性能，直到Bf 109E型号这个愿望才实现。Bf 109系列飞机中第一个大规模生产的型号就是Bf 109E，大规模生产的原因就是Bf 109

▲Bf 109V-13原型机在完成了Bf 109D的试验后又被改进成Bf 109E预生产型原型机，它实际上是Bf 109E-0的第一架原型机，后来又被改进成其他试验飞机，如用来创造速度记录的试验机，飞机安装的是升级的DB 601A发动机。这架飞机的特别之处就在于机身按减阻进行了改进，包括对座舱进行了改进，仔细看画中画；另一个改进就是发动机增压器进气口的形状非常奇特，这种设计并未被以后飞机采用，但Bf 109T-0预生产型采用过，Bf 109T-1就放弃了这种设计。

▲Bf 109V-14是Bf 109E的第二架原型机。仔细看这两图，飞机增压器进气口跟Bf 109V-13的类似，但这种设计没有被Bf 109家族飞机中任何型号采用，都只出现在原型机上，包括后来的Bf 109T-0预生产型飞机。

▲Bf 109V-15是Bf 109E的第三架原型机。注意看方形增压器进气口已经变得很小了。

▲以上三图由上至下分别为Bf 109V-16、Bf 109V-19和Bf 109V-20原型机。

终于开始安装戴姆勒－奔驰公司的发动机。上文提到的DB 600发动机从一开始就麻烦不断，戴姆勒－奔驰公司信誓旦旦地称性能更好的DB 601发动机将在1938年夏天批量生产，届时完全可以供应给Bf 109战斗机。为此，德国航空部在1938年春天决定停止生产DB 600发动机，全力发展DB 601发动机。

Bf 109D-0的首批2架预生产型Bf 109V-

▲Bf 109E与此前型号主要区别的几个细节：3叶螺旋桨、发动机冷却空气进气口、翼下乙醇散热器等。发动机下方开口即此前型号翼下油冷却器移到了这个位置，腾出的位置改为乙醇散热器。

14和V-15首先安装DB 601A-1发动机，其功率达到1050马力。该发动机也采用喷射供油方式，飞机在做负过载机动时特别有用，而过去常规的化油方式这个时候就会造成发动机熄火。采用新技术难免会出现一些技术问题，DB 601A-1的自动增压器系统频繁出现问题，因此造成了发动机交付的延期，为此，Bf 109V-14和V-15后来改作了Bf 109E的原型机。德国空军先是订购了10架Bf 109E-0预生产型用于部队的技术评估，主要的测试内容就是发动机性能，或者说，DB 601发动机的验收试验由10架Bf 109E-0系列飞机来完成。在试验中DB 601发动机照例出现不少技术问题，而此时Bf 109E已经开始在生产线上生产，无法按期得到DB 601发动机，已经生产出来的Bf 109E机体不得不存放到仓库里。

10架Bf 109E-0预生产型代号为Bf 109E-01至Bf 109E-010，由于是用作试验，后来这些飞机的编号改为Bf 109V-13至V-22（显然，这里的V-13、V-14和V-15跟上述的编号重叠了，也可能是将这3架原型机也当成了预生产型，新生产预生产型实际上是7架），这10架飞机用来测试发动机和不同的武器配置。首批2架原型机安装好DB 601发动机后于1938年夏天进行了首飞。

生产型Bf 109E-1安装的是DB 601A-1发动机，3叶桨。它的机头颏下冷却器被去除，冷却器的散热器进气口因此不见了，取而代之的是在机翼下方安装2个扁平的乙醇散热器进气口，原计划是为Bf 109D安装的。Bf 109E的动力虽然比Bf 109D的要大，但性能反倒不如后者，只是持续速度要快些，事实上，它是世界功率最大的飞机。但是，令人费解的是，飞行员和油箱还是没有考虑安装防弹装甲，在西班牙战场上，苏联的I-16 战斗机就安装了防弹装甲，实战表明装甲防护十分重要。

早期的Bf 109E-1的标准武器配置包括发动机整流罩上2挺7.92毫米MG 17机枪，每挺备弹1000发，机翼上2挺相同型号机枪，每挺备弹420发。由于在Bf 109V-14上的机炮测试结果非常成功，后面批次的Bf 109E-1将机翼上的2挺MG 17改为2门20毫米MG FF机炮，这个配置满足了航空部对增加火力的要求。由于机炮的体积比机枪的要大，机翼的下表面有一个明显的鼓包，里面是MG FF机炮后

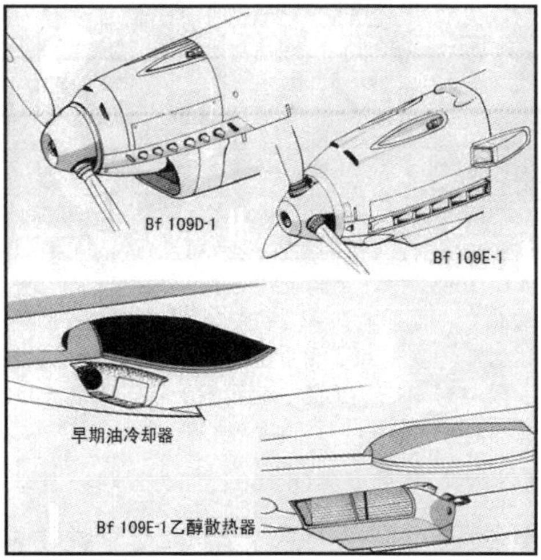

▲Bf 109E与Bf 109D的外观区别比较大，不容易混淆。

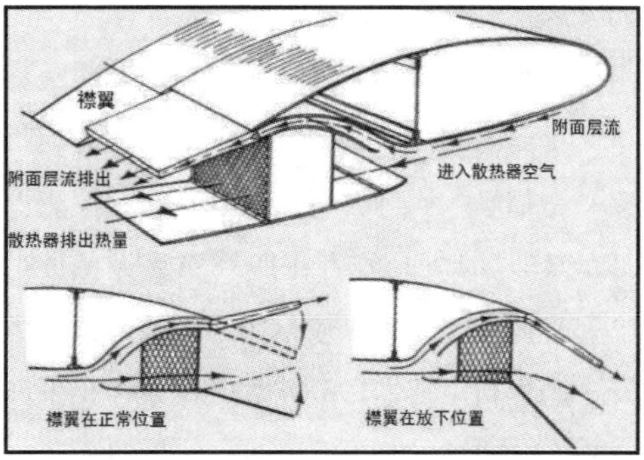

▲Bf 109E的翼下乙醇散热器工作示意图。

膛和弹鼓。另外，座舱内增加了控制2门或1门机炮的开关，飞行员可以选择火力强度。

比计划晚了足足六个月后，DB 601发动机解决了所有安装在单发战斗机上的问题并开始大量供应给梅塞施密特公司，存放在机库里已经生产好的Bf 109E机体迅速地被拖出来安装发动机，下线的飞机也快速地装备一线作战单位。Bf 109E-1在1939年早些时候开始交付部队，首批的几架在2月至3月间被分配给在西班牙的“秃鹰军团”，但是，时至1939年3月末，西班牙内战接近尾声，抵达西班牙的Bf 109E-1飞机无法影响到西班牙内战的结果，Bf 109E-1在空中跟共和派的空军飞机只遭遇了几次并进行了战斗，作战表明Bf 109E-1在所有方面都远远领先对手飞机。德国原计划为J./88大队装备40架Bf 109E-1战斗机，而事实上只交付了20架。尽管德国空军这个时候正急需大规模装备Bf 109E-1战斗机，派往西班牙的20架Bf 109E-1还是转交给了西班牙国民空军（Spanish National Force），留给西班牙的还有Bf 109B和Bf 109C战斗机，作为“闪电”利器的Ju 87“斯图卡”俯冲轰炸机却没留下。1939年整个春天和夏天，德国航空部队都在忙着换装Bf 109E-1战斗机。德军已经磨刀霍霍了，只等一声令下。

▲一位地勤人员正在手摇启动发动机。注意看，早期的Bf 109E-1座舱右侧风挡仍有照明弹投放管。

▲Bf 109E是Bf 109家族型号中第一个大规模量产型号，它的发动机功率更大，机头设计也更加流畅。这个型号是德国二战早期几场战役的主角。

▲德国空军JG 21联队（后番号改为JG 54）的1架Bf 109E-1战斗机。注意看机身涂装较深，机腹较浅，这是典型的空优涂装。

▲Bf 109E生产线。

德国空军急需装备新型战斗机，穷兵黩

武的纳粹德国政府更急需硬通货，于是别的国家也有了机会获得这种强大的武器。1938－1939年的冬天，瑞士获准购买10架安装Jumo发动机的Bf 109D-1战斗机，并另外下单订购30架Bf 109E-1飞机。1939年4月14日，第一架Bf 109E-1战斗机型交付给瑞士空军。很显然，瑞士当局被Bf 109E-1的性能震惊了，迫不及待地要求再订购50架飞机。

▲上两图为瑞士空军的Bf 109E-1战斗机，瑞士后来增购了Bf 109E-3型号，阅读下文就知道两者的差别。

在整个1938年，梅塞施密特公司的Bf 109战斗机的总产量仅仅达到400架（跟Bf 109D型号介绍中产量数字明显不符），而1939年的头八个月里，Bf 109的产量就达到了1100架，这其中大部分是Bf 109E-1型号。这一时期，Bf 109飞机供应速度甚至超过了作战部队的接收速度。至此，德国航空部队装备的飞机全是最新的，也是全世界性能最好的战斗机，纵观世界，除了英国战斗机与之勉强相当外，其余的则远远不如。德国此时已经相当自信，战争的步伐也越来越近了。

下一个投入生产的是Bf 109E-3型号，缺失的Bf 109E-2只是计划安装MG FF机炮以增强火力，但这个型号没有投产，原因就是机炮射击时的震动和卡壳问题，但有资料称德国空军Ⅱ./JG 27大队（可能是）装备了少量该型号。Bf 109E-3安装的是DB 601Aa发动机，它的起飞功率达到了1200马力，飞机的速度从Bf 109E-1的538公里/小时提升到560公里/小时。Bf 109E-3再次在倒V字形汽缸之间安装了1门20毫米MG FF机炮，但是，机炮卡壳、过热和震动问题仍然存在，因此，进入部队后，飞行员通常在机场就将机炮去除，或者根本就不用它。Bf 109E-3的其他方面改进包括：座舱重新设计，座舱框换成更结实的结构，飞行员头部后面和座椅下方增加了防弹装甲板。年轻的德国空军飞行员对于速度更快、更耐打击的Bf 109E-3非常喜爱；跟美英法盟军的战斗机作战，德国飞行员更自信，更从容，生命更有保障。

1939年下半年，Bf 109E-3在生产线上取代了Bf 109E-1飞机，当年秋天，Bf 109E-3进入前线部队服役，第一个装备Bf 109E-3飞机的是Ⅱ./JG 54大队。1939年12月22日，Ⅱ./JG 54大队的1架 Bf 109E-3飞机在法国境内的沃斯（Worth，离边境32公里）附近因故障迫降，这架飞机几乎完好无损地落到了盟军手里。盟军当然不会放过这个千载难逢的好机会，近水楼台先得月的法国人首

▲这是1架Bf 109E-2的原型机，这个型号并没有投产。

▲Bf 109E-3战斗机比此前型号更漂亮，性能也更先进。

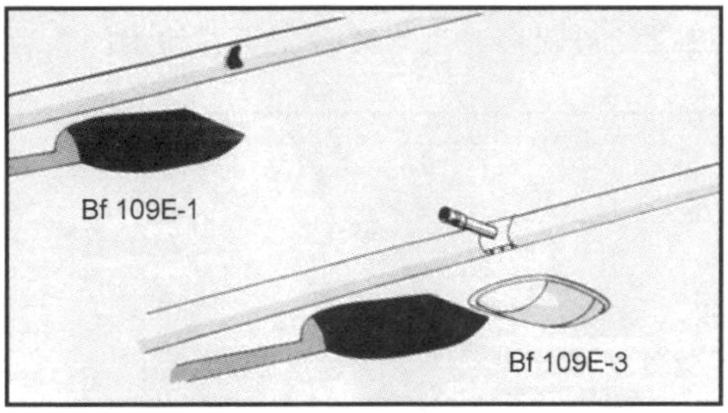

▲实际上早期Bf 109E-3的机翼安装的也是MG 17机枪，后来全部改为MG FF/M机炮，炮管伸出机翼前缘。机炮位置下方突出的整流罩里就是机炮后膛部位，机炮比机枪的体积大得多。

先把Bf 109E-3飞机研究了个遍，然后这架飞机被运到英国又研究了个遍，最后飞机被送到美国进行全面评估。

由于机头处的20毫米MG FF机炮存在着明显的缺陷，随后决定将这门机炮去除，只生产没有机头机炮的Bf 109E-3飞机，但机翼上换装MG FF/M机炮，这种机炮是在MG FF基础上改进的，枪机结构重新设计，机炮后坐力明显减小，它还可以发射高爆炮弹，射速也比原型号有所增加。比较明显的外观区别是MG FF/M的炮管伸出机翼前缘。除此之外，还根据从法国和波兰战场获得的经验，对飞机的座舱罩进行了重新设计。这些去除了机头机炮又重新设计座舱罩的Bf 109E-3随后改编号为Bf 109E-4，1940年夏天，Bf 109E-4开始交付德国空军作战部队。

▲1939年12月22日这天Ⅱ./JG 54大队的1架Bf 109E-3战斗机无意中落在了盟军手中，这是个千载难逢的仔细研究德国最先进战斗机的好时机。上图为坠毁现场，下图是飞机在巴黎一所房子里展出供研究。早期的Bf 109E-3仍安装MG 17机枪，不是机炮。

▲这是早期Bf 109E-3型号，机翼没有安装MGFF/M机炮，仍安装MG 17机枪。图中飞机属于JG 51联队第7中队（7./JG 51），照片拍摄于1940年，应该是战场照片。

就在这个时候，德国开始考虑在Bf 109基础上改进一种战斗轰炸机，德国空军在法国作战时提出这种要求。这种设计概念是在飞机的机腹携带1枚炸弹，座舱内增加一个供飞行员操作的电子释放开关。为了试验这个概念，德国空军成立了一个专门的评估单位，即第210试验测试单位（Experimental Test Unit，大队编制，简称E.Gr.210），几架Bf 109E-1和Bf 110C被分配给这个大队用来做试验。第210试验测试单位原是德国空军组建的用于测试Me 210战斗机的，后来这个计划取消。

只进行了最简单的俯冲轰炸技术训练后，这支试验大队就参加了在英吉利海峡袭击英国舰船的实战测试，尽管参加的战斗很有限，但实战证明这种飞机概念设计十分成功，为此，德国空军命令所有的作战联队都立即组建一个执行战斗轰炸任务的中队以执行战斗轰炸任务。正常情况下，一个作战联队（Jagdgeschwader）由九个中队（Staffeln）组成，这时，增加了一个战

▲飞行中的Bf 109E-3战斗机，这架飞机的发动机中间伸出了炮管，机翼前缘也伸出炮管。照片拍摄于1940年。

▲上两图为瑞士空军的Bf 109E-3战斗机，上图中伸出的炮管清晰可见，下图机翼下方的突出的整流罩也可以隐约看见。

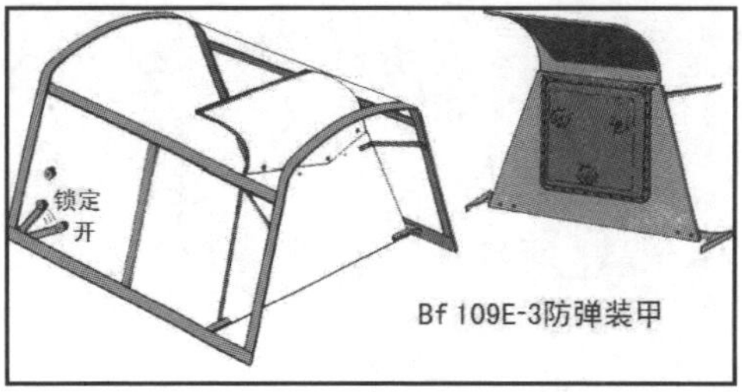

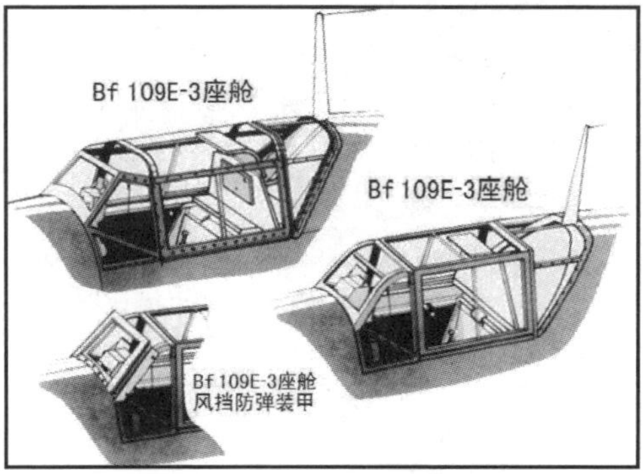

▲相对Bf 109E-3，Bf 109E-4的座舱前风挡的区别最大，是判定两个型号的关键。

▲Bf 109E-4战斗机正在进行维护，注意前风挡弧形结构框。照片拍摄于1940年1月。

▲驻扎在英吉利海峡前线的Ⅲ./JG 54大队的Bf 109E-4战斗机，座舱前风挡没有防弹装甲。

斗轰炸分队，即作战联队共由十个中队组成。为了装备这些新组建的单位，正在被Bf 109E-3和E-4取代的Bf 109E-1飞机被用来改进成战斗轰炸机。改进方法是在Bf 109E-1飞机腹部增加一个ETC 50挂架，它可以挂载1枚50公斤的SC 50炸弹，改进后的飞机编号改为Bf 109E-1/B。另外，有几架尚在生产线上的Bf 109E-4飞机也就地改装成了Bf 109E-4/B型，因为Bf 109E-4发动机功率比Bf 109E-1的要大很多，所以，它的机腹增加了ETC 250挂架，它可以挂载1枚250公斤的SC 250炸弹，也可以挂载4枚50公斤的SC 50炸弹，有时为了增加航程就携带1枚50公斤炸弹，以后以此标准改进的子型号的编号后缀都有“R”字母，即Rustsaetze（机场配置型）。Bf 109E的机腹挂架非常让人费解，从相关资料的上下文可以发现，挂架可以携带250公斤的炸弹或4枚50公斤炸弹、1枚50公斤炸弹，300升副油箱等，到目前也不清楚，Bf 109早期的一种挂架是否具备挂载不同武器单元和副油箱的能力，或者是不同的炸弹使用不同的挂架，炸弹和副油箱使用不同的挂架倒可以理解。从下文中关于Bf 109后期型号来看，挂架具备了多功能，可挂炸弹也可挂副油箱。

战斗轰炸型Bf 109E-1/B和Bf 109E-4/B都没有安装轰炸瞄准具，但Revi C/12D机枪（炮）瞄准具在俯冲攻击时也可以提供较精确的瞄准。E.Gr.210第3中队装备的Bf 109E-4/B飞机在1940年7月开始飞越英吉利海峡执行作战任务，E.Gr.210第1和第2中队装备的Bf 110C-4/B也同时参与作

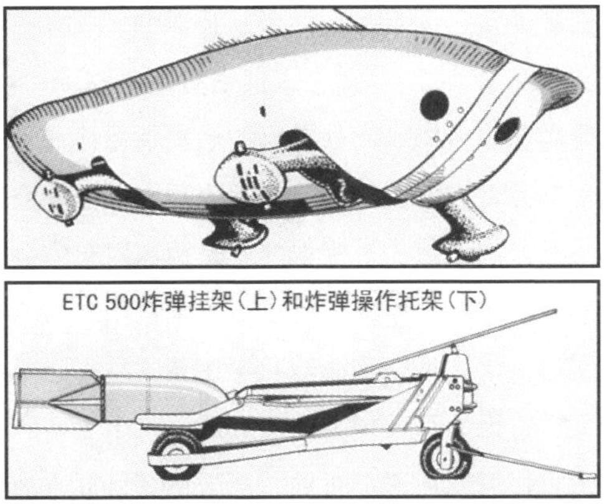

▲Bf 109E-4/B的ETC 250炸弹挂架和地勤人员挂弹的托架。

▲地勤人员正在将1枚SC 250炸弹（250公斤）挂在ETC 500炸弹上，挂架名称里的数字表示可挂载炸弹的最大重量，因此ETC 500最大可以携带1枚500公斤炸弹。炸弹挂耳与挂架的钩子连接上，挂架伸出的四个“爪子”在炸弹的两侧固定炸弹，防止其在飞行过程中震动。

战任务。

1940年春天，当希特勒发动对低地国家（比利时和荷兰）和法国的侵略战争时，Bf 109E就开始全面参与空中行动，很快它就主宰了天空，几个星期后反抗力量被彻底消灭。对法国的战争取得了很大的成功，但Bf 109E也暴露出一些问题，尤其是航程短限制了Bf 109E的性能发挥。另一方面，在英法联军敦克尔刻撤退期间，Bf 109E第一次与英国的“喷火”战斗机遭遇，英国的“喷火”战斗机是个不能小觑的对手。

当德国把战争的矛头指向英国时，德国空军就不得不面对Bf 109E战斗机的不足，因为英国的航空工业十分发达，其研制的战斗机相当具有威力，不把Bf 109E的缺点改正就很难取得制空权。1940年8月13日对英战争开

▲E.Gr.210大队成功地使用Bf 109E-4/B参加战斗后，其他战斗机单位也增加一个中队执行战斗轰炸任务。图中飞机属于Ⅲ./JG 1大队。

▲图中是Bf 109E-4/B战斗机使用的另一种多功能武器挂架，也称复式挂架，即一个挂架可以挂架数枚炸弹，或是挂载各种型号炸弹（不是同时挂载）。图中挂载的可能是SC 50炸弹，一个挂架可以携带4枚。

▲已经挂到挂架上的SC 250炸弹。

▲更为清晰的一张照片，ETC 500携带1枚SC 250炸弹。

始后，起初的形势对德国很有利，德国空军普遍采用的是莫尔德斯在西班牙发明的灵活多变的四机编队，而英国仍在采用传统老旧的战术，其飞机编队非常僵硬。Bf 109E在空中与英国战斗机对抗时可以自由排列，任意选择时机进攻，英国皇家空军基本处于下风，但很快英国人也开始采用德国的战术。

正是由于Bf 109空战异常灵活，为Bf 110轰炸机护航的任务就落在了它的头上，但这种战术实际使用并不奏效。对英作战初期，德国Bf 110轰炸机在皇家空军的打击下损失严重，为此，9月初，德国空军命令Bf 109执行为Bf 110轰炸机护航的任务。但是，Bf 109是一种进攻性战斗机，为轰炸机护航时它处在被动防御状态，而此时，英国的“喷火”和“飓风”战斗机就会占据主动，为此Bf 109吃尽苦头。Bf 109战斗机的航程短始终是一个缺点，在法国境内机场起飞后它无法在空中长时间停留。最错误的就是德国对英空袭战略的改变，原计划是轰炸英国机场和飞机制造厂，这种空袭战略几乎使英国皇家空军灭亡，因为每天损失的飞机远远多于生产的飞机，但就在这个时候，德国空袭目标改为城市，英国皇家空军迅速恢复并很快掌握了空中的主动权。已经处于不利境地的Bf 109不得不再次面对实力大增的皇家空军战斗机。

对英作战的最后一次空中行动是1940年10月13日，至此，英国共损失了631架“飓风”战斗机、403架“喷火”战斗机、115架“布伦海姆”轻型轰炸机，总共1149架飞机，而德国损失610架Bf 109战斗机、235架Bf 110轰炸机和937架其他轰炸机，总共1782架飞机。糟糕的是，英国飞行员跳伞逃生后可以返回部队继续与德军作战，而德国飞行员跳伞后的命运只有被俘送到战俘营。

从战术角度上看，纯军事行动并不存在谁占上风，双方力量大致相当，德国军事力量似更强些，但英吉利海峡却弥补了英国的军事力量的不足，战术上双方打成平局。从战略角度看，英国则是大获全胜，它不仅打破了德国军队不败的神话，更是在士气上鼓舞了英国军民，甚至其他抵抗纳粹侵略的国家人民。

与英国的空战表明Bf 109是一种十分

令人畏惧的战斗机，尤其是它的机炮威力强大，给英国飞机造成了很大的破坏，英国人很快也意识到增加火力的重要性。在对英战争中，维尔纳•莫尔德斯是德国空军第一个战绩超过50架的飞行员（不算第一次世界大战），紧随其后的是阿道夫•加兰德。

正是与英国最先进战斗机作战，使得德国空军更加推崇Bf 109E战斗机，因此要求继续改进Bf 109战斗机。

在法国战役结束后，戴姆勒－奔驰公司仍在不断改进DB 601发动机的性能，DB 601N就是一个新型号，它的起飞功率达到了1200马力，在4500米高度，它的应急功率可以达到1250马力，并且可以持续1分钟。该发动机头部为圆钝的手枪子弹头形状，此前的型号头部为中部内凹形状，采用这种子弹头机头后，发动机压缩比增加15%。因压缩比高，发动机必须使用高辛烷值的燃油，标号从87号到96号。1940年中期，Bf 109E-4飞机开始采用这种新型发动机，其编号为Bf 109E-4/N。

Bf 109E-5跟标准的Bf 109E-4结构类似，不同之处是它的后机身腹部（翼根处）安装了一个Rb 21/18照相机，机翼的MG FF机炮被去除。Bf 109E-5和E-4在一个车间同时生产，它主要用于执行战斗侦察任务，由于机炮和弹药被去除，飞机的重量下降，因此飞行速度有所增加，在执行任务中很容易从盟军的截击机和战斗机下逃脱。以Bf 109E-5为概念原型机，进一步改进的战斗侦察型就是Bf 109E-6飞机，它跟Bf 109E-5结构相同，但它换装的是DB 601N发动机，也就是在Bf 109E-4/N最先采用的发动机，这种发动机可以大大提高飞机的性能。但是有资料称，安装DB 601N

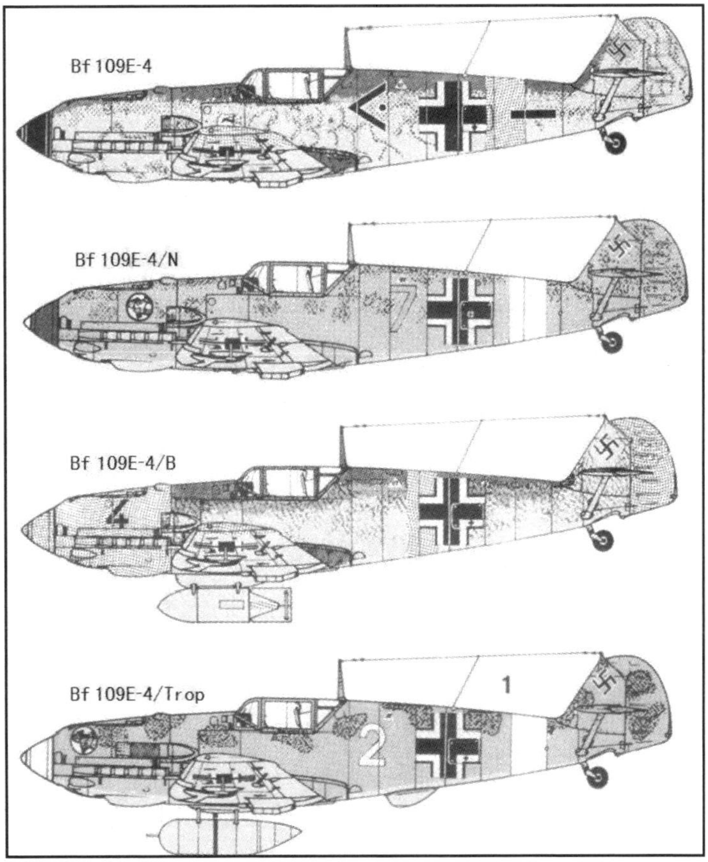

▲Bf 109E-4的几个子型号，实际上这些子型号外形上差别不大，只是外挂和执行任务不同，Bf 109E-4/Trop的外观变化最为明显。

发动机的是Bf 109E-5，而Bf 109E-6是Bf 109E-3安装DB 601N发动机的型号，此前，在执行侦察任务时，Bf 109E-3飞行员只能用手持照相机进行拍照侦察，拍照效果可想而知。

接下来的型号毫无疑问就是Bf 109E-7型，它跟Bf 109E-4/N类似，不同之处是它在工厂就安装了ETC 250机腹挂架，这个挂架上有标准接口，也可以挂载一个一次性辅助油箱（300升），为的是执行远距离任务，当然，飞机也可以携带1枚250公斤炸弹执行远距离战斗轰炸任务。1941年，这个型号再次改进，改进后的型号包括Bf 109E-7/U2和Bf 109E-7/Z，前者安装了工厂标准（不是德国空军标准）设备，主要是为机翼下表面的散热器、发动机下面和油箱增加一些防弹装甲板。后者，即Bf 109E-7/Z安装了一个GM 1喷射助推系统，这个系统可以通过压缩空气向发动机增压器内喷射液态一氧化二氮，一氧化二氮作为发动机的氧化剂来使用，这对于飞机在高空执行任务来说十分重要，可以大大提高发动机的功率。GM 1系统的一氧化二氮容器安装在飞行员座舱后面，但是，

▲JG 77联队的地勤人员正在维护Bf 109E-5侦察机，上面的人员在给MG 17机枪装弹。这架飞机的螺旋桨比较奇特，不是Bf 109E型号中标准螺旋桨。注意看黑色的狼头加盾牌图案，这是Ⅲ./JG 77大队的标志。

▲图中的Bf 109E-5侦察型明显是在Bf 109E-4的基础上改进的，如座舱风挡。侦察型的MG FF/M机炮被去除，但是翼下鼓包整流罩仍在。

▲这也是JG 77联队的Bf 109E-5侦察机。照片质量不高，似乎翼下鼓包整流罩被去掉了。

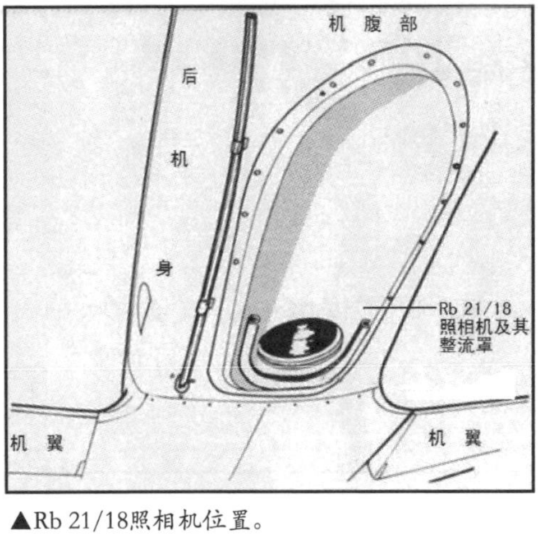

▲Rb 21/18照相机位置。

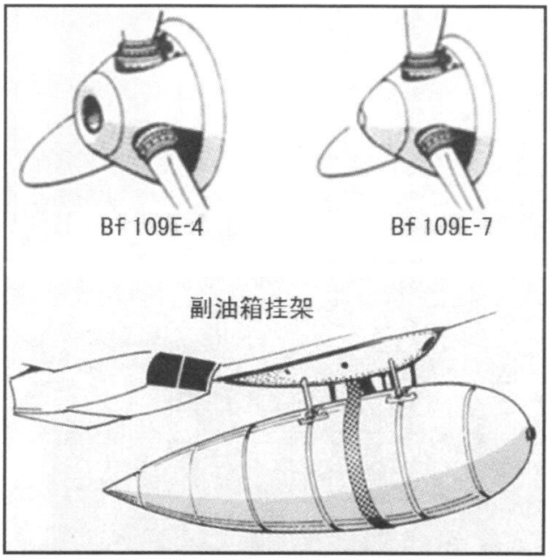

▲Bf 109E-7的主要特点就是尖头整流罩，但是，早期的Bf 109E-7的机头仍跟此前型号一样。

▲图中是7./JG 77中队的1架Bf 109E-7侦察机，飞机携带了副油箱，但是机头仍是秃的，说明这是早期型号。

▲Bf 109E-7既可作侦察机，也可作战斗轰炸机，图中飞机携带了ETC 500挂架，只是照片不清楚看不到。这架飞机属于JG 27联队，飞机的涂装比较怪异。

这个容器比较重，破坏了飞机的平衡，因此Bf 109E-7/Z比其他飞机容易失速进入螺旋状态。

Bf 109E的最后两个型号是Bf 109E-8和E-9，这两个型号都是在1940年下半年才出现的。Bf 109E-8跟E-1十分类似，武器系统都

▲一位地勤人员在搭顺风车，双腿夹着炮管，他坐的是Bf 109E-7/B战斗轰炸机，注意看机腹复式挂架上携带了4枚SC 50炸弹。

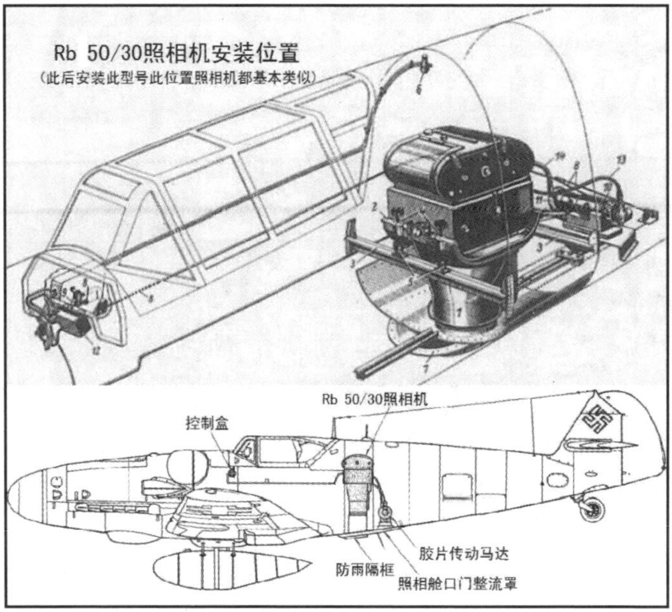

▲Rb 50/30照相机安装位置示意图，下图侧视非Bf 109E型号，但此型号和此位置的照相机安装都基本一致。

在机身和机翼分别安装2挺MG 17机枪，但Bf 109E-8是设计作为远程战斗机来使用的，所以，机腹部增加了一个携带可抛弃式副油箱的挂架。Bf 109E-9采用了此前型号的一些改进措施，比如安装了DB 601发动机、安装可携带辅助油箱的挂架、座舱后面安装一个Rb 50/30照相机等。武器系统为机身2挺MG 17机枪，机翼2门MG FF机炮。有些资料称Bf 109E-9去除了机翼机炮，为的是平衡机身增加照

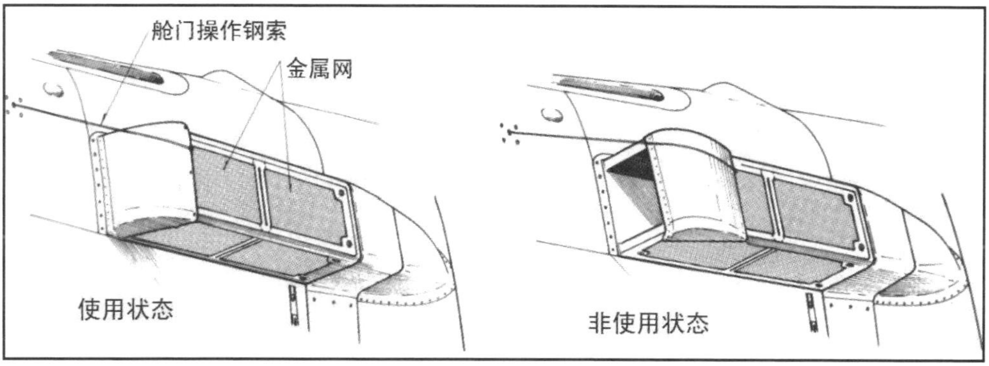

▲Bf 109E热带型号的沙尘过滤器。

▲看看沙漠地区飞机起飞，这就是飞机安装沙尘过滤器的原因。

▲德国空军Ⅰ./JG 27大队抵达非洲后就开始为Ju 87俯冲轰炸机执行护航任务，图中驾驶Bf 109E-4/Trop的是大队副官路德维希•弗兰齐斯克特中尉。图中的Bf 109E-4/Trop虽然经过了热带化改进，但还未安装过滤器。

相机的重量，笔者认为这种说法较为可信，因为，其他改进的侦察型机翼都没有机炮（枪），Bf 109E-9主要执行远程照相侦察任务，有自卫武器就足够了。

▲“非洲之星”马尔塞尤坐在Bf 109E-4/Trop座舱内指着座机的吉祥物黑色绵羊，那儿也是沙尘过滤器安装位置。飞机的涂装仍是欧洲地域风格，马尔塞尤穿着的是夏季飞行服。

▲正在西部沙漠（地理名称，在利比亚东部，埃及西部）上空巡逻的2架Bf 109E-4/Trop战斗机，飞机采用了沙漠迷彩涂装。

▲Bf 109F装备部队后，Bf 109E迅速转交给各个联队的第11战斗轰炸机中队执行战斗轰炸和侦察任务，图中是Bf 109E-7/Trop型号。

▲进行雪橇起落架试验的Bf 109E-8飞机，注意下两图中飞机起落架没有机轮，上图中雪橇起落架有三个机轮，机轮可以在飞机起飞后抛掉。

▲1架Bf 109E-4改进被用来试验翼上副油箱，Bf 109家族飞机航程短始终是个头疼的问题。翼上副油箱为300升，装卸十分方便，而且油箱对飞机的速度影响较小，试验表明速度只是下降了21公里/小时。这种保形副油箱可以在用完油的情况下抛掉。

▲这架Bf 109E-4翼上安装的并不是副油箱，实际上是用于载人的。

Bf 109E系列型号在1939年晚期至1940年早期的生产期间还进行了其他方面的一些改进，包括Bf 109E-4、E-5和E-7的热带子型号，这些子型号改进是为了适应北非战场的气候环境。热带型号的基本改进是发动机整流罩左侧增压器进气口上方和前方安装过滤网，增加热带沙漠地区救生设备（包括轻型卡宾枪、食物、水和单兵设备等）。这些热带型号的编号后缀都有“tropicalized”（热带改进）的缩写字母“Trop”，比如Bf 109E-5/Trop。1941年4月14日，这些热带型号Bf 109E战斗机随1./JG 27中队进入北非战场对英国皇家空军作战。4月19日，1./JG 27中队的Bf 109E热带型号首次执行战斗巡逻任务，当天与英国皇家空军第274中队遭遇战中，Bf 109E热带型号击落4架英国“飓风”战斗机，己方损失1架。三天后，随着3./JG 27中队进入加查拉（Gazala）机场，Ⅰ./JG 27大队达到满员状态（三个中队）。一抵达非洲，Ⅰ./JG 27大队的Bf 109E战斗机就和英国皇家空军打得不可开交。Ⅰ./JG 27大队飞机标志是猎豹头和一个瞪大眼睛的黑人，这些都是非洲的主要特征，但实际上早在法国战役开始时这个大队标志就使用了，不知道是有先见之明还是有预言的能力。Bf 109E-4/Trop和Bf 109E-5/Trop在北非的战斗中取得很大的胜利，击落了大量的英国“飓风”和美国研制的P-40B/C“战斧”、P-40D/E“小鹰”战斗机，后两者P-40飞机是美国提供给英联邦盟军的，如南非、澳大利亚和加拿大空军。

Bf 109E系列还进行过几个实验项目，包括雪橇起落架和机翼上下表面携带副油箱等实验。雪橇起落架设计主要是为了飞机在大雪覆盖的地区着陆，甚至，如果可能的话在厚厚的沙地上起落。有一架Bf 109E-8曾将主起落架机轮换成雪橇起落架，这个雪橇起落架实际上是个中空的浮筒，并不是人们想象的雪橇板。在试验中，Bf 109E-8分别采用雪橇起落架和雪橇起落架加可抛弃机轮进行了起飞试验，后者主要帮助飞机起飞，因为纯雪橇起落架摩擦阻力较大。在冬天到来时

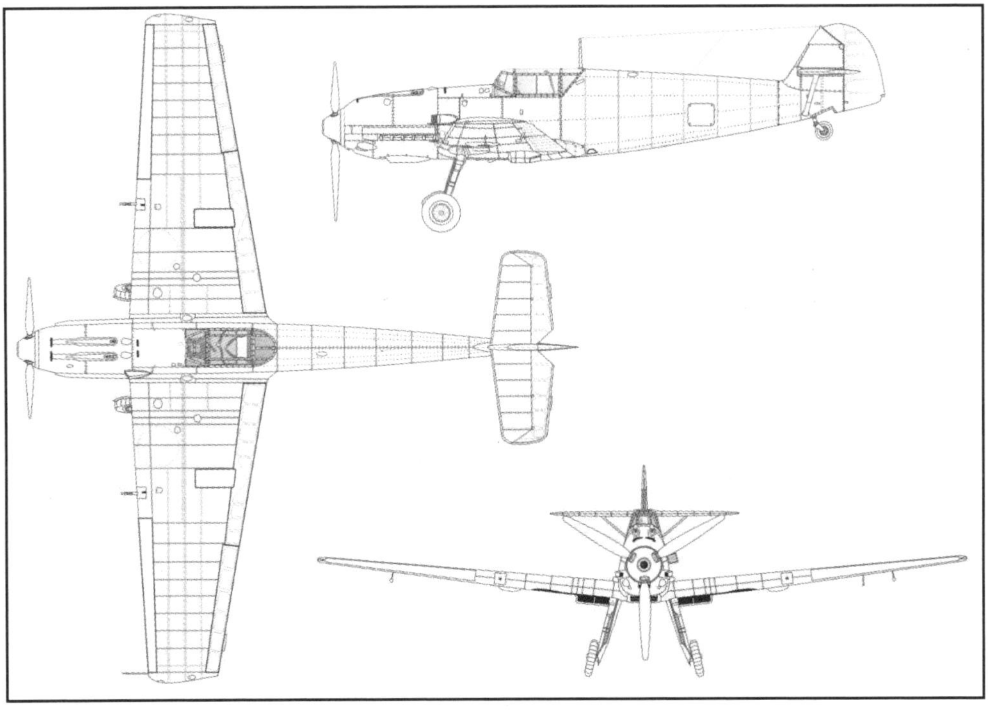

▲Bf 109E-3战斗机三视图。

试验全部结束，试验结果很成功，但是，德国空军在冬天的环境作战时遇到的困难非常小，常规起落架的Bf 109在积雪的机场起落并没有多少麻烦，根本用不上这种雪橇起落架。另外，安装这种雪橇起落架和整流罩会增加飞行阻力，使飞机的性能下降，因此，这个项目被放弃。

在机翼上面和下面携带可抛弃副油箱可以大大增加飞机航程，这种概念试验于1942年在1架Bf 109E-4飞机上进行。试验中发现，这种经过修形的副油箱阻力非常小，在飞行中没有明显地降低飞机的速度，只是稍稍降低了飞机的转弯率和操纵品质，程度非常小。由于Bf 109E系列中一些飞机可以在机腹部携带副油箱，加之德国空军对这个增加航程的型号需求并不十分迫切，这个项目最后也被放弃。但是如果需要，这种油箱可以用来载人和特殊设备去敌后执行间谍任务，只要适当增加生命保障系统就行了。1943年夏天，1架Bf 109E-4在斯图加特携带经过外形改进的载人容器进行了试验，容器可容纳1名人员，还有降落伞和必要的逃生设备等。试验表明飞机的速度未受太大影响，只是小有降低，但是，德国空军不久就兴趣全无了，没有证据显示这种概念飞机在战场上使用过。

Bf 109E是一款性能较为完善的型号，因此，它的产量达到4000架左右。

Bf 109F“弗雷德里克”（Frederick）系列

Bf 109E是梅塞施密特博士设计Bf 109战斗机系列家族中第一个标准量产型，也是Bf 109最完美的体现，完全实现了设计者心中的目标，但它的改进潜力依然很大。1940年早些时候，梅塞施密特公司开始考虑利用Bf 109的机体框架结构进行一项改进型号研制，改进的内容包括机体结构和空气动力学布局改进，换装当时戴姆勒－奔驰公司正在研制的性能更好的发动机，这个改进项目的飞机就是Bf 109F。

Bf 109F-0预生产型

Bf 109F在机体结构上做了大量的改进，因此，其外部特征也有适当的变化，此前那些型号的改进前提都是保证气动外形不做大的改动。Bf 109F的机翼跟基础型的Bf 109大致相同，外形和翼梁位置都没有改变，但是在减阻方面和提高升力特性方面做了一些改

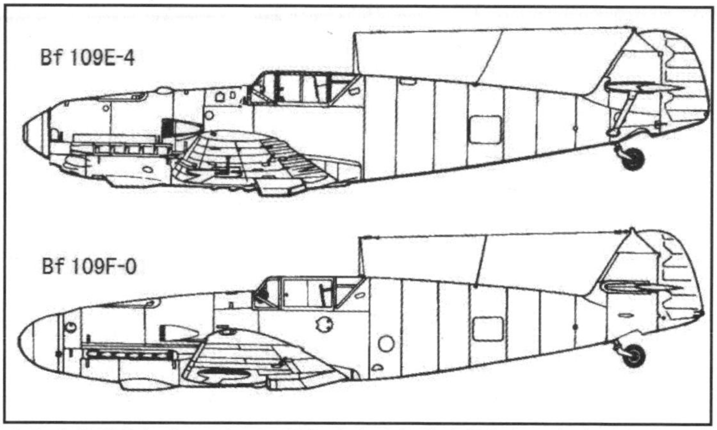

▲和此前型号相比，Bf 109F的机头发动机整流罩粗壮，与发动机整流罩过渡更平滑。另一个明显区别是水平尾翼的斜支撑去除。

▲上图为Bf 109V-23原型机，下图为Bf 109V-24原型机。Bf 109V-21后来改进作了其他飞机或发动机试验机。

▲图中是Bf 109F-0的第一架原型机，这架飞机仍然安装的是DB 601Aa发动机，这是Bf 109F-0原型机中唯一安装该发动机的飞机。有资料称这是Bf 109V-17，这是明显错误的，V-17的机身编号是D-IWKU。

▲以上三图均为Bf 109F-0预生产型，很明显的一个特征就是增压器进气口仍是方形。预生产型飞机的照片一般都比较少，特别是飞行照片更是凤毛麟角。

进，这些改进包括：第一，机翼上最大阻力来源的机翼下表面散热器形状做了改进，外形尺寸缩小，将散热器深埋机翼凹陷处，因此降低了散热器的突出高度，通过采用一种独特的口盖系统来降低突出的散热器产生的紊流，以此来降低阻力，这种改进并没有降低散热效率；第二，因为散热器的改进，机翼的前缘和后缘襟翼的展长和弦长也做了修改，操纵效率更高，后缘襟翼和副翼之间的铰链也因此被取消。

机头发动机整流罩形状改进非常明显，从座舱前到螺旋桨毂过渡平滑，更符合空气动力学特性，不像此前型号有明显的折线。发动机增压器进气口向外突出，提高了进气量。螺旋桨毂加大加长，气流更加平缓，这样可以减少紊流带来的阻力。另外，螺旋桨采用宽叶桨，因此，其长度减少了10厘米。

外形上改进最大的是飞机尾翼结构，此前型号水平尾翼上标志性斜支撑臂被去除，取而代之的是悬臂式结构，为了增加强度，水平尾翼的厚度增加，此外，水平尾翼略向前移，位置也稍下移。垂尾上的方向舵面积稍稍减少，从0.753平方米减少到0.697平方米，肉眼无法辨别这个变化。垂尾的横切面变成微微向外拱，为的是抵消发动机的扭矩。尾轮可以小角度向后半收起，主起落架前倾6°，这样可以有效地降低飞机机头高度，飞行员总是抱怨的视野问题得到一定改善。

Bf 109F计划采用奔驰公司的DB 601E发动机，该发动机的起飞功率达到了1350马力。因为飞机的改动较大，安装的又是新型发动机，梅塞施密特公司1940年5月决定生产4架原型机和10架预生产型飞机进行试验。但是，DB 601E发动机的服役测试和验收试验没有及时完成，梅塞施密特公司只得寻找替代品以备急用。

Bf 109F第一架原型机为Bf 109V-21，采用的是DB 601Aa发动机，即Bf 109E系列上使用的发动机，而后3架原型机都采用的是DB 601E发动机。第二架原型机Bf 109V-22主要用来测试新型发动机，第三和第四架原型机Bf 109V-23和V-24计划进行一些小的改进，以用来测试飞机的结构和操纵品质。而Bf 109V-23最大的改进之处是在翼尖增加一个椭圆形可拆卸式翼梢翼，这个翼梢翼可以增加机翼面积，降低机翼翼载，增加飞机航程，而且它可以补偿由于机翼下表面改进散热器系统而减少的翼展。

标准的Bf 109F武器系统包括发动机整流罩上方2挺7.92毫米MG 17机枪（跟此前型号相同），发动机转轴中心（桨毂）1门20毫米毛瑟（Mauser）公司研制的MG 151/20机炮，原来Bf 109E型机翼上2门MG 17机枪或MG FF机炮被去除，根据参加过实战的王牌飞行员的分析报告得出的结论是，机身中心线的火力远比机翼上的火力要强得多，机翼上机枪或机炮对于增加火力效果并不明显，而且，去除机翼上的武器可以提高飞机的操纵品质。当然这种观点并不是所有的飞行员都能接受，持反对意见的飞行员认为机翼上机炮可以提供更大范围的火力。但是，Bf 109F-0的10架预生产型机头仍采用的是旧型号的MG FF机炮，因为原计划采用的电动MG 151/15和MG 151/20（15毫米和20毫米）机枪（炮）交付延期。

因为奔驰公司的DB 601E发动机交付时间一再推迟，1940年10月就开始下线的10架预生产型Bf 109F-0只得安装DB 601N发动机，机头为子弹头形状。虽然安装的发动机跟Bf 109E的一样，由于Bf 109F-0气动布局做了重大修改，其性能比Bf 109E的明显要强，Bf 109F-0和Bf 109E-4/N在试飞单位进行对比试验中发现新的前者的转弯和爬升性能都强于后者，对于急于获得更先进战斗机的作战部队来说，“我们什么时候才能用上这种飞机？”

Bf 109F-1战斗机

早在Bf 109F-0预生产型飞机仍在试验时，Bf 109F-1就已经在生产线上开始生产了。1940年11月，生产型Bf 109F-1飞机开始向部队交付，由于发动机和机炮还未交付，生产型飞机的配置和预生产型基本一致，外

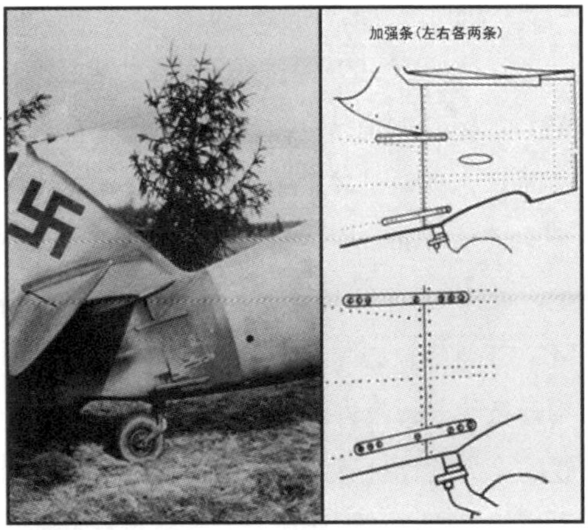

▲机尾部增加的四个加强条（左右各两个）。

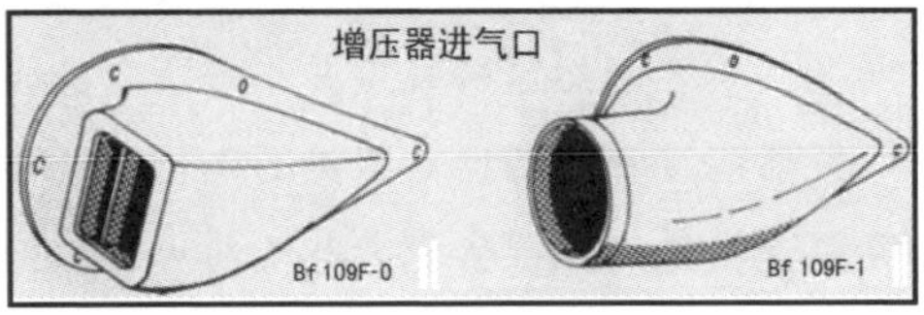

▲预生产型Bf 109F-0和生产型Bf 109F-1的增压器进气口对比。

▲Bf 109F型号粗壮的机头和突出的圆形增压器进气口十分醒目。Bf 109F-1问世后立即装备了英吉利海峡前线的JG 2联队和JG 26联队，图中飞机属于汉斯•阿西•哈恩的Ⅲ./JG 2大队，地勤人员正将飞机推进机库。

▲1941年7月10日，Ⅰ./JG 26大队指挥官罗尔夫•平格尔在追逐1架英国皇家空军轰炸机时在多佛尔上空被击伤，他的座机Bf 109F-1迫降过程中只是轻微损伤，英国人乘机对飞机仔细研究个遍。

▲英国人正在对罗尔夫•平格尔的Bf 109F-1飞机进行研究。这张照片可以看清很多Bf 109F-1的细节，飞机的损坏程度极小。

形上肉眼可见的区别是增压器进气口向外伸出。Bf 109E型号的进气口为与整流罩平齐的长条形开口槽，Bf 109F的预生产型也采用这种进气口，经过测试后得出了最佳的进气口形状和尺寸。

在Bf 109F-1向德国空军服役评估单位交付后的几个月内，有数架Bf 109F-1在飞行中失事坠毁，其中1940年2月就坠毁3架飞机，飞行员丧生。根据坠机前飞行员无线电通话报告，飞机发动机先是出现严重的震颤，而后飞机失去控制并坠毁。事故发生后，所有

▲这是第一架生产型Bf 109F-1战斗机（序列号Wk-Nr 5628），而且这是JG 51联队指挥官莫尔德斯的座驾。照片拍摄于1940年10月，飞机刚刚交付到前线作战单位。

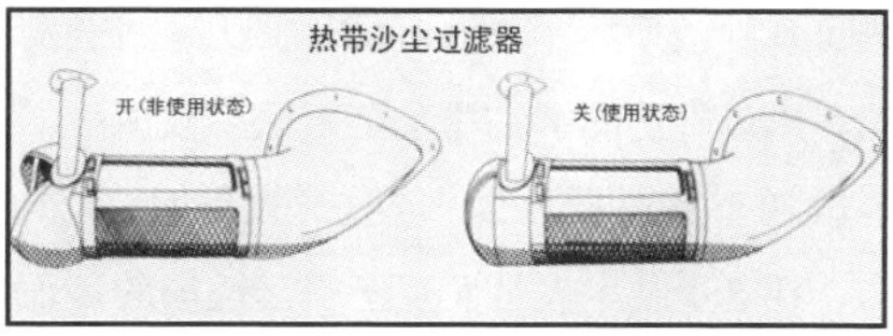

▲Bf 109F热带型号的沙尘过滤器都差不多。图中是工厂的标准生产型，在抵达非洲时，有的单位自己动手改进。

▲JG 2联队第10中队（10./JG 2）的1架Bf 109F-1/B战斗轰炸型，飞机携带的ETC 250挂架四个稳定“爪子”可以明显地看到。每个联队的战斗轰炸单位飞机都有特定的涂装，比如这架飞机的垂尾方向舵就是黄色的，只是黑白照片无法看出这点。

的Bf 109F飞机全部被停飞，等待调查引起飞机震颤的结果出来。安装同型号发动机的Bf 109E-4/N并没有出现这种问题，因此排除发动机问题。起先以为是发动机与机身连接处和发动机支撑结构出的问题，但这方面没发现什么异常，不久，停飞命令被取消。但几个星期后第四架Bf 109F-1又坠毁，这次事故中飞机尾部在飞机坠毁前脱落，而发动机只出现轻微损坏，技术人员分析机尾残骸发现，机尾附近的铆钉几乎全部松动或掉落。事故调查将坠机原因锁定在飞机的尾翼布局，在这里技术人员发现了引起震颤的真正原因，那就是水平尾翼的斜支撑被去除后，水平尾翼会在飞机飞行中出现轻微振动，当发动机转数达到特定值，发动机振动和尾翼振动就会出现高频共振现象，从而引起机身结构的破坏。改进的措施是在水平尾翼和机身之间增加两个加强条（左右），以此增加此处机身的结构强度，并适当增加其面积。这个改进后，Bf 109F-1的生产才恢复，已生产的按照这个标准去改进。1941年3月和4月，驻扎在英吉利海峡的前线部队中首先接收Bf 109F-1的是JG 2“里希特霍芬”联队和JG 26“施拉格特”（Schlageter）联队。

Bf 109F-1得益于雪茄形的气动布局和马力强劲的发动机，其最大速度达到了628公里/小时，Bf 109F的速度跟英国“喷火” V的相似，远远超过Bf 109E的560公里/小时的速度。

Bf 109F-1有两个主要子型号，一个是Bf 109F-1/B 战斗轰炸型，这个型号飞机安装一个 ETC 250 挂架，可以挂装250公斤的SC 250炸弹；另一个是Bf 109F-1/Trop，飞机加装了空气过滤器，但没有沙漠求生装具。这个热带型号不是标准生产型，其实是前线部队用意大利式样的过滤器自己改装的，改装的数量很少，可能只是区区数架。

Bf 109F-2战斗机

1941年2月和3月，Bf 109F-1的生产线让位给Bf 109F-2，首架Bf 109F-2于1941年4月首飞。这两个型号唯一的区别是Bf 109F-2的机头机炮由MG FF改为等待已久的15毫米MG 151/15机枪，这款机枪采用电动操作，子弹初速高，射速快，它采用弹链供弹方式，而不是弹鼓，备弹200发。一些早期型的Bf 109F-2依然在机尾部装有加强板，后来生产的把加强板移到机身内部。有少数早期型Bf 109F-1的起落架舱门是方形的，后期型和Bf 109F-2的舱门则全是圆形。所有的

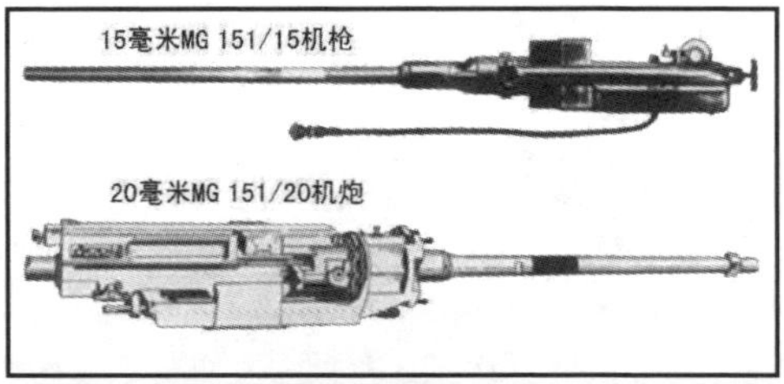

▲两款重要机载武器对比图。

▲图中是Ⅱ./JG 53大队指挥官海因茨•布列特努兹上尉的Bf 109F-2座机，飞机正在进行发动机试车，机轮前放了轮挡。

Bf 109F-1和F-2型战斗机优先供应英吉利海峡前线的部队，如JG 2联队、JG 26联队、JG 27联队和JG 53联队等。

在生产期间，有些Bf 109F-2还做了一些

▲图中是1架特殊改进的Bf 109F-2战斗机，1941年秋天送到苏联战场专供维尔纳•莫尔德斯使用，机身的涂装也与众不同。在德国，单位指挥官的座机一般涂装都特别，多数情况下飞机的发动机桨毂、垂尾方向舵或后机身具备更醒目的颜色，为的是便于识别。

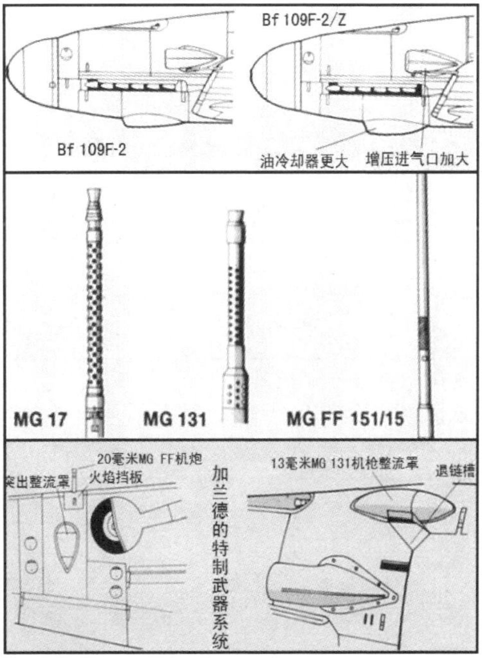

▲有关Bf 109F-2的几个小改进。

▲德国空军Ⅰ./JG 53大队的Bf 109F-2/Trop双机编队，这是在Bf 109F-2/Z基础上改进的，但是没有用Bf 109F-2/Z/Trop写法。

▲Bf 109F-2/B携带1枚SC 250公斤炸弹，飞机属于JG 2联队第10中队（10./JG 2）。照片拍摄于1942年法国前线。

▲1架Bf 109F-2战斗机途经波兰转场到苏联前线。

▲这架Bf 109F-2被用来试验四联RZ 65火箭弹，火箭弹口径65毫米。

▲四联RZ 65火箭发射装置正面图。

▲仰视RZ 65火箭发射装置。这种武器系统并没有在Bf 109家族飞机上采用，Bf 110驱逐机和Ju 88轰炸机都曾试验过。

▲外文资料称这是RZ 65的改进型发射器，发射的是73毫米火箭弹，其他不详。这是照片渲染后的效果。

其他小改进，比如增加机腹部的ETC 250炸弹挂架和GM 1一氧化二氮助推系统。由于德国空军没有统一的改进标准，很多改进都是梅塞施密特公司根据空军的反馈意见自行改进的，或者是空军在机场自己做的改进，例如工厂经常利用国家非战略物资为飞机增加一些设备以提高飞机的性能，这就是所谓的标准工厂改进型，这种改进的飞机编号后缀都有“U”（Umrust-Bausatz，对应的英文是Factory Conversion Kit Designation）；而空军常在机场利用螺栓固定一些设备或请公司在生产线上增加挂架或其他一些改进以提高飞机航程，增强火力来执行特殊的任务。这种机场改进形成标准后，照此改进的飞机编号后缀都有“R”（Rustsaetze，对应的英文是Field Conversion Kit Designation）。跟上文Bf 109E-4一样，一些Bf 109F-2飞机安装了GM 1喷射助推系统，这个型号飞机编号为Bf 109F-2/Z，而安装机腹ETC 250挂架的型号编号为Bf 109F-2/B。热带型号Bf 109F-2/Trop算是F-2型号中改进最大的，它的改进跟Bf 109E-4/Trop一样，为了适应北非的战场环境增加了一些设备，比如空气过滤器和沙漠救生装具等，还有 Bf 109G型那种增大的增压器进气口。

Bf 109F-3战斗机

1942年早些时候，安装DB 601E发动机的Bf 109F-3开始生产，这个型号外形和配置与Bf 109F-2基本相同，唯一的不同就是发动机。此外，由于发动机不同，机身黄色的燃料三角中标的数字不再是Bf 109F-2的 C3（96号C3燃油），而是87（87号B4燃油）。Bf 109F-3的生产数量很少，因此有资料称这个型号飞机并没有装备部队，但是，近年的资料显示，极少量的Bf 109F-3还是送到英吉利海峡前线的JG 2联队和JG 26联队参加对英作战。

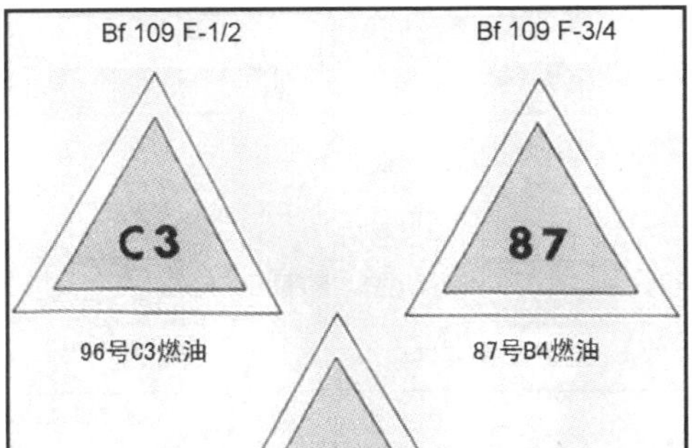

▲不同型号Bf 109F飞机使用不同的燃油，而阿道夫•加兰德的飞机最为独特，他一个人用的燃油跟其他人的完全不一样。

▲这架黄色9＋1号Bf 109F-3战斗机是1942年初期齐格菲尔德•施奈尔的座驾，当时他是9./JG 2中队指挥官，战绩是57架，因此这架飞机的方向舵上有57架战果标志。注意看座舱下方翼根处的燃油标号的标志。

▲摄影人员正在给约瑟夫•普瑞勒和他的Bf 109F-3座机拍摄记录片，当时他是1./JG 26中队指挥官。德国入侵苏联和在其他战场四处征战，海峡沿岸的JG 2联队和JG 26联队主要负责拦截西线入侵的英国皇家空军作战飞机，最先进的飞机一般会优先给这两个单位使用。普瑞勒的座机座舱下方有一张红桃扑克牌，地勤人员两腿之间的三角就是燃油标号的标志。

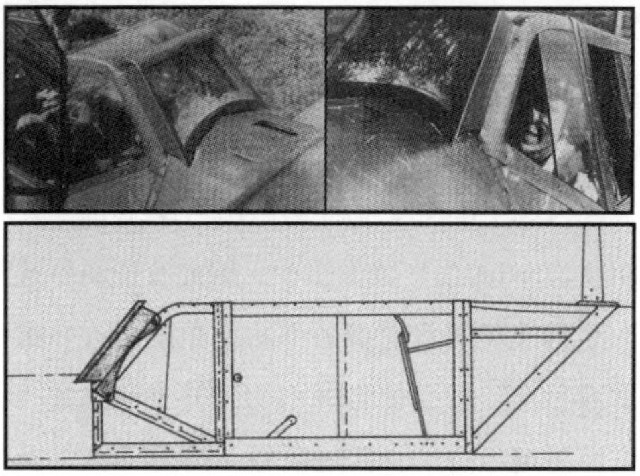

▲前风挡附加防弹装甲可以任意安装到各种Bf 109型号上，下图防弹装甲的连接部位稍有不同。上两图是实弹射击效果图。

Bf 109F-4战斗机

Bf 109F-4和Bf 109F-3取代Bf 109F-2同时在生产线上生产，主要原因就是战事正酣，前线急需战斗机。Bf 109F-3产量极少，Bf 109F系列飞机中Bf 109F-4的产量最大，它完全体现了梅塞施密特设计的出发点，它也是最标准的 Bf 109F型战斗机。由于Bf 109F系列的机体结构和气动布局从一开始就是围绕着DB 601E发动机来设计的，Bf 109F-4跟F-3安装的是相同的发动机，外部特征几乎没有区别，此后的机型外形也基本保持不变。主要改进在飞机的内部，如Bf 109F-4机头（发动机中间）由前者的MG 151/15机枪换装为MG 151/20机炮，备弹150发。从上文可以看到，自Bf 109诞生之日起，设计人员一直尝试着在发动机中安装机枪或机炮，机头机枪（炮）的火力轴线在飞机的中轴线上，即便是新手也可以方便地瞄准；采用自封闭油箱；为飞行员增加装甲防护装置等。防护装甲包括飞行员颈部和背部安装一块6毫米厚钢板，飞行员头部上方的防弹玻璃下方增加一块类似的厚钢板。Bf 109F-3和F-4都安装FuG 7a无线电收发装置和Revi C/12D反射式机枪（炮）瞄准具，这两种设备，加上防护装甲和大型增压器进气口都是Bf 109F型的标准配置。

Bf 104F-4是Bf 109F系列中生产数量最大的型号，一直服役到1943年，差不多每支空军的部队都装备了该型战斗机，很多德国空军王牌就是驾驶Bf 109F-4在东线战役中取得战绩。尽管它的服役寿命比Bf 109E和Bf 109G的稍短一些，但还是有不少王牌飞行员认为，Bf 109F是 Bf 109家族中最好的，而Bf 109F-4是Bf 109F中最好的。

一些Bf 109F-4也跟一些F-2的改进一样增加了GM 1喷射助推系统，使用汉密尔顿标准公司制造的VDM宽型螺旋桨，加大增压器进气口和机头冷却器，这个型号编号为Bf 109F-4/Z。

另外，Bf 109F-4还有几个机场改进型，

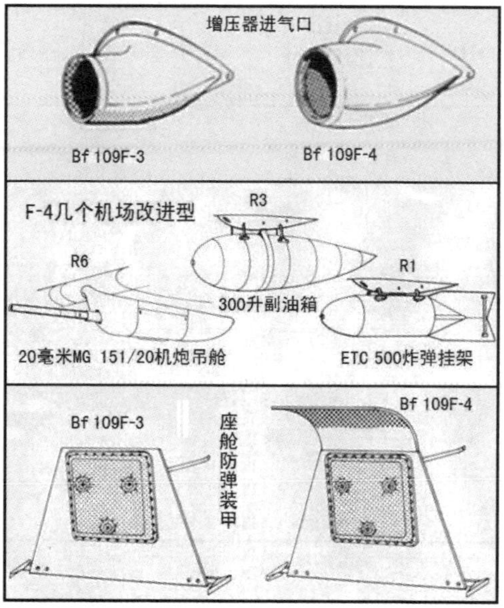

▲Bf 109F-4和Bf 109F-3的一些区别。

▲除了前风挡装甲，保护飞行员的6毫米厚装甲与座舱罩设计在一起。

上文多次提到过，为了增加战斗机的多用途性，工厂经常发布一些改装套件供前线作战部队可以根据实际情况自行改装以适应不同的作战需要，Bf 109F-4的几个机场改进型包括：Bf 109F-4/R1安装ETC 250挂架执行战斗轰炸任务；Bf 109F-4/R3机腹携带300升副油箱；Bf 109F-4/R6机翼增加2个挂架（左右各一）以携带MG 151/20机炮吊舱（一种保形吊舱）。增加火力的要求是阿道夫•加兰德将军和一些王牌飞行员提出来的，但是，飞机携带2个机炮吊舱明显地增加了飞机的重量和

▲图中这架Ⅲ./JG 3大队的Bf 109F-4飞机在1942年5月29日由于导航错误落入了苏联控制区，被苏军俘获，后在美国要求下飞机被送给美国进行研究。

▲这架被“斩首”的就是上一张苏联人缴获并送给美国的Bf 109F-4飞机。上方2挺为MG 17机枪，发动机中间为1门MG 151/20机炮。

飞行阻力，飞机的操纵也因此下降，好在Bf 109F-4/R6并不是作为近距格斗飞机来使用，它主要是作为截击战斗机来使用的，因此，下降的性能是完全可以接受的。

第二个型号跟此前的Bf 109E-4/B战斗轰炸机类似，它的改进包括在机腹增加一个ETC 250挂架，它可以挂载1枚250公斤炸弹和1个300升的可抛弃式副油箱，或者携带一个ER 4适配器，它可以携带4枚50公斤SC 50

▲德国空军JG 2联队第10中队（10./JG 2）的1架Bf 109F-4/B战斗轰炸机，德国空军的称呼比较独特，所谓战斗轰炸实际上就是战斗机执行战斗轰炸任务而已。注意看飞机垂尾方向舵上被炸毁目标的标志图案，有军舰和车辆等。

▲JG 53联队指挥官冈瑟尔•冯•马尔特扎少校正坐在Bf 109F-4/Z战斗机里准备升空执行任务，1942年5月10日，他就是驾驶这架飞机在戈佐岛（属马耳他）附近被击落，后被救起。注意看座舱前风挡防弹装甲和翼根踩踏板。

▲这架6./JG 53中队的1架Bf 109F-4/Z飞机停放在西西里岛科米索机场的飞机掩体内，飞机采用迷彩涂装。照片拍摄于1942年年初。

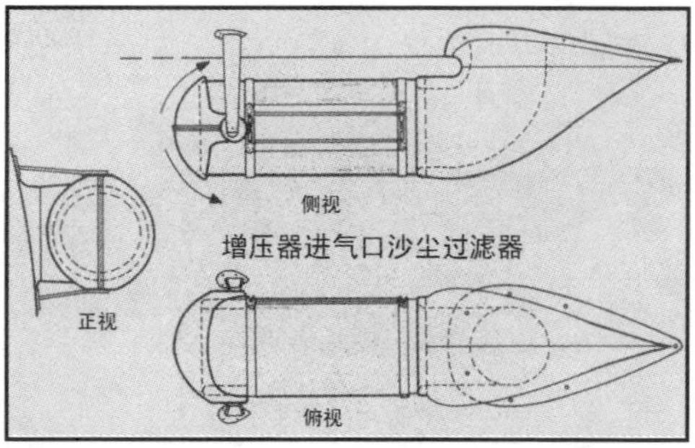

▲Bf 109F-4/Trop型号的增压器进气口沙尘过滤器。

▲飞越在地中海上空的1架Bf 109F-4/Trop飞机，飞机携带副油箱一般用于转场或侦察。

炸弹。这个型号就是Bf 109F-4/B。上段中Bf 109F-4/R1安装ETC 250挂架，但不能称之为Bf 109F-4/B，两者的区别一个是机场改进

▲这是1架Bf 109F-4/Trop的侦察型，后机身有白色条带，发动机桨毂整流罩也是白色的，飞机还携带一个300升副油箱。

▲图中的黄色14号是汉斯-约阿西姆•马尔塞尤的Bf 109F-4/Trop座机（序列号Wk-Nr 10059），照片拍摄于1942年6月1日，这天他取得第69架战果。

▲Ⅱ./JG 3大队的Bf 109F-4/Trop战斗机，拍摄于1942年西西里岛圣彼得罗。

的，一个是标准改进的。Bf 109F-4/B是Bf 109F系列飞机中改进最多的战斗轰炸型号。

Bf 109F-4也有一个热带改进型，即Bf 109F-4/Trop，它的改进跟Bf 109F-2/Trop一样。汉斯－约阿西姆•马尔塞尤（Hans-Joachim Marseille）是德国空军与西方国家作战中击落敌机最多的飞行员，他共击落158架敌机，大部分战果是驾驶Bf 109F-4/Trop在北非战场取得的。在入侵英国行动中，他击落过5架英国飞机，随后他的战绩一路攀升。1942年9月30日，马尔塞尤驾驶Bf 109G-2战斗机在作战返回时出现故障，他跳伞时撞到座机的水平尾翼而丧生。

Bf 109F-5和Bf 109F-6侦察型

由于出色的速度和高空性能，Bf 109F很适合改装成战术侦察机，主要的改装侦察型号有Bf 109F-5和Bf 109F-6，这也是Bf 109F系列飞机中最后两个型号，而且都是在Bf 109F-4基础上改进的。第一个是Bf 109F-5，这个型号为了减轻重量，提高飞行速度，机头的20毫米机炮被去除，但保留2挺MG 17机枪用于自卫，后机身安装Rb 50/30照相机。但是，有的资料称Bf 109F-5并没有安装内置照相机，侦察时飞行员用手持照相机拍照，这种说法存疑，因为此前型号改装成照相侦察机的例子很多，改进并不复杂，这个时候再用手持照相机去侦察就太说不通了。但是，随后又

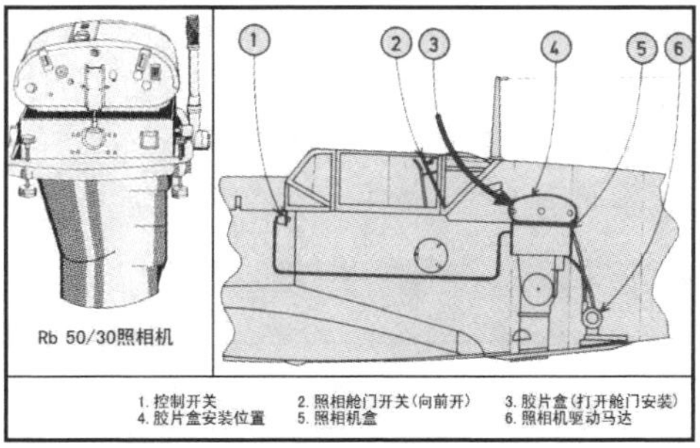

▲Bf 109F-6照相机安装位置。

▲以上三图均为1942年年初驻扎在意大利撒丁岛的1.(F)/122远程侦察中队的Bf 109F-6侦察机。上两图中飞机座舱撑着遮阳伞，发动机侧面有手动启动摇柄；最下一张图是飞机在起飞执行任务。

改装Bf 109F-6侦察机确实也说明Bf 109F-5的侦察功能并不完善。

第二个是Bf 109F-6，这个型号将所有的武器系统全部去除，防弹风挡也被去掉减重，座舱稍后的机腹部有一个特殊的照相舱，里面是Rb 20/30、Rb 50/30或Rb 70/30（资料称是Rb 75/30）航空照相机。Bf 109F-5和F-6的机身都有一个挂架，这个挂架用来挂载300升的副油箱以增加航程。不论是Bf 109F-5还是Bf 109F-6生产数量都极少，仅仅几架，但是Bf 109F-6一直服役到1943年才被Bf 109G-4部分取代。有很多资料称英国皇家空军曾在北非和马耳他上空追赶过这种高速侦察机，却从来没有成功地阻止过Bf 109F-6完成它的侦察任务。

Bf 109F还有一些试验型号，包括采用Jumo 213发动机的、带增压座舱的、带翼刀（导流片）的、安装自行车式起落架的、带“V”字形（西方称“蝴蝶翼”形）尾翼（未见Bf 109F改进照片，下文有Bf 109G-0改进照片）的等，还有一种安装了BMW 801发动机的型号，这个型号看起来好像是Bf 109和Fw 190的杂交体，详见下文。

Bf 109F系列共生产约2200架，有资料说这2200架是Bf 109F-5至Bf 109F-8的产量，这种说法明显是错误的，Bf 109F-5和Bf 109F-6为侦察型，产量加在一起也不超过10架，而Bf 109F-7和Bf 109F-8即使投产产量也非常低，有些权威资料甚至没提到Bf 109F-7和Bf 109F-8这两款飞机。总之，Bf 109在生产过程中的改进型实在太多，给生产统计带来一些难度。

纳粹德国1941年6月22日入侵苏联时，Bf 109F是德国空军参战的主要战斗机，Bf 109E也参加了对苏战争，但执行的多为战斗轰炸任务。在第一天的空中打击中，德国摧毁了苏联1800余架飞机，其中有300架在空中被击落，这其中大部分是被Bf 109F战斗机击落的。

在德国与苏联签订《德国与苏联互不侵犯条约》后的一段时间，德国主动向苏联提供了几架Bf 109E战斗机样品，但是苏联当时的官僚主义盛行，办事效率低，这种先进的战斗机竟然没有受到重视。在苏德战争时期，苏联空军仍使用过时的I-16来对抗德国的Bf 109，一点也不意外，德国空军轻而易举地掌握了制空权。

1941年7月16日，维尔纳•莫尔德斯的战

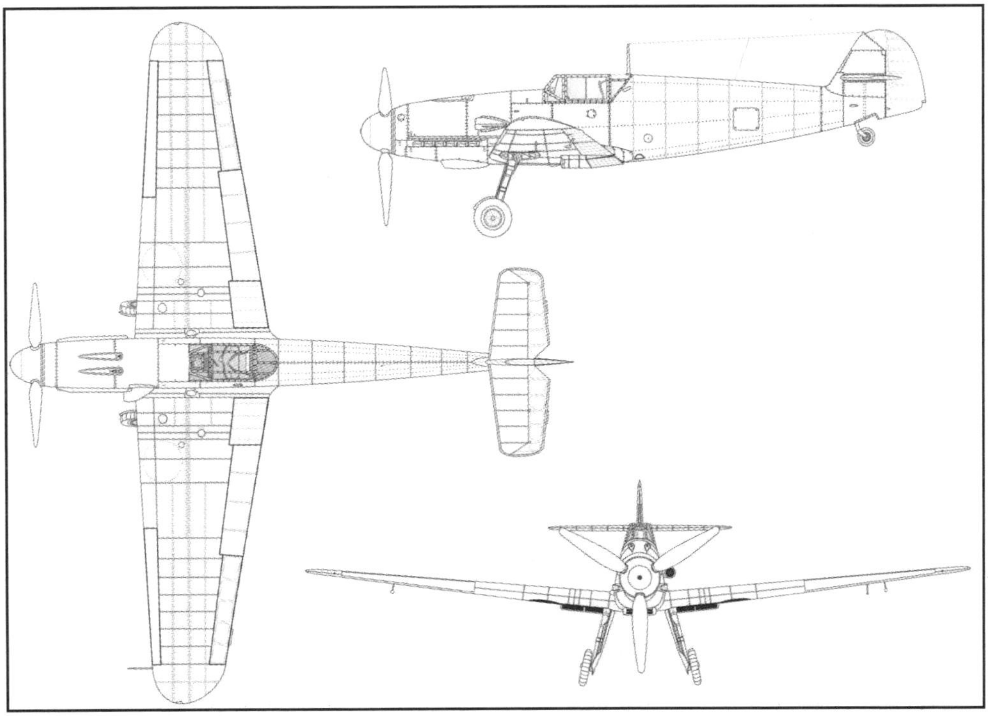

▲Bf 109F-4战斗机三视图。

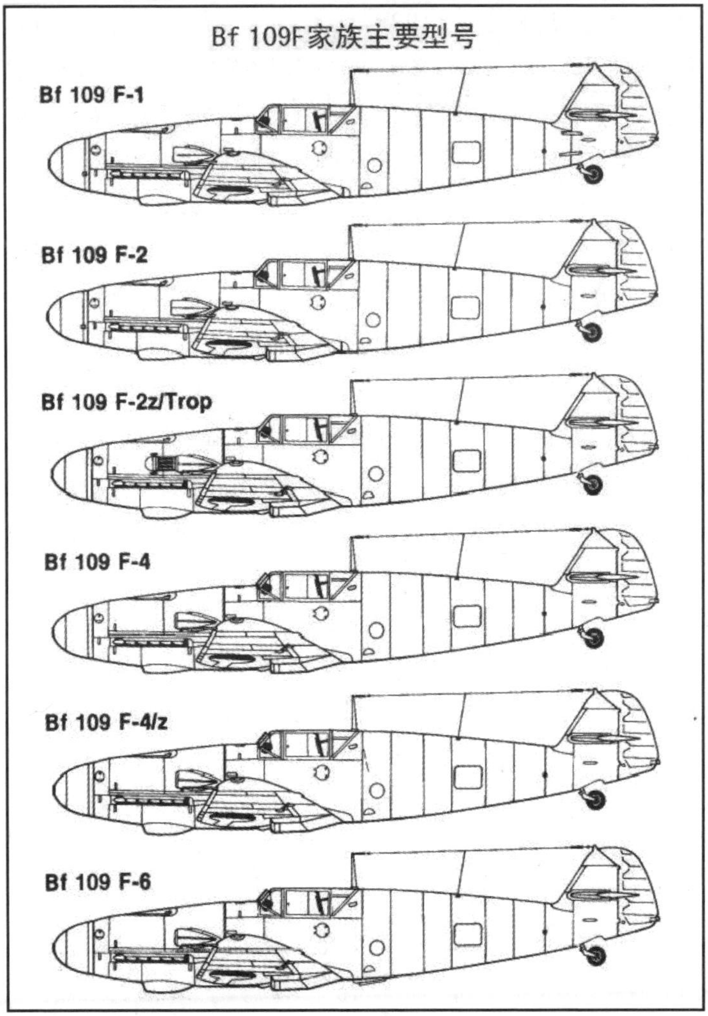

▲Bf 109F家族主要型号侧视图。

绩达到了101架，他是德国空军当时排名第一位的王牌飞行员。鉴于他的技艺高超，他被召回国内任战斗机兵种总监一职。不过，后来他乘机去参加厄恩斯特•乌德特的葬礼时飞机坠毁丧生。对苏战争中，后来还出现了几个战绩过百的顶级王牌飞行员，他们都是驾驶Bf 109F战斗机取得的“辉煌”战绩（仅指驾驶这个型号战斗机）。

Bf 109G“古斯塔夫”（Gustav）系列

战争进入到1941年左右，Bf 109战斗机开始从巅峰状态慢慢下滑，这时，德国计划用福克-沃尔夫公司的Fw 190战斗机来取代Bf 109作为德国空军作战部队的主导力量，但是，由于盟军的空袭导致的战略物资匮乏，德国新机替代计划进展缓慢，Fw 190战斗机数量无法满足德国空军的需要，而新型喷气式战斗机因为技术和官僚主义的原因迟迟难以服役，政治家们对技术上新生事物的理解总是比技术人员要慢一拍，但没有政治上的支持，技术上也举步维艰。

不管是纳粹德国还是军国主义的日本都只能逞一时之勇，两个国家国土面积都太小，根本无法支持多条战线和持久的战争。就纳粹德国来说，1941年春天来临的时候，戈培尔的宣传机构还在鼓吹着过去一年中德军取得的胜利，而实际上德国已呈现出一些没落的迹象。此前的战争胜利，只是让德国这个战争机器越来越庞大，战线越拉越长。国家机器战争化必然导致机构的臃肿，厄恩

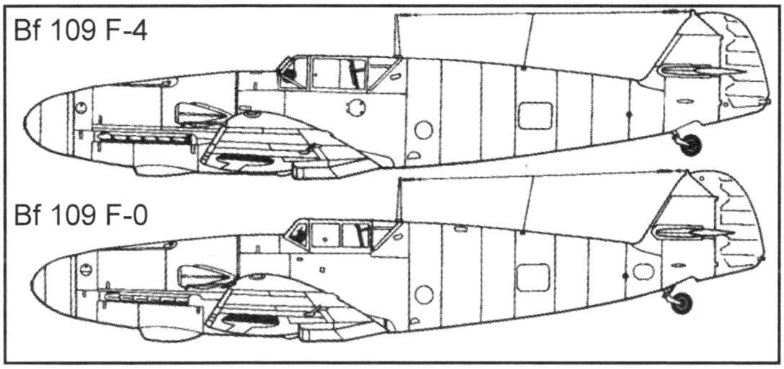

▲跟Bf 109F-4相比，Bf 109G-0的冷却器稍稍加大，注意对比两机座舱侧风挡。

斯特•乌德特领导下的帝国航空部也是如此，截至德国入侵苏联前，这个机构已经拥有4000多名工作人员。历史学家戴维•埃尔文（David Irving）将帝国航空部描绘成“一个拥挤的饲养场，这里挤满了军人，官僚和技术人员，他们过问每件事情，却找不到一个具体负责的人”。

福克－沃尔夫公司的Fw 190刚刚进行批生产，性能还不稳定，此时只能改进Bf 109战斗机可以填补这一时期的空白，但是，二战的形势已远非战争初期可比，战场的技术环境也出现了很大的变化，特别是入侵英国的“海狮计划”失败和美国准备参战（迹象越来越明显）后，盟军的作战飞机性能不断提升。为此，1941年春天，德国航空部针对当前形势开始对飞机的飞行速度提出了更高的要求，速度和升限始终是战斗机两项重要技术指标，当时德国的想法是速度提升上去，甘愿接受由此带来的翼载荷与功率载荷风险，也就是牺牲机动性换取更快的速度。速度提高，意味着飞行高度更高，为此，要求这种战斗机具有增压座舱以便在高空执行任务，Bf 109G就是按照航空部的这些要求研制的型号。

Bf 109G-0预生产型

Bf 109G型计划安装的动力装置是戴姆勒－奔驰公司的DB 605A发动机，它的起飞功率为1450马力，在6096米高度的功率为1250马力，发动机平均转速为2800转/分。DB 605A和DB 601E的唯一区别是前者重新设计了汽缸体，为了增大DB 605A发动机的输出功率，发动机工作容积增大，其压缩比也相应增大，左侧和右侧的压缩比分别达到7.3和7.5。虽然汽缸尺寸增大，但其中心段（曲轴箱）跟DB 601E的一样。由于DB 605A发动机的容积增大，好在整个发动机尺寸跟DB 601E一样，只是重量增加一些。Bf 109G如果安装DB 605A发动机，其结构要做很大的调整，因为发动机功率增加，其扭矩也相应增加，重量也较此前型号的要大。为此，Bf 109G结构全部要重新设计，结构加强必然导致飞机空重也一路攀升，空重增加，飞机的起落架也需要加强，这又导致飞机空重进一步增加，最后的结果是Bf 109G的空重达到了2951公斤以上，飞机的操纵品质和机动性明显下降。德国航空部觉得增加一些重量而牺牲机动性是个划算的买卖，但飞行员们却认为这是一种倒退。

对于增压座舱，梅塞施密特公司只是简单地将座舱内壁、地板等密封起来以达到增压效果，开启的座舱罩铰链和闭合处用密封条来密封，实际上只是保持压力的保守措施。座舱所有部位的玻璃改用空气夹层的双层玻璃，为的是防止凝结水雾，座舱内用氯化钙来保持干燥。所有这些措施都使得座舱变得越来越重，座舱内外空气压强差低于21.5公斤/米^2，座舱气密性良好。当然，不是每架Bf 109G都是增压型，使用相关套件可以很方便地实现增压型和非增压型之间的转化，非增压型的座舱盖两

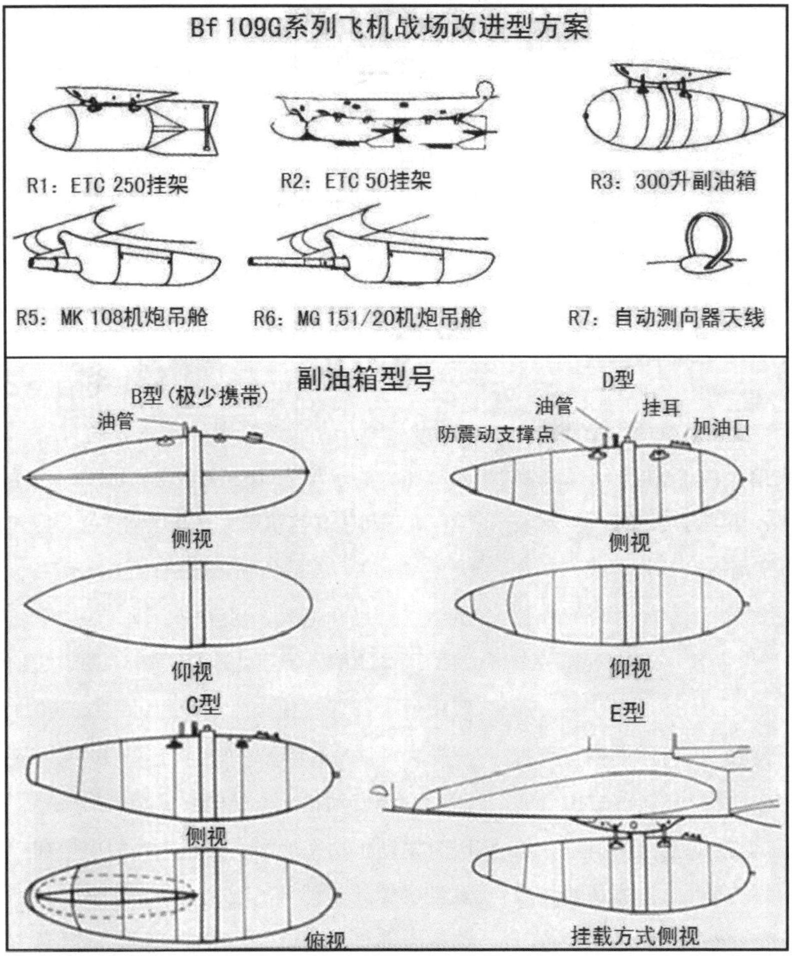

▲Bf 109G家族系列中战场改进方案（R）和副油箱型号。

▲极为罕见的Bf 109G-0原型机。

▲由1架Bf 109G-03飞机改进的“蝴蝶翼”试验飞机。自从美国F-117隐身战斗机问世后V字形尾翼布局就被认为是隐身的一个重要特征，但是二战时期还没有隐身概念，V字形尾翼概念还主要是减少飞机的控制舵面。控制舵面减少了，但是控制律却变得比较复杂，当时还无法解决，即使是现在，潜艇“×”形尾舵也比“+”形尾舵控制更复杂。

▲以上两图是Bf 109G-03“蝴蝶翼”近照。

侧前下方各有个小通风口。

从外观上看，Bf 109G-0与Bf 109F-4相差无几，发动机整流罩上半段没做什么变动，下部的冷却器稍稍加大，增压进气口形状稍有变化，总的来说跟Bf 109F-4/Z的一样。同样，Bf 109F-4/Z的宽桨叶此后变成标准配置，驾驶舱前段风挡下方的倾斜玻璃舱盖被取消了。由于重新设计了油箱，燃油加注口从原来驾驶员下方移到了驾驶舱后方的机背部，起落架舱的形状重新变成Bf 109E和Bf 109F早期版本那样的方形。

1941年夏天晚些时候，梅塞施密特公司开始生产12架预生产型Bf 109G-0，但是，这次仍是奔驰公司的DB 605A交付没有及时到位，这种情况几乎在每一个型号上都出现过，因此梅塞施密特公司只得采用DB 601E发动机作为替代品。1941年10月，预生产型生产全部结束。

Bf 109G-1战斗机

1942年年初，DB 605A-1发动机开始批量供应，随即，梅塞施密特公司开始投产生产型Bf 109G-1和Bf 109G-2。1942年3月，首批Bf 109G-1开始交付给德国空军。这个型号有增压座舱，其电子设备跟Bf 109F-4的一样，主要无线电设备是FuG 7a。武器系统为发动机中间的1门20毫米MG 151/20机炮，备弹200发；发动机整流罩上方2挺MG 17机

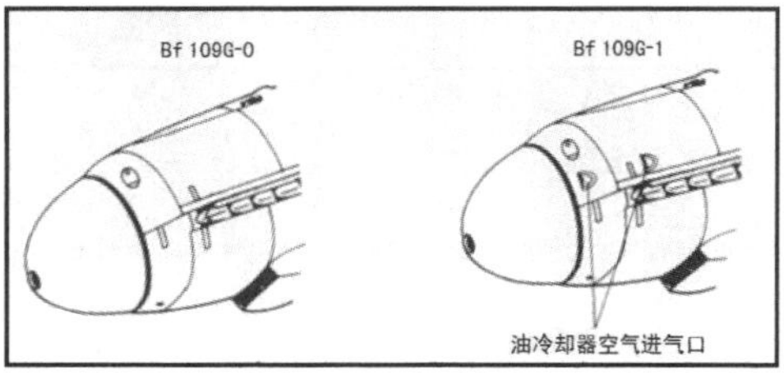

▲预生产型Bf 109G-0和生产型Bf 109G-1主要外观区别。但是，早期的Bf 109G-1并没有油冷却器进气口，导致马尔塞尤死亡事件后才改进的。

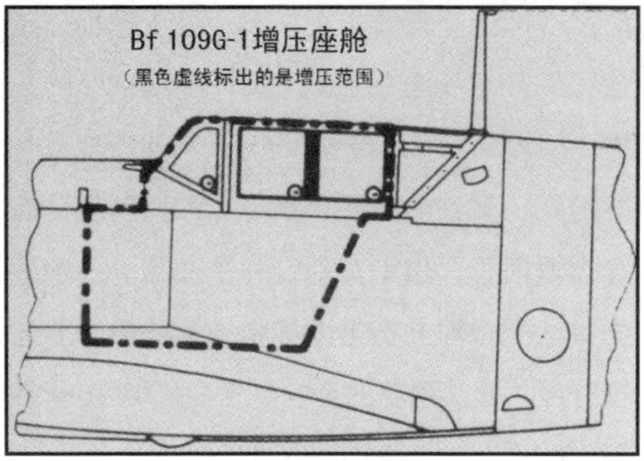

▲Bf 109G-1增压座舱的密封范围。

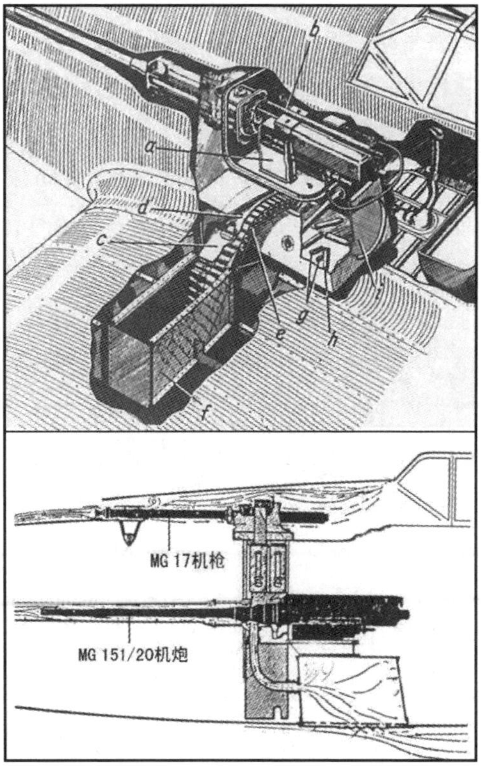

▲（上下图）发动机桨毂中间MG 151/20机炮安装位置示意图。

枪，每门备弹500发。Bf 109G-1的动力装置为DB 605A-1或DB 605B-1发动机，GM 1喷射助推系统也同样使用，液态一氧化二氮容器和液氧瓶（三个）安装在座舱后面。GM 1被戏称为“戈林混合剂”（Goring's Mischung），这种发动机助推系统装置重182公斤以上，工厂代号 U-2，它的工作原理是用一氧化二氮为发动机注入额外的氧气，使得DB 605发动机能在低气压缺氧的环境下正常工作。加装 GM 1系统的战斗机高空性能明显提高，把同时期英国生产的“喷火”V战斗机远远甩到后头。

Bf 109G-1上还有一个改进是Bf 109G-0上没有的，那就是在螺旋桨毂后面的机身两侧各有一个突出的冷却空气进气口，这个进气口可直接引进空气为DB 605A发动机冷却。这个改进的起因是部队使用Bf 109G-1时发现飞机在起飞后不久出现发动机火灾事故，起飞阶段出现这种事故必然造成机毁人亡。事故调查报告称，发动机在飞机地面滑行时间过长会出现过热现象，特别是在夏天，而过热会导致机头处的滑油箱（发动机上方）出现渗油并立即会引起火灾，而火灾会导致发动机停车。在空中，发动机停车的麻烦稍小些，飞行员可以选择跳伞，而起飞时失去动力飞机会很快坠毁，飞行员来不及逃生。Bf 109G的机头设计有马蹄铁形的滑油箱，这个油箱就在发动机的上方，发动机工作产生的热量导致了燃油渗漏。解决这个问题的办法就是在发动机螺旋桨毂后面的机身两侧增加了两个小型进气口，用来冷却滑油箱（说给发动机冷却也行）。凯瑟林将军曾经把“非洲之星”汉斯－约阿西姆•马尔塞尤的死因归结于此，但英国航空史学家杰克•福尔曼（Jack Foreman）认为，乙二醇管道破裂才是罪魁祸首。除了增加发动机冷却空气进气口，Bf 109G-1的油箱为了适应寒

▲Bf 109V-30（Bf 109F-1原型机）被改进用来测试Bf 109G-1的增压座舱，这架飞机在试飞过程中发生故障而迫降，飞机基本保持完好。有几点需要注意，一是机枪后下方的增压进气口（见下图）和特别长的增压进气口（见下图）；二是发动机排气口上方两个进气口，其功能是为火花塞和排气管冷却，上图较为容易看到。

冷地区作战或高空环境作战也重新设计，其密封性更好。需要笔者补充说明的是，从上段话可以看出，早期生产型Bf 109G-1和G-2都没有冷却空气进气口，马尔塞尤事故原因找到后生产的这两个型号才有，此前已经生产出来的再改进增加进气口。不管怎样，“非洲之星”过早陨落了，他最后时刻驾驶的飞机是 Bf 109G-2（序列号Wk-Nr 14256）。

DB 605发动机一直被油压过低的问题困扰着，戴姆勒－奔驰公司认为是马蹄铁形的油箱造成的，而梅塞施密特公司却认为是增压器把气泡混到了燃油中，戴姆勒－奔驰公司接受了这种说法并研制了一种燃料脱气器，但试验表明，情况一点没有得到改善，这个问题直到战争结束也没有得到解决。

Bf 109G-1在生产中也有几个机场配置型（R）和工厂配置型（U）的改进型，这两种改进型最早是在Bf 109E上进行的，在Bf 109F上基本形成了标准配置。但是，即使是R型和U型也分几个子型号，一般来说，R1和R2型为战斗轰炸型，R3为机腹带副油箱挂架的远程战斗机型号，R4为战斗侦察型，R6为专

▲都是300升副油箱，但形状有好几种，像图中飞机携带的副油箱就是Bf 109G-1/R3型号，德国飞机编号跟冷战时的苏联飞机编号差不多，一种设备就是一个特定编号，看起来飞机的型号似乎非常多，其实不然。

▲1942年春天和夏天，英吉利海峡前线的JG 2联队和JG 26联队开始率先装备Bf 109G-1/R3，为此两个联队分别组建了第11中队，图中是11./JG 2中队的高空截击机，增压座舱中的装甲被去除以减轻重量。

▲部署在苏联前线的Ⅱ./JG 52大队Bf 109G-1战斗机，这些飞机出厂时就已经被喷涂了迷彩涂装，这种做法实际上并不可取，最好到前线后再根据作战空域的地理环境选择迷彩涂装。

门攻击轰炸机的型号。Bf 109G以后的型号可以根据它的编号后缀判断它的改进方案或配置情况。Bf 109G的机场配置型和工厂配置型主要有：

技术评估型Bf 109G-1/U1，这个型号主要改进是发动机的螺旋桨改为梅塞施密特公司生产的P-6可反转螺旋桨。当飞机在比较短的跑道上降落时，螺旋桨可以反转，使气流向前流动，因此，飞机产生一个向后的力，以此缩短降落距离。这个型号生产的数量非常少，几架而已。

远程战斗机型号Bf 109G-1/R3，这个型号机腹部增加一个挂架，可挂载1个300升的可抛弃式副油箱。

北非战场上使用的热带型号Bf 109G-1/Trop，针对热带的气候和自然条件增加了一些机载设备和生命保障设备，特别是发动机增压器进气口和散热器进气口加装过滤网。其他改进是将机头整流罩上方的MG 17机枪更换为2挺13毫米MG 131机枪，每挺备弹300发。MG 17机枪一直被过热问题所困扰，

▲德国空军5./JG 11中队的1架Bf 109G-1/R2战斗机，地勤人员正在给ETC 500Ⅸb挂架挂载SC 250炸弹（1枚250公斤）。1943年初期帝国保卫战中，海因茨•诺克的“轰炸轰炸机”战术就是使用这种250公斤延时炸弹，下文着重提及。

▲1942年11月，德国空军11./JG 26中队的Bf 109G-1部署到意大利西西里岛作战，短暂部署后，这个中队又转移到北非作战，时间也不长。图中显示的是更换发动机，不是维护发动机。

▲携带两个MG 151/20保形机炮吊舱的就是Bf 109G-1/R6型号，图中是Bf 109G-2/R6型号，所有R6都是携带这种机炮吊舱，完全一样。

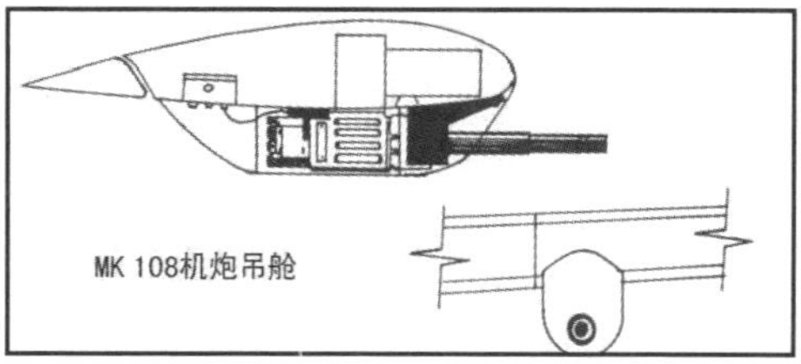

▲图中是MK 108机炮吊舱，MK 108机炮的炮管比较短。

而MG 131在这方面做了改进，而且它的口径也大得多，火力自然比MG 17要猛烈，因此，即使发动机桨毂中间的20毫米机炮出故障，MG 131也可以提供足够的火力。由于MG 131机枪体积比MG 17的要大，发动机整流罩上方即座舱前有一个鼓包，因此，飞行员们给Bf 109G-1/Trop起的绰号是“肿块”（Bump）。

拦截轰炸机型号Bf 109G-1/R6，这是一款很有意思的型号。1943年年初开始，盟军重型轰炸机对德国本土的轰炸越来越频繁，德国空军需要一种专门来攻击敌方重型轰炸机的战斗机型号。Bf 109G是Bf 109家族中第一个进行这方面改进的型号，它的改进主要是在两侧机翼下方分别携带1个MG 151/20保形机炮吊舱，这样，飞机的火力达到了5挺（门）机枪（炮），飞行员称之为“炮艇”（Gunboat）。但是火力的增加却影响了飞机的操纵品质，因为飞机的重量增加，横滚率下降，横滚机动也不稳定，这个改进型号攻击轰炸机不在话下，但遭遇盟军护航战斗机时非常不利。

两侧机翼携带30毫米MK 108机炮吊舱的是Bf 109G-1/R5；机翼携带210毫米W.Gr 210“多代尔”（Dodel）火箭发射管的是Bf 109G-1/R21，它主要用来攻击盟军轰炸机编队。WGr 210的火箭弹命中精度非常差，实战中很少能击中盟军轰炸机，但它总是会给盟军轰炸机编队造成一定的心理畏惧，因此可以打乱轰炸机编队。德国飞行员也知道这点，因此，他们向轰炸机编队发射后即脱离接触。火箭弹有定时引爆装置，靠碎片杀伤轰炸机。

W.Gr 210“多代尔”火箭弹系统

W.Gr 210火箭发射装置也称BR 21，“BR”的意思就是机载火箭弹，这是德国莱茵金属公司下属博尔西希公司（Rheinmetall-Borsig）鲁道夫•内贝尔（德国火箭方面专家）领导研制的空对空火箭弹。美国重型轰炸机开始对德国本土实施轰炸后，拦截敌轰炸机就成了重中之重。飞密集队形的重型轰炸机其自卫火力非常惊人，战斗机抵近攻击十分危险，而大口径火箭就可以在安全的距离之外发射，虽然精度不如机枪或机炮，但可以打散敌轰炸机队形，德国战斗机攻击失散的轰炸机风险就小得多。再者，如果一个中队12－16架（通常为12架）飞机向整个敌轰炸机编队齐射，按15%命中率，每机携带2－4枚火箭弹来计算，至少可以击中2架或3架轰炸机。

W.Gr 210实际上是在陆军同等口径火箭弹的基础上改进的，火箭弹内部安装一台旋转稳定发动机，发动机采用18.4公斤的二甘醇固定燃料；采用高爆战斗部，其重量为40.8公斤，爆炸杀伤半径为30米；采用定时引信，引爆时间根据发射距离来定，分为两档，即600米和1200米。火箭弹飞行速度为320米/秒（1150公里/小时），有效射程为1200米。火箭发射管和火箭弹总重为112公斤。

单座战斗机一般携带2个发射装置（左右翼下各一个），重型战斗机（驱逐机）可以携带4个。由于火箭的重量较大，而且发射速度并不高，出管的火箭会出现明显的弹道掉高现象，这主要是火箭弹没有主翼的缘故，为此，火箭发射管必须以飞机飞行轴线正15°角安装。但是，这个安装角度又导致了飞机阻力的增加。火箭弹速度慢，另一个问题是命中精度差，无制导火箭的命中精度跟火箭弹飞行速度有很大关系。定时引信问题也不少，引信是根据距离来引爆，但是，那个年代没有测距设备，距离远近全凭飞行员自己用眼睛估算，因此发射后的火箭弹经常会在轰炸机前，或是轰炸机后爆炸。如果说W.Gr 210火箭还有点用的话那就是打乱敌轰炸机队形。

Bf 109G-1还有大量的子型号的子型号，每个小的改进都有一个新编号，比如安装GM 1助推系统的Bf 109G-1/U2，安装MW 50助推系统的Bf 109G-1/U3，安装无线电罗盘的Bf 109G-1/R7等，还有重复使用编号的情况，如U2和U4就使用过两次，由于出现这种非常让人难懂的后缀编号，Bf 109战斗机的精确生产数量难以说清。

有必要在这里提一下，航空界有一个不成文的规定，航空制造企业投产的改进型

▲地勤人员在给Fw 190A战斗机的W.Gr 210火箭发射装置装填火箭弹，210毫米口径是相当大的，但是，火箭弹的长度不可能太长，加上发射速度慢，火箭弹飞行稳定性较差，命中精度因此也差。

▲W.Gr 210火箭发射管必须向上倾斜15°，这跟我们射箭的道理是一样的，也就是抵消重力造成的弹道误差。

▲（上下图）Bf 110G是名符其实的“炮艇”，保形机炮吊舱是双联，W.Gr210也是双管。

号都具备安装至少另一个型号的全套设备的能力（或可能），这种做法是为了适应战争进程的需要。例如Bf 109G-1/R6只有一个编号，但它可以安装机翼MG 151/20机炮，也可以在机腹安装一个炸弹挂架作为战斗轰炸机，还可以安装机腹油箱挂架作为远程截击战斗机，用现在的话说就是通用性好，便于后勤保障。

Bf 109G-1主要用于执行高空战斗任务，所以优先配备给那些专门截击盟军重型轰炸机的部队，这些作战单位主要部署在英吉利海峡沿岸和地中海地区。第一个接收Bf 109G-1的单位是1./JG 2中队，接收时间是1942年5月下半月。不久，JG 2联队组建了第11高空截击机中队，这个中队装备专门改装的Bf 109G-1飞机，除了携带300升副油箱，其他不必要的设备均拆除以减轻重量，比如拆除座舱防弹装甲。德国空军JG 26联队随后

▲Bf 109G-1/R21照片仅此一张，而其他Bf 109G型号的R6型照片倒非常多。图中飞机属于5./JG 11中队的海因茨•诺克的座机。照片拍摄于1943年5月，德国耶弗尔基地。

也组建了任务性质类似的第11中队，即11./JG 26。

Bf 109G-2战斗机（非增压座舱）

跟Bf 109G-1同时在生产线上生产的就是Bf 109G-2飞机，有意思的是Bf 109G-2比G-1装备部队时间要早几个星期。Bf 109G-2跟Bf 109G-1基本上类似，不同之处是去除了增压座舱或者GM 1喷射助推系统，座舱风挡后下方有两个小进气口。使用的无线电设备与Bf 109F-4的一样，如FuG 7a和FuG 25敌我识别装置。标准的武器方案为1门发动机中间的 MG 151/20机炮，备弹200发；还有2挺发动机整流罩上方的MG 17机枪，每挺备弹500发。

Bf 109G-2的其他改进型跟Bf 109G-1的子型号改进类似，比如Bf 109G-2/R1-R6和Bf 109G-2/Trop等，但是，Bf 109G-2的产量比G-1的要大得多，改进型号也更多。

有一个在Bf 109G-2基础上改进的试验型号非常特别，它主要用来评估增程战斗轰炸机。1942年年初，1架重新安装DB 605A发动机的预生产型Bf 109G-0和Bf 109G-2/R1被用来进行这方面的测试，为了增加飞机的航程，梅塞施密特公司计划给飞机增加一个可挂载SC 500炸弹的挂架，但是这个挂架非常

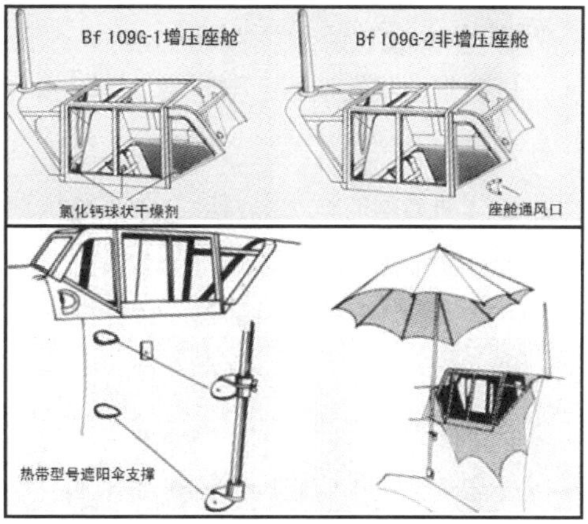

▲增压和非增压座舱区别，以及热带型号遮阳伞安放示意图。

▲Bf 109G-2的非增压座舱左右均有勺状的通气口。

▲菲施乐公司和斯科达公司的FiSk 199增程战斗轰炸机，上图是改进前飞机原始状态，下图飞机携带了1枚SC 500炸弹和2个副油箱。特别值得一看的是炸弹后方的起落架。

▲同一架FiSk 199战斗轰炸机侧视角度。

▲Bf 109G-2的性能有所提高，因此很快送到苏联前线装备JG 52联队和JG 53联队，但是，飞行员普遍反映这个型号飞机的操纵响应有点慢。上图飞机属于Ⅱ./JG 52大队，照片拍摄于1942年9月。下图飞机属于Ⅰ./JG 53大队第2中队。上图和下图都可以看到与座舱罩连接在一起的防弹装甲，这是增压座舱飞机最常见的，一些非增压座舱飞机也常见。下图有意思的是飞机座舱侧前方没有勺状的通气口。

大，机腹下方没有足够的空间供飞机起飞，也就是说安装这种挂架后飞机无法起飞，这是测试初期遇到的最主要问题。为了解决这个问题，菲施乐公司（上文有述，梅塞施密特公司的Bf 109飞机也同时在这家公司生产）设计了一种独特的辅助起落架，这个起落架安装在机腹后面，即炸弹后面位置，它可以升高飞机尾部的高度，使得炸弹不会触及地面。飞机起飞后，这个起落架可以通过爆炸螺栓释放，而后用降落伞回收以备再次利用。为了增加航程，飞机还安装了2个副油箱挂架，每个挂架可携带1个300升的副油箱，这点比较特别，大多数型号Bf 109飞机都只在机腹挂架携带副油箱。这番改进后的飞机被命名为FiSk 199，“Fi”和“Sk”（Skoda，斯科达公司）是两家研制单位名称，“199”是试验飞机的临时代号。FiSk 199的飞行试验非常成功，但是，不知何故这个项目没有进行下去。

1942年4月下旬，Bf 109G-2开始交付给

▲为了回应苏联空军装备拉-5战斗机，德国在1943年年初迅速向芬兰提供了16架Bf 109G-2战斗机部队，装备芬兰空军HleLv 34中队。注意看飞机上空军标志，这不是德国空军标志（见下文介绍）。这个单位在芬兰期间击落了苏联100架飞机，己方仅损失7架飞机。

所有德国空军前线单位，最早接收该型号飞机的是JG 2“里希特霍芬”联队，当时，JG 2联队直属单位（也称队部）和 I ./JG 2大队同时换下了原先使用的 Fw 190A战斗机。不

▲上图是苏联前线6./JG 52中队指挥克鲁平斯基的Bf 109G-2座机（“黄色5”号），下图是他的中队另1架“黄色9”号机，这2架飞机的座舱均没有勺状通气口。

▲驻扎在乌克兰日托米尔的6./JG 54中队1架携带MG 151/20机炮吊舱的Bf 109G-2/R6战斗机，照片拍摄于1943年年初。注意看飞机的起落架舱门已经被去除。

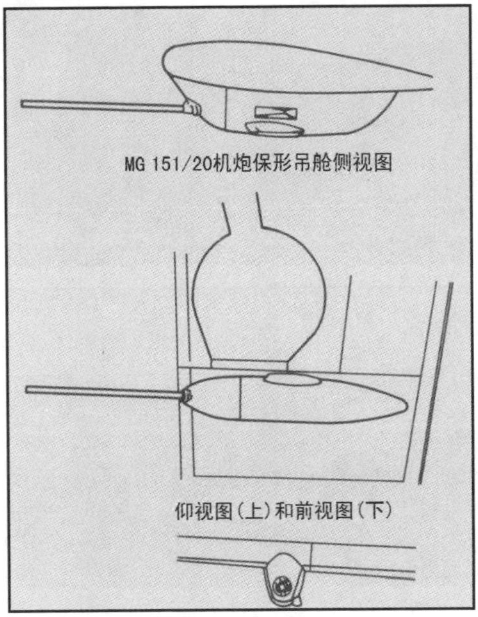

▲20毫米MG 151/20机炮保形吊舱挂载示意图。

▲机腹ETC 500Ⅸb挂架携带1枚SC 250炸弹的就是Bf 109G-2/R1型号。通常情况下ETC 500中的“500”表示500公斤挂载量，但是，图中可见SC 250炸弹（250公斤）已经接近地面了，SC 500炸弹（500公斤）就更大了，根本携带不了。

过联队指挥官瓦尔特•奥梭（Walter Oesau）本人拒绝了Bf 109G-2飞机，他仍保留着他的 Fw 190A-4座机。但是，也有人做法跟奥梭相反，在全面换装Fw 190战斗机后仍保留自己的Bf 109战斗机，实际上看谁用的更顺手。驻扎在英吉利海峡一侧的JG 2联队和JG 26联队在1942年间孤独地与越来越强大的英美盟国空军苦战数个月之久，直到盟军反攻前才有其他单位前来防卫法国和德国。

▲地勤人员正在为Bf 109G-2/R2飞机的ETC 50Ⅶd挂架挂载SC 50炸弹。

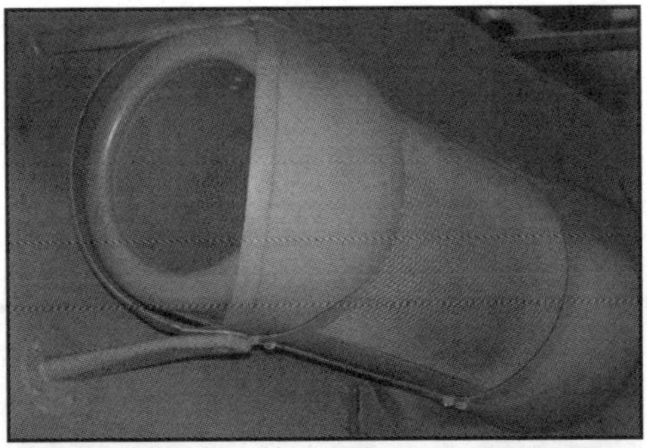

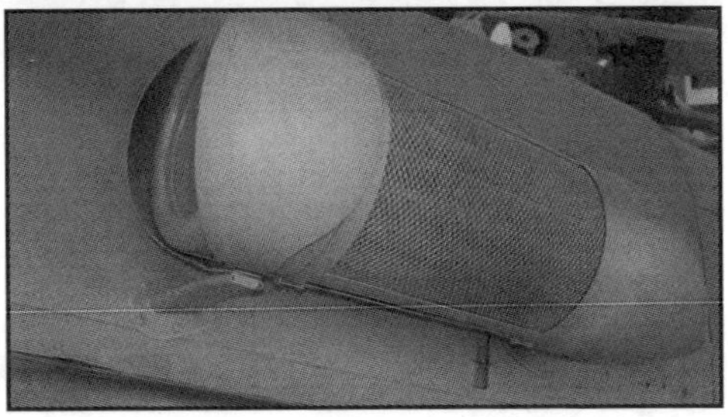

▲Bf 109G-2沙尘过滤网，此前型号Bf 109F和以后型号都完全一样。

▲热带型号Bf 109G-2/Trop跟其他热带类似都安装了沙尘过滤器，上图中沙尘过滤器关闭着（工作状态），下图中开启着（非工作状态）。下图中飞机还携带了MG 151/20毫米机炮保形吊舱。上图飞机驻扎在意大利西西里岛科米索基地，下图驻扎在突尼斯。

▲Ⅱ./JG 53大队的Bf 109G-2/Trop在1943年年初短暂部署到突尼斯执行作战任务，远处是1架Ju 52运输机。

▲5./JG 53中队的4架Bf 109G-2/Trop战斗机在执行护航任务，第四架飞机只看到机翼翼尖，照片就是在这架飞机上拍摄的，四机编队是德国空军最常用的队形。注意看上2架飞机的后起落架已经收起，第三架伸出状态。

Bf 109G-4战斗侦察机（非增压座舱）

1942年4月，Bf 109G-4开始在生产线上生产，这个型号也采用的是普通的非增压座舱，原来的FuG 7a无线电收发装置改为更新、工作距离更远的FuG 16ZY无线电设备。Bf 109G-4的投产比Bf 109G-3要早，因此本文先介绍前者。

Bf 109G-4设计主要用作战斗侦察机，它的后机身安装了1套照相机设备。Bf 109G-4是Bf 109G型号中产量较大的型号，总产量达

▲最上图的“黑色4”号Bf 109G-4战斗机属于2./JG 27中队的巴克曼中士，照片拍摄于1943年1月26日。中图为2./JG 3中队的2架飞机，近处飞机翼下隐约可见机炮吊舱，因此应该是Bf 109G-4/R6。最下图为热带型号Bf 109G-4/Trop，飞机携带了300升副油箱（R3），也携带了MG 151/20机炮吊舱（R6），但是飞机不称呼为Bf 109G-4/R3/R6。

到1242架。毫不例外，它也有很多改进型，执行着不同的作战任务，它的某些改进跟Bf 109G-1和G-2类似，其子型号编号也有R1、R2、R4和R7等，这些改进已经形成一个标准。Bf 109G-4有一个热带型号Bf 109G-4/Trop，改进跟上面提到的一样增加沙漠救生装具等，但是有些资料竟然没提到过这个型号，其实照片非常多。

▲图中为4./JG 53中队的1架Bf 109G-4/Trop正在加油，旁边平民为阿拉伯人装束，背景是突尼斯拉马尔萨基地。照片拍摄于1943年2月底，北非已经开始炎热了。

▲这张照片很有意思，4./JG 53中队指挥丁格尔中尉坐在Bf 109G-4/Trop座舱内，他的前面伸出的是潜望瞄准具，该设备紧靠着标配反射瞄准具，不清楚他的座舱为什么安装此设备，其他Bf 109G型号飞机未见安装。照片拍摄于1943年2月底突尼斯拉马尔萨基地。

Bf 109G-4的机场配置（R）至少有8个型号（有些编号被使用两次），有的型号数量极少。

Bf 109G-4/R1是战斗轰炸型，产量极低，只能用个位数来表示；

Bf 109G-4/R2是德国空军授权生产的战斗轰炸型，它的机腹安装了1个ETC 50/Ⅲd炸弹挂架，它可以携带4枚SC 50炸弹，但是这个型号没有交付德国空军；

Bf 109G-4/R3是侦察型，该型号未投产，但有几架改进后供地中海战场使用；

Bf 109G-4/R4是战斗侦察型，机身安装一个Rb 50/30照相机，每侧机翼可携带1个300升副油箱。这个型号跟Bf 109G-4/R2一样也没有投产；

▲2./NAG11中队的Bf 109G-4/R3飞机，翼下携带的两个300升副油箱清晰可见，仅见Bf 109G-4型号翼下携带副油箱。照片拍摄于1943年的意大利。

Bf 109G-4/R7是标准战斗机型号，机身座舱后部安装了定向探测设备（无线电测向器），包括1个自动测向器环形天线，它可以在恶劣的气象条件下、能见度低的情况下，或是飞机坠毁后都能方便容易地锁定自己的位置。

下面是重复使用的编号：

Bf 109G-4/R2是战斗侦察型，所谓战斗侦察就是同时具备战斗和侦察能力，侦察设备一般不重，不影响飞机空战机动；

Bf 109G-4/R3是纯战斗机型号；

Bf 109G-4/R6是重型战斗机型号。

Bf 109G-3战斗机（增压座舱）

1942年8月，Bf 109G-4开始进入德国空军服役，下一个投入生产的是Bf 109G-3型。这个型号的设备跟Bf 109G-4一样，其他不同之处是这个型号再次跟Bf 109G-1一样采用了增压座舱，发动机也使用了GM 1喷射助推系统，因为Bf 109G-3主要也是作为高空战斗机来使用的。跟Bf 109G-4一样，Bf 109G-3也换装工作距离更远的FuG 16ZY无线电设备，天线位置稍做改动。

尽管数量非常有限的Bf 109G-3进入了德国空军服役，但它仍有好几个子型号，如

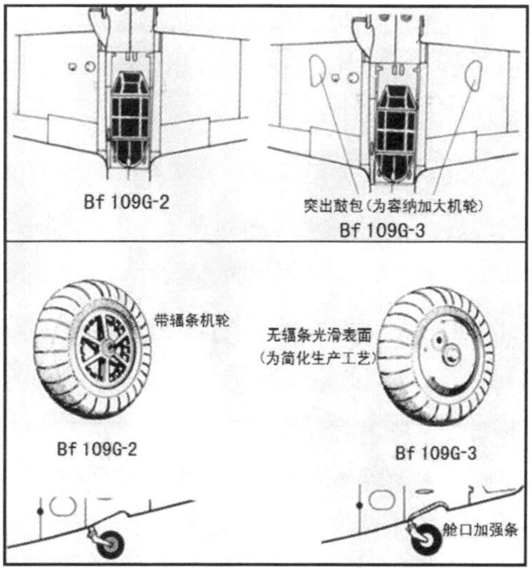

▲Bf 109G-2和Bf 109G-3的主要外观区别。

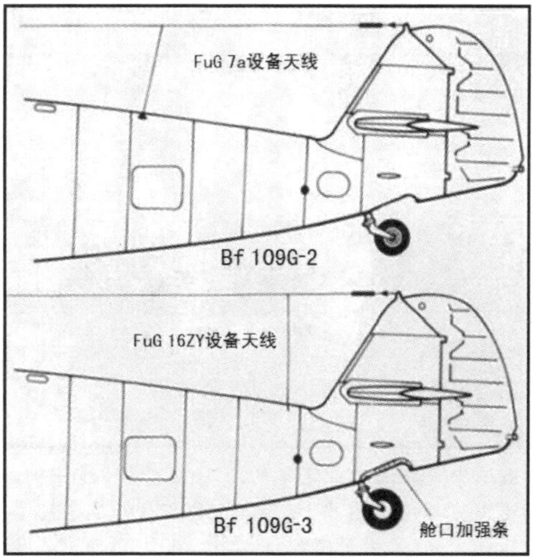

▲Bf 109G-2和Bf 109G-3的无线电设备天线对比。

R1、R2、R3、R6、U2和热带型号等。Bf 109G-3/U2是所有Bf 109系列里唯一没有使用战略物资生产的型号，它的水平尾翼采用的是木质材料，飞机安装了1个面积更大的配平调整片。这个型号主要用来测试及技术评估，后来的Bf 109G系列型号里的一些飞机也采用了木质水平尾翼，Bf 109G-14采用木质水平尾翼后，机翼形状还重新设计。用木质材料做飞机在20世纪40年代似乎不可思议，但是战争后期，德国的处境越来越困难，战略物资越来越匮乏，选择木质是不得已的措施。

另外，Bf 109G-3还是Bf 109G系列飞机中第一个机翼表面有鼓包的型号，这是因为Bf 109G在改进中飞机的空重不断增加，起落架换装了更大的轮胎，为的是提高在简易跑道上起降的安全性，主起落架机轮尺寸从 650×150毫米增加到660×160毫米，尾轮尺寸从290×110毫米增加到350×135毫米，尾轮收起处舱口增加了加强条。为了容纳下

▲图中是罗马尼亚空军的Bf 109G-3/R2战斗机，图中可以明显看出2枚（其他2枚不明显）SC 50炸弹，R2采用的是ETCⅧd挂架。由于尾轮增大，不好收回舱内，在飞行过程中，伸出状态的尾轮会被锁定。

▲加大的机轮对于在苏联战场上使用很有帮助，飞机的起降性能有所提高。图中飞机既有R2配置，也有R6配置，属于重火力型。

▲如果需要及时对战场进行侦察，而当地又没有专业侦察型号，那么可以在飞机座舱前面临时安装一部照相机，这相当于把手持相机搬到了座舱里，飞行员自己操作，这无疑会影响飞行，只是权宜之计。飞机座舱的结构框上有橡胶垫，这是增压座舱才有的物件。

新轮胎，机翼只得设计成鼓包状，如果不设计成鼓包状，那么梅塞施密特必须重新设计机翼弦长，这得需要复杂的、时间更长的测试才行，并不是简单地增加机翼内部容积就了事了。为了尽快把飞机生产出来投入到战场，梅塞施密特博士选择了更简单的方法，也就是在机轮舱的机翼表面设计一个鼓包，付出的代价是阻力增加，但却赢得了时间。

已知装备Bf 109G-3战斗机的有JG 3联

队、JG 26联队、JG 27联队、JG 51联队、JG 52联队、JG 53联队和JG 77联队等，有些联队曾在突尼斯和意大利西西里岛与满天的盟军轰炸机和战斗机作战。这一时期纳粹德国已经开始战略溃败，飞机的数量越用越少，击落敌机的数量也越来越少。

Bf 109G-5战斗机（增压座舱）

机头安装3挺机枪或2挺机枪加1门机炮的轻火力型Bf 109F装备德国航空部队以来，德国空军对于战斗机火力配置到底什么样才最合适这个问题争论不休，即重火力好还是轻火力好。轻火力派认为，1门机炮加2挺机枪对于受到良好训练的飞行员来说足以击落美国重型轰炸机；而重火力派认为，专家级飞行员的经验是在战争前或战争初期环境下培养出来的，而在1942－1943年服役的新手只接受过最起码的射击训练，要他们像老手一样在与满天的美国飞机作战中培养经验是不可能的。另一个重要原因就是随着飞机的速度越来越快，飞行员瞄准射击通常只有1－2秒的时间（指迎头攻击轰炸机，因为尾部攻击最危险，美国等国的轰炸机主要自卫火力是在后面，为此德国战斗机后来多采用迎头攻击战术），这么短的攻击时间需要飞行员具备非常娴熟的技艺。美国投入战场的重型轰炸机体积庞大，也更耐打击，要想在一个回合内将其击落几乎是不可能的，因此，唯有用强大的火力来弥补飞行员素质上的欠缺。安装4门20毫米机炮和2挺机枪的Fw 190在拦截盟军重型轰炸机方面相当有效，这似乎也证明了重火力的重要性。其实争论这个问题也分时间段。战争初期，轻火力的Bf 109战斗机完全可以凭借飞机优异的机动性来取胜，而二战后期，德国本土遭到盟军的猛烈轰炸，此时作战对象是德国元首一直崇拜的盟军重型轰炸机，还有性能达到或超过Bf 109的盟军战斗机，仅数量上就足以占压倒性的优势。总的来说，重火力派赢得了这场争论，因此有了携带210毫米火箭发射管这种变态武器的型号。

从Bf 109战斗机的发展脉络看，增加火力一直是大的发展趋势，从上文可以看出，标准机场改进型R6就是在Bf 109飞机的机翼下携带机炮保形吊舱来达到重火力的目的，而Bf 109G-5要从设计开始就考虑重火力。此前型号的Bf 109 系列飞机从诞生之日就在发动机整流罩上方安装2挺7.92毫米MG 17机枪，不管其他武器系统如何变化，这2挺机枪始终稳如泰山。但是，Bf 109G-5决定用2挺13毫米的MG 131机枪来取代MG 17机枪，此后型号的Bf 109都将这2挺机枪作为标准武器配置。为了减少生产材料和简化工艺，原来的内嵌式枪口槽改为机压式。MG 131机枪采用电力驱动弹药方式来提高机枪的射速，这是一款十分成功的枪型，用途十分广泛。由于MG 131机枪比MG 17机枪的体积更大，机枪的后膛和供弹处设计成了两个大鼓包，鼓包就在风挡前发动机整流罩的左右。除了重量增加，两个鼓包也带来了额外的阻力，因此飞行员就抱怨飞机的反应更慢更迟钝了。

1943年6月底至7月初，Bf 109G-5开始投产，但是直到1944年1月才交付德国空军使用，很明显，二战进入这个阶段，德国的物资供应和生产环境开始恶化。Bf 109G-5安装

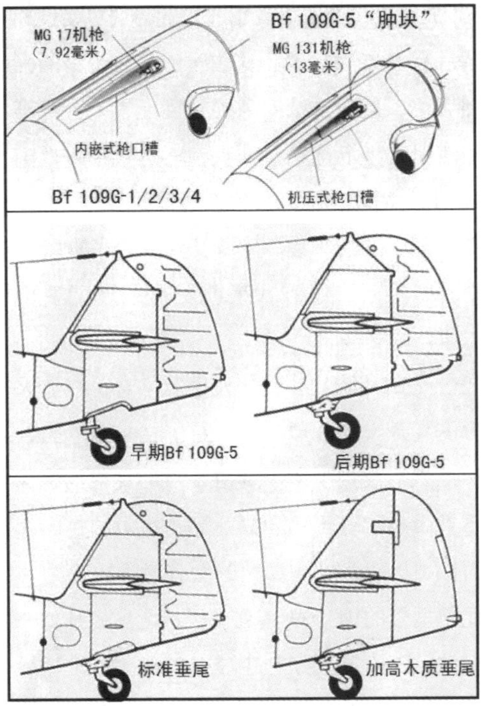

▲Bf 109G-5和此前Bf 109G的对比，以及早期和后期Bf 109G-5细节对比。

▲MG 131（下图）后来成为Bf 109最新型号的标准武器系统，由于后膛体积较MG 17（上图）的要大，因此发动机上侧方突出一个明显的“肿块”。

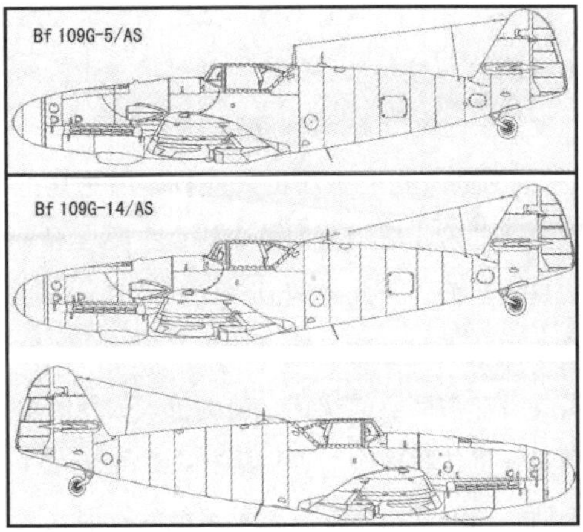

▲安装DB 605AS发动机的被称为AS型，Bf 109G-5/AS和Bf 109G-6/AS完全一样，Bf 109G-14/AS与之稍有区别。总的来说，AS型座舱前突出一大块，过渡圆滑一些，不是“肿块”。

的是DB 605A-1发动机，为了提高飞机的高空性能，有些此型号飞机安装的是DB 605AS发动机，该型号发动机的增压器更大。安装DB 605AS发动机的Bf 109G-5编号后缀一般有“AS”或“R”以示区别，如Bf 109G-5/AS等。Bf 109G-5的武器系统包括发动机中间的1门20毫米MG 151/20机炮，发动机整流罩上方的2挺13毫米MG 131机枪。

在Bf 109G-5量产时，梅塞施密特的设计人员又进行了一些改动，比如增加短波电台天线杆；安装FuG 25a敌我识别装置，该装置的革鞭状天线在机腹部；安装自动测向器，设备的D/F圆圈形天线在座舱后部通讯桅杆的后面，以后的型号也都有这种配置；采用“加兰德”（Galland）座舱，座舱的结构框重新设计，原来的防弹钢板改为厚重的防弹玻璃，重要部位安装更厚的防弹装甲板。

Bf 109G-5的后期型号有的采用了这种改进措施，但并没有成为标准配置，直到Bf 109G-14才定为标准配置；尾轮舱上增加金属舱盖，尾起落架上包上橡胶防尘罩。

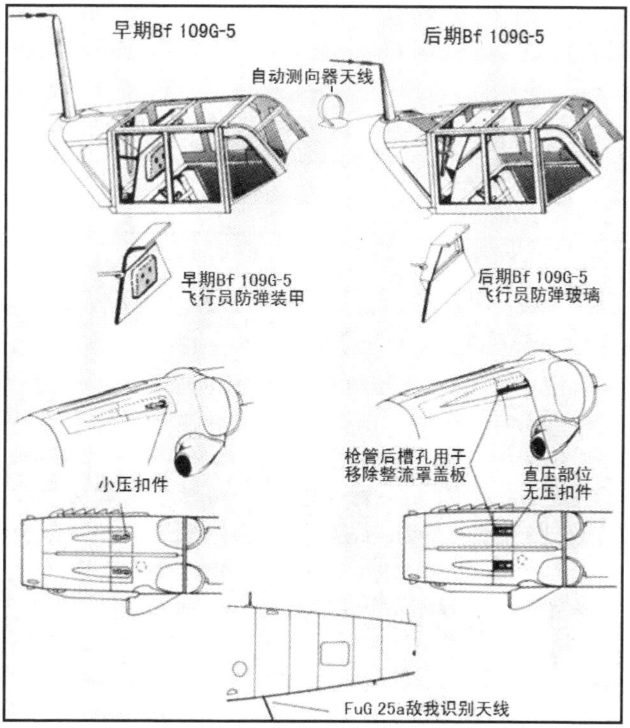

▲早期和后期Bf 109G-5的细节区别。

一直以来，Bf 109在起飞时总会轻微左右摇摆，Bf 109V-1原型机试验时就出现过这种蛇形情况，而在反应迟钝的Bf 109G-5身上这个问题更加严重，没有经验的新手特别难以驾驭。为了解决这个问题，设计人员设计了一种木质的直线铰链方向舵，新方向舵更高。这种新方向舵安装在一些后期型的Bf 109G-5飞机上，但并没有收到明显的成效。

为了提高DB 605A发动机的基础功率，戴姆勒－奔驰加大了发动机增压器，这个改动使得左边的发动机支撑架不得不从增压器上方弯过，所以发动机整流罩上方和MG 131机枪后膛部位的突起部分也相应拉长。这种修改过的结构破坏了机鼻的对称，两侧的突起一长一短。如此改进过的被称为Bf 109G-5/As，这个型号也安装上述的木质方向舵。Bf 109G-5/AS只生产了很少几架，装备给Aufkl.Gr.14

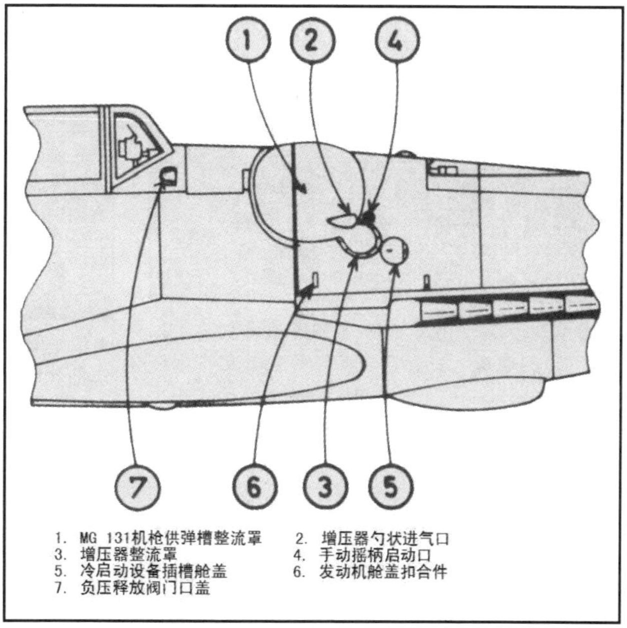

▲Bf 109G-5右侧发动机整流罩。

▲图中“白色2”号的是Bf 109G-5后期型号，注意机背部的无线电测向器圆圈形天线，后面的“白色9”号和“白色7”号机没有。

▲图中是后期Bf 109G-5/R1型战斗轰炸机，飞机属于JG 54联队。当时苏联战场的空对空作战任务不多，因此，很多Bf 109战斗机都执行战斗轰炸任务，图中就是R1战场改进，即飞机携带1枚SC 250炸弹。

▲图中是德国空军王牌排名第二的格哈德•巴克豪恩的Bf 109G-5座机，巴克豪恩的战绩仅次于哈特曼，达到301架。

单位作为侦察机使用。

Bf 109G-5的子型号中进入德国空军部队服役的有Bf 109G-5/U2、R3、R6、R7和Trop等，跟上文的改进一样，Bf 109G-5/R1和R2已经得到空军许可并计划装备，但这两个型号没有进行下去。Bf 109G-5中有一架改进在飞机的翼下分别携带1个210毫米Wfr. Gr.210火箭发射管（有些资料称之为迫击炮），计

▲在1943年西西里岛的战斗中，德国空军基地遭到盟军空袭，损失惨重，图中近处的是JG 51联队的1架Bf 109G-5/Trop型号，增压进气口的过滤网很明显。后面那架机翼伸向空中的是Fw 190战斗机。

划用于攻击盟军的轰炸机群，这个改进型编号为Bf 109G-5/BR 21。这个概念试验非常成功，而且实实在在进行下去了，Bf 109G-6的早期型号携带这种火箭发射管并先于Bf 109G-5进入德国空军服役。

▲飞机左侧类似人眼睛的就是增压进气口过滤装置，这表明图中飞机是Bf 109G-5/Trop热带型号。

▲图中座舱后方的自动测向器的天线清晰可见，说明这是Bf 109G-5后期型号，手动启动摇柄仍在飞机上。

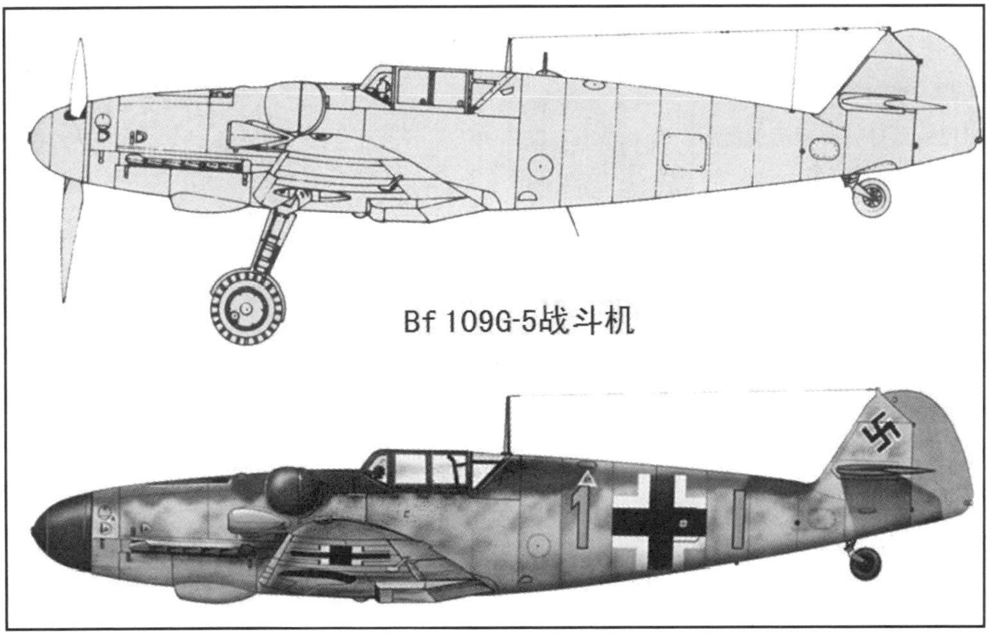

▲Bf 109G-5战斗机侧视图。

Bf 109G-6战斗机（非增压座舱）

由上段最后一句话得知，Bf 109G-6跟G-5同时投入生产，但实际上却先于后者进入部队服役，上文中的Bf 109G-3和Bf 109G-4装备部队的时间也正相反。Bf 109G-6跟G-5不同之处在于它没有采用增压座舱，那些密封设备和装置全部去除，座舱前下方有进气口。跟其他的Bf 109G型号一样，Bf 109G-6也有很多子型号，很重要的一个原因就是该型号服役时间较长，二战末期，德国空军没有资格挑肥拣瘦了，在役的飞机都得改进以应对各种各样的盟军飞机。Bf 109G-6的主要型号有Bf 109G-6/U2、U3、U4和R2、R3、R6，以及Bf 109G-6/N等，Bf 109G-6/U2安装GM 1喷射助推系统，Bf 109G-6/U3安装MW 50水－甲醇增压器助推系统，喷射剂容器安装在座舱后面，即原来GM 1系统容器处。喷射剂为50%水（W）和50%甲醇（M），当飞机飞行低于额定高度时，助推系统将喷射剂注入增压器内提高其压力从而达到增加发动机功率的目的。（关于MW 50工作原理说明：作者查阅其他外文资料称，水－甲醇注入汽缸内通过冷却达到增加功率的目的，而加甲醇的目的是在冬天或高空防止溶剂结冰。）这个助推系统可以使发动机的起飞功率增加300马力，大大提高了

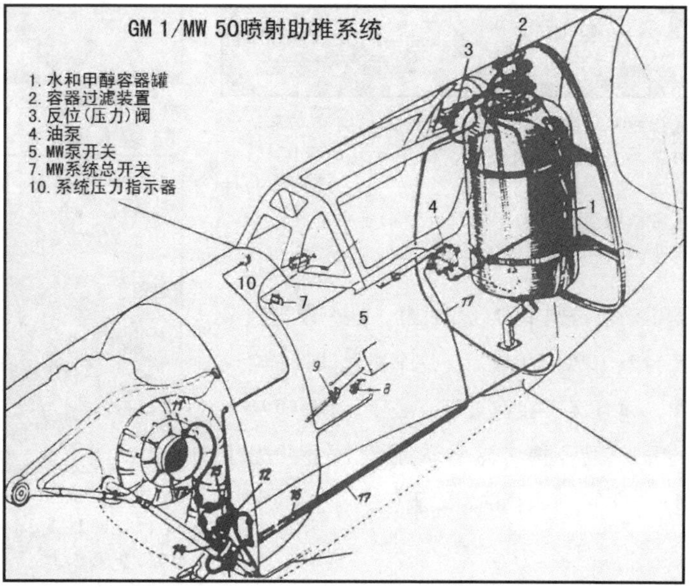

▲GM 1/MW50喷射助推系统安装示意图。

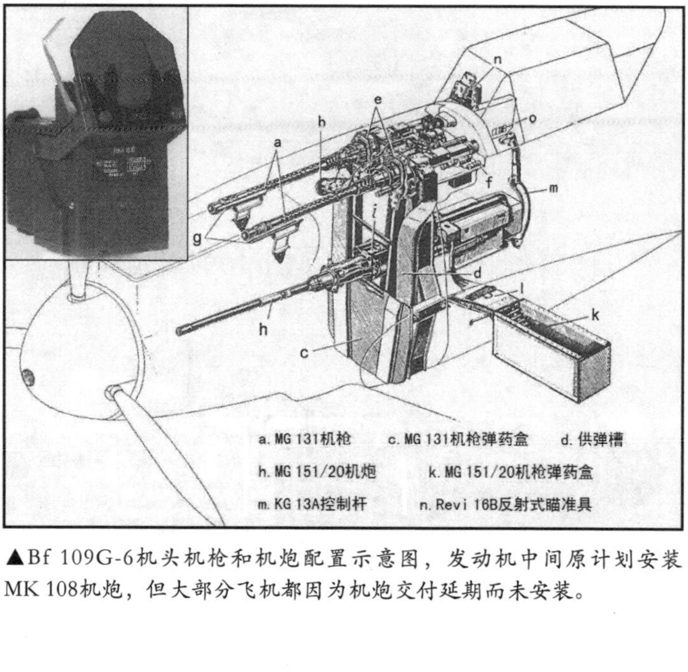

▲Bf 109G-6机头机枪和机炮配置示意图，发动机中间原计划安装MK 108机炮，但大部分飞机都因为机炮交付延期而未安装。

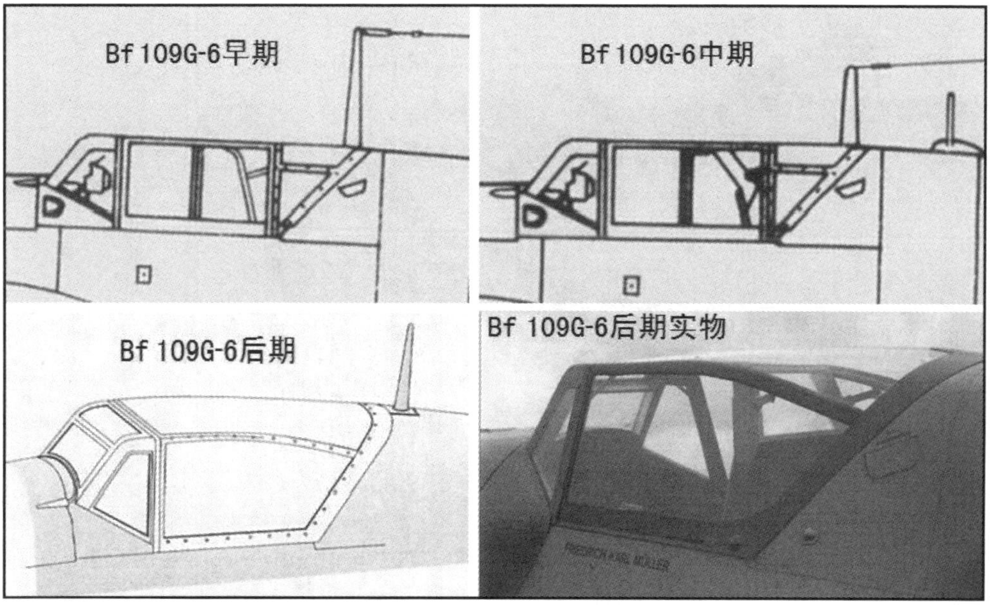

▲Bf 109G-6不同发展时期座舱的变化，上两图的变化跟Bf 109G-5的类似。

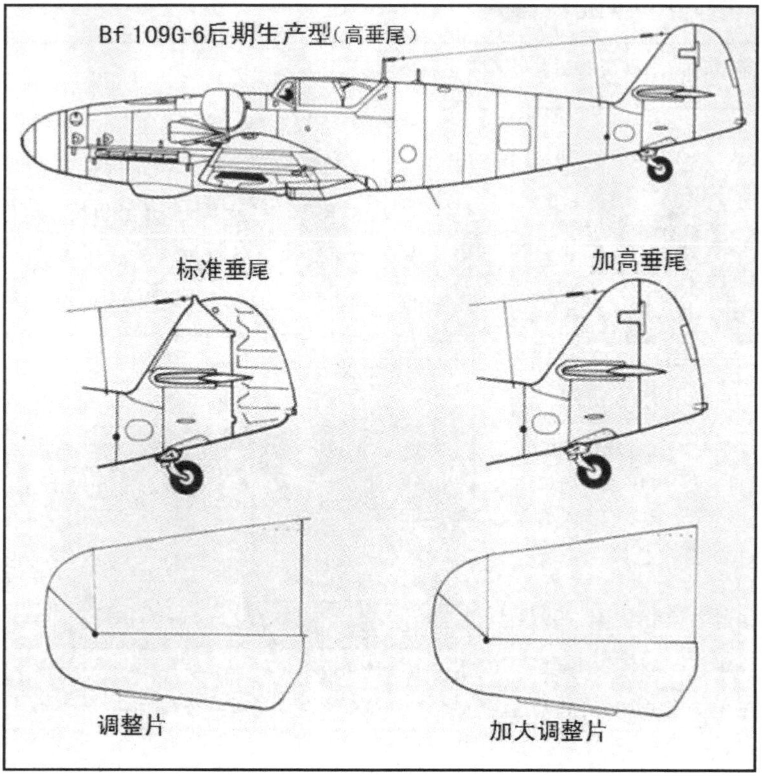

▲Bf 109G-6后期生产型的主要变化。

飞机的起飞性能。在6000米高度，它同样可以使发动机功率增加300马力。

Bf 109G-6/U4是德国航空部和梅塞施密特公司增加火力要求的一个型号，它的发动机中间那门20毫米MG 151/20机炮改为30毫米MK 108短炮管机炮，该型机炮是德国莱茵金属公司研制生产的，它的射速是每分钟450发，由

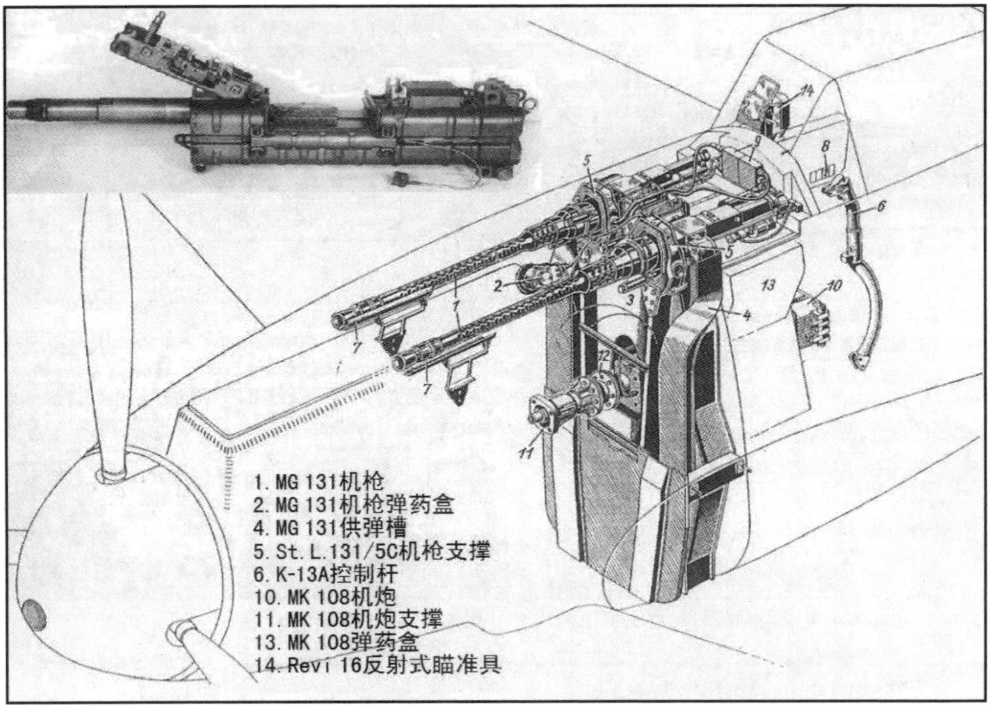

▲MK 108机炮的炮管非常短，画中画实物图就可以看出。

▲进入1943年后，美国重型轰炸机对德国本土的威胁已经变成了噩梦般的现实，德国迫切需要新手段来攻击美国轰炸机，携带W.Gr.210火箭发射管就是其中之一的方法，但是，实战效果并不好。

电力控制射击。德国计划大量装备Bf 109G-6/U4型号，但是，MK 108机炮的交付速度非常慢，因此大部分型号飞机仍保留着MG 151/20机炮，实际安装MK 108机炮的飞机极少。

有的Bf 109G-6也改进携带1个210毫米W. Gr.210火箭发射管，按正常情况编号应该是Bf 109G-6/R 21，而且早于Bf 109G-5/B 21投入使用，实战使用效果不佳，但震慑效果还不错。携带W. Gr.210火箭发射管攻击敌轰

▲图中为德国空军NAG 4联队的1架Bf 109G-6/N战斗机。对德国本土实施战略轰炸后，英国轰炸机主要进行夜间轰炸，而美国轰炸机负责昼间轰炸。Bf 109G-6/N产量并不大，在实战中经常执行昼间作战任务。

炸机是技术活儿，一般水平的飞行员（此时德国飞行员素质大幅下降）干不了，因此并没有推广，实际只有试验部队或某些单位大能人使用过。

Bf 109G-6/N是专门用于夜间战斗的型号，这里要说明的是它的后缀“N”表示“夜间”（night）的意思，而Bf 109E子型号中的后缀“N”表示其安装的是DB 601N发动机。Bf 109G-6/N发动机排气口处安装了挡板和火焰抑制器，目的是减少夜间的光亮。机枪（炮）射击时的火焰光亮造成飞行员瞳孔缩小，光亮消失时就无法看清其他微弱光亮或目标。另一个重要装备是FuG 350Naxos Z电子接收器，这种接收器可以跟踪英国皇家空军轰炸机群中引导飞机上使用的H2S雷达信号，因此，Bf 109G-6/N不仅可以无需地面部队引导发现盟军轰炸机群，而且可以指挥德国空军截击机部队的飞机去拦截敌机，这种能力类似于空中预警指挥和控制飞机。FuG 350接收器安装在座舱后面的一个透明的半球形整流罩内，原来这个位置的自动测向器D/F环形天线移到了机身下方。上文提到过，各个型号之间都可以互换，或者说都具备扩展成另一个型号的可能，想想携带1个300升副油箱的就可以称之为R2，其他型号也完全可以携带副油箱，因此，Bf 109G-6/N常携带Bf 109G-6/R6的保形机炮吊舱。

▲德国空军JG 2联队第5中队（5./JG 2）地勤人员正在推1架Bf 109G-6战斗机，飞机翼下携带了MG 151/20机炮吊舱。照片拍摄于1943年的法国前线。

▲德国空军4./JG 51中队的Bf 109G-6/R3战斗机，照片拍摄于1944年6月的保加利亚。

▲这架Bf 109G-6既携带了机炮吊舱，机腹部也携带了炸弹，但这并不是战场改进型（R），实际上是Bf 109G-6/U5工厂改进型。

机场改进型跟此前型号基本一样，如Bf 109G-6/R2是安装RB 50/30照相机的侦察型号；Bf 109G-6/R3是携带300升副油箱的型号；Bf 109G-6/R6是机翼携带2个MG 151/20保形机炮吊舱，和安装FuG 350 Naxos Z电子接收器的型号。

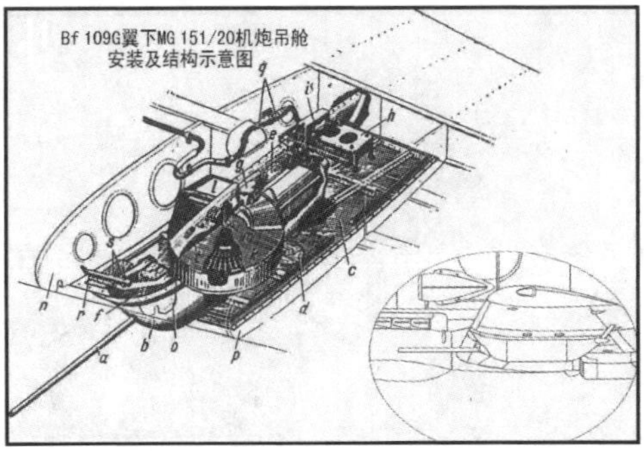

▲Bf 109系列型号翼下携带MG 151/20机炮吊舱改进基本类似。

▲7./JG 53中队的1架Bf 109G-6/R6正从意大利雷吉里奥一个飞机大修厂出来，机炮吊舱和副油箱都清晰可见。

与Bf 109G-5一样，Bf 109G-6也有少数安装DB 605As发动机和不对称发动机整流罩，只有JG 1联队、JG 11联队、JG 27联队和JG 53联队使用过这种型号战斗机。

热带型Bf 109G-6/Trop除了标准的空气过滤器外，其发动机整流罩右侧突起上开了一个进气口，帮助发电机降温。就在这个开口稍前方，有个微微鼓出的盖子，里面是增大的油泵。

早期Bf 109G-6生产型跟此前型号一样安装的是长长的无线电桅杆，而大部分Bf 109G-6后期型号缩短了天线杆，加装FuG 25a敌我识别装置、鞭状天线和R7自动测向器环状天线，增高的木质方向舵也被广泛使用。此外，很多Bf 109G-6换装了新型“加兰德”座舱，取消了原先的座舱盖后面包着蒙皮的部分，代之以透明的座舱玻璃，为驾驶员提供更好的视野，但也有人抱怨这种舱盖在紧急情况下很难打开。

▲图中是JG 3联队的Bf 109G-6/Trop的R6型，注意看增压进气口处的沙尘过滤装置。1943—1944年，JG 3联队的这些飞机部署在意大利拦截美国第十五航空军从意大利南部起飞轰炸德国本土的重型轰炸机。

▲这架Bf 109G-6飞机正在进行无线电罗盘地面测试，飞机后机身被顶起，后三点起落架飞机进行地面某些测试时经常要将后机身顶起，比如机炮/枪射击等。

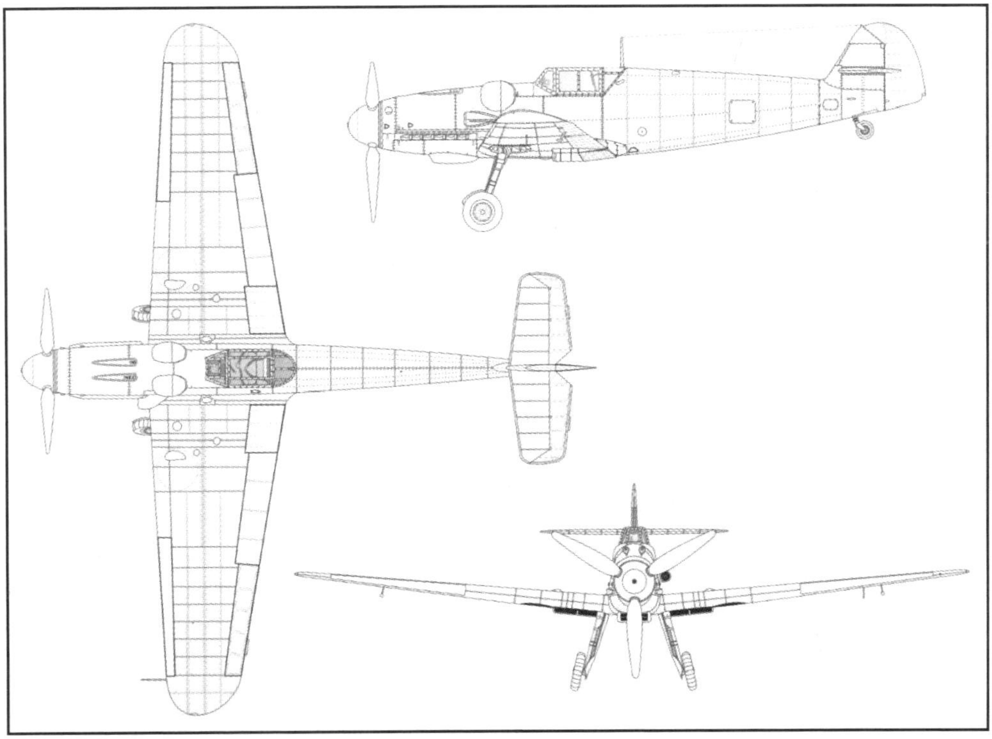

▲Bf 109G-6战斗机三视图。

Bf 109G-8战斗侦察机

1943年晚些时候，Bf 109G-8开始投入生产，它是在Bf 109G-6的基础上改进的一种照相侦察型，严格意义上说并不称之为新型号。1944年，盟军部队横扫欧洲大陆，此时德国急需一款短程战术侦察机，以便及时掌握盟军部队的动态，这就是Bf 109G-8诞生的起因。Bf 109G-8可安装Rb 12.5/7或者Rb 32/7照相机，两部航空照相机装在机身第 5号和第 6号结构框之间，微微倾斜，相互错开，各有一块可滑动开启的正方形舱口盖。其他的改进是去除了发动机整流罩上方的MG 131机枪，以此减轻飞机重量。左侧机翼前缘内安装第三部照相机，这部名为“机器人”Ⅱ的照相机开关跟机炮（枪）的按钮相连，扣动扳机时照相机就自动开启并工作。第三部照相机只能拍摄单幅照片，因此它实际上并

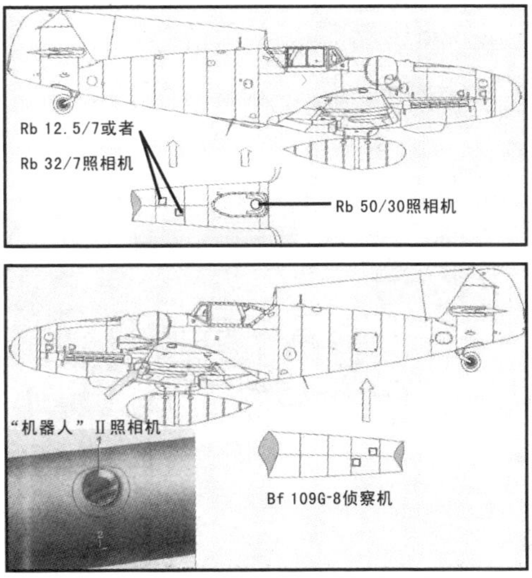

▲Bf 109G-8侦察机照相机安装位置示意图。

▲上图是Bf 109G-8/Trop热带侦察型号，但是图中飞机的增压器进气口显然没有沙尘过滤装置。热带型号主要在地中海地区执行任务。下图是Bf 109G-8/U3/R5，也就是工厂和战场都进行了改进。

不是用于照相侦察，主要为了试验以获取和收集各种数据，以便Bf 109其他型号的改进。

1943年年底，Bf 109G-8两种投产的型号是Bf 109G-8/R2和Bf 109G-8/R5，前者安装了MW 50系统并可以携带1个300升副油箱。大多数Bf 109G-8/R5取消了发动机中的

▲近处的7号机是Bf 109G-8/U3侦察机，后面的2号和7号是Bf 109G-14飞机。图拍摄于1945年3月的德国汉格拉基地，飞机的残骸中站立着一位美国大兵。

▲芬兰空军1架Bf 109G-8/R3/Trop侦察机。芬兰空军的机徽是白底蓝色卐字。这个机徽标志实际上是瑞典伯爵艾里克•冯•罗森（Eric von Rosen）的幸运徽章，这位爵士于1918年捐献了1架图林—帕拉索尔飞机给芬兰空军，这也是芬兰空军的第一架飞机，为了纪念此事，芬兰空军就把这个徽章作为机徽使用。芬兰空军装备了相当一部分Bf 109G-8型号，某些外国资料都统称为Bf 109G-6，主要是因为外观上很难判别。

▲Bf 109G-8侦察机。

机炮。但R2和R5都保留发动机整流罩上方的MG 131机枪。有些后期型的Bf 109G-8使用增高的机头冷却器和加宽的螺旋桨（以后的G系列改进型上用的），现在不清楚这种改进是工厂改进（U）还是前线部队自己进行改装（R）。只有极少数Bf 109G-8采用新型“加兰德”座舱盖，但都装备了R7自动测向器环形天线。

Bf 109G-8主要装备一些近距离侦察部队，如NAG 5联队、NAG 8联队和NAG 15联队等（NAG，德语Nahaufklarungsgrupe，英语Short range reconnaissance grop，短程侦察大队）还有专门的照相侦察大队，如Aufkl. Gr.14。

Bf 109G-12教练机

Bf 109G系列里最独特的是Bf 109G-12教练机，在战前和战争初期，德国的飞行学员有大量的训练时间，他们离开初级教练机时就已经有足够的经验去驾驶单座战斗机，根本无须双座教练机，这也是到目前为止Bf 109没有双座教练机的缘故。但随着战争形势的恶化，到了1942－1943年，新飞行员的训练飞行时间一再被压缩，没有时间让他们在初级教练机上耗费太多的时间来积累经验，帝国需要他们尽快上战场保卫德国（不是去侵略他国）。实际上，教练型的概念早在1940年Bf 109E型号研制时就开始研究了，计划在E型上改进的双座教练型编号为Bf 109S，但是，这是梅塞施密特公司自行主张研制的，没有得到德国航空部的正式订单。直到1942年晚些时候，德国空军才正式要求梅塞施密特公司研制这种双座教练型，因为Bf 109系列飞机的产量相当大，急需培训新飞行员来驾驶。

首架教练机是德国空军在机场利用Bf 109G-1的机体研制的一种双座教练型，正式的双座教练型的原型机是梅塞施密特公司

▲Bf 109G-01即预生产型第一架飞机是第一个被改进进行双座教练型研究的飞机，当时这架飞机只是在座舱增加一个模型座舱进行气动研究，因此这架飞机并不是原型机。

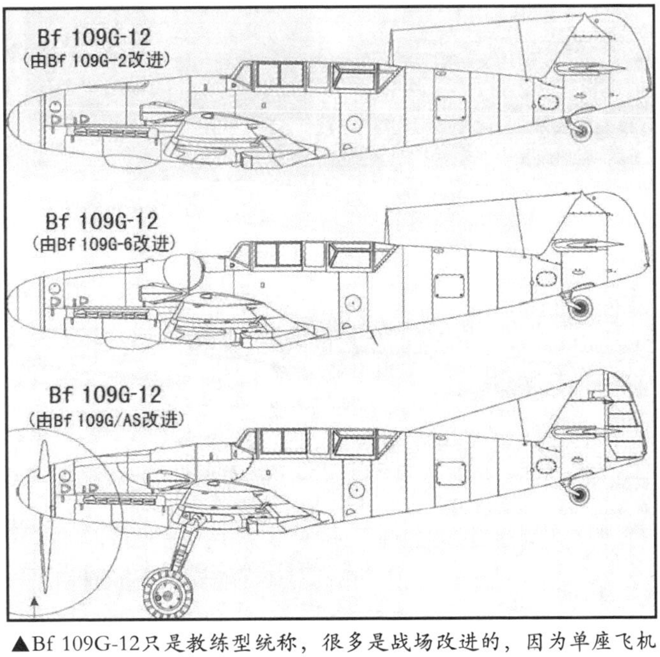

▲Bf 109G-12只是教练型统称，很多是战场改进的，因为单座飞机的来源广泛。

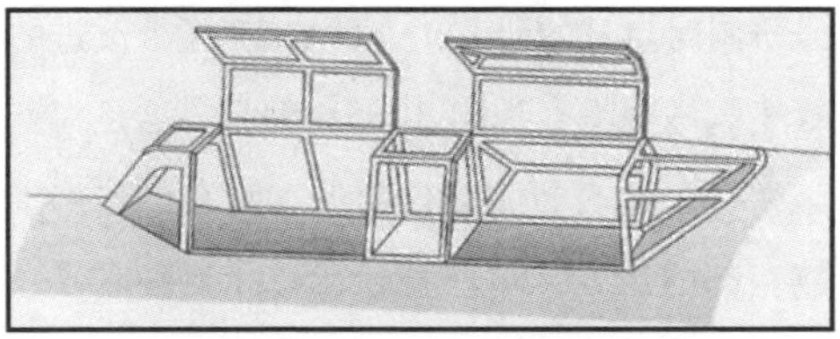

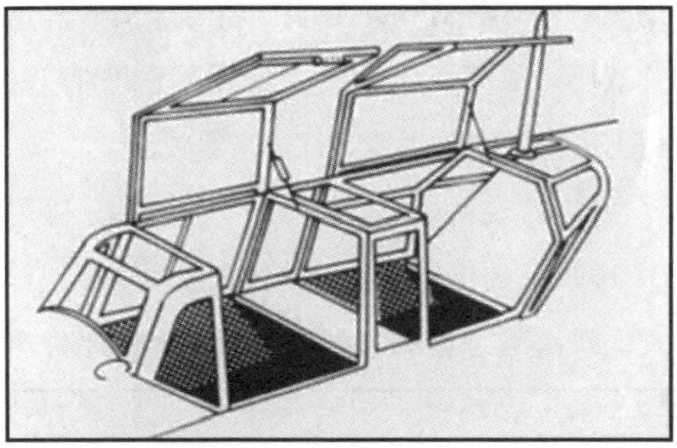

▲Bf 109G-12双座座舱示意图。

▲上下图中是同一架Bf 109G-12教练机，这是由Bf 109G-2战斗机改进而来的。

▲这张照片非常有意思，图中Bf 109V-52飞机是Bf 109G-12的原型机，飞机由1架Bf 109G-5改进而来，刚刚在工厂改进完成，座舱是全新的。特别需要注意的是，原来飞机编号字母被去掉了一半，这个位置增加了后座舱。这一切说明教练型Bf 109G-12都是由单座飞机改进的，不是全新生产的。

▲学员（前）和教员（后）同时登上3./JG 106中队的Bf 109G-12教练机，这是1架由Bf 109G-4战斗机改进的。这个角度非常清楚地看到座舱内部布局。注意看飞机战术编号书写方式，一线战斗单位是一位或两位数，字体也完全不一样。

▲图中的Bf 109G-12属于德国空军5./JG 108中队（即原Ⅰ./JG 107大队，该番号用到1944年年初），照片拍摄于1944年8月的匈牙利，那里有德国空军训练单位。图中飞机也是由Bf 109G-4改进而来。

在1架Bf 109G-5上改进的，其增压座舱所使用的增压设备被去除，座舱被延长以便容纳增加的乘员和第二套飞行控制系统和设备。后座教员座舱罩玻璃向外突出，目的是增加教员视野以便向前能看到学员操作，或进行指导。但是尽管如此，后座的视野仍然不好，许多资深的教官都怕坐到后面那个位置上去，因为在起飞时他什么都看不见。1943年至1944年间，大量的Bf 109G-2、G-4、G-5

▲上下两图均为JG105联队（训练单位）的Bf 109G-12教练机，2架飞机改进来源完全不同，上图（改进自AS型）拍摄于1945年1月，下图拍摄于1944年1月。

和G-6（甚至有些使用DB 605AS的版本）飞机被用来改进成Bf 109G-12教练机，原计划新建一条生产线以便改装900架教练机，但这个愿望没能实现，实际改装的数量连100架都不到。一方面德国空军急需大量的战斗机，这个时候形势对德国越来越不利；另一方面，在盟军的轰炸下，很难配齐所需的零配件，因此，所有的Bf 109G-12实际上都是在机场改进的。在所有Bf 109G系列的子型号中，“R3”为后缀的型号也被用来改进成Bf 109G-12教练机，R3型号都有油箱挂架，可以增加航程和续航时间，便于新学员学习。

Bf 109G-14战斗机（增压座舱）

Bf 109G-5是最后一种使用增压座舱的型

号，此后的Bf 109G-7、G-9和G-11都保留了编号，但从未投产。而原先预定安装DB 605D的Bf 109G-10因为发动机交付的延误而推迟生产，所以紧跟在Bf 109G-6以后生产的是Bf 109G-14。

到1944年7月，德国离战败不远了，此时更需要改进Bf 109G系列来挽救失败的命运，Bf 109G-14就是在这种形势下诞生的，它采用的是DB 605AS或DB 605AM发动机，这两个型号的发动机功率比此前型号的要大，因此不需要MG 1/MW 50助推系统；飞机座舱为标准的“加兰德”式，即Bf 109G-5首先采用的座舱。Bf 109G-14的武器系统为发动机整流罩上方2挺MG 131机枪，发动机中间1门MG 151/20机炮。Bf 109G-14生产的数量并不算多，原因是Bf 109K型正准备向德国空军交付。

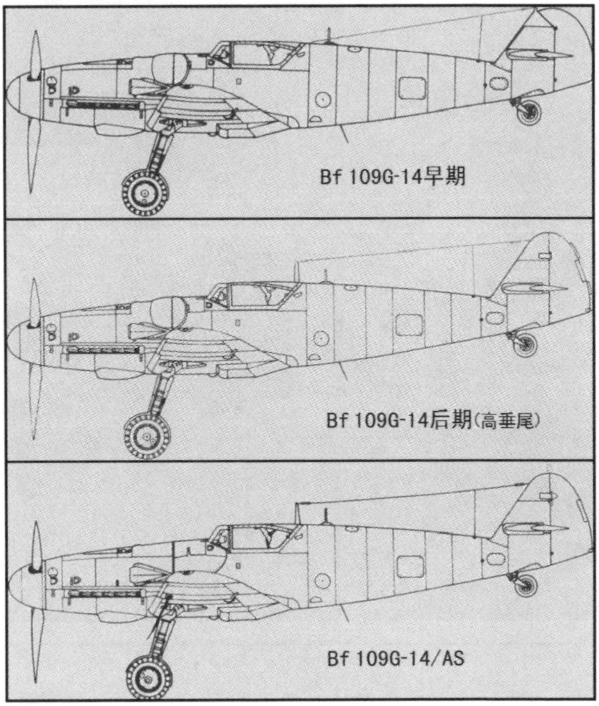

▲Bf 109G-14几个生产批次的外观区别，主要区别在垂尾和发动机上。

Bf 109G-14生产的数量虽然不多，但也有几个子型号，如U4、U6、R1、R3和R6等。Bf 109G-14/U6发动机中间安装的是炮管更长的30毫米MK 103机炮，原来的MG 151/20机炮去除。有资料称这个型号是Bf 109G-14/R6，“R”和“U”完全不是一个概念，前者是机场改进型，也就是前线部队在机场改进的，U是厂家改进的，换装MK 103机炮不是小的改动，前

▲（上下图）Bf 109G-14编号在后，但并不是最先进的，这个型号的产量也较小，算过渡型号。

▲再先进的Bf 109G型号战斗机也挽救不了德国的命运。注意看座舱和垂尾，上面那架飞机没有天线桅杆。

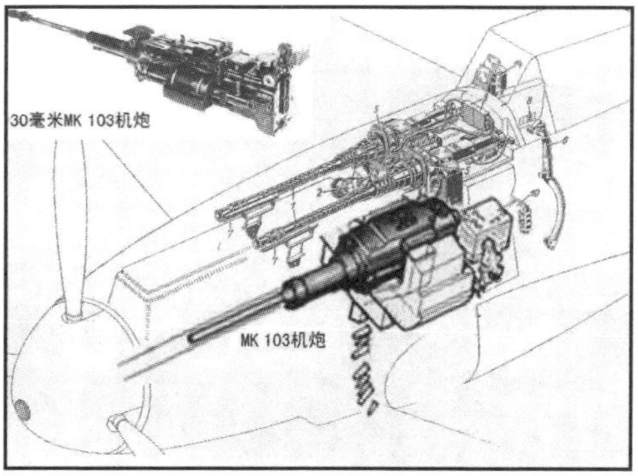

▲有的Bf 109G-14飞机安装的是30毫米MK 103机炮，这是一种长管机炮，上文提到的30毫米MK 108是短管机炮，但是没有见过MK 103机炮安装示意图，笔者根据资料简单绘制了示意图。

线部队恐怕还没这个改装能力；Bf 109G-14/R2是侦察型，Bf 109G-14/R3是携带300升副油箱型号，实际上大多数Bf 109G-14都具备携带这个副油箱的能力。安装DB 605AS发动机是Bf 109G-14/AS，这个型号的发动机整流罩重新设计，原来因安装MG 131机枪而突起的两个“肿块”不见了，发动机安装支撑点

▲跟上文中型号一样，AS指安装DB 605AS发动机，它的明显特征就是座舱前两侧发动机整流罩突出的鼓包比较圆滑，因此相当好辨认。这两图的飞机属于Ⅲ./JG 300大队，飞机后机身的白色条纹是帝国保卫战序列中飞机的识别条纹，而白色条纹是JG 3联队专用的，因此这些飞机属于该联队。注意看德国这时的窘状，机场连牛都用上了，好处是不用航空燃油。照片拍摄于1944年夏天。

也做了相应的改动。Bf 109G-14/AS比Bf 109G-5和G-6的同类型号装备更广泛，曾经在JG 4联队、JG 6联队和JG 27联队服役过。

帝国岌岌可危了，此时正需要大量战斗机，而生产计划的混乱和生产瓶颈制约造成了生产速度非常缓慢。为了整顿这种无序混乱的局面，德国航空部成立了特别的战斗机参谋委员会来负责协调解决生产中的瓶颈和难题，以获得最大的产量。这个部门的重要工作就是对Bf 109G 进行标准化，除了少数极早生产的Bf 109G-14外，以后的都将使用增高的垂尾（有2个调整片和直线铰链），加长的水平尾翼调整片和新型座舱盖。绝大多数Bf 109G-14采用的是标准轮胎和机轮，少量后期生产的使用增宽的前轮，以前Bf 109G-5和G-6热带型使用的发电机冷却口

▲地勤人员正在维护DB 605AS发动机，隐约可见座舱前侧方一条弧线，这是Bf 109G-14/AS的一个典型特征。

▲2./JG 300中队胡德斯·多弗尔正坐在Bf 109G-14/AS座机里，他手臂前方弧线很清晰。弧线旁边的图案是胡德斯·多弗尔个人喜爱的图案，不是中队标志，这个图案中小狗口中叼着一架美国波音轰炸机，意思很明确，Bf 109G-14/AS用来拦截美国重型轰炸机。

▲近距离看一下造成AS型（包括所有Bf 109G的此型号）发动机整流罩鼓起的原因。这张照片另一个值得认真看的是机翼的前缘缝翼已经伸出。

▲在1945年1月1日“底板行动”中被美军俘获的德国空军Ⅳ./JG 53大队的1架Bf 109G-14飞机，注意高垂尾。

和增大的油泵盖也成为Bf 109G-14的标准装备。

就性能而言，Bf 109G-14不如后期生产的Bf 109G-10和Bf 109K先进，它的产量不同，资料也说法不一，有的说数量不多，有的却说很多。到战争结束为止，共有JG 1联队、JG 3联队、JG 7联队、JG 11联队、JG 27联队、JG 53联队和JG 300联队等装备了这种战斗机。

Bf 109G-10战斗机

1944年4月，Bf 109G-6和G-8的生产线让位给Bf 109G-10，这个型号计划采用一些标准的改进措施，包括木质水平尾

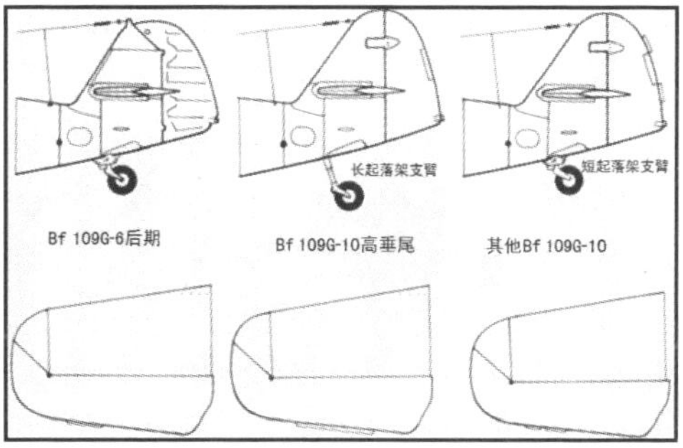

▲Bf 109G-10不同生产批次，以及机翼副翼调整片细节变化图。

翼、MW 50助推系统、半回收式尾部起落架等。由于Bf 109G的型号分散在几个工厂生产，二战后期，盟军轰炸机加紧了对德国本土的轰炸，德国生产飞机的原材料十分紧缺，另一方面生产配件的工厂也遭到空袭，破坏严重，因此，Bf 109G-10的标准配置实际上从未达到“标准”，也就是有些该型号飞机装备了上述设备，有些根本无法安装那些设备。

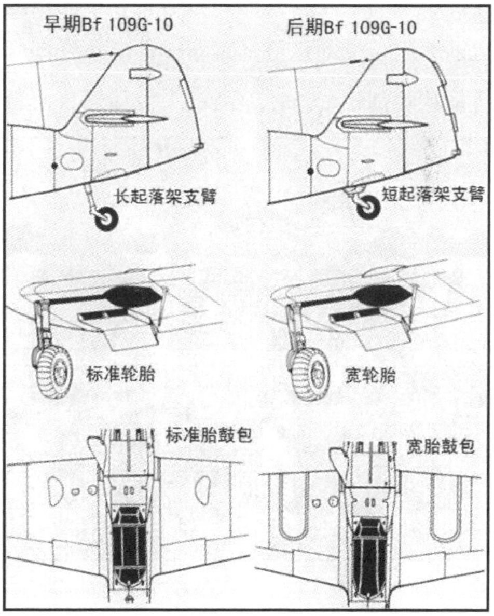

▲Bf 109G-10早期和后期细节变化对比图。

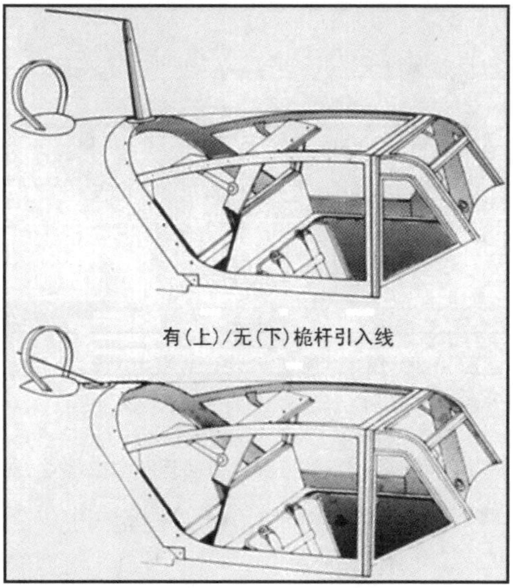

▲Bf 109G-10早期型号和后期型号座舱后无线电引入线变化图。

Bf 109G-10安装的是DB 605D发动机，该发动机使用2个MW 50助推系统，因此，发动机起飞功率达到了1850马力，飞机最大速度达到690公里/小时，是Bf 109G系列飞机速度最快的；发动机的增压器直径比先前型号的要大，发动机汽缸重新设计后，发动机压缩比增加了15%；加高机头冷却器，使用宽叶螺旋桨，这些都与Bf 109G-14/AS的一样。但在Bf 109G-10的机鼻前下方，也就是桨毂盖后面一点，增加了两个小小的突起，来容纳机头中增大的滑油槽和凸轮轴；发动机整流罩上的MG 131机枪保留，发动机中间要么安装MK 108机炮，要么安装MG 151/20机炮，一切根据供应情况确定，德国也开始尝到战争的滋味。Bf 109G-10上安装的设备是FuG 16ZY无线电台（天线移到左侧机翼下方）、FuG 25a敌我识别设备、自动测向器和Revi 16B反射式瞄准具（此前型号的瞄准具为Revi C/12D）。一些Bf 109G-10使用Bf 109G-6和G-14那样常规的轮胎和主起落架，但采用Bf 109G-14一样的加高垂尾（木质方向舵的是Bf 109G-10/U2，而增高的木质方向舵是Bf 109G-10/U4），加高机尾起落架，以便在起飞时获得更好的视野。更多的Bf 109G-10采用增宽的轮胎，机翼上方因此鼓出两块。这种Bf 109G-10 的方向舵上增加了两个调整片，尾轮使用常规的短起落架，如果需要，也可以在改装厂换成高起落架。

▲上两图均为Bf 109G-10早期型号，座舱后的天线桅杆是重要特征之一。上图中机翼下方伸出的是FuG 16ZY无线电台天线。

跟Bf 109G的其他型号一样，Bf 109G-10也有很多子型号，都是“U”和“R”字母为后缀，它们是：

Bf 109G-10/U2采用的是非战略物资，水平尾翼为木质材料。

Bf 109G-10/U4也采用木质的水平尾翼，另外，方向舵重新设计，面积增大，同样是木质结构。

Bf 109G-10/R1为战斗轰炸机，机腹安装炸弹挂架，该挂架可以挂载1枚250公斤的SC 250炸弹，或4枚50公斤的SC 50炸弹。

▲Bf 109G-10/R3战斗机。飞机没有天线桅杆，后机身有三段两色条纹识别标志，这是帝国保卫战中单位识别标志。

▲上两图为Bf 109G-10/U4战斗机，下图是二战后拍摄的照片，飞机后机身有捷克空军的标志。

Bf 109G-10/R3为增程型战斗机，机腹增加挂架，该挂架可以挂载1个300升副油箱。

Bf 109G-10/R5为截击型战斗机，机翼增加2个挂架，这个挂架可以挂载30毫米MK 108短炮管机炮吊舱。

Bf 109G-10/R7比较特别，因为“R”型号已经很多，空军没有指定Bf 109G-10/R7具体应执行什么任务，但它上面安装的锁定装

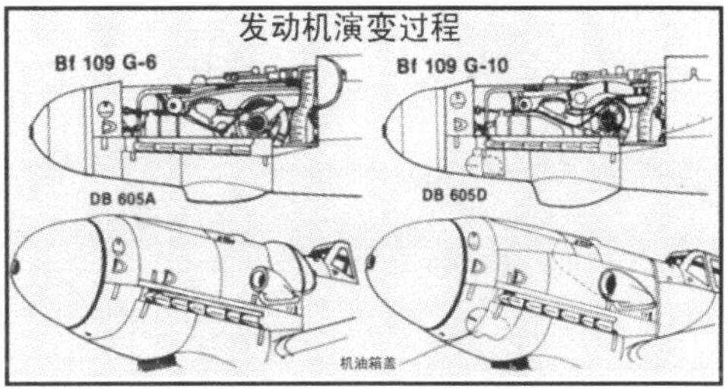

▲Bf 109G-10和Bf 109G-6发动机安装对比图。

▲DB 605D发动机的增压器直径比先前型号的要大，汽缸重新设计，体积较此前型号要大，实际上跟DB 605AS发动机有些类似。

▲Bf 109G-10采用宽轮胎（上）和窄轮胎（下）型号机翼上表面的鼓包整流罩明显不同。

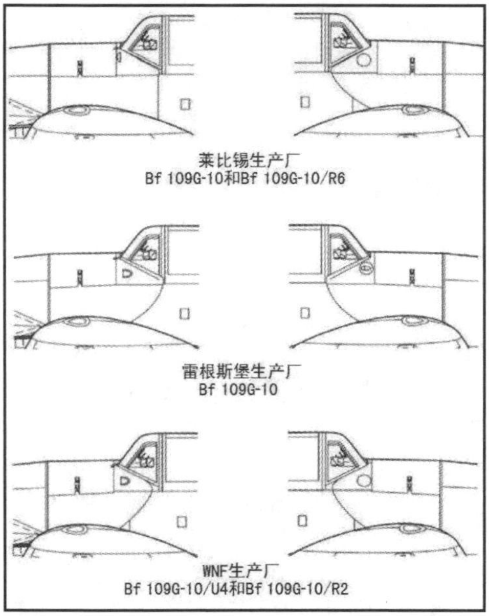

▲Bf 109的各个型号分散在德国境内外很多厂生产，每个生产厂的飞机都小有区别。

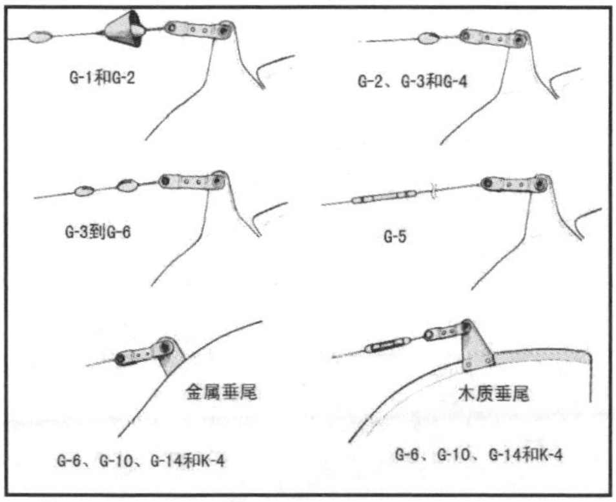

▲Bf 109G各个型号垂尾变化对比图。

置在Bf 109G-10中用途最为广泛。

Bf 109G-10于1944年秋天开始装备部队，装备该型号战斗机的有JG 1联队、JG 3联队、JG 4联队、JG 5联队、JG 6联队、JG 11联队、JG 27联队、JG 52联队、JG 53联队和JG 300联队等，匈牙利和克罗地亚空军以及意大利 RSI 的部队中也有装备。德国战斗机的产量于1944年11月达到顶峰，其中大部分

▲每个型号的Bf 109飞机子型号也存在着各种差别，上两图均为Bf 109G-10，但是座舱飞行员头靠防弹装甲也不完全一样，上图是钢板防弹装甲，下图是防弹玻璃装甲，图中可以看到玻璃已经被击碎。注意看下图中天线桅杆，这说明飞机是Bf 109G-10早期型号。

▲上下两图均为Bf 109G-10/U4型号，上图为Ⅱ./JG 52大队飞行员里希特尔，他的座机“Rosemaire”的白色11是重新喷涂的，飞机原属于Ⅱ./JG 51大队。照片的背景是1945年5月8日，这架飞机在纽伦堡一处机场被美军俘获，让人不可思议的是里希特尔面带微笑让美国人拍照；下图为生产厂测试飞行员尼科拉斯•莫德尔，照片拍摄于1945年4月3日，这是他的第21161架次飞行，这个数字极为惊人。

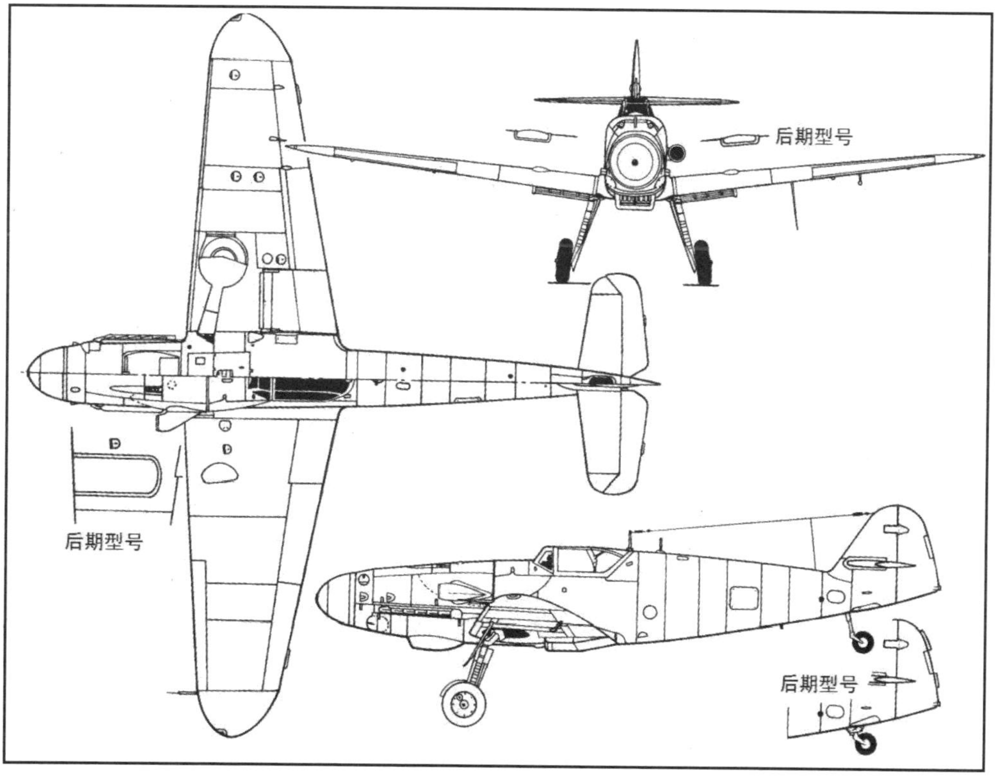

▲Bf 109G-10战斗机三视图。

是Bf 109战斗机。德国战斗机单位也在这个时候急速扩充，但此刻燃油紧缺，飞行员经验不足，德国败局已定，再多先进的战斗机也无济于事。

Bf 109G-16战斗机

Bf 109G系列的最后一个型号是Bf 109G-16，它跟Bf 109G-14十分相似，但它重新采用性能略差的DB 605D发动机，其机腹可安装炸弹和副油箱挂架（R1标准），机翼可携带机炮吊舱（R6标准），它主要用来执行对地攻击任务，但它实际上并没有投产。

具有讽刺意味的是，梅塞施密特公司研制Bf 109G的同时，英国也在改进“喷火”战斗机，这两款战斗机都具有很大的改进潜力，都出现了很多的改进型。“喷火”战斗机的基础设计非常适合日后增加马力、装甲防护、火力、重量等的改进，后来的改进型“喷火”Mk.Ⅸ（常简写成“喷火”Ⅸ）也跟同一时期的Bf 109改进型性能相当，两种战斗机天生就是冤家。二战后期，德国空军一名飞行员驾驶Bf 109G飞机降落时误把英国芒斯顿（Manston）机场当作了本国机场，因此，盟军有机会将梅塞施密特的经典飞机作一番比较，其结论是Bf 109G跟英国“喷火”Ⅸ和XⅣ，美国P-51“野马”战斗机相比优点少、缺点多，其实这点并不奇怪，梅塞施密特早就已经意识到Bf 109慢慢开始落后而研制新型战斗机了，从后来的Me 262喷气式飞机来看，德国人非常重视技术上的领先，只是帝国的命运江河日下，梅塞施密特难有作为了。

从以上的介绍中不能看出，Bf 109G主要执行拦截重型轰炸机和战斗轰炸任务，帝国保卫战中后期间在德国本土上的战斗机单位基本上装备为Bf 109G型号为主（指Bf 109战斗机家族中，因为整个帝国保卫战中后期Fw 190战斗机装备数量超过Bf 109）；在执行战斗轰炸任务方面，主要用来频繁空袭法国和低地国家的盟军机场，试图把盟军的战斗轰炸机消灭在地面，空袭机场行动中德国空军共击毁450架敌机，但德国空军损失也非常大，雪上加霜的是，盟军飞机的损失可以很快得到补充，而德国几乎无法补充。

尽管Bf 109G存在着诸多的缺陷，但德国的处境异常困难，因此，Bf 109G必须增加产量以挽救德国的命运，据统计，Bf 109G共生产了24000架左右（德国和它的盟国总产量），其中仅1944年就生产了14000架之多。由于缺乏标准化，Bf 109G如此多的型号和如此大的产量给后勤保障和零配件供应带来很大问题，德国空军也曾计划从Bf 109G-10开始采用标准配置，但实施起来非常困难，也没有成功。

Bf 109H系列

第二次世界大战进入到1942年年底，德国的战略进攻开始受到遏制，尤其是美国参战后开始大量向西方盟国提供武器装备。德国入侵英国的“海狮计划”破产后，英国工业开始恢复，大量高性能战斗机和轰炸机开始装备部队。为了能拦截盟军的高空轰炸机，1943年早些时候，德国航空部向德国航空企业提出研制一种高空高性能截击战斗机以应付这种威胁，或者利用高空的优势及时脱离敌方目标。梅塞施密特公司提出的方案就是Bf 109H战斗截击机。

实际上，Bf 109H项目来源于德国航空部1942年的高空战斗机项目，这个项目分为两个部分，一个是紧急项目（Immediate Program，德语Sofort Programm），即利用当时生产线上的飞机来改进，主要目的是研

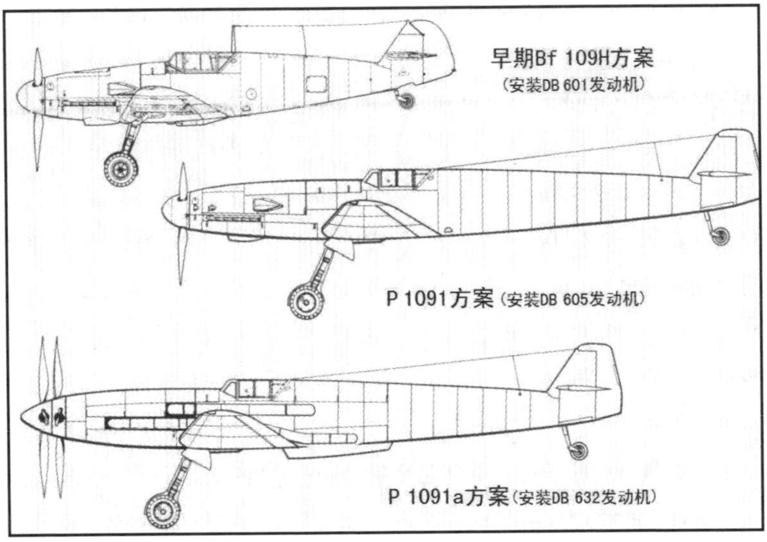

▲P1091项目跟Bf 109H和下文中Me 209-Ⅱ项目都有继承关系。

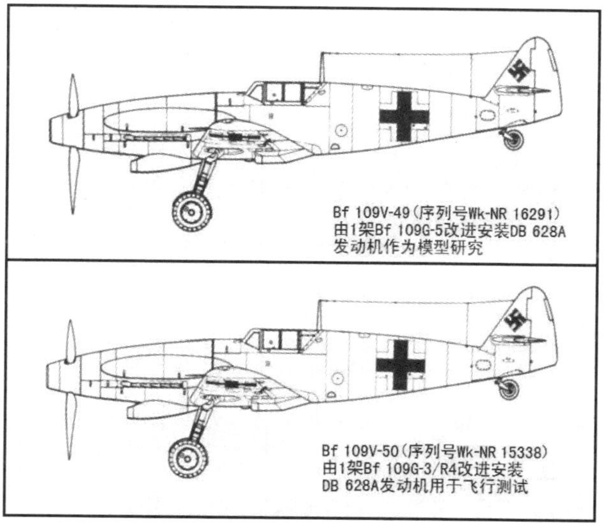

▲前2架Bf 109H原型机，主要外观改进是发动机部位和垂尾。注意看机头，秃头表明这里是环形进气口。

制一种过渡型战斗截击机以解空军燃眉之急；另一个是先进项目，紧急项目完成试验后再进行改进，最终形成先进项目方案，预计先进项目飞机于1944年服役。紧急项目期间，梅塞施密特公司利用Bf 109F-4机体安装DB 601改进型发动机，飞机翼展增加到11米，即两侧机翼分别插入一段。1943年年初，梅塞施密特公司向德国航空部递交第二个方案（先进项目方案），这个方案名称为P 1091，“1091”的意思是延长Bf 109。P 1091方案飞机计划采用DB 605发动机，武器系统为发动机中间1门机炮和2门安装在机翼上的MG 151/20机炮。1943年夏天，德国航空部对飞机的作战高度提出了更高的要求，梅塞施密特公司围绕着先进项目飞机再次进行改进，这就是P 1091a项目。P 1091a项目飞机要么采用DB 603U发动机，要么采用DB 632发动机，后者驱动四叶螺旋桨，并增加一个增压器。预计P 1091a飞机的最大升限可以达到17495米。

梅塞施密特公司第一阶段（紧急项目）的过渡型号就是Bf 109H，而第二阶段（先进项目）就是下文将提到的Me 209Ⅱ（或称Me 209-Ⅱ）方案，Me 209-Ⅱ计划安装戴姆勒－奔驰公司的DB 628A或DB 603E发动机，这两款发动机安装了涡轮增压器，它可以使飞机在更高高度飞行。

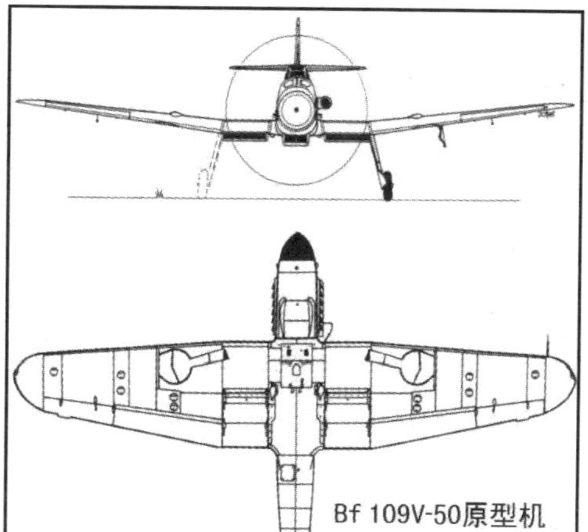

▲Bf 109H的原型机Bf 109V-50。注意看外翼段的上反角和主起落架位置，这是跟此前所有型号Bf 109最明显的区别。但是飞机没有环形进气口，其实这是绘图过程中的失误。

但是意识到梅塞施密特公司在1944年前无法向空军提供Me 209-Ⅱ飞机，德国航空部

▲这张Bf 109V-50跟上面所配的图有一些细微的差别，特别是机头桨毂整流罩。

▲Bf 109V-54原型机。注意主起落架位置和机翼外段上反角（不太明显）。

架Bf 109G飞机在生产线上就地改装以便安装真正的DB 628A发动机，它的编号为Bf 109V-50，它是Bf 109H的原型机，这架飞机主要用来测试新发动机。

DB 628A发动机比标准DB 605发动机要重约180公斤，较之长约60厘米，因尺寸和重量都有所变化，飞机的后机身不得不安装配重以保持飞机的重心。后来安装DB 628A发动机的型号取消了配重，但将机翼与机身的连接点前移，相应地飞机垂直尾翼和方向舵

再次命令梅塞施密特公司继续原来Bf 109H方案，当然，只要有可能，德国空军还是希望得到性能更好的Me 209-Ⅱ飞机。Bf 109H方案重新开始，但德国空军要求新方案必须采用Me 209-Ⅱ飞机的一些设备和设计，比如DB 628A发动机等。此前，在Me 209-Ⅱ项目计划采用DB 628A发动机时，为了测试这种新式发动机，梅塞施密特公司已经在1架Bf 109G飞机上安装一个DB 628A发动机的模型进行了技术研究，这个飞机编号为Bf 109V-49。随后，第二

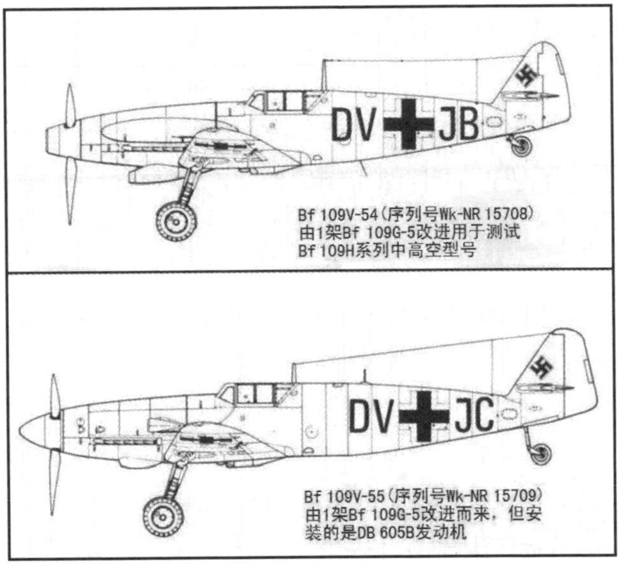

▲Bf 109H的另2架原型机。上图中Bf 109V-54的代号为DV＋JB，但是上面的配图却是PV＋JB，这种情况上文中Bf 109V-3也存在这个问题。

面积增加。

在奥格斯堡的试验结束后，Bf 109V-50飞机被送到戴姆勒－奔驰公司做进一步的发动机持久试车和高空测试。当Bf 109V-50在斯图加特试验时，梅塞施密特公司又改进了1架Bf 109G飞机，它的编号为Bf 109V-54。这架飞机安装的是DB 628发动机，机翼中心段延长，垂直尾翼面积增加。

同时，也就是新发动机在奥格斯堡和斯图加特进行试验时，梅塞施密特公司开始改

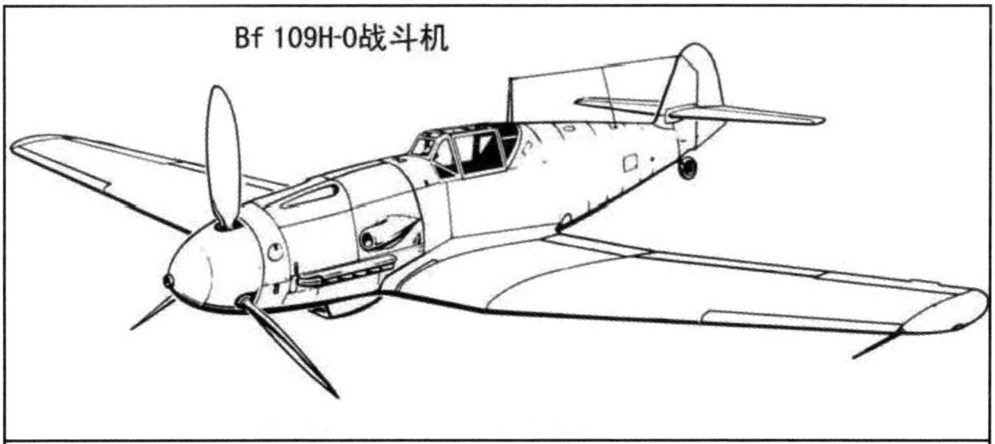

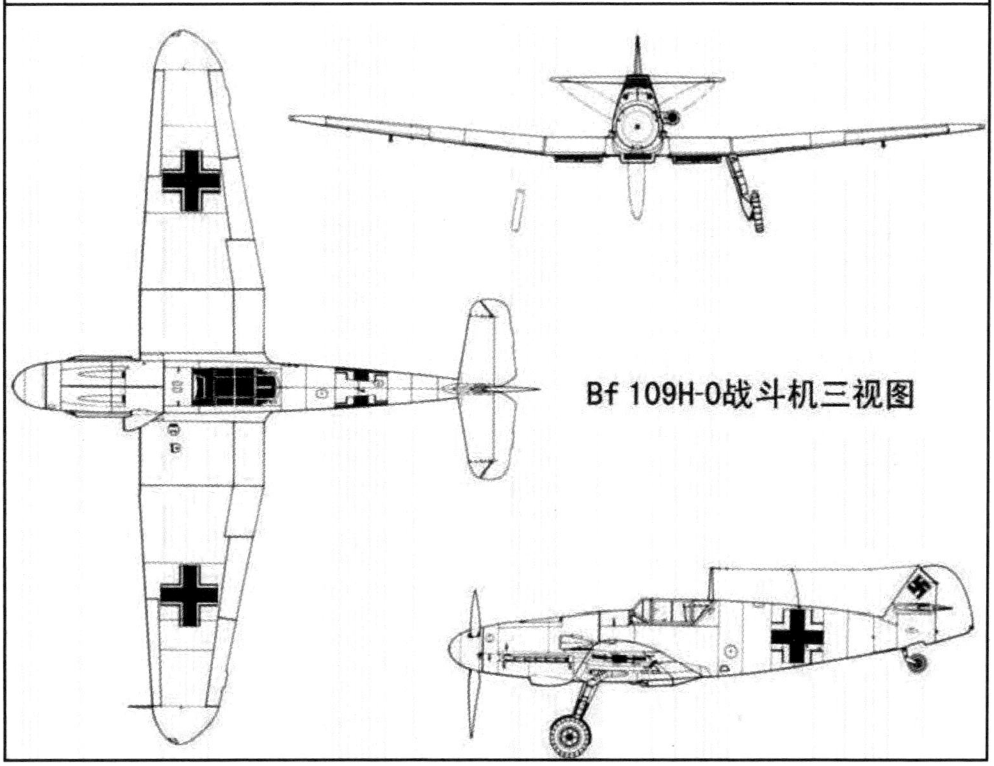

▲Bf 109H-0战斗机几个视角线图。

进一些Bf 109F飞机作为生产型Bf 109H-1的原型机，这些飞机的编号为Bf 109H-0，主要用来进行有限的起落架加宽和翼面积增加后的载荷试验。还有一些Bf 109H-1飞机交付给德国空军进行服役评估，这些飞机安装的是DB 605A发动机和GM 1助推系统。

1944年早些时候，一些Bf 109H-1交付给德国空军位于法国巴黎附近的评估单位，评估的结果是：飞机的操纵品质达到了空军要求，但飞机在做高速俯冲动作时，机翼出现了严重的震颤现象。为了找到引起震颤的原因并做相应修改，这些Bf 109H-1又被送回到奥格斯堡的梅塞施密特公司进行工厂测试。1944年4月的一次测试中，试飞员在做大角

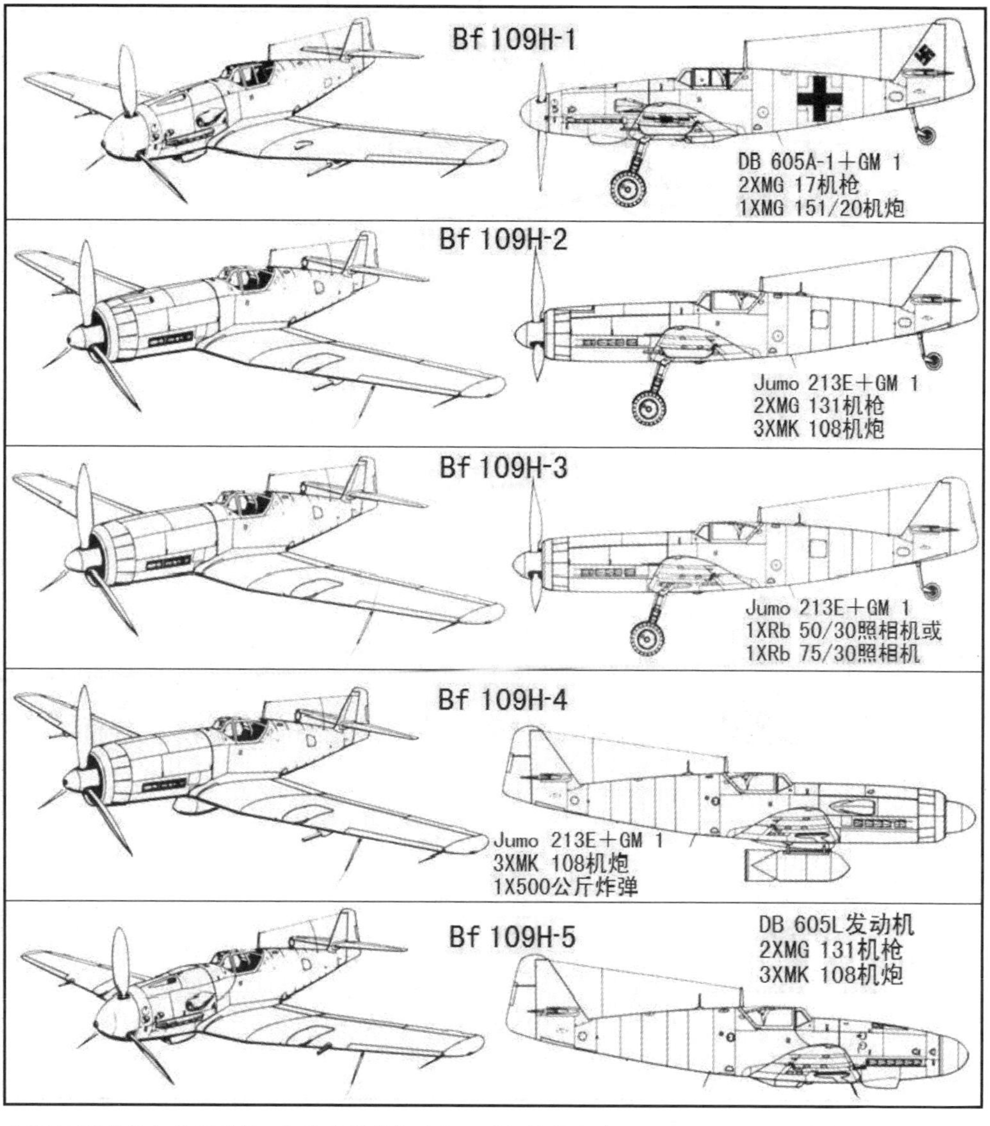

▲Bf 109H有数个预研型号，但这些研究都没走下图纸就被取消了。

▲德国福克－沃尔夫公司后来居上，该公司的Fw 190和Ta152受到了德国空军的青睐，但是，已经发展成为德国最大最著名的梅塞施密特公司也没闲着，他们把更多的精力投入到了喷气战斗机上，Bf 109家族飞机此时再改进也不会有质的变化。图中是Ta152H高空截击机。

度俯冲时震颤现象再次出现，为排除险情，试飞员随即大角度拉升改出，就在这时，飞机的机翼脱落。试验仍在进行，但还没等梅塞施密特公司找到真正的原因，德国航空部下令取消了Bf 109H项目，转而选择了福克－沃尔夫公司的Ta 152H飞机作为高空截击战斗机。

梅塞施密特公司后来主动向德国航空部提交了在Bf 109H基础上改进的几个方案，包括安装Jumo 213E发动机和GM 1助推系统的Bf 109H-2型方案，该型飞机发动机中间安装1门30毫米MK 103机炮，机翼安装2门20毫米MG 151/20机炮；Bf 109H-3方案，该型飞机也安装了Jumo 213E发动机，发动机中间的机炮也是MK 103，但机翼安装的是2门13毫米的MG 131机枪；Bf 109H-4方案，该型号为侦察机，后机身安装照相设备。这几个方案都没有引起德国航空部的兴趣，因此也没有研制原型机，因为德国空军对Fw 190D和Ta 152H的性能十分满意。

Bf 109K“康拉德”（Konrad）系列

Bf 109K系列是德国航空部要求按标准配置研制的一个型号，目的是减少空军Bf 109的型号和子型号的数量，减少后勤保障难度。空军部的这个计划是选定一个基础型号，而后安装所有此前型号及其子型号的改进设备，这样形成一个标准，以便每个工厂都可以按标准设计进行生产。

Bf 109K原型机

Bf 109K方案最终选定Bf 109G-10作为基础型号，在这个型号上安装一些工厂标准（即子型号的R型）的设备，飞机外形做了小幅度的修改。

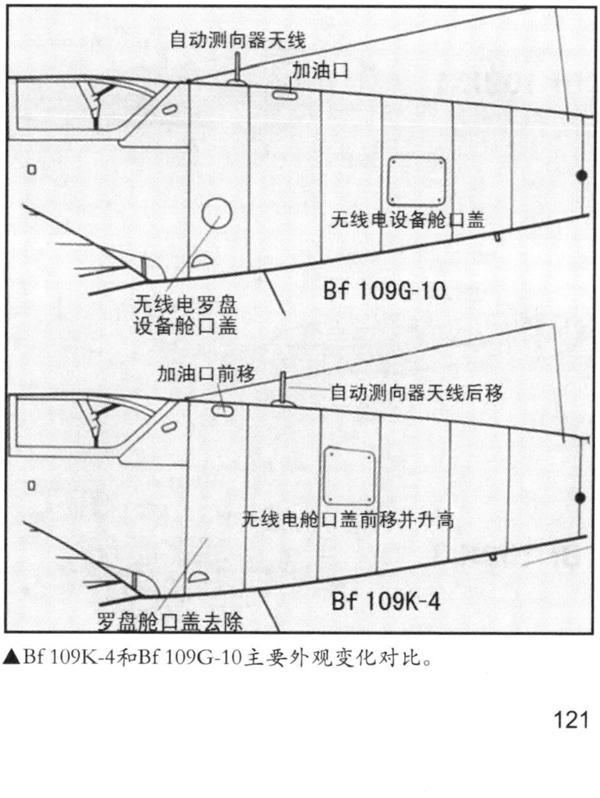

▲Bf 109K-4和Bf 109G-10主要外观变化对比。

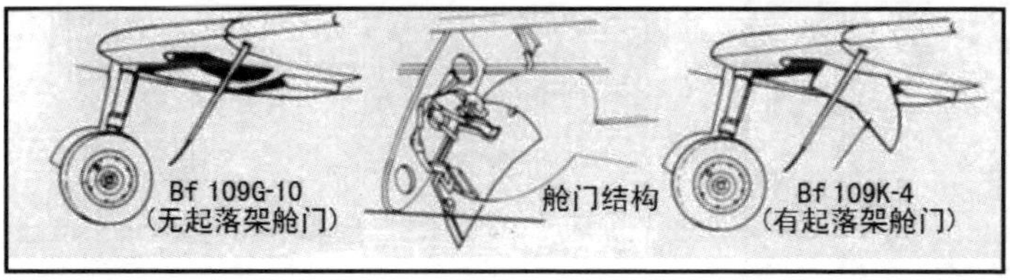

▲Bf 109K-4采用了两扇舱门。

预生产型编号为Bf 109K-0，主要用于服役评估和验收试验。这些飞机跟Bf 109G的后期型号十分相似，不同之处是座舱前方发动机整流罩稍微升高，其长度也增加；座舱采用"加兰德"式，座舱的结构框重新设计，增加了防弹玻璃，重要部位安装更厚的防弹装甲板；尾翼（垂直尾翼和水平尾翼）面积增加，方向舵重新设计；采用完全回收式后起落架，该起落架支撑臂高度增加，在起飞时可以提高飞行员的视野，跟上文中Bf 109G-10的类似（不可回收）；以前型号的Bf 109主起落架半片舱盖就在起落架支臂上，这个半片舱盖并不能完全盖住起落架舱，所以在空中只能"半遮"住起落架舱。从Bf 109F起，有少数试验型号加装过另半片

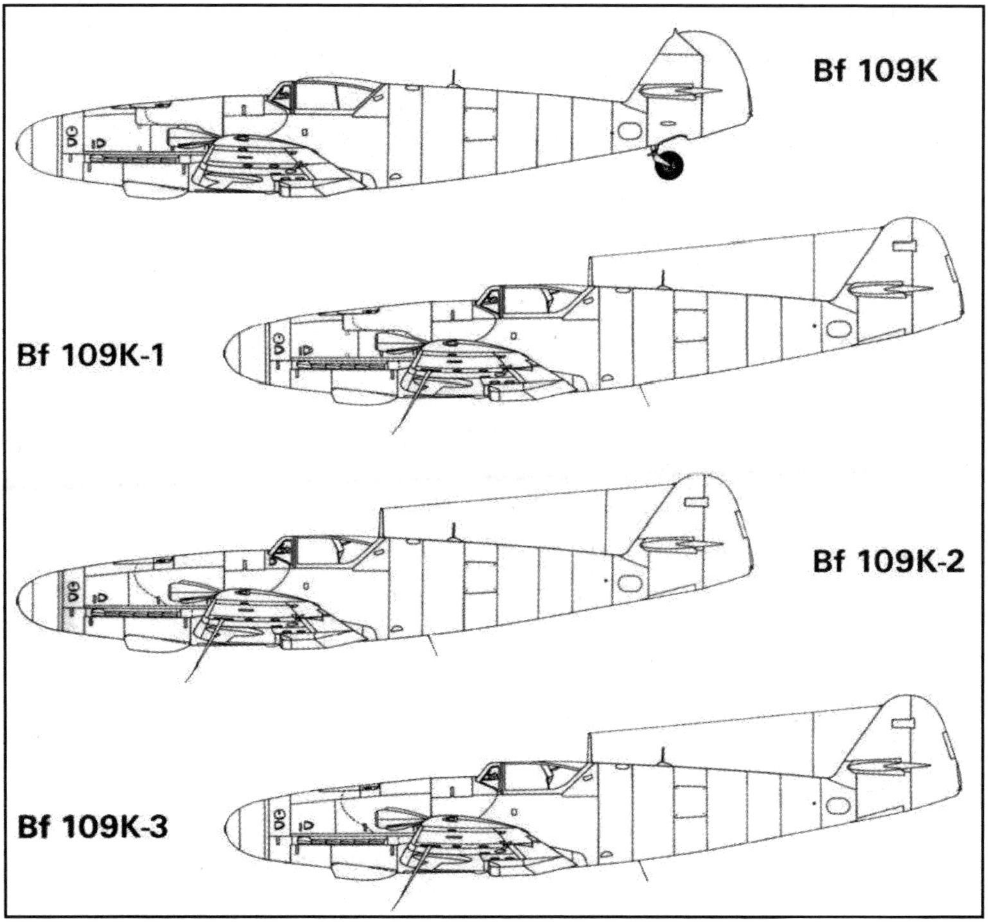

▲Bf 109K的几个型号对比。

起落架舱盖，但没有装备部队大规模用过。而Bf 109K的机翼下全部装上这种舱盖，这是外观上的最大区别。不过实际上，这样的舱盖对飞行帮助不大，时不时发生卡住的事故，所以很多部队都自行把它去掉。最后，跟Bf 109G的型号相比，FuG 16ZY 电台前移并抬高了一段距离，更加接近座舱，自动测向器的D/F环形天线也因此向后挪动一节蒙皮。Bf 109K-0的武器配置有两种：一是与Bf 109G-10的标准武器配置一样，即机头1门20毫米MG 151/20机炮，发动机整流罩上方2门13毫米MG 131机枪，这个配置只是做火力测试，没有最终确定；另一种是Bf 109K-0的机头机炮更换为30毫米MK 103机炮或相同口径的MK 108（这两种机炮的唯一区别就是炮管长度不一样），发动机整流罩上方为2挺15毫米的MG 151/15机枪①。Bf 109K-0的动力装置为DB 605B发动机，该发动机也使用GM 1助推系统。

▲从这个角度看有点怪异，可以参照上文中Bf 109G的AS型飞机相同角度照片。注意发动机桨毂中间的MK 108机炮炮口，实际上增压器进气口也重新设计过。

上文提到过，从Bf 109G-6开始的 Bf 109有少数装备了30毫米MK 108机炮，这种短身管机炮威力巨大，因为它开火时独特的“砰砰”声，被盟军飞行员称为“气锤”。莱茵金属公司于1941年就完成开发，却被乌德特指责为“毫无用处”而差点被打入冷宫（还记得他说过“Bf 109永远成不了战斗机”吧？）。这种武器结构简单，只有9个主要部件，它是世界上第一种大量采用冲压件（80%）的航空机炮。主要使用弹头薄被甲的炮弹，膛口初速不高，正好是近距离攻

▲Bf 109K的发动机整流罩跟此前AS型号的飞机类似，但尺寸有所增大，因此鼓包与机身过渡更为平滑，看上去更流畅。

① 文章此处和后文中15毫米MG 151/15机枪怀疑仍是MG 131/13机枪，绝少有资料提到Bf 109K系列飞机安装MG 151/15机枪，这个口径机枪是德国于1940年开始研发的，研制过程中后来将口径增加到20毫米，因此MG 151/15是MG 151/20的原型枪（炮），并没有任何飞机或其他武器平台使用这个口径机枪。

▲左图中主（前）仪表板最下方，暨飞行驾驶杆前方白色十字的盒子就是MK 108机炮的后膛，右图中机炮后膛部位已经安装了罩子。

▲MK 108的炮管比较短，相同口径的MK 103与之区别主要是采用长炮管。

击轰炸机的利器。哪怕是B-17这样的庞然大物，吃2－3发炮弹也会经受不起。但由于产量稀少，在装配Bf 109G时，只能有多少装多少。而Bf 109K全部装备MK 108，此时已经过莱茵金属公司的改进，彻底排除了大口径机炮容易卡壳的问题。

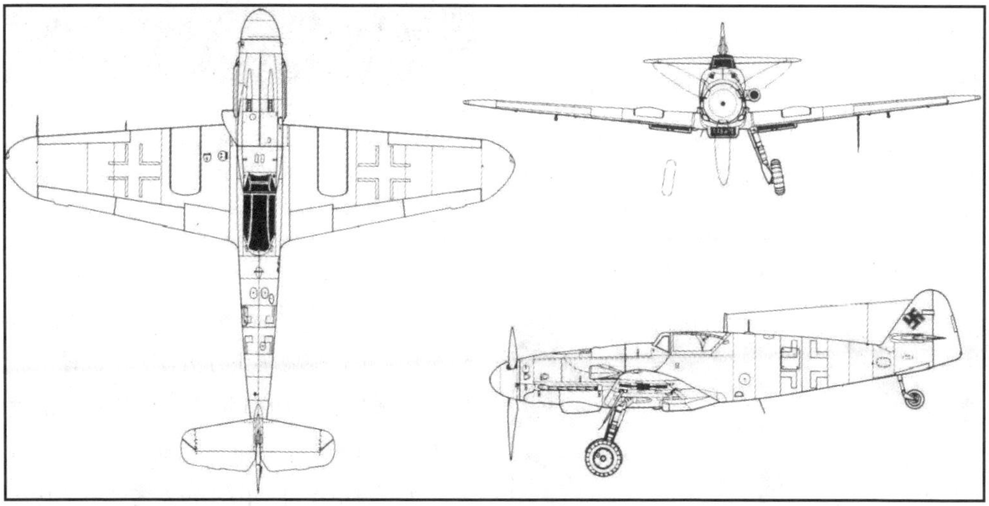

▲Bf 109K-2战斗机三视图。

▲这架是被英国皇家空军俘获的Bf 109K-2战斗机，飞机后机身已经喷涂上了英国皇家空军机徽。

Bf 109K-2和Bf 109K-4战斗机

Bf 109K系列中，生产并交付给德国空军的是Bf 109K-2和K-4型，两个型号采用的是DB 605ASC或DB 605DC发动机，其起飞功率为2000马力。Bf 109K-2和K-4的基本配

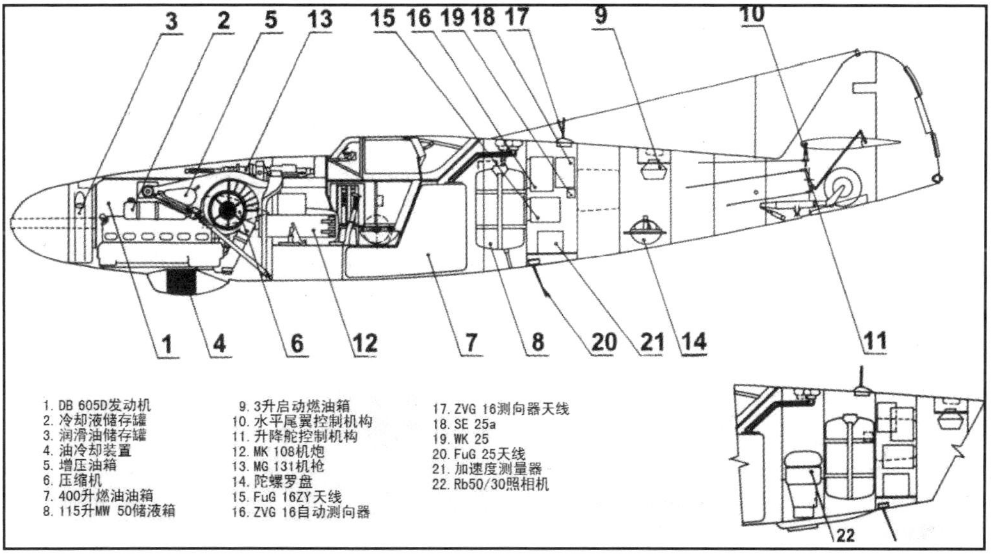

▲Bf 109K-4主要设备和结构图。

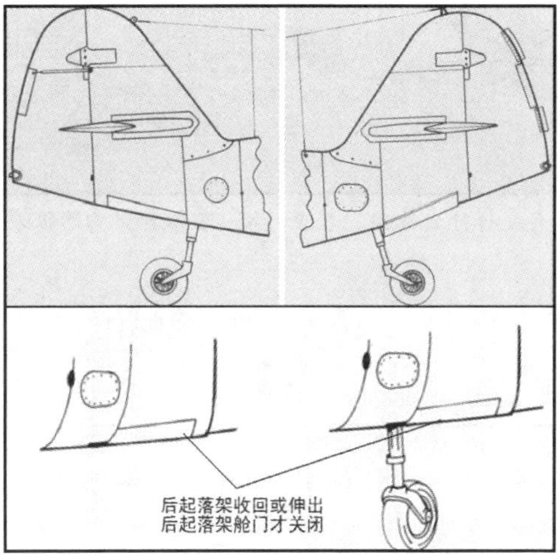

▲Bf 109K-4生产过程垂尾顶部天线锚定装置有一些变化，上图中左图较小的是金属物，右图稍大的是木质物。下图是后起落架舱门。

▲图中是11./JG 3中队的1架Bf 109K-4战斗机，注意看主起落架的舱门开启状态，后起落架也与此前型号不一样。

▲图中这架飞机属于梅塞施密特公司，在1944年秋天，这架飞机一直进行着各种试验。特别注意看后起落架，照片拍摄于1945年1月。

▲1944年11月，Ⅲ./JG 77大队在德国新鲁平休整并换装Bf 109K-4战斗机，图中是9./JG 77中队的门泽尔（Menzel）上尉正在做飞行训练前的准备。

置跟预生产型的一样，武器配置最终确定为机头30毫米MK 108机炮和发动机整流罩上方2挺MG 151/15机枪（应该是MG 131/13机枪，待查证）。Bf 109K-4的座舱为增压式，这是它与Bf 109K-2的区别。

Bf 109K-2和K-4也有几个机场改进型，如R1、R2和R3，Bf 109K-2（和K-4）/R1和R2的机腹增加了一个ETC炸弹挂架，这些型号主要执行战斗轰炸任务，而Bf 109K-2（和K-4）/R3则是增程型战斗机，机腹增加一个

▲11./JG 3中队的1架Bf 109K-4战斗机，照片拍摄于1945年3月，此时德国飞行员中出现很多稚嫩的面孔，他们训练并不充分，更缺乏实战经验，很少有人能在第一次作战中生还。

▲Bf 109K诞生时已是二战后期，因此这款飞机并没有发挥什么作用，甚至“K”表示什么意思很多人也不知道。

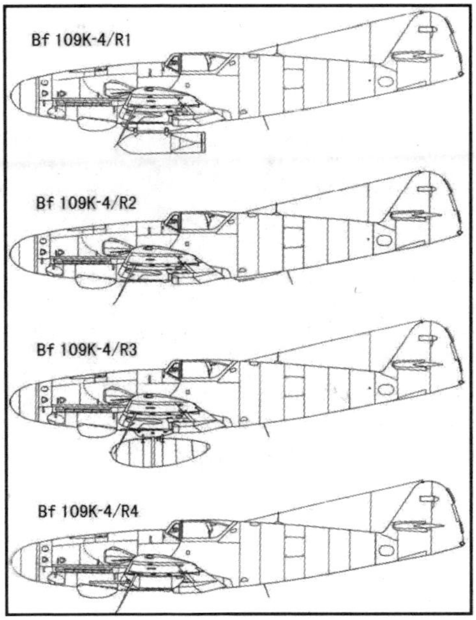

▲Bf 109K-4的几个战斗机改进型号侧视图。

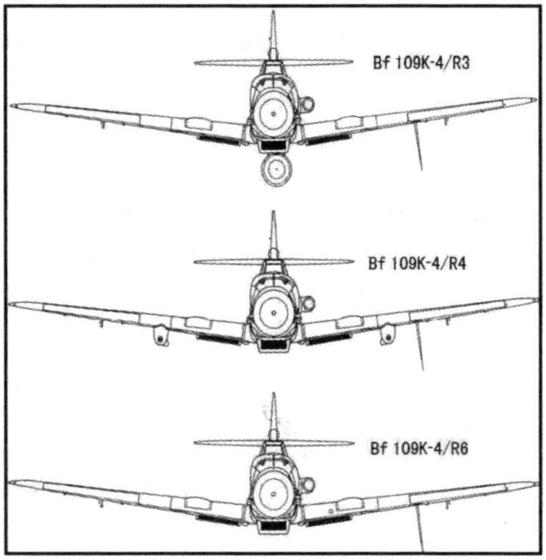

▲Bf 109K-4的几个战斗机改进型号正视图。

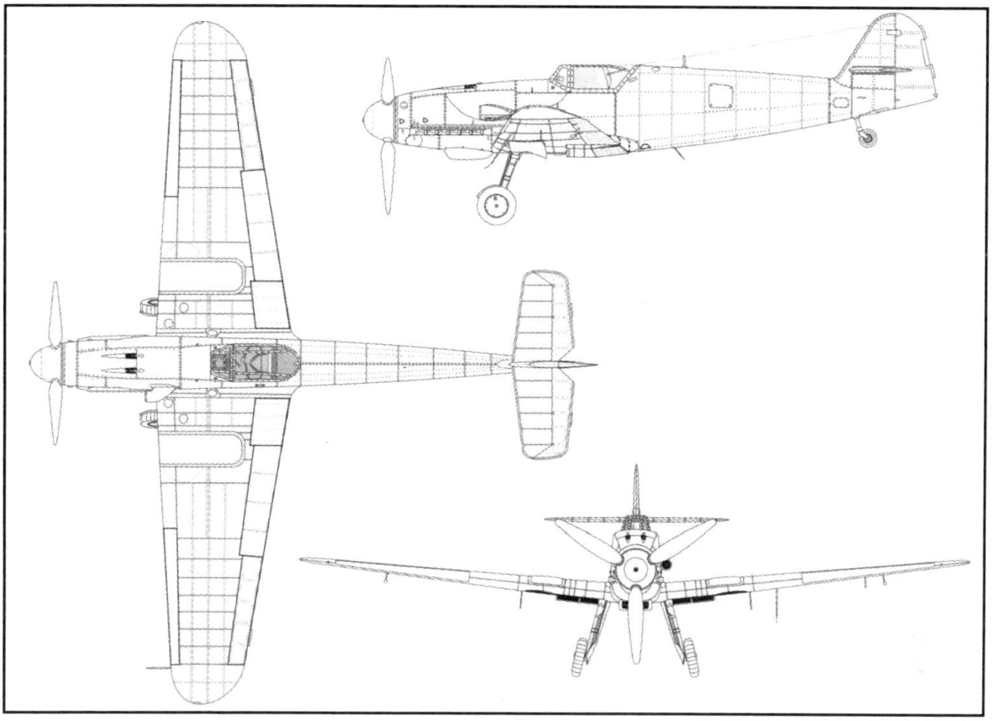

▲Bf 109K-4战斗机三视图。

300升副油箱挂架，这些改进跟Bf 109G系列中的子型号改进类似。

1944年10月，Bf 109K-2和K-4开始交付给德国空军，大部分是Bf 109K-4型号，也只有这个型号参加了实战。到1945年4月为止，Bf 109K-4总共生产了700架左右，装备JG 3联队、JG 4联队、JG 27联队、JG 51联队、JG 52联队、JG 53联队和JG 77联队等。此时的德国空军差不多已经完全丧失作战能力，他们面临的困难不仅来自毫无经验的飞行员和绝对优势的盟军战斗机，更致命的原因是燃油供应已被彻底切断，再先进的战斗机德国也无能为力了。Bf 109K 标志着Bf 109作为作战飞机达到了最后一个里程碑，有人说Bf 109的历史就是德国空军二战的历史，这话一点不为过。就纯技术而论，Bf 109称得上是二战中一款了不起的战斗机。

Bf 109K-6高空截击机

Bf 109K-2和K-4装备部队的时候，梅塞施密特公司又开始K系列中新型号的研制，这个型号就是高空截击轰炸型，编号为Bf 109K-6。它跟Bf 109K-4类似，改进之处是发动机整流罩上方的2挺MG 151/15又改回原来的MG 131机枪，但机翼增加2门30毫米MK 108机炮，目的是增加飞机的火力。左侧机翼的MK 108机炮还安装了BSK 16照相枪。Bf 109K-6的主要设备是FuG 16ZY无线电装置，它的远程天线在左侧机翼下方。

Bf 109K-6也有机场改型，包括Bf 109K-6/R3，飞机机腹增加1个300升副油箱挂架；

Bf 109K-6/R5机翼挂架可挂载2个MK 108短炮管机炮吊舱。在二战结束前，这两个机场改进型生产的数量非常少，因此只作为试验性质的飞机。

Bf 109K-8和Bf 109K-14侦察机

Bf 109K-8是在Bf 109K-6基础上改进的照相侦察型，其后机身安装了1个Rb 50/30照相机，机身没有武器系统[①]，发动机整流

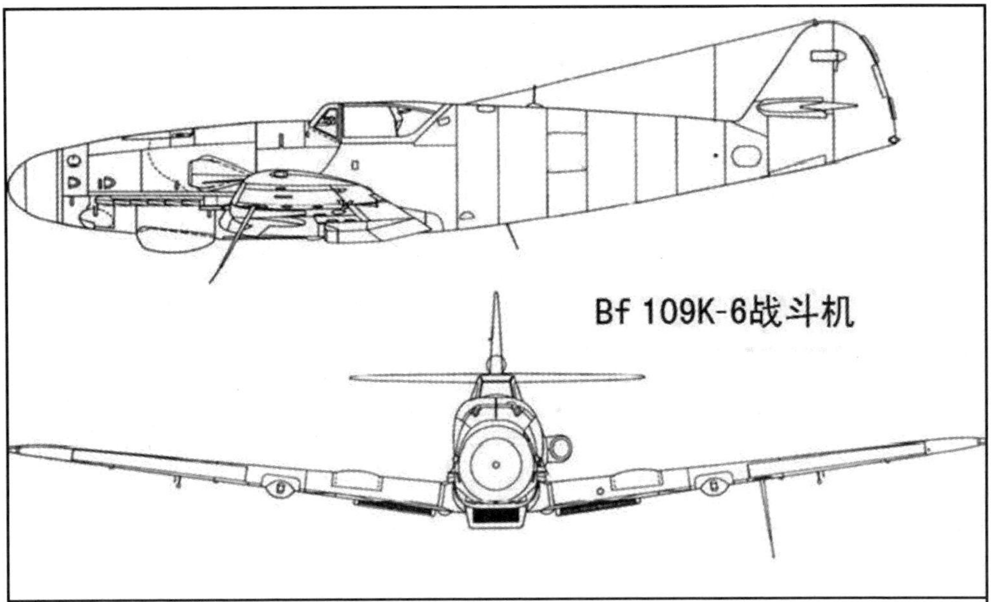

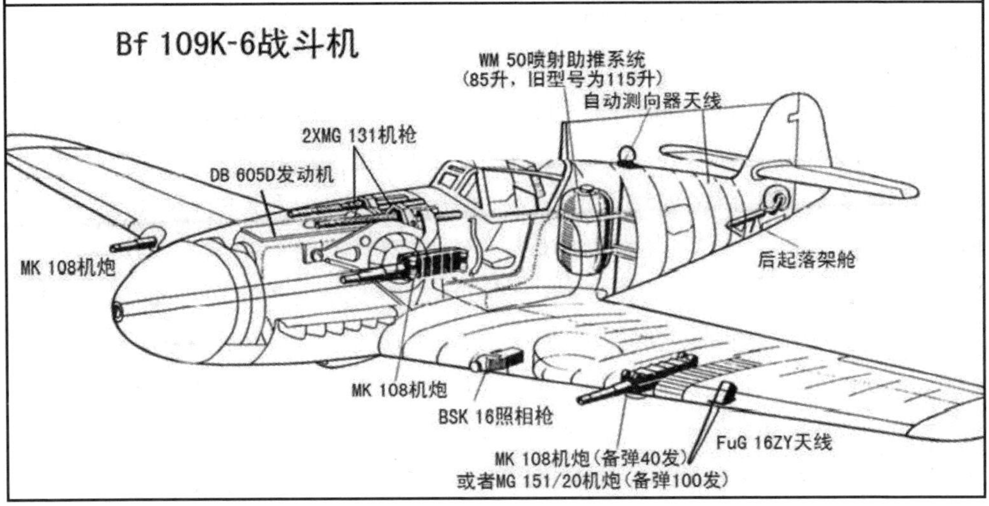

▲Bf 109K-6增加了对付敌重型轰炸机的火力，主要执行拦截任务，因此也被称为高空截击机。下图是Bf 109K-6主要设备和武器系统示意图，遗憾的是没有发现该型号飞机的任何照片。

① 很多资料称Bf 109K-8和K-14仍保留部分武器系统。这两个型号投产时纳粹德国已经离灭亡只有两三个月时间了，不安装武器系统的单纯侦察型估计有误，此时德国希望所有的飞机都安装武器系统与盟军作战，在不执行侦察任务时飞机可以拦截敌轰炸机，从保留的武器系统可以看出这一点。

▲Bf 109K-6翼下的MK 108机炮，图中显示的是机翼下表面，旁边的“坑”就是起落架舱。

罩上方的机枪口被封起来。这个型号计划于1945年3月开始生产，但是二战结束时，只有少量生产出来。

Bf 109K系列中最后一个投产的型号是Bf 109K-14，这个照相侦察型号在战争结束前的最后2个星期交付给德国空军。Bf 109K-14安装的是DB 605L发动机，发动机采用2级增压器，其起飞功率为1700马力，使用96号汽油。DB 605L采用的是MW 50助推系统，因此，在10700米的高空，Bf 109K-14的持续速度可达到720公里/小时。

Bf 109K-14的缺点跟Bf 109K-8的一样没

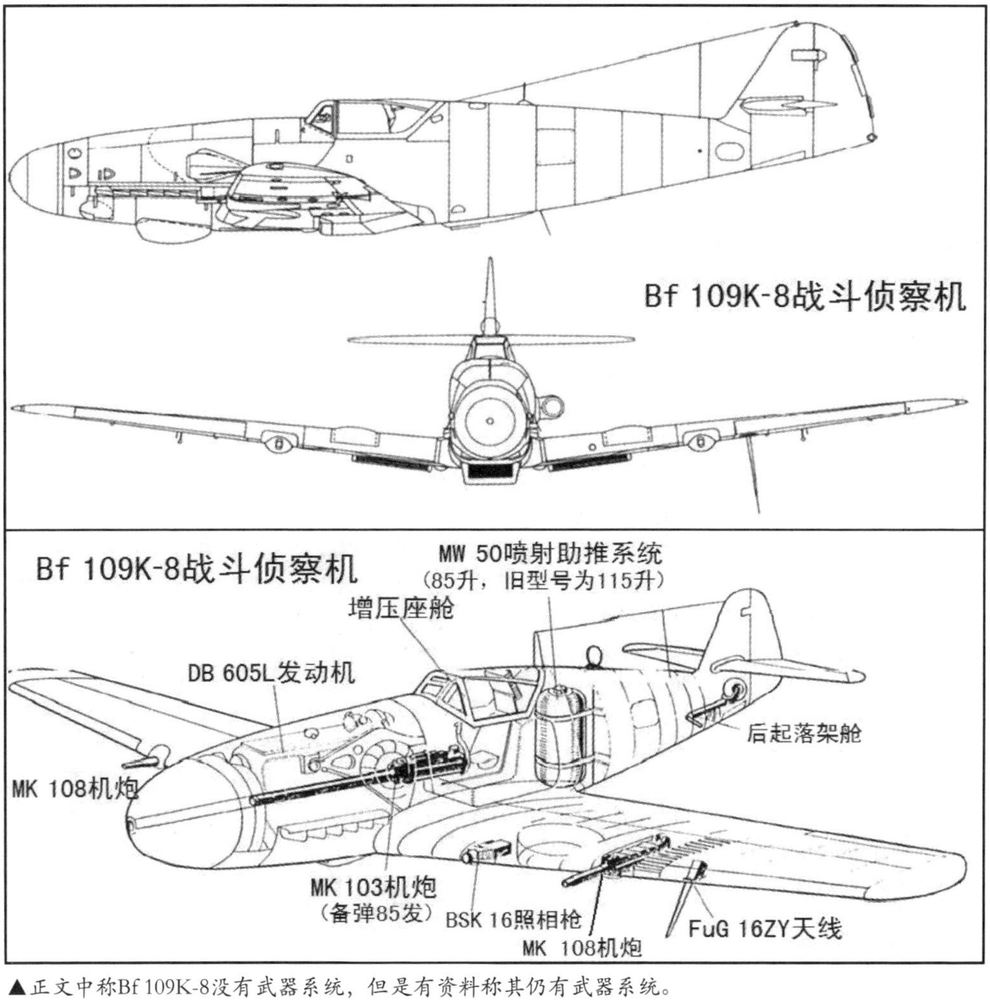

▲正文中称Bf 109K-8没有武器系统，但是有资料称其仍有武器系统。

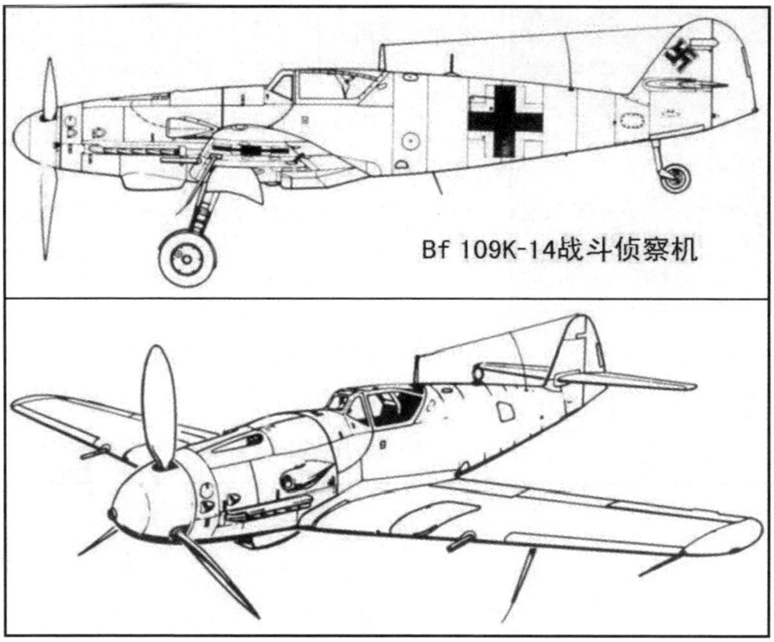

▲同样，Bf 109K-14有资料称没有武器系统，也有资料称有。

有武器系统，它的其他设备也跟Bf 109K早期的型号一样，比如自动测向器D/F环形天线、FuG 16ZY无线电装置及其天线（座舱后部）、Revi 16B反射式瞄准具等。

Bf 109K-10战斗机

Bf 109K-10是在Bf 109K-4基础上小改的型号，武器系统配置略有差别，Bf 109K-10发动机整流罩上方为2挺MG 131机枪，机头为MK 108机炮。跟Bf 109K-6一样，Bf 109K-10也安装了BSK 16照相枪和FuG 16ZY无线电装置。Bf 109K-10采用的是DB 605D发动机。为数不多的Bf 109K-10中有几架也按机场改进标准进行了改进，如Bf 109K-10/R3，增加副油箱挂架；Bf 109K-10/R4的机翼下可挂载2个300升副油箱；Bf 109K-10/R5机翼挂架可挂载2个MK 108短炮管机炮吊舱。

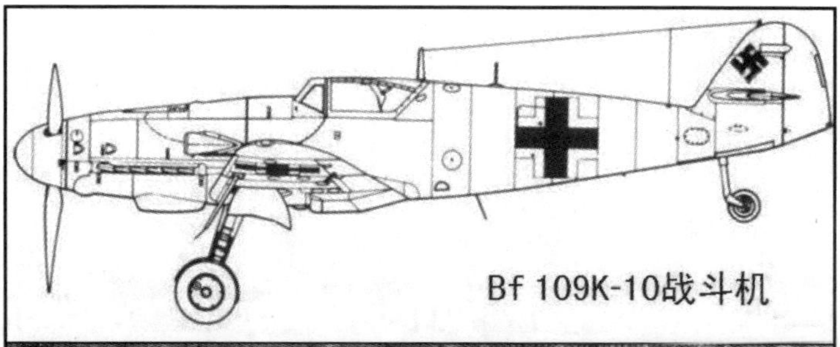

▲Bf 109K-10到1945年4月才开始交付，德国当时既无燃油也无处寻人驾驶这些飞机，下图中飞机还未来得及升空作战就被美军俘获。

Bf 109L系列

早在1943年年初，梅塞施密特公司就开始研制了Me 209-Ⅱ项目的研制工作，Me 209-Ⅱ飞机是为了竞争德国空军高空战斗截击机项目。梅塞施密特公司在1架Bf 109F-1的机体上安装了1台容克公司研制的Jumo 213E-1发动机，这架飞机就是Me 209-Ⅱ的原型机，1944年春天，它的编号定为Me 209V-6。就在Me 209V-6准备试飞时，德国空军取消了Me 209-Ⅱ项目，因为Fw 190D和Ta 152H进展顺利。

梅塞施密特公司不甘心失败，决定继续这种高空战斗截击机的研制，可能是为了避免Me 209-Ⅱ这个编号过新导致空军认为它无法及时交付，梅塞施密特公司将高空战斗截击机项目飞机名称改为Bf 109L，其实，它并不是Bf 109系列里的型号。但是，由于公司忙于空军Bf 109G的订单和研制Bf 109H飞机，Bf 109L项目没有进行下去。

Bf 109S系列

Bf 109S是梅塞施密特公司自行决定在Bf 109E型上改进的双座教练机，由于德国航

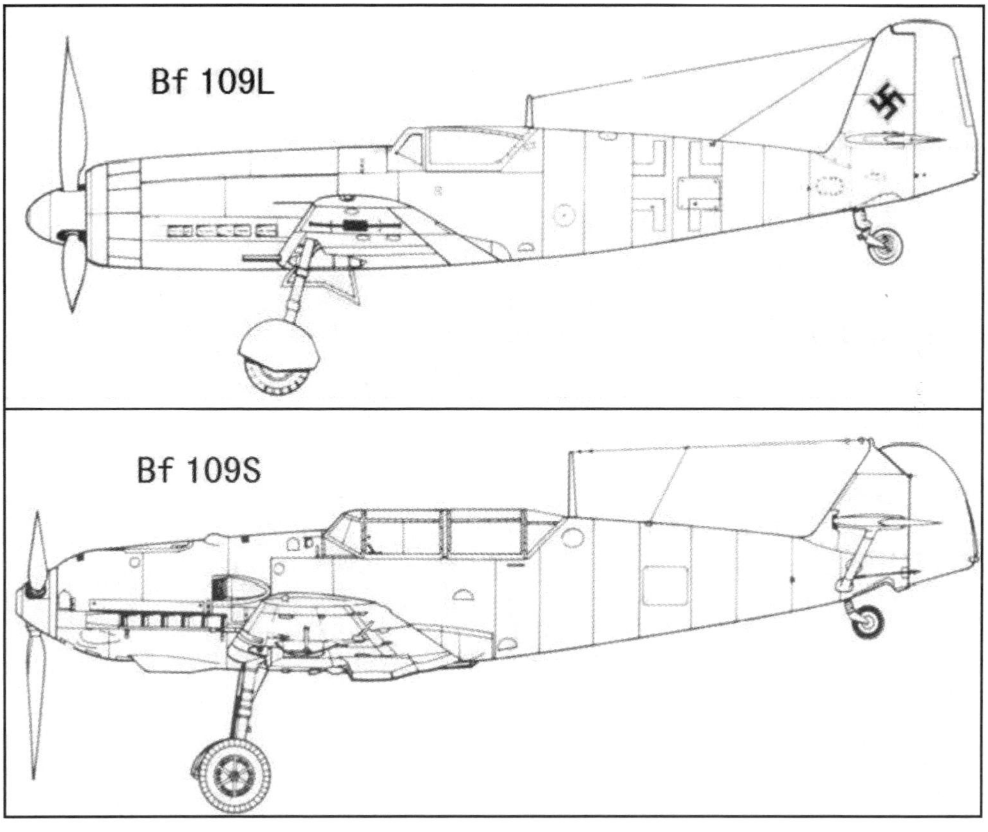

▲Bf 109L和Bf 109S方案。

空部对这种教练机需求并不迫切，项目被拒绝。然而，1942年，这个项目又重新开始，但这次是在Bf 109G型上改进的，这些飞机后来交付给德国空军作战中队和一些战斗机训练学校（上文关于Bf 109G型号介绍中有详述）。

Bf 109T“托尼”（Toni）系列

跟卷入二战的其他国家一样，德国也意识到了海战在未来战争中的重要性，因此，德国海军于1935年正式订购2艘航空母舰，它们是“齐柏林伯爵”（Graf Zeppelin）号和“彼得•斯特拉塞尔”（Peter Strasser）号。为了能在1944年两艘航母正式服役时为其装备舰载飞机单位，一个装备Bf 109B和Ju 87C（舰载型号）的特殊单位（应该是4.St/Tr.Gr 186舰载轰炸机训练中队）被分配到波罗的海的港口城市基尔－霍尔特瑙（Kiel-Holtenau）加入德国海军第一支舰载机大队进行训练，此前德国海军已经使用特殊改进的He 50战斗机在特拉福明德进行了一些必要的试验，包括在陆地模拟“齐柏林伯爵”号甲板上起飞和着舰试验。

▲图中应该是早期1架Bf 109B飞机在进行舰载试验，试验时飞机只是简单地进行了改进，图中飞机没有着舰钩，主要进行舰载适应性试验。二战时期就开始采用弹射技术，图中可见德国的弹射技术是滑轮组高速转动将飞机向前拉。

Bf 109B的早期试验非常成功，为此，德国海军要求梅塞施密特公司在Bf 109E型上改进成一种舰载战斗机，这个改进型号编号

▲这架飞机是Bf 109E-0改进的Bf 109T原型机（GH＋NT，序列号Wk-Nr 1783），注意看着舰钩。

▲图中飞机是预生产型Bf 109T-0飞机，虽然是10架Bf 109E-1飞机改进的，但飞机增压进气口跟Bf 109E的完全不一样，倒是跟上文提到的Bf 109V-13的类似，因此预生产型安装的可能是DB 601A改进发动机。

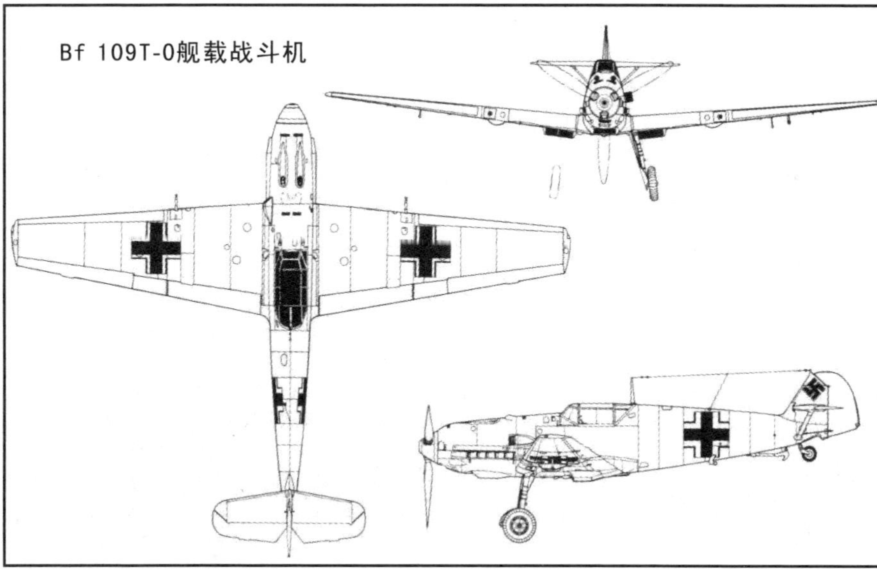

▲Bf 109T-0舰载战斗机三视图，注意看增压进气口跟上面的配图不一样。

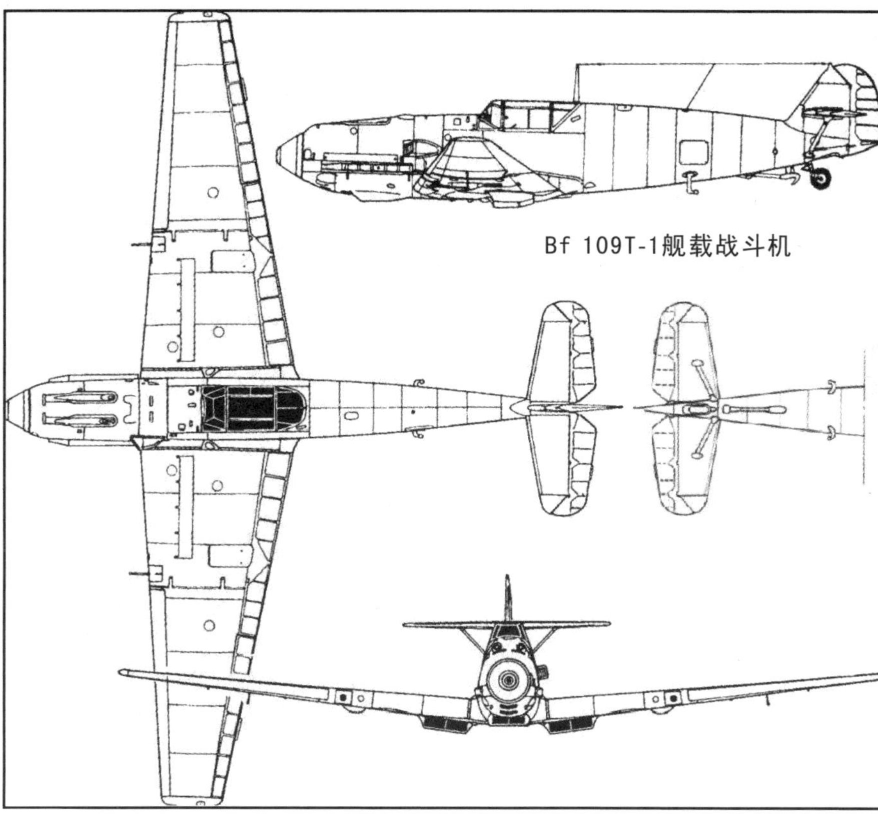

▲Bf 109T-1实际上后来都改成了Bf 109T-2。

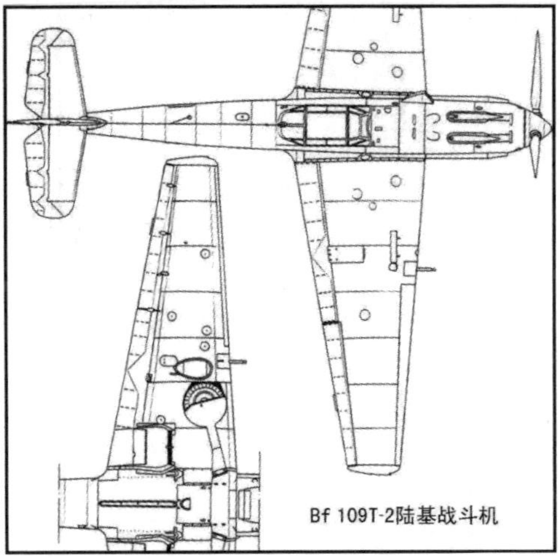

▲Bf 109T-2是纯陆基战斗机，这60架飞机主要在挪威和赫尔格兰德岛驻扎。

是Bf 109T，“T”表示舰载（Traeger）。Bf 109T是在Bf 109E-1上小改而来，主要改进是增加机翼面积，做法是机翼外翼段延长60厘米。机翼采用全展长襟翼，因此，机翼上表面安装了扰流片来控制滚转。襟翼与副翼联动。机翼可折叠以便在机库存放，机翼折叠后翼展减少4米以上，比标准的Bf 109E翼展短7米；飞机后起落架前安装着舰钩；主起落架结构加强并安装弹射约束装置。

梅塞施密特公司的Bf 109T方案获得了德国海军的青睐，但是，由于梅塞施密特公司位于奥格斯堡的工厂忙于生产其他型号的Bf 109战斗机，这个项目被转移给菲施乐公司。10架Bf 109E-1在生产线上被就地改进成Bf 109T的预生产型，即Bf 109T-0。

同时，菲施乐公司也获准开始生产60架生产型Bf 109T-1，然而，1940年4月，“齐柏林伯爵”号航母项目被暂停（随后的1943年完全停止），舰载机项目也停止。好在60架的生产订单并未取消，菲施乐公司得已继续生产，但为了保证这些飞机能够在空军使用，飞机上舰用设备全部去除，比如弹射装置、着舰钩和其他设备，去除这些设备和装置后，飞机在机腹部安装了多功能挂架，既可挂载1个300升副油箱也可以挂载炸弹，如4枚50公斤的SC 50炸弹和1枚250公

▲这架RB＋OP的Bf 109T-2飞机在试验期间坠毁，试飞员跳伞逃生。

▲驻扎在挪威期间的Bf 109T-2战斗机，上图中“白色13”号和“白色2”号是Bf 109T-2飞机，另1架是Bf 109E飞机。下图中“白色10”号Bf 109T-2飞机飞行在挪威特隆赫姆上空。

斤的SC 250炸弹，一番改进后飞机编号改为Bf 109T-2。

Bf 109T-2于1941年3月开始向德国空军驻挪威的作战单位交付，那里的机场普遍较小，非常适合Bf 109T-2驻扎，因为，它的机翼面积比标准的Bf 109的要大，起降距离大大缩短。1943年，这些Bf 109T-2飞机又进入赫尔格兰德岛（Heligoland）驻守，在那里作为岛屿防御截击机来使用，这些Bf 109T-2一直服役到1944年。

Bf 109TL喷气式战斗机

1943年1月，梅塞施密特公司曾递交过Bf 109的喷气型方案，飞机暂时编号为Bf 109TL，它主要作为Me 262喷气式战斗机的后备机型，因为Me 262在研制中遇到了严重的技术问题。Bf 109TL采用Bf 109的机身，机头由于没有发动机而重新设计，机头武器系统没有变化，但机翼重新设计，翼下以吊舱形式安装2台容克公司的Jumo 004B喷气发动机，尾翼也重新设计。梅塞施密特公司的设想是：在Bf 109基础上改进喷气战斗机具有很大的优势，因为在这个什么都缺的时候利用Bf 109的生产线和生产工具，可以使飞机早日上天。而实际上，Bf 109TL设计变化太大，利用Bf 109生产线来生产根本没有什么优势。1943年3月，由于Me 262遇到的技术问题解决，Bf 109TL方案被取消。

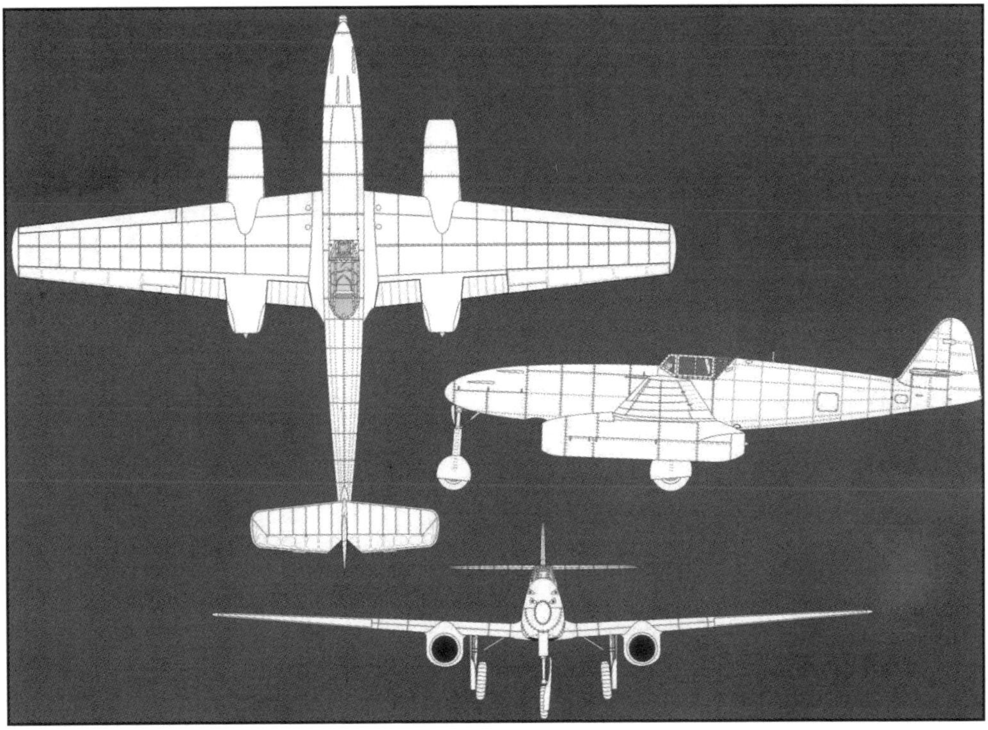

▲Bf 109TL喷气式战斗机三视图。

Bf 109Z“兹威灵”（Zwilling）系列

Bf 109系列中最奇特的是Bf 109Z（Zwilling，即双身），双身概念飞机早在1940年就提了出来，当时，亨克尔公司提出了采用2个He 111轰炸机机身的飞机方案，目的是增加飞机的功率来拖曳尺寸较大的Me 321和Ju 322攻击滑翔机。德国空军认可了这种概念飞机，为此，梅塞施密特公司开始设计采用Bf 109机身的双身飞机方案，这个方案飞机机身中部用机翼连接，水平尾翼连接后机身。梅塞施密特公司的这个方案并不是作为

▲亨克尔公司的He 111Z双机身轰炸机方案。

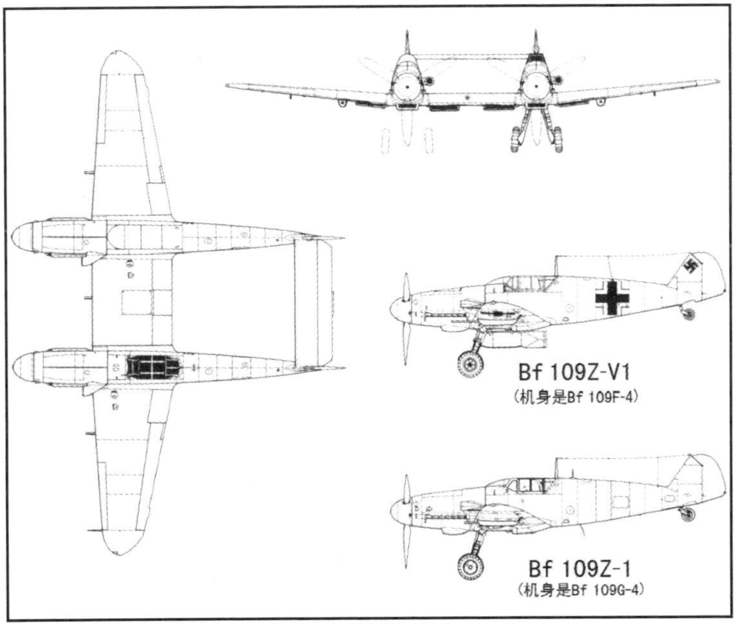

▲Bf 109Z的两个研制型号。

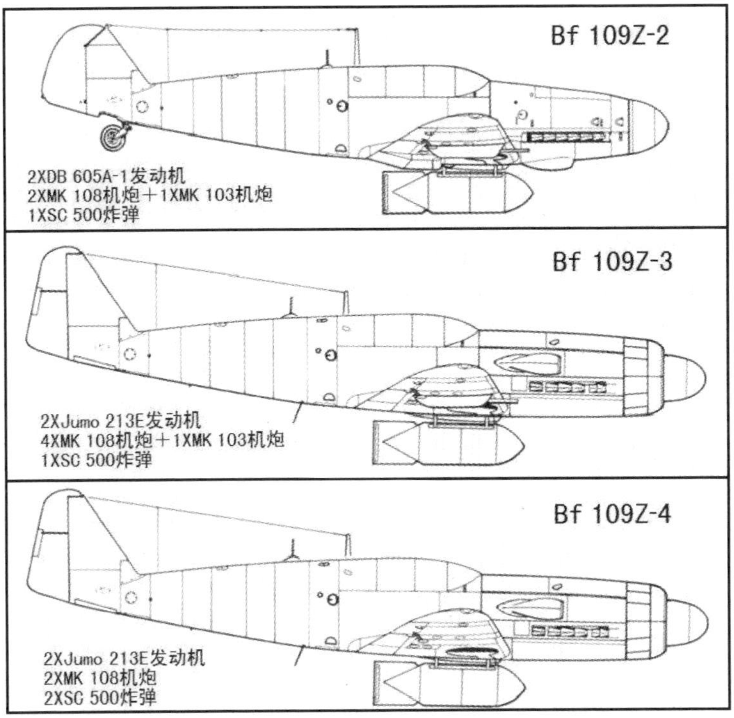

▲Bf 109Z型号并没有走下去，因此，Bf 109Z-2/-3/-4都只停留在图纸阶段。

拖曳飞机，而是为德国空军提供一种高性能远程战斗轰炸机，公司的想法是在不影响Bf 109系列飞机生产线的情况下，研制一种全新的飞机。

梅塞施密特公司的方案引起了德国航空部的兴趣，空军部同意生产原型机进行测试，1942年早些时候梅塞施密特公司开始着手研制。为了验证概念的可行性和飞行品质，梅塞施密特公司在1942年年底将2架Bf 109F-4的机体拼接在一起形成双身布局，其他改进主要集中在机身用机翼连接，尾部用水平尾翼连接，起落架位置重新设计。左侧机身有座舱。两侧机翼分别安装一个炸弹挂架，这个挂架可携带1枚250公斤的SC 250炸弹。中翼也安装一个炸弹挂架，它可携带1枚500公斤的炸弹。飞机的动力装置为2台DB 601E发动机，Bf 109F机翼上的乙二醇散热器改在了中翼下表面。

就在双身飞机原型机生产时，梅塞施密特公司开始考虑更先进的双身机方案，这个新方案采用的是Bf 109G的机体，动力装置为DB 605A或Jumo 213E发动机，计划采用的武器系统包括发动机头部的30毫米MK 108机炮，2个发动机各1门；中翼处1门30毫米MK 103机炮；外翼段挂载2个MK 108机炮吊舱。新方案也作为战斗轰炸机，因此两侧机翼和中翼也增加了炸弹挂架，跟Bf 109F的双身方案类似，但Bf 109G的双身方案中翼挂架不仅可以挂载炸弹，还可以携带副油箱。另外，每个机身都保留着单座的布局，右侧机身原座舱的位置用来作为油箱，表面为整流罩。

1943年中期，Bf 109Z原型机生产完毕，然而，在首飞前的试验中，这架飞机在机场被盟军飞机炸坏。梅塞施密特公司立即组织修理，但修理工作还没结束这个双机身项目就被取消，德国空军此时看上了喷气式飞机和福克－沃尔夫公司在Fw 190上改进的战斗轰炸机。

美国也有类似的双机身飞机，比如P-82“双身野马”，它跟Bf 109Z不同之处在于它的2个机身都有座舱。

与Bf 109有关的其他型号

Me 209比赛飞机

Me 209是一种专门研制用来比赛的飞机，它的项目名称是Project 1059，如果说它跟Bf 109有什么共性的话，那就是它也使用DB 601发动机，跟Bf 109E的动力装置一样。Me 209初期的试验目的是创造速度记录，可能的话再改进成战斗机，战争时期，一切向军事看齐。第一架原型机Me 209V-1（序列号Wk-Nr 1185，D-INJR）于1938年8月1日首飞，试飞员是赫尔曼•沃尔斯特（Hermann Wurster）；第二架原型机Me 209V-2（序列号Wk-Nr 1186，D-IWAH）于1939年2月8日首飞，飞行发现飞机的毛病非常之多，简直让人失望透顶。两个月后的4月4日，Me 209V-2飞

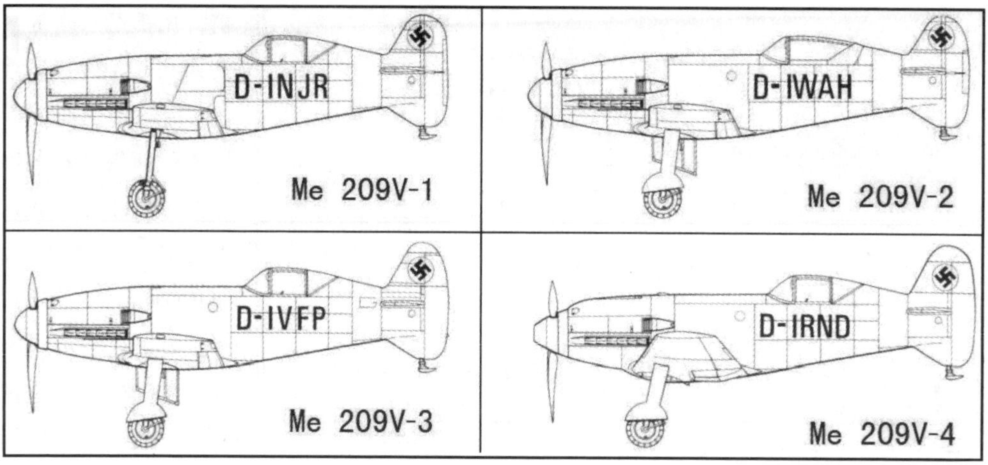

▲Me 209几架原型机，Me 209V-4跟前3架原型机区别稍大。

▲梅塞施密特博士和Me 209V-1试飞员弗里茨•文德尔。照片拍摄于1939年4月26日。

▲以上三图均为Me 209V-1原型机。

机在迫降过程中坠毁，试飞员赫尔曼•沃尔斯特只受了点轻伤。

Me 209V-1于1939年4月26日创造了一项世界飞行速度记录，其速度达到了756公里/小时，30年后才有其他螺旋桨飞机速度达到这个水平。创造记录的试飞员是弗里茨•文德尔（Fritz Wendel），这架飞机发动机已经换装为DB 601V-10（即DB 601ARJ）。创造记录一个月后，第三架原型机Me 209V-3（序列号Wk-Nr 1187，D-IVEP）首飞，这架原型机主要用于各种试验。梅塞施密特博士非常希望把这种飞机也改进成一款战斗机，为此，研制了第四架原型机，即Me 209V-4（序列号Wk-Nr 1188，D-IRND），这架飞机于1939年5月12日首飞。这架战斗机原型机跟Me 209V-1/-2/-3飞机十分相似，它安装的是DB 601A发动机，其主要改进包括重新设计机翼，升高垂直尾翼，发动机整流罩上方安装2门MG 17机枪，发动机中间安装1门MG FF机炮。

比赛飞机只是一种特制飞机，并不适合改进成战斗机，Me 209V-4地面和空中的操纵性能非常糟糕，在一年时间里修修改改并没有提高飞机的性能，但是飞机的重量却上去了，而这个时候，它

▲这两张图为Me 109V-4原型机。这么小的飞机改进成战斗机的潜力极小。

设计一款新的战斗机。

Me 309系列试验飞机

1940年晚些时候，当Bf 109F在生产时，梅塞施密特开始考虑在它的基础上改进一款飞机，这就是Me 309，它是不折不扣的Bf 109系列飞机，但是它跟Bf 109家族以及上文中Me 209几乎没多少相似之处。Me 309的主要特征是：自行车式起落架，视野良好的圆形座舱，可闭合的散热器，可反转的螺旋桨等，这些设备和装置都在Bf 109F和Bf 109G上做过了充分的试验。可以看

▲上图是Bf 109V-23改装前，下图为该机改进安装了前三点起落架。下图是照片经过渲染过后的效果。

的飞行速度反倒不如Bf 109E的快，性能更是比Bf 109F要差得多。最后，梅塞施密特博士不得不放弃这个方案。其实Bf 109也是在Bf 108比赛飞机上改进而来的，但它却很成功，原因是Bf 108的前身也是在其他飞机的基础上改进而来的，它的机体比Me 209的要大得多，改进潜力因此也大得多。Me 209一开始就是为了比赛而设计的，其瘦小的机身已经没什么改进潜力，要把它变成军事用途的战斗机不如重新

▲Bf 109V-23试验前三点起落架时，起落架是固定的。

出Me 309飞机上运用的新技术不少。为此，梅塞施密特公司将几架原型机改进用来测试这些新技术，比如Bf 109V-23用来测试前三点起落架、Bf 109V-30用来测试机腹部散热器、Bf 109V-30a用来测试增压座舱、Bf 109V-31用来测试机腹散热器和宽起落架等。

当梅塞施密特博士把这个方案递交给德国航空部时，空军部当时一点兴趣也没有，原因是德国当时的战争形势非常乐观，战事进展顺利，很多人认为用目前的武器打仗战争就会很快取胜，没有必要再研制新式武器。因为得不到空军部的支持，Me 309V-1（序列号Wk-Nr 001，GE＋CU）直到1942年6月才完成生产，之后的7月18日进行首飞，这架飞机安装的是DB 603A-1发动机。

首飞中发现Me 309V-1存在着一些问题，特别是冷却系统和飞行航向不稳定的问题较为突出，飞机在飞行中忽左忽右，像蛇爬行的一样，唯一值得高兴的是反转螺旋桨运行非常稳定可靠。在9月份进行的第一次

▲上两图为Bf 109V-31，腹部的散热器非常醒目。

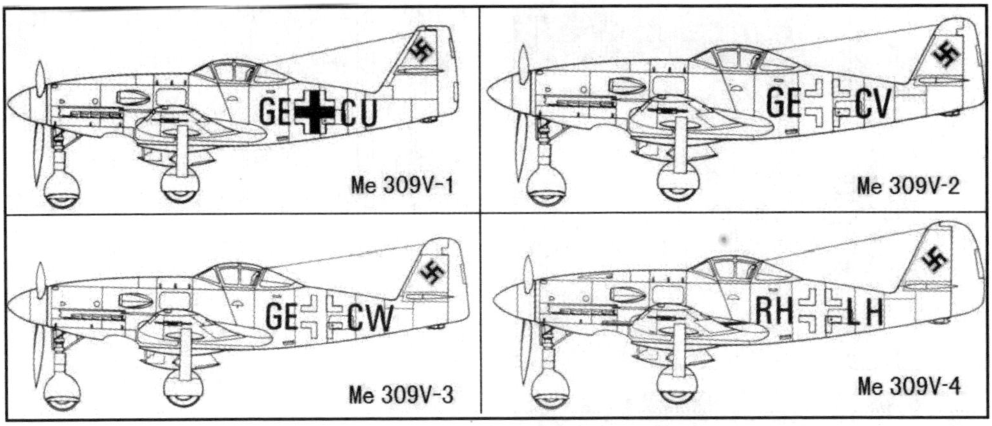

▲Me 309的4架原型机。

▲Me 309V-1在试验中发生事故，很明显，前起落架折断。注意看宽轮距主起落架。

测试中，飞机颠簸非常厉害，以至于机头被甩掉，前起落架和其他部位被严重毁坏。随后这架飞机一直修理到11月11日，修理过程中做了一些修改，垂直尾翼加高以消除“蛇行”问题。Me 309V-1与Bf 109G在11月20日的模拟空战表明，Me 309V-1的速度更快，但Bf 109G的转弯性能更强，综合起来前者没多少优势。1942年12月9日，Me 309V-1再次换装新型垂尾。1944年3月，这架飞机发动机换装为DB 603B V-4试验发动机。

Me 309V-2（序列号Wk-Nr 002，GE＋CV）是为生产型准备的原型机，它安装了DB 605B发动机，1942年11月28日首飞，首飞也是最后一次飞行，因为降落时前起落架折断，飞机立即断为两截。事故前，这架飞机原计划安装DB 609发动机，该发动机为16缸，驱动四叶螺旋桨，1943年4月，这款发动机停止研制。

▲两图均为Me 309V-1原型机，座舱设计非常新潮，一改Bf 109系列中半埋入机身座舱，飞行员视野大大改善，美国P-47D和P-51飞机也采用这种座舱。

Me 309V-3（序列号Wk-Nr 003，GE＋CW）于1943年3月首飞，但这个时候德国

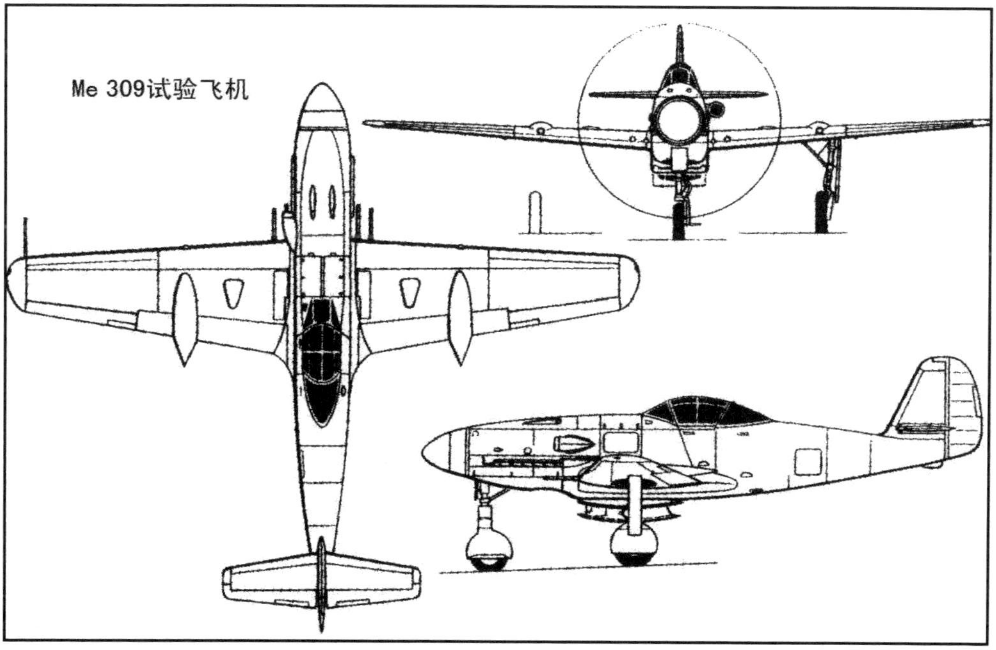

▲Me 309试验飞机三视图。

空军已经对该机的研制计划不抱任何希望了。Me 309V-3对比试验中表现的性能并不比Bf 109G好，它的机动性不好，但对飞行员的操作却有很高的要求。具有讽刺意味的是，人们常常抱怨梅塞施密特公司的飞机轮距太窄，而Me 309V-3加宽的轮距在跑道上滑行更危险，它忍不住总想转弯。后来这架飞机被用来试验Me 262喷气式飞机的增压座舱和弹射座椅。

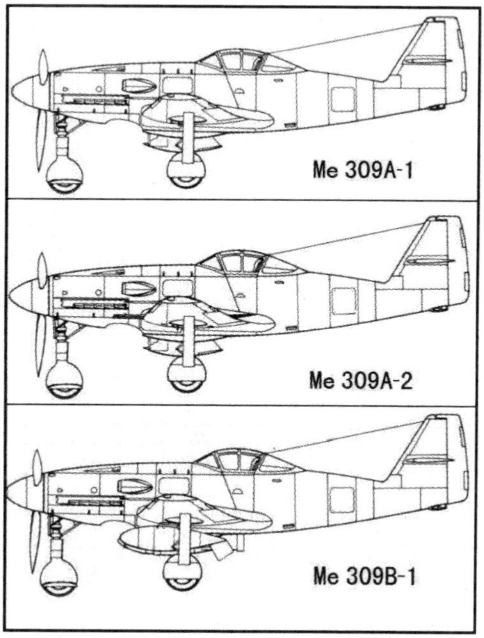

▲Me 309的几个方案，这些方案都停留在图板上没有变成现实。

Me 309V-4主要想作为Me 309A-2重型战斗机的原型机，它安装了至少4挺MG 131机枪（2挺在发动机上方，2挺在机翼）和2门MG 151/20、2门MK 108机炮。Me 390V-4于1943年7月首飞，后来这架飞机在盟军的空袭中被毁。另2架逃过空袭一劫的原型机后来被用来做各种试验，在Me 309基础上计划改进的Me 309B俯冲轰炸机和Me 609双身型号根本没来得及生产。

Me 209-Ⅱ系列

在Bf 109基础上改进的最后一个型号是Me 209-Ⅱ（有资料写成Me 209Ⅱ），事实上它跟上文提到的Me 209比赛飞机没有任何关系。梅塞施密特的Me 309项目失败后，他决定在Bf 109G的基础上尝试设计下一代战斗机。

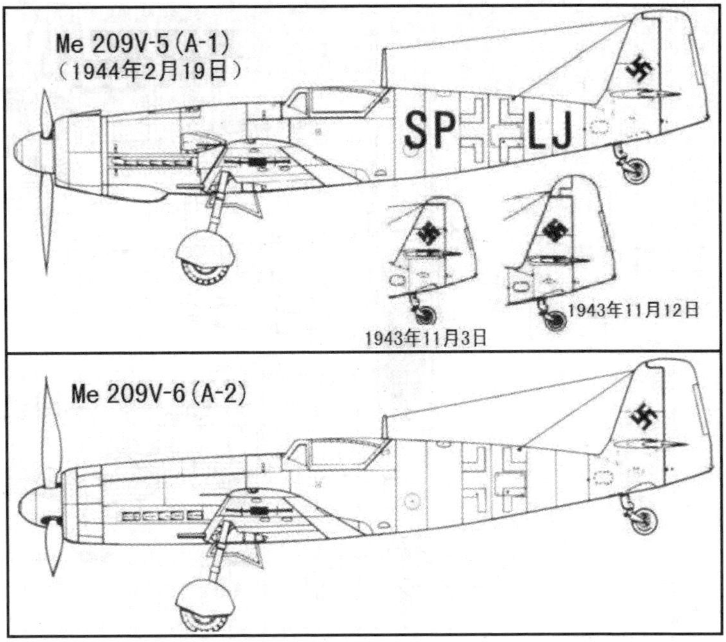

▲Me 209-Ⅱ的2架原型机，第一架Me 209V-5发动机和垂尾变化数次。

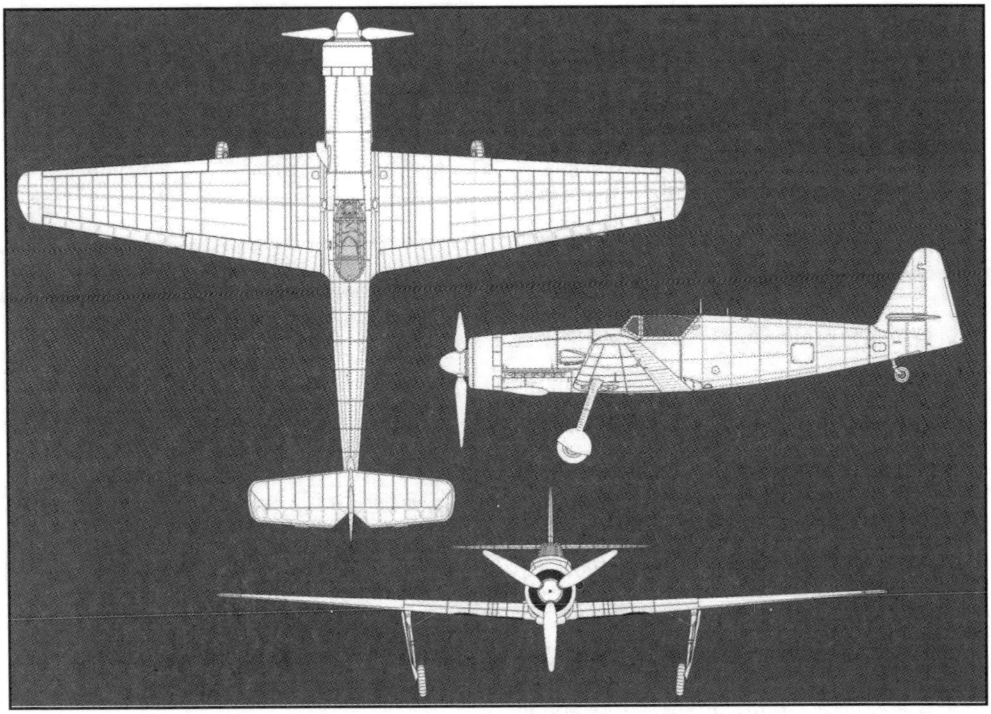

▲Me 209HV-1三视图，垂尾形状跟其他资料稍有不同，大部分资料称跟Me 209V-6的类似。

Me 209-Ⅱ跟Bf 109G相比，其改进主要是：尾部重新设计；原来安装在机身的起落架铰链改在了机翼上，这个改进消除了Bf 109飞机轮距窄引起的问题；改进动力装置，飞机采用DB 603A-1发动机，散热器进气口为环状，这个形状会使人误解发动机是星形结构，其实是V形结构；增加垂直尾翼高度等。随着设计的进展，梅塞施密特公司又生产了第二种（不是第二架）原型机，这架飞机跟Bf 109G区别更大了。

第一种原型机Me 209V-5于1943年11月3日首飞，试飞员是弗里茨•文德尔，他对这架原型机的飞行大加赞赏。Me 209V-5飞机的编号跟上文中1939年的Me 209V-4没有任何关系，只是从编号顺序上看好像是那么回事。Me 209V-5计划作为生产型Me 209A-1的原型机，它的发动机桨毂处安装1门MK 108机炮，翼根为2挺MG 131机枪，这种机枪（炮）的安装位置提高了飞行的品质，也为后来的很多飞机所采用。Me 209V-5有65%的部件与Bf 109G-5一样。九天后，这架Me 209V-5飞机再次换装DB 603G发动机，飞机也换装新型高垂尾。1944年2月19日，Me 209V-5再次换装DB 605B发动机，垂尾也再次进行修形（方形取代之前的圆弧形），此时飞机的武器系统为1门MK 108机炮（发动机中间）、2挺MG 131机枪（发动机上方）和2门MG 151/20机炮（翼根位置）。但是，这架飞机第三次改进后不久被盟军炸毁。

由于DB 605G发动机的产量不足，梅塞施密特公司生产了第二种安装Jumo 213发动机的原型机Me 209V-6， Jumo 213发动机的散热器进气口也是环状，因此Me 209V-6和V-5外形很相似。其翼根的武器系统将MG 131改为MG 151/20机炮，发动机中间仍为1门MK 108机炮，火力进一步加强。这架飞机主要作为生产型Me 209A-2的原型机，后来梅塞施密特公司把Me 209V-6名称改为

▲这是唯一一张Me 209HV-1飞机照片，注意看垂尾和机头。

了Bf 109L，上文有述。梅塞施密特公司曾计划为Me 209-Ⅱ安装DB 628发动机，但这款发动机主要用于高空研究，而且发动机研制也出现拖延。

第三种原型机主要用作编号为Me 209H的高空战斗机试验，当时，德国航空部要求将Me 209H并入Bf 109H项目（上文有述）中一起研究，而Me 209H的项目早期代号是Project 1091a。最初计划给Me 209飞机安装DB 627B发动机，但是这款发动机的研制都出现延误，因此Me 209HV-1飞机最终安装的是DB 603E发动机，飞机也直到1944年春天才下线，该机的机翼翼展延长，机翼面积更大。Me 209HV-1还计划安装戴姆勒－奔驰公司的DB 628A发动机，这款发动机安装了涡轮增压器，更适合高空使用。但是，1944年春天，所有在Me 209-Ⅱ（Ⅱ）上的工作全部停止，因为是这些飞机生产上与Bf 109系列的兼容性已经荡然无存，德国空军最后选择了福克－沃尔夫公司的Ta 152H战斗机作为帝国的高空战斗机。

三种原型机主要技术数据：

	Me 209A-1	Me 209A-2	Me 209HV-1
翼展	10.95米	10.95米	13.26米
机长	9.74米	9.62米	9.90米
机高	4.00米	3.56米	2.90米
最大速度	699公里/小时	660公里/小时	630公里/小时
巡航速度	520公里/小时	486公里/小时	480公里/小时
实用升限	12000米	13000米	13500米
空重	3339公斤	3474公斤	3010公斤
起飞重量	4058公斤	4200公斤	4300公斤
武器系统			
发动机中间	1×MG 151/20（115发）	1×MK 108（70发）	1×MK 108
发动机上方	2×MG 131（300发）		2×MG 131
翼根	2×MG 151/20（200发）	2×MG 151/20（250发）	4×MG 151/20

Me 409、Me 509和Me 609方案

上文提到的Bf 109Z在飞行试验前就被盟军炸毁，但是，德国航空部的技术办公室对于双机身布局仍显示出十分强烈的兴趣，要求按此概念（双机身）继续研究并提交方案，德国当时搞双机身飞机方案不止一家单位，梅塞施密特此时提出的是Me 409方案，这个方案是以Me 209A-1（Me 209-Ⅱ）飞机为基础，也就是将2架Me 209A-1机身拼凑在一起。由于Me 209-Ⅱ的机翼并不适合双机

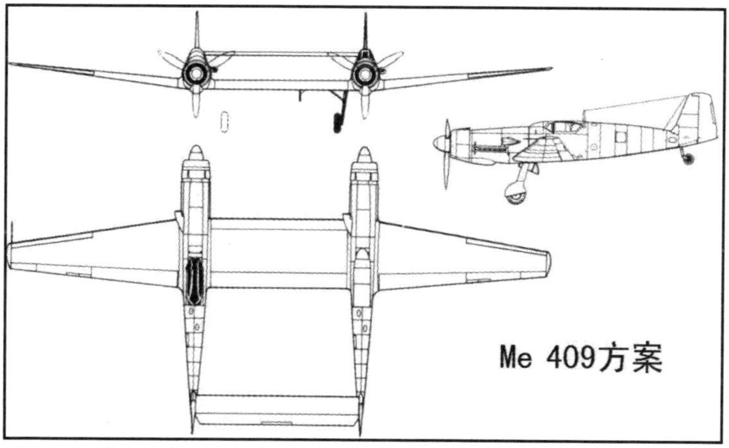

▲Me 409方案三视图。

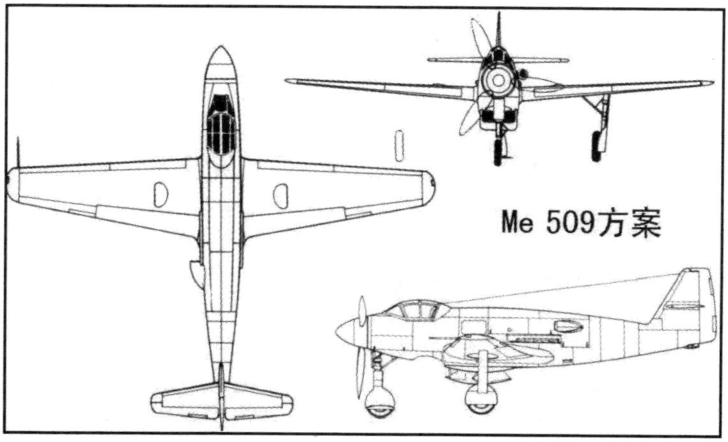

▲Me 509方案三视图。

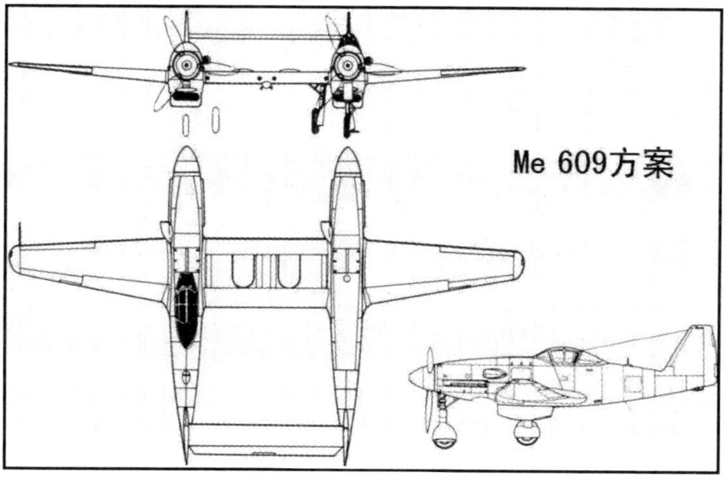

▲Me 609方案三视图。

身布局直接采用，因此梅塞施密特公司采用的是Me 155B-1方案的大型机翼。上文谈到Me 209-Ⅱ系列研制项目一直进行到1944年年初被取消，德国航空部对Me 409方案的兴趣也最终化为乌有。Me 409计划安装2台DB 603G发动机，武器系统可能是2门MK 108机炮和3门MG 151/20机炮。

Me 509实际上是Me 309进一步修形方案，但改动着实非常大，最独特之处在于Me 509的座舱向前移动了近3米，而发动机则向后移动了近4米，DB 605A发动机通过一个长轴来驱动Me P-6螺旋桨，长轴通过飞行员座舱，这点跟美国贝尔公司的P-39和P-63完全不一样。Me 509采用Fleig 309-20水平尾翼和Fleig 309-36垂尾，其他系统均与Me 309的一样。Me 509改进的目的可能是一方面改善飞行员视野，另一方面是减轻头部重量，因为Me 309V-1在试验时出现过前起落架折断事故。Me 509可能的武器方案是2挺MG 131机枪和2门MG 151/20机炮。由于Me 309项目被取消，Me 509项目也被束之高阁。

Me 409方案采用的是Me 209-Ⅱ机身，而Me 609则采用Me 309机身。Me 609有两个主要型号，一个是Me 609A重型驱逐机，另一个是Me 609B高速轰炸机，两个型号飞机计划采用DB 603或DB 605发动机，Me 609A武器系统为4门MK 108机炮和2门MK 103机炮，两个机身之间的连接翼翼下ETC挂架可以携带1枚500公斤SC 500炸弹或2枚250公斤SC 250炸弹。Me 609B的武器系统仅为2门MK 108机炮，炸弹携带量提高四倍，即2枚1000公斤SC 1000或SB 1000炸弹。由于Me 262表现出更有前途，Me 609方案也只停留在图纸阶段就被取消。

▲上面四图均为Bf 109V-21试验飞机，BMW 801R发动机明显太大了，飞机看上去很不协调。缺乏详细资料，不清楚安装该型号发动机的试验目的是什么。

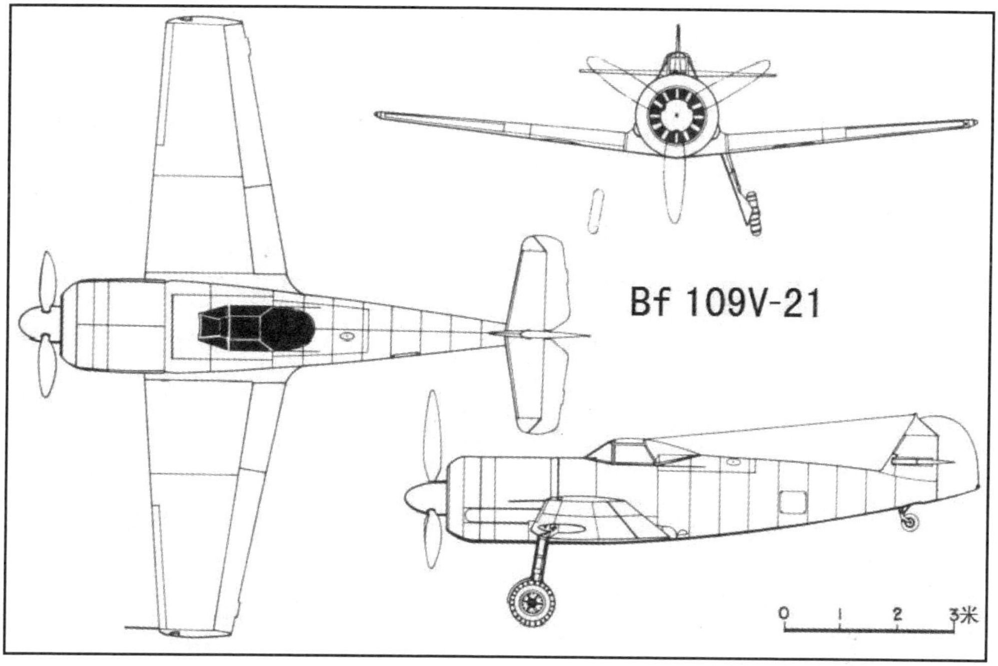

▲Bf 109V-21三视图。

安装BMW 801发动机的Bf 109（Bf 109V-21）

Bf 109试验型号有一个比较特别，即安装BMW 801星形发动机的型号，飞机完成了改进并进行了试验，结果不详。这架Bf 109安装的是BMW 801R发动机，这个型号发动机跟Fw 190A安装的BMW 801D的十分相似，但是发动机采用的是压缩比更大的两级四速新型增压机。发动机采用特制的C3 96号的485 1燃油。这个试验飞机被称为Bf 109V-21，该机并没有安装武器系统，据猜测机翼可以安装2门MG FF机炮，BMW 80R发动机在研制过程中也为安装机枪或机炮预留了位置。Bf 109V-21的起落架跟Bf 109家族飞机的仍一样，但是，主起落架轮距增加了45厘米，肉眼看不出来，但轮距增加使得飞机的起降性能有所改善。Bf 109V-21的座舱跟Bf 109家族飞机的完全不一样，前者的座舱为气泡形，座舱视野非常好，座舱罩向后滑动开启。

梅塞施密特公司Me 155和布洛姆与福斯公司BV 155项目

上文提到过Bf 109T舰载战斗机，由于“齐柏林伯爵”号航母项目在1940年4月被暂停，Bf 109T也停止发展。但是，航母项目只是暂停，德国并未取消，因此德国海军在1942年中期再次颁布舰载机技术规范，此次的技术规范要求新型舰载机取代此前的Bf 109T，因此性能要求上也比Bf 109T要强。在当时的德国，战斗机研制领域梅塞施密特公司是当仁不让的老大，因此招标谈不上，直接要求梅塞施密特公司出面研制，出于降低成本和简化结构方面的考虑，新型舰载战斗机尽可能多地采用了Bf 109的部件，也就是在Bf 109的基础上改进一款舰载战斗机，具体地说就是在Bf 109G-1的基础上改进。梅塞施密特公司的这个新舰载机方案名称是Me 155，“155”原本是德国克勒姆（Klemm）公司使用的编号，梅塞施密特公司使用的是“Me X09”，如上文提到的Me 209和Me 309等，由于克勒姆公司没有使用这个编号，编号后来被分配给梅塞施密特公司。

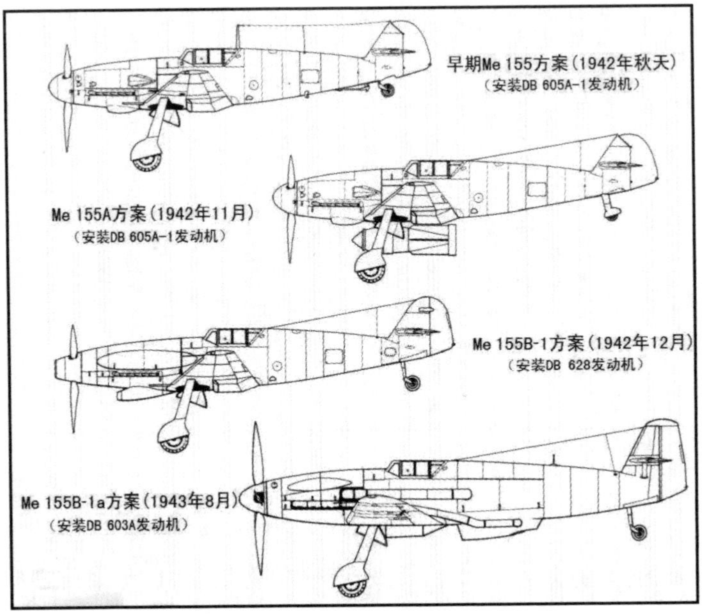

▲梅塞施密特公司的Me 155几个方案侧视图。

Me 155的机身与Bf 109G-1的基本一致，但机翼却是全新的，其翼展增加1.22米，起落架向内收入翼根起落架舱，为了在航母甲板上安全起降，起落架间距加宽了。飞机还配备了诸如折叠式机翼、弹射装置和着舰钩之类的标准海军装备。Me 155计划安装1台1475马力的戴姆勒－奔驰公司DB 605A-1液冷发动机。武器系统计划至少安装3门MG 151/20机炮和2挺MG 131机枪，除桨毂机炮外，其他武器均安装在机翼内。Me 155的最大时速预计为403英里/小时（约648公里/小时），巡航速度为592公里/小时，实际升限为11795米，续航时间为1小时。

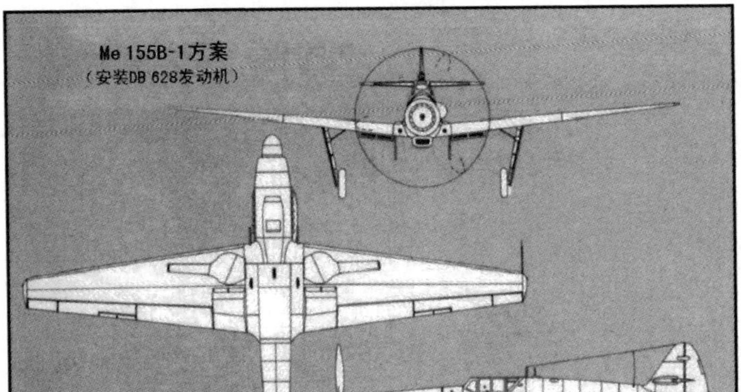

▲Me 155B-1三视图。因为都只是猜测，不同资料有一些误差，尤其是机头环形进气口。

▲这张手绘Me 155B-1飞机图机头环形进气口比较接近实际。

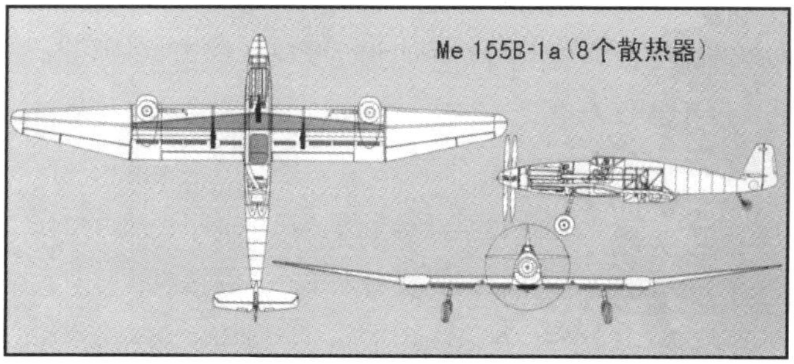

▲Me 155B-1a跟Me 155B-1完全不一样，实际上跟梅塞施密特公司的P1091项目飞机类似。

1942年9月，Me 155方案飞机设计全部完成并准备进行原型机生产，但是，“齐柏林伯爵”号航母建造进度却因为不断改进融入新的要求而大大地延迟，要完工最快也需要两年，为此，德国海军暂时搁置了Me 155项目。最终，德国于1943年2月彻底放弃了“齐柏林伯爵”号航母，取而代之的是生产更多的潜艇，Me 155项目也没能开花结果。

作为德国首屈一指的战斗机研制单位，梅塞施密特公司肯定十分清楚德国的军事和政治走向，就在Me 155项目被取消四个月前，梅塞施密特公司就知道这个项目很难进行下去，因此该公司也在研究适当改进一下Me 155飞机以便使之能满足德国航空部其他飞机项目的要求，也就是可以携带1枚SC 1000穿甲炸弹的高速轰炸机项目，梅塞施密特公司的改进项目飞机就是Me 155A，飞机上所有的与海军相关的设备，以及部分武器，除发动机桨毂的1门MG 151/20机炮外全都拆除。飞机还安装了更多的油箱（机身和机翼）和加高的固定式尾部起落架，以便在地面上腾出空间安装大型炸弹，这方面此前已经有过试验（见上文），Bf 110驱逐机也采用这种尾起落架。尾部起落虽然加高，但是携带SC 1000炸弹后的飞机净高度只有5.5厘米，尾起落架轮胎爆胎的安全高度都不够。为了携带重达1000公斤的炸弹，飞机的腹部用一个特制的ETC挂架来携带炸弹。携带炸弹时Me 155A的最大速度为510公里/小时，不携带炸弹时这个速度为650公里/小时。不过，就在梅塞施密特公司递交Me 155A方案仅几个星期后，德国航空部就更改了高速轰炸机项目技术规范，因此Me 155A项目被否决。

1942年12月，随着美国陆航对德国空袭行动的不断升级以及获得美国新式B-29轰炸机将要服役的情报，促使德国空军正视对高效高空截击机需求的压力。Me 155A被否决的信件墨迹未干，德国航空部技术部要求梅塞施密特公司递交高空截击机方案，梅塞施密特博士立即按此要求对设计再次做了修改，这就是后来的Me 155B-1项目。Me 155B飞机计划安装一台DB 628发动机，此发动机其实就是在DB 605A上加装一个两级机械增压器和一个进气冷却器而成。为了在高空作战，Me 155B-1飞机还采用了增压座舱，武器系统为3门MG 151/20机炮，机翼翼展增加到13.02米，改进后的Me 155B-1实用升限预计可达14097米。1943年年初，梅塞施密特公司向德国航空部递交了Me 155B-1方案。

1943年5月，DB 628发动机被安装在Bf 109V-50飞机上并进行了试验，试验表明，安装DB 628发动机后飞机的实用升限可以达到15500米，但是，DB 628发动机还存在一些技术问题暂时无法解决，批量生产还有段时间，因此，德国航空部要求Me 155B-1安装DB 603A发动机和TKL 15涡轮增压器。DB 603A起飞功率为1610马力，在15240米高度的功率可达1450马力。由于更换了发动机，Me 155B不得不加长机身（增加到12米），以便腾出空间在增压座舱后方安装涡轮增压器，发动机排出的废气通过机身外的管道进入增压器，空气则由机翼后方的机腹进气口吸入。飞机的机翼中段为全新设计的平直翼，拥有长长的翼展（达到20.49米），机翼外段则是标准的Bf 109G的机翼。其他部件也来自梅塞施密特公司现有的设计，比如垂直尾翼来自Me 209-II，水平尾翼取自Bf 109G等。换装发动机后项目飞机名称为Me 155B-1a。

1943年8月，德国航空部技术办公室认为梅塞施密特公司的负担过重，而且有更重要的飞机研制项目，因此决定把设计工作移交给布洛姆与福斯(Blohm und Voss)公司。这家公司并不怎么出名，之所以把Me 155项目交给它，主要原因是梅塞施密特公司已经完成了基础设计，下面的工作应该好做一些，然而，这个想法在哪个年代都是十分错误的，实际情况正相反。经过一些初期研究后，布洛姆与福斯的设计组认为梅塞施密特的

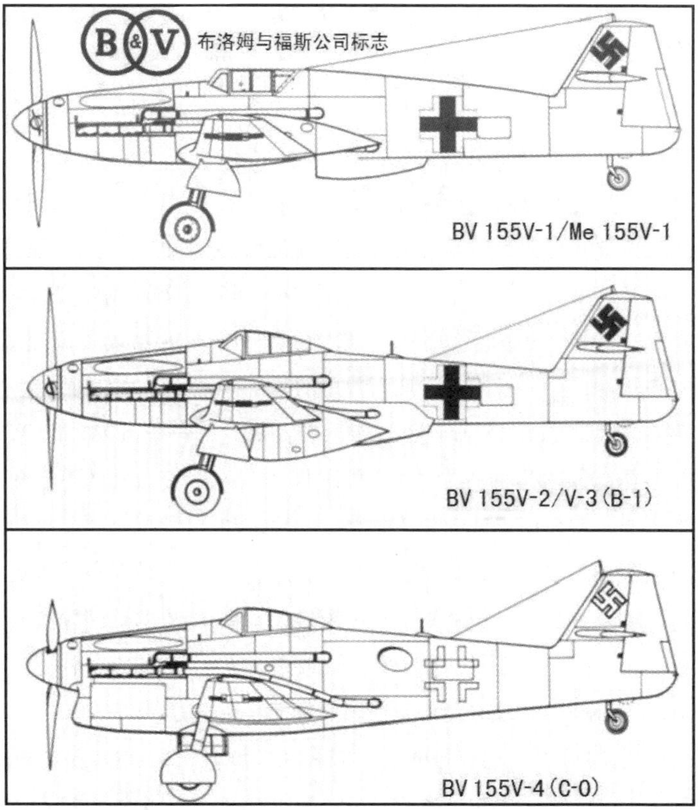

▲布洛姆与福斯公司的BV 155几架原型机侧视图。注意比较第一架原型机保留的Bf 109的影子（座舱）。

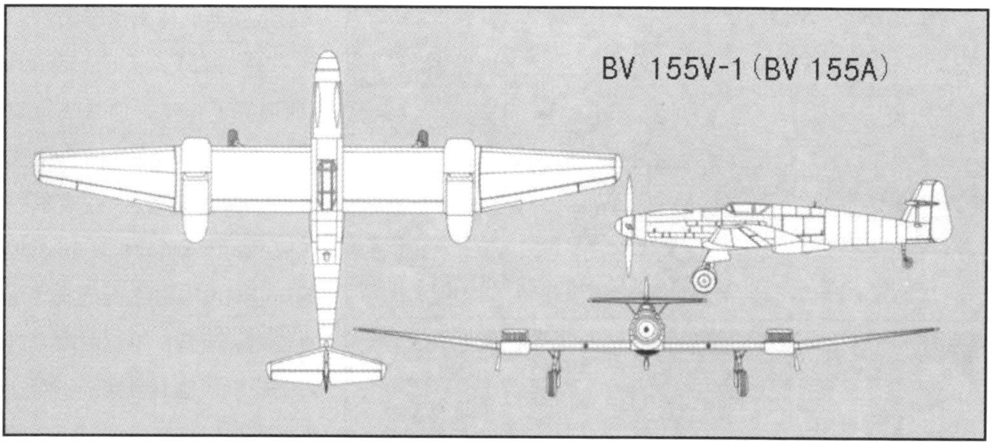

▲BV 155V-1原型机三视图，注意散热器在机翼上方。

设计过于脆弱，前者倾向于去除所有Bf 109G上的设计。随后的几个月中，梅塞施密特的项目移交小组和布洛姆与福斯的设计组陷入了相互指责的口水战之中。在此期间，两小组间的关系持续恶化，根本无法进行交流设计思想的会议。最后，德国航空部技术办公室将梅塞施密特公司清除出整个计划，将其交由布洛姆与福斯全权负责，并同意生产3架原型机进行试验，飞机名称改为BV 155。

布洛姆与福斯为BV 155飞机选用的是层流型机翼（得益于对俘获的P-51战斗机机翼研究的结果），完全放弃了使用标准Bf 109G机翼作为外段机翼的设想。机翼中段作了重新设计，其最外侧后缘上方装有两个大型散热器。Ju 87D-6的起落架支柱和机轮取代了Bf 109G的部件。来自Bf 109G的水平尾翼翼面由面积更大的新设计部件取代，垂尾的面积也进一步扩大。DB 603A发动机和TKL 15增压器都没有改变。

第一架原型机BV 155V-1飞机于1944年年初开始生产，同年9月1日进行了首飞。试飞显示，BV 155V-1外侧散热器的散热效果不佳，尤其在飞机处于大攻角状态时更是如此，其他方面问题也不少。这些问题只能在第

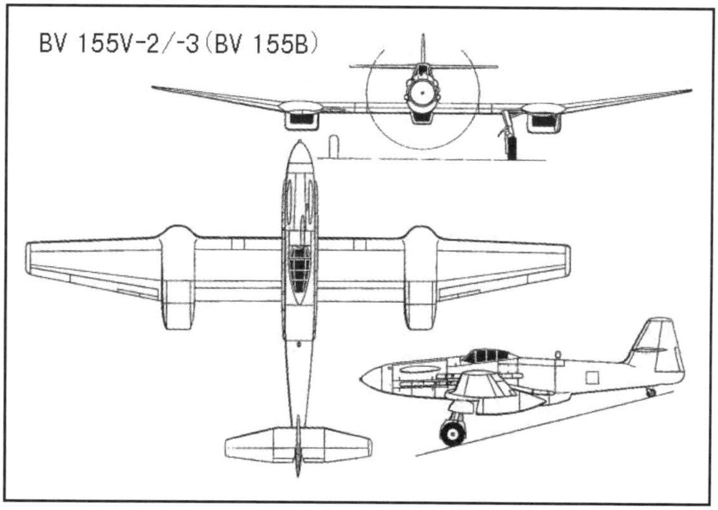

▲BV 155B的2架原型机几乎一样。

▲两图均为BV 155V-2原型机，仔细看翼下散热器进气口和宽比弦四叶螺旋桨。下图中起落架舱门遮住部分散热器进气口，如果不清楚这里的结构还以为是进气口内的进气锥（二代喷气战斗机上常见）。

▲BV 155V-2的飞行照片。

二架原型机Me 155V-2上来改进，第二架原型机散热器的进气口扩大，其位置也从机翼上方挪至机翼下方，但加大的散热器却带来了飞机重心改变的问题，这需要将增压座舱向前移动来解决。布洛姆与福斯设计组利用这个机会把原来Bf 109G的半埋入式座舱改为视野更好，更加流畅的水泡形，而后机身也重新设计，这一改动要求加大方向舵的面积，机腹散热器的体积也增大了。

BV 155V-2于1945年2月8日进行了首飞，但是飞行试验仅进行了几架次后这架飞机就因故障而在芬克威尔德（Finkenwerder）实施了迫降，迫降没有对飞机造成严重的破坏，但是，附近的陆军赶来做好事，他们用铁链子绑在机翼上试图将飞机拉出松软的地面，结果飞机遭到严重破坏而无法修复，飞机被迫注销。

BV 155V-2是第一架真正的B系列飞机，但布洛姆与福斯对其设计仍不满意，早在BV 155V-2试飞开始之前，他们便提出为飞机换装DB 603U发动机，与DB 603E相比DB 603U装有更大的机械增压器，DB 603U在起飞时预计能输出1680马力，在15000米高度预计能输出1430马力。飞机机腹的涡轮增压器保留了下来，TKL 15增压器也没改变，这个方案就是BV 155V-3。德国航空部技术办公室接受了这个方案，但是，BV 155V-3还未完成生产（刚刚完成75%生产），1945年4月，英国部队占领芬克威尔德并缴获了这架飞机。BV 155V-3飞机先是用船送到英国范堡罗的英国皇家航空研究中心（RAE）进行研究，随后飞机被送到美国，该机的美国编号为FE-505，飞机现在存放在美国马里兰州的国家航空航

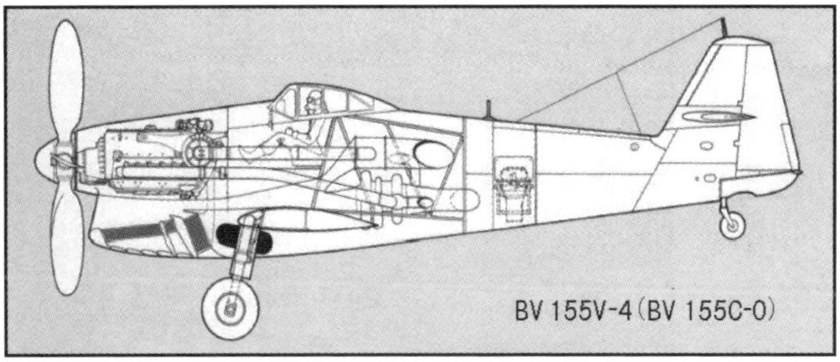

▲BV 155V-4原型机主要结构图。

天博物馆内。

在BV 155V-3飞机生产期间，理查德•福格特（Richard Vogt）博士向德国航空部递交了进一步改进方案，即BV 155C方案。BV 155C在外观上与BV 155B（V-2和V-3）有很大的不同。BV 155B机翼下方笨拙的散热器不见了，主起落架支柱安装点向内侧移动，主起落架向外侧收起。冷却工作由类似Ta 152的前部环形散热器负责，翼根上方的机身处装有大型环状进气口。虽然离纳粹德国离灭亡只有几个星期时间了，德国航空部还是下单订购30架BV 155C飞机，其实航空部的人都知道，订购1架和订购300架都是一

▲机身侧面的黑色管子是发动机废气管，Bf 109家族飞机废气直接排掉，但BV 155V-2的废气被增压器利用起来。

▲散热器段结构。

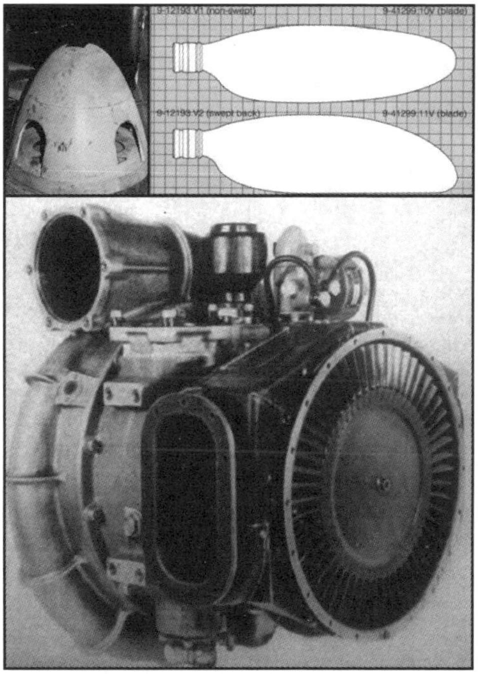

▲上图是DB 603U发动机桨毂整流罩和宽桨叶，下图是发动机增压器。

样做梦！理查德•福格特博士倒是非常执着，不仅BV 155V-4（即BV 155C-01）模型造了出来，原型机也开始生产了，并计划于1945年4月完成生产，BV 155C的第二架原型机BV 155V-5（即BV 155C-02）计划5月生产出来，BV 155V-6（即BV 155C-03）和BV 155V-7（即BV 155C-04）也计划6月出厂。

设计人员为BV 155提出过多种武器配置方案。一种方案是安装1门30毫米MK 108桨毂机炮和2门20毫米MG 151/20机炮。另一种方案是安装1门MK 103机炮和2挺15毫米MG 151/15机翼机枪。BV 155B型的最大设计速度为650公里/小时（高度12000米）、690公里/小时（高度16000米），实用升限为16950米，飞机空重为4873公斤，根据配备武器的不同，飞机的正常满载重量在5130－5493公斤之间变动。

Bf 109寄生战斗机项目

Bf 109战斗机的腿短是个大毛病，其实英国“喷火”战斗机的“腿”更短，但是，作为进攻型空军，Bf 109的腿短显得特别突出，因此技术人员想出各种办法来提高飞机的航程，寄生战斗机就是其中之一。即使二战结束后的冷战时期寄生战斗机都曾被美国和苏联再次研究过，不管是二战还是冷战，面临的问题都差不多，即可操纵性差，子母机分离危险，遭遇敌战斗机更是死

▲DFS 230B-1滑翔机驮着1架Bf 109E-3战斗机。

▲地面状态的DFS 230B-1滑翔机和Bf 109E-3战斗机。

▲上图是地面状态的Ju 88A-4轰炸机和Bf 109F-4战斗机，下图是飞行状态的两机。照片拍摄于1943年试验期间。

▲Ju 88C-6轰炸机和Bf 109G-2战斗机。跟上图比较两机之间的连接机构加粗加大。

路一条。

德国最早的想法是利用DFS 230滑翔运输机来作为母机驮着Bf 109E-3战斗机，被改进用来试验的是DFS 230B-1滑翔机。1943年中期，梅塞施密特公司对DFS 230B-1和Bf 109E-3结合进行了试验，试验结果喜人。“贝多芬行动”表明，无动力的DFS 230B-1存在着一些固有的缺陷，母机采用Ju 88A轰炸机更可行。

▲Bf 109G-2战斗机和Ju 88C-6飞机分离。

▲执行作战任务时遭到美国P-51“野马”战斗机攻击的2组“寄生1”飞机。拍摄于1945年。

1944年春天，驻扎在诺德豪森（Nordhaven，或译北豪森）的Ⅳ./KG 101大队对多达15种的新组合进行了试验，第一个组合被称为“寄生 1”（Mistel 1），这是一种十分稀奇古怪的武器系统，下方的飞机（已经称不上是母机，上面的Bf 109战斗机更像是母机）改进自Ju 88中型轰炸机，飞机去掉了驾驶舱，取而代之的是机头部位装上3804公斤高

▲遭到美国P-51战斗机攻击后，Bf 109战斗机迅速与Ju 88轰炸机分离，这是刚刚两机分离照片，由“野马”战斗机的照相枪拍摄。

▲图中是美国陆军航空第55战斗机大队第343中队的P-51D战斗机，就是这架飞机击落了上图中的飞机（Ju 88轰炸机和Bf 109战斗机）。

▲这是另一张“野马”战斗机拍摄的照片，“寄生1”两机还未分离就遭到攻击，飞机机身的白色区域就是中弹区域，注意看轰炸机尾部人影，这是Bf 109战斗机飞行员紧急跳伞逃生。跟上两图不是同一次战斗。

▲二战期间的德国研制了很怪异的武器，图中“寄生1”就是其中一例。

爆炸药（30%TNT＋70%雷索金），形成一个巨大的战斗部，战斗部采用空心设计。在Ju 88上面固定一架Bf 109或Fw 190战斗机。战斗机驾驶员通过一套精巧的装置操纵飞机接合体飞行，临近目标时将飞机对准目标，解脱无人轰炸机，让无人机冲向目标。1944年6月盟军在诺曼底登陆前，Ⅳ./KG 101大队和5架寄生飞机部署到法国前线，在6月的最一个星期里，德国这种寄生（或称人工制导巨型炸弹）投入了使用，使用取得了一定的成功，但数量太少，对战争进程没有任何影响。德国共生产了250架无人驾驶Ju 88A飞机，大部分用于东线作战，没有什么战果。因为这种东西一是机动性很差，遇到对方战斗机，只能仓促将轰炸机抛弃，顾不上袭击什么目标；二是命中精度差，只得靠大战斗部（3.8吨）来提高杀伤力；三是使用成本实在太高，一个巨型战斗部还得搭上两台发动机殉葬，没有谁能经得起这么挥霍。

其他寄生组合包括Bf 109F-4和Ju 88A-4，这个组合名称也是“寄生 1”；Bf 109G-2和Ju 88C-6，这个组合名称是“寄生S 1”，这个组合中连接2架飞机的连接机构进行了改进，更加结实耐用。

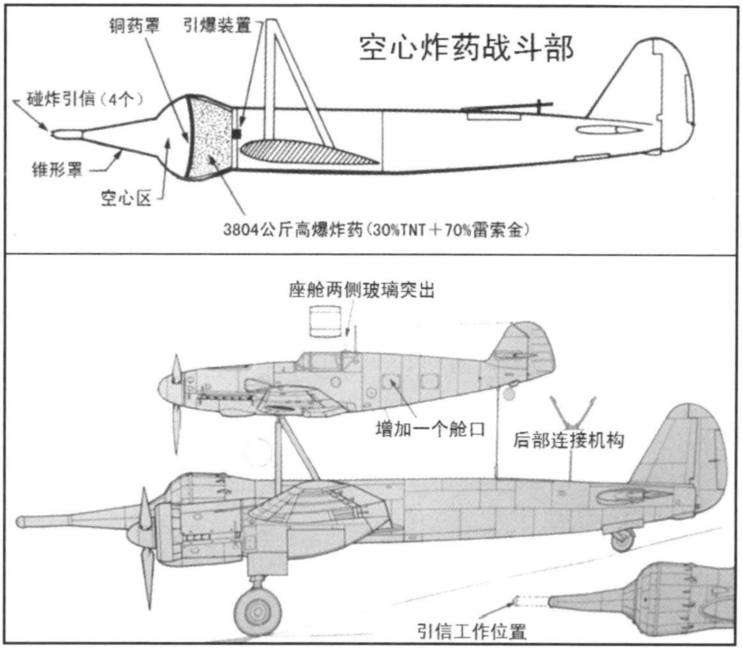

▲“寄生1”空心战斗部和整个系统示意图。

▲整装待发的“寄生1”武器系统。

第二篇　Bf 109战斗机在德国国外生产及服役情况

二战期间，德国的几个盟国也使用Bf 109系列战斗机参加了战斗，甚至中立国瑞士也购买了一定数量的Bf 109战斗机用于自卫。二战期间使用从Bf 109E到Bf 109G战斗机，和德国并肩战斗的国家有保加利亚、芬兰、匈牙利、意大利、罗马尼亚、克罗地亚等。这些国家使用的Bf 109战斗机并不都是德国生产的，部分是匈牙利和罗马尼亚生产的，二战后期，随着盟军对德国本土轰炸越来越频繁，德国的Bf 109飞机生产受到重大影响，国外生产的Bf 109飞机这个时候起到了很大的作用。

德国仆从国的Bf 109战斗机的作战史也比较丰富，这里无法一一介绍，因此只是只言片语一带而过。

匈牙利

跟德国著名的Ju 87“斯图卡”俯冲轰炸机不一样的是，Bf 109从一开始就广泛地在德国的盟军，甚至是中立国中使用。1938年，匈牙利购买了3架Bf 109D用于技术评估，作为德国亲密的盟友，匈牙利后来装备了大量的Bf 109战斗机，先是Bf 109E，随后是Bf 109F和Bf 109G等型号，这些飞机装备了匈牙利空军9个飞行中队。匈牙利还生产了约600架Bf 109G，这些飞机大部分交付给了德国空军。尽管1945年1月匈牙利向苏联投降，很多驻扎在奥地利的匈牙利空军单位继续与盟国作战，后来几乎所有的匈牙利Bf 109

▲匈牙利空军装备的Bf 109F战斗机参加了苏联战役。照片拍摄于1942年冬天。匈牙利空军的标志为黑色底方框加白色十字。

▲匈牙利紧跟纳粹德国的步伐，而且相当顽固，在苏联战场，匈牙利空军驾驶Bf 109战斗机给苏联空军造成了很大的损失。图中是匈牙利空军Bf 109F战斗机。

▲图中是匈牙利空军Bf 109G战斗机，不清楚这些飞机是自己生产的还是德国提供的。特别值得一看的是飞机前缘缝翼已经伸出。

▲这是匈牙利空军Bf 109G的另一个型号（应该是Bf 109G-6），注意看发动机整流罩上突出圆形鼓包。照片拍摄于1944年，这架飞机实施了迫降，螺旋桨已经扭曲。

都被毁坏，防止这些飞机落入盟军手中。

罗马尼亚

1942年，罗马尼亚获得了69架Bf 109E-4战斗机，第二年开始接收Bf 109G飞机。罗马尼亚IAR公司曾组装了30架Bf 109G飞机，这些零配件和分装件由德国提供，后来，在盟军将IAR公司炸毁前，这个公司又为本国空军生产了16架Bf 109G飞机。1944年8月罗马尼亚投降后，其空军的Bf 109飞机参加了对德国的战斗，1948年，罗马尼亚的Bf 109战

▲罗马尼亚空军Bf 109E-7战斗机机群和1架Bf 108教练机（近处）。

▲罗马尼亚空军的Bf 109E-3战斗机参加了1941年的入侵苏联战役，照片拍摄于1941年，从地面的黄草判断应该是10月以后。

▲这张照片也是罗马尼亚空军Bf 109E-3战斗机参与入侵苏联战役，照片拍摄于1941年，可能是7月。

▲这两张也是苏联战场照片，飞机均为Bf 109E-3，照片拍摄于1942年。

▲图中为罗马尼亚空军Bf 109G-6战斗机，后面的巨型运输机是德国Me 323。

▲这张照片中的飞机是罗马尼亚空军Bf 109G-2战斗机。

斗机全部退役。

保加利亚

1940年，保加利亚获得19架Bf 109E-4战斗机，1943年开始又获得130架Bf 109G型。这些飞机主要用来对付美国的轰炸机，战争中，保加利亚空军共击落65架敌机，自己也损失一些Bf 109战斗机。1944年9月，保加利亚投降，跟罗马尼亚空军一样，保加利亚空军的Bf 109战斗机也参加了对德国的战斗。战争结束后，盟军发现在奥地利工厂有100多架Bf 109G生产完毕正准备交付给保加利亚空军，其中的一半后来交付给了南斯拉夫作为战争赔偿。保加利亚空军的Bf 109于1946年全部退役。

▲图中是1940年保加利亚最早从德国获得的Bf 109E-4战斗机，飞机还没有喷涂任何单位标志。

▲图中最下方的“白色14”号就是最早一批的Bf 109E-4战斗机。

▲上图2架飞机是保加利亚空军Bf 109E-7战斗机。

▲飞行中的保加利亚空军2架Bf 109E-7战斗机。

▲保加利亚空军2架Bf 109G-6战斗机正在保加利亚领空巡逻。照片拍摄于1944年。

南斯拉夫

南斯拉夫购买了73架Bf 109E战斗机，但在1941年德国侵略南斯拉夫时，这些飞机被用来打击德国法西斯侵略者。南斯拉夫和德国反目成仇后，本国的Bf 109E-4的零配件供应成了问题，因此，南斯拉夫的Bf 109E-4飞

▲这架坠毁的Bf 109E-3飞机属于南斯拉夫空军，1940年春天，南斯拉夫空军飞行员到德国接收这架飞机，在雷根斯堡的一次试飞中因飞行员操作失误而坠毁。注意看机身侧面德国飞机编号盖住了南斯拉夫空军编号。南斯拉夫的Bf 109E-3没有安装机炮，只有发动机上方2挺机枪。

▲南斯拉夫空军的Bf 109E-4战斗机。

▲由于国力弱小，南斯拉夫空军Bf 109E-4战斗机在与德国入侵的作战行动中并没有发挥什么作用。

机的使用率非常低，其飞行员训练也严重不足，跟德国空军作战显然只能甘拜下风。二战结束后，南斯拉夫获得了50余架Bf 109G飞机，这些飞机一直用到20世纪50年代。

意大利

意大利跟德国的关系可谓最佳，因此，

▲图中是意大利空军装备的Bf 109G-2战斗机，一般意大利空军飞机后机身有白色条纹，垂尾有白色十字，机翼上表面有类似中国“州”的图案（注意看左侧1架飞机机翼）。照片拍摄于1943年。

▲图中这架意大利空军Bf 109G-6/Trop并不是上面那架，白色365可能只是单位名称。注意看两者的增压器进气口，明显这是热带型号。

▲图中是克罗地亚空军1架Bf 109G-10/AS战斗机，飞机右侧座舱前有过渡圆滑的鼓包。

▲（以上三图）德国也向日本提供了几架Bf 109E战斗机供其评估，但日本似乎对德国的飞机并不感兴趣。二战初期，德国向日本提供了很多先进武器，最终日本都没有大量列装，只是采用了一些德国设计。

▲日本的技术水平远远不如欧洲强国，只是和亚洲其他仍处在半殖民地半封建国家相比强很多。

从1943年开始，德国向意大利提供了大量的BF 109F和Bf 109G战斗机，意大利飞行员驾驶这些飞机表现非常出众。德国统治的斯洛伐克（半独立国家）和克罗地亚也在德国的控制下使用一些Bf 109战斗机，甚至德国还向日本法西斯提供了5架Bf 109E-7飞机，但是，日本此时非常希望获得戴姆勒－奔驰公司的DB 601发动机来装备本国研制的Ki-61（Hien）战斗机，因此，他们对Bf 109一点兴趣也没有。

芬　兰

1943年春天，德国开始向芬兰提供Bf 109战斗机，首批是16架Bf 109G型，最终芬兰总共装备了150架Bf 109战斗机，芬兰称这些飞机为“摩苏”（Mersu）。到1944年9月芬兰与苏联停战，芬兰人驾驶Bf 109共击落663架敌机，己方损失22架。芬兰王牌飞行员埃诺•尤蒂莱尼恩（Eino Juutilainen）共击落94架敌机，他是除德国外，世界空战史上击落敌机最多的飞行员。二战结束后，芬兰的Bf 109G战斗机一直服役到20世纪50年代。

芬兰人对Bf 109战斗机十分欣赏，他们决定在此基础上自行设计一款战斗机，名为“旋风”（Whirlwind）。由于技术力量不足，设计工作出现延误，最后，直到1945年11月战争结束后第一架（也是唯一的1架）才进行首飞，而这个时候，芬兰已经不再需要这种战斗机了。

芬兰的“旋风”战斗机跟Bf 109F和Bf 109G十分相似，该架安装了德国DB 605AC发动

▲芬兰空军Bf 109G-2战斗机。芬兰空军的标志跟德国空军的很相似，只是前者是白底蓝万字。照片拍摄于1945年。

▲以上2架是芬兰空军Bf 109G-6战斗机。芬兰的Bf 109G有好几个型号，后来有的型号，比如Bf 109G-8都直接称为Bf 109G-6。照片拍摄于1944年。

▲图中是芬兰空军Bf 109G-2战斗机，一位地勤人员倚着主起落架机轮睡着了。二战时期的芬兰差不多一直在与苏联作战。

▲芬兰空军飞行员在与苏联空军的作战中表现出了十分优异的作战素质，但这么小的国家在一个大国意志面前微不足道。

▲芬兰空军Bf 109G-8/Trop战斗机，可将前面几张Bf 109G-6的座舱对比一下。似乎在芬兰并不需要热带型号飞机，图中飞机增压器进气口沙尘过滤器十分明显。照片拍摄于1943年。

▲芬兰空军2架Bf 109G-8/Trop战斗机。照片拍摄于1945年。

机，武器配置跟Bf 109的也一样，但发动机整流罩上方机枪改为芬兰产的12.7毫米LKK/42机枪，机头发动机中间仍为MG 151/20机炮。“旋风”跟Bf 109不同之处在于机翼形状重新设计，座舱罩延长，起落架铰链安装在机翼上，轮间距更大，为的是在简易机场使用。“旋风”还使用了一些芬兰材料，目的是使飞机适应在芬兰的冬季气象条件下使用。

瑞　士

1938年，瑞士购买了12架Bf 109D战斗机，这些战斗机安装了4挺瑞士生产的机枪，发动机整流罩上方的机枪每挺备弹480发，而机翼机枪每挺备弹418发。通过使用瑞士发现Bf 109D飞机性能非常出色，于是，1939年至1940年期间再次购买了80架Bf 109E飞机。瑞士的Bf 109E也安装的是瑞士产机枪，无线电也是本国产品。瑞士是个中立国，国虽小，领土意识却非常强。当德国空军飞机飞越其领空袭击法国时，瑞士的Bf 109E毫不犹豫地升空与入侵领空的德国空军作战，交战中，瑞士击落了一些He 111轰炸机和Bf 110驱逐机，本身也损失一些Bf 109飞机。

尽管瑞士和德国在二战初期关系不睦，还发生了冲突，但瑞士对Bf 109的机动性能始终无法忘怀，因此，二战后期的1943年，瑞士厚着脸皮向德国要求订购一批Bf 109G飞机，德国起先并没有同意，但时至1944年4月，1架德国Bf 110G-4夜间轰炸机误入瑞士领空，由于发动机故障降落在苏黎世机场，这架Bf 110G-4轰炸机携带了十分先进的电子设备和武器系统，德国担心瑞士把飞机

▲这几架明显是Bf 109D-1战斗机，注意它的冷却空气进气口，这是与Bf 109E最主要的外观区别。

▲上图瑞士空军3架Bf 109E-3战斗机。照片拍摄于1940年。下图飞机鲨鱼嘴图案在哪个年代都是流行涂装。

送给盟国用于研究，作为交换，德国同意把Bf 109G-6卖给瑞士。瑞士将Bf 110G-4残骸交给德国后，得到的12架Bf 109G-6战斗机却是一些烂货，这些飞机成了“机库皇后”。瑞士要求退还定金，但德国当时非常缺硬通货，只归还一半定金就赖账了。

瑞士不仅与德国交战过，也与侵入其领空的盟军轰炸机交战过，迫使这些飞机着陆并拘留了飞行员，这种情况一般并不会引起多大的麻烦，但有一次事件的后果极其有戏剧性，当时，1架美国的P-51D由于误会击落了1架瑞士的Bf 109飞机并击伤另1架，瑞士为了避免悲剧发生，在本国的Bf 109机身上喷涂上十分鲜艳的红色和白色辉映的瑞士十字形标志，但是，不久瑞士就放弃了这种做法，因为德国空军把涂有这种标志的瑞士飞机当成了盟军飞机，以为盟军采用特殊的标志以便战场识别呢。

▲瑞士一家航空博物馆的1架Bf 109E-3战斗机，注意看机翼前缘伸出的机炮。

▲图中是瑞士空军1架Bf 109G-6战斗机，“大眼睛”就是这个型号飞机突出的鼓包。

▲瑞士被德国狠狠地“坑”了一回，买回去的Bf 109G-6飞机大部分无法飞行。

在战争期间，瑞士扣留了一部分德国空军的Bf 109战斗机，甚至在战争结束时还生产过9架Bf 109E飞机，其中1架是用零配件组装的。1949年，瑞士所有的Bf 109都被拆解。

捷克斯洛伐克

第二次世界大战结束后，人们并没有忘记Bf 109这款著名的战斗机，有两个国家

▲捷克艾维亚公司生产（说组装更恰当）的S99战斗机数量非常少，仅仅20架而已。

▲捷克的S99的双座型号名称是CS99。德国的仆从国中，只有捷克的生产技术水平比较高一些。

在战后急需一种喷气式飞机到来前的过渡飞机，它们不约而同地选择了德国Bf 109战斗机，随后两国在本国开始生产Bf 109后期的型号飞机。第一个国家就是捷克斯洛伐克，在1944年，德国为了分散Bf 109G的生产工厂而在捷克斯洛伐克建造了组装厂，这个工厂在战火中幸存了下来，没有遭受严重的破坏，德国撤退时遗留下大量的零配件和分组件。1945年，捷克斯洛伐克的艾维亚（Avia）工厂开始生产Bf 109G-12和G-14飞机，这些飞机单座的编号为S99（公司编号为Avia C10），双座的编号为CS99。

▲捷克生产的S199有三处与德国Bf 109G-12/-14区别较大，一是特别显眼的宽弦螺旋桨，二是视野更好的座舱，三是发动机整流罩上鼓包前有一个圆柱形整流罩。

▲上下图中S199飞机在试车，前起落架机轮前有轮挡，注意对比S199的几个重要特征。图中飞机都携带了MG 151/20机炮吊舱。

▲图中是双座教练型CS199，宽弦螺旋桨很醒目。

▲以色列空军在第一次与阿拉伯国家的战争中紧急购买的S199战斗机，但是S199战斗机问题太多，在战争中根本就没发挥什么作用。

实际上捷克只生产了20架Bf 109G-14/AS飞机（S99），因为大部分遗留下的部件是Bf 109G-14的，由于储藏德国戴姆勒－奔驰公司原型号发动机的一家蔗糖提炼厂失火，所有的DB 605AS发动机都付之一炬，捷克斯洛伐克只得为这些飞机换装了Jumo 211F发动机，这些发动机是德国生产轰炸机时储存在捷克斯洛伐克的备用品，安装Jumo 211F

▲（上下图）以色列S199战斗机只服役了不到一年就退役了，喷气式战斗机比它强得多。

发动机的Bf 109G的编号为S199。

换上了Jumo 211F发动机的Bf 109G存在着诸多的问题，由于Jumo 211F发动机采用的是宽叶桨，它的转数低，扭矩大，因此，S199的操纵性能可用“噩梦”来形容，它的性能远在Bf 109E之下，捷克飞行员轻蔑地称之为“骡子”（Mule）。尽管如此，捷克还是继续生产S199，而且还研制了双座的型号，其编号为CS199。

捷克斯洛伐克的Bf 109战斗机生产一直持续到1949年，其空军部队使用的这些飞机到20世纪50年代中期才开始退役。

1948年，以色列建国后向捷克斯洛伐克购买了S199战斗机，捷克斯洛伐克当时急需国际硬通货，因此，不顾美国武装禁运（禁止向中东地区出售武器）坚持向以色列出口S199战斗机。这些飞机在以色列只服役了不到一年的时间，以列色称S199是本国飞行员

▲（上下图）以色列空军第101中队S199战斗机，照片拍摄于1948年。

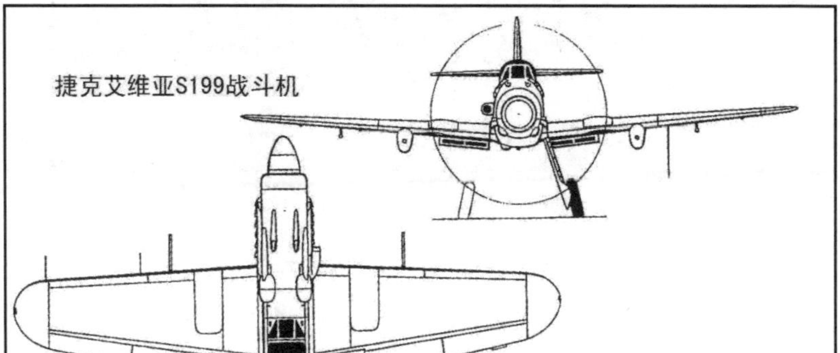

▲捷克艾维亚S199战斗机三视图。

杀手，其作战性能非常差。到1949年，因为美国同意以色列购买先进的喷气式飞机以用于自卫目的，S199就退役了。

西班牙

第二个生产Bf 109战斗机的就是西班

▲图中是安装希思帕诺－苏伊扎公司的发动机的Bf 109E战斗机。希思帕诺发动机两个典型特征是突出的下巴和四叶螺旋桨。

▲德国“秃鹰军团”撤走后将Bf 109E战斗机留给了西班牙空军，注意看机翼上西班牙空军标志，机尾部的黑色“X”和侧机身编号书写方式仍然保留着，只是黑色“●”中增加了图案。

牙。西班牙在内战期间接收过一些早期型号的Bf 109战斗机，内战结束后，德国“秃鹰军团”将Bf 109E全部赠送给西班牙空军，因此，西班牙空军是首个Bf 109飞机的海外用户。二战期间，西班牙再次获得一些Bf 109F飞机。1942年，佛朗哥派特使到德国要求得到Bf 109技术，随后西班牙希思帕诺航空公司（Hispano Aviación）和梅塞施密特公司签订协议在西班牙塞维利亚设厂专利生产200架Bf 109G-2飞机，协议规定由德国提供零配件和分组件，由西班牙公司自行组装。由于战争因素，这个生产过程冗长复杂，而且非常混乱。

但德国这个时候日子也不好过，国内的生产线也很缺乏零配件，因此，德国在零配件交付上出现犹豫，后虽然交付了一些零配件和分组件，但供应出现拖延。至1944年年底，希思帕诺航空公司组装了25架Bf 109G飞机，但这些飞机还没有安装DB 605发动机，德国方面传来的消息说，以后也甭想得到了，直到战争结束，DB 605发动机1台也没有运抵西班牙。尽管没有德国发动机可以使用，希思帕诺航空公司仍然履行合同为西班牙空军提供Bf 109G-2飞机，为此，希思帕诺航空公司只得重新设计这些Bf 109G的机体结构以便安装希思帕诺－苏伊扎（Hispano-Suiza）公司生产的12Z　89型12缸发动机，其起飞功率为1300马力。西班牙利用本国1架Bf 109E作为原型机测试发动机与飞机的兼容性，试验结果很令人满意，虽然它不是一架真正的Bf 109G，但安装了希思帕诺－苏伊扎公司的发动机的Bf 109E比原来的Bf 109E性能更优越。

西班牙生产的Bf 109G-2国内编号为HA-1109-J1L（这是公司编号），首批25架中的第一架HA-1109-J1L于1945年3月首飞，HA-1109-J2L和HA-1109-J3L原型机主要用于试验不同的武器配置。HA-1109-J1L飞行评估表明飞机的性能非常让人失望，原因是西班牙生产的发动机螺旋桨旋转方向跟戴姆勒－奔驰公司的DB系列发动机的旋转方向相反。由于发动机旋转方向相反，HA-1109-J1L不得不考虑采用非常规的方向舵和副翼控制等，这些措施严重地降低了飞机的操纵品质。

第二批跟第一批的配置一样，性能当然也一样差，因此，西班牙空军拒绝接收这些飞机。随后的两年里，希思帕诺航空公司对HA-1109-J1L飞机进行了大量的改进设计，动力装置改为希思帕诺－苏伊扎公司的12Z 17发动机，这款发动机功率并不比12Z 89的大，但技术上做了改进，采用燃油喷射供油技术。重新设计后的飞机测试令人满意，1947年7月10日，重新设计的HA-1109-J1L首飞。1951年希思帕诺航空公司开始生产改进后的HA-1109-J1L飞机，飞机编号改为HA-1109-K1L。最终，1952年西班牙空军接收了HA-1109-K1L飞机，服役后的空军编号为C-4J。

20世纪50年代西班牙空军开始接收C-4J时，世界的形势已经发生了大逆转，航空技术也是天翻地覆，这个时候喷气式飞机已经满天飞，还使用螺旋桨飞机进行空战十分可笑和落伍。因此，西班牙空军经常把C-4J改进用来做机载武器和设备试验，一些C-4J翼

▲（上下图）西班牙空军HA-1109-K1L战斗机。发动机以及螺旋桨和其他由发动机改装而引起的前机身改进都与德国Bf 109G型号有明显的区别。

▲图中是HA-1109-J3L飞机，它是由第六架HA-1109K1L飞机改进而来，主要用于试验。

▲双座教练型HA-1110-K1L。西班牙空军编号既长且乱也难记，冷战后购买的外国飞机都有自己的国内编号，但是即使是西班牙人也不用国内名称来称呼。

▲图中这架HA-1112-K1L飞机安装了新型机炮，机翼也携带了火箭弹发射装置，不是通常所称的火箭发射巢，确切地说是发射架，毛病特多，因此没有成为主流。

根换装了本国生产的12.7毫米Breda-SAFAT机枪，其中一些后来又换装其他武器系统，这些飞机主要用来评估近距支援的有效性。其中还有1架发动机整流罩上方的机枪也换成了Breda-SAFAT机枪，机翼还可携带“厄利孔”（Oerlikon）火箭发射巢，内装8枚火箭弹。还有1架的机翼安装了希思帕诺航空公司生产的20毫米HS-404机炮，翼下可携带火箭发射巢。西班牙空军发现这个配置可以接受，因此，其他的C-4J也按此去改进，这个改进型号的公司编号为HA-1112-K1L，但空军编号没有改。希思帕诺航空公司还生产了2

▲这架由HA-1109-K1L飞机换装英国“默林”发动机而来的HA-1109-M1L是安装“默林”发动机的第一架原型机，照片拍摄于1954年。

▲这架是HA-1112-M1L飞机，注意与上一张配图名称对比，“M”就表示“默林”发动机。注意飞机的机翼前缘HS-404机炮，它的炮口有喇叭口，这是西班牙希恩帕诺机炮的重要特征。

架没有武器系统的双座教练型，公司编号为HA-1110-K1L，空军仍然称之为C-4J。

1953年，由于希思帕诺－苏伊扎公司的发动机停产，西班牙决定采用英国罗尔斯－罗易斯公司的“默林”500-45发动机，这是Bf 109的冤家——英国“喷火”战斗机的发动机。第一架采用“默林”发动机的飞机编号为HA-1109-M1L，1954年12月30日该机首

▲这就是上文中HA-1110-K1L教练机换装“默林”发动机后的飞机，其名称改为HA-1112-M4L。

▲这是另1架HA-1112-M4L教练机。

飞，试飞性能非常之好，只是速度还无法与德国原产的Bf 109G相比，原因是飞机的外挂影响了飞机的速度，因为西班牙是把它当成近距支援飞机，因此，飞机有一些供近距支援使用的外挂设备和装置。1956年，这些飞机进入西班牙空军后，其编号改为C-4K。希思帕诺航空公司共向空军交付了171架C-4K，其中一些是在C-4J上改进的。

HA-1112-M1L的武器系统是机翼2门HS-404或HS-808机炮，机炮外侧机翼表面有导流片，目的是补偿机炮炮管带来的气动问题。“默林”发动机采用4叶罗托尔公司（Rotol）生产的螺旋桨，因为发动机较大，HA-1112-M1L的机头颏部有一个大鼓包，

▲以上3架均为西班牙空军HA-1112-M1L战斗机。注意第二和第三张照片翼下的火箭发射架。第二张照片中飞机的机翼上有明显的翼刀（机翼空军标志内侧）。发动机上方没有安装机枪。

因此有人称该机为“鸽子”（Pigeon）。上文提到的2架HA-1110-K1L教练机也换装了“默林”发动机，它们的编号改为HA-1112-M4L，西班牙空军仍称之为C.4K①。

▲这张照片非常值得一看，注意前缘机炮的喇叭口炮口，发动机上方的12.7毫米Breda-SAFAT机枪也有喇叭口。令人奇怪的是飞机机身采用德国空军的机徽。

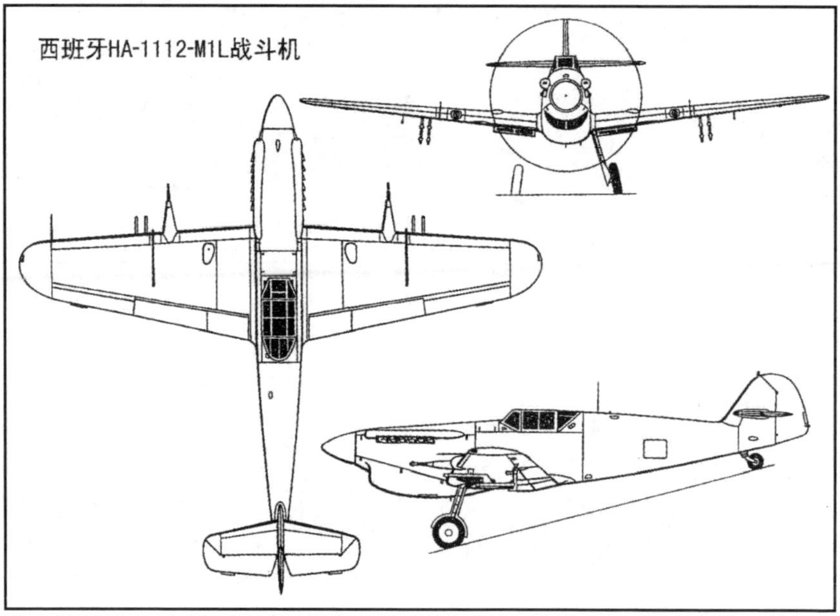

▲西班牙HA-1112-M1L战斗机三视图。图中飞机的发动机上方没有安装机枪，有的型号有。

① 现在西班牙空军飞机编号的首字母和数字之间用“.”，20世纪50年代，西班牙空军将“-”改为了“.”。西方国家空军编号标准写法是有规定的，不能乱写，现在有人将F-15写成F15是错误的，而F110发动机写成F-110也是错误的。

安装“默林”发动机的HA-1109-M1L飞机于1954年在圣•帕伯罗（San Pablo）机场首飞时，这个时间正是Bf 109飞机问世30周年，它似乎完成了一个轮回，Bf 109问世时采用的是罗尔斯－罗易斯公司的“红隼”发动机，随后送到西班牙接受“洗礼”，而现在，在Bf 109退出历史舞台的最后时期，它又安装了罗尔斯－罗易斯公司的“默林”（灰背隼）发动机，直到1967年这些飞机在西班牙空军全部退役。

Bf 109 各型号性能数据

型号	Bf 109V1	Bf 109C-1	Bf 109E-3	Bf 109F-4	Bf 109G-6	Bf 109H-1
飞机长度	8.505 米	8.55 米	8.8 米	9.05 米	9.048 米	9.048 米
飞机高度	3.4 米	2.45 米	2.5 米	2.6 米	2.5 米	2.6 米
翼展	9.87 米	9.87 米	9.9 米	9.92 米	9.924 米	11.92 米
机翼面积		16.17 平方米	16.17 平方米	16.10 平方米	16.10 平方米	
飞机空重		1597 公斤	1900 公斤	2590 公斤	2673 公斤	
起飞重量		2296 公斤	2665 公斤	3120 公斤	3400 公斤	
最大速度	470 公里/小时	470 公里/小时	542 公里/小时	625 公里/小时	620 公里/小时	750 公里/小时
巡航速度		344 公里/小时	483 公里/小时			
实用升限	8014 米	8400 米	10500 米	12000 米	11550 米	14600 米
最大航程		652 公里	660 公里	710 公里	1000 公里	500 公里
发动机	“红隼”V	Jumo 210Ga	DB 601Aa	DB 601E	DB 605AM	DB 605A
发动机功率	695 马力	700 马力	1175 马力	1350 马力	1355 马力	1475 马力

第三篇　德国空军Bf 109 战斗机战史

Bf 109战斗机的发展历程就是德国空军的发展史，从介入西班牙内战小试牛刀，到纳粹德国灭亡前的疯狂挣扎，战场的每个角落都有Bf 109战斗机的身影。随着战争进程的发展，Bf 109战斗机也适应这种变化而不断改进，再装备部队投入战场。不同的战场，Bf 109战斗机的改进呈现出明显的性能上的变化，执行作战任务角色也多种多样，作为一款战斗机，Bf 109战斗机可以满足各种任务要求，只是二战后期，德国工业系统和军事体系被打乱，Bf 109战斗机的生存越来越艰难。更何况，盟军的战斗机性能越来越先进，盟军飞行员的作战水平和经验也在快速增长并超过德国空军飞行员。任何一款飞机都不可能永远立于不败之地，比如二战中后期，特别是帝国保卫战期间，Bf 109战斗机开始让位于Fw 190战斗机，但是，前者仍没有退出历史舞台，直到二战结束都在不断地给盟军造成伤亡。

德国不同时期的几个战场都有与之对应的Bf 109战斗机型号，比如针对法国和低地国家的战役，德国空军主力装备是Bf 109E和少量Bf 109D战斗机；英国战役时的德国空军主力是Bf 109E，这次战役的后期Bf 109F开始装备部队并参与战斗；非洲战役期间德国空军主力是Bf 109F；苏联战役期间德国空军先是使用Bf 109F，后来使用Bf 109G型号；帝国保卫战期间，德国为了拦截美国重型轰炸机，Bf 109G是绝对的主力。西班牙战场就是Bf 109战斗机家族飞机参战的一个缩影，德国先是投入4架Bf 109原型机，之后是Bf 109B、Bf 109C、Bf 109D和Bf 109E等，三年多的西班牙内战，德国空军战斗机性能不断提高，而共和军方面自始至终都是I-15和I-16这两款苏联提供的战斗机，实际上即使是Bf 109B这个早期型号也在飞机质量上胜过对手。德国空军不断将新型号飞机投入战场进行实战考验，根据战场经验和需要不断进行改进，这也是为什么二战初期到中期德国空军牢牢掌握制空权的原因。

本书所涉及的都是各个战场主要型号，实际情况要复杂一些，即各种型号Bf 109战斗机一直服役到二战结束，比如Bf 109E是二战初期型号，而德国其他单位一直用到1944年，直到这些飞机没有修复的必要。

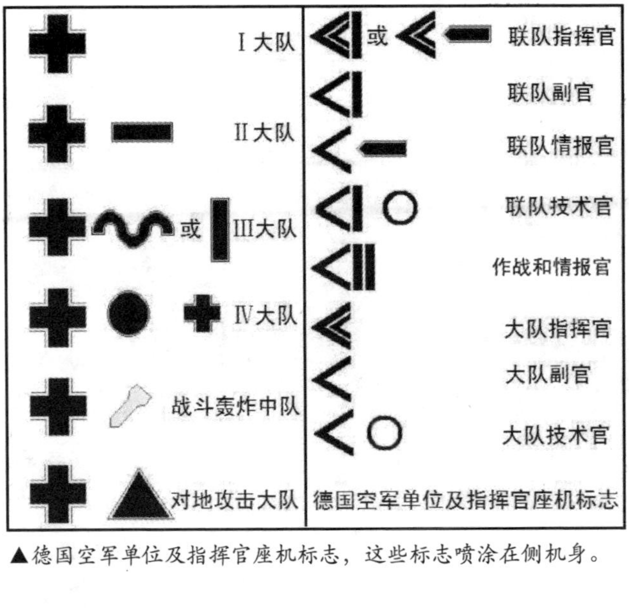

▲德国空军单位及指挥官座机标志，这些标志喷涂在侧机身。

第一章　西班牙内战——初出茅庐，技惊四方

西班牙内战爆发后，德国立即发动“魔火行动”（Operation Magic Fire）来支持佛朗哥和他的民族主义叛军（国民军）与西班牙政府军（共和军）作战，首批军事物资包括六箱打包的He 51飞机、20门20毫米高射炮和约100吨其他的军事物资，外加86名简单伪装成游客的军事人员。这些物资于1936年8月1日晚由一艘名为“乌萨拉莫”（Usaramo）的轮船运抵西班牙。德国还直接出动10架由德国汉莎航空公司人员驾驶的Ju 52运输机将西班牙民族主义军（以下简称国民军）所需的人员和物资运送过来，当时，西班牙海军被政府共和军控制，佛朗哥的叛军只得通过飞机来运送人员和物资。这些步骤正是德国“秃鹰军团”（Condor Legion）形成的开始。

1936年10月，交战双方暂时陷入胶着状态，苏联、法国和美国共产党加紧对共和军的增援，希特勒也决定于10月30日向佛朗哥的国民军增援空军部队，这个空军军团包括三个轰炸大队（He 111轰

炸机和Ju 52运输机改装）、三个战斗机大队（He 51战斗机、Bf 109战斗机和Ju 87“斯图卡”俯冲轰炸机）、一个侦察大队（12架He 70）、四个重高射炮连、两个轻高射炮连、一个通讯连和地勤人员。所有当时已经在西班牙的德国士兵都被编入这个军团，军团正式获得“秃鹰军团”的名称，其中空军是主力军种。

1936年秋天，梅塞施密特公司的Bf 109以绝对的性能优势击败其他的竞争对手成为德国空军未来主力战斗机，此时正值西班牙内战爆发，因此有人提出将Bf 109的几架原型机送到战场上去接受实战考验，当时的Ju 87“斯图卡”俯冲轰炸机的情况也是如此。“秃鹰军团”的战斗机单位是J./88战斗机大队，有些资料也称是VJ./88大队，“V”的意思是试验，从这个名字就可以看出德国人的想法。德国计划备选的Bf 109几架原型机是Bf 109V-3（序列号Wk-Nr.760 D-IOQY），即安装机头“厄利孔”（Oerlikon）20毫米机炮，遗憾的是型号介绍中没有涉及该架飞机的研制和配置情况；Bf 109V-4（序列号Wk-Nr.878 D-IALY）即Bf 109B-01型号，飞机安装三挺7.92毫米MG 17机枪；Bf 109V-5（序列号Wk-Nr.879 D-IEKS），这是第一架采用可变桨距的VDM金属螺旋桨的飞机，之前飞机安装的是固定桨距木质螺旋桨；Bf 109V-6（序列号Wk-Nr.880 D-IHHB），跟Bf 109V-5的配置一致。这些Bf 109原型机可能是1936年12月抵达西班牙塔布拉达（Tablada），也有资料称是1937年1月，但是，除了抵达西班牙的具体时间不确定外，到底是4架还是3架Bf 109原型机参加西班牙内战也有争论，绝大部分称是3架，因此有人认为Bf 109V-4实际上可能是He 112V-4战斗机。其实也不难理解，Bf 109V-4坠毁后只有3架Bf 109飞机参加战斗，在作战使用时也只涉及这3架，这是不同资料说法不同的根源。但是，沃尔夫拉姆•冯•

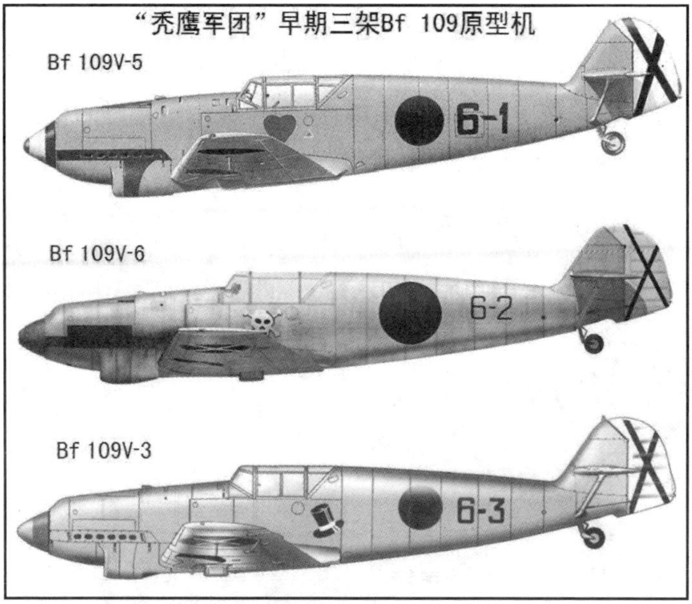

▲参加西班牙内战早期4架Bf 109原型机中Bf 109V-4坠毁，6-2这架飞机在一次着陆时失事，导致飞行员丧生。几架原型机对应的6-X编号几经变化，比如Bf 109V-3就用过6-2和6-1，Bf 109V-6曾用过6-3和6-2，因此上图没有对应该关系。

里希特霍芬（Wolfram von Richthofen）却称在11月30日就在卡蒂兹（Cadiz）看到了Bf 109飞机的板条箱，由于通往机场的公路被阻，三天后这些板条箱才运到机场。

12月5日，莫尔哈特（Merhardt）上尉要求两名J./88大队的飞行员尽快对组装完成的1架Bf 109战斗机（Bf 109V-4）进行检查飞行，三天或四天之后，这些战斗机将参加塞维利亚地区的战斗，被选中的两名飞行员是汉内斯•特劳罗夫特（Hannes Trautloft）少尉和埃尔温•克勒（Erwin Kley）中士，前者后面会着重谈到。但是，12月9日的检查飞行却出了意外，这件事让里希特霍芬非常恼火，他在日记中写道："列兵科赫（Koch）驾机失事并导致1架Bf 109飞机注销，选择科赫来驾机就是一个错误，一个不出名的人，之前也没有驾驶这种飞机的经历……"里希特霍芬日记中提到的"科赫"应该是埃尔温•克勒中士，军方的记录中显示他在塔布拉达机场驾驶Bf 109飞机起飞时坠毁。这件事也直接导致德国计划再向西班牙派送3架Bf 109战斗机的计划搁置。①

▲（上下图）Bf109原型机在西班牙战场的历史图片不多，图中是Bf109V-3原型机。

12月17日，剩余的3架Bf 109飞机（V-3、V-5和V-6）飞机在塔布拉达机场（塞维利亚一处机场）组装完成，这3架飞机组装完成后的检查飞行情况不明，有了上一次的教训，这3架飞机的检查飞行员应该很顺利，因为这些飞机后来都参加了战斗。Bf 109战斗机首次参加战斗是到塔布拉达机场的南部马拉加（Malaga）支援那里西班牙国民军和意大利军队，这支混合部队计划消灭安达卢西亚（Andalucian）沿岸的

① 如果检查飞行时坠毁1架Bf 109飞机，那么可以肯定德国之前派了4架Bf 109飞机到西班牙。

共和军突出部。马拉加的共和军不敌意大利的坦克，这个城市很快沦陷，但是，国民军和意大利军队未能切断从马德里到巴伦西亚（Valencia）的道路。

初次在安达卢西亚上空执行作战任务时，汉内斯•特劳罗夫特就在他的座机座舱的侧下方采用了绿心标志，这个绿心标志后来成为德国空军JG 54联队的队标，这个联队因此也被称为“绿心联队”。特劳罗夫特在1931年4月7日开始在位于施莱斯海姆（奥地利境内）的德国运输机飞行学校（打着民用幌子的军事部门）学习飞行，在30名学员中有三人后来十分有名，即沃尔夫冈•法尔克（Wolfgang Falck）、冈瑟尔•吕佐夫（Günther Lützow）和特劳罗夫特。1932年2月19日毕业后，特劳罗夫特和其他九人被推荐到苏联的利佩茨克（Lipezk，乌克兰卢甘斯克州正东）战斗机训练学校进行特殊训练，也就是特准进行战斗机飞行员训练。返回德国后，特劳罗夫特晋升为少尉。不难看出，他是一名老兵，而且有驾驶战斗机的经验。1935年10月德国空军正式成立后，偷偷摸摸的战斗机飞行员训练改为光天化日进行，而且此前德国也研制出战斗机供更多的飞行员训练和驾驶。在参加西班牙内战期间，特劳罗夫特对新型Bf 109战斗机的性能进行了仔细评估，该型号飞机的优点和缺点他都一一列出并详细出具书面报告供研制单位参考，他还提出了很多改进意见和参考建议，为的是让战斗机更适合作战环境。

特劳罗夫特对Bf 109飞机的第一个印象就是飞机的Jumo 210发动机非常难以操控，而且飞行员的训练也比He 51战斗机要难，即使一个合格的He 51飞行员也不一定能成为合格的Bf 109飞行员，特别是高速转弯方面，像He 51飞行员必须再经过一段时间训练才能安全做这个动作。主起落架轮距窄的问题在任何时候任何人都会提出异议，这个缺点导致着陆过程中飞机稳定性较差，而大功率起飞时飞机总是不由自主地翻滚或偏离跑道，实际上就是陀螺力矩大（发动机工作时产生的）。Bf 109飞机的优点是350公里/小时的巡航速度驾驶时让人感到舒服，飞机的最大速度为465公里/小时，实用升限为8200米，航程为690公里，这些都是当时其他飞机无法相比的。特劳罗夫特的评价是，Bf 109战斗机的性能优于苏联提供的I-15和I-16战斗机。

▲图中是2.J/88“礼帽”中队的2架Bf 109战斗机，远处的是6-3号机。战场照片。

为了适应战场的形势，

1937年2月初，J./88大队的中队开始从萨拉戈萨（Zaragoza）分散部署：

1.J/88中队（即“秃鹳”（Marabu）中队）部署在埃斯卡洛纳德尔普拉多（Escalona del Prado），中队指挥官是维尔纳•帕尔姆（Werner Palm）上尉；

2.J/88中队（即“礼帽”（Zylinderhut）中队）部署在阿尔莫罗克斯（Almorox），中队指挥官是维尔纳•勒曼（Werner Lehmann）上尉；

3.J/88中队（即“米老鼠”（Mickymaus）中队）部署在威拉德尔普拉多（Villa del Prado），指挥官是罗特（Roth）上尉；

4.J/88中队部署在莱昂（Leon），中队指挥官是赫尔维希•克内佩尔（Herwig Knüppel）中尉。

但是，早在2月4日，冯•里希特霍芬就想放弃4.J/88中队，他在日记中写道，“这个中队的飞机将飞到塞维利亚进行大修并把飞机转交给西班牙人，而那些德国飞行员则被送回家，此时（这里）需要单座战斗机”。但是，里希特霍芬的这个主意并没有立即执行。

2月11日，灾难再次降临。当天，来到西班牙战场的第二位骨干飞行员保罗•莱哈因（Paul Rehahn）在驾驶早期1架Bf 109飞机（6-2）向北进行转场飞行到卡塞雷斯（Caceres）机场着陆时身亡。当时，莱哈因的降落伞包里塞满了需要清洗的衣服，在着陆的瞬间，安放在他座椅后面的降落伞包猛地将他推向操纵杆，他被活活撞死。第二天，1.J/88中队指挥官维尔纳•帕尔姆和汉斯－于尔根•希佩（Hans-Jurgen Hepe）在马德里上空作战时被地面炮火击落，这两人都严重受伤，好在跳伞后都安全降落在国民军控制区内。

2月24日，冯•里希特霍芬的日记写道，“（我）视察了克内佩尔的装备，3架Bf 109飞机正在组装中，三天就可组装好。准备再给克内佩尔12架或9架Bf 109战斗机很快就到（西班牙）”。冯•里希特霍芬这么说是因为德国空军参谋部决定在“秃鹰军团”实施轮流作战制度，也就是飞行员作战达到特定时间或架次，

▲J./88大队三个中队的标志，4.J/88中队不久被取消，因此没有队标。

抑或战绩达到特定数就回国，其他飞行员再到西班牙接受锻炼。3月2日，已经在西班牙有一段时间的“老兔子”（指有经验的飞行员）特劳罗夫特、奥托•海因里希•冯•胡瓦尔德（Otto Heinrich von Houwald）、埃尔温•扎瓦利施（Erwin Sawallisch）和克莱因（Klein）返回德国。由于苏联的战斗机质量和数量都在上升，德国空军决定再派遣Bf 109B型飞机到西班牙南部战场，而且让德国战斗机单位整编制轮流到战场锻炼，这对德国空军力量的使用和战术研究都有很大帮助。为此，德国首批30架生产型Bf 109B-1中有12架准备投入到西班牙战场。

▲苏联I-15双翼战斗机设计比较落后，但该型机的低空性能比较好，综合性能则大大落后于德国Bf 109战斗机。

▲苏联I-16战斗机也是又短又粗，类似飞行酒桶，设计同样也相当落后了。

首批3架Bf 109B-1战斗机于3月14日装备到J./88大队，根据冯•里希特霍芬计划，这批飞机装备克内佩尔的4.J/88中队，驾驶这3架飞机的是克内佩尔、戈迪克（Godecke）和乌尔班•施拉费尔（Urban Schlaffer）。不久后，J./88大队转移到维多利亚。

此前的2月，德国空军参谋部的另一个计划就是重组J./88大队。3月19日，作为重组计划的一部分，冈瑟尔•吕佐夫被任命为2.J/88中队指挥官，这个中队驻扎在维多利亚东北部的一处新机场，这个机场有一条长900米的水泥跑道，非常适合Bf 109战斗机和意大利战斗机使用。2.J/88中队计划全部装备Bf 109B-1战斗机，而驻扎在维多利亚西北老机场的1.J/88中队和3.J/88中队仍然保留He 51飞机，每个中队10架。就在这个时候，4.J/88中队被取消。

Bf 109战斗机第一次在西班牙战场取得战果是4月6日，当天，吕佐夫中尉率领2.J/88中队的洛塔尔•冯•扬森（Lothar von Janson）上尉和弗兰兹•希尔迈耶尔（Franz Heilmayer）上士组成三机编队在奥昌迪亚诺（Ochandiano）与4架苏联的I-15战斗机遭遇并发生战斗，吕佐夫在17点15分击落1架I-15战斗机，这是他本人的第一架战果。吕佐夫后来说，这名跳伞后逃生（落在共和军控制的地区）的18岁飞行员当时正在进行转场飞行。当时，共和军的战斗机力量在这一地区损失很严重，很多战斗机在德国的空袭中被炸毁或在扫射行动中被击毁，这种情况下，新加入的飞机必须从其他地区转场到这个战区，苏联的4架I-15当天就是在转场飞行。从这点也可以看出，佛朗哥的国民军牢牢地掌握着西班牙上空的制空权。

随后几天由于下雨双方的战事暂歇，但是空中行动仍零星地进行，德国空军也在这段时间里取得一些胜利。截至4月12日，1.J/88中队有10架He 51战斗机，另有2架无法参与战斗；2.J/88中队有6架Bf 109战斗机，其中5架在塞维利亚，还有2架无法升空作战；3.J/88中队有10架He 51战斗机和4架新近刚刚抵达的Hs 123对地攻击机。4月22日，2.J/88中队的冈瑟尔•拉杜施（Günther Radusch）少尉和希尔迈耶尔中士分别击

▲这架编号6-6的Bf 109B-1是早期抵达西班牙的型号。Bf 109B-1进驻西班牙后就控制了西班牙制空权，这个优势一直保持到战争结束。

▲这架编号6-7的飞机也是早期抵达西班牙的Bf 109B-1型号，驾驶这架飞机的是诺伯特•弗雷格尔（Norbert Flegel），他驾驶这架飞机第一次在拉•阿尔贝利西亚（La Albericia）着陆就发生事故，这架飞机后来修复成了维尔纳•莫尔德斯的座机。

▲这是6-7号Bf 109B-1战斗机事故前照片，当时这架飞机在另一处机场，拉•阿尔贝利西亚被攻克后，弗雷格尔驾驶这架飞机转场到新机场时发生事故。

落1架I-15战斗机，被击落的飞行员中有一人是共和军空军的王牌里奥•克雷斯波（Rio Crespo），他死于这次空战。

这段时间的一次战斗出现意外。4月26日，A./88侦察机大队的1架侦察机发现大量敌人包围了格尔尼卡（Guernica），实际上，这是当地居民在赶集的路上。发现“敌情”后，冯•里希特霍芬决定出动“秃鹰军团”的轰炸机和意大利空军飞机一道轰炸格尔尼卡东部和其他外围的据称23个营敌人。导致意外的另一个原因是冯•里希特霍芬的指挥中心与国民军司令部的通讯不畅通，结果K./88和VB./88大队的26架轰炸机在1.J/88和2.J/88中队的16架战斗机护航下错误地对格尔尼卡市发动轰炸，德国轰炸机投下的炸弹炸毁了桥梁、市中心和城市南部街区。当地的一座橄榄油厂被炸燃烧后升起冲天的黑烟，这个黑色烟柱又导致随后波次的轰炸错上加错。在当天的轰炸行动中，据报道有1500名平民被炸死或受伤，其中一部分“功劳”就是2.J/88中队的Bf 109战斗机所为。

5月1日，毕尔巴鄂(西班牙北部城市)被包围，之后德国轰炸机对共和军的阵地进行了猛烈轰炸，甚至飞行员一天会出动3架次。5月22日，1架Bf 109战斗机在为轰炸机护航期间击落1架I-15战斗机，飞行员就是吕佐夫。其后的5月28日，吕佐夫再次击落1架I-15战斗机，这天海因茨•布劳施魏格（Heinz Braunschweiger）上士也击落1架I-15飞机。

在西班牙北部，德国Bf 109战斗机已经和苏联的I-15战斗机有过交手，但那里双方的空战并不多，在西班牙中部的布鲁内特（Brunete），Bf 109战斗机面临的

▲“秃鹰军团”的6-10和6-14号机在执行作战任务。

对手是数量上更多，性能更好的I-16战斗机，共和军在该地区的进攻行动的初期，I-16掌握了这一带的制空权。不仅如此，共和军还装备了SB-2轻型轰炸机。

事实上，在布鲁内特一带爆发了西班牙内战期间最大规模的空战，这一带敌对双方部署了200多架作战飞机。7月8日是J./88大队最忙碌的一天，当天，2.J/88中队的Bf 109战斗机执行了为K./88大队轰炸机、VB./88大队轰炸机和A./88大队侦察机护航的作战任务。当天14点18分和18点05分，2.J/88中队分别派出三机编队升空作战，第二次行动中，罗尔夫•平格尔（Rolf Pingel）少尉率领彼得•博德姆（Peter Boddem）上士和吉多•霍尼斯（Guido Honess）军士长组成的三机编队与共和军的轰炸机在阿兰胡埃斯(Aranjuez，马德里南部邻近的一个小镇）附近遭遇，Bf 109战斗机向轰炸机发起攻击前，轰炸机投下炸弹并掉头向东南方向逃离，平格尔后来的报告称：

当我们靠近马德里前线时，博德姆发现了阿兰胡埃斯周围高炮炮弹在空中爆炸形成的云团，我立即决定向那个方向飞行，很快我就发现5架敌机在3500米高度正向阿维拉（Avila）飞行。因为傍晚的阳光照着我的眼睛（迎着太阳方向），我无法判断这几架飞机是不是国民军的，因此我没有下达攻击命令。随后我看到所有的飞机都投下了炸弹并转弯向东南方向飞去。霍尼斯获得绝佳机会首先发起了攻击，我犹豫了一下，在后面观察着他的攻击行动，我发现敌机左侧一个发动机不转了，飞机随即偏向左侧。霍尼斯的攻击结束后我立即上前对正在下降的敌机补上一击，敌机立即垂直向下坠去，其两台发动机都着了火。我没有看到降落伞。我们的追击必须停止，因为我们已经深入战线后方40－50公里了。

7月8日的战斗全部结束时，平格尔和霍尼斯分别击落1架SB-2轻型轰炸机。其实，当天晚上8点25分，Bf 109还执行过一次任务，也就是为A./88大队的侦察机侦察行动护航。

第二天（7月9日）J./88的中队转移到普拉多、阿尔莫罗克斯和埃斯卡洛纳（Escalona）三地，当天11点28分和19点35分，J./88分别出动6架和9架飞机为A./88和VB./88中队的轰炸机和侦察行动护航。吕佐夫回忆在埃维拉的那些日子称：

我们已经在马德里西部埃维拉的大型机场驻扎了14天，这是一座老城镇，海拔较高，城市周围被石头墙围绕着。这里是布鲁内特一带战斗的焦点，红军部队（共和军）已经围困了这座城镇，为此，“秃鹰军团”所有作战飞机都部署到这一地区。除了我们，意大利空军一支菲亚特飞机大队也驻扎在我们的机场。我们从来没有一次有8架飞机同时起飞，原因是我们的新型单座战斗机（指Bf 109）很敏感，

▲这架6-10号Bf 109B-1飞机值得一说。最早飞机由厄恩斯特•姆拉特泽克上士驾驶，他在1937年4月30日乘坐Ju 52运输机因飞机失事而丧生。后来飞机又归其他人驾驶，注意图中飞机垂尾上15架飞机标志，在西班牙内战中，“秃鹰军团”战绩最高的是维尔纳•莫尔德斯，14架，因此这是不同人驾驶这架飞机的战绩累计。其实莫尔德斯没驾驶过这架飞机，注意看上图礼帽标志，这是2.J/88中队标志。另一位名人冈瑟尔•吕佐夫驾驶这架飞机取得过5架战果，在当时，还没有像日后一样，垂尾上战绩只是个人战绩的体现。

▲飞行状态的Bf 109B-1战斗机。

需要特别的维护和保养。

在最后14天里，我们经历了各种各样的事，这是一场实实在在的我们盼望已久的战争，除了战备警戒外，我们平均一天要出动3架次，每次行动持续约90分钟，飞行高度一般是6000－9000米。那个时候我们飞行不需要氧气，但是很快我们就会感觉到，这个高度不戴氧气面罩会使我们感到非常疲劳。（作战时）我们会感到有些紧张，除了每天执行几架次任务和战备警戒造成的疲劳，我们很少有机会取得空中战果也让我们很焦虑。

我们经常要和三倍或四倍的敌人战斗机作战，这就意味着没有人有足够时间与敌机周旋。作战过程中，我们中还得有一个人注意观察自己的轰炸机或侦察机情况，另一个人在远距离阻止敌机靠近轰炸机或侦察机。

快速警戒反应是最糟糕的事，从早晨到晚上，两名飞行员必须时刻坐在座舱里随时升空，如果收到敌机来袭或是前方高炮部队报告有敌机来临，2架警戒飞机必须立即起飞。我们的机场靠近前线，因此无法保证敌机不会偷袭我们。战斗一度相当激烈，双方有时会紧张过度，经常有人把我们的飞机当作敌机，2架警戒的飞机升空后才发现这是误会。执行警戒任务的飞行员都在抱怨，我有时只是瞪他一眼，或是训斥一番就会让他安静下来。

有关7月7日在埃维拉机场发生的一件令人后怕的事，吕佐夫回忆称：

当时我们正坐在战斗机旁的遮阳篷下，这时我们听到机场南面有飞机的声音，应该是几架飞机，不管怎么说，这是一种嗡嗡的声音。很快我们就看到了这些飞机，飞机从机场南面飞过，这些飞机看上去像是意大利空军的萨沃亚（Savoia）飞机，我们用肉眼看到机身机徽就可以判断出来。这些飞机飞着密集队形，高度并不高，大概1500米，我数了一下，是10架。

我刚转过身，突然听到有人大声喊叫“他们在投炸弹！”我再次转过身，想“这不可能”。很快我看到这些飞机下方携带黑色东西向我们飞来，我急忙大喊“所有人进战壕！”就在这时第一枚炸弹爆炸了。我看到我的机械师跳到了掩体里，一些人来不及冲到掩体就在中途趴下，我也趴在地上，心里一股怒火，紧紧握着拳头。

他们的炸弹投的相当准，就在我们机场中间，好在我们的飞机停放在机场的尽头，没有任何破坏。当天执行快速警戒反应的两名飞行员被突如其来的一幕惊呆了，他们的机械师冒着危险启动了发动机，但是这个时候有什么用呢？两名飞行员在满是弹坑的机场终于升空，但是他们没能追上敌机。这次的攻击实在太突然了，而且没人相信这是意大利干的蠢事。事实上，这是法国波泰（Potez）轰炸机，这款喷涂了意大利空军机徽的飞机和意大利的萨沃亚飞机很相像。这些波泰飞机是

▲苏联SB-2轻型轰炸机是一款设计比较成功的飞机，中国国民党空军也曾装备。

共和军的。此次事件后，我们彻底地改变了识别飞机的旧方法，任何喷涂着国民军机徽的飞机都可能是红军的轰炸机。我必须要说，这件事后我们再也不相信我们识别飞机的能力，事情突然变得复杂起来。

7月12日，平格尔少尉击落1架SB-2飞机和1架护航的I-16飞机，阿道夫•布尔（Adolf Buhl）中士和彼得•博德姆分别击落1架I-16战斗机。第二天，博德姆再次击落1架由美国志愿者哈罗德•达尔（Harold Dahl）驾驶的I-16战斗机，此次战斗，双方空战行动持续了一个小时之久。其间，海因茨•布劳施魏格驾驶着战术编号为6-13的Bf 109战斗机也击落1架I-16战斗机，因为“13”在西方是个不吉利的数字，其他飞行员都不愿意驾驶这架飞机。布劳施魏格对此并不在乎，他一直都驾驶着这架数字不吉利的飞机，而且在西班牙内战中击落过3架敌机。7月16日，平格尔在富恩拉夫拉达(Fuenlabrada)又击落1架I-16飞机，但是，这天Bf 109战斗机都出动执行任务时，埃维拉机场再次遭到偷袭，此次偷袭的是SB-2轰炸机。7月17日清晨，2.J/88中队的8架Bf 109战斗机为VB./88中队的轰炸机护航去轰炸了敌人位于阿尔查拉（Alcala）的阵地。此次护航行动中，吕佐夫和海因里希•布鲁克（Heinrich Brucker）少尉在空中位置判断失误失去了击落2架I-16战斗机的机会。

7月18日，西班牙国民军部队在德国“秃鹰军团”He 111轰炸机和Bf 109B战斗机的支援下展开大规模反击战，此次战斗相当激烈，Bf 109B战斗机在这些行动中执行的是对地扫射任务，不是制空作战。据称，J./88大队的He 51和Bf 109战斗机在战斗中没有没受伤的，当天出勤率之高也累坏了飞行员，他们下了飞机找个荫凉处就睡下，而地勤人员尽可能快地维护飞机，可见战斗激烈程度。

Bf 109战斗机出现在哪里，哪里的制空权就会被德国空军掌握，德国飞行员就是在这些战斗中逐渐成为专家（王牌），但是，取得战果并不容易，冈瑟尔•吕佐夫说：

布鲁内特前线的战斗达到高潮时，尽管我们掌握着制空权，红军（共和军）轰炸机仍一次又一次执行作战任务。一天，在塔拉维拉（Talavera）、阿兰胡埃斯、马德里和埃斯克里亚尔（Escorial）前线长时间巡航任务结束后返航时，我看见自己的机场上空有高炮炮弹爆炸云团，我向着远处寻找敌机，但是什么也没看见。我看了看手表，我当天的飞行已经达到了70分钟，我没有时间再搜索敌机了。

突然，在座机的左侧下方，我发现4架马丁轰炸机（德国将苏联的SB-2飞机称为马丁轰炸机）正呈纵列队形向马德里方向飞行，这就是我们的高炮射击的原因。我想了一会儿，“我应该攻击，还是放弃？”我的座机油量表显示燃油仅供几分钟之用。“但是为什么要让到手的美味溜走呢？”我立即转弯冲向敌机并启动瞄准具和武器系统，在满功率状态下，我追上了马丁轰炸机（SB-2）。在双方距离还较远时我就开了火，我这么做的目的是能在一次攻击中把弹药全部射出去。但是，敌机朝着太阳方向飞去，我的前面呈现的只是不清楚的黑点，更糟糕的是，我的瞄准具也出了故障，不管结果如何我还是硬着头皮实施攻击。

跟我预想的一样，我没有击中敌机。当时我就像一个疯子似地在射击，当我靠近最后那架敌机准备再次开火时，我的三挺机枪因为刚才射击时间过长导致枪管过热，进而导致三挺机枪全部同时卡壳。我一边诅咒一边继续跟在敌机后面保持30米距离，敌轰炸机射手这时不断向我射击，也很疯狂。我这时必须决定，要么脱离战斗返回基地——是否有充足时间还不确定呢，要么解决机枪卡壳问题给敌机致命一击。我计算着飞机的燃油，也在琢磨着在哪儿迫降，我的下方就是群山，这种地形根本无法迫降。

最后，我还是决定放弃战斗返航，脱离战斗让我心情很沉重，我不想成为英雄，作为中队指挥官，我有责任保护好我的座机。在我的国家上空，我的做法兴许会有些不同，我必须把击落敌机放在自己的安全之上。但是，在这次行动中的情况很不同，这里的战斗机数量少，必须首先保证自己的安全。我们拥有很强的制空权，活着就可以继续战斗，击落更多的敌人。

当我在埃维拉机场着陆时，我注意到担任警戒任务的2架飞机已经升空，他们取代我去追击刚才的轰炸机编队。有1架飞机先飞了回来，他没有找到敌轰炸机，而另一位飞行员博德姆一直追到敌方战线一侧，就在敌轰炸机着陆前击落其中1架。当他向我报告他的胜利时，我感到一阵遗憾，博德姆的成功证明了他的正确判断，我也认为我是正确的，但是少了一点运气。

7月21日当天第一次任务结束后，吕佐夫的2.J/88中队情况是，6-15飞机的无线电被打坏，6-10飞机正在执行巡逻任务，6-9飞机因故障无法使用，当天4点钟

▲因为觉得不吉利，很多飞行员都不愿意驾驶6-13号机，其实这完全是心理作用。不信邪的布劳施魏格一直驾驶着该机，还击落过3架敌机。

的第二次任务，只有3架Bf 109B战斗机可用。

此前的7月12日，霍尼斯上士被击落，他的Bf 109B飞机坠毁在马德里南部的威拉沃德（Villarverde）附近，击落他的可能是美国志愿者。此前，霍尼斯已经击落了2架苏联波利卡波夫I-15战斗机。7月19日，1架Bf 109B飞机因发动机故障而迫降，但是诺贝特•弗莱格尔（Norbert Flegel）中士的迫降并不成功，飞机被毁。

四个月前返回德国的汉内斯•特劳罗夫特此时正率领3架Bf 109飞机参加1937年7月23日－8月1日间举行的苏黎世世界飞行大会，Bf 109不负众望，表现出了优于任何其他参赛飞机的性能，特别是法国人和英国人都瞪大了眼睛。在西班牙战场，Bf 109飞机的性能也在诸多方面优于敌机。特劳罗夫特在向世界展示Bf 109飞机惊人性能的同时，他的战友博德姆在7月21日和7月25日再次击落2架I-16战斗机。

在布鲁内特战役中，共和军一方损失非常严重，士兵伤亡达到25000人，超过100架飞机被毁，他们认为的胜利只是夺取了50平方公里的地区。相比之下，国民军士兵伤亡为10000人，损失飞机23架。截至1937年7月底，“秃鹰军团”的战斗机中队共击落59架敌机，还有12架战果没有证实。半年多的战斗表明，虽然战斗机数量上并不多，但是飞行员们仍然在战斗中提高了自己的战果，这些飞行员所展示的致命性的技能可能跟后来的二战无法相比，但无疑他们在锻炼，在提高，在掌握空战的技巧和战术。表现出战斗机优异性能的同时，战术方面还有待提高，特别是对Bf 109战斗机来说。尽管存在一些问题，德国J./88正逐渐掌握制空权。

截至7月底，J./88大队战绩最高的王牌是赫尔维希•克内佩尔，他的战绩是7架；第二名是克拉夫特•埃伯哈德（Kraft Eberhardt），他的战绩是6架，此前一年的11月13日，他在马德里上空被击落身亡；汉尼斯•特劳罗夫特、奥托•海因里希•冯•胡瓦尔行和罗尔夫•平格尔每人的战绩是5架；刚到西班牙战场不久的彼得•博德姆的战绩是4架。吉多•霍尼斯的战绩是3架，但是数天前他被击落。这七名飞行员的战绩占“秃鹰军团”全部战果的一大半。分析这些战果可以看到被击落的敌机中有42架是战斗机，其中13架是I-16战斗机，12架是I-15战斗机，其余的敌机牺牲品是轰炸机、战斗轰炸机和侦察机等。

到这个阶段为止，对于德国战斗机来说，战术运用方面的获益是最少的，因为战斗机干的活主要是前线防空，即为前线的地面部队提供防空保护；为“秃鹰军团”的轰炸机提供护航保护任务；执行低空扫射和轰炸任务等。实际上这些作战任务非常适合He 51战斗机来执行，而对于Bf 109战斗机来说，正是由于它的先进，共和军方面的飞行员看到Bf 109战斗机都会尽量回避与之发生战斗，已知的战斗都是德国飞机深入战线后方才发生的。还有

▲参加西班牙内战的德国空军Do 17轰炸机（27-18）。

▲参加西班牙内战的德国空军He 111轰炸机。

采取主动轰炸行动，深入敌纵深执行任务，通常仍是Bf 109战斗机为轰炸机和俯冲轰炸机护航，共和军空军战斗机时常想拦截德国轰炸机编队，但是只要看到Bf 109战斗机护航就会放弃攻击。

Bf 109B的另一个问题，不是致命的，但也是值得关注的，那就是飞机的续航时间短，其最大续航时间只有85分钟，在执行为轰炸机护航的任务时极为不利。这个缺陷是后来Bf 109D型号设计时需要考虑

一个因素，西班牙共和军装备的轰炸机离前线非常近，通常作战过程只有八分钟，即使是担任警戒任务的Bf 109飞机也没有充足的时间实施拦截。

但是，德国人很快就找到了解决问题的办法，那就是采用一战期间的战术，即让5架Bf 109战斗机在前线空域巡逻待命，这样，德国空军就可以用少量战斗机来攻击共和军前来轰炸的轰炸机。这个方法确实管用，共和军的轰炸机在遭遇德国战斗机后会中途抛掉炸弹以便快速返航躲避打击。1937年下半年，德国空军开始

的重要方面，但是，这个型号飞机直到1938年才出现在西班牙战场上。

虽然一段时间以来Bf 109战斗机都无太大建树，主要是战斗机会少，但是德国人也在思考未来战斗机需要什么样的性能，至少就目前看，战斗机的速度和爬升率对于飞机作战优势来说是至关重要的，有这两件法宝，空战获胜的机会就非常大，而如果敌我双方的飞机这两方面差不多，那么飞行员的训练和士气就是另一个影响胜利的因素，也就是人的因素。

1937年8月，西班牙北部的战斗

经过一段时间沉寂后再次开始，德国“秃鹰军团”的J./88大队的三个中队转移到赫雷拉（Herrera）和阿拉德尔雷（Alar del Rey）。此时，哈罗•哈德尔（Harro Harder）的1.J/88中队和3.J/88中队分别拥有9架Bf 109战斗机和18架He 51战斗机，此时的3.J/88中队指挥官是刚刚晋升为中尉的阿道夫•加兰德。8月8日，Bf 109战斗机第一次在这个阶段执行作战任务，即为德国轰炸雷诺萨（Reinosa）的轰炸机编队提供护航任务。8月18日，1.J/88中队向前部署到奥扎莱兹（Orzalez）的前线机场。四天前在卡拉奥拉（Calahorra）换装Bf 109战斗机的2.J/88中队也准备好参加战斗。

8月17日，2.J/88中队又诞生一位王

▲（上下图）这架Bf 109B-1飞机（6-15）被西班牙共和军缴获，驾驶员是德国奥托•波伦茨上士，有资料称他的座机燃油不足迫降在共和军控制区域，也有的说是被苏联飞行员击伤而迫降。不管是哪种，共和军获得了1架完全的Bf 109B-1战斗机。

▲这张是6-15号机被缴获后的照片，飞机被送到巴塞罗纳后涂装重新进行了喷涂，翼尖和后机身有红色条纹，图中翼尖深色实际上就是红色。

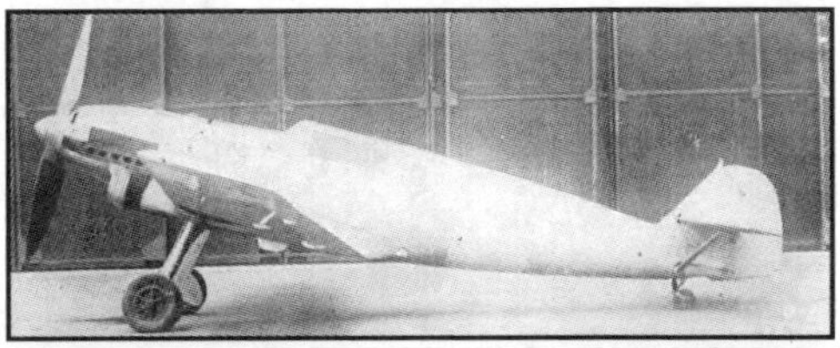

▲（上中下图）1938年2月，6-15号的Bf 109B-1飞机被送到苏联空军研究中心（VII VVS）进行研究，下图可见飞机上设备被拆掉进行研究。这架飞机的命运极为有趣，德国入侵苏联后，苏联将从不同渠道获得的德国飞机汇总编入远程侦察机队。1941年年底，德国部队靠近莫斯科时，这架6-15号机被用来侦察德国部队。在一次侦察行动中6-15号机被德国击落，飞机在德国控制区迫降，但受损并不严重，德国人惊讶地发现这是本国失踪了四年之久的飞机。修复后德国人将飞机送给了由西班牙人组成的15.(Span)/JG 27中队，在12月底的一次战斗中，这架飞机再次被击落并落入苏联控制区，这回苏联人对这架飞机一点兴趣也没有了。

牌。当天，在桑坦德(Santander，西班牙北部港口)地区上空拦截共和军轰炸机的行动中，博德姆上士击落2架敌护航战斗机，分别是I-15和I-16战斗机。当天德国He 51攻击机也击落1架I-16飞机。8月18日，德国空军再次击落3架敌机，在桑坦德击落其中2架，最后一架I-15战斗机是博德姆上士的第八架战果，所有这些战果都是在一个多月的时间内取得的；另1架战果属于吕佐夫。8月22日，在为轰炸机护航的行动中Bf 109战斗机又击落3架I-16飞机，至此，吕佐夫的战绩上升到5架，平格尔的上升到6架，弗来格尔（Flegel）的达到3架。就在这时，1.J/88中队开始换装Bf 109B战斗机，这个新型号飞机第一次取得战果是8月27日哈罗•哈德尔击落1架SB-2轻型轰炸机。

8月26日，“秃鹰军团”开始采取行动进攻阿斯图里亚斯(Asturias)地区，伴随这些行动，德国轰炸机对希洪（Gijon，西班牙北部港口城市）进行了轰炸，这些行动中，1.J/88和2.J/88中队的Bf 109战斗机执行了护航任务，莱因哈德•席勒（Reinhard Seiler）军士长击落1架“寇蒂斯”飞机，所谓“寇蒂斯”就是指I-15战斗机，德国人喜欢将苏联的与美国相似的飞机对应起来用美国飞机名称称呼。

9月初，整个J./88大队全部部署到庞蒂尤斯（Pontejos），此时也不断有来自德国的飞行员加入进来，在此，Bf 109战斗机护航轰炸机对希洪实施了轰炸。9月4日，1.J/88中队的席勒获得他第二架战果，他击落的是1架I-16战斗机，这也是德国战斗机在阿斯图里亚斯地区首次击落敌机。一位来自德国空军Ⅰ./JG 232大队加入到3.J/88中队的飞行员爱德华•诺伊曼（Eduard Neumann）少尉在这天的战斗中也击落1架I-16战斗机（诺伊曼亲口说的是I-15飞机），只不过他驾驶的是He 51战斗机，下文中我们还会着重提到他。

▲这是一张比较有名的照片，近处的是意大利空军的SM.81轰炸机，远处6架是意大利空军的CR.32战斗机。

9月6日，博德姆将他的战绩提升到9架；9月7日，1.J/88中队的海因里希•布鲁克击落1架I-16战斗机。这段时间最成功的飞行员是哈德尔，9月7日，他取得个人第4架战果，即1架英国空速公司（Airspeed）公司研制的AS 6“特使”（Envoy）轻型运输机。两天后的9月9日他再击落1架法国研制的Ni-H.52战斗机（Nieuport-Hispano Ni-H.52），9月15日击落1架I-15战斗机。9月15日当天，1.J/88中队出动了7架Bf 109和14架He 51战斗机参战，这是该中队最大规模的一次行动。9月27日，共和军空军又有3架I-16战斗机被击落，其中2架战果属于哈德尔，第二天，他又击落1架I-16飞机。

取得这些成功的同时，德国空军损失1架He 51战斗机，另有1架He 51与He 70飞机在起飞过程中相撞，没有Bf 109战斗机损失报道。

这个阶段的战斗主要集中在希洪地区，共和军空军的飞行员和波利卡波夫战斗机的数量都在增加，其数量上超过德国空军投入的作战飞机，共和军的战斗机主要作战任务就是拦截“秃鹰军团”的轰炸机，这些轰炸机是给共和军地面部队造成严重损失的罪魁祸首。但是，德国Bf 109战斗机的绝对空中优势仍然无法撼动。

9月27日，5架Bf 109战斗机和5架I-16战斗机在希洪上空展开了激战，哈德尔击落其中1架，还迫使1架敌机着陆，在敌机着陆过程中他数次扫射；1.J/88中队的埃里希•沃伊特克（Erich Woitke）少尉也击落1架I-16战斗机。第二天的战斗几乎重复了前一天战斗，5架Bf 109战斗机与4架敌机又在希洪上空遭遇，哈德尔击中1架敌机，敌机拖着火焰坠毁，这是他的第9架战果。9月30日，沃伊特克的Bf 109编队与8架敌机再次在希洪上空混战，沃伊特克击落1架I-16飞机，而弗来格尔可能击落1架I-15飞机。10月13日，哈德尔击落他个人第10架敌机，至此，他的战绩与博德姆持平。

在进攻希洪的最后阶段，“秃鹰军团”的战斗机取得的战绩越来越少，原因就是与敌机遭遇的机会逐渐没有了，大部分情况下，战斗机都是组成护航编队为He 111轰炸机和Ju 52/3m轰炸运输机在前线和敌后轰炸提供防空保护。

10月25日，佛朗哥的国民军进入希洪。J./88大队的几个中队转移到莱昂（Leon，希洪西南）部署，由于战事暂告一段落，部署到莱昂后人员休整，飞机大修，“秃鹰军团”的高层指挥官和下一级的单位指挥官也需要调整。除此之外，德国又向西班牙地区运送来更多的飞机，外加一个新中队。这些增援力量将和原来的单位一道不久后在西班牙东部作战。

1937年10月30日，也就是共和派政府从巴伦西亚（Valencia）转移到巴塞罗那（Barcelona）两天后，“秃鹰军团”司令胡戈•施佩勒（Hugo Sperrle）少将卸任，接任他的是赫尔穆特•福尔科曼（Hellmuth Volkmann）少将，后者此前是德国航空部行政办公室领导。福尔科曼不像施佩勒那么爱张扬，前者更安静，与上级和平级，以及下级之间的关系融洽，他行事较为保守。在西班牙战场可不比在首都柏林政府部门上班，福尔科曼需要适应和了解当地的战场环境，虽然缺乏战场指挥经验，他还是得到了冯•里希特霍芬的支持。此时的冯•里希特霍芬任“秃鹰军团”参谋长，军团驻地也转移到了布尔戈斯（Burgos，西班牙北部城市）。

福尔科曼新官上任的第一把火就是在威尔伯格（Wilberg）的建议下改组J./88大队，也就是将这个大队扩编，由原来三个中队改为四个，大队指挥官是葛哈德•汉德里克（Gotthardt Handrick）。改组后的J./88大队组成如下：

1.J/88中队，装备Bf 109战斗机，指挥官哈德尔少尉；

2.J/88中队，装备Bf 109战斗机，指挥官约阿西姆•施利希廷（Joachim Schlichting）中尉（新到）；

3.J/88中队，装备He 51战斗机，指挥官加兰德中尉；

4.J/88中队，装备He 51战斗机，指挥官埃伯哈德•埃尔萨（Eberhard d'Elsa）中尉。

▲图中人物从左向右分别为沃尔夫冈•斯切尔曼、阿道夫•加兰德、约阿西姆•施利希廷和埃伯哈德•埃尔萨，他们都是J./88大队的中队指挥官，斯切尔曼不久取代哈德尔成为1.J/88中队指挥官。

用以组成4.J/88中队的人员和飞机在1937年11月初通过船运到达西班牙比戈港（Vigo，西北部面临大西洋），随后到莱昂组建。这个新中队的飞行员是德国空军战斗机单位中的退役人员，但地勤人员来自德国空军Ⅰ./JG 136大队。

▲图中是西班牙战场的6-19号Bf 109 B-2战斗机，参加西班牙内战的Bf 109B的机身编号为6-4—6-45，而6-4—6-15号是Bf 109 B-1，其他是Bf 109B-2。

12月，西班牙战事再起。12月4日，J./88大队的战斗机在护航He 111轰炸机空袭布哈拉洛斯（Bujaraloz）机场行动中被击落1架Bf 109战斗机，当时，Bf 109战斗机编队遭到一大群I-16战斗机攻击，哈德尔描述此次战

▲从机身编号看这是1架Bf 109B-2型，远处是1架德国轰炸机。

▲两位地勤人员在维护Bf 109B-2飞机，注意看螺旋桨和桨毂。

▲德国空军也雇用了很多非洲人，这些人实际上都是意大利人介绍过来的。

斗称，“令人无法相信的机动，接近这些敌机几乎不可能——有1架敌机接近（我方飞机）速度相当地快，只短暂的一会儿他开始射击，一直射击到几乎撞上目标”。德国“秃鹰军团”在增援和改组，共和军空军同一时期也在增加作战实力，新来的飞行员更具有攻击性。就是在这种情况下，奥托•波伦茨（Otto Polenz）上士被击落，他的座机看来不是垂直坠毁在地面，因为他的座机几乎完好无损，这架落入共和军手中的飞机很快被送到苏联评估和测试。第二天在布哈拉洛斯地区的第二次行动中，莱奥•西格蒙德（Leo Sigmund）军士长被击落，他本人被俘。12月10日，哈德尔的1.J/88中队15架Bf 109战斗机深入到敌领空，他们遭到了30架敌机的围攻，此次战斗双方都没有战果，哈德尔后来称“我们很高兴完整地逃脱了”。

从上面的这些战斗可以看出，共和军空军的飞行员战技水平在提高，或者说这段时间新来的志愿者训练水平很高，德国飞行员很难轻易地取胜，为此，此前11月整个J./88大队部署到拉托雷萨维南（La Torresavinan）期间，这个大队飞行员就在花时间和精力着重研究Bf 109B对抗I-16的新战术，改进旧战术，过去的一套已经不适用了。Bf 109B飞机在3000米以下高度的速度占优势，但是I-16战斗机的速度、机动性和爬升率占优。在3000米以上高度，I-16的各方面性能开始落后于Bf 109B，主要原因是前者发动机功率不足。在5000米高度，Bf 109B明显领先，在5000－6000米高度，德国飞机则完全胜出。

共和军空军的战斗机飞行员特别喜欢飞大型编队，有经验的飞行员在前，没经验的飞行员殿后。德国人很快找到了解决之道，那就是Bf 109三机编队在敌编队后上方1000米高度发起攻击可以给敌机造成较大的破坏，而敌长机此时也不敢转弯应战，如果他们这么做了，飞机编队就会解散，一些没经验的新手面临危险的境地。实际上，敌长机也来不及转弯应战，因为德国飞行员攻击完成后立即俯冲脱离战斗，有时攻击完成时敌机还不知道发生了什么。

12月23日，为了支援佛朗哥的地面部队作战，J./88大队转移到卡拉莫查（Calamocha），为的是更靠近前线提供战场空中保护。同一天，安东•库尔茨（Anton Kurz）中士被击落，沃尔夫冈•斯切尔曼（Wolfgang Schellmann）接任哈罗•哈德尔任1.J/88中队指挥官，后者在西班牙战场满一年时间而回国。对于战斗机飞行员来说，击落5架敌机也可以回国，这些人回国后一般会到飞行学校任教官，把经验传授给年轻的学员。

▲二战时期的飞机机场适应性非常好，找块空地就可以作机场来使用。特别需要注意的是飞机的螺旋桨和桨毂，这是Bf 109B-2后期型号和Bf 109C所采用的汉密尔顿变距螺旋桨，比较典型的特征是桨毂中间的圆孔较大。图中飞机不清楚是Bf 109B-2还是Bf 109C。

1938年整个1月和2月大部分时间，“秃鹰军团”都在特鲁埃尔（Teruel，西班牙东部，靠近地中海）作战，在这里，“秃鹰军团”遭受了很大的损失，比如1月7日早晨8点30分，共和军空军18架SB-2轰炸机空袭了卡拉莫查基地，5架He 51战斗机被毁。11天后，亨克尔中队损失一名中队指挥官，当天，格哈德•克莱恩（Gerhard Klein）少尉率领He 51飞机去攻击弗拉加（Fraga，在萨拉戈萨东南，特鲁埃尔东北）附近的敌军集结点，他的座机2-59在特鲁埃尔上空爆炸，不知道是被高炮击中还是携带的炸弹自爆。

1月18日，斯切尔曼在特鲁埃尔上空击落他第1架敌机：I-16战斗机。同一天，瓦尔特克击落另1架I-16飞机。1月19日，共和军空军在当天早晨到晚上一整天共出动400架次飞机参与战斗，但是，这天并没有战果报道。第二天，1.J/88中队的威廉•巴尔萨泽（Wilhelm Balthasar）中尉击落1架I-16战斗机，而2.J/88中队的库尔特•罗切尔（Kurt Rochel）军士长这天战斗中击落1架I-16和I-15战斗机。J./88大队最成功的一次战斗是2月7日，当天在阿尔凡布拉（Alfambra）上空的大规模空战中，德国飞机击落10架SB-2轰炸机和2架I-16战斗机。J./88大队指挥官葛哈德•汉德里克回忆称：

▲两图均为6-42号的Bf 109B-2飞机，但是两张照片中飞机的涂装并不一样，刚到西班牙战场德国飞机采用的是深绿色涂装，后改为淡灰色。

2月7日，我率领两个中队为轰炸机护航执行作战任务，轰炸机在我们的后方位置，我飞在1.J/88中队，我们很远的前面是2.J/88中队，我们还没飞过前线上空就在东面遭遇大量敌机，敌机正朝我们飞来。（认清敌机前）我纳闷，这些轰炸机是我们自己的飞机完成了轰炸任务正在返航？但是，很快我们就从飞机的圆形机身判断出这是敌轰炸机，这些是美国人设计苏联人生产的SB-2轻型轰炸机[①]，跟我们的He 111飞机很相似。飞在我们前面的2.J/88中队立即向红军飞机发起了攻击，我们也加快速

① 第一次听说苏联的SB-2轻型轰炸机是美国人设计的。但当时德国人是这么认为的。在当时，西方国家很看不上苏联的科技水平，因此苏联的一些飞机在德国人看来是购买美国技术生产的。这就是为什么德国人喜欢用美国飞机的名称称呼苏联飞机。

度去迎战敌机。看到这么多红军飞机——22架之多，我的心脏因兴奋而激烈地跳动。不仅如此，似乎敌轰炸机并没有护航战斗机伴随。

当红军飞行员认出我们，他们立即转弯逃开，但是太迟了。当敌机转弯，2.J/88中队的飞机开始进攻，2架红军飞机向下坠去，尾部拖着黑烟，不断有机组人员从飞机上跳出来。其他20架敌机试图加速逃走，但他们已经处在我们的火力范围内，在一眨眼的工夫，又有8架敌机开始着火并像火炬一样坠向地面。我跟在1架轰炸机后面150米，它在我的瞄准具中像一扇谷仓门那么大，我扣动了扳机，但射出14发子弹后我的2挺机枪都卡了壳，敌机仍在我前面。我脱离目标，这个过程我可以清楚地看到敌机射手正疯狂地向我射击。

▲这架6-47号机是Bf 109C-1战斗机，西班牙战场这个型号只有5架（6-46—6-50）。

▲Bf 109C只是过渡型号，因此数量较少。

就在这时，红军战斗机出现在这个空域，三个或四个中队的I 16战斗机突然向我们冲来，就像阵雨。红军战斗机的到来导致了一场大规模混战，我们最终在格斗中又击落2架敌战斗机。对我们来说，这个时候应该是保护自己的轰炸机编队免受敌战斗机攻击。但是，敌机明显地失去兴趣，他们向瓦伦西亚方向撤走，我们的轰炸机编队则不受干扰地完成了轰炸任务。

着陆后我们得知，除了我们攻击的22架马丁飞机（SB-2），还有12架红军轰炸机遭到攻击。我们对当天的战斗很满意。

在此前的1月12日，“秃鹰军团”已经取得了西班牙内战以来第100架战果，这架战果是2.J/88中队威廉•斯泰格（Wilhelm Staege）中士在特鲁埃尔上空击落的1架SB-2轰炸机，这是他个人第2架战果。这段时间其他战绩突出的飞行员是1.J/88中队汉斯－卡尔•迈耶尔（Hans-Karl Mayer）少尉，他在上段提到的2月7日战斗中击落1架SB-2轰炸机和1架I-16战斗机；2.J/88中队莱因哈德•席勒在2月7日击落2架SB-2飞机，近三个星期后，他再次击落2架I-15战斗机，战绩上升到9架；2.J/88中队指挥官约阿西姆•施利希廷在2月7日和2月21日分别击落1架I-16战斗机，他的单位一位新来的飞行员赫尔伯特•伊勒费尔德

（Herbert Ihlefeld）中士在2月21日首开记录，这个人下文也会提到。伊勒费尔德的这架战果是当天德国空军取得的7架战果中最后一架，同时也宣告了特鲁埃尔最后被佛朗哥的军队占领。

由于个人性格上的差异，“秃鹰军团”的上层领导福尔科曼和冯•里希特霍芬两人关系紧张，1月11日，里希特霍芬要求立即解除他的职务，并返回德国，福尔科曼同意了他的请求。1月30日，冯•里希特霍芬离职，接任他的是赫尔曼•布洛克（Hermann Plocher）少校，后者是德国空军参谋部的一位行政官员，各方面很合福尔科曼的口味。

1938年3月9日，佛朗哥的军队开始向阿拉贡（Aragon，西班牙北部，与法国接壤的一个省份）挺进，国民军的战场形势一片大好。在“秃鹰军团”和意大利空军的支援下，佛朗哥军队和意大利炮兵向共和军发起了反击战。

在福尔科曼的命令下，“秃鹰军团”的He 51和Bf 109战斗机开始作战术调整，目前的战术是佛朗哥的军队炮击过后，战斗机在己方步兵的前方低空出动扫射敌军步兵。这是一种近距支援作战，为此，Bf 109B战斗机向前部署到埃斯特拉肯（Estracon），在这里，战斗机可以更方便地为进攻行动提供支援。但是，新战术很不受德国飞行员欢迎，共和军空军还未被消灭，自己的战斗机却改了行，制空权再次落入敌手，截至4月底，德国He 51单位的损失最为严重。

▲6-51和6-52号是Bf 109D型号首批2架，参加西班牙内战的这个型号编号是6-51－6-86，计36架。上图是1.J/88中队的沃尔夫冈•斯切尔曼的座机。下图是2.J/88中队的飞机，该中队礼帽标志非常特别。

1938年春天，德

▲这两张Bf 109D飞机图片比较清晰。德国空军不断将新武器投入西班牙战场，而共和军一方始终是I-15、I-16和SB-2这三个主要型号飞机。

虔诚的天主教徒。难以想像这位飞行员竟然有恐高症，事实上他害怕飞行，但是，早期在德国空军的服役经历证明他是一个意志顽强的人，他以极强的毅力克服了自己内心的恐惧，这种钢铁般意志的人必然在空中是个难缠的对手。

1938年夏天，Bf 109D型号战斗机开始装备3.J/88中队，目前，“秃鹰军团”的J./88大队三个中队即1.J/88、2.J/88和3.J/88中队都装备了Bf 109战斗机，只有埃尔萨的4.J/88中队仍装备He 51战斗机，换装新Bf 109战斗机后，德国飞行员的战绩大增。

国又向西班牙战场送来了新装备，即4月抵达的24架全新梅塞施密特战斗机，其中5架是Bf 109C-1战斗机（6-46－6-50）。

新到西班牙的一位飞行员比Bf 109C-1战斗机还要厉害，他后来成为一颗德国空军最耀眼的明星。在完成了280架次作战任务后，阿道夫•加兰德被命令返回德国，取代他任3.J/88中队指挥官的是德国空军原2./JG 334中队指挥官，1938年5月24日到任的罗尔夫•平格尔，这是他重返西班牙战场。平格尔的副手就是另一位新到战场的维尔纳•莫尔德斯中尉，他是威斯特法伦人（Westphalian），也是一位

1938年6月2日，共和军空军的轰炸机空袭了J./88大队位于托尔托萨（Tortosa，西班牙东海岸）南部的拉塞尼亚（La Senia）机场，这次行动中，2.J/88中队的库尔特•海因里希（Kurt Heinrich）击落3架SB-2轰炸机，赫尔伯特•伊勒费尔德和威廉•迈耶尔分别击落1架。但是，当天的另一场行动中，马丁•豪普特（Martin Haupt）少尉在库利亚（Culla，特鲁埃尔正东）上空被高炮击落。

6月3日，驻扎在圣克里斯托瓦尔（San Christobal）一座山顶的“秃鹰军

团”指挥站遭到共和军空军9架轰炸机和31架战斗机的空袭。此次行动，德国Bf 109战斗机没有足够的时间升空拦截，好在此次的轰炸行动并没有造成人员伤亡。6月13日，一支德国Bf 109战斗机大编队与同等数量的共和军空军战斗机编队遭遇，1.J/88中队的沃尔夫冈•斯切尔曼和沃尔夫冈•埃尔瓦德（Wolfgang Ewald）分别击落1架I-16战斗机，2.J/88中队的威廉•斯泰格和贝恩哈德•索伊弗特（Bernhard Seufert）中士、1.J/88中队的洛塔尔•克洛尔和埃尔希•屈尔曼（Erich Kuhlmann）中士分别击落1架I-15战斗机。第二天，屈尔曼在为He 111轰炸机护航行动中又击落1架I-15飞机。赫尔穆特•亨茨（Helmut Henz）中尉在卡斯特利翁（Castellon，西班牙东部沿海省份，特鲁埃尔正东）被击中，他迫降在米哈雷斯河

▲1架Bf 109D-1战斗机（6-76）正在西班牙上空执行作战任务。

▲在入侵苏联之前的所有战斗中，维尔纳•莫尔德斯（图中站立者）和阿道夫•加兰德是两位偶像级的人物，两人的战绩也交错领先。两人不仅技艺高超，而且都具备很强的领导能力。

（Mijares）北部一块空地，将座机炸毁后成为战俘。

未来的超级明星终于开始发光，维尔纳•莫尔德斯和Bf 109战斗机很快成为敌人最可怕的对手。7月15日，莫尔德斯驾驶Bf 109C在维拉马卢（Villamalur，在卡斯特利翁省）上空击落1架I-15战斗机，这是他作战生涯的第一个战果。这次战斗中显露出他过人的能力，当时他的六机编队与共和军的25－30架战斗机混战在一起，经过激烈的转弯、爬升、下降等一系列机动，最终他在靠近敌机50米的位置开火射击。他的射击直到敌机从空中翻滚下坠才停止。两天后，莫尔德斯又击落1架I-15战斗机。在这段时间里，“秃鹰军团”战绩最高的王牌是斯切尔曼，截至7月底，他的战绩是8架，包括7月20日当天他击落2架I-16飞机。

其他飞行员如2.J/88中队的赫尔伯特•伊勒费尔德截至7月9日战绩达到9架，而J./88大队队部的瓦尔特•奥梭少尉在7月间击落3架敌机。在莫尔德斯取得开门红之前战绩达到或超过5架的飞行员有哈德尔（11架）、伊勒费尔德（9架）、席勒（9架）、巴尔萨泽（6架）、库尔特•罗切尔（6架）、迈耶尔（5架）和斯切尔曼（5架）。莫尔德斯的战绩才1架，落后很多，但很快他后来居上，超过了上述所有人。

7月20日，德国空军一个特别部门（Sonderstab W，在西班牙内战期间专门搜集和分析战术运用（经验和教训）的特别部门）出具报告称，“22架新Bf 109战斗机在交付后的五天里，德国战斗机大队（指J./88）击落22架红军战斗机，自身无一损失”。但是，在7月22日，3.J/88中队的弗兰兹•耶尼施（Franz Jaenisch）中士战斗中受伤迫降在托尔托萨西南，他的Bf 109座机迫降过程完全被毁，他本人竟然没有受伤，几天后重返战场再次升空作战。三天后，J./88大队的战斗机出动为轰炸机和“斯图卡”俯冲轰炸机护航，以及执行自由狩猎行动，但当天行动没有取得任何战果。

每次升空作战莫尔德斯都发现平均水平（指能力一般）的飞行员总会把更多的注意力放在如何保持队形不至于发生空中相撞事故上，而不是作战上，导致他们这么做的原因是当时仍然采用他们熟悉的一

▲这4架也是Bf 109D-1飞机。注意四机编队，西班牙内战不仅锻炼了飞行员，德国战斗机战术也得到了发展，最著名的就是四指编队战术。

战战术，这也怪不得他们，整个德国空军，乃至世界上都还没有根据航空技术进步研究适应的新战术。一战期间以双翼飞机为主，这种飞机的速度慢，飞密集队形并无多大危险，但是速度更快、机动性更好的单翼布局飞机，加上无线电技术的进步，飞行员不必飞得很近通过观察长机手势来听从指挥。

在抵达西班牙不久后，莫尔德斯就提出了四指编队（finger-four）来取代过去常用的三机编队，四指编队顾名思义从上往下看四机的队形如同人的四个手指尖，每两架飞机为一小组（德语Rotte），前面的一组为长机组，长机组最前面的既是该机组长机，也是整个四机编队的长机。另两架一组的小分队在长机组后方200米的左侧或右侧偏上方，这个小分队中前面的是这组的长机，也就是两个两机分队（Rotte）组成一个四机编队（德语Schwarm）。最早提出并进行研究四指编队（也称指尖编队）的是芬兰空军（1934－1935年），德国人提出的这个编队并不是抄袭或借用芬兰的，实际上是德国人独立研究出来的，而且最早实战运用和测试的是“秃鹰军团”。四指编队相对过去的三机编队更为松散和灵活，编队长机可以集中精力搜索敌机，而僚机保护脆弱的后方。不仅如此，这种编队还减少了飞机相撞的风险，允许飞机飞得更快，更好地机动。数个四指编队还可以组成更大规模的编队，通常规模是三个或四个四指编队，每个四指编队的高度不同，相互照应，相互保护，还相对独立。德国空军后来的中队规模为12架飞机，就是根据四指编队来制定的。

但是，让飞行员从三机编队（Kette）变换到开放的两机编队（四指编队的基本单位）并不是件轻松的事儿，即使是对有经验的飞行员来说也是如此，特别是四机编队同时急转弯时。转弯时，最内侧和最外侧的飞机速度完全不一致，也就是最外侧的飞机需要提速，而最内侧的飞机必须减速，这个道理相信初中生都明白。为解决这个问题，位置相对高一些的僚机和分队必须向长机（组）方向侧滑以保持同步转弯。但是，这个过程也存在危险。1938年4月1日，1.J/88和2.J/88中队从萨拉戈萨转移到韦斯卡（Huesca）南部的拉尔拉加（Larraja），在新驻地，福尔科曼对两个中队进行视察。当天中午，1.J/88中队弗里茨•阿韦（Fritz Awe）少尉率领四机编队做90°左转弯时，阿道夫•博尔歇斯中士的Bf 109座机叠到了阿韦座机上，他的螺旋桨切进了阿韦的座舱里，后者的飞机当即断为两截，飞机的尾部先是坠落地面，随后座舱、前机身、发动机和机翼散落一地。阿韦被斩首在座舱里，肇事者博尔歇斯的座机受伤，他驾机迫降时翻滚，但他却只受了点轻伤。新战术的摸索也是要付出代价的，对一个国家的空军来说，这点损失换来的是巨大利益。

1938年7月24日晚，共和军在埃布罗河（Ebro）发起大规模攻势，随后的几天内，共和军空军为此次攻势提供了空中

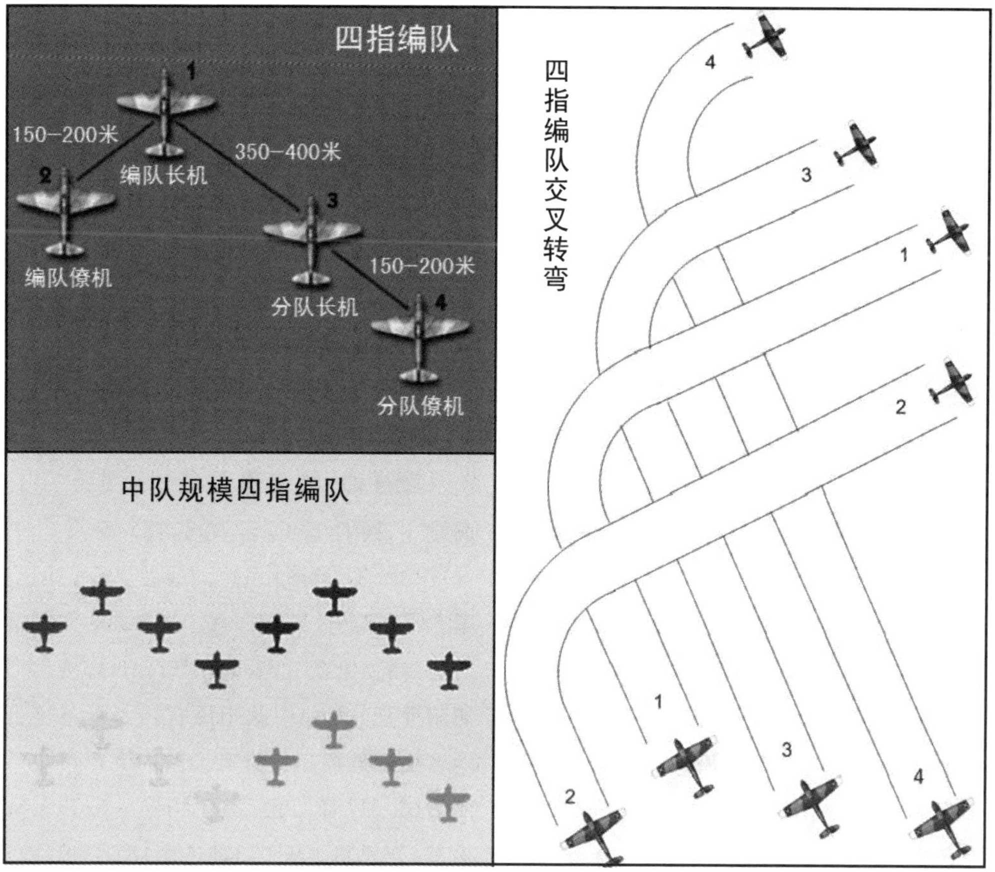

▲四指编队示意图。

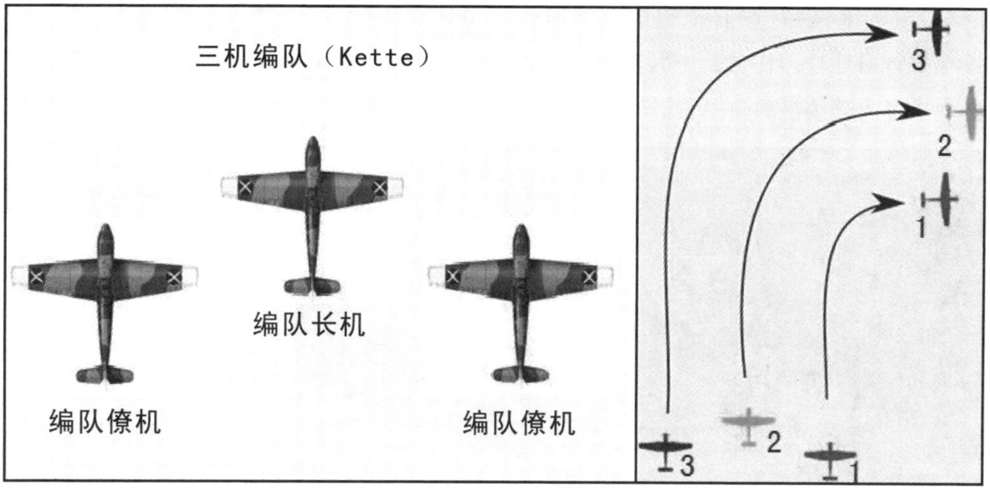

▲早期德国空军采用的是三机编队，其他国家空军也多采用此编队（作战队形）。

支援行动，德国空军的新飞机和新战术也在这次战斗中得到了检验。内战到这个阶段，共和军空军的战斗机规模达到鼎盛：176架作战飞机，包括I-15、I-16和格鲁曼G-23“海豚”战斗机，国民军空军的战斗机数量为168架，即96架意大利和36架西班牙产CR.32战斗机，36架德国Bf 109战斗机。

埃布罗河战役是西班牙内战的最后阶段最大规模的战役，共和军实际上一直在溃败，这次攻势战也困难重重，但是，战役爆发后，共和军先是取得了一系列的胜利，攻城略地后的8月1日，地面部队的攻势减缓，最后不得不进入防御阶段。

1938年8月，“秃鹰军团”的J./88大队击落了约30架敌机，大部分是战斗机。斯切尔曼这个月战绩中增加了2架SB-2轰炸机和2架I-16战斗机，1.J/88中队的奥托•伯特拉姆（Otto Bertram）在进入西班牙的第一个月（8月）就击落4架敌机，他的第1架战果是8月14日取得的，当时他正在执行对地攻击任务，一大群国民军将军观看了击落敌机的全过程。

8月19日，国民军在“秃鹰军团”的支援下开始向法塔雷拉（Fatarelle）反攻，尽管J./88大队击落了4架I-16战斗机，地面战斗却没取得任何进展。第二天，斯切尔曼获得他第12架也是最后1架战果，截至此时，他是西班牙战场上德国飞行员中战绩最高得主。8月23日，J./88大队击落4架敌机，9月9日击落5架，后者中有1架是莫尔德斯的第6架战果，他在这天战斗中面对的是多达60架的敌机。

葛哈德•汉德里克终于在9月10日离职，接任他的是瓦尔特•格拉布曼（Walter Grabmann），后者原是德国空军Ⅰ./JG 234大队指挥官。几乎同一时间，西贝尔特•伦茨（Siebelt Reents）接替斯切尔曼任1.J/88中队指挥官。由于苏德台地区出现危机，一批有经验的飞行员也奉命回国。尽管如此，9月20日，J./88大队击落4架飞机，9月23日击落10架，9月27日击落4架，10月4日再击落2架I-15和1架I-16战斗机。

1938年10月底，佛朗哥的军队对埃布罗发动大规模进攻，尽管共和军空军拥有100架战斗机，但是他们仍然未能掌握制空权。有必要提一下，这个阶段，国际上仍然在源源不断地支援共和军，比如在8月，从法国运来90架I-16战斗机。10月最后一天，2.J/88中队和3.J/88中

▲西班牙的机场极其简陋，好在那时的飞机并不在乎这点。

队的Bf 109战斗机击落7架I-16和2架I-15战斗机。11月3日，莫尔德斯取得他在西班牙战场上最后1架战果。当天，佛朗哥的军队攻占了皮内尔（Pinell）小镇，这个小镇十分重要，这里是通向埃布罗的桥头堡，至此通往埃布罗的道路被完全打通。随后在埃布罗的战斗持续到11月16日，共和军地面部队跨过埃布罗河撤退，国民军原来丢失的领土全部被收回。

三个半月的埃布罗战役中，共和军空军损失了300架飞机，其中1/3是被德国J./88大队击落的，这其中又有不少于42架是莫尔德斯的3.J/88中队击落的。这次战役让莫尔德斯战绩跃升到14架，成为“秃鹰军团”排名第一的王牌，还有3架没有得到证实（指没有上报或上报后没有得到上级部门的批准）。据说，莫尔德斯有意隐瞒了那3架战果，主要考虑是担心战绩过高会被调回国，后来这件事被无意中发现。

埃布罗战役结束后，“秃鹰军团”被命令休整，J./88大队只保留一个中队待命。在1938年冬天高峰时期，“秃鹰军团”有45架Bf 109战斗机具备作战能力。11月底，福尔科曼被重返西班牙的冯•里希特霍芬取代，而莫尔德斯荣耀回国，取代他任3.J/88中队指挥官的是胡贝图斯•冯•博宁（Hubertus von Bonin）中尉。

波希米亚的冬天气候阻止了J./88大队在西班牙最后阶段的战斗。1938年11月23日，佛朗哥的军队发动最后一次重要的攻势，“秃鹰军团”也参与了此次战斗。就在这个时候，首批Bf 109E-1战斗机送到已经驻扎在拉塞尼亚的J./88大队。在11月28－30日间，J./88大队击落16架共和军飞机，其中1架战果属于2.J/88中队新任指挥官阿尔弗雷德•冯•洛耶夫斯基（Alfred von Lojewski）中尉。12月，德国Bf 109战斗机完全掌握了西班牙上空的制空权。

由于气候恶劣，这段时间里空中行动并不算多，但是到了1939年1月12日，Bf 109战斗机突然空袭了共和军一处机场，摧毁了机场停放的13架飞机。1月16

▲未来的超级明星维尔纳•莫尔德斯（左站立者）在西班牙内战的照片。注意看机翼上方开启的舱盖，这里是机翼机枪的后膛，地勤人员在此为机枪补弹。

▲6-56号Bf 109D-1是葛哈德•汉德里克的座机，他是西班牙内战王牌（战绩5架）。

▲“秃鹰军团”在庆祝胜利。

▲这也是1架Bf 109D战斗机，站在前面的人身份不详，没有穿飞行服，没准是梅塞施密特公司的技术人员。

日，J./88大队从赛丁（Zaidin）转移到莱里达（Lerida）。随着国民军不断向巴塞罗那推进，3.J/88中队在1月17日击落4架敌机。四天后，J./88大队再次转移到塔拉戈纳（Tarragona）北部的巴尔斯（Valls）机场，抵达该机场的当天，Bf 109战斗机再次击落4架I-16战斗机。

巴塞罗那在1月26日被攻占，两天后，在巴塞罗那举行的盛大庆祝胜利活动中，Bf 109战斗机为此次活动提供防空保护，但是有一些人却以为共和军派飞机来进攻了。1月29日，J./88大队派出战斗机为前去轰炸赫罗纳（Gerona）和费卡洛斯（Figueras）火车站的轰炸机编队护航，此次行动中没有遭遇对方战斗机，为此，护航战斗机也担负起了对沿岸公路上车辆扫射的任务。

1939年2月初，J./88大队执行了多次为轰炸机护航任务，轰炸的目标主要是共和军的机场，这些行动中的2月5日，德国战斗机击落3架敌机，第二天击落4架。

▲Bf 109E进入西班牙战场时西班牙内战已经快结束，可以看出共和军的作战飞机始终是那几个型号，而德国“秃鹰军团”飞机一再更新换代。参加西班牙内战的Bf 109E共有45架（6-87—6-131），包括Bf 109E-1、E-3和E-4型号。

▲以上三图均为Bf 109E战斗机。

▲1.J/88中队Bf 109E飞机。

▲这是2.J/88中队的1架Bf 109E因事故受损，一群人在将飞机往机库推。

▲6-116号Bf 109E飞机因事故在农田迫降，飞机似乎破损并不严重。

在2月6日这天行动中，“秃鹰军团”遭受西班牙内战期间最后一架飞机作战损失，当天，海因里希•温德穆特（Heinrich Windemuth）的Bf 109E-1战斗机在攻击比拉胡伊加（Vilajuiga）机场时被击落。3月6日，J./88大队取得第334架，也是最后一架战果，即博宁击落的1架寇蒂斯飞机（I-15）。

在佛朗哥军队最后阶段进攻马德里的战斗中，“秃鹰军团”并没有直接参加，在最后几天，只是进行了所谓的“训

▲图中的6-98号Bf 109E飞机在1939年2月6日被苏联I-15战斗机击落。

▲西班牙内战中，德国共损失40架各种型号Bf 109战斗机，其中许多是事故造成的，如起降和空中相撞（5架）等，还有18架被击落（包括高炮击落2架，SB-2轰炸机击落3架），另有2架被炸毁在机场。

▲这是一张很有气势的图，1架“秃鹰军团”Bf 109E战斗机低空飞过共和军阵地上空。可惜可能是伪造的，不然可以获得普利策大奖了。

练任务”，实际上应该是震慑。比如3月17日，J./88大队派出3架Bf 109战斗机到马德里上空执行自由狩猎任务，但是，没有遇到敌机。十天之后，J./88大队执行最后一次作战任务，即为K./88大队的轰炸机护航去轰炸共和军阵地。当天早些时候，德国空军1架Hs 126侦察机看到马德里有白旗在飘扬，共和军终于输掉了这场战争。10点整，冯•里希特霍芬终于发来了等待已久的命令“所有德国单位停止作战行动！”3月28日，佛朗哥军队进入马德里，西班牙内战正式结束。

西班牙内战期间德国空军王牌

1.维尔纳•莫尔德斯 战绩14架，其中1架SB-2轰炸机、3架I-15战斗机、10架I-16战斗机

2.沃尔夫冈•斯切尔曼 战绩12架，其中2架SB-2轰炸机、2架I-15战斗机、8架I-16战斗机

3.哈罗•哈德尔 战绩11架，其中1架AS 6运输机、1架Ni-H.52C.1战斗机、1架SB-2轰炸机、3架I-15战斗机、5架I-16战斗机

4.彼得•博德姆 战绩10架，其中2架I-15战斗机、8架I-16战斗机，第10架I-16战果未被批准

5.奥托•伯特拉姆 战绩9架，其中1架I-15战斗机、8架I-16战斗机，但是，第5、6、7架I-16战果未被批准

6.威廉•恩斯伦 战绩9架，其中1架SB-2轰炸机、3架I-15战斗机、5架I-16战斗机

7.赫尔伯特•伊勒费尔德 战绩9架，其中1架SB-2轰炸机、4架I-15战斗机、4架I-16战斗机，但是，第4架I-16战果未被批准

8.瓦尔特•奥梭 战绩9架，其中1架SB-2轰炸机、4架I-15战斗机、4架I-16战斗机

9.莱因哈德•席勒 战绩9架，其中3架SB-2轰炸机、3架I-15战斗机、3架I-16战斗机

10.赫尔维希•克内佩尔 战绩8架，其中1架Casa-Breguet 19、3架Ni-H.52C.1战斗机、2架Potez 540战斗机、1架SB-2轰炸机、1架I-15战斗机

11.汉斯-卡尔•迈耶尔 战绩6架，其中2架SB-2轰炸机、1架I-15战斗机、3架I-16战斗机。应该还有2架战果

12.克拉夫特•埃伯哈德 战绩7架，其中2架Casa-Breguet 19、4架Potez 540战斗机、1架I-15战斗机。第3架Potez 540战斗机和最后1架I-15战斗机战果未被批准

13.瓦尔特•格拉布曼 战绩7架，其中2架SB-2轰炸机、2架I-15战斗机、3架I-16战斗机。第4架I-16战斗机战果未被批准

14.霍斯特•蒂森 战绩7架，全部是I-16战斗机。第2架和第3架战果未被批准

15.威廉•巴尔萨泽 战绩6架，其中4架SB-2轰炸机、2架I-16战斗机。第1架I-16战斗机战果未被批准

16.罗尔夫•平格尔 战绩6架，其中2架SB-2轰炸机、1架I-15战斗机、3架I-16战斗机。第1架I-15战斗机战果未被批准

17.库尔特•罗切尔 战绩6架，其中1架I-15战斗机、5架I-16战斗机

18.格奥尔格•布劳舍恩 战绩5架，其中1架SB-2轰炸机、3架I-15战斗机、1架I-16战斗机

19.葛哈德•汉德里克 战绩5架，其中1架I-15战斗机、1架I-16战斗机。第1架I-15战斗机战果未被批准，他据信还击落3架敌机

20.奥托•海因里希•冯•胡瓦尔德 战绩5架，其中2架Ni-H.52C.1战斗机、1架Casa-Breguet 19、1架Casa-Vickers Vildebeest、1架I-16战斗机

21.沃尔夫冈•里皮切特 战绩5架，其中1架I-15战斗机、4架I-16战斗机

22.冈瑟尔•吕佐夫 战绩5架，其中4架I-15战斗机、1架I-16战斗机

23.约阿西姆•施利希廷 战绩5架，全部是I-16战斗机

24.威利•斯祖加尔 战绩5架，其中2架I-15战斗机、3架I-16战斗机。第5架I-15战斗机战果未被批准

25.汉内斯•特劳罗夫特 战绩5架，其中1架Casa-Breguet 19、1架Ni-H.52C.1战斗机、2架Potez 540战斗机、1架I-16战斗机

第二章　西线战役(1939–1941年)——横扫千军，势如破竹

西线战场是德国二战的三个主要战场（西线战场、地中海战场和苏联战场）之一，这个战场的战役贯穿了几乎整个二战。虽然一度沉寂，不是德国作战中心，但这里的战斗并没有停止，甚至与德国最后阶段的帝国保卫战相互交织。在三个主要战场中，西线战场的战役持续的时间最长，而这里的战役主要分为三个主要部分，一个是入侵波兰、低地国家和法国，以及英国战役。这三个战役主要是德国发起攻势，属于德国的战略进攻阶段；另一个是前三个战役结束后的相对平静期，一方面德国把战争的重心转移到了地中海地区和苏联，另一方面英国需要时间恢复元气与德国再战。但是从1942年开始，美国参战后，盟军对德国境内目标的轰炸行动逐渐增多，这些作战行动以英国为基地，必须通过德国西线防御体系才能抵达

德国境内目标，因此西线战役变得活跃起来，直到帝国保卫战，这是第三个部分。

由于第三个阶段与帝国保卫战交织在一起，因此这个阶段战斗单独成章介绍，西线战场的两个阶段本书将这里的战斗分为两个章节来叙述。

入侵波兰战役

很多资料称，第二次世界大战爆发时间，也就是德国入侵波兰的正式时间，即1939年9月1日5点45分，这个时间的出处是9月1日上午10点希特勒在国会发表的演讲，这次演讲同时也向全体国民广播。在此次演讲中，希特勒言辞激烈地痛斥波兰人“持续不断地挑衅”，他称“昨天夜里，波兰正规部队的士兵首次在我们的领土上开了火。从上午5:45 起，我们进行了回击，那里从现在开始将炮火连天”（希特勒演讲原文）。希特勒的演讲充满了谎言，因此这个时间也不准确就很容易理解了。二战爆发的确切时间应该是德国一战时的“石勒苏益格－荷尔斯泰因”号（Schleswig-Holstein）战列舰开响的第一炮，当天5点47分（波兰当地时间4点47分），德国海军这艘战列舰用280毫米舰炮炮击了波兰但泽市（格旦斯克）北部维斯特普拉特（Westerplatte）的波兰军火库，这次炮击应该是“正式”的二战爆发时间。

但是，就在“石勒苏益格－荷尔斯泰因”号战列舰开火前21分钟，即4点26分

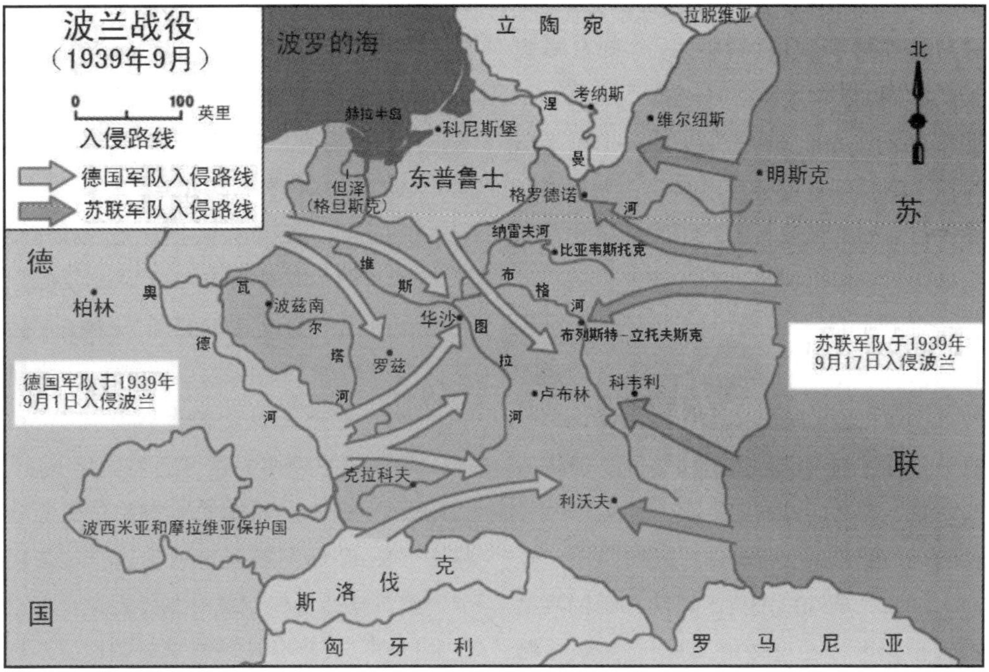

▲波兰战役态势图。

▲奔赴波兰目标途中的德国Ju 87B“斯图卡”俯冲轰炸机编队，Ju 87俯冲轰炸机是德国闪电战的核心之一。

（波兰当地时间，以下波兰战役中的时间均采用当地时间），德国空军Ⅰ./St.G 1大队由布鲁诺•迪雷（Brono Dilley）上尉率领第3中队（3./St.G 1）的3架Ju 87B“斯图卡”俯冲轰炸机编队已经从东普鲁士的前线机场起飞前去轰炸波兰目标，这3架飞机每架都携带1枚250公斤炸弹（机腹挂架）和4枚50公斤炸弹（翼下挂架）。此次空袭行动的目标是迪尔斯乔的维斯图拉河上的铁路桥的桥头堡，波兰人计划在德国进攻时炸毁它，而德国人希望在行动中摧毁桥头堡以保持大桥的畅通，桥头堡就是遥控炸毁大桥的控制中心，从桥头堡到大桥还布设了起爆电缆。八分钟后，Ju 87B飞机编队飞抵迪尔斯乔上空，但当时的目标区被地面的薄雾所笼罩。薄雾并不严重，不久“斯图卡”飞行员就看到了他们前方铁路桥的钢结构骨架。3架“斯图卡”飞机从维斯图拉平原约10米的高度进入目标区，在投弹前，3架飞机依次爬升到预定高度然后俯冲，准确地将炸弹投向了碉堡。这是第二次世界大战中投下的第一枚炸弹。这次空袭行动非常成功，轰炸精确度也非常高，碉堡被摧毁，手指粗的电缆被炸断，但是波兰先锋队抢先重新将被炸断的电缆接了起来，6点30分，在德国地面部队抵达前，铁路桥还是被波兰人炸毁，因此德国的装甲火车未能按时进入波兰走廊。

笔者查阅了二战前德国准备入侵波兰的具体时间，希特勒的演讲谎言并不算数，在二战爆发前，希特勒就将进攻时间定在4点45分。博尔克曼•博佩尔的《闪击波兰》一书中写道：“（8月31日上午）希特勒在和军队高级将领商议后，仍决定进攻波兰，时间定在9月1日4点45分。”8月31日晚，纳粹陆军参谋长哈尔德在日记中称进攻时间是“4点30分”。从这两份资料看，二战爆发时间只是比预定的早了几分钟或是十几分钟。

就在Ⅰ./St.G 1大队投下第一枚炸弹时，德国空军Ⅰ./St.G 2“伊美尔曼”大队在当天的行动中取得第一个空中战果。当天4点45分刚过，Ⅰ./St.G 2大队的几架Ju 87飞机从上西里西亚（Upper Silesia）的尼德尔－艾尔古特（Nieder-Ellguth）起飞去轰炸波兰空军位于克拉科夫（Krakow）的机场，但这个“斯图卡”编队抵达目标空域时却发现这里早已人去楼空。大部分波兰空军单位在战争爆发后的几个小时内迅速撤离原基地，分散到之前预先制定并精心伪装的卫星机场。虽然克拉科夫机场没人，“斯图卡”飞机还是将炸弹全部投向了机场并准备返回德国。在返回的途中，“斯图卡”编队偶然飞过巴里斯（Balice）村庄上空，这个村庄附近就有一个波兰空军的疏散机场，当时，该机场第121中队的2架PZL P.11C战斗机正紧急起飞。P.11C是一款设计较老的飞机，虽然是单翼设计，但飞机的爬升速度非常慢。就在P.11C飞机爬升过程中，双机编队的长机米奇斯瓦夫•麦迪威斯基（Mieczyslaw Medwecki）上尉（第121中队指挥官）准备对他前面的3架“斯图卡”飞机发起攻击，但是，他没有发现后面还有3架“斯图卡”飞机正在靠近他。P.11C飞机后面的“斯图卡”飞行员弗兰克•纽伯特（Frank Neubert）中尉抓住有利时机迅速逼近并用机翼的机枪对着P.11C飞机座舱猛烈射击，射击非常精确，麦迪威斯基的座机在空中当即爆炸变成一个大火球。弗兰克•纽伯特后来描述称P.11C飞机的爆炸碎片从他的耳边飞过。刚刚目睹了中队指挥官被击落，波兰飞行员吉尼斯（Gnys）迅速地退出攻击Ju 87程序，就在飞离德国“斯图卡”飞机编队后，他看见前方有2架德国Do 17E轰炸机，这2架轰炸机属德国空军KG 77联队，这个联队也是完成轰炸克拉科夫机场后在返航途中。吉尼斯抓住时机向2架轰炸机发起了攻击，攻击后，2架德国轰炸机飞到小山后不见了。事实上，2架德国轰炸机坠毁在名为祖拉达（Zurada）的小村庄附近，两机坠毁地相距不过百米。这次战斗中德国取得了二战开战以来的第一个战果，却损失了2架飞机。

▲“斯图卡”飞机的俯冲轰炸虽然成功，但铁路桥最终还是被波兰先锋队炸毁。图中显示的是波兰被占领后德国人视察大桥时的情景。

Ju 87“斯图卡”俯冲轰炸机无疑是德国闪电战的核心，随后的战斗中，最重要的目标，最难啃的骨头都由“斯图卡”单位来轰炸，像“飞行炮兵”这种角色“斯图卡”飞机不屑一顾（德国在战略溃败时“斯图卡”飞机不得不去做），德国另一种俯冲轰炸机Hs 123却十分适合这个角色。Hs 123是一款双翼对地攻击机，在1935年跟Ju 87竞争过德国空军俯冲轰炸机项目，虽然性能稍逊，但Hs 123非常适合“飞行炮兵”这个角色，在入侵波兰的行动中，Hs 123与远程轰炸机联队（Kampfgeschwader）协同出动，将德国陆军前方的波兰目标一个个地拔除。为德

▲战斗前，一名长机飞行员在和僚机飞行员认真研究地图准备下一个作战任务。不清楚是哪个单位的Bf 109E战斗机，单位标志不太清楚，况且早期单位名称和图案也多有变化。

国重型轰炸机和“斯图卡”部队护航的主要是双发远程战斗机Bf 110，这种重型战斗机也称驱逐机，波兰人称之为最可怕的敌人。

相比之下，本书重点要讲述的Bf 109战斗机却在当天的空中行动中主要在外围执行一些作战任务，从本章节后面列出的战斗序列表可以看出，波兰战役中，德国空军只有两个面向东部（即波兰方向）的航空队，也就是说只有四个装备Bf 109战斗机的大队，外加一个同属一大队的两个中队（因此也可以称是第五个大队）直接参与波兰战役，另外七个大队驻扎在后方，属德国空军国土航空司令部控制，主要执行国土防空作战任务。在参加波兰战役的Bf 109战斗机大队中，一些单位在完成了18天的规定作战时间后就撤回了本土基地，波兰空军力量在开战后几天内就被消灭，用不着Bf 109这种高性能战斗机执行护航或防空任务。其实，德国唯一的担心，或者唯一能够威胁到德国的是英国和法国，这两个国家军事实力在欧洲属最强之一。况且，英国和法国在德国入侵波兰后的9月3日正式对德宣战，德国对英法两国的担心远胜当时仍在作战的波兰战场。事实上，德国首都柏林在开战的第一天就经历了空袭警报，当天，柏林市民听到来自伦敦方面的空袭警报后匆匆跑进了防空避难所。后来调查证明，“肇事”的飞机并不是来自法国方向的飞机，实际上是德国自己的He 111轰炸机在轰炸完波兰目标后返

▲入侵波兰战役，德国空军当时的主力装备是Bf 109E型号，也有一些Bf 109D型号，这个实际上是个过渡型号。图中是德国空军Ⅰ./JG 1大队的Bf 109E飞机，远处是Hs 123战斗机。照片拍摄于波兰，不清楚是哪个阶段波兰战场照片。

回基地。虽然是虚惊一场，但是，战争已经来临。

跟德国相比，波兰空军力量根本不值一提，二战爆发时，波兰空军只有800架波兰自产的飞机，在一线的只有463架飞机，而其中只有277架是PZL P.11C和PZL P.7，以及其他战斗机。波兰的战斗机机动性较好，但设计早就过时了，大多仍是双翼飞机，速度较慢。这些战斗机性能跟德国Bf 109或Bf 110战斗机根本无法相比。

在北部，第1航空师的作战单位在9月1日的作战行动跟布鲁诺•迪雷上尉当天轰炸铁路桥行动一样受到当天当地晨雾影响。开战第一天凌晨，Bf 109作战单位的飞行员早在3点15分就起床做参战准备了，德国空军第2作战指导和评估大队（Operational Instruction and Evaluation Group），即I.(J)/LG 2大队的飞行员在大队指挥官汉斯•特鲁本巴切（Hanns Trubenbach）的率领下在正午前两个小时才升空执行任务。总的来说，在战争的第一天，I.(J)/LG 2大队只执行了四次独立的护航任务，而且根本就没遭遇到波兰空军战斗机。四天后的9月4日，德国Bf 109战斗机首次遭遇波兰空军战斗机，在战斗中，I.(J)/LG 2大队的Bf 109E战斗机击落3架波兰P.11战斗机，其中一个战果是克劳斯•夸特－法斯勒姆（Klaus Quaet-Faslem）少尉取得的，他在随后的战斗中又击落48架敌机（总战绩是49架），后来他升任Ⅰ./JG 3大队指挥官。1944年1月30日，在德国布伦瑞克

▲I.(J)/LG 2大队的红色15号机是彼得•罗丁的Bf 109E-1座机，照片拍摄于1939年9月的波兰。

▲德国飞行员正在进行飞机识别练习，后来入侵法国和低地国家战役中目标识别一再出错，当时很多飞机长得像是主要原因。

（Brunswick）附近与美国的作战中，克劳斯•夸特－法斯勒姆丧生。很多其他后来取得很高战绩或升任更高职位的飞行员都跟克劳斯•夸特－法斯勒姆一样是在波兰战役中取得的人生第一个战果。

9月9日，I.(J)/LG 2大队向前转移到布朗伯格（Bromberg）附近的劳恩堡（Lauenburg），为的是跟上正在向波兰纵深推进的德国第4装甲集团军的步伐，以便为其提供防空任务。在新驻地，I.(J)/LG 2大队的飞行员再次获得4个战果：全部是波兰空军的PW S.26老式双翼教练机。这些S.26教练机在当时在执行紧急侦察和联络任务，而德国空军的Bf 109E在自由狩猎行动中一次性切瓜削菜般将4架波兰飞机击落，这种战斗毫无悬念可言，根本谈不上精彩。这次的4个战果中有2个属于未来的王牌弗雷德里切•吉斯夏特（Friedrich Geisshardt）中士和埃尔温•克劳森（Erwin Clausen）技术中士，这两人后来都获得了“橡树叶加骑士十字勋章”，并担任帝国本土防御大队的指挥官（分别是Ⅲ./JG 26大队和Ⅰ./JG 11大队），两人均在1943年的作战中阵亡。

9月10日，弗雷德里切•吉斯夏特自己被一群PZL P.11战斗机击落，在被波兰人俘虏的几个小时里，由于他身上一件非正规的蓝色针织衫德国空军制服，他差点被行刑队当做第五纵队嫌疑分子枪毙。几小时后“斯图卡”飞机的轰炸行动却让他得以幸运地在空袭造成的混乱中逃脱。他和另一名德军俘虏找了两匹马，在经过五天筋疲力尽而又危机四伏的长途跋涉后，他们成功地逃回己方地盘。

9月15日，I.(J)/LG 2大队继续前移到

▲JGr.101（Ⅱ./ZG 1）大队的一个中队飞行员和地勤人员在1架Bf 109E战斗机前合影，注意看飞机机头上奔跑的小狗图案。

▲（上下图）这架JGr.101（Ⅱ./ZG 1）大队的Bf 109E-1的图案是一只小火龙，当时德国各个单位的标志还没有形成定制，飞行员都根据自己的爱好自由发挥。

▲图中这架Bf 109E-1飞机属于2./JG 20中队（后来的8./JG 51中队），这个中队的图案是一只拱起后背的猫。跟Bf 109D相比，Bf 109E的发动机冷却空气进气口非常小，增压器进气口是方形的。

距华沙以北仅50公里的普图斯克(Pultusk)。但是，战争进行到这个时候，空中对抗已几乎不存在，早在开战的一个星期里波兰空军就基本上被消灭，零星战斗不足为惧，但也有马失前蹄的情况，上段中吉斯夏特就是，开战两个星期后，找不到对手的I.(J)/LG 2大队只能去执行一些对地扫射任务。9月20日，该大队最终撤回加茨（Garz）战前驻扎的后方基地。

第1航空师的另一个作战单位是德国海军的第186舰载机联队（德语Tragergruppe，即Carrier Wing），缩写是Tr.Gr 186，这个联队的第Ⅱ大队（Ⅱ./Tr.Gr 186）是一个混编单位，由1个“斯图卡”俯冲轰炸机中队（第4中队，即4.St/Tr.Gr 186）和2个战斗机中队（第5和第6中队，即5.(J)/Tr.Gr.186和6.(J)/Tr.Gr.186）组成。Tr.Gr 186联队于1938年10月1日在德国进驻苏德台地区的当天在基尔－霍尔特劳（Kiel-Holtenau）组建，它是为当时还在建造中的“齐柏林伯爵”号航母特意组建的。“齐柏林伯爵”号航母于1935年正式开始建造，但到1939年10月就被取消，航母建造计划取消后，Tr.Gr 186联队并没有被取消，而是作为实战单位一直存在到1939年11月8日。由于晨雾遍地弥漫，两支舰载机中队的Bf 109B/E战斗机也无法执行9月1日预定的第一次作战任务，因此这两个中队转而为炮击威斯特普拉特的德国海军“石勒苏益格－荷尔斯坦因”号战列舰提供空中掩护。但是，到当天下午，威斯特普拉特的地面能见度有所改善，适合俯冲轰炸，于是4.St/Tr.Gr 186中队的4架Ju 87B飞机在9月1日下午发起了空袭赫拉（Hela）的军事行动，这次行动中，两支Bf 109中队为“斯图卡”编队提供了护航任务。根据一位飞行员的说法，2架Bf 109战斗机被赫拉半岛的密集防空炮火击落，此次行动很好地让他们认识到了战争的残酷性。赫拉半岛的防空火力密度比波兰首都华沙的还要高，而且这个狭长的小半岛极难对付，波兰正式投降的四天后赫拉半岛守军才投降，德国Ju 87飞机和其他作战飞机主要损失就在该处和首都华沙上空。

9月2日，5.(J)/Tr.Gr.186和6.(J)/Tr.Gr.186中队又执行了两次为“斯图卡”飞机护航的任务，没有任何损失。24小时后，两个中队转移到古腾费尔德（Gutenfeld），他们只在这个位于东普鲁士的基地呆了三天，没再执行任何任务。9月6日，两个中队返回了北海沿岸的哈格（Hage）基地继续进行舰载方面的训练和研究，当时“齐柏林伯爵”号航母建造还未被取消。

驻扎在东普鲁士基地的两个大队中，Ⅰ./JG 1大队在波兰战役中扮演了一个更加次要的角色。入侵波兰战争前，为了防止遭到空袭，Ⅰ./JG 1大队指挥官伯恩哈德•沃尔登加（Bernhard Woldenga）上校将手下的三个中队疏散部署到三个不同的机场，后来的战场形势表明这一举措毫无必要，因为从东普鲁士出发向南推进的德国陆军第3集团军在向华沙推进的途中没有受到波兰空军的任何阻扰。当时波兰空军战略以防御为主，主要装备就是战斗机，它还远没有能力实施进攻战略，但作为战争的必要措施，预防工作不能不做。鉴于空战极少发生，德国Ⅰ./JG 1大队主要执行一些对地扫射任务，结果导致多架战机受损，一名飞行员轻伤。但到了9月4日，也就是英国和法国正式向德国宣战的24小时内，Ⅰ./JG 1大队的第1中队，即1./JG 1中队已经开始着手撤离波兰战场，几天后，整个Ⅰ./JG 1大队都返回了位于约绍的战前空军基地。英法对德宣战后，德国不得不考虑开辟西部战线准备跟

▲波兰空军这种古董级的PZL P.11战斗机无论如何也不是Bf 109D/E的对手，甚至德国Ju 87俯冲轰炸机也能将其击落。

这两个宿敌大干一场，这两个是需要认真对待的对手。

驻地在东普鲁士的另一个大队Ⅰ./JG 21在波兰战役的头一天也没什么惊心动魄的作战经历。波兰战役期间，Ⅰ./JG 21大队驻扎在东普鲁士南面的阿里斯•罗斯特肯（Arys-Rostken）前线机场，主要作战任务是为空袭华沙的He 111轰炸机护航。9月1日当天虽然大雾弥漫，Ⅰ./JG 21大队的Bf 109E战斗机还是设法与轰炸机会合，让人十分郁闷的是，He 111轰炸机的机枪手却误认为Bf 109E飞机是敌机，并且开了火。Ⅰ./JG 21大队指挥官马丁•梅提格（Martin Mettig）上尉试图发射一枚识别信号弹，结果信号弹意外失灵提前爆炸，弄得座舱里满是狂飞乱舞的红色和白色碎屑，浓烟遮挡了梅提格的视野，他的手和大腿也被炸伤。无比气愤的梅提格被迫抛掉座舱罩返回基地，抛掉座舱罩的过程中通信天线和天线杆也被座舱罩刮掉。没有了通讯天线，他无法再与编队的其他飞行员联络。失去了长机引导，再加上天空中的能见度极为糟糕，最终梅提格的编队所有飞行员也都放弃任务返航了。

直到返回罗斯特肯基地后，这些飞行员才了解到这次提前返航的真正原因。但是，他们又开始焦急等待其他编队仍继续执行任务而未返航飞行员的消息。这些未返航的飞行员处在各自为政的分散状态，因为他们遭遇了一支波兰空军PZL P.11战斗机编队，双方混战在一起，空战照例没有悬念，德国Bf 109E战斗机干净利索地击落了4架波兰飞机，己方无一损失。击落敌机的飞行员中有一位是古斯塔夫•罗德尔(Gustav Rödel)少尉，他是另一位未来的“橡树叶加骑士十字勋章”获得者，他的最终战绩是98架，除了2架外，其他战果全部是在与西方盟国空军空战中取得的。古斯塔夫•罗德尔有幸活到了战争结束。

波兰战役的第一天，Ⅰ./JG 21大队的飞行员心情可以用复杂来形容，一方面大队指挥官马丁•梅提格出了糗事，另一方面又在空战中击落4架敌机。虽然开头充满了戏剧性，Ⅰ./JG 21大队仍然坚持到了波兰战役的结束，这期间该中队又获得两个战果。10月9日，Ⅰ./JG 21大队最终被调往西部战线。与此同时，在南面驻扎在西里西亚布雷斯劳的隶属第8航空军（Luftgau Ⅷ）的两个战斗机大队，即Ⅰ./JG 76和Ⅰ./JG 77大队在波兰战役中也只参与了有限的作战行动，主要原因还是波兰空军太弱。

穆勒•莱茵伯格上尉指挥的Ⅰ./JG 76大队直接脱胎于原奥地利空军，当时，奥地利空军组建了由一群退役老兵为骨干的第2战斗机联队（Ja Geschw Ⅱ），奥地利在1938年被德国吞并后，奥地利空军第2战斗机联队就演变成了德国空军Ⅰ./JG 138大队，不久更名为Ⅰ./JG 76大队（1940年4月，该大队番号改为Ⅱ./JG 54）。二战爆发前，Ⅰ./JG 76大队从战前的奥特穆兹基地被部署到前线靠近施图本多夫(Stubendorf)的一个机场。

▲正在穿衣服的是约瑟夫•海恩泽勒（Josef Heinzeller），他的座机图案是他小时候养的一条狗，而名字却是他老婆的，在西方给小狗起个老婆的名字只是表达爱意。

▲波兰空军PZL P.23轻型轰炸机。

▲PZL P.23轻型轰炸机也可以作侦察机使用，图中就是波兰空军第41侦察中队的1架P.23飞机进入德国东普鲁士执行侦察任务时被击落。

I./JG 76大队取得的第一个战果和第一个损失都发生在9月3日。当天，该大队的6架Bf 109E战斗机在中队指挥官迪特里希•赫拉巴克(Dietrich Hrabak)中尉的带领下，对琴斯托霍瓦（Tschenstochau，波兰语：Czstochowa，波兰南部城市）地区展开了自由狩猎行动。在皮特里考（Petrikau）附近，Bf 109E飞行员发现了3架PZL P.23“鲫鱼”（Karas）轻型轰炸侦察机，随即德国战斗机发动俯冲攻击。但是，第一轮攻击并没有击中敌机，当德国Bf 109E准备发起第二轮攻击时，自知不是对手的波兰PZL P.23飞机立即下降到几乎是地面高度以躲避攻击，这一措施起了点作用，德国战斗机的第二轮攻击同样未能奏效。为了降低过快的速度，Bf 109E飞行员将螺旋桨设置在高距，同时放下襟翼。调整好作战姿态后，德国Bf 109E飞行员第三次发起攻击，鲁道夫•齐格勒(Rudolf Ziegler)以200公里/小时的速度从后面追向1架波兰轰炸机，波兰轰炸机的后座机枪手看到追击的德国Bf 109E开始猛烈地射击，不管不顾的齐格勒仍然在缩短与敌机的距离，最后他顶着轰炸机的射击（7.92毫米机枪）扣动了扳机。波兰PZL P.23轰炸机当即被击中，随后从30米高度坠向地面。但是，混战中另2架波兰PZL P.23飞机却击中了中队指挥官迪特尔•赫拉巴克座机的散热器，赫拉巴克被迫在敌后方紧急着陆，他成功地逃脱了波兰人的搜捕，很快返回了原单位。尽管开头并不那么吉利，赫拉巴克后来升任战时JG 54联队第五任也是最后一任指挥官，他还获得了“橡树叶加骑士十字勋章”，其总战绩达到了125架，参加过1000余架次作战任务，他的战绩中有106架是在苏联战场取得的，其余19架是在西线战役中取得的。

在被调往西线前，Ⅰ./JG 76大队在波兰战役中又取得了几次空战胜利，其中之一就是后来赫赫有名的汉斯•菲利普（Hans Phillip）在9月5日当天行动中击落他人生的第一架敌机。汉斯•菲利普是德国空军第四位战绩突破100架大关，第二位战绩突破200架大关的飞行员，同时他也是“佩剑加橡树叶加骑士十字勋章”获得者，他的最终战绩是206架。取得最后一个战果的1943年10月8日，时任JG 1联队指挥官的他在德国北部与美国空军P-47战斗机交战中被击落阵亡（下文有述）。

另一个驻扎于西里西亚的大队是Ⅰ./JG 77，该大队也是在波兰战役中开启了本单位的计分板，空战行动中一共击落了3架敌机，全部是PZL P.23轻型轰炸侦察机，别感到好笑，在波兰上空能遭遇空战就算是幸事了。Ⅰ./JG 77大队的第一个战果是9月3日当天取得的，获得殊荣的是卡尔－戈特弗里德•诺德曼（Karl-Gottfried Nordmann）少尉，他是另一位“橡树叶加骑士十字勋章”获得者，战争结束时的总战绩是78架。他在这次空战中的表现要好过Ⅰ./JG 76大队的同事，当天的空战跟9月3日Ⅰ./JG 76大队的那次战斗类似，同样Bf 109E的速度大大高于被攻击的波兰PZL P.23轰炸机，跟Ⅰ./JG 76大队飞行员将螺旋桨设置在高距同时放下襟翼不同，诺德曼采取的方法是伸出飞机的起落架以增加飞机的阻力，这样才将飞机的速度降到一半达到攻击敌机的理想条件，这种伸出起落架增加阻力的方法更容易紧紧地盯住目标，放下襟翼这个方法并不

▲2./JG 77中队成员和Bf 109E-1战斗机，近处的飞机属于汉内斯•特劳罗夫特上尉。

▲JGr.101（Ⅱ./ZG 1）大队的地勤人员在维护Bf 109E-1战斗机，天气似乎挺热。照片拍摄于1939年的波兰。

好，它容易导致飞机姿态变化，搞不好就会丢失目标。48小时后，Ⅰ./JG 77大队的汉内斯•特劳罗夫特上尉获得该大队的第二个战绩，特劳罗夫特的最终总战绩是57架，包括随“秃鹰军团”在西班牙取得的5架战果。这个数字在德国飞行员中算是非常少的，但是，他的名字在很长时间里一再被提及（上文和下文），而且他还是一名非常出色的战斗机部队指挥官。

上面提到了几个以波兰战役为开端的未来王牌的名字，如果击落5架敌机就是王牌的话，那么这本书光提到这些王牌名字就需要很长的篇幅，因此，值得一提的都是战绩达可观数量的王牌，抑或是在其他方面颇有建树的王牌。上文已经提到过，很多王牌在波兰战役期间只取得区区1架战果，这1架说实话也非常难，难的不是空战技巧（术），当时波兰空军不管什么飞机都远远难与Bf 109战斗机相媲美。真正难的是在天上能遭遇到波兰飞机并与之交战，一句话，能够让他施展个人才能和展现飞机性能的战争还未到来，但也不远了。

其实，波兰战役确实曾诞生了一位王牌，他的名字现在已经没有多少人知道，只零星知道他的战绩一度超过了传奇人物维尔纳•莫尔德斯。这位王牌很早就获得了一级铁十字勋章，跟比自己小十多岁的队友在一起丝毫没有大架子，更重要的是，公认他是一位天生的Bf 109飞行员。他就是……

在德国空军，驱逐机(Zerstorer)这个概念要追溯到大约一年前的1938年11月1日，当时德国空军首次提出轻型战斗机（由航空军指挥，主要负责本土防御任务）和重型战斗机（隶属于作战航空师，在前线服役）的分类标准。不久后的1939年1月1日，“重型战斗机”这个术

▲汉内斯•根岑是JGr.102大队指挥官，他也是波兰战役中德国空军唯一的王牌，战绩是7架。

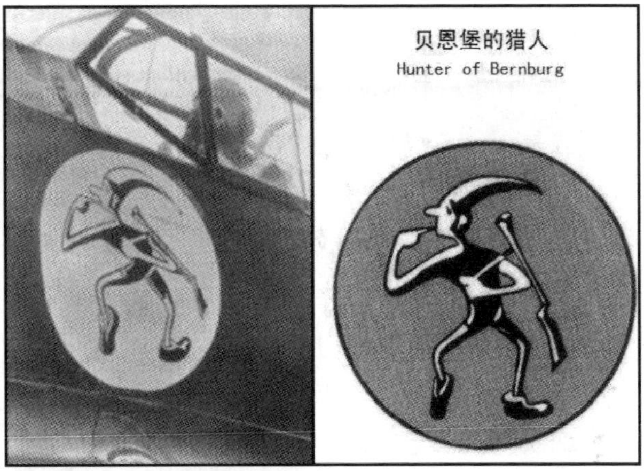

▲JGr.102大队的队标是“贝恩堡的猎人”，大队指挥官汉内斯•根岑就是贝恩堡人，很多德国空军单位都以家乡著名的东西作为队标，如建筑、传说英雄人物和故事人物等。

语就被“Zerstorer”取代，这个词中文通常翻译成驱逐机。原打算装备驱逐机大队的是梅塞施密特公司的新型Bf 110C双发远程护航战斗机，由于发动机的问题，导致在战争爆发时10个驱逐机大队中只有三个装备了Bf 110C战斗机，其他七个大队仍然装备着较老型号的单发Bf 109战斗机，因此这七个大队中的五个临时将番号改成战斗机大队。

▲JGr.102大队地勤人员正在维护并给Bf 109D飞机装弹准备下一个作战任务。

番号临时改为战斗机大队的五个大队中，JGr.102（因为是大队，不能写成JGr 102），即原Ⅰ./ZG 2大队驻扎在克罗斯－斯泰因（Cross-Stein），该大队隶属于冯•里希特霍芬少将的特别行动航空师（Fliegerfuhrer z.b.V.，“z.b.V”是“zur besonderen Verwendung”的缩写，意思是特殊任务专用），这个特别行动航空师特殊之处在于由三个“斯图卡”大队和德国空军唯一的对地攻击大队组成，这四个大队构成了直插波兰防御体系心脏的闪电攻势矛头。但是这段话有点不太明白，所谓“唯一的对地攻击大队”是不是JGr.102大队？如果是，上段已经说了，这是战斗机大队，字母缩写也是战斗机大队的意思，从西班牙内战和下文的作战来看，可能是战斗机单位执行对地攻击任务。

▲汉内斯•根岑的JGr.102大队驻扎在拜耳多夫，照片拍摄于1939年11月。图中第二架飞机（正面照）是三叶桨，肯定是Bf 109E型号。参加波兰战役期间，JGr.102大队装备的是Bf 109D战斗机。

JGr.102大队指挥官是35岁的汉内斯•根岑（Hannes Gentzen）上尉，跟其他参战的德国航空部队飞行员一样，根岑和他的手下非常希望能大干一场，多参加一些激烈刺激的战斗。仍然跟其他空军单位一样，波兰战役的第一天，他们在无所事事中度过，倒是执行了一次为“斯图卡”轰炸威卢姆（Wielum）护航任务，空中却没有遭遇到波兰战斗机，敌军活动的唯一迹象只有远方的星星点点的高射炮火。

波兰战役第二天的情况就大不一样了。9月2日天刚一亮，根岑上尉就率队起飞参战，很快他就宣布取得了大队的第一个战果。当时，他的编队与波兰空军的一支小规模轰炸机编队遭遇，混战中他击落了1架轰炸机。第二天（9月3日），1./JGr.102中队指挥官瓦尔德马尔•冯•卢恩（Waldemar von Roon）中尉再接再厉，当天上午，他在罗兹（Lodz）上空执行自由狩猎任务时击落第二架敌机。这次行动不只是击落1架敌机那么简单，附带的战果让他们惊喜不已，瓦尔德马尔•冯•卢恩回忆说：

我率领自己的中队呈宽梯形编队飞行在罗兹附近上空1000米高度，这时我发现前面有2架波兰战斗机，其中1架位于更高的高度。我自己选择攻击了离我最近的1架波兰飞机。我射击的子弹肯定打中了它的发动机，因为被击中的波兰飞行员很快就向下滑行。我们在其尾部紧紧地跟着它，很快我们就惊奇地发现波兰飞行员打算迫降的地方是一个伪装非常良好的机场。如果不是飞得这么低这么慢，我们根本就不可能发现这个机场。在这一高度，我们可以清晰地辨别出机场上停放了一排共5架轰炸机，轰炸机的绿色和棕色迷彩使其与机场的地面完美地混为一体。

与此同时，被我击中的那架飞机最后迫降时机头先着地，飞机立刻化为一个大火球，波兰飞行员设法跳了出来，并且快速跑向掩体。我们在极低的高度飞过排列整齐的轰炸机，同时用机枪扫射，波兰轰炸机同样也变成了大火球。消灭了轰炸机后，我们又看到机场正中央有一个样子可疑的草垛，难道那里藏着一个油罐吗？我们再次进行扫射，草垛开始着火，很快就露出了隐藏在里面的4架棕色涂装的战斗机。草垛被攻击着火后，波兰地勤人员开始四散逃窜，就像被捅了的蚂蚁窝。

所有这一切都发生在罗兹的郊区，这里专门划出一块区域，伪装机场就在这块区域的中央，这块区域的周围就是居民，刚才我们一定向当地居民表演了非常精彩的空中节目。

与此同时，另1架波兰战斗机在我们头顶上盘旋，然后螺旋向下对我的一位战友发起了攻击，我的战友立即做坡度转弯躲开了攻击。这架波兰战斗机随即也被其他人击落。

▲波兰战役期间JGr.102大队另1架Bf 109D战斗机，注意看发动机冷却空气进气口，这是与Bf 109E型号另一个主要的外观区别。

在返回驻地克罗斯－斯泰因的途中，卢恩的8架Bf 109D战斗机又遭遇了4架波兰轰炸机，Bf 109D轻易地将波兰轰炸机全部击落。在9月3日的战斗中，JGr.102大队共击毁16架敌机，其中包括根岑先前击落的那1架，这16架敌机中，2架战斗机和5架轰炸机在空战中被击落，4架战斗机和5架轰炸机被摧毁在地面。

随后的战斗中，JGr.102大队每天都要执行3－4个架次的作战任务，随着空中战事逐渐平息，大队指挥官汉内斯•根岑上尉对Bf 109飞行员在波兰的表现做了一番很具代表性的评价：

最困难的部分是搜寻到敌战斗机，波兰人是伪装的高手，波兰战斗机棕褐色的迷彩是非常完美的伪装色。但是，只要能找到波兰战斗机，将其干掉就很简单了。尽管我们的飞机具有速度优势，空中格斗很少发生。要么你处在很好的位置发动高速攻击——最好是背向太阳，要么就尽快脱离，去寻找另一个更好的目标。

在执行了几天扫射运输火车和地面部队后，JGr.102大队向前部署到克拉科夫的一座原波兰空军机场，这个机场已经被“斯图卡”俯冲轰炸机炸得满是弹坑，无可选择的JGr.102大队只得在弹坑上搭建帐篷营地，这里的各方面条件比克罗斯－斯泰因奢华的城堡基地差远了。但是，这里却是德国空军向更远处波兰目标发起攻击的最好地点。

但是，德国的闪电战推进速度太快，JGr.102大队在克拉科夫也没呆多久，在48小时内，他们再度前移到德布里卡（Debrica）机场。这里他们不仅有房子可住，而且还有Ju 52运输机满载而来的各种各样的食品点心，让飞行员们感到高兴的是货物中还有一箱箱的啤酒，这些都是他们的家乡贝恩堡市（Bernburg）市长所赐。

9月13日，德布里卡上空出现了一架不断盘旋的侦察机，机上观察员试图挥手吸引下面人的注意，然后扔下了一捆东西：那是两块系在一起的手帕，手帕带来的信息是“布罗迪（Brody）处的机场布满了敌机”，最后还有一位当地德国陆军指挥官的签名。

这是几天以来第一次出现有价值的目标，机不可失，所有可用的战斗机全部立刻起飞。当时正在空中巡逻的3./JGr.102中队约瑟夫•凯尔纳－施泰梅兹（Josef Kellner-Steinmetz）中队也奉命跟随出击。布罗迪位于波兰的最东面，离苏联边界不到60公里，它附近的哈特尼基（Hutniki）机场现在成了波兰轰炸机

▲近处“白色9”号机是JGr.102大队穆勒的座机。德国空军叫穆勒的人很多，不清楚是哪个穆勒。照片拍摄于1938年。

旅的临时避难所。实际上，这座机场不过是浓密森林中的一块小空地，但是根岑上尉却率领他的大队准确地找到了这里。当他正打算发动攻击时，他的一位手下报告称“左舷发现敌机，高度低”。果然，就在他左侧远处稍微高过树梢的低空出现8个棕色的影子。根岑随即从后面向毫无察觉的波兰双座机（应该是上文提到的PZL P.23轻型轰炸侦察机）发起了俯冲攻击，并在极短的时间内击落了4架敌机。轰炸机一般都有后座机枪手，为的是拦截在后方实施攻击的战斗机，实际上也多一双侦察的眼睛，这次行动中，很显然波兰轰炸机都没有带后座机枪手，因此根岑和他的编队可以从容地实施屠杀。JGr.102大队的其他飞行员随后将剩余的几架飞机全部击落，消灭了空中目标后，德国Bf 109D飞行员又将注意力转回地面上的飞机，继续杀戮。

但是，一个大队的几十架飞机一起出动，其噪音早已引起机场地面防空部队的警觉，防空部队做好了充足的准备安心地等德国飞机的到来。在空袭行动中，很快就有一架Bf 109D飞机被地面高炮击中，这架飞机拖着长长的火焰浓烟消失在地平线处，但这并没能阻止其他德国战机继续攻击。德国的空袭给波兰哈特尼基机场造成了相当严重的损失，其中包括数架PZL P.37“麋鹿”（Los，英语elk）双发中型轰炸机。由于燃料即将告罄，JGr.102大队不得不中断攻击返回200公里之外的德布里卡基地。

▲面对德国高性能战斗机，波兰空军能做的就是伪装以减少损失。

▲JGr.102大队临时部署到占领的原波兰空军机场，机场弹坑仍然清晰可见。

24小时之后，JGr.102大队的Bf 109D飞机再次光顾布罗迪机场，这次的任务是将机场彻底摧毁，并继续搜寻失踪的弗里茨•林德尔（Fritz Linder）中士，他就是上段中被击中的Bf 109D飞行员。在空袭布罗迪机场的两天行动中，JGr.102大队声称在空中和地面一共摧毁26架波兰飞机。寻找林德尔的行动始终没有结果，林德尔是德国空军预备役飞行员，他的本职为大学医院高级医师。实际上，一点也不傻的林德尔已经成功地迫降了正在燃烧的座机，迫降过程中他断了两块椎骨。看来伤情并不严重，林德尔设法向南逃去，后来他进入了友好邻国斯洛伐克。

在波兰战役中，Bf 109飞行员中击落敌机最多的是汉内斯•根岑，他的战绩是7架，同时他也是此次战役中唯一的王牌。

▲波兰战役中，参战的德国空军主力是Bf 109E战斗机，而实际上这些飞机发挥的作用并不大，主要原因是波兰空军太弱小。

▲Ⅰ./JG 1大队的54架Bf 109E也在入侵波兰战役的作战序列里，但是实际上，这个大队在波兰战役开始不久后就被调往西线，波兰的空战实在太少。上两图为波兰战场照片。

JGr.102大队在作战行动中总共摧毁了78架波兰飞机，其中有29架是在空战中击落的，因此该大队是波兰战役中最成功的Bf 109大队。

上文多次提到过，波兰战役中，德国空军战斗机部队参与的战斗并不多，有的大队在开战后仅两个星期就被调离战场，

▲上两图均是JG 21联队的Bf 109E-1战斗机，上图中的飞机被波兰地面高炮击落，高炮一般采用近炸引信，因此在机身上会留下大小不一的洞。下图中的飞机因故障实施了迫降，螺旋桨扭成了麻花，说明迫降时发动机仍在工作。

也就是说，实际参战的Bf 109战斗机数量上并不算多，但此次战役中，德国空军承认损失了67架Bf 109战斗机，这个损失跟实际参战的飞机相比算是非常之多了。大部分飞机的损失是由波兰地面炮火造成的，找不到空中目标过瘾，Bf 109战斗机作战单位就执行对地攻击任务，这个战术改变是Bf 109飞机损失大的主要原因。另一个原因也不得不提，那就是误击问题。上文同样提到，在开战的第一天，Ⅰ./JG 21大队的战斗机编队就遭到了护航对象He 111轰炸机的炮火攻击，绝对不是一个孤立事件。“友军攻击”的误伤事件对于交战双方都是一个普遍现象（无论是空对空还是地对空）。据波兰方面估计，波兰

中央和东部Bf 109战斗机作战单位序列（1939年9月1日）

第1航空队指挥部	司令部驻地：	波美拉尼亚的什切青	
		基地	装备飞机型号
第一航空师	驻地：	克罗辛泽的斯科菲尔德	
I.（J）/LG 2	汉斯•特鲁本巴切上尉	洛丁马尔兹科夫	Bf 109E 42-33
JGr.101（II/ZG 1）	莱因哈特少校	利希特瑙	Bf 109E 48-48
5.（J）/TrGr.186	格哈德•卡多夫上校	布鲁斯特罗特－斯武普斯克	Bf 109B/E 23-23
6.（J）/Tr.Gr.186	海因里希•塞里吉尔上尉	布鲁斯特罗特－斯武普斯克	Bf 109B/E 23-23
空军第1军区指挥部	驻地：	东普鲁士科尼斯堡	
Ⅰ./JG 1	伯恩哈德•沃登加少校	古藤费尔德	Bf 109E 46-46
Ⅰ./JG 21	马丁•梅蒂格上尉	古藤费尔德	Bf 109D 39-37
空军第3军区指挥部	驻地：	德国柏林	
Stab JG 2	吉尔德•冯•马绍夫上校	杜贝利茨	Bf 109E 3-3
Ⅰ./JG 2	卡尔•威克少校	杜贝利茨	Bf 109E 41-40
10.（N）/JG 2	阿尔伯特•布鲁门萨特上尉	施特拉斯堡	Bf 109E 9-9
空军第4军区指挥部	驻地：	德累斯顿	
Stab JG 3	马克斯•伊贝尔上校	策尔布斯特	Bf 109E 3-3
Ⅰ./JG 3	奥特亨里切•冯•豪沃德少校	布兰迪斯	Bf 109E 44-38
Ⅰ./JG 20	莱曼少校	斯普鲁特	Bf 109E 37-36
第4航空队指挥部东南部	司令部驻地：	西里西亚的莱茵巴赫	
		基地	装备飞机型号
特别行动航空师	驻地：	奥珀伦	
JGr.102（Ⅰ./ZG 2）	汉内斯•根岑上尉	克罗斯－斯泰因	Bf 109D 45-45
Stab（J）/LG 2	拜尔上校	尼德尔－艾尔古斯	Bf 109E 3-2
空军第8军区指挥部	司令部驻地：	西里西亚的莱恩巴切	装备飞机型号
Ⅰ./JG 76	穆勒•莱茵伯格上尉	奥特穆兹	Bf 109E 51-45
Ⅰ./JG 77	约翰尼斯•扬克上尉	北尤里乌斯堡	Bf 109E 48-43

空军有10%的损失是己方误击造成的，己方防空炮火打下的波兰飞机是德国高炮打下的两倍之多。德国方面也是如此吗?不管是不是，有一个事实可以说明问题，那就是在随后几个月里，Bf 109机翼上的十字标志突然增大了许多!

激战北海沿岸

德国入侵波兰行动是很明显的事，那就是德国想摆脱一战后签订的《凡尔赛条约》，为德国谋求“更大的生存空间”。而英法利用一战结果肢解德国为的是防止德国重新崛起，英法此前容忍德国吞并苏台德地区是因为这两国一厢情愿地以为出卖别国会换来永久和平，但是德国野心膨胀后明目张胆地入侵波兰清楚地告诉英法两国，德国并没那么老实。

早在1939年4月1日，英国和波兰签订《英国波兰相互援助条约》，根据条约，内维尔•张伯伦首相保证在军事上支持波兰，以防止他国对其领土完整构成威胁。伦敦发表的官方声明宣布："如果波兰政府感到她的独立受到威胁，必须用武力进行抵抗，那么英国和法国将站在波兰一边。"

9月1日德国入侵波兰，英国再也坐不住了，战争刚一爆发，英国立刻敦促希特勒停止一切进攻行动，并从波兰领土撤出所有军队。英国设定的最后期限是1939年9月3日上午11点。早有预谋的德国不可能没想到英国的举动，当然也不可能停止战争的步伐，因此最后期限到来时德国军队仍在波兰领土上作战。最后期限15分钟后，英国首相张伯伦在唐宁街通过广播宣布，"英国已与德国处于战争状态"。

9月3日，法国于当天5点30分正式对德宣战。

因为地理原因，英国和法国无法在物资上援助波兰，为此，英法两国只得换一种方式来帮助波兰，即选择在德国西部（通常所说的西线）摆出进攻态势，这一战略目的是迫使希特勒陷入两线（东线和西线）作战。这一新开辟的西线战区被分为两个完全独立的部分，一个是沿法德边界陆地战线，二是德国北部面向北海的海岸线，在这两条战线之间还隔着低地国家。所谓的低地国家就是德国西部的荷兰、比利时和卢森堡三国，这三国是中立国家，其中立状态起初受到交战双方的严格遵守，任何入侵或（交战国飞机）越境飞行都是被严格禁止的。

西线战役的首场战斗在德国北海海岸沿线爆发。

英国对德宣战仅仅过了90分钟，即1939年9月3日12点50分，英国皇家空军1架"布伦海姆"（Blenheim）轰炸机就起飞前往威廉港（Wilhelmshaven）侦察港口内的德国海军舰队。第二天（9月4日）下午，英国发动第一次针对德国的空袭行动，由英国皇家空军5个中队27架"布伦海姆"IV型和"汉普顿"（Hampden）轰炸机组成的轰炸机编队轰炸了威廉港内的斯奇利格大道（Schillig Road，斯奇利格是位于威廉港以北20公里的一座城镇）停靠的战舰。同时，英国皇家空军14架"惠灵顿"（Wellington）轰炸机飞往位于易北河河口的布龙斯比特尔（Brunsbuttel，位于威廉港东北80公里处），轰炸了停泊在那里的德国海军"沙恩霍斯特"号（Scharnhorst）和"格纳森诺"号（Gneisenau）战列巡洋舰。由于当地雾气干扰，近乎一半的英国轰炸机没有找到既定目标，而且24架找到目标的轰炸机中有7架未能返回。

在英国轰炸机轰炸威廉港的前一天，II./JG 77大队指挥官卡尔•舒马赫（Karl

▲虽然英国在二战初期处于下风，但是英国皇家空军的战略是正确的，那就是战斗机和战略轰炸机都在军事战略中占有重要地位，在战略空军建设上，德国仍然欠缺。即使处在不利的境地，英国皇家空军轰炸机部队仍然主动出击，到二战中期开始远程空袭德国本土目标。英国损失极为严重，但是这个战略一直没有改变，最终垮掉的是德国。图中是英国皇家空军“布伦海姆”轰炸机。

▲英国虽然国小，但海外殖民地众多，因此英国研制出很多战斗机和轰炸机，图中“汉普顿”轰炸机头大尾细，看上去很别扭。

▲“惠灵顿”轰炸机看上去更漂亮，性能也不错。

Schumacher）少校率领大队成员部署到诺德霍尔茨基地，这里刚好位于威廉港和布龙斯比特尔的中间位置。Ⅱ./JG 77大队此前驻地在波西米亚的比尔森(Pilsen)，主要职责是保护当地附近的斯柯达钢铁制造厂和军火厂。Ⅱ./JG 77大队是德国空军历史最悠久的战斗机大队，最早可追溯到1934年，刚成立时还是一支保护海军和海岸沿线目标的战斗机单位，该大队守卫了几年北海和波罗的海的海岸线。二战爆发时，德国高层突然想起这支部队的独特背景，英国对德国下最后通牒后，德国开始重新部署军力以便应对英法的挑衅，想起当时Ⅱ./JG 77大队还部署在内陆机场，德国空军甚至觉得还有些后悔，现在醒悟也不算晚，德国空军随即快速将Ⅱ./JG 77大队从内陆机场调到了海岸边的诺德霍尔茨基地。

9月4日下午，英国皇家空军派出两支轰炸机编队去轰炸德国北海沿岸目标，卡尔·舒马赫少校率领手下的Bf 109D战斗机对英国轰炸机实施了拦截，英国皇家空军第9中队A飞行编队（A Flight)的2架“惠灵顿”轰炸机在行动中被Ⅱ./JG 77大

▲卡尔•舒马赫少校一直就是个杂牌军指挥官，装备也最落后，后来这个单位转正，他也有了真正归自己指挥的单位。图中舒巴赫正坐在Bf 109E座舱内。

队的Bf 109D战斗机击落，后来证实，这是德国空军在二战爆发后首次击落英国皇家空军飞机。被击落的2架英国轰炸机中哪一架是最先被击落的，也就是德国空军击落第一架英国飞机的飞行员到底是谁？对一个国家来说这不是问题，但对于个人和集体荣誉来说非常重要。

无可争议的是击落英国2架飞机的德国飞行员分别是阿尔弗雷德•希尔德（Alfred Held）中士和汉斯•特洛伊奇（Hans Troitzsch）中士，但是哪一位飞行员击落第一架敌机还有争议，后来阿尔弗雷德•希尔德中士回忆称：

我的中队其他飞行员还远远在我后面时我就与英国飞机交手了，我第一轮射出的子弹就击中了敌机，敌轰炸机后座机枪手同时也获得绝佳的机会向我还击。我与敌机快速交汇时，我听到机枪射击声和发动机隆隆轰鸣声。（与目标交汇后）我们远远地飞到了翡翠湾（Jade Bight）上空，此时英国飞机开始俯冲以增加速度逃避打击。我迫使英国飞机越飞越低，突然，敌轰炸机左侧蹿出一条长长的火焰，似乎飞机失去了控制，随后开始翻滚。再补射一次就可以报销敌机，但此时敌机机头朝下开始坠落。敌机坠落时，我盘旋在敌机上空，很快水面就出现一个夹杂着碎片的大火球，几秒后敌机消失在海中。

汉斯•特洛伊奇中士后来回忆称：

我们编队穿过易北河河口时，我发现我的座机下方远处有3架英国轰炸机，英国飞机飞得相当低，仅在水面上方而已。当我们靠近一些一看究竟才知道这些是英国双发“惠灵顿”轰炸机，（发现我们后）2架轰炸机钻入低空的云层中消失了（这句话跟“仅在水面上方而已”的夸张表述矛盾了），第三架飞机就在我的机枪前方，为了一击致命，我将敌我距离拉近到100米内才开火。射击后离敌机50米时，我看到目标的左翼突然脱落，机身蹿出长长的火苗。当我靠近到敌机后方20米时，敌机已经完全被大火球包裹起来。（这个过程中）敌机的尾部脱落，脱落的残骸“嗖”地一声从我的头顶上方飞过，（为了避险）我不得不俯冲以躲避不断脱落并燃烧着的飞机碎片，同时我仍在跟踪着敌机向下飞去。我下降了大约400米到达海面，这时坠毁的敌机正在下降，很快就消失在海中，只留下漂散的油迹。

上两段中飞行员自述各自击落敌机的过程没有错，巧合的是两人的战斗都发生在当地时间18点15分，经过调查，德国空军最终认定阿尔弗雷德•希尔德是击落英国飞机的第一人，这个官方结果让希尔德立即成了媒体的焦点，大报小报都是他的事迹。但在战争结束后，Ⅱ./JG 77大队指挥官卡尔•舒马赫却公开发表观点称他一直都相信击落首架英国飞机的荣誉应当归于汉斯•特洛伊奇。

谁第一个击落英国飞机只是个人荣誉问题，真正的问题是战斗机击落了轰炸机，但是，此时的皇家空军轰炸机司令部的长官们却都完全无视德国战斗机的存在。他们依然笃信战前的教条“轰炸机总能顺利通行”（The bomber always gets through），他们将所有的损失都归咎于目标地区密集猛烈而且非常精确的德国海军防空炮火。英国皇家空军得出这个结论也有他的道理，24架实施轰炸的飞机中有5架被防空炮火击落，被战斗机击落的不过2架，因此在他们的眼中，对轰炸机威胁最大的还是防空炮火。早期型号“惠灵顿”轰炸机的油箱没有任何防护措施，甚至像轻机枪这样的火力都能击落它，阿尔弗雷德•希尔德和汉斯•特洛伊奇的目击报告中都提到了他们的目标被击中后起火燃烧这一细节，英国人认为轰炸机被战斗机击落的根本原因就是油箱起火。

▲阿尔弗雷德•希尔德的命不长，但却在二战史上留下了名字。

第一次正面交锋后，北海上空的德英双方的空中行动一直处在一个逐渐升级的过程，双方都派出轰炸机对另一方的沿海锚地和近海海军锚地进行试探性的攻击。这一阶段你来我往的轰炸行动像是一场非常绅士的战争，双方都对轰炸的目标有严格的限定，且双方都异乎寻常地严格遵守规定，无论是皇家空军还是德国空军，都不允许轰炸海港中停泊的战舰，生怕导致平民伤亡。

同样在9月，德国空军Ⅱ./JG 77大队损失了2架Bf 109D飞机，原因都是诺德霍尔茨基地意外事故所致。其中9月17日损失的正是阿尔弗雷德•希尔德中士，这位上周还是报纸头条人物的“翡翠湾的胜利者”，转眼就成了冤魂。虽然战果只有一个，已足够让阿尔弗雷德•希尔德在德国空军史上赢得一席之地。

另一场重要战斗发生在9月29日，当天，英国皇家空军第144中队的11架“汉普顿”轰炸机对德国湾（German Bight）进行了一次“武装侦察”行动，英国轰炸机编队由2个分队组成，其中1个分队6架“汉普顿”飞机攻击了德国2艘驱逐舰，但轰炸没有获得成功；另1个5机分队由皇家空军J.C.卡宁汉姆（J.C.Cunningham）中校率领，这个分队不幸都未能返回英国，所有轰炸机全部成为德国空军Ⅰ./ZG 26大队战斗机的牺牲品，其中2架飞机被德国飞行员冈瑟尔•斯皮切特（Günther Specht）击落。稍稍交待一下冈瑟尔•斯皮切特后来的命运：1939年12月3日，冈瑟尔•斯皮切特在赫里戈兰（Heligoland）上空的一次战斗中被1架英国“惠灵顿”轰炸机的还击火力击落，他最终成功在海上迫降，但面部受伤导致他失去了左眼。不过，冈瑟尔•斯皮切特后来还是得以重返蓝天改驾Bf 109战斗机继续与英国人战斗。1943年5月，冈瑟尔•斯皮切特接任Ⅱ./JG 11大队指挥官，他成为了一名杰出的帝国防御战指挥官，后晋升JG 11联队指挥官，他的战绩超过30架，半数是四发重型轰炸机，击落重型轰炸机的得分是击落战斗机的四倍。在1945的新年元旦针对盟军机场的空袭行动中，冈瑟尔•斯皮切特阵亡。

10月的战事较为平静，英国针对德国海岸和港口的军事行动大大减少。对德国来说，这一季节最好的“防御者”——北海的冬季——到来了，为此德国空军统帅部放心大胆地将Ⅱ./JG 77大队又调回了内陆地区，最终，该大队部署到波恩郊外的顿斯特科文（Dunstekoven），在这里他们构成了逐步加强的“西墙”防线的一部分。

Ⅱ./JG 77大队刚刚抵达莱茵兰，指挥官卡尔•舒马赫就晋升为中校，同时被调离Ⅱ./JG 77大队并立刻返回德国湾，在此负责新建一支综合性的战斗机防御单位，即德意志湾战斗机指挥部（Jafu Deutsche Bucht），指挥部设在耶弗尔（Jever）。整个11月里，卡尔•舒马赫都在四处搜罗参差不齐的队伍，修建雷达站，并建立一个覆盖整个德国北海海岸线

▲德国空军一所训练学校的Bf 109D战斗机，这个过渡型号数量少，在二战爆发时，这个型号大多在训练学校用于训练新学员，有的单位曾装备这个老旧型号，比如舒马赫的Ⅱ./JG 77大队。

和其周围岛屿的通信网络。卡尔•舒马赫新组建队伍的直属单位（Stab）的骨干来自原JG 77“诺德”（Nord）联队，11月30日，在经过重组后，直属单位番号正式改为Stab/JG 1，即第1战斗机联队直属单位。很多资料称直属单位为直属中队，这种称呼并不恰当，不管是联队还是大队都有直属单位，有时也称队部，直属单位装备飞机数量一般为4架，正好组成一个四机指尖编队，但是二战初期，一些直属单位很多时候只有2－3架。

截至12月初，卡尔•舒马赫的JG 1联队已经达到了标准编制，即一个直属单位和三个大队，他原来指挥的老单位Ⅱ./JG 77大队在莱茵兰短暂停留后被JG 1联队吸收成为其第1大队（缩写应该是I.(J)/JG 1）。该大队的两个中队部署在耶弗尔，一个部署在万根沃格（Wangerooge）岛。此时的Ⅰ.(J)/JG 1大队指挥官是42岁的哈里•冯•比洛－博斯卡姆普（Harry von Bulow-Bothkamp）少校，早在一战期间他就是“波尔克”（Boelcke）战斗机中队的指挥官，那时就有六次空战胜利的记录。卡尔•舒马赫的第二个大队是Ⅱ.(J)/ Tr.Gr.186[①]，在从波兰撤回后，这个大队在德国北部吸收了一支新的战斗机中队，以代替已经离开，并且装备Ju 87“斯图卡”的4.(St)/ Tr.Gr.186中队，随后Ⅱ.(J)/ Tr.Gr.186大队逐步淘汰过时的Bf 109B，全部换装成较新的Bf 109E型号。目前Ⅱ.(J)/ Tr.Gr.186大队驻扎在诺德霍尔茨，大队指挥官是前6.(J)/ Tr.Gr.186中队指挥官海因里希•塞利格尔（Heinrich Seeliger）上尉。

卡尔•舒马赫的第三个大队也来自波兰战场上返回的单位，即莱因哈特少校指挥的JGr.101（Ⅱ./ZG 1）大队，

▲卡尔·舒马赫的JG 1联队成立后只是个空架子，他指挥的单位番号还是别的单位的，也就是到他的管辖地就归他指挥。图中是JG 1联队装备的Bf 109D和Bf 109E战斗机。

① JG 1联队的第二大队番号缩写并不是II.(J)/JG 1，从下文看，新吸收的单位仍沿用旧番号的原因是指挥官暂时归属JG 1联队，行政上并没有隶属关系。另外也可以看出当时JG 1联队的尴尬地位，或者当时德国对于北海沿岸防空的重视程度。重视程度又跟这里的战事强度和威胁有关，后来这里的战事出现变化，JG 1联队才成为一个正常的战斗机联队。

该大队的Bf 109E飞机从邻近的乌特森(Utersen)飞来，其中1个中队部署在斜尔特（Sylt）岛的怀斯特兰（Westerland）基地，另2个中队部署在汉堡北部的诺伊明斯特（Neumunster，或译为新明斯特）。

除了上文提到的，卡尔•舒马赫的耶弗尔基地还有一些ZG 26联队的剩余兵力，当时的ZG 26联队正换装Bf 110重型战斗机并重新进行训练，随即重新部署到西线准备跟英法作战。卡尔•舒马赫的另一个单位是约翰尼斯•施泰因霍夫（Johannes Steinhoff）中尉指挥的10.(N)/JG 26中队，这个享有半自主权的夜间战斗机中队是在战争爆发时匆忙组建的，装备的是陈旧的Bf 109C型和Bf 109D型号战斗机。

以上就是英国皇家空军轰炸机司令部决定恢复跨越北海作战行动时所要面临的德国战斗机力量，就在上文所述12月3日造成冈瑟尔•斯皮切特面部受伤的那次空袭行动中，当天，英国皇家空军派出24架“惠灵顿”轰炸机对德国赫里戈兰进行了轰炸，虽然德国空军实施了拦截，但英国轰炸机无一损失，全部返回了英国。但是，这次的小小胜利却让英国人进一步增强了对“无护航昼间轰炸机只要在密集编队下就会安然无恙”的信心，这种盲目的乐观注定要让英国人付出代价，“打脸”的时间在11天后终于到来。

▲英国皇家空军1架“惠灵顿”轰炸机被击伤后返回英国迫降，飞机受损严重没有修复的必要了。这种情况算是好的，迫降到海上或德国领土就麻烦了。

▲这架英国皇家空军第311中队的1架“惠灵顿”轰炸机受伤后迫降在德国领土，机组人员全部被俘。这种情况也算是好的，很多情况下飞机直接坠毁，机组人员根本没有生还机会。

11天后的12月14日，英国皇家空军派出12架“惠灵顿”轰炸机前去轰炸德国海军轻巡洋舰“纽伦堡”（Nurnberg）号，这艘德国军舰此前被英国潜艇发射的1枚鱼雷击中，正在一瘸一拐地驶向德国港口。英国的行动没逃过德国人的“眼睛”，德国“弗雷亚”（Freya）雷达[①]发现英国轰炸机编队逼近后立即将这一情报通知德国空军，卡尔•舒马赫率领三个大队的战斗机紧急起飞去拦截英国轰炸机

① “弗雷亚”雷达是德国在1937年研制的一款早期预警雷达，1939年投入使用。其探测距离达到200公里。二战期间德国生产了1000余部该型号雷达。“弗雷亚”雷达比英国Chain Home雷达要先进得多，前者设计更为复杂，造价也高得多，因此在二战爆发时德国只生产了八部雷达。相反，性能虽然落后，英国Chain Home雷达却非常容易大规模部署。

编队。Ⅱ./JG 77大队的Bf 109战斗机在飘飞的云层和狂卷的雨夹雪中率先发现了这12架英国皇家空军第99中队的“惠灵顿”轰炸机，随后发生的战斗让自信“轰炸机会顺利通过”的英国人终身难忘。德国人声称行动中一口气击落了9架英国轰炸机，其他3架也不同程度受伤，其中阿尔弗雷德•冯•洛伊杰斯基（Alfred von Loijewski）上尉和埃尔温•扎瓦利施上士分别击落2架，另1架战绩属于未来的骑士十字勋章获得者，驱逐机王牌飞行员赫伯特•库特斯恰（Herbert Kutscha）中士，德国方面只损失了弗雷德里切•布劳科米尔（Friedrich Braukmeier）少尉，他被英国轰炸机还击的炮火击中坠毁。事实上，德国所声称的击落敌机数字要打50%的折扣，实际情况是，只有5架“惠灵顿”轰炸机未能返回英国，第六架轰炸机被2./ZG 26中队的1架Bf 110战斗机击伤后返回了英国，但是，这架受伤的飞机在基地着陆时损毁。不管德国人吹牛的成分有多大，即使按英国人的说法12架飞机被击落5架，着陆坠毁1架的代价仍然十分高昂。

英国人的顽固是出了名的，直到这个时候，英国皇家空军依然不愿承认这次行动的损失是敌人战斗机造成的，官方调查将损失严重的原因归咎于其他方面，如精准的德国海军高炮（实际上，当天行动中德国高炮没击落1架英国飞机），机翼油箱被击中漏油，甚至是恶劣的天气条件。除了不敢得罪上帝和排除德国战斗机外，英国人把能怀疑的都怀疑个遍，还执迷不悟，看来德国人得再教训它一次才行，别急，快了。不管英国人是怎么想的，卡尔•舒马赫的成功是毫无疑问的。鉴于这次遭遇战德国战术运用得十分成功，也证明战斗机拦截敌轰炸机比凌空边遭受轰炸边还击的地面高炮要高效的多，德国空军司令部为此又调

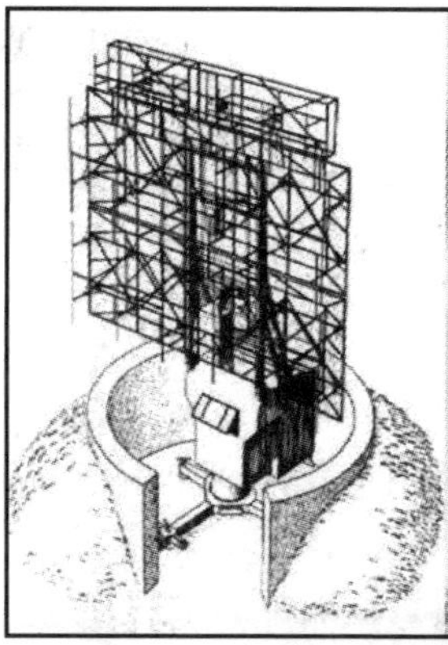

▲上三图为“弗雷亚”雷达示意图和实物图，两者有一些区别，示意图中最上面部分稍小的是敌我识别天线，实物图最上面的也是敌我识别天线。下图是“弗雷亚”部署图。

派一支双发驱逐机大队给卡尔•舒马赫，以填补ZG 26联队离去所留下的空白。12月17日，赖尼克（Reinicke）上尉率领自己的Ⅰ./ZG 76大队从原驻地伯宁哈德（Bonninghardt）飞抵耶弗尔。此时的JG 1联队具备了远程作战能力，不仅可以拦截进攻的轰炸机，还可以把它们驱逐到外海去。可以说，这些Bf 110来得真是恰逢其时。德国空军单发战斗机航程短，只能在己方需要保护的空域待敌，或者说只能在这个空域拦截敌机，敌机抵达这个空域，基本上也快投弹了，地面损失仍不可避免；而双发重型战斗机（又称驱逐机）既可以远程拦截，也可以追击敌机，事实上将德国空军拦截的空域扩大了不少，作战效率大大提高了。

12月18日是星期一，当天拂晓时分天气晴朗，与上一周风雪交加的恶劣气候形成了鲜明的反差，湛蓝色的冬季天空中没有一片云彩，能见度极高。德国人当时并不知道英国是怎么想，正常的思维应该是上次遭受重大损失后，这么晴朗的气象条件英国人肯定不会重复四天前那种代价高昂的轰炸行动，但英国人这么做了，这回轮到德国人死活不相信这是真的，因此当位于万根沃格岛的“弗雷亚”雷达站发出敌情通报时，德国人一时都还不太相信。这次，卡尔•舒马赫精心编制的通信系统失效了，各种信息的误传，加上几个大队指挥官因公出差不在岗，确信无误英国来袭时，德国的防御反应还是迟缓了一些。

当时，卡尔•舒马赫联队中唯一能及时起飞拦截入侵之敌的是约翰尼斯•施泰因霍中尉指挥的10.(N)/JG 26中队6架Bf 109D战斗机。紧随其后的是JGr.101大队驻扎在诺伊明斯特的一个随时待命的快速反应警戒中队，同一基地JGr.101大队共有两个执行快速反应警戒的中队。

英国人似乎并没有把上次交手过的德国空军放在眼里，德国人反应迟缓再次加重了英国人对战斗机拦截轰炸机效率低的看法，由22架“惠灵顿”轰炸机组成的编队仍然以完美无瑕的队形在4000米高度大摇大摆地飞越威廉港。但是，进入他们视野的每一艘德国海军舰艇要么都停靠在码头边，要么就在海港的严密防空范围之内，英国轰炸机没有找到机会投下炸弹。

德国防空炮火并不会感谢英国人的“仁慈”，英国轰炸机刚穿越海岸就遭到德国火力密集的高炮射击，刚刚穿越地面炮火就有2架“惠灵顿”轰炸机被德国战斗机击落，施泰因霍夫和威利•斯祖加尔（Willy Szuggar）上士分别认领1架。也

▲图中站立在10./ZG 26中队1架Bf 109D战斗机前面的是约阿西姆•伯尔纳。ZG是驱逐机联队番号，当时没有足够的Bf 110驱逐机装备就临时装备Bf 109D战斗机。

是在这时，Ⅱ./JG 77大队和Ⅰ./ZG 76大队的战斗机加入到拦截战斗中，而Ⅱ.(J)/Tr.Gr.186大队由于得到警报太迟并未与敌人接触。在接下来30分钟的追逐战中，英国轰炸机编队被分割包围，遭到德国战斗机痛快淋漓的一顿狂虐，被打得狼狈不堪的英国轰炸机要么独自一架，要么三两成群地沿着弗里西亚（Friesian）岛链向西仓皇逃命。这时，航程远的Bf 110终于显示出腿长的巨大优势，英国此次的轰炸机编队中最后一架飞机在距德国威廉港50公里外的荷兰阿默兰（Ameland）岛被2./ZG 76中队的乌伦贝克（Uellenbeck）中尉击落。

此次战斗中，卡尔•舒马赫联队飞行员声称击落的英国轰炸机总数不少于38架（牛吹大了，英国此次行动总共才出动22架轰炸机），其中Ⅰ./ZG 76大队击落15架、Ⅱ./JG 77大队击落14架（其中2架战果归9月4日首次击落英国飞机的名人汉斯•特洛伊奇，战斗中他负了伤）、10.(N)/JG 26中队击落6架、JGr.101大队击落2架，还有1架的战绩属于联队指挥官卡尔•舒马赫本人。卡尔•舒马赫是最后起飞的机组，他的僚机是施泰因霍夫中队的1架Bf 109D飞机。卡尔•舒马赫后来回忆称：

我是最后起飞执行拦截任务的机组之一，另一个中队已经升空在途中，我快速爬进我的Bf 109战斗机座舱升空去追赶前面的中队，天空中的能见度出奇地好，在1000米高度可以看到50－60公里远。我循着高射炮炮弹在空中爆炸的云团方向飞去，这种情况通常说明敌机就在那里。大老远我就可以看到空中留下的几条烟柱，那是已经被击落的敌轰炸机留下的，如果

▲这是1939年12月18日被击落的1架英国“惠灵顿”轰炸机残骸，半露出水面的是飞机尾部，这里的机枪手已经逃离飞机。

▲很明显，图中2架是Bf 109D型号。除了少数单位外，德国空军大部分单位已经换装了更先进的Bf 109E战斗机。在当时，Bf 109D算是世界最先进的战斗机。

是黑色烟柱就说明敌机发动机被击中，如果是白色的烟柱就说明敌机的油箱被击中。很明显这里仍进行着残酷的战斗。

突然，我看见2000米高度有2架英国飞机，我毫不犹豫地立即发起了攻击，但没有成功，其中1架英国“惠灵顿”轰炸机俯冲增速逃离，敌机快速下降了1000米或更多，但是我的Bf 109座机的俯冲速度更快。事实上，我的座机速度过快了，因此我发起的第二轮攻击仍然没有成功。我将座机的速度适当降了降，准备在敌机的尾部发起第三轮攻击，靠近敌机后我的机枪和机炮一起开火，这次敌机的2台发动机均被击中，目标在空中只呆了短短1秒后就向下坠去。

几乎就在同时，我又向坠毁的英国飞机的僚机实施了攻击，这架敌僚机正处在我的瞄准具内，是个绝佳的射击机会。完成射击后我立即坡度转弯脱离战斗，因为我感觉自己的飞机被击中了，而且伤得不轻，燃油指针归零了，同时座舱内充满了汽油味。座舱内的汽油味让我感到窒息，我甚至有点昏迷，好在最后我还是打开了座舱的窗户透了透气。就在我恢复意识时我发现我离海面只有600－700米，英国轰炸机的自卫火力击穿了我的座机油箱，带着伤我缓慢地朝基地飞去，我着陆的最后一刻飞机就剩最后一滴油了，这次战斗是我经历的最幸福的时刻。返回基地的每架飞机在着陆前都摆动机翼以示胜利，击落敌机的飞行员中几乎没有不用这种方式来表达自己的喜悦的。

此次拦截行动的战果实在惊人，有必要认真调查一番，调查的结果是将德国单方面宣称的击落总数减掉12架。空战战果认定历来都是各国头疼的问题，各国都有自己的认定标准，据称德国的尤其严格。但是，激烈的混战中，即使飞行员看到的也不一定就是真实的，最关键的就是证据，但被击落的敌机坠入海中就没必要非得现场调查给出个究竟，毕竟这是战争时期，这也因此给战果认定带来了麻烦。并不是每一名飞行员都像联队长那么幸运，可找到确凿的证据证明他们的胜利——据目击报告称，被卡尔•舒马赫击落的那架飞机的黑色残骸随后几天里一直陷在施皮克罗格（Spiekeroog）岛的海边的淤泥里。

▲这架被击落的英国“惠灵顿”轰炸机在浅海迫降，这一幕对英国皇家空军来说并不陌生。图中并不是卡尔•舒马赫击落的那架轰炸机。

但是，就是挤去12架水分，这场击落26架英国轰炸机的战斗对德国来说仍然是一场重大的胜利，更何况德国空军自身才损失两名飞行员，另有几人不同程度受伤。“德国湾之战”成了德国媒体和新闻短片大肆吹捧的对象，这在一定程度上缓解了前一天袖珍战列舰“格拉芙斯佩”（Graf Spee）号在普拉特河口自沉对德国民族自豪感的严重挫伤。在随后举办的一系列庆功会上，卡尔•舒马赫有一次甚至把导致Ⅱ.(J)/Tr.Gr.186大队没来得及参战的混乱通信故障，也吹嘘成了往自己脸上贴金的英明决策。受到戈林的召见，卡尔•舒马赫和手下最成功的六名飞行员前往柏林参加一次新闻发布会，面对蜂拥而至的本国和中立国记者，他居然向大家信誓旦旦地保证：他的单位有绝对的能力应付英国皇家空军的任何威胁，甚至完全没有必要投入他手下的全部兵力，事实上，他还真这么做了，只保留一整个中队作为预备队！被胜利冲昏头脑就是这种情况，做到胜不骄，败不馁，难！

北海另一边吃了大亏的英国可没有这么轻浮，他们以沉重的心情计算出了这场空袭行动的实际代价：22架“惠灵顿”轰炸机抵达和飞越威廉港，在轰炸万根沃格岛和阿默兰岛之间的德国目标过程中当即有11架被击落，还有1架后来迫降在海面上，另有6架在抵达英国海岸后或坠落或紧急着陆时坠毁，毁损程度各有不同。

但是，“德国湾之战”的真正意义不在于德国的胜利和英国的失败，真正的意义在于此次行动对双方战略和战术的影响，对于英国来说，英国人最终放弃了昼间无护航战斗机伴随的轰炸行动。在随后的战争中，英国轰炸机司令部跨越北海的攻击行动基本上都是在夜幕的掩护下进行的，甚至到1943年对德国本土进行轰炸行动中，英国人也大部分执行夜间轰炸任务，而美国第八航空军执行昼间任务。

▲相信很多中国人都知道“WC”是什么，这个恰恰是英国时任首相温斯顿•丘吉尔名字的缩写，好事者巧妙地利用这点画了一只企鹅在“那个”。这架Bf 109E（序列号Wk-Nr 1279）是汉斯•托洛伊施的座机，他在1939年12月4日击落1架“惠灵顿”轰炸机，12月18日击落2架该型号机。注意垂尾安定面上有两个黑色圆斑，这是中弹后的补丁，补丁下方有受损日期。

▲从发动机冷却空气进气口和机翼前缘的黑洞判断这是Bf 109E-1战斗机，飞机属于JG 77联队第Ⅰ大队（Ⅰ./JG 77）。这个大队并不在德国湾战斗的作战序列内，德国空军大队，甚至中队独立性较强，很少一个联队的几个大队驻扎在同一地区作战。

对于卡尔•舒马赫而言，他的巨大胜利导致英国皇家空军在他的防空管辖区内的昼间活动逐渐销声匿迹，舒马赫突然发现自己成为了一个多余的人。在接下来五个月里，他的联队只击落了12架轰炸侦察机，这还是德国单方面宣称的战果。这其中第一个被击落的是1架麻痹大意的“布伦海姆”轰炸机，这架飞机于12月27日在万根沃格岛近海被卡尔•舒马赫本人击落；1940年2月中旬，Ⅱ./JG 77大队的库特斯恰中士声称击落了第二架英国飞机；2月27日，贾尼（Jahnny）中尉击落1架英国飞机，这是Ⅱ.(J)/ Tr.Gr.186大队二战以来的第一个战果，这个开门红弥足珍贵。

▲二战前德国空军建设有赖于一批单位指挥官，其中一些人的战绩非常少，像舒马赫的总战绩仅为2架。但是，很多这样的单位指挥官的领导能力出众，对德国空军的成长贡献较大。后来涌现的，像加兰德、莫尔德斯、维克等，不仅年轻，指挥领导能力也相当出色。

在随后的两个月里，IV.(N)/JG 2大队的赫尔曼•福斯特（Hermann Forster）上士在4月25－26日的夜间在斜尔特岛附近空域击落了英国1架执行布雷任务的“汉

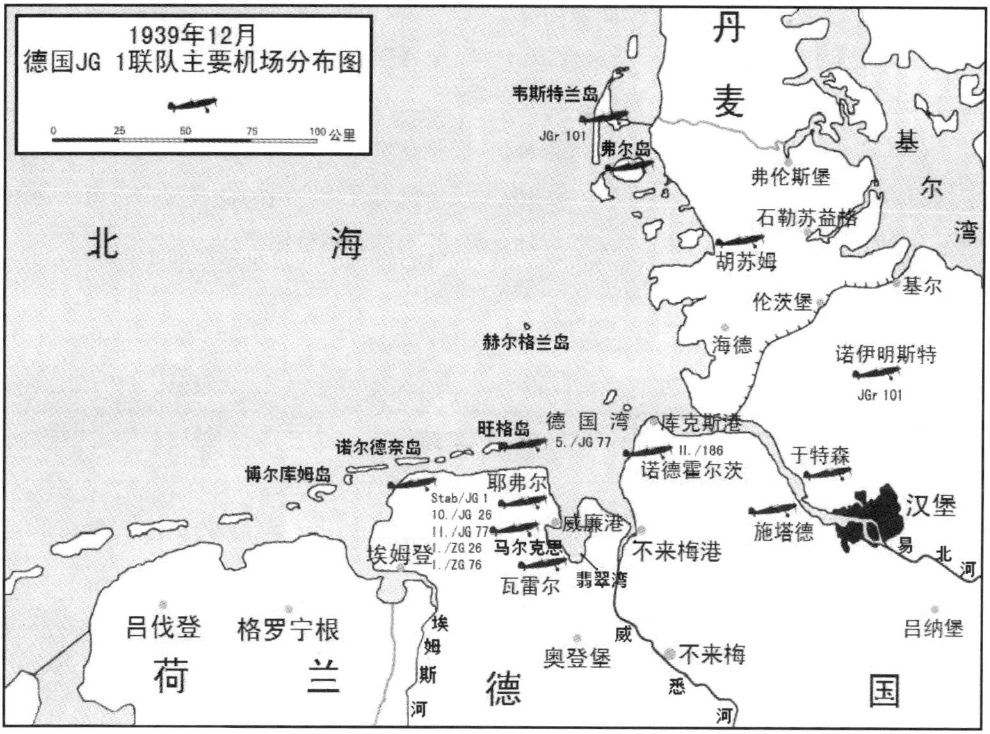

▲JG 1联队在1939年12月的主要机场分布图。

普顿”轰炸机，此次行动为德国空军历史揭开一个新的篇章，即德国空军夜间战斗机首次在拦截行动中击落英国轰炸机。IV.(N)/JG 2大队在不久前的2月15日刚刚由三个互不相干的单发夜间战斗机单位，即10.(N)/JG 26、10.(N)/JG 2和11.(NJ)/LG 2合并而成。仅仅两个星期之后，卡尔•舒马赫的飞行员就得放弃，至少是临时放弃德国北海沿线的日常防御任务，因为入侵荷兰的行动马上就要开始了。

由于职务变迁，下文不再提到卡尔•舒马赫，因此，这里简要介绍一下他的生平，上文中出现的内容不再赘述。卡尔•舒马赫（1896年2月19日－1967年5月22日）在一战期间只是一个炮兵，1930年他开始学习飞行，1934年参加德国空军。1936年8月1日，舒马赫被任命为Ⅰ./JG 136大队一个中队指挥官，后任大队指挥官，军衔为少校。Ⅰ./JG 136大队番号于1938年11月1日改为Ⅱ./JG 333，1939年5月1日再次改为Ⅱ./JG 77。1939年10月，他被任命为德意志湾战斗机指挥部指挥官。舒马赫在12月18日击落1架英国“惠灵顿”轰炸机；12月27日，他再次击落1架“布伦海姆”轰炸机，他的二战总战绩就是2架，参战160架次。虽然战绩少，由于出色的指挥能力，他在1940年7月21日获得“骑士十字勋章”，有资料称他是德国空军首位战斗机飞行员获此勋章，这种说法是错误的，维尔纳•莫尔德斯在1940年5月29日第一个（指战斗机飞行员）获得此勋章。1941年11月8日，舒马赫错误地击落1架芬兰空军德•哈维兰特“龙”（Dragon）运输机，为此他被解除JG 1联队指挥官职务，但是不久后的1942年1月5日，他又被任命为挪威战斗机指挥部指挥官，在德国北部、挪威和芬兰一带的战斗机单位归他指挥，主要作战对象是英国皇家空军和苏联空军。1943年2日，舒马赫被派到罗马尼亚，负责训练罗马尼亚空军。在德国保卫战的最后阶段，已晋升为少将的舒马赫负责帝国保卫战各个单位的协调工作。

德国西北部Bf 109战斗机作战单位序列（1939年9月1日）

第2航空队指挥部		司令部驻地：布伦斯威克	
		基地	装备飞机型号
第11航空军指挥部		司令部驻地：汉诺威	
Ⅱ./JG 77	卡尔•舒马赫少校	诺德霍尔茨	Bf 109E 33-33
Stab ZG 26	汉斯•冯•多灵上校	瓦雷尔	Bf 109D 3-1
Ⅰ./ZG 26	卡尔•卡斯契卡上尉	瓦雷尔	Bf 109D 43-30
JGr.126（Ⅲ./ZG 26）	约翰尼斯•沙尔克上尉	诺伊明斯特	Bf 109D 46-41

西墙保卫战

虽然德法边界的天空没有上演与“德国湾战斗”相同规模的空战，但也称不上是“静坐战争”，这个词是根据当时双方交战（已处在战争状态）态势而演化出来的一个新名词，法国陆军在自诩固若金汤的马奇诺和齐格菲防线[①]的另一侧静静地看着德国排兵布阵，丝毫没有进攻的意思；德国入侵波兰忙得欢，当然法国乐于看到这种情况，最好是德国陷入其中不能自拔。但是，把敌人的情况想像得过于悲观恰恰是大忌。波兰战役只用了一个月的时间就以德国闪电胜利而告终，德国需要时间休整和为下一场战争做准备，也在静候时机的到来。对德国来说，不打破现状是时机未到，对法国来说，不打破现状是希望这种状态最好能维持两年，把自己的存亡建立在敌人仁慈上，还未开战法国就输了。跟地面部队不前进一步，不放一枪相比，空中的行动从来就未停止，在西线空战的前八个月里，双方的行动还比较克制，各自的战斗机都努力地守卫自己的领空，防止敌机的侵袭，主要是一系列规模虽小却对抗异常激烈的战斗，即使在冬季双方也未停止行动。一开始这种

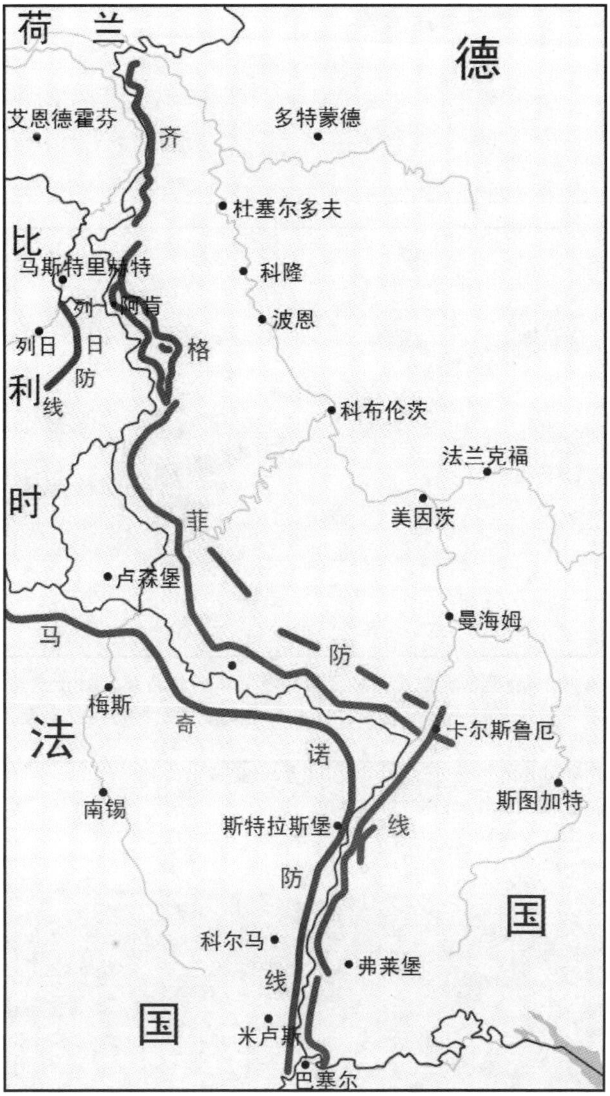

▲法国马奇诺防线和德国齐格菲防线示意图。在现代战争条件下，修建加固碉堡并不能带来安全。

① 齐格菲防线（Siegfried Line）和马奇诺防线（Maginot Line）在德国都被称为西墙（Westwall），但是意义完全不同，齐格菲这堵西墙为的是保卫德国西部边境；而马奇诺防线这堵墙是挡道的阻碍。

▲维尔纳•莫尔德斯在西班牙战场研究出的四指编队对于德国空军发展意义重大，在与强国之间的较量中，除了战斗机性能外，战术也是战斗力发挥的关键因素。

▲“静坐战争”基本上跟德国北部的战斗机单位没有关系，但是这里的战斗巡逻还是有必要的。图中是5./JG 77中队的1架Bf 109E正在赫尔格兰岛附近海域上空巡逻。

▲驻扎在德法边境的JG 132联队（不久改为JG 26）的Bf 109E-1战斗机采用的是颜色非常深的涂装，飞机在空中非常醒目，这种涂装很快被淘汰。

入侵还只是单架的侦察机行动，但后来就演变成了成群的轰炸机上阵。

德国在北海沿海省份部署的战斗机大队的数量相对有限，主要原因是这里的边境线比较短，而且还隔着大海，从安全角度看等级稍低。但是，沿西墙（也就是齐格菲防线）部署的战斗机单位则一直在稳步地增强，这里面对的是装备精良的法国军队，英国要想参战肯定会在法国部署军队共同对抗德国，西线才是德国需要认真对待的战线。部署在西线的战斗机单位中一些是从波兰战场上撤出的精锐部队（参加过实战，士气正旺），还有一些是从内陆航空军单位调来的队伍。德国入侵波兰时充分考虑到英国和法国可能要对德国实施空中行动，特别是可能对德国首都柏林实施战略轰炸，为此，德国在首都周围部署了大量战斗机单位。二战爆发后，色厉内荏的英法并未采取行动，德国因此有机会重新部署军力来应对未来的英法威胁。除了上述两类战斗机单位，德国也新组建了战斗机大队，主要用于补充进那些在战争开始时只有一两个大队编制的联队，从而使其达到满编状态。

就在新组建的战斗机大队中有一个取得了德国空军在西线战役中的第一个战果。由于英法一开始尚未做好战争的准备，因此开战后的头几天没发生啥事。不过就在这段时间里，Ⅱ./JG 52大队在伯布林根（Boblingen）组建完毕，实际上，这个大队是11./JG 72中队扩编而来，这种情况在德国空军大规模扩充时很常见，上文就可见一斑。汉斯－冈瑟尔•冯•科纳特斯基（Hans-Günther Kornatzki）上尉于1939年9月13日被任命为Ⅱ./JG 52大队指挥官，他就是后来Fw 190战斗机突击战术的发明者，这个战术在帝国防御战中发挥了很大的作用。

9月8日，Ⅱ./JG 52大队的一个Bf 109D双机编队在莱茵河地区巡逻时发现了1架正在执行任务的法国Mureaux 115侦察机，这架侦察机似乎对凯尔（Kehl）的一座大桥很感兴趣。不管敌机对什么感兴趣，入侵领空是事实，德国2架Bf 109D战斗机二话不说迎上前去就攻击，但是，第一次攻击没有成功，Mureaux 115侦察机较为小巧，机动性能相当不错。不甘心失败的德国飞行员保罗•古特布罗德（Paul Gutbrod）少尉随即又从敌机后方发起了第二次攻击，法国这架侦察机被击中后凌空爆炸。保罗•古特布罗德因首次在西线战役中击落敌机而获得了1枚二级铁十字勋章。但是，第二年（1940年）的6月1日，在一次攻击阿登地区的贝尔瓦尔（Belval）地区法国地面部队的行动中他被高炮击落阵亡。

在同一天的早些时候，德国空军和法国空军在德国卡尔斯鲁厄（Karlsruhe）北部的德法交界处爆发了两国间首次战斗机的战斗。当时，德国空军Ⅰ./JG 53大队的1个四机Bf 109E战斗机编队遭遇了6架法国空军“寇蒂斯”（Curtiss）H-75A“鹰”（Hawk）战斗机（也就是美国的P-36）。这场战斗细节还不太清楚，只知道德国四机编队长的长机发动机被击中了，他试图将飞机迫降在沃尔夫维勒（Wolfersweiler）附近的农田里，但是，他的座机着陆速度达到120公里/小时（正常情况着陆速度为72－80公里/小时），这么快的着陆速度直接后果就是飞机的起落架陷入了松软的泥土后机身向前翻滚，整个飞机倒扣在地面。后三点式起落架在着陆过程中容易出现拿大顶，飞机着陆速度再快一点就翻扣在地面。当地的三名身强力壮的农民赶来帮忙营救飞行员，但是飞行员被卡在飞机里动弹不得，最后附近的一支高炮部队前来帮忙才把这个倒霉的飞行员拽了出来。飞行

▲两图均为德国空军JG 53联队的王牌，他们在法国战役中刚刚崭露头角，日后很多人都变得十分有名，他们在与法国和低地国家的战役中锻炼并成长起来，转战其他战场时已经是经验十分丰富的专家飞行员了。

员虽然被卡在座舱里，实际上伤情并不严重，只是背部受伤，在床上躺了几天就返回部队了。这位第一次与法国空军交战就被击中的飞行员正是维尔纳•莫尔德斯，他曾经是德国“秃鹰军团”的头号王牌，如今他是1./JG 53中队指挥官，这么一位作战经验丰富，个人技能超群的人竟然也马失前蹄。维尔纳•莫尔德斯无奈地错过了第二天的空战，他眼睁睁地看着本中队的瓦尔特•格里姆林（Walter Grimmling）军士长为JG 53联队首开纪录，他的战果是法国空军1架Bloch 131侦察轰炸机。JG 52联队在当天击落了第二架Bloch 131飞机，而在这天下午的战斗中，JGr.152大队则击落了2架Bloch 200轰炸机，这是该大队首个开门红，而且是双喜临门。

在随后的数周乃至数月里，西墙沿线的德国战斗机大队又取得了一系列的“第一个战果或损失”，这些大队中有的已有五年以上历史（可谓历史悠久），有的刚刚组建，这些大队都经历了与英法盟军作战的洗礼，在这场战斗中首开纪录或遭受首个损失。同样，正是在这场“静坐战争”中还涌现了一批刚刚崭露头角的王牌飞行员，他们的名字今后将为敌我双方所熟知，他们在“静坐战争”中取得个人人生的第一个战果，后来几年战争中有的战

▲维尔纳•莫尔德斯是一个传奇人物，他对德国空军发展做出了不可忽略的贡献，他是个全能型的人物。

▲维尔纳•莫尔德斯在他的Bf 109E-3座机上，Bf 109E-1都没有安装机翼前缘MG FF/M机炮。

绩就高达100架，甚至有的还达到了令人惊愕的200架以上。

不过，下面登场的王牌飞行员出名的方式跟其他王牌不太一样，他就是2./JG 53中队指挥官罗尔夫•平格尔中尉。上文已经提到过他，他在西班牙内战期间就已取得了四次空战胜利，在1939年9月10日的战斗中他又击落1架法国Mureaux 113侦察机，此后的作战中他又取得了21个战果。1941年7月10日，当时已经升任Ⅰ./JG 26大队指挥官的罗尔夫•平格尔在多佛尔附近被英国皇家空军战斗机击中。虽然他成功迫降，却为皇家空军带来了一份非常难得的厚礼——1架几乎完整的Bf 109F-1战斗机“样品”，要知道，Bf 109F-1可是德国空军当时Bf 109家族飞机中最新型号。有时“天上掉下了馅饼”的故事还真存在。下文会着重谈到此事。

9月20日的战斗是更为著名的“秃鹰军团”头号王牌未来成功的一次彩排，他就是上文那个倒霉的维尔纳•莫尔德斯，背部伤刚一痊愈他就急匆匆地上了战场，终于他取得了二战中个人第一个战果，被击落的是1架法国的H-75A“鹰”战斗机，当日战斗中还有1架H-75A被德国空军击落。英国皇家空军的首个作战损失也发生在9月20日，当天，英国皇家空军第88中队的2架费尔利公司的Battle战斗机（Fairey Battle）被JGr.152大队的Bf 109D战斗机击落。四天后，JGr.152大队的另一位飞行员，即未来的王牌飞行员哈特曼•格拉瑟尔（Hartmann Grasser）少尉在战斗中击落1架法国H-75A“鹰”战斗机，这是他未

▲罗尔夫•平格尔是“秃鹰军团”老兵，在英国战役中马失前蹄成了战俘，顺便给英国带去了德国最先进的Bf 109F-1战斗机。平格尔有幸活过了二战，而且一口气活到了2000年4月4日。

▲罗尔夫•平格尔坐在自己的Bf 109E-4座机里，他的座机座舱旁的国旗是他击落的敌机所属国家，不包括西班牙内战期间的苏联战斗机。

来103架战果的第一个。

9月25日，一位未来最为成功的战斗机王牌也在与法国人的战斗中迈出了自己辉煌生涯的第一步，他就是1./JG 51中队的海因茨•巴尔（Heinz Bär）上士，二战结束时他已是一位驾驶Me 262喷气战斗机的中校，其总战绩高达220架。海因茨•巴尔在9月25日的空战中击落了1架法国H-75A“鹰”战斗机。当天的战斗中，天空中法国的“鹰”战斗机似乎无处不在，德国飞行员因此有机会要么首开个人战绩纪录，要么锦上添花。

▲上图中是罗尔夫•平格尔的Bf 109E-4座机，下图飞机垂尾上有击落17架敌机的标志。

▲法国空军GC Ⅱ./4（GC的意思是战斗机大队，4表示中队）中队的1架H-75A-2“鹰”战斗机。H-75A实际上就是美国P-36战斗机，它的性能远远不及德国的Bf 109E战斗机，甚至比不上Bf 109B型号。

9月的最后一天战斗是西线战役以来最激烈的空中对抗，JG 53联队的Ⅰ大队（Ⅰ./JG 53）和Ⅱ大队（Ⅱ./JG 53）的“黑桃A”们在当天战斗结束后声称击落了不少于13架敌机，其中，英国皇家空军第150中队的一整支作战编队5架费尔利Battle战斗机全军覆没，战斗中德国空军则损失4架Bf 109E战斗机。德国空军获胜者名单中包括

▲9月25日这天首开记录的还有赫尔伯特•克洛克（Hubert Kroeck）（右侧穿制服者），上图就是他首开记录当天拍的照片。但是，在众多的德国飞行员中，他的名气还不怎么响。

▲费尔利公司的Battle战斗机的翻译是个大问题，因为“Battle”就是战斗，中文如果翻译成“战斗”战斗机就特别别扭，因此仍用英文比较好一些。英国航空技术非常先进，当然英国人独特的个性造成了它研制的飞机有的非常怪异。Battle战斗机的座舱设计就特别独树一帜。

Ⅱ./JG 53大队指挥官冈瑟尔•冯•马特扎（Günther Von Maltzahn）上尉、沃尔夫冈•里皮特（Wolfgang Lippert）和约瑟夫•沃尔姆席勒（Josef Wurmheller）等，他们都是未来大名鼎鼎的人物，下文想不提他们都不行。

尽管10月份的前线战况相对平静，但敌对双方都在利用这段难得的平静期积蓄自己的力量，德国方面不仅组建了新的战斗机大队，几个现有的单位也向前部署到前线最激烈的空域，这就是德法边界地带最靠北的一段地区，即德法边界从卢森堡最南端向东偏南沿着萨尔兰（Saarland）和帕拉提纳特（Palatinate）到卡尔斯鲁厄。地图可以清楚地看出德法两国的边界线，事实上，德法边界线是由两段近乎垂直的部分组成，第一段是从卢森堡到卡尔斯鲁厄，第二段是从卡尔斯鲁厄到魏尔。德国西部和法国北部是低地国家比利时和荷兰，英法两国如果要对德国采取军事行动最短的航线就是沿中立国比利时和卢森堡边境从东西走向的德法边境进入德国领空，当时英法的军事行动主要还仅限于侦察任务，为的是摸清德国工业区情况，其中最重要的就是鲁尔工业区。但是，德国空军JG 53联队对这一敏感地区防空极为成功，大部分此类法国侦察任务都在经过JG 53联队防区时找到了终点。极少数的盟军飞机能够突破防线然后再向北飞行执行侦察任务。盟军侦察机无论如何也不是Bf 109E战斗机的对手，零星的侦察任务被几道防线拦着，完成任务的可能性极小，因此盟军方面遭受几次重大损失后基本上终止了此类冒险的侦察任务，这就是为什么在德国科隆附近重点布防的第2航空军所属的战斗机联队，如JG 26联队、JG 27联队、JG 51联队和JG 54联队在1940年5月之前的几个月里几乎无事可做的原因。

冯•科纳特斯基上尉指挥的Ⅱ./JG 52大队此前驻扎在伯布林根一直过着比较清闲的日子，只是偶尔会执行夜间拦截入侵者行动。对于渴望参加战斗的德军飞行员来说，这种日子相当煎熬，因此Ⅱ./JG 52大队的1个中队接到命令部署到西墙战线后，这个中队的飞行员们欣喜若狂。但是没高兴多久他们就发现，上级指挥部命令他们交出Bf 109战斗机，转而换装He 51双翼战斗机来执行专门的夜间拦截任务。不幸被选中的是奥格斯特•威尔海姆•斯秋曼（August Wilhelm Schumann）中尉[①]指挥的5./JG 52中队，轮到谁都不愿意放弃先进战斗机重新去驾驶老旧落伍的飞机，面子上也过不去啊，总感觉被降格处理了，因此指挥官威尔海姆•斯秋曼表达了最强烈的抗议，空军高层总算给点面子，同意5./JG 52中队保留自己的Bf 109D战斗机，但是，没过几天，12架He 51飞机还是送到了中队。随后的几个星期里，5./JG 52中队发现自己陷入了一种奇特的境地：白天驾驶梅塞施密特战斗机执行任务，晚上驾驶亨克尔战斗机升空作战！直到整个Ⅱ./JG 52大队向前部署到拉亨－施派尔多夫（Lachen-Speyerdorf），5./JG 52中队这种不伦不类的境状才结束，中队兴奋地将这些老旧的双翼飞机留在了后方。

在1939年10月间又诞生了几个战斗机大队，其中之一是Ⅲ./JG 53大队，这个大队指挥官就是上文提到的霉运刚刚过去的维尔纳•莫尔德斯。跟此前的9月末战斗达到高潮一样，10月末也突然迎来了本月最为激烈的战斗。就在10月30日下午，英国皇家空军第18中队的3架“布伦海姆”I轰炸机从法国梅斯（Metz）起飞前往德国西北部工业地区执行侦察任务。途中，英国轰炸机编队遭到了12架以上Bf 109战斗机的拦截，刚组建的Ⅲ./

▲2./JG 27中队的飞行员戴上氧气面罩准备去荷兰边境地区执行高空侦察任务。Bf 109E型号飞机方形增压器进气口很明显。

① Ⅱ./JG 52大队的两个中队指挥官都姓斯秋曼（Schumann），一个是4./JG 52中队指挥官海因兹•斯秋曼（Heinz Schmann）中尉，另一个就是5./JG 52中队指挥官奥格斯特•威尔海姆•斯秋曼中尉，为了不至于混淆，人们一般根据名字的长短来区分两人，如“短斯秋曼”（4./JG 52中队指挥官）和“长斯秋曼”（5./JG 52中队指挥官）。

▲“秃鹰军团”老兵，4./JG 53中队胡伯特•克罗克正在指导JG 53联队的年轻飞行员，强度不大的“静坐战争”是他们锻炼的好机会。因在2.J/88中队服役过，克罗克的座机上仍采用“礼帽”图案，由于飞机采用深色涂装，“礼帽”也变成了白色。

▲英国皇家空军“布伦海姆”轰炸机一直战斗在最前沿，损失也非常严重。图中远处上方1架“布伦海姆”轰炸机机翼已经几乎垂直海面，这是坠毁几秒前的照片，近处桅杆是一艘舰船的，似乎被击中，有碎片飞溅出来。

JG 53大队毫不留情地拿这3架轰炸机练了练手，1架“布伦海姆”I轰炸机被新上任的指挥官维尔纳•莫尔德斯击落，这是Ⅲ./JG 53大队的首个，也是莫尔德斯个人二战以来的第二个战果。另1架漏网的“布伦海姆”I飞机一直飞到奥斯纳布吕克（Osnabruck）才遭到Ⅰ./JG 21大队的Bf 109E双机编队拦截。Ⅰ./JG 21大队三星期前刚从波兰战场被撤回，回国后，该大队立即由Bf 109D型号换装最新的Bf 109E型号。击落这架漏网“布伦海姆”I飞机的是未来的王牌、“骑士十字勋章”获得者海因茨•朗格（Heinz Lange）少尉。巧合的是，海因茨•朗格二战快结束时成为了JG 51联队指挥官，而这支联队的绰号正是Ⅲ./JG 53大队指挥官的名字：“莫尔德斯”。

轰炸侦察机遇到战斗机拦截基本上是死路一条，但是英国和法国盟军仍然频频派出执行侦察任务的轰炸机或专业侦察机来刺探德国军事情报，这一切都在为不久后的大战做准备。11月6日，Ⅰ./JG 76大队的马克斯•斯托茨（Max Stotz）少尉在法兰克福附近击落了英国皇家空军第57中队的1架“布伦海姆”轰炸机，这是他未来王牌道路上的第一个战果。马克斯•斯托茨也是一位参加过波兰战役的老兵，他后来的战绩高达189架，1943年8月在苏联作战期间失踪。

同样是在11月6日这天，这里爆发了自西线战役以来规模最大的一次空战，没想到，感觉良好的德国战斗机部队在此次空战中损失极为惨重，可用“始料不及”来形容，而此次故事的主角正是波兰战役中德国空军唯一的王牌JGr.102大队指挥官汉内斯•根岑少校（已经晋升了）。当天，汉内斯•根岑率领JGr.102大队的27架Bf 109D从拉亨－施派尔多夫（Lachen-Speyerdorf）基地起飞沿萨尔河（River Saar）一带空域巡逻，在此，德国飞机编队正遇上法国空军GC Ⅱ./5（GC的意思是战斗机大队，5表示中队）中队的9架H-75A“鹰”战斗机为1架Potez 63侦察机护航到德国空军巡逻空域执行侦察任务。双方的遭遇很快就演变成一系列小规模的单打独斗，没承想德国空军大失水准，一场战斗下来，汉内斯•根岑的编队竟然损失了四名飞行员，包括他的两名中队长，分别是冯•卢恩（von Roon）中尉和凯尔纳－施泰恩－梅特兹（Kellner-Stein-Metz）中尉。空战中另有4架飞机受伤，在迫降过程中严重受损，一人受伤。此次空战唯一的战果是大队长本人击落的1架H-75A飞机。这一次空战就让JGr.102大队人员损失超过25%，而飞机损失达到了1/3。JGr.102大队指挥官汉内斯•根岑少校立即被召到柏林接受问询，后来得出的结论是，曾经在波兰战役中横扫一切敌机的Bf 109D飞机可能比不上训练水平更高的飞行员驾驶的H-75A飞机[①]。鉴于这次的惨败，几天之后，JGr.102大队被转移到僻静的地方，所谓僻静就是战事不激烈的地段，一方面作战损失需要补充兵力，另一方面这个大队开始为换装Bf 110驱逐机进行训练，实际上这个大队原来组建就是装备重型战斗机的单位，因为Bf 110战斗机供应跟不上才装备Bf 109战斗机。

汉内斯•根岑的第九个战果就是驾驶Bf 110双发战斗机取得的，1940年4月7日，他在阿尔贡（Argonne，法国东北部的一丛林丘陵地区，位于默兹河和埃纳河之间。）上空击落了1架法国空军H-75A

▲1939年11月16日战斗中被击落的Bf 109D-2战斗机，汉内斯•根岑少校在这次战斗中大失水准。

▲同样是JGr.102大队的1架Bf 109D-2战斗机，照片拍摄于1939年11月。

① 这句话中没有说Bf 109D的性能比H-75A（即P-36）要差，公认H-75A性能比Bf 109D要落后半代，但是，遇到训练有素的飞行员也能与Bf 109D一决高下，上文中Bf 109频繁击落H-75A和这次Bf 109被H-75A痛击就说明了笔者的观点。

战斗机，驾驶稍显笨重的双发战斗机击落H-75A飞机说明汉内斯•根岑的个人战技水平相当高。截至此时，他依然领先莫尔德斯1架，但是，在1940年5月，汉内斯•根岑在紧急起飞过程中因故丧生，他的战绩一直定格在9架。那是在法国战役高潮期间的1940年5月26日，当天英国皇家空军的一个Battle战斗机编队突袭了德国Ⅰ./ZG 2大队（就是JGr.102大队改回原名）的纽夫沙托（Neufchateau）基地，汉内斯•根岑少校驾驶他的Bf 110座机紧急升空，他的副官则坐在后机枪手的座位上。但在艰难爬升的过程中，他的座机的尾翼撞上了机场边界的树梢而坠毁，汉内斯•根岑少校和他的副官当场殒命。

11月6日惨遭败绩仅仅24小时后，德国空军又有两位日后广为人们所熟悉的面孔取得了人生第一个战绩，一位是Ⅲ./JG 26大队的约阿西姆•慕钦堡（Joachim Müncheberg）少尉，他在科隆北面的莱茵地区击落了英国皇家空军第57中队的1架“布伦海姆”I轰炸侦察机；另一位是Ⅲ./JG 53大队的中队指挥官沃尔夫－迪特里希•威尔克（Wolf-Dietrich Wilcke）上尉，他在萨尔河上空击落了法国空军1架Potez 637侦察机。这两人不仅在同一天首开纪录，他们日后的轨迹也惊人地相似：两人都获得了“佩剑加橡树叶加骑士十字勋章”，都升任了联队指挥官（约阿西姆•慕钦堡任JG 77联队指挥官，沃尔夫－迪特里希•威尔克任JG 3联队指挥官），都获得了100架以上的战绩（约阿西姆•慕钦堡的战绩为135架，沃尔夫－迪特里希•威尔克的战绩为162架），都在同一天死于和盟军战斗机的较量，只不过相隔了一年（约阿西姆•慕钦堡于1943年3月23日在北非被英国皇家空军“喷火”击落丧生；威尔克于1944年3月23日在德国上空被美国陆军航空兵P-51“野马”战斗机击落阵亡）。关于这两人的配图说明放在下文，需要着重提及。

11月22日的战斗是另一对未来王牌和“橡树叶加骑士十字勋章”获得者初次品尝胜利的果实。两个人中一位是Ⅰ./JG 51大队的赫尔曼－弗里德里希•乔比恩（Hermann-Friedrich Joppien）中尉，当日的战斗中他击落了法国空军1架Morane-Saulnier MS.406战斗机。后来的作战行动中，乔比恩多次被击中，但都在迫降中活了下来，最终他取得了69个战果。1941年8月，他死在了苏联前线。另一位是Ⅰ./JG 2大队的赫尔穆特•维克(Helmut Wick)少尉。当时的赫尔穆特•维克只有24岁，还是个很不起眼的小角色。他所在的Ⅰ./JG 2大队自战争开始起一直负责柏林防空任务，因为潜在的有实力的敌人并没有发动针对柏林的军事行动，因此Ⅰ./JG 2大队的作战任务并不繁重，甚至可用无所事事来形容，西线战役开始后，该大队终于在11月15日被调至西线作战，驻扎在法兰克福－雷布斯托克（Frankfurt-Rebstock）。在11月22日的战斗中，赫尔穆特•维克击落了法国空军GC II./4中队的1架H-75A战斗机，

▲Ⅲ./JG 53大队第7中队（7./JG 53）的2架Bf 109E-1战斗机正对公众展示。JG 53联队是“静坐战争”的主角，其他单位远离边境而战事不多。

▲法国战役期间的赫尔曼—弗里德里希•乔比恩中尉。

▲赫尔穆特•维克（左）和亨尼希•施坦普尔（右）在探讨战术。

属于他的那场战役很快就会到来。在英国战役中，赫尔穆特•维克成为当时当之无愧的头号王牌，他的仕途也如流星般上蹿，从一名双机编队的长机到JG 2“里希特霍芬”联队指挥官的位置只用了不到一年的时间，这样的晋升速度在德国空军历史上还没有能与之相比的。赫尔穆特•维克后来在《鹰》（*Der Adler*）杂志上接受采访描述他取得的第一个战果时称：

西线战役开始后的几个月里，前线战事比较平静，（德国空军）战斗机这段时间主要执行自由狩猎行动。法国飞机并不经常飞越德法边界入侵德国领空，因此，我和我的僚机决定到法国领空“拜访”一下法国人。从东面来的顺风把我们带上了路，在靠近法国南锡（Nancy）时我突然看到远处6000米高度有一群飞机，我立即意识到这些不是德国飞机，于是我们开始盘旋。这时有2架飞机从编队中脱离并向我们俯冲而来，我可以清楚地辨认出这是寇蒂斯战斗机（P-36，即法国H-75A）。

我们也俯冲离开，并没有迎向敌机，跟我们之前进入法国领空一样。2架法国飞机也俯冲跟在我们的后面，随后我开始转弯爬升，这个过程中我看到我的座机尾部紧跟着1架法国飞机，至今我仍然清楚地记得我扭头时看到的法国飞机上红白蓝色的圆形机徽。起初看到法国飞机非常令人兴奋，特别是看到后面的法国人在追赶我的过程中不停地射击，很快我意识到被人追赶着射击并不那么好笑。

我再次压下机头向下俯冲，凭借我的座机速度优势，我很快就甩开了追赶的敌机。当我向后目视搜索时已经看不到刚才追赶我的敌机，随即我向左上方搜索其他的法国飞机，视野里什么也没有。就在不经意地看了一下我的右侧时，我简直不敢相信自己的眼睛，我发现一排4架敌机喷出红色的火苗。当时一个十分荒谬的想法闪过我的脑海——“他们这样向我射击得到允许了吗？”

不小的惊愕之后我镇定了精神，我是否应该再次脱离战斗呢？不！现在是我跟他们玩玩的时候了。这时1架敌机开始向下俯冲，我咬紧牙关拉动操纵杆和方向舵转弯迎向这架飞机。就在我完成转弯时，1架敌机射出的子弹从我的座机旁划过，第二架敌机射出的子弹落在我的座机后

▲法国战役期间赫尔穆特•维克的座机，飞机垂尾上表示击落敌机的架数并不一样，说明是不同时期的照片。

方，这架就是我迎头攻击的敌机。两机靠近时我甚至可以看到敌机枪口喷出的火焰，由于距离太近，敌机并没有射中我。攻击结束后的这架敌机从我的头顶上呼啸而过，目送着这架敌机飞驰而过，我发现第三架敌机就在我的上方。

这是一个难得的机会，我稍稍机动我的座机将敌机完美地套在我的瞄准具中，接下来的步骤跟我在射击学校学到的一样：瞄准—射击。我第一次开火后就发现一些金属碎片从法国飞机上脱落下来，接着目标飞机的两个机翼反扣着脱离飞机落下。就在我靠近被击中的目标时（我还没有脱离战斗），第四架寇蒂斯战斗机正在向我射击，幸好我未被击中。此时此前出现的那2架敌机开始再次爬升，我也跟着敌机爬升，为的是不让敌机再次盯上我。此时我的座机燃油不多了，是时候回家了。我的僚机此前已经安然无恙地返回了基地，在我第一次俯冲缠绕转弯时他就跟丢了我。

空战紧张刺激，这是德国飞行员们所渴求的，而实际上，赫尔穆特•维克事后回忆坦言，他这次首开纪录的行动差点就没能成行，原因就是在起飞之前，他的飞机刚刚冲洗过，11月下旬的欧洲已经进入冬季，在爬升时他的座机上未干的水就开始结冰了，为此他曾一度考虑要不要放弃任务返回基地。这种结冰现象在大雪纷飞，开始进入冬季的西线是很正常的情况，更何况这还是该地区数十年来最恶劣的一个冬季，升空执行作战任务只能在冬季三个月间天气最好的时候进行。当然，冬季对交战双方都是公平的，敌机能升空执行任务，德国方面也必须升空作战。

寒冷的冬季限制了双方的行动，但这一时期仍然爆发了德国空军和英国皇家空军战斗机之间的第一次交战，此前的空战基本上是德国和法国之间，或者是德国战斗机与英国轰炸侦察机之间的空战，终于有机会领教一下世界强国空军的实力了。1940年12月22日，维尔纳•莫尔德斯的Ⅲ./JG 53大队战斗机编队为2架执行侦察任务的Do 17侦察机提供护航任务，在沿萨尔河飞行的途中，维尔纳•莫尔德斯发现了远处下方有3架敌军战

▲赫尔穆特•维克的Bf 109E-4座机（序列号Wk-Nr 5344）。注意看右侧机翼前缘伸出的炮管。

斗机。维尔纳•莫尔德斯立刻俯冲发动攻击，空战极为乏味，一点也不精彩，可能是敌机飞行员受到攻击时根本就没有发现德国飞机，维尔纳•莫尔德斯第一次攻击就击落了靠左边的1架敌机。不一会儿，靠右的1架敌机也被8./JG 53中队指挥官汉斯•冯•哈恩（Hans von Hahn）中尉击落，冯•哈恩是另一位未来王牌和“骑士十字勋章”获得者。这2架飞机被击中后当即失去了控制，汉斯•冯•哈恩饶有兴致地凑上前看个仔细，他称坠毁的敌机“像一颗燃烧的彗星”。德国方面起初认为2架拖着火焰和浓烟坠毁的战斗机是法国的MS.406，而事实上，这2架都是英国皇家空军第73中队A飞行队的“飓风”I（Hurricane）战斗机，飞行员分别是J.威恩（J Winn）中士和R.皮瑞（R Perry）中士，他们俩都在遭到第一轮攻击时就已丧命。

▲二战时期，世界上很多同类型飞机都有外形相似的问题，即使是冷战时期也有这种现象，这是相同动力和类似要求造成的设计上相似。图中英国“飓风”和法国MS.406都有一个大下巴，远看确实难辨谁是谁。

新的一年刚开始的几周里，天气持续恶化，尽管如此，1940年1月10日还是爆发了一次空战，这次空战为上莱茵河地区的一个战斗机大队的一位飞行员提供了一个难得的机会来继续他百架以上的王牌之旅。这个飞行员就是莱因哈德•席勒中尉，早在“秃鹰军团”参加西班牙内战时他就声称取得了9架战果。二战爆发时，莱因哈德•席勒被调到Ⅰ./JG 70大队，这个大队的番号后来改为Ⅰ./JG 54，并向前部署到奥伊廷根（Eutingen，德国最南部，其西面150公里就是法国）。此时，他升任为1./JG 54中队指挥官。1月10日这天，莱因哈德•席勒率领着一支四机编队执行任务，其间，德国飞机编队遭遇法国空军1架刚刚完成对弗莱堡（Freiburg）地区侦察任务，并且在低空飞行的Potez 63侦察机。攻击这种侦察机不费吹灰之力，莱因哈德•席勒迅速地击落了目标，法国侦察机坠落在巴塞尔（Basle，瑞士西北部城市，在莱茵河畔，德国、法国和瑞士三国交界处）东北，离瑞士边界不到10公里的地方。

▲1940年年初，4./JG 54中队的1架Bf 109E-3飞机在着陆时失事，主起落架和螺旋桨构成了稳定的前三点起落架，飞行员从容地走下了自己的座机。

1940年3月的第三周临近结束时，天气状况明显好转，空中活动也因此恢复。英国皇家空军在这场所谓“静坐战争”最后阶段遭受的损失是照相发展单位（PDU，Photographic Development Unit）的1架侦察型“喷火”飞机（机身序列号N3069）被击落，这也是该型号飞机首次遭受损失。击落英国皇家空军这架飞机的是德国空军Ⅰ./JG 20大队的1架Bf 109E战斗机，3月22日当天，从英国基地起飞的这架“喷火”飞机在荷兰阿纳姆（Arnhem）以南的荷兰边界附近被击落。

四天之后，俨然已成冤家的德国空军Ⅲ./JG 53大队和英国皇家空军第73中队之间又爆发了进一步的冲突，双方都有一些物资和财产损失。3月26日，德国Bf 109战斗机与英国“飓风”战斗机在萨尔河上空遭遇后发生混战，其结果是德国空军3架Bf 109飞机被击伤，最终返回特里尔（Trier）基地迫降在机场；英国皇家空军的新西兰飞行员埃德加尔•詹姆斯•凯恩（Edgar James Kain）中尉驾驶“飓风”飞机在空战中被德国飞行员魏格尔特（Weigelt）中士击落，当时Bf 109飞机从“飓风”飞机的底部发起攻击，凯恩跳伞

▲这两图中的Bf 109E战斗机均是汉斯•冯•哈恩的座机，他的座机有一个明显与众不同的标志，即座舱侧下方有一个公鸡头图案，因为“哈恩”（Hahn）在德语中的意思是好斗的小公鸡（引申意思是好斗的年轻人）。机头处的喷火的龙图案是JG 3联队的标志，1940年8月27日，哈恩被任命为Ⅰ./JG 3大队指挥官。

▲汉斯•冯•哈恩的Bf 109E座机，这张可以清楚地看到公鸡头图案，三张照片的公鸡图案各不相同，这类个人偏爱的标志没有定制，即使是联队或大队标志有的也小有出入。拍摄照片时哈恩还在Ⅱ./JG 53大队服役参加法国战役。

后生还，他后来成为英国皇家空军首位王牌，被击落看来并不是什么丢脸的事，德国的顶级王牌都有数次被击落的“前科”。此次空战中，莫尔德斯上尉则击落了“另一架MS.406”战斗机，德国人把此前凯恩的座机也当成了MS.406飞机，此次战斗也是莫尔德斯个人第六架战果。但实际上，莫尔德斯击中的是1架英国皇家空军的“飓风”战斗机，飞行员是法尼•奥顿（N“Fanny”Orton），后者也是未来的王牌。不过，这架严重受损的“飓风”飞机还是勉强返回了基地。这次空战至少能说明两个问题，第一，即使是像莫尔德斯这样一个当之无愧的优秀战斗机飞行员，其飞机辨识水平也不是那么无可挑剔；第二，战果认定哪个国家都不可能做到准确无误。激烈的空战中造成的这两个问题都是很正常的现象，飞行员不是神仙，受各种因素影响会出现误判。

3月的最后一天，真正的法国MS.406战斗机上场了，这回德国人没搞错。当天，法国空军一个MS.406战斗机编队毫无防备地遭遇德国空军Ⅱ./JG 53大队的Bf 109战斗机。遭到偷袭会很惨，特别是德国Bf 109战斗机无论是速度还是机动性都强于对手，双方只照面一会儿工夫德国方面就声称击落了6架敌机，其中一个战果属于Ⅱ./JG 53大队指挥官冈瑟尔•冯•马尔特扎，这也是他个人第二个战果。另两位未来王牌格哈德•米哈尔斯基（Gerhard Michalski）少尉和海因茨•布列特努兹（Heinz Bretnütz）中尉分别击落1架和2架敌机，海因茨•布列特努兹在4个小时后的另一场战斗中声称击落了1架英国皇家

▲赫尔曼—弗里德里希•乔比恩和赫尔穆特•维克首开记录当天，有2架德国空军Bf 109E飞机迫降在法国境内，图中这架是1./JG 76中队的飞机（序列号Wk-Nr 1304，白色14）被法国人俘获，法国人对飞机进行了测试，图中飞机已经喷涂上了法国空军标志。后来这架飞机被送到英国范堡罗英国皇家空军研究中心（RAE）进行测试，最后飞机又被送到了美国进行研究。

空军“惠灵顿”轰炸机，这似乎又是一个飞机型号误判的事例。

1940年4月2日，莫尔德斯又击落1架英国皇家空军“飓风”战斗机，这次他的牺牲品是皇家空军第1中队的C.D.帕尔默（C.D.Palmer）中尉。18天之后，莫尔德斯再次在萨尔布吕肯（Saarbrucken）东面击落法国空军1架H-75A战斗机。4月20日，另两位原“秃鹰军团”明星人物也取得了二战中的首个战果，其中一位是Ⅰ./JG 2大队的奥托•伯特拉姆中尉，他在西班牙内战中击落8架敌机。4月20日当天战斗中，他也在萨尔布吕肯附近击落1架法国H-75A战斗机；另一位明星人物是5./JG 51中队指挥官霍斯特•蒂森上尉，他在西班牙内战中的战绩是7架，4月2日当天他在斯特拉斯堡西南击落1架法国空军Bloch 174侦察机。

▲Ⅱ./JG 51大队的队标非常有意思，一只鸟腋下夹着雨伞，天天手拿雨伞是英国人的标志，图案内一行字是“上帝惩罚英国”（一战期间德军著名口号）。1940年年初，Ⅱ./JG 51大队驻扎在康斯坦察湖，即西墙的最南端。

4月20日晚上，英国皇家空军第218中队的1架费尔利Battle战斗机在德国达姆施塔特（Darmstadt）和美茵茨（Mainz）上空散发传单时被德国空军Ⅳ.(N)/JG 2夜间战斗机大队威利•斯科梅尔（Willi Schmale）军士长击落。这次战斗不仅是“静坐战争”中英国方面损失的最后一架Battle战斗机，也是德国夜间战斗机在二战以来取得的第一个战果，上文提到过，Ⅳ.(N)/JG 2大队的赫尔曼•福斯特上士在4月25－26日的夜间在斜尔特岛附近击落英国1架执行布雷任务的“汉普顿”轰炸机，实际上威利•斯科梅尔取得的夜间胜利较赫尔曼•福斯特还要早五天，比德国夜间战斗机部队成立后的第一个“官方正式胜利”更要早三个月。德国空军“官方正式胜利”也是由赫尔曼•福斯特上士取得的，时间是1940年7月9日凌晨，当时他已经归属Ⅲ./NJG 1夜战大队，他驾驶Bf 109战斗机在赫尔格兰外海击落了1架英国皇家空军“惠特利”（Whitley）轰炸机。

24小时之后的4月21日，英国皇家空军照相发展单位（PDU）的1架执行高空侦察任务的“喷火”PRIA（N3071）战斗机在斯图加特以南遭到Ⅱ./JG 51大队6架Bf 109E战斗机的拦截，击落这架英

▲“静坐战争”的作战序列中也有JG 26联队，这个联队后来也是大名鼎鼎，但在法国和低地国家战役前还默默无闻。图中是9./JG 26中队的1架Bf 109E-1在着陆时发生事故。

▲英国皇家空军“惠特利”轰炸机也以外形怪异著称，英国因殖民需要研制了众多型号轰炸机和战斗机。

国飞机的是约翰•汉斯•伊尔纳（Johann “Hans” Illner）军士长。被击落的英国飞行员事后回忆说：“6架梅塞施密特从我的飞机尾迹下方悄悄接近我，我当时正忙于拍照，没有注意到他们。敌编队长机射出的炮弹打进了我的发动机里，发动机功率下降很快。趁着飞机还有动力，我试图返回法国迫降，但途中我又遭到数次攻击。在距离边界48公里的地方，我的座机发动机在几千英尺的高度彻底熄火。在跳伞前，我把“喷火”改为俯冲状态以确保飞机高速撞击地面将机上所有设备都撞毁，我在敌机攻击的空当儿跳伞了。我降落在一个小村子里，很快就被捕了。”在这次“围猎”英国“喷火”飞机行动的六位飞行员中有两位是未来王牌，一位是约瑟夫•福佐（Josef Fözö）中尉，他的最终战绩是27架，另一位是埃里希•霍哈根（Erich Hohagen）少尉，他的最终战绩是55架。此次行动中这几位飞行员轮流攻击英国“喷火”飞机，到底是谁射出最致命的子弹（炮弹）无法确定，最终战果记在了首先发起攻击并击中敌发动机的约翰•伊尔纳头上。约翰•伊尔纳的最终命运和他的猎物一模一样：当年11月5日，他在埃塞克斯上空被英国战斗机击落，他跳伞后被俘，总战绩仅为7架。

4月23日，莫尔德斯上尉声称取得他个人第九个战果，这也是“静坐战争”期间的最后一次胜利，他的猎物是皇家空军第73中队的N.S.坎贝尔（N.S.Campbell）中士，当天的空战中英国皇家空军第73中队共有两人被德国空军Ⅲ./JG 53大队击落。此后，双方战斗机活动开始大幅下降，因为德国空军开始为即将到来的入侵法国和低地国家行动做准备。其实，“静坐战争”只是德国准备发动另一场战争前

▲本书中提到的几位德国飞行员，有的飞行员需要单独配图说明。

的预演，双方都在积蓄力量做充分的准备，英法盟军的频繁侦察行动就是这个原因。

1939－1940年间的西线空战虽然发生在“静坐战争”的大背景下，但双方的空中行动并不安静，德国战斗机大队的行动最好地诠释了真枪实弹的战斗，据统计，德国战斗机部队在“静坐战争”期间声称击落了160架敌机，其中73架战果属于JG 53联队，主要原因就是该联队负责

▲约翰·汉斯·伊尔纳早早地结束了战斗生涯，几个月后的英国战役中他被击落成了战俘。

▲约瑟夫·福佐的Bf 109E-3座机。

▲未来的专家级王牌埃里希·霍哈根少尉(中)和约瑟夫·福佐中尉(右)对旁边这位有些垂头丧气的英国皇家空军塞希尔·米尔尼（Cecil Milne）中尉充满了同情。塞希尔·米尔尼驾驶“喷火”PRIA战斗机在1940年4月21日被约翰·伊尔纳军士长击落。

▲皇家空军第65中队“喷火”Mk I 战斗机编队。“喷火”是真正能与德国Bf 109E抗衡的战斗机，英国和德国这两款战斗机各有所长，不分伯仲。

▲图中是德国空军6./JG 53中队全体飞行员，一个中队应该是12名飞行员，图中是11名，第12名飞行员可能就是拍照的那位。

▲“静坐战争”的明星人物维尔纳•莫尔德斯，他的“辉煌”只是刚刚开始。

守卫至关重要的萨尔地区，这里是德国最重要的工业区。如果说波兰战役诞生了汉内斯•根岑王牌，德国北部沿岸（德国湾）保卫战诞生了卡尔•舒马赫，那么西墙的“静坐战争”诞生的明星人物毫无疑问就是维尔纳•莫尔德斯。

德国中部和西南部Bf 109战斗机作战单位序列（1939年9月1日）

部队	指挥官	基地	装备飞机型号
第2航空队指挥部		司令部驻地：布伦斯威克	
		基地	装备飞机型号
第6航空军指挥部		司令部驻地：明斯特	
Stab JG 26	爱特华•里特尔•冯•斯切雷切上校	奥登多夫	Bf 109E 3-2
Ⅰ./JG 26	葛哈德•汉德里克少校	奥登多夫	Bf 109E 44-43
Ⅱ./JG 26	赫维希•克努皮尔上尉	伯宁哈德特	Bf 109E 38-38
Ⅰ./JG 52	迪特里希•格拉夫上尉	波恩－汉格拉	Bf 109E 48-38
Ⅱ./ZG 26	弗里德里希•沃尔布拉奇少校	韦尔	Bf 109D 48-45
11.（N）/LG 2	巴斯希拉上尉	科隆－奥斯特海姆	Bf 109D 9-9
第3航空队指挥部		司令部驻地：罗特（纽伦堡附近）	
		基地	装备飞机型号
第5航空师		司令部驻地：格斯特霍芬（奥斯堡附近）	
JGr.152（Ⅰ./ZG 52）	莱斯曼上尉	比布利斯	Bf 109D 48-45
第6航空师		司令部驻地：美因河畔法兰克福	
JGr.176（Ⅱ./ZG 76）	施密特•科斯特上尉	加布林根	Bf 109D 50-42
第7航空军指挥部		司令部驻地：慕尼黑	
		基地	装备飞机型号
Ⅰ./JG 51	恩斯特•冯•伯格上尉	奥伊廷根	Bf 109E 46-32
Ⅰ./JG 71	克莱默尔少校	福斯滕费尔德布鲁克	Bf 109D 34-34
第12航空军指挥部		司令部驻地：威斯巴登	
		基地	装备飞机型号
Stab JG 53	汉斯•克莱恩上校	威斯巴登－埃本海姆	Bf 109E 3-3
Ⅰ./JG 53	洛塔尔•冯•扬森上尉	基希贝格	Bf 109E 46-38
Ⅱ./JG 53	冈瑟尔•冯•马尔特扎上尉	曼海姆－山德霍芬	Bf 109E 44-38
第13航空军指挥部		司令部驻地：纽伦堡	
		基地	装备飞机型号
Ⅰ./JG 70	基特尔少校	黑措根奥拉赫	Bf 109D 50-21

斯堪的纳维亚的插曲

在德国的战略规划里，英国和法国是德国的宿敌，这两个结盟国家才是德国最大的心腹之患，德国的主要作战力量也集中在法国方向。但是，北欧却是德国的后顾之忧，德国要发动消灭英国法国盟军和低地国家之战就必须把后院清理一下。德国北部面临北海的出口，其地理位置对德国十分不利，英国皇家海军力量比德国强得多，英国舰队把德国看得死死的。这种情况下，北欧的挪威对德国来说战略位置十分重要，如果占领挪威，德国空军力量就可以在挪威基地对英国舰队发起攻击以保卫德国战略物资供应线。所谓的战略物资供应线是指瑞典向德国提供铁矿石的海上运输线。德国每年消耗的1500万吨铁矿砂中，有1100万吨要从瑞典进口，在冬季，这些铁矿砂要经铁路运到挪威港口纳尔维克（Narvik），然后再航运到德国，整个航线恰好在挪威领海以内。希特勒非常担心英法联军的军事行动会对德国北部构成威胁，当时处在中立状态的挪威摇摆不定，而且英国已经计划于1940年4月在挪威重要港口一带布雷，明显是在防范德国，并可能最终切断德国的铁矿石运输线。

入侵挪威的战役是世界上首次运用空降兵占领机场的战例，也是世界上第一次大规模空中运输行动，包括运送大量作战部队。挪威处在高纬度，国土狭长，人口不多，军事力量更是微不足道，其空军只有20架老式双翼战斗机，闪电战在这里行不通，唯有空中行动是最佳选择，或者说单靠空军行动就可以消灭一个国家，德国的计划就是通过空中行动迅速占领挪威的机场，并且在此机场驻扎德国空军，阻止英国飞机前来帮忙。从德国针对此次战役的空军力量运用就可以看出军事行动的特点：德国空军计划运用240架轰炸机和“斯图卡”飞机，95架战斗机和534架运输机、侦察机和其他飞机（包括水上飞机）。

由于距离上的原因，在入侵挪威的战役早期阶段，为Ju 52空降运输机护航的是航程远的Bf 110驱逐机。在挪威开辟了机场后，接着上场的就是Ⅱ./JG 77大队，上文提到过，这个大队在德国湾驻防了好几个月，当时大队指挥官是卡尔•舒马赫，如今大队指挥官是卡尔•亨切尔（Karl Hentschel）上尉。Ⅱ./JG 77大队的德国驻地是胡苏姆（Husum），随着挪威战事发展，该大队进驻到丹麦奥尔堡（Aalborg）和埃斯比约（Esbjerg）。此后，该大队再次于1940年4月11日途经

▲Ⅱ./JG 77大队第4中队（4./JG 77）赫尔穆特•海因茨在他的Bf 109E-1座机前留影。挪威国小力弱，因此只有Ⅱ./JG 77大队参与制空作战。

▲Ⅱ./JG 77大队第5中队（5./JG 77）的几位飞行员，照片拍摄于1940年丹麦的奥尔堡。

斯卡格拉克（Skagerrak，在丹麦日德兰半岛与挪威南部之间）海峡到挪威南部的克里斯蒂安桑－谢维克（Kristiansand-Kjevik，挪威南部港口城市的一个机场名称），这里有一个小型的民用机场，也是DNL航空公司从首都奥斯陆沿海岸线航线到北极圈内特罗姆瑟（Tromso，挪威北部港市）机场的第一个中转站。

抵达克里斯蒂安桑－谢维克机场后，Ⅱ./JG 77大队飞行员发现挪威海域的空中行动远比德国沿岸附近的战事活跃，这还用说吗？德国发动挪威战役，英国肯定心急火燎。进驻挪威机场还不到24小时，5./JG 77和6./JG 77两个中队的飞机就紧急起飞拦截英国皇家空军远道而来的轰炸机编队：皇家空军第44和第50中队的12架“汉普顿”轰炸机前来轰炸停泊在克里斯蒂安桑港口内的德国军舰。双方飞机编队在克里斯蒂安桑港口西南部海域上空遭遇，在15分钟的空战中，德国方面声称击落了6架英国轰炸机，其中2架是被罗伯特•门格（Robert Menge）上士击落的。但是，这次战斗并非一边倒，英国“汉普顿”轰炸机还击的火力击落了5架德国Bf 109E战斗机，造成4名飞行员当场死亡，还有1个重伤。虽然击落轰炸机的价值比损失战斗机更大，但是一次战斗中被击落这么多性能远超轰炸机的战斗机还是挺让人丢脸的。双方空战十分钟后，英国皇家空军海岸司令部第233中队的1架洛克希德“哈德逊”（Lockheed Hudson）轻型轰炸机和海岸侦察机又到此前空战海域进行侦察，不幸的是，这架英国飞机遭遇德国空军Ⅱ./JG 77大队的另一个正在例行巡逻的双机编队，德国Bf 109E战斗机毫无悬念地击落了这架英国飞机。

进驻挪威后，Ⅱ./JG 77大队主要负责挪威南部和西海岸线空域的防空作战任务，为了将防空范围覆盖到上述空域，该大队的三个中队被分散部署在克里斯蒂安桑－谢维克机场周边的机场。由于几乎没有地面保障单位，这些中队转移部署时只能带上本中队的家什，好在那时的飞机对野战机场的要求并不高，废弃的开阔地就可以当作机场来使用。这些不利因素可以通过空中补给来解决，但是，最大的问题在于挪威地区的德国空军单位缺乏早期预警系统，在德国湾，万根沃格岛的“弗雷亚”雷达站可以提供早期预

▲“哈德逊”是美国洛克希德公司专门为英国皇家空军研制的一款轻型轰炸机和海岸侦察机，但是，这款飞机除了后机背炮塔外怎么看都像一架客机。

警，而挪威沿岸简直就是一个开放的空域。解决问题的办法就是Ⅱ./JG 77大队的中队飞机不间断地在空中巡逻，有限的地面控制系统对其进行引导，但是地面引导也需要完善的支持系统，挪威境内恰恰就没有，因此所谓的地面指挥引导不精确不说，引导也常出现延误。有一个典型的战例，Ⅱ./JG 77大队的一个双机编队在接到敌机入侵命令后紧急从挪威斯塔万格（Stavanger）机场起飞迎敌，地面指挥将Bf 109E战斗机引导到4000米高度，但是，英国皇家空军的轰炸机躲过了德国飞行员的眼睛，从Bf 109E双机编队的下方穿过直奔斯塔万格机场，最终英国轰炸机在200米高度对德国机场进行了轰炸。

但是，对德国有利的情况是，英国这些侦察或轰炸行动是经常的事，虽不是每天都有。因此，卡尔•亨切尔的Ⅱ./JG 77大队击落英国飞机的战例也稳定上升。4月15日，德国Bf 109E战斗机击落2架英国皇家空军“哈德逊”轰炸机；九天后，德国飞行员再次击落2架“哈德逊”飞机和1架“布伦海姆”轰炸机；4月30日，英国皇家空军第110中队的2架“布伦海姆”轰炸机在执行任务时被德国击落1架，被击落的这架飞机飞行员是第110中队指挥官K.C.道兰（K.C.Doran），他早在1939年9月4日就率领英国皇家空军轰炸机编队对德国翡翠湾西部的斯切里格道路进行了首次轰炸。道兰的“布伦海姆”飞机被击落，他有幸存活成了战俘，机组其他成员全部丧生。

击落道兰的是4./JG 77中队（Ⅱ./JG 77大队所辖三个中队分别是4./JG 77、5./

▲驻扎在挪威特隆赫姆的4./JG 77中队1架Bf 109E-3战斗机。由于地面松软，机场铺设了木板。

▲两张照片为Ⅱ./JG 77大队驻扎在挪威期间的飞机涂装对比，上图为后来采用的迷彩，下图为灰色涂装。

JG 77和6./JG 77中队）的海因茨•蒂梅斯（Heinz Demes）少尉，仅仅不到三个小时后，他在攻击另2架英国“惠灵顿”轰炸机时被目标的还击火力击落，他的Bf 109E座机中弹后起火，拖着火焰垂直坠入海中，他本人丧生。海因茨•蒂梅斯的僚机是埃尔温•扎瓦利施军士长，他是西班牙内战老兵，1939年12月14日，他在德国湾上空已经击落过1架英国“惠灵顿”轰炸机。

在克里斯蒂安桑－谢维克没驻扎多久，Ⅱ./JG 77大队再次启程部署到正北方500余公里的特隆赫姆（Trondheim），这是一个内陆港口城市，德国选择这样的城市作为空军临时基地为的就是海运物资补给方便。另一个考虑即特隆赫姆西面就是挪威海，这里正是英国舰队活动的主要海域，而且英国也计划对挪威西部沿岸实施布雷行动。部署到特隆赫姆，这里的盟军战事丝毫没有减弱的意思，为此，德国空军又派遣11.（N）/JG 2夜战中队的Bf 109C和Bf 109D到挪威来增援战斗机力量，其他空中力量也有所增加，主要还是为了对付英国。5月初，这些型号较老的夜间战斗机途经奥尔堡转场到特隆赫姆基地。但是，对于挪威战场环境来说，夜战中队的Bf 109C和Bf 109D执行快速反应警戒任务还是太慢了。进入到5月中旬，极北地区的黑夜越来越短，11.（N）/JG 2夜战中队的飞行大多数情况下执行的是昼间作战任务，除了执行任务出现几次事故外，夜战中队在挪威战场并没有取得任何战果，因此在5月21日，11.（N）/JG 2夜战中队返回到克里斯蒂安桑基地，随后的6月初返回德国加入到原隶属大队。

▲11.（N）/JG 2夜战中队的Bf 109D-1战斗机作为增援力量部署到挪威，但是这个中队参加的战斗不多，也没取得任何战果，随即便返回德国。照片拍摄于1940年的挪威。

▲同样是部署在挪威的11.（N）/JG 2夜战中队和其装备的Bf 109D-1战斗机。与其说是机场，不如说是一块空地。

1940年5月10日，德国对法国和低地国家发起了闪电战，全世界的目光都被吸引过去，此时的卡尔•亨切尔的Ⅱ./JG 77大队成了被遗忘的角落，孤助无援，作战情况也乏善可陈，主要对手英国也忙着应付西线战役。挪威战场此时的战斗主要集中在挪威北部的纳尔维克港，这儿距离特隆赫姆有上千公里，Ⅱ./

JG 77大队的Bf 109E战斗机最佳情况下只能在纳尔维克上空停留不足五分钟，作战意义并不大。但有人提出一个大胆的计划，那就是Bf 109E战斗机到纳尔维克上空将地面和空中的敌人全部消灭干净，紧接着，德国空降部队快速地夺取地面机场让燃油几乎耗光的战斗机着陆，这个馊主意刚一出台就被否决，谁都不敢保证战场形势会向着己方最乐观的方向发展。

Ⅱ./JG 77大队驻扎的特隆赫姆是个前不着村后不着店的地方，这里离北面纳尔维克和南面低地国家的距离差不多，也就是说既没办法参与纳尔维克的战斗（尽管德国空军要求必须参加），也不可能参与针对低地国家的战斗，因此5月是Ⅱ./JG 77大队最为平静的一个月份，其间该大队只击落2架“哈德逊”和1架“布伦海姆”轰炸机。6月7日，挪威国王哈康和他的政府成员逃到英国，在此他号召挪威人民继续反抗纳粹德国。三天后，挪威最后一支部队在极北地区放弃抵抗投降，至此，挪威的地面战斗完全停止。由于挪威战场的特殊性，此次战役中Bf 109战斗机单位并没有产生王牌，只是罗伯特•门格上士离王牌的标准更近一些，他在4月12日击落2架英国“汉普顿”轰炸机，5月30日，他又在挪威击落1架（他的第三架）英国“哈德逊”轰炸机。

地面战斗虽然完全停止，但空中行动仍然比较活跃，挪威人投降了，英国人可没有，事实上英国皇家空军一直就没有间断过攻击挪威海域航线上的德国船队，同时英国也没放弃寻找躲藏在港口内或是挪威奥斯陆峡湾（Oslo Fjord）的德国军舰。挪威奥托•鲁格（Otto Ruge）将军投降后的24小时内，4./JG 77中队的四机编队拦截了英国皇家空军第269中队的12架“哈德逊”轰炸机。当天，英国轰炸机编队在特隆赫姆附近海域攻击了已经受了伤的德国海军“沙恩霍斯特”号（Scharnhorst）战列巡洋舰（当天的海战中被英国“阿卡斯塔”号驱逐舰发射的鱼雷击中受到重创，当时正向特隆赫姆驶来），前来救援的4架Bf 109E战斗机当即击落2架英国“哈德逊”轰炸机。

▲虽然面临很大的危险，只要有机会英国皇家空军就会派出轰炸机和侦察机对挪威的德国空军实施打击和侦察。

两天后的6月13日，英国皇家空军和皇家海军航空兵发动了更猛烈的行动来攻击德国“沙恩霍斯特”号战列巡洋舰，不幸的是，这次行动被自己人搞砸了。当天，英国海岸司令部出动布列斯托尔“博福特”

▲英国海岸司令部出动“博福特”轻型轰炸机偷袭德国空军驻扎的特隆赫姆瓦尼斯机场，但是空袭以失败而告终。“博福特”后射炮塔位置较低，垂尾正后方是射击死角，抓住这个弱点就很容易击落它。

（Bristol Beaufort）轰炸机对德国人重要据点特隆赫姆的瓦尼斯机场进行了空袭，此次行动的战果寥寥，几乎未对机场设施或飞机造成什么损失，但却引起了德国防御战斗机的警觉，驻扎在此的4./JG 77中队Bf 109E战斗机和驱逐机中队的Bf 110战斗机紧急升空追赶偷袭的英国飞机，没承想中途却遭遇英国皇家海军航空兵第800中队和第803中队14架没有任何护航飞机相伴的“贼鸥”（Skua）俯冲轰炸机，这些飞机在2小时前从皇家海军“皇家方舟”号航母上起飞前来执行攻击“沙恩霍斯特”号任务。携带炸弹的“贼鸥”俯冲轰炸机当然不是Bf 109和Bf 110战斗机的对手，不携带炸弹也无法与后两者匹敌，空战的形势是一边倒，德国战斗机尽情地猎杀没有护航的这些“贼鸥”飞机，4./JG 77中队Bf 109E战斗机在三分钟内击落5架，另有2架被Bf 110战斗机击落。在Bf 109E击落的5架中有2架战果归属罗伯特•门格上士，至此，他成为挪威地区德国空军首个空战王牌。此次战斗中，埃尔温•扎瓦利施军士长也因击落他个人第五架飞机成为王牌，上文提到过，他在德国湾战斗中已经击落了3架英国飞机。

虽然遭受了严重的损失，英国人仍然十分顽强，但幸运女神依然没有眷顾英国人，“贼鸥”俯冲轰炸机投下的唯一一枚击中“沙恩霍斯特”号战列巡洋舰的炸弹却没有爆炸。这次失败的行动说明轰炸机和俯冲轰炸机在没有护航的情况下执行任务十分危险，“贼鸥”俯冲轰炸机没有机会打翻身仗了，此次行动宣告了该型飞机在英国皇家海军航空兵彻底退役。德国空军Ju 87“斯图卡”俯冲轰炸机很快就会在1940年的夏天轰炸英国南部的行动中重蹈“贼鸥”的覆辙。

英国皇家海军航空兵退出战场回家去舔伤口了，而英国皇家空军不依不饶地继续向德国发起进攻。6月15日，英国皇家空军第233中队的“哈德逊”轰炸机在执行轰炸斯塔万格机场时遭到德国Ⅱ./JG 77大队的战斗机的拦截，德国飞行员击落3架“哈德逊”飞机，其中2架是安东•托尼•哈克尔（Anton Toni Hackl）军士长未来超级王牌的开门红，他在二战结束时已经升任JG 11联队指挥官，同时他也是“佩剑加橡树叶加骑士十字勋章”获得者，他的总战绩是192架。击落2架“哈德逊”飞机的九天后，安东•哈克尔再次击落1架英国“博福特”鱼雷轰炸机。当天，英国皇家空军第42中队的9架“博福特”飞机奉命去轰炸正在向南驶向德国威廉港的“沙恩霍斯特”号战列巡洋舰，在卑尔根市（Bergen，位于挪威西南部）北部海域，英国轰炸机编队遭受到德国Bf 109E战斗机拦截，此次战斗又有三名德国飞行员击落3架“博福特”飞机，当时德国飞行员都误以为“博福特”飞机是汉德利•佩季公司的“赫尔福德”（Handley Page Hereford）轰炸机（即“汉普顿”轰炸机安装布列斯托尔公司“飞马”发动机后的名称，产量小，服役时间短）。击落英国飞机的德国飞行员中包括上文反复提到的罗伯特•门格，另一位是霍斯特•卡尔加尼科（Horst Carganico）少尉，他未来战绩达到60架。

6月21日，Ⅱ.(J)/ Tr.Gr.186大队在挪威首次取得战果，该大队的汉斯•肖波尔（Hans Schopper）中尉声称击落了1架英国皇家空军肖特公司“桑德兰”（Short Sunderland）水上飞机，事实上，这架飞机并未被击落，只是被击中受伤。Ⅱ.(J)/ Tr.Gr.186大队在6月初刚刚抵达挪威地区，也就是刚刚在法国敦克尔刻上空完成任务赶到挪威，该大队指挥官仍然是海因里希•塞利格尔上尉。Ⅱ.(J)/ Tr.Gr.186大队进驻挪威主要是为了加强奥斯陆和特隆赫姆之间挪威海岸的防空，而事实上，该大队进驻挪威后很少参与军事行动，主要原因是英国人减少了空中行动，此时英国本土正遭到德国的轰炸，分不出更多的力量关注挪威一带战事。汉斯•肖波尔声称击落了1架英国“桑德兰”飞机整整一个月后的7月21日，Ⅱ.(J)/ Tr.Gr.186大队的劳伦兹•维伯尔（Lorenz Weber）中尉击落1架英国皇家空军第204中队“桑德兰”飞机，当时几架“桑德兰”飞机到特隆赫姆附近执行战场监视任务，英国人称飞机失踪沉入海底，并不是被德国击落的。

▲安东•托尼•哈克尔的二战总战绩达到惊人的192架，但是这个成绩在德国空军王牌中还是排不上号。

Ⅱ.(J)/ Tr.Gr.186大队只在挪威战场呆了八个星期，也就是两个月时间。上文简要提过，Ⅱ.(J)/ Tr.Gr.186大队计划装备“齐柏林伯爵”号航母，但是，航母建造还未完成就在1939年10月被取消，无用武之地的舰载机大队最终被并入JG 77联队而成为Ⅲ./JG 77大队，指挥官是海因里希•塞利格尔上尉。6月底，已经更改番号的Ⅲ./JG 77大队返回德国柏林，在这里等待飞行员们的是巨大的震惊，而且足以惊掉他们的下巴：为了保卫首都柏林的需要，这个大队计划全部换装缴获的法国H-75A“鹰”战斗机！估计德国空军高层想充分利用这些战利品，但飞行员们觉得这是一件十分丢脸的事儿，他们当然要抗议，一番据理力争后，德国空军高层最终同意只让Ⅲ./JG 77大队的第7中队（7./JG 77）装备H-75A飞机，而且这个中队只使用了6个星期就又换回德国产战斗机。有一个十分夸张的说法来形容7./JG 77中队飞行员心情，当最后1架H-75A飞机被转交给德国空军一所训练学校，备受委屈的飞行员们长长地舒了一口气，而所有飞行员呼出气体足够吹起柏林防御体系中所有的阻塞气球！不知道为什么JG 77联队总会跟这种丢脸的事儿沾上边，在意大利战役期间，这个大队再次被要求换装意大利产Macchi C.205战斗机，虽然时间不长，丢脸的事一直流传到现在。不管怎么说，JG 77联队是德国空军唯一一个曾经装备过两种外国型号战斗机的前线作战单位，当然这不是什么光彩的事儿。

与此同时，Ⅱ./JG 77大队仍然战斗在挪威最前线，即保卫挪威西南部海岸线的安全，虽然英国战事已经开始，英国仍时不时地会派出“布伦海姆”和“哈德逊”轰炸机穿过挪威海去轰炸德国目标。拦截笨重的轰炸机危险性小一些，也可以更快地为自己的功劳簿上填砖加瓦。要说在挪威战役中Ⅱ./JG 77大队最为成功的

▲5./JG 77中队的地勤人员在维护Bf 109E-4战斗机。注意看近处3号机的该中队礼帽标志，这个标志是原“秃鹰军团”2.J/88中队标志。

空战不是发生在挪威，而是在丹麦上空。1940年8月12日，5./JG 77中队从挪威的斯塔万格向南转移到奥尔堡驻扎，抵达新驻地的第二天，即8月13日被德国称为“鹰日”（Adlertag），这是德国对英国本岛实施全面大规模轰炸的开始，英国皇家空军的机场也是重点轰炸的目标。

但是，8月13日的气候非常糟糕，根本不适合作战，在预备发起攻击的时间到来的最后一刻，德国被迫推迟了首轮大规模攻击时间，也就是说德国空军轰炸机并没有完全出动。不仅如此，推迟首轮轰炸的命令却并没有传达给所有的作战单位，因此造成了一些混乱：一些轰炸机升空后去轰炸英国目标，但却没有战斗机护航；还有一些战斗机升空后飞抵目标空域却不见轰炸机编队。就在这天英国皇家空军仍惦记着挪威的战事，当天，英国皇家空军第82中队的两个编队共12架“布伦海姆”轰炸机从诺威奇（Norwich）基地起飞去轰炸北日德兰奥尔堡的德国机场，途中1架飞机在靠近丹麦海岸的时候因为燃油问题不得不返航，其他11架飞机继续穿越日德兰半岛向东北目标区进发执行任务。由于导航出了问题，英国轰炸机编队在陆地上空飞行的时间过长，因此德国人有充足的预警时间。在接到拦截入侵敌机的命令后，5./JG 77中队的4架Bf 109E战斗机紧急起飞，随后在预定空域等着英国轰炸机上门送死。一个小错误可能造成致命的后果，这次就是，11架英国“布伦海姆”轰炸机全部被德国Bf 109E战斗机击落，其中5架在奥尔堡机场周围，其他6架呈弧形向西北逃跑时被击落。德国拦截战斗机声称此次战斗赢得了15次胜利[①]，在奥尔堡机场周围被击落的5架飞机中有4架

▲这架5./JG 77中队的1架Bf 109E-1战斗机因事故迫降，迫降飞机都有一个明显的特征，即螺旋桨因与地面刮蹭而出现弯曲现象。

是罗伯特•门格上士一人的功劳。

此后，Ⅱ./JG 77大队又在挪威战场驻守了三个月，在这期间的8月27日，该大队又一次与15架或16架英国皇家空军轰炸机编队（主要是“哈德逊”和“布伦海姆”轰炸机）遭遇并发生激烈的战斗，就是在这次战斗中，未来的王牌兼“橡树叶加骑士十字勋章”获得者海因里希•塞茨（Heinrich Setz）少尉首开个人纪录，他在斯塔万格南部击落了1架英国“布伦海姆”飞机，他的个人生涯中共击落137架飞机。1943年3月，他在法国阿布维尔（Abbeville）上空被英国皇家空军“喷火”战斗机击落身亡，当时他已出任Ⅰ./JG 27大队指挥官。

在这期间，Ⅱ./JG 77大队的指挥结构做了调整，指挥官卡尔•亨切尔上尉在挪威战役前接任哈里•冯•伯劳－伯斯卡姆普（Harry von Bulow-Bothkamp）少校出任Ⅱ./JG 77大队指挥官，而后者升任

▲海因里希•塞茨在1940年8月27日的战斗中首开纪录，很多未来超级王牌都在这一时期获得人生第一架战果。

① 这句话的原文是：“The defending fighters Claimed fifteen victories”，现在不清楚所说的“fifteen victories”是不是“shot down”，如果是，那么德国单方面宣称击落了15架英国轰炸机，夸大战绩是正常的事，把11架飞机看成15架，这个误差也忒大了点，特别是被击落的11架飞机残骸就在德国控制的陆上地区，核实并不困难。没有用“shot down”可能跟德国空军计算“得分点数”有关，比如击伤得多少分，击落得多少分，击落1架受伤的飞机得多少分等。有待考证。

JG 2“里希特霍芬”联队指挥官。但是，由于不为外界所熟知的原因，卡尔•亨切尔上尉并不适合大队指挥官的职务，从上面的作战情况来看，他干的还算不错。但是，他的大队发生了“军事政变”，大队的三个中队指挥官联合到空军司令部告了卡尔•亨切尔一状，具体原因不详，因此在1940年9月，卡尔•亨切尔上尉被免职（大队指挥官任职时间1940年3月31日－1940年9月9日），离开Ⅱ./JG 77大队去其他单位任参谋一职，9月9日接任卡尔•亨切尔的是弗兰兹－海因茨•兰格（Franz-Heinz Lange）上尉。1940年11月中旬，领导层重组后的Ⅱ./JG 77大队离开斯堪的纳维亚地区到法国布列斯特（Brest）驻扎，其作战任务也从原来北海沿岸防御变更为大西洋沿岸防御。

在挪威和丹麦地区驻扎期间，Ⅱ./JG 77大队作战行动中共获得79架战果，己方损失6名飞行员（也就是被击落6架飞机）。此次斯堪的纳维亚战役（或称挪威战役）中有一个新人脱颖而出，他就是8月13日一次空战击落4架英国轰炸机的罗伯特•门格，上文提到的8月13日战果重新进行了修正，罗伯特•门格击落4架是铁板钉钉的事，因此他的战绩仍然是13架，其中4架是他在西班牙内战中取得的，毫无疑问，他是整个挪威战役最为成功的飞行员。罗伯特•门格后来离开Ⅱ./JG 77大队到JG 26联队，在此他被选为阿道夫•加兰德中尉的僚机。

▲罗伯特•门格是整个挪威战役最为成功的飞行员，可惜除了这张照片再无其他影像资料。

挪威战役中德国空军Bf 109战斗机作战单位序列（1940年4月9日）

X航空军（X Fliegerkorps）		司令部驻地：汉堡	
		基地	装备飞机型号
Ⅱ./JG 77	卡尔•亨切尔（Karl Hentschel）上尉	胡苏姆（Husum）	Bf 109E　37-29

闪电战的时代到来了

挪威战役中，德国投入使用的空军战斗机大队只有1个，加上其他驱逐机其总数也不过95架；波兰战役中德国空军投入了5个单发战斗机单位，Bf 109各型号总计202架，实际上用不了这么多，大部分情况德国飞行员在波兰上空找不到敌人战斗机。但是，对于德国即使发起的西线战役，即入侵法国和低地国家战役，德国不得不投入全部的单发战斗机力量，这是德国空军首次在一个战役中运用全部作战力量。西边的低地国家面积小，军事力量不足挂齿，但是法国的科技力量和军事力量都很强，特别是海峡的另一侧，和法国穿一条裤子的英国肯定会在战争爆发时帮助法国，事实上入侵波兰战役后，法国和英国就采取了一系列联合行动来对抗德国，挪威战役期间的纳尔维克战斗中法英波三国就联手抗击过德国。说德国运用全部的战斗机力量有点不够严谨，因为西线战役开始后挪威战场的战事还未结束，因此西线战役中Ⅱ./JG 77大队的2个分开部署的

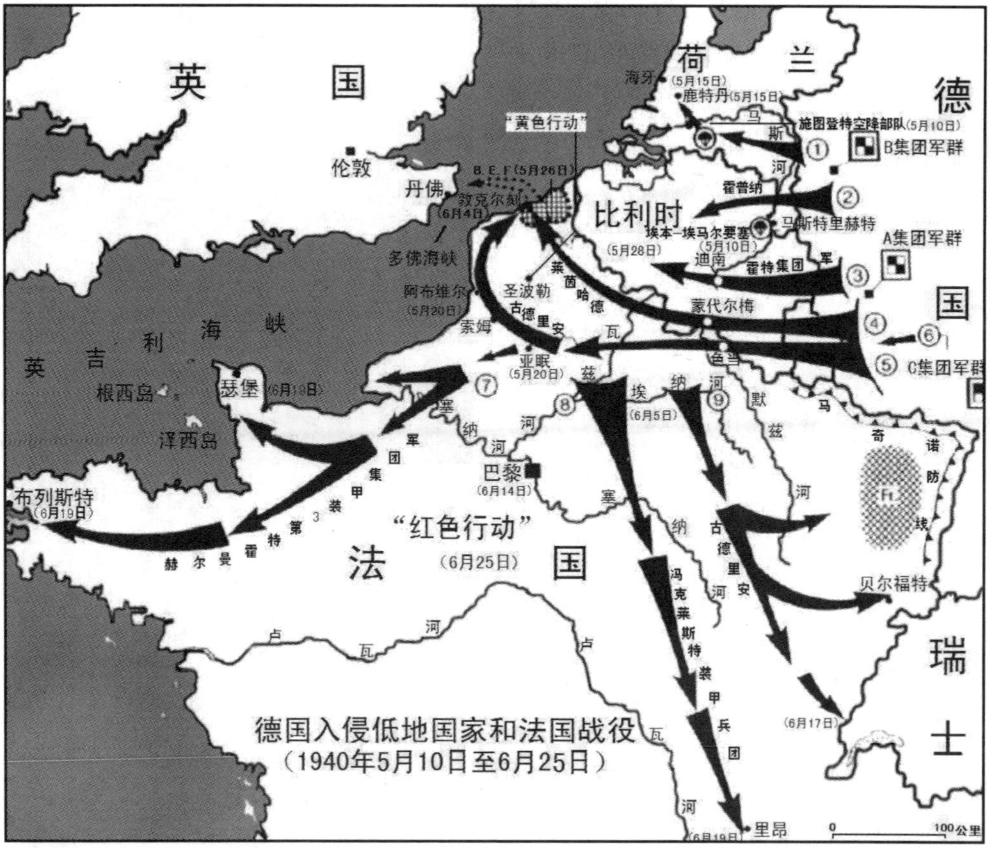

▲德国入侵低地国家和法国战役作战态势图。

中队和大队直属单位（队部）没有参加，Ⅱ./JG 3大队被调回到柏林负责首都防御任务，这应该算是间接参与西线战役。

总的来说，德国空军共有27个战斗机大队部署在西墙沿线，这些大队均等地归属第2和第3航空队指挥，有意思的是这27个大队由各个大队的直属单位（队部）控制，并不是由所属联队指挥，下文列出的西线战斗序列就可以看出这种复杂性。

大约有1000名战斗机飞行员参与了西线战役，很多飞行员就是在随后的六个星期里获得了王牌的称号，甚至有一些飞行员在此战役中首开个人纪录，随后的各种战役中战绩达到令人无法相信的高度。西线战役中以法国战役为主，但是，西欧较强大的法国地域面积也只是跟中国四川省差不多大，1000多名飞行员蜂拥而至，平均分摊，要获得惊人的战绩也比较难，更何况西线战役只进行了六个星期。不管怎么说，有一些飞行员已经在这场战役中显露出超人的个人能力，他们获得的战绩也达到一个全新的高度。

德国即将发起的西线战役被分为两个明显的阶段，第一阶段战斗代号为“黄色行动”（Operation Yellow），它的作战意图主要是在战争开始时出动全部德国军事力量进攻比利时和荷兰，迫使英国和北部法国的敌人退出他们在比利时边境修建的加固阵地或堡垒，从而去营救中立国比利时和荷兰。一旦盟军离开堡垒到开阔地带并向东北行进，德国装甲师趁机从后方包抄盟军并将其驱赶到英吉利海峡沿岸，从而彻底切断英法联军针对低地国家的救援，这样德国军队就可以毫无顾忌地分别将低地国家占领。实际上，“黄色行动”的作战目的用中国话说就是引蛇出洞，围而歼之。这个战役计划完成后，德国部队将发起第二阶段代号为“红色行动”（Operation Red）的军事行动，这个行动的意图是德国部队向南推进并穿过法国索姆（Somme，法国北部地区，这儿有一条索姆河流经），再横穿法国心脏地带，向南推进到西班牙边境，向东南推进到瑞士边境。

根据这个战略行动计划，第2航空队

▲JG 27联队第6中队（6./JG 27）的四机Bf 109E-1战斗机编队在法国战役期间。跟当时欧洲其他国家战斗机相比，德国空军主力战斗机Bf 109E性能要高一筹。

的战斗机大队主要负责西线的北部地区，战争一开始这些战斗机大队就得参与其中，特别是马克斯•伊贝尔（Max Ibel）中校指挥的JG 27联队直属单位。JG 27联队和“斯图卡”俯冲轰炸机单位、道尼尔轰炸机单位，以及亨克尔轰炸机单位共同组成了冯•里希特霍芬少将第8航空军突击力量的核心。

1940年5月9日21点55分，德国空军第2航空队司令部向所有作战单位发出简单的作战信号：“（明天）5点35分行动。”事实上，在战役正式开始前20分钟，德国空军空降兵单位的Ju 52运输机在马克斯•伊贝尔的Bf 109战斗机的护航下穿过法国阿登北部的德法边境开始执行空降行动。在战线的西部，战役开始的当天，JG 27联队主要执行为三发运输机提供护航任务，这些运输机在德国科隆和空降点之间来往穿梭，将大量的空降兵投送到阿尔伯特运河（Albert Canal）沿岸的着陆点。这条运河的比利时边境地区有一个阻止德军进攻的超级堡垒：埃本－埃马尔要塞(Fort Eben-Emael)，德国空军最终向该地区突然发起了进攻，空降兵乘坐滑翔机悄无声息地落在埃本－埃马尔要塞上，工程兵用空心炸药爆破装置将加固堡垒一一摧毁。“黄色行动”的战役就此开始。

开战第一天的第一波战斗中，德国空军战斗机单位就取得了首个战果，当天，Ⅰ./JG 21大队乌尔希（Ultsch）上尉在马斯特里赫特（Maastricht，荷兰最南部一座城市）北部上空巡逻时遭遇比利时空军1架老式双翼飞机，并将其击落，乌尔希判定是1架英国产“萤火虫”（Firefly）战斗机，但这架飞机更像是“福克斯”（Fox）飞机。开战第一天结束前，德国空军又击落4架比利时空军英国产“斗士”（Gladiator）战斗机，其中1架的战果属于未来的王牌飞行员汉斯－埃克哈德•鲍伯（Hans-Ekkehard Bob）少尉，他在二战中的总战绩是59架。在二战快结束时，他加入了阿道夫•加兰德中将的JV 44特别战斗机单位（“JV”是Jagdverband的缩写，意思是猎杀编队，中文常根据其组成译成专家战斗机中队），曾驾驶Me 262喷气式战斗机与盟军作

▲前线机场Ⅰ./JG 1大队（后改称Ⅲ./JG 27）的1架Bf 109E正在进行发动机维护，远处2架是Ⅱ.(Schl)/LG 2大队的Hs 123对地攻击机。

战过。

5月11日，不再执行为Ju 52运输机护航任务的战斗机大队开始执行自由狩猎作战任务，这种任务的目标是获得在马斯特里赫特西部一带的制空权。马斯特里赫特东面40公里是德国，向西几公里和向南不足20公里就是比利时，因此德国空军战斗机在此巡逻不仅会遭遇比利时空军飞机，也会与新出现低地国家上空的英法盟军飞机照面。在这里，德国空军飞行员终于可以参与他们梦寐以求的空战，当天首开个人纪录的飞行中比较有名的有弗兰兹斯科特（Franzisket）、格哈德•霍穆特（Gerhard Homuth）和雷德利希（Redlich）等，这些人都是未来“骑士十字勋章”获得者。当天击落敌机最多的是Ⅰ./JG 1大队指挥官威廉•巴尔萨泽上尉，他在“秃鹰军团”参加西班牙内战期间就有7架战绩在身，5月11日的战斗中，他一天就击落了3架“斗士”战斗机和1架法国Morane飞机（MS.406），这预示着他在西线战役中将成为最明亮的明星。

24小时后，英国皇家空军针对马斯特里赫特发动了一次近乎自杀性的攻击，为此，英国皇家空军诞生了二战以来首批两个“维多利亚十字勋章”（VC）获得者。此次自杀性的攻击中，英国皇家空军第12中队的全部5架费尔利Battle战斗机都被德国地面高炮和空军Ⅰ./JG 27大队的战斗机击落。5月12日，德国空军Ⅰ./JG 1大队击落7架英国皇家空军第139中队“布伦海姆”轰炸机，这些轰炸机中包括参与1939年9月3日轰炸德国威廉港的飞机。击落7架英国飞机后，Ⅰ./JG 1大队在当天随后的行动中摧毁了迪斯特（Diest，比利时城市）机场停放的16架比利时空军飞机。同样是5月12日，Ⅰ./JG 21大队和Ⅰ./JG 27大队还击落8架英国皇家空军“飓风”战斗机。

▲西线战役第一天（5月10日），Ⅰ./JG 21大队第2中队（2./JG 21）的“红色14”号Bf 109E-1战斗机在荷兰上空执行任务时被敌防空高炮击落。

马克斯•伊贝尔的JG 27联队直属单位

▲威廉•巴尔萨泽上尉是德国二战初期西线最成功的飞行员之一，他也是“秃鹰军团”老兵。早期德国战斗机一般夏天会采用绿色迷彩涂装，冬天则用白色涂装。

（队部）2架飞机也参与了第三天的战斗，一个是联队副官（Adjutant），另一个是技术官，前者是阿道夫•加兰德上尉，毫无疑问他是战争时期德国空军最著名的战斗机飞行员，不仅战绩显赫（共击落104架飞机），后来还当上了战斗机兵种总监，官至中将。阿道夫•加兰德在西班牙内战期间驾驶的是He 51战斗机，He 51也可以作为俯冲轰炸机来使用，早年Ju 87“斯图卡”飞行员就驾驶该机型进行俯冲轰炸训练。在西班牙，阿道夫•加兰德驾驶He 51主要执行对地攻击任务，共执行了超过 300 架次的作战任务。作战中他发展了俯冲轰炸技术并研究出一些新的对地攻击战术，离开西班牙前，加兰德获得了佛朗哥政府颁发的钻石黄金西班牙十字勋章，西班牙历史上只颁发过12次这种勋章。正是这个原因，在波兰战役期间，他被分配到装备Hs 123俯冲轰炸机的对地攻击大队，但是他并不喜欢俯冲轰炸机，他的梦想是驾驶战斗机。为此，阿道夫•加兰德想出一个好主意：他找到一个当医生的朋友让他开证明称自己“不适合在开放的座舱里飞行”，光这一句还不行，他此前就不断假

▲JG 1联队队部在二战初期采用的队标，一只鹰站在德国地图上看着英国，鹰在很多国家都代表着战斗机。

▲图中左侧是阿道夫•加兰德，中间是维尔纳•莫尔德斯，右侧是西奥•奥斯特坎普，前两者是德国空军二战初期和中期最为著名的飞行员，没有之一。

上三图为“秃鹰军团”3. J/88中队，下从左至右：JG 26联队、JG 27联队副官和JV 44专家中队

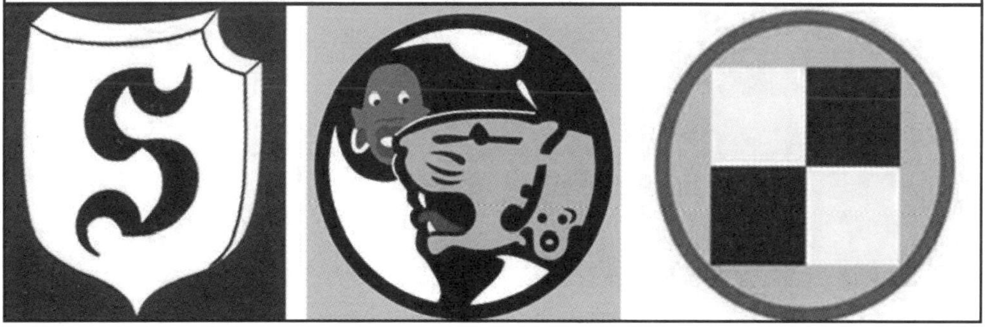

▲阿道夫•加兰德服役过的单位的标志。可能是加兰德喜欢美国的卡通形象米老鼠，他的座机上用过好几种米老鼠图案。

装抱怨自己有风湿病。最后，阿道夫•加兰德在1940年4月如愿以偿地被调往第27战斗机联队。

5月12日战斗中，加兰德驾驶Bf 109E战斗机在比利时列日（Liege）以西7公里处发现8架英国皇家空军“飓风”战斗机在4000米高度飞行，高度低于Bf 109E飞机1000米。高度高于敌机这对于空战是个优势，但是加兰德明显地表现出战斗机驾驶员第一次上战场时的心急，他没有近距离射击，而是在中等距离迫不及待地就开火了。为了增加首次射击的命中率，飞行员一般情况下会在近距离开火，比如50米左右，距离越远命中率越低。幸运的是，加兰德击中了他选定的目标，直到此时被攻击的“飓风”战斗机才开始做笨拙的规避动作，仅仅1秒后，这架“飓风”飞机就失去控制，同时机翼上有碎片脱落。这是加兰德的第一个猎物，从此他开始脱颖而出，速度快得让人眼红。

▲三图均是阿道夫•加兰德的Bf 109E-3座机，他服役不同单位座机的标志并不一样，但都是在法国驻扎期间的照片。

被击落的是英国皇家空军第87中队的弗兰克•豪威尔（Frank Howell）军士，他后来回忆道：“敌人从太阳方向向我发起进攻，他有高度的优势，而我根本就没发现受到了攻击。我突然听到碎裂的声音，随即座舱里充满了浓烟。”阿道夫•加兰德回忆此次战斗称：“我的第一个猎杀犹如孩子的游戏，出色的武器和运气都在我这一边。要想成功，最好的飞行员必须同时具备这两个因素。”

再回到刚才的战斗。阿道

▲6./JG 26中队的Bf 109E-3N战斗机隐藏在树木中。德国空军单位并不限制军人养宠物，有的甚至养一头小狮子。照片拍摄于1940年6月的法国。

夫•加兰德刚才急着射击，击落1架敌机后他又急着扩大战果。通常说某人“急着”做什么事肯定是不好的结果，但“运气”又一次站在了加兰德一边，刚才攻击前英国人并没有发现德国飞机，遭到攻击后英国人立即四散逃避，阿道夫•加兰德迅速盯上了俯冲加速逃离的1架“飓风”飞机，很快在低空将这架加拿大飞行员杰克•坎贝尔（Jack Campbell）中尉驾驶的飞机击落，坎贝尔没能及时跳伞，他跟着飞机一起坠毁在地面。当天晚些时候，加兰德在比利时蒂勒蒙（Tirlemont，也称蒂嫩）又击落1架敌机，也就是他在5月12日的战斗中共击落3架敌机，对他来说，这个开局相当精彩。阿道夫•加兰德的僚机古斯塔夫•罗德尔在当日的战斗中也击落1架敌机，此前，后者在波兰战役的首天就获得一个战果，整个波兰战役中他的战绩为3架，以波兰战场的空战规模看，这个成绩相当不错了。很长一段时间里，加兰德都以为自己击落的是比利时人驾驶的“飓风”飞机，而实际上在西线战役开始后的两天里，弱小的比利时空军“飓风”战斗机就都被摧毁在地面，根本就没机会升空作战。

到目前为止，针对低地国家的空中行动毫无疑问大部分都是由马克斯•伊贝尔的大队来执行的，而隶属第2战斗机（Jafu 2）指挥官的两个联队只有部分力量零星地参与了战斗。汉斯•雨果•维特（Hans Hugo Witt）少校的JG 26联队在5月10日当天的行动中为德国空军空降师的Ju 52运输机提供护航任务，飞在运输机前方的战斗机与荷兰空军战斗机遭遇，混战中德国Bf 109战斗机击落了5架敌机。己方有1架Bf 109飞机被击伤，驾驶员成功迫降后立即加入到了随后赶到的空降兵队伍中短暂地当了一回伞兵参与战斗。

开战第二天，Ⅱ./JG 26大队和Ⅲ./JG 26大队的战斗机在比利时上空与法国空军的H-75A战斗机遭遇，德国方面声称击落了6架，击伤多架敌机。48小时后的5月13日，JG 26联队对荷兰空军最后一击，这天也是该联队首次与英国皇家空军交锋。德国4./JG 26中队指挥官卡尔•埃比希豪森（Karl Ebbighausen）中尉在荷兰多德雷赫特（Dordrecht）附近击落了荷兰空军最后一架还能使用的福克T-V

▲英国“无畏”战斗机相当于战斗机后背驮一个炮塔。如果是轰炸机，德国飞行员还会注意到飞机后射机枪或机炮，战斗机驮一个四联机枪炮塔实在此前未见，因此德国飞行员第一次与这种战斗机交手吃了不少亏。注意看飞机还是敞开座舱设计。

▲英国很多飞机设计都属“奇葩”类，如果对异类飞机有独特的兴趣可以网上找一找英国设计的飞机。“无畏”飞机采用开裂襟翼设计，不像Bf 109的简单襟翼。注意看飞机炮塔，机枪枪管偏转到上方炮塔就可以转到侧前方。

中型轰炸机和为其护航的2架G-Ia双发战斗机中的1架。5./JG 26中队当天的空战更为成功，该中队的Bf 109战斗机与英国皇家空军以本土为基地的第264中队6架“无畏”（Defiant）战斗机在相同的空域相遇并发生空战，德国飞行员一口气击落5架英国“无畏”战斗机，外加1架为其护航的英国皇家空军第66中队的“喷火”战斗机。5./JG 26中队唯一的损失是卡尔•博里斯（Karl Borris）少尉，他在“无畏”战斗机后方70米的距离实施攻击时被目标飞机的后射机枪射中。德国发动的“黄色战役”开始时，卡尔•博里斯正在柏林接受防化演习，他连夜赶回部队并及时参与了5月11日的战斗。他被击落后成功跳伞，随后花了四天时间才返回单位。整个二战期间，卡尔•博里斯都在JG 26联队服役，战争结束前他已经是Ⅰ./JG 26大队指挥官，其战绩为43架。

补充一下“无畏”战斗机，这对于了解博里斯少尉被击落很有帮助。英国波尔顿• 保罗（Boulton Paul）公司研制的“无畏”战斗机的外形与“飓风”飞机十分相似，一段时间以来德国空军飞行员都误以为“无畏”是“飓风”，这个误解让德国飞行员付出了生命的代价。“无畏”战斗机最特别的就是座舱后的炮塔安装4挺7.62毫米机枪，四联机枪炮塔从下方或侧方射击并摧毁敌人轰炸机，不像以前必须先冒着对方强大火力，将机头对准敌机飞行。战斗机最佳攻击方位是目标的后方或是后上方，通常所称的从目标尾部攻击，但这里正是“无畏”战斗机施展火力的最好方位。西线战役开始后，德军飞行员还搞不清“无畏”和“飓风”战斗机的区别，在从尾部实施攻击时，突然遭到4挺机枪的迎头痛击，德军为此损失惨重，在西线战役的前三个星期里，英国“无畏”战斗机共击落了65架德军飞机。5月11日的战斗中，5./JG 26中队的Bf 109战斗机是从“无畏”战斗机的前方发起的攻击，当然并不是德国人知道“无畏”飞机的弱点，当时误以为是“飓风”飞机，战场形势正好适合从前方实施攻击，因此顺利地击落5架。付出沉痛代价后，德军空军很快就发现问题所在，立刻改用新攻击方法，从“无畏”战斗机的后下方进入，这正是该机型的火力死角。同样，弱点被敌人了解后，“无畏”战斗机在与Bf 109战斗机的对抗中损失惨重。英国皇家空军不得不改变“无畏”战斗机战术，不再在昼间升空与德军战斗机正面交锋，而改作夜间战斗机截击趁黑轰炸伦敦的德国轰炸机。“无畏”战斗机因为背着一个炮塔而导致飞机机动性差，但对付轰炸机还是有优势的，特别是旋转炮塔在拦截轰炸机方面成了优点，它可以悄悄地飞到轰炸机的腹部，突然用4挺机枪给它来个开膛破肚，德国人后来也学会了这一招儿回敬英国人。

第2战斗机（Jafu 2）指挥官的另一个单位是西奥•奥斯特坎普（Theo Osterkamp）上校指挥的JG 51联队。西奥•奥斯特坎普是参加过一战的战斗机飞

▲西奥•奥斯特坎普是一战老兵，也是一名优秀的飞行员，一战就击落过32架敌机。二战爆发后他被任命为JG 51联队指挥官，他的上校军衔在德国空军联队指挥官中是最高的。左图是奥斯特坎普坐在Fokker E.V战斗机机轮上留影，右图是“蓝色马克斯”勋章。

▲左图，西奥•奥斯特坎普携夫人参观飞机展，右图，奥斯特坎普和夫人站在Bf 108教练机前留影。

行员，那场战争中他就击落过32架敌机，还获得了“蓝色马克斯”（Blue Max）勋章（当时德国最高军事荣誉勋章）。二战前，他是德国空军基础战斗机学校的总指挥，名气已经非常大。1939年8月，JG 51联队在德国明斯特－洛登海德（Munster-Loddenheide）成立，奥斯特坎普是首任联队指挥官。就在奥斯特坎普出任联队指挥官的第三天，Ⅰ./JG 51大队指挥官冯•伯格（von Berg）少校被调离第3航空队到JG 26联队任Ⅲ./JG 26大队指挥官，原因是他为一次低空飞行训练的飞行员和几个学校学员的死负责。1940年2月2日，Ⅱ./JG 51大队指挥官厄恩斯特•布尔加勒（Ernst Burgaller）少校在一起飞行事故中丧生，他的飞机坠毁在康斯坦茨湖（Lake Constance）岸边，事故可能的原因是发动机故障。

5月10日早晨5点40分，奥斯特坎普的四个大队在德国韦瑟尔（Wesel）上空会合，他们的作战任务是在空降兵的Ju 52运输机到达前将荷兰空军消灭在地面。但是，他们赶到目的地荷兰艾恩德霍芬（Eindhoven）机场时发现这里已经人去楼空，没开一枪一炮，奥斯特坎普的飞行员在为运输机护航到荷兰首都鹿特丹和海牙附近后返回各自基地，这次作战行动只是沿途欣赏了一下风景。让飞行员们郁闷的是，早晨的任务完成后当天再也没有执行其他作战任务。

5月11日的天气并不好，当地的能见度不好，天空中还有低云，但是，奥斯特坎普还是在当天的行动中在荷兰苏斯特贝赫（Soesterberg）击落了他二战中的第一架敌机（整个二战他的战果只有6架）。这架被击落的是荷兰空军双尾撑福克G-Ia（Fokker G-Ia，网上一般称G.Ia）战斗机，当时这架飞机正在扫射沿阿纳姆至阿姆斯特丹公路上向前推进的德国步兵队伍。奥斯特坎普回忆称：“我平缓地向下钻出低空云层，什么也没看见。我至今也不清楚我为什么向我左后下方看了一眼，突然——就在那儿！我看见了什么东西，突然间这个东西又消失了。收了一下油门，我又降低了高度，我的想法是我到地面高度往上看灰色的天空或许会再次看到刚才那个东西。在地面高度，我终于看到了，在我的右侧不足1000米远处是1架敌机，敌机速度非常快，我也加大油门追赶他。很显然，敌机飞行员并没有看到我，因为他一直在直飞（没有采取规避动作），高度大概只有200米。我追上了他，越来越近，我满头是汗，几乎无法透过我的太阳镜上的汗气看到敌机。”

“是1架双尾撑飞机，荷兰空军的机徽清晰可见。现在我就在敌机的后下方，我只稍稍抬起机头，目标就充满了我的瞄准具，随后我按下4挺机枪的射击开关。一阵射击后我能看到的就是敌机上散落下来的碎片，敌机先是向左向上抬头，随即急速向下俯冲，就像流星一样。‘上帝啊，这是真的吗’，我感觉他应该仍然在我的前方，我甚至还想再补射一次。敌机坠毁在公路旁，那里有一堆残骸，残骸的周边是各种飞机碎片，1个机轮在这儿，1个发动机在那儿，机翼和机身碎片仍然可以辨认。看到这景象让我想起了上一次战争（指一战），有一次我的座机带着68个弹孔回到基地，这里弹孔只是简单地用帆布补丁修补，再在上面写上日期就完事了，而再次参加战斗，这些补丁又被打穿，我们就在补丁上再补上补丁。但是今天的情况完全不一样，只需一击就全结束了，我们实际上在‘用加农炮射击麻雀！’”

不管是不是“麻雀”，西奥•奥斯特坎普击落了这架福克G-Ia战斗机意味着他可以获得二级铁十字勋章了。

虽然西奥•奥斯特坎普（1892年4月14日－1975年1月2日）在二战的战绩只有

▲福克G-Ia战斗机可不是小“麻雀”，这是地地道道的双发重型战斗机。

6架，但是，他本人却在德国空军的地位非同一般，因此稍稍介绍一下他的简历。在第一次世界大战期间，奥斯特坎普是一位德国海军航空兵飞行员，主要在西线作战。1914年8月14日，他参加德国海军航空兵。1915－1916年他是一名空中观察员。1917年3月，他去普茨克的战斗机飞行员学校学习，之后加入到德国海军战斗机1中队服役。1917年10月15日，奥斯特坎普少尉到海军战斗机2中队任中队指挥官。在整个一战期间，他击落了32架敌机，为此他在1918年9月2日获得“蓝色马克斯”勋章，这也是德国军队中最后一位获得此勋章的人。

在两次世界大战期间，他积极参与新德国空军的建设，他最主要的贡献是着手组建第一战斗机飞行员学校（Jagdfliegerschule 1，即Fighter Pilot School 1）。他还参加了第二届（1930年）、第三届（1932年）和第四届（1934年）的世界航空联合会的国际旅行飞机挑战赛。

1939年9月19日，奥斯特坎普上校出任JG 51联队指挥官。在法国战役中，他击落4架敌机，第一架就是1940年5月12日在苏斯特贝赫附近击落的1架荷兰G-Ia战斗机。在英国战役期间，他又击落2架敌机，即1940年6月1日击落1架“布伦海姆”轰炸机，1940年7月13日击落1架“喷火”战斗机。1940年7月23日，已经48岁的奥斯特坎普卸任，接任他的是维尔纳•莫尔德斯。1940年8月22日，已经晋升少将的奥斯特坎普获得“骑士十字勋章”。卸任后的奥斯特坎普升任德国空军第2航空队所属第2战斗机指挥部指挥官。1942年8月1日，奥斯特坎普任非洲特别行动航空师（Fliegerfuhrer z.b.V. Afrika）任职。1943年4月5日，他被任命为西西里岛战斗机指挥部（Jagdfliegerführer Sizilien）指挥官，随后的7月15日被阿道夫•加兰德将军取代。而奥斯特坎普此后任几个单位的参谋一职。1944年，奥斯特坎普被任命为德国空军地面组织观察员。奥斯特坎普是一位优秀

▲图中由左向右分别为阿道夫•加兰德、冈瑟尔•冯•马尔特扎、西奥•奥斯特坎普和维尔纳•莫尔德斯，这些都是德国空军早期十分出名的人物。

的战斗机飞行员，在更高的职位上似乎干的不太开心，特别是地面组织观察员一职他更不在行，因此在此期间他受了德国空军高层的批评，此时在德国空军干哪一行都不会干得好，换句话说每一行都问题一大堆，德国失败在即，整个国家体系都已经出现混乱，即使是战斗机单位内部斗争也相当激烈，戈林也被希特勒狠批。1944年12月21日，奥斯特坎普被解职。

在针对低地国家的战役中，可能卡尔•舒马赫的“德国湾”老兵们的战斗最不为人所熟知。西线战役的部署中，卡尔•舒马赫的联队被分配到战线的最右侧（也就是德国西北部），主要负责清除沿海一线活动的敌机。这里的战事较少，激烈程度也远不如西线中部面对荷兰、比利时和西南的法国地区。但是，这里也确实从战役一开始就发生了一些战斗，比如战役开始第一天的5月10日，11.(J)/ Tr.Gr.186中队就声称击落了至少8架荷兰空军福克D. XXI（Fokker D. XXI）战斗机。8架战绩中有一个属于库尔特•“库德”•乌本（Kurt “Kuddel” Ubben）军士长，这也是库尔特•乌本未来“辉煌”战绩的第一个战果，他二战期间的战绩是110架，曾获得“橡树叶加骑士十字勋章”；还有2架战果属于赫尔伯特•凯塞尔（Herbert Kaiser）中士，他也是第5中队飞行员，但是跟库尔特•乌本死于战争不一样，赫尔伯特•凯塞尔一直活到了二战结束，他的总战绩是68架，曾获得“骑士十字勋章”。在二战末期，他参加了阿道夫•加兰德的JV 44专家中队，驾驶Me 262喷气式战斗机与盟军作战过。赫尔伯特•凯塞尔后来对自己在5月10日取得的战果根本不屑一顾，他说：“这种老式的固定起落架单翼飞机的速度比我们的Bf 109E

▲JG 2联队第2中队（2./JG 2）的红色9号Bf 109E-1战斗机。法国战役期间照片。

▲Tr.Gr.186联队第5中队（5.(J)/Tr.Gr.186）的1架Bf 109E-4战斗机。法国和低地国家战役中，德国西北部也有战事，但远不如西南方向的多。

的要慢75公里/小时，根本就没有可比性。”

但是，第5中队指挥官迪特里希•罗比茨（Dietrich Robitzsch）中尉用“实际行动”否定了这种观点，他就是在当天的这次遭遇战中在荷兰迪考伊（De Kooy）机场上空被荷兰空军D.ⅩⅪ战斗机击中，最后他竟然成功地在该机场中部迫降成功。迪特里希•罗比茨的二战经历只持续了不到五分钟，但他的名字出现在加拿大战俘营中长达五年之久，此后……不用说了，很平常。

德国军队势如破竹的攻势让进入低地国家的英法两国地面部队在东北部陷入孤立无援境地无法回撤，这正是德国主要装甲力量直插敌军心脏的最佳时间，实际上这也不过是一两天的时间，英法两国空军根本来不及反应，因此，德国空军第3航空队管辖区内在西线战役开始的第一和第二天几乎就没什么空中行动，但是，5月12日（第三天），JG 53联队的另一个飞行员，即6./JG 53中队指挥官海因茨•布列特努兹中尉（上文提到过他，在1940年3月31日击落2架法国MS.406战斗机）在这天中午的战斗中击落1架Potez 63战斗机而达到王牌标准，这是JG 53联队第二个击落5架敌机的飞行员。更值得一提的是，这次的空战中，未来世界空战

▲海因茨•布列特努兹（1914年1月24日－1941年6月27日）也是一位“秃鹰军团”老兵，西班牙内战期间的战绩为2架，二战战绩为33架，他还在英国战役中摧毁了19个空飘气球。

▲海因茨•布列特努兹的“黄色10”号Bf 109E-3座机。上图中座舱上支起的是后视镜，飞机水平尾翼上还放着飞行员救生伞具。

史排名第三的战斗机飞行员冈瑟尔•拉尔（Günther Rall）少尉首开个人纪录。来自JG 52联队第8中队（8./JG 52）的冈瑟尔•拉尔当天击落1架法国空军H-75A战斗机，他的二战总战绩达到惊人的275架。

德国地面部队向前推进的速度实在太快，截至5月13日，德国陆军A集团军的7个装甲师很快就突破了号称“无法穿越”的阿登防线，并且迅速将部队推进到阿登防线以南地区。在德国装甲部队前面，唯一的障碍就是位于色当的马斯河，渡过马斯河，向东通往英吉利海峡的道路就畅通无阻了。而此时的法国因完全依赖马奇诺防线而忽略了机动力量部署，面对德国地面部队凌厉的攻势，法国仓促调动第9集团军以阻止德国装甲师渡过马斯河，但是，法国军队一时无法就位，为此，英法盟军决定出动轰炸机不惜一切代价，即使扔石头也要炸毁位于色当或附近的马斯河上所有大桥。英法盟军要干的事正是德国空军要阻止的，也就是拦截英法轰炸机，阻止其轰炸马斯河上大桥，以确保交通的畅通。5月14日，色当马斯河上的桥头堡被德国占领，这一天被德国人称作是德国空军的“战斗机日”。在当天的战斗中，德国空军的Bf 109战斗机全歼了试图阻止德国部队跨过马斯河的盟军轰炸机。

在色当上空的空中行动是法国战役中德国空军JG 53联队全体出动的第一次。此前几个月，JG 53联队一直在执行保卫德国边境安全的任务，如今该让这支实力不俗的联队一展身手了。在5月14日的战斗中，仅Ⅰ./JG 53大队就声称击落了英国皇家空军参战的33架Battle战斗机中的13架，14架“布伦海姆”轰炸机中的10架，也就是总计23架；Ⅰ./JG 53大队与英国轰炸机作战的同时，维尔纳•莫尔德斯的Ⅲ./JG 53大队战斗机在战场上执行自由狩猎任务，这天该大队共击落7架战斗机，其中1架是大队指挥官维尔纳•莫尔德斯的第十个战果。总的来说，JG 53联队在5月14日的战斗中共击落43架敌机，几乎全歼了英国轰炸机编队。

一天击落这么多敌机，毫不奇怪很多未来王牌都在这次战斗中获得个人首个战果，如未来鼎鼎大名的弗兰兹•格茨（Franz Götz，1913年1月28日－1980年5月4日，63架战绩）和沃尔夫冈•托尼（Wolfgang Tonne，1918年1月28日－1943年4月20日，122架战绩）。但是，当天战斗战绩最佳的是1./JG 53中队指挥官汉斯－卡尔•迈耶尔中尉，他击落了2架Battle战斗机、2架“布伦海姆”轰炸机和1架“飓风”战斗机，只用一天他就成为了王牌，因此他被誉为西线战役中的“五合一”王牌（或称“一日王牌”）。其实，汉斯－卡尔•迈耶尔早在西班牙内战中就已经取得了8架战果，二战爆发后和西线战役前又击落3架敌机，目前他的战绩是16架。

在5月14日当天全部战斗任务结束时，第3航空队共在色当地区的马斯河桥头堡空域执行了814架次作战任务，盟军共有89架飞机残骸散落在马斯河沿岸。英国皇家空军在当天共出动71架轰炸机，其中40架未能返回，这是英国皇家空军

▲“一日王牌”迈耶尔。战争必然有伤亡，迈耶尔只是运气稍差，初期很多刚刚崭露头角的优秀飞行员过早地陨落，其实，后来大名鼎鼎的飞行员都有被击落的记录。迈耶尔死于一次事故，下文有述。

到目前为止损失率最高的一次战斗。5月15日早晨，法国总理保罗•雷诺（Paul Reynaud）打电话给刚刚上任五天的英国首相丘吉尔，“我们遭受了打击，我们已经输掉了色当战役”。不到一个星期后，德国陆军首支装甲部队抵达英吉利海峡一侧。

英国皇家空军对法国军队的挽救并没有成功，法国军队一败涂地，此时一方面法国空军仓皇向西北部的敦克尔刻一带撤退，另一方面德国空军的顶级飞行员也在迅速增加着自己的战绩，他们之间几乎形成了竞赛，英法两国的飞机此时就是德国飞行员们提高声誉、获取战功的最佳猎物。维尔纳•莫尔德斯仍然是德国空军的领跑者，色当战役结束后，他的战绩达到了11架，在5月14日这天，他击落了当天Ⅲ./JG 53大队直属单位（队部）的3架飞机中的1架。

此时，一般二战战史很少提到的名字开始出现，比如Ⅰ./JG 3大队指挥官冈瑟尔•吕佐夫上尉在5月15日的战斗中获得他个人第5个战果，这也是他所在大队的第50个战果。24小时后，阿道夫•加兰德的JG 27联队在里尔（Lille）附近击落1架英国皇家空军“喷火”战斗机。5月15日也是JG 26联队作为德国空军第2航空队首次在法国领土上执行作战任务，前一天（5月14日），荷兰刚刚投降，在低地国家作战的JG 26联队没有休整立即投入到法国战场。法国战场的德国空军已经打得顺风顺水，再增加一些空中力量简直让法国人没法活。

在向英吉利海峡方向推进过程中，德

▲JG 26联队第7中队（7./JG 26）海因茨•伯克的Bf 109E-1战斗机刚刚返回法国一处驻地，他的座机垂尾失去一部分，不清楚是不是战损。

▲作战损失是免不了的。图中是6./JG 26中队的1架Bf 109E-3战斗机，飞机迫降时折为两截。

国空军也有一些损失。5月18日，7./JG 53中队指挥官沃尔夫－迪特里希•威尔克（上文提到过他）中尉在与法国H-75A战斗机格斗时被击中，他被迫在法国领土跳伞逃生，成了法国人的俘虏，但法国沦陷后就被释放。日后他又转战苏联战场，其总战绩达到162架，其中东线战果为141架，西线为21架；5月19日，Ⅱ./JG 26大队指挥官赫尔维希•克内佩尔（“秃鹰军团”老兵，上文有述）上尉在里尔上空被击落身亡。西线战役开始以来，赫尔维希•克内佩尔击落过3架法国空军战斗机，1架为H-75A飞机（5月11日在比利时安特卫普上空）和2架MS.406战斗机（分别是5月16日在里尔和5月18日在康布雷上空）。在西班牙内战期间他曾击落过6架老式双翼战斗机；5月21日，另一位一战老兵Ⅲ./JG 2大队指挥官埃里希•米克斯（Erich Mix）上尉驾驶Bf 109E-3战斗机在与法国空军MS.406战斗机作战时被击落，他跳伞后降落在法国军队控制的一侧，白天他躲藏起来，晚上往回走，48小时后他回到本单位。在1914－1918年间的一战中他曾击落过3架敌机，二战期间他的战绩是13架，这个成绩看上去极为普通，主要原因是他的年龄问题和后来晋升后极少参加战斗，他一直活到1971年4月9日。

战事仍在进行，一方面德国空军胜利的功劳簿越来越厚，另一方面也出现伤亡或被俘事件，这是战争不可避免的。在1940年5－6月战争最为激烈的日子里，对于那些有幸存活的飞行员来说，他们的故事不仅仅是空中战争，伴随着他们取得胜利的还有混乱和无休止的搬家。Bf 109E飞机（只有IV.(N)/JG 2仍装备Bf 109D这款落后的型号）腿短，为了赶上德国装甲部队迅速向前推进的速度，Bf 109E战斗机单位需要时不时地从一个机场转移到另一个原来敌人的机场（Ju 87“斯图卡”俯冲轰炸机单位也是如此），而这些机场前一两天还是德国空军重点轰炸的目标，机场布满了弹坑。甚至有些情况下，有的单位使用的机场（说是机场都抬举它了）都没来得及平整。如果“搬一次家”就让飞行员们苦不堪言的话，那么这种“搬家”的频率几乎让人不敢相信，用板凳还没坐热来形容一点也不过分，不知道是德国装甲部队推进太快，还是法国军队溃败得太快。在战

▲驻扎在法国沙勒维尔一处机场的德国Ⅱ./JG 53大队2架Bf 109E-1战斗机。这座法国刚刚遗弃的机场成了德国空军各个单位争抢的目标，近处是1架法国空军战斗机发动机部位残骸，螺旋桨和排气管清晰可见。

前，德国人也没想到战争进展这么顺利，因此就没有进行过整编单位的战术机动部署准备（或称演习）。讲述空战的故事，飞行员们是主角，而这种搬家行动几乎人人有份，每个人都有说不完的故事。

我们还是以JG 2联队的飞行员来举个例子，联队飞行员奉命到前方找一处适合的机场，经过一番侦察，飞行员选定了法国沙勒维尔（Charleville）附近的一个已经被法国人丢弃的机场，负责侦察的JG 2联队飞行员刚回基地报告就获知这个机场被JG 27联队“霸占”了。没办法，JG 2联队只得另寻他处，运气还算好，JG 2联队很快就在法国小锡尼（Signy-le-Petit）附近找到一个简易机场安身。抵达机场后，有人就警告他们附近仍有法国军队在活动，指挥官派出十人去机场周围的树林里梳理一下隐藏的敌人，没想到这一梳理就抓住一名集团军指挥官、三名师级指挥官和200名法国殖民地士兵，听起来像神话！为了保障机场安全，11./JG 2中队官兵将散落在机场的法国Potez飞机上的双联机枪拆下安置在附近一座农舍顶层作为机场防御工事的武器来使用。德国人到哪都要做的事在这里也不例外，作为防御工事的农舍也被当成酒吧和妓院来使用。I.(J)/LG 2大队到更远的地方找了一处机场，机场附近的女修道院成了大队指挥所，以后参加的行动都是从女修道院发出

▲Ⅱ./JG 53大队的沙勒维尔机场，这里的条件还不错，至少空地挺大。

▲自己选中的沙勒维尔机场被JG 27联队霸占后，JG 2联队不得不去法国小锡尼一处机场驻扎。图中远处的树林经常有法国散兵游勇偷袭德国人。照片中近处戴帽者是维林格上士，他在六个月后的战斗中取得JG 2联队第500架战果。

▲JG 77联队第6中队（6./JG 27）的1架Bf 109E-3战斗机。由于德国机徽相当醒目，停放在地面时机徽被树叶覆盖着。

的指令。

上段提到JG 27联队霸占了JG 2联队先找到的沙勒维尔附近机场，但是前者并没有得到什么好处，更确切地说是“倒霉”，沙勒维尔附近机场离法国军队控制区太近了，机场就在法国炮兵的射程之内，法国人时不时地会问候JG 27联队。很快另一个麻烦就出现了，物资补给很难跟得上，燃油是最大的问题，没有油飞机无法升空作战。办法总是有的：驻地指挥官（应该是中队指挥官，小机场不可能容纳下一个联队，德国联队下属大队或中队独立性较强）下令扣押所有返回德国而在此机场停留的飞机，然后将飞机里的燃油抽出来，只给这些飞机保留到下一个机场的燃油量。德国人的平等意识要说还真强，他们竟然把元首到法国战场视察的Ju 52飞机的油也抽出来使用了。

JG 77联队的情况也好不到哪儿去，这个联队最终选在法国北部小镇艾斯卡曼（Escarmain）附近机场栖身，这儿离敦克尔刻比较近，读者都知道英法盟军在法国战败后都蜂拥到这里，因此这里离英法盟军控制区较近。有一次，400多人的法国重武装部队偷袭了机场，所幸被击溃，损失也不大。其他方面也有惊无险，比如Bf 109E战斗机时常会在被法国人丢弃的机场着陆，而这些机场无一例外都被德国飞机轰炸过，机场跑道布满了弹坑和飞机的残骸，1米深草丛里也隐藏着各种废弃的杂物，最多的还是被炸毁的飞机。有一件事值得提一下，在充满危险的机场着陆需要地面人员勘察或是引导，除了紧急迫降，一般不可能降落在根本就不熟悉的机场。因为机场破坏严重，地面人员会发红色信号弹来提醒飞行员哪里安全。有一次，一位飞行员降落前看到机场跑道上插着一溜排小旗，他估计这是地面人员指示的安全通道，于是他就在小旗标定的区域着陆了。幸运的是他的飞机没有在小旗上辗过，实际上这些小旗标注的是未爆炸的炸弹。

尽管地面情况远不能让人乐观，空中行动依然是德国空军掌握着绝对优势，掌握了制空权和致命的打击能力，德国空军的行动对于战争进程起到了决定性的作用。英法盟军从来就没放弃过空中抵抗，但面对德国的绝对优势，空中行动只徒增敌人的战绩。5月20日晚上，维尔纳•莫尔德斯击落1架敌机使得他的战绩达到13架，这架法国飞机在莫尔德斯追到树梢高度才将其击落，回到基地，地勤人员发现他的螺旋桨叶因为撞上树枝而发生了弯曲，莫尔德斯为这个对手感到惋惜并说：我几乎想去辨认这个飞行员，任何像他那样技术如此出色的飞行员都不应该被击落。但这次战斗中即使是一个优秀的飞行员也很难在激烈的战斗中辨别出H-75A“鹰”和“飓风”战斗机之间的区别，但是，英国维克斯公司（Vickers）的“维利斯利”（Wellesley）轻型轰炸机的外形较为独特，它的发动机整流罩最为特别，其次是翼展较大，德国飞行员通常是在100米左右的距离射击，这个距离足以识别型号。问题是维尔纳•莫尔德斯是在傍晚时分击落的敌机，因此到底被击落的是英国费尔利公司的Battle战斗机还是维克斯的“维利斯利”飞机仍然是个谜，“维利斯利”是一款老旧的飞机，英国未敢在西线战场投入使用，因此有人猜测英国这款轰炸机在转场去埃及过程中路过法国被击落，这种可能性是存在的，正是当时英国皇家空军决定把生存能力不强的“维利斯利”轰炸机部署到埃及。

法国大势已去，支撑不了几天了，因此在5月22日，英国皇家空军开始将部署在法国的空军单位撤回到英国本岛，目前这个阶段就是德国“黄色行动”的最后阶段。5月23日，德国空军JG 27联队开始在英吉利海峡的法国和比利时一侧港口执行防空任务，主要是为Bf 110驱逐机提供护航任务，因为这个时候英国本岛的战斗机开始穿越海峡执行作战任务。就在5月23日这天，JG 27联队在加来－敦克尔刻地区击落了18架敌机，其中受其指挥的Ⅰ./JG 1大队指挥官威廉•巴尔萨泽击落3架，弗兰兹斯科特少尉击落2架，德国付出的代价是4架Bf 109E战斗机。三天后，威廉•巴尔萨泽在加来上空再次击落2架英国皇家空军“喷火”战斗机。2./JG 2中队于5月26日进入加来地区执行为Ju 87“斯图卡”护航的作战任务，在法国战役最后阶段，Ju 87“斯图卡”加紧了轰炸加来地区法国最后的抵抗部队，英国皇家空军依托本岛优势前来增援，在5月26日当天，德

▲英国另一款比较怪异的飞机——维克斯公司的“维利斯利”轻型轰炸机，这款飞机比较明显的外部特征就是发动机整流罩较大，翼展也相当地长，按理不会认错。

▲法国空军MS.406战斗机（上下图）远远不是德国空军Bf 109E战斗机的对手，两国飞行员的作战素质也有相当大的差距。

▲维尔纳•莫尔德斯是德国空军中第一个获得“骑士十字勋章”的飞行员，为此，Ⅲ./JG 53大队在洛伊基地举行了盛大的庆祝活动。

国空军2./JG 2中队的Bf 109E战斗机与英国皇家空军第19和第65中队的20架“喷火”战斗机遭遇，德国空军击落了5架“喷火”飞机。

第二天早晨（5月27日），维尔纳•莫尔德斯击落2架法国空军H-75A战斗机，此时他的功劳簿上已经有20架在账，两天后，他获得“骑士十字勋章”。维尔纳•莫尔德斯是德国空军中第一个二战开始后战绩达到20架的战斗机飞行员，也是第一个获得“骑士十字勋章”的飞行员，为此，Ⅲ./JG 53大队在拉塞尔沃（La Selve）的洛伊（Loe）基地举行了盛大的庆祝活动。

5月28日早晨，终于支撑不住的比利时宣布投降，与此同时，英国正加紧从敦克尔刻撤回本国部队。随后几天在敦克尔刻上空进行的空战中，德国空军战斗机大队又击落了一些英国皇家空军飞机，但是，当时的英国远征军部队流传一种说法是“……皇家空军飞机没有出现在敦克尔刻上空”，这种苦涩的说法明显是不敢承认失败，德国空军用实际行动来回应这种声音。5月28日，JG 26联队的3个大队在敦克尔刻上空共击落15架英国皇家空军战斗机，其中6架“喷火”战斗机被哥哈德•汉德里克少校（不久刚刚晋升）的Ⅰ./JG 26大队击落，该大队的Bf 109E战斗机与英国皇家空军“喷火”战斗机在撤离海滩的上空进

▲维尔纳•莫尔德斯（左）和阿道夫•加兰德，两人后来的战绩咬得很紧。

其中在敦克尔刻上空击落8架“飓风”战斗机，在内陆圣康坦（St Quentin）附近上空击落2架MS.406战斗机。两个未来的王牌分别击落“飓风”和MS.406战斗机而成就了他们个人首个纪录，弗里德里希－威尔海姆•斯特里克乔（Friedrich-Wilhelm Strakeljahn）少尉击落的是“飓风”战斗机，他后来成为对地攻击单位一名最耀眼的明星；击落MS.406飞机的是上文西班牙内战提到的赫尔伯特•伊勒费尔德中尉，他后来获得了“佩剑加橡树叶加骑士十字勋章”，二战结束时的战绩是130架。还有一些是我们已经熟悉的飞行员，很多飞行员都在这天的战斗中不断刷新自己的纪录，JG 51联队的西奥•奥斯特坎普、约瑟夫•普瑞勒（Josef Priller）和瓦尔特•奥梭（Walter Oesau）分别击落3架敌机。Ⅲ./JG 26大队副官约阿西姆•慕钦堡在5月31日的战斗中击落4架敌机，上文早就提到过他，日后是个狠角。6月1日，JG 27联队击落2架英国“惠灵顿”轰炸机和6架“喷火”战斗机，有1架“惠灵顿”轰炸机是埃尔温•扎瓦利施军士长在不断缩小包围圈的敦克尔刻上空击落的，而1架“喷火”飞机是阿道夫•加兰德的第11个胜利品。

行了激烈的战斗，毕竟“喷火”战斗机不是吃素的，英国飞行员也堪称训练有素；另有6架“飓风”战斗机被Ⅲ./JG 26大队在奥斯坦德（Ostend，比利时西北部港市）海岸上空击落。24小时后，阿道夫•加兰德声称在英吉利海峡上空击落1架英国“布伦海姆”轰炸机，他本人说敌机坠入大海，而实际上，英国皇家空军第21中队的这架“布伦海姆”飞机被严重击伤后挣扎着返回了基地，最后用机腹迫降成功。这次攻击英国飞机结束后，阿道夫•加兰德带着满身油污的飞机降落在圣波尔（St Pol）基地，外文资料没有交待清楚油污是“布伦海姆”飞机被击中后洒落在Bf 109E飞机上，还是加兰德的飞机自己漏了油。

5月29日，双方的空战达到白热化，当天德国空军声称击落了65架英国飞机！其中I.(J)/LG 2大队就击落10架，这敦克尔刻大撤退直到6月3日早晨才全部结束，而此时的德国空军已经把注意力转移到了其他地方。作为“红色行动”的前奏，德国军队需要再缩小法国未被占领区，还未投降的法军仍在抵抗，对德国始终是个威胁。空中敌对力量几乎被消灭殆尽后，德国空军抽出手来对法国大巴黎地区的主要军事目标实施了一系列致命的打击。在代号为“宝拉行动”（Operation Paula）中，6月3日爆发了法国战役以来最后一次大规模的战斗。德国空军JG 53联队并没有直接参与敦克尔刻的战斗，但也在6月3日的战斗中击落11架敌机，其中2架是维尔纳•莫尔德斯的第22和第23个战果，分别是1架H-75A“鹰”战斗机和1架“喷火”战斗机，后来有人称所谓的“喷火”极有可能是法国德瓦蒂纳（Dewoitine）D.520战斗机。阿道夫•加兰德这天也在法国首都北部获得第12个战果，他的牺牲品是法国MS.406战斗机。I.(J)/LG 2大队和Ⅱ./JG 2大队也参加了“宝拉行动”，分别击落6架和12架敌机。这一行动下来，法国彻底失去了抵抗的意志，也没有老本可以跟德国对抗了。

▲英国皇家空军第3中队遗弃在法国一处机场的“飓风”战斗机，“飓风”后背处背景是德国He 111轰炸机，前头背景是1架Ju 52运输机。

48小时后，即“红色行动”开始的第一天（6月5日）中午稍前时候，维尔纳•莫尔德斯在贡比涅（Compiegne）上空再次击落2架敌机，1架是Bloch MB.152战斗机，另1架是Potez 63战斗机。当天傍晚时分，维尔纳•莫尔德斯和他的四机编队再次升空作战，当他正准备攻击1支法国空军MS.406编队时，另一个中队Bf 109E战斗机飞到了他的前面并率先发起了攻击，先发起攻击的Bf 109E开火太早，没击中敌机不说，还引起了法国飞行员的警觉，他们立即四散逃离。随后发生的就是疯狂的空中格斗，维尔纳•莫尔德斯后来回忆称：

我观察这支法国飞机编队好一会儿了，时机成熟后我准备攻击正在被3架Bf 109E飞机追赶的前面1架Morane飞机（MS.406），但是没有成功。没一会儿，我的瞄准具再次套住那架敌机，但目标立即俯冲离开，这个法国飞行员并不是想逃离那么简单，他突然在我的下方拉起飞机。我扭头发现他就在我的机翼下方，随后他又转向我的另一侧——该死！Morane飞机也可以向我射击，好在他离我还远点。

我侧滑转弯并迅速向太阳方向爬升，他肯定跟丢我了，因为我看见他向反方向侧滑并消失在南面。在我的下方，2架Bf 109E战斗机仍在追赶最后1架Morane飞机。我向我上方和下方瞥了一眼，天空中全是我们的梅塞施密特飞机，我在800米——突然“呼”的一声，伴随着火星穿过我的座舱，我发现油门杆被击成碎片，操纵杆垂向前面，我的座机很快就要垂直俯冲，我得赶快跳伞，否则一切都会完蛋……我猛拉座舱罩抛离手柄，座舱罩被掀掉，我忠诚的座机机头上仰1－2秒，这是在给我机会赶紧解开我的安全带，我迅速爬出座舱。自由了！

维尔纳•莫尔德斯乘着降落伞下降时，他的猎物，法国空军GC Ⅱ/7中队的波米尔•莱拉古斯（Pomier Layragues）少尉后来声称击落了2架Bf 109E战斗机，击落第二架德国飞机只一会儿工夫后他也被击落。但是，到底是哪个德国飞行员为Ⅲ./JG 53大队指挥官报了仇一直没有确定。这次空战双方飞机加在一起也不过10架，但战果认定却混乱不清，主要问题被击落的时间间隔太短，展开空域又不大的缘故。另外，Ⅲ./JG 53大队此次行动击落的3架飞机认定全是MS.406飞机，这次维尔纳•莫尔德斯搞错了，他的猎物驾驶的是全新的德瓦蒂纳D.520战斗机（Dewoitine D.520），这款飞机是法国战役中法国最好的战斗机，可惜还未形成战斗力。

截至6月5日被击落，维尔纳•莫尔德斯已经获得25个战果，执行了西线战役以来的第32次空战任务。莫尔德斯跳伞后被俘，他遭到了法国士兵的洗劫和殴打，但是法国195炮兵团长巴索上校向他道歉并归还了莫尔德斯的物品，为此他们结下了深厚的友情，据说直到现在两家仍然保持着密切的联系。两周后法国战役结束，维尔纳•莫尔德斯重获自由并回到了德国，他受到了戈林的迎接。而那个殴打他的法国士兵被判处死刑，戈林把这事交给了莫尔德斯，他宽恕了这个法国士兵，使他免于一死。

维尔纳•莫尔德斯离开后，其他飞行员们仍在展开王牌竞争，JG 27联队飞行员也在6月5日当天在巴黎东北部击落不少于22架敌机，其中威廉•巴尔萨泽上尉一人就击落5架。九天后，作为7./JG 27中

▲德瓦蒂纳D.520战斗机在1940年年初刚刚进入法国空军服役，还没有形成战斗力。这款战斗机速度比德国Bf 109E差一些，但机动性稍好，这是法国唯一能与德国主力战斗机抗衡的机型。

▲JG 27联队第5中队（5./JG 27）的4架Bf 109E飞行在法国上空。德国取得了决定性胜利，Bf 109E战斗机功不可没，在与敌机作战中这些战斗机表现出优异的性能，德国飞行员也表现出高于对手的作战素质。

队指挥官的威廉•巴尔萨泽成为德国空军第二位获得“骑士十字勋章”的战斗机飞行员，此时他的战绩是23架，虽然比维尔纳•莫尔德斯少2架，但是前者还击毁了地面13架敌机，不论怎么说，威廉•巴尔萨泽是西线战役以来最成功的飞行员。

实际上，法国战斗机部队在5月的三个星期里已经遭到严重打击，随后的行动都是未被消灭的那些飞机在和英国皇家空军先进空中打击力量（Advanced Air Striking Force）联合下与德国入侵者作战，这种抵抗行动一直持续到法国沦陷的最后时刻，甚至中途还出现过小高潮，比如6月13日就发生了激烈的空战，德国JG 27联队声称击毁了23架敌机，其中Ⅰ./JG 27大队击落了6架当时正在巴黎东部蒙米赖（Montmirail）攻击德国装甲部队的英国皇家空军Battle战斗机。同样是6月13日，瓦尔特•奥梭中尉击落了1架法国Amiot 354轰炸机，这是JG 51联队击落的最后1架法国飞机。此前两天，JG 53联队已经合上了功劳簿，该联队在法国战役中的战绩只有区区5架，这主要跟该联队的战略部署有关。5架中有2架是罗尔夫•平格尔上尉击落的MS.406战斗机，至此，他的个人战绩达到6架。其他未来“骑士十字勋章”得主也是在西线战役中获得开门红，如JG 2联队的冈瑟尔•希格尔（Günther Seeger），JG 3联队的阿尔弗雷德•希克曼（Alfred Heckmann）和格奥尔格•申克（Georg Schentke），这些人都是在6月战斗中首开纪录，虽然迟点，但并不妨碍他们日后战绩疯狂地上蹿。

法国马奇诺防线的萨尔布吕肯（Saarbriichen）段终于在6月15日被德军打开一个缺口，其实德军已经绕开马奇诺防线把整个法国都占领了，这个防线已经没有多少意义了。一个星期后，德法停战协议在贡比涅签署，JG 26联队和JG 53联队的战斗机在德法谈判阶段执行了象征性的空中

▲JG 51联队第3中队（3./JG 51）1架崭新的Bf 10E-3战斗机，骷髅手图案是3./JG 51中队早期的标志，后来这个图案稍有变化。座舱前侧方是Ⅰ./JG 51大队标志。

▲1./JG 3中队的2架Bf 109E战斗机飞行在加来海峡上空。德国下一个目标就是海峡对岸的英国，德国做好了充足准备，势在必得。

▲法国和低地国家战役中德国空军几位突出人物。

保护任务。6月25日凌晨零时35分，停火协议正式生效。

截至此时，德国空军大部分战斗机联队都已经准备好返回德国休整，这些

▲法国和低地国家战役中德国空军几位突出人物。

联队需要换装新装备，以及补充飞机和人员，毕竟战争都有损耗。德国空军元帅戈林并不急于让战斗机穿越英吉利海峡执行作战任务，他希望他的飞行员能充分地享受一下法国战役的胜利。但是，有一个战斗机联队是个例外，那就是西奥·奥斯特坎普上校的JG 51联队，该联队并没有回国，而是部署到法国加来地区，该处的多佛海峡，也称加来海峡（Pas de Calais）是英法之间海峡最窄处，正适合腿短的Bf 109E战斗机施展拳脚，这也引发了西奥·奥斯特坎普联队飞行员在另一场战役中更为激烈的战斗。德国乘着法国战役的胜利，带着绝对打击优势的余威开始向英国发难，德国信心满满地认为也会赢得这场战役的胜利。

德国西部Bf 109战斗机作战单位序列（1940年5月10日）

第2航空队指挥部（北部）		司令部驻地：明斯特	
		基地	装备飞机型号
第8航空军		司令部驻地：格雷芬布罗伊希	
Stab JG 27	马克斯•伊贝尔中校	门兴-格拉德巴赫	4-4
Ⅰ./JG 27	赫尔穆特•里格尔上尉	门兴-格拉德巴赫	39-28
Ⅰ./JG 1	约阿西姆•施利希廷上尉	吉姆尼希	46-24
Ⅰ./JG 21	弗里茨•维尔纳•乌尔希上尉	门兴－格拉德巴赫	46-34
德国湾战斗机指挥部		司令部驻地：耶弗尔	
		基地	装备飞机型号
Stab JG 1	卡尔•舒马赫中校	耶弗尔	4-4
Ⅱ.(J)/TrGr.186	海因里希•塞利格尔上尉	万根沃格岛	48-35
I.(J)/LG 2	汉斯•特鲁本巴切上尉	弗尔岛	32-22
Ⅱ./JG 2	沃尔夫冈•斯切尔曼上尉	诺德霍尔茨	47-35
IV.(N)/JG 2①	阿尔伯特•布鲁曼萨特少校	霍普斯滕	31-30
① 仍装备Bf 109D型号战斗机			
第2战斗机指挥部		司令部驻地：多特蒙德	
		基地	装备飞机型号
Stab JG 26	汉斯•雨果•维特少校	多特蒙德	4-3
Ⅱ./JG 26	赫尔维希•克内佩尔上尉	多特蒙德	47-36
Ⅲ./JG 26	厄恩斯特•冯•伯格男爵少校	埃森－米莱姆	42-22
Ⅲ./JG 3	瓦尔特•基尼茨上尉	霍普斯滕	37-25
Stab JG 51	西奥•奥斯特坎普上校	伯宁哈德	4-3
Ⅰ./JG 51	汉斯－海恩里希•布鲁斯特林上尉	克雷菲尔德	47-38
Ⅰ./JG 20	汉内斯•特劳罗夫特上尉	伯宁哈德	48-36
Ⅰ./JG 26	哥哈德•汉德里克上尉	伯宁哈德	44-35
Ⅱ./JG 27	维尔纳•安德烈斯上尉	伯宁哈德	43-33
第3航空队指挥部（南部）		司令部驻地：巴特奥布	
		基地	装备飞机型号
第1航空军		司令部驻地：科隆	
Stab JG 77	艾特尔•罗迪格尔•冯•曼陀菲尔上校	皮蓬霍芬	4-3
Ⅰ./JG 77	约翰尼斯•扬克上尉	奥登多夫	46-28
Ⅰ./JG 3	冈瑟尔•吕佐夫上尉	福格尔桑	48-38
第5航空军		司令部驻地：盖斯特霍芬	
		基地	装备飞机型号
Stab JG 52	莫尔哈特•冯•贝内克少校	曼海姆•山德霍芬	3-3
Ⅰ./JG 52	齐格弗里德•冯•埃希维格上尉	拉亨－施派尔多夫	46-33
Ⅱ./JG 52	汉斯•冈瑟尔•冯•科纳特斯基上尉	施佩耶尔	42-28
Stab JG 54	马丁•梅蒂格少校	伯布林根	4-4
Ⅰ./JG 54	胡贝图斯•冯•博宁上尉	伯布林根	42-27
Ⅱ./JG 51	冈瑟尔•马西斯上尉	伯布林根	42-30

第3战斗机指挥部		司令部驻地：威斯巴登	
		基地	装备飞机型号
Stab JG 2	哈里•冯•比洛•博斯卡姆普上校	法兰克福—里布斯托克	4-4
Ⅰ./JG 2	罗斯上尉	法兰克福—里布斯托克	45-33
Ⅲ./JG 2	埃里希•米克斯上尉	法兰克福—里布斯托克	42-11
Ⅰ./JG 76	理查德•克劳特上校	上奥尔姆	46-39
Stab JG 53	汉斯—于尔根•冯•克拉蒙—淘巴德尔上校	威斯巴登—埃本海姆	4-4
Ⅰ./JG 53	洛塔尔•冯•扬森上尉	威斯巴登—埃本海姆	46-33
Ⅱ./JG 53	冈瑟尔•冯•马尔特扎上尉	威斯巴登—埃本海姆	45-37
Ⅲ./JG 53	维尔纳•莫尔德斯上尉	威斯巴登—埃本海姆	44-33
Ⅲ./JG 52	沃尔夫•海因里希•冯•胡瓦尔德上尉	曼海姆—山德霍芬	48-39

英国战役

在进行了波兰战役和西线战役后，德国有充分信心打败弹丸之地的英国，但是，英国是一个孤岛，独特的地理环境不得不让德国认真规划一下对英作战计划。总的来说，对英国的行动包括两个比较明显的阶段，首先“斯图卡”俯冲轰炸机和其他轰炸机攻击英吉利海峡的英国军舰和船只，及精心选定的英国港口目标，德国这一阶段的主要作战意图是诱使英国皇家空军战斗机出动，德国空军战斗机部队再将其消灭。在当时，德国Bf 109E战斗机对英国战斗机有着明显的优势，一是技术方面优势，另一方面德国空军经历过两次战役后积累了丰富的作战经验。英国皇家空军自二战开始以来就参与了各种战斗，但是在战略战术运用和作战规模上都不如德国空军；入侵英国战役另一个阶段在8月13日“鹰日”开始，对英国可以达到的陆上目标进行俯冲轰炸，从第一阶段以军事目标为主向轰炸民用目标转变。

英国是个不可小觑的国家，希特勒完全明白这点，为此，德国空军元帅戈林集结了德国空军主力三个航空队和2669架飞机，战斗机和轰炸机各占一半，而英国只有700架战斗机和500架轰炸机，德国占有2:1的优势。由于德国飞机飞行距离较长，而英国飞机则以本土为基地，能在德机往返的时间出击数次，所以双方实力基本相当。

英吉利海峡并不是德国人口头上所说的“仅仅是比较宽的河流”而已，不管是Ju 87俯冲轰炸机还是Bf 109战斗机都受制于英吉利海峡宽度而无法充分施展拳脚，德国很快就会明白这一点。

对英作战的第一阶段显然没Bf 109战斗机什么事儿，因为英国人没上当，英国皇家空军每次瞄准机会以少量飞机出击，德国的作战意图没有实现，仅一个月的时间，英军只损失战斗机148架，而德军却损失296架飞机。英国战役中德国Bf 109E的作战主要集中在英吉利海峡沿岸，再远就勉为其难了。德国空军Bf 109战斗机作战单位几乎全部参与了对英作战，只有一个联队例外，即JG 77联队，上文提到过，西线战役中这个联队也没完全参加，只有一个单位零星地参与了战斗。法国战役结束后，JG 77联队的三个大队被分散部署在德国首都柏林周围、德国北部北海沿岸和斯堪的纳维亚半岛。在1940年年底，JG 77联队的两个大队又被部署到法国。如此看来，JG 77联队就像一个战略机动部署单位，也可以看出德国空军编制中大队独立作战能力很强。

JG 77联队几个大队部署分散，但都间接地与对英作战有关，唯独舒马赫的Ⅱ./JG 77大队直属单位和仍然混装Bf 109E和Bf 109D的Ⅲ./NJG 1大队没有份儿。前者继续驻扎在德国湾，但此时的单位组非常复杂，且不固定，直属单位不仅包括训练单位，还在接收一些从英吉利海峡前线返回的大队成员，与此同时，训练完成的飞行员也在动身去海峡前线参战；后者是德国空军中最后一个装备Bf 109D和Bf 109E夜间战斗机的单位，该大队驻扎在科隆的奥海姆，负责夜间拦截入侵的英国轰炸机，只有英国有这种反击德国的能力，德国不得不防。

横扫欧洲大陆的德国飞行员这次要直接面对的是在欧洲战场失利的英国皇家空军，保卫自己家园的斗志此时完全展示出了不同于保护其他国家的另一面，因此，英国战役中，德国空军飞行员面对的是誓死保卫家园的英国皇家空军飞行员。低地国家国小力弱，空军装备极差，即使装备再先进的战斗机也无法抵挡德国的钢铁洪流；法国事实上是被马奇诺防线害死的，正是依赖这条号称坚不可摧的防线，法国的军力部署和战略战术都以此基础制定，法国空军独木难支，面对强大的德国只有节节败退。英国情况则是很大不同，不仅有英吉利海峡天然屏障，英国航空工作也不逊于德国，海军力量更是德国无法相比。对低地国家和法国的战役造就了德国空军的大量王牌，甚至是“骑士十字勋章”得主，而英国战役在成就一些德国飞行员成功的同时，也让几个新近刚刚获得“骑士十字勋章”的得主陨落。

▲维尔纳•莫尔德斯亲自测试了英国“飓风”战斗机，得出的结论是它比德国Bf 109E战斗机性能稍差，但是，英国飞机从设计之初就将四挺或六挺机枪作为标准武器，不像Bf 109战斗机一生都在频繁增减武器系统。

利用法国战役结束到英国战役开始之间四个星期时间，德国空军的战斗机联队编制进行了重组，出现在对英作战的六个战斗机联队原来成立时都只有一个大队撑着门面，而重新调整就是让每个联队的编制达到满员状态，或是让只有一个大队的联队并入到其他联队中去，如本章节开头的战斗序列中Ⅰ./JG 54（Ⅰ./JG 70）的意思就是JG 70联队的第Ⅰ大队被划归JG 54联队作为其第Ⅰ大队，Ⅲ./JG 54（Ⅰ./JG 21）的意思就是JG 21联队的第Ⅰ大队被划归JG 54联队作为其第Ⅲ大队，其他变动情况也类似。

有一件事得提一下。法国投降后，必须马上做的一件事就是释放被俘人员，在对低地国家的战役中，英法盟军会将德国被俘人员遣送到英国，然后再送到加拿大作为战俘，英国人做事真叫绝。但是，在法国战役的“红色行动”中法国人俘获的德国军人仍在法国人手中，法国投降后这些人员均被释放，其中德国空军最重要的战俘就是JG 53联队的维尔纳•莫尔德斯和该联队7./JG 53中队指挥官沃尔夫－迪特里希•威尔克。

被释放回国后，维尔纳•莫尔德斯写了一封长长的信给自己的Ⅲ./JG 53大队，信中他愉快地讲述了他被俘三个星期的状况，他的度量很大，被打的事只字未提，还用了“享受”一词。信中还表达了他被德国飞机采购和供应总监厄恩斯特•乌德特邀请的兴奋心情，乌德特邀请他在德国空军雷希林试验中心驾驶了俘获的英国“飓风”和“喷火”战斗机。维尔纳•莫尔德斯信中说：“起落架可回收的‘飓风’战斗机有点像拖船，用我们的观点看两款飞机都非常容易上手飞行，特别是‘飓风’飞机的操纵品质较好，转弯的时候稳定得像块石头。但性能上比Bf 109的明显要差一些，主要表现在方向舵和副翼的操纵比较吃力，舵面反应也比较慢。对于起飞和着陆，‘飓风’和‘喷火’就像孩子的游戏（意思起降很容易）。”

“相比之下，‘喷火’战斗机的性能更好，操纵舒服，飞机轻巧，转弯性能优秀，其性能几乎跟Bf 109一样。但是，

▲JG 52联队第4中队（4./JG 52）的标志是一只红色的拱背猫，8./JG 51中队的标志是一只黑色的拱背猫，画中画都是4./JG 52中队的猫。二战很多机场就建在树林旁，飞机平时就停放在树下隐蔽。

▲瓦尔德马尔•伍布克（左）站在9./JG 54中队1架Bf 109E-4战斗机（黄色11号）前面，他的二战总战绩是15架，虽然少点，他后来参加了加兰德的JV 44专家中队，但是，他驾驶的是Fw 190D-9战斗机，也就是说他是JV 44中队编制中专门保护这些专家飞行员的。

'喷火'飞机在突然俯冲时发动机会熄火几秒钟，这对于格斗战斗机来说非常不利。'喷火'的发动机螺旋桨只有两个调节位置，即起降和巡航，这意味着在不断变换高度的垂直空间格斗时，发动机要么会持续地超负载工作，要么无法达到最大功率工作。"

当大部分德国空军战斗机单位返回德国休整时，穿越英吉利海峡的"交通"并没有停止，汉斯•特鲁本巴切上尉的I.(J)/LG 2大队在法国战役结束后和英国战役爆发前一直驻扎在法国，这是德国空军极少数几个没有返回德国的大队。法国战事结束后，I.(J)/LG 2大队只休息了短短72小时，随后被划归驻扎在多佛海峡一侧的JG 51联队指挥。正是这个大队在法国战事结束后的6月30日首次拦截了英国皇家空军第107中队的轰炸机编队穿越海峡的军事行动，当天英国皇家空军9架"布伦海姆"轰炸机被派遣去轰炸法国梅维尔（Merville）机场。不幸的是，德国Ⅱ./JG 51联队的Bf 109E战斗机当即就击落了3架"布伦海姆"轰炸机，其中2架战果属于赫尔伯特•伊勒费尔德中尉，第三架属于埃尔温•克劳森军士长。此次拦截行动中德国空军损失1架飞机，劳胡特（Rauhut）中士的座机被"布伦海姆"轰炸机的自卫火力击落。四天后，战场转移到了海峡另一侧，即英国一侧，当天德国空军Bf 109战斗机穿越英吉利海峡主动挑衅英国皇家空军，行动中德国声称在英国肯特郡沿岸上空击落2架英国皇家空军第32中队2架"飓风"战斗机，德国方面损失1架飞机，飞行员是古斯塔夫•席勒（Gustav Schiller）中士。实际上，被"击落"的2架英国"飓风"飞机只是被击伤，后来都安全着陆。

英国战役的正式开始时间是7月4日，在7月的前三个星期里，西奥•奥斯特坎普的JG 51联队四个大队是德国空军唯一的参与为轰炸机和Ju 87"斯图卡"俯冲轰炸机封锁英吉利海峡提供护航任务的战斗机单位，因此这个联队与英国皇家空军战斗机之间发生了很多战斗。这些战斗有一个此前没有出现过的重要特点，那就是德国空军中那些没有经验的飞行员损失率较高，后来这个特点成为所有参战联队的共同特征，就拿JG 51联队来举例，在1940年7月的战斗中就损失了10名飞行员，有一半的飞行员没有取得任何战果，取得5架战果的只有11人。这种状况在后来并没有得到改善，相反一如既往地存在，在1940年7月至1941年6月间（随后离开英国战场投入到东线战役），JG 51联队损失了100名飞行员，大部分飞行员没击落过1架敌机，有35人的战绩不足5架，也就是没有达到王牌标准。这是一个严酷残忍的自然法则，一个年轻的飞行员如果能在最初的几次战斗中存活下来，那么他们生存几率就会大幅提高，至少短期是如此。从另一个角度也可以说明那些超级王牌为什么每次战斗都能击落数架敌机，而且战绩一路飙升不停歇，在积累了丰富经验后，这些老飞行员比没有经验的飞行员更能主动地把握进攻的主动权。另一个非常重要的因素是德国空军的战术使用原则，即有经验的飞行员一般作长机，而缺乏经验的飞行员在行动中只负责保护长机，没有攻击权力。二战初期，甚至是西班牙内战期间，僚机还有攻击权力，也就是有绝佳机会可以实施攻击，但是，随着战事发展，僚机的攻击权越来越少，他们的任务只有一个，在长机攻击时保护长机，因此有的僚机

▲英国“喷火”战斗机性能与德国Bf 109E的相当，但是，英吉利海峡始终对德国来说是一大障碍，这让德国Bf 109E战斗机部队难以发挥优势。

▲图中是4./JG 51约翰•汉斯•伊尔纳的Bf 109E-3座机，照片拍摄于1940年7月的法国。上文提到过伊尔纳，他击落了英国飞行员塞希尔•米尔尼。

一两年内频繁参与战斗却从未击落过1架敌机。二战末期，甚至发展到30－40人来保护一个人（战绩极为出众的联队指挥官），下文会提到。

没有经验的飞行员付出生命代价的同时，那些天生的王牌飞行员仍在不断地刷新自己的纪录。7月10日，Ⅲ./JG 51大队的Bf 109E战斗机和Ⅰ./ZG 26大队的Bf 110驱逐机为Do 17轰炸机编队护航去轰炸在多佛海峡航行的英国舰船。当英国皇家空军的拦截战斗机刚一出现在视野，Bf 110驱逐机立即组成圆形防御队形，上文提到过英国轰炸机遭到攻击时喜欢采用这种防御队形，这种队形意在任何1架飞机遭到攻击时，其他飞机都可以施以援手。Bf 110实际上是重型战斗机，它是为轰炸机护航的，见到敌机先组成了防御队形，听起来颇具讽刺意味。无计可施的Bf 109E战斗机不得不独自担负起为Do 17轰炸机护航的任务，在接下来的空战中，7./JG 51中队指挥官瓦尔特•奥梭中尉声称击落2架英国Battle战斗机。三天后，奥斯特坎普获得二战中他个人第六个，也是最后一个战果（7月23日他升迁离开JG 51联队，接任者是维尔纳•莫尔德斯），他的战报称将1架“喷火”战斗机击落在多佛海峡南面。事实上，英国皇家空军称当天损失了2架第56中队的“飓风”战斗机，因此，奥斯特坎普击落的应该是“飓风”飞机。

7月19日，Ⅲ./JG 51联队的Bf 109E战斗机编队与英国皇家空军一支在福克斯通（Folkstone）沿岸巡逻的“无畏”战斗机遭遇。上文提到过这种颇具个性的战斗机，它的后射炮塔曾给德国战斗机造成很大伤亡，这回两军相遇，德国飞行员再也没认错机型，攻击的方向也选在了敌机炮塔无法指向的后下方。一旦被敌人找到致命的弱点，“无畏”战斗机就只有认宰的份儿，此次战斗中，汉内斯•特劳罗夫特上尉在一分钟内击落4架“无畏”飞机，另2架飞机也被严重击伤，虽然都迫降成功，飞机还是因无法修复而注销。

截至此时，其他德国空军战斗机大队在经过一个月的休整后开始缓慢地向英吉利海峡沿岸部署，这个转移部署的过程不仅缓慢，也很从容，但一些准备工作都做得并不充分，只是为这些战斗机大队找

▲7./JG 51中队指挥官瓦尔特•奥梭的“白色13”号Bf 109E-4座机（序列号Wk-Nr 1432）。德国空军飞机侧面的机号含义和书写方式不清楚，有的白色字体有黑色边框。

▲瓦尔特•奥梭在西班牙内战期间的战绩就达到9架，西线战绩为74架（其中包括14架四发重型轰炸机），东线战绩为44架，个人总战绩为127架。

到了一些平整开阔的空地供各个单位使用，其他问题自己解决。这种漫不经心跟此前战役悉心准备形成了强烈的对比，轻敌是要付出代价的。比如在法国代夫勒（Desvres），瓦尔特•基尼茨（Walter Kienitz）上尉的Ⅲ./JG 3大队到了部署地点才发现供他们使用的只是几个当地的足球场；弗里茨•维尔纳•乌尔希上尉的Ⅲ./JG 54大队在荷兰短暂停留后进驻法国加来附近的南吉尼斯地区，他们的情况也好不到哪儿去，这里是一块牧羊场，场地里全是深深的动物蹄痕，飞机起飞和着陆非常危险。另一个大队更有意思，他们被分配的“机场”实际上是一块麦田，他们进驻这个机场前必须把麦田里的麦子全部收割完才行，而且收割完麦子就得升空作战。第3航空队的飞行员可没心情欣赏麦田美景，一位刚刚执行完作战任务返航准备盲降的飞行员回忆称他选择着陆的地点是一大片麦田，尚未收割的麦子有1.5米高，他小心翼翼地选择在麦田中央地块着陆。这个过程中，他的发动机螺旋桨将麦浪划出一条窄的“沟”，从空中看这个“沟”就是一个明显的地标，因此四机编队中的其他3架飞机也顺着“麦沟”在麦田安全着陆。在麦田里起飞是不可能了，为此，当天晚上，他们将麦子压倒（并没有割掉）以便供第二天来此着陆的大队其他飞机使用。大队其他成员抵达这块麦田后此处就成了他们的基地，这里，即博蒙勒罗歇（Beaumont-le-Roger）后来成为JG 2联队一个重要基地，该联队在此驻扎长达四年之久。

第3航空队另一个很早就部署到法国的是Ⅰ./JG 27大队，这个大队从德国不来梅（Bremen）驻地被调往法国诺曼底的普吕默托（Plumetot）驻扎。不过，这个大队刚到达新驻地，大队指挥官赫尔穆特•里格尔（Helmut Riegel）上尉就于7月20日在多佛附近空域被英国皇家空军“飓风”战斗机击落身亡。有意思的是赫尔穆特•里格尔上尉对德国殖民地有着狂热的兴趣，为此，他为自己的大队（Ⅰ./JG 27）设计了如今非常有名的黑人加狮子头像背景是非洲地图的队徽。就在当年（1940年），该大队就被派往非洲，队徽真的名副其实了。

Ⅲ./JG 52大队也以相同的速度失去他们的指挥官——7月24日，也就是该大队从柏林转移到加来的科凯勒驻地仅仅48小时后，大队指挥官沃尔夫•迪特里希•冯•霍华德（Wolf Dietrich von Houwald）上尉就在与英国皇家空军第610中队“喷火”战斗机的对抗中被击落阵亡，此次在英国肯特郡沿岸上空的战斗中，Ⅲ./JG 52大队还有2名中队指挥官也跟着大队指挥官一道奔赴黄泉。德国空军花了一个星期的时间才确定霍华德的继任者，新中队指挥官任命倒是很快，但是其中一位殒命也相当快，这位中队指挥官第二天被英国皇家空军第610中队前一天同一架“喷火”战斗机击落阵亡，只是地点换在了福克斯通。另一位新上任的中队指

▲2./JG 51中队驻扎在法国圣安格勒维尔（St Inglevert）一处机场，机场实际上就是一块平整的农田。

▲Ⅲ./JG 3大队的法国基地还算开阔，实际上草地上到处是牲畜的蹄印，对飞行安全构成影响，好在工程部队很快就解决了这些问题。

▲Ⅲ./JG 54大队驻扎在法国加来附近的南吉尼斯地区，机场建在一个灌木丛中，稍稍平整就可以使用。

▲3./Erp.Gr 210中队驻扎的法国基地就是一块麦田，不得不将小麦收割后才能起降飞机。“Erp.Gr”是Erprobungsgruppe（测试联队）的缩写，该联队在1941年4月24日更名为SKG 210,1942年1月4日再次更名为ZG 1。

挥官冈瑟尔•拉尔幸运得多，未来他成为了世界航空史上击落敌机排名第三的超级王牌飞行员。鉴于出师不利，加上其他因素，Ⅲ./JG 52大队在7月底撤回德国。

Ⅲ./JG 26大队在7月24日也在英国肯特郡沿岸上空参与了战斗，只是时间比Ⅲ./JG 52大队当天的战斗要早一些，前者也有一位新任指挥官。Ⅲ./JG 26大队的前任指挥官冯•伯格少校来自Ⅰ./JG 51大队，上文提到过他，他因为一起飞行学校的事故负责而被调离Ⅰ./JG 51大队。事实证明，冯•伯格是一位令人失望的作战指挥官，为此，6月初，他的职位被JG 27联队副官阿道夫•加兰德上尉取代，后者就是上文所说的Ⅲ./JG 26大队新任指挥官，从本章后文列出的战斗序列可以看出，加兰德应该同时晋升少校军衔了。7月24日的战斗就是加兰德新官上任的第一次与英国皇家空军作战，也是第一次在英国领空作战。战斗中，加兰德击落1架英国皇家空军“喷火”战斗机，英国飞行员是皇家空军第54中队的J.L.约翰尼•艾伦（J.L Johnny Allen）少尉，他已是8架战果的王牌飞行员，曾获得“杰出飞行勋章”(DFC)。Ⅲ./JG 26大队此次战斗也损失2名飞行员，后来阿道夫•加兰德评论在英国本土上空与英国皇家空军作战时说这是个令人感到乏味的经历。

加兰德再次上战场，维尔纳•莫尔德斯当然不甘心在后方享受清闲。此时西奥•奥斯特坎普已晋升并被命令到第2战斗机指挥部任职，他的JG 51联队指挥官一职由莫尔德斯少校接任。奥斯特坎普以其资历和惊人的战绩被后辈飞行员亲切地称

▲图中人物右一为JG 51联队新任指挥官维尔纳•莫尔德斯，右二是阿道夫•加兰德，左一是Ⅲ./JG 51大队指挥官瓦尔特•奥梭，中间的大鼻子老头（左二）就是西奥•奥斯特坎普。

降，他获准继续领导他的JG 51联队，边治疗边指挥，身体也很快恢复。

1940年8月1日，阿道夫•加兰德获得“骑士十字勋章”，此时他的战绩是17架。进入8月的第一周，英国皇家空军轰炸机司令部反击德国的力度在加强，德国空军位于荷兰的临时基地遭到了猛烈的轰炸，Ⅱ./JG 27和Ⅱ./JG 54大队在这些空袭行动中遭受了人员和飞机的损失。德国应该看出来了，英国是个难啃的骨头，而且其进攻的势头始终存在。

为“西奥老爹”，他经常以长辈和蔼可亲的语气告诫年轻的飞行员不要轻视海峡另一侧的对手。但是，奥斯特坎普的告诫并没有引起飞行员的重视，他们还沉浸在法国战场横扫千军的荣耀之中。

7月28日，维尔纳•莫尔德斯率领Ⅰ./JG 51和Ⅱ./JG 51飞行员到英国上空执行首次作战任务，在多佛附近上空，德国飞机编队与英国皇家空军第74中队的“喷火”战斗机遭遇，战斗中莫尔德斯损失了3名飞行员，还有2架飞机被击伤，其中1架就是他本人，他的座机从头到尾被英国皇家空军第74中队指挥官塞勒•马兰（Sailor Malan）的机枪犁了一遍，本人也受伤。塞勒•马兰当时的战绩是6架，二战结束时的战绩是34架。莫尔德斯驾驶着受伤的座机穿越海峡返回到维桑机场迫

8月8日，德国空军战斗机部队首次遭受重大损失，大部分飞机来自JG 27联队。当天早晨，Ⅰ./JG 27大队的Bf 109E战斗机护送Ⅱ./St.G 1大队的Ju 87“斯图卡”俯冲轰炸机去攻击英国维特群岛附近的一支英国船队。俯冲轰炸机编队还未实施轰炸就被英国皇家空军6个中队的战斗机拦截住，混战中，英国方面称击落了2架“斯图卡”飞机，击伤2架，外加3架为其护航的Bf 109E战斗机，所有这些战果均是皇家空军第145中队取得的。战斗中英国方面有2架“飓风”Ⅰ战斗机被德国Ⅰ./JG 27大队的Bf 109E战斗机击落。中午时分，英国舰队在维特岛一带再次遭

到德国共计60架“斯图卡”飞机的轮番轰炸。此次行动中，英国皇家空军派出了更多的战斗机前来拦截，其中18架“飓风”Ⅰ战斗机来自皇家空军第145、第238和第257中队，外加第609中队的“喷火”战斗机。在德国的护航战斗机中，Ⅴ./LG 1大队1架Bf 110C和Ⅲ./JG 27大队3架Bf 109E战斗机被击落。英国方面损失也不小，皇家空军第238中队2架，第257中队3架“飓风”Ⅰ战斗机在空战中被德国护航战斗机击落，飞行员全部丧生。下午4点，德国St.G 77联队的“斯图卡”飞机再次执行海上攻击任务，为“斯图卡”编队护航的是Ⅱ./JG 27大队和Ⅲ./JG 27大队，加上Ⅴ./LG 1大队的Bf 109E战斗机，当天这次战斗尤其激烈，海面上是燃烧的舰船，天空中是混战一片，各种型号的飞机多达60余架，有德国Bf 109E和Ju 87飞机，也有英国“喷火”和“飓风”战斗机，这是一场要么你死，要么我活的殊死搏斗。有的英国战斗机拖着浓烟和火焰向英国本岛飞去，有的德国Bf 109E战斗机被击伤后当着“斯图卡”飞机的面坠入海中，时不时还可以看到有的飞行员从下坠的飞机中及时跳伞逃生。有时，天空中会出现被火球包裹的飞机突然爆炸，爆炸的碎片像下雨一般，分不清是英国飞机还是德国飞机，碎片中唯一可以辨认的就是机翼（不知道是哪国飞机的）。英国皇家空军第145中队在这次作战中击落1架德国Bf 109E战斗机，但是，本中队也损失3架飞机，均被德国Bf 109E

▲Ⅰ./JG 27大队赫尔穆特•里格尔因对德国殖民地有着狂热的兴趣设计了如今非常有名的黑人加狮子头像，背景是非洲地图的队徽。后来的JG 27联队果真转战非洲，这个原本是Ⅰ./JG 27的标志也成了JG 27联队的代名词，该联队的其他队徽没多少人记得了。图中停在地面的是冈瑟尔•博德的座机，刚刚起飞收起落架的是乌里希•施勒少尉，他是3./JG 27中队指挥官，就在拍这张照片的行动中他失踪了。

▲Ⅰ./JG 27大队直属单位（队部）的四机编队座舱后有一个剪刀图案，德语“剪刀”是Schere，而德语四机编队是Schwarm，因此剪刀意味着四机编队。图中飞机剪刀图案旁边有一个小写的“r”，可能是某个飞行员首字母。这架Bf 109E飞机于1940年8月30日在英国肯特郡上空被击落，飞行员应该实施了迫降。飞机上很多设备都被英国人拆去研究了。

战斗机击落。

被击落的这位德国飞行员就是Ⅱ./JG 27大队指挥官维尔纳•安德烈斯（Werner Andres）上尉，他没死，但在海水里泡了好些天也不见救援人员（实际上应该是救援人员找不到他），等他最终被救回后发现自己的位子已经被别人坐了，下文再提他。尽管尽了最大努力，当天行动中有8架“斯图卡”飞机被击落，相同数量的飞机被击伤，这天的行动也是最后一次重要的攻击英国护航舰队的战斗，此后，Ju 87“斯图卡”大队开始逐渐退出英国战场。8月8日当天参与护航的Bf 110驱逐机也被英国皇家空军打得很惨，随着战事推进，损失在进一步加剧，这跟波兰战场上呼风唤雨战胜一切的驱逐机判若天渊！

8月11日和12日的战斗中，德国战斗机单位又有16架Bf 109E战斗机被击落或被击伤，其中12日伤亡中有一个人是Ⅲ./JG 53大队指挥官哈罗•哈德尔上尉，他在维特群岛东部与英国飞机作战时失踪，而他也在此次战斗中击落了他个人第11和第12架敌机。一个月后，哈罗•哈德尔的遗体被冲上了迪耶普（Dieppe）附近海岸，他死了，但是他的弟弟于尔根•哈德尔（Jurgen Harder）接过了他的事业，后者驾驶的Bf 109战斗机上都有“哈罗”名字（这是德国空军传统，即在飞机上写上已经牺牲的战友名字），于尔根•哈德尔在1945年战死。哈德尔有三个兄弟都是战斗机飞行员，三人都在二战中战死。从另一方面看，48小时内的战斗中，德国空军又有两个未来“骑士十字勋章”得主取得个人首个记录，他们是Ⅱ./JG 51大队阿尔弗雷德•劳赫（Alfred Rauch），8月11日；Ⅲ./JG 53大队的埃里希•施密特（Erich Schmidt），8月12日。后者在英国战役中共获得18个战果。

虽然推迟了几天，最终“鹰日”在8月13日正式开始，但是当天的气候非常糟糕，根本不适合作战，在预备发起攻击的时间到来的最后一刻，德国被迫推迟了首轮攻击时间，但是，这个命令却并没有传达给所有的作战单位，因此造成了一些混乱：一些轰炸机升空后去轰炸英国目标，但却没有战斗机护航；还有一些战斗机升空后飞抵目标空域却不

▲战斗机为轰炸机护航在二战初期一直是个头疼的问题，航程要满足要求，格斗性能也要达标，但这两个指标互为矛盾，最终航程只得让位于格斗性能。图中Bf 110驱逐机性能逊于英国“飓风”和“喷火”战斗机，双方遭遇时前者凶多吉少。

见轰炸机编队。总的来说，“鹰日”这天德国空军共执行500架次的轰炸机作战任务，两倍这个数字的护航战斗机进行了护航行动。单发护航战斗机（Bf 109E）当天的损失很小，只有五名飞行员丧生或失踪。但是，Bf 109飞机航程短在作战中暴露出极为不利的一面，Ⅱ./JG 26大队指挥官卡尔•埃比希豪森上尉对此进行了强烈批评，该大队的Bf 109E战斗机深入海峡另一侧的英国沿岸作战时，要么无法在英国上空逗留时间太长，要么在作战时不得不考虑燃油是否够回家，Ⅱ./JG 26大队七名飞行员在海上迫降时丧生，还有五名飞行员在抵达海峡东岸时因迫降而损毁了飞机。

Bf 109战斗机航程短不仅会给自己造成麻烦，更会给护航目标造成灾难性的后果，8月14日的战斗就是典型的一个战例。这天，Ⅱ./JG 53大队的30架Bf 109E为27架Ⅱ./St.G 1大队Ju 87R护航去轰炸英国皇家空军机场，Bf 109E战斗机与Ju 87飞机会合后从莱姆里杰斯海岸进入英国领空，这条线路是英吉利海峡最宽处，德国选择这条线路一是可以背对着太阳发起攻击，二是这条航线的英国防空力量较为薄弱。德国飞机编队进入英国后便遭到英国战斗机拦截，但是，Bf 109E战斗机并没有与英国战斗机混战太长时间，由于燃油不足，护航战斗机只得放弃任务返航，留下Ju 87R“斯图卡”飞机任由英国皇家空军宰割。

随后四个星期的战斗到9月15日达到高潮，英国人称这天是“英国战役日”（Battle of Britain Day），因为德国战斗机单位在这天战斗中损失最为严重。这四个星期里，德国战斗机单位共损失或受损Bf 109飞机达到400架，这个数量足足是3个完整的战斗机联队。当然，这么高强度的作战也使得德国飞行员有机会增加他们的战果，特别是那些此前战役就有出色表现的飞行员，如阿道夫•加兰德、约阿西姆•慕钦堡和格哈德•绍佩尔（Gerhard Schopfel）在“鹰日”第二天就多有斩获，其中加兰德在这天击落3架敌机。

8月下半月的战斗作为其王牌道路的起点，也为一些新手提供了机会。如Ⅱ./JG 27大队的奥托•舒尔茨（Otto

Schultz）在8月15日，Ⅲ./JG 51大队的卡尔•“查理”•威利斯（Karl “Charly” Willius）在8月18日分别取得第一个战果。8月24日，一个长头发的年轻柏林人崭露头角。这个瘦小的年轻人总是带着波希米亚人（Bohemian）特有的大城市行为举止，对上司玩世不恭的态度使得他在I.(J)/JG 2和Ⅱ./JG 52大队期间虽然在英国战役中取得出色的成绩，但仍然不招人待见。他就是后来被称为“非洲之星”的汉斯－约阿西姆•马尔塞尤（Hans-Joachim Marseille），他在8月24日的战斗中击落1架英国皇家空军“喷火”战斗机。1941年年初，马尔塞尤这个爱惹麻烦的烫手山芋被塞给 I./JG 27大队，随后这个大队被部署到非洲与英国人继续战斗，直到那时，他的价值才被人发现，下文会着重介绍他的战斗经历。

8月的战斗机又诞生一批“骑士十字勋章”获得者，包括第一个死后被追授的，他就是5./JG 51中队指挥官霍斯特•蒂森上尉，他在英国泰晤士河河口上空与英国皇家空军第85中队的“飓风”战斗机作战时失踪，两天后他获得“骑士十字勋章”。击落霍斯特•蒂森的可能是英国皇家空军第85中队指挥官彼得•唐森德（Peter Townsend），后者是战绩达到11架的“飓风”战斗机王牌。

德国空军飞行员个人和单位集体的战绩还在不断增加，比如8月18日，格哈德•绍佩尔在一次空中战斗两分钟内击落4架英国皇家空军第501中队“飓风”战斗机，他后来描述这场战斗时说：“突然我注意到我的下方有一支‘飓风’战斗机编队正在以很宽的距离螺旋爬升，他们采用的是英国当时流行的战术编队，即三架为一组的密集队形”；Ⅰ./JG 3大队指挥官冈瑟尔•吕佐夫在8月24日击落2架英国

▲1940年8月28日，莫尔德斯的战绩达到28架，地勤人员正在给他的座机（序列号Wk-Nr 2804）垂尾加标志，几天后，他的战绩再次达到32架，地勤人员又得再加上四道杠。

“无畏”战斗机；24小时后的8月25日，Ⅰ./JG 2大队的赫尔穆特•维克少尉击落他的第19和第20个牺牲品，这天也是JG 2联队取得本单位第250个战果的日子。成绩是显著的，损失也是明显的，而德国空军的反击并没有达到预期的效果，德国空军元帅戈林决定整顿一下战斗机单位的指挥结构，总的来说就是撤换一些老资历的指挥官，让一些有能力的年轻飞行员挑大梁，这就是8月底阿道夫•加兰德和汉纳斯•特劳罗夫特分别升任JG 26联队和JG 54联队指挥官的原因。

帝国元帅戈林对于年轻人提高战斗机作战性能的能力非常信任，他要求年轻人发明一些新战术，或是改进战术来提高作战效率，自由狩猎战术和在远距离大宽度空域为轰炸机开辟通道战术就在这个时候出台或得以推广，此后，Bf 109战斗机开始飞密集队形来执行护航任务。9月1日的护航行动就是年轻人提出新战术的第一次检验，3个战斗机联队的Bf 109E战斗机护送18架He 111轰炸机去轰炸英国泰晤士河河口蒂尔伯里（Tilbury）码头。此次行动虽然还存在一些问题，又有一些未来王牌首开纪录，如JG 52联队的阿尔弗雷德•格里斯劳斯基（Alfred Grislawski）和JG 53联队的维尔纳•斯顿夫（Werner Stumpf），前者未来的战绩达到133架。三天后，JG 2联队的库尔特•布利根（Kurt Buhligen）中士也取得开门红，他二战的生涯中一直呆在JG 2联队，个人总战绩为112架。他后来成为JG 2联队第十任，也是最后一任指挥官。

希特勒入侵英国的“海狮计划”事实上已经失败，但德国空军并没有撤出战场，怒不可遏的希特勒将恼羞发泄在英国平民的头上，这就是英国战役第二阶段主要战略目标。实际上，德国并没有把这场战役分为这两个明显的阶段，后人只是根据德国军事行动特点分为了两个阶段。腿短的Bf 109E战斗机仍然在执行为轰炸机护航任务，进入9月后，战斗机联队取得的成绩不足为道，损失却很惨。9月5日，Ⅲ./JG 2大队奥托•伯特拉姆上尉在四天内取得第三个双机击落纪录时，Ⅱ./JG 3大队副官弗兰兹•冯•威拉（Franz von Werra）中尉的Bf 109E-4战斗机却在英国肯特郡上空被击伤而不得不选择在英国本土一块空地迫降，之后被英国皇家陆军单位的炊事兵抓获。这位已经击落过8架敌机的飞行员在德国空军飞行员中并不出众，但是他被俘后的逃跑经历却跟神话一般。他被英国人俘虏后在英国就逃跑过四次，而且次次都成功地逃出了战俘营，只是他的一身装束和口音在英国人中太显眼，他再次被抓回。最后，冯•威拉被送到加拿大，不可思议的是，他竟然从加拿大战俘营成功逃脱，而且还远涉重洋返回了德国，最后继续干自己的老本行。弗兰兹•冯•威拉先是进入美国，然后乖巧地向警察投案称非法移民，美国人为其联系了德国领事（美国当时还是中立国），德国领事立即将他送出美国，冯•威拉进入墨西哥后再到南美洲，转道西班牙、意大利

▲Ⅲ./JG 26大队的法国驻地卡菲耶，近处是格哈德•绍佩尔的Bf 109E-4战斗机，远处是草地，不是大海。飞机前的奔驰340吉普车门上也有9./JG 26中队队徽。

▲格哈德•绍佩尔的Bf 109E-4座机。画中画为9./JG 26中队队徽、绍佩尔和座机垂尾。表现击落敌机的竖杠上圆圈是击落敌机的日期。队徽是一只“来自地狱的猎犬”（Hound from Hell）。

截至1941年7月，他在苏联战场取得13个战果，个人总战果达到21个。1941年8月初，Ⅰ./JG 53大队撤回德国换装Bf 109F-4战斗机，换装完成后该大队部署到荷兰卡特韦克(Katwijk)。1941年10月25日，冯•威拉驾驶Bf 109F-4（序列号Wk-Nr 7285）训练时由于发动机故障坠毁丧生。

但是，并不是每个人都像冯•威拉中尉那么幸运，冯•威拉被击落的第二天，Ⅲ./JG 27大队指挥官约阿西姆•施利希廷上尉（西班牙内战老兵）和大队其他三人被击落而成了战俘，12月，约阿西姆•施利希廷获得“骑士十字勋章”（跟冯•威拉应该是一批），他得到的表彰是“出色地保护了轰炸机编队，而没有考虑自己个人的成功”。

后于1941年4月18日回到德国。他是轴心国唯一的成功从加拿大战俘营逃脱的人，德国海军一个潜艇兵在被押送到加拿大的途中跳海逃生并返回德国，他的故事远不及冯•威拉的精彩和不可思议。冯•威拉于1940年12月14日被授予“骑士十字勋章”，此时的他正和其他战俘一道在战俘营挖地道呢。

回到德国后，冯•威拉被任命正在苏联战场上奋战的Ⅰ./JG 53大队指挥官，

9月剩下的几个星期战斗中，德国空军战斗机单位的人员和飞机损失仍在稳定上升，“英国战役日”当天，德国有19架Bf 109战斗机未能返回基地。但是，维尔纳•莫尔德斯和阿道夫•加兰德的“老公

▲5./JG 53中队的Bf 109E-3战斗机驻扎在法国根西岛（Guernsey，法国突出角西偏南小岛）上，这里是德国空军最前线。注意看近处飞机发动机整流罩上的红色条纹。

▲虽然照片不甚清楚，却包涵了一些信息。汉斯—于尔根•冯•克拉蒙—淘巴德尔（Hans-Jurgen von Cramon-Taubadel）少校被任命为JG 53联队指挥官一事让帝国元帅戈林非常不爽，原因是他的血统不是百分之百雅利亚血统。为了“惩罚”，冯•克拉蒙是德国空军老资历联队中唯一没有获得“骑士十字勋章”的人，他的单位也被命令在1940年7月底前全部去掉表示王牌的“卐”字标志，取而代之的是在发动机整流罩上画一道红杠，只是Ⅱ./JG 53大队冈瑟尔•冯•马尔特扎上尉是个例外。站在Bf 109E-3飞机前的是格哈德•米哈尔斯基（下文有述）。

司”却越来越强大，他们俩已经获得了“骑士十字勋章”，再往上就是“橡树叶加骑士十字勋章”，而他们俩获得此殊荣只相隔四天时间，分别是9月21日（维尔纳•莫尔德斯）和9月25日（阿道夫•加兰德），他们的战绩都达到了40架。几天后，他们俩都离开单位去首都柏林接受勋章，加兰德离开时，罗尔夫•平格尔上尉代行Ⅰ./JG 26大队指挥官一职，但是仅仅几天后的9月28日，罗尔夫•平格尔在英吉利海峡上空被英国皇家空军的“飓风”战斗机击落，他成功地在海上迫降，后被英国空中搜索和救援飞机救起。听到这个消息后，加兰德气愤地说：“我离开一天到东普鲁士打打猎平格尔就让自己立即被击落了”，这句话不太合中国语言习惯，但明显地是在批评罗尔夫•平格尔①。

英国人一定在后悔把9月25日定为“英国战役日”，因为英国人在9月30日再次更加沉重地打击了侵略者，这天德国空军战斗机大队遭到了整个英国战役以来最为严重的

① 只有一本外国资料称罗尔夫•平格尔在1940年9月28日被击落，其余所有资料均称他在1940年7月10日被击落，引用阿道夫•加兰德的原话应该没错，但造成资料说法不一的原因是什么？罗尔夫•平格尔被击落一事在英国很是轰动，一是他职位高，二是给英国送去了德国最新型的Bf 109F-2战斗机，英国记载的资料非常多，照片也很多。有意思的是，给出9月28日被击落的作者在另一篇文章却称是7月10日，而且平格尔后来也接受采访，称是7月10日被击落（见下文）。

损失，不少于28架Bf 109战斗机被击落。英国人越战越勇，而德国人却不断出现颓势，就在德国战斗机单位遭受损失的时候，戈林元帅却做了往伤口撒盐的事儿，也就是将英吉利海峡沿岸基地所有战斗机联队中三分之一改为战斗轰炸机单位。后来人一般知道了结果再去评价当事人的决定，当时德国肯定有它自己的通盘考虑，比如南线，北非和对苏作战准备等。再者希特勒事实上已经放弃了入侵英国计划，因此不需要那么多战斗机为日渐缩减的轰炸机行动护航。

就在维尔纳•莫尔德斯和阿道夫•加兰德在多佛海峡和南英格兰上空竞争时，驻扎在英吉利海峡最西侧的德国空军第3航空队一颗最耀眼的明星诞生了，他就是原3./JG 2中队指挥官赫尔穆特•维克少尉，不久前他已经从中队指挥官晋升为Ⅰ./JG 2联队指挥官，军衔为上尉。不仅如此，他还新近获得了“骑士十字勋章”。赫尔穆特•维克最成功一天是10月5日的战斗，当天临近中午时分，他在维特群岛上空一次击落英国皇家空军第607中队3架“飓风”战斗机。当天的第二架次任务中，他再次击落2架（可能是）英国皇家空军第238中队的“飓风”战斗机，这样他的个人总战绩一下子跃升到42架，一天之内就超过了莫尔德斯和加兰德，为此，他也获得

▲Ⅰ./JG 26大队代理指挥官罗尔夫•平格尔驻扎在法国期间的照片。图中是Bf 109E-4战斗机，不是他迫降在英国的Bf 109F-2型。

▲罗尔夫•平格尔的Bf 109F-2战斗机迫降在英国后的照片，发动机螺旋桨已经折弯扭曲。

▲已经喷涂上英国常见涂装和机徽的平格尔座机，一般情况下缴获敌方飞机会改变涂装和增加通讯设备，如果能升空飞行还要获得国内飞机代号（平格尔的座机代号就是ES906）等。

了“橡树叶加骑士十字勋章”，军衔晋升到少校。

就在这个时候，维尔纳•莫尔德斯被选中接收首批3架Bf 109F-0预生产型飞机用于英国战场的检验和评估①。10月9日，莫尔德斯首次驾驶Bf 109F-0飞机

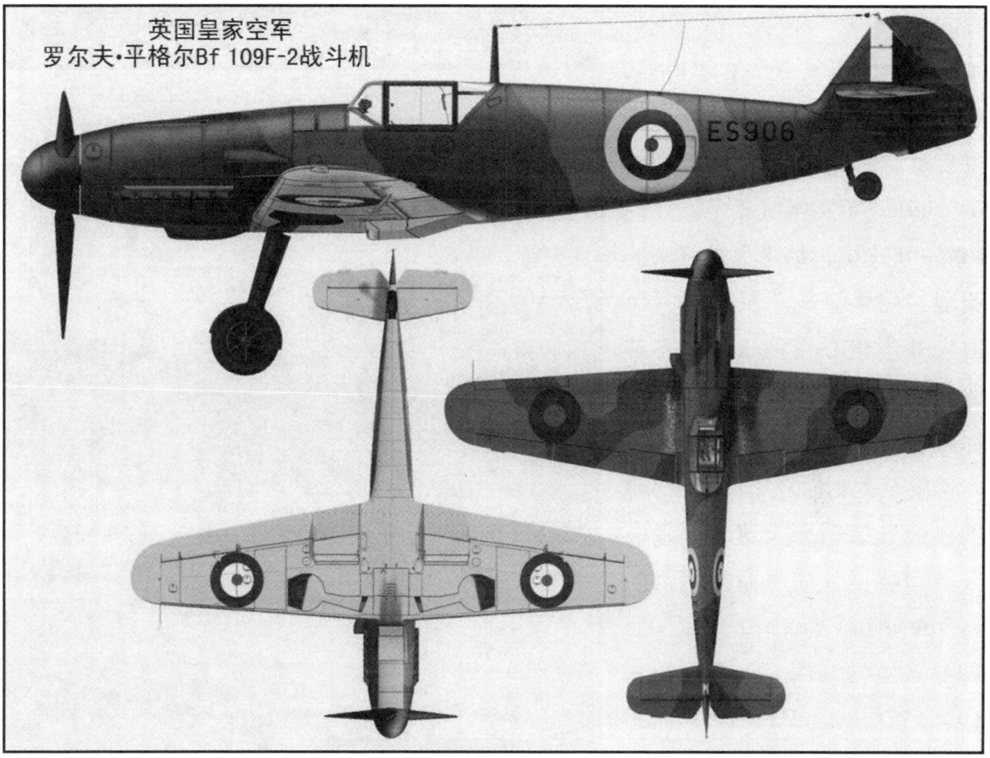

▲英国皇家空军得到了天上掉下的馅饼，这是一个难得的机会研究德国空军刚刚开始装备的最新型号Bf 109F战斗机。

① 历史资料被反复引用的过程中出现很多错误。比如文章中“维尔纳•莫尔德斯单位最早接收首批3架Bf 109F-0预生产型飞机用于英国战役并于10月9日用于实战”，但是，上文中的罗尔夫•平格尔驾驶Bf 109F-2却在7月10日或9月28日被击落。上文型号介绍中已经说明，Bf 109F型号早在1940年3月和4月就开始装备驻扎在法国的JG 2联队和JG 26联队，这个装备时间是正确的。

执行作战任务，除了火力外，Bf 109F迅速地表现出性能明显地比Bf 109E要强。随后的两个星期里，莫尔德斯的直属单位（队部）也验证了Bf 109F优异的性能。汉斯•阿斯穆斯（Hans Asmus）对此可深有体会，但他并没有驾驶Bf 109F飞机。在一次战斗中，汉斯•阿斯穆斯驾驶原属指挥官莫尔德斯的Bf 109E战斗机去与英国人作战，同编队的其他飞行员驾驶的是Bf 109F型号，德国飞机编队与英国皇家空军第501中队的“飓风”发生战斗，空战结束后返航时，汉斯•阿斯穆斯的Bf 109E飞机根本赶不上同伴的Bf 109F飞机，结果他被赶来的英国“飓风”战斗机击落（英国人并不担心飞机燃油够不够的问题），二战余下的时间他都是在英国战俘营中度过的。

截至此时，英国战役的烈度已经开始明显快速地降低，入侵南英格兰的“海狮行动”（Operation Sealion）在10月12日被束之高阁。五天之后的10月17日，Ⅰ./JG 53大队指挥官，“骑士十字勋章”获得者汉斯－卡尔•迈耶尔上尉（战斗序列中该大队指挥官是阿尔伯特•布鲁曼萨特上尉，1940年9月1日，1./JG 53中队指挥官迈耶尔中尉接任维尔纳•莫尔德斯任Ⅰ./JG 53大队指挥官）却在不太寻常的事故中

▲Ⅲ./JG 53大队的地勤人员正在小憩，他们旁边的是Bf 109E-4战斗机，注意看飞机发动机整流罩的红色条纹。

▲上下两图中飞机明显是Bf 109E-7型号，这个型号的桨毂有尖头整流罩。注意看下图机头处红色条纹和地面摆放的1枚SC 250炸弹，飞机机腹也携带了1枚。

▲汉斯－卡尔•迈耶尔和他的哥哥汉斯•伯特拉姆。

姆，即Ⅰ./JG 27大队副官已经在9月30日的战斗中在英国苏塞克斯郡（Sussex）被击落身亡。根据德国军队的“最后存活子女”的规定，他们的哥哥，前“秃鹰军团”王牌，如今的Ⅲ./JG 2大队指挥官奥托•伯特拉姆上尉只得退出前线到训练单位任职，同时他被授予“骑士十字勋章”。

失踪，因此他被列为测试飞行失踪者名单，之所以是“测试飞行”，是因为这个大队刚刚接收一批新的Bf 109E-7型号飞机，迈耶尔驾驶着新飞机随大队一起撤离英国战场，这个过程中，他的Bf 109E-7座机（序列号Wk-Nr 4138）失事，救生筏上发出了微弱的无线电通讯信号，随后消失。德国的这种说法非常不合逻辑，撤离英国战场用不着绕到英吉利海峡上空，英国人的说法倒是可信度更高一些，迈耶尔实际上是被英国皇家空军第603中队的“喷火”战斗机击落的。10月27日，汉斯－卡尔•迈耶尔的遗体被冲上英国肯特郡附近海岸。

汉斯－卡尔•迈耶尔的遗体被找到的第二天，德国空军Ⅲ./NJG 1大队的1架Bf 110夜间战斗机在德国石勒苏益格－荷尔斯泰因（Schleswig-Holstein）坠毁，机组成员全部丧生，该机飞行员是卡尔•伯特拉姆中士，他的哥哥汉斯•伯特拉

尽管空中活动明显减少，德国空军“骑士十字勋章”获得者的名单仍然在10月和11月间不断增加，很多人很快就会变得十分出名，但这个阶段战绩最突出的仍然是上面反复提到的三剑客：维尔纳•莫尔德斯、阿道夫•加兰德和赫尔穆特•维克。10月22日，莫尔德斯取得他个人第50个战果，加兰德也在九天后达到这个数字。截至11月28日，他们俩分别又增加4架和2架战果，仅仅几天后，这对当时最有名的王牌就被超越。

11月16日，JG 2联队队部的维林格（Willinger）上士取得联队二战以来的第500个战果，其中54个战果属于“里希特霍芬”联队新任指挥官赫尔穆特•维克少校，10月20日是维克少校战绩火箭般上蹿的高峰，这天他被任命为JG 2联队指挥官，实际上，这个联队有指挥官，戈林元帅最终决定让原JG 2联队指挥官沃尔夫

▲赫尔穆特•维克在向其他军官讲述他的空战经历。维克是英国战役期间最著名的几位王牌飞行员之一，他是个全能型的人才。照片中右侧为埃里希•莱厄，下文会提到他。照片拍摄于1940年10月22日。

▲左图：赫尔穆特•维克和希特勒合影，右图：赫尔穆特•维克与戈林合影。

冈•斯切尔曼少校去任JG 27联队指挥官，留下空缺给赫尔穆特•维克。JG 2联队是德国空军最著名的战斗机单位，联队指挥官可不是随便任命的，赫尔穆特•维克不仅是一个天生的战斗机飞行员，还是一个能力相当出色的指挥官，跟奥斯特坎普获得的“西奥老爹”绰号一样，维克得到了他的部下的喜爱，因此得到了“老爹”绰号，其实维克此时不过25岁。虽然年纪轻轻，但维克十分沉稳成熟，这点跟性格直率的阿道夫•加兰德一点也不一样，后者在回答戈林元帅“英国战役期间还需要什么”时毫不避讳地说“一个中队的‘喷火’战斗机，元帅先生”。维克在任中队指挥官时，德国空军第3航空队司令胡戈•施佩勒(Hugo Sperrle)元帅视察他的中队，这位元帅喜欢对看到的一切进行一番评论，他看到维克的地勤人员时说这些士兵的军容应该更整洁一些才好，维克立即回答说：“这些人没日没夜地干活以保证我们的战斗机顺利升空，他们有更重要的事要做，而不是理理发！”

然而，赫尔穆特•维克的联队指挥官生涯并不长，11月28日下午，赫尔穆特•维克在英国维特群岛上空取得他人生第55个战果，击落英国皇家空军第602中队1架“喷火”战斗机。这次战斗结束后，维克的四飞机编队返回基地再次加油装弹到索伦特海峡(Solent，位于英国维特岛和汉普郡大陆之间水道的西部)南部执行作战任务。一点也不例外，赫尔穆特•维克看到1个中队的“喷火”战斗机爬升前来拦截，维克率领他的僚机鲁道夫•普夫兰茨（Rudolf Pflanz）中尉立即俯冲实施攻击，具备高度和速度优势的维克在俯冲过程中就击中1架“喷火”飞机，英国飞机拖着火焰坠入大海，不过，这是维克的第56个，也是最后1个战果。从俯冲状态恢复时，维克的侧滑角度过大，瞬间1架“喷火”战斗机从他的机头前高速穿过，本能地，英国皇家空军第609中队约翰•顿达斯（John Dundas）上尉在这个交汇的过程中实施了射击。维克的座机肯定当即中弹，而且受伤不轻，维克立即弃机跳伞。当时战斗中只有维克一个人的降落伞在向尼德尔斯（Needles）西南方向飘去，这是其他人最后一次看到德国空军顶级王牌的踪迹，随后维克的下落就完全不为人所知，德国空军和海军进行了高密度的搜索，但是没有结果。击落维克的约翰•顿达斯在英国战役期间曾击落过16架德国飞机，击落维克的是他第17个战果，他也曾获得“杰出飞行勋章”。不幸的是，约翰•顿达斯的命运跟赫尔穆特•维克的一样，在随后的战斗中他被鲁道夫•普夫兰茨击落在伯恩茅斯（Bournemouth）附近。

赫尔穆特•维克是当时德国空军战绩最高的飞行员，他也是德国空军第一位“橡树叶加骑士十字勋章”获得者，因此简要介绍一下他的个人经历。

赫尔穆特•保罗•埃米尔•维克（Helmut Paul Emil Wick）于1915年8月5日出生在德国曼海姆。1935年高中毕业后，维克要求参加新德国空军，1936年4月6日，他进入德累斯顿的德国空军军官候选学校学习。7月13日通过了这所学校的学习后开始进行飞行训练，但是，维克的飞行训练获得的评价并不高，飞行技能水平一般，理论学习存在较大难度，他对理论知识一点兴趣也没有。1937年5月初，维克被分配到第254轰炸机联队第6中队服役，一个月后，他再次返回德累斯顿继续他的军官训练。

维克没有通过他的第三阶段训练课程，但却获得机会再考一次。1938年4月1日，他到韦尔德的德国空军第3空战学校的军官候选学校再次学习（上次没过才到这个学校），所幸他通过了考试。1938年中期，维克开始到韦尔诺伊兴进行战斗机飞行员训练。毕业后，他被分配到第135战斗机联队（以下均简称联队）的第Ⅱ大队（Ⅱ./JG 135），第135联队在1938年11月1日番号改为第333联队，联队指挥官是马克斯•伊贝尔，单位主要装备Ar 68老式双翼战斗机。1938年11月8日，维克晋升为少尉，随后的1939年1月1日，他再次被调到第133联队第1中队，这个中队不久番号改为JG 53。就在进入这个联队后，维克开始驾驶Bf 109战斗机，他的直接领导是Ⅰ./JG 53大队指挥官维尔纳•莫尔德斯，在后者的推荐下，维克成为四机编队长机。

1939年9月1日，维克选择加入到著名的JG 2“里希特霍芬”联队（当时供他选择的是JG 1联队和JG 2联队）第3中队，这个单位当时装备的是Bf 109E-3战斗机。在波兰战役中，维克所在单位主要执行保卫首都柏林的任务；在“静坐战争”期间，JG 2联队部署到法兰克福的雷布斯托克，主要任务是保护德国南部边境地区。在第六次参加作战任务期间的1939年11月22日，维克在法国南西击落1架法国空军GC Ⅱ/4中队1架H-75战斗机，这是他个人第一架战果，这也是JG 2联队的第二个战果。

1940年5月10日，德国发动了入侵低地国家战役，当天因为“黄色2”号座机换发动机，维克未能升空作战。几天后他才有机会升空作战，而且在一次任务中击落3架法国空军Leo 45轰炸机。截至6月，维克获得了10个证实战果和2架未证实战果，其中包括6月5日他击落的3架法国Bloch 151/152战斗机，这是他第六、第七和第八架战果。2架未证实战果是他在5月19日击落的英国皇家海军“剑

▲“黄色2”号是赫尔穆特•维克法国战役期间驾驶的座机，拍摄这张照片时他的座机垂尾已经有击落十几架敌机的标志。

鱼”双翼鱼雷轰炸机，当时没有目击者。6月6日，维克成为Ⅰ./JG 2联队第一位执行作战任务达到100架次的飞行员，同一天他再获2架战果。法国战役结束时，维克的个人战绩是14架，仅次于莫尔德斯（25架）和巴尔萨泽（23架）。

在英国战役期间，维克迅速脱颖而出，1940年7月21日，他晋升为中尉，并被任命为3./JG 2中队指挥官。虽然英国战役中德国空军飞行员作战并不如低地国家和法国战役中那么顺手，但是维克却是少数战绩在这段时间快速增加的飞行员之一。8月24日，维克获得第20架战果，一天后再击落2架敌机。因战绩达到22架，他在8月27日获得了“骑士十字勋章”，戈林元帅亲自颁发。不仅如此，年轻帅气的维克还成为德国军队新一代军人的形象代言人，大报小报以及宣传资料上到处是他的头像，《德国空军周刊》也采访了他。

返回法国后，维克晋升为上尉，不久后的9月9日，他被任命为Ⅰ./JG 2大队指挥官。当了指挥官后，维克并没有停下击落敌机的脚步，10月5日，维克的战绩达到42架，已经超过了之前领先的莫尔德斯和加兰德，如果不是花大量时间在德国参加宣传活动，维克的战绩还会更高。1940年9月8日，维克获得“橡树叶加骑士十字勋章”，他是德国空军第一位获得此勋章的飞行员。

1940年10月19日，维克晋升为少校并被任命为JG 27联队指挥官，但是，他不想离开自己的大队，他向戈林请求回到自己的Ⅰ./JG 2大队。戈林同意了这个请求，重新任命维克为JG 2联队指挥官，大队指挥官一职实在太屈才了。维克时年只有25岁，他是德国空军最年轻的少校和最年轻的联队指挥官。

JG 2“里希特霍芬”联队在1940年11月16日获得第500架战果，这是联队和维克的又一荣誉，为此，联队指挥部所有人员和各个中队指挥官获准到巴黎休假一周。

1940年11月28日，维克获得他个人第55架战果（1架英国“喷火”战斗机），莫尔德斯此时的战绩为54架。当天战斗结束后，维克命令地勤人员给飞机加油装弹，下午4点10分，维克率队到英国怀特岛附近空域，在此期间，维克的飞机编队突然遭到英国“喷火”战斗机从有利的位置攻击，经验丰富的维克摆脱不利位置反将1架“喷火”战斗机击落。击落敌机后大约5点钟，维克的Bf 109E-4座机（序列号Wk-Nr 5344）也被击落，击落他的是英国皇家空军第609中队的约翰•顿达斯上尉，有资料称也可能是埃里克•马斯（Eric Marrs）少尉。获此消息后，戈林元帅下令密集搜索，但无奈地于12月4日宣布维克少校作战失踪。

赫尔穆特•维克的死终于让德国彻底放弃入侵英国的计划，12月第一个星期天气的恶化使得英吉利海峡沿岸的德国战斗机基地的机场变成了沼泽，为此，大部分战斗机单位都后撤到内陆地区。随后，这

▲赫尔穆特•维克是那段时间战役中德国空军最优秀飞行员代表，因此也是大报小报争相报道的主角。左图戈林左侧（照片最右侧），右图中立者为维克。

▲在不同时间和不同飞机上赫尔穆特•维克座机垂尾上表示击落敌机的标志，最后一张是他的Bf 109E-4座机（序列号Wr-NR 5344）垂尾和击落54架敌机标志。

些战斗机单位再次撤回到德国休整并换装更先进的Bf 109型号。德国战斗机的后撤也使得英国空军从拼死抵抗转变到开始进攻，这个变化是一个缓慢的过程，比如英国空军开始逐渐地穿越海峡到法国领空开展军事行动，但毕竟这是战略变化，德国人很快就会品尝到被轰炸的滋味。

英国人倒是没让德国人等太久，1941年1月10日，英国皇家空军出动了代号“马戏团”1号（Circus 1）轰炸位于法国境内德国军事目标的行动，这次轰炸行动的规模并不大，只有区区6架“布伦海姆”轰炸机，但是为轰炸机护航的战斗机不少于11个中队。现在的情况颠倒了个儿，英国战斗机开始穿越海峡去作战。从实际情况看，英国的行动更具象征意义，而且英国也得考虑会不会重蹈德国人的覆辙，因为出境作战极为不利。事实情况也正是如此，英国人发动的“马戏团”系列轰炸行动战果寥寥，却为德国Bf 109E飞行员增加战绩贡献了难得的机会，比如在1941年1月10日的战斗中，JG 3联队的未来“骑士十字勋章”获得者汉斯•冯•哈恩和乔治•米夏勒克（Georg Michalek）都击落了敌机；2月5日拦截英国皇家空军“马戏团”3号（轰炸法国圣奥梅尔德军目标）的战斗中，瓦尔特•奥梭取得了他个人的第40个战果，他为此获得了“橡树叶加骑士十字勋章”。这也是Bf 109E型号战斗机在西线取得的最后战果，此后作战单位开始逐步换装Bf 109F战斗机。

在去年英国战役期间，德国空军就开始换装更先进的Bf 109F型号飞机，撤出英国战场的德国空军战斗机单位除了休整最重要的一件事就是换新装备，特别是1940－1941年冬季不合适作战的时期加紧换装和训练。但是，驻扎在英吉利海峡的一些单位仍然在使用Bf 109E型号飞机，大部分单位到1941年夏天才换装Bf 109F飞机，而驻扎在荷兰沿岸和德国北部地区的JG 1联队使用Bf 109E飞机的时间更长一些，甚至在巴尔干地区、北非地区和苏联地区的战役前段时间仍在使用这个过时型号。到1941年中期，英吉利海峡部署的Bf 109E飞机此时已经完全不是英国皇家空军新型号“喷火”Mk V的对手，大多数情况下Bf 109E不是胜利者，而是英国“喷火”Mk V的猎物。1941年6月9日，7./JG 2中队指挥官维尔纳•麦克霍尔德（Werner Machold）上尉驾驶Bf 109E战斗机被英国皇家海军驱逐舰的防空炮击落，当时他率领中队其他飞行员在波兰外海从低空轰炸了英国皇家海军一支运输船队。维尔纳•麦克霍尔德是拥有32个战果

▲左图：汉斯•冯•哈恩和地勤人员站在自己的Bf 109F战斗机垂尾旁看着自己击落敌机的标志，除了24架敌机外，还有3个空飘气球和3架摧毁在地面的飞机。

▲1940年9月28日，JG 3联队第4中队（4./JG 3）的1架Bf 109E-1战斗机在法国圣奥梅尔迫降失事。飞机螺旋桨没有出现扭曲现象，说明迫降时发动机已经关机。

▲1941年3月11日，德国空军ErgGr 3联队第10中队（10./ErgGr 3）的1架Bf 109E-1飞机因事故迫降，发动机螺旋桨已经扭曲。

▲6./JG 52中队的Bf 109E-1战斗机迫降的造型极有个性，稳稳的一个拿大顶，飞行员乌里希—施泰因希佩尔并无大碍，只是受了点惊吓。

▲并不是每架飞机迫降都那么幸运地没有机毁人亡，图中Ⅰ./JG 51大队队部的Bf 109E战斗机在迫降过程中起火燃烧，飞行员已经被救出，不然没人有这么好的心情在这儿拍照。

▲JG 26联队一些因事故或失事而无法修复的Bf 109E战斗机被遗弃在一个固定地点，现在人喜欢称之为飞机坟墓。

▲2./JG 27中队的保罗•瓦克尔在1940年被击落在英国，瓦克尔驾驶着他的Bf 109E-4飞机实施了迫降，飞机基本完好。

▲9./JG 26中队的1架Bf 109E-3战斗机被击伤后迫降在英国。

▲在英国肯特郡迫降并被拉出来展览的Ⅲ./JG 26大队队部的Bf 109E-1战斗机。这种场面在当时英国非常普遍，此类历史资料也非常多。

▲3./JG 51中队威廉•埃德尼斯的Bf 109E-1战斗机在英国被击落，飞机却被送到新西兰惠灵顿公开示众，照片拍摄于1940年5月底，南半球冬天刚刚来临。

的王牌飞行员，让他率队执行低空轰炸任务实在是用错了地方。

这一阶段最大的损失是JG 26联队队部的罗伯特•门格（Robert Menge）军士长，上文提到过，他是挪威战役中战绩最高的飞行员，后来被选为阿道夫•加兰德的僚机，他的丧生预示着早期的Bf 109（指的是Bf 109E型号）王牌飞行员一个章节的结束。

门格出生于1913年9月29日，早年他是一名警察，1936年才加入德国空军。西班牙内战期间，门格在1.J/88中队服役。1938年7月23日，他击落第一架敌机，即1架I-16战斗机，此次战役中他的战绩是4架。回国后，门格被分配到5./186(T)中队。1939年9月1日，他进入5./JG 77中队，后来随该单位到挪威作战。1940年4月12日，门格获得他个人二战的首次胜利：2架英国皇家空军“汉普

▲这张3./JG 53中队Bf 109E-3照片很有内涵，飞机发动机整流罩有红色条纹，垂尾有纳粹“卐”字标志。戈林规定JG 53联队不准用“卐”字标志受到了很多飞行员的抵制，特别是Ⅲ./JG 53大队指挥官沃尔夫－迪特里希•威尔克上尉的公开抵制。JG 53联队在11月20日获得第500架战果后，戈林的规定彻底被废除。图中飞机是1940年10月被击落在英国上空，飞机垂尾有“卐”字标志。

▲上两图是7./JG 53中队的汉斯•吉奥格•苏尔特的Bf 109E-4飞机被击伤迫降在英国，英国人将其拉出来示众，还揭去了发动机上面的整流罩。

▲英国人缴获这架德国Bf 109E-3飞机并修复后重新升空，飞机仍采用敞开式座舱，飞行员属于罗尔斯•罗易斯公司（发动机公司）。

▲地勤人员拆开DB 601发动机包装准备给Bf 109E战斗机换上，后勤保障是作战持续的基础，读者们对这方面一般兴趣不大，军事部门却绝不能轻视。

▲Ⅱ./JG 53大队队部的地勤人员在维护Bf 109E-3战斗机，远处是1架Ju 52运输机。

▲7./JG 53中队4架Bf 109E战斗机飞行在法国塞纳河湾上空。

▲6./JG 54中队的Bf 109E-1B采用了迷彩涂装，主要用于对地攻击。

▲Ⅱ./JG 54大队的Bf 109E-4B携带了1枚SC 250炸弹。让Bf 109战斗机执行对地攻击是大材小用了，但是，对付防空力量薄弱的地面目标，战斗机不容易被地面防空火力击落。

▲2./JG 52中队的Bf 109E-3战斗机驻扎在法国加来地区，近处的是赫尔穆特•贝尼曼的座机。

顿”轰炸机。1940年8月13日，他在丹麦拦截轰炸奥尔堡轰炸机编队时击落4架“布伦海姆”轰炸机。门格是挪威战役中战绩最高的飞行员，战绩为17架。此后，他被调到英吉利海峡前线。1940年12月5日，他被分配到3./JG 26中队并成为加兰德的僚机。12月5日，在英国福克斯通上空，门格被英国“喷火”战斗机击中而

▲JG 51联队的地勤人员正在进行机枪射击校正测试，后机身被抬起，飞机旁摆放着一挺机枪或一门炮。

▲10./JG 51中队的地勤人员正在维护伯恩德•加罗威特施的Bf 109E-3战斗机，照片拍摄于1940年6月。

▲Ⅰ./JG 3大队的Bf 109E战斗机的编号数字书写很不规范，比较方正的数字十分少见。

严重受伤，但是他返回了法国基地。1941年4月，经过几个月的治疗，门格伤愈并重新加入战斗，4月4日，他和加兰德在执行自由狩猎行动中击落1架“喷火”战斗机。1941年6月14日，门格随3./JG 26中队紧急起飞准备拦截英国“马戏团”12轰炸编队，就在起飞爬升过程中，德国战斗机突然遭到英国“喷火”战斗机的攻击，刚刚晋升为少尉的门格被击落，Bf 109E-7座机（序列号Wk-Nr 6490）坠毁在机场附近，爬升阶段遭到攻击根本无还手之力，罗伯特•门格当即被击落身亡。击落门格的是英国皇家空军第92中队指挥官杰米•兰金（Jamie Rankin），他此时已拥有22架战果。

照例，我们还要总结一下哪一位王牌飞行员能代表英国战役，波兰战役诞生了汉内斯•根岑王牌，德国北部沿岸（德国湾）保卫战诞生了卡尔•舒马赫，西墙的“静坐战争”诞生的明星人物是维尔纳•莫尔德斯，西线战役的代表人物是威廉•巴尔萨泽和莫尔德斯。代表英国战役的除了维尔纳•莫尔德斯和阿道夫•加兰德这两位老将外，那就非赫尔穆特•维克和罗伯特•门格莫属。

英国战役期间德国Bf 109战斗机作战单位序列（1940年8月13日）

第2航空队指挥部　司令部驻地：布鲁塞尔

		基地	装备飞机型号
第2航空军		比利时根特	
Erpr.Gr.210[①]	瓦尔特•鲁本斯道夫尔上尉	加来—马克	10-9

① 该大队第1中队装备Bf 109E-4B战斗轰炸机，第2中队装备Bf 110驱逐机。

第2战斗机指挥部　司令部驻地：法国维桑

		基地	装备飞机型号
Stab JG 3	卡尔•维克中校	维耶勒欧布瓦	3-3
Ⅰ./JG 3	冈瑟尔•吕佐夫上尉	格朗维莱尔	33-32
Ⅱ./JG 3	埃里希•冯•泽勒上尉	萨梅尔	29-22
Ⅲ./JG 3	瓦尔特•基尼茨上尉	代夫勒	29-29
Stab JG 26	哥哈德•汉德里克上尉	欧当贝尔	4-4
Ⅰ./JG 26	库尔特•费希尔上尉	欧当贝尔	38-34
Ⅱ./JG 26	卡尔•埃比希豪森上尉	马基斯	39-35
Ⅲ./JG 26	阿道夫•加兰德少校	卡菲耶	40-38
Stab JG 51	维尔纳•莫尔德斯少校	维桑	4-4
Ⅰ./JG 51	汉斯•海恩里希•布鲁斯特林上尉	加来附近皮昂	32-32
Ⅱ./JG 51（Ⅰ./JG 71）	冈瑟尔•马希斯上尉	马基斯西部	33-33
Ⅲ./JG 51（Ⅰ./JG 20）	汉内斯•特劳罗夫特上尉	圣奥梅尔—克莱尔马赖	32-30
Stab JG 52	莫尔哈特•冯•贝内克少校	科凯勒	2-1
Ⅰ./JG 52	齐格弗里德•冯•埃希维格上尉	科凯勒	40-33
Ⅱ./JG 52	汉斯•冈瑟尔•冯•科纳特斯基上尉	珀普兰格	39-32
Ⅲ./JG 52	亚历山大•冯•温特费尔德上尉	泽布斯特	31-11
I.（J）/LG 2	汉斯•特鲁本巴切上尉	加来—马克	36-33
Stab JG 54	马丁•梅蒂格少校	吉尼斯康帕涅	4-2
Ⅰ./JG 54（Ⅰ./JG 70）	胡贝图斯•冯•博宁上尉	吉尼斯	34-24
Ⅱ./JG 54（Ⅰ./JG 76）	赫尔穆特•博德上尉	希梅林根	36-32
Ⅲ./JG 54（Ⅰ./JG 21）	弗里茨•维尔纳•乌尔希上尉	吉尼斯南部	42-40

第3航空队指挥部　司令部驻地：巴黎

			装备飞机型号
第八航空军			
II.(Schl.)/LG 2[①]	奥托•维斯（Otto Weiss）少校	伯布林根	39-31

① 正在换装Bf 109E-7战斗轰炸机。

第3战斗机指挥部		司令部驻地：法国多维尔	
		基地	装备飞机型号
Stab JG 2	哈里•冯•伯劳•伯斯卡姆普上校	博蒙勒罗歇	3-3
Ⅰ./JG 2	亨尼希－斯顿培尔上尉	博蒙勒罗歇	34-32
Ⅱ./JG 2	沃尔夫冈•斯切尔曼上尉	博蒙勒罗歇	36-28
Ⅲ./JG 2	埃里希•米克斯少校	勒阿弗尔	32-28
Stab JG 27	马克斯•伊贝尔中校	瑟堡西	5-4
Ⅰ./JG 27	爱德华•诺伊曼上尉	普吕默托	37-32
Ⅱ./JG 27	维尔纳•安德烈斯上尉	克雷逢	40-32
Ⅲ./JG 27(Ⅰ./JG 1)	约阿西姆•施利希廷上尉	阿尔克	39-32
Stab JG 53	汉斯－于尔根•冯•克拉蒙－淘巴德尔少校	瑟堡	6-6
Ⅰ./JG 53	阿尔伯特•布鲁曼萨特上尉[①]	雷恩和格恩西	39-37
Ⅱ./JG 53	冈瑟尔•冯•马尔特扎上尉	迪南和格恩西	38-34
Ⅲ./JG 53	沃尔夫－迪特里希•威尔克上尉	布列斯特桑皮	38-35

① 上文法国和低地国家战役中他的军衔是少校，可能是作战期间晋升了。

Bf 109E“骑士十字勋章”获得者（1940年5月29日—1941年6月22日）

姓　名	单位	获勋日期	战果（截至获勋日期）	二战总战　绩	西班牙内　战	结　局
维尔纳•莫尔德斯上尉	JG 53	1940.5.29	20	101	14	1941.11.22
威廉•巴尔萨泽上尉	JG 27	1940.6.14	23	40	7	1941.7.3
卡尔•舒马赫中尉	JG 1	1940.7.21	2	2		
阿道夫•加兰德少校	JG 26	1940.8.1	17	104		
霍斯特•蒂森上尉	JG 51	1940.8.20[①]	20	20	7	1940.8.18
瓦尔特•奥梭上尉	JG 51	1940.8.20	20	117	8	1944.5.11
哈里•冯•伯劳•伯斯卡姆普中尉	JG 2	1940.8.22				
马克斯•伊贝尔上校	JG 27	1940.8.22				
西奥•奥斯特坎普少将	Jafu 2	1940.8.22	6[②]	6		
赫尔穆特•维克中尉	JG 2	1940.8.27	20	56		1941.11.28
汉斯•卡尔•迈耶尔上尉	JG 53	1940.9.3	20	31		1940.10.17
维尔纳•麦克霍尔德军士长	JG 2	1940.9.5	21	32		1941.6.6
格哈德•绍佩尔上尉	JG 26	1940.911	20	40		
赫尔伯特•伊勒费尔德中尉	LG 2	1940.9.13	21	123	7	
约阿西姆•慕钦堡中尉	JG 26	1940.9.14	20	135		1943.3.23
罗尔夫•平格尔上尉	JG 26	1940.9.14	15	22	4	1941.7.10
赫尔曼－弗里德里希•乔比恩中尉	JG 51	1940.9.16	21	70		1941.8.25
冈瑟尔•吕佐夫上尉	JG 3	1940.9.18	15	103	5	1945.4.24
沃尔夫冈•斯切尔曼少校	JG 2	1940.9.18	10	14	12	1941.56.22

姓　名	单位	获勋日期	战果（截至获勋日期）	二战总战绩	西班牙内战	结　局
汉斯•冯•哈恩中尉	JG 2	1940.9.24	20	108		1943.2.21
沃尔夫冈•里皮特少校	JG 27	1940.9.24	12	25	4	1941.12.3
古斯塔夫•斯普里克少尉	JG 26	1940.10.1	20	31		1941.6.28
约瑟夫•普瑞勒中尉	JG 51	1940.10.19	20	101		
迪特里希•赫拉巴克上尉	JG 54	1940.10.21	16	125		
奥托•布列特努兹上尉	JG 53	1940.10.22	20	35	2	1941.6.27
汉斯•菲利浦中尉	JG 54	1940.10.22	20	206		1943.10.8
奥托•伯特拉姆上尉	JG 2	1940.10.28	13	13	8	
海因茨•艾布林中尉	JG 26	1940.11.5	18	18		1940.11.5
阿诺德•里格尼兹中尉	JG 54	1940.11.5	19	25		1941.9.30
齐格弗里德－施内尔少尉	JG 2	1940.11.9	20	93		1944.2.25
瓦尔特•阿道夫上尉	JG 26	1940.11.13	15	28	1	1941.9.18
卡尔•海因茨•克拉尔上尉	JG 2	1940.11.13	15	24		1942.4.14
奥托•欣茨中尉	Erp.Gr.210	1940.11.24	1	1		1940.10.29
约阿西姆•施利希廷上尉	JG 27	1940.12.14	3	3	5	1940.9.6
弗兰兹•冯•威拉中尉	JG 3	1940.12.14	8	21		1941.10.25
冈瑟尔•冯•马尔特扎少校	JG 53	1940.12.30	13	68		
汉斯•埃克哈德•鲍伯中尉	JG 54	1941.3.7	19	59		
埃里希•鲁道夫(Erich Rudorffer)少尉	JG 2	1941.5.1	19	222		
格哈德•霍穆特中尉	JG 27	1941.6.14	22	63		1943.8.3
古斯塔夫•罗德尔中尉	JG 27	1941.6.22	20	98		

① 霍斯特•蒂森上尉是死后追授。

② 西奥•奥斯特坎普少将在一战中的战绩是32架。

说明：从上面“骑士十字勋章”获得者名单可以看出，获得勋章的分为两大类飞行员，一类是“老战士”，如舒马赫、奥斯特坎普，主要表彰他们出色的领导能力；二类是“新战士”，如维尔纳•莫尔德斯、威廉•巴尔萨泽和阿道夫•加兰德等，主要表彰他们作战勇猛。在这个阶段，一般战斗机飞行员击落敌机数量达到20架就有资格获得“骑士十字勋章”，上表中可以看出也有例外或特殊的情况。随着对苏作战，德国空军将“20架”标准不断地提高，而且提高还不止一次，因此到1944年中期时，JG 52联队的一些飞行员在东线战场上击落100－125架敌机才获得“骑士十字勋章”。

有六位飞行员在1941年以前战绩达到了40架，按规定，达到这个数字就有资格获得“橡树叶加骑士十字勋章”，这六人是维尔纳•莫尔德斯（1940年9月21日）、阿道夫•加兰德（1940年9月25日）、赫尔穆特•维克（1940年10月6日）、瓦尔特•奥梭（1941年2月6日）、赫尔曼－弗里德里希•乔比恩（1941年4月23日）和约阿西姆•慕钦堡（1941年5月7日）。

战绩达到69架时，阿道夫•加兰德于1941年6月21日第一个（整个德国军队中）获得“佩剑加橡树叶加骑士十字勋

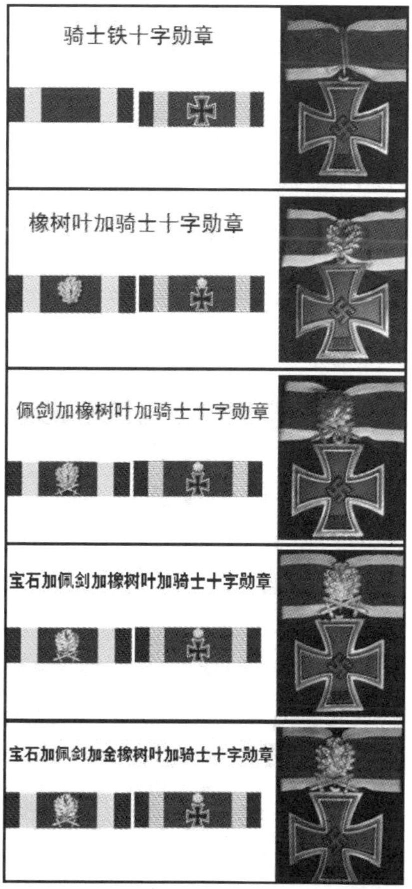

▲最后一个勋章“宝石加佩剑加金橡树叶加骑士十字勋章”唯一的得主就是汉斯—乌尔里希•鲁德尔（Hans-Ulrich Rudel），一位“斯图卡”俯冲轰炸机飞行员。

章”。24小时后，维尔纳•莫尔德斯也获得此勋章。紧接着1941年7月16日，正在东线战场作战的维尔纳•莫尔德斯因在世界上第一个击落敌机达到100架而获得“钻石加佩剑加橡树叶加骑士十字勋章”，这是德国第一个战斗机飞行员获得此殊荣，当时他仅仅28岁。1942年1月28日，一直在西线作战，战绩还差6架就达百架的阿道夫•加兰德也获得“钻石加佩剑加橡树叶加骑士十字勋章”。关于勋章的名称国内没有统一的命名标准，上文提到的“橡树叶”和“钻石”都是在“骑士铁十字勋章”（通常就称“骑士十字勋章”）的基础上加的，因此外文资料一般会说在“骑士十字勋章”上加了“橡树叶”，或是在“橡树叶加骑士十字勋章”上加上“钻石”，据此，国内很多资料称“骑士十字勋章橡树叶饰”或“骑士十字勋章佩剑饰”。

▲德国军队勋章、勋位和佩戴位置等需要专门的文章介绍。

第三章 西线战役(1941－1945年)
——棋逢对手，尖峰对决

现在普通接受的观点是英国战役是二战中一个重要的转折点，毫无疑问，这是德国侵略战略中第一次未能实现的目标，对于德国空军来说，横扫波兰、斯堪的纳维亚半岛、低地国家和法国的威风在英国战役中没有再次展现，也就是说德国空军第一次遭受失败，消灭英国皇家空军，随后再入侵英国本岛征服英国的战略目标没有实现。但是，要说英国战役是二战德国由进攻转为失败的转折点就有点不恰当了，事实上，德国这个时候仍处于战略进攻阶段，任何战争在进攻阶段出现小的失败一点也不奇怪。

从英国战役的进展来看，英国人认为此次战役的官方结束时间是1940年10月31日，而且英国人赢得了此次战役的胜利。英国付出的沉重的代价并取得胜利似乎并没有异议，但是要说英国战役在1940年10月31日就结束了未免太草率了，上文中就可以看到德国空军并没有停

止对英作战，轰炸机轰炸在继续，战斗机之间的战斗也在进行，Ju 87“斯图卡”飞机俯冲轰炸也没有停止。事实上，德国空军昼间作战行动一直持续到1940年12月中旬，而夜间轰炸任务直到1941年春天才结束，对这些英国人最有发言权。虽然1940年11月开始后德国空军昼间作战规模大幅度减小，夜间轰炸更是无关大局的小痛小痒，但这些都是英国战役的延续，仍是其一部分。总之，英国人的观点跟世界普遍认为的不一样，当然也有理由为英国人庆幸。最终，希特勒事实上放弃了入侵英国的计划，但是要承认失败，对希特勒这种强人来说面子上实在过不去，因此，冠冕堂皇的说法是希特勒无限期搁置了入侵英国计划，因为希特勒把更大的注意力转移到了巴尔干、地中海，而后是东部的苏联。

英国战役到底是什么时候结束的并不重要，重要的是这次战役战略和战术意义，仅仅从空中行动看，空军已经成为现代战争中具有决定性意义的一环，对于双方来说都是如此。由于英吉利海峡这个天然屏障的存在，德英双方都把战役的重点放在了空中行动上，德国空军企图消灭英国皇家空军就是会为下一步登陆创造条件，而英国皇家空军挫败德国空军行动就可以保住家园。希特勒放弃入侵英国后，经过一段时间必要的休整和实力恢复，德英双方穿越海峡的作战行动再次恢复，而且这些行动从1941年年初开始持续了几个星期，几个月，甚至是几年时间，只是后来的角色完全颠倒了。1941年以后，德国空军驻法国的单位仍会零星地穿越英吉利海峡到南苏格兰上空实施一些军事行动，与此前不同的是，英国皇家空军越来越多地穿越海峡对法国境内的德国军事目标实施攻击，德国从原来的进攻方逐渐演变成防守方。

前线防御

英国战役主要军事行动暂告一段落后，英国人长长地舒了一口气，加紧休整和恢复以备再战，对于德国空军来说，休息谈不上，压力也丝毫没有缓解，特别是战斗机大队疲于奔命。也就是在这一时期，德国战斗机单位开始换装最新型号的Bf 109战斗机。从二战开始以来就装备使用的Bf 109E仍在前线单位服役，特别是西线的南部和东部战场，但用不了几个月，这些战斗机单位也会换装最新型号战斗机。西线的中部战场，即英吉利海峡沿岸是德国空军战斗机大队最重要的单位，这些大队最早换装马力强劲，性能更优异的Bf 109F战斗机。

英国战役期间英国人就发现了这一点情况，上文提到过，1940年3月和4月，JG 2联队和JG 26联队就开始换装Bf 109F战斗机，但是，由于早期的几次致命事故导致这个型号飞机的交付延期，基本上可以确定在1940年中期Bf 109F开始逐步装备作战单位。维尔纳•莫尔德斯的JG 51联队直属单位（队部）是该联队最早装备Bf 109F-0预生产型飞机用于英国战场的检验和评估。10月9日，已经有42架战果在身的莫尔德斯第一次驾驶Bf 109F参与战斗，但是，有一点不太清楚，即莫尔德斯在48小时后参与的一场战斗中取得了他个人第43个战果，不知道这个战果是不是驾驶Bf 109F-0飞机取得的。在10月11日的战斗中，莫尔德斯在坎特伯雷（Canterbury）上空击落了英国皇家空军第66中队的1架“喷火”I战斗机（序列号X4562），英国飞行员J.H.T.皮克林（J.H.T. Pickering）少尉被击中后跳伞，跳伞时严重受伤，所幸命保住了。

又取得8架战果后的10月25日，莫尔德斯当天在英国肯特郡上空再次击落英国皇家空军第603中队2架“喷火”I战斗机，这是有据可查的他驾驶Bf 109F-0（序列号Wk-Nr 5628）飞机击落敌机的战例，被击落的英国飞行员是S.F.梭登（S.F.Soden）少尉（座机序列号P7365）和P.奥利弗（P Oliver）少尉（座机序列号P7309）。就在此时，赫尔曼-

▲JG 2联队装备Bf 109F型战斗机最早，但是，英国战役的前三个阶段都以Bf 109E战斗机为主。图中Bf 109F-2战斗机属于7./JG 2中队，近处的为沃尔夫冈•弗拉全格座机。

▲上下两图均为维尔纳•莫尔德斯Bf 109F座机，但不是同一架飞机。上图飞机垂尾上是击落54架敌机标志，下图飞机已经达到了60多架。上图飞机的发动机整流罩和垂尾下半部都已经喷涂成黄色，这是莫尔德斯座机的标志涂装。

弗雷德里希•乔比恩上尉的Ⅰ./JG 51大队开始接收一批生产型Bf 109F-1战斗机，这个大队第一个装备Bf 109F-1飞机，同时也是第一个在作战中损失该型飞机的单位。1940年11月11日，1./JG 51中队指挥官乔治•克劳斯（Georg Claus）中尉在执行为“斯图卡”飞机编队护航的任务中在泰晤士河河口上空被击落，他的座机Bf 109F-1（序列号Wk-Nr 5635）沉入海底，他本人被救回。乔治•克劳斯不仅在此次战斗中幸存，也活到了二战结束。在此次被击落时，他的战绩已经达到了18架。

1940年11月，JG 51联队从英吉利海峡沿岸基地撤回到德国两个主要驻扎基地休整并换装Bf 109F战斗机。由于这个联队在英国战役中表现出了非凡的战斗力，同时该单位损失在所有战斗机联队中也是最大的，共损失68名飞行员，有鉴于此，当年12月底，德国空军元帅戈林格外开恩准许该联队人员放假两个星期到阿尔卑斯山去滑雪。1941年1月，休假结束后的地勤和空勤人员再次返回到曼海姆和居特斯洛(Gutersloh)基地，但是，他们获得的消息却不那么让人兴奋，原计划Ⅰ./JG 51大队和Ⅳ./JG 51大队满编换装Bf 109F的计划被迫推迟，主要原因就是梅塞施密特公司的生产出了一些问题。

再次返回英国战场的JG 51联队仍然主要装备的是Bf 109E型号，但却是最新的Bf 109E-7和E-8型号。一抵达战场维尔纳•莫尔德斯就迫不及待地展开与邻近的JG 26联队指挥官阿道夫•加兰德的竞争，两个人的比分咬得很紧，稍不留神就可能被赶超，所幸冬季的战斗并不算多。但是，十个星期后重返战场的莫尔德斯面临的却是不一样的情形。1941年2月10月，莫尔德斯重返战场的第一个战果是英国皇家空军战斗机司令部的1架“飓风”战斗机，不同的是这次是在英吉利海峡法国一侧击落的，上文已经提到了，英国飞机已经开始穿越海峡到法国上空执行作战任务。

尽管Bf 109F的生产出现瓶颈，交付也延期，1941年2月，德国空军另2个战斗机联队在年初返回德国休整时开始装备Bf 109F-1战斗机，第一个换装的是冈瑟尔•冯•马尔特扎少校的JG 53“黑桃A”联队。JG 53联队的直属单位和所有3个大队在1941年2月和3月换装Bf 109F-1和Bf 109F-2，每个单位都混装这两个型号飞机。3月中旬，JG 53联队的第一个单位返回英国战场，随即便投入战斗与英国皇家空军作战。在接下来的几个星期里，德国Bf 109F给英国皇家空军战斗机单位造成了持续损失，从3月到6月初，JG 53联队的这个单位的27个牺牲品中除了5个其余都是“喷火”战斗机，这足以说明Bf 109F性能比先前的Bf 109E要先进得多。

有三位飞行员分享了27个战果中的大部分，其中之一是“骑士十字勋章”获得者海因茨•布列特努兹上尉，他在去年10月接替冈瑟尔•冯•马尔特扎出任Ⅱ./JG 53大队指挥官，后者晋升JG 53联队指挥官。

▲Ⅱ./JG 53大队指挥官海因茨•布列特努兹上尉的Bf 109F-2座机（序列号Wk-Nr 6674）前风挡安装一个潜望瞄准具，上下两图都可以清晰地看到。德国单位指挥官的座机涂装通常很醒目，为的是作战识别。

▲照片中左二为海因茨•布列特努兹，后面是Bf 109E-3战斗机。照片拍摄于1940年11月。

海因茨•布列特努兹是JG 53联队中第一个驾驶Bf 109F战斗机取得空战胜利的飞行员，他在1941年3月19日下午的战斗中击落了英国皇家空军第610中队1架“喷火”Ⅱ战斗机，英国飞行员是海尔（Hale）军士，这是布列特努兹的第28架战果。随后的两个月里，布列特努兹再次驾驶Bf 109F飞机击落4架敌机，至此，他成为西线战役中第一个驾驶Bf 109F达到王牌标准的飞行员。布列特努兹取得他个人第33个战果，也是最后一个战果是“巴巴罗萨行动”的第一天，当天的行动中他的座机受损，他在离基地机场不远处迫降而受重伤，五天后，在医治过程中死亡。

第二个分享27架战果的是JG 53联队指挥官冈瑟尔•冯•马尔特扎（军衔应该是少校），他错过了驾驶Bf 109F参与王牌竞争的机会，他的大队在1941年3月返回法国驻地后，他驾驶Bf 109F战斗机只击落了4架敌机，即第13至第16架战果。但是，这位一直任到1943年10月的联队指挥官（军衔晋升到上校）在东部战役和地中海地区的战斗却取得了十分了不起的成绩。

JG 53联队第三个驾驶Bf 109F飞机取得多架战果的是约瑟夫•沃尔姆席勒上士（上文“静坐战争”中提到过他），他驾驶Bf 109E飞机已经取得5架战果，在1941年4月4日－5月7日间，他驾驶Bf 109F战斗机再次取得5架战果。在东线战役的一个月期限的临时部署中，沃尔姆席勒将自己的战绩提升到了19架，7月他返回英吉利海峡战场，此时他被调到Ⅲ./JG 2大队。在1944年6月22日战死之前，他已经成为西部战线最有名的战斗机飞行员，只是后来他改驾Fw 190战斗机，最终战绩是102架，包括9架是苏联飞机，其余都是西线取得的战果，这其中有23架是重型轰炸机。

德国空军JG 3联队在1941年年初也离开英吉利海峡前线返回德国休整并换装Bf 109F战斗机，跟JG 51和JG 53联队一样，JG 3联队的飞行员也幸运地去阿尔卑斯山滑雪度假。5月的第一个星期，JG 3联队返回法国基地，在接下来的一个月时间里，这个联队取得的战果并不多，仅有17次胜利，主要是战斗行动少。但是，取得17架战果的代价却是该联队也损失了相同数量的飞行员，主要是事故造成的损失，更多的飞机则在事故中受损，在Bf 109型号介绍的章节中提到了Bf 109F早期型号存在的问题。

尽管JG 3联队自从换装Bf 109F战斗机并返回法国基地参与战斗并没有Bf 109F王牌飞行员诞生，但有两位读者已经或日后会十分熟悉的名字成绩比较突出，一个是4./JG 3中队的戈登•戈洛布（Gordon Gollob）中尉，他在5月7日的战斗中驾驶Bf 109F击落1架英国“喷火”战斗机，这是他个人第六个战果，这个战绩可能羞于见人，但以后在苏联战场，他再次获得144个战果。1945年1月，他取

▲图中左四是约瑟夫•沃尔姆席勒，他后来改驾驶Fw 190战斗机，他的最终战绩是102架，按非正式的等量代换他的战绩估计至少在250架以上。

代失宠的阿道夫•加兰德任德国空军战斗机兵种总监（General der Jagdflieger）[①]；另一个是Ⅲ./JG 3大队指挥官瓦尔特•奥梭上尉，他跟戈登•戈洛布一样也是个厉害的角色。他在5月16日和28日分别击落1架“喷火”和1架“飓风”战斗机，至此他的战绩达到了42架，在1944年5月11日被P-38战斗机击落前，他的个人战绩达到123架或127架。

上面提到的三个装备Bf 109F战斗机联队实际上在英吉利海峡战场部署的时间非常短，一般也就是1－3个月时间，因为此时德国正在部署入侵苏联行动，这些战斗机单位在5月全部再次从海峡沿岸基地向东部署。还有两个参加英国战役的战斗机联队也在1941年年初返回德国休整并换装新型号飞机，休整换装完毕后，两个战斗机联队返回海峡战场原基地，没想到，这里成了两个联队的永久基地，说“永久”不太准确，也就是在此驻扎到纳粹德国灭亡。这两个联队就是德国空军资历最老的JG 2“里希特霍芬”联队和JG 26“施拉格特”联队，事实上，最早接收Bf 109F-1飞机的就是这两个联队，只是没有机会与英国皇家空军作战而已。上文也提到过，这两个联队主要执行守卫西北欧洲防空任务，希特勒把目光投向苏联和南欧（巴尔干地区）后，这两个单位短时间内加强实力后仍然负责守卫从比利时到比斯开湾的欧洲沿岸防空任务。德国很清楚，空军实力最强的仍然是英国，不管是作战能力，还是飞机研制和生产能力，英国战役失败后，英国已经开始逐步升级穿越海峡对德国军事目标实施打击。如果说击落苏联菜鸟飞行员如切瓜削菜那样容易，那么要想击落英国久经战阵飞行员驾驶的精锐战机确实既需要飞机技术（战斗机性能）也需要高超的个人技能，因此在德国普通认为击落1架英国战斗机抵得上击落几架苏联战斗机。JG 2联队和JG 26联队未来三年里一直在跟英国皇家空军作战，盟军在法国诺曼底登陆后，两个联队又负责掩护德国军队后撤。

换装Bf 109F重返西线时，英国皇家空军已经从被动逐渐转变成主动，在其他战斗机联队被调往东线后，JG 2联队和JG 26联队有了更多的机会与英国皇家空军作战。在装备Bf 109E战斗机时，两个联队还能与英国皇家空军的“喷火”I飞机一较高下，英国皇家空军装备性能有明显提高的“喷火”Mk V后，德国空军两个联队也换装Bf 109F型号。

缓过气来的英国从1941年1月开始着手进行穿越海峡轰炸德国位于法国境内军事目标的“马戏团”行动，自西线战役开始以来，甚至是二战以来德国军事进攻势头就一直十分强劲，英国还不敢硬碰硬，

① General der Jagdflieger（即英语General of Fighters）是由原Inspekteur der Jagdflieger（即英语Inspector of Fighters）机构更名而来，因此，“General”不是军衔，是职务。但是，战斗机兵种总监是职务也是单位名词，后文常出现这种用法。

▲上图2架飞机均是某Ⅲ大队的Bf 109F-2战斗机。图中飞机翼根黑色的是供地勤人员踩踏的板子，机身处也有凹槽供飞行员上飞机时搭脚。

▲JG 26联队的1架Bf 109F-4/B飞机停放在伪装机库内，那时飞机不骄气，上面搭个网让天上飞机看不到就可以了。

引德国空军的拦截战斗机，这样轰炸机就可以安全地对既定目标实施轰炸。负责欧洲西线重要工业和军事目标防空任务的JG 2联队和JG 26联队无法承受英国轰炸机编队到自己的防区实施轰炸，尽管英国轰炸机编队规模非常小。

这一时期，英国皇家空军还实施了“大黄”（Rhubarb，一种可入药的植物）和“竞技者”（Rodeo）行动，这两个行动纯粹是战斗机行动，“大黄”行动的规模小一些，而“竞技者”战斗机编队更大一些，这两个战斗机行动跟上文提及的德国空军自由狩猎战术有点类似。才几个月的工夫这个世界就颠倒个儿了，英国战役初期德国空军运用过这种战术，如今英国也来运用了。

因此，这个“马戏团”行动主要是以小规模轰炸机伴随大量护航战斗机的形式采取行动，上文讲述过，6架“布伦海姆”轰炸机竟然有11个中队的战斗机来为之护航，英国人这么做的目的是用战斗机来吸

但是，穿越英吉利海峡来执行这种任务非常不利，德国那时的情况也一样，一是战斗机到海峡另一侧作战时间不会太长，没人理你过不了多久你自己就得回家；二是如果被击落，跳伞逃生的飞行员就回不了

家，这是比损失飞机更严重的损失。德国人非常明白这一点，因此，最好的办法就是不理会英国皇家空军执行“大黄”和“竞技者”行动的飞机，除非英国战斗机扫射德国目标。

现在轮到德国人捡便宜了，德国战斗机性能不比英国“喷火”的差，人员素质也不比英国人低，英国人采用“马戏团”行动或是“大黄”和“竞技者”行动这种不利的战术，占便宜的只有德国，很多情况里，德国飞行员被击落后跳伞或是迫降，第二天就会再次出现在天上，有一些飞行员被击落数次都侥幸逃生，他们风趣地说跳伞次数太多，简直可以直接去当伞兵了。其实更重要的一点是，几次空战如果没死的话，这些飞行员很可能日后变成可怕的杀手，最顶级的德国飞行员就很好地证明了这一点。

但是，英国人傻吗？不！把战斗推到敌人领空才是一个成熟的进攻型空军，虽然面临着诸多不利。英国在英国战役后的行动就是英国皇家空军进攻性的一个体现，后来发展到用重型轰炸机轰炸德国本土目标。损失1架重型轰炸机比损失1架战斗机要令人心疼得多，但是，英国人从来就没有放弃战略轰炸机，即使是英国战役期间也派出中型轰炸机去轰炸德国位于挪威的军事目标，这点是笔者最为佩服之处。与之相反，一个只装备战斗机和截击机，只顾修建加固机库的国家，注定空军不可能强大；将敌人诱至自己领空消灭，看似取得不错的战绩，但从空军建设和军事角度看这是十分失败的。英国人的进攻意识很强，这点非常值得学习，只要有机会就会还之以颜色，绝不手软！

就在这一时期，德国另一款著名战斗机Fw 190战斗机问世，这个型号战斗机由于问世稍迟，它在设计上更有针对性也有后发优势，因此它的性能几乎在所有方面都超过英国“喷火”Mk V飞机。东线和南线战场没有劲敌，Bf 109F战斗机完全可以对付，英国是德国自始至终都需要认真对待的敌人，因此，Fw 190最早装备英吉利海峡沿岸的JG 2联队和JG 26联队。1941年8月，Ⅱ./JG 26大队率先换装库特•谭克（Kurt Tank）博士设计的Fw 190飞机，随后其他大队也逐步换装该款飞机。但是，JG 2联队和

▲英国皇家空军“布伦海姆”轰炸机始终是战斗在一线的作战飞机，英国战略空军建设比德国要有战略眼光。

▲Fw 190战斗机具备后发优势，特别是火力猛烈，非常适合攻击美国和英国的重型轰炸机，该机型其他方面性能也不差。

▲7./JG 26中队指挥官埃贡•迈耶尔少尉的Bf 109F-2座机非常有特色，天线桅杆上有一面三角旗，图案是一只大拇指向下按一顶礼帽。飞机翼根处侧机身涂成了黑色，发动机排出的废气经常把这里熏黑，索性涂成黑色。

▲图中中立者是II./JG 2大队指挥官卡尔海因茨•格雷塞特上尉，后面的地勤人员正打开发动机整流罩维护发动机。

JG 26联队仍保留一定数量的梅塞施密特的Bf 109战斗机，比如后期装备了Bf 109G型号，这个型号一直用到1944年夏天两个联队被迫撤离法国。

再回到1941年春天，JG 2联队和JG 26联队最早换装Bf 109F-1战斗机，但是，由于生产和技术问题，两个联队并没有全部换装Bf 109F型号，最新的Bf 109E型号仍在使用。阿道夫•加兰德的JG 26联队享有特权最先换装Bf 109F飞机，他最早驾驶Bf 109F升空是在1941年4月15日，但不是去战斗，他受到邀请去参加第2战斗机司令部指挥官西奥•奥斯特坎普少将的49岁生日庆祝活动。当天上午，加兰德在Bf 109F座机里塞了一大篮子龙虾和必不可少的香槟酒从位于法国的布列斯特的吉帕瓦（Brest-Guipavas）基地起飞了，一道同行的是他的僚机。加兰德的航线是沿海岸线向东（看地图便一目了然）再进入内陆，但他途

▲6./JG 3中队指挥官海因里希•萨尼曼的Bf 109F-2座机，地勤人员正赤膊休息。照片拍摄于1941年5月。

中忍不住拐个弯想去英国看看，别人倒是一点也不奇怪他的做法，他不止一次这么做了，早在11天前，他驾驶Bf 109E战斗机时就“非官方地”到英国领空溜了一个弯儿，顺便将毫无防备的英国皇家空军第91中队杰基•马恩（Jackie Mann）军士的“喷火”II（序列号P7783）飞机击落，杰基•马恩是一位拥有5架战绩的王牌。4月15日这天，加兰德也有收获，他顺带击落了2架英国“喷火”战斗机，随后他继续赶往列度基特（Le Touquet）去参加西奥•奥斯特坎普生日宴会。

事实上，加兰德在这次旅途中击落的是3架“喷火”II战斗机，只是第三架的战果他并不知道，也没有人作证看到（他的僚机没看到）这架“喷火”II飞机坠毁。这3架“喷火”II飞机均属于英国皇家空军第266中队，而且3架飞机均实施了迫降，三位英国飞行员分别是联队指挥官W.E.库珀（W.E.Coope），他的座机序列号P7901，他在英国曼斯顿（Mannston）迫降；惠威尔（Whewell）军士座机序列号P8014，他迫降在霍金奇（Hawkinge）；G.V.巴拉克劳夫（G. V. Barraclough）座机序列号P7544，他迫降在霍恩彻奇(Hornchurch)。所有3架飞机修复后再次升空参与战斗。

如果加兰德知道他击落了3架飞机，那么他的战绩应该是62架，只比他的竞争对手维尔纳•莫尔德斯的少1架。就在4月15日，莫尔德斯声称在布伦洛涅（Boulogne）击落了1架“喷火”战斗机，事实上，他击落的是英国皇家空军第615中队的1架“飓风”Ⅱ战斗机。

英国反击战

尽管穿越海峡到敌对方上空作战非常不利，但英国一如既往地继续它的“马戏团”行动，英国人当然不是傻子，它这么做也是出于战略和战争全局考虑。1941年6月14日，英国皇家空军执行“马戏团”12行动，这次行动的目的是出动

▲Ⅲ./JG 26联队指挥官格哈德•绍佩尔驾驶Bf 109F-2击落他在1941年6月的第四架敌机，即英国皇家空军第303中队（波兰人组成的中队）邦达尔（Bondar）的“喷火”Ⅱ战斗机。此次行动是英国皇家空军第26次“马戏团”行动。

12架“布伦海姆”轰炸机轰炸位于法国圣奥梅尔德国军事目标。英国从1941年夏天进行的不间断反击行动预示着德国空军JG 2联队和JG 26联队在这一段时间里必须要执行高强度的拦截任务，这两个联队飞行员有时一天要执行5架次作战任务。不仅如此，他们升空拦截的通常是5－10倍于己方的英国飞机，从另一个角度看，这也给两个联队的如今王牌飞行员再次大幅度提高自己的战绩提供了机会，而未来的王牌也在此阶段跟强敌作战锻炼了自己。

除了上文提到的，德国空军还有另一个优势，那就是海峡的欧洲一侧德国部署了预警雷达，英国人的一举一动都尽收眼底，一般情况就是德国战斗机爬升到高空急切地等着英国飞机来送死。英国人的不利条件除了上面提到的还有不少，比如采取行动时，英国飞机必须迎着太阳向南飞行，而前面有个刺眼的大太阳就无法及时发现德国拦截飞机；返航时，英国飞机背对着太阳，德国飞行员大老远就能清楚地看到英国飞机。另外，交战的时候，德国战斗机会突然地从太阳方向跳出来俯冲攻击护航的英国“喷火”战斗机，一般德国飞行员只实施一轮攻击，绝不恋战，攻击完成后绝尘而去，机动性特别优异的“喷火”飞机在这种情况下根本就没有机会跟德国飞机格斗。

一个星期后的6月21日，阿道夫•加兰

▲Ⅲ./JG 26联队指挥官格哈德•绍佩尔坐在Bf 109F-2座机内准备升空作战。

德就按此方法实施了一次攻击行动。当天，英国皇家空军第21中队的“布伦海姆”轰炸机再次去轰炸圣奥梅尔的德国目标，静候多时的加兰德立即率队俯冲攻击轰炸机编队，他先攻击了1架轰炸机，就在他攻击第二架“布伦海姆”飞机时，他的座机被轰炸机的自卫火力击伤，他最终在离基地不远处安全迫降。四个小时后，他再次升空到布伦洛涅与英国“喷火”飞机编队作战，混战中他击落英国皇家空军第616中队的P.S.布朗（P.S.Brown）的座机（“喷火”II序列号P7730），但是，加兰德的座机也再次被击中，这回飞机的伤势比当天此前的要严重，被碎片击伤的加兰德被迫跳伞逃生。虽然有惊无险，加兰德也值得高兴，因为被击落的“喷火”Ⅱ是他个人第70个战果[①]，这事值得庆祝一番。更让他惊喜的是，庆祝活动期间，他得到通知说他是整个德国空军中第一个将获得“佩剑加橡树叶加骑士十字勋章”的人，这是德国最新出台的勋章，是对作战勇敢的最高奖励。这是加兰德值得骄傲和甜蜜的时刻，去年9月的“橡树叶加骑士十字勋章”他比维尔纳•莫尔德斯晚了四天拿到，这次他终于赶超了莫尔德斯，第二天（6月22日德国入侵苏联第一天）加兰德就会知道，他比莫尔德斯获此勋章只早了一天，后者到目前在西线战役中的战绩是68架。

但是，1941年夏天的空战，胜利并不总是站在德国空军一方，英勇无畏的英

▲阿道夫•加兰德的座机是特制的，跟其他飞行员的有一些细小差别，比如图中飞机侧面的圆形和三角形标志指的是100标号和96标号（C3）燃油，只有加兰德的座机使用100标号燃油。

▲阿道夫•加兰德的Bf 109F-2战斗机。飞机发动机整流罩下方和垂尾方向舵都涂成了醒目的黄色，德国空军单位指挥官的座机涂装一般都比较特别。

---

① 上文中称这是他第69个战果，可能是后来资料查证后的结果，而这里的第70个战果明显就是德国方面当时认定的战果。

国皇家空军给海峡沿岸的德国空军两个战斗机联队也造成了一定的损失，比如6月23日的战斗中，德国空军9./JG 2中队就在一次行动中被英国皇家空军全部消灭，包括中队指挥官罗德斯（Roders）中尉在内数人丧生，而这个中队必须从零开始重建。

在两个星期里，JG 26联队也损失了三名中队指挥官，但这些损失并不都在战斗中造成的，罪魁祸首是Bf 109F飞机，上文提到过这个型号从一开始就存在毛病，也就是水平尾翼的斜支撑被去除后，水平尾翼会在飞机飞行中出现轻微振动，当发动机转数达到特定值，发动机振动和尾翼振动就会出现高频共振现象，从而引起机身结构的破坏。改进的措施是在水平尾翼和机身之间增加两个加强板（左右），以此增加此处机身的结构强度，并适当增加其面积。但是另一个问题又出现了，那就是激烈的战斗中，飞机的机动过载有时会很大，而Bf 109F的机翼在大过载状态下很可能出现断裂或脱落，例如在6月28日的战斗中，8./JG 26中队指挥官古斯塔夫•斯普里克（Gustav Sprick）中尉的Bf 109F-2座机的右侧机翼在战斗中脱落，他本人因此殒命。古斯塔夫•斯普里克生前战绩是31架，曾获得“骑士十字勋章”。

古斯塔夫•斯普里克（1917年11月29日－1941年6月28日）于1937年加入德国空军，完成飞行训练后他于1939年9月23日被分配到JG 26联队第8中队（8./JG 26）。1940年5月10日，西线战役第一天战斗中，斯普里克少尉击落他个人第一架敌机，即在荷兰布雷达（Breda）上空击落1架荷兰福克公司的T-5双发轰炸机。法国战役期间，斯普里克击落9架敌机，因此，此次战役后他晋升为中尉。6月14日，他被英国皇家空军的“飓风”战斗机击落在法国境内，他迫降后被救起，毫发无损地再次返回战场。

1940年8月8日，斯普里克被任命为8./JG 26中队指挥官，在英国战役期间，他击落11架敌机，包括8月31日击落2架“飓风”战斗机，那时一天或一次战斗击落2架或3架敌机属希罕事件。9月28日击落第20架敌机后，1940年10月1日，斯普里克获得“骑士十字勋章”。在英国战役结束后相对平静时期，斯普里克又击落3架敌机，战绩达到23架。在英国皇家空军跨越海峡的作战行动中，他在1941年6月的最后两个星期内获得8架战果。6月28日，在拦截英国皇家空军“马戏团”26行动中，斯普里克与“喷火”战斗机格斗做破S机动时由于过载过大导致他新座机Bf 109F-2（序列号Wk-Nr 5743）机翼脱落，他则坠机身亡。

五天之后，JG 2联队遭受了更为严重的损失，联队指挥官威廉•巴尔萨泽因与古斯塔夫•斯普里克相同的事故而丧生。威廉•巴尔萨泽（1914年2月2日－1941年7月3日）是参加过西班牙内战的老兵，二战爆发时，巴尔萨泽任1./JG 1中队指挥官，这个中队不久番号改为7./JG 27。波兰战役期间，JG 27联队主要担负德国首都柏林的防空任务，因此没有参加任何一场战斗。西线战役第二天（5月11日），巴尔萨泽取得他二战的第一架战果，这天战斗中他击落4架敌机，即3架英国“斗士”战斗机和1架法国MS.406战斗机。6月5日和6日，两天战斗中他击落9架敌机，二战战绩上升到21架。1940年6月14日，巴尔萨泽上尉获得“骑士十字勋章”，他是德国空军第二位获得此勋章的飞行员（第一个是莫尔德斯）。法国战役结束，巴尔萨泽的战绩是23架。

1940年9月1日，巴尔萨泽被任命为Ⅲ./JG 3大队指挥官。9月4日，他在与英国皇家空军第222中队“喷火”战斗机作战中被击伤大腿，14天后，打着绷带的他再次升空执行作战任务。9月23日，他击落2架“喷火”战斗机，此后又击落3架“喷火”飞机才于1940年11月到医院接受正规治疗。1941年2月16日，巴尔萨泽取代JG 2“里希特霍芬”联队临时指挥官卡尔海因茨•格雷斯特（Karlheinz

▲古斯塔夫•斯普里克死于事故，早期的Bf 109F存在致命的问题，导致多名单位指挥官丧生。任何一款先进战斗机在研制过程中难免出现这样或那样的问题，甚至是致命的问题，美国F-15和F-22战斗机都不例外，绝不能因噎废食。

Greisert）成为正式联队指挥官。在1941年6月22－27日六天时间里，他又击落9架英国皇家空军飞机，包括6月23日一天击落5架“布伦海姆”轰炸机，至此他的战绩达到40架，他也因此于1941年7月2日获得了“橡树叶加骑士十字勋章”。获勋第二天，在法国艾尔（Aire）上空与英国战斗机作战期间，巴尔萨泽驾驶他的Bf 109F-4战斗机做大角度螺旋俯冲机动躲避“喷火”飞机攻击时，他的座机Bf 109F-4的机翼因过载而脱落，他随座机一同坠毁在法国圣奥梅尔附近，最终战绩是47架。

从上文简历可以看出，威廉•巴尔萨泽特别擅长在一次战斗或一天战斗中击落数架敌机，他死后被追认少校军衔，他被安葬在弗兰德斯（Flanders）的第一次世界大战公墓内，紧邻着他的父亲（一战老兵）。空缺的JG 2联队指挥官一职立即由瓦尔特•奥梭上尉担任，当时任Ⅲ./JG 3大队指挥官的奥梭立即从苏联前线返回上任，接受这个职务时奥梭说：“在曼弗雷德•冯•里希特霍芬的精神指引下，在前任维克少校和巴尔萨泽上尉的职业献身精神感召下，我们会取得更大的成功。”

瓦尔特•奥梭不负众望，仅仅四天后的1941年7月8日，德国武装部队高级司令部（Oberkommando der Wehrmacht，英语German-Armed Forces High Command)就宣布“里希特霍芬”联队获得了644个战果，这个战绩已经追平了一战中的同名联队创造的纪录。7月8日这天取得战果的人中包括9./JG 2中队指挥官齐格弗雷德•施内尔（Siegfried Schnell）中尉，他当天击落3架英国飞机而使得他的战绩达到了40架，因此也获得了“橡树叶加骑士十字勋章”。后来，JG 2联队换装了Fw 190战斗机，齐格弗雷德•施内尔驾驶该型号飞机击落了更多的敌机，他的战绩最终达到93架或94架，这是西线战役中战果最多的几个飞行员之一，要知道，西线取得93架战果的分量远比东线的要重。1944年年初，齐格弗雷德•施内尔在苏联前线被任命为Ⅳ./JG 54大队指挥官。

7月10日的战斗中，英国皇家空军的

▲左一为冈瑟尔•吕佐夫，中立者为威廉•巴尔萨泽。表示击落敌机标志有的箭头朝上，有的朝下，含义不详。有外国资料称可能是在空中击落和摧毁地面飞机，这种说法不正确，一些作战单位根本就不执行对地攻击任务，而且摧毁地面飞机不算击落战绩。

▲腿部受伤的巴尔萨泽在14天后重返战场。图中是他受伤不久后的照片。

▲威廉•巴尔萨泽是德国空军战斗机单位二战以来损失的级别最高的指挥官，损失可谓巨大。图中飞机是Bf 109F-4型。

轰炸机编队再遭损失，当天，英国皇家空军执行“马戏团”42号任务的3架“斯特林”（Stirling）轰炸机去轰炸法国境内乔奎斯（Chocques，法国最北部，靠近加来）电站，刚进入欧洲大陆就有1架轰炸机被击落，击落这架飞机的要么是地面高炮，要么是英国皇家空军的战斗机，据称这架轰炸机与护航的战斗机空中相撞坠毁。另1架已经受伤的“斯特林”轰炸机（不清楚是被地面高炮击伤还是德国战斗机击伤）在返航穿越英吉利海峡时被Ⅰ./JG 26大队指挥官罗尔夫•平格尔上尉一直尾随着。

罗尔夫•平格尔是参加过西班牙内战的老兵，截至目前他在二战中的战绩为22架，西班牙内战中也有6架战果，他在1940年9月14日获得了“骑士十字勋章”，他后来描述此次战斗称：“就在英国轰

▲齐格弗雷德•施内尔也是一位了不起的王牌飞行员，只是后来改驾驶Fw 190战斗机而跟本书无缘了。注意对比Bf 109F和Fw 190战斗机垂尾方向舵的折线，可以判断最上面两张显示垂尾方向舵上击落敌机标志的是Fw 190飞机，其中最右侧的那张里最后4架是美国飞机，包括四发重型轰炸机。下两图分别是施内尔的Bf 109F-4和Fw 190座机。

▲“斯特林”是英国皇家空军第一款四发重型轰炸机，后来让位于“兰开斯特”和“哈利法克斯”轰炸机。

炸机返航时，我紧紧地跟着其中一个‘胖家伙’，希望能给它致命一击。但是我却先中了弹，不知道是轰炸机自卫火力还击的结果还是护航战斗机击中的我，也许两者兼而有之吧。被击中后我的座机发动机工作有点不正常，燃油和冷却剂温度开始上升。我脱离战斗并向地面飞去，这种事我以前干过很多次了。在多佛海峡上空到处是英国皇家空军的飞机，在低空，我的座机发动机终于彻底罢工了。这个高度跳伞是不可能的了，我没有办法只有用机腹迫降。”

平格尔最终选择在英国多佛尔到迪尔（Deal）之间一条公路旁的玉米地迫降了，他原打算立即放一把火把座机烧掉（不能留给英国人），但是很快他就打消了这个念头，因为一群英国士兵正在往这边赶，机枪子弹在他头顶上乱飞，他得先保命才行。英国缴获了这架保存完好的Bf 109F-2飞机（序列号Wk-Nr 12764），英国皇家空军很快就修复了这架飞机，随后这架飞机被用来进行性能测试和评估，还被空战研究单位（AFDU）用来模拟与皇家空军战斗机进行格斗训练和评估。1941年10月20日，波兰飞行员M.斯卡尔斯基（M.Skalski）中尉驾驶这架Bf 109F-2飞机时在福摩尔（Fowlmere）坠毁，飞行员丧生。

在平格尔的Bf 109F-2座机坠毁前，英国人已经获取了很多关于Bf 109F这个型号的性能数据，平格尔本人并没有对英国研究该型号飞机提供什么有价值的东西。通过对平格尔的初步审讯，英国人发现他人品很高，英国人的报告称“这个飞行员在所有飞行员中具有很高的威望”。英国人还通过平格尔飞机无线电收发代码的只言片语获得一些重要内容，比如英国人证实了JG 26联队当时以欧洲河流名称作为呼叫代号，“富尔达河”（Fulda）指JG 26联队直属单位（队部），“莫尔道河”（Moldau，也称沃尔塔瓦河）指Ⅰ./JG 26大队，“伊萨尔河”（Isar）指Ⅱ./JG 26大队等。

平格尔被俘四天后，他的大队一名中队指挥官在敦克尔刻南部上空击落1架英国皇家空军“喷火”战斗机，至此他的战绩达到40架，一个星期后的7月20日，他获得了“橡树叶加骑士十字勋章”，这

▲地勤人员正在维护1./JG 26中队指挥官约瑟夫•普瑞勒的Bf 109E-7Z座机。照片拍摄于1940年年底。

▲约瑟夫•普瑞勒的Bf 109F-2战斗机（序列号Wk-Nr 7205）。照片拍摄于1941年10月。

个人就是自1940年10月就任1./JG 26中队指挥官约瑟夫•普瑞勒中尉。这次战斗不久后，JG 26联队就率先换装Fw 190战斗机，他也升任Ⅲ./JG 26大队指挥官。约瑟夫•普瑞勒是一位身材并不高大，总是面带微笑的巴伐利亚人，他后来成了海岸战线最优秀的飞行员之一，同时他也是极少数在西线战役中战绩超过100架的飞行员，在西线取得的每个战绩分量都很重，因此能过百架大关的并不多。

在这段时间里，有一些原本不太出名的飞行员也取得了惊人的战绩（不仅仅是数量），比如7月18日的战斗中，2./JG 26中队厄恩斯特•雅克尔（Ernst Jackel）上士击落1架英国皇家空军四发重型轰炸机，从而使他获得了德国空军战斗机单位首次在白天击落四发轰炸机的荣誉。雅克尔击落的是英国皇家空军第15中队的“斯特林”轰炸机，被击中的轰炸机坠毁在英国肯特郡附近海上。五天后，JG 2联队老兵鲁道夫•普夫兰茨中尉在一天中击落6架英国飞机，这个成绩十分惊人。另外，英国皇家空军战斗机司令部在这天损失了不少于22架“喷火”和“飓风”战斗机，这是英国战斗机单位一天损失最为严重的一次。8月1日，鲁道夫•普夫兰茨中尉获得“骑士十字勋章”。同样是在这个月，“里希特霍芬”联队的战绩上升到800架。

1941年8月9日，在英国皇家空军对

▲英国皇家空军道格拉斯•巴德尔是一位意志顽强的战士，虽然安装义肢却仍然上战场杀敌。图中飞机除了座舱罩外还有侧开门，这是“喷火”战斗机的典型特征。

法国北部城市贝蒂讷发动的一次空袭中，德国JG 26联队宣称战斗中击落3架“喷火”战机，被击落的飞行员中有一位皇家空军非常著名的无腿王牌指挥官，坦米尔联队（Tangmere Wing）指挥官道格拉斯•巴德尔（Douglas Bader）。巴德尔在皇家空军素以其坚忍顽强、不可战胜的硬汉形象著称，他在1931年12月的一次飞行中失事坠机，双腿截肢，本已退出空军现役。第二次世界大战爆发后，他再次加入皇家空军，击落德国飞机23架，在皇家空军二战个人战绩排行榜上名列第五（如果不是过早结束战斗生涯，这个数字会更高）。巴德尔座驾被击中后成功跳伞，后被德军俘获，他的一条假腿在座舱里被卡住随战机坠毁。加兰德非常敬佩巴德尔这样的英雄人物，因此，巴德尔被俘后住在法国圣奥梅尔的医院里养伤，加兰德让

▲道格拉斯•巴德尔受到了阿道夫•加兰德的礼遇，图中小胡子是加兰德，穿着与众不同者为巴德尔。英国人这事似乎做得不地道，空投义肢的同时不忘扔几枚炸弹问候德国人。

人通过无线电与英国皇家空军联系，提议允许英国皇家空军派1架飞机为巴德尔送来义肢。皇家空军如约而至，不过为了不给德国人借机宣传造势的机会，皇家空军在由1架“布伦海姆”轰炸机空投下新的义肢同时，也发动了一次新的轰炸行动。在重获义肢的巴德尔即将从医院转往德国的战俘营之前，加兰德和手下飞行员们邀请巴德尔到JG 26联队基地做客，盛情款待礼遇有加。

1941年8月14日，另一位在西线战役中战绩达到40架的明星诞生了，同时他也获得了“橡树叶加骑士十字勋章”，这个人就是Ⅲ./JG 26大队指挥官汉斯•“阿西”•哈恩上尉（Hans “Assi” Hahn[①]。哈恩是个热情洋溢的人，同时也是一位冷静的优秀飞行员和战术家，在他的领导下，Ⅲ./JG 26大队很快成了海峡沿岸驻扎的德国战斗机大队最出名的单位。指挥官哈恩本人在西线战役中后来的战绩达到68架，其中包括4架四发重型轰炸机。1942年年底，哈恩出任正在苏联战场作战的Ⅱ./JG 54大队指挥官，他的个人总战绩为108架。

上文提到过瓦尔特•奥梭少校在7月出任JG 2联队指挥官，虽身居要职，奥梭仍频繁参加一线战斗，1941年10月26日这天，他击落英国皇家空军第72中队1架L.斯托克（L.Stock）军士驾驶的“喷火”VB（序列号AB822）战斗机，至此，他在西线战役中的战绩达到66架，加

▲和汉斯•冯•哈恩一样，汉斯•“阿西”•哈恩的座机也有一个公鸡头图案，因为“哈恩”在德语中就是好斗的公鸡意思。图中飞机的发动机整流罩和垂尾方向舵实际上都是黄色。

▲汉斯•“阿西”•哈恩和他的部下，后来他改驾驶Fw 190战斗机。照片拍摄于1940年10月。

① 这个汉斯•“阿西”•哈恩上尉，不是上文提到的汉斯•冯•哈恩（Hans von Hahn）上尉，两人的经历并不一致，后者的战绩是31架，西线战役的战绩是12架，而且没有在JG 26联队服役过。

▲汉斯•“阿西”•哈恩和他的爱犬。

▲很遗憾，没有更多约翰•施密特的照片资料。

上他在其他战场获得的战绩，他的个人总战绩达到了100架，这是德国空军战斗机单位中第三个达到百架的飞行员，第一个是维尔纳•莫尔德斯，第二个是冈瑟尔•吕佐夫。有必要提一下，达到百架后，莫尔德斯被禁止再次升空作战，他离开联队晋升第一任德国战斗机兵种总监。冈瑟尔•吕佐夫仍在东部战线任JG 3联队指挥官。

事实上，在1941年夏天和秋天这段时间里，英吉利海峡上空最耀眼的明星是奥地利人约翰•施密特（Johann Schmid）。约翰•施密特（1911年1月13日－1941年11月6日）也是一位西班牙内战的老兵，返回德国后他进入1./JG 26中队服役，1940年5月14日，他取得他个人二战第一架战果，击落的是1架法国MS.406战斗机。法国战役结束时他的战

▲1941年8月1日，JG 2联队有三人获得“骑士十字勋章”，对于JG 2联队来说是个重要事件，柏林报纸也对该联队进行了采访。图中三名勋章获得者和联队指挥官一起走过1架Bf 109F战斗机，从左向右分别是埃贡•迈耶尔（7./JG 2中队指挥官）、鲁道夫•普夫兰茨（联队副官）、瓦尔特•奥梭少校（联队指挥官）和埃里希•莱厄少尉。

▲埃里希•莱厄少尉的总战绩为118架，但是，下文很少提到他，原因一是名人太多，二是后来他的单位换装Fw 190战斗机。照片拍摄于他任Ⅰ./JG 2大队指挥官之后。

绩为7架，军衔也晋升为少尉。英国战役期间，他的战绩为9架，随后他到飞行学校任教官。一年后的1941年8月，已经晋升为中尉的施密特返回JG 26联队成为队部四机编队成员，德国联队或大队队部四机编队不是一般飞行员可以去的。似乎是为了弥补一年不在前线作战的缺失，施密特在两个星期内击落12架敌机，包括8月7日一天击落3架“喷火”战斗机，9日和10日又分别击落3架，战绩快速上升到21架，为此，施密特获得了“骑士十字勋章”。1941年8月21日，施密特晋升为上尉，第二天出任8./JG 26中队指挥官。他似乎特别擅长一天击落3架，这个势头仍在继续。9月，他的战绩为11架，而10月3日击落1架“喷火”

▲穿越英吉利海峡作战的英国皇家空军“喷火”战斗机面临着诸多不利条件，但英国人仍然没有间断与德国空军对抗。图中是1架“喷火”飞机被击中后起火，这个型号飞机的翼尖很尖，特征明显。

战斗机。施密特第45个，也是最后一个牺牲品是英国皇家空军第452中队B.M.盖斯曼(B.M.Geissman）军士驾驶的“喷火”VB飞机，这是施密特在11月6日的战斗中取得的战果，英国“喷火”VB飞机被击落后坠毁在加来附近的海上。可能是想看看他的牺牲品的下场，约翰•施密特在几乎海面高度绕着“喷火”VB的坠机点盘旋数圈，但是这个过程中他的Bf 109F座机翼尖刮到海浪（飞机转弯时会侧滑，一侧机翼升起，一侧压低），瞬间Bf 109F（序列号Wk-Nr 7211，黑色1号）也被卷入海底。约翰•施密特共执行137架次作战任务，45架战果全部在西线取得，其中包括34架“喷火”战斗机。1944年6月1日他被追认少校。

约翰•施密特丧生两天后，英国皇家

▲1941年夏天，随着德国的主要战事转移到南欧和东线（苏联战场），驻扎在法国圣波尔的JG 2联队也清闲下来，因此有女性来此参观。图中飞机是JG 2联队四机编队的第四名成员弗里茨•斯特里泽尔，他的座机侧面表示身份的图案非常奇怪，含义不详。

▲树下面的仍然是弗里茨•斯特里泽尔的座机，远处那架只看到“+”的是联队指挥官的座机。

▲8./JG 2中队的布鲁诺•斯托勒和地勤人员。机场极为简陋，远处是1架Bf 109F战斗机。照片拍摄于1941年夏天。

空军在执行“马戏团”110行动中再次遭受重大损失，这次行动中，英国皇家空军一次就损失17架“喷火”战斗机，这一行动也直接导致英国皇家空军彻底终结1941年开始的不间断反击行动。但是，英国皇家空军战斗机司令部仍会在天气允许的情况下穿越英吉利海峡去与德国空军作战，在西线声援苏联的行动不能停止，这对英国对苏联都是至关重要的。截至这个时候，阿道夫•加兰德中校的战绩已经接近百架大关了，11月18日的战斗中，加兰德自认战果达到了96架，但是后来的研究认为实际上应该是94架。让加兰德无限郁闷的是，他的百架大关竟然这么难，直到三年多后他的百架梦想才实现。

悲剧的晋升

1941年11月17日，德国空军飞机生产和供应部长厄恩斯特•乌德特上将因不堪工作压力而自杀身亡，实际上德国高层把英国战役的失败归罪于乌德特，这是导致他自杀的主要原因。虽然受到多方指责，乌德特还是享受了国家级的葬礼待遇，阿道夫•加兰德和维尔纳•莫尔德斯，以及其他四位战功卓著的飞行员被命令返回柏林为乌德特执绋，当时战斗机兵种总监莫尔德斯正在东线视察工作，接到命令后从苏联前线乘坐He 111轰炸机（不是他驾驶）赶回柏林，不过飞机在布雷斯劳的甘道（Breslau-Gandau）坠毁，一颗耀眼的明星就此陨落。莫尔德斯死后，阿道夫•加兰德立即被任命为新一任战斗机兵种总监。下文苏联战役中会详细介绍莫尔德斯东线作战情况，包括导致他死亡的事故及一些照片。

这年12月11日，德、意向美国宣战。慑于盟国海军的庞大实力，纳粹海军意识到再用水面舰只在大西洋上进行破交战已非上策，希特勒也不想冒险派大型军舰进行大西洋作战，因为这些大型军舰对挪威的防御犹为重要。为此，德国海军司令部命令当时躲藏在法国西部布列斯特数月之久的“沙恩霍斯特”号和“格内森瑙”号（Gneisenau）战列巡洋舰，以及“欧根亲王”号（Prinz Eugen）重巡洋舰，在水面舰艇和航空兵力的密切配合下，穿过多佛尔海峡，返回了德国本土，这次行动代号就是“雷电行动”（Operation Donnerkeil(英文Thunderbolt)）。新上任的加兰德面临的任务之一就是如何组织有效的战斗机防护网以保护德国海军3艘重要水面舰只通过多佛海峡返回德国水域，担任防空任务的重任落在了JG 2联队身上。

加兰德的作战计划是通过四个指挥中心在平行方向为德国舰队海峡航线上提供不间断防空保护，四个指挥中心分别设在法国卡昂（Caen）、列度基特（也称勒图凯）、荷兰斯希普霍尔（Schiphol，荷兰首都阿姆斯特丹一处机场）和德国耶弗尔，每个指挥中心负责一段航线的防空任务，而每个指挥心之间都有交叉重叠的部分，这样，整个英吉利海峡到北海沿岸的防空完全覆盖，形成无缝连接。每个指挥中心部署大量战斗机，当德国海军舰队驶入防空管辖区时战斗机就起飞提供护航任务。

要实现无缝连接式的防空护航行动，时间的掌握是整个护航行动的关键，加兰德的作战计划内容之一就是保证在每个战斗机指挥中心的管辖区都有四个四机战斗机编队16架战斗机在德国海军舰队周边空域护航30分钟。下一个战斗机大队都会在前一个16架飞机编队护航30分钟中的最后10分钟加入到护航任务中，后加入进来的16架战斗机再与舰队结伴30分钟，也就是说，最后10分钟内有32架战斗机在为舰队护航，32架飞机每8架为一组在舰队上空形成严密的保护圈。同时，加兰德命令护航战斗机在低空执行任务，为的是防止英国雷达发现，而且整个行动保持无线电静默状态。

这次护航行动，加兰德共动用了250架战斗机，其中180架是JG 2联队和JG 26联队的Bf 109F和Fw 190战斗机，这两个最有名、战斗力最强的联队负责最危险水域的防空安全，即靠近、穿越多佛海峡这个过程。德国舰队从布列斯特穿越海峡时必须先向东北方向航行，这里海峡最宽处，距离也最长，这里正是JG 2联队的防空管辖区，因此JG 2联队率先行动。

1942年2月11日午夜刚过，德国海军3艘主力战舰在7艘驱逐舰的护卫下悄悄离开布列斯特港，黎明前，德国海军舰队抵达瑟堡（Cherbourg，法国西北部港口城市），在此，水面舰队与潜艇部队会合，同时，舰队上方是4架Bf 110夜间战斗机为其执行当天夜间的护航任务。阳光照射大地前的这个时间是最为危险的阶段，也是Bf 110飞机与JG 2联队的Bf 109F战斗机交接的时候，在Bf 109F战斗机赶到前，Bf 110飞机枯燥地在舰队上空盘旋巡逻。

2月12日的早晨，紧张的气氛开始逐渐上升，好在每个战斗机大队都按加兰德精心部署的时间表成功地完成了各个任务，但是英国方面却没有任何反应，云层下方，德国海军舰队未被察觉地穿过法国塞纳河湾，先是向东，再向东北朝最危险的多佛海峡挺进。令人难以置信的是，一连串的错误加上无法理解的原因，还有德国实施的规模并不大的雷达干扰，英国最高司令部竟然一直没发现德国舰队的行动，直到德国军舰穿过了多佛海峡英国人才知道此次德国海军行动。英国人的第一反应就是在下午1点16分，多佛尔海岸的岸炮向德国军舰炮击，炮击行动没取得任何效果。随之18分钟后，英国开始采取第一轮空中行动，当时，英国皇家海军航空兵第825中队的6架老式双翼“剑鱼”鱼雷攻击机实施了空中攻击，为鱼雷攻击机护航的是英国皇家空军第72中队的“喷火”V战斗机，英国皇家空军实际上当时计划出动5个中队的“喷火”V战斗机为6架鱼雷攻击机护航，除了第72中队外，其他中队飞机后来并没有出现。

从英国曼斯顿（Manston）起飞的

“剑鱼”飞机根本就没机会靠近德国军舰，飞机太老不说，还携带着鱼雷，这种状态下飞机极为笨拙。“剑鱼”飞机在靠近德国军舰时，德国空军JG 2联队的Bf 109F战斗机和Ⅲ./JG 26大队的Fw 190战斗机形成了严密的防护网，战斗没有悬念，英国6架“剑鱼”飞机在靠近德国军舰前就全部被击落。这次攻击编队的长机尤金•埃斯芒德（Eugene Esmonde）少校死后被追授“维多利亚十字勋章”，他的英勇顽强甚至得到了德国方面的称赞。但有意思的是，德国方面的战事结束后的报告称击落了7架“剑鱼”飞机，其中JG 26联队的Fw 190击落3架，剩下的“4架”就是Bf 109F所为的了。更为离奇的是，德国海军称用防空炮击落另外6架“剑鱼”飞机，防空火炮的射程近，这时开火说明敌机已经到舰队上空，跟上面提到“剑鱼”飞机靠近舰队前就被击落矛盾了。

击落6架英国“剑鱼”飞机的行动发生在法国加来和敦克尔刻之间的沿海空域，这里是JG 26联队的防空管辖区，但是，德国JG 2联队当日白天的空中行动并没有停止。此前德国军舰经过JG 2联队防空管辖区时，JG 26联队的四机编队向西部署去增援JG 2联队，而德国军舰进入JG 26联队防区时，JG 2联队的Bf 109F战斗机也向东去协助JG 26联队采取空中行动，这就是上文提到的无缝连接。这种重叠式防空是十分有必要的，英国“剑鱼”飞机自杀式攻击仅15分钟后，加兰德下令解除无线电静默，此时行动已被发现，德国军舰也过了多佛海峡。接下来的三个小时里，尽管英国皇家空军的轰炸机和战斗轰炸机不顾恶劣气候仍然派出编队试图攻击德国军舰，但这些行动都没有取得效果。

德国海军舰队离开JG 2联队和JG 26联队防空区时，JG 2联队声称击落了20架英国飞机，己方没有任何损失；JG 26联队击落7架英国飞机，战果数量少了点，损失却不小，行动中损失了4架飞机，包括Ⅰ./JG 26大队的1架Bf 109F飞机，其他的是Fw 190飞机。当天最后一场空战发生在傍晚时分的荷兰附近海域上空，这场空战中JG 1联队的战斗机击落了7架英国皇家空军轰炸机。最终，德国这次“雷电行动”完美收官，德国海军军舰虽然遭受数次攻击却安然无恙。最大的功劳是加兰德组织的防空计划严密且高效，也证明了他不仅仅是位优秀的飞行员，也是一位具备领导才能的指挥官。英国皇家空军唯一还能值得欣慰的是德国2艘战列巡洋舰被皇家空军飞机此前在弗里斯兰群岛（Frisian Island）布设的水雷炸伤，但是，2艘军舰的伤情都很轻，只是稍稍降低了军舰的速度，因此军舰抵达德国威廉港的时间稍有延迟。

尽管已经升任德国空军战斗机兵种总监，他的JG 26联队指挥官一职已经由原Ⅲ./JG 26大队指挥官格哈德•绍佩尔少校接任，但是加兰德就是不愿意离开JG 26联队到柏林坐办公室，他策划的“雷电行动”防空战术十分完美，他自认为这是他最为风光的时刻。不可避免的事实是Bf 109F在英吉利海峡的作战使命快结束了，因为这个时候JG 2联队和JG 26联队已经开始换装Fw 190战斗机，虽然计划全部换装Fw 190飞机，实际上两个联队仍保留少量的Bf 109后期型号。整个1942年，JG 2联队和JG 26联队继续保卫着各自的防区，防止越来越活跃的盟军空中行动，前者的防区是比斯开湾和布列斯特到索姆河一带；JG 26联队防区是加来和比利时沿岸地区。以1942年8月19日加拿大军队穿越海峡在法国迪耶普（Dieppe）为起点的新一轮穿越海峡行动中，德国空军JG 2联队和JG 26联队的六个大队全部驾驶Fw 190战斗机参与战斗。

JG 2联队的Bf 109F还参与过另一场重要的战斗，这次战斗中英国皇家空军又诞生一位获得“维多利亚十字勋章”的长机。上次围歼德国海军战列巡洋舰的行动彻底失败，英国人不肯善罢甘休，决定采取进一步主动行动轰炸德国位于巴伐利亚州奥斯堡的MAN（Maschinenfabrik Augsburg Nürnberg，机械工厂、奥斯堡和纽伦堡三个单词首字母组成）柴油发动机工厂，这里距海岸线约725公里。这么远的距离，老式双翼飞机肯定不行，这次英国皇家空军决定投入新型重型“兰开斯特”（Lancaster）轰炸机，发动机是所有现代化武器的心脏，破坏德国发动机工业所获得的战略意义不言而喻。跟两个月前攻击德国军舰行动类似的是，这次行动也在白天进行，而且也是超低空进入德国防空区。

1942年4月17日下午，英国皇家空军第44中队和第97中队12架“兰开斯特”轰炸机在南非人J.D.尼特莱顿（J.D.Nettleton）少校率领下从英国机场起飞。这次行动的争议很多，白天低空实施轰炸本身就非常危险，低空飞行可以避开雷达，但长达725公里的航程里不被发现也难，被发现的话轰炸机的命运可就悲惨了，但是英国人义无反顾。另一个问题是，第一波6架“兰开斯特”轰炸机的航线竟然在JG 2联队机场旁边，后来有历史学家称这是英国人故意的牵制行动，但是，更多的学者认为这种所谓“牵制”不如说在“提醒”敌人。应该说英国人的低空突袭起到了战术突然性的目的，但非得飞越德国飞机机场确实不是个好主意。当尼特莱顿率领首批6架“兰开斯特”轰炸机飞临JG 2联队机场时才被发现，英国轰炸呼啸着从低空掠过德国飞机机场。奥托•哈佩尔（Otto Happel）清晰地记得当时的情景，他回忆道：

4月17日接近傍晚时分在博蒙勒罗歇机场，我们的战斗机已经升空去执行当天的最后一次任务，第一批战斗机正返航准备着陆，就在这时有人大叫“敌机低空飞过机场”。我立即用无线电警告正在返航的战斗机注意危险，就在这时瓦尔特•奥梭少校在我面前一闪而过，像闪电一样快，他直接奔向他本人的时刻处在准备状

▲英国皇家空军“兰开斯特”Mk 1重型轰炸机。英国和美国远程战略轰炸机的研制和使用战略是正确的，二战后期重型轰炸机对德国本土的轰炸大大削弱了德国战争能力，加速了德国的灭亡。

态的Me 109（即Bf 109）座机，他毫不迟疑地立即启动飞机并且很快升空去追赶正在离开的轰炸机。

我们后来得知，此前已经有4架英国轰炸机被击落，保罗（Pohl）中士的牺牲品是我们联队的第1000架战果，奥梭少校击落的是第1001架飞机[①]。一般人都知道，我们的指挥官奥梭在此前10月获得他个人第100架战果时就已经被禁止参加作战飞行，但是（此次参加作战行动）他的借口很经典，（任务结束后）他立即通报上级称他当时正在进行例行的测试飞行，就在这时敌人轰炸机不知从何处冒出来，他被迫击落1架“兰开斯特”轰炸机，这完全是出于自卫。这是一个十分完美而且令人信服的故事，听这故事的人实际上根本不知道内情。

从上面的回忆可以看出奥梭的战斗素质，有人会被无法想像的一幕惊呆，但奥梭就在这时已经跑向自己的座机，惊人的战绩不是那么随便就能获得的。奥梭的直属单位是JG 2联队中最后一个淘汰Bf 109F战斗机的，时间是8月。跟很多认为Bf 109F只有1门机炮加2挺机枪火力严重不足的飞行员不同，联队指挥官本人倒是十分喜欢Bf 109F。虽然大部分换装了新型Fw 190战斗机，JG 2联队和JG 26联队到1942年春天和夏天时仍然都保留12架左右的特殊型号Bf 109F-4/R4战斗轰炸

① 奥梭少校击落的是英国皇家空军第44中队的序列号为L7536/KM-H的“兰开斯特”轰炸机，这是第十架生产型“兰开斯特”飞机，这架飞机被击落后坠毁在法国贝尔奈（Bernay）附近。这架JG 2联队第1001架战果也是瓦尔特•奥梭的第101架战果。

▲图中是10. (Jabo)/JG 26中队奥托•戈特兹的Bf 109F-4/B战斗轰炸机。飞机腹下携带了1枚SC 250炸弹，飞机后机身侧面也有炸弹图案，这是第10中队的队标。照片拍摄于1942年6月的法国卡昂。

▲10. (Jabo)/JG 2中队的Bf 109F-4/B战斗轰炸机。图中飞机上没有小狐狸咬碎军舰的队标，队标设计并不规范，因此各不相同。照片拍摄于1942年的法国。

机，飞机机腹可以携带4枚SC 50炸弹，更多时候携带1枚SC 250炸弹。这些飞机装备各自联队的2个战斗轰炸机中队，这2个中队，即10.(Jabo)/JG 2和10.(Jabo)/JG 26分别在1942年2月和3月组建，有一些资料称两个中队均在1942年1月组建，时间间隔不过几个星期。

战斗轰炸机自由猎杀

战斗轰炸机顾名思义就是既具备战斗能力也具备对地攻击能力，而合在一起所谓“战斗轰炸”主要执行的就是对地攻击任务，空战任务其实很少，因此在战斗轰炸机飞行员中诞生王牌飞行员的可能性微乎其微。JG 2联队和JG 26联队的各自战斗轰炸机中队主要执行攻击英吉利海峡航行的舰船（小型）和英格兰南部沿岸陆上目标的任务，实战证明Bf 109F/R4执行这种任务非常成功，比如弗兰克•利森达尔（Frank Liesendahl）上尉领导的10.(Jabo)/JG 2中队在1942年3－6月间就声称击沉了20艘合计63000吨（BRT）英国舰船。卡尔•普兰泽（Karl Plunser）上尉领导的10.(Jabo)/JG 26中队更关注英国沿岸陆上目标，该中队首次到英国本土作战是1942年4月19日，五天后，这个中队首次遭受损失。当天，10.(Jabo)/JG 26中队一支编队轰炸了英国福克斯通的一家煤气容器厂，其间，拥有5架战果的原2./JG 26中队飞行员汉斯－于尔根•弗勒利希（Hans-Jurgen Frohlich）上士被英国地面高炮击落。

1942年7月，JG 2联队和JG 26联队的两个战斗轰炸机中队指挥官均在行动中被击落，7月17日，10.(Jabo)/JG 2中队指挥官弗兰克•利森达尔在攻击英国布里克瑟姆（Brixham）附近海域的1艘油轮时被击落身亡。原10.(Jabo)/JG 26中队指挥官卡尔•普兰泽在7月12日被调

▲10. (Jabo)/JG 2中队的队标是一只狐狸咬碎舰船，这个用意非常明显。右图是弗兰克•利森达尔的座机垂尾，方向舵上标明了他击沉（第二个）和击伤敌舰船情况。其中最后一个击伤敌舰船日期是1942年3月31日，后来的7月17日，他在一次行动中失踪，实际上被击落。

▲上图是10.(Jabo)/JG 2中队指挥官弗兰克•利森达尔的座机，下图是10.(Jabo)/JG 26中队指挥官汉斯—约阿西姆•格布尔蒂希。

▲10.(Jabo)/JG 26中队的标志是一枚炸弹。这架飞机携带1枚SC 250炸弹正在滑行准备升空作战，注意看飞机前风挡额外增加的防弹玻璃。

离中队，接任他的是汉斯－约阿西姆•格布尔蒂希（Hans-Joachim Geburtig）中尉，但是，上任不足两个星期的格布尔蒂希在7月30日轰炸利特尔汉普顿（Littlehampton）港口内停靠的1艘运煤船时被击落，他向英国运煤船投下了1枚250公斤的炸弹，炸弹并未直接命中目标，但失的距离也不远，目标被炸伤，英国两名船员被格布尔蒂希机枪射伤。座机被击中后，格布尔蒂希跳伞成功逃生，后来在战俘营躲过了二战。

也就是在7月，两个战斗轰炸机中队开始换装Fw 190A-3飞机，10.(Jabo)/JG 26中队的Fw 190A-3首次执行作战任务是7月11日，当时2架Fw 190飞机各自携带1枚250公斤SC 250炸弹轰炸了英国皇家海军扫雷舰。同样是在7月，JG 2联队和JG 26联队新组建的第11中队开始参与作战，新组建的中队主要执行高空作战任务，中队装备的是Bf 109家族中最新的型号，即带增压座舱的Bf 109G-1，第11中队不隶属任何大队，由联队直接指挥。自从1942年以来，英国穿越海峡的轰炸行动越来越多，负责为轰炸机护航的是高空“喷火”战斗机，二战时代，高度和速度是制胜的法宝。为了对付高空的“喷火”飞机，德国相应研制了Bf 109G高空型号（参见上文型号介绍）。

11./JG 2中队指挥官人选是在JG 2联队服役时间较长，与维克和奥梭组成过四机编队作战的有经验的飞行员，最近，鲁道夫•普夫兰茨中尉（上文提及过，他是海峡战场最成功的飞行员之一）刚刚放弃他的联队技术官一职，转而任1./JG 2中队指挥官一职，这个中队就负责训练并且向高空作战中队输送有经验的老兵，实际上就是1./JG 2中队在换装Bf 109G-1战斗机并完成训练后，这些飞行员被用来组成11./JG 2中队，被掏空的1./JG 2中队继续补充新飞行员（大部分来自联队自己的单位）和Fw 190A战斗机。1942年5月1日，鲁道夫•普夫兰茨被任命为11./JG 2中队指挥官，该中队第一个基地在圣波尔，不久转移到普瓦（Poix），这个中队主要任务就是与高空的“喷火”战斗机作战。6月5日，普夫兰茨在圣奥梅尔击落3架英国“喷火”战斗机，当时他驾驶的不是Bf 109G-1，因为他的中队Bf 109G-1飞机到7月才正式参加战斗，第一个驾驶Bf 109G-1击落敌机的是尤利乌斯•梅姆伯格（Julius Meimberg）中尉，他在当天击落了1架前来侦察的英国皇家空军“喷火”战斗机。在7月31日拦截英国皇家空军“马戏团”201的战斗中，鲁道夫•普夫兰茨被击落身亡。在他死前的7月28日和30日，普夫兰茨取得他个人第50和51架战果（牺牲品是“喷火”飞机），24小时后，他率领他的中队全体成员再次升空去拦截英国皇家空军另一次入侵行动。双方的飞机在法国阿布维尔（Abbeville）上空遭遇，普夫兰茨Bf 109G-1飞机面对的是英国皇家空军几个中队的“喷火”VB战斗机，不可避免地双方发生了激烈的混战。这个过程由于参战飞机多，后来双方飞行员的叙述都有一些出入，但是有一件事非常清楚，那就是普夫兰茨在战斗过程中失去了他的僚机，有人猜测他的僚机海因茨•格鲁伯（Heinz Gruber）上士的座机被击伤，他后来跳伞逃生了，也有人称他后来迫降在了埃塔普勒（Etaples）。

▲（上下图）1942年5月20日，10.(Jabo)/JG 26中队的奥斯瓦尔德•费希尔在英国纽黑文上空执行任务时被击伤，他最后迫降在英国，Bf 109F-4/B座机（序列号Wk-Nr 7232）受损并不严重，英国人修复后进行了飞行测试。

▲英国皇家空军在测试德国Bf 109F-4/B飞机，这种场景在当时英国很常见，缴获的德国飞机先是游街示众，随后修复进行研究测试。实际上，德国人也在做着相同的事，上文提过莫尔德斯和加兰德试飞英国“喷火”战斗机的事儿。

普夫兰茨并不知道他的僚机不在他的后方，因此没有注意他后方的危险，他在击落他个人第52架，也是最后一架战果后也被英国皇家空军第121中队的1架“喷火”VB飞机击中。关于普夫兰茨被击落的细节再次出现不同说法，有资料称他的座机被击中后立即在空中爆炸，但是德国JG 2联队直属单位的希罗尼姆斯（Hieronymus）代理下士的报告称普夫兰茨无法打开他的增压座舱跳伞。不管细节是什么，普夫兰茨确定无疑地死了，他的座机（序列号Wk-Nr 10318）后来在贝克苏梅尔（Berck-sur-Mer）南12公里的沙丘处被发现，座机坠机的精确时间是15点05分。其实要分清到底是在空中爆炸还是没打开座舱逃生从残骸就可以很容易地分析出来，问题的关键是后来德国方面并没有提供更多坠毁现场细节。鲁道夫•普夫兰茨(1914年7月1日－1942年7月13日）于1938年参加德国空军JG 131联队，不久这个联队番号改为JG 2。普夫兰茨在1940年4月30日取得个人第一架战果，当天他和其他两名3./JG 2中队战友共同击落1架Potez 63/11侦察机，德国空军并没有共同击落一说，后来将战果判给了普夫兰茨。5月14日，他击落1架英国“布伦海姆”轰炸机。英国战役期间，普夫兰茨是赫尔穆特•维克的僚机，他在1940年11月28日的战斗中击落英国第609中队的约翰•顿达斯，后者被击落前刚刚击落维克。1941年7月23日，普夫兰茨在一天内击落5架“喷火”和1架“飓风”战斗机，他所在的JG 2联队这天击落29架英国皇家空军战斗机，JG 26联队也击落10架，但是，英国方面声称事实上只有15架战斗机被击落，即使如此损失也不小。在获得20架战果后，普夫兰茨在1941年8月1日获得“骑士十字勋章”。1941年结束时，他的战绩是23架。已经晋升为中尉的普夫兰茨主要战绩是在1942年上半年取得的，个人总战绩是52架，其中45架是“喷火”战斗机。

鲁道夫•普夫兰茨阵亡后，尤利乌斯•梅姆伯格中尉（当时个人战绩为21架）立即被任命为11./JG 2中队指挥官，他领导这个中队一直到当年11月中队被调往地中海地区。

▲近处抽烟者为鲁道夫•普夫兰茨。

JG 26联队的第11中队在7月底才组建完毕，中队成员主要从Ⅰ./JG 26大队中抽调，中队第一任指挥官是约翰尼斯•施密特（Johannes Schmidt）中尉，他原是3./JG 26中队指挥官，当时战绩是9架。7月30日，施密特首次驾驶Bf 109G-1战斗机击落1架英国“喷火”战斗机。大约三个星期后的1942年8月19日，也就是盟军首次尝试在法国迪耶普登陆作战当天的空战中，施密特再次击落2架英国“喷火”战斗机，这也是他击落的最后2架敌机。当时战斗中击落2架敌机后，施密特被诱至低空格斗，就在这个过程中他的Bf 109G座机坠入海中。

当天迪耶普上空战斗中，11./JG 26中队另一个取得战果的是埃米尔•巴本兹（Emil Babenz）军士长，他也是一位经验丰富的飞行员，是施密特从3./JG 26中队拉过来的。当天他声称击落了3架英国“喷火”战斗机，这样他个人战绩就达到了21架。埃米尔•巴本兹毫无疑问是11./JG 26中队最成功的飞行员，通常情况下他最有希望接任施密特的位置，但是他的军衔等级不够，因此Ⅲ./JG 26大队的汉斯－于尔根•韦斯特法尔（Hans-Jurgen Westphal）中尉被任命为11./JG 26中队指挥官。跟11./JG 2中队的尤利乌斯•梅姆伯格一样，韦斯特法尔中队指挥官的任期也到他的中队在11月被调往地中海地区。

JG 2联队和JG 26联队各自的高空作战中队离开欧洲到地中海地区后并入到了其他单位中，这两个单位的离开并不意味着两个联队Bf 109战斗机使命的结束。到1942年秋初，对德国来说，英吉利海峡战场又出现新的更为严重的威胁，那就是美国第八航空军首次穿越海峡到法国北部上空轰炸德国目标，当时还只是小规模的B-17和B-24轰炸机执行轰炸任务，但这却是不祥的开始。德国空军高层对美国空军介入所造成的威胁毫不迟疑地做出了反应，美国空军的重型轰炸机飞得更高，为其护航的战斗机飞得更高，这就意味着德国空军需要升限更高的战斗机来与美国轰炸机和为其护航的战斗机作战。虽然略显粗糙，但坚固耐用，抗打击能力更好的Fw 190已经装备海峡前线的JG 2联队和JG 26联队，这款战斗机是德国当时比较理想的拦截轰炸机平台，它的缺点是随着高度上升，飞机的性能会急剧下降。有鉴于此，德国空军需要一款能与Fw 190战斗机共同部署并弥补其不足的战斗机，这个型号飞机就是即将服役的Bf 109G-4高空型号[①]。这就是为什么JG 2联队和JG 26联队再次装备Bf 109飞机并一直保留一定数量的原因。

1942年快结束时，Ⅱ./JG 26大队和Ⅲ./JG 26大队开始率先装备Bf 109G-4

① Bf 109G-4是带非增压座舱的战斗侦察型号，后来一些也改进成为纯战斗机，但是否采用增压座舱还不清楚，从实际使用情况看应该是增压座舱。

▲如今，德国不得不面临一个新问题，那就是美国重型轰炸机出现在欧洲战场，德国需要重新评估战场形势，研制相应的武器系统。

战斗机。同样，这个大队使用Bf 109飞机一直到战争快结束，帝国灭亡的最后阶段也换装Fw 190D-9战斗机。

整个1943年和1944年年初几个月，Ⅱ./JG 2大队和Ⅲ./JG 26大队孤独地在西线与穿越海峡进入欧洲西北部空域的英国皇家空军，以及不断增加架次和规模的美国重型轰炸机作战，事实上，这两个德国战斗机大队是帝国保卫战的第一道屏障，重任在肩，却似是螳臂挡车。

北海三角地带

上文提到过，德国“雷电行动”的最后一战是JG 1联队在荷兰附近海域上空击落7架英国皇家空军轰炸机，其实这个联队是除JG 2联队和JG 26联队外第三个防守欧洲西线和西北线的单位，它部署在JG 26联队的右翼，即从荷兰到德国北部海岸线地区，主要守卫欧洲西北部海岸线，即从荷兰到德国北海海岸线。JG 1联队的组成非常复杂，下属单位的番号千奇百怪，装备的作战飞机也有好几种，自从1939年德国湾战役结束以来（参见上文德国湾战斗），JG 1联队的防空管辖区就相对比较安静，因为英国战役和随后的

战斗机，但是，JG 26联队的这两个大队不太情愿弃用已经用惯了的Fw 190战斗机，甚至德国空军高层也因此动摇过换装的念头，这个问题公开激烈地讨论了一段时间，不知什么原因，最终德国空军高层还是决定Ⅲ./JG 26大队全部换装Bf 109G-4飞机。从1943年到二战结束前几个月，Ⅲ./JG 26大队是JG 26联队中唯一一个仍在使用Bf 109G后继型号的单位。在1944年年底，这个大队甚至还短时间装备过Bf 109K战斗机，二战结束前，这个单位换装长鼻子的Fw 190D-9战斗机。

JG 2联队的情况跟JG 26联队的差不多，联队的Ⅰ./JG 2大队和Ⅱ./JG 2大队同时装备Bf 109G和Fw 190两个型号飞机，最终在1943年春末，从突尼斯战场返回的Ⅱ./JG 2大队全部换装Bf 109G-6

穿越海峡（互相穿越）战斗主要集中在南部，也就是JG 2联队和JG 26联队防区。

大概有一年时间，卡尔•舒马赫中尉的JG 1联队直属单位（Stab JG 1）根本没有自己的大队，早先半独立的Ⅰ./JG 1大队从来就没归舒马赫指挥过，因此这个大队在1940年7月番号改为Ⅲ./JG 27大队。卡尔•舒马赫的杂牌军是由临时的单位组成的，这些单位要么是正准备离开加入到原隶属单位，要么是其他单位的下级单位休整时临时部署过来（这里战事少，跟休息也差不多），直到1940年12月，JG 1联队才正式组建自己的管辖单位，即第1中队（1./JG 1），这个步子小得可怜，但也足以让舒马赫开心一阵了。

又经历了九个多月后，Ⅰ./JG 1大队终于达到满编，JG 1联队终于有了真正属于自己的大队，这个大队指挥官是一战老兵埃里希•米克斯（Erich Mix）少校博士，大队装备的是Bf 109F战斗机。由于JG 1联队面临的作战任务少，Ⅰ./JG 1大队一直就没有满编装备当时属新型Bf 109F战斗机，因此在1941年下半年里，Ⅰ./JG 1大队的第1中队只击落8架敌机，除了2架外，其余的全是双发“布伦海姆”轰炸机。

1942年年初，JG 1联队防区的战斗突然增多，这一点也不奇怪，德国入侵英国的“海狮行动”失败后英国就变被动为主动了。因为这个原因，JG 1联队也在几乎一夜间又组建了至少三个大队：Ⅱ./JG 1大队只是新近从东部战线返回的原Ⅰ./JG 3大队改换门庭，这个单位装备的是Bf 109F战斗机。Ⅲ./JG 1大队和Ⅳ./JG 1大队是原来其他联队的后备中队扩编后形成的，Ⅲ./JG 1大队部署在丹麦和挪威南部，而Ⅳ./JG 1大队成立不久就被并入到了JG 5联队，因此，JG 1联队立即又重新组建新Ⅳ./JG 1大队，大队飞行员均来自战斗机训练学校刚毕业的学生。

尽管一直在参与战斗，击落敌机的功劳簿也越来越厚，但是1942年间JG 1联队就是没有诞生一个Bf 109F王牌，原因之一就是到1942年夏天，联队的三个大队开始换装Fw 190战斗机。截至三个月后的秋天，只有Ⅰ./JG 1大队仍然在装备梅塞施密特战斗机，此时新增加了Bf 109G-1高空作战型号，同时还有少量的Bf 109E型号，也就是说这个大队装备三个型号Bf 109飞机。就在这段时间里，未来王牌兼“骑士十字勋章”获得者2./JG 1中队的海因茨•诺克（Heinz Knoke）少尉在战斗中首开纪录，10月31日这天，他在弗里斯兰群岛北部击落1架英国皇家空军“布伦海姆”轰炸机。六天后，他又在赫尔格兰岛西北部50公里处击落1架英国“蚊子”战斗机。下文会大谈特谈他的怪异发明。

最值得一提的是Ⅱ./JG 1大队飞行员12月6日在法国上空击落2架美国第八航空军的2架B-17重型轰炸机，这是JG 1联队首次击落美国四发轰炸机，随后几个星期里，JG 1联队又多次跟美国轰炸机交手，不仅预示战场形势的变化（不幸的

▲8./JG 1中队混装Bf 109E-4/B（近处）和Fw 190战斗机（远处），装备混杂的原因是此前这里的战事少。照片拍摄于1942年8月的荷兰。

▲6./JG 1中队装备的Bf 109F-4战斗机。照片拍摄于1942年的荷兰。

是，对德国不利，美国人来了），也证明了JG 1联队的存在价值。而事实上，德国空军早在15个月前就击落过美国产B-17轰炸机（注意不是美国陆军航空兵的）：在不太可能的时间，更意想不到的对手。

德国海军满心期待的23000吨“齐伯林伯爵”号航母在1938年下水后就没了下文，此前计划装备该航母的舰载型号Ju 87和Bf 109已经完成了初步试验，少量飞机已经生产出来。Bf 109T舰载战斗机是在Bf 109E的基础上改进的，主要改进是前者的翼展加大，增加航母上使用的弹射约束装置和着舰钩。德国航母停建后，这些已经生产出来的Bf 109T飞机被改回陆基使用状态，大多数改装后的飞机被分配给了挪威南部的Ⅰ./JG 77大队，跟前面提到的前一个Ⅳ./JG 1大队一样，Ⅰ./JG 77大队不久就被并入了新组建的JG 5联队。但是，在过渡期内，Ⅰ./JG 77大队的几个中队仍然部署在挪威西部沿岸的几个机场，但使用的是临时的单位番号。

1941年9月8日中午刚过，驻扎在斯塔万格基地的一个中队6架Bf 109T战斗机紧急起飞去拦截正在靠近的敌机编队，阿尔弗雷德·雅克比（Alfred Jakobi）少尉和他的僚机施泰尼克（Steinicke）少尉起飞后向南搜索敌机编队，很快雅克比就先发现远处海面上空有两条飞机发动机留下的冷凝线，冷凝航迹表明敌机正从西向东行驶。雅克比和施泰尼克立即爬升进入截击航线，当他们爬升到8600米高度时发现敌机已经进入到陆地上空，很快冷凝航迹就不见了。就在这时，雅克比发现远处地平线牛奶状的雾气背景中有一个黑点，他和僚机花了12分钟才赶上这个黑点。在400米的距离上，雅克比终于有机会认真仔细地看看敌机，当时他心里就嘀咕这是1架美国波音公司的“飞行堡垒”轰炸机。

以前出现过多次认错敌机的事（这完全不能怪飞行员），美国对德宣战后，德国人认真地研究了敌机辨别知识要点，雅克比也不例外，因此，他这次看到的的的确确是美国1架B-17“飞行堡垒”I轰炸机（序列号AN525/WP-D）。当天早晨9点15分，英国皇家空军第90轰炸机中队（这是英国皇家空军唯一一个装备美国四发重型轰炸机的单位）这架B-17轰炸机和其他3架一道从英格兰金洛斯（Kinloss）基地起飞去轰炸德国海军停泊在奥斯陆港口的袖珍战列舰“舍尔海军上将”号（Admiral Scheer）。雅克比和施泰尼克从B-17轰炸机的尾部接近，雅克比的高度与目标高度一致，而施泰尼克的高度稍低。400米的距离，视力再差也能看到后面靠近的敌机，因此B-17轰炸机的机尾炮塔首先向德国Bf 109战斗机开火，就在这时雅克比也开始射击，他射出的炮弹当即击中了B-17轰炸机的右侧后机身。

此时的敌机正摆尾（横向左右）航行，为的是给机尾射手一个良好的射击范围。因为我座机的速度较快，射击后我的座机赶上敌机并与目标飞机并排航行一段距离，其间我清楚地看到敌机后机身1/3处有一个大洞，我还看到敌机方向舵上部有火苗蹿出。

敌我两机短暂并列飞行后，雅克比迅速脱离目标准备实施第二次攻击，就在这时，B-17轰炸机的左侧外面的发动机突然喷出浓烟。很快，雅克比又占据了目标后方的攻击位置，还未等他射击，B-17飞机就稍稍向左倾斜，随即飞机投下6－8枚炸弹。与此同时，轰炸机的自卫火力一直在向雅克比射击，后者冒着枪林弹雨实施了第二次攻击，这次雅克比看到炮弹直接命中目标的左侧机翼，很大一片机翼蒙皮被撕掉。此时，轰炸机的座舱处也冒出浓烟，飞机也开始螺旋下降，雅克比用无线电提醒正在随着敌机一同下降高度的僚机施泰尼克注意安全，后者想去确定一下敌机确切的坠毁时间，德国关于空战战绩的认定规则中有这一条，即敌机坠毁的时间。

敌机垂直俯冲向下坠去，之后在我下方2000米空中解体爆炸，爆炸伴随的火球

▲2./JG 77中队的1架Bf 109T飞机（序列号Wk-Nr 7745）因事故迫降，图中显示的是地勤人员正用油管将飞机油箱里的燃油吸出来。

▲3./JG 77中队的Bf 109T战斗机。

▲飞越在北欧上空的Bf 109T战斗机。

太亮导致我眼睛几乎失明，因此我没有看到飞机最终坠地时间。

实际上，被击落的B-17轰炸机解体爆炸后的残骸散落在挪威比格兰（Bygland）附近山区，也就是克里斯蒂安桑北部75公里处。英国第一架B-17轰炸机被击落不久，德国卡尔－海因茨•沃伊特（Karl-Heinz Woite）中士在北海上空再击落1架B-17轰炸机。击落1架B-17轰炸机（不管是美国陆航的还是英国皇家空军的）都值得德国空军狠狠地庆祝一番，更甭说一次空战击落2架重型轰炸机，这事引起了德国高层的很大震惊，9月17日，驻挪威航空区司令威廉•哈姆扬茨（Wilhelm Harmjanz）中将特意发了贺电，称："在1941年9月8日的战斗中，雅克比少尉和沃伊特中士分别在克里斯蒂安桑北75公里和斯塔万格西南50公里各击落1架波音（公司）飞机，请表达我对上述两名飞行员最诚挚的祝贺和感谢。"

德国航空工业部的技术专家专程到挪威仔细询问雅克比少尉关于波音公司B-17轰炸的自卫系统的细节，还到敌机坠毁的现场考察了飞机残骸。专家们最后对雅克比说，"我们从南到北，从东到西徒劳无获地搜索（指击落B-17轰炸机一事），这次毫无疑问是'飞行堡垒'轰炸机第一次被击落"。

波音公司的轰炸机是雅克比的第三个战果。阿尔弗雷德•雅克比第一次取得战果是1941年8月6日，当时在13./JG 77中队服役的他在挪威斯塔万格的索拉附近击落1架英国皇家空军"哈德逊"轰炸机。几天后的8月11日，他再次射出60发MG 17子弹击落1架英国"布伦海姆"轰炸机。9月8日击落1架B-17轰炸机是他第三架战果。1942年4月9日，在5./JG 5中队服役的他在与20架苏联战斗机作战时被击中，他被迫从"红色2"号Bf 109座机跳伞逃生，后来成了战俘，在苏联经历了几年战俘生活后被遣送回国。雅克比的个人战绩是10架（苏联前线战绩7架）。

Bf 109T战斗机的服役寿命比可怜的雅克比还要长两年，也就是这个型号飞

▲英国皇家空军从美国引进了至少四个型号B-17轰炸机，图中是B-17C，外形跟德国He 111轰炸机倒有点类似，特别是垂尾。早期的B-17C毛病特多，各类事故是造成飞机损失的很大原因。

▲被德国空军击落的这架美国陆军航空兵B-17E残骸坠毁在北欧领土上，德国人立即对飞机展开了研究。

机在挪威海沿岸地区一直使用到1944年，最后使用单位是11./JG 11中队，该中队又称“赫尔格兰中队”。在战争中幸存的Bf 109T飞机后来被送到飞行训练学校当训练飞机来使用。

跟被雅克比击落的B-17轰炸机相比，英国皇家空军第90中队的其他B-17轰炸机在本中队的服役时间也相当短，随后不足三个星期时间里，这些轰炸机就被转交给英国皇家空军海岸司令部作为海上巡逻飞机来使用。英国皇家空军原本想把B-17当成昼间轰炸机来使用的，但是早期型号B-17轰炸机存在着严重的问题，比如轰炸精度不高，自卫能力弱，特别是存在射击死角，在9月损失8架B-17飞机后，英国皇家空军决定不再使用B-17执行昼间轰炸任务。但是，B-17轰炸机不会轻易退出战场，在付出了近5000架损失后，和其他轰炸机一道，B-17轰炸机给纳粹德国造成了毁灭性的打击。

西线战役并没有结束，进入1943

▲这架被击落后落入德国之手的是美国的B-17F轰炸机，看来飞机损坏程度并不算太大。

▲5./JG 11中队海因茨•诺克的Bf 109G-1座机地勤人员正在给飞机的ETC 500Ⅸb挂架挂载SC 250炸弹，诺克和他朋友发明的新型拦截轰炸机方法值得大书特书一番。

年，美国第八航空军开始频繁地空袭德国境内目标，到1944年，特别是当年下半年以后，美国的空袭规模不断扩大，西线战役因此和德国的帝国保卫战交织在一起，分别讲述这些作战经历就会完全割裂战役战术行动，造成一个战役的支离破碎，因此，处于次要地位的1943年以后的西线战役放到下文中的帝国保卫战章节讲述。

第四章　地中海及北非战史
——非洲之星，独领风骚

二战期间德国三大战场之一就是地中海沿岸战场，这个战场由北非、地中海（狭义上）和南欧等三个较小的战场组成，这三个战场规模都较西线战场和东线战场要小，因此放在一个章节里讲述。在其他介绍各种作战飞机的战史中也都是将这三个较小战场放在一起来讲述。这三个较小规模的战场中尤其是地中海战场，即马耳他岛和克里特岛战场的战役规模更小，因此上文及下文其他战场介绍时，所谓地中海战场指的是广义的地中海沿岸战场，也就是北非、马耳他和克里特岛，以及南欧。下文只选择JG 27联队和JG 53联队在北非和地中海的战斗，德国最后撤出北非战场前的挣扎战中，德国空军其他作战联队也紧急从其他战场抽调过来帮忙，这些单位的战史比较短暂，也限于本文的篇幅，因此文中未提及。

巴尔干战役中的JG 27联队

英国战役事实上已经结束后，1940

年12月3日，“秃鹰军团”老兵爱德华•诺伊曼的Ⅰ./JG 27大队返回德国驻扎在柏林西面的多布里茨(Doberitz)，整个冬季，这个单位负责守卫首都柏林。Ⅱ./JG 27大队在9月24日从法因斯（Fiennes）转移到圣安格勒韦尔（St Inglevert），就在此地该大队新任命了指挥官，这个任命比较有意思。上文提到过，在8月8日的战斗中，维尔纳•安德烈斯上尉被击落后在海水里泡了好长时间迟迟不见救援人员。在指挥官生死不明的情况下，代理大队指挥官负责一切事务，9月30日，原3./JG 53中队指挥官沃尔夫冈•里皮特被正式任命为Ⅱ./JG 27大队指挥官。获救后的维尔纳•安德烈斯后来去了苏联任Ⅲ./JG 3大队指挥官。11月6日，Ⅱ./JG 27大队返回德国多特蒙德进行为期两个月的休整。11月10日，马克斯•多比斯拉夫（Max Dobislav）上尉的Ⅲ./JG 27大队也返回德国休整。

1941年2月底，Ⅰ./JG 27大队从多布里茨转移到慕尼黑，就是在这期间汉斯－约阿西姆•马尔塞尤这个烫手的山芋被甩给3./JG 27中队。大约四个星期前的2月初，JG 27联队队部、Ⅱ./JG 27大队和Ⅲ./JG 27大队离开各自的德国驻地开拔到罗马尼亚首都布加勒斯特郊外的巴尼亚萨（Baneasa）周边机场部署。当时罗马尼亚已经加入轴心国，不久后的3月1日，匈牙利也加入进来，不久JG 27联队指挥官沃尔夫冈•斯切尔曼少校（去年10月22日上任）率领他的两个大队进驻德国的新盟友——匈牙利领土上。

JG 27联队部署到东欧（罗马尼亚和匈牙利）完全是为了保证德国南部侧翼，也就是欧洲南部（巴尔干半岛）的安全，希特勒的宏伟战略是不久之后入侵苏联。就在这关键时候，意大利独裁者墨索里尼自大狂的毛病又犯了，1940年10月28日，意大利正式向希腊下达最后通牒，这实际上就是入侵希腊的一个借口。任何最后通牒都是两头堵的游戏，接受和不接受的命运一样。跟预想的一样，希腊政府拒绝了最后通牒，几个小时后，意大利陆军在阿尔巴尼亚集结并分三个纵队进入希腊领土，入侵希腊后的前四天，意大利的地面行动一切都按计划稳步推进，但此后希腊的抵抗行动突然加强。11月1日，希腊发起一次较大规模针对意大利第一纵队的反击战，这次反击战阻止了意大利部队向弗劳利纳进发，虽然军事力量（武器装备）上有很大差距，希腊军队还是在11月23日攻下科尔察。意大利五个月的战斗不仅毫无战果，反倒被希腊追着打，巴尔干地区的局势完全有失控的危险，后来发生的事确实证实了这一点。在这种情况下，希特勒不得不下令出兵拯救作战无能只会捣乱的意大利，进攻苏联的计划暂时往后放一放。德国出兵说是拯救意大利，不如说是占领希腊，把英国人赶下海去，让巴尔干地区彻底安全。

在巴尔干国家中，只有希腊北部的南斯拉夫还没有加入到轴心国阵营里，不加入轴心国阵营就极有可能把同盟国军事力

▲德国空军将空军部队部署到东欧罗马尼亚、匈牙利和保加利亚的目的是保护欧洲南部安全，因为南斯拉夫在政治上摇摆不定，希腊则铁定跟英国站在一起。图中是7./JG 27中队的Bf 109E飞机进驻保加利亚。照片拍摄于1941年。

▲南斯拉夫空军也装备Bf 109E战斗机，德国停止供应零配件后这些飞机就无法形成战斗力。南斯拉夫和希腊空军弱小，Bf 109E这么先进的战斗机没有空中对手，因此，很多Bf 109E都转而执行战斗轰炸任务。图中是5./JG 27中队的地勤人员在给飞机挂载SC 250炸弹。

量引入其中，德国非常担心这点，希腊已经证明了德国的担忧，为此，德国威逼利诱迫使南斯拉夫于1941年3月25日在维也纳签署了《三方同盟条约》。有了南斯拉夫条约保证，德国准备采取入侵希腊的军事行动，代号为“玛丽塔行动”（Operation Marita）。但是，仅仅两天之后，南斯拉夫发生了军事政变，新政府废黜了摄政王，推举十几岁的彼得为南斯拉夫国王。新王国政府不想得罪轴心国，当然也不想跟英国走得太近，因此新政府制定了中立政策，事实上，新政府上台后就跟英国进行了联系，表示了改善两国关系的意愿。南斯拉夫的政变完全打乱了希特勒的部署，怒不可遏的希特勒立即下令扩大“玛丽塔行动”范围，在进攻希腊的同时也拿下南斯拉夫。

匈牙利和南斯拉夫接壤，驻扎在匈牙利贝利卡（Belica）和沃尔巴（Vrba）的JG 27联队的Bf 109战斗机正好适合为巴尔干半岛的行动提供防空任务。1941年4月6日，“玛丽塔行动”正式开始，这里再次上演了德国最拿手的闪电战。

JG 27联队在巴尔干战役中的主要作战任务有两个，一是制空作战，扫清敌方空域内一切可能对德国轰炸机和“斯图卡”俯冲轰炸机构成威胁的作战飞机；二是近距支援作战，为德国陆军第12集团军向前推进提供空中打击任务，南斯拉夫和希腊的空中力量弱小，Bf 109执行近距支援任务危险性较小。巴尔干战役的情况跟此前的法国战役有点类似，在战役最初的两个星期里，JG 27联队队部只取得1架战果，也就是联队指挥官沃尔夫冈•斯切尔曼在希腊南部的塔纳格拉（Tanagra）附近击落1架英国皇家空军“飓风”战斗机。随着战事快速推进，Bf 109战斗机开始执行越来越多的战斗轰炸任务。

里皮切特上尉的Ⅱ./JG 27大队在“玛丽塔行动”的第二个星期里包揽了全部19架战果，这个星期里，英国及英联邦盟军匆忙赶到希腊支援希腊对抗德军，而事实的情况却是，英国盟军跟着溃败的希腊军队一起南撤，狼狈不堪。

4月13日，在从匈牙利沃尔巴转场到比托拉（Bitolj，南斯拉夫最南端，现属马其顿共和国，该市与希腊接壤）的途中，6./JG 27中队的Bf 109战斗机与一支英国皇家空军六机“布伦海姆”轰炸机编队（没有护航战斗机伴随）遭遇，在短短四分钟内，德国飞行员将全部6架英国轰炸机击落，6./JG 27中队指挥官汉斯－约阿西姆•格拉克（Hans-Joachim Gerlach）和另两位士官分别击落2架英国皇家空军第211中队的轰炸机。第二天，6./JG 27中队只击落1架老式双翼“斗士”战斗机，但却损失了中队指挥官，格拉克在执行对地扫射任务时被地面炮火击中，他跳伞后被

▲7./JG 27中队的Bf109E-7战斗机。在巴尔干战役中，Bf 109E飞机执行的大部分作战任务是对地攻击，注意看图中飞机机腹的炸弹挂架（没有携带炸弹）。携带炸弹也会严重影响Bf 109E飞机的性能，德国空军的损失主要是执行对地攻击任务时被地面高炮击落的。

▲8./JG 27中队的Bf 109E-7战斗机驻扎在希腊一处机场。

俘。4月15日，2./JG 27中队在特里卡拉（Trikkala，希腊中部）附近上空15分钟内击落6架希腊空军战斗机，中队指挥官古斯塔夫•罗德尔中尉击落2架PZL P.24战斗机和1架Bloch 15战斗机（当时罗德尔误以为是“飓风”战斗机），其他3架飞机分别是1架PZL P.24战斗机和2架“斗士”战斗机。一个六机战斗机编队出现三个型号飞机，可见希腊空军的实力有多么弱小。

Ⅱ./JG 27大队的最后战果全是英国“飓风”战斗机，其中4月20日的战斗中该大队击落最后4架“飓风”战斗机，其中3架战果属于古斯塔夫•罗德尔，他的战绩此时上升到20架。4月20日当天，Ⅱ./JG 27大队向南部署到英国皇家空军刚刚放弃的希腊拉里萨（Larissa）机场。

跟Ⅰ./JG 27大队和Ⅱ./JG 27大队取得节节胜利相反，Ⅲ./JG 27大队在“玛丽塔行动”中的表现可以用丢脸来形容，这个大队不仅在整个战役中没击落1架敌机，还包揽了整个JG 27联队的两个重大伤亡，在“玛丽塔行动”当天，8./JG 27中队的8架Bf 109战斗机在攻击鲁培尔山口（Rupel Pass）希腊地面目标时遭遇英国皇家空军第33中队的“飓风”战斗机，当即有4架Bf 109战斗机被英国飞机击落，其中两名飞行员丧生，这其中有一人是8./JG 27中队指挥官阿诺•贝克尔（Arno Becker）。8./JG 27中队一直被中队指挥官命不长这个魔咒所困扰，贝克尔是该中队丧生的第三位指挥官。

截至4月26日，JG 27联队队部、Ⅱ./JG 27大队和Ⅲ./JG 27大队在希腊的雅典艾留西斯（Eleusis）重聚，这里是这几个单位在希腊的最后一站。4月27日，希腊境内战斗结束，JG 27联队的几个单位在停留几天后返回德国，之后又被部署到波兰准备参加德国入侵苏联的军事行动。但是，Ⅲ./JG 27大队返回德国的时间推迟了几个星期，这个单位先是在5月初转移到意大利西西里岛南端的杰拉（Gela）部署，在这里，Ⅲ./JG 27大队的Bf 109战斗机参与了轴心国进攻马耳他岛行动，主要执行为轰炸机护航、自由狩猎和战斗轰炸任务等。虽然在希腊战场剃了光头，Ⅲ./JG 27大队在马耳他行动中表现相当成功，在此参与的空中行动中Bf 109共击落5架英国皇家空军“飓风”战斗机，其中1架英国皇家空军第185中队的“飓风”战果属于大队指挥官马克斯•多比斯拉夫上尉，这是他在5月15日的战斗中取得的。其他4架战果全部属于大队战绩最高得主，即9./JG 27中队指挥官艾尔伯•冯•卡格内克（Erbo von Kageneck）伯爵中尉，他的战绩因此上升到17架。

诺伊曼上尉的Ⅰ./JG 27大队在巴尔干战役前（不是之后）就已经部署到西西里岛，但是，这个大队只是在3月初的十天里短暂部署到西西岛上的科米索（Comiso），这十天的行动中只击落1架英国“飓风”战斗机。3月中旬，Ⅰ./JG 27大队返回德国慕尼黑，但在德国停留的时

▲Ⅲ./JG 27大队的Bf 109E-7战斗机，飞机天线桅杆上也有一面三角旗，上文提到过7./JG 26中队指挥官埃贡•迈耶尔少尉的Bf 109F-2座机上就有这样的物件。

▲通常情况下单位指挥官的座机会喷涂上醒目的颜色，但是，参加希腊战役的JG 27联队几个单位飞机不仅仅是指挥官的座机如此，其他飞行员的也是如此。照片拍摄于1941年5月。

间并不长，不久后的4月4日，该大队再次部署到奥地利南部。在此，Ⅰ./JG 27大队临时受JG 54联队队部指挥，指挥关系的变更是为了48小时后入侵南斯拉夫行动便于统一指挥。

Ⅰ./JG 27大队部署在奥地利是为了控制南斯拉夫北部领空，消灭敌人空中力量，近距支援地面部队等，但是，南斯拉夫的空中也极为弱小，空战行动几乎为零，因此Ⅰ./JG 27大队没有击落1架敌机，反倒有1架Bf 109战斗机被地面炮火击落，还有1架飞机轻微受伤。损失的那架飞机属于2./JG 27中队威利•科特曼（Willi Kothmann）少尉，一个月前他在马耳他上空击落过1架“飓风”战斗机，在南斯拉夫战斗中他被地面击落后跳伞逃生，刚开始他被列入失踪者名单，但不久他就回到了格拉兹（Graz）。

另一个损失也是敌人地面炮火造成的，这位3./JG 27中队飞行员在扫射卢布尔雅那（Ljubljana）机场一排Potez 25双翼飞机过程中被地面炮火击中。但是，这位飞行员根本不知道自己的座机被击中，他返回的途中和着陆没有觉得任何不对劲儿的地方，他的僚机赖纳•波特根

▲9./JG 27中队指挥官艾尔伯•冯•卡格内克的座机（序列号Wk-Nr 4187）。照片拍摄于1941年5月。

▲9./JG 27中队指挥官艾尔伯•冯•卡格内克。

▲（上下图）JG 27联队的Bf 109E飞机很大的伤亡都是被地面炮火击中的，被英国皇家空军飞机击落的极少。

（Rainer Pottgen）却亲眼看见发生的一切，他说，“我飞在马尔塞尤后方100米，看见1枚高炮炮弹击中他的左侧机翼，但是他和我们一起返回了格拉兹，没发生事故”。

第一天参战就出现损失后，Ⅰ./JG 27大队此后的巴尔干地区战斗风平浪静。4月11日，该大队转移到南斯拉夫北部首府阿格拉姆（Agram），即前一天刚刚宣布独立的克罗地亚独立国家首都萨格勒布（Zagreb）。4月14日，Ⅰ./JG 27大队返回德国慕尼黑，同样回国时间不长，不到一个星期后，诺伊曼的飞行员开始在意大利境内辗转。但是，此次Ⅰ./JG 27大队并未部署到西西里岛，而是到北非的加查拉，名气还不太响的JG 27联队因为北非战场，因为马尔塞尤而掀开新的篇章，这就是下文要提到的。

JG 27联队队部、Ⅱ./JG 27大队和Ⅲ./JG 27大队在部署到北非与Ⅰ./JG 27大队会合前先参加了“巴巴罗萨行动”，这些内容将在下个重要章节中讲述。

北非战役中的JG 27联队

希特勒放弃入侵英国后，德国开始为下一个重要目标——苏联作战争准备。但是，没想到意大利独裁者墨索里尼此时不合时宜地出来搅局。德国在欧洲战场仅用一个多月的时间就赢得决定性胜利，一旁等果子吃的墨索里尼在1940年6月11日对英国和法国宣战。墨索里尼无非是想趁着法国灭亡（宣战时法国灭亡已经用天来计算了）和英国自保来多获得一些得益，也在希特勒面前提高一下自己的地位，曾几何时希特勒最崇拜的人就是墨索里尼，现在完全相反。其实，就在意大利正式入侵希腊前，墨索里尼已经迫不及待地要求北非意大利军队把英国赶出埃及。1940年8月8日，意大利第10军团正式入侵埃及。墨索里尼原以为英国忙着与德国作战会顾及不到埃及，事实是英国及英联邦仅3万多人的军队顽强地抵抗住了意大利10个师的进攻。英国初期失利并站稳后没费太大的力气就把意大利人赶出了埃及，不仅如此，到12月下旬，英国盟军反倒进入利比亚，占领了昔兰尼加地区，战线推到利比亚班加西一带。

灰头土脸的墨索里尼只得硬着头皮向希特勒求救，希特勒也担心意大利会被英国人赶出非洲，这个结果对德国肯定十分不利，为此，德国在1941年年初决定向北非派遣第5轻型装甲师和第15装甲师增援意大利北非军队。希特勒派出的军事力量只是象征性的，他的最初想法就是抵御住英国盟军进攻就行，并没有奢望把英国盟军赶出利比亚，因此希特勒警告德国北非部队司令埃尔温•隆美尔中将“在秋天之前不要在北非发动大规模军事行动”。但是，隆美尔将军对于沙漠作战却有自己的想法，仔细分析北非战场形势后，他发现当前形势对于轴心国来说十分有利，一是英国盟军的战线拉得特别长，二是敌人作战力量也出现疲态。或者这样说，在地中海沿岸的北非战场，一方撤退就意味着另一方战线延长，物资补给会出现困难，此前意大利进攻埃及就是如此，随后的双方拉锯战清楚地证明了这点。对于隆美尔来说，将

▲这是一张被各类书籍和杂志广泛采用的照片，故事背景是Ⅰ./JG 27大队出发奔赴北非前在意大利西西里岛。图中几位是这个大队的几名顶级王牌飞行员。

▲Ⅰ./JG 27大队的Bf 109E正从意大利西西里岛转场到北非利比亚，飞机携带了300升副油箱。下图中飞机背部有一块黑色突出，那是远处另1架飞机的垂尾。

在外君命有所不受，战场时机十分难得，为了谨慎起见，他决定发动一次武装侦察行动，谁知，此次武装侦察演变成一次重要行动。

墨索里尼在巴尔干捅了娄子后，1940年12月10日，希特勒批准在挪威执行轰炸舰船任务的第十航空军（X. Fliegerkorps）从挪威调往西西里岛，第十航空军司令部设在卡塔尼亚（Catania，西西里岛东部港口城市），空军作战单位则分别驻扎在岛上巴勒莫（Palermo）、特拉帕尼（Trapani，意大利西西里岛西北岸港口城市）、杰拉（Gela）和科米索（Comiso）等机场。空军作战单位中执行制空任务的就是JG 27联队，因为北非、地中海马耳他岛和巴尔干地区都有战事，JG 27联队的第Ⅰ大队（Ⅰ./JG 27）被分配到北非作战，该大队于1941年4月18日抵达加查拉（Ain El Gazala）机场驻扎。加查拉是利比亚东北部的地中海沿岸本拜湾（Gulf of Bomba）的一个小村庄，位于托布鲁克（Tobruk）以西70公里，或是泰米米（Tmimi）以东20公里。

德国非洲军团司令埃尔温•隆美尔以足智多谋闻名，1941年2月抵达非洲后德军就遏制住了英国的进攻，在3月31日德国开始发起反攻时，德国最初只是想发动简单“武装侦察”行动以试探英国军队的实力，很快隆美尔将军就发现了英国军队的弱点，他立即利用英军的弱点将“武装侦察”行动升格为全面的反攻行动，在一个月多一点的时间里德国便重新控制了利比亚全境。说德国控制了利比亚全境并不完全准确，隆美尔已经完全收回了被意大利丢掉的领土，随着他向东推进，德国重新占领了被英国军队占领的城镇，但有一个例外：托布鲁克。在北非战争前，几乎没有人听说过这个只有500人的利比亚港口小镇，甚至意大利墨索里尼占领该镇并将其扩建为一个海军基地，它的重要性也不是很大。但是，澳大利亚师、英国炮兵部队和印度骑兵团撤退进入托布鲁克外围防御阵地并在此抵抗住了轴心国军队八个月之久的围困，托布鲁克因此一夜成名，托布鲁克战役也成为世界军事史上不得不提的一个战例。目前的形势是德国已经将战线推到了埃及境内的塞卢姆（Sollum，埃利边界处）一带。

Ⅰ./JG 27大队是德国空军第一支进驻非洲的单发战斗机单位，驻扎在德尔纳（Derna）的Ⅲ./ZG 26大队的Bf 110D驱逐机稍早一些到达。Ⅰ./JG 27大队指挥官是意志顽强且足智多谋的爱德华•诺伊曼（1911年6月5日－2004年8月9日）上尉。Ⅰ./JG 27大队3个中队飞行员大部分是作战经验丰富，而且已经拥有多架战果，大队指挥官本人早年驾驶Bf 109D参与了“秃鹰军团”在西班牙作战，其间他击落2架共和派飞机，英国战役第一天他又击落1架英国皇家空军第236中队的1架“布伦海姆”轰炸机。大队还有数位王牌甚至是双料王牌飞行员，如格哈德•霍穆特中尉，他的战绩是15架，路德维希•弗兰齐斯克特（Ludwig Franzisket）中尉的是14架，卡尔－沃尔夫冈•雷德里希（Karl-Wolfgang Redlich）的是10架，威利•科特曼（Willi Kothmann）少尉的是7架，后来名声显赫的汉斯－约阿西姆•马尔塞尤当时的战绩也是7架。Ⅰ./JG 27大队的3个中队指挥官分别是卡尔•沃尔夫冈•雷德里希中尉（1./JG 27）、埃里希•格利茨（Erich Gerlitz）上尉（3架，2./JG 27）和格哈德•霍穆特中尉（3./JG 27），在抵达北非时，Ⅰ./JG 27大队的总战绩是61架，几个王牌就包揽了其中90%。

如今，这些飞行员已经驾驶Bf 109E飞机参加了闪电袭击西欧和英国战役，德国Bf 109E的优异性能加上飞行员久经战

▲对于Bf 109战斗机，或者对于JG 27联队参加北非战役来说，这张照片非常有代表性，这是德国战斗机单位首次进驻北非。图中是Bf 109E-7战斗机在利比亚苏尔塔机场。

▲1941年4月，Ⅰ./JG 27大队的Bf 109E-4/Trop战斗机转场到利比亚加查拉机场。北部非洲给人的印象就一个字“热”。图中拍摄于1941年6月。

场的锻炼，德国这支满员装备90架飞机[①]的Ⅰ./JG 27大队在北非是一支不可小觑的力量，严重地威胁到了盟军（此时的盟军一般指英国及英联邦国家，如澳大利亚、南非和加拿大等）空中行动。在北非，德国Ⅰ./JG 27大队面对的主要是英国皇家空军已经服役有一段时间的战斗机，最先进的也是德国飞行员比较熟悉的“飓风”战斗机，这些英国飞机此前在英国战役中参与了对抗德国空军的行动，英国皇家空军换装更先进的“喷火”战斗机时，性能已显落后的“飓风”战斗机就被送到了北非和地中海战场，一方面英国本土安全更加重要，另一方面对付意大利空军这种货色，“飓风”战斗机加上英国皇家空军飞行员的素质就足够了。虽然英国战役结束，但英国本土并不太平，因此，“飓风”战斗机一直是北非战场的盟军主要战斗机。在获知德国Ⅰ./JG 27大队进驻非洲后，英国当时仍无法向驻扎埃及的皇家空军提供“喷火”战斗机，唯一可行的办法就是增加“飓风”战斗机的供应量和增派作战单位到北非。在德国和英国两国空中力量交手前的形势是英国战斗机数量上占优，德

① 这里满编90架指的是战斗机加上其他支援飞机，如运输机、联络飞机或是滑翔机等，通常情况一个战斗机大队包括一个大队直属单位（或称队部）和三个中队，每个中队有三个四机编队，即12架战斗机（上文中7./JG 26中队是14架），每个队部有一个四机编队，这样算下来，一个战斗机大队战斗机的数量是40架。从“90架”这个数量也可以看出德国空军大队编制的独立作战能力很强。

国战斗机质量上占优。

几乎一抵达非洲，Ⅰ./JG 27大队就投入到激烈的战斗中。当前的形势是轴心国一方和盟国一方在埃及边境一带对峙，双方都没有能力再次发动大规模行动，主要战斗集中在托布鲁克周边一带。托布鲁克并不是影响北非战争的关键，但这个弹丸之地在德国一侧总让人感到不舒服，它的潜在不利之处就是可能会威胁德国的运输线。在北非战场，不管是海上运输还是陆上运输都在海岸线一带进行，不把托布鲁克的英国盟军消灭，日后很可能英国人会利用此地切断德国陆上运输线。

Ⅰ./JG 27大队的加查拉驻地就在托布鲁克西面，托布鲁克被德军围困后，德国空军Ⅱ./St.G 2大队的Ju 87B-2不间断地轰炸其外围工事，德国Bf 109E战斗机就是保护“斯图卡”免受英国战斗机侵袭。要想为托布鲁克解围，英国皇家空军也常派出战斗机去扫射德军阵地，这样德国和英国战斗机难免就会遭遇。4月19日（抵达非洲的第二天），在当天的护航行动中，Ⅰ./JG 27大队的Bf 109E战斗机初次作战就取得击落4架敌机（全部是“飓风”战斗机）的好成绩。战斗发生在加查拉到托布鲁克之间60公里长的海岸上空，1./JG 27中队指挥官卡尔－沃尔夫冈•雷德里希中尉击落其中2架，这样，Ⅰ./JG 27大队二战以来击落敌机总数达到100架（跟上段中61架不一样，待查）。此次战斗中首开记录的是维尔纳•施瑙尔（Werner Schroer）少尉，当时还不起眼的他后来成为一名优秀的王牌飞行员和指挥官，二战结束前，他晋升为JG 3“乌德特”联队指挥官，还获得了“佩剑加橡树叶加骑士十字勋章”，他是德国王牌飞行员中少数几个击落英国皇家空军和美国陆军航空兵飞机超过100架的飞行员，个人总战绩达到114架。

当天战斗中击落“飓风”战斗机的最后一名飞行员是汉斯•西佩尔（Hans Sippel）中士，24小时后的另一场战斗中，他再次在加查拉上空击落1架英国“惠灵顿”轰炸机。不过，西佩尔也是JG 27联队参加北非战役中第一个阵亡的飞行员，4月21日这天，他在托布鲁克上空被击落身亡。因为名气不响，不清楚他是被地面高炮击落的还是被英国盟军战斗机击落

▲维尔纳•施瑙尔首开JG 27联队北非战役的击落记录，日后他是一位耀眼的明星。图中中间者就是施瑙尔。

的，这两种可能性都有，此前在马耳他战场，德国Bf 109E除了执行护航任务外，还经常扮演对地攻击角色对马耳他岛上的英国皇家空军机场扫射。在北非，Ⅰ./JG 27大队的Bf 109E战斗机也执行此类作战任务。

4月23日，汉斯－约阿西姆•马尔塞尤被调入JG 27联队后第一次在北非战场上取得战果，即在托布鲁克上空击落1架英国皇家空军“飓风”战斗机，这是马尔塞尤“辉煌”北非之旅中极不起眼的开始。马尔塞尤的此次战斗也不太惊心动魄，但超级明星的第一次总会被提起，当天为“斯图卡”俯冲轰炸机护航去轰炸托布鲁克，刚完成轰炸脱离战场英国皇家空军7架“飓风”战斗机就从东面飞来，另一对双机机组率先击落1架“飓风”飞机，随后马尔塞尤和他的僚机波特根也朝下冲向敌机，第一轮攻击他就击落了敌机，没劲儿！此时马尔塞尤的战绩是8架，比起Ⅰ./JG 27大队其他三位王牌还有差距，这三位就是上面提到的格哈德•霍穆特中尉、路德维希•弗兰齐斯克特中尉和卡尔－沃尔夫冈•雷德里希。这三位王牌飞行员的战绩都快达到20架了，当时，击落20架敌机就有资格获得“骑士十字勋章”，后来在苏联战场，很多飞行员个人战绩达到几乎是“天文数字”了还未获得“骑士十字勋章”，想想心里都不平衡。领先马尔塞尤的三位飞行员不久后就都获得了梦寐以求的“骑士十字勋章”（马尔塞尤重要的战斗细节请参阅武汉大学出版社出版的《沙漠星辰——汉斯－约阿西姆•马尔塞尤传》）。

5月1日早晨，3./JG 27中队的Bf 109E战斗机与英国皇家空军一个中队的“飓风”战斗机在托布鲁克南面遭遇，中队指挥官格哈德•霍穆特中尉和马尔塞尤在当天这次战斗中分别击落2架敌机。值得一提的是，这天是马尔塞尤第一次作为四机编队长机参与战斗，作为长机有绝对攻击优先权，其他僚机只负责掩护长机实施攻击。有意思的是马尔塞尤作其他长机的僚机时可一点也不守规矩，经常超越长机率

▲天上1架费施乐“仙鹤”侦察机正准备在加查拉机场着陆，近处是2./JG 27中队的Bf 109E-7/Trop战斗机，远处整齐摆放的是油桶，在盛产原油的北非，交战双方最缺的就是燃油。

先实施攻击，这是绝对禁止的。

此时，由于隆美尔的第一次反击就将战线推到埃及边境，未被占领的托布鲁克附近英国数量不多的“飓风”战斗机单位也撤离托布鲁克。英国皇家空军撤离的同时德国也展开攻占托布鲁克的战斗，没想到这个弹丸之地德国要想拿下真不容易。以轴心国和盟国在埃及边界对峙为标志，敌对双方都暂停了大规模地面军事行动，在接下来的两个星期里，Ⅰ./JG 27大队参与的战斗并不多，仅仅取得了3个战果，而且都是一人所为：格哈德•霍穆特。

加查拉是德国空军Ⅰ./JG 27大队的主要基地，战场平静时期，大队的1个中队会部署到托布鲁克以东50公里的卡姆布特（Gambut或Kambut）执行巡逻和训练任务，晚上这个中队再返回加查拉驻地。初次到漫漫黄沙的北非，德国飞行员很是不适应，远离德国，这里不是缺这个就是少那个，要想长久地呆下去就得想办法，除了意大利军队会提供一些军用物资，早期德国飞行员会向当地人和犹太人购买各种生活用品，比如衣物等。德国空军的标准装具在北非完全不适用，因此飞行员会根据当地情况进行改装，后来在北非的飞行员制服和飞行装具形成了自己独特的风格，当然不管怎么改，必须遵守一个原则，那就是必要时这些更轻便的夏天装具可以改进为与保暖的厚衣服相匹配，保不齐哪天单位会转战其他气候寒冷的战场。从上文Bf 109飞机型号介绍中也可以看出，德国梅塞施密特公司也在改进适应北非环境的飞机子型号。

总的来说，西部沙漠（Western Desert，撒哈拉沙漠东北部，大部分在利比亚境内东部，埃及西部也有一部分）的沿海地区的气候还算令人满意，起码德国人能适应，英国人早适应了，德国人没那么娇气。沙漠地区气候很重要的一个特征就是白天温度奇高，夜晚温度极低，初到此地的人对此会兴奋几天，随后就是无休止的诅咒。德国空军面临最大的问题是物资供应，有些物资可以由意大利人供应，但Bf 109战斗机的零

▲Ⅰ./JG 27大队的Bf 109E战斗机在为Ju 87“斯图卡”护航去轰炸托布鲁克，这个弹丸之地牵扯了太多德国的精力。

▲这是另一张比较著名的照片，Ⅰ./JG 27大队本部路德维希•弗兰齐斯克特中尉驾驶着Bf 109E-7/Trop在为Ⅱ./St.G 2大队的“斯图卡”飞机护航，仍然去轰炸托布鲁克。图中Ju 87俯冲轰炸机的炸弹挂架已经伸出，这说明已经完成了轰炸，正在返航。

配件却只能由德国人供应。德国和意大利在北非最重要的港口是的黎波里和班加西（卡扎菲倒台那段时间这两个地方最为普通人所熟知），德国物资到达这两个港口后还得通过陆路运到各个驻地，按理英国人也是这么做的，怎么英国人这方面问题就不那么突出呢？除了海上力量德意不如外，另一个很重要的问题就是马耳他，有这个钉子在意大利就无法正常地把物资直接运送到利比亚东北沿海地区。对于德国Ⅰ./JG 27大队来说，最紧迫最现实的问题是飞机零配件供应问题和飞机的维护保养问题，由于缺乏起重设备、维护工具和车辆，飞机的维护无法正常进行。另外，在沙漠地区，飞机露天停放，露天维护带来的问题也不少，一夜醒来飞机上到处是黄沙，座舱和发动机里的黄沙甚至得用罐头盒往外舀。

Ⅰ./JG 27大队装备的是Bf 109E型号，这个型号在其他战场已经被更先进的Bf 109F型号取代，但是对于装备最先进的战斗机也不过是“飓风”的英国皇家空军来说，德国Bf 109E的性能占优，数量上也可以大量提供。Bf 109E战斗机也有一些内在的毛病，但驾驶该型号飞机已经有数百小时的德国飞行员完全熟悉了Bf 109E的秉性，用飞行员的话说他们很喜欢自己的座机。

为了防止Bf 109E战斗机的发动机在高温和沙尘环境下磨损过度，在部署到北非前的1940年飞机就有针对性地进行了改进，比如发动机整流罩的左侧增压器进气口上方和前方，以及润滑油冷却系统和发电机设备通气口安装过滤网，增加热带

▲上图为1./JG 27中队指挥官卡尔•沃尔夫冈•雷德里希，下图为3./JG 27中队指挥官格哈德•霍穆特，他们驾驶的都是Bf 109E-7/Trop战斗机，飞机编号都是“1”，但颜色不一样。

▲路德维希•弗兰齐斯克特中尉进驻北非时的战绩是14架，在联队中排名第二。照片应该也是从意大利西西里岛转场时的照片。

沙漠地区救生设备（包括轻型卡宾枪、食物、水和单兵设备等）。另外，飞机机腹增加一个湿挂点以便携带1个300升副油箱，但是这个改进很不招飞行员喜欢，主要问题是增加了飞机着火的风险，因此，只有飞机转场飞越地中海时才会携带副油箱，部署到北非航行中Ⅰ./JG 27大队飞机就携带了副油箱，此后就再也没见过该大队飞机携带过副油箱。

德国派往非洲协助意大利的实际上主要是轰炸机单位，比如LG 1联队80架Ju 88A-4轰炸机和“斯图卡”俯冲轰炸机三个联队80架Ju 87B/R-1飞机等，这些轰炸机单位在北非奋战了两个多月后Ⅰ./JG 27大队的Bf 109E-7战斗机才被派往该地。Bf 109E-7飞机的主要作战任务就是为中型轰炸机或“斯图卡”俯冲轰炸机护航。在北非，Ⅰ./JG 27大队执行的是中低空护航任务，在其他战区主要执行高空护航任务，好在护航高度不是大问题，一般都是护航战斗机在轰炸机上方护航，遭遇敌机则俯冲攻击，高度上首先具备优势。作战队形上，德国空军一般采取双机或四机编队出动，特别是德国人发明的四机指尖队形比当时英国战斗机的老式V字形三机编队更加灵活有效，西班牙内战已经证明了这种队形的有效性。在一望无际平坦的沙漠上空作战，德国研究发现作战高度选在1800米最为合适，通常Bf 109E-7战斗机会在上午10点到下午4点之间执行护航任务，这个作战高度和时间对于轰炸机，特别是“斯图卡”俯冲轰炸机采取行动十分有利，像后者在抵达目标上空实施近乎垂直俯冲时都很难被敌人发现，即使发现了也为时过晚了。对于德国空军来说，沙漠的沙尘暴最为危险，及时预测和发现沙尘暴十分重要。

在北非战场，英国皇家空军的空中力量并不强，因此作为隆美尔的支援力量，Ⅰ./JG 27大队在此作战有很大的自主性和灵活性，作战强度也不大，经常执行的就是自由狩猎和巡逻这类间接支援任务，较少执行直接的支援或是护航任务。自由狩猎和巡逻任务一般在德国物资补给公路或航线一带进行，防止补给线遭到敌机攻击。北非战争初期，德国处在绝对的优势，护航行动并不多，因此那些Ⅰ./JG 27大队的王牌飞行员在作战时不受约束自由地发挥，利用自己丰富的作战经验，他们经常把英国飞机编队中粗心的家伙分离出来一顿痛扁。

在北非，Bf 109E战斗机给英国皇家空军造成的主要损失一是扫射机场，二是拦截执行同样扫射德国机场任务的英国战斗机，也就是用制空战斗机来执行空袭机场任务双方都在干，双方想到一块儿的原因是执行此类任务可以给对方人员、机场飞机、设备和燃油供应等造成一定的损害或破坏，虽然破坏程度远比不上轰炸机，但是机动灵活的战斗机付出的代价却极小。

作为制空战斗机的Bf 109，它的主要作战任务就是空中格斗和拦截敌轰炸机（中小型）或侦察机，北非的情况特殊一点，拦截轰炸机和侦察机的情况极少，大部分还是遭遇敌战斗机（没准就是执行战斗轰炸任务），性能更强的Bf 109E因此这段时间也取得一些战果，虽然早期英国皇家空军在北非战场轰炸机并不多，德国还是击落其中一些（量不大），如“布伦海姆”轰炸机、“博福特”轻型轰炸机和马丁公司的“马里兰”轰炸机等。

由于敌对双方都十分依赖海上运输，北非西部沙漠的战斗主要发生在利比亚沿海地区，这里不仅有港口（如果不是战争需要，这里几乎就是个无人问津的海滩，二战后这里再次沉寂下来），周边还密布着大大小小的机场，随后的三年里，北非的战斗大多集中在这里。沿海岸线有一条公路，对双方来说这就是生命线，增援的装甲车辆、汽车、物资和人员都得经过这条道路。不难看出，沿海公路和港口对双方来说都很重要，在北非要想持续战斗，物资供应是头等大事。具有讽刺意味的是，敌对双方争夺利比亚为的就是石油，而对于德国来说，装车车辆和飞机用燃油必须靠油轮从德国运送到的黎波里，再由陆路运送到其他作战单位。燃油被装在油桶里，为的是方便运输和储藏，在利比亚甭想找到合适的建筑来存储燃油，简单的方法就是露天垒放，再盖上迷彩网防止被敌侦察机发现，如果不怕辛苦，更好的办法就是挖个坑把燃油储存在地下，这样既可以防止被敌机发现，也可以降温。后来德国士兵发现，挖个坑作为防空洞更好，既可以清凉解暑，也可以防止遭敌攻击。

把英国盟军赶出利比亚后，托布鲁克就成了德国人的眼中钉肉中刺，这里的战斗八个月来一直就没停止，由于英国皇家空军从托布鲁克周边撤走，托布鲁克上空的战斗基本上就是Bf 109E护航Ju 87俯冲轰炸机实施轰炸，在更多战斗机抵达前，托布鲁克的英军防空主要依托地面高炮。但是，Ⅰ./JG 27大队似乎意犹未尽，他们把空中战场推到了利比亚与埃及接壤空域，这么做一方面可以诱引英国盟军战斗机前来送死，另一方面在托布鲁克东面截住偷袭“斯图卡”俯冲轰炸机的盟军战斗机，或是前去轰炸托布鲁克周边德国部队的盟军轰炸机。5月21日，双方在利埃边境终于爆发一次较大规模的空战。这天，3./JG 27中队拦截了英国皇家空军第14中队的一支“布伦海姆”轰炸机编队，德国人毫无悬念地击落5架轰炸机，其中2架属于中队指挥官格哈德•霍穆特中尉，这样，他的个人战绩就达到22架，因此他也获得了“骑士十字勋章”，这是Ⅰ./JG 27大队第一个获此勋章的人。

在北非战场，Bf 109战斗机拦截轰炸机的战斗并不多，5月21日那次也是难得的一次，在随后的行动中主要还是与盟军的战斗机作战。击落“布伦海姆”轰炸机以后的四个星期里，Ⅰ./JG 27大队的记分板再次增加12架“飓风”战斗机。这一时期，北非的英国皇家空军主要装备“飓风”战斗机，在Ⅰ./JG 27大队北非战役中取得的600多个战果中，有近一半是“飓风”战斗机，而这款战斗机已经证明性能上不如德国Bf 109E，英国飞行员的作战素质也比久经战场洗礼的德国飞行员差一些，但前者非常勇猛。

要想抵挡德国的进攻，英国盟军需要更多的战斗机和作战单位的加入，就在6月，德国人发现驻非洲的英国皇家空军单位里增加了美国人提供的新型战斗机。6月18日早晨发生在利埃边境上空的一次战斗中，德国空军1./JG 27中队击落3架敌机，但这3架敌机明显与“飓风”战斗机不同，德国人一时也没搞清是什么型号，因此战斗日志只是简单地称之为“布鲁斯特”（Brewster）。事实上，所谓的“布鲁斯特”就是寇蒂斯公司的P-40B/C“战斧”（Tomahawk）战斗机，听说“战斧”的人不多，而P-40D/F“小鹰”（Kittyhawk）名气就大多了。6月18日德国击落的是英国皇家空军重组的第250中队的“战斧”飞机，随后美国提供的数量不断增加，使用这些飞机的主要是英国皇家空军、皇家澳大利亚空军（RAAF）和南非空军（SAAF）。虽然作战飞机数量在增加，英国的盟友也有好几个，实际上，英国的盟友聊胜于无，发挥的作用有限，英国人倒是清醒地

▲JG 27联队队部的Bf 109E-7/Trop战斗机刚刚抵达北非。从照片看，这里不是加查拉，因为机场旁边有树，文章中提到的很多小机场都是鸟不拉屎的地方，一望无际没有一棵树。

▲3./JG 27中队的1架Bf 109E-7/Trop飞机正在进行起落架收放检查，飞机已经被千斤顶撑起。

▲驻扎在埃及的英国皇家空军第112中队的P-40战斗机，这款飞机性能稍逊，但当时无法向驻埃及的英国皇家空军提供更先进的“喷火”战斗机。

▲在西部沙漠作战中，英国皇家空军第112中队的驻地遭到空袭，近处是被炸毁的P-40战斗机。

在不平静的八月快要结束时，新近晋升为少尉的汉斯－约阿西姆•马尔塞尤终于在两个月的零蛋生涯后击落1架南非空军“飓风”战斗机。这架在埃及西迪巴拉尼（Sidi Barrani）海岸附近上空击落的敌机是马尔塞尤

看到从作战效率上看盟军这方并没有提高多少。回到6月18日的战斗，此次击落3架“战斧”战斗机中有1架是1./JG 27中队指挥官卡尔－沃尔夫冈•雷德里希的第21个战果，他因此获得了“骑士十字勋章”，这是JG 27联队第二个获得此勋章者。一个月后的7月19日，Ⅰ./JG 27大队副官路德维希•弗兰齐斯克特中尉在塞卢姆湾击落1架“飓风”战斗机（当时他误以为这是“战斧”战斗机），这架战果也为他带来了“骑士十字勋章”，即JG 27联队第三位获得此勋章者。

最近英国发动两次不成功的反击行动后，双方战事再次平静下来，但是，Ⅰ./JG 27大队的Bf 109E战斗机此时深入更深的埃及空域挑衅英国盟军。为了更深入埃及领空，Ⅰ./JG 27大队的1个中队向前部署到离战线很近的卡姆布特机场，为的就是提高飞机的作战半径，当然，为防止遭到偷袭，晚上这个中队再返回加查拉机场。

的第14架战果，这一时期他跟前几位Ⅰ./JG 27大队的王牌差距在拉大。很快属于马尔塞尤的时期就会到来，只是开始仍然平淡无奇。9月9日，马尔塞尤在利比亚巴迪亚（Bardia）上空击落2架“飓风”战斗机。巴迪亚机场是轴心国重要的空军基地，这里还有一个港口，也是重要的海上运输港，该地距前线只有19公里。得到美国援助而实力大增的英国盟军在一段平静期后加大了空军行动，德国Ⅰ./JG 27大队也因此忙碌起来，在9月13日和14日的战斗中，马尔塞尤再次分别击落1架“飓风”战斗机。

对于被称为“非洲之星”的马尔塞尤来说，9月24日是他个人在非洲广阔舞台施展才华的重要节点，或者说是他快速成长为北非地区超级王牌的一个最为明显的开始，这一开始就收不住手了。用马尔塞尤本人话说就是“突然间一切似乎都理顺了”，如果将他个人进入非洲一刻起参与的战斗从头回顾就会明白，在“一切理

顺”前他的彷徨实际上是技术和战术的积累，换句话说在他彷徨期间的参悟才是他未来辉煌耀眼的前提。

要想说明9月24日这天是马尔塞尤北非战役一个重要转折点就得说一下他是如何破解英国皇家空军（包括盟军）惯常采用的卢式防御队形（Lufbery circle）。

为了给托布鲁克解围，英国皇家空军经常派出战斗机去扫射德军阵地，这样德国和英国战斗机难免就会遭遇。德国飞行员惊讶地发现北非的英国皇家空军和南非空军战斗机队形比英国本土和其他任何地方的都要落后，跟德国的灵活的四指队形相比，英国战斗机通常会组成一大群，庞大的队形极为笨拙，一位德国飞行员称“就像一大串葡萄”。如果遭遇德国

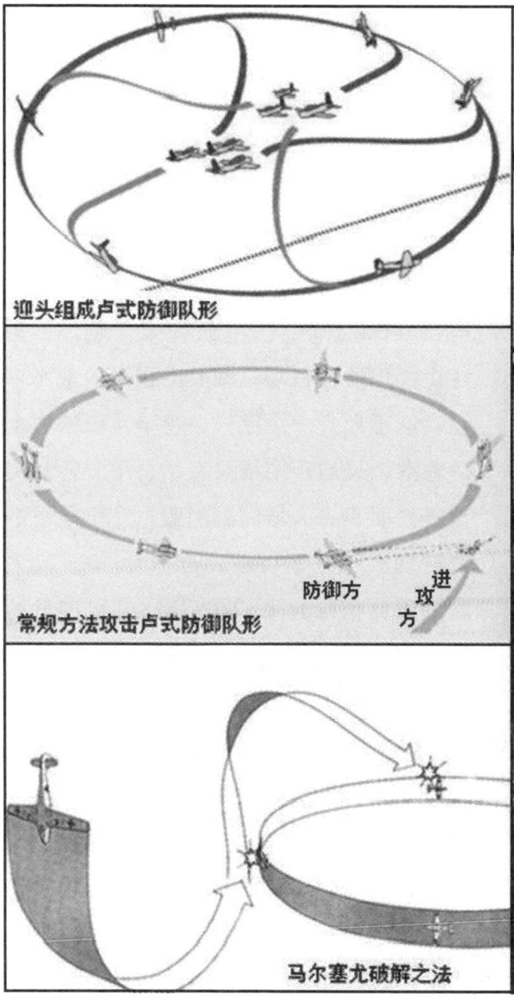

▲卢式防御队形的组成、反击和破解示意图，上图只列出迎头组成队形，还有同向组成队形，这个难度小一些。右图是拉乌尔•卢夫贝里。

战斗机，英国战斗机会立即组成圆形防御队形，即卢式防御队形，机动性最好的“飓风”战斗机在外围紧紧守护内侧飞机。卢式防御队形的创始人是一战时期的美籍法国人拉乌尔•卢夫贝里（Raoul Lufbery），这种战术是若干战斗机在同一水平面首尾相接飞一个大圆圈，一种空战队形的发明和推广在特定的时期肯定有它的优点，卢式防御队形不仅轰炸机采用，战斗机也采用，受到攻击时，几架飞机可以相互支援。但是，这种队形的缺点是灵活性差，只能自保无法主动攻击，一战期间发明的这种队形到二战已经显示出它的不足，德国对付这种作战队形的方法就是冒着一定的风险刺破敌队形，然后攻击脱离卢式防御队形的单个飞机。特别擅长破英国人这种队形的马尔塞尤早期每次作战都会带伤而回，这也说明卢式防御队形确实在防守上很有效。其他飞行员要想效仿马尔塞尤就必须先克服攻击时可能会陷入不利境地的恐惧心理。

说英国人傻也不正确，英国人完全知道“飓风”战斗机各方面性能都不如德国Bf 109E战斗机，因此遇到德国战斗机就编成卢式防御队形也求自保。同样，德国人更不呆，英国战斗机不敢正面与德国战斗机格斗，必须找到破解英国人防御队形的最佳方法，这种最佳的战术就是马尔塞尤发明的依靠速度来刺破这个防御圈，具体做法就是从高空俯冲到防御圈外侧下方，而后快速拉起攻击其中1架敌机，快速一轮射击后再急速爬升脱离战斗，然后再按相同的步骤实施第二次攻击，一次战斗可反复采用此战术。德国的这种战术对付其他敌机编队（队形）也很有效，每个战场德国都用过这种战术，事实证明在北非战场最有效，使用此战术出神入化的非马尔塞尤莫属，一度以来德国空军都津津乐道马尔塞尤的成功（破解卢式防御队形）。

▲马尔塞尤形象出众，出名后更是受到追捧。

马尔塞尤不是神仙天生就会破解卢式防御队形，事实上他也是慢慢摸索，甚至是冒着生命危险摸索出来的，9月24日的战斗就是他最终完善了他破解战术后第一次实战检验。当天中午，马尔塞尤的四机编队在执行自由狩猎行动中发现一支英国皇家空军“马里兰”轰炸机编队，马尔塞尤不费吹灰之力就击落其中1架轰炸机。当日下午，Ⅰ./JG 27大队的Bf 109E战斗机遭遇南非空军第1中队和英国皇家空军第112中队各9架“飓风”战斗机编队，德国战斗机首先从6000米高度背对着太阳发起攻击。遭到攻击的盟军战斗机见势不妙立即组成卢式防御队形，高空俯冲，加上Bf 109E战斗机本来速度就快，盟军卢式防御队形还未完成组成，盟军最后1架“飓风”战斗机在进入防御圈前被马尔塞尤盯上。英国这架“飓风”飞行员试图摆脱被攻击的位置，但根本来不及，马尔塞尤开火击中这架飞机左侧机翼，敌中弹起火①。就在马尔塞尤攻击第一架敌机时，负责掩护他的僚机遭到另1架“飓风”战斗机的偷袭，获知此情况后马尔塞尤前来解围，没费多大周折就击落了这架敌机。此时盟军战斗机已经组成了卢式防御队形，马尔塞尤大角度爬升到高空，随后看准时机高速俯冲下去，拉起时，1架敌机尚不在他的瞄准具中，他以一个高偏角射击击落目标，这种高偏角射击一般人根本做不来，

▲在英国战役期间的1941年9月28日，马尔塞尤的Bf 109E-7座机因发动机故障迫降在法国泰维尔海岸。这种情况算好的，马尔塞尤通常击落敌机的同时自己也被击伤，常常实施迫降。

▲马尔塞尤极其有个性，归纳起来就是他不是一个典型的德国军人，因此跟上司的关系也特别僵，除了直接上级爱德华•诺伊曼。图中是马尔塞尤刚刚下Bf 109F-4座机。照片拍摄于1942年9月15日。

① 很多资料未提及这架“飓风”战斗机的最终命运，从上段战斗过程来看，马尔塞尤此次战斗击落4架敌机没有任何疑问，如果是这样，这架机翼中弹起火的“飓风”未被击落。

▲北非战场几乎成了马尔塞尤一个人的舞台，当时，他的风头盖过了其他人。马尔塞尤死后其他的飞行员才得以施展才能。

▲马尔塞尤就是一个传奇，连他的敌人都不得不赞赏。

只有他知道敌机很快会飞到他的子弹弹道上。击落此次战斗第二架敌机后，马尔塞尤继续采用他的破解战术对卢式防御圈的敌机发起攻击，这次攻击同样得手。在燃油已经不多的情况下，他再次用相同方法击落1架“飓风”飞机。一次战斗中击落4架敌机，特别是其中3架是攻击卢式防御队形时得手的，这一战让马尔塞尤名声大振，他的战绩也一下子跃升到23架。

攻击卢式防御圈，如果一次得手是偶然，那么第二、第三次都顺利击落敌机；如果一次战斗是运气，那么以后的第二次，第三次，乃至于无数次的成功只能说明马尔塞尤个人技术高超，并不是靠运气，这也是为什么随后几个星期的战斗中，马尔塞尤几乎被神化，而这个神话也只是刚刚开始而已，他一天击落17架敌机，那才叫高潮。

马尔塞尤的故事后来几乎就成了传说，除了纳粹德国宣传的需要有一些夸张外，即使对手盟军飞行员也承认他是一位了不起的王牌飞行员。马尔塞尤过人之处一是他敏锐的视力，他总能在最远的距离早于其他飞行员几秒钟发现空中移动的小黑点，很多次战斗中都是他最先发现敌机，这给了他的四机编队充足的时间做好攻击准备，特别是选择最有利的攻击方向和位置；二是他个人技艺高超，这点在飞行学校时就已经表现出来，给上级指挥官演示时总少不了他，遗憾的是他的成功表演总是超过安全规定，每次成功都伴随着被惩戒。在作战中，马尔塞尤的战斗干净利索，很少与敌机长时间纠缠；三是驾驭战斗机感觉好，这是一个很虚的词，很难说得更明白，因此别人根本学不来。这种驾驭感觉好的具体体现就是他的高偏角射击和射击精度高，用弹自然也省。马尔塞尤的战友在谈到他高偏角射击时总是用不可思议来评论，敌机似乎总爱飞到马尔塞尤的弹着点，实际上这应归功于他如电脑般的精确计算，激烈的作战状态中他知道什么时候开火，而这正是他战斗积累和总结的结果。由于射击精度高，马尔塞尤平均击落1架敌机用弹仅仅15发（枚）子弹（炮弹），很多战绩过百的王牌飞行员击落1架敌机用弹上百发（枚）之多。很多时候，甚至是一次战斗击落6架敌机行动后，地勤人员发现他的飞机上还有一大半的子弹（炮弹）还在弹药盒里。在德国空军中，没有任何一个人作战耗弹比他更少。

时至1941年秋天，沙漠地区对峙的双方仍然没有采取大规模行动，利用这段无战事时期，德国Ⅰ./JG 27大队的中队轮流返回德国由Bf 109E-7/Trop换装为Bf 109F-2/Trop型号，后者更加先进，因此装备新型号战斗机后的JG 27联队的战绩此后猛增。同样在这期间，沃尔夫冈•里皮特上尉的Ⅱ./JG 27大队于9月24日由苏联战场返回到地中海地区，驻扎在利比亚加查拉基地。在东线战场作战的十天里，这个大队获得了39个战果，领衔专家（德国空军称法，即王牌）是大队指挥官里皮特上尉，他的战绩是25架，他手下的古夫塔夫•罗德尔中尉战绩是20架，埃尔温•扎瓦利施军士长的是19架，奥托•舒尔茨（Otto Shulz）军士长的是9架。Ⅱ./JG 27大队部署到北非实际上为的是让Ⅰ./JG 27大队回国休整和换装新飞机，时间是一个月。为了避免断档，Ⅰ./JG 27大队一次只回国一个中队，未返回德国的中队指导新到来的单位适应新战场环境。

▲北非作战的Bf 109E-7/Trop战斗机采用了沙漠迷彩，距离再远点很难发现低空飞行的德国战斗机。

▲这张照片非常典型，可以看出伪装色的作用。

当时，北非的德国空中战术力量可以对抗英国盟军的空中力量，虽然数量上并不占优。驻扎在加查拉和卡姆布特的是战斗机单位，驻扎在泰米米的是Ⅱ./St.G 2大队的Ju 87B-2俯冲轰炸机。另外，马尔图巴（Martuba）和班加西周边也有很多机场可以轮流驻扎空军单位，或是作为疏散机场使用，以前的机场有块平地就行，况且那些地方不缺的就是平坦的地面。任何一个机场可以毫不困难地被利用作为战斗机或是轰炸机基地，唯一的困难就是合适的燃油，有的发动机使用的燃油标号不同，驻扎哪种飞机就需要对应标号燃油，恰恰这是德国的弱项。另外，北非的主要基地至少有两个着陆场，即南和北着陆场。

在尚未回国的Ⅰ./JG 27大队的某个中队协助下，Ⅱ./JG 27大队很快进入角色，本来就在苏联战场鏖战，适应战场环境也并不困难。10月3日，Ⅱ./JG 27大队首次执行作战任务，当天战斗中，在利埃边境上空德国飞行员击落3架盟军“飓风”战斗机。两天后，该大队再次击落2架“飓风”飞机，在10月6日的战斗中，该大队再次击落3架“飓风”和2架“战斧”战斗机。跟Ⅰ./JG 27大队一样，Ⅱ./JG 27大队也有自己的王牌飞行员，一些人在二战以来就参与战斗，不仅参加了法国战役，随后又参加了英国战役和苏联战役。在北非战场，10月初几天刚参加战斗就击落10架敌机的飞行员中，有三名飞行员分别击落3架，其中两人是“骑士十字勋章”获得者，4./JG 27中队指挥员古斯塔夫•罗德尔中尉和罗德尔中队的士官奥托•舒尔茨军士长，他们俩此时的战绩分别是24架和12架。第三个击落3架飞机的飞行员是谁外文资料没提，笔者查了一些资料，应该是埃尔温•扎瓦利施军士长，在苏联战场转移到北非时他的战绩就达到了19架，仅次于罗德尔，算上北非这3架，目前的战绩应该是21架，在大队中排名第二。

在取得战果的同时，Ⅱ./JG 27大队也遭受了损失，比如该大队第一个损失出现在10月7日在奥马尔上空的战斗中，当天，5./JG 27中队古斯塔夫－阿道夫•兰加科（Gustav-Adolf Langanke）少尉在攻击南非空军一支“马里兰”轰炸机编队时被轰炸机自卫火力击落身亡。另一份外文资料称德国的第一个损失出现在10月6日，当天下午，Ⅱ./JG 27大队在执行对地攻击任务时袭击了南非空军第2中队位于西迪巴拉尼的机场，德国战斗机抵达该机场实施攻击时，机场12架“小鹰”战斗机刚刚加完油。看到敌机来袭（当时没有雷达，发现敌机就靠眼睛），“小鹰”战斗机匆忙升空迎敌。就在“小鹰”战斗机依次升空过程中德国战斗机发起了扫射，但是由于俯冲太快，德国飞机的射击偏高。完成第一轮射击的德国Bf 109飞机在“小鹰”战斗机前改出俯冲状态，南非飞行员D.拉塞（D.Lacey）少尉在爬升过程中抓住机会向1架德国战斗机发起射击，射击时他的座机起落架甚至还未完全收起。

没想到拉塞不经意的射击竟然击中了这架Bf 109飞机，倒霉的德国飞机翻滚着腹部朝上坠毁在机场附近，由于从俯冲状态刚刚拉起，Bf 109F的速度并不快，因此坠毁的Bf 109F损坏并不严重，这是盟军首次有机会研究Bf 109F飞机。当天晚些时候，德国Bf 109F战斗机再次偶遇1架战术侦察型（TAC-R）“飓风”飞机。说是1架“飓风”侦察机也不正确，正常情况下，侦察机都会有几架战斗机为其护航，此次行动中，为“飓风”侦察机护航的就有几架“飓风”战斗机和“战斧”战斗机，后者（也是几架）在高空隐蔽护航。德国Bf 109飞机在侦察时也用这种战术，双方知根知底，因此德国实施拦截时也着重观察侦察机周边的情况。此次拦截英国侦察机行动中，德国罗德尔中尉和沙赫特（Schacht）少尉声称分别击落1架“战斧”战斗机，但是，盟军方面称只有

▲Ⅱ./JG 27大队也转战到北非战场。这个单位装备的是Bf 109F-4/Trop战斗机。照片拍摄于1942年2月的马图巴机场。

▲6./JG 27中队的Bf 109F-4/Trop战斗机在北非马图巴机场，一望无际，连个土包都难得一见。

1架第112中队的“战斧”被击落。

上段中提到的奥托•舒尔茨在11月17日早晨在驻地加查拉机场附近上空击落1架英国皇家空军布列斯托尔公司的“孟买”（Bombay）运输轰炸机，整个战斗从起飞、击落敌机到着陆用时仅仅3分钟，德国空军战斗素质可见一斑。“孟买”飞机是英国布列斯托尔公司研制的伞兵运输机和轰炸机，该款飞机轰炸能力比较有限，各方面性能也不出众，主要为殖民地国家作战研制的，因此英国人也没敢把这种飞机用来对付德国人，德国空军JG 27大队的战绩簿上也只出现过两次“孟买”飞机的影子。在11月17日的行动中，英国皇家空军第216中队出动5架运输机运送伞兵到敌后实施偷袭战，运输机搭载了皇家空军特种空勤人员（SAS），英国此次伞兵行动主要目标是摧毁加查拉和泰米米一带德国空军五个疏散机场上的飞机，为英国第二天准备发动的大规模反击行动做铺垫。

英国皇家空军的特勤人员空中行动最终以惨败而告终，但英国的反击行动仍然在11月18日如期进行，英国的反击行动目标一是解围托布鲁克，二是把隆美尔的德国军队赶出利比亚东部的昔兰尼地区，此次行动代号为“十字军行动”（Operation Grusader）。

11月17－18日夜里，利比亚和埃及边境地区下了一场60年一遇的大暴雨，大雨将加查拉附近机场Ⅱ./JG 27大队几个中队彻底“打垮”，物资损失极为严重，好在之前做了一些准备，作战飞机损失稍小一些。暴雨过后，机场跑道成了水乡泽国，地势稍高处被雨水带下来的泥沙

▲德国空军取胜很大的功劳属于这些“黑人”（穿黑色衣服的人），德国也好，英国和美国，以及苏联也好，作战飞机的地勤人员都恪尽职守。图中是地勤人员在维护马尔塞尤的Bf 109F-4/Trop战斗机（序列号Wk-NR 8693）。

▲地勤人员在清理MG 151/20机炮炮管。

▲地勤人员在维护MG 151/20机炮，图中只见弹链不见炮。

▲地勤人员在测试飞机的主起落架，飞机被撑起，机尾部三个人压住，还堆放了不少沙袋。

▲地勤人员在维护维尔纳•施瑙尔的Bf 109E-7/Trop座机。

▲1941年年底，Ⅲ./JG 27大队也来到北非作战，图中就是该大队地勤人员在维护Bf 109F-4/Trop飞机。照片拍摄于1942年2月。

掩盖了跑道，洪水退却后跑道泥泞不堪，飞机根本无法起飞。沙漠下这么大的雨非常罕见，但沙漠气候特点也注定了大雨急来急去，沙质土壤也存不住水，热辣辣的太阳只用三天就把跑道晒干了，因此空中战斗迅速开始。11月20日，重返北非战场的Ⅰ./JG 27大队战斗机与南非空军第21中队的9架“马里兰”轰炸机遭遇，德国飞机干净利索地在短时间内击落4架，这其中3架战果属于汉斯－阿诺德•施塔尔施密特（Hans-Arnold Stahlschmidt）少尉。这天的行动被南非空军称之为“黑色星期三”，第21中队日志中记载称遭到攻击时南非飞行员根本就不知道发生了什么，是谁，什么飞机攻击他们都不知道，唯一知道的就是炮弹和子弹从飞机机头一直“犁”到机尾，可见德国战斗机攻击迅猛和精确程度。一位幸存的“马里兰”轰炸机机枪手称“德国飞行员由一位长机率领，他们的战术射击极为精确，（战术）没有丝毫缺陷”。

南非的“马里兰”轰炸机匆忙抛下炸弹以减轻重量，并且收缩队形，俯冲以增加速度，但这些动作在Bf 109F战斗机面前于事无补，施塔尔施密特像一位复仇女神一样冲了过来。先干掉编队后面的轰炸机，随后德国战斗机向轰炸机编队中心发起攻击，1架被击中的“马里兰”飞机在坠毁前其机枪手仍奋力还击，击落1架Bf 109F飞机，随后这架轰炸机坠地爆炸，机上无人生还。一位德国飞行员试图模仿施塔尔施密特的攻击战术，但是被“马里兰”飞机上美国机枪手（被分配到南非第21中队服役）击落，不幸的是，这架轰炸机在俯冲时却冲到了另1架轰炸机的射击路径上。在攻击敌轰炸机编队前的领航编队时，Bf 109F击落其中1架，但是南非飞机编队并未被打散，相反编队更加紧凑，与此同时，自卫火力猛烈还击紧追不舍的德国战斗机，这个过程中又有1架Bf 109F被击落。

南非空军第21中队日志称，“‘马里兰’轰炸机此时已经飞到地面零高度，德国飞行员施塔尔施密特在这个高度击落第三架飞机，这是斯泰瓦尔特（Stewart）少校的座机。击落4架‘马里兰’轰炸机后德国残忍杀戮并没有停止，他们很快又盯上了麦克唐纳德（MacDonald）少尉驾驶的飞机，‘黄色机头恶魔’（原文如此）追了他97公里。德国战斗机射出密集恐怖的子弹和炮弹，当即轰炸机机枪手便中弹受伤，飞行员麦克唐纳德当时驾驶飞机躲闪、转弯、摆动飞机，所幸，最后飞机安全返回基地。这架受伤严重的飞机机身到处是弹孔，两个主起落架轮胎也被打烂，飞机完全没有修复的价值而被注销”。

此次行动中，德国空军击落2架“飓风”和2架寇蒂斯战斗机（指P-40飞机），德国的损失是2架Bf 109战斗机和4架Ju 87俯冲轰炸机。

不管是战斗机还是轰炸机，南非空军在与德国空军的作战中损失惨重，完全不是一个档次上的战斗，仅第21中队自从参加北非战斗以来就已经损失10架轰炸机和40名机组成员。

两天后11月22日的战斗更为激烈，当天，Ⅱ./JG 27大队在托布鲁克南面至少击落了10架“战斧”战斗机和3架“布伦海姆”轰炸机，己方损失4架战斗机，两名飞行员受伤，其中一名受伤飞行员卡尔•施赫帕（Karl Scheppa）少尉是队部四机编队成员，受伤后他被送到意大利野战医院医治，不过第二天这个野战医院遭到1枚炸弹的轰炸，施赫帕在袭击中丧生。

11月22日的战果中有2架“战斧”战斗机属于Ⅱ./JG 27大队指挥官沃尔夫冈•里皮特。24小时后，他再次击落1架“飓风”战斗机，但是，此次战斗中他的座机也被1架P-40“战斧”飞机严重击伤，他本人在战线盟军一侧跳伞逃生，跳伞过程

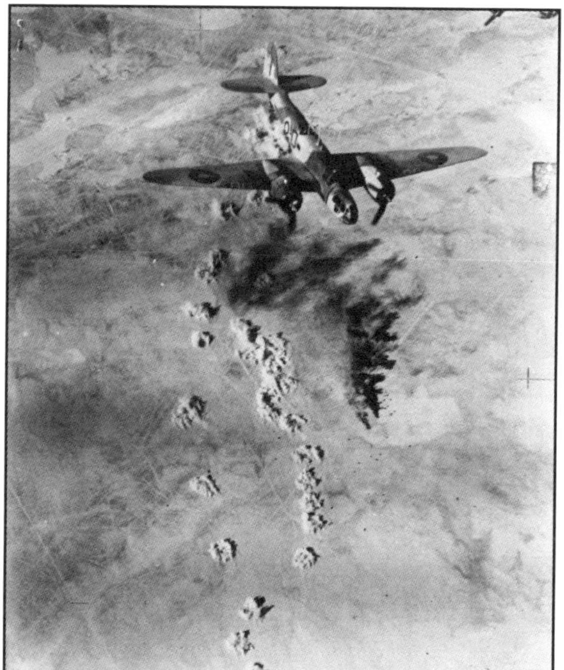

▲南非皇家空军（SAAF）的“马里兰”轰炸机正在轰炸德国目标，遇到德国战斗机，轰炸机命运凶多吉少。

中他的双腿被座机水平尾翼撞断。里皮特被英国人救起，最初诊断结果是双腿骨折并不复杂，可以医治，得到同意后，他被送到开罗医院医治，到了开罗才发现他的双腿出现坏疽症状，12月3日手术结束仅几分钟后他死在手术台上。沃尔夫冈•里皮特生前战绩为29架，在这个阶段这个战场，战绩达到29架算是比较高的了，说是最高的之一也不为过。里皮特是位优秀的指挥官和王牌飞行员，英国人以最高军礼安葬了他，并把消息通知了德国方面。在北非战场，双方在对待对方战俘和阵亡飞行员上表现得十分人道和遵守国际法。

在11月23日的战斗中（里皮特被击落这天），德国Ⅰ./JG 27大队和Ⅱ./JG 27大队共击落9架战斗机和1架“波士顿”轰炸机。两天激烈的战斗中表现最为出色的是Ⅰ./JG 27中队指挥官沃尔夫冈•雷德里希，两天战斗中他击落的敌机数量占整个中队14架战果中的一半。

上文提到Ⅰ./JG 27大队的3个中队轮流返回德国休整和换装Bf 109F战斗机，时间是一个月，第一个返回北非战场的是Ⅰ./JG 27中队，驾驶新型战斗机第一次取得空战胜利是11月12日，这个战绩属于共同击落，这在德国空军中非常不寻常。德国空军战果认定严格繁琐细致，把空战的每个细节都详尽地梳理一遍，一定要找出或者说最终一定要把战果确定在某个人头上才行，上文只出现过一次类似情况，像这次完全无法确定是谁最终击落的是首次，因此算作是中队战绩。盟军一方，特别是美国方面的认定最有意思，经常会出现某人的战绩是0.5架的情况。

Ⅰ./JG 27中队也参加了11月22日和23日的战斗，也就是上段提到的两次击落14架敌机，己方损失两名士官，一人被击落，另一个被俘。

12月4日，3./JG 27中队也返回北非战场，故地重游的第二天该中队就参与了战斗，接下来的三天里（12月5－7日）马尔塞尤少尉击落4架“飓风”战斗机，他的战绩也上升到29架，与中队指挥官格哈德•霍穆特中尉的持平，两人的竞争也由此开始。马尔塞尤和直接上级霍穆特的关系极为不融洽，导致两人不合的唯一的因素就是性格的迥异，前者是个与标准德国军人形象完全相反的人，他不拘小节，爱开玩笑，目无尊长，完全无视严格的军队等级，霍穆特与马尔塞尤正相反，可以想像，双方互不喜欢对方。截至目前，Ⅰ./JG 27大队击落敌机最多的是

▲Ⅱ./JG 27大队指挥官沃尔夫冈•里皮特穿着军装却戴着礼帽，这样的装束比较少见。

另两人，其中之一就是雷德里希，他的战绩是36架，但是，12月5日雷德里希击落他最新一架敌机后被调往空军参谋部任职。接替雷德里希任Ⅰ./JG 27中队指挥官的是路德维希•弗兰齐斯克特中尉，他当时的战绩是24架。

德国空军JG 27联队飞行员的个人成功无法掩盖一个事实，在英国发动的“十字军行动”后，德国北非军团已形成强弩之末的态势，虽然在“十字军行动”中德国的反击行动也取得一些战果，但是实际上以此为转折点，德国元气大伤，再也无力发动大规模行动，英国的情况正相反。12月7日，德意联军撤出托布鲁克周围地区，德国空军驻扎在卡姆布特附近的机场已经被盟军包围。也就是在12月7日，日本偷袭美国珍珠港，这一事件让德国人突然感觉后背一阵凉气，马尔塞尤得知美国参战后就预言德国必输。德国撤出托布鲁克和卡姆布特后，德国空军重要基地加查拉一下子暴露在盟军面前，这里正处在英国下一个战略目标行动的中途。不得已，驻扎在加查拉已经八月之久的JG 27联队（Ⅰ./JG 27大队和Ⅱ./JG 27大队）只得也在12月7日放弃该机场后撤。

JG 27联队从加查拉后撤的第一站是西面20公里远的泰米米，在此仅仅驻扎五天后，Bf 109联队再次后退。就在Ⅰ./JG 27大队和Ⅱ./JG 27大队后撤的前一天（12月6日），Ⅲ./JG 27大队从德国被部署到北非战场，第一站就是泰米米机场，这样，JG 27联队的三个大队第一次相聚在一起，12月10日，伯恩哈德•沃尔登加中校的联队直属单位（队部）也抵达泰米米基地，这是英国战役以来JG 27联队第

▲马尔塞尤有一个习惯就是参观自己的战利品并与被击落的飞行员（如果被俘）见面聊聊，他从不因击落对方而态度轻蔑。

一次所有单位完整地聚集在一起，跟上次汇集共同打击英国不同，这次罕见聚会是在狼狈撤退途中。

JG 27联队换装的Bf 109F在德国空军撤退战斗中表现出了它的优异性能，伯恩哈德•沃尔登加的队部到达非洲时，北非战场的行家里手Ⅰ./JG 27大队已经迅速投入战斗，就在那天（12月10日），马尔塞尤击落1架“战斧”战斗机，而埃里希•格利茨的第2中队将南非空军一支六机“波士顿”轰炸机编队消灭，只有1架轰炸机侥幸逃脱。但是在这几天的战斗中，Ⅰ./JG 27大队也损失两名最成功的士官飞行员，12月13日，1./JG 27中队埃尔伯特•埃斯彭劳布（Albert Espenlaub）军士长在阿德姆附近空域战斗中被英国皇家空军第260中队指挥官沃尔克（Walker）击落。埃斯彭劳布的白色11号座机被击中发动机散热器，发动机停止后他被迫在英军一侧迫降，他被随后赶来的英国士兵抓获，当天晚些时候，他试图逃跑时被看守士兵击毙。埃斯彭劳布拥有14架战果在身，其中11架战果是他在11月间战斗中取得的，与盟军作战才刚刚上手。2./JG 27中队赫尔曼•福斯特（Hermann Forster）军士长12月14日被击落在北非德国空军中引起了很大反响，当天战斗中福斯特击落他个人第13架，也是最后一架南非空军“波士顿”轰炸机后，他遭到一群澳大利亚“战斧”护航战斗机的围攻，地点就是德国空军刚刚放弃的泰米米基地上空，寡不敌众的福斯特被其中1架“战斧”战斗机击中，他被迫跳伞逃生，但是在伞降过程中被澳大利亚战斗机射击身亡。当时空战中的施瑙尔和罗德尔都目睹了福斯特遭到射击的过程，按照日内瓦公约的规定不准射杀跳伞的飞行员，气愤至极的德国飞行员决定以牙还牙，但是，联队指挥官沃尔加登和诺伊曼却不允许德国飞行员效仿这种公然违反公约的行为。其实自从美国加入战争后，许多普通的德国人（更不用说飞行员了）就明白德国必败，战场上任何违反日内瓦公约的行为肯定会等到“秋后算账”的日子。

这个时候，新近抵达北非战场的Ⅲ./

▲北非战场的英国皇家空军“战斧”战斗机。不知何故这架飞机的前起落架折断。照片拍摄于1942年的北非。

▲英国皇家空军的“飓风”战斗机。可能是着陆事故，因为机身未见被击伤的痕迹。

JG 27大队也已经首开记录。跟其他战斗机单位一样，Ⅲ./JG 27大队指挥官埃尔伯•冯•卡格内克（Erbo von Kageneck）伯爵中尉就是本单位最成功的飞行员，不是战果丰硕的飞行员也当不了指挥官，再说战绩突出，很大程度上是由于指挥官更有权实施攻击而其他飞机负责掩护。12月12日，卡格内克在泰米米附近空域为本大队增加2架新战果，他个人战绩也达到67架，是JG 27联队唯一的“橡树叶加骑士十字勋章”获得者。在苏联战场取得这么多的战果并不稀奇，击落西方盟军飞机困难更大一些。在苏联战场取得优异成绩在西线或北非战场不一定就很成功，有一些苏联战场王牌飞行员返回西线后一年半载都难获得1架战果。不管怎么说，大部分在苏联成功的飞行员在西线战役中会很快适应对手变化，主要原因是他们训练有素，适应能力强。Ⅲ./JG 27大队指挥官卡格内克运气不佳，他在12月24日艾季达比耶上空的战斗中被英国皇家空军第94中队的“飓风”战斗机击中[1]。卡格内克的腹部被子弹严重击伤，意志顽强的他驾驶着受伤飞机挣扎着返回了75公里外的大队位于马格伦（Magrun）的基地，最后迫降成功。着陆后他被立即送到雅典医院，随后又送到那布勒斯医院救治，尽管得到治疗，卡格内克还是在1942年1月12日因伤情加重死亡。

1941年的最后一个星期里，德国JG 27联队终于完成了穿过昔兰尼加的后撤

▲费勒尼拱门的几个视角。

① 此次战斗中，英国盟军沙漠空军（DAF，英国、南非和澳大利亚皇家空军统称，有好几个不同名称）参与了战斗，到底是谁击落了卡格内克没有定论，最初认为是英国皇家空军第94中队的马克斯维尔（Maxwell）中士和皇家空军第229中队的汤普森（Thompson）少尉。很多年后，一些资料显示，加上卡格内克的弟弟奥古斯特•冯•卡格内克（August von Kageneck）伯爵声称击中卡格内克的是澳大利亚王牌飞行员克里夫•卡德维尔（Clive Caldwell），因为他也参加了此次战斗，根据他后来的描述，他的攻击步骤和卡格内克座机被从腹部攻击，以及卡格内克腹部受伤等的特点完全吻合。

行动，战事也暂时平静下来，JG 27联队的各个单位分散部署在费勒鲁姆（Arae Philaenorum）一带，这里有一个标志性建筑，即费勒尼拱门（Arch of the Philaeni）。这个雄伟的建筑矗立在利比亚的黎波里塔尼亚和昔兰尼加两省之间的地中海沿岸公路上，其东侧是昔兰尼加，西侧是的黎波里塔尼亚。二战初期，意大利重新修建了这座建筑。

这段时间里，德国JG 27联队和Ⅲ./JG 53大队狼狈后撤，每撤离一个机场（总计不少于六个机场）都会炸毁一些一时难以修复的飞机和其他带不走的设备。尽管狼狈不堪加上缺乏燃油和零配件，德军也不能示弱，12月25日早晨，Ⅰ./JG 27大队指挥官诺伊曼召来1./JG 27中队指挥官路德维希•弗兰齐斯克特说，“我们大队只有4架Bf 109战斗机可以升空作战，你率领这4架飞机在沿岸公路上空飞几圈给德国地面部队看看，至少能让他们在圣诞节看到德国空军的身影”。诺伊曼的意思是露个脸，振奋一下德国地面部队的士气，毕竟这段时间德国部队一直被英国盟军追着打。

这是一项政治任务，弗兰齐斯克特认真地执行了，但是，这次露脸的结果却跟预想的效果相反。这段时间以来，德国地面部队被英国盟军轰炸了无数次，几乎可以肯定天上有飞机来就是英国盟军的。弗兰齐斯克特的四机编队飞到隆美尔一支重要物资补给线上空时，神经高度紧张的地面车队立即停车，车上人员快速跳下车来躲避。当Bf 109战斗机飞到阿盖拉（El Agheila）附近意大利营地时，不明就里的意大利地面高炮部队的20毫米高炮立即向Bf 109战斗机射击。意大利的高炮射击相当精确，炮弹准确地击中弗兰齐斯克特座机的座舱罩和仪表板，爆炸的碎片击中他的脸部和眼睛。虽然不是致命伤，弗兰齐斯克特的伤还需得到专门医院治疗才行，因此12月27日，弗兰齐斯克特和当时得了黄疸病的马尔塞尤一道到意大利的德国医疗中队接受治疗，直到1942年3月才重返北非战场。

英国盟军发动的“十字军行动”截至1942年1月才完全结束，德意轴心国军队被盟军一直赶到阿盖拉一线才停下脚步，这里是德国军队进入非洲作战的起点，也就是说，隆美尔闪电占领的利比亚昔兰尼加地区再次回到英国人手中。德国的失败完全是补给跟不上造成的，就隆美尔本人的指挥才能来说，即使是盟军也不得不佩服，1942年的战斗表明隆美尔的才能比敌人想像的更厉害。德国空军遇到的问题也是英国盟军遇到的问题，也就是重新占领昔兰尼加后，由于战线拉得过长，英国盟军也遇到后勤补给的难题，而不断后退的德意轴心国战线缩短反击的力量也在积蓄，仿佛被压缩的弹簧一样。纵观国际战争形式，自二战开始，德国、意大利和日本这三个侵略国家仍然处在惯性前冲的战争状态，它们的侵略仍然频频得手，反法西斯联盟依然处在退却和防守阶段。跟英国北非战场形势有很大间接关系的事件是日本在东南亚不断扩大战果，直接威胁到了大英帝国的海外利益，因此，英国不得不把北非战场（因为“十字军行动”取得了重大胜利）的部分军用物资和兵力分配到东南亚地区；另一个有间接关系的是德国在苏联战场的战斗到1941年年底因冬天的到来而出现暂时平静，德国终于可以分出一部分军力到地中海战场，上段中德国空军Ⅲ./JG 53大队到北非就是其中一例。

1942年1月5日，隆美尔终于等来了宝贵的军事物资，有了充足的物资，下一步就是展现他闪电战术的时候了。1月21日，隆美尔迫不及待地发起了反击战，开战第九天，即1月29日，德国重新占领昔兰尼加首府班加西，这是这座城市一年内四次易手。至1942年2月8日前，德意联军推进达600公里，进至加查拉、比尔哈基姆一线，仅仅17天，昔兰尼加就再回德国之手，战线在此一直稳定到5月底。这段时间里，敌对双方的空中行动比较少，但是，德国空军JG 27联队此间获得的战果却相当突出。2月7日，JG 27联队进驻马图巴周边和德尔纳东南方向机场，在这一地区也驻扎着德国空军其他单位，如Ⅰ./St.G 3“斯图卡”俯冲轰炸机大队。因为制空作战行动不多，JG 27联队主要执行近距支援任务，执行此任务的被称为“马图巴近距支援大队”（Martuba Close-support Group），这是一个临时组成的特别单位，指挥官就是JG 27联队指挥官沃尔加登，后来这个大队更名为“沃尔加登作战单位”（Combat unit Woldenga）。

1942年2月9日，3./JG 27中队的格哈德•霍穆特和汉斯－约阿西姆•马尔塞尤的战果均达到40架，这是两者第二次持平，这两人暗暗较劲儿，谁也不服输。此前，作为中队指挥官的霍穆特因享受特权（指作战享有优先攻击权力）加上他个人技术优秀而大部分情况下都一直领先，马尔塞尤仅仅在2月8日因击落4架敌机而领先霍穆特1架，第二天，霍穆特击落1架敌机后两者才持平，但是2月12日以后，马尔塞尤在六分钟内击落4架敌机（1架“飓风”和3架“战斧”）后就开始一路领先，战果远远超过霍穆特。Ⅱ./JG 27大队的奥托•舒尔茨在2月15日的战斗中在10分钟内击落5架“战斧”战斗机，他也因此超过4./JG 27中队指挥官古斯塔夫•罗德尔，成为JG 27联队中仅次于马尔塞尤（46架）的飞行员，他的战绩是44架。

获得“骑士十字勋章”的标准重新制定后，击落40架才有资格获得该勋章，因此，在2月22日，马尔塞尤（此时是50架）和舒尔茨（44架）被授予“骑士十字勋章”。跟马尔塞尤相比，舒尔茨的命运似乎差了点，获得勋章后不久，他军衔晋升为中尉，职务也升任Ⅱ./JG 27大队副官，但是，他的命运在向终点迈进。

奥托•舒尔茨（1911年2月11日－1942年6月17日）1934年加入德国空军，一直是位教官。1940年1月，他加入4./JG 27中队，参加了法国战役和英国战役，但直

▲奥托•舒尔茨在他的Bf 109F-4/Trop座机（Wk-Nr 10271）前和座舱内留影，照片拍摄于1942年的北非。

到1940年8月31日才获得首架战果（因为该中队驻扎在首都柏林周围未参战），到1940年结束时他的战绩才达到4架。在巴尔干战役中，舒尔茨再获2架战果。苏联战役爆发后，Ⅱ./JG 27大队也短暂到苏联战场作战，仅仅九天时间，这九天中舒尔茨击落3架苏联飞机。这九天里其实战事非常多，但是，舒尔茨所在大队执行的是战斗轰炸任务，因此与苏联飞机作战的机会少。

返回德国换装Bf 109F战斗机后，1940年9月，Ⅱ./JG 27大队部署到北非跟Ⅰ./JG 27大队并肩作战。在北非战场，舒尔茨终于有了施展才能的机会，作战顺风顺水，在1941年10月15日、10月20日和11月28日中，他每天击落3架敌机。1942年1月的一次战斗中，舒尔茨获得了“1－2－3舒尔茨”的绰号，意思是他在那天的7点01分紧急起飞，7点02分击落2架轰炸机，7点03分着陆。上文他击落“孟买”运输机也是在三分钟内完成战斗。

1942年1月25日，舒尔茨击落2架P-40战斗机，至此他的战绩超过他的中队指挥官罗德尔而成为Ⅱ./JG 27大队战绩最高得主。2月15日，英国皇家空军出动第94中队和第112中队20架飞机扫射了舒尔茨单位所在的马图巴机场，在追击敌机过程中，他在十分钟内击落5架P-40飞机。此时他的战绩达到44架，JG 27联队中仅次于48架的马尔塞尤。3月里，舒尔茨仅击落3架敌机，随后他被送到军官学校学习，4月，军衔晋升为少尉。5月底，再次晋升为中尉的舒尔茨此后战绩再次快速上升。

1942年6月17日，舒尔茨率领四机编队执行自由狩猎行动时遭遇英国皇家空军第274中队“飓风”战斗机的攻击，战斗中他被击落，他和他的Bf 109F-4座机（序列号Wk-Nr 10271）一同坠毁在西迪里齐（Sidi Rezegh）附近。后来的研究认为击落他的可能是英国第260中队的詹姆斯•爱德华兹，这个中队当时也在这个空域作战。

舒尔茨走到了终点，对马尔塞尤来说，他进入快车道只是刚刚开始，他的战绩达到40架就可以被推荐获得“骑士十字勋章”，等他13天之后领取勋章时战绩已经达到了50架。后面的更“神奇”，按理，每获得一级勋章飞行员都会拍一张戎装照，马尔塞尤获得“橡树叶加骑士十字勋章”时没来得及拍照片就再获得“佩剑加橡树叶加骑士十字勋章”。他从“骑士十字勋章”到最高“钻石加佩剑加橡树叶加骑士十字勋章”只用了半年多一点的时间，“非洲之星”的美誉真不是随便就可以加到某人头上的。

3月23日，Ⅲ./JG 27大队派出本单位一些飞机到克里特岛，驻扎在岛上的卡斯特里（Kastelli）基地，在这里，Bf 109战斗机归克里特岛战斗机司令部（Jagdkommando Kreta）指挥，这个司令部指挥的作战力量很薄弱，只是后来东地中海的重要性提升后才一点点地加强。此时，Ⅲ./JG 27大队早就换了新指挥官，也就是从苏联前线调来的艾哈德•杰克•布劳内（Erhard Jack Braune）上尉，1941年10月他被任命为Ⅲ./JG 27大队（当时仍在苏联作战）指挥官。Ⅲ./JG 27大队本来就是JG 27联队的勤杂单位，什么琐事儿都干，从上文也可以看出这个单位四处征战，都是增援别人的角色。为了增强大队作战能力，5月5日，Ⅲ./JG 27大队增加1个中队，即10.(Jabo)/JG 27中队，从名称就可以看出，这是一个战斗轰炸机单位，主要执行近距对地攻击任务。

▲奥托•舒尔茨以速战速决见长，他曾在十分钟内击落5架P-40飞机。

4月18日是Ⅰ./JG 27

大队进驻北非一周年的日子，指挥官诺伊曼为此举行了庆祝活动，活动场景和内容在一般人看来可能是没什么意思，但对于天天与死亡打交道的将士来说却是最好最放松的，一句话，活动现场搞的跟个小市场一样，这种浓重的生活气息才是他们最需要的。邻近的德国地面部队和意大利部队也赶来凑热闹，庆祝活动持续了一整天，所有的人都心情放松地玩乐，谁都不知道这是不是最后一次体验这种模拟的现实生活。

第二天，所有作战单位再次进入作战状态，随时准备升空作战。5月20日，古斯塔夫•罗德尔中尉被任命为Ⅱ./JG 27大队指挥官，原大队指挥官埃里希•格利茨刚出任Ⅲ./JG 53大队指挥官。在英国发动“十字军行动”期间，Ⅲ./JG 53大队被迫撤到了意大利西西里岛，最近该大队重返北非，驻扎在马图巴基地，为的是增强北非作战力量。

5月23日，Ⅱ./JG 27大队在当天战斗中声称击落12架“战斧”和“小鹰”战斗机，其中2架战果属于新任指挥官罗德尔，它的战绩因此上升到41架。在这个阶段，Ⅰ./JG 27大队的马尔塞尤几乎每天都会取得2架战果，同样是5月23日这天，他在托布鲁克东南击落2架道格拉斯DB-7“波士顿”轰炸机，这是他第63架和64架战果，实际上，所谓的“波士顿”是英国皇家空军第223中队的马丁•巴尔的摩（Baltimore）轰炸机，这是这个型号轰炸机首次在北非战场参与战斗。

三天之后的5月26日，隆美尔发动了蓄谋已久的进攻行动，此次行动虽然不如1月的那么顺利，德国部队还是一路攻城夺寨打到埃及境内的阿拉曼，拿下埃及似乎指日可待。最艰难的战斗是从加查拉到比尔哈希姆（Bir Hacheim）之间64公里的沿岸，这里遍布着英国人的堡垒，每前进一步德国都要付出沉痛代价。加查拉、比尔哈希姆和托布鲁克三个军事要点形成一个规则的三角形，比尔哈希姆就在托布鲁克的南面，德国绕过托布鲁克就是为了将其包抄再攻克。但是，这里也是英国重点防御地区，地面工事很多，需要德国一个个地拔除，因此这里的战斗最为激烈，

▲古斯塔夫•罗德尔也是一位参加过西班牙内战的“秃鹰军团”老兵，但是，他上战场时战事已经趋于结束，因此他并未取得战果。图中是罗德尔的Bf 109E-1座机。

▲别误会，远处的那架1号机才是罗德尔的Bf 109E-7座机（序列号Wk-Nr 4180），近处飞机的序列号为Wk-Nr 4148。

史称加查拉战役，此次战役进行了六个星期德国才清除英国盟军残余。在这六个星期里，轴心国和盟军双方都出动大量空中力量参与战斗。6月3日，马尔塞尤在比尔哈希姆10分钟时间内击落6架“战斧”战斗机，而且他是用两挺机枪取得的战果，他的座机机炮只射击10发炮弹就卡了壳。这6架南非空军“战斧”飞机将马尔塞尤的战绩拉升到75架，为此，6月6日他获得“橡树叶加骑士十字勋章”。

JG 27联队指挥官伯恩哈德•沃尔登加中校在苏联战场取得4架战果后就再也没有击落敌机，主要原因是他个人健康出了问题，甚至他已经无法履行联队指挥官一职。6月8日，诺伊曼取代沃尔加登任JG 27联队指挥官，而后者在6月10日晋升为巴尔干战斗机指挥部参谋。虽然离开了JG 27联队，沃尔登加却给联队留下了无法抹去的印迹，即他在任Ⅰ./JG 1大队指挥官时为队部设计的队标：盾牌加黑十字和3架Bf 109战斗机。跟早期设计的队标不同的是，后来的图案中Bf 109飞机机头朝上，机头朝下给人一种感觉是在逃跑。沃尔登加的离开意味着一连串的晋升，诺伊曼出任联队新指挥官，格哈德•霍穆特上尉晋升Ⅰ./JG 27大队指挥官，汉斯－约阿西姆•马尔塞尤中尉任3./JG 27中队指挥官。

仅仅一个星期后的6月17日，马尔塞尤分别击落2架“战斧”和“飓风”战斗机后他的战绩跃升到99架，当时，已经精疲力竭的马尔塞尤准备见好就收，但是，他的四机编队其他三人却鼓励他再接再厉，“约亨（马尔塞尤名），现在是创造百架记录的时候”。取得第99架战果仅仅一分钟后，马尔塞尤果真击落1架英国皇家空军第112中队“小鹰”飞机。人们习惯把整数看作是一种象征，其实，99和100之间没有什么鸿沟。不仅如此，当天这次战斗结束准备返程时，也就是击落第100架飞机三分钟后，马尔塞尤再次向高空飞行的英国皇家空军2架执行侦察任务的“喷火”飞机发起了攻击，马尔塞尤以高难度动作：垂直爬升到几乎失速时射击，击落1架“喷火”飞机，这是英国战役以来德国JG 27联队首次击落该型号飞机。马尔塞尤是德国空军第11个战绩过百的飞行员，但却是西线战役中第一个过百的。带着10分钟内击落6架敌机的战绩，马尔塞尤率领四机编队返回了加查拉机场，24小时前，加查拉机场刚刚被德国收复。

6月18日，马尔塞尤被命令乘坐Ju 52/3m运输机到柏林接受德国元首亲自颁发的“佩剑加橡树叶加骑士十字勋章”，此时的他已经成为戈培尔宣传机构新的战斗英雄。

马尔塞尤暂时离开并不影响北非的战斗，不仅如此，北非战场的态势变化也非常快，总的来说对德国极为有利。6月21日，去年拖累德国八个月之久的堡垒托布鲁克再次成为焦点，这次焦点的内容是德国只用了两天就攻克了这个要塞。三天后，德国北非军团将战线推进到埃及境内，这里几乎没什么抵抗力量，直到德军抵达一个名为阿拉曼的小火车站才停下脚步。阿拉曼防线并不像加查拉防线那么坚固，只是更长一些，这条防线从阿拉曼一带的沿岸开始向西南延伸到卡塔拉低地（Qattara Depression），总长度为250公里。卡塔拉低地地势低于海平面，由于地表松软，并不适合装甲部队通过。由于不必担心侧翼遭到攻击（托布鲁克沦陷就跟此有关），唯一需要严防死守的就是阿拉曼。该防线由一位新指挥官伯纳德•蒙哥马利

▲四名地勤人员在打牌，在北非这种打赤膊的现象很常见，那儿实在太热了。照片拍摄于1941年6月。

▲战场条件十分艰苦，忙累了席地就睡。

中将来指挥，他发誓决不后退一步。

尽管是不被重视的打杂角色，布劳内的Ⅲ./JG 27大队也在这段时间的战斗中取得前所未有的成功，别跟其他两个大队比，跟自己此前相比算是很了不起的成功。6月15日，9./JG 27中队指挥官汉斯－约阿西姆•海内克（Hans-Joachim Heinecke）中尉在战斗中击落1架四发重型轰炸机，这是JG 27联队第一次击落重型轰炸机。海内克原在JG 53联队服役，新近才被调到Ⅲ./JG 27大队任中队长，调动前他的战绩是18架。首次击落四发重型轰炸机既是好事也是坏事，好事是德国击落了这架轰炸机，坏事是美国参战了，当时，美国陆军航空兵这架B-24轰炸机正和英国皇家空军共同组成一支小型轰炸机编队在埃及沿岸搜索意大利海军舰船。

布劳内大队另一位新任8./JG 27中队指挥官维尔纳•施瑙尔（之前他是Ⅰ./JG 27大队副官）也开始渐入佳境，6月23日接任中队指挥官时他的战绩是11架，仅仅在两个星期里他的战绩就翻了番。

在6月24－26日间，诺伊曼少校的队部和其他3个大队从加查拉、泰米米和卡姆布特周围机场一同部署到西迪巴拉尼一带机场，这是德国空军飞机首次部署到埃及领土。在接下来的几个星期里，JG 27联队的战斗机作战空域一点点地向阿拉曼前线一带靠近，敌对双方都准备在此一决高下，这将是一场具有决定意义的战斗，双方都做了充分的准备，两方谁也不能再失败，否则这个损失无法承受。从7月初到10月底，Ⅰ./JG 27大队和Ⅱ./JG 27大队主要从古泰非亚（Quotaifiya）机场起飞作战，这个地方离前线只有50多公里。

在整个1942年7月里，霍穆特和罗德尔的两个大队重重地打击了英国盟军空中力量，他们击落的敌机几乎包括了北非战场所有参战型号，只有一个是例外，也就是2./JG 27中队汉斯－阿诺德•施塔尔施密特（Hans-Arnold Stahlschmidt）击落的所谓“斗士”（Gloster Gladiator）双翼战斗机。7月7日，施塔尔施密特在达巴（El Daba）上空击落的这架貌似“斗士”的飞机实际上是意大利空军菲亚特Fiat CR.42“鹰”（Falcon）战斗机。对于误击这架友军飞机施塔尔施密特丝毫没有愧疚和难过之心，第二天他带着轻松的心情走向战场，空战中击落3架“飓风”战斗机，他的战绩因此上升到30架。随后的战斗一直到8月中旬他又击落17架敌机，获得“骑士十字勋章”。

另一位离获得“骑士十字勋章”只有咫尺的飞行员是1./JG 27中队冈瑟尔•斯泰因豪森（Gunther Steinhausen）上士，他在这段时间的战斗中为JG 27联队击落了第二架B-24重型轰炸机。7月9日这天，美国陆军航空兵出动6架B-24D轰炸机去轰炸轴心国的护航舰队，斯泰因豪森在比尔阿斯塔斯西北的地中海上空击落了名为“勤快的海狸”（Eager Beaver）的B-24飞机，这是他第34架战果。当斯泰因豪森获得他第40架战果而获得“骑士十字勋章”提名时，他的生命也到了尽头。9月6

日，在阿拉曼东南方向与英国盟军战斗机空战中他被击落身亡，军衔晋升为少尉和获得“骑士十字勋章”都是追授的。

斯泰因豪森被击落仅24小时后，2./JG 27中队指挥官汉斯－阿诺德•施塔尔施密特在相同空域也被击落身亡，他以59架战果被追授“橡树叶加骑士十字勋章”。有意思的是，在9月6日被追授“骑士十字勋章”的还有一个人，他是2./JG 27中队的弗里德里希•科尔纳（Friedrich Korner）少尉，两个月前的7月4日，拥有34架战果的他在阿拉曼附近被击落“身亡”，实际上，科尔纳并没死，他跳伞后被俘，也活过了二战。科尔纳的战绩没有达到“骑士十字勋章”的标准，可能是对他的“死”表示哀悼吧。

有一位飞行员需要提一下，权当是开胃点心笑笑，这个人就是JG 27联队副官厄恩斯特•达尔伯格（Ernst Dullberg）上尉，他秉承在英国战役和巴尔干战役中分别只击落1架敌机的一贯传统，在整个北非战役中又只击落1架敌机，即7月13日傍晚在阿拉曼西南附近击落英国皇家空军1架“飓风”战斗机。

8月7日，5./JG 27中队一支由埃米尔•克拉德（Emil Clade）军士长率领的四机编队到埃及亚历山大港执行远距离侦察任务时与英国皇家空军第216中队的几架“孟买”运输机偶遇。上文提到过，去年11月17日英国用“孟买”运输机运送特种空勤人员执行敌后破坏任务时被击落1架，这次“孟买”运输机并没有运输特种空勤人员，此次它的飞行任务是每天从埃利奥波利斯（Heliopolis）机场起飞到前线将伤病员运送到开罗医治。在前线的一个停机点（沙漠地带随便找块空地就可以起降飞机），18岁的飞行员H.E.詹姆斯被命令等一位重要的人物登机，此人就是几个小时前刚刚被任命为第8集团军司令的W.H.E.戈特（W.H.E.Gott）中将，他接到命令准备到开罗参加一个紧急会议。机上其他十几人也不是伤员，或者说是戈特将军的随行。

▲美国对德宣战后立即向北非地区派驻了B-24重型轰炸机，马尔塞尤得知后立即就断定德国失败在即了，其他人也心知肚明，只是没敢像马尔塞尤那样大胆地说出口。

为了不引起轴心国战斗机的注意，英国这架“孟买”运输机选择在低空15米高度飞行，途中由于发动机过热，詹姆斯驾机爬升到150米高度，他的这个决定成了悲剧的祸根。德国空军克拉德的四机编队发现了这架倒霉的“孟买”运输机，德国人当然不知道飞机上坐着大人物，反正是猎物，击落这种没什么机动性的运输机就当练练手，战斗也没什么悬念，克拉德的第一个回合射击就迫使“孟买”运输机迫降在亚历山大东南的沙漠中。一些惊慌的乘客试图在飞机还未完全停下来时就跳机逃生，就在这时，德国飞行员贝恩德•施耐德（Bernd Schneider）中士及时地补上一阵扫射，运输机当即除了一人外，其他的乘客，包括戈特中将在内还未来得及逃生。没死的那位是飞行员詹姆斯，而戈特中将是英国在二战中牺牲的

▲一群英国士兵在围观被击落（受伤后迫降）的德国空军1./JG 27中队阿尔伯特•埃斯彭劳布的Bf 109F-2座机（序列号Wk-Nr 8477），飞行员已经安全逃离飞机。照片拍摄于1941年的利比亚阿代姆（托布鲁克南16公里）。

▲JG 27联队在1941年年底那段时间里每到一处机场没几天就仓皇撤离，一些状态尚好，可以修复的飞机在维护到一半时就不得不遗弃。图中是1941年年底被英国人占领的阿代姆机场，其中Bf 109F-2/Trop飞机正在进行维修。

▲5./JG 27中队遗弃的1架Bf 109F战斗机。战场条件有限，很多飞机因零配件不足而不得不放弃修理。

▲4./JG 27中队的1架Bf 109F-2/Trop迫降后炸毁。照片拍摄于1942年8月。

最高级别的指挥官，他的死直接导致英国迅速指派蒙哥马利任第八集团军司令，当时他还是个相当不出名的人物。

“孟买”运输机是5./JG 27中队8月4－19日这半个月间的唯一战果，同一时期，6./JG 27中队也只击落2架“小鹰”战斗机，形成鲜明对比的是Ⅱ./JG 27大队的另一个中队4./JG 27，该中队只有一个四机编队（北非的德国空军大部分情况下装备都未满编，主要是战损得不到及时补充），但却在这段时间里声称击落了不少于59架盟军战斗机，这些战果缺少第三方目击佐证，大部分都是飞行员自己为自己证明，因此缺乏严谨性。一个四机编队在半个月间取得如此高的战绩让德国人自己也不相信，这事在当时相当轰动，甚至德国空军司令部也质疑这个战果，戈林下令对此调查，四机编队的飞行员受到了调查，尽管受到了调查，4./JG 27中队指挥官卡尔－海因茨•本德特（Karl-Heinz Bendert）中尉在随后两个月的战斗中仍然击落6架敌机，这些战果是货真价实的。8月19日，四机编队成员之一埃尔温•扎瓦利施上士[①]在一次日常检修飞行中失事，他的座机坠毁在地中海，尸体在第二天被找到，联系到上面调查的事，有人猜测他是“畏罪自杀”，或是害怕被军事法庭审判。其实，在当时不太起眼的事，后人在时间点上加入了太多的个人猜测，因此故事就越变越长，越来越耸人听闻。四机编队的另两人日后继续取得战绩，而且还相当地高，但再未被怀疑过。

笔者有必要说明一下，德国空军的四机编队由两个双机编队组成，双机编队中有一个是长机，通常在作战时由长机负责攻击，僚机负责掩护长机，僚机绝对禁止擅自发起攻击，有机会攻击也不行，这是纪律，马尔塞尤作僚机期间

① 笔者查阅了一些资料，证实这个埃尔温•扎瓦利施上士就是“秃鹰军团”的埃尔温•扎瓦利施，上文反复提到过这个人。但是，这样一位西班牙内战老兵，加上战绩也有38架之多（有资料称二战战绩是36架，西班牙战绩是3架），军衔至今还是军士长非常令人费解，即使是个中尉也不为过。作为四机编队成员，一般要求是战绩高，军衔也较高，不乏中尉军衔的飞行员。

就多次擅自行动，即使在一次行动中救了长机（霍穆特）一命也是违规行为，别指望霍穆会感激他。再提到马尔塞尤，他的僚机赖纳•波特根和约斯特•施朗（Jost Schlang）是跟他配合相当默契的伙伴，这些僚机属无名小卒，网上甚至找不到他们的资料，施朗甚至在马尔塞尤击落第154架敌机后才有机会与敌机交战并首开记录。“无名小卒”这个词如果有贬义我愿意道歉，事实上我十分敬佩他们，专心做自己分内的事，绝不贪功，这是马尔塞尤取得了不起战绩的因素之一。上段中4./JG 27中队四机编队取得惊人的战果即使排除夸张成分也相当可观，按照德国空军战术要求，这些战果应该归四机编队中两个人，即两个双机编队长机，实际情况却是本德尔特和费迪南德•福格尔（Ferdinand Vogl）中尉作战时经常独自行动，僚机解放了也给自己当了长机（实施攻击），这是四机编队取得战果丰硕的原因之一。

由于德国空军这段时间一直压着英国盟军空军打，德国空军驻地古泰非亚上空的战斗并不激烈，负责守护该基地的Ⅲ./JG 27大队生活惬意轻松，甚至是乏味，整个战斗期间只有3架飞机进账。鉴于战事不多，Ⅲ./JG 27大队在8月的大部分时间里主要执行海上运输船队护航的任务。该大队的10.(Jabo)/JG 27战斗轰炸机中队在敌对双方地面战斗激烈时主要执行对地攻击任务，在7月初，这个中队的作战空域甚至延伸到埃及亚历山大港，双方在阿拉曼战线胶着后，10.(Jabo)/JG 27中队主要执行攻击盟军前线地带车辆停靠点和重火力点的任务。8月底，10.(Jabo)/JG 27中队脱离Ⅲ./JG 27大队指挥而成为一支享有自治权的单位，名称也改为非洲战斗轰炸机大队。这段时间里Ⅲ./JG 27大队也出现一例损失，即7./JG 27中队指挥官赫尔曼•泰格丁（Hermann Tangerding）中尉在8月31日执行为“斯图卡”俯冲轰炸机护航任务时被地面炮火击落。

Ⅲ./JG 27大队有它的独特性，JG 27联队的其他两个大队负责制空作战，因此取得的战果颇多。8月底，领取了“佩剑加橡树叶加骑士十字勋章”的3./JG 27中队指挥官马尔塞尤返回北非战场，在泰

▲飞机简易掩体。

格丁被击落的8月31日早晨，马尔塞尤在为“斯图卡”编队护航期间在阿拉曼东南空域击落2架“飓风”战斗机。当天下午第二次出击时他又击落1架“喷火”战斗机，马尔塞尤每次出击都有战果（执行作战任务没遇到敌机除外），而且多数情况都是带着数架战果返航。9月1日是马尔塞尤书写传奇的一天，这天他三次出击共击落17架敌机，第一次出击击落4架（3架“飓风”和1架“喷火V”战斗机），第二次出击击落8架（10分钟内搞定，全部是P-40战斗机），第三次出击击落5架（全部是“飓风”战斗机）。马尔塞尤的这个记录到1943年才被JG 54大队的埃米尔•朗（Emil Lang）打破，他的记录是18架。马尔塞尤一天击落17架敌机，听起来不可思议，因此也有人质疑，从盟军的损失记录看基本吻合。马尔塞尤的战果型号认定有点麻烦，他认为除1架“喷火”飞机外其余都是“小鹰”飞机，战后研究认为至少有一半应该是“飓风”战斗机。

事后研究表明，可能有2架，也可能是4架被马尔塞尤“击落”的飞机实际上并没有坠毁，甚至其中有1架还带伤返回了基地，还有2架迫降成功。即使如此，马尔塞尤在9月1日的表现也无人出其右，没有否认这是他飞行生涯中最成功的一天。

第二天，马尔塞尤再次击落5架敌机，他的战绩也上升到126架，截至9月4日，他的战绩再次上升到132架，为此，9月6日晚戈林亲自发来贺电通知他获得了“钻石加佩剑加橡树叶加骑士十字勋章”，并要求他立即到柏林接受希特勒亲自颁发勋章。但实际上马尔塞尤拒绝了离开激战正酣的战场，这段时间隆美尔发动了最新一次进攻行动受挫后，英国盟军开始反击德国，再次由于补给问题德国不得不后撤到阿盖拉一线。由于盟军空军力量几乎全体出动，北非战场的JG 27联队几乎没有休息时间，对于好战的马尔塞尤来说是个难得的不断刷新记录的机会。9月15日，马尔塞尤一天击落7架敌机，其中的第六架是他的第150架战果，他是德国空军第三个战绩达到这个数字的飞行员。德国空军都将马尔塞尤击落的“小鹰”飞机的编号误认作是P-46，实际上应该是P-40。

马尔塞尤的战绩还在快速地增加，但

▲马尔塞尤（右）在和上司霍穆特研讨战术，其实两人关系并不像照片中这么融洽。

▲马尔塞尤在向其他飞行员讲解空战过程。

是，没有比“钻石加佩剑加橡树叶加骑士十字勋章”更高的勋章可以授予了，因此，在获得150架战果时他只是军衔晋升到上尉，此时离他23岁生日还有三个月，因此他算是德国空军最年轻的上尉。

马尔塞尤是截至目前为止西部战线战绩最高的飞行员，但他的战绩还在增加，除了中间有几天因伤（试飞意大利空军马基202战斗机时着陆过程中高度判断失误导致右臂受伤）未参加战斗，9月26日（受伤后第一次参加战斗），马尔塞尤击落他人生最后一架敌机，即在阿拉曼东面的哈曼（离阿拉曼火车站两站路）上空击落第158架敌机，这是1架英国皇家空军“喷火”战斗机。当日战斗后，马尔塞尤以及他的3./JG 27中队被勒令休息几天，这期间该中队开始接收Bf 109G-2/Trop战斗机，即早期的第一批6架飞机。谁能想到，这6架Bf 109G-2/Trop中的1架序列号为Wk-Nr 14256的飞机将马尔塞尤的战绩永远定格在了158架。

9月30日，马尔塞尤率领他的四机编队深入盟军一侧执行自由狩猎行动，也就是为当天的“斯图卡”飞机返航扫清空域，就在当天作战任务快结束时的11点30分，马尔塞尤的Bf 109G-2/Trop座机发动机着火并冒出浓烟，仅几秒钟的时间浓烟就涌进了座舱，导致马尔塞尤说话困难，什么也看不清。当时，马尔塞尤的四机编队仍在盟军一侧，迫降十分危险，因此他只得忍受痛苦继续向德国防线一侧飞行，他的僚机施朗通过无线电为他导航。发动机着火九分钟后，马尔塞尤已经坚持到了德国防线一侧，但是，他的座机，第一次参加作战行动的Bf 109G-2/Trop突然进入近乎垂直的俯冲状态，他急忙跳伞，但爬出座舱的他却被座机的水平尾翼重重一击，当即失去知觉，降落伞因此未能打开，随后坠地身亡。

48小时后，不知是最高司令部的命令还是仅仅出于战场态势的考虑，Ⅰ./JG 27

▲地面这架黄色14号是马尔塞尤的Bf 109F-4/Trop座机（序列号Wk-Nr 10137），照片拍摄于1942年6月21日。

大队撤离非洲到意大利东部脚后跟（意大利地图类似穿高跟鞋的脚）奥特兰托地区，在此，该大队全部换装Bf 109G-2/Trop战斗机。换装完毕后，这个大队再次部署到西西里岛参与马耳他战役。驻扎在意大利帕奇诺（Pacino，西西里岛最南端）的三个星期里，Ⅰ./JG 27大队击落7架英国皇家空军“喷火”战斗机，己方损失两名飞行员，损失的这两人一个原因不详，另一个因发动机故障坠海，也就是德国空军没有被击落的。

同一时期，Ⅲ./JG 27大队已经从奎萨巴（Quasaba）转移到离阿拉曼前线较近的图尔比亚（Turbiya），大战在即，不知道为什么德国空军把最精锐的Ⅰ./JG 27大队撤走，可能是损失了马尔塞尤对整个大队来说是个重大的打击之缘故，马尔塞尤的死事实上对于整个JG 27联队来说都是个不小的打击，Ⅲ./JG 27大队此时的士气也十分低落，这个大队本来是个打杂单位，在整个联队中不受重视，好事总摊不上它，这不，Ⅱ./JG 27大队淘汰下来的老旧Bf 109F飞机被转交给了它，而Ⅰ和Ⅱ./JG 27大队全部装备新式Bf 109G-2战斗机。早期交付的Bf 109G-2事故率高这一点也许会让Ⅲ./JG 27大队感到些许安慰，但区别对待这事让人想想就来气。

▲马尔塞尤坐在Bf 109F-4/Trop座机里准备升空作战。照片拍摄于1942年的马图巴机场。

▲马尔塞尤已成为当时德国的“英雄”。

由于获知自己很快就会升任第11航空军参谋，加上Ⅲ./JG 27大队面临很多难题，据称指挥官艾哈德•布劳内早就有想法让马尔塞尤出任大队指挥官，他的意图很明显，希望马尔塞尤能为这个大队注入新鲜的血液，带来新气象。布劳内的这个想法是否得到高层认真考虑尚不清楚，现实是马尔塞尤这颗“非洲之星”陨落了。10月11日，艾哈德•布劳内离开Ⅲ./JG 27大队，他的接任者是上文提到的JG 27联队队部“一机王”厄恩斯特•杜尔伯格上尉。

战绩平平的Ⅲ./JG 27大队的亮点是该大队8./JG 27中队指挥官维尔纳•施瑙尔，尽管无法跟马尔塞尤相比，前者一直稳定地在战场上获得战绩。10月20日，施瑙尔获得第49架战果，他因此获得了“骑士十字勋章”。不到72小时后的10月23日，他再次在阿拉曼东部空域击落2架“P-46”（实际上是P-40）战斗机，战绩上升到51架。

也就是在10月23日这天，英国盟军酝酿已久的反攻，即阿拉曼战役正式打响，盟军的所有空中力量全部投入战斗，仅凭Ⅲ./JG 27大队远未满编的战斗力量无法与敌人抗衡，为此，Ⅰ./JG 27大队匆忙从西西里岛返回北非战场增援。但是，此时的北非战场形势并不是一支战斗机单位所能改变的，或者说，即使作战经验最丰富的Ⅰ./JG 27大队再次返回战场也无法改变轴心国不利的局面，马尔塞尤活着也不行。截至11月3日，Ⅰ./JG 27大队在埃及上空（或者说是北非战场）取得最后13架战果，其中2架战果属于大队指挥官格哈德•霍穆特上尉，他的总战绩此时达到61架。

在这个阶段，JG 27联队所有三个大队中战绩最高的是Ⅱ./JG 27大队指挥官古斯塔夫•罗德尔上尉，阿拉曼战役第一天早晨的战斗中，他击落3架敌机，这是他个人第63至第65架战果。11月4日，Ⅲ./JG 27大队击落2架美国B-24重型轰炸机，其中1架是维尔纳•施瑙尔的第60架战果。

11月4日是英国及其盟军阿拉曼战役以来突破阿拉曼处德国和意大利轴心国防线的一天，至此，隆美尔的部队开始撤退，这一撤就没有停止，直到彻底逃离非洲。11月12日，德国和意大利军队被赶

▲北非战场的英国皇家空军“飓风”战斗机。虽然性能明显不如德国Bf 109战斗机，但“飓风”在北非，乃至其他战场一直奋战到二战结束。

▲被遗弃的5./JG 27中队的1架Bf 109F-4/Trop战斗机。

▲马图巴机场5./JG 27中队的飞机，这些飞机机身有的有弹孔，有的破坏程度并不大，但是，这些飞机基本上没有修复的可能了。照片拍摄于1942年2月。

▲JG 27联队放弃的卡姆布特机场。

出埃及。整个二战在美国参战后就已经局势明朗，在北非，有了美国的鼎力支持，盟军作战物资充裕，德国的情况正相反，跟前几次不同的是此次德国北非军团再也没有翻盘的机会。轴心国部队先是完全撤出利比亚进入突尼斯，再从突尼斯撤出进入意大利，结束北非的近两年之旅。

诺伊曼的JG 27联队也未能幸免失败

▲4./JG 27中队的1架Bf 109F-4/Trop飞机迫降在阿拉曼附近，故事背景是1942年9月20日的战斗，这架飞机的飞行员是阿尔弗雷德•克鲁姆劳夫。

▲Bf 109F飞机在校射，前面放置的是帆布靶。飞机的后机身被抬起，为了防止飞机前翻，后机身一般要压上沙袋再坐上几个人。

▲并不是每个机场都有重型设备用来维护飞机，很多前线小机场都没这个能力。

的命运，联队先是撤退到昔兰尼加西部，在此并未停留多长时间，他们就被迫放弃辎重向西撤退，联队队部、Ⅰ./JG 27大队和Ⅲ./JG 27大队将大部本单位的Bf 109G-2战斗机留给了JG 77联队，随后几个单位于11月12日撤离非洲。Ⅱ./JG 27大队在北非停留的时间比联队其他单位只是多了一个月，随后也将单位飞机转交给JG 77联队后离开非洲。驻扎在米尔杜马（Merduma，的黎波里尼亚省边境）期间，该大队声称击落6架盟军战斗机，己方有三名飞行员丧生。最后1架敌机（“小鹰”战斗机）是12月6日清晨被6./JG 27中队的汉斯•利维斯（Hans Lewes）少尉击落的，这是利维斯的第一架战果（此前还未击落过1架敌机就有少尉军衔比较少见，埃尔温•扎瓦利施上士那叫一个冤屈啊），也是Ⅱ./JG 27大队或者JG 27联队当天最后一次执行作战任务取得的。

在北非征战20个月后，JG 27联队全部撤出非洲战场，其间，整个联队共击落1166架敌机，己方损失200架飞机。在击落的敌机中，联队队部击落1架（就是每个战场都只击落1架敌机的厄恩斯特•杜尔伯格战果），Ⅰ./JG 27大队战绩是588

▲黑人头像和狮子头几乎就成了JG 27联队的精神标志。

架，Ⅱ./JG 27大队战绩为477架，Ⅲ./JG 27大队战绩为100架。

地中海、爱琴海和巴尔干战役中的JG 27联队

JG 27联队最后一次撤出非洲后再也没能返回，彻底结束了荒漠战斗生涯，在回国参加帝国保卫战前，这个联队仍需在地中海和南部欧洲战场作战一段时间，这里并不太平，甚至这里失守直接会导致德国的软肋暴露给盟军。撤离非洲后，JG 27联队需要回国进行必要的休整和人员及物资补充。1943年2月，JG 27联队队部和Ⅱ./JG 27大队转场意大利全境部署到西西里岛，仍然装备Bf 109F-4/Trop的诺伊曼队部驻扎在离西西里岛南部海岸只有32公里的圣彼得罗（San Pietro，靠近杰拉的小村庄），而Ⅱ./JG 27大队则部署在西西里岛西北角的特拉帕尼（Trapani）。在德国休整和补充期间，Ⅱ./JG 27大队全部换装了Bf 109G型号，主要是Bf 109G-4和G-6。不仅如此，大队还新增了大量新飞行员，弥补了此前的飞行员损失。JG 27联队队部飞机数量少，因此Ⅱ./JG 27大队也时常派出飞机到特拉帕尼驻守。

西西里岛的Bf 109战斗机有两个重要作战任务，一是继续为轴心国进攻马耳他提供空中掩护任务，二是保护地中海空中和海上运输线安全。这一阶段，德国部队被赶出利比亚后撤退到突尼斯，不甘心失败的希特勒仍希望德国能以突尼斯为起点再杀个回马枪，因此，军事物资仍需要穿越地中海向突尼斯运送。

德意轴心国部队未能在1941年攻克马耳他的隐患在北非拉锯战中已经体现，如今的马耳他形势更是对轴心国不利，此前马耳他岛是一个被围困的堡垒，现今却是盟军反攻的前沿，具体地说原来英国只是（只能）防御，力求岛不失守，而现在盟军开始利用岛把战斗推到意大利西西里岛上。最能体现这种变化的是3月3日清晨的战斗，当天战斗中，德国空军5./JG 27中队声称击落6架英国皇家空军“喷火”战斗机，己方无一损失。6架敌机中有3架是在圣彼得罗南面空域被击落的，还有3架是在马耳他岛和西西里岛之间海域上空击落的。

上文提到的贝恩德•施耐德中士（补射击落“孟买”运输机导致戈特中将死亡的战斗）在这期间击落4架英国皇家空军战斗机（两次战斗分别击落2架），他的战绩也上升到18架。在晋升为少尉并被任命为Ⅱ./JG 27大队副官时他的战绩上升到23架，不过这也是这位很有前途的飞行

员取得的最后一个战果。4月29日的战斗中，在击落他个人第23架飞机（P-38“闪电”战斗机）不久，他也被美国陆军航空兵这架P-38战斗机击落，Bf 109战斗机（“黄色3”号）和P-38飞机先后坠入西西里岛西面的海中。

事实上，德国此时最重要的任务是希望能在突尼斯有一个立足点，有机会日后东山再起，驻扎在西西里岛上的Bf 109单位主要任务是为运输线提供空中保护，占领马耳他的幻想早就破灭了。但是，盟军可不答应德国在北非立足，盟军第1和第8集团军已经将德国北非军团包围，后者要么被歼，要么突围逃跑。

4月5日，盟军发动了代号为“亚麻行动”（Operation Flax）的进攻行动，意在切断突尼斯和西西里岛及意大利南部之间的运输线（海上和空中）。“亚麻行动”的第一个牺牲品是JG 52/3运输机，行动当天早晨，德国一支由31架JG 52/3m运输机组成的编队遭遇美国P-38战斗机编队，后者痛快淋漓地击落其中13架，参与护航行动的5./JG 27中队的Bf 109G战斗机也被击落2架。

“亚麻行动”不仅仅是打击德国的运输线，其作战内容还包括美国陆航重型轰炸机轰炸德国突尼斯一侧和西西里岛一侧的德国港口和机场，即使海上和空中没消灭你也让你的军事物资无法上岸。“亚麻行动”第一天战斗结束时，盟军共摧毁德国26架运输机（其中11架被炸毁在地面），还有65架被击（炸）伤。德国空军Ⅱ./JG 27大队在4月5日的行动中只击落6架敌机，其中3架B-17轰炸机和3架P-38战斗机。随后的岁月直到二战结束，德国JG 27联队的主要对手就是美国飞机，而且是没完没了的美国飞机。

4月5日击落美国P-38战斗机的德国飞行员中有一个是未来“橡树叶加骑士十字勋章”得主，即6./JG 27中队威利•基恩施（Willy Kientsch）少尉，他在北非征战期间就已经获得17架战果，后来在他阵亡前又获得25架战果，其中有20架

▲德国空军位于突尼斯的机场，图中可见大量Ju 52运输机。守住突尼斯的幻想已经破灭，德国唯一要做的就是仓皇逃离是非之地。

▲德国空军Ju 52运输机也有自卫武器，冷战很长一段时间运输机也安装自卫武器。历史照片。

机，战果属于6./JG 27中队的阿尔宾•多费尔（Albin Dorfer）上士。仅仅击落1架敌机的原因是Ⅱ./JG 27大队在西西里岛一侧起飞去迎接运输机编队，没承想在Bf 109G战斗机赶到前盟军战斗机已经发起了攻击。

四天后的4月22日，6./JG 27中队的7架Bf 109G战斗机在为14架Me 323六发运输机护航时遭到盟军从突尼斯起飞的80架P-40和“喷火”战斗机的攻击，14架Me 323运输机全部被击落，80架战斗机围攻这种由Me 321滑翔机改装的飞机不全歼就没天理了。6./JG 27中队混战中只击落3架敌机，已方损失两名飞行员。

同样是4月22日，爱得华•诺伊曼中校辞去JG 27联队指挥官一职到柏林任战斗机兵种总监参谋，他的接任者是Ⅱ./JG 27大队指挥官古斯塔夫•罗德尔。跟前两任JG 27联队指挥官不一样的是，罗德尔不仅具备优秀的指挥能力，还是极为出色的王牌飞行员，在驻扎西西里岛最后两个月里，他为JG 27联队队部增加了5架战果，其中2架B-17轰炸机和3架P-38战斗机。

取代古斯塔夫•罗德尔任Ⅱ./JG 27大队指挥官的是原8./JG 27中队指挥官维尔纳•施瑙尔上尉。在抵达西西里岛前施瑙

是美国重型轰炸机。不管是目前还是以后，基恩施都是Ⅱ./JG 27大队最成功的飞行员。

飞行员个人成功无法撼动不断增加的盟军空中优势，轴心国的舰船不断地被击沉，运输机也持续地被击落，Ⅱ./JG 27大队对此无能为力。4月18日傍晚，不少于12架Bf 109G战斗机组成编队为从突尼斯返回西西里岛的65架Ju 52/3m运输机提供护航任务。为了防止被盟军战斗机发现，庞大的运输机编队组成三个巨大的“V”字队形在海平面高度向东北飞行，但是，这支运输机编队刚刚进入地中海仅10公里就被盟军战斗机发现。

接下来的战斗在航空史上被称为“棕枝全日大屠杀”（Palm Sunday Massacre），盟军当即击落24架容克运输机，还有35架飞机受伤后在突尼斯海滩实施了迫降，只有6架运输机最终抵达了西西里岛。Ⅱ./JG 27大队仅仅击落1架“喷火”战斗

▲Me 323巨型运输机是在Me 321滑翔机的基础上改进的，这是二战中德国最大的飞机之一。

▲Me 323运输机采用了开前舱门设计，这样可以快速地装卸物资。

名仅次于如今任6./JG 27中队指挥官的威利•基恩施。

进入到4月底，轴心国的形势愈发地不妙，此时，盟军部队已经将轴心国部队围困在突尼斯东侧的邦角半岛（Cape Bon，突尼斯东侧突出的半岛）上，轴心国溃败在即，希特勒幻想能在北非有个落脚点变成了能突围活着回去。4月的最后一周，Ⅱ./JG 27大队派出一支飞机编队到突尼斯支援德国非洲军团，主要在德国军队与盟军部队交战的前线执行近距支援任务，但是，派到突尼斯的Bf 109G力量只是杯水车薪，因此很快这些战斗机被召回西西里岛。两个星期后，德国在北非的战斗全部结束，没有来得及逃离的德国部队全部投降。此时，盟军的空中力量已经进行了整编，全部空中力量组成统一的地中海空军司令部，这个司令部已经不再局限于仅仅消灭眼前的敌人，他们的目光投向了被德国称为“柔软腹部”，即中国所称的软肋的南部欧洲。

尔的战绩就已经达到了63架，4月29日的战斗中，他在西西里岛南部击落2架P-38战斗机，这是他部署到西西里岛以来第一次击落敌机，以此为开始他的战绩稳步上升，到7月Ⅱ./JG 27大队返回德国，他的战绩上升到85架，他在地中海战役中的排

▲毫无疑问，Me 323运输机体积庞大，目标特征明显，自卫火力弱，遭遇敌方战斗机拦截必死无疑。

比“柔软腹部”更“柔软”的就是意大利西西里岛，这里是盟军北上的第一个垫脚石，离突尼斯最近距离只有135公里，盟军理所当然要首先拿下这个具备战略意义的岛屿。为此，在整个5月间，西西里岛上所有的机场遇到了盟军重型轰炸机持续不断的轰炸，轴心国遭到毁灭性打击的同时也让盟军付出了一定的代价，给盟军造成损失的就是德国Ⅱ./JG 27大队，这个大队在一个月的战斗中击落20多架四发重型轰炸机和几乎相同数量的P-38护航战斗机。由于在自己地盘上作战，德国Ⅱ./JG 27大队仅损失和失踪各一名飞行员，还有数人战斗受伤而迫降或跳伞逃生，总的来说损失极为轻微。

整个北非已经完全处在盟军控制之下，因此，选择一个合适的攻击方向至关重要，盟军可选择的方向一是西西里岛，在此登陆后再进入意大利本土，西西里岛和意大利本土之间的墨西拿海峡只有3公里宽；另一个选择是通过爱琴海进入希腊和巴尔干半岛，这个选择当然远不如第一个方案，因此盟军还是选择从西西里岛进入欧洲。但是，意大利西西里岛和突尼斯之间有一个潘泰莱里亚岛（Pantelleria），这个完全由岩石构成的小岛上也驻守着轴心国部队，这里重要性相当于意大利的“马耳他”，因此盟军必须首先拿下这个小岛。盟军轰炸这个小岛之所以值得一提是因为这是一次仅依靠空中力量就迫使敌军投降的战斗。

6月5日，盟军开始日夜不停地用重型轰炸机轰炸潘泰莱里亚岛，五天后，轰炸达到高潮，据报道，盟军轰炸的密度之大让人吃惊，“一群一群的轰炸机飞抵这个小岛上空后必须排队投下炸弹”。在6月10日的战斗中，德国Ⅱ./JG 27大队唯一的轰炸机战果是1架“波士顿”轰炸机，取得这个战果的是大队指挥官维尔纳•施瑙尔，他还在西西里岛南部海上击落2架“P-46”（实际上是P-40）战斗机。盟军其他的损失是3架在潘泰莱里亚岛附近被击落的“喷火”战斗机，这其中有2架战果属于威利•基恩施少尉。德国空军取得

▲先是匆忙撤离利比亚（下），再狼狈不堪逃离突尼斯（上），每次失败都伴随着JG 27联队留下大量飞机给盟军作纪念。

▲座舱中的飞行员就是威利•基恩施，他是地中海战区最成功的飞行员之一，但仅靠他个人力量无法挽回德国的败局。图中背景是西西里岛特拉帕尼米罗机场，一位地勤人员正用砖头修补他的Bf 109G-2座机。

的战果并不丰硕，损失却很大，实际上是Ⅱ./JG 27大队部署到西西里岛以来损失最大的一次。6月10日战斗中，德国方面有10架Bf 109G飞机被击落沉入海中，只有一名飞行员侥幸生还，威利•基恩施的6./JG 27中队损失最为惨重，六名飞行员丧生，4./JG 27中队有三名飞行员失踪。5./JG 27中队唯一的损失是汉斯•利维斯少尉，就是那位六个月前为JG 27联队在北非战场击落最后一架敌机的飞行员，此后他的战绩只是又增加了2架而已，对他而言，没有弱手供他练手，只能说生不逢时。

6月11日，盟军在潘泰莱里亚岛登陆，登陆后才发现意大利人早就把投降的标志部署好了。盟军准备在西西里岛登陆的障碍没有了，德国该为自己的后路做准备了。4月底在突尼斯，Ⅱ./JG 27大队在盟军进攻前及时撤离北非，这次也不例外，6月20日，维尔纳•施瑙尔和他的飞行员被命令后撤到意大利“脚后跟”的莱切（Lecce）。

撤到莱切后，疲惫不堪的Ⅱ./JG 27大队有机会稍稍喘口气，也只能是“稍稍”，因为美国重型轰炸机单位正在策划对“柔软腹部”的南部欧洲实施纵深战略轰炸，而首选目标就是轴心国的机场，其中就包括莱切机场。在7月2日的一次轰炸莱切机场行动中，美国派出了没有战斗机护航的22架B-24轰炸机，Ⅱ./JG 27大队在拦截行动中击落了其中6架轰炸机，这个战果并不让人满意。

八天后，英美盟军部队在西西里岛登陆，登陆当天下午，德国Ⅱ./JG 27大队的Bf 109G战斗机携带远程副油箱对在西西里岛锡拉库扎（Syracuse，岛东部）一带登陆的英国部队实施了攻击，在此，德国飞机与英国皇家空军的“喷火”战斗机交上手，Bf 109G击落3架“喷火”飞机。第二天（7月11日），空中行动发生在意大利本土上空，德国飞行员在克罗托内（Crotone）南部上空击落2架B-24轰炸机。

7月12日，Ⅱ./JG 27大队派出一支编队到西西里岛与JG 53联队并肩作战，在短暂的停留期间，前者再次击落3架“喷火”战斗机。但是，72小时后，Ⅱ./JG 27大队的分队奉命撤出西西里岛，分队的3架受损飞机因无法带走而遗弃。此时的战况一天一个样儿，莱切机场在这三天里频遭盟军重型轰炸机的轰炸，机场已经无法再使用，为此，Ⅱ./JG 27大队只得转移到布林迪西（Brindisi，意大利东南部港口城市）北部的圣维托•代诺尔曼尼（San Vito dei Normanni）。

抵达新驻地的第二天，即7月16日，Ⅱ./JG 27大队执行了地中海战役中最后一次重要的战斗，在不足30分钟里，德国飞行员击落了6架B-24轰炸机，也就是当天美国派出的12架轰炸巴里（Bari，意大利东南部、亚得里亚海沿岸的城市）机场的B-24飞机中有一半被击落。此次

▲驻扎在特拉帕尼的5./JG 27中队的地勤人员在推1架Bf 109G-4/R6/Trop战斗机，机头侧面可以看到这个中队的队标。

▲同样驻扎在特拉帕尼的6./JG 27中队2架Bf 109G-4/Trop战斗机。

▲盟军入侵意大利示意图。书中涉及的地名本地图中均有显示，哥特防线和古斯塔夫防线根据资料粗略绘制，不十分精确。

行动德国损失一名飞行员，另有一人严重受伤，受伤的是5./JG 27中队指挥官厄恩斯特•伯恩根（Ernst Borngen）上尉，他尽管受伤严重，最终还是返回机场迫降成功。

随后几天的战斗中，Ⅱ./JG 27大队又击落5架敌机，其中3架是重型轰炸机，2架是“喷火”战斗机，德国方面损失四名飞行员，其中之一就是5./JG 27中队新任指挥官，刚刚接任伯恩根没几天。尽管意大利战局极为危险，Ⅱ./JG 27大队在意大利的战斗生涯很快就结束，7月28日，该大队将本单位最后仅剩的17架仍可以使用的Bf 109G战斗机转交给仍在意大利作战的其他单位（主要是JG 53联队）。赤条条来去无牵挂的Ⅱ./JG 27大队成员乘坐火车返回德国进行短暂休整、补充新飞行员和换装新飞机。

古斯塔夫•罗德尔少校（晋升了）的JG 27联队队部在6月中下旬与Ⅱ./JG 27大队一道驻扎在莱切机场，7月前者离开意大利，但是，罗德尔的队部并没有返回德国，实际上向东部署到了希腊的卡拉马基（Kalamaki，伯罗奔尼撒岛最北部小村庄）。在此，罗德尔不仅看到了自己获得“橡树叶加骑士十字勋章”，还第一次作为JG 27联队指挥官直接指挥自己两个相距遥远的大队，即由参加北非战役老兵组成的，新近又换装新飞机的Ⅲ./JG 27大队和最近刚刚组建的Ⅳ./JG 27大队。

Ⅲ./JG 27大队离开北非后于1942年11月进驻克里特岛的卡斯泰利（Kastelli）基地，在此驻扎近四个月的时间里，表面看这些曾在北非战场奋战的老兵到克里特岛休整，实际上是守卫希腊和爱琴海的安全，盟军把轴心国部队赶出非洲后，德国和意大利在地中海的一切军事基地都是打击的目标。1943年最初几个星期里，8./JG 27中队被派往罗德（Rhodes）岛，在此，中队指挥官维尔纳•施瑙尔为Ⅲ./JG 27大队取得新年开始的2架战果。当时，施瑙尔2月11日在斯卡潘托（Scarpanto）岛附近击落的2架敌机是“博福特”战斗机，实际上应该是B-26“掠夺者”（Marauder）轰炸机，因为英国皇家空军第14中队2月15日战报称有2架B-26轰炸机失踪。德国人把飞机型号搞错的原因是B-26是新投入战场使用的飞机，德国人还不熟悉。此次战斗后，施瑙尔先返回克里特岛，再返回德国结婚。

3月，地中海东部战事相对平静，看了上文就会知道盟军正全力围歼突尼斯一带的轴心国部队，还顾不上这里。为此，7./JG 27中队和9./JG 27中队奉命部署到意大利巴里基地换装Bf 109G战斗机，上文提到过，其他单位换装新型号飞机时把老旧的Bf 109F飞机摊给了后娘养的Ⅲ./JG 27大队。换装完毕后，两个中队部署到西西里岛的圣彼得罗，参与针对马耳他岛的军事行动。在此期间，Ⅲ./JG 27大队的这两个中队获得2架战果，这2架战果是7./JG 27中队指挥官冈瑟尔•汉纳克（Günther Hannak）中尉在4月12日击落的。“骑士十字勋章”获得者汉纳克原在JG 77联队服役，已有41架战果的他新近才到Ⅲ./JG 27大队任中队指挥官。没想到，这2架战果就是汉纳克到新单位取得的唯一战绩，不到一个月

▲美国人开始适应这种频繁被击落的损失，而损失更大的一方是德国。进入1943年，空战的另一个明显变化就是美国重型轰炸机从西和南两个方向轰炸德国本土，拦截轰炸机成为德国空军的重要作战任务。配图不是地中海战场。

后的5月5日，由于发动机故障，汉纳克的飞机在马耳他上空坠落，他本人跳伞后被俘。

7./JG 27中队和9./JG 27中队曾短暂地参与西西里岛到突尼斯运输线的护航任务，其间两个单位损失6架Bf 109G战斗机，之后的5月底，两个中队转移到Ⅲ./JG 27大队在希腊的塔纳格拉（Tanagra，雅典西北部）新驻地，在此与8./JG 27中队会合。就在这期间，维尔纳•施瑙尔上尉被任命为Ⅱ./JG 27大队指挥官，他的8./JG 27中队指挥官一职由迪特里希•布斯勒（Dietrich Boesler）中尉接任。

JG 27联队组织结构的最大变化是新增了1个大队，德国空军新增大队或联队都是采用繁殖法来扩编，比如某个大队升格为联队，他下属的中队升格为大队，大队再扩编形成完整的联队规模。或者是大队拆分为另一个大队，如Ⅰ./JG 1大队拆分后就诞生了Ⅰ./JG 21，下文中会多次详细提到新单位是如何诞生的。如今Ⅳ./JG 27大队就是以Ⅲ./JG 27大队为骨干诞生的，也就是迪特里希•布斯勒的整个8./JG 27中队作为新大队的骨干，这个中队部署到卡拉马基后番号改为12./JG 27，也就是Ⅳ./JG 27大队的第3中队。10./JG 27中队和11./JG 27中队从头开始组建，但是其成员有一些就是原Ⅲ./JG 27大队成员（老兵是骨干）。Ⅳ./JG 27大队指挥官是鲁道夫•鲁迪•辛纳（Rudolf Rudi Sinner）上尉，他原是6./JG 27中队指挥官。

▲8./JG 27中队的Bf 109G-6战斗机飞越海峡准备进驻希腊罗德岛，近处的是约瑟夫•克莱德的座机。

▲冈瑟尔•汉纳克由于座机发动机故障而迫降在马耳他，图中是迫降后被英国俘获后的场景，飞机上的物件已经被掏空。

组建完毕后，Ⅳ./

▲8./JG 27中队在维尔纳•施瑙尔（近处1号机）的带领下进驻希腊罗德岛，照片拍摄于1943年2月，后来施瑙尔升任Ⅱ./JG 27大队指挥官，接任他的新任8./JG 27中队指挥官是沃尔夫•埃特尔。

JG 27大队开始忙于训练，在此期间出现了一些伤亡。此时，少了1个中队的Ⅲ./JG 27大队返回了莱切机场，在6月的第一个星期里，新8./JG 27中队组建完成，中队指挥官是沃尔夫•埃特尔（Wolf Ettel）中尉，他在几天前刚刚因战绩达到120架而获得“骑士十字勋章”。埃特尔的战绩都是他在4./JG 3中队服役时在苏联战场取得的，在苏联战场，战绩过百才获得“骑士十字勋章”并不是个案。

6月底，Ⅲ./JG 27大队返回希腊的阿戈斯（Argos）机场，同时，埃米尔•克拉德少尉的7./JG 27中队的一支四机编队被派往克里特岛的马莱迈（Maleme）机场驻守。但是，这个四机编队还未来得及执行巡逻（防备盟军作战飞机靠近克里特岛）任务就和7./JG 27中队一道就被立即召回到意大利布林迪西（靠近莱切）基地，因为7月10日盟军开始了西西里岛的登岛行动。7月15日，Ⅲ./JG 27大队的Bf 109G携带远程副油箱参与西西里岛

▲沃尔夫•埃特尔的战绩达到124架，但是网上资料却少得可怜。

东部的对地支援作战任务，8./JG 27中队指挥官在当天行动中击落他第121架敌机（“喷火”战斗机）。第二天早晨，在相同空域他再次击落1架“喷火”战斗机，这天中午刚过，他又在意大利南部空域击落2架B-24轰炸机，沃尔夫•埃特尔确实是个很有实力的飞行员。这两天的战斗中，Ⅲ./JG 27大队损失6架Bf 109G战斗机，没想到，接下来的一天损失更为严重。7月17日，Ⅲ./JG 27大队的战斗机在攻击卡塔尼亚（Catania，西西里岛东部港口城市）南部登陆的英国地面部队时被敌地面高炮击落5架，四名飞行员丧生，其中就包括8./JG 27中队指挥官沃尔夫•埃特尔中尉，他的Bf 109G-6座机直接被高炮炮弹击落。不久后的8月31日，埃特尔被追授“橡树叶加骑士十字勋章”，这么优秀的飞行员在空战中被击落兴许是荣耀（死得其所），高性能战斗机执行对地攻击任务被高炮击落真是有点冤。

此时德国再也无力阻止盟军在西西里岛登陆，德国人明白这点，为此，遭受重大损失的Ⅲ./JG 27大队奉命撤离布林迪西，离开时，该大队仅剩的几架还能用的飞机转交给了仍在意大利战区作战的其他大队（很可能是Ⅰ./JG 53和Ⅳ./JG 3大队）。赤手空拳的Ⅲ./JG 27大队乘坐火车抵达奥地利开始新一轮休整、补充和换装新装备，留下Ⅳ./JG 27大队独自守卫东地中海和爱琴海领空，就在这时，JG 27联队指挥官古斯塔夫•罗德尔少校率领他的联队队部也部署到克拉马基（上文提到过）。

新组建的Ⅳ./JG 27大队在7月9日的战斗中首开记录，当天，美国出动23架没有护航战斗机伴随的B-24轰炸机对克里特岛上12./JG 27中队驻地马莱迈机场实施了轰炸，轰炸除了造成一些设施毁坏外还造成一名军械员死亡，在拦截行动中，德国飞行员击落2架B-24轰炸机。首开记录行动只是练练手，Ⅳ./JG 27大队取得更大的胜利还在后头。8月1日清晨，美国第十五航空军在利比亚班加西周边机场出动178架B-24“解放者”轰炸机去轰炸罗马尼亚境内的普洛耶什蒂油田，这次行动的往返航程达到3200公里。盟军的轰炸行动必须穿越地中海和巴尔干地区，这里仍是德军控制区，因此盟军轰炸机编队几乎全程行动都受到了德国地面雷达的监视。Ⅳ./JG 27大队并没有直接参与罗马尼亚境内具有历史意义的空战，这个单位

▲Ⅲ./JG 27大队地位不如Ⅰ和Ⅱ大队，后者淘汰的飞机才会给前者，图中是1943年年初，Ⅰ和Ⅱ大队不用的Bf 109F-4塞给了Ⅲ./JG 27大队。

只能在半途骚扰途经的美国轰炸机编队。8月1日傍晚时分，11./JG 27中队指挥官阿尔弗雷德•布尔克（Alfred Burk）中尉率领10架Bf 109G战斗机去拦截当时正在返航途经阿尔巴亚海岸附近的美国B-24轰炸机编队。

几乎就在Bf 109G战斗机航程极限的凯法洛尼亚（Cephalonia，希腊中西部，即伯罗奔尼撒岛西偏北）岛附近，德国战斗机与美国轰炸机编队遭遇，在此，德国战斗机只能进行时间有限的战斗，即使如此，德国飞行员还是击落5架敌机，一轮攻击后Bf 109G飞机立即返航。战斗中，10./JG 27中队一名飞行员被1架奋力向南飞行的B-24飞机的自卫火力击落。

随后的战斗中，Ⅳ./JG 27大队没取得任何战果，就在1943年9月8日，意大利宣布无条件投降，南欧局势突然变得复杂起来，德国一下子多了一个敌人，没有任何战斗意志的墙头草意大利军队有的开始公然反抗德国军队。意大利局势的变化在很多方面都影响了JG 27联队，其中之一就是人事方面的变动，这事说起来有意思。意大利的政治情况和军队情况上文反

▲空袭罗马尼亚普洛耶什蒂油田是一次具备战略意义的一次行动，它对纳粹德国的打击不是立竿见影的，但是，不久后德国慢慢品尝遭到轰炸的恶果。

复提到了，德国人也知道意大利人的德性，因此，Ⅳ./JG 27大队附近的意大利军队在正式投降前已经被德国人知道，为了防止这些意大利军队倒戈一击，Ⅳ./JG 27大队率先对意军发起了攻击，这是没有授权的擅自行为（违反军纪），为此，大队指挥官鲁道夫•辛纳必须出来当替罪羊，他被解除Ⅳ./JG 27大队指挥官一职并于9月中旬到苏联战场的Ⅳ./JG 54大队任指挥官。空下的Ⅳ./JG 27大队指挥官一职由迪特里希•布斯勒中尉代理。

意大利投降的另一个后果就是爱琴海的大门向盟军敞开了，因为这一地区的大部分岛屿都是意大利军队驻防的。德国及时地采取了一些补救措施，比如率先动手占领了爱琴海入口处多德卡尼斯（Dodecanese，希腊东南部的）群岛的12个岛屿。与此同时，英国首相丘吉尔此时也非常想利用爱琴海一带动乱局势来达到赶走德国的目的，首相个人倾向于从希腊这个方向进

▲战略空中力量往往会起到意义深远的战略意义，美国的此次行动，加上后来空袭德国石油工业设施起到了釜底抽薪的作用，再先进的战斗机也无法拦截盟军的作战飞机。

▲此次空袭普洛耶什蒂油田行动中美国也付出了一定的代价，但是这个代价是值得的。此后美国类似的，或比这次规模大得多的行动一个接一个，绝不给纳粹德国喘气的机会。

入南欧，在他的敦促下，英国军队立即出动并占领了多德卡尼斯群岛其他一些小岛屿，这其中最重要的是科斯（Cos）岛、莱罗斯（Leros）岛和萨摩斯（Samos）岛，这些岛都在罗德岛的大后方，离英国皇家空军最近的空军基地（在塞浦路斯岛）也有500公里之遥。德国夺岛两天后，英国“喷火”战斗机就部署到了科斯岛上，速度之快让人吃惊。

英国人占领爱琴海几个重要岛屿用意很明显，驻希腊和巴尔干的德国军队受到了直接威胁，为此，Ⅲ./JG 27大队火速从维也纳部署到希腊阿戈斯基地（伯罗奔尼撒岛上），抵达后，该大队又迅速派出分队向南和向东部署到克里特岛和罗德岛上。Ⅳ./JG 27大队的飞机分散部署在爱琴海入口处几个岛屿上，随后几个星期的战斗中，这些空中力量主要的作战任务就是支援德国部队夺取被英国人占领的岛屿。

在Ⅲ./JG 27大队抵达该地区前的9月18日和19日，Ⅳ./JG 27大队在科斯岛附近击落5架英国皇家空军“喷火”战斗机，代价是己方有两名飞行员失踪。Ⅲ./JG 27大队抵达该地区仅两天后就参与了战斗，在相同空域，该大队击落7架“喷火”战斗机，己方无一损失。重振雄风的Ⅲ./JG 27大队在随后的地中海地区的战斗中不断地给盟军造成重大损失，总计击落100架盟军作战飞机。

Ⅲ./JG 27大队最为成功的战斗发生在10月8日，这天该大队在希腊南部击落

▲海因里希•巴特尔斯从北极地区加入到11./JG 27中队，此后他的战绩狂升，二战总战绩达到99架，他在1944年6月12日被美国P-47战斗机击落身亡。上图显示的是他在1943年11月17日击落第70架飞机后的留影，地点是卡拉马基机场。

▲海因里希•巴特尔斯1943年在希腊作战期间画面，当时他驾驶的是Bf 109G-6战斗机。

了盟军8架不同型号的作战飞机，包括1架被高度怀疑的英国皇家空军“曼彻斯特”（Manchester）轰炸机，也可能是美国的B-25轰炸机，这两个型号飞机很相似，德国飞行员把飞机型号搞错已经司空见惯了。在11月上半月七场不同的战斗中，德国Ⅲ./JG 27大队连续在爱琴海东部空域击落不少于15架“英俊战士”战斗机。为什么是“英俊战士”战斗机而不是“喷火”战斗机呢？英国占领科斯岛后迅速在岛上建了一个小型机场，英国皇家空军有几架“喷火”战斗机驻扎于此。但是，在德国部队进攻前的俯冲轰炸中，“喷火”飞机已经完全被压制无法作战，10月4日，在“斯图卡”俯冲轰炸机的持续轰炸下，600名英国士兵和2500名意大利士兵就全部投降。失去科斯岛后，从埃及或塞浦路斯基地起飞的飞机中只有“英俊战士”战斗机的航程可以抵达多德卡尼斯群岛，但是，这款夜间战斗机的格斗性能极差（夜间作战无需那么好的性能），跟德国Bf 109G战斗机不在一个档次上，遭到Ⅲ./JG 27大队拦截基本上是死路一条。

12月，德国基本上控制了爱琴海入口处所有多德卡尼斯群岛，英国战斗机是不敢光顾了，唯一对驻希腊德国军队造成威胁的是美国重型轰炸机。12月6日，在拦截一支空袭扎金索斯岛上的卡拉马基机场（9./JG 27中队驻扎于此）的美国轰炸机行动中，德国飞行员一举击落4架轰炸机。两个星期后，在拦截一支空袭埃莱夫西斯（Eleusis，希腊本岛最南端，邻近首都雅典）美国轰炸机行动中，德国飞行员再次击落5架轰炸机，两次行动中，7./JG 27中队各有一名飞行员丧生。

自从部署到希腊后，JG 27联队指挥官罗德尔少校击落了1架“英俊战士”战斗机和2架重型轰炸机，加上其他2架战果，罗德尔的战绩上升到了83架，如果不是任联队指挥官，他的战绩会更高。罗德尔的联队队部另一位在东地中海战斗中获得战果的就是他的副官约斯特•施朗中

▲Ⅲ./JG 27大队约瑟夫•克莱德的Bf 109G-6战斗机飞越在地中海上空。照片拍摄于1943年的希腊。

尉，他原是马尔塞尤的僚机，10月10日他在科林斯湾（Corinth）西部的战斗中击落1架美国B-17轰炸机。

地中海战场战事行将结束的这段时间里，获得最大成功，损失也最大的是Ⅳ./JG 27大队，这个大队取得的最后战果中有几乎一半属于两位新加入的飞行员。

在10月10日科林斯湾战斗中，代理指挥官迪特里希•布斯勒在攻击1架B-17轰炸机时被目标自卫火力击落身亡，九天后正式接替他任Ⅳ./JG 27大队指挥官的是拥有175架战果并获得“橡树叶加骑士十字勋章”的约阿西姆•科施纳（Joachim Kirschner）上尉，他此前任苏联前线5./JG 3中队指挥官。

另一位最近从苏联战场来到地中海战场，并加入到11./JG 27中队的是海因里希•巴特尔斯（Heinrich Bartels）上士，他的49架战果中大部分是他在8./JG 5中队服役期间在北极地区取得的，他也因此获得了“骑士十字勋章”。从寒冷的北极地区突然到亚热带地区，气候的变化影响了他的射击水平，但是他很快就调整了过来，并在10月1日的战斗中在科斯岛附近击落2架“波士顿”轰炸机。

就是这两位来自苏联战场的王牌让Ⅳ./JG 27大队的战绩快速增长，他俩也包揽了近一半的战果，这段时间的战斗中，这两人在一次战斗中没击落几架敌机的情况很少，空手而归的情况几乎没有，比如10月8日的战斗中，海因里希•巴特尔斯击落3架P-38战斗机；10月23日，约阿西姆•科施纳击落2架“喷火”飞机和1架P-38飞机。48小时后，巴特尔斯击落3架P-38飞机和1架“惠特利”轰炸机。

在地中海战区，德国战斗机部队打得

顺风顺水，而德国地面战斗的态势却与之完全相反，1943年10月底，盟军在意大利南部站稳脚跟，随后的战斗就是向北一点点地推进。盟军所占领的意大利南部地区恰恰正好威胁到巴尔干半岛，两地之间是宽度仅为190公里的亚德里亚海。为此，JG 27联队在地中海战区最后一次大幅度调整部署以应对当前战局，即Ⅲ./JG 27大队负责守卫希腊和克里特岛，Ⅳ./JG 27大队则在10月28日奉命部署到南斯拉夫的波德戈里察（Podgorica，黑山共和国的第一大城市）。

调整部署完成仅三天后，德国11./JG 27中队的Bf 109G战斗机就和盟军战斗机在亚德里亚海阿尔巴尼亚一侧遭遇，巴特尔斯再次击落3架P-38飞机，但是，德国此次行动付出的代价是中队指挥官阿尔弗雷德•布尔克中尉丧生。11./JG 27中队的运气特别地差，1943年剩下的两个月里，又有两位中队指挥官丧生。中队指挥官运气差并不能阻止海因里希•巴特尔斯继续取得战果，他和大队指挥官约阿西姆•科施纳毫不例外地参与了11月15日一场重要的战斗，这是Ⅳ./JG 27大队整个两年历史中最为“辉煌”的一天。这天，该大队在作战行动中击落15架敌机，而己方无一损失，被击落的敌机除1架外全是P-38战斗机，巴特尔斯一举击落4架，他的战绩也上升到70架。科斯纳在当天击落3架P-38战斗机和1架B-25轰炸机，战绩很快蹿至185架。48小时后的11月17日，这两位能人在拦截美国一支B-25轰炸机编队（护航的是P-38战斗机）时又分别击落3架敌机。

盟军针对巴尔干地区的空中行动不断地在增加，除了轰炸亚德里亚海上德国运输船舶和支持南斯拉夫共产党游击队外，还对这一地区的纵深目标（主要是机场）实施了打击，显然，这么大的作战空域对于Ⅳ./JG 27大队来说勉为其难，一是战斗机数量不足，二是航程也鞭长莫及，一句话，德国战斗机根本无法应付这么多的盟军作战飞机。德国此时不得不再次重新部署作战力量，12月初，Ⅳ./JG 27

▲经过一番调整，Ⅲ./JG 27大队主要职责是守卫希腊和克里特岛，图中就是该大队位于克里特岛的基地，跑道泥泞不堪，机轮溅起水花，一名地勤人员悠闲地搭起便车。

大队转移到斯科普里（Skopje，马其顿首府），同时，大队还派出中队和四机编队分散部署到从莫斯塔尔（Mostar，波黑境内）向北和向南到戴沃利（Devoli，阿尔巴尼亚南部）周围六个机场。

空中战斗并不总是德国一方占上风，比如12月16日的战斗中，Ⅳ./JG 27大队击落2架P-40和1架“喷火”战斗机，但大队也损失三名飞行员。第二天的情况更糟糕，这天两次与英国皇家空军“喷火”战斗机交战中，德国方面损失五名飞行员，却没取得1架战果，其中3架Bf 109G-6在阿尔巴尼亚沿岸被击落，另2架在莫斯塔尔南部被击落。在莫斯塔尔被击落的2架是Ⅳ./JG 27大队指挥官约阿西姆•科基纳上尉和他的僚机，当时从太阳方向冲下的盟军战斗机一举击落了没有防备的科基纳。有资料称是“喷火”战斗机击落了这位当时战绩排名第20位的王牌，更多资料称击落科基纳的是美国陆航第57战斗机大队的1架P-47D战斗机，科基纳及时从他的Bf 109G-6座机（Wk-Nr 20618）跳伞逃生。虽然德国空军立即展开救援，还是没有发现科基纳的踪迹，据称，科基纳跳伞后被俘，随后被第29共产党旅（29th Communist Brigade）枪毙。也有其他说法，维基网站资料称，科基纳跳伞安全着陆后遭遇第29黑塞哥维纳打击旅（29th Herzegovina Striking Division），交火中科基纳被击毙。

约阿西姆•科基纳的接任者是经验丰富，但战绩却不高的奥托•迈耶尔（Otto Meyer）上尉，在此前五个月里，迈耶尔一直担任4./JG 27中队指挥官。与盟军几个月的鏖战后，迈耶尔接手的是一个已经从高峰状态跌落的Ⅳ./JG 27大队，虽然空战结果德国方面大比分领先，但盟军的作战飞机数量足以把德国空军拖垮，更不用说盟军战斗机飞行员的素质和技能也在快速提高。在1943年最后几天，迈耶尔的大队只有12架Bf 109G战斗机还能升空作战。

虽然新年伊始Ⅳ./JG 27大队的飞机数量增加了一倍，但这个大队在巴尔干地

古斯塔夫•罗德尔	奥托•舒尔茨	奥托•迈耶尔	海因里希•巴特尔斯

▲书中对应的几位王牌飞行员。

▲意大利飞行员也来看看Bf 109G-2战斗机。虽然一部分意大利人加入了盟军阵营，但仍有一部分和德国人战斗在一起。

区的战斗也趋于结束了，这个大队最后一次参加战斗是1月24日。当时，美国B-24轰炸机编队在大量P-38战斗机的护航下对Ⅳ./JG 27大队的驻地斯科普里基地实施了轰炸，在保卫自己基地的战斗中，德国方面击落2架P-38战斗机和3架B-24轰炸机，其中1架轰炸机战果属于大队新任指挥官迈耶尔，这是他个人第12架战果。

1944年2月初，Ⅳ./JG 27大队向东部署到保加利亚的尼什（Nish），这里靠近南斯拉夫边境，驻扎在这里的六个星期里，该大队度过了难得的不参战的平静期。随后，Ⅳ./JG 27大队奉命返回奥地利格拉兹参与帝国保卫战。

Ⅳ./JG 27大队离开巴尔干后只剩下厄恩斯特•达尔伯格的Ⅲ./JG 27大队仍然在希腊和爱琴海一带日夜巡逻，防止盟军飞机偷袭。但是，这一带不是战事中心，盟军登陆意大利后要向北从南部打击德国，侧翼的德军不足以对盟军构成重大威胁。二战进行到这个阶段，德国的败局已定，雪上加霜的是德国本土也开始遭受盟军重型轰炸机的轰炸，德国需要从各个战线将闲来无事的单位调回国内，这些因素就是Ⅲ./JG 27大队在希腊和爱琴海时日不多的主要原因。Ⅲ./JG 27大队在这一战区取得的最后一次重大胜利是2月9日，当天该大队在萨摩斯岛附近击落7架英国皇家空军“英俊战士”战斗机，己方无一损失。之后，该大队也奉命返回奥地利休整准备应付另一场战争。

其实，Ⅲ./JG 27大队没有全走，达尔伯格留下7./JG 27中队仍在希腊和爱琴海作战了两个月之久，这个中队的编制比正常的要大一倍，也就是相当于两个中队的规模，为的就是防守广阔的东地中海地区。在两个月时间里，7./JG 27中队为JG 27联队在这一战区增添了最后25架以上战果，比如在3月6日战斗中，德国飞行员在克里特岛西北空域击落6架B-26轰炸机。

具有讽刺意味的是，7./JG 27中队在最后阶段取得的战果均是原来轴心国盟友意大利的飞机，1944年5月14日下午，德国Bf 109G战斗机编队在奥特朗托（Otranto）海峡遭遇南意大利空军（北意大利仍在墨索里尼控制之下）一支SM.84运输机编队，南意大利空军已经和

JG 27联队在地中海战区损失和失踪的150余名飞行员中最后一个。

▲新上战场的美国新飞行员跟德国那些久经战场考验的老兵相比还有一些差距，但是，一个明显的特征就是德国新上战场的飞行员素质跟二战前和初期的飞行员相比要差很多。盟军飞行员的训练充分，且有条不紊，因此随着战事推进损失越来越少，德国的情况正好相反。

▲JG 27联队在北非和地中海战区的战史基本上以Ⅰ./JG 27和Ⅱ./JG 27的作战为主，其他两个大队在参加过其他战场战斗并取得优异战绩的飞行员指挥下也发挥了一定的作用。但是，德国整体处在一个战略溃败阶段，不断收缩自己的范围。图中是Ⅰ./JG 27大队的Bf 109G战斗机驻扎在地中海战区。

JG 53联队在北非和地中海战史

上文提到JG 27联队参与了马耳他战斗，实际上德国空军第2航空军的JG 53联队也参与了这里的战斗，JG 53联队指挥官是冈瑟尔•冯•马尔特扎少校。1941年12月3日，Ⅲ./JG 53大队率先奔赴西西里岛的卡塔尼亚。此时，地中海另一侧的“十字军行动”已经进行了两个星期，不断后撤的隆美尔此时急需帮助。为此，在抵达卡塔尼亚仅三天后，Ⅲ./JG 53大队取道意大利、希腊和克里特岛于12月8日抵达利比亚泰米米机场。抵达北非的同时，Ⅲ./JG 53大队立即派8./JG 53中队向西到

盟军走在了一起并对德宣战。SM.84这种三发运输机遇到Bf 109G战斗机想活命根本不可能，在交战的十分钟内，德国击落6架该型号运输机。不过运输机（很多军用运输机也有自卫火力）的还击击落了格哈德•齐格灵（Gerhard Siegling）中士，这是三年前踏足北非（到加查拉）以来，

250公里外的贝尼纳（Benina，在班加西附近）驻防，为的是保卫班加西港口安全。由于从西西里岛出发比较匆忙，Ⅲ./JG 53大队没有时间训练飞行员应对沙漠环境作战，单位的Bf 109F战斗机也没来得及进行热带环境改进。更糟糕的是，为Ⅲ./JG 53大队运输地勤人员和技术物资的2架

Ju 52/3m运输机在靠近泰米米机场时被昏了头的意大利战斗机击落。

尽管刚到北非遇到很多困难，在第二天（12月11日）参与为Ju 88轰炸机编队护航去轰炸比尔哈凯姆（Bir Hacheim）的战斗中，Ⅲ./JG 53大队还是击落了4架英国皇家空军“飓风”战斗机，己方无一损失。此次战斗中第一个战果属于大队指挥官沃尔夫－迪特里希•威尔克上尉，这个战果将他的战绩提升到35架。同一天傍晚时分，Ⅲ./JG 53大队被迫撤离泰米米机场，因为英国盟军地面部队已经靠近他们的机场了，上文提到过这事。撤离跟他们来的时候一样匆忙，因此有3架需要修理而带不走的飞机被炸毁遗弃，还有4架被敌轰炸机炸伤或着陆发生事故而注销的飞机也被炸毁。这么一算，Ⅲ./JG 53大队几天就损失了超过1/3的作战飞机。

撤离泰米米的下一站是西北方向的德尔纳（离泰米米只有40公里），在此，Ⅲ./JG 53大队执行了一系列的自由猎杀任务。12月12日中午的行动中，该大队击落6架“飓风”战斗机和1架“战斧”战斗机，己方仍然没有任何损失。第二天，主要战斗发生在加查拉一线，也就是这一天，Ⅲ./JG 53大队首遭作战损失，即当天7./JG 53中队一名飞行员被1架P-40战斗机击落，德国飞行员被严重烧伤（估计是迫降过程中烧伤的）。

12月13日，Ⅲ./JG 53大队只取得2架战果，24小时后，该大队取得3架战果，这5架战果都是在加查拉一带取得的。取得战果的同时损失也很严重，7./JG 53中队又有两名飞行员被P-40战斗机击落，一人当即丧生，另一人失踪。但是，这个中队的噩梦还未结束，12月16日，Ⅲ./JG 53大队奉命执行侦察任务，找出沙漠地区企图切断隆美尔后撤路线的英国装甲部队的确切位置。执行此次侦察任务第一个起飞的是7./JG 53中队指挥官海因茨•阿尔滕多夫（Heinz Altendorf）中尉和他的僚机。这两人向南飞入沙漠内地寻找英国装甲部队，很快他俩就在米奇利（Mechili）一带发现了目标，意外的是他俩在低空搜

▲冈瑟尔•冯•马尔特扎（中间者）在科米索基地接受德国战地记者采访，图中左侧坐满人的是Bf 109F-4/Z战斗机，右侧的是意大利空军C.202战斗机。

索目标过程中也被地面高炮击落。因为不是专业侦察机，此次侦察行动必须低空飞行全凭飞行员肉眼观察，悲剧就是这么发生的。僚机哈特穆特•克勒泽尔（Hartmut Klotzer）代理下士迫降后逃避敌人追捕徒步返回了德国一侧战线，整整一年后，他在突尼斯失踪。中队指挥官海因茨•阿尔滕多夫运气差了点，这位拥有24架战果的王牌被俘后一直呆在战俘营度过了二战，谁能说不是幸运呢。

第二天，已经将仅存的作战飞机交付给JG 27联队的Ⅲ./JG 53大队启程坐飞机返回西西里岛，只有驻扎在217公里之外贝尼纳的8./JG 53中队仍在北非又作战了五天，这个中队在北非作战期间唯一的损失是一位士官被南非空军“马里兰”轰炸机（当天空袭班加西机场）的自卫火力击伤。之后，这个中队把飞机转交给JG 27联队后飞离利比亚，至此，“黑桃A”大队第一次北非之旅就此结束，六个月后，Ⅲ./JG 53大队再次重返北非。

Ⅲ./JG 53大队在1941年年底返回到西西里岛时，JG 53联队的其他大队之前已经抵达了该岛，冈瑟尔•冯•马尔特扎少校的联队队部和Ⅱ./JG 53大队驻扎在岛上东南角的科米索，Ⅰ./JG 53大队驻扎在离科米索只有32公里的杰拉（Gela，港口小城）。当地一年中的多变气候和雨季到来，加上其他一些因素，德国计划对马耳他岛实施的军事行动并没有立即进行，但是JG 53联队的战斗机却参与了针对马耳他的零星战斗。JG 53联队部署到科米索仅四天后的12月19日，JG 53联队队部奉命去马耳他岛上空执行自由狩猎行动，尽管气候恶劣，德国战斗机编队还是与英国皇家空军的几架“飓风”战斗机遭遇，战斗中，联队指挥官马尔特扎为他此前50架战果再添1架敌机。12月的最后十天，马耳他一带狂风和暴雨不断，在风雨的间歇，马尔特扎仍然率领四机编队到马耳他岛上空狩猎，此间四机编队又击落5架敌机（全部是“飓风”战斗机），其中3架战果属于联队指挥官本人。

跟联队队部四机编队自由狩猎不同，Ⅰ./JG 53和Ⅱ./JG 53大队早期的主要任务就是为德国空军Ju 88轰炸机编队护航去轰炸马耳他岛，第一次执行这样的任务

▲屁股还没坐热，Ⅲ./JG 53大队就得撤离泰米米机场，这一撤离就损失了大队近1/3的飞机。图中Bf 109F-4/Trop飞机因事故实施了迫降，迫降的典型特征就是螺旋桨扭曲了。

是12月20日。当天清晨，Ⅰ./JG 53大队的11架Bf 109F战斗机护送4架Ju 88轰炸机去瓦莱塔（Valetta）港一带航行的英国舰船，行动中德国飞机编队遭到6架英国皇家空军“飓风”战斗机拦截。接下来敌对双方发生混战，说是“混战”因为当时当地又有意大利的作战飞机在此执行任务，Ⅰ./JG 53大队混战中击落3架英国战斗机，己方无一损失。Ⅰ./JG 53大队指挥官赫尔伯特•卡明斯基（Herbert Kaminski）上尉和1./JG 53中队指挥官弗里德里希-卡尔•穆勒（Friedrich-Karl Muller）中尉分别击落1架敌机。

Ⅱ./JG 53大队第一次在马耳他执行作战任务是12月23日，作战任务也是为Ju 88轰炸机护航，不过，当天的任务只是为2架轰炸机护航去轰炸瓦莱塔（马耳他首都）。照例英国皇家空军的“飓风”战斗机前来拦截，德国Bf 109F在空战中声称击落1架敌机，敌机坠毁在马耳他岛沿岸，但是，英国方面否认“飓风”飞机被击落，但承认有2架飞机作战受伤后实施了迫降。第二天行动中，5./JG 53中队指挥官库尔特•布兰德勒（Kurt Brändle）中尉击落1架“飓风”战斗机，这是他参战以来第30个战果。

截至1941年年底，JG 53联队共击落整整20架“飓风”战斗机和1架“布伦海姆”轰炸机（在海上巡逻时被德国击落），己方仅有两名飞行员受伤。

整个1942年1月，马耳他岛一带的恶劣气候仍旧，JG 53联队针对该地的行动大大减少，只有瓦尔特•斯皮斯（Walter Spies）上尉的Ⅱ./JG 53大队不仅顽强参战，还稳定地取得不错的战果，截至1月底，这个大队共取得13架战果，除了1架或2架型号不明外，其他全是“飓风”飞机。Ⅱ./JG 53大队1942年新年第一次胜利是1月3日为1架Ju 88轰炸机护航去轰炸鲁卡（Luqa）机场期间击落2架“飓风”飞机，但是，这次不太激烈的战斗也是该大队在马耳他第一次出现作战损失。当时，4./JG 53中队的1架Bf 109F战斗机被地面高炮击中凌空爆炸。24小时后，Ⅱ./JG 53大队再次返回鲁卡，这次行动的战果相当丰硕，有4架“飓风”飞机被击落。气

▲驻扎在意大利西西里岛的JG 53联队地勤人员借助Bf 109F-4飞机的阴凉在打牌。注意看机翼的前缘缝翼已经伸出，座舱处有遮阳伞。

候恶劣让空中行动暂停了九天，恢复作战的第一天，Ⅱ./JG 53大队击落1架在海上巡逻的英国“布伦海姆”轰炸机。

就在这段时间，德国空军的部署仍在进行，1月18日，Ⅱ./JG 3大队部署到西西里岛增援JG 53联队。同时，在整个1月间都没有参加马耳他战斗的Ⅰ./JG 53大队被分成两个部分，一部分力量奉命从杰拉转移到圣彼得罗部署，在此，1月的下半个月，这支力量主要任务就是组建一

▲Ⅰ./JG 53大队也驻扎在科米索，图中近处的Bf 109F-4是大队队部赫尔伯特•卡明斯基的座机。

个新战斗轰炸机中队。这个中队就是维尔纳•朗格曼（Werner Langemann）中尉为指挥官的10.(Jabo)/JG 53，该中队由新老飞行员混合组成，有驾驶战斗轰炸机经验的飞行员优先考虑，比如菲利克斯•绍尔（Felix Sauer）中士，在3./JG 53中队服役时曾参加过英国战役。但是，从JG 53联队其他大队抽调人员组建10.(Jabo)/JG 53的命令并没有得到支持，为此，战斗轰炸机中队只得从训练学校招来士官飞行员。虽然中队飞行员组成复杂，但指挥官朗格曼却用自己的方法把这些飞行员凝聚在一起，他授意设计了中队的标志并把大幅标志图案挂在了墙上：“朗曼有限公司——轰炸机杀手专家”。但是，一个战斗轰炸机单位，为什么称自己是轰炸机杀手？挺令人费解。

▲7./JG 26中队也在1941年短暂在西西里岛杰拉驻扎过，本文中并未提及，其他很多单位都在地中海战区战斗过，只是时间短而本文未提。图中7./JG 26中队的地勤人员在维护机枪。

就在Ⅰ./JG 53忙着在圣彼得罗组建战斗轰炸机中队时，本大队的第1中队（1./JG 53）暂时被部署到希腊和克里特岛的机场执行任务，主要是为穿越东地中海空中运输线提供护航任务。在1月的第三个星期，西西里岛的气候终于有了改善的迹象，被水浸泡多日的机场跑道终于干了，此前一个月Ⅲ./JG 53已经换装了新Bf 109F飞机，1月19日是这个大队换装新飞机后第一次到马耳他岛上空执行任务，还是为Ju 88轰炸机（仅1架）护航。这天的行动并没有取得战果，但六天后，联队队部再次参加战斗揭开了“黑桃A”大队在马耳他岛最为激烈的战斗。

1942年1月25日，JG 53联队队部5架Bf 109F战斗机护航4架Ju 88轰炸机去轰炸马耳他岛的哈尔法（Hal Far）机场，但是，在靠近马耳他岛东南角时，德国人发现2艘运输船在12架“飓风”战斗机的护航下正驶离马耳他岛。这是一个难得的攻击机会，因为英国人还未发现德国飞机，而德国人老远就发现了海上航行的舰船，向这个空域搜索肯定会发现英国护航飞机。事实正是如此，发现英国护航飞机后，德国Bf 109F战斗机率先发起了攻击，英国人发现遇到攻击时已经来不及了。这次空中行动后，一位德国战地记者在科米索采访了JG 53联队指挥官马尔特扎，随后此次战斗的细节被登在德国报纸上。

发现敌情后，我率领我的五机编队绕了一个大圈到敌机编队后方，为的是我们能从太阳方向从后面攻击5架“飓风”战斗机。我们的机动获得了回报，我们靠近敌机编队时并没有被发现，我首先向左侧最外面1架敌机发起攻击，毫无防备的敌机当即被击落，拖着火焰坠入海中。随后我召集我的编队重新会合准备第二次攻击。（发现遭到攻击后）剩余的“飓风”战斗机转向岛的方向并试图爬升到我们上方，我们稍稍调整了一下准备采取一致攻击行动。就在这时，我发现我们上方12架“飓风”战斗机中的2架离开编队转弯，这明显地是想绕到我们后方，但是，他们并没这么做，而是向岛的方向飞去，这倒是个好事了，不会干扰我们第二次攻击行动。

这回，我再次瞄准最左侧1架敌机，我这么做的目的是让我的僚机也有机会进入射击位置。我的攻击直接命中敌机，敌机飞行员跳伞逃生，当时我看到这位表情惊恐的飞行员缓缓在我的座舱一侧下降。与此同时，其他2架梅塞施密特战斗机正在攻击另2架敌机，敌机很快被击落并坠地起火[①]。其他敌机见事不妙俯冲逃离我们的打击，他们确实成功了，但是，运气不济的“飓风”战斗机逃跑时却撞见了另一个为轰炸机护航的德国战斗机编队，这

① 此次战斗的整个过程都发生在海上，这里用了“hit the ground in flames”，“ground”一般指地面，虽然有表面的意思，但海面通常用“surface”一词。在高空被击落的飞机撞击海面也会如同撞击地面一样爆炸起火，二战纪录片中常有这种画面。

里，又有2架“飓风”飞机被击落坠入海中，还有2架拖着浓浓的黑烟盘旋着向下坠去，但是我们没看见这2架飞机坠毁。另外，卡尔－海因茨•普鲁（Karl-Heinz Preu）少尉一直在追击1架“飓风”飞机，直到靠近海岸时才追上并击落了这架敌机，高度是600米，那是我们这天战斗的第八架战果。

这天战斗的8架战果中有6架属于JG 53联队队部，联队指挥官本人的2架战果（他的僚机照相枪可以为他证实）让他的战绩上升到55架。最后2架战果属于6./JG 53中队飞行员，当天这个中队也执行为Ju 88轰炸机护航的任务。由于两个单位都没有任何损失，这是JG 53联队在马耳他岛战役中最为成功的战例之一。

48小时后的1月27日，6./JG 53中队另一位飞行员赫尔穆特•贝尔瑟（Helmut Belser）中尉击落了1架似乎是费尔利公司的Battle轻型轰炸机（说战斗机也行），此前的1月19日，贝尔瑟还击落1架似乎是格洛斯特公司研制的“斗士”战斗机，有人猜测所谓“斗士”更可能是英国皇家海军航空兵的“剑鱼”（Swodfish）或“青花鱼”（Albacore）飞机。1月27日击落的Battle飞机极有可能是费尔利公司的“管鼻鹱”（Fulmar）战斗机，这也是皇家海军航空兵的飞机，英国当天的记录显示有1架“管鼻鹱”升空，但是，这架升空的飞机是早晨天刚亮时起飞去北非的，而贝尔瑟是在当天下午击落的Battle飞机。由于英国本岛也有战事，马耳他岛早期使用了很多老旧型号飞机，型号十分繁杂，最先进的就是“飓风”，更先进的“喷火”留在英国本岛作战。

6./JG 53中队似乎有击落怪异和型号繁杂飞机的“偏好”，2月5日清晨，这个中队在马耳他岛附近击落1架从直布罗陀基地远道而来的“惠灵顿”轰炸机，事实上，这架轰炸机并未被击落，只是击伤而已。“击落”德国飞行员能够识别

▲冈瑟尔•冯•马尔特扎（左）和普鲁（Preu）少尉在1架Bf 109F-4/Z飞机前。图中这架飞机的主起落架舱前的机翼前缘安装了照相枪，图片已经看不清楚。

的飞机并不少见，下面的故事就充分说明了6./JG 53中队的“怪癖”。2月5日傍晚时分，汉斯•穆勒（Hans Moller）少尉在卡尔弗拉纳（Kalfrana，马耳他岛最南端）水上飞机基地击毁1架锚定状态的荷兰福克公司研制的“福克” T VIII飞机，但是，这架穆勒认为的荷兰产飞机实际上是前挪威空军的He 115水上飞机，这是德国亨克尔公司研制的飞机，原挪威空军购买了3架，挪威被德国占领后，这些飞机飞到了英国避难并被英国人利用起来。

1942年2月，地中海地区终于出现了久违的晴空，德国空军理所当然大大提高了针对马耳他岛的军事行动。但是，尽管作战任务经常有，规模却不大，德国人认为发动几次大规模行动的效果不见得比日夜不停的小规模骚扰消耗战更有效，在小规模空袭行动的间隔，也就是英国人需要喘口气的时候德国再发动几次较大规模的空袭。

白天护送轰炸机去轰炸马耳他岛是JG 53联队主要作战任务，偶尔也会执行战斗轰炸和自由狩猎行动，联队飞机通常情况一天要飞2－5架次作战任务。为轰炸机护航任务很快就形成了惯例，当容克轰炸机取道战斗机机场时，战斗机便起飞伴随轰炸机飞行15－20分钟到马耳他岛，轰炸机轰炸时，战斗机在目标空域保护轰炸机免受英国战斗机袭击，之后再一道返回。德国的小规模轰炸战术取得了成效，飞行员反映岛上的防空力量逐渐在减弱。

整个2月间，JG 53联队共击落24架敌机，己方只有两名飞行员失踪，联队队部这个月只击落7架敌机，其中4架战果属于联队指挥官马尔特扎。1月份没有参战的Ⅰ./JG 53在2月里只取得1架战果，即1架“博福特”轻型轰炸机，这架战果是2./JG 53中队指挥官克劳斯•夸特－法斯勒姆少尉在2月15日击落的。

Ⅱ./JG 53大队包揽了联队2月份战果中的一半（12架），同时这个单位也出现本月第一个损失，即2月7日的战斗中，6./JG 53中队一名飞行员在鲁卡被英军地面高炮击落。Ⅲ./JG 53大队取得5架战果，这是该大队从北非战场返回后取得的首批战果，其中第一架战果是2月11日8./JG 53中队指挥汉斯－约阿西姆•海内克中尉击落的1架“布伦海姆”轰炸机。JG 53联队2月损失两名飞行中的最后一位属于10.(Jabo)/JG 53中队，这个中队正式参战仅两天后的2月23日，本单位一名士官被英国“飓风”战斗机击落后在海上失踪，英国的作战报告称看到了这名飞行员跳伞逃生。

3月初的战斗跟已经过去的2月十分相似，在上旬的十天里，JG 53联队击落9架“飓风”战斗机，己方唯一的损失是10.(Jabo)/JG 53中队的另一名士官，后来证实，这名飞行员在座机被地面高炮击落后跳伞逃生，落地后被俘。此时，对于轴心国来说，似乎再需要几个小时战斗就可以占领马耳他岛，岛上的英国守军情况很糟糕，能升空作战的“飓风”飞机不足

▲7./JG 53中队的1架Bf 109F-4战斗机携带1个300升副油箱在转场飞行，飞机下方就是地中海。照片拍摄于1942年年初。

24架。但是，3月10日，JG 53联队得到一个不好的消息。就在三天前，英国皇家海军“鹰”（Eagle）航母为马耳他岛上的英国皇家空军送来了15架“喷火”战斗机，这个情况竟然未被德国情报部门及时发现。首批与英国新型战斗机遭遇的是8./JG 53中队飞行员，这个中队当时正为3架Ju 88轰炸机护航去轰炸鲁卡机场。“喷火”战斗机比“飓风”要先进，这是其一，德国飞行员未能及时获得情报是其二，因此3月10日的战斗中德国有1架Bf 109F被击落，英国1架“喷火”也被击落，算是公平了。但是，很明显“喷火”飞机的出现让德国人有了一种不祥之兆，首批“喷火”飞机悄无声息地运进了马耳他岛，随后会有更多的“喷火”陆续运抵。德国人的猜测确实有道理，在3月底，“鹰”号航母再次运来了16架“喷火”战斗机。

也许是巧合，也许不是，3月12日，德国第二航空队司令阿尔伯特•凯瑟林（Albert Kesselring）元帅召集他手下所有单位指挥官到卡塔尼亚开会，会议的主要内容就是制订未来夺取马耳他岛计划，德国希望一劳永逸地解决马耳他岛。夺岛战役的第一个重要步骤就是发动一次大规模行动消灭岛上的英国皇家空军，具体做法就是花一周时间不间断地轰炸岛上所有飞机机场。就是在这次大规模行动中，德国人发现岛上英军又多了6架“喷火”战斗机。

凯瑟林制定的新作战行动的第一次大规模昼间轰炸行动发生在3月21日早晨，当时，德国出动100余架Ju 88轰炸机去轰炸塔卡利（Takali）机场，JG 53联队负责为当天行动的轰炸机全程护航，护航有两种方式，一种是贴身护航，即伴随轰炸机编队出击；另一种是在轰炸机前方执行自由狩猎行动，这是一种积极的护航方式，扫清作战空域出现的敌机。但是，

JG 53联队投入了全部作战力量准备与英国人大干一场，结果他们在空中却没有遇到敌机，因此这次行动没有发生空战，既没有取得战果也没有任何损失。这种奇怪战斗一直持续到4月份，在接下来的四个星期里，整个JG 53联队（除了10.(Jabo)/JG 53中队）的作战任务非常枯燥，就是在西西里岛和马耳他岛之间来回穿梭为轰炸机护航。

尽管后来双方的空战稍有恢复（英国皇家空军“喷火”也上了战场），总的来说岛上英国皇家空军的空中行动只是维持最低标准。尽管英国“喷火”战斗机的出现让德国人大吃一惊，德国人并不惧怕这种战斗机，双方也不是没有交手过，对于地中海战区来说，德国人的优势只是稍稍降低而已，事实上，没有及时获得情报“喷火”飞机就突然出现在马耳他岛这一点让人吃惊。算上“喷火”战斗机德国方面也具有绝对的优势，加上这段时间英国不积极应战（当然不是英国人害怕，这只是战术调整），德国在这段时间相对英国的空战击坠比达到10:1，也就是德国击落39架英国飞机，己方有一名飞行员丧生，两人失踪，还有一人被俘。另外两个损失不能算是英国的，10.(Jabo)/JG 53中队2架飞机在一次行动中在海上相撞坠毁，两名飞行员失踪。

39架战果中有一半属于瓦尔特•斯皮斯上尉的Ⅱ./JG 53大队，这个大队最成功的一次战斗发生在4月10日，当天下午在为一支轰炸机护航行动中，该大队击落6架英国“飓风”战斗机，其中1架战果属于大队指挥官本人，3架属于未来“骑士十字勋章”获得者，6./JG 53中队的鲁道夫•埃伦贝格尔（Rudolf Ehrenberger）军士长，加上这3架他的战绩达到了23架。此次战斗的唯一损失是埃伦贝格尔中队指挥官被击落。

仅仅24小时前，赫尔曼•纽霍夫（Hermann Neuhoff）少尉在科米索从Ⅲ./JG 53大队被调来任6./JG 53中队指挥官，纽霍夫当时的战绩是39架，他的第40架战果申报后在他被任命中队指挥官这天被否决。此前，赫尔曼•纽霍夫是Ⅲ./

▲由于马耳他岛上的英国战斗机落后很多，德国Bf 109F战斗机可以达到以一当十来应对，即使像图中10.(Jabo)/JG 53中队的Bf 109F-4/B战斗轰炸机也占据绝对优势。初期苏联战场和马耳他战场上，Bf 109战斗机经常会执行战斗轰炸任务。

JG 53大队战绩最高王牌，他在4月10日这天被击落，被击落的过程不甚明了，英国皇家空军有两名飞行员声称在马耳他岛东部击落1架Bf 109战斗机，这两人声称在战斗中被击落的德国战斗机中弹起火，飞行员跳伞逃生。但是，后来生还的纽霍夫称是另1架友机击落了自己，他说：

我率领我的四机编队飞到马耳他岛上空时遭遇3架英国“喷火”战斗机，我向我前面的1架敌机开火射击，就在这时我听到一声巨响，肖（Schow）少尉获得了他本人第一个战果，不幸的是被击中的是我！他以为我是1架“飓风”战斗机。

我没有立即跳伞，但很快飞机就开始着火，而且越来越大，我只得打开座舱准备跳伞，就在这节骨眼我的座机凌空爆炸。幸运的是我及时地解除了跳伞保险，座舱罩被弹掉，我在2500米高度被甩了出来。在400米高度，我打开了降落伞，最后我在离鲁卡不远处着陆。

纽霍夫被俘后，他获得“骑士十字勋章”的命令在6月16日正式公布，这是JG 53联队第九位获得此勋章的飞行员。大约两个月后的1942年8月11日，上面提到的击落纽霍夫的1./JG 53中队维尔纳•肖（Werner Schow）在斯大林格勒的一次战斗中失踪，他的战绩是15架，不知道这个战绩是不是包括纽霍夫那架。肖在后来主动承认是自己击落了纽霍夫，在激烈的战斗中他不幸判断失误造成悲剧。

纽霍夫被击落四天后，Ⅱ./JG 53

▲6./JG 53中队指挥官赫尔曼•纽霍夫的Bf 109F-2座机，照片拍摄于1941年7月6日，当时纽霍夫还在7./JG 53中队服役。

▲9./JG 53中队的格哈德•贝特茨上士在3月9日马耳他上空取得了自己的开门红（击落英国1架“飓风”战斗机）后降落在科米索机场。5月18日，他再次击落1架“喷火”战斗机，但此次战斗中他也被击落成了战俘。

“损失”第二位战绩突击的中队指挥官，也就是5./JG 53中队指挥官，拥有34架战果的库尔特•布兰德尔被调离JG 53联队到Ⅱ./JG 3 大队任指挥官。

4月下半月，德国空军针对马耳他岛的轰炸行动达到高潮。4月20日，又有46架“喷火”战斗机通过“鹰”号航母和美国“大黄蜂”航母运送到岛上。德国人这次及时获得了情报，因此，几乎就在增援力量抵达岛那一刻起，德国立即对哈尔法和塔卡利两处重要机场实施了重点打击，当天的打击相当猛烈，到第二天，新抵达马耳他岛的“喷火”战斗机只有不到一半还能投入战斗。

但是，就在德国空军取得节节胜利

▲Ⅰ./JG 53大队指挥官赫尔伯特•卡明斯基（中间）正和其他两名飞行员走向指挥所，该处基地位于杰拉。

▲10.(Jabo)/JG 53中队费利克斯•苏尔上士的Bf 109F-4/B战斗轰炸机因发动机故障在西西里岛一处海滩迫降，被盐水浸泡后这架飞机只得注销报废。注意看后机身该中队的队标。

▲5./JG 53中队的地勤人员在维护Bf 109F-4/Z战斗机的发动机。

▲8./JG 53中队地勤人员正在科米索基地维护Bf 109G-2飞机。照片拍摄于1942年9月。

时，4月底的战斗突然减弱，那些增援的英国战斗人员和飞机还未来得及发挥作用，即使发挥作用也有限，特别是新来的飞行员跟这里奋战数月之久的德国飞行员无法相对匹敌。不管怎么说，英国人得到了宝贵的喘息机会。德国的行动突然减少的原因是德国其他战场需要增援力量，比如希特勒此时正准备在苏联发动夏季攻势。北非的隆美尔正在发动反攻，而且已经将战线再次推到加查拉一带（去年12月Ⅲ./JG 53从此撤离的），此时隆美尔计划再次包围托布鲁克并将战线推到埃及境内。这一时期德国在各个战线上都取得了进展，不可忽略的不利因素是战线拉得太长，物资供应问题变得越来越突出，必须派出增援力量来保证各条战线业已取得的战果。为此，德国空军很多作战单位都被拆分派到不同战场执行任务，JG 53联队也不例外。冯•马尔特扎少校的联队队部和Ⅱ./JG 53大队仍驻扎在西西里岛的科米索，保持对马耳他岛的压力态势，实际上这只是表象，这点作战力量不足以威胁岛的安全；赫尔伯特•卡明斯基的Ⅰ./JG 53大队和第6集团军一道被部署到斯大林格勒一带，而Ⅲ./JG 53大队穿越地中海到北非老驻地德尔纳驻防，准备在德国进攻埃及开罗战役中执行空中任务。

重返地中海战场

尽管JG 53联队的几个单位被派到斯大林格勒和北非，实际上，真正属于JG 53联队转折点的战斗是在突尼斯。上段提到隆美尔准备进攻埃及开罗，实际上应该是亚历山大港，这里比开罗更重要，但事实情况是德国抵达阿拉曼后再也没能前进半步，因此，Ⅲ./JG 53大队抵达北非后的主要任务是保护意大利本岛和西西里岛到北非之间运输线的安全，这样的作战任务后来成了该大队在突尼斯六个月战役的一个模板。

随着盟军开始向仍在轴心国控制下的突尼斯挺进，盟军新到北非战场的第1集团军从阿尔及利亚向东，而早就在北非作战的英国第8集团军穿过利比亚向西包围德国军，马尔特扎的飞行员被命令到突尼斯来保卫这座对德国极为重要的桥头堡。为了减轻Ⅲ./JG 53大队压力，Ⅱ./JG 51大队和11./JG 2中队也临时归Ⅲ./JG 53大队指挥，11./JG 2是一个特别高空作战中队，不久这个中队就被并入JG 53联队。

阿尔及利亚的盟军第1集团军对轴心国构成了严重的威胁，在这个方向，盟军也出动了空中力量，就是在这儿，JG 53联队取得突尼斯战役的第一次胜利，即1942年11月12日在波尼港（Bone，现称安纳巴，在阿尔及利亚东部，靠近首都突尼斯）附近击落1架“喷火”战斗机。48小时后，7./JG 53中队的Bf 109飞机与英国“喷火”战斗机再次在波尼港附近遭遇，这次战斗结果跟上一次相反，德国迪特里希•希尔施（Dietrich Hirsch）少尉被击落。第二天（11月15日），美国第1集团军抵达突尼斯边境，更糟糕的是，Ⅲ./JG 53大队驻扎的奥韦纳（Aouina，突尼斯首都郊外）机场遭到盟军空袭，大队队部的4架Bf 109G战斗机被炸毁。

截至11月17日，盟军第1集团军的先头部队已抵达距首都突尼斯只有48公里的地方，为了阻止盟军前进的步伐，11月21日，Ⅲ./JG 53大队从奥韦纳向西部署到朱代伊德（Djedeida，这里的机场在突尼斯首都西部30公里处）。四天后，Ⅰ./JG 53大队大部分成员也飞抵这个机场增援。截至目前，JG 53联队的这两个大队指挥官

▲突尼斯战况危急，Ⅲ./JG 53大队紧急被调往突尼斯，上图就是该大队的驻地。图中飞机是11./JG 2中队的Bf 109G-1型号（带增压座舱），并入JG 53联队后，飞机的编号重新喷涂，注意看黄色8号的位置原来是11./JG 2中队的编号。

已经变更，原1./JG 53中队指挥官弗里德里希-卡尔•穆勒上尉取代瓦尔特•斯皮斯任Ⅰ./JG 53大队指挥官，而斯皮斯去Ⅲ./JG 1大队任指挥官；原9./JG 53中队指挥官弗兰兹•戈特兹（Franz Götz）上尉取代埃里希•格利茨少校任Ⅲ./JG 53指挥官，格利茨另有任用。

JG 53联队的两个大队还没在朱代伊德机场站稳，11月26日，美国陆军第1集团军17辆坦克突然出现在机场，美军和德军间爆发了激烈战斗。德军及时疏散停机坪内的Bf 109G战斗机，其他战斗机及时升空逃过一劫。最倒霉的是Ⅱ./St.G 3“斯图卡”大队，该大队的“斯图卡”飞机慌乱之中相互碰撞，或是被美军火力击中起火，要么爆炸，机场内的机库和修理车间也被炸毁。这次的行动美国方面称摧毁了36架“斯图卡”飞机，但德国方面称只有15架损失。虽然损失不严重，惊魂未定的两个战斗机大队赶紧撤离该地，Ⅰ./JG 53大队撤到比塞大（Bizerta，突尼斯最北端），Ⅲ./JG 53大队后撤到首都突尼斯一带。

截至目前，JG 53联队取得的16架战果全部是“喷火”战斗机，但是，11月28

▲1942年11月最后一天，弗兰兹•戈特兹的Ⅲ./JG 53大队奉命返回西西里岛，图中显示的就是该大队飞机刚刚抵达西西里岛的情景，飞机都携带了转场油箱。

▲阿拉曼战事危急，驻扎在科米索的Ⅱ./JG 53大队火速赶往阿拉曼增援Ⅲ./JG 53大队，没想到德军的溃败速度跟进攻的速度一样快，一个月不到的时间，他们就后撤到了突尼斯。图中是4./JG 53中队的1架Bf 109G-2战斗机遗弃在沙袋垒起的掩体中，一群英国皇家空军士兵在检查这架飞机，不清楚飞机是否是战损。

护航。错过上次进攻机会后，如今的马耳他岛被称为马蜂窝，所谓马蜂就是“喷火”战斗机。从作战任务可以看出Ⅲ./JG 53大队的各个下属单位驻地相当分散。

在突尼斯的JG 53联队的Ⅰ./JG 53大队和Ⅱ./JG 53大队②，以及朱里叶斯•曼贝格（Julius Meimberg）中尉的11./JG 2中队于12月3日向前部署到马特尔（Mateur）。此日，Ⅰ./JG 53大队和Ⅱ./JG 53大队①共同击落5架美国P-38战斗机，外加1架“喷火”战斗机。在11月的最后一天，弗兰兹•戈特兹的Ⅲ./JG 53大队奉命返回西西里岛，大队成员分别驻扎在科米索和圣彼得罗两处机场，其主要任务仍是保护地中海航线安全、守卫运输机机场和为意大利南部港口提供防空保护，偶尔也会为到马耳他岛侦察的飞机

▲4./JG 53中队指挥官弗里兹•丁格尔。由于人挡住了，不清楚这是他击落第几架飞机时的留影。丁格尔的最终战绩是67架，1943年7月27日，在一次盟军空袭意大利斯卡里亚时，他被炸弹碎片击中身亡。照片拍摄于1943年的突尼斯。

① 文章中没提是什么时候Ⅱ./JG 53大队出现在突尼斯的，查阅资料，埃及阿拉曼战役开始时Ⅱ./JG 53大队就曾部署到非洲增援。

② 从下文“4./JG 53”看这里出现的Ⅱ./JG 53大队应该没有错，不排除是从西西里岛转移过来的，时间不详。查阅一些资料，没有提到Ⅱ./JG 53大队这段时间在突尼斯作战，只是战役最后阶段该大队才部署到突尼斯。但是，从上下文可以看出，其他单位派出中队规模的飞机来增援十分平常。

时，盟军向前推进的速度因为太快而出现后继乏力的现象，因此，在12月剩余的时间里，盟军部队只得在比塞大和首都突尼斯西面的山区休整补充能量。获得喘息机会的德国空军终于可以对盟军先头部队实施报复，Bf 109单位除了执行例行的运输线防空任务外，还经常为轰炸机和“斯图卡”俯冲轰炸机轰炸盟军阵地提供护航任务，也执行对地攻击任务阻止盟军步兵部队前进，或是执行自由狩猎任务保护自己的空域。

12月4日，Bf 109单位取得突尼斯战役以来首次最成功的战斗。当天，德国战斗机紧急起飞去拦截从西南方向向马特尔靠近的一支“比斯莱”（Bisley，“布伦海姆”轰炸机早期的对地攻击型号，仍称为轰炸机）轰炸机编队，这支德国人当时以为是“波士顿”轰炸机的12机编队没有护航战斗机伴随，这可便宜了德国人，Bf 109单位一鼓作气将12架敌机全部击落，其中朱里叶斯•曼贝格击落3架。4./JG 53中队有两人也有战果，一人是中队指挥官弗里兹•丁格尔（Fritz Dinger）少尉，他在当天早些时候曾击落过1架P-38战斗机，这是他第50个战果，2架“比斯莱”轰炸机是他第51和第52个战果；另一位是斯特凡•里特延斯（Stefan Litjens）军士长，1941年9月他在苏联战场失去一只眼睛，经过长时间治疗的他最近刚刚从苏联战场返回到JG 53联队服役。12月4日的战斗他击落1架“比斯莱”飞机，仅仅几分钟后，他又在同一空域击落1架“喷火”战斗机，很明显，“喷火”飞机是赶来增援“比斯莱”轰炸机的，可惜迟了一步。不仅如此，杀得兴起的德国人毫不留情地又击落几架“喷火”飞机。

12月4日的战斗中，Bf 109单位共击落18架敌机，根据Bf 109大队不完整记录，此后直到突尼斯战役结束德国JG 53联队再也没取得如此“辉煌”的战绩。原因很简单，盟军的空中力量越来越强大，那种不派护航战斗机的轰炸行动也慎之又慎了。另一个重要因素就是疲于逃跑奔命的德国空军单位面临着不断加剧的补给问题，飞机得不到维修，到最后那段时间连燃油都找不到。在撤离突尼斯前，Bf 109单位仍取得一些战果，12月18日，冈瑟尔•冯•马尔特扎中校（晋升了）为JG 53联队击落第一架B-17重型轰炸机。当天，美国出动了近40架B-17轰炸机对比塞大港口实施了轰炸，马尔特扎就是在此次拦截行动中击落的敌机。美国的四发重型轰炸机后来证明是德国最可怕的敌人，下文的帝国保卫战中可以看到这一点，对于突尼斯的德国JG 53联队来说，根本就没有时间来摸索如何击落四发重型轰炸机，耗不起时间，也耗不起精力。除了B-17轰炸机，新型的“喷火”Ⅸ也投入到了地中海战场，以后德国战斗机将遇到更可怕的对手，那就是美国P-51“野马”战斗机。盟军空中力量的爆增使得JG 53联队的战斗机从原来夺取制空权战斗演变成为不断后撤的德国地面部队提供防空掩护。

直到这时，冯•马尔特扎的飞行员仍然坚信他们可以掌控一切，这种盲目自信的根源是消息不灵，很多飞行员对于当前德国形势和盟军形势，以及二战的全局形势不够了解。还有一些不愿意承认德国已经开始向全面失败迈进，宣扬失败论是要杀头的，没人敢像马尔塞尤那么大胆直率，当着希特勒的面说他和其他飞行员不可能活过战争，希特勒还指望这些年轻有为的人建设“美好的新德国”呢。12月23日，弗里兹•丁格尔因战绩达到49架而获得“骑士十字勋章”，实际上正式宣布他获勋时他的战绩已经达到53架了。其实，JG 53联队真正的明星是Ⅰ./JG 53大队的“三剑客”，即威廉•克里纽斯（Wilhelm Crinius）、弗里德里希-卡尔•穆勒和沃尔夫冈•托尼，截至1942年年底，他们三人的战绩分别是107架、103架和102架。

个人战绩不管有多“辉煌”都无法影响地面战役的进程，1943年1月23日，素有“沙漠之鼠”之称的英国第8集团军进入利比亚的黎波里，这里距利比亚和突尼斯南部边境只有160公里。此时，战绩已经达到114架的威廉•克里纽斯少尉已经在战俘营里呆了十天，此前他率队为战斗轰炸机护航去轰炸波尼港行动中被美国人驾驶的“喷火”战斗机击落。

▲1942年年底的战斗中，6./JG 53中队的1架Bf 109G-2/Trop飞机在滑行时起落架折断冲出跑道，螺旋桨已经完全扭曲变形。事故地点可能是突尼斯比塞大附近，也有资料称是西西里岛，后一种说法不可靠，因为当时这个大队正在突尼斯作战。

▲4./JG 53中队的1架Bf 109G-2/Trop飞机正在进行射击检查，飞机尾部被固定着。

威廉•克里纽斯（1920年12月2日－1997年4月26日）在1940年1月才参加德国空军并开始飞行员训练，此前他是一名银行职员。1942年2月，毕业后的克里纽斯被分配到3./JG 53中队服役，当时这个单位正驻扎在西西里岛。1942年3月和4月，他在马耳他岛上空执行60多架次作战

▲即使是Bf 109G-2/Trop型号批次不同的飞机也存在一些差别，比较图中2./JG 52中队的这架飞机由于采用尺寸更大的轮胎，机翼上表面有突起的鼓包。照片背景很有北非特色，这里缺乏现代交通工具，通常以驴代步。飞机携带的MG 151/20机炮吊舱非常醒目，在北非德军需要对付越来越多的美国轰炸机。

任务。5月，Ⅰ./JG 53大队被部署到苏联库尔斯克前线，在此期间的6月5日，克里纽斯获得他个人第一架战果，击落的是2架苏联伊尔-2攻击机。7月8日，他在沃罗涅日西部击落2架苏联“波士顿”轰炸机（美国提供的），很快他的Bf 109F-4座机也被地面高炮击中，他在靠近敌方一侧区域迫降，不久被救回。

1942年7月，Ⅰ./JG 53被转移到苏联战场的南部战线，在此期间，他的战绩猛增。8月27日，克里纽斯击落他个人第49架敌机，这也是Ⅰ./JG 53大队的第1000架战果。从8月1日开始，他几乎一个月就会击落40余架敌机，甚至9月的前20天里就击落46架敌机，下文苏联战役中会再提到他。1942年11月，克里纽斯随Ⅰ./JG 53大队返回突尼斯。

在非洲战场，克里纽斯取得14架战绩，包括1942年12月26日击落1架B-17轰炸机。1943年1月13日，他与英国皇家空军的“喷火”战斗机在艾尔卡拉（El Kala）附近发生战斗，他的Bf 109G-2座机（序列号Wk-Nr 10805）被击中，本人大腿也受伤。脱离战斗后，克里纽斯向本基地方向飞去，途中发动机着火，他只得在海上迫降，24小时后他被法国人和阿拉伯人救起，此后成了战俘。

尽管1943年1月下旬这段时间作战强度很大，但德国Bf 109单位取得的战果寥寥，穆勒在1月底最后一天击落1架B-17轰炸机和1架P-38战斗机，他的战绩上升到106架。2月上半月因恶劣气候导致JG 53联队的行动大大减少，就是在这段时间里，德国地面部队通过卡瑟琳山口（Kasserine Pass）将美国地面部队赶回了山谷中，这是盟军自阿拉曼战役以来第一次被德国击退。但是不久后的2月25日，美军再次将被德军占领的土地夺了回来。

随着时间推移，德国空军的境况越来越不乐观，到3月JG 53联队很少一次能有50架Bf 109G战斗机堪用。尽管如此，JG 53联队飞行员还是稳定地少量击落盟军战斗

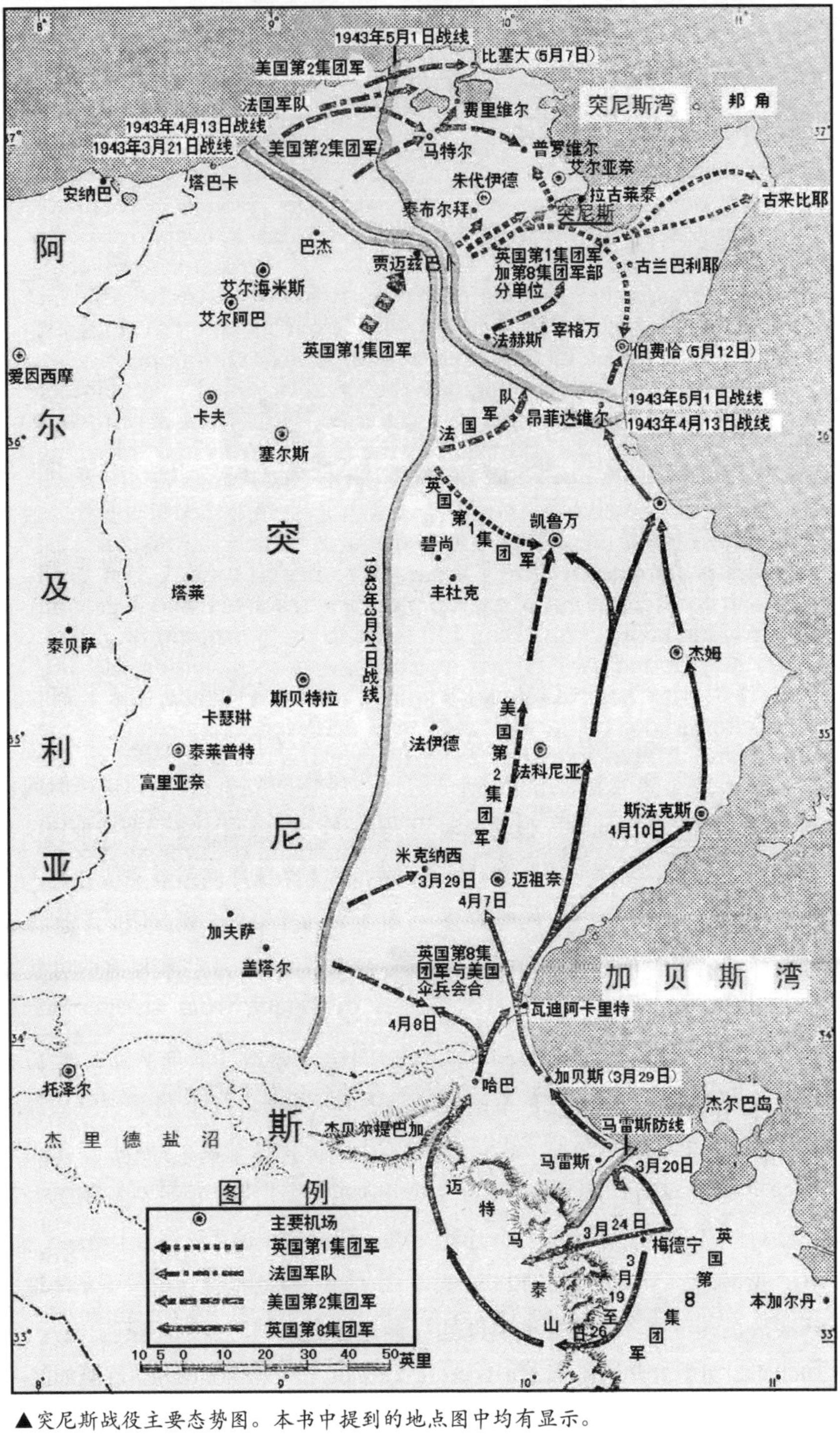

▲突尼斯战役主要态势图。本书中提到的地点图中均有显示。

机，其3月的总战绩是10架“喷火”和11架P-38战斗机。取得这21架战果的同时，JG 53联队仍在执行各种各样作战任务，事实上，3月里对于JG 53联队来说最重要的不是制空作战，而是为运输航线提供护航任务，包括当时在西西里岛驻扎的Ⅲ./JG 53大队也参与了这些行动。当时，轴心国主要的运输行动是将大量陆军单位运进突尼斯，不甘心失败的轴心国决定孤注一掷与盟军在北非战场进行最后一次胜负对决。

轴心国和盟军对决的关键就是突尼斯南部加贝斯（Gabes，海岸城市）和梅德宁（Medenine）之间的马雷斯防线（Mareth Line），这条防线为的是抵御利比亚方向向突尼斯南部推进的盟军部队。实际上，这条防线最早是法国人修建用来抵御意大利殖民地邻居（利比亚）的，后来德国人占用了这个防御工事，这条防线跟阿拉曼防线非常相似，防线从加贝斯一带的海岸开始一直延伸到内陆沼泽地带。3月21日，英国第8集团军向马雷斯防线发起进攻，只用了一个星期盟军就突破了这条防线。随后在突尼斯进行的十天两线（南北两个方向）夹击战中，失去了重要屏障的轴心国开始全面溃败，时至4月7日，盟军第1和第8集团军会合并开始合围将轴心国部队向突尼斯最北部的突出角一带赶。

此前一直在北部战线与美国第1集团军作战的JG 53联队被迫做出调整，将Ⅱ./JG 53大队部分力量部署到南部防线，当时马雷斯防线正在交战。但是，就在联队指挥官马尔特扎到加贝斯地区视察后，他立即判断德国不可能守住突尼斯。因害怕成为另一个“斯大林格勒”，马尔特扎擅自违反高层“不惜一切代价（守住马雷斯防线）”的要求将他手下非重要人员偷偷地送回相对安全的西西里岛，他认为没有必要让自己的联队做无谓的牺牲。甚至在马雷斯防线被攻克前，他就将第一批人员撤出了突尼斯。

弗兰兹•戈特兹上尉的Ⅲ./JG 53大队在过去三个月里一直驻扎在西西里岛，主要执行运输航线护航任务和西西里岛防空任务，目前的态势是马耳他岛的英国皇家空军频繁派出轰炸机去轰炸西西里岛目标，或是派战斗机执行对地攻击任务，守卫马耳他岛的英国军队不仅喘够气，还有力气反击了。原来仅供英国本岛使用的

▲Ⅲ./JG 53大队离开了突尼斯，但并没有离开这个战场。

“喷火”也大量供应世界各地的英国皇家空军，在西西里岛上空看到“喷火”战斗机已经不是什么奇怪的事了。尽管形势对轴心国十分不利，Ⅲ./JG 53大队取得成功的机会也越来越少，战绩多多少少还是有一点的，即约12架“喷火”战斗机和2架B-17轰炸机，后者是3月22日在美国轰炸机编队轰炸巴勒莫（Palermo，西西里岛西北港口城市）行动被击落的。

4月1日，Ⅲ./JG 53大队力量被分开部署，大队队部和7./JG 53中队仍驻扎在西西里岛，8./JG 53中队被调往突尼斯的听德加（Tindja，比塞大的一个小镇），9./JG 53中队被派往意大利第二大岛的撒丁岛（Sardinia，法国科西嘉南）。撒丁岛跟突尼斯比塞大港只有193公里，此前这里是比西西里岛还安全的岛，如今这里也受到盟军轰炸机的关照。

就目前，只有突尼斯还进行着地面战，但这里的地面战也不会持续太久了，一个多月后这里战事就会全部结束。4月2日，Ⅰ./JG 53大队从比塞大向南撤退到普罗维尔（Protville，在比塞大和首都突尼斯中间）。三天后，盟军空中力量开始有步骤有计划地摧毁轴心国的通讯线路，德国空军尽最大可能顽强地与势不可挡的盟军作战，“斯图卡”俯冲轰炸机和Fw 190战斗机玩了命地要阻止盟军前进的步伐，但是德国空军的出动规模小得可怜，成效甚微完全可以预料，战斗机单位的情况也是如此。在3月，JG 53联队在作战行动中损失7名飞行员，而4月这个数字是3月的3倍之多。

几个月来，德国边打边撤几乎成了惯例，除了去年12月4日的成功外，其余的战斗都不成气候，但是，1943年4月第三个星期的战斗让德国人稍稍找回了一点感觉。本月的第一个战果是4月18日，7./JG 53中队在巴勒莫附近击落的1架B-17轰炸机。这点小成功照样没能阻止盟军把战线推到了首都突尼斯附近，当天下午，德国一支由Ju 52/53m运输机组成的大编队冒险向突尼斯运送物资，在匆忙地卸下物资后，这些运输机快速起飞返航。为了防止被盟军战斗机发现，这些Ju 52/53m运输机在海平面高度向北企图神不知鬼不觉地返回，但是，德国运输机刚刚进入海上就被盟军战斗机发现，天上几乎到处都是盟军飞机，不被发现也难。

为运输机编队贴身护航的是JG 53联队的一个中队，其他的中队则接到命令后紧急起飞去解救运输机编队，这些Bf 109单位在与盟军战斗机作战中击落7架P-40战斗机，己方仅损失1架飞机。到当天战斗结束，德军又击落3架敌机，也就是当天击落10架敌机，这是几个月来的首次。但是，Bf 109单位的巨大成功代价却是航空史上所谓的“棕枝全日大屠杀”，就是上文提到的，让德国运输机编队损失惨重。第二天，JG 53联队取得的战绩更好，达到11架，大部分是“喷火”战斗机，其中2架战果属于Ⅱ./JG 53大队指挥官格哈德•米哈尔斯基（Gerhard Michalski）上尉，当天这些“喷火”战斗机护送盟军中型轰炸机去轰炸德国在突尼斯的机场。24小时后，米哈尔斯基的Ⅱ./JG 53大队终于体会了盟军空中力量的强大威力，当天，盟军对Ⅱ./JG 53大队的拉马尔萨（La Marsa）驻地实施了轰炸，该大队没来得及躲避的Bf 109G飞机被炸毁12架，其中大部分是新型号的Bf 109G-6。

在1943年4月20日，JG 53联队声称击落6架敌机，所有战果属于Ⅰ./JG 53大队。但是，就是这天，德国付出的代价远远高于取得的成绩——沃尔夫冈•托尼丧生。当天战斗在取得3架战果后（全是“喷火”战斗机，即他的第120－122架战果），3./JG 53中队指挥沃尔夫冈•托尼返回普罗维尔基地准备着陆，德国空军不成文的规定是胜利者会在着陆前摆动机翼宣示胜利，托尼特别擅长侧滑着陆，这是他宣示胜利的一种着陆方式，但是，也许是高度判断失误，或是其他未知原因，托尼的座机Bf 109G-6(序列号Wk-Nr 16523，“黄色1”号)在机场边缘坠毁，飞机立即被火焰包围，托尼当即丧生。

沃尔夫冈•托尼（1918年2月28日－1943年4月20日）在1937年加入德国空军，1939年12月6日到3./JG 53中队服役。1940年5月14日，托尼在法国色当上空击落他个人第一架敌机：1架英国“布伦海姆”轰炸机。当天晚些时候，他在法国布永(Bouillon)附近被击落，他跳伞后落在法国军队控制区，不久被救回。英国战役期间他再次获得3架战果，1941年7

▲接到敌情，4./JG 53中队的飞行员紧急从拉马尔萨基地起飞，冲在前面戴眼镜者是上文提到的丁格尔。

▲盟军对Ⅱ./JG 53大队的拉马尔萨驻地实施了轰炸，该大队大部分是新型号Bf 109G-6被炸毁，图中机场被炸后德国工程人员和当地人员正在修整机场，背景是1架Bf 109G-4战斗机。

月1日，他被任命为Ⅰ./JG 53大队副官。1941年6月和7月在苏联作战期间，托尼再获8架战果，战果不多跟执行作战任务有关。

1941年12月，Ⅰ./JG 53大队部署到地中海地区。1942年1月24日，托尼被任命为3./JG 53中队指挥官，在马耳他岛作战期间，他执行了116架次作战任务，但没击落1架敌机。随后的5月，Ⅰ./JG 53大队到苏联库尔斯克前线部署。在1942年5月31日至9月29日间，托尼在苏联战场击落88架苏联飞机，9月6日，他获得“骑士十字勋章”，当时他的战绩是54架；9月24日，他再获“橡树叶加骑士十字勋章”，当时总战绩是101架。

1942年11月，托尼返回北非战场。他在北非战场的第一架战果是12月26日击落1架美国P-38战斗机。托尼特别擅长的是击落英国“喷火”战斗机，他在极短的时间就击落了10架该型飞机。在突尼斯战役期间，托尼执行了82架次作战任务，击落21架敌机。沃尔夫冈•托尼在641架次作战任务中击落敌机122架，西线战果为26架，其中包括16架“喷火”战斗机；东线战果为96架，其中10架是伊尔-2攻击机。

▲沃尔夫冈•托尼的Bf 109G-4座机，照片拍摄于1943年的突尼斯。

▲希特勒接见“橡树叶加骑士十字勋章”获得者，从左向右分别为弗里德里希-卡尔•穆勒、沃尔夫冈•托尼、汉斯•贝斯文格尔和威廉•克里纽斯（与希特勒握手者）。

沃尔夫冈•托尼的死意味着JG 53联队只剩下一位战绩过百的王牌，即Ⅰ./JG 53大队指挥官弗里德里希－卡尔•穆勒上尉，他在4月30日再次击落3架P-40战斗机，战绩上升到115架。4月30日也是Ⅰ./JG 53大队正式结束在突尼斯战役的日子，当天，这个大队在拉马尔萨基地将剩余的Bf 109G战斗机转交给Ⅱ./JG 53大队后撤回西西里岛。同一天撤离突尼斯的还有马尔特扎的JG 53联队队部，在西西里岛这个单位仍驻扎在科米索。

Ⅱ./JG 53大队在突尼斯又坚持作战了一个星期，其间Ⅲ./JG 53大队部分力量从西西里岛和撒丁岛前来增援。JG 53联队在突尼斯战役最后阶段的战斗不甚明了，大概情况是从西西里岛起飞为运输航线护航和撤退飞行提供护航任务，或是在突尼斯前线执行一些对地攻击任务，这些任务不是要击退敌人，而是让德国部队有充足的时间撤离。5月7日，比塞大和首都突尼斯失守后，德国空军在北非战场的行动屈指可数了。

轴心国部队撤退到邦角半岛后，JG 53联队的飞行员利用最后的时光来回穿梭于突尼斯和西西里岛之间用Bf 109G飞机撤回地勤人员，这些人被塞进战斗机的后机身（具体怎么塞不清楚），尽管不舒服，但被塞的人员没有怨言，这是唯一逃命的机会，好好珍惜吧。最后一批撤离的人员中包括冯•马尔特扎少校和他的联队队部，六个星期前他就悄悄地实施他的撤离计划了。5月12日，德国陆军冯•阿尼姆（Von Arnim）上将下令投降，没有来得及撤退的25万轴心国士兵最后放下了武器。

▲拍摄于1943年3月的Ⅱ./JG 53大队在拉马尔萨基地照片，飞机垂尾右侧的是大队指挥官格哈德•米哈尔斯基，左侧为丁格尔。

▲Ⅱ./JG 53大队在突尼斯作战期间条件十分艰苦，随便搭个棚子就算机库了。

在突尼斯战役期间，JG 53联队共损失75名飞行员，最后一架Bf 109G战斗机被盟军P-40战斗机击落发生在5月8日邦角半岛附近海域。同一时期，JG 53联队声称击落近300架敌机，其付出的代价除了飞行员外还包括159架战斗机被毁或注销（有被击落的，也有各类事故造成的），几乎相同数量的飞机受损，同样有的被击伤，有的因事故造成。

突尼斯战役让“黑桃A”联队第一次从进攻型战斗演变为纯粹的防御作战，未来几个星期在西西里岛的战斗让JG 53联队彻底明白，敌人越来越强大，其不可撼动的空中优势已然完全确立，除了防御，JG 53联队，甚至德国空军别无选择。

回到西西里岛后，JG 53联队队部和Ⅱ./JG 53大队驻扎在科米索，Ⅰ./JG 53大队驻扎在卡塔尼亚，Ⅲ./JG 53大队仍驻扎在夏卡（Sciacca，西西里岛西南沿岸），最近的突尼斯战役期间，这个大队一直驻扎在这里。冯•马尔特扎少校此时的工作重点是尽快补充在北非战役中的损失，以应对不久后开始的盟军进攻行动。损失的飞机比较容易补充，人员损失就麻烦多了，有经验的飞行员在其他战线作战不可能调过来，不得已只得补充缺乏作战经验的新飞行员。

给马尔特扎补充和休整的时间极为有限，突尼斯战役结束仅仅一个多星期后的5月21日，美国一支B-17轰炸机编队就对Ⅲ./JG 53大队驻地夏卡实施了空袭，空袭造成德国7架Bf 109G战斗机被摧毁或炸伤。德国闪电战术的核心之一就是空中行动率先空袭敌机场，如今德国人也在品尝他们发明的这种战术的滋味。5月26日，盟军开始发动有计划有步骤的持续空袭西西里机场的行动。此后，对于JG 53联队来说，不仅仅他们例行的护航任务遇到困难和危险，为战斗轰炸机和侦察机护航去马耳他岛执行任务，以及与地中海其他地区间的航行也变得越来越不可能；更不用说JG 53联队的另一项作战任务是保护南部意大利领空，马尔特扎的单位目前最首要的作战任务实际上是保护自己的驻地免受盟军轰炸。

尽管JG 53联队的Bf 109G战斗机在突尼斯和西西里岛的战斗中击落过美国重型轰炸机，实际上，德军并未找到有效的办法来对付美国轰炸机，战斗机飞行员已经意识到这个问题，因此，德国空军下令将两个中队，5./JG 53中队和8./JG 53中队改造成专门的“（猎杀）轰炸机中队”。所谓专门的中队实际上就是采用特殊的战术来击落四发重型轰炸机，这一时期比较有意思的就是“空中轰炸”战术，或称“轰炸轰炸机”战术，也就是Bf 109G战斗机携带1枚250公斤炸弹爬升到敌轰炸机编队上方投下炸弹来轰炸敌

▲逃离到意大利西西里岛的德国空军也不安全，5月21日开始，美国轰炸机开始轰炸德国空军基地，照片中显示的是5月26日空袭Ⅱ./JG 53大队的科米索机场，5./JG 53中队的1架Bf 109G-2在起飞时被炸毁。随后的6月，美国B-24轰炸机再次空袭这座机场。

人轰炸机，这种战术是几个星期前海因茨•诺克（Heinz Knoke）和他的战友共同发明的，下文将详细介绍他的战术和使用战例。

“轰炸轰炸机”战术在德国湾战斗中取得了一些效果，但是在地中海地区，这种战术运用得很不成功，最重要的一个因素就是地中海战区的美国轰炸行动都有战斗机护航，携带250公斤炸弹的Bf 109G战斗机没有机会爬升到轰炸机编队上方实施轰炸，而德国湾战斗中美国第八航空军的轰炸行动没有护航战斗机伴随。现在不清楚5./JG 53或8./JG 53中队有没有成功地运用过这种战术，有确切的报告称5./JG 53中队有一次在战斗中采用了这种战术，当时投弹的空域就在他们自己基地（科米索）的上方3000米，后来的情况不明，炸弹有定时引信，不太可能落到基地爆炸。最后Bf 109G战斗机用机炮驱离了敌人B-24轰炸机。

“轰炸轰炸机”战术行不通，但必须再找其他方法对会美国轰炸机，这是紧迫的任务。战术方法没找到，德国人从间接渠道找到一个自认不错的“方法”。当时西西里岛的上级战斗机司令部指挥官是上文多次提到的西奥•奥斯特坎普少将（1943年4月5日任西西里岛战区战斗机司令部指挥官），这位参加过西班牙内战的老兵绰号是“老爹”，以和蔼可亲著称，当然能力也超群。鉴于地中海战区的德国战斗机飞行员还没有从突尼斯战役失败的阴影走出来，德国迫切地需要一位领袖级的偶像来重振雄风，增强德国人的自信心，为颓废的飞行员注入强大的进取心，最后选择替代奥斯特坎普的是小胡子将军阿道夫•加兰德。后来的7月15日（时间有误，应该是6月15日，见下文），加兰德被任命为地中海战区战斗机司令部指挥官，德国高层一厢情愿的安排没有解决问题，反倒带来其他问题。

再回到6月的西西里岛战场，拿下了突尼斯（北非）后的盟军下一个目标就是西西里岛，在登岛战役前，盟军轰炸机持续不断地轰炸轴心国的军事目标，机场是

▲JG 53联队指挥官冯•马尔特扎和他的Bf 109G-6/Trop座机。照片拍摄于1943年的西西里岛。

首要关注的目标。截至6月底，盟军占领了突尼斯和西西里岛之间的四座小岛，也就是通往西西里岛的障碍全部消除了。盟军在轰炸潘泰莱里亚岛期间，JG 53联队的战斗机在岛的上空执行了自由狩猎行动，试图阻止盟军轰炸机轰炸，但是这些行动一点作用也没起，倒是意大利士兵在英国军队登陆前就把投降标志部署好了。此后，JG 53联队还执行了零星的针对占领军（盟军）的战斗轰炸任务，效果可想而知，连德国人自己都没信心了。

拔掉零星的据点后，盟军把轰炸的重点转移到西西里岛上的目标。6月15日，Ⅲ./JG 53大队的夏卡基地遭到空袭，6架Bf 109G战斗机被炸毁或炸伤。48小时后，轮到Ⅱ./JG 53大队的科米索基地挨炸了，大队损失7架战斗机。6月21日，两个被炸的基地举行庆祝活动庆祝4./JG 53中队的“独眼英雄”斯特凡•里特延斯军士长和8./JG 53中队指挥官弗兰兹•席斯（Franz Schiess）中尉（任中队指挥前一直是大队指挥官的僚机）分别获得“骑士十字勋章”。

返回西西里岛六个星期里，冯•马尔特扎的飞行员取得的战绩是50架盟军作战飞机，其中大部分是战斗机，少部分是双发轻型和四发重型轰炸机，恰恰这段时间美国四发重型轰炸机给德国人造成的损失最大。

除了机场，盟军孤立西西里岛的另一个重点就是轰炸岛与外界（主要是意大利本岛）联系的港口和墨西拿海峡（Messina）的海上航线。这为已经上任的阿道夫•加兰德将军的重创美国轰炸机计划提供了机会，加兰德的计划是利用西西里岛上的一切能用的战斗机给盟军轰炸机力量致命或决定性的一击。加兰德对重创计划特别热衷，第二年的帝国保卫战中他再次规划了他的“重创计划”，下文详述。加兰德计划的重创计划在6月25日得以实施，当天，美国出动迄今为止最大规模的单次行动轰炸墨西拿港。

尽管墨西拿港的位置在JG 53联队的作战范围内，但这个地区并不属于马尔特扎联队，德国对西西里岛作战空域的分配是JG 53联队负责岛南部和东部，JG 77联队的防空区域是岛西部。为了重创敌轰炸机，加兰德要求岛上两个联队所有能出

▲近处2架是6./JG 53中队的Bf 109G-2战斗机，远处是Ju 52运输机和Bf 110驱逐机，地点是科米索机场。

动的80架战斗机全部升空作战。但是，这场大规模的行动却演变成了一场混乱，首先，由于能见度不好，战斗机大队的飞机编队无法保持队形，结果导致战斗机编队在空中形成长长的分散队形；其次，轴心国的地面预警和监视站未能及时跟踪敌轰炸机的航线，当领头的Bf 109G战斗机编队终于在岛的西北角160公里处海上发现一支B-17轰炸机编队时，他们自己的座机燃油量已经到了临界点，而且敌轰炸机已经完成轰炸任务正奋力向非洲方向飞去。此次战斗，德国80架战斗机仅击落5架轰炸机。

当天晚上，德国空军元帅戈林发来电报要求每个战斗机大队揪出一名飞行员送到军事法庭审判，罪名是面对敌机表现懦弱。当然，军事法庭并没有审判哪位飞行员，而且戈林几天后又下令要求每个四机编队在每次作战中必须至少击落1架敌机，或者至少有1架战斗机得带伤回来以证明与敌机交战过，这个荒唐的命令让人哭笑不得。联队指挥官马尔特扎后来称他当着飞行员的面宣读戈林的命令时恨不得找个地缝钻进去。

6月25日的战斗失利完全不是飞行员的错，但却让他们来当替罪羊，这件事着实影响了当地官兵的士气，就在这一时期的7月3日，盟军开始登岛前最后一个星期的狂轰滥炸，继续削弱轴心国的作战能力。而就是这个星期，JG 53联队取得了三个月以来最为成功的战斗，但这个星期的伤亡也是最大的，包括马尔特扎的九名中队指挥官，这是任何人都无法承受的损失。

第一个丧生的是新近刚刚被任命为2./JG 53中队指挥官的赫尔伯特•布劳恩勒（Herbert Broennle）少尉，这位战绩为57架的“骑士十字勋章”获得者原在东线战场的JG 54联队服役（在东线战场获勋），在任2./JG 53中队指挥官后他击落1架B-24轰炸机。7月4日在卡塔尼亚上空的战斗中，他在低空与1架“喷火”战斗机格斗时被击落，他的黑色8号机从不足300米的高度垂直坠地爆炸，根本来不及跳伞。

赫尔伯特•布劳恩勒的丧生加上其他两名飞行员受伤，JG 53联队在7月4日的战斗中声称击落9架盟军飞机，这是截至目前JG 53联队驻守西西里岛以来最成功的一天。24小时后，JG 53联队再次击落9架敌机，而这次战果中包括6架B-17轰炸机。

7月5日是美国重型和中型轰炸机出动数量多，轰炸范围广的一次行动，整个西西里岛上几乎所有的机场和其他军事目标都在轰炸之列。正是这天，阿道夫•加兰德的“重创行动”才真正得以实现，即在卡塔尼亚西面，美国轰炸机编队遭到了JG 53联队和JG 77联队近100架战斗机的围攻，德国空军这两个联队分别击落6架波音轰炸机（B-17），但是，美国人声称此次行动只损失3架轰炸机。

JG 53联队的Bf 109G战斗机同样也与美国轰炸机编队的护航战斗机发生空

▲“哈士奇行动”（Operation Husky）中美军对西西里岛进行了不间断的猛烈轰炸，图中就是轰炸科米索机场的侦察照片。

落。

7月8日和9日，冯•马尔特扎的飞行员声称分别击落8架敌机，己方无一损失。7月10日天还未亮，盟军首批登陆部队乘坐2000艘大小不一舰船，在西西里岛沿岸利卡塔（Licata）和锡拉库萨（Syracuse）之间以145公里宽度展开登陆行动。接下来的12小时里（从早晨8点到晚上8点），德国JG 53联队至少执行了九次独立的作战行动，如侦察、自由狩猎和为战斗轰炸机护航等，这些行动中，JG 53联队共获得17架战果，其中一大半是“喷火”战斗机。德国方面付出的代价是5./JG 53中队的两名士官受伤。

战，Ⅰ./JG 53大队指挥官弗里德里希－卡尔•穆勒上尉击落1架“喷火”战斗机，这是他任大队指挥官击落的最后一架，也是他第117或118架战果（据不同资料）。与此同时，他的1./JG 53中队指挥官威利•克莱因（Willi Klein）中尉和僚机与35－40架“喷火”战斗机遭遇，两人在西西里岛东南角帕塞罗（Passero）双双被击

▲JG 77联队的下属单位也参加了西西里岛战斗，限于篇幅正文中未提及。图中是9./JG 77中队的Bf 109G-6战斗机。

第二天（7月11日），马尔特扎的联队战绩有所下降，只有6架战斗机和1架B-26轰炸机，战斗机中有2架P-38战果属于9./JG 53中队指挥官汉斯•罗里希（Hans Roehrig）中尉，他是JG 53联队目前战绩仅次于卡尔•穆勒的飞行员，当前战绩是75架，包括这里击落的2架P-38飞机。

但是，JG 53联队在7月11日的表现并不令戈林满意，他在当晚发了一份电报："和在法国、挪威，以及苏联战场的飞行员相比，我鄙视南部（地中海战区）的飞行员。我想看到立即有所改善，并期望所有的飞行员能展示战斗精神。如果这种改善没有立即显现，所有飞行员，从指挥官往下都必须军衔降级，并被送到东线当步兵。"天呐，还有比这更伤人心的话吗？有！下文中帝国保卫战中戈林爱挖苦人的毛病会再次展现。

但是，对于天天面对盟军远远胜出的空中优势，以及日夜不停的轰炸，帝国元帅空洞无物的话和毫无理由的指责起不到任何作用，如果有，却是反作用。就在这个时候，JG 53联队指挥官冯•马尔特扎再次擅自决定将一些受损但还能飞行的飞机尽快穿过墨西拿飞到意大利本岛避难，同时格哈德•米哈尔斯基的Ⅱ./JG 53大队大部分飞机一道撤离西西里岛到意大利更北部紧急换装更新的Bf 109G-6型号。

7月13日，汉斯•罗里希中尉在卡塔尼亚南部空域与"喷火"战斗机交战时失踪。9./JG 53中队的4架受伤飞机在托拉佐（Torrazzo，意大利本岛北部也有一个托拉佐，这里指西西里岛地名）机场被自己人亲手炸毁后，剩余的Ⅲ./JG 53大队飞到了意大利脚后跟莱切休整。两天后，Ⅱ./JG 53大队的4架来不及撤走的战斗机也以同样的方式被炸毁，德国人不想这些飞机落入盟军之手。

JG 53联队在西西里岛战役的战斗来得很快，但是，跟此前突尼斯的情况类似，这个结束过程并不是突然终止，就在上个月，Ⅰ./JG 53大队已经开始穿梭于西西里岛驻地和意大利本岛南部机场之间执行作战任务。不幸的命运在这个来回往返期间终于"逮住"穆勒的联队，7月16日这天，当时正驻扎在意大利脚趾部位，即墨西拿海峡北侧的微伯巴伦西亚（Vibo Balentia）机场的Ⅰ./JG 53大队遭到盟军100余架中型轰炸机的轰炸，不少于21架Bf 109G战斗机被炸毁或炸伤后无法修复而注销，这几乎就是该大队一大半的作战力量，为此，Ⅰ./JG 53大队不得不缺席其后的三个星期的激烈战斗。

上段只是列出Ⅰ./JG 53大队的损失，7月16日的盟军空袭还造成其他单位的严重损失，同样驻扎在微伯巴伦西亚机场的Ⅰ./JG 77大队（最近刚刚抵达）也有相当大的损失，总的来说，这两个大队损失的战斗机数量是80架，机场其他设施和设备，如车辆、机库、储油罐等都被火海所吞噬。阿道夫•加兰德的西西里岛战区战斗机司令部也碰巧转移到这个机场，据报告，当敌轰炸机编队离去时，加兰德

▲JG 53联队的很多中队在西西里岛战役时仍装备Bf 109G-2战斗机，其他最近进驻西西里岛的其他联队已经换装了Bf 109G-6型号。

跳进轿车驶向那布勒斯去询问“到底发生了什么”，加兰德得到的答案是他不喜欢的，这次惨遭轰炸不久，加兰德被解职回柏林继续任他的战斗机兵种总监，而原来他取代的西奥•奥斯特坎普也再次返回这个岗位。

由于Ⅰ./JG 53大队失去作战能力，Ⅲ./JG 53大队的单位被分散部署在意大利南部，此时Ⅱ./JG 53大队在换装新飞机后刚刚返回这一地区，这个大队将在西西里岛执行JG 53联队最后的作战任务。格哈德•米哈尔斯基的Ⅱ./JG 53大队先是驻扎在莱切地区执行任务，此间的主要作战任务是自由狩猎，在行动中，几乎次次都与盟军的战斗机遭遇，因为盟军已经占领了科米索和西西里岛南部所有原德国空军机场。但是，双方的遭遇战斗大部分没有任何结果，截至7月26日，双方十天的遭遇战中，Ⅱ./JG 53大队仅仅击落5架盟军飞机，其中2架是战斗机，3架B-26轰炸机（这3架均是7月24日击落的）。德国方面仅损失一名4./JG 53中队飞行员，这位飞行员7月23日在塔兰托湾攻击B-17轰炸机时被击落身亡。

7月27日，Ⅱ./JG 53大队部署到意大利斯卡莱阿（Scalea，微伯巴伦西亚和那布勒斯中间位置沿岸地区），就在当天刚刚抵达该机场，盟军出动B-25和B-26混合轰炸机编队对该机场实施了轰炸，Ⅱ./JG 53大队9架Bf 109G战斗机在空袭中被摧毁或炸伤，更为严重的是，JG 53联队在一个月时间里损失第四位中队指挥官。4./JG 53中队指挥官弗兰兹•丁格尔在当天早晨率领四机编队到西西里岛上空执行任务，返回斯卡莱阿机场重新加油和补充弹药准备再次执行任务时正逢盟军前来第一波轰炸，丁格尔在掩体中被炸身亡，这是当天轰炸唯一的伤亡。

JG 53联队几乎没怎么参加西西里岛最后两个星期的战斗，8月初，驻扎在圣塞韦罗（San Severo），部分驻扎在福贾（Foggia）机场的Ⅰ./JG 53仍在补充最近的损失，Ⅱ./JG 53和Ⅲ./JG 53大队则驻扎在那布勒斯北面和东面机场。转移到意大利本岛后，Ⅲ./JG 53大队取得了本

▲美国轰炸机不依不饶，追着向墨西拿后撤的德军轰炸。图中是美国的“巴尔的摩”轻型轰炸机，不清楚机徽为什么是圆形的，看上去以为是日本轰炸机。

月20日在那布勒斯附近的大规模战斗中，德国Bf 109单位击落14架P-38战斗机，盟军方面称此次战斗机击落13架轴心国战斗机，击伤大量。此后两天的战斗中，Ⅱ./JG 53和Ⅲ./JG 53大队在拦截轰炸那布勒斯地区火车编组站的空袭行动中击落18架B-26“劫掠者”轰炸机。8月30日，这两个德国大队再次击落11架P-38战斗机，己方损失一名4./JG 53中队飞行员。

联队在意大利大陆上空首次重大胜利。8月16日，盟军出动B-24轰炸机空袭了福贾机场，此次行动中Ⅲ./JG 53大队击落6架B-24轰炸机，已方无损失，一扫一个多月以来的颓势。72小时后，JG 53联队的三个大队全部参与拦截盟军再次空袭福贾机场的更大规模B-17和B-24轰炸机编队。此次战斗中，JG 53联队声称击落10架重型轰炸机，外加1架P-38战斗机，这次德国付出了一定的代价，一名飞行员丧生，另有至少两人受伤，即使如此，JG 53联队也算是取得了较大的成功。

这是一个良好的开端，但是，1943年剩下的几个月里，JG 53联队在意大利的作战期间主要执行的是战术任务，他们的牺牲品要么是战斗机，要么是中型轰炸机。执行战术任务的开端也很好，比如8

德国Bf 109单位辉煌再现的同时，盟军的空中力量丝毫没有因为损失而降低，而且仍在给JG 53联队造成重大损失。8月26日，驻扎在那布勒斯附近坎切洛（Cancello）的Ⅱ./JG 53大队遭到盟军中型轰炸机的空袭，格哈德•米哈尔斯基的大队有11架Bf 109G战斗机被摧毁或炸伤。在意大利期间，JG 53联队数次遭受这样的空袭，总损失加在一起有80架战斗机，也就是联队50%多的战斗力量被摧毁。

除了地面损失，空中的战斗损失也在稳定增加，不可避免地德国方面取得的战果在稳定地下降，8月的耀眼的战绩没能持续，在9月，JG 53联队的战绩仅仅是

18架。以后在意大利作战期间，Bf 109单位每天的战果再也没有达到过两位数。

在这期间，有两个重要的事件发生，一是1943年9月盟军在萨勒诺（Salerno，那布勒斯南部沿岸港口城市）登陆，二是1944年1月盟军在安齐奥（Anzio，在萨勒诺北200公里，首都罗马正南）登陆。德国JG 53联队参与这两个战场的空中行动，但遭受了最为严重的损失：12名年轻的飞行员和6名有经验的中队指挥官。损失的第一位联队当时战绩最高得主是8./JG 53中队指挥官弗兰兹•席斯中尉，联队原来战绩过百的“三剑客”阵亡或被俘后，席斯就是联队排名第一的王牌。8月30日，席斯击落2架P-38战斗机，至此他的战绩上升到67架。9月2日，席斯率领他的8./JG 53中队去拦截正在轰炸那布勒斯火车编组站的盟军B-26轰炸机编队（盟军准备在萨勒诺登陆前的重要轰炸步骤），由于盟军护航战斗机防守严密，Bf 109G战斗机编队未能对轰炸机实施攻击，不甘心失败的席斯尾随着返航的敌轰炸机进入萨勒诺湾上空，就在这时，他遭到2架P-38战斗机围攻而被击落。

两天后，5./JG 53中队指挥官马丁•劳贝（Martin Laube）中尉率队从坎切洛机场起飞前去拦截正在靠近的美国重型轰炸机编队，实际上，美国B-17轰炸机中途因为气候恶劣放弃了轰炸意大利南部机场的任务。据信，马丁•劳贝的失踪跟此

▲在与盟军的作战中，总有一些顶级的王牌飞行员丧生，今天不是弗兰兹•席斯死就是别人亡，迟早而已。德国王牌飞行员的陨落从1943年起就只是个开始。

▲近处1号机就是弗兰兹•席斯的Bf 109G-4/Trop座机。这张照片拍摄于1942年的西西里岛。

▲弗兰兹•席斯的Bf 109G-4/Trop座机。

（Ciampino，首都罗马南部）也遭空袭，该大队14架飞机被摧毁或炸伤，外加一名飞行员丧生，另有七名受伤。

同样是在9月17日，盟军从意大利南部脚趾和萨勒诺同时向北推进，德军在反攻（把盟军赶下海）无果后决定放弃南部意大利向北撤退。截至10月初，那布勒斯和福贾一带的机场失守，撒丁岛和科西嘉岛的JG 53联队的飞机也撤离。之后几天和几个星期里，JG 53联队发生了一些根本性的变化，Ⅱ./JG 53大队和Ⅲ./JG 53大队后撤到意大利北部休整并进行新一轮换装和补充，只留下穆勒的Ⅰ./JG 53大队在罗马北部与盟军仍顽强地作战一段时间。

10月3日，冈瑟尔•冯•马尔特扎在任联队指挥官一职近三年（还差五天）后被调离JG 53联队，近三年的任期在德国空军中是最长的。接替马尔特扎的是赫尔穆特•贝内曼（Helmut Bennemann）少校，这位拥有88架战果的指挥官此前是仍在苏联战斗的Ⅰ./JG 52大队指挥官，11月初，他从苏联战场返回到意大利任职，他也是JG 53联队第六任和最后一任指挥官。在贝内曼上任前的一个月里，弗里德里希－卡尔•穆勒和Ⅲ./JG 77联队指挥官库尔特•乌本少校共同代行联队指挥官一职，这段时间，对仍在意大利作战的两个

有关，他飞到恶劣气候的作战空域后杳无音信。9月10日，2./JG 53中队指挥官迪特里希•凯斯滕（Dietrich Kasten）在一次例行的转场飞行过程中失踪，原因不明。

9月8日，意大利投降，英美盟军第二天未受干扰地在萨勒诺成功登陆。盟军登陆后的一个星期里，JG 53联队主要执行登陆点一带的作战任务，包括自由狩猎任务，为轰炸机和战斗轰炸机护航任务，本单位的Bf 109G携带火箭弹对地攻击任务等，对地攻击的Bf 109G飞机是新近才装备Ⅱ./JG 53大队的，作战时主要攻击登陆点附近海上的登陆舰船。这些行动中，JG 53联队取得的战绩和损失都不大，但是，德国方面的物资设备损失严重。就在JG 53联队后撤到罗马地区的当天，盟军对JG 53联队驻扎的机场实施了两次空袭，造成损失更大。9月16日，Ⅱ./JG 53大队驻扎的利托里亚（Littoria，安齐奥东南）机场遭空袭，该大队的15架Bf 109G战斗机被摧毁或炸伤。24小时后（9月17日），Ⅲ./JG 53大队驻扎的钱皮诺

联队的大队的指挥权进行了简化，也就是两者统一指挥作战。

具有讽刺意味的是，作为帝国空军元帅怒火目标之一，也是西西里岛战役元帅先生电报里点名批评的空军指挥官之一的马尔特扎竟然被选择取代西奥•奥斯特坎普中将任上意大利战斗机指挥部指挥官，“上意大利”意思就是北意大利。

同样在10月，Ⅱ./JG 53大队也离开意大利，该单位的Bf 109G战斗机转交给了Ⅰ./JG 53大队，随后前者飞往北部的维也纳瑟林（Vienna-Seyring）休整并换装新型战斗机，这个单位此后专门训练并成为一个轰炸机猎杀单位，有意思的是他们的对手仍然是来自地中海的美国重型轰炸机，这些战斗属于帝国保卫战的范畴。角色转换后的Ⅱ./JG 53大队执行第一次拦截轰炸机战斗是11月2日，这天是美国新组建的第15航空军第二次派出轰炸机编队轰炸维也纳新城（Wiener Neustadt，奥地利东部，维也纳南部）的德国飞机生产厂，这次的战斗中，德国Ⅱ./JG 53大队声称击落4架B-17轰炸机，其中1架是大队指挥官格哈德•米哈尔斯基少校的第60架战果。

Ⅱ./JG 53大队取得下一次胜利是1944年1月7日，这天的战斗十分激烈，

▲美国陆军航空兵的B-17轰炸机在轰炸西西里岛的最后一个据点：墨西拿。在地中海战区，美国使用的重型轰炸机主要是B-24，也有少量的B-17。

▲西西里岛的科米索机场被美国军队占领，没来得及飞走，也没来得及被炸毁的是Bf 109G-4飞机，美军士兵在检查这些飞机。图中右侧的Bf 109G-4飞机翼下携带了机炮吊舱，这是专门用来对付美国轰炸机的。

▲科米索机场已经被美军利用起来作为进军意大利的前沿阵地。图中所见，跑道两侧停放的是C-47运输机，跑道上停放的是滑翔机。

▲美国士兵在检查Ⅱ./JG 53大队遗留在西西里岛的Bf 109G-6/Trop飞机，飞机的左侧翼下携带了机翼吊舱。

▲美国士兵在6./JG 53中队的1架Bf 109G-6战斗机前留影。

双方战斗机之间的战斗从维也纳新城南部上空8000米高空开始（美国护航战斗机护送轰炸机执行任务）一直到南斯拉夫北部的低空战斗结束，德国方面声称击落15架P-38战斗机。在随后五个月里，Ⅱ./JG 53大队先是驻扎在奥地利，1944年3月再次转移到德国西南部，这期间，该大队声称击落70架重型轰炸机，外加1/10的护航战斗机。但是，Ⅱ./JG 53大队的损失也很惨重，60多名飞行员丧生、失踪或受伤。此时的帝国保卫战已经进入消耗战时期，德国作为一个地域并不大，资源也不丰富的国家，与强大工业基础的美国对阵，等待它的结果只有一个：失败。更多帝国保卫战内容见下文。

Ⅱ./JG 53大队撤离意大利不久，仍在意大利作战的两个大队作战力量上进行了划分，Ⅰ./JG 53大队继续

▲弗兰兹•戈特兹驾驶着Bf 109G-6战斗机正在起飞作战。

在驻扎意大利期间，Ⅲ./JG 53大队击落最多的仍然是战斗机和中型轰炸机，而Ⅰ./JG 53大队在这段时间却击落不少四发重型轰炸机。

尽管如此，11月11日，Ⅲ./JG 53大队在执行战术任务为罗马南部前线的地面战斗提供战场支援，弗兰兹•戈特兹少校的Ⅲ./JG 53大队在雷焦艾米利亚（Reggio Emilia）被改造成重型战斗机大队，这个所谓“重型战斗机大队”不是上文或下文提到的驱逐机大队，“重型”的意思是美国重型轰炸机，因此“重型战斗机大队”实际上是专门猎杀重型轰炸机的单位，跟上段中Ⅰ./JG 53大队一样。角色转变后的Ⅲ./JG 53大队装备的Bf 109G-6战斗机可以在翼下携带20毫米或30毫米机炮吊舱，该大队的7./JG 53中队战斗机后来改进还可以携带巨型火箭弹发射器，即WGr 210火箭弹发射器。Ⅲ./JG 53大队主要拦截敌重型轰炸机，以此保护北部意大利工业设施。

与其说保护意大利，不如说Ⅲ./JG 53大队部署在阿尔卑斯山脚下是为了在第一线拦截由此向北轰炸奥地利（当时属德国）和德国南部的美国重型轰炸机编队，跟很多德国当时看上去十分诱人的宏伟计划一样，Ⅲ./JG 53大队的作战行动并不那么顺利，该大队的作战任务多半是视战场情况而定，并不是按当初计划的那样，拦截空袭博尔扎诺（Bolzano，意大利最北部）的美国轰炸机编队时击落2架B-17轰炸机。此后一段时间由于天气恶劣美国轰炸行动暂时停止，再次恢复的12月28日，Ⅲ./JG 53大队在拦截空袭维琴察（Vincenza，在博尔扎诺正南100公里）火车站的美国轰炸机编队时击落7架B-24轰炸机，实际上美国方面宣称此次行动中有10架B-24轰炸机未能返航，这是截至目前美国第15航空军单次行动损失最多的一次。有意思的是美国承认损失的多，而德国宣称的少，通常情况正相反。12月5日，7./JG 53中队指挥官于尔根•哈德尔因在六个月中击落40架敌机而获得“骑士十字勋章”，这是Ⅲ./JG 53大队第一个获得此勋章的人。后来的分析称，实际上，哈德尔当时的战绩是39架，是不是Ⅲ./JG 53大队太急需这个勋章呢？

此时的Ⅰ./JG 53大队飞行员几乎人人一天都执行三或四架次任务来支援正在罗马南部山区哥特防线（Gothic Line）奋战的德国第10集团军。1944年1月22日，盟军在哥特防线后面的安齐奥成功登陆，这里距意大利首都罗马只有48公里。就在这个战事节点上，Ⅰ./JG 53大队和Ⅲ./JG 53大队迫不得已交换了作战角色。①

Ⅰ./JG 53大队此前主要在沿岸平原地区和蒙特卡西诺（Monte Cassino）山区执行低空作战任务，其间该大队的战斗机受伤很多，Bf 109G是高空作战飞机，低空作战对飞机损害很大。1944年1月13日和14日的两次空袭彻底消灭了整个Ⅰ./JG 53大队作战力量，这两天美国对Ⅰ./JG 53大队驻地琴托切莱（Centocelle）机场实施了轰炸，该机场所有飞机都不同程度地受损，没有一架例外，而且所有的飞机都无法再次升空作战。一个星期后，在安齐奥登陆行动当晚，遭受重创的Ⅰ./JG 53大队撤退到意大利北部乌迪内（Udine，意大利东北部）西面的马尼亚戈（Maniago）。

与此同时，Ⅲ./JG 53大队在乌迪内附近维拉奥巴（Villa Orba）机场驻扎了近一个月之久，因为恶劣天气，整个1944年1月上半月这个大队都没有参加战斗。1月16日，战事又起。当天，美国第15航空军出动B-17轰炸机编队去轰炸奥地利境内克拉根福特（Klagenfurt）的飞机零配件生产厂，Ⅲ./JG 53大队参与了此次拦截行动，但战果远远不能让人满意，甚至是失败，战斗机Bf 109G-6只击落1架护航的P-38战斗机，己方竟然损失四名飞行员，其中一人座机在空中与1架已经受伤的P-38战斗机相撞坠毁。7./JG 53中队携带火箭弹的Bf 109G-6战斗机也参与了此次行动，但火箭弹攻击轰炸机战术让人极其失望。

盟军在安齐奥登陆前一天，Ⅰ./JG 53大队撤离罗马战区，该大队的离去使得罗马南部战线出现一个大缺口，首都罗马完全暴露在盟军的登陆部队面前，这个威胁绝不能被忽视，为此，在意大利

▲这张照片值得细看，Bf 109G-6飞机的翼下携带了210毫米火箭发射装置，飞机前两人分别是7./JG 53中队指挥官于尔根•哈德尔（手拿拐杖，伤未痊愈）和2./JG 53中队指挥官埃里希•托马斯。

---

① 本段中哥特防线（Gothic Line）叙述有误，这条防线在罗马北部，西起马萨，东到佩萨罗。而罗马南部山区也有一条防线，名称是古斯塔夫防线（Gustav Line），这条防线西起加埃塔南，东到奥托纳南，因此本段应该是指古斯塔夫防线。请参阅上文配图。

北部比较轻闲的Ⅲ./JG 53大队在1月24日被立即调往罗马北部97公里的奥维耶托（Orvieto）。四天之后，弗兰兹•戈特兹少校的专门训练对付高空重型轰炸机的飞行员开始在安齐奥滩头地区执行对地攻击任务。完全可以预料，Ⅲ./JG 53大队参战后的损失急剧上升。

但是，战果也不是一个没有，2月7日，7./JG 53中队指挥官于尔根•哈德尔率领他的中队用火箭弹攻击了安齐奥－内图诺港口（Anzio-Nettuno）设施和外海航行舰船，就是在执行这些对地攻击任务时，哈德尔上尉取得了当天唯一战果：击落1架“喷火”战斗机，当时这架“喷火”飞机在哈德尔僚机的尾部准备偷袭。这架“喷火”是赫尔德第40架战果（实打实的）。一个星期后，哈德尔被任命为Ⅰ./JG 53大队指挥官，而原指挥官穆勒到Ⅳ./JG 3大队任指挥官参加帝国保卫战。哈德尔上尉（后晋升少校）任Ⅰ./JG 53大队指挥官一职直到1945年1月，他的接任者是7./JG 53中队指挥官罗尔夫•克里普根（Rolf Klippgen）中尉，他任Ⅰ./JG 53大队指挥官一职仅仅四天后的1945年2月19日被“喷火”战斗机击落身亡。

1944年2月20日，Ⅲ./JG 53大队从奥维耶托转移到西南40公里处的阿丽纳（Arlena），依旧是由于气候恶劣缘故，这个大队直到3月中旬才再次参战战斗。天气转好后，第三次卡西诺战役继续进行，在此后参加的行动中，Ⅲ./JG 53大队执行更多的是当地内陆山区的战斗，而不是此前安齐奥滩头战斗。在这段时间战斗中，7./JG 53中队的冈瑟尔•齐格尔（Gunther Seeger）少尉因战绩达到46架而获得“骑士十字勋章”，3月26日他正式获得该勋章，实际上，两个月前他的军衔还是军士长时其战绩就已经达到了46架，最后1架战果是他1月29日击落的B-26轰炸机。

截至4月底，Ⅲ./JG 53大队飞行员又击落15架敌机，4月14日击落的1架P-47战斗机是弗兰兹•巴滕（Franz Barten）中尉的第50架战果，他此前已经接替汉斯•罗里希任9./JG 53中队指挥官一职。

▲刚刚被任命为Ⅰ./JG 53大队指挥官的于尔根•哈德尔在和地勤人员一道检查自己的座机，这次行动后，Ⅰ./JG 53大队彻底离开意大利进驻罗马尼亚，在那里仍然要与美国重型轰炸机打交道。图中右侧地面摆放的是机炮吊舱的整流罩。

然而，令人担忧的事实是，德国方面此时第一次出现战损数字高于获得的战果，在同一时期，Ⅲ./JG 53大队报告中称损失九名飞行员，两名被俘，另有九人受伤。

此时同时在北方，Ⅰ./JG 53大队正逐渐适应猎杀轰炸机这个角色，战术也日渐成熟。由于初期战事并不多，驻扎在马尼亚戈的该大队在2月上半月的时间都是抓紧训练新飞行员。最初几次不太成功的战斗后，Ⅰ./JG 53大队在2月25日终于取得了第一次重大胜利，当天美国第15航空军出动B-17和B-24混合轰炸机编队穿越意大利去轰炸德国境内飞机生产厂，这天行动是美国“大轰炸周”的一部分。Ⅰ./JG 53大队作为德国南部第一道防线参与拦截行动，作战中击落7架B-24和1架B-17轰炸机，这个战绩对于刚刚角色转换的单位来说相

▲JG 53联队的1架Bf 109G-6/Trop战斗机，飞机的增压过滤器处于开启状态（非工作状态）。资料称照片拍摄于1943年年底，但图中地勤人员却赤膊上阵，时间恐怕有误。

▲8./JG 53中队的1架Bf 109G-6战斗机正起飞准备与美国飞机再战，他们在意大利的时日不多了。

▲弗兰兹•戈特兹正爬出自己的Bf 109G-6座机座舱。注意看他和地勤人员的穿着，意大利的冬天虽然不太冷，也不至于打赤膊。

当不错。

3月18日，德国空军位于乌迪内地区的数个机场成了美国第15航空军轰炸机的重点关注目标，这次拦截行动中，Ⅰ./JG 53大队声称击落6架B-17轰炸机和3架P-47战斗机。但是，跟2月25日的行动只有一名飞行员失踪和一人受伤不同，此次保卫自己机场的行动付出的代价相当高：六名飞行员丧生或失踪，外加四人受伤，这些人中，有两人在马尼亚戈机场上空与P-38格斗时被击落。

4月的战斗Ⅰ./JG 53大队损失更严重，达到了20人。4月底，Ⅰ./JG 53大队从乌迪内被向南调往博洛尼亚（Bologna，在乌迪内西南120公里，热那亚正东），就是在这里，4月25日，获悉美国一支B-24轰炸机编队正从南面靠近后，Ⅰ./JG 53大队Bf 109G战斗机紧急起飞迎敌，在双方混战的40分钟里，德国方面声称击落8架“解放者”轰炸机，被击落的第一架轰炸机属于联队指挥官赫尔穆特•贝内曼少校，这是他个人第90架战果。指挥官于尔根•哈德尔击落的2架战果中的最后一个是他第50架战果。贝内曼和于尔根•哈德尔此次战斗中都因被击伤被迫跳伞逃生，两人都受了伤，贝内曼被遭他攻击的B-24轰炸机自卫火力击落，而于尔根•哈德尔与他击落的第二架飞机空中相撞，有资料称是他主动撞击的。

4月25日的战斗是Ⅰ./JG 53大队在意大利最后一次参与拦截美国重型轰炸机的重要行动。5月9日，Ⅰ./JG 53大队被派往罗马尼亚保护那里的重要石油设施。在这里，该大队再次脱离赫尔穆特•贝内曼少校的指挥。

JG 53联队队部和Ⅲ./JG 53大队继续在意大利作战了几个星期，5月中旬，这两个单位又参与了第四次卡西诺战役，即5月25日Bf 109单位在安齐奥滩头执行了作战任务。第二天，Ⅲ./JG 53大队指挥官弗兰兹•戈特兹少校击落2架“喷火”战斗机，这2架战果将戈特兹的战绩提升到50架，他也成为JG 53联队最新一位战绩到半百的王牌。此后，Bf 109单位在意大利首都附近又遭遇几次美国飞机，6月2日，Ⅲ./JG 53大队突然接到命令后撤到

▲12./JG 3中队的Bf 109G-6/Trop战斗机也参加了意大利战役，本书同样未提及。

马尼亚戈。在马尼亚戈，该大队花了一个时间加紧训练飞行员迎接即将再次进行的拦截美国重型轰炸机行动。6月9日，抵达新驻地的Ⅲ./JG 53大队第一次参加拦截美国轰炸机行动，这次战斗中，该大队声称击落3架B-24轰炸机，代价是本单位一名中士被护航的P-38战斗机击落。

五天后，Ⅲ./JG 53大队再次击落2架B-24轰炸机和1架P-47战斗机，己方又有两名中士被击落身亡，这天是JG 53联队在地中海几年战斗生涯中最后一次取得胜利。6月结束前，Ⅲ./JG 53大队将本单位剩余的Bf 109G战斗机全部转交给当时正和德国并肩作用的“意大利社会共和国”空军。之后，Ⅲ./JG 53大队乘坐火车返回德国休整并再次换装和补充，此后这个大队被纳入帝国保卫战序列。

第五章　苏联战役——跨跃巅峰，难挽败局

苏联战役有着与西线和南线（地中海沿岸）战役完全不同的特点，政治制度、地理位置和战争规模等不同点正是造成其独特的原因。历史、文化和宗教等造成苏联一直不被欧洲接受，政治制度事实上根本不是被排斥的原因，苏联解体后的俄罗斯被美国和欧洲一再排挤就说明了这点。但是，第二次世界大战，从战争全局利益考虑，英国、美国和苏联站到了一起共同反击纳粹德国。苏联战役规模大、时间长，战斗激烈，因此有必要在本章开头以导读的形式介绍一下苏联空军情况。

苏联战役导读

代号为“巴巴罗萨行动”的德国入侵苏联军事行动在规模上和惨烈程度上都是世界军事历史上堪称之最的战争，在1941年6月22日清晨爆发后的几个星期里，其战线延伸可达4480公里，横亘北部巴伦支海的北极荒原到南部亚热带的黑海沿岸。战争之初，苏联一方完全处在溃

败阶段，也就是苏联的军事力量完全无法与强大的德国相比。发动东线战争时，德国投入了120个师，外加26个随时可以投入的预备师，换句话说，德国为这次战争准备了146个师，总计300万人。与之对应的是，苏联在最西部军区部署了149个师，人数虽多，但军事装备极为落后。德国和苏联对垒的作战部队最大的区别在于部队构成和军事装备上，以最重要的武器，即在整个东线战役中都扮演重要角色的坦克为例，战争初期，德国部署了17个装甲师，外加2个预备役师；苏联方面的情况是36个装甲师，表面上看苏联装甲力量似乎有两倍的优势。每个师的装甲车辆数量上，苏联也占优，比如1941年时的苏联1个装甲师装备400辆坦克，德国装甲师的坦克数量从150－200辆不等。这一切都是纸面上的生硬数据，而作为比较的两个国家作战单位（师）的作战能力和武器装备（坦克）都不在一个档次上，更不用说历经两次重要战役更加完善的战术。

作为军事力量重要组成部分的空军，两国的对比情况基本上还是苏联数量上占优，德国为这次战役装备了不少于2598架前线作战飞机（算上其他非前线飞机总数为2875架），而苏联当时有18000架各型飞机，其中9000架部署在苏联西部的欧洲境内。苏联飞机的数量虽多，但只有20%的飞机是较为新式的飞机，其他新飞机还处在研制阶段，有的接近完成。其主要作战飞机性能仍停留在一战刚结束时的水平，比如I-15战斗机等。

有一点需要说明，德国入侵苏联装备的前线作战飞机数量不如1940年5月西线战役的多，后者的数量是3826架，英国战役最高潮时期德国投入的作战飞机为3705架，这两场战役投入的作战飞机数量都超过了东线战役，可见德国对苏联的

▲落后就要挨打，这是真理。德国入侵苏联时，苏联空军的主力装备仍然是I-15和I-16战斗机，虽然也有新型号飞机在研制，但进度缓慢。自从1938年以来，德国Bf 109已经发展出了几个重要型号，即使是最初型号也比苏联的主力战斗机先进得多。

蔑视程度。

在单座战斗机方面，德国空军在战役爆发前装备了619架在役战斗机，大部分是Bf 109F型号，这个“619架”是德国空军在役战斗机数量的68%，剩余的不足1/3部署在西线战场、德国本土和地中海地区。

就是在苏联战场，德国空军战斗机飞行员在装备数量劣势和作战空域广阔的情况下取得了空战史上击落敌机最多，个人战绩最为惊人的成绩，这在其他战场和其他国家空军中绝无仅有，今后也不会有哪位飞行员能够打破这个记录。按照世界通行标准击落5架或5架以上就称得上是王牌，那么德国空军仅Bf 109王牌飞行员就达到5000多人。英国（及英联邦国家）和美国的飞行员击落20或30架敌机的算是很高的战绩了，这在德国根本不入流，当然，造成这一现象的原因是多方面的，作为战争资源之一的人员，德国国小人少，因此飞行员必须战斗到死，或是到不能作战为止，再或是升任参谋一职没有飞机可驾驶。除了中途战绩卓著的飞行员或整个单位短暂撤离战场休整外，很多飞行员都在战争的第一天起在前线（当时的德国哪儿都是前线）一直作战到战争结束。与之对应的英国和美国，飞行员战线达到一定数量或作战达到特定的架次就会被调离前线，即使英国战役期间全体英国飞行员都战斗在一线，这场战役持续的时间也不长。另一个重要因素就是上文中经常提到的战术，德国空军长机发起攻击时僚机必须保护，越权攻击是不允许的，除非允许，或是某段时期根据战场情况编队飞行员自己决定，但后来僚机禁止超越攻击更为严格，特别是帝国保卫战中。

普遍接受的“王牌”这个词在德国空

▲两款不同型号的I-16战斗机，上图是I-16P原型机，机翼前缘伸出长长的炮管，下图I-16-10飞机机翼机枪枪管很短，发动机整流罩上方有两个枪管伸出，飞机采用雪橇起落架。

军并不流行，德国并不常用“王牌”一词来对应他的战绩，德国人喜欢用的是“专家”（Experte）一词来形容飞行员的战绩和出众的能力。但是，“专家”一词没有对应的战绩数量，这只是一个笼统的概念，如果你想表达你对战绩达到50架或50多架的飞行员敬佩，他会告诉你，“我不是什么专家，你真想和专家谈谈，你应该和……谈谈”，随后他会列出一长串战绩是他三倍或四倍的飞行员名字。

上文同样也提到过，在二战初期，德国一名飞行员击落20架敌机就可以获得“骑士十字勋章”，但是，这个获勋标准一再提高，后来在东线战场，有的飞行员战绩已经过百才获得此勋章。实事求是地说，苏联战斗机飞行员的素质跟德国飞行员相比有很大的差距，战斗机的作战性能也落后太多，加之德国飞行员在几个战场历练过，因此，德国飞行员击落苏联飞机比西线战场更为容易，下文将提到的战例就可以明显地看出来。而反过来从飞行员的战绩也可以看出这一点，比如在西线战场（或者可以说除苏联战场以外的战场），战绩过百的飞行员只有几个，而苏联战场上，战绩过百的飞行员有70多人，战绩达到200架的有八人，超过300架的有两人。

对于德国飞行员在苏联战场取得的惊人战绩，战后调查表明，不管哪方都有夸大的成分，这是任何时期空战，任何国家都出现过的现象，即使不是有意夸大战果，激烈混乱的空战也会造成统计上的失误。有意夸大战果以鼓舞士气通常是弱小空军常干的事，夸大到没边没沿的事儿也不少见，德国、苏联和美国都干过这事儿，下文可以看到这些战例。其实最冤枉的是飞行员，他们是战斗的参与者，激烈的战斗中判断失误是常有的事，比如看到敌机被击中拖着浓烟向下坠去，而实际上在坠毁的最后一刻飞行员控制住了飞机并飞回了基地；还有一种情况有的战斗机在俯冲并加大油门加速逃离时发动机会冒出黑烟，这也常被误以为敌机坠落，或是被击中后冒的烟。极为个别的例子是有飞行员精心伪造击落敌机战斗，很难找到这人

▲“巴巴罗萨行动”之时，德国空军大部分已经换装了Bf 109F型号有一年时间，少数不重要的空军单位及训练单位仍在使用Bf 109E这个型号。战争后期，甚至这些Bf 109E也被派上战场。图中是JG 5联队驻扎在挪威希尔克内斯中队的Bf 109E-7飞机在巴伦支海沿岸巡逻。

的名字，因为这种为人所不齿的事只有水平极差或道德水平恶劣的人才能干得出来，没必要在空战史上提议。

在战绩认定标准上，没有哪个国家比德国空军更严格，其中之一就是每次取得战果必须有一个或几个战友佐证，或是有地面人员证实，僚机除了保护长机外，为长机观察和记录敌机坠毁地点和时间也是一项任务。一线作战单位这关过后，飞行员战绩申报资料被送到柏林的德国空军最高司令部批准，通常情况，高层批准只是走过场，不可能派人出去调查核实战斗真伪。一般来说，空军高层批准时间并不长，但是，极个别情况下这个批准过程长达一年或更长时间。有时，战果太过惊人也会引起高层怀疑，比如上文提到的Ⅱ./JG 27大队的4./JG 27中队在北非半个月时间内击落59架敌机，戈林元帅亲自下令重新调查。但是，如果在东线1个中队在半个月间击落59架只能算是小菜一碟。

虽然有德国空军最高司令“撑腰”（指战绩获得批准），德国飞行员在东线取得的惊人战果仍有一些值得讨论，或者说值得怀疑，他们怎么取得这么高战绩的？回答这个问题并不简单，只能说这个战场环境太特别，无法在其他战场找到类似之处，因此也无法推而论之。除了德国空军特殊的情况，如飞行员没有其他国家空军才有的轮换参战（飞行员作战到最后一刻）制度，德国空军在东线还有三个重要的优势，即装备、训练和战术。

在东线战役初期，德国空军Bf 109战斗机远比苏联当时装备的所有型号战斗机都先进得多，即使是战争后期，德国一些飞行员还是认为Bf 109战斗机性能比苏联雅克-9的强。后期的Bf 109G比雅克-9强这种说法并没有获得普遍认可，但是，苏联战役之初，德国空军飞行员，特别是作战指挥官的训练水平高是公认的，具有讽刺意味的是，德国空军一些飞行员，如冈瑟尔•吕佐夫和汉内斯•特劳罗夫特等曾在苏联沃罗涅什（Voronezh）北部的利佩茨克（Lipezk，乌克兰卢甘斯克州正东）战斗机训练学校秘密训练过几年，1925－1933年间，当时德国为了逃避监管而与苏联达成协议在苏联培训作战人员。在苏联训练的这些战斗机飞行员曾经参与过西班牙内战，更多的人参与了入侵波兰战役、西线战役和巴尔干战役。良好的训练加上其他战场积累的作战经验，德国人一方面了解苏联战斗机使用战术，另一方面他们也在实战中不断完善和发明一些战术，这些无形资产恰恰是苏联空军最欠缺的。

入侵苏联战役前的苏联军队和苏联空军的情况很多资料已经介绍过，尽管诸多方面苏联空军无法与德国空军相比，但这并不能说苏联飞行员缺乏勇气和斗志，相反，在不能击落敌机的情况下，很多飞行员选择撞击敌机，同归于尽。首次撞击战斗就发生在“巴巴罗萨行动”开始几分钟后，1941年6月22日凌晨4点15分，苏联空军第124战斗机团的D.W.科科尔耶夫

（D. W. Kokoryev）少尉驾驶米格-3战斗机在萨姆布罗夫（Sambruv）拦截了1架德国Do 215侦察机，由于米格-3机枪卡壳，科科尔耶夫选择从敌侦察机后方将Do 215飞机的尾部撞落。十分钟后，苏联空军第46战斗机团I.T.伊万诺夫（I. T. Ivanov）上尉也用相同的方法在罗夫诺（Rovno，现属乌克兰）撞落了1架德国空军He 111轰炸机。跟前一个战例不同的是，伊万诺夫并没有在撞击行动中幸存，随后的8月2日，他被追授苏联英雄称号。

“巴巴罗萨行动”初期，苏联空军遭到了毁灭性的打击，因为急于补充损失的飞行员，苏联需要新飞行员尽快上战场投入战斗，因此，开战初期几个月来，大量没有经过完整训练的飞行员匆匆走上战场，这些飞行员只进行了基本的战斗机驾驶训练。这种情况事实上存在了好长一段时间，国土沦丧，家园被毁，根本无法组织有效的训练体系，这就是飞机和人的区别，也是德国在二战后期遇到的问题，生产一架飞机容易，培养一名合格的飞行员难上加难。直到苏联战略反攻，苏联空军的飞行员训练才走上正轨，加上更先进的雅克战斗机和拉式战斗机出现，在这个阶段，苏联飞行员取得了大量战果。但是，此时德国的那些专家飞行员（王牌中的王牌）已经在苏联战斗了两三年，他们的作战经验更加丰富，要击落这些飞行员几乎是不可能的。尽管苏联飞行员尽量不冒险跟德国空军这些专家级的飞行员作战，德国飞行员不得不承认苏联飞行员的训练水平在迅速提升，战斗力越来越强。

苏联战役前，苏联的航空工业也存在着大量问题，西班牙内战已经暴露出苏联战斗机的不足，苏联航空界意识到这点，也在改进，但是这个步骤太慢，到1940年，虽然有三款新式战斗机，即雅克夫列夫、拉格和米格战斗机问世，但是这些飞机从一开始就毛病不断，还未达到大规模装备部队的条件。雅克-1战斗机除了不可靠外发动机功率也偏小，拉格-3（LaGG-3）和米格-3战斗机机动性不足。另一个重要的问题是这些战斗机对于新飞行员来说都很难上手，被选择驾驶拉格-3战斗机的飞行员开玩笑说，“LaGG”的意思是不折不扣的刷漆棺材。即使是驾驶过波利卡波夫战斗机的老飞行员也称新型单翼飞机动作笨拙，很难驾驶。

▲米格-1是新成立的米格设计局第一款服役战斗机，这个日后发展成为苏联第一大战斗机设计局的单位初期遭遇不少挫折，米格-1飞机毛病不断，产量只有100架，无法形成战斗力。

尽管问题不少，这些战斗机都投产并装备部队，装备的单位主要部署在首都莫斯科周

▲米格-3是在米格-1的基础上改进的，虽然改掉了米格-1的很多毛病，米格-3飞机仍然问题不少，跟当时德国已经十分成熟的Bf 109F无法相提并论。米格-3于1941年3月开始装备部分部队，“巴巴罗萨行动”时苏联空军装备了1200架，对于广阔的苏联国土来说，这个数量算是非常少的。

围，服役后，这些战斗机仍在不断改进之中。有了这些飞机的研制经验，苏联战斗机设计水平也在逐步提高，因此后来诞生了性能更优异的拉-5/-7和雅克-3战斗机等。

不得不提一下美国的援助。苏联的主要工业都集中在欧洲地区，“巴巴罗萨行动”初期苏联的欧洲地区遭受了猛烈的轰炸，航空工业损失惨重，为此，苏联高层决定将大部分工业设施转移到乌拉尔山东侧，搬迁行动不可避免地严重影响了飞机生产。为了在这段时间里解决苏联战斗机供应问题，苏联和美国签订了租借法案，后者向前者提供武器装备，其中就包括作战飞机。在1941－1945年间，仅美国（也有其他国家提供，如英国）就向苏联提供了10000架战斗机。美国提供的战斗机中，超过7000架是贝尔公司研制的P-39和P-63战斗机，前者被美国陆军航空兵认为是“特别令人失望”的截击机，英国皇家空军驾驶P-39战斗机仅执行过一次作战任务就放弃了。但是，对于缺少战斗机的苏联来说，P-39和P-63仍然是相当不错的战斗机，在苏联，这两款飞机主要用来执行近距支援和对地扫射等对地攻击任务，也有一些飞行员驾驶P-39取得了惊人的战果。美国提供的战斗机中还包括P-40和P-47，前者稍显落后，但数量上也有2000多架，P-47的数量不足200架。美国并没有向苏联提供P-51“野马”战斗机，但是，苏联却从英国皇家空军那里获得10架安装艾利森发动机的“野马”Mk Ⅰ飞机，这些飞机是皇家空军库存的，早期“野马”Mk Ⅰ存在一些致命的缺陷，事故率较高。

英国也向苏联提供了4000余架“飓风”和“喷火”战斗机，从数量上看，英国提供的数量不算少，但是，这两个型号战斗机在苏联战场上发挥的作用却不大，主要问题是苏联前线机场的起降条件不能满足需要，特别是“喷火”战斗机很不适应苏联早期的机场跑道。为了帮助苏联对抗德国，减轻压力，英国甚至还派出整编制的“飓风”作战单位到苏联作战。除了P-39战斗机外，关于美英向苏联提供的其他战斗机作战情况不详，不能否认作用肯定是有的。

苏联空军的硬件落后，完全可以想像

其空军战术也处在一个十分落后的境地。尽管德苏两作战空域广阔（堪称历史之最），但是，两国的空中战争完全是战术层面，不是战略层面的作战，苏联空军建设落后自不用说，德国这方面也是短板，甚至远不如英国。双方空军的特点造成了东线空战的独特性，即德苏两国空军的战斗主要集中在直接的、中空到低空对地支援作战，也就是前线一带的战斗，处在防守方的苏联空军力求借助空中行动打击德国的地面部队，阻止敌人的进攻，后期则是摧毁敌人阵地，让苏联红军顺利向前推进。而德国空军战斗机由于腿短而部署在前线附近，他们的任务主要是拦截一波又一波的苏联对地攻击机，完全可以想像，二战期间苏联生产了36000余架伊尔-2攻击机，德国战斗机飞行员一般一天要执行5、6架次，甚至7、8架次或更多的作战任务。德国空军的通常战术是在前线一带巡逻待敌，敌机出现后俯冲攻击，一波攻击结束后，Bf 109战斗机再爬升高度等待苏联下一波攻击机的到来。这就是东线战役空中战斗的典型特征，双方的战斗机之间的战斗也时常发生，但是，规模小得多，用性能优异的战斗机攻击没完没了的攻击机，这就是德国空军飞行员取得丰硕战果的另一个主要原因，这也是为什么在东线击落敌机的战果分量不如西线的原因之一。照例，出于对侵略国土、屠杀人民的痛恨，苏联攻击机飞行员完全不顾个人生命奋勇向前，伊尔-2攻击

▲苏联空军装备了少量英国提供的“喷火”战斗机，但是，苏联的机场硬件并不适合英国产飞机，加上数量少，苏联的“喷火”战斗机发挥作用不大。

▲苏联空军装备的“飓风”战斗机。

机在几架甚至十几架被击落时，这些苏联飞行员没有害怕，没有退缩。苏联空军甚至是苏联军队都将伊尔-2飞机当作摧毁敌人意志的法宝。尽管损失非常大，苏联一段时间以来宁可多生产伊尔-2攻击机也要让战斗机生产让位。这就是苏联空中战争的另一个特点，也是德国飞行员战绩提升的主要增长点。

另一点，只要是西方资料都不得不提的，德国飞行员一般不敢深入前线苏联一侧纵深执行任务，因为在这里被击落后被俘会死得很惨，苏联人会毫不犹豫地枪毙德国飞行员，不管是否有抹黑的因素在里面，德国飞行员是相信了。但是，不可否认的事实是苏联俘虏了大量德国官兵，包括一些飞行员，这些人后来都回到了德国。

总之，德国空军的对手苏联空军是一支落后太多的空中力量，德国在整个苏联战役中都保持着绝对的空中优势。

从德国入侵苏联这场战争本身来看，从地域上战争主要分为三个部分，即北部战线、中部战线和南部战线，实际上应该是四个部分，第四个是芬兰/北极地区，这是一个独立的战区，而且战事不那么激烈，因此常被人忽略。

尽管正面战线很长，德国空军仍然运用闪电战术在“巴巴罗萨行动”的第一天就把苏联空军大部分飞机炸毁在机场，从战术上讲德国空军取得了完全的成功，但是，纳粹德国灭亡的种子也是这天种下的。

希特勒提出入侵苏联的意图首次以文字形式出现是1940年12月18日的第21号元首命令中，以后他的这种想法越来越强烈，并着手实施战略部署。希特勒的“巴巴罗萨行动”计划在1941年的晚春时节发动，但是，由于墨索里尼入侵希腊失败带来的一系列干扰，加上南斯拉夫政局的变化，希特勒被迫先腾出手来应付巴尔干地区的形势。欧洲南部事件让德国的“巴巴罗萨行动”推迟了十分关键的几个星期时间，这“几个星期”恰恰要了德国的命。德国计划在冬季来临之前就占领苏联首都莫斯科，但是，1941年11月5日，德国陆军第62装甲工兵营推进到距离克里姆林宫仅20公里后就再也没能前进一步，最主要的因素就是苏联严冬，大雪阻止了德国前进的步伐，也粉碎了希特勒迅速而决定性的占领莫斯科行动，也就使德国错失

▲美国的P-39战斗机的口碑很差，但是，很多苏联人上手后却赞不绝口。图中是波切科夫和他的P-39座机。

了东线战役中最关键的一场战役，这个机会不会再有了。

严冬过后，德国在1942年春天再次发起进攻行动，但是，这次行动的目标不是莫斯科，而是南部战线的高加索油田和斯大林格勒。德国陆军第6集团军在8月底抵达斯大林格勒，随后的斯大林格勒战役在1942年秋冬季的几个月里呈胶着状态，看似苏联一寸寸地在失去这个城市街区，实际上巨大的灾难正在酝酿并很快会落在德国头上。世界公认斯大林格勒战役是二战的转折点，也有资料称1943年夏天德国中部战线发动的第三次年度进攻才是苏联战役的转折点，也就是“卫城行动”（Operation Zitadelle），外界更熟悉的是库尔斯克战役。不管是哪个战役，纳粹德国失败的命运早就注定了①。

下面就是德国Bf 109战斗机单位在苏联战场的战史，挤掉外界认为的水分，德国战斗机飞行员的战绩仍然令人吃惊，但是，德国战斗机可以主宰苏联天空，却主宰不了战争的格局或进程，更改变不了战争的规律。

初期战役

Bf 109战斗机单位第一个在东线战役取得战果的是1./JG 3中队指挥官罗伯特•欧莱伊尼克（Robert Olejnik）中尉，他在描述此次战斗的报告中称：

每个人都知道我是个爱早起的人，喜欢执行早晨任务，因此，在（6月22日）清晨3点30分，我带领我的僚机去侦察边境地带的苏联机场。我的座机下方昏暗的大地显得很安静，直到我们返回基地，20分钟后再次返回我侦察的第一个机场这里才发生战斗。我发现2架苏联战斗机正准备紧急升空，当时我在敌机场上空700－800米高度盘旋，这时我发现苏联人启动了发动机并开始滑行。他们很快升空并向着我们爬升而来，很显然，他们准备好了与我们一战。

他们在我下方300－400米时，我率先俯冲发起攻击，我瞄准敌长机一阵短射，敌机中弹起火栽了下去，（见此情景）他的僚机瞬间就消失了。返回到我的机场，我摇动我的机翼宣告我的胜利，我的战友——大部分刚刚起床——通过帐篷卷起的门帘睡眼蒙眬地看着我，一些人摇摇头表示不敢相信（这是真的）。

关于罗伯特•欧莱伊尼克击落1架苏联I-16战斗机的确切时间有一些混乱，他的单位作战日志称这个时间是3点40分，也就是“巴巴罗萨行动”正式开始25分钟之后，而欧莱伊尼克自己的日志却明确地写着3点58分。这18分钟的误差对于名誉来

① 斯大林格勒战役是二战转折点是世界公认的，这也是世界范围对二战研究的结果，对战史有一定了解的也会很认同这种说法，而库尔斯克战役明显不能作为二战转折点，德国的“卫城行动”只进行了一个星期就被希特勒叫停。关于这次战役个别人提出异议只代表他个人看法。

说至关重要，因为5./JG 27中队的汉斯•威策尔（Hans Witzel）少尉在当日3点54分击落1架苏联空军I-15战斗机，60秒后他再次击落1架敌机。

到底谁在东线战役中第一个取得战果是个人荣誉问题，有一点任何人都没有疑问，那就是德国空军在发起先发制人打击时苏联空军完全没有防备，整个战线情况都是如此，罗伯特•欧莱伊尼克的Ⅰ./JG 3大队指挥官，英吉利海峡老兵汉斯•冯•哈恩上尉描述称：

> 我简直不相信自己的眼睛，每个苏联机场停机坪都停满了侦察机、轰炸机和战斗机，这些飞机整齐地排列在地面，似乎在接受检阅。苏联空军机场交错分布在我们边界地区（苏联边境地区），机场起降跑道和停放的飞机清晰可见。

有人用一句话形容最为准确，“苏联人似乎仍然在熟睡”。苏联人对德国入侵战争准备不足必然付出沉痛代价，对于德国战斗机单位来说，这正是他们施展拳脚的好机会。

在北部战线，“秃鹰军团”老兵汉内斯•特劳罗夫特少校的JG 54联队在6月22日当天战斗中声称击落45架苏联飞机，暂时归其指挥的Ⅱ./JG 53则取得了12架战果。

JG 53联队的另两个大队部署在中部战线，也就是德国主要进攻方向的战区，这两个大队在战争第一天取得的战绩不少于62架，Ⅲ./JG 53指挥官沃尔夫－迪特里希•威尔克上尉可能是苏联战役中第一个王牌，仅在6月22日当天三场独立的战斗中他就击落5架苏联战斗机，他的牺牲品包括3架I-15战斗机（凌晨4点刚过）、1架I-16战斗机（早晨天刚亮）和1架“I-17”

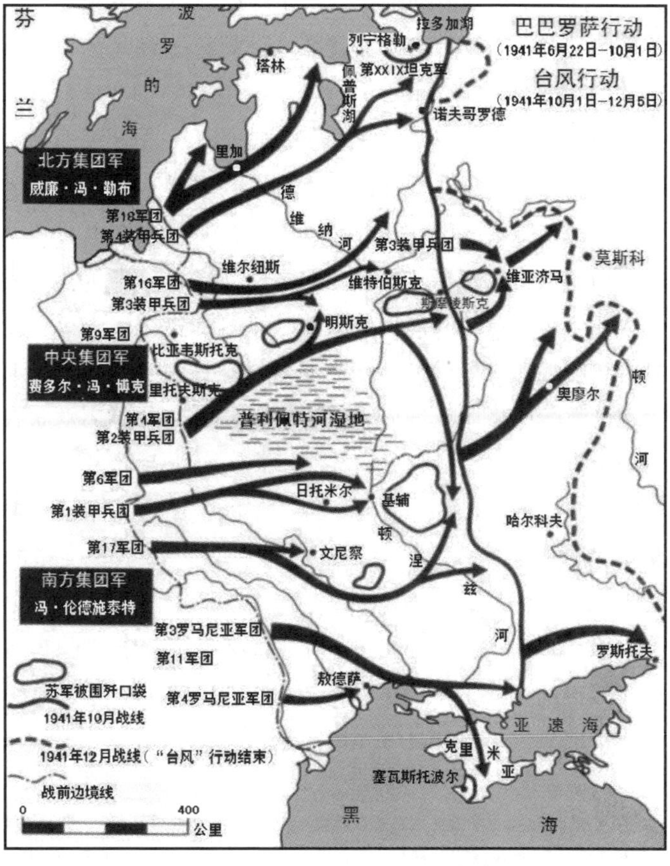

▲德国入侵苏联1941年6月22日至12月5日作战态势图。

▲所谓在某次战役或战争中“第一位击落敌机”实际上只是个人荣誉问题，对于个人或单位来说，这个头衔值得一争，上文中对击落二战第一架敌机，击落第一架英国飞机，击落第一架美国重型轰炸机等等都有不同说法，当时确定了某人，几十年后仍有人翻案。图中就是1./JG 3中队指挥官罗伯特•欧莱伊尼克在1941年苏联前线的留影。

战斗机（当天下午）。

威尔克击落的第五架所谓的“I-17”到底是苏联什么型号战斗机一直是个谜，德国情报部门没有完全搞清苏联战斗机装备情况，主要是当时苏联并未对外开放，加上保密制度等让德国人很难搞到详细的情报，最让人头疼的是苏联军事武器的编号命名系统，冷战时期这个问题仍然让西方摸不着头脑。正是这些因素造成德国飞行员声称的战果中很多战斗机可能跟编号完全对不上号，比如所谓的“I-17”是波利卡波夫设计局在20世纪30年代设计的一款战斗机，该机安装1台水冷螺旋桨发动机，机头整流罩呈流线型，但是，这款飞机的研制从来未离开原型机试验阶段。在“巴巴罗萨行动”开始的几个月里，德国人声称击落的“I-17”或“I-18”可能是苏联的最新型战斗机，最大的可能是米格-3飞机。在苏联战役爆发时，只有米格-3战斗机进入了批量生产，拉沃契金设计局和雅克夫列夫设计局的新式战斗机还处在研制阶段。而且米格-3飞机跟早期波利卡波夫公开的I-17战斗机原型机十分相似。

很多德国飞行员仍保留着在“秃鹰军团”时期流行的习惯，即把

▲7./JG 3中队指挥官库尔特•夏特斯（Kurt Sochatzy）中尉击落1架苏联双发轰炸机，这一幕恰巧被德国地面部队拍摄到，照片右下方黑色部分是树，看来这架飞机没有自救的可能了。

波利卡波夫的双翼战斗机称为寇蒂斯战斗机，将苏联图波列夫的SB-2双发轰炸机称为马丁轰炸机。寇蒂斯和马丁都是美国飞机研制公司，早期寇蒂斯公司研制不少双翼战斗机，而马丁公司的B-10轰炸机与苏联SB-2飞机很相似。而且当时德国人坚信苏联的这些战斗机和轰炸机是仿制美国的货，他们不相信苏联有能力研制作战飞机。

未来“骑士十字勋章”获得者，JG 53联队队部（直属单位）的弗兰兹•席斯很快就对波利卡波夫双翼战斗机（I-15）敏捷性有了切身的体会，“我们与一群约20架寇蒂斯战斗机（I-15）混战在一起，这些苏联飞行员完全清楚他们在做什么，他们并不介意我们占据他们的尾部射击位置，就在我们准备射击时，他们突然180°转弯，此时我们发现正迎头向他们射击，这种情况下，命中敌机完全靠运气。”6月22日的战斗中，席斯终于在7点25分设法击落了他的第一个战果：1架I-153战斗机（I-15的一个型号）。

同样是在中部战线，JG 51联队在开战第一天取得69架战果，其中4架战果属于联队指挥官维尔纳•莫尔德斯中校，至此他的战绩上升到72架，他当天立即就因此获得了“佩剑加橡树叶加骑士十字勋章”，他的竞争对手阿道夫•加兰德只比他早一天获得此勋章。

素有“老爹”之称[①]的莫尔德斯迅速成为德国空军最著名的人物，他也受到了全体德国飞行员的敬仰。在“巴巴罗萨行动”爆发前夜，他曾告诫他的飞行员，这次入侵苏联战争不仅会很艰苦，而且还会拖延很长时间，不可能像波兰战役、法国和低地国家战役，以及巴尔干战役那样在几个星期内结束，他可能不会活着看到他预言变成现实。最后一句话不幸成为谶语，一年多后的1941年11月22日，莫尔德斯因座机失事丧生。

战争爆发后的三个星期里，莫尔德斯的战绩再次增加了27架，7月15日，他又获得的2架战果将他的个人总战绩提升到101架。莫尔德斯不仅是“秃鹰军团”战绩最高的王牌（14架），也是二战开始以来第一个战绩达到20架，德国空军战斗机单位中第一个获得“骑士十字勋章”，如今成为德国空军第一位战绩达到100架的战斗机飞行员。

如此“辉煌”的战绩和经历让他的勋章上再加一颗钻石，即“钻石加佩剑加橡树叶加骑士十字勋章”，这使得他再次成为“第一”，即德国军队中获得此勋章27人中的第1人，或者说是仅7名获此勋章战斗机飞行员中的第1个。但是，获得如此高的勋章也意味着他被禁止驾机参加任何形式的空战，对于正打得顺手的莫尔德斯来说着实不是个好消息，但军命难违。

---

① 有三名飞行员都有“老爹”之称，除了西奥•奥斯特坎普够格外，其他两个，赫尔穆特•维克和维尔纳•莫尔德斯年纪都不大，甚至维克有此绰号时只有25岁。

军衔迅速晋升为上校后，维尔纳•莫尔德斯也很快被任命为新成立的战斗机兵种总监，离开苏联战场。

1941年11月，正在苏联战场视察战斗机单位的莫尔德斯获知一战王牌厄恩斯特•乌德特上将自杀身亡的消息，他被命令立即返回柏林参加乌德特的国家葬礼。莫尔德斯从苏联前线准备乘坐1架He 111轰炸机飞回柏林，当时的气候十分恶劣，天气预报人员称更恶劣的天气还在后面，He 111飞行员建议放弃此次飞行，但莫尔德斯下令继续飞行，作为一个军人，他必须按时飞抵柏林。在离开伦贝格（Lemberg，属乌克兰，也称利沃夫（Lvov））作最后一站飞行期间，天气恶化得十分厉害，莫尔德斯本人不得不决定放弃飞行，他建议飞行员尽快找最近的

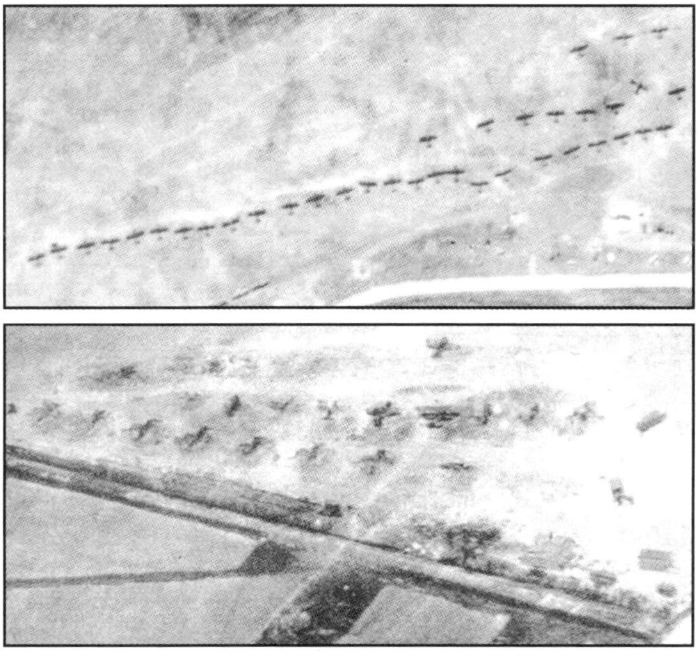

▲德国空军拍摄的苏联机场战前（上）和战后遭到空袭后（下）的照片，上一张显示苏联战斗机翼尖挨着翼尖整齐排列，根本没有为即将发生的战争做准备。下图中飞机仍旧整齐排列，但飞机都已经被炸毁，炸毁燃烧的飞机一般四周一圈是黑色。

▲苏联空军的战斗机力量在第一天被消灭殆尽，这就造成此后德国战斗机主要对付的是苏联轻型轰炸机和攻击机，这是德国飞行员战绩大增的一个重要因素。图中是被炸毁的I-16战斗机。

▲“巴巴罗萨行动”当天被炸毁的苏联空军米格战斗机，很多资料称是米格-1，发动机桨毂整流罩被挂在螺旋桨叶上。

▲苏联战场的莫尔德斯。他是二战以来德国空军第一位战绩过百的飞行员，难怪是德国空军的国宝级人物。

机场着陆。此时已经只有一台发动机仍在运行的He 111轰炸机转弯向布雷斯劳方向飞行，在最后着陆进场阶段，轰炸机前方昏暗的背景中突然出现一座工厂烟囱，经验丰富的飞行员躲过了障碍物，但是他却没能控制住颠簸的飞机，莫尔德斯的座机在11月22日11点30分坠毁在布雷斯劳附近的一个家禽农场里。

再回到“巴巴罗萨行动”爆发当天。

部署在中部战线的第三个德国战斗机联队是JG 27，确切地说是JG 27联队的Ⅱ./JG 27大队和Ⅲ./JG 27大队，外加受其指挥的Ⅱ./JG 52大队，后者来JG 27联队顶缺是因为Ⅰ./JG 27大队被派往了北非执行任务。JG 27联队指挥的这几个大队在战争爆发第一天先发制人的打击中取得的战果远少于其他单位，例如

▲莫尔德斯（左）和古德里安。

▲莫尔德斯的He 111座机的坠毁现场。

Ⅱ./JG 27大队和Ⅲ./JG 27大队在当日行动中只分别击落11架和2架苏联飞机。

南部战线的两个战斗机单位，JG 3联队和JG 77联队取得的战果也远不如中部战线和北部战线的单位，如JG 3联队当日的战绩为25架，其中联队指挥官冈瑟尔•吕佐夫少校击落1架“I-18”战斗机。JG 3联队的战绩中有15架属于洛塔尔•克勒尔（Lothar Keller）上尉的Ⅱ./JG 3大队，而大队指挥官本人当天的战绩为4架，即2架I-16战斗机和2架I-153战斗机，他的总战绩跃升到20架。克勒尔的大队有四名飞行员当天首开个人记录，其中一人是瓦尔特•达尔（Walther Dahl）中尉，他是未来的“橡树叶加骑士十字勋章”获得者，也是帝国保卫战中新成立的战斗突击大队指挥官，德国空军最后一任昼间战斗机巡视官（Inspector of Day Fighters）。德国入侵苏联当天，瓦尔特•达尔击落1架I-18战斗机。

▲莫尔德斯的1941年11月28日葬礼，炮口前方是戈林。

JG 77联队当天的战绩为15架，全部战果属于Ⅲ./JG 77大队，该大队的8./JG 77中队指挥官库尔特•乌本中尉击落2架敌机，分别是1架I-16战斗机和1架伊留申设计局DB-3轰炸机。乌本后来也获得了“橡树叶加骑士十字勋章”，但是，跟瓦尔特•达尔

▲拍摄于1941年7月的Ⅲ./JG 52大队1架Bf 109F-2战斗机。“巴巴罗萨行动”中，战争刚开始的几个星期战事最为激烈。

▲Ⅱ./JG 54大队的1架Bf 109F-4战斗机和苏联I-16战斗机停放在一起，这张照片清楚地表明了两国间的技术差距。

不一样的是，他未能活过二战。后来乌本升任JG 2联队指挥官，军衔晋升少校，1944年4月27日在法国的战斗中，乌本驾驶Fw 190战斗机（序列号Wk-Nr 680113）在与美国P-47战斗机战斗中被击落身亡。

德国空军的几个战斗机单位在1941年6月22日当天战斗机取得的战绩差异比较大的主要原因是一些单位执行制空作战任务，还有一些执行的是对地攻击任务，“巴巴罗萨行动”初期基本格局就是如此。为了此次入侵苏联行动，德国空军准备了35个战斗队（Kampfgruppen）和“斯图卡”俯冲轰炸机大队用于战争当日空袭苏联边境地带的空军机场，但是，苏联边境地带的机场密度非常大，德国空军空袭机场的战斗队数量不足，因此大量战斗机单位也在战争爆发当天参与轰炸机场行动；另一个因素是各段战线的战斗程度也不尽相同，有的行动遭受苏联战斗机拦截，有的行动却没有。

Bf 109战斗机单位执行轰炸机场任务使用的是新近才投入使用的SD 2破片式炸弹，现今人们比较熟悉的名词是“蝴蝶”炸弹，或“蝴蝶弹”。这种炸弹重2公斤，炸弹引信可以控制炸弹在落地前或落地时爆炸，主要用来杀伤人员。但是，如果投下的炸弹数量足够多，或密度足够大，这种炸弹也可以对机场停放的飞机造成较大的破坏。SD 2炸弹很小，通常情况炸弹被装在一个特制挂架上，这个挂架更像是倒扣的船，SD 2挂在船底。作战使用时，飞机飞临目标上空后按顺序投下（或称释放），1架Bf 109战斗机可以携带一个挂架共96枚“蝴蝶”炸弹。

频繁穿梭于基地和目标之间，携带“蝴蝶”炸弹的Bf 109战斗机给苏联空军造成了相当大的破坏，尽管执行此类轰炸机场任务持续的时间不长（战争初期几天），Bf 109战斗机飞行员还是非常不喜欢这种不务正业的活儿。第一，特制的挂架虽然进行了流线化处理，仍会造成战斗机飞行性能和操纵品质的下降；第二，也是最大的问题，为了达到最佳的轰炸效果，Bf 109战斗机必须在40米高度投下“蝴蝶”炸弹，这个作战高度在苏联所有对空武器的射高之内，小口径武器密集的火力十分危险可怕；第三，最让人害怕的是，SD 2炸弹总是不情愿离开炸弹挂架。在特定速度条件下，当Bf 109战斗机低空穿越目标上空时，由于气压的缘故，“蝴蝶”炸弹被吸附在挂架上落不下来，特别是挂架前部两排共计8枚炸弹死活不肯落下。那时投放“蝴蝶”炸弹有两种，一种就是Bf 109经常携带的特别挂架，另一种就是炸弹容器，“斯图卡”俯冲轰炸机经常携带这种炸弹容器，内装主要是更大的SD 10炸弹，炸弹容器非常简陋，有的就是木头箱子，“蝴蝶”炸弹投完后箱子也可以抛掉，反正不心疼。但是Bf 109的这种挂架比较特别（见下图），SD 2炸弹暴露在外，炸弹上有特别装置钩住挂架上的凹槽，这种挂架虽然外形新潮，同样比较简陋，它的内部没有指示装置，因此飞行员不知道还有没有炸弹未落下。当他返回基地准备着陆时，恶作剧的几枚炸弹终于“同意”落下了。这段时间内，有大量的报告称返回的Bf 109战斗机经常在飞机后部的地面伴随着微小的爆炸，这种情况还算好的，落地爆炸的“蝴蝶”炸弹没有伤害到飞机，最糟糕的情况是直到飞机降落在地面滑行时SD 2炸弹才落下，很多伤亡情况就是在这个阶段发生的。

为了防止类似事故发生，返回机场准备着陆的Bf 109飞机一般会在低空高速通场（必须高速！），为的是让地面人员观察是否还有炸弹没有落下，确认无误后飞行员才敢驾机着陆。这种做法后来成了执行此类任务的标准着陆步骤，不管是飞行员还是地面人员因此非常不喜欢Bf 109战斗机去执行投放“蝴蝶”炸弹的轰炸任务。

到底有多少苏联飞机在Bf 109战斗机执行轰炸任务中被摧毁难以统计，有一点可以肯定，那就是6月22日当时苏联飞机被摧毁在地面比在空中被Bf 109击落的要多得多。据粗略统计，6月22日当天，苏

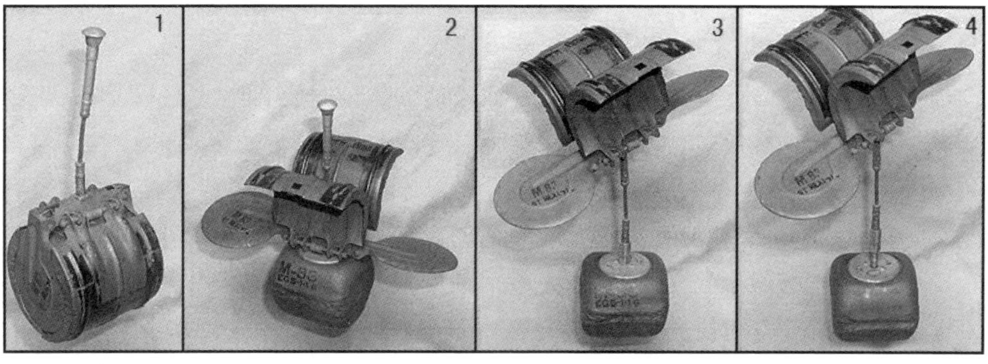

▲“蝴蝶”炸弹展开步骤。图中是美国M83反人员“蝴蝶”弹，德国的此类炸弹与此完全一样。

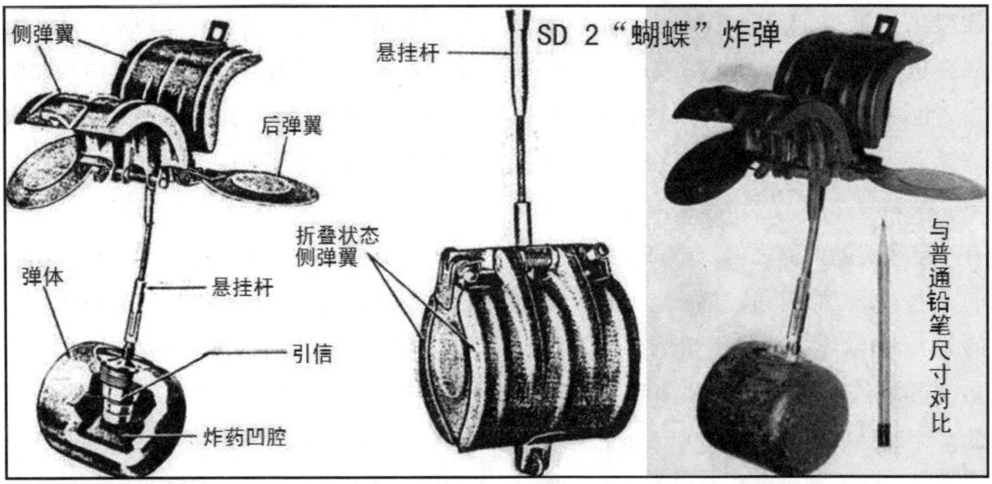

▲德国SD 2“蝴蝶”炸弹。

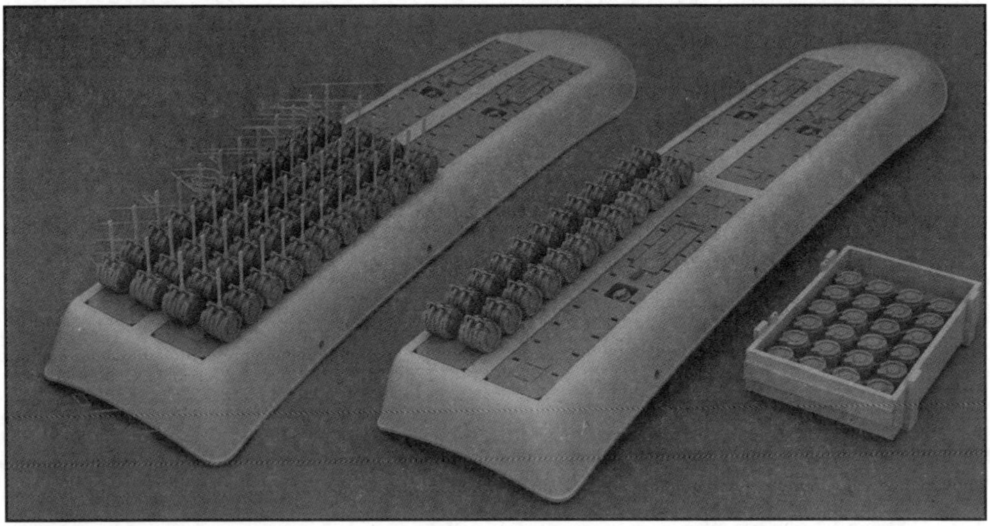

▲“蝴蝶”炸弹和特制船底形挂架。悬挂杆伸出表示使用状态，它相当于炸弹的第一道保险。一个特制挂架可以携带96枚SD 2“蝴蝶”炸弹。合成照片，方便对比。

联红军有322架飞机在空中被德国战斗机或高炮击落，而被炸毁在地面的数量多达1500架。仅仅一天的战斗就重创了苏联空军，这个战果之大让戈林都不太敢相信，起初他甚至怀疑飞行员的作战报告不真实，为此，他下令对德国空军取得的战果进行核实。几天后，德国地面部队对31个战争爆发当时列为轰炸目标，如今已经被德国占领的机场进行了调查，实地考察的结果是，作战报告确实有误，不过，“有误”指的是苏联机场的破坏程度和损失情况比德国飞行员的报告更加严重。

甚至后来的苏联官方关于伟大的卫国战争历史资料也承认（虽然不怎么客

观），“截至6月22日中午，我们的总损失达到约1200架飞机，包括800架飞机被摧毁在地面”。

跟苏联空军的损失相比，德国空军在第一天战斗中的损失可谓微不足道，即所有型号飞机加在一起仅仅35架，而战斗机单位的损失就更轻了，但是，战斗机单位损失了三位单位指挥官，其中之一是Ⅱ./JG 53大队指挥官，“骑士十字勋章”获得者海因茨•布列特努兹（Heinz Bretnutz）上尉。战争第一天战斗中，布列特努兹击落1架苏联空军SB-2轰炸机，但他自己也在战斗中受伤，他被迫在敌方领土实施了迫降。一位友好的农夫将他藏了起来，并且进行了尽可能的精心照顾，6月26日，德国先头部队抵达该地后布列特努兹获救。尽管进行了紧急截肢手术，海因茨•布列特努兹还是在第二天死在了医院。

布列特努兹的命运着实不怎么样，但另两位指挥官的命运比他更差。JG 27联队指挥官沃尔夫冈•斯切尔曼少校和8./JG 3中队指挥官威利•斯坦格（Willy Stange）中尉被击落后都迫降在苏联军队控制的一侧，前者击落1架苏联I-16战斗机，但自己的Bf 109E座机却被目标的碎片击中，斯切尔曼不得不跳伞逃生。斯坦格在当天执行任务期间被苏联地面高炮击中，他的Bf 109F座机受伤后无法返回己方一侧。这两位单位指挥官被苏联士兵抓获并被立即处死。

尽管德国空军在战争第一天上午就重创苏联空军，但6月22日中午，零星的苏联中型轰炸机编队开始回击德国侵略者，在6月的最后一个星期的时间里，苏联空军的这种反击规模和频繁都有所加大。但是，苏联的这些空中行动因空军作战体系被破坏而缺乏周密计划，随机性较强，也没有相应的战斗机护航，因此给德军造成的破坏也基本忽略不计。

给德军造成的损失不大，苏联空军的这些不成规模的轰炸行动损失却不小，想想在完全掌握了制空权的德国空军面前，苏联轰炸机编队来袭时，当地的德国战斗

海因茨•布列特努兹	沃尔夫冈•斯切尔曼	罗伯特•欧莱伊尼克	瓦尔特•达尔

▲本书中出现的几位王牌飞行员。

机会立即升空拦截，战斗机打中型轰炸机是没什么悬念的战斗，苏联空军无谓的行动只是白白让德国空军那些“老兔子”或是单位增加战绩，甚至一些新手也在这些战斗中首开记录。这些行动恰恰说明了苏联空军战略战术的落后，空军的使用上也没有明确的目标和战术原则。

▲由于在“巴巴罗萨行动”的第一天就将苏联大部分前线战斗机消灭，大部分Bf 109单位都在此后一段时间里执行的是对地攻击任务。图中是JG 54联队的1架Bf 109F-2战斗机，飞机的机身携带了1枚SC 250炸弹。

6月23日，苏联空军又有775架飞机被德国摧毁，毫不例外，很多飞机被炸毁在地面。第二天战斗的特点是空中战争明显地多了起来，不难理解，苏联人终于“醒了”（知道战争开始了）。这天的战斗中，德国空军JG 51联队击落不少于57架马丁轰炸机（SB-2）。24小时后，Ⅱ./JG 27大队和Ⅲ./JG 53声称分别击落25架轰炸机。稍补充说明一下，航程不远的苏联（其他国家也基本如此）战斗机一般部署在前线机场，而航程远的轰炸机则部署在后方机场，在轰炸机执行任务需要护航时，途经战斗机单位机场时战斗机会跟进执行护

▲图中这架Bf 109E-1/B在一次起飞过程中失事，这架飞机的机腹携带了SD 2“蝴蝶”炸弹。

航任务。战争爆发当天苏联空军损失最严重的就是战斗机，因此轰炸机执行任务时找不到护航战斗机伴随，这就是为什么第二天的战斗在空中击落的大都是轰炸机的缘故。

德国空军5./JG 27中队古斯塔夫•兰加科少尉在6月23日的几场战斗中击落7架图波列夫轰炸机，这位“一日王牌”此前的战绩是1架，即1940年9月在英国伦敦附近击落1架“飓风”战斗机。此后从苏联战场转战到北非战场的兰加科没能为他的8架战果再锦上添花，三个多月后的10月7日，他在利比亚上空攻击南非空军“马里兰”轰炸机的行动中被击落身亡，上文有述。

Ⅲ./JG 53大队至少有三名飞行员声称击落3架敌机，其中的赫尔曼•纽霍夫上士的3架战果中有1架是伊尔-2攻击机，这是苏联空军重装甲对地攻击机早期研制阶段的几架原型机中的一架，也是德国空军首次击落这个型号飞机。德国飞行员当时还不知道，这个修成正果的攻击机后来成为德国人的噩梦，它的绰号也够吓人：“黑色死神。”

6月25日的战斗中Ⅱ./JG 51大队诞生了另一位“一日王牌”，他就是5./JG 51中队指挥官汉斯•科尔博（Hans Kolbow）中尉，他在一次战斗中就击落5架苏联轰炸机，此前他在西线已经获得13架战绩，加上这5架就是18架。在随后的半个多月时间里，他再次击落9架苏联飞机，7月16日，他在战斗中被苏联地面高炮击落身亡。11天后，科尔博被追授“骑士十字勋章”，他很幸运，此时获得“骑士十字勋章”的标准还没改。

6月最后一周德国空军最成功的战斗是6月30日，当天，苏联空军出动了数百架轰炸机准备对中部战线的德国目标实施轰炸，当时苏联把能飞的飞机都集中起来参与此次战斗，甚至古董级的TB-3四发重型轰炸机也不例外。作为回应，德国空军JG 51联队的三个大队出动157架次参与拦截行动，60名飞行员战斗后带着1架或几架战果安全返回，整个联队拦截行动的战果达到惊人的113架！其中有三名飞行员当时战果达到5架，第一位和第二位“一日王牌”还值得一提，后来一天击落5架敌机根本不屑炫耀，一次战斗击落5架也不新鲜。JG 51联队的这些战果有1架就是该联队二战以来的第1000架战果，这是德国空军战斗机联队中第一个达到此数字的单位。

JG 51联队指挥官维尔纳•莫尔德斯在6月30日击落5架敌机，他的战绩上升到82架，这个战绩超过了一战传奇人物“红色男爵”曼弗雷德•冯•里希特霍芬（Manfred von Richthofen）创造的80架记录。另两位击落5架敌机的是Ⅰ./JG 51大队指挥官，“橡树叶加骑士十字勋章”获得者赫尔曼－弗里德里希•乔比恩上尉和海因茨•巴尔（Heinz Bar）少尉，后者后来成为JG 51联队最著名的专家飞行员。

JG 51联队的其他几位飞行员，如Ⅱ./JG 51大队指挥官约瑟夫•福佐上尉

▲入侵苏联行动早期，德国人正在检查苏联空军1架被击落的SB-2M轰炸机。轰炸机遭遇战斗机凶多吉少。

▲JG 51联队向前推进时占领的苏联机场，机场一片狼藉，地面的木头用处很大，雨天时可以铺设在跑道上。

和Ⅲ./JG 51大队指挥官理查德•莱普拉（Richard Leppla）上尉等在当天战斗结束后的战绩都达到或超过了20架，根据获得“骑士十字勋章”标准，他们都自动获得该勋章。但是东线战役仅一个多星期后，20架战绩就没资格获得此勋章了，原因无它，击落苏联飞机相对西线和地中海地区（包括北非）实在太容易了，这直接造成了“骑士十字勋章”的贬值，因此后来获勋标准提高到40架。

毫无疑问，在一个星期的持续打击下，苏联空军遭受了极为惨重的损失，在6月29日德国空军向德国武装部队最高司令部递交的报告中称，苏联空军有4017架飞机在地面或空中被摧毁。不再持怀疑态度的帝国元帅戈林随后宣布，“在战役的第一个星期，德国空军摧毁了4990架敌机，己方损失为179架”。

在入侵苏联战役的开始阶段（第一个星期）结束时，德国空军重创了苏联空军，尽管不是致命的，至少德国空军牢牢掌握了随后几个月的制空权，而且行动也完全达到了希特勒要求的“迅速而决定性”的要求。

苏联地面防线也在德国闪电攻势下土崩瓦解，通往莫斯科的道路完全展现在德国装甲集团军的面前，拿下莫斯科就可以确定德国在东线战役的胜利，但是……

在7月之初，部署在中部战线的德国两个装甲集团军突破别列津纳河

（Beresina River）桥头堡，随后两个装甲集团军开始向苏联首都方向推进。为这两个装甲部队提供空中支援的是JG 51联队的Bf 109战斗机，由于苏联战斗机在战争爆发第一天就基本上被消灭，因此Bf 109战斗机极少执行为轰炸机或俯冲轰炸机护航任务，取而代之的是大部分情况下执行自由狩猎扫射（不是空中自由狩猎）和对地攻击任务（这两个任务虽然都是攻击地面目标，但性质不同，前者随机，后者有计划）。至少有一个中队持续扮演战斗轰炸机角色执行轰炸苏联机场行动，让飞行员欣慰的是，他们不必再携带SD 2“蝴蝶”炸弹执行此类任务，通常的轰炸任务只携带4枚50公斤的炸弹。

7月12日，理查德•莱普拉上尉击落JG 51联队在苏联战役开始以来的第500架苏联飞机，这也是该联队自二战以来的第1200架战果。但是，德国空军也在此时出现一些问题，三个星期的高强度作战让所有作战人员都疲惫不堪，飞行员们承受的压力最大，毕竟是生死攸关的事。这三个星期里，JG 51联队的三个大队有六名飞行员丧生或失踪，这个损失算是极小的，但是联队有89架飞机因战损或事故而注销，补充的飞机却只有49架。到7月上旬，JG 51联队只有正常水平一半不到的飞机仍可以升空执行任务，这些能升空的58架中有22架发动机工作超过了50飞行小时，需要紧急大修。

尽管面临的问题很多，JG 51联队仍然持续在给苏联空军造成很大损失，上文提到联队指挥官维尔纳•莫尔德斯在7月15日战绩达到百架，这是一件值得大大庆祝一番的事，联队上下因此得以忙里

▲战争初期，德国空军的损失极为轻微，战斗机损失就更小了，而且大部分是被高炮击落或击伤的。上两图1./JG 51中队飞机的座舱、发动机和机翼被小口径高炮直接击穿。下图是11./JG 51中队海因里希•克洛普的Bf 109F-2座机在1941年7月26日击落，飞机实施了迫降。

偷闲好好放松一下。四天后，莫尔德斯将联队指挥官一职让与弗里德里希·贝克（Friedrich Beckh）少校（7月21日正式任命），前者则去担任战斗机兵种总监一职（第一任）。莫尔德斯的战斗机兵种总监并不是个闲职，它负责战斗机兵种的运用、战术研发、部队调动等事宜。莫尔德斯也是个闲不住的人，每天都乘坐专机到各个战场检查工作，他检查工作可不是流于形式，他亲自参与各种战术协同，战术运用等实战科目。也正是到了统领整个战斗机部队他才发现，德国战斗机单位的战线拉得太长，这种状况十分危险。如今的情况是德国战斗机单位分散在西部欧洲、地中海地区（包括北非）和苏联战场，而苏联这个新战场的面积非常大，这就意味着德国投入的有限战斗机（战斗机单位）必须控制相当长的距离和很大的空域。随着德国深入苏联纵深，战线进一步拉长。

入侵苏联战役仅三个星期，德国在空中和地面就取得了决定性的胜利，德国的势头不减，而苏联只能战略撤退，因此在7月，德国空军首次施行作战单位互调行动（本文仅涉及战斗机单位），即将东线的战斗机单位（一般以

▲理查德·莱普拉击落JG 51联队在苏联战役开始以来的第500架苏联飞机，这只是个人荣誉，但也值得留影纪念。图中比划着讲解空战战术的就是莱普拉。

▲虽然损失严重，苏联飞行员仍时刻准备与侵略者死战。苏联的战争潜力如果被唤醒，十个德国也无法与之抗衡，希特勒认为的蛮族正是纳粹德国的掘墓人。图中整齐排列的是I-16战斗机。

大队规模）与其他战场的同级单位互调，或者是从某个战场抽调单位到另一个战事危急的战场，上文中每个战场都谈到了这方面调动情况。前一种做法相当于让战事激烈的战场单位有机会休整或换装，比如当时欧洲西部战线就相对平静一些。随着战事继续，这种互调行动后来越来越频繁；后一种做法相当于“灭火队”，哪里战事危急就到哪里，它的“最高境界”就是从各个战场将战斗机大队调回本土参加帝国保卫战。

“灭火队”的情况上文也提过，沃尔夫冈•里皮特上尉的Ⅱ./JG 27大队在东线战场只战斗了四个星期（战绩为42架）就返回德国换装Bf 109F战斗机，随后向南部署到北非与那里的Ⅰ./JG 27大队会合。为了弥补Ⅱ./JG 27大队离开的空缺，沃尔夫－迪特里希•威尔克上尉的Ⅲ./JG 53大队临时改由JG 27联队队部指挥。由于沃尔夫冈•斯切尔曼被击落后失踪（当时还不知道被苏联人枪毙），接替他任JG 27联队指挥官的是伯恩哈德•沃尔登加少校。在整个夏末秋初这段时间，JG 27联队指挥的三个大队（Ⅲ./JG 27、Ⅱ./JG 52和Ⅲ./JG 53）主要为中部战线向莫斯科推进的德国地面部队提供空中掩护。

在这段时间里，Ⅲ./JG 27大队最成功的飞行员是9./JG 27中队指挥官埃尔博•冯•卡格内克伯爵中尉，在JG 27联队队部和Ⅲ./JG 27大队于10月中旬离开苏联战场到北非与其他两个大队并肩作战前，卡格内克仅在苏联战场就击落了48架敌机，此前他在西线战役的战线是17架。在苏联战役开始的四个星期里，他在东线击落20多架苏联飞机，因此他在7月30日获得“骑士十字勋章”。之后在10月26日，他以总战绩65架获得“橡树叶加骑士十字勋章”。1941年12月，在北非参加的卡格内克取得最后2架战果，12月24日，他被1架“飓风”战斗机击中而身受重伤，后来死在了意大利那布勒斯医院（上文有详述）。

同样在这段时间里，临时归JG 27联队指挥的Ⅲ./JG 53大队声称取得了200架的战绩，该大队东线战场战绩最高的三

▲9./JG 27中队指挥官埃尔博•冯•卡格内克伯爵中尉和他的Bf 109E-7座机，击落标志上的五星表示苏联飞机。

位飞行员分别是9./JG 53中队指挥官弗兰兹•戈特兹中尉（战绩为23架）、7./JG 53中队的赫尔曼•纽霍夫中尉（战绩为21架）和大队指挥官沃尔夫－迪特里希•威尔克（战绩为20架）上尉。威尔克在战绩达到25架时于8月6日获得“骑士十字勋章”，这25架战果中前13架是他在西线战役中获得的，实际上在正式获得勋章那天他的战绩已经不是25架了，这种情况在几个战场都出现过。戈特兹和纽霍夫虽然战绩超过了20架，但是获勋标准提高了，他们俩要等到第二年战绩达40架才获得“骑士十字勋章”。

在这个阶段，Ⅱ./JG 52大队有一名飞行员也获得了“骑士十字勋章”，他就是4./JG 52中队指挥官约翰尼斯•施泰因霍夫（Johannes Steinhoff）中尉，在8月30日获勋当天，他的战绩已经上升到35架，其中包括西线战役中获得的6架战果。1942年2月，施泰因霍夫升任Ⅱ./JG 52大队指挥官，军衔晋升为上尉。1942年8月，他获得第100架战果，1943年2月，他的战绩上升到150架。施泰因霍夫值得多说几句，他的个人经历见下段简介。如果你对施泰因霍夫的战绩表示惊讶的话，那么他的大队诞生的另一位超级王牌肯定要惊掉你的下巴，他的东线战场的战绩是施泰因霍夫的两倍还多。

约翰尼斯•施泰因霍夫（1913年9月15日－1994年2月12日）在1936年加入新成立的德国空军，在完成了飞行员训练课程后，他被分配到JG 26联队。二战爆发后的1939年年底，施泰因霍夫在德国湾拦截轰炸威廉港的英国轰炸机战斗中击落几架英国“惠灵顿”轰炸机。就是在这段时间里，他被任命为10./JG 26中队指挥官。1940年2月，施泰因霍夫被调到4./JG 52中队，随后他参加了法国战役和英国战役，这两场战役结束后，他的战绩是6架，就是在这两场战役中他的战技水平得到了锻炼和提高。

1941年6月，施泰因霍夫随Ⅱ./JG 52大队参战了入侵苏联战役，在开战的第一个月里他就击落28架苏联飞机。截至1941年8月，

▲苏联战役初期，Ⅲ./JG 27大队仍然装备落后的Bf 109E战斗机。照片拍摄于1941年10月，苏联的冬天已经来临了。有资料称这是6./JG 27中队，这明显是错误的，Ⅱ./JG 27大队在7月底就奔赴北非去增援Ⅰ./JG 27大队。

他的战绩达到35架，因此获得了“骑士十字勋章”。1942年2月，已经晋升为上尉的施泰因霍夫被任命为Ⅱ./JG 52大队指挥官。截至1942年8月31日，他的战绩达到100架，到1943年2月，战绩再次跃升到150架。

▲约翰尼斯•施泰因霍夫1942年在苏联战场的照片。施泰因霍夫长得不帅，面部被烧伤后就更吓人了。

施泰因霍夫在Ⅱ./JG 52大队服役到1943年3月，之后，他到地中海战区任JG 77联队指挥官。刚刚任联队指挥官不久他就在一次战斗中被英国“喷火”战斗机击落，后来迫降获救，他在英国战役期间也被击落过一次。1944年7月28日，施泰因霍夫获得“佩剑加橡树叶加骑士十字勋章”。1944年10月，他被分配到诺沃特尼指挥部（Kommando Nowotny），军衔晋升为上校，12月，他被任命为JG 7联队指挥官。JG 7联队装备的是Me 262喷气式战斗机，在此，施泰因霍夫获得亲自挑选顶尖飞行员到这个单位驾驶新型喷气战斗机的权力，这些人中包括海因茨•巴尔和格哈德•巴克豪恩（Gerhard Barkhorn）等。由于战斗机飞行员造了戈林的反（下文有述），施泰因霍夫也牵扯其中，因此他被解除联队指挥官一职。纳粹德国灭亡在即，他也没清闲太久，不久他被调到JV 44专家中队。施泰因霍夫和加兰德是好朋友，在此工作让他得心应手。刚开始，利用四处征战的人际关系，他主要负责

▲施泰因霍夫的座机。照片拍摄于1941年“巴巴罗萨行动”之前。

▲苏联这架拉格-3（LaGG-3）战斗机作战受损（翼根处）后被苏联人装上火车准备送到后方修理，火车还没开就被德国人缴获。

招募战绩突出的优秀飞行员加入到JV 44中队。施泰因霍夫这段时间也驾机参与战斗，而且还击落了6架敌机。1945年4月18日，施泰因霍夫驾驶Me 262飞机在起飞过程中因轮胎爆破而导致事故，他本人被严重烧伤，为此住院长达两年之久。

二战期间，施泰因霍夫参加了993架次的作战任务，击落176架飞机，其中152架在东线战场取得，12架在西线战场，12架在地中海战场。他自己被击落12次，但只有一次空中跳伞逃生，其余均是迫降，用他的话说“我从来不信任降落伞，我经常驾驶受伤飞机迫降，飞机失去动力时，迫降着陆时我希望飞机不要被弹起（他这句话的意思是希望一次迫降成功，没有机会迫降第二次）”。

二战后，施泰因霍夫参与了北约框架内的新德国空军建设，历任中央欧洲盟军空军参谋长兼代理空军司令（1965－1966）、德国空军参谋长（1966－1970）和北约军事委员会主席（1971－1974）。

惊掉你下巴的这位超级王牌就是航空史上战绩排名第二的格哈德•巴克豪恩少尉，跟格拉夫二战开始以来近两年时间没击落1架敌机类似，巴克豪恩在Ⅱ./JG 52大队一年多的时间里同样没击落1架敌机，苏联战役开始后的7月2日他才获得开门红，击落敌机的此次战斗竟然是他第120次作战任务！击落1架敌机实在不是什么大不了的事儿，但是，巴克豪恩此后战绩一路攀升，一口气在他的开门红上增加了整整300架战果。

随着中部战线的德国地面部队向莫斯科推进，这个战区的德国空军战斗机部队不断地为本单位的记分板增加战果，北部战线和南部战线的战斗机大队也在向苏联纵深推进过程中取得惊人战绩。在北部战线执行作战任务的仅JG 54联队一个单位，初期，为了弥补作战力量的不足，4./JG 53和5./JG 53中队临时归汉内斯•特劳罗夫特少校指挥。JG 54联队的主要作战任务是为德国北方集团军向波罗的海沿岸国家推进并最终攻克列宁格勒行动提供空中支援，列宁格勒是苏联第二大城市，也是苏联人民的精神圣地，北部战线德国最大的目标就是占领它。

JG 54联队在苏联战役中第一次取得重大胜利是6月29日，当天，苏联空军出动了数支大型轰炸机编队对德维纳河（Dvina）上的大桥实施轰炸，为的是阻止德国装甲部队的前进。截至当天战斗结束，JG 54联队共击落65架苏联轰炸机，随后的7月18日这天，该联队声称击落了500架苏联飞机。

24小时后的7月19日，另一位东线的超级王牌，即9./JG 54中队的瓦尔特•诺沃特尼（Walter Nowotny）少尉在波罗的海的沃瑟（Osel）岛上首开自己的记录，他的牺牲品是3架I-153战斗机[①]。诺沃特尼的从军生涯差点在首开记录当天完

① 他的第三架战果无人作证，因此未计入他的个人战绩之中，不同资料称他首开记录是2架或3架敌机就是这个原因。

▲汉内斯•特劳罗夫特（左一）的战绩并不出众，但是他在西班牙内战期间设计的绿心标志成了JG 54联队的招牌，日后人们都称该单位为“绿心联队”。

▲汉内斯•特劳罗夫特的贡献就是设计了绿心标志。

结，此次战斗中，他也被敌机（1架I-153战斗机）击落，跳伞后，他乘坐橡胶艇在海上漂流了三天三夜才获救。诺沃特尼的258架战果中有255架是在东线战场取得的，其余3架是他驾驶Me 262喷气式战斗机取得的，他的战果中只有50多架是驾驶Bf 109战斗机取得的，其他大部分是驾驶Fw 190的功劳。

JG 54联队指挥官汉内斯•特劳罗夫特因其20架战果而在7月27日获得“骑士十字勋章”，这是JG 54联队第一位在向列宁格勒推进过程中获得此勋章的人。8月1日，JG 54联队成为德国空军二战以来第三个战绩达1000架的战斗机单位，第二个战绩达千架的是JG 3联队，该联队的一个大队在一天前刚刚取得的这个标志性的战果。

已经获得了“骑士十字勋章”的4./JG 54中队指挥官汉斯•菲利浦（Hans Philipp）中尉因战绩达到62架而在8月24日再获“橡树叶加骑士十字勋章”，这是JG 54联队中第一位获得此勋章的飞行员。不到两个星期后，德国地面部队推进到列宁格勒家门口。9月初，JG 54联队部署到西维尔斯卡亚（Siverskaya）和卡拉斯诺戈沃迪斯克（Krasnogvardeisk）附近已经被德军占领的机场，在随后900天包围列宁格勒行动中，这个单位一直驻扎在这里。

▲汉斯•菲利浦和他的宠物小狐狸。

列宁格勒的象征意义不同寻常，因此，德国对该城市及其西部的喀琅施塔得海军基地实施了持续不断的轰炸，最重要的一次战斗是9月6日，当天，JG 54联队的战斗机护送Ⅰ./St.G 2和Ⅲ./St.G 2俯冲轰炸机大队的Ju 87飞机去轰炸苏联波罗的海舰队，但是，这天的战斗对于JG 54联队来说却是个灾难，联队损失了5./JG 54中队指挥官胡伯特•穆特里希（Hubert Mutherich）中尉，这位“骑士十字勋章”获得者的座机被击伤后实施了迫降，在迫降过程中座机翻滚而导致他丧生。截至穆特里希阵亡，他的战绩是43架，其中33架是“巴巴罗萨行动”以后在苏联战场取得的。

9月30日的战斗中，JG 54联队再次损失一名“骑士十字勋章”获得者，当天在列宁格勒上空的格斗战中，Ⅲ./JG 54大队指挥官阿诺德•里格尼兹（Arnold Lignitz）上尉座机的机翼在机动时脱落，有人看见他随座机一同坠向列宁格勒市中心地带，据报道后来他同座机一道坠毁在城市某个地点。以里格尼兹阵亡为标志点，JG 54联队此后在列宁格勒一带的战斗呈现出消耗战的特点，苏联空军在此地区投入越来越多的空中力量来协防苏联第二大城市。或者说，列宁格勒是苏联战场最早进入战略相持阶段的战区，战略相持的特征之一就是拉锯战和消耗战。

跟JG 54联队在北部战线静态存在（相持阶段的另一特征）不同，南部战线的JG 3和JG 77联队表现的是动态特征，即不断地随着德国陆军第1装甲集团军在乌克兰大平原上的推进、迂回和包抄而快速地变换部署地点。两支战斗机联队的主要任务就是为地面装甲部队的行动提供空中支援，因此不得不为迅速变换的战场态势而做出调整。

“巴巴罗萨行动”之前部署在波兰首都华沙南部的JG 3联队在苏联战役爆发后被分配在南部战线的左翼，即南部战线与中部战线交界地区执行任务，在这里，德国陆军装甲力量的主要目标是乌克兰首府基辅，随后是乌克兰最大工业城市哈尔科夫。在南部战线的右翼，JG 77联队从保加利亚和罗马尼亚的驻地出发为沿黑海沿岸向克里米亚推进的德国陆军提供空中支援。

苏联战役开始后的几个月里，南部战线最成功的飞行员是JG 3联队指挥官冈

▲Ⅱ./JG 54联队的几名飞行员，左二是胡伯特•穆特里希。照片拍摄于1941年的苏联。

瑟尔•吕佐夫少校，在1941年6－11月的战斗中，JG 3联队获得的106架战果中有83架属于指挥官本人，也就是80%是他击落的。因为这一连串的战果，7月20日，他获得“橡树叶加骑士十字勋章”，当时战绩是42架；10月11日，他再次获得“佩剑加橡树叶加骑士十字勋章”，当时战绩为92架。整整两个星期后的10月25日，吕佐夫再次击落3架米格-3战斗机而将他的个人战绩提升到101架，因此，冈瑟尔•吕佐夫少校成为维尔纳•莫尔德斯之后第二位战绩过百的飞行员。跟莫尔德斯一样，战绩过百后的吕佐夫被命令立即停止升空作战，但是，跟那些因战绩卓著而停飞的超级王牌一样，吕佐夫偷偷地数次升空作战，还取得了3架战果，上级查出此事，他辩称“无意中遇到敌机才将其击落”，明白人都知道真相。后来的1942年8月，吕佐夫卸任JG 3联队指挥官一职去任战斗机兵种总监参谋才结束了战斗生涯。

苏联军队（陆军和空军）在南部战线的作战过程跟中部战线的类似，大部分空军战斗机力量被消灭在地面后，苏联空军轰炸机部队在没有护航战斗机伴随的情况下对德国地面部队和其他重要设施实施了轰炸，目的也是阻止德军前进。理所当然，苏联空军轰炸机部队损失极为惨重，德国陆军最高司令部司令称，“整个苏联轰炸机联队（借用德国编制，苏联没有联队编制）在没有护航战斗机掩护的情况下被消灭”。7月8日的一次行动很能说明问题，当天的拦截行动中，JG 3联队声称击落38架

▲冈瑟尔•吕佐夫虽然是JG 3联队指挥官，但仍身先士卒，入侵苏联早期战斗他一人的战果竟然占全联队的80%。注意看他的Bf 109F-4座机前风挡的附加防弹玻璃。

双发轰炸机，其中Ⅰ./JG 3大队击落20架伊留申DB-3轰炸机，这其中3架战果属于1./JG 3中队指挥官罗伯特•欧莱伊尼克中尉，这位在苏联战役中击落第一架敌机的人此时在东线的战果已经上升到25架。在1941年9月底Ⅰ./JG 3大队返回德国前，欧莱伊尼克又获得6架战果，他因此获得了“骑士十字勋章”，他还是本大队战绩最高的飞行员。Ⅰ./JG 3大队返回德国后番号改为Ⅱ./JG 1，下文中有述。

在这段时间，击落苏联飞机在数量上与吕佐夫相差并不太多的是Ⅱ./JG 3大队指挥官戈登•戈洛布（Gordon Gollob）上尉，他在6月27日刚被任命为大队指挥官，他的前任洛塔尔•克勒尔上尉此前在一次行动中与另一架飞机在空中相撞而丧生。

戈登•戈洛布（1912年6月16日－1987年9月8日）出生在奥地利维也纳，1933年参加奥地利空军，第二年完成飞行训练，随后到一个飞行单位任指挥官。1938年德国吞并奥地利后，戈洛布加入德国空军，中尉军衔。1939年3月15日，他被分配到3./ZG 76中队驾驶Bf 110驱逐机。

波兰战役开始前，ZG 76联队驻扎在波兰边境地区，在此战役期间，戈洛布首开记录。在德国湾战斗中，他再次获得胜利。1940年4月8日，戈洛布被任命为3./ZG 76中队指挥官。在入侵丹麦和挪威战役中，他在挪威再获2架战果。1940年9月7日，戈洛布不再驾驶Bf 110驱逐机，转而学习驾驶Bf 109战斗机执行夜战任务并被分配到Ⅱ./JG 3大队，这个大队当时驻扎在海峡前线。10月9日，他被任命为4./JG 3中队指挥官。1940年底，他在对英作战中击落1架英国“喷火”战斗机。此时他的战绩是6架，其中5架是驾驶Bf 110驱逐机取得的。

1941年6月，戈洛布随Ⅱ./JG 3中队参加入侵苏联战役，几天后的6月27日，戈洛布被任命为II./JG 3大队指挥官，军衔晋升为上尉。8月间，他击落18架苏联飞机，9月，他因战绩达到42架获得“骑士十字勋章”，10月间他的当月战绩达到37架，包括10月18日这天击落9架苏联飞机。10月26日，他因战绩达到85架而获得“橡树叶加骑士十字勋章”。1941年11月，Ⅱ./JG 3大队离开苏联战场，12月，戈洛布被分配到一个测试单位驾驶最新型号Bf 109战斗机（应该是Bf 109G）。

短暂在JG 54联队队部四机编队服役后，已经晋升少校的戈洛布在1942年5月16日被任命为JG 77联队指挥官，当时JG 77联队正在苏联南部战线的刻赤海峡（克里米亚半岛东部）一带作战。5月20日，戈洛布的战绩达到100架，在战绩达到107架时，他获得了“佩剑加橡树叶加骑士十字勋章”。仅仅两个月后，他的战绩提升到150架，这是德国空军中第一个战绩达到这个数字的飞行员，为此，他在8月29日再获“钻石加佩剑加橡树叶加骑士十字勋章”，这是德国军队中第三个获得此勋章的人。JG 77联队一名飞行员在描述戈洛布的战术称“戈洛布和他的僚机一般会在苏联飞机编队的下方隐蔽飞行，随后螺旋上升高度，这个过程十分小心，不被敌人发现，也仍然保持在敌编队下方。时机成熟后2架飞机从敌编队底部突然发起攻击，敌机被击落前没有任何察觉。攻击完成后德国飞机立即脱离战斗”。

1942年10月1日，戈洛布上校（刚刚晋升）升任海峡前线的第3战斗机指挥部（10月15日重组改称第5战斗机指挥部）参谋，主要负责法国西北部的战斗机单位作战。1944年4月，戈洛布到柏林任阿道夫•加兰德战斗机兵种总监参谋，负责喷气战斗机项目研制和装备情况。11月，他被任命为阿登反击战行动特别战斗机指挥部指挥官。1945年1月31日取代阿道夫•加兰德成为第三位也是最后一任战斗机兵种总监。

戈洛布在340次作战任务中击落150架敌机，这个比例在德国空军中是最高的。不可否认戈洛布的个人战技水平相当地高，但是，他的领导才能饱受质疑，他去哪个单位任指挥官，哪个单位的损失就会急剧上升，这点跟一战期间的戈林非常相似，而他从苏联战场返回德国任高职的主要因素是他对纳粹的狂热，在战斗机单位任职期间这点让他的部下非常反感。

“巴巴罗萨行动”开始阶段另一位战绩名列前茅的是Ⅲ./JG 3大队指挥官瓦尔特•奥梭，他也是一位参加过西班牙内战的“秃鹰军团”老兵，那次战斗中他的战绩是8架。二战开始后到苏联战役爆发前这段时间他的战绩是42架，也就是总战绩达到50架，为此，苏联战役前他就已经获得了“橡树叶加骑士十字勋章”。苏联战役爆发后在南部战线作战仅仅五个星期里，奥梭为他的50架战果再添44架苏联飞机。他的第80架战果是7月15日击落的1架DB-3轰炸机，为此，他再获“佩剑加橡树叶加骑士十字勋章”。不到两个星期之后，瓦尔特•奥梭卸任Ⅲ./JG 3大队指挥官一职去西部战线任JG 2联队指挥官。

▲善于隐蔽快速出击的戈登•戈洛布经常一次任务中击落数架苏联飞机，因此他的战绩上升非常快。图中戈洛布在看着自己Bf 109F-4座机的伤情。

南部战线的其他飞行员也在

德国地面部队向哈尔科夫推进的过程中不断为个人和单位战绩添砖加瓦，JG 3联队至少有六名飞行员在这期间因战绩达到新标准而获得“骑士十字勋章”，他们中甚至有几人的战绩接近百架大关。在任何其他战场，或是对任何其他国家空军来说，德国空军在苏联战场取得的战绩都是绝无仅有的，正因如此，在讲述苏联战场德国王牌飞行员时我们只能选取其中少数战绩更为突出的典型，像JG 3联队的弗兰兹•拜尔（Franz Beyer，战绩是81架）、艾伯哈德•冯•博列明斯基（Eberhard von Boremski，战绩是104架）和瓦尔特•奥尔罗格（Walter Ohlrogge，战绩是77架）等如今知道他们名字的并不多。

▲8./JG 3中队的1架Bf 109F-2战斗机因事故而拿大顶，后三点式起落架飞机着陆时经常会出现这种拿大顶现象。注意看飞机的前缘缝翼已经伸出。照片拍摄于1941年9月15日。

在JG 3联队右翼作战的JG 77联队的情况也大抵如此，至1941年年底，JG 77联队战绩超过1000架（仅指击落苏联飞机）大关，也诞生了五名“骑士十字勋章”获得者。这一阶段，JG 77联队最成功的两位飞行员是库尔特•乌本中尉和海因里希•塞茨中尉，他俩的战绩分别是54架和52架。这两人后来在西线战役中阵亡，当时乌本是JG 2联队指挥官，而塞茨是Ⅰ./JG 27大队指挥官。

亦如左翼的JG 3联队，JG 77联队也曾重创苏联空军无护航战斗机保护的轰炸机编队，执行此类任务是德国飞行员战绩增长迅速的一个重要因素。6月25日，6./JG 77中队指挥官瓦尔特•昂纳克（Walter Hoeckner）中尉在一次自由狩猎行动中击落8架SB-2轰炸机。第二天的行动中，JG 77联队取得击落47架苏联飞机的惊人战绩，其中18架战绩归属四名飞行员，四人中赖因霍尔德•施密策（Reinhold Schmetzer）军士长击落5架SB-2飞机（当时JG 77联队共击落该型号轰炸机32架），此后的7月10日，他再次在一天战斗中击落5架敌机。欧根•温特格斯特（Eugen Wintergerst）上士22架战果中的一半也是在两天的战斗中取得

▲莫尔德斯向年轻的飞行员演示如何攻击伊尔-2攻击机，即从最后1架敌机后侧下方发起攻击，这个位置可以避免遭到伊尔-2飞机后射机枪的射击。

▲JG 77联队主要在南线作战，即乌克兰和克里米亚一带。上图是7./JG 77中队的几架Bf 109F-2飞机，这是1941年7月的照片。

▲8./JG 77中队指挥官库尔特•乌本的Bf 109F-4座机，照片拍摄于1941年9月5日。

的，即8月9日击落4架SB-2飞机，三天后的8月12日击落7架SB-3飞机。

上面这些飞行员的名字可能读者并不熟悉，但有一位曾在JG 77联队临时参战的人却是大名鼎鼎。1941年11月，JG 77联队已经随德国地面部队在克里米亚半岛上空执行作战任务，当时德国空军战斗机兵种总监，兼克里米亚近距支援指挥官（Nahkampffuhrer Krim，英语Close-support Leader Crimea）的维尔纳•莫尔德斯上校正在JG 77联队视察，当时他听到一名士官飞行员抱怨称苏联的伊尔-2攻击机很难被击落。素有“黑色死神”之神的伊尔-2攻击机装有厚装甲，这是当时苏联空军中最难被击落的飞机，听到德国飞行员的抱怨，不服气的莫尔德斯第二天带上这位发牢骚的飞行员一起上战场看看他是怎么击落伊尔-2飞机的。

他机动到一支六机编队中最后1架伊尔-2飞机的后侧方，随后他突然转弯对准敌机并快速以30°角射击敌机的座舱部位，受到攻击的伊尔-2飞机当即起火并坠毁。“看到我是怎么做的了吧？”莫尔德斯的话通过无线电传来，“好，现在你来攻击下一架”。

我采用莫尔德斯相同的战术实施了攻击，确实奏效，第二架伊尔-2飞机起火坠向地面。“再来一次”，莫尔德斯说道。我感觉此次行动像是飞行训练，我如法炮制，很快第三架伊尔-2飞机也变成了一个火球。整个这节课只持续了12分钟多点。

这就是莫尔德斯典型的行事风格，亲历亲为，赫尔伯特•凯瑟尔（Herbert Kaiser）永远也不会忘记莫尔德斯手把手指导他击落他个人第23和第24架敌机。由于战斗机兵种总监此时已经被禁止执行作战任务，因此他指导凯瑟尔击落的第一架伊尔-2飞机并没有记录在他个人战绩之中。实际上，莫尔德斯这种指导性飞行中击落敌机还有几次，同样战果未被确认（根本就没上报）。

有一个联队跟苏联战场的关系比其他任何联队都要紧密，理所当然，这个联队在击落苏联飞机数量上也最多，有意思的是，这个联队在“巴巴罗萨行动”开始时与苏联飞机正面交锋却是最少的。实际上，上文也多次提到了这个单位，即JG 52联队，出现上述情况的原因跟这个联队的部署有很大关系。该联队的Ⅰ./JG 52大队在苏联战役开始时并不在东线战斗序列内，这个大队当时部署在西线保卫德国的北海沿岸地区。部署到苏联后，埃里希•沃伊特克（Erich Woitke）上尉的Ⅱ./JG 52大队在中部战线参与战斗，当时归JG 27联队临时指挥，在这里，Ⅱ./JG 52大队取得了不少于270架战果，日后还诞生了战绩达301架的超级王牌；Ⅲ./JG 52大队上文没有提到，原因是该大队在苏联战役的早期阶段取得的战果远远不如东线战场的其他大队，帝国元帅戈林发现这个大队死气沉沉、战斗不温不火，怒气冲冲的帝国元帅于7月4日给Ⅲ./JG 52大队指挥官发去一份电报：

你们单位一直很独特，独特之处在于没能击落敌机，苏联飞机这样无阻碍地进入你的领空还要持续多长时间？

签名：戈林

上文已经介绍过这位帝国元帅类似批评的电报，语气尖刻，批评理由也站不住脚，结果同样甚是伤人（飞行员）心，这封电报也是一个很好的例子说明元帅先生对前线的德国航空单位部署和作战情况缺乏了解，他如今已经完全接受了其他战斗机单位在苏联战役初期声称取得的惊人战果，而对于阿尔伯特•布鲁曼萨特（Albert Blumensaat）的Ⅲ./JG 52大队取得的少得可怜的战绩表现出嗤之以鼻的态度。其实，如果知道这个大队部署在南部战线的最南面就不难理解“可怜的战绩”来得并不容易。部署在苏联战线最南部，也是南部战线最南部的Ⅲ./JG 52大队主要任务就是在黑海沿岸地区巡逻（对，是巡逻，不是战斗），这里的战斗很少，空中战斗更少，所谓“苏联人入

▲令德军闻风丧胆的伊尔-2素有“黑色死神”之称，这个吓人的绰号是德国人起的，在1941年的战斗中，伊尔-2还未显示出“死神”应有的面貌，但是不远了。

▲伊尔-2攻击机是苏联的制胜法宝，客观上也成了德国飞行员增加战绩的主要来源。一群9./JG 3中队官兵在检查被击落的伊尔-2攻击机。

侵”的行动几乎没有（指苏联空军轰炸机编队的反击），零星的苏联空军轰炸行动一般也是穿过黑海上空进入德国沿岸控制区，缺乏必要探测设备的德国很难及时发现这些行动。轰炸完黑海沿岸目标后，苏联飞机迅速从海上返回，Ⅲ./JG 52大队根本来不及反应。

苏联空军在黑海沿岸320公里长的空域任意一点采取这种打了就跑的战术让德国空军防不胜防，因此，Ⅲ./JG 52大队在苏联战役初期取得的35+架战果就一点也不难理解了。但是，当Ⅲ./JG 52大队部署到内陆地区后，这个大队立即展现出非凡的作战能力，也很快补上落后的战绩。飞行员们用行动驳斥了帝国元帅的误解。

8月3日，在一次为“斯图卡”俯冲轰炸机护航的战斗任务中，赫尔曼•格拉夫首开个人记录。这个近两年战斗中没击落1架敌机的人读者不会陌生，谁能想到，以这种黑色幽默作为开场白的人日后成为世界航空史上的超级王牌。此时，格拉夫在9./JG 52中队服役，才击落1架敌机，这样的飞行员满地都是。但是，哈尔科夫上空的战斗却为9./JG 52提供施展空间，这座城市沦陷前，该地区的三个主要空军基地是与德国空军作战的主要空中力量，正是与这些苏联空军的作战让9./JG 52中队扬眉吐气，总的来说，截至10月11日，德国这支中队的战绩迅速上升到59架，这是Ⅲ./JG 52大队三个中队中最为成功的一个。

其他两个中队相比9./JG 52中队也没落后多少，但是，11月8日，8./JG 52中队遭受一次严重的打击，该中队指挥官冈瑟尔•拉尔（Gunther Rall）在当日战斗中击落他个人第36架战果，随后他自己也在塔甘罗格和罗斯托夫之间被击中，在努力将受伤的Bf 109座机开回己方控制区后，在迫降过程中他栽在一条沟壑里，陷入昏迷的他被德国的坦克兵发现并带回。到了维也纳的医院后，他被告知背部有三处骨折，而且他永远不可能再走路了。但是，拉尔展现了传奇般的意志和决心，经过治疗和锻炼，他不仅能走路，而且在九个月后的1942年8月重返苏联战场。尽管拉尔五次（有资料称八次）被敌机击落，但是他不仅活过了二战，还成为德国空军战绩排名第三的超级王牌，个人战绩是275架。

有意思的是，Ⅲ./JG 52大队第一位获得“骑士十字勋章”的是7./JG 52中队的士官格哈德•科彭（Gerhard Koppen）上士，12月18日他获得此勋章，表彰他的战绩达到40架。其实，JG 52联队后来涌现的排名第二和第三超级王牌的风头盖过了科彭，而当时，这些未来专家王牌的战绩还不如科彭的多，当时不在战场的拉尔不提，排名第二的巴克豪恩在7月2日首开

▲JG 52联队的几个大队分开部署，有的大队战绩（苏联战役）好一些，有的则差一些。图中是6./JG 52中队位于苏联境内的基地，照片拍摄于1941年7月。

▲Ⅲ./JG 52大队部署在南部战线的最南面，这里的战事相对较少，因此击落敌机的数量加在一起甚至不如其他单位有的飞行员一人的多。图中是9./JG 52中队1941年驻扎在苏联机场的场景，似乎悠闲了一点。

▲入侵苏联战役初期，装备Bf 109E-4/B的Ⅱ./JG 54大队主要执行对地攻击任务。下图飞机携带了1枚SC 250炸弹，上图Bf 109E-4/B飞机的后面是Hs 126飞机，再远处有1架Ju 87“斯图卡”俯冲轰炸机。

▲拉格-3（LaGG-3）是苏联空军用于取代I-153和I-16的战斗机，但是，这款战斗机的性能比当时德国空军的Bf 109F的性能差很多。不仅如此，这款飞机自身的问题也不少，发动机功率低，速度慢，但其优点是机体坚固，早期型号火力强大。

▲苏联的冬天不是德国人可以想像的，德国人也没有为冬天做充足的准备，希特勒以为1941年年底就可以征服苏联。这张图十分有趣，3./JG 51中队1架飞机机头被塞进一座小房子里取暖，后机身留在了外面。

▲Ⅱ./JG 51大队的Bf 109F-4飞机在寒风中准备起飞作战，照片拍摄于1941年12月30日。

记录后的五个月中战绩仅增加了10架。所以，“有意思的是”一点也没意思。

进入到1941年年底，德国的“巴巴罗萨行动”遇到了很严重的困难，希特勒“快速胜利”的目标未能实现，原因就是“冬将军”（指苏联严冬）。截至11月中旬，苏联广阔的大地迅速从此前的“烂泥季节”转变为冰天雪地，极短的时间内气温就下降到零下40℃。上文提到过，由于轻敌，加上墨索里尼的干扰让入侵苏联行动推迟，德国并没有为在苏联的冬天战役做好充足准备，士兵们缺少防寒衣物，部队中也没有适应严寒的特别设备，因此德国军队的行动因冬季的来临而暂停。

因为冬季里德国军队无法推进战线，苏联将西伯利亚的精锐陆军师调来向德军发起反击战，德国陆军先头的装甲集团军被迫从靠近莫斯科的地区向后撤退，之后德国军队蛰伏起来等待来年再发起进攻。维尔纳•莫尔德斯的“苏联战役可能是漫长的”担心变成了现实。

毁灭之路，伴随胜利

苏联红军在莫斯科周围发动的反击行动并不是唯一让德国人惊讶的事儿，1942年1月9日，苏联红军发动第二次反击战，这次苏联选择的突破口是中部战线和北部战线之间的区域，苏联的反击取得了成功，这里的德国战线被苏联红军冲破一个宽100公里的大缺口。这种战场态势直接导致了德国后方围困列宁格勒北部的部队面对着苏联红军严重的威胁，换句话说，这支德国部队面临着很可能被苏联红军切断和包围的危险。

北部战线的JG 54联队因为苏军1942年1月9日的反击成功而好日子到头了，如今的形势是，这个联队不仅要继续保持对列宁格勒的压力，与此同时还得与其背部伊尔门湖（Lake Ilmen）一带的苏联空军作战。伊尔门湖在列宁格勒南200公里处，德国地面部队正在这里战斗。

尽管此时苏联空军作战飞机数量上已经占优，但JG 54联队仅在1942年2月一个月份里就声称击落201架苏联飞机，己方仅损失18架。这么惊人的战绩自然让联队获得了一连串的勋章，如3月10日，7./JG 54中队指挥官马克斯－希尔穆特•奥斯特曼（Max-Hellmuth Ostermann）中尉因62架战绩而获得“橡树叶加骑士十字勋章”；两天后，刚刚升任Ⅰ./JG 54大队指挥官的汉斯•菲利浦上尉成为JG 54联队第一位获得“佩剑加橡树叶加骑士十字勋章”的飞行员，该勋章表彰他的战绩达到82架。3月31日，菲利浦的战绩达到百架大关，这事值得联队为之骄傲，但是，真正值得庆祝的却是4月4日联队8./JG 54中队鲁道夫•克勒姆（Rudolf Klemm）军士长击落1架苏联飞机，这位毫无经验，也没什么名气的飞行员在当天击落的是JG 54联队第2000架飞机。

取得第一个1000架，JG 54联队花了近两年时间（整整23个月），取得第二个1000架只用了八个月（1941年8月1日－1942年4月4日），而取得第三个1000架仅用了五个月多一点的时间。第三个1000架的战斗中，JG 54联队也付出了比以往更大的代价，比如在1942年夏天的损失中就包括7./JG 54中队指挥官马克斯－希尔穆特•奥斯特曼。5月17日，奥斯特曼因击落100架敌机而获得“佩剑加橡树叶加骑士十字勋章”，此后直到8月9日在伊尔门湖上空遭到9架苏联战机攻击阵亡，他的战果仅仅增加了2架。“仅仅增加2架”的原因很可能是获得“佩剑”级别的勋章后禁止升空作战，早期获得“佩剑加橡树叶加骑士十字勋章”的都自动禁止执行作战任务，后来，改为此勋章再加“钻石”饰才如此，现在不清楚是什么时间改的。

24小时后（8月10日），6./JG 54中队指挥官卡尔•萨蒂格（Karl Sattig）上尉也在一次格斗中被击落身亡。9月他被追授“骑士十字勋章”，他在东线战场的战绩是53架，包括2架是夜间击落的。关于夜间作战得说几句，这事要回到1942年年初，当时JG 54联队指挥官汉内斯•特劳罗夫特建议选择几名夜视好的飞行员在明亮的月夜起飞，然后在沃尔霍夫（Volkhov）的雪地低空盘旋等待由此经过的苏联轰炸机。特劳罗夫特的建议非常可行，实战效果也非常好，很快这种夜间战术就得到了推广。在1942年1月中旬至7月间，JG 54联队的Bf 109战斗机在夜晚共击落56架苏联飞机，夜战行动最成功的飞行员是Ⅲ./JG 54大队指挥官莱因哈德•席勒上尉，他在苏联战场的总战绩为96架，其中16架就是执行联队夜战行动试验期间获得的。夜战排名第二的是冈瑟尔•芬克（Gunther Fink）中尉，他的战绩是9架。一次夜战击落敌机最多的是埃尔温•勒考夫（Erwin Leykauf）少尉，他的8架夜战战果中有6架是他在1942年6月22日（入侵苏联一周年当天）夜一次行动中取得的，他在一个小时内击落全部6架运输机。

▲德米扬斯克战役对德国来说也非常重要，虽然德国此战役失利，但德国进攻态势并未改变。图中Ju 52运输机在给被包围的德军运送物资，最终德军突出了包围圈。

▲Ⅲ./JG 3大队的Bf 109F-4战斗机在大雪覆盖的机场准备起飞作战，为了适应雪地环境，飞机主起落架上的整流罩已经被去除。

随着秋天的到来，JG 54联队的战绩仍在稳定地增加，新近刚刚获得“骑士十字勋章”的飞行员，即6./JG 54中队指挥官汉斯•贝斯文格尔（Hans Beisswenger）少尉和马克斯•斯托茨（Max Stotz）军士长在四个多月的时间里战绩就增加了一倍，分别达到了百架大关。9月30日，贝斯文格尔获得“橡树叶加骑士十字勋章”，整一个月后斯托茨也获得此勋章。

一些飞行员的战绩猛增，而另一些飞行员则发现他们取得战果是那么的困难，例如霍斯特•艾德米特（Horst Ademeit）在1940年就加入到JG 54联队服役，他花了近两年时间才取得20架战果；另一位士官奥托•基特尔（Otto Kittel）上士的战绩就更少了，只有区区15架。不过，两人也不必悲观，看看巴克豪恩和格拉夫，在相同的时间内竟然战绩为零。事实正是如此，后来艾德米特和基特尔的战绩一路飙升，他俩和上段中贝斯文格尔、斯托茨一样战绩都超过了150架（苏联飞机），他们四人的命运也差不多，在JG 54联队换装Fw 190战斗机后，他们要么在苏联战场战死，要么失踪。

JG 54联队中第一个中队换装Fw 190战斗机是1943年2月，似乎是为了纪念他们信赖的Bf 109战斗机，2月19日，奥托•基特尔击落了JG 54联队的第4000架敌机。

两天后的2月21日，Ⅱ./JG 54大队失去了本大队指挥官汉斯•“阿西”•哈恩上尉（不是上文提到的汉斯•冯•哈恩）。此前汉斯•“阿西”•哈恩一直在JG 2联队服役，他是英吉利海峡前线战绩最高的王牌之一。汉斯•“阿西”•哈恩（1914年4月14日－1982年12月8日）是一名天才运动员，曾参加1936年夏天在柏林举行的夏季奥运会，后因伤结束运动员生涯。早在1934年哈恩就参军了，当时是一名步兵预备役军官。1935年11月，他加入德国空军并开始飞行员训练，毕业后被分配到驻扎在多特蒙德的4./JG 134中队。1937年11月1日，哈恩到韦尔诺伊兴的战斗机飞行学校第1中队任教官。1939年2月晋升为中尉后，他被分配到新成立的Ⅱ./JG 2大队（驻扎在泽布斯特），当年年底，他被任命为4./JG 2中队指挥官。

哈恩首次取得战果是1940年5月14日在法国战役中，当天他击落2架敌机，整个法国战役他的战绩是5架。随后他参加了英国战役，到1940年9月，他的战绩达到20架，因此他获得了“骑士十字勋章”，军衔晋升为上尉，也出任Ⅲ./JG 2大队指挥官。1941年8月，哈恩因战绩达到41架而获得“橡树叶加骑士十字勋章”，8月27日，希特勒亲自向他颁发勋章。

1942年9月16日，哈恩在西线战斗中击落1架英国“喷火”战斗机，这是他第66架战果。1942年11月1日，哈恩被任命为正在列宁格勒前线的Ⅱ./JG 54大队指挥官，他的前任迪特里希•赫拉巴克少校去JG 52联队任指挥官。进入苏联战场仅三个月，他的战绩就增加了42架，1943年1月27日，他的战绩达到100架。但是在2月21日，哈恩在旧鲁萨（Staraya Russa）附近与苏联战斗机遭遇，在击落1架拉-5战斗机后，他的座机也被敌机击中左侧机翼。脱离战斗返回时，哈恩座机

▲2./JG 54中队的Bf 109F-4战斗机采用了雪地迷彩，为适应不同气候和地理环境，飞机的涂装会经常变换，有时候也会出现来不及更换的现象。图中飞机的起落架整流罩被去除后起落架显得很单薄。

▲远处很难发现雪地迷彩的空中飞机。图中是2./JG 54中队的Bf 109F-2战斗机1941年冬天在沃尔科夫上空执行作战任务。

的发动机很快出现过热现象，他被迫驾驶着他的Bf 109G-2/R6飞机（序列号Wk-Nr 13949，黑色＜＜）在伊尔门湖南部苏军控制区迫降，后被俘。苏联资料称他是被苏联空军第169战斗机团的王牌帕威尔•格拉兹达尼诺夫（Pavel Grazhdaninov）少尉（战绩13架）击落的。汉斯•“阿西”•哈恩在苏联作了七年战俘，最后于1950年被释放回国。在执行560多架次的作战任务中，哈恩击落了108架敌机，其中66架在西线战役中取得，这其中有53架是“喷火”战斗机；东线战果是42架，其中至少有7架是伊尔-2攻击机。

1942年年初几个星期，中部战线的德国JG 51联队情况跟JG 54联队的类似，也被迫将注意力和精力放在两个方向，一个是苏联军队由莫斯科向西推进（上文提到的1月9日苏军的反击），另一个是苏联军队反击威胁到的德国陆军中央集团军的左翼。德国在1941年年底暂停进攻给了苏联空军喘气机会，因此1942年年初时，苏联红军的飞机数量突然猛增，飞机数量的增加并没有带来飞行员素质的提高（时间太短，苏联飞行员训练严重不足），这正是德国JG 51联队不断提高战绩的最好时期（JG 54联队也是如此），战绩增长太快，随之而来的就是获勋人员大增（跟JG 54联队又一样）。第一个获勋的是海因茨•巴尔上尉，因战绩达到90架，他在2月16日获得“佩剑加橡树叶加骑士十字勋章”。海因茨•巴尔是JG 51联队另一位非同凡响的人物，自从1941年7月以来他就担任12./JG 51中队指挥官，后来先后出任JG 1联队和JG 3联队指挥官，二战后期驾驶过Me 262与盟军作战，他的个人战绩是220架，其中东线战役的战绩为96架。

▲图中左一为汉斯•“阿西”•哈恩，中立者应该是戈林。

1942年3月18日，海因里希•克拉夫特（Heinrich Krafft）少尉和汉斯•施特雷洛（Hans Strelow）少尉分别以战绩46架和52架获得“骑士十字勋章”，仅仅六天后，再获14架战果的施特雷洛又获得“橡树叶加骑士十字勋章”，获此勋章日离他20岁生日还差两天。汉斯•施特雷洛是整个德国

▲1943年1月27日，哈恩击落第100架敌机举行了小型庆祝会。

军队（不仅仅是空军）获此勋章人中最年轻的一位。不过他和克拉夫特在1942年年底的战斗中都迫降在苏军控制区，克拉夫特被苏军士兵殴打致死，据称施特雷洛为了避免相同遭遇选择开枪自杀身亡。笔者认为，所谓“据称”完全是胡说八道，汉斯•施特雷洛在1942年5月22日被苏联空军皮-2（Pe-2）轰炸机自卫火力击伤，迫降后自杀。海因里希•克拉夫特在1942年12月14日被苏联地面炮火击伤后迫降，后被殴打致死，这可看出，施特雷洛先死，克拉夫特后死，根本不存在害怕遭受相同遭遇而自杀的事情。另外，克拉夫特被殴打致死当时不可能有德国飞行员（或其他士兵）看到，也许是后来从情报中才得知这些情况，更大的可能是瞎掰的。

4月9日，接任维尔纳•莫尔德斯任JG 51联队指挥的弗里德里希•贝克中校被提拔到德国航空部任参谋一职。如果说莫尔德斯是个让很多下属感到难以相处的严厉角色，那么他的继任者贝克就是个让人感觉陌生而且不那么受欢迎的长官，事实上，JG 51联队很多飞行员甚至不知道早在1940年贝克就在JG 51联队队部了，这些飞行员以为他是其他联队的人来接管他们的单位呢！不管怎么不受欢迎，贝克好歹是个优秀的飞行员，他的个人战绩是48架，最让他得意的是JG 51联队的第2000架战果是他的功劳。

弗里德里希•贝克的继任者是原Ⅳ./JG 51大队指挥官卡尔－戈特弗里德•诺德曼（Karl-Gottfried Nordmann）少校，这是又一个与莫尔德斯和贝克完全性格不同的人。二战爆发时，诺德曼在Ⅰ./JG 77大队服役，1940年3月，他晋升中尉并出任3./JG 77中队指挥官。1940年11月，已经有8架战果在身的诺德曼到12./JG 51中队任指挥官。1941年7月，他被任命为Ⅳ./JG 51大队指挥官，同年8月，他因战绩达到31架而获得“骑士十字勋章”。1943年1月17日，诺德曼驾驶Fw 190战斗机与Ⅰ./JG 51大队指挥官鲁道夫•布施（Rudolf Busch）中尉在空中相撞，布施丧生，诺德曼受重伤，此后他再也未能执行作战任务。诺德曼个人战绩是78架，其中69架是在东线战场取得的。

▲得到喘息机会的苏联抓紧生产各种飞机，重中之重就是伊尔-2攻击机。战斗机飞行员需要更大的战术技巧与敌机格斗，而攻击机的情况要好一些。最根本的是要阻止德国钢铁洪流只有依靠轰炸机和攻击机，战斗机生产必须让位于伊尔-2飞机。

任JG 51联队指挥官后，诺德曼最重要的一项举措是让本联队主要执行战斗轰炸任务的2./JG 51中队放弃对地攻击任务，这个中队自“巴巴罗萨行动”开始就一直主要执行轰炸任务。诺德曼的想法就是让战斗机单位专心致志地干好本职工作，对地攻击的副业不做为好，他的这一举措取得了立竿见影的效果，2./JG 51中队的飞行员重拾主业后战绩突飞猛进地增长，最典型的就是约阿西姆•布伦德尔（Joachim Brendel）军士长。这位士官在入侵苏联战役开始几天取得自己的开门红，但是九个月后才取得第二架战果（执行对地攻击任务，少与苏联飞机遭遇）。放弃对地攻击任务后，他的战绩如火箭般上蹿，到二战结束，已经升任Ⅲ./JG 51大队指挥官的约阿西姆•布伦德尔上尉取得的战果是189架，其中90架是重装甲的伊尔-2攻击机，他因此成为JG 51联队战绩最高的王牌之一，真得谢谢诺德曼的明智之举！

1942年4月和5月，JG 51联队的战区相对平静，但是该联队仍然出现一些损失。5月29日，也就是汉斯•施特雷洛阵亡整整一个星期后，2./JG 51中队指挥官埃尔温•弗雷格（Erwin Fleig）少尉被击落，这位战绩达到66架的飞行员跳伞后被俘；48小时后（5月31日），联队损失另一位“骑士十字勋章”获得者，Ⅱ./JG 51大队指挥官约瑟夫•福佐上尉在一次起飞事故中严重受伤。福佐是前奥地利空军飞行员，也是一名参与过西班牙内战的老兵，此次事故后他再也没能执行作战任务。此前的5月初，贝恩德•加洛威特施（Bernd Gallowitsch）中尉也在战斗中严重受伤，加洛威特施因在苏联战役中击落22架敌机使他的总战绩达到42架而在2月24日获得“骑士十字勋章”。获勋后到5月初受伤，他的战绩又增加了一些，具体数量不详，只知道他的总战绩是64架。跟福佐不一样，加洛威特施在二战最后几个星期返回战场继续参加战斗，但那时他在JG 1联队驾驶的是He 162喷气式战斗机。

1942年7月，中部战线的战事再度激烈起来，此时苏联正在为新一轮更大规模反攻行动做准备。这期间，曾有一小段时间里，JG 51联队的战绩增加速度之快堪比“巴巴罗萨行动”之初阶段。7月5日，哈特曼•格拉塞尔（Hartmann Grasser）上尉的Ⅱ./JG 51大队在战斗中取得46架战果，大队指挥官本人就包揽了其中8架，另两名飞行员卡尔－海因茨•施奈尔（Karl-Heinz Schnell）中尉和安东•哈夫

▲Ⅰ./JG 51大队的1架Bf 109F-4战斗机正在为St.G 2联队的1架Ju 87D飞机护航返回基地，此后不久，Ⅰ./JG 51大队开始换装Fw 190战斗机。

纳（Anton Hafner）军士长的战绩分别是7架。哈夫纳在8月23日因60架战绩而获得“骑士十字勋章”，在1944年10月17日阵亡前，他跃升至联队战绩最高王牌，其战绩达到204架。安东•哈夫纳（1918年6月2日－1944年10月17日）完成飞行训练后的1940年被分配到JG 51联队，1941年2月23日，他转到6./JG 51中队。1941年6月24日，哈夫纳取得他个人第一架战果，到当年年底，他的战绩为14架。1942年7月5日，他在一天战斗中击落7架苏联飞机。短暂回国休假后，11月，哈夫纳返回战场，但此时的Ⅱ./JG 51大队正在突尼斯作战，而哈夫纳此次返回被分到4./JG 51中队。1943年1月2日，在与英国皇家空军“飓风”和“喷火”战斗机的作战中，哈夫纳被英国皇家空军第72中队王牌罗伯特•奥克斯普林（Robert Oxspring）击落，在跳伞过程中，哈夫纳撞上座机（Bf 109G-2）方向舵导致手部骨折，随后在医院里躺了两个月。

1943年8月，哈夫纳返回苏联战场，在JG 51联队队部服役，此时该联队已经开始换装Fw 190A-1战斗机，此后一段时间他的战绩都是驾驶该型号飞机取得的。1944年5月15日，哈夫纳被任命为8./JG 51中队指挥官，这个单位当时仍装备Bf 109G-6战斗机，他因此也改驾驶Bf 109G-6战斗机。1944年10月17日，哈夫纳击落1架苏联雅克-7战斗机，这是他最后一架战果，他的战绩凝固在204架。但是，在这次战斗中，哈夫纳的座机在格斗中撞上了一棵树，他的Bf 109G-6座机（序列号Wk-Nr 442013，黑色1号）当即坠毁。哈夫纳在795次作战任务中击落204架敌机，其中苏联战场战绩为184架，其中55架是伊尔-2攻击机；西线战绩为20架，其中8架是P-38战斗机。笔者说明一下，上文和下文很多王牌的阵亡都有不同的说法，很明显的一个特征就是这些王牌阵亡要么驾驶失误，要

▲安东•哈夫纳获勋后受到希特勒的接见，图中与希特勒握手者就是哈夫纳。

么撞山，要么撞树而坠毁，似乎都在回避被苏联战斗机击落，有些西方资料则称被苏联战斗机击落，比如哈夫纳的死亡资料就称在低空与雅克-9战斗机（雅克-7的后期改进型）格斗时被击落。

再回到1942年8月2日，Ⅳ./JG 51联队弗兰兹－约瑟夫•贝伦布劳克（Franz-Josef Beerenbrock）军士长击落9架苏联飞机，他的战绩跃升至102架，至此，他成为JG 51联队中第一位战绩超过老首长维尔纳•莫尔德斯的飞行员，为此，第二天，他获得“橡树叶加骑士十字勋章”。

取得胜利的同时，德军的损失也在持续增加，如今的苏联空军已经不是战争爆发之初战斗机力量基本被消灭殆尽的苏联空军。总的来说，德国JG 51联队在8月战斗中损失16名飞行员，其中包括Ⅲ./JG 51大队指挥官理查德•莱普拉上尉和其他三名中队指挥官。莱普拉座机与1架正在着陆的Ju 52运输机相撞，他严重受伤，特别是视力受到很严重影响，跟加洛威特施一样，莱普拉也是在二战最后几个星期才重返战场，1944年4月他被任命为JG 6联队指挥官。莱普拉个人战绩为68架，其中13架是西线战果，55架是东线战果。

站稳脚根的苏联空军不仅换装了更新型的战斗机，飞行员个人技能和战术水平也在提高，就是从此时起德国空军战斗机单位的制空权开始一点点地失去。与此同时，JG 51联队也在换装新型战斗机，9月初，Ⅰ./JG 51大队率先返回德国休整并换装Fw 190A-1战斗机，随后其他大队也轮流返回德国换装。中部战线和北部战线的德国空军JG 51联队和JG 54联队逐渐全部换装Fw 190战斗机，从上文可以看出，个别中队没有换装新机。南部战线的其他单位仍将Bf 109战斗机作为主力装备。

1942年1月，一个全新的联队在极北

▲3./JG 51中队海因里希•克拉夫特驾驶Bf 109F-4座机在苏联上空执行作战任务。

地区组建，全新的JG 5联队是在原来Ⅱ./JG 77大队基础上扩编形成的，也就是上文提到过的繁殖扩编法，大队升格为联队，中队升级为大队，再补充飞行员组成中队等，二战初期和二战后期这种扩编十分频繁。JG 5联队有点与众不同在于它同时与西线和东线两处敌人作战，联队的两个大队部署在挪威中部和南部，为的是防止英国皇家空军从北海方向进入。另两个大队Ⅱ./JG 5大队和Ⅲ./JG 5大队部署在挪威北部和芬兰，这两个大队驻地和作战空域就在北极圈内，天高皇帝远，因此两个单位基本上处于半自治状态。这里的战事少点儿，但也不是没有，他们的主要作战任务有两个，一是为轰炸苏联摩尔曼斯克港和该港通往南部重要铁路的轰炸机或俯冲轰炸机提供护航保护；另一个是为德国在极北地区的军事基地和运输线提供空中保护。在战略进攻阶段，针对德国军事基地和运输线的空中行动还不太多（时常也会有英国飞机轰炸挪威的德国军事目标），因此主要作战任务就是进入苏联领空作战。

由于开始阶段德国空军的战斗机数量大大领先受重创的苏联空军，JG 5联队因此诞生了东线战役中战绩最高的几名王牌飞行员，其中之一就是海因里希•埃尔勒（Heinrich Ehrler）少尉（后来晋升少校）。

海因里希•埃尔勒在德国空军超级王牌中经历最为复杂曲折，因此值得详细介绍一下他的经历。埃尔勒的军旅生涯开端是一个陆军炮兵，而且他也有参加西班牙内战的经历，还是炮兵。1940年年初，他开始接受飞行员训练，飞行学校毕业后他到当时部署在挪威的4./JG 77中队服役。1940年5月，埃尔勒首开记录，从开始飞行训练到击落第一架敌机只有四个月时间，一方面说明他个人有天赋，也从侧面反映二战爆发后飞行训练的课程已经开始缩短了。当时，JG 77联队的主要

▲上图是Ⅳ./JG 5大队的1架Bf 109F飞机，这架飞机也采用雪地迷彩，但不是纯白色的，这主要跟其驻地芬兰地理环境有关。下图是1架Bf 109等待起飞为Ju 87俯冲轰炸机护航执行任务，照片中机场远处停放的全是Ju 87飞机。

作战任务就是支援第十航空军（隶属第5航空队）与英国作战，具体任务就是为“斯图卡”俯冲轰炸机轰炸英国舰船提供护航任务。JG 5联队成立后，埃尔勒随大队部署到北极圈地区。1942年2月19日，埃尔勒取得第二架战果，离第一架战果相隔近两年时间才再次击落敌机，主要原因还是跟这里的战事少有关。

在1942年7月20日取得第11架战果后，他升任6./JG 5中队指挥官，军衔晋升为少尉。同年9月4日，他因64架战绩而获得“骑士十字勋章”。1943年6月1日，埃尔勒出任Ⅱ./JG 5大队指挥官，军衔晋升为上尉。任指挥官期间，他再获得“橡树叶加骑士十字勋章”。1944年5月25日，他在一天内击落9架敌机，战绩也上升到155架。同年8月1日，他被任命为JG 5联队指挥官，军衔晋升为少校。

有一件事是其他超级王牌没有经历过的。1944年11月12日，英国皇家空军第617中队以及第9中队的“兰卡斯特”轰炸机携带巨型“高脚柜”炸弹由苏格兰起飞，开始第三次轰炸德国海军“提尔皮茨”（Tirpitz）号战列舰行动。当时，“提尔皮茨”战列舰正在特罗姆塞港林根峡湾避难。因9./JG 5中队率先在11月9日由Bf 109G换装为Fw 190A-3战斗机（12架），埃尔勒少校在该中队驻地巴杜福斯（Bardufoss）指导训练工作。接到英国轰炸机来袭命令时，中队只有10分钟的准备时间，地面预警指挥部门首先给埃尔勒的信息是敌轰炸机的目标是挪威特罗姆瑟（Tromssa），埃尔勒率领9./JG 5中队的飞行员立即升空前去拦截。但是，途中他不断收到相互矛盾的敌机轰炸目标和位置信息，有的信息称敌目标是阿尔塔（Alta），有的说是伯德，这个过程浪费了宝贵的时间。另一个重要因素是德国“提尔皮茨”战列舰在9月15日离开阿尔塔峡湾，而埃尔勒并不知情，当第一个敌机位置信息传来时他确信英国人的日标仍是“提尔皮茨”战列舰，他的猜测是正确的，遗憾的是军舰挪窝了。连跟敌机照面都没打就返回基地，这时他得知消息德国的战列舰已经被英机击沉，陪葬了近千名德国水兵。

▲海因里希•埃尔勒的经历是超级王牌中不曾有过的，他成了替罪羊。

后来调查，这件

事从哪方向来看都跟他没有关系，但是，传言是他为了急于获得自己的第200架战果而置担负保卫"提尔皮茨"战列舰的重任于不顾，因此他成了替罪羊，被军事法庭宣判入狱三年零两个月。现今所有的资料都称他是无辜的，他的战友也都确信他没罪，但牢还得坐。截至此时，年仅27岁的埃尔勒的战绩已经达到199架，他的"佩剑加橡树叶加骑士十字勋章"提名早就呈交上去，因为这事勋章未被批准，指挥官一职也被撸了。但是，该军事法庭同时宣布埃尔勒免于牢狱之刑，他获准再次走上战场，德国离毁灭越来越近了，飞行员奇货可居。仅八天后的11月20日，埃尔重新上战场后终于击落了他个人第200架敌机（跟他上1架战果整整隔了一个月）。驾驶什么飞机击落的第200架敌机很多资料没提，应该还是Bf 109G，不是Fw 190A-3，总之，之后的1945年2月27日，他被分配到JG 7联队驾驶Me 262喷气式战斗机，在剩下的五个星期时间里，他驾驶喷气式战斗机又取得8架战果，总战绩达到208架。

1945年4月4日早晨，埃尔勒执行最后一次作战任务，此次任务中他击落2架美国B-17轰炸机，其中1架是他的第208架战果。埃尔勒在遭到2架P-51战斗机追逐的情况下对第三架B-17轰炸机发起攻击[①]，但是敌轰炸机的自卫火力击中他的座机，当即他的座机解体坠毁在布痕（Buchen）附近。关于埃尔勒阵亡的说法较多，有一个报道称有埃尔勒的无线电语音作证，也就是击落2架敌机后弹药耗尽，他在无线电中说"弹药耗尽，我要撞击另1架飞机"。

JG 5联队还有两名"橡树叶加骑士

▲Bf 109E战斗机在为"提尔皮茨"号战列舰护航。用德国人的话说，德国海军几艘战列舰牵制了英国皇家海军一部分精力，但是，没有航空母舰的德国海军在整个二战中只起了所谓的"牵制"作用，其实德国为这些战列舰耗费的精力也惊人，而且这些巨舰没有为地中海海上航线做出任何贡献。英国皇家海军则完全不同，由于航母的存在，英国皇家海军在地中海战役中起到了不可忽略的作用。

① 维基网称此次行动是美国陆航第714中队的B-24轰炸机，埃尔勒击落的2架轰炸机1架是B-24J-1-FO，序列号为42-95620，另1架是B-24M-10-FO，序列号为44-50838。击落埃尔勒的是B-24H-25-FO，序列号为42-95083，绰号"我的朋友"（My Buddie）。但是，其他大部分资料称他击落的和击落他的都是B-17轰炸机。

▲一艘巨舰主要的作战任务就是东躲西藏，完全没有进攻意识，当然德国人也知道，没有空中力量，再大的军舰也只是飞机的牺牲品。上图是“提尔皮茨”号战列舰被炸后美国陆航第7照相大队航拍的照片。

JG 5联队有超过12位飞行员获得过“骑士十字勋章”，虽然鲁道夫•鲁迪•穆勒（Rudolf Rudi Muller）不是本单位第一个获得此勋章的人，但是他后来居上成为联队几位真正的王牌之一。1942年4月23日，穆勒（上文叫这个名字的有好几个）在这天科拉岛入口（Kola Inlet）处的战斗中击落

十字勋章”获得者后来也到JG 7联队去驾驶Me 262战斗机，一个是瓦尔特•舒克（Walter Schuck）中尉，他的东线战果为198架；另一位是西奥多尔•魏森贝格尔（Theodor Weissenberger）上尉，他的东线战果是175架。魏森贝格尔在1944年4月被任命为Ⅱ./JG 5大队指挥官，诺曼底登陆前的6月4日，他又被任命为Ⅰ./JG 5大队指挥官。跟埃尔勒不同，舒克和魏森贝格尔都活过了二战，巧合的是，两人在JG 7联队驾驶喷气式战斗机都击落8架敌机。舒克的总战绩是206架，魏森贝格尔的为208架。

5架苏联空军“飓风”战斗机（英国提供的），一年后差不多时间（1943年4月19日）在相同地点，他被苏联空军30－40架战斗机围攻而受伤，随后他驾驶座机Bf 109G-2/R6（序列号Wk-Nr 14810，“黄色3”号）在冰冻的湖面实施了迫降。据信，击落他的可能是苏联王牌尼科莱•博基（Nikolai Bokii）少尉（战绩是14＋1，与其他飞行员分享1架）。穆勒的死亡时间众说纷纭，有的说是1943年10月或11月死在战俘营，有的说在1947年还曾见过他，反正他最终死在战俘营，这点确认无误。穆勒的最终战绩是92架，

包括35架苏联的“飓风”战斗机。

跟鲁道夫•穆勒一样，雅各布•诺尔兹（Jakob Norz）军士长也是6./JG 5中队的专家级王牌，他的最终战绩是117架，其中12架是他在一天（1944年6月28日）中击落的。1944年9月16日，诺尔兹在芬兰上空攻击1架“波士顿”轰炸机时被敌机自卫火力击中发动机，敌机被击落，他自己在舒克的护送下（放弃战斗随行）返回基地迫降，但是，迫降过程中他的Bf 109G-6座机（序列号Wk-Nr 412199，“黄色8”号）因升降舵损坏而无法精确控制，最终导致飞机撞到一块石头而机毁人亡。

▲JG 5联队的三位能人，从左向右分别是：西奥多尔•魏森贝格尔、海因里希•埃尔勒和鲁道夫•鲁迪•穆勒。他们的背后是1架Bf 109G-2/R6战斗机。

▲上两图是苏联空军装备的“飓风”战斗机。英国提供给苏联空军的飞机数量有限，因此作战情况不甚了解。

尽管极北地区的JG 5联队飞行员个人战绩“辉煌耀眼”，但1942年的东线战场主要战事集中在南部战线，德国军队在此准备发动新一轮大规模夏季攻势。6月28日，德国正式发动代号为“蓝色行动”（Operation Blau(Blue)）的战役，这一行动最重要的目标就是斯大林格勒。此次战役在800公里的正面宽度，即由北部库尔斯克到南部亚速海之

▲德国空军有一个传统，空战取得胜利，胜利者返航着陆进场时摆动机翼以庆祝胜利，图中就是舒克着陆前宣示又一次胜利。

着巨大的灾难，而大灾难的特征之一就是胜利来得特别快。

1942年冬天和春天一直在南部战线最南端，包括黑海沿岸和克里米亚作战的德国空军JG 77联队此时应德国的夏季攻势需求而在几天内分散部署，但是，这种分散部署进一步削弱了这一地区的战斗机作战力量，德国很快就会尝到这种部署的苦果。

间展开，战役初期的目标很快就达到，几天后，希特勒将“蓝色行动”扩展并更名为“布伦斯威克行动”（Operation Braunschweig(Brunswick)）。

德国的“布伦斯威克行动”有两个主要目的，一是向高加索推进占领油田，二是进攻东部的斯大林格勒，这个新战略导致了高加索前线的德国陆军第6集团军和第7集团军之间形成了一个300公里宽的缺口。另一个致命问题是，德国把战线拉得又长又宽，德国空军根本没有那么多飞机为这么广阔的战场提供空中支持，因此，自波兰战役以来，德国首次没有在主要战场实施一次成功的闪电战。确切地说，南部战线的德国空军力量仅是两个方面集团军（A和B集团军）需求的1/4，敌对方的苏联情况正好相反，其作战飞机的数量猛增，这种态势注定了德国正在面临

可能是战役初期的胜利来得太快，或者说是德国人太自信，7月初，Ⅰ./JG 77大队被调往地中海地区作战，与此同时，安东•玛德尔（Anton Mader）上尉的Ⅱ./JG 77大队转移到哈尔科夫北部地区部署，在此主要为德国陆军第6集团军的左翼提供空中支援，此时的第6集团军正在向斯大林格勒方向推进。在8月全部结束换装为Bf 109G-2战斗机后，Ⅲ./JG 77大队在9月被部署到更北部列宁格勒地区，那里的德国战场态势不容乐观。但是，10月，Ⅱ./JG 77大队和Ⅲ./JG 77大队被调离苏联战场到北非与Ⅰ./JG 77大队会合。

在苏联战场的最后四个月，Ⅱ./JG 77大队和Ⅲ./JG 77大队共击落775架苏联飞机，其中1/4数量属于仅仅四名顶尖飞行员，他们全部来自Ⅱ./JG 77大队，其

中三人是中队指挥官。4./JG 77中队指挥官海因里希•塞茨上尉是这四人中唯一在“布伦斯威克行动”前获得“骑士十字勋章”的飞行员，在离开苏联战场前，这四人的战绩都提高了50架以上，个人总战绩都过百架，因此也都获得了“橡树叶加骑士十字勋章”。

海因里希•塞茨在这四个月中战绩提升54架，他的苏联战场战绩上升到132架。6./JG 77中队指挥官埃尔温•克劳森中尉在7－9月间战绩增加了63架，苏联战场的战绩达到114架。塞茨和克劳森在第二年的西线战役中阵亡，当时两人分别是Ⅰ./JG 77大队指挥官（个人总战绩138架）和Ⅰ./JG 11大队指挥官（个人总战绩是132架）。塞茨的阵亡战斗下文有述，克劳森在1943年10月4日的战斗中击落1架美国B-24轰炸机后自己也被击落，他和他的Fw 190A-5/U12（序列号Wk-Nr 7358，黑色＜＜）座机一同坠入北海中。

更厉害的角色是5./JG 77中队指挥官安东•托尼•哈克尔中尉，他在这段时间的战绩也提升了56架之多，离开苏联时的

▲1942年8月，Ⅲ./JG 77大队开始换装Bf 109G-2战斗机，其他单位也陆续回国换装。图中飞机安装了MG 151/20机炮吊舱，这明显不是用来对付苏联空军战斗机的。

▲和很多德国战斗机单位一样，7./JG 77联队也执行了大量对地，甚至是攻击舰船任务。JG 77联队在南部战线，因此在克里米亚战斗中，Ⅲ./JG 77大队执行了大量攻击舰船任务。

▲1942年6月28日或29日，希特勒为获勋人员颁奖，希特勒头部遮挡着的是戈登•戈洛布，正在握手的是马克斯－希尔穆特•奥斯特曼，这两人获得的是“佩剑加橡树叶加骑士十字勋章”。其他三人，从奥斯特曼向右分别是赫尔穆特•莱恩特、海因里希•塞茨和弗里德里希•格斯哈德特。

战绩是131架，后来他在北非战场和帝国保卫战又不断刷新自己的记录，最终个人战绩是192架，包括苏联战场131架，北非战场6架，西线战场55架，另有24架不是官方证实的战果。塞茨的4./JG 77中队的厄恩斯特•威廉•赖纳特（Ernst Wilhelm Reinert）上士也不甘示弱，同样在这段时间战绩增加50架，离开苏联战场时的战绩是103架，他后来也在西线和地中海战场取得惊人战果，二战结束时的个人总战绩是174架，外加16辆被摧毁在地面的装甲车辆，其中苏联战场103架，西线20架，地中海战场51架。哈克尔和赖纳特都活过了二战，战争后期他俩分别是JG 11联队指挥官和Ⅳ./JG 27大队指挥官。

把时间稍稍往前移一点，JG 77联队的几个大队还未离开苏联战场时，1942年春末，Ⅰ./JG 53大队从地中海战区被调到苏联战场，协助JG 77联队发动春季攻势。没想到，5月底到10月初伴随第6集团军向斯大林格勒推进的四个月中，Ⅰ./JG 53大队取得的战果比JG 77联队的两个大队之和还要多，达到了惊人的900多架。Ⅰ./JG 53大队在这段时间里的四次重要空战中取得的战绩是临时部署到苏联战场取得的总战绩1/3多。

1./JG 53中队指挥官弗里德里希－卡尔•穆勒中尉（后晋升为上尉）在1941年9月就因22架战绩获得了“骑士十字勋章”，他在马耳他岛战役也获3架战果。在随第6集团军向斯大林格勒推进的战斗中，他的战绩狂增76架，在9月16日击落2架苏联飞机后，他的个人战绩达到101架，他因此获得了“橡树叶加骑士十字勋章”。紧随穆勒的另两人是3./JG 53中队指挥官沃尔夫冈•托尼中尉和他的昔日僚机威廉•克里纽斯上士，这两人都在9月19日取得了相同的第96次胜利。24小时后，两人又都再获1架战果。尽管他俩早就不再飞双机编队，他们约定在第二天同时取得各自的第100架战果，但是，上帝没让两人总这么亲密，第二天战斗中托尼获得1架战果，而克里纽斯获得2架。9月22日，克里纽斯击落1架敌机达到百架大关，而托尼却在这天战斗中取得3架战果，战绩一下子突破百架，达到

101架。

在5月底抵达苏联前，托尼的战绩仅仅是13架，到苏联战场又增加41架后，他在9月6日获得“骑士十字勋章”。仅仅18天后，他再次获得“橡树叶加骑士十字勋章”。克里纽斯的100架战果全是他在苏联战场的16个星期内取得的，他的开门红是6月9日取得的2架苏联伊尔-2攻击机。当僚机时他只有掩护长机的责任，没有攻击的权力，不当僚机后他的技艺才展现出来。9月22日，克里纽斯因100架战绩获得“骑士十字勋章”和“橡树叶加骑士十字勋章”，两个勋章同一天获得！托尼和克里纽斯的生涯都在1943年初的突尼斯战役中终结，上文有托尼和克里纽斯的生平介绍和阵亡描述。

Ⅰ./JG 53大队在苏联战场第四位最成功的飞行员是1./JG 53中队指挥官瓦尔特•泽洛特（Walter Zellot）少尉，在9月9日的战斗中击落他第70架苏联飞机，加上先前的战果，他的战绩达到了85架。泽洛特的命运比上述三人都要差，一是他的战绩最终停留在了85架上，二是他没能随大队返回地中海战场。第二天（9月10日）的战斗中，泽洛特的Bf 109G座机的机尾在斯大林格勒上空被打掉，据称是被己方的高炮打掉的，由于飞行高度不够，跳伞后的泽洛特未能打开降落伞而坠地身亡。

对于德国发动的1942年夏季攻势，胜利来的之快正符合希特勒的设想，两个方向的集团的行动目标都在极短时间内几乎就要达到，南部的A集团军在8月21日将德国纳粹党党旗插在了高加索山脉最高峰厄尔布鲁士峰（Mount

上两图为弗里德里希一卡尔•穆勒。左下为威廉•克里纽斯。右下为沃尔夫冈•托尼。

▲Ⅰ./JG 53大队的几位能人。战绩达到百架值得庆祝，卡尔•穆勒在1942年9月16日战绩达到101架，他在当天喝着香槟庆祝这一成绩。克里纽斯和托尼的更多照片参见上文。

Elbrus）上，北部的B集团军也在8月底抵近到斯大林格勒郊区，这里的战斗所具备的战略意义远远超过获得高加索油田。但是，就是“几乎达到的目标”在最后一刻却是相当地难，A集团军在厄尔布鲁士峰上插一面旗，拍一拍记录片鼓舞士气后就没能再向前推进一步，油田就在眼前的黑海沿岸地区，德国士兵只有看的份儿了；斯大林格勒的情况有点不同，那就是这座城市伏尔加河西岸极小的一块区域仍牢牢地控制在苏军手中，这里，后来成为苏军战略反攻的起点。

随着JG 77联队和Ⅰ./JG 53大队的撤离，德国的第二个冬天来临时，广阔的南部战线只留下两个战斗机大队执行空中保护任务。JG 3联队此前已经随保卢斯的第6集团军穿过顿河大转弯处的平原抵达斯大林格勒战场，而JG 52联队取代离开的JG 77联队独自为黑海和高加索前线的德国军队提供防空保护任务。

被帝国元帅戈林强烈批评的JG 52联队在1942年冬天开始后的战斗中一扫此前的晦气，不仅战绩狂升，而且还是苏联前线最为成功的Bf 109联队，说这话有点不地道儿，因为这是苏联战场唯一的还装备Bf 109战斗机的单位，其他单位已经开始换装Fw 190战斗机了。实际上不管装备什么战斗机，战绩是检验成功的唯一标准，JG 52联队在这段时间涌现的超级王牌如雨后春笋般遍地都是。

在1942年的大部分时间里，JG 52联队最为耀眼的明星是赫尔曼•格拉夫，他在短短八个月的时间荣获了德国军队所有四项勋章。1942年1月24日，他因42架战绩而获得“骑士十字勋章”。两个月后，他晋升为9./JG 52中队指挥官。5月14日，当天他获得的7架战果将他的战绩拉升到104架，三天后他获得“橡树叶加骑士十字勋章”，仅仅两天又增加2架战果后，格拉夫获得“佩剑加橡树叶加骑士十字勋章”。

▲苏联空军米格-3战斗机飞行员和地勤人员接受上级视察。遭受巨大苦难后，苏联正在酝酿战略反击，苏联人民付出沉重代价才等到这一时刻。

9月4日，格拉夫成为德国空军第二位战绩达到150架的飞行员，第一位是JG 52联队当时临时代理指挥官戈登•戈洛布少校，他是在8月29日达到这个数字的。军衔晋升为中尉的格拉夫并没有停下脚步，12天后的9月16日，他的战绩跃升

▲德国A集团军向高加索挺进期间，Ⅱ./JG 77大队负责为其提供护航任务，上图背景就是这个大队于1942年7月在克里米亚作战。图中Bf 109F-4是5./JG 77中队安东•哈克尔的座机。

到172架，这是整个德国空军中战绩最高的，他因此名正言顺获得了“钻石加佩剑加橡树叶加骑士十字勋章”。又半个月后，格拉夫的战绩达到200架，这又是德国空军中最高的，也是第一位战绩达到双百的飞行员。

虽然与火箭般上升的格拉夫相比望尘莫及，但JG 52联队的其他飞行员在这段时间的表现也可用“令人惊愕”来形容，只不过格拉夫是个典型罢了。我们可以通过飞行员获勋情况来反映1942年间的战斗，即20多个“骑士十字勋章”，7个“橡树叶加骑士十字勋章”。明星实在太多，以至于该联队大部分战绩为五十几架和六十几架的飞行员几乎不被人提起，如卡尔•哈默尔（Karl Hammerl）、厄恩斯特•祖斯（Ernst Suss）、海因茨－威廉•阿纳特（Heinz-Wilhelm Ahnert）和卡尔•斯蒂芬（Karl Steffen）等。但是，这类飞行员中有些人值得一提，其中之一是利奥波德•斯泰因巴特茨（Leopold Steinbatz）上士，他因战绩达到42架而在2月14日获得JG 52联队第二枚“骑士十字勋章”。

利奥波德•斯泰因巴特茨原来跟格拉夫搭档作后者的僚机，在1942年5月，斯泰因巴特茨的战绩是35架，6月2日，他因战绩达到83架而获得“橡树叶加骑士十字勋章”。两个星期不到的6月15日他当天击落3架敌机，其总战绩达到99架，但是，他没能从此次战斗中返回，他被苏联地面高炮击落身亡。6月23日，他被追授“佩剑加橡树叶加骑士十字勋章”，这是整个德国军队中第一位获得此勋章的士官。

6月3日，1架苏联皮特亚科夫皮-2（Pe-2）双发轰炸机被3./JG 52中队指挥官赫尔穆特•贝内曼中尉击落，这架敌机是JG 52联队二战以来的第2000架战果。战绩提升得这么快，损失也不是没有，就在6月2日，JG 52联队损失第一位联队指挥官，威廉•莱斯曼（Wilhelm Lessmann）少校在当天战斗中被苏联地面高炮击中身亡。

JG 52联队继任者是上文提到的弗里德里希•贝克，他是维尔纳•莫尔德斯的

▲赫尔曼•格拉夫是1942年苏联战场最耀眼的明星，短短八个月里就获得了四种逐级升高的勋章。图中是他不同时期击落敌机总数。

▲赫尔曼•格拉夫就是驾驶着这架Bf 109G-2战斗机取得的第150架战果，这架飞机的垂尾上没有击落敌机的标志，可能是那段时间单位刚刚由Bf 109F换装到Bf 109G型号。

好友，后者离任JG 51联队指挥官推荐贝克顶上。贝克在1941年7月21日被任命为JG 51联队指挥官，这位颇不受下级欢迎的冷漠指挥官在1942年4月9日被调到德国航空部任职。两个月后的6月3日，他被任命为JG 52联队指挥官接替阵亡的莱斯曼。但是，贝克在JG 52联队任职还不到三个星期就以相同的方式阵亡。1942年6月21日，贝克驾驶着他心爱的Bf 109F-4（序列号Wk-Nr 13362）座机与僚机去哈尔科夫东部地区执行低空侦察任务，在瓦卢基（Waluiki）东部，他发现一处停满战斗机的苏联空军机场。就在这时，天空中突然出现一大群拉格-3（LaGG-3）战斗机，毫不畏惧的贝克立

▲利奥波德•斯泰因巴特茨在一个多月的时间里战绩狂升50多架，他是德国空军获得“佩剑加橡树叶加骑士十字勋章”唯一的士官。事实情况是他的战绩上升太快，还未来得及晋升。

被任命为JG 52联队代理指挥官，在任代理指挥官的八个星期里，戈洛布取得43架，战绩也达到150架。

7月中旬，Ⅰ./JG 52大队和Ⅲ./JG 52大队开始换装更先进的Bf 109G型号飞机，“布伦斯威克行动”的这个阶段，南部的先头部队已经深入到高加索腹地。就在Ⅱ./JG 52大队和Ⅲ./JG 52大队紧随德国地面部队向前推进时，此时赫尔穆特•贝内曼上尉（晋升了）任指挥官的Ⅰ./JG 52大队却扮演了“消防队”（或称“灭火队”）角色，这是德国空军根据单位的作战任务性质而常用的一个词，也就是这个单位在短时间内部署到其他战事危急战场去解困（围）。在缺少战斗力量的苏联战场，这种做法比较有效，而整个德国空军的二战全局也是如此，上文提到的JG 27联队、JG 77联队调离苏联战场和Ⅰ./JG 53大队来了又走就是这个道理。

不管是哪种级别的“灭火队”都不轻松，Ⅰ./JG 52大队在夏季攻击期间频率穿梭于南部和中部战线之间，距离横跨黑海刻赤半岛（Kerch Peninsula）到莫斯科地区，甚至超过莫斯科，其间这个大队几乎就没停止过战斗，从飞行员取得的战果就可以看出战斗的频繁程度。8月23日，

即投入战斗，在击落至少2架敌机后，他的僚机看到贝克的Bf 109F-4飞机被机场防空炮火击中，贝克随座机坠向地面。毫不例外，不管事实是什么，绝不能说是被苏联战斗机击落的，德国丢不起这个脸。笔者再多说几句，飞行员对己方地面高炮阵地必须十分了解，通常如果敌机在己方阵地上空则不会发起攻击，反之，交战空域下方不是高炮阵地。同样，高炮部队在一般情况下对进入阵地上空的飞机格杀勿论，现代空军一般有敌我识别装置来判明飞机性质，二战时即使没有敌我识别装置肯定也有其他的手段来识别敌我飞机。笔者读了大量关于Bf 109战史就发现西方作者一个明显的倾向是丑化和抹黑苏联，立场不够公正，甚至所举事例前后矛盾，要么不合常理。不排除西方作者引用的资料是德国的资料，德国人丑化在先了。

没想到JG 52联队的新任指挥官这么快就阵亡，JG 77联队的戈登•戈洛布随后

贝内曼上尉击落1架皮-2轰炸机，这是二战以来Ⅰ./JG 52大队的第600架战果。仅仅一个月后的9月29日，2./JG 52中队指挥官约翰尼斯•维泽（Johannes Wiese）上尉击落的1架拉格-3战斗机成为该大队的第700架战果。大队指挥官贝内曼在11月2日击落的1架米格-3战斗机成为大队第800架，也是他本人第62架战果。飞行员也是人，这么大的作战强度如果不休息很快会顶不住的，因此，11月4日，Ⅰ./JG 52大队将本单位剩余的Bf 109G战斗机全部转交给JG 3联队，飞行员们空手后撤到罗斯托夫休整并再次换装。

在高加索战线作战的Ⅱ./JG 52大队和Ⅲ./JG 52大队也在痛击苏联空军，击落敌机的数量也惊人，但无法掩盖德国地面部队的颓势，也无法阻止苏联空军日益强大。

8月23日，约翰尼斯•施泰因霍夫上尉的Ⅱ./JG 52大队有两名飞行员获得“骑士十字勋章”，4./JG 52中队指挥官格哈德•巴克豪恩在战绩达到59架时获得此勋章，而海因茨•施密特少尉比巴克豪恩少8架获此勋章，但是施密特后来却率先达到百架战绩，因此他在9月16日先获得“橡树叶加骑士十字勋章”，巴克豪恩后来居上，就不提他了。施密特后来升任6./JG 52中队指挥官，他不仅是东线战场著名的王牌，他的另一项能力连哈特曼都无法相比，即他在1943年9月战绩达到173架时从未（在苏联战场）被敌机击落过。但他事实上却被友军匈牙利战斗机击落过一次，而且要了他的命。

简要介绍一下海因茨•施密特的经历，这有助于我们更好地了解德国空军。施密特于1938年11月参加德国空军，在完成了基础飞行训练后，他于1940年7月被分配到梅泽堡战斗机飞行员训练大队（EJGr Merseburg）的第2中队进行最后阶段训练。一个月后的8月12日，他被分配到4./JG 52中队，当时，施泰因霍夫的Ⅱ./JG 52大队正参加英国战役。曾有一段时间施密特代行5./JG 52中队指挥官一职，1941年4月1日，军衔晋升为上士的施密特返回自己的4./JG 52中队。和大部分Ⅱ./JG 52大队飞行员一样，战绩还是鸭蛋的施密特随大队部署到苏联战场，“巴巴罗萨行动”的第四天（1941年6月26日），他以击落1架苏联DB-3轰炸机取得自己的开门红。1941

▲图中是典型的前方简易机场，德国空军称之为前方着陆场，也就是找块空地就作机场来使用，这跟占领的苏联现成机场完全不一样。

年8月12日，施密特迫降（应该是被高炮击伤的）在离战线约70公里的苏军控制地区，他花了六天时间才返回德控区。截至1941年年底，他的战绩仅为15架。

1942年新的战役开始后，施密特开始迈向新的高度。1942年2月1日，他军衔晋升为少尉，并且再次到5./JG 52中队任代理指挥官两个月时间。随后他参加了1942年夏天的夏季攻击，8月1日，他军衔晋升为中尉。8月23日，他因战绩51架获得“骑士十字勋章”，他花一年的时间达到半百战绩，但达到百架大关只用了短短三个星期时间，即9月16日达到这个数字，他也因此获得“橡树叶加骑士十字勋章”。9月30日，他结束5./JG 52中队代理指挥官一职返回德国休假。

1942年11月底返回苏联战场，他回到自己的6./JG 52中队，但此时的情况跟他离开时完全相反，之前是进攻斯大林格勒，现在是忙着为溃败的德国地面部队提供掩护。在后撤到塔甘罗格（Taganrog）和罗斯托夫期间的1943年1月7日，他的战绩上升到125架。1943年2月中旬，在获得第130架战果时他再次被击落在苏军控制区（由上文可知应该是被高炮击落的），这次他花了两天时间穿过亚速海返回德控区。经过三个月的休息，施密特于1943年5月25日重返战场，并且被任命为6./JG 52中队指挥官，战绩是146架。1943年夏天库尔斯克战役进行时，Ⅱ./JG 52大队没有参与战斗，当时大队驻扎在阿纳帕（Anapa，黑海沿岸城市）一带，库尔斯克会战德军失败撤退时，该大队被紧急召来执行防空掩护任务，就在此期间的8月初，施密特获得第150架战果，这是德国空军中第14位战绩达到这个数字的飞行员。8月结束前，他再获23架战果。

1943年9月5日，施密特驾驶着他的Bf 109G-6战斗机（序列号Wk-Nr 15903，“黄色7”号）在匈牙利空军控制的空域失踪，据称，施密特被匈牙利空军战斗机击落。施密特的最终战绩定格在

▲左图中海因茨•施密特面戴笑容地拿着一束鲜花（野花），可能是在庆祝他击落第50架敌机，抑或是庆祝他获得“骑士十字勋章”。

▲一群苏联官兵在检查被击落的施密特Bf 109F-2（序列号Wk-Nr 8980）座机，这架飞机于1942年7月20日在基辅上空被击落。书中提到施密特从未被敌机击落过，因此肯定是被高炮击落的。

173架，当时他是德国空军苏联前线战绩排行第三的飞行员。

Ⅲ./JG 52大队的格拉夫上尉丝毫没有停下脚步的意思，但是，他的战友，8./JG 52中队指挥官冈瑟尔•拉尔后来居上，最终战果超过格拉夫而成为德国空军历史上排名第三的王牌。此前的1941年11月，拉尔曾严重受伤（上文有述），在重返苏联战场仅一个星期不到的9月3日，他因65架战果而获得“骑士十字勋章”。随后的10月26日，拉尔的战绩达到100架，他因此再获“橡树叶加骑士十字勋章”。

同样是在10月，驻扎在高加索迈科普（Maikop，黑海东岸）的JG 52联队的直属单位（队部）来了四名刚从战斗机飞行员学校毕业的少尉（从军衔判断不是新学员，有驾驶其他飞机经历或其他服役经历），联队指挥官迪特里希•赫拉巴克少校热情地欢迎这四名新成员并在机场做了激情演讲，但是，演讲却由于1架被高炮击伤的Bf 109战斗机返航迫降不得不终止，这个生动的场面事实上成了赫拉巴克最好的演讲素材，新到的飞行员更为直观地理解了残酷的战场。48小时后，四名飞行员飞到胡贝图斯•冯•博宁（Hubertus von Bonin）少校

▲德国空军元帅戈林一定后悔说JG 52联队让他失望的话，这个联队诞生的超级王牌在世界航空史上位列第一、第二和第三，这个第三就是图中中立者冈瑟尔•拉尔。

的Ⅲ./JG 52大队驻地索达特斯卡亚（Soldatskaya，迈科普东南小镇），四名飞行员两人被分配到7./JG 52中队，两人到9./JG 52中队，每个飞行员都和一名有经验的士官搭档，为的是有后者教他们如何作战。

埃德蒙德•罗斯曼（Edumund Rossmann）的这位搭档表现出十分强烈的愿望参加战斗，是的，这个念头强烈得过头了。在与罗斯曼共同执行第三次作战任务中，这位新手发现前面有2架暗绿色的飞机，他迫不及待地冲到罗斯曼前面发起了攻击，他射出的子弹没有击中敌机，反倒被敌机围攻，罗斯曼适时为他解了围。但是，麻烦

▲JG 52联队1942年苏联战场上的能人，哈特曼和拉尔下文中有详细配图介绍。

▲Ⅱ./JG 52大队队部在1942年秋天新接收的几架Bf 109G-2飞机。

▲苏联空军轰炸行动越来越频繁，德国空军机场也常遭到轰炸，图中1架德军飞机被炸为两截，远处1架飞机在燃烧。

还没停止，在离基地还有32公里时，他的座机燃油耗尽，不得不找块空地迫降。这似乎是个不祥的开始。

三个星期后的11月5日，他获得第二

▲1942年9月18日，约翰尼斯•斯泰因霍夫的僚机汉斯•瓦尔德曼（Hans Waldmann）上士的Bf 109G-2座机垂尾方向舵被苏联高炮击中，所幸他返回了基地。瓦尔德曼名气虽不太响，战绩也达到了134架。

▲上图是Ⅱ./JG 52大队的地勤人员在维护Bf 109G-2飞机发动机，下图是该大队的1架飞机战斗受伤后返回基地迫降，飞行员无碍。

次机会攻击敌机，这次没违规。当天他参加的四机编队与18架伊尔-2攻击机和10架拉格-3护航战斗机编队遭遇，他成功地击落1架伊尔-2攻击机，但是，他的座机也被目标的碎片击伤，他不得不第二次迫降。这个开始就不顺利的人就是埃里希•哈特曼（Erich Hartmann）少尉，未来德国空军史上，世界空军史上战绩排名第一的王牌飞行员，他的开门红与众不同，跟天才的马尔塞尤完全相反，但这并不妨碍他日后的成长。

哈特曼真的是标新立异，直到三个月后他才取得自己的第二架战果，看看上面一些王牌三个月取得多少战果，看看三个月里斯大林格勒战场发了什么，再看看三个月里德国陆军第6集团军在斯大林格勒的命运变化。

斯大林格勒战役

为德国陆军第6集团军向斯大林格勒推进提供空中掩护的主要是冈瑟尔•吕佐夫的JG 3联队，上文提到的“灭火队”Ⅰ./JG 52大队只是前来帮忙，帮完就走。夏季攻势前的1942年5月，JG 3联队进行了重组，联队队部和Ⅱ./JG 3大队从地中海战场返回到苏联战场，Ⅲ./JG 3大队也从北部暂时平静的伊尔门湖地区返回南部战线。联队原Ⅰ./JG 3大队此前被调往欧洲战线（西线），单位番号也改为Ⅱ./JG 1，也就是这个大队脱离JG 3联队跟别的联队姓了，为此，JG 3联队成立一个全新的Ⅰ./JG 3大队。

随着冯•保卢斯的部队穿过尘土飞扬的干燥平原向伏尔加河方向挺进，JG 3联队在空中遭遇的苏联空军飞机越来越多。此时苏联空军的目标是迟滞敌人的进攻，保卫斯大林格勒，除了列宁格勒，这是另一座苏联人民精神象征的城市，因此必须全力守住。苏联空军投入的作战飞机越来越多，作战规模也越来越大，因此也遭受了非常严重的损失，截至1942年年底，JG 3联队声称取得了2200架战果。

JG 3联队在这段时间里有不少于19位飞行员的战绩达到40－60架，他们均获得了“骑士十字勋章”，但是，联队

▲为保卢斯的B集团军向斯大林格勒推进提供护航任务的主要是JG 3联队，图中是Ⅲ./JG 3大队的Bf 109F-4/Trop飞机（沙尘过滤器被拆除），这个时候很多其他单位都换装Bf 109G型号了。注意飞机发动机整流罩上的U形翅膀的标志，“U”的意思是乌德特（Udet）。原来单位短剑标志在座舱侧下方。

▲这张照片拍摄于1942年5月苏联战场，Ⅰ./JG 3大队在北非战场刚刚被调往苏联前线，飞机仍采用北非迷彩（北非包括几个国家，不一定都是沙漠迷彩）。这架飞机在不久后的一次着陆过程中损坏，飞机被转交给了Ⅰ./SchG 2大队（训练单位）。

只有一人在向斯大林格勒推进的路上（注意这个词，否则无法理解下文）战果增加了100架。联队指挥官吕佐夫在1941年10月取得百架战绩后被禁止升空作战，他的联队队部四机编队也成了“四缺一”，好在1942年5月，原Ⅲ./JG 53大队指挥官沃尔夫－迪特里希•威尔克被调过来重新组成四机编队。已经获得“骑士十字勋章”，并拥有38架战果的威尔克到联队队部后立即证明了他的价值，JG 3联队在苏联战场最后阶段取得的191架战果中有118架属于他个人，还有34架属于瓦尔特•达尔上尉副官，只不过这些战果是驾驶Fw 190战斗机取得的。

1943年8月12日，沃尔夫－迪特里希•威尔克正式被任命为JG 3联队指挥官，吕佐夫则去了战斗机兵种总监任职。担任联队指挥官不到一个月后的9月9日，威尔克因100架战绩而获得“橡树叶加骑士十字勋章”，在12月结束前，他的战绩又增加55架，为此他又获得“佩剑加橡树叶加骑士十字勋章”，获得这个勋章意味着他自动被禁止升空作战。

▲JG 3联队新任指挥沃尔夫—迪特里希•威尔克的Bf 109G-2座机。照片拍摄于1942年9月。

▲早在1942年7月中旬德国军队就推进到斯大林格勒，当时天气还较为炎热。图中是9./JG 3中队的1架Bf 109F-4/Trop飞机（Ⅲ./JG 3大队换装最迟），远处的地勤人员赤膊享受阳光，德军认为拿下斯大林格勒是不会让人等太久的事。

还有两名早期就获得“骑士十字勋章”的飞行员在1942年夏天因战绩达到百架获得“橡树叶加骑士十字勋章”，其中9./JG 3中队指挥官维克多•鲍尔（Viktor Bauer）中尉在7月25日的战斗中击落3架敌机（1架“飓风”战斗机和2架伊尔-2攻击机）而使他的战绩上升到102架，他在第二天就获得“橡树叶加骑士十字勋章”。

整整一个月后，Ⅱ./JG 3大队指挥官库尔特•布兰德勒上尉在战斗中也击落3架敌机，当天第一次战斗

▲苏联南部秋季的雨水非常讨厌，机场泥泞不堪不说，图中Ⅱ./JG 3大队的1架Bf 109G-2飞机掩体成了水塘。有资料称这是6./JG 52中队的飞机，当时驻扎在阿纳帕。

▲转眼就到了冬天，决定命运的时刻到来了，身处战争之中的德国人还不明白这一点。吸取上一年冬天的教训，德国在1942年冬天来临时做好了充足的准备，飞机掩体也不再是挖个坑，堆个土包了事。

中击落的2架拉格-3使他的战绩上升到102架。两天后的8月27日，他获得“橡树叶加骑士十字勋章”。但是，跟鲍尔获得此勋章后不久离开苏联回国到训练学校任职并活过二战不同，布兰德勒少校（后来晋升）在1943年年底死在西线，个人总战绩是172架。

1942年8月底，保卢斯的第6集团军已经进入斯大林格勒与苏军展开了城市巷战。在9月的第二个星期，JG 3联队开始进驻到斯大林格勒城市西部的皮托姆尼克（Pitomnik），这里有一个小型机场，距市区约20公里。进驻该机场后，德国人进行了适当的扩大并修建了堡垒，此后两个月里，这里一直是JG 3联队的主要基地，JG 52联队的单位和Ⅰ./JG 53大队都曾短暂驻扎于此。

看似德军很快就会攻克斯大林格勒，取得重大胜利，但是，一场风暴正在酝酿……

尽管经过两个多月的血腥苦战，保卢斯的德国士兵还是没能把苏军从仅剩的一小块伏尔加河西岸地区赶走，苏联人民和军队付出了无法形容的代价，他们在等待一个重要时刻的到来，终于，就在敌对双方的城市巷战达到高潮时，苏联人的反攻突然开始。苏联人民和军队期盼的时刻——11月19日——来临了。

这次，苏联军队采用的是德国人擅长的钳形攻势，也就是苏军从南北两个方向向斯大林格勒西部挺进并会合，从而实现对仍在斯大林格勒市区内的德国第6集团军的包抄。斯大林格勒的侧翼由德国的盟

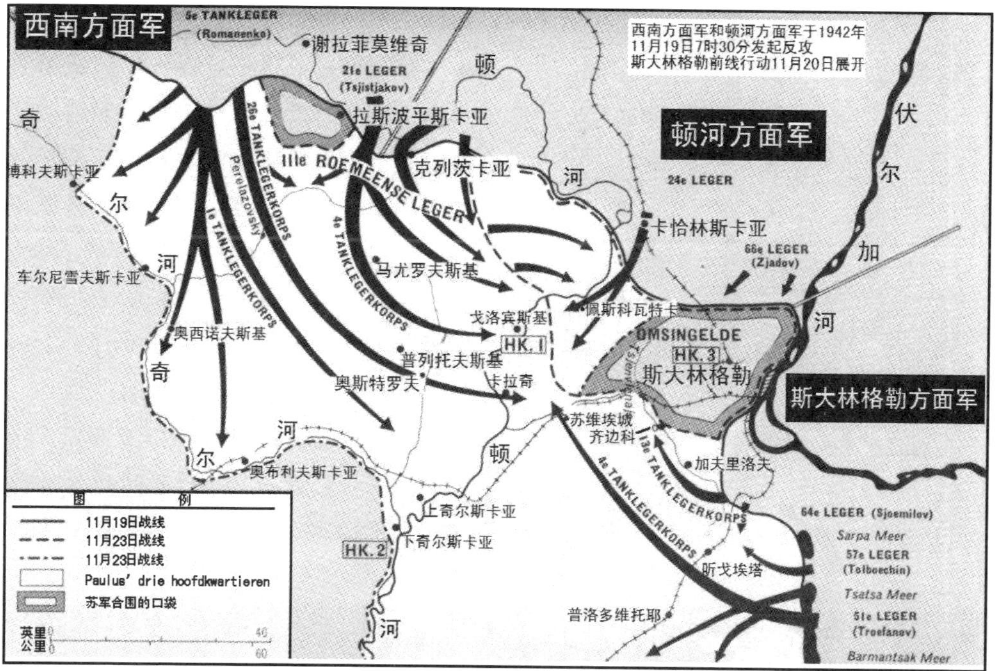

▲斯大林反击战初期作战态势图。所谓的“口袋战”是德国入侵苏联第一年惯常使用的战术，如今苏联人也运用这种战术。这张作战态势图清晰明了地显示了两线夹击并形成合围之势，非英语资料。

国防守，这些仆从国的军队根本不经打，只需一天苏联就突破了他们的防线，三天后，南北两个方向的苏军在斯大林格勒西部70公里处会合，原来的围困者如今变成了被围困者。大口袋扎好了，里面是20多个德国和轴心国作战师，人数约为25万，其中包括德国空军JG 3联队的200名地勤人员，主要是Ⅰ./JG 3大队人员，他们已经无法逃出皮托姆尼克。飞行员们可以飞走，地勤人员不能。

与此同时，JG 3联队能撤走的都撤到斯大林格勒西南300公里处的塔金斯卡亚（Tazinskaya）和莫洛索夫斯卡亚（Morozovskaya），俄语太长，叫起来很费劲，因此德国人简称这两处机场为塔兹和莫洛。驻扎于此的残余JG 3联队主要作战任务是为补给第6集团军的空中运输行动提供护航任务，德国空军Ju 52运输机到包围圈内的皮托姆尼克机场着

▲苏联人的反攻开始了。图中是皮-2（Pe-2）轻型轰炸机，后来它还衍生出类似德国Bf 110的重型战斗机。

▲回敬纳粹德国暴行的只是炸弹。图中是苏-2轻型轰炸机在投掷炸弹，这款飞机座舱后部也有可旋转的炮塔。苏霍伊在二战时期只是崭露头角，如今却是俄罗斯第一大飞机设计局。

▲苏联空军装备的P-40E战斗机，这是根据租借法案由美国提供的。照片拍摄于1943年的卡累利阿。

陆卸货，随后再返回。为了保卫这个重要机场，威尔克少校召集一些志愿者组成了机场防御中队，报名应征的有22名飞行员，他们自愿留在皮托姆尼克机场，3./JG 3中队指挥官鲁道夫•吉梅罗特（Rudolf Germeroth）上尉任防御中队指挥官。但是，防御中队的形势并不好，中队只有2架或3架可以升空作战的飞机，大雪和浓雾也经常导致无法升空，特别是这些人心理承受的压力很重，他们先是感到恐惧，不久就是体会恐惧，这种日子一直持续到1943年1月中旬。

在苏联反击开始后的两个月时间里，尽管面临着前所未有的困难，机场防御中队还是设法击落了130架苏联飞机，该中队这段时间最成功的飞行员是Ⅱ./JG 3大队的库尔特•埃伯内（Kurt Ebener）上士，他一个人的战绩就达到35架，个人战绩也因此上升到52架，并且获得了“骑士十字勋章”。但是，不可避免地，防御中队的伤亡也很严重，这些伤亡中包括一名“骑士十字勋章”获得者，Ⅰ./JG 3大队

▲这是1942年9月的格奥尔格•申克，当时他驾驶的Bf 109F-4战斗机，不久他的单位就换装了Bf 109G飞机，他在12月的战斗中阵亡。

▲地勤人员在用橡胶锤敲除飞机表面的积雪和冰块，这是一项艰苦的工作，不做不行。

的格奥尔格•申克（Georg Schentke）中尉，他在这段时间个人击落29架苏联飞机，包括12月10日击落3架，12月12日在五次任务中击落6架。在圣诞节那天，他击落1架伊尔-2攻击机，这是他的第90架，也是最后1架战果。战斗中他的座机Bf 109G-2（序列号Wk-Nr 13885，“黑色3”号）也被目标的碎片击中，他跳伞后落入苏联控制区，以后的命运不详，总之，没有人再看到他。

1943年1月15日，皮托姆尼克到了最危急时刻，苏联红军缩小了斯大林格勒包围圈，眼看机场就会失守，48小时后，机场防御中队接到命令，能飞的Bf 109G飞机全部撤离。

史诗般的斯大林格勒战役是二战的转折点，在苏联战略反攻的道路上，德国仍在负隅顽抗，希特勒也不想承认无法打败苏联红军，因此，1943年夏季，希特勒决定再发动一次重要夏季反击战，代号为“卫城行动”（Operation Zitadelle），但是，这次战役的失败让希特勒胜利的希望彻底破灭了。

尽管德国空军JG 52联队并没有直接参与最后阶段的斯大林格勒战役，约翰尼斯•斯泰因霍夫上尉的Ⅱ./JG 52大队还是在1942年12月中旬从高加索前线调往斯大林格勒战区，为的是协助德国陆军第4装甲集团军从斯大林格勒西南方向突破一个缺口救出被困的保卢斯部队，行动最终

▲通常情况下，如图中这些损坏的飞机会被送回后方修理，前线机场没有这个维修能力。修理完成后飞机装备二线或训练单位，但是，斯大林格勒战役中德国失败太快，这些飞机根本来不及送回后方。下图中有一片罗马尼亚飞机机翼。

没有成功。在这次救援行动最高潮的12月19日，4./JG 52中队的格哈德•巴克豪恩中尉取得他个人第100架战果。

JG 3联队和JG 52联队后来都参加了1943年夏天的“卫城行动”，但目前的情况是，“布伦斯威克行动”（“卫城行动”）中的德国陆军第17集团军仍在高加索纵深地区，这个集团军的形势也相当危急，沿亚速海北岸向地中海方向推进的苏联红军切断了德军北部的退路，不想成为第二个斯大林格勒，德军只能选择从高加索西北的库班半岛（Kuban peninsula）通过刻赤海峡进入克里米亚半岛，最后进入乌克兰。在整个1943年上半年，JG 3联队和JG 52联队的大部分作战行动都在黑海沿岸。

Ⅰ./JG 3大队已经在1943年1月底返回德国本土参与帝国保卫战，库尔特•布兰德勒的Ⅱ./JG 3大队仍在苏联战场支援垂死挣扎的德国陆军，1943年春天，这个大队在库班半岛地区的战斗中有两名飞行员的战绩达到百架大关。1943年4月27日，5./JG 3中队指挥官约阿西姆•基施纳中尉击落2架苏联空军“波士顿”轰炸机（美国根据租借法案提供的），其中1架飞机就是基施纳的第100架战果。基施纳早在去年12月23日就因51架战绩获得了“骑士十字勋章”，他后来成为JG 3联队战绩最高的飞行员，战绩是175架。1943年10月，他被任命为Ⅳ./JG 27大队

▲5./JG 3中队指挥官约阿西姆•基施纳在和手下研究地图，他在斯大林格勒战役中的战绩是51架，他因此获得了“骑士十字勋章”，其后的“卫城行动”中他的战绩狂升到170架，为此获得了“橡树叶加骑士十字勋章”。

指挥官。

基施纳获得百架战果的第二天（4月28日），4./JG 3中队的沃尔夫•埃特尔（Wolf Ettel）少尉在战斗中击落3架拉格-3战斗机，最后一架飞机就是他的第100架战果。但是，埃特尔直到6月1日才获得他的“骑士十字勋章”，而此时他的战绩已经上升到了120架！埃特尔在1942年年底才进入4./JG 3中队服役，当年6月24日他以击落2架苏联伊尔-2攻击机完成自己的开场白。7月10日，他自己也在攻击苏联空军“波士顿”轰炸机时被击落，他从自己的Bf 109F-4（白色1号）座机跳伞逃生，他落在了沃罗涅日附近的苏军控制区，不过他未被抓获，最终花了四天时间返回了单位。1943年2月，埃特尔的中队被调到库班的桥头堡，在最激烈的几个月战斗中，他的战绩猛增，3月击落28架敌机，4月击落36架，其中4月11日一天击落5架。在5月11日击落第120架敌机的战斗中，他的座机Bf 109G-4（序列号Wk-Nr 19453，“白色10”号）被地面高炮击中，他迫降后冒着敌人的炮火返回了德军一侧。当天晚上，他率领一支四机编队去扫射自己的座机，为的是防止重要设备落入苏联人手中。

获得“骑士十字勋章”后，埃特尔被调往地中海战场，并被任命为驻扎在希腊的8./JG 27中队指挥官。7月14日，他在西西里岛上空击落1架英国皇家空军“喷火”战斗机；两天后（7月16日），他又击落2架美国陆航B-24轰炸机和1架“喷火”战斗机，这是他取得的最后胜利。7月17日，埃特尔在执行对地支援任务攻击伦蒂尼（Lentini，西西里岛东岸）东南部英国高炮阵地时被击落身亡，他的座机Bf 109G-6（序列号Wk-Nr 18402）坠毁在附近小村庄。1943年8月31日，他被追授“橡树叶加骑士十字勋章”。埃特尔在250次作战任务中共击落124架敌机。

驻扎在克里米亚半岛北部的Ⅲ./JG 3大队只有一名飞行员在“卫城行动”前的战斗中战绩达到三位数，这个人就是9./JG 3中队指挥官威廉•莱姆科（Wilhelm Lemke）少尉，他在1942年就获得了“骑士十字勋章”，3月16日的战斗中他击落1架拉-5战斗机，这是他个人第100架战果。

与此同时，JG 52联队正从高加索纵深的前线基地后撤，这些沿捷列克河（River Terek）一带分布的机场是二战期间德国空军最东部机场。截至3月中旬，Ⅱ./JG 52大队和Ⅲ./JG 52大队全部撤回去保护目前来说最重要的刻赤海峡，这里是德国陆军第17集团军后撤的瓶颈地带，也是必经的咽喉要地。1943年3月2日，拥有66架战果的瓦尔特•克鲁平斯基（Walter Krupinski）中尉被任命为7./JG 52中队指挥官，去年10月在迈科普机场以独特的追降仪式欢迎哈特曼和其他三名新成员加入JG 52联队的“表演”主角就是克鲁平斯基。如今绰号“庞斯基伯爵”的克鲁平斯基指定哈特曼作他的僚机，后者的此时战绩已经上升到4架。

相比之下，4./JG 52中队的威利•内米茨（Willi Nemitz）军士长是一位前线最老的老兵之一，他当时的年龄已经是32岁，几乎比一些新成员大一半，因此他也有一个“老爹”称号（上文中已经有三人绰号叫“老爹”了）。这位在苏联战役当天取得开门红的飞行员，战绩不算差，服役时间也不短，不清楚为什么他连个少尉军衔都没混上。3月11日，内米茨因54架战绩获得“骑士十字勋章”，但是，整整一个月后，再获27架战果的内米茨在一次与苏联战斗机的格斗中被击落身亡。当时的战斗就爆发在Ⅱ./JG 52大队的阿纳帕基地上空，苏联空军已经不是过去被动挨打的角儿了。

4月20日，8./JG 52中队指挥官冈瑟尔•拉尔上尉认领了JG 52联队的第5000架战果，又过11个星期后，这个战绩上升到6000架。惊人战绩的背后是沉重的代价，众多伤亡中包括3./JG 52中队指挥官鲁道夫•梅蒂希（Rudolf Miethig）中尉（死后追授上尉）。梅蒂希1941年春天就在3./JG 52中队服役，“巴巴罗萨行动”开始时他的中队正驻扎在荷兰，在此，他于1941年秋天首开记录击落1架英国皇家空军“喷火”战斗机。梅蒂希也是JG 52联队1942年间20多个“骑士十字勋章”获得者之一，获勋时间是10月29日，他的战绩是50架，同一天获勋的克鲁平斯基的战绩为53架。1943年6月10日，鲁道夫•梅蒂希的战绩达到100架。就在6月10日这次发生在库班桥头堡上空的战斗中，击落第101

▲4./JG 52中队的格哈德•巴克豪恩中尉的Bf 109G-6座机，这张照片拍摄于1943年春天。

架敌机后，他的座机Bf 109G-2（序列号Wk-Nr 14602）也与他的牺牲品在空中相撞，他的座机一侧机翼被撞掉。有资料称他是撞下敌机的。

7月初，JG 52联队队部、Ⅰ./JG 52大队和Ⅲ./JG 52大队从黑海沿岸地区后撤到乌克兰本土准备参加“卫城行动”，德国的第三次夏季攻势主要目标就是消灭奥廖尔和哈尔科夫之间的苏联突出部，突出部的中间位置就是苏联重要的铁路枢纽中心库尔斯克。苏联的突出部就像一个拳头直指西方，不仅如此，这个突出部再向前（西）延伸就会将德国的中部战线和南部战线分开。

库尔斯克战役在军事史上因其装甲部队会战而闻名，空中行动只是一个重要的配角。参加此次战役包括德国空军八个战斗机大队，这些单位被部署在库尔斯克突出部的北翼和南翼，其中北翼是四个装备Fw 190战斗机的大队，而南翼是四个装备Bf 109G战斗机的Ⅱ./JG 3和Ⅲ./JG 3大队、Ⅰ./JG 52和Ⅲ./JG 52大队。

▲1943年夏季来临，但是德国人没有时间享受苏联南方惬意的天气。图中是13./JG 52中队的Bf 109G-4/Trop飞机，可以跟上一张Bf 109G-6比较。注意看增压器进气口前方八个小黑点，这是沙尘过滤器安装点，这说明过滤器已经被拆除。

▲Ⅰ./JG 52大队约翰尼斯•维泽的Bf 109G-6座机停放在简易掩体内，如果下雨就麻烦了。照片拍摄于1943年的阿纳帕，德军从这里开始漫长的逃亡之路。

1943年7月5日清晨，“卫城行动”正式开始。战役爆发仅几个小时里，那些参加过“巴巴罗萨行动”的老兵再次重温两年前的巨大成功，那些没参加过1941年6月22日战斗的飞行员也在这两年与苏联空军的作战时间里积累了足够的经验。“卫城行动”第一天战事结束，据估计，苏联空军损失了432架作战飞机，绝大多数是轰炸机和对地攻击机，当天苏联空军出动大量此类飞机以便阻止德国装甲部队的推进。

库尔特•布兰德勒少校的Ⅱ./JG 3大队当天取得77架战果，其中2架在间隔七小时的两次战斗中被击落的伊尔-2攻击机分别成为大队两名飞行员的第150架战果，第一架属于5./JG 3中队指挥官约阿西姆•基施纳，这架也是当天他击落的9架敌机之一；第二架属于大队指挥官本人，这架也是他当天5架战果之一（4架伊尔-2攻击机和1架雅克-1战斗机）。另一位飞行员，4./JG 52中队指挥官维尔纳•卢卡斯（Werner Lucas）中尉也在当天击落5架敌机，他的战绩上升到92架。

Ⅲ./JG 3大队当天战绩最高的是8./JG 3中队指挥官埃米尔•比特施（Emil Bitsch）中尉，战果为6架，最后一架是他第80架战果。9./JG 3中队指挥官威廉•莱姆科同样也获得6架战果，但是，其中3架后来未获批准。

在所有参战的战斗机单位中，最为成功的是JG 52联队的两名指挥官，一位是2./JG 52联队指挥官约翰尼斯•维泽上尉，当天他击落了至少12架苏联飞机，战绩也快速跃升到95架，但是，此后五天的战斗中他竟然一架敌机也没击落；另一位是7./JG 52中队指挥官瓦尔特•克鲁平斯基，他的当天战果为11架。但是，庞斯基伯爵在击落最后1架飞机时也严重受伤，此后的六个星期里，他的僚机埃里希•哈特曼代行7./JG 52中队指挥官一职。哈特曼在“卫城行动”第一天取得4架战果，总战绩刚刚达到21架。

48小时后，约翰尼斯•维泽的2./JG 52中队一名飞行员保罗－海因里希•达内（Paul- Heinrich Dahne）中尉击落1架敌机，这是Ⅰ./JG 52大队的第800架战果，也是JG 52联队的第6000架战果。

与空中战斗取得巨大成功相比，德国地面部队的战斗却困难重重，苏联红军正在筹划在该地区发动一次重要的攻势，不久苏联军队和德国部队就进行了一场规模浩大的会战。虽然第一次将重达55吨的“虎”式坦克投入战场，德国装甲部队还是未能突破苏联的钢铁防线。仅仅

▲近处是Ⅲ./JG 3大队指挥官沃尔夫冈•埃瓦尔德（Wolfgang Ewald）少校的Bf 109G座机，天上有3架Ju 87“斯图卡”俯冲轰炸机刚刚升空。

▲瓦尔特•克鲁平斯基正爬出Bf 109G-2座机，他在“卫城行动”当天的战斗中击落11架苏联飞机。

▲7./JG 52中队地勤人员正在维护埃里希•哈特曼的Bf 109G-6座机。跟那些战绩已经达到近200架的人相比，哈特曼此时的战绩刚刚过20架。

▲图中是7./JG 52中队赫尔伯特•梅施勒的Bf 109G-4座机，苏联解释这张照片称飞机是被苏联战斗机击落的，注意看机身有几处弹孔。德国声称这架飞机是被高炮击落的。

八天后，希特勒不得不承认“卫城行动”没有达到战役目标。由于同一时期，盟军于7月9日开始实施西西里岛登陆战役，眼看该岛不保，德国的南部欧洲面临着巨大威胁。不得已，希特勒下令大部队装甲部队后撤。

7月21日，JG 3联队的埃米尔•比特施和瓦尔特•卢卡斯战绩都达到百架。在7月结束前，布兰德勒和基施纳的战绩都上升到170架，为此，约阿西姆•基施纳在8月2日获得“橡树叶加骑士十字勋章”，而布兰德勒早在一年前战绩为100架时就获得了这个勋章。

JG 3联队这段时期里有一位战绩为32架的士官格哈德•泰本（Gerhard Thyben）中士，在强手如云的JG 3联队他的军级较低，因此战斗中只有作僚机的份儿。但是，他被调往JG 54联队并换装Fw 190战斗机后，属于他的时代终于到来，他最终战绩达到157架。1943年8月初，泰本随Ⅱ./JG 3和Ⅲ./JG 3大队返回德国本土与JG 3队部和Ⅰ./JG 3大队一道参加帝国保卫战，只留下JG 52联队仍奋战在东线战场。

战略溃败，边撤边打

由于欧洲南部战事危急，希特勒于7月13日紧急叫停"卫城行动"，事实上，德国的反击行动以彻底失败告终。"卫城行动"的终止也是Bf 109战斗机在东线战场故事的终点，随后的几个月，JG 52联队的几个单位不断变换部署地点，要么去"救火"，要么是后撤，对他们来说，这个过程就是从一个火坑跳到另一个火坑，突尼斯战役的一幕同时在几个战场重现。与此同时，苏联红军的力量不断增加，而且也在积蓄更大的力量把矛头指向德国，等待JG 52联队（也是纳粹德国）的命运就是绝望和灭亡。

当时的形势是，JG 52联队在一处机场作战没多久，他们的机场就被苏联的坦克所围困，他们不得不仓皇收拾铺盖转移；空中的情况也不乐观，苏联的战争潜力发挥出来后，德国人发现其作战飞机数量是德国的十倍，甚至数十倍之多。苏联作战飞机的质量和性能也达到或超过了德国飞机的水平，虽然战术使用上还有不足，但苏联人绝对比德国人更经得起消耗。在那段时间里，德国人经常会在一觉醒来后发现自己还活着，这简直就是一个奇迹。德国曾经创造了世界上最成功的飞行员，但若再想复制过去的"辉煌"几乎不可能，战争是综合国力的比拼，德国弹丸之地没有优势可言，只能逞一时之勇。

回过头来看看"卫城行动"（即库尔斯克战役）失败后JG 52联队颠沛流离的生活，行动被取消后的几天里，Ⅰ./JG 52大队从哈尔科夫转移到西南100公里处的波尔塔瓦（Poltava），Ⅲ./JG 52大队则向北转移到奥廖尔，但是，在此才呆了五天就不得不再次返回南部基地。就是在这个时候，未来最闪耀的明星才真正施展自己的才能，他就是埃里希•哈特曼。

8月3日击落4架苏联战斗机中的最后1架使得哈特曼的战绩达到50架，截至8

▲5./JG 3中队指挥官约阿西姆•基施纳在"卫城行动"开始仅几分钟后便击落1架伊尔-2攻击机，这是他第150架战果，据称也是5./JG 3中队第500架，Ⅱ./JG 3大队第2000架战果。实际上当天行动中他击落9架苏联飞机，最后1架是他的第158架战果。

月中旬，哈特曼以每天多架战果的势头让他的战绩很快上升到80多架。8月29日，拥有113架战果的9./JG 52中队指挥官贝特霍尔德•科茨（Berthold Korts）少尉在战斗中失踪（巧合的是就在当天他刚得知获得了“骑士十字勋章”），大队指挥官冈瑟尔•拉尔推荐哈特曼接任科茨（9月3日正式上任）。已经获得了90架战果的哈特曼在他任9./JG 52中队指挥官的一年时间内就将他的战绩提升到了令人无法置信的301架，他后来的座机涂装很有特色，每架飞机的机头整流罩上都是黑色郁金香花瓣图案，因此他获得了“黑色死神”称号，这是苏联称呼的，同样德国人称伊尔-2攻击机是“黑色死神”。

哈特曼不仅是个优秀飞行员，他教导年轻飞行员也很有一套，在他的指导下，飞行员掌握了空战胜利的简单有效的四步法，即锁定（或称搜索，本意是搜索确定要攻击的目标）－决定－攻击－脱离。采用这种方法空战让他的中队很多飞行员取得了很高的战绩，不久，整个“卡拉亚”（Karaya，9./JG 52中队的无线电呼叫代号）中队都和他们年轻的中队指挥官一样在德国家喻户晓。实际上，哈特曼对于自己的战绩十分看轻，他觉得最感骄傲的是战斗中从来没有失去过自己的僚机，也就是僚机有危险，他宁可放弃唾手可得的攻击机会。

“卫城行动”时仍留在库班作战的Ⅱ./JG 52大队此时也转移到哈尔科夫的波尔塔瓦地区，9月1日，格哈德•巴克豪恩上尉被任命为Ⅱ./JG 52大队指挥官。六天后，初出茅庐的赫尔穆特•利普弗特（Helmut Lipfert）少尉接任6./JG 52中队指挥官，中队原指挥官就是上文提到的海因茨•施密特，被匈牙利战斗机击落丧

▲1943年9月3日正式出任9./JG 52中队指挥官后，埃里希•哈特曼就一直驾驶Bf 109G-6战斗机。

▲一箭穿心图案是哈特曼9./JG 52中队的著名标志，这个图案下方的白色字是“Karaya”（9./JG 52中队的无线电呼叫代号）。心形图案内左上方的白色字（心形图案不是白色，但颜色较浅，因此白色字体在远处看不到）是“Ursel”，哈特曼常称呼他的女友/妻子乌尔苏拉（Ursula）为Ursel或Usch。

生的那位。

再回到Ⅲ./JG 52大队，1943年9月，大队指挥官冈瑟尔•拉尔获得“佩剑加橡树叶加骑士十字勋章”，他在9月12日战绩达到200架，而9./JG 52中队指挥官埃里希•哈特曼在这个月战绩刚达到100架，他的第100架战果是在9月20日战斗中击落的4架敌机，其中1架P-39“空中眼镜蛇”（Airacobra）是他的第100架战果，其他3架是拉-5战斗机。

▲冈瑟尔•拉尔在9月12日战绩达到200架，拉尔（左一）和同事在庆祝这一标志性事件。

仅仅一个多月后的10月29日，哈特曼击落的另1架“空中眼镜蛇”成为他的第148架战果，这架战果也让他获得了“骑士十字勋章”，在这个阶段，战绩达到150架才能被人称为专家，但对于这个级别勋章来说，确实太迟了。此时，哈特曼的战果仍比自己的朋友加导师的瓦尔特•克鲁平斯基（7./JG 52中队指挥官，上文提到战斗负伤休战一段时间）的150架少2架，后者的第150架战果是10月1日取得的，但是，克鲁平斯基在整整一年前因战绩53架就获得了“骑士十字勋章”，哈特曼的这个勋章来得迟可能是风雨飘摇的帝国体系出现了问题。

▲两个半月后的11月28日，拉尔的战绩达到250架，苏联的飞机实在太多了。

在获得“骑士十字勋章”后，哈特曼返回德国休假一段时间，因此直到1943年最后一天他才获得第150架战果。JG 52联队的两名大队指挥官的战绩仍然遥遥领先，冈瑟尔•拉尔在11月28日战绩达到250架，而48小时后的格哈德•

▲格哈德•巴克豪恩也在庆祝他的第250架战绩，不过，这是1944年2月13日的事了。

▲很多国家空军允许飞行员在座机上喷涂自己的吉祥物或代表私人的图案，格哈德•巴克豪恩的幸运数字是“5”，而座舱侧面是他妻子的名字，整个二战期间巴克豪恩的座机都使用这两个个人标志。

巴克豪恩的战绩也上升到200架。

跟上述的情况一样，飞行员战绩突飞猛进，而德国地面战斗却一败涂地。11月6日，苏联红军解放基辅，德军整个南线面临着全线崩溃的危险。约翰尼斯•维泽如今任指挥官的Ⅰ./JG 52大队被立即命令转移到基辅南部马拉加－威斯卡（Malaja-Wiska），不久，Ⅱ./JG 52大队和Ⅲ./JG 52大队也部署到这里。

JG 52联队在马拉加•威斯卡也没能呆多久，1944年1月14日凌晨天还未亮，苏联装甲部队偷袭了已经打包准备撤离的机场，JG 52联队遭受了一定的损失，不仅有大量人员伤亡，还有8架飞机被毁，这些飞机的尾部有明显被苏联坦克碾过的痕迹。匆忙应战的德军机场守护部队将苏联部队赶出机场后，天刚露出一丝光亮，剩余的Bf 109G飞机赶紧升空逃离到邻近机场。

尽管德国南部战线在苏联战场的第三个冬天里情况不如前两个糟糕，但是南方相对温度高带来的烂泥问题却给德国空军带来很大麻烦，至少有六名飞行员因机场跑道泥泞在起飞和着陆过程中失事，烂泥粘住飞机导致发动机经常过热，飞机必须尽快升空以期减少阻力，但此时飞机的起飞速度不够；飞机在滑行过程中经常被甩起的烂泥糊住发动机散热器。航空燃油的运输也是令人头疼的问题，有的机场只能由马和手推车送来200升油筒，有的机场只有运输车辆才能将燃油运到。

尽管困难重重，战斗仍在继续。在乌曼（Uman，基辅正南200多公里处）地区的行动中，Ⅲ./JG 52大队在60天时间里取得150架战果。1944年3月2日，埃里希•哈特曼击落的10架敌机使他的战绩达到202架，他也因此获得了“橡树叶加骑士十字勋章”，同一天获得此勋章的还有瓦尔特•克鲁平斯基和约翰尼斯•维泽，他俩的战绩分别是177架和125架，他们三人被召集一起飞到阿尔卑斯山脉的贝希斯特加登（Berchtesgaden）山庄接受希特勒亲自颁发勋章。在乘火车前往萨尔茨堡（Salzburg）的途中，他们遇到也去贝希斯特加登的格哈德•巴克豪恩，他也是去接受希特勒亲自颁发勋章的，他因战绩250架获得“佩剑加橡树叶加骑士十字勋章”。

短暂离开战场去会见希特勒是个难得的让身心放松的时刻，但是很快哈特曼和战友就得返回前线继续面对现实。3月13日，JG 52联队另一位不太出名的百架王牌汉斯•达默斯（Hans Dammers）被苏联1架飞机撞落，这位拥有113架战果的“骑士十字勋章”获得者是哈特曼9./JG 52中队成员，四天后达默斯死于严重伤情。

3月18日，埃里希•哈特曼晋升为中尉，此时，Ⅲ./JG 52大队是JG 52联队中最为成功的单位，几天后的3月21日，该大队的战绩达到3500架。这么高的战绩实际上对当前的战场形势没有任何帮助，苏联的春季攻势（乌克兰战役一部分）正在进行。在3月底，Ⅲ./JG 52大队不得不离开苏联战场撤退到波兰境内的利沃夫休整。与此同时，Ⅰ./JG 52大队和Ⅱ./JG 52大队正在克里米亚参加这个半岛最后阶段的战役，这段时间战斗中，Ⅱ./JG 52大队的几位中队指挥官战绩尤为突出。汉斯•瓦尔德曼（Hans Waldmann）上士是4./JG 52中队指挥官，这位1940年才开始进入飞行学校的飞行员在毕业后分配到正在苏联鏖战的JG 52联队，在苏联，瓦尔德曼参加过斯大林格勒战役、高加索、黑海和克里米亚战斗。在获得第84架战果时，他短暂被调往西线参加战斗，其间的1944年1月5日他再获得1架战果（美国B-17轰炸机），因此在2月5日因85架战绩获得“骑士十字勋章”。2月底，瓦尔德海曼返回苏联战场的克里米亚半岛，在此期间的4月17日，他的军衔晋升为少尉并接替战绩80余架的“骑士十字勋章”获得者海因里希•斯特姆（Heinrich Sturm）少尉任

▲苏联空军P-39战斗机和苏联飞行员。

▲苏联也能生产出世界著名的战斗机，图中的拉-5就是公认的二战最好的战斗机之一。

4./JG 52中队指挥官。1944年4月11日，他在战斗中击落2架雅克-7战斗机，这是他第99和第100架战果。5月27日，在苏联战场战绩达到121架时，瓦尔德曼随单位（Ⅱ./JG 52大队的两个中队）后撤到罗马尼亚于斯堡（Hussburg），在此的三天里他击落最后4架东线战果，随后他返回德国参加帝国保卫战，1945年3月18日，他驾驶Me 262战斗机与另1架同型号飞机在空中相撞身亡。瓦尔德曼的最终个人战绩是134架。

1943年5月就出任5./JG 52中队指挥官的威廉•巴茨（Wilhelm Batz）中尉在1944年3月26日因战绩75架获得“骑士十字勋章”，仅两天后他的战绩就达到了百架。4月19日，他取代冈瑟尔•拉尔少校任Ⅲ./JG 52大队指挥官，后者在苏联的战绩达到271架时被调回西线任Ⅱ./JG 11大队指挥官。巴茨的故事远未结束，但他在苏联的战斗到两个月后就结束了，6月，Ⅲ./JG 52大队被部署到罗马尼亚与美国第15航空军作战。在罗马尼亚期间，巴茨击落2架P-51“野马”战斗机和1架B-24“解放者”轰炸机。7月20日，他因战绩188架获得“橡树叶加骑士十字勋章”。不到一个月后的8月17日，他的战绩飙升到200架。截至1944年，巴茨的战绩达到224架。1945年2月，巴茨被任命为驻扎在匈牙利的Ⅱ./JG 52大队指挥官。4月21日，巴茨少校获得“佩剑加橡树叶加骑士十字勋章”，他后来率队向美军投降，个人总战绩是237架。

空缺的5./JG 52中队指挥官由另一位“骑士十字勋章”获得者奥托•芬尼科尔德（Otto Fonnekold）少尉担任，这位新任指挥官当时的战绩超过100架。关于这位战绩达到136架的芬尼科尔德资料非常少，其实战绩低于150架的飞行员资料都不太多，主要原因是高手如云，但是，他的死有点传奇色彩。1944年8月31日，已经返回德国的芬尼科尔德（苏联战场的战绩为133架）在着陆过程中突然遭遇美国陆航的P-51“野马”战斗机的偷袭，迅速放弃着陆重新升空后，他击落3架P-51飞机，但他也被“野马”的12.7毫米机枪子弹射入心脏，令人瞠目的是，在死前，芬尼科尔德竟然驾驶着他的Bf 109G-6（序列号Wk-Nr 441931，黑色9号）座机安全在机场着陆。

6./JG 52中队指挥赫尔穆特•利普弗特少尉这段时间战绩也稳定上升，他的第90架战果诞生在1944年4月5日，为此他获得了“骑士十字勋章”。六天后，他的战绩达到百架。

自从斯大林格勒战役苏联反攻以来，德国军队就一直在战略溃败，库尔斯克战役结束后，德国加速了失败的进程，苏联发动的乌克兰春季攻势很快接近尾声。5月13日，最后一批德国地面部队撤出克里米亚，而Ⅱ./JG 52大队在此前一个星期已经先行撤出。撤出克里米亚的Ⅱ./JG 52大队转移到赫尔松（Kherson，克里米亚西北100公里）喘气，不久Ⅲ./JG 52大队赶来增援Ⅱ./JG 52大队，为的是协助德

▲9./JG 52中队的汉斯•达梅尔斯（Hans Dammers）上士（不久晋升少尉）是个很细心的人，自己造的孽都一一记录在案。垂尾一侧是他击落的100架敌机，另一侧由上至下分别是：23架未被批准的飞机（自认为是自己的战绩）、11架被炸毁在地面的飞机、8列火车头、39辆马拉马车、34辆卡车、3门高炮和1辆半拖挂指挥车。罪大恶极啊！

国地面部队阻止苏联红军沿黑海沿岸向西推进。

但是，JG 52联队的这两个驻扎在赫尔松的大队日子并不轻松，过去极为罕见的苏联空军轰炸机空袭德国机场行动在此时变得极为平常，6./JG 52中队因此损失数架飞机。到了5月9日，形势更糟糕，赫尔松机场已经处在苏联火炮打击范围，慌乱中的Ⅲ./JG 52大队将飞机的装甲和无线电设备拆除以便腾出空间多搭两个人逃离，他们的目的地是罗马尼亚扎尼斯蒂（Zarnesti），每架飞机上都搭着两名机械师。

赫尔穆特•利普弗特是中队最后几架起飞逃离的人员，他的飞机还在滑行时就被苏联炮弹炸伤，这位狼狈的6./JG 52中队指挥官不得不放弃起飞，最后他挤进了大队副官的座舱里才离开是非之地，不是一般的狼狈！

5月10日，JG 52联队取得二战以来的第9000架战果，真不知道是不是该庆祝一下，因为德国正在溃败，再多的战果也改变不了这个现实。逃到罗马尼亚的JG 52联队并没有感到丝毫轻松，东面的苏联红军根本没有停下追赶和痛击德军的步伐，边境对于苏联来说根本就不存在；苏军未到，罗马尼亚境内也不安全，JG 52联队的最新任务是保卫罗马尼亚普洛耶什蒂油田，他们新的敌人是美国重型轰炸机。

占领南部意大利后，美国轰炸机编队可以方便地从意大利起飞对德国南部和罗马尼亚油田实施轰炸，在轰炸普洛耶什蒂油田行动中，美国轰炸机编队穿越亚德里亚海，经过南斯拉夫领空进入罗马尼亚。部署在罗马尼亚的德国战斗机单位拦截美国重型轰炸机和护航战斗机的行动代号为“星光飞行”（Starflights，德文Sternfluge），事实证明，德国战斗机单位拦截行动付出的代价高昂，但战果寥寥，现存的记录表明，JG 52联队在六个星期保卫罗马尼亚油田的行动中只击落15架美国飞机，其中只有3架是重型轰炸机。德国人知道，跟护航战斗机相比，击落重型轰炸机才是最重要的，下文会详细说明击落1架重型轰炸机所获得的分（点）数情况。被击落的3架轰炸机中，有2架B-24轰炸机是赫尔穆特•利普弗特中尉和他的僚机塔曼（Tamen）中士在“星光飞行”行动的6月24日击落的。早先到达的赫尔松Ⅱ./JG 52大队出动了全部力量，即9架Bf 109G战斗机拦截美国轰炸机，当天战斗结束后，这个大队的全部家当就只剩下2架飞机了，赫尔松几乎成了光杆司令。

德国东部的战事不妙，德国本土情况也不乐观，帝国保卫战已经进入高潮，盟军已经实现了从西线和南线同时用重型轰炸机轰炸德国本土目标，规模也开始达到千架水平。比这两处战场更危急的是德国西线，6月6日，盟军从法国诺曼底登陆，为了解围，德国暂时将国内的大部分的战斗力量投入到诺曼底前线试图阻止盟军登陆后向德国推进。差不多已经是空架子的JG 52联队也得为帝国出力才行，为此，联队接到命令要求交出三个中队（每个大队贡献一个）到西线作战。即使这三个中队也没有达到满编状态，既缺飞行员也缺飞机。走了三个中队，JG 52联队真的是什么也干不成了，迫不得已，在1944年下半年里，联队组建了新2./JG 52、4./JG 52和7./JG 52中队，此时，国力不再，JG 52联队再也没有翻身的希望了。

▲JG 52联队狼狈之相难以言表，每到一处机场都只呆几天就得后撤，很多辎重不得不放弃。图中飞机应该是被苏联轰炸机炸翻后遗弃的。

1944年6月，苏联红军发动最后一次大规模夏季攻势，此次战役的目标是消灭中部战线的全部残余敌人，为挺进德国老巢扫清一切阻碍。JG 52联队仍然零星地参与空中行动，但此时德苏双方作战飞机的数量比是1:40，差距甚大。6月底，Ⅲ./JG 52大队转移到中部战线的北面明斯克地区，在此，该大队归JG 51联队指挥。JG 51联队在几个星期前重新装备Bf 109战斗机，据称，其他前线单位急需Fw 190战斗机对付美国重型轰炸机，在供应不足的情况下只得将苏联前线作战单位的奉献出来。这点很好理解，德国空军认为Fw 190更适合拦截美国重型轰炸机，除苏联战场，其他战场到处是黑压压一片美国轰炸机。后来虽然返回德国参加帝国保卫

▲15./JG 52中队（属JG 52联队的独立中队，当时德国很多战斗机联队都有第13、第14和第15中队，这些中队由外籍飞行员组成，但这些中队并没有组成大队）指挥官马托•杜科瓦克（Mato Dukovac）（1918年9月23日－1990年9月）和他的手下，右一为杜科瓦克，他们后面是1架Bf 109G-6飞机。JG 52联队几个外籍飞行员单位中，15./JG 52是克罗地亚飞行员中队，指挥官杜科瓦克是克罗地亚人，二战战绩是44架。杜科瓦克是个立场不坚定的人，1944年9月20日他叛逃到苏联，随后的1944年11月返回南斯拉夫任教官。1945年8月，他再次叛逃到意大利，1946年因反犹太言论遭到指控，他遂到叙利亚参加叙利亚阿拉伯空军与以色列军队战斗。

▲5./JG 52中队部分飞行员，很多人可能看不到纳粹德国的灭亡。

战，但JG 51联队一直到二战结束都装备的是Bf 109战斗机。

尽管此时制空权在苏联一方，JG 51联队在东线战役的最后几个月里仍然诞生了六位战绩过百的飞行员，当然，这些飞行员此前驾驶Fw 190战斗机时已经取得了不俗的战果。JG 51联队战绩最高得主是8./JG 51中队指挥官安东•哈夫纳中尉，他在此前的4月11日因战绩134架获得了“橡树叶加骑士十字勋章”。截至10月17日被苏联空军1架雅克-7战斗机击落阵亡，他的战绩又增加70架（上文有述）。

JG 51联队还有三位时任中队指挥官在这个阶段战斗中表现很成功，这三人都获得了“橡树叶加骑士十字勋章”，还都活过了二战。1./JG 51中队指挥官约阿西姆•布伦德尔在苏联的战绩就达到189架，其中90架是德国人认为非常难以击落的伊尔-2攻击机；3./JG 51中队指挥官冈瑟尔•约斯滕（Gunther Josten）少尉的178架战果中也有60多架是伊尔-2攻击机；第三位，即9./JG 51中队指挥官冈瑟尔•席克（Gunther Schack）少尉的战绩是174架，他在安东•哈夫纳获得“橡树叶加骑士十字勋章”九天后也获得此勋章。

但是，没有人战绩可与JG 52联队的超级王牌相比。7月4日，埃里希•哈特曼以239架战果获得“佩剑加橡树叶加骑士十字勋章”，两个星期后的7月18日，他击落的3架伊尔-2攻击机中有1架是他的第250架战果。他是德国空军中第四位战绩

▲13./JG 52是斯洛文尼亚飞行员中队，图中是该中队的Bf 109G-4战斗机。

▲3./JG 51中队指挥官冈瑟尔•约斯滕的Bf 109G-6座机，照片拍摄于1944年冬天，地点是白俄罗斯博布鲁伊斯克。

达到250架的飞行员。

此时，Ⅲ./JG 52大队已经再次携残余力量转移到波兰的利沃夫地区。7月2日，大队指挥官威廉•巴茨上尉获得“橡树叶加骑士十字勋章”，个人战绩是175架。就在这段时间里，“灭火队”Ⅲ./JG 52大队频繁往来于波兰利沃夫到北部立陶宛，再从立陶宛返回波兰，之后再从波兰到罗马尼亚，之后这个过程再反过来。频繁“灭火”就意味着那里的战事十分激烈，这也是哈特曼战绩后来居上的重要原因。8月23日，哈特曼的战果是8架，8月24日，当天的两场战斗中他击落了不少于11架敌机，战绩也跃升到无法想像的301架，他是世界航空史上第一位达到300架大关的飞行员。24小时后，希特勒发来祝贺电报，哈特曼也获得“钻石加佩剑加橡树叶加骑士十字勋章”，并被命令第二天去东普鲁士元首的狼穴接受希特勒亲自颁发勋章。

哈特曼坚持佩枪会见元首的故事人人皆知了，这次会见中，希特勒第一次极为罕见地向哈特曼承认“军事上，德国输掉了这场战争，哈特曼”。德国很快就会灭亡这是大多数德国人一年前就意识到的简单道理，只是希特勒此时能说出来真不容易。尽管如此，哈特曼很快重返战场继续跟所剩无几的JG 52联队残余一道与苏联红军作战。

8月底，德国的仆从国从罗马尼亚开始纷纷改弦易辙，曾经的盟国，如今却向德国宣战。罗马尼亚反水时Ⅱ./JG 52大队正在该国作战，8月31日，Ⅱ./JG 52大队后撤到匈牙利布达克（Budak），后撤到这里是个糟糕的主意，但也是不得已的办法。布达克离盟军西部战线非常近，或者说这里是盟军西部的后背，盟军怎么能容忍后背扎个刺呢？得给德国点颜色看看，就在当天转移到这个机场时，5./JG 52中队指挥官，拥有136架战果的奥托•芬尼科尔德少尉刚刚着陆仍在滑行时遭到1架P-51“野马”战斗机的扫射而受伤。

同样紧急从罗马尼亚撤离的是Ⅰ./JG 53大队，之前的5月，这个大队从地中海地区转移到罗马尼亚来保护普洛耶什蒂油田。当时有能力轰炸罗马尼亚油田的只有美国陆航重型轰炸机，因此，德国Ⅰ./JG 53大队飞行员主要作战对象就是美国轰炸机和护航战斗机。随着苏联红军洪水般涌来，德国飞行员还得跟苏联空军作战，但是，此一时彼一时，Ⅰ./JG 53大队击落的苏联飞机远非过去可比，这期间大队指挥官于尔根•哈德尔少校仅仅击落4架雅克-9战斗机和1架伊尔-2攻击机。随后Ⅰ./JG 53大队也后撤到匈牙利境内，匈牙利被苏联解放后，这个大队后撤到奥地利部署。这个大队在二战结束前一直在东线（此时的东线指东面，相对于西线和南线而言）与苏联空军作战。在最后六个月里，该大队取得约90架战果，大部分是苏联飞机，只有2架美国飞机，外加1架罗马尼亚人驾驶的Bf 109战斗机。

这段时间Ⅰ./JG 53大队最为成功的飞行员是原6./JG 52中队指挥官，1945年2月15日被任命为Ⅰ./JG 53大队指挥官的赫尔穆特•利普弗特上尉，他任大队指挥官后第一次取得的战果是履职第一天击落的苏联空军2架战斗机，其中最后1架是他第181架战果。他的最后1架战果是4月6日击落的雅克-9战斗机，这也是他第203架战果。24小时后，他获得“橡树叶加骑

▲这样的场景随处可见，德国已经不是任意宰割别人的屠夫了，等待他们的命运是要么投降，要么战死。图中是2./JG 52中队的1架Bf 109G-6飞机战斗中受伤后迫降失事。

▲这是战场照片，却不是战斗照片，换装新飞机后，JG 51联队的一名飞行员驾驶着飞机低空通场为的是给摄影者最佳角度拍照。

士十字勋章”，这是JG 53联队最后一个获此勋章的人。

与此同时，JG 52联队仍在做垂死挣扎，他们每天面对的都是全新的战斗、全新的危险、全新的战果和全新的伤亡。此前的1944年9月1日，埃里希•哈特曼晋升上尉，第二天，接替约翰尼斯•维泽任Ⅰ./JG 52大队指挥官的阿道夫•博尔歇斯（Adolf Borchers）上尉获得他个人第118架战果，这也是JG 52联队二战以来的第10000架战果。这个惊人战绩被德国宣传机构利用大肆渲染以期提振德国人必胜的信心，为此德国国内举行了很多活动以示庆祝，但是，这剂强心针并没有改变德国的失败命运，也没让多少人相信德国会反败为胜。

9月的最后一天，JG 52联队指挥官迪特里希•赫拉巴克中校离开本联队到JG 54联队任指挥官，赫拉巴克自1941年11月1日任联队指挥官一直到1944年9月30日，这个任期是相当长的。接替赫拉巴克的是JG 52联队上下都不陌生的赫尔曼•格拉夫中校，他在任9./JG 52中队指挥官时的1942年9月就获得了“钻石加佩剑加橡树叶加骑士十字勋章”，后来他返回德国参加帝国保卫战（这方面情况见下文），这次再回到老部队领导作战。

同样是9月30日，埃里希•哈特曼上尉卸任著名的9./JG 52中队指挥官一职到新成立的4./JG 52中队任指挥官，接任他的是汉斯－约阿西姆•比克纳（Hans-Joachim Birkner）少尉，他原是哈特曼的僚机。比克纳在一年前才首开记录，而到1944年10月14日，他战绩就跃升到100架。

此时的Ⅲ./JG 52大队已经急速赶往东普鲁士去救火，那儿的苏联红军已经第一次踏上了德国领土。不久，Ⅰ./JG 52大队也部署到这里帮忙。Ⅱ./JG 52大队这时正在匈牙利与苏联潮水般的伊尔-2攻击机作战，据一些飞行员称，他们在伊尔-2飞机尾部实施攻击时，敌机后部机枪手会向他们投掷手榴弹。明显站不住脚的谣言正是恐惧造成的胡言乱语，这足可见德国飞行员对伊尔-2攻击的害怕程度。

1944年年底几个星期由于气候恶劣而使战事稍微平息。在12月，JG 52联队有两名“骑士十字勋章”获得者死于起飞事故，12月14日，9./JG 52中队指挥官汉斯－约阿西姆•比克纳在波兰的克拉科夫（Cracow，波兰最南部）机场起飞时

▲德国空军在苏联本土的时日不多，明知已经失败，但他们收不了手，想收手苏联人也不答应。

因发动机故障导致座机坠毁。八天后，5./JG 52中队指挥官海因里希•斯特姆上尉在匈牙利科索（Csor）机场起飞时因撞到地面一辆卡车而导致座机翻滚，他本人丧生。接替斯特姆的是另一位“骑士十字勋章”获得者彼得•杜特曼（Peter Duttmann）少尉，这位新任指挥官有一项特殊的本领，在Ⅱ./JG 52大队两年的作战生涯中他曾迫降过至少19次，大部分情况是他的飞机被地面炮火击中。在任5./JG 52中队指挥官期间杜特曼结束了二战生涯，他活过了二战，最终的战绩是150架，外加2辆他在1945年摧毁的苏联坦克，在德国的官方记载中，这也算是他的空中战果。

1945年1月4日，格哈德•巴克豪恩少尉成为德国空军第二位（当然也是世界航空史上）战绩达到300架的王牌飞行员。不到两个星期后，巴克豪恩离开Ⅱ./JG 52大队去任帝国保卫战序列中JG 6联队指挥官。接替他的是威廉•巴茨上尉，后者是2月1日从Ⅲ./JG 52大队过来接任的。接替巴茨位置的是原Ⅰ./JG 52大队指挥官阿道夫•博尔歇斯上尉，而接替博尔歇斯任Ⅰ./JG 52大队指挥官的是战绩已经为331架的埃里希•哈特曼。

这种绕人的职位变动对于战斗力提高没有任何帮助，更不会影响战争的进程，这时，快速推进的苏联红军正将Ⅰ./JG 52和Ⅲ./JG 52大队赶出西里西亚（中欧地区）机场。前年在北非突尼斯，德国战斗机单位每到一处机场驻扎都不过一两个星期，而此时的JG 52联队频繁转移机场是以“一天”来计算，因此他们的临时机场被称为“一日基地”。3月中旬，Ⅰ./JG 52和Ⅲ./JG 52大队后撤到捷克斯洛伐克，而Ⅱ./JG 52大队穿过匈牙利进入奥地利。

1945年3月初，埃里希•哈特

▲每次哈特曼出击，他的地勤人员都盼着他的胜利，实际上，他也被击落过多次。画中画是哈特座机上经常采用的图案，“英雄都爱老婆”似乎是真理。

▲5./JG 52中队指挥官奥托•芬尼科尔德在匈牙利巴达克机场着陆滑行时遭到1架P-51“野马”战斗机的扫射而受伤。

▲哈特曼（中立者）和他的Ⅲ./JG 53大队战友，照片左侧为弗里德里希•奥布莱塞（Friedrich Obleser），右侧为查理•格拉兹（Charlie Gratz）。

曼被取消执行作战任务，他的新任务是到莱希费尔德（Lechfeld，德国南部）换装Me 262喷气式战斗机训练。此时战绩已经达到346架的世界最成功的战斗机飞行员要去驾驶他不熟悉的喷气式战斗机，需要大量的时间去适应和训练，德国当前的形势根本不容等待，因此，哈特曼谢绝了阿道夫•加兰德将军盛情邀请加入JV 44专家中队。恰好此时赫尔曼•格拉夫中校发来急电要求哈特曼返回，后者选择回到自己的Ⅰ./JG 52大队到东线继续与苏军作战。

4月17日，哈特曼击落他个人第350架敌机。四天后，Ⅱ./JG 52大队指挥官威廉•巴茨上尉成为德国空军最后一位获得“佩剑加橡树叶加骑士十字勋章”的飞行员。此时获得的个人成功和这种勋章已经变得毫无意义，既无法鼓舞士气，也无法带来任何实质的军事效果。德国首都柏林正在遭受苏联红军炮火的轰击，曾几何时，这里的恶魔曾让世界遭殃，是根除魔都的时候了。

埃里希·哈特曼　格哈德·巴克豪恩　赫尔曼·格拉夫
冈瑟尔·拉尔　瓦尔特·舒克　西奥多尔·魏森贝格尔

▲笔者随意选取的几位苏联战场战绩领先者。

哈特曼上尉的第352架，也是最后1架战果雅克-7战斗机，这是他在1945年5月8日在捷克斯洛伐克布尔诺（Brno）上空击落的。5月8日也是欧洲二战的最后一天。

▲谈到苏联战场，人们最容易想到的就是皑皑白雪，因此本章的题图也选了一张雪地覆盖的机场。上两图是JG 52联队Bf 109G-6飞机，拍摄时间是1943—1944年冬天。

▲这是6./JG 5中队的1架Bf 109G-2战斗机，驻扎在芬兰的德国空军采用的雪地迷彩跟苏联战场采用的近乎全白完全不一样，除了地理环境因素外，冬天也分初冬、深冬和末冬，因此造成雪地迷彩也不一样。

东线战役战绩超过100架的飞行员

姓　名	东线战果①	其他②	KC勋章③	OL勋章	S勋章	D勋章	东线联队④
埃里希•哈特曼	352	—	148	200	239	301	JG 52
格哈德•巴克豪恩	301	—	59	120	250		JG 52
冈瑟尔•拉尔	271	4	65	100	200		JG 52
奥托•基特尔	267	—	123	152	230		JG 54
瓦尔特•诺沃特尼	255	3	56	189	218	250	JG 54
威廉•巴茨	232	5	75	175	?		JG 52
赫尔穆特•利普弗特	203	—	90	203			JG 52 JG 53
赫尔曼•格拉夫	202	10	42	104	106	172	JG 52
海因里希•埃尔勒	200＋	—	41	112			JG 5
瓦尔特•舒克	198	8	84	171			JG 5
瓦尔特•布伦德尔	189	—	95	156			JG 51
安东•哈夫纳	184	20	60	134			JG 51
冈瑟尔•于尔根	178	—	84	161			JG 51
汉斯•菲利浦	177	29	(20)	62	82		JG 54
瓦尔特•克鲁平斯基	177	20	53	177			JG 52
西奥多尔•魏森贝格尔	175	33	38	112			JG 77 JG 5
冈瑟尔•席克	174	—	116	133			JG 51
海因茨•施密特	173	—	51	102			JG 52
马克斯•斯托茨	173	16	53	100			JG 54
约阿西姆•基施纳	167	21	51	170			JG 3
霍斯特•艾德米特	165	1	53	120			JG 54
库尔特•布兰德勒	160	20	49	100			JG 53 JG 3
海因里希•斯特姆	157	—	82				JG 52
格哈德•泰本	152	5	116	?			JG 3 JG 54
汉斯•贝斯文格尔	151	1	47	100			JG 54
彼得•杜特曼	150	—	91				JG 52
约翰尼斯•施泰因霍夫	148	28	35	101	(167)		JG 52
埃米尔•朗	148	25	119	144			JG 54
弗里茨•特格特迈尔	146	—	99				JG 54
戈登•格洛布	144	6	42	85	107	150	JG 3 JG 77
阿尔宾•沃尔夫	144	—	117	144			JG 54
鲁道夫•特伦克尔	138	—	75				JG 77 JG 52
迪特里希•威尔克	137	25	25	100	155		JG 53 JG 3
瓦尔特•沃尔夫鲁姆	137	—	126				JG 52
埃里希•鲁道夫费尔	136	86	(19)	130	210		JG 54
约翰尼斯•维泽	133	—	51	125			JG 52
海因里希•塞茨	132	6	50	76			JG 77

姓名	东线战果①	其他②	KC勋章③	OL勋章	S勋章	D勋章	东线联队④
安东•哈克尔	130	62	48	104	(150)		JG 77
弗兰兹•爱森纳赫	129	—	107				JG 54
阿道夫•博尔歇斯	127	5	78				JG 51 JG 52
海因里希•施特尔	127	3	86				JG 54
库尔特•坦泽尔	126	17	35				JG 51
格哈德•霍夫曼	125+	—	125				JG 52
汉斯•沃德曼	125	9	84	?			JG 52
威廉•莱姆科	125	6	50	125			JG 3
弗兰兹•沙尔	123	14	117				JG 52
弗兰兹•多尔	122	6	95				JG 5
卡尔•格拉茨	121	17	54				JG 52
沃尔夫•埃特尔	120	4	120	(124)			JG 3
海因茨•马夸特	120	1	89				JG 51
弗里德里希•奥伯勒塞	120	—	80				JG 52
约瑟夫•贝伦布劳克	117	—	42	102			JG 51
约阿西姆•比克纳	117	—	98				JG 52
雅克布•诺茨	117	—	70				JG 5
海因茨•维尼克	117	—	112				JG 54
阿道夫•迪克费尔德	115	21	47	101			JG 52
埃尔温•克劳森	114	18	52	101			JG 77
汉斯•达默尔	113	—	51				JG 52
贝特霍尔德•科茨	113	—	113				JG 52
阿尔弗雷德•格里斯劳斯基	109	24	40	(114)			JG 52
迪特里希•赫拉巴克	109	16	(16)	118			JG 54 JG 52
伯恩哈德•费希特尔	108	—	93				JG 51
弗兰兹•沃德希	108	2	80				JG 52
约瑟夫•泽威尼曼	106	20	57	101			JG 52
维尔纳•卢卡斯	105	1	52				JG 3
埃米尔•比特施	104	4	105				JG 3
威廉•赖纳特	103	71	53	103	?		JG 77
海因茨•萨克森贝格	103	1	101				JG 52
维克多•鲍尔	102	4	34	102			JG 3
鲁道夫•梅蒂格	101	—	50				JG 52
乌里希•威尼茨	101	—	82				JG 54
弗里德里希•穆勒	100	40	30	100			JG 53 JG 3
威廉•克利纽斯	100	14	100	100			JG 53

① 包括在罗马尼亚和匈牙利领空击落美国飞机

② 在西线、地中海、巴尔干和帝国保卫战中取得的战果

③ 指获勋时的战绩，有括号的指在其他战场取得的战果

④ 战果中有的是飞行员驾驶Fw 190战斗机取得的

东线战场Bf 109单位的战斗序列

1941年6月21日——“巴巴罗萨行动”

第1航空队——北部战线	单位指挥官	基地	装备飞机型号
Stab JG 54	汉内斯•特劳罗夫特	林登塔尔	Bf 109F 4-3
Ⅰ./JG 54	胡贝图斯•冯•博宁	劳滕贝格	Bf 109F 40-34
Ⅱ./JG 54	迪特里希•赫拉巴克	特拉克尼	Bf 109E/F 40-33
Ⅲ./JG 54	阿诺德•里格尼兹	布卢门菲尔德	Bf 109F 40-35
Ⅱ./JG 53	海因茨•布列特努兹	纽西德尔	Bf 109F 35-33
第2航空队——中部战线			
Stab JG 27	沃尔夫冈•斯切尔曼	索博列沃	Bf 109E 4-4
Ⅱ./JG 27	沃尔夫冈•里皮特	博兹尼基	Bf 109E 40-31
Ⅲ./JG 27	马克斯•多比斯拉夫	索博列沃	Bf 109E 40-14
Ⅱ./JG 52	埃里希•沃伊特克	索博列沃	Bf 109F 39-37
Stab JG 51	维尔纳•莫尔德斯	谢德尔采	Bf 109F 4-4
Ⅰ./JG 51	弗里德里希•乔比恩	斯塔拉维斯	Bf 109F 40-38
Ⅱ./JG 51	约瑟夫•福佐	谢德尔采	Bf 109F 40-23
Ⅲ./JG 51	理查德•莱普拉	哈拉兹	Bf 109F 38-30
Ⅳ./JG 51	弗里德里希•贝克	克泽威卡	Bf 109F 38-26
Stab JG 53	冈瑟尔•冯•马尔特扎	克泽威卡	Bf 109F 6-6
Ⅰ./JG 53	维尔弗里德•巴尔凡茨	克泽威卡	Bf 109F 35-29
Ⅲ./JG 53	迪特里希•威尔克	索博列沃	Bf 109F 38-36
第4航空队——南部战线			
Stab JG 3	冈瑟尔•吕佐夫	豪斯特尼	Bf 109F -4
Ⅰ./JG 3	汉斯•冯•哈恩	杜布	Bf 109F 35-28
Ⅱ./JG 3	洛塔尔•克勒尔	豪斯特尼	Bf 109F 35-32
Ⅲ./JG 3	瓦尔特•奥桉	摩多罗夫卡	Bf 109F 35-34
Stab JG 52	汉斯•特鲁本巴切	布加勒斯特	Bf 109F 4-3
Ⅲ./JG 2	哥哈德•汉德里克	米济尔	Bf 109F 43-41
Stab JG 77	伯恩哈德•沃尔登加	巴克乌	Bf 109E 2-2
Ⅱ./JG 77	安东•玛德尔	罗曼	Bf 109E 39-19
Ⅲ./JG 77	亚历山大•冯•温特费尔德	巴克乌	Bf 109E/F 35-20
Ⅰ.（J）/JG 2	赫尔伯特•伊勒费尔德	扬卡	Bf 109E 40-20

1942年7月——“布伦斯威克行动”

第1航空队——北部战线			
Stab JG 54	汉内斯•特劳罗夫特	西维尔斯卡亚	Bf 109F 2-1
Ⅰ./JG 54	汉斯•菲利浦	卡拉斯诺戈沃迪斯克	Bf 109F/G 40-25
Ⅱ./JG 54	迪特里希•赫拉巴克	莱耶尔比特兹	Bf 109F 40-28
Ⅲ./JG 54	莱因哈德•席勒	西维尔斯卡亚	Bf 109F 22-18
Lw. Kdo. Ost——中部战线			
Stab JG 51	卡尔•戈特弗里德•诺德曼	奥廖尔	Bf 109F 2-1
Ⅰ./JG 51	海因里希•克拉夫特	维亚济马	Bf 109F 31-15
Ⅱ./JG 51	哈特曼•格拉塞尔	奥廖尔	Bf 109F 34-30
Ⅲ./JG 51	理查德•莱普拉	维亚济马	Bf 109F 37-22
Ⅳ./JG 51	汉斯•克瑙特	塞琴斯卡亚	Bf 109F 36-29
第4航空队——南部战线			
Stab JG 3	冈瑟尔•吕佐夫	北米列罗沃	Bf 109F 3-2
Ⅰ./JG 3	吉奥格•米夏勒克	莫罗索夫斯卡亚	Bf 109F 24-9
Ⅱ./JG 3	库尔特•布兰德勒	米列罗沃	Bf 109F 22-10
Ⅲ./JG 3	卡尔•海因茨•格雷斯特	米列罗沃	Bf 109F 25-12
Stab JG 52	赫尔伯特•伊勒费尔德	塔甘罗格	Bf 109F 4-4
Ⅱ./JG 52	约翰尼斯•施泰因霍夫	塔甘罗格	Bf 109F 40-24
Ⅲ./JG 52	胡贝图斯•冯•博宁	哈尔科夫	Bf 109F/G 35-20
Ⅰ./JG 53	赫尔伯特•卡明斯基	哈尔科夫	Bf 109F/G 40-8
Stab JG 77	戈登•格洛布	卡斯托尔诺耶	Bf 109F 4-4
Ⅱ./JG 77	安东•玛德尔	卡斯托尔诺耶	Bf 109F 23-16
Ⅲ./JG 77	库尔特•乌本	刻赤	Bf 109F 27-21
第5航空队——北极战线			
Ⅱ./JG 5	霍斯特•卡尔加尼科	贝萨摩	Bf 109E/F 35-25
Ⅲ./JG 5	冈瑟尔•朔尔茨	贝萨摩	Bf 109E/F 23-17

1943年7月——“卫城行动”

第4航空队——南部战线			
Ⅱ./JG 3	库尔特•布兰德勒	哈尔科夫—罗干	Bf 109G 46-30
Ⅲ./JG 3	瓦尔特•达尔	别索诺夫卡	Bf 109G 36-25
Stab JG 52	迪特里希•赫拉巴克	基尔沃托罗夫卡	Bf 109G 4-2

Ⅰ./JG 52	赫尔穆特•贝尼曼	波尔塔瓦	Bf 109G 36-27
Ⅱ./JG 52	赫尔穆特•库勒	阿纳帕	Bf 109G 42-27
Ⅲ./JG 52	冈瑟尔•拉尔	奥廖尔	Bf 109G 31-14
第5航空队——北极战线			
Ⅱ./JG 5	库尔特•科特纳	阿拉库尔蒂	Bf 109E/F/G 23-18
Ⅲ./JG 5	海因里希•埃尔勒	贝萨摩	Bf 109E/F/G 26-24

1944年6月26日——苏联夏季攻势

第6航空队——中部战线			
Ⅰ./JG 51	埃里希•莱厄	奥尔沙	Bf 109G 35-20
Ⅲ./JG 51	冯•埃歇尔•施特赖贝尔	博布鲁伊斯克	Bf 109G 31-14
第4航空队——南部战线			
Stab JG 52	迪特里希•赫拉巴克	曼扎尔	Bf 109G 1-1
Ⅰ./JG 52	阿道夫•博尔歇斯	列普兹克/鲁姆	Bf 109G 23-20
Ⅱ./JG 52	格哈德•巴克豪恩	曼扎尔	Bf 109G 11-7
Ⅲ./JG 52	威廉•巴茨	罗曼	Bf 109G 19-15
Ⅰ./JG 53	于尔根•哈德尔	塔格索卢尔	Bf 109G 28-24
第5航空队——北极战线			
Ⅲ./JG 5	弗兰兹•多尔	贝萨摩	Bf 109G 24-21

1945年东线战场（不再是苏联战场）

Lw. Kdo. Ostpreussen——北部战线			
Ⅰ./JG 51	冈瑟尔•席克	利陶斯多夫	Bf 109G 10-8
Ⅲ./JG 51	约阿西姆•布伦德尔	容克特罗伊尔霍夫	Bf 109G/K 23-7
第6航空队（Luftflotte 6）——中部战线			
Stab JG 52	赫尔曼•格拉夫	德语区布罗德	Bf 109G 8-7
Ⅰ./JG 52	埃里希•哈特曼	赫鲁迪姆	Bf 109G 37-34
Ⅲ./JG 52	阿道夫•博尔歇斯	德语区布罗德	Bf 109G 40-33
第4航空队（Luftflotte 4）——南部战线			
Ⅱ./JG 51	奥托•舒尔茨	瓦格拉姆山麓赀尔斯	Bf 109G 7-5
Ⅱ./JG 52	威廉•巴茨	霍琴(奥地利北)	Bf 109G/K 55-36
Ⅰ./JG 53	赫尔穆特•利普弗特	霍琴(奥地利北)	Bf 109G 27-25

第六章　帝国保卫战——大厦将倾，孤注一掷

德国空军长达820天的帝国保卫战是二战的重要转折点之一，这是公认的，也不难理解，二战之初德国势如破竹地摧毁其他国家的空军，本国防空除了英国零星的空中行动外基本上未受什么影响。希特勒入侵英国的“海狮计划”失败后，英国开始穿越海峡对德国军事目标实施空中打击。1943年年初是二战战略上的一个重要节点，因为年初的几个星期里，西部战线的空中战争进入一个全新的阶段，也就是德国空军由进攻态势全面转变为不可逆转的防守态势。回顾前一两年就会发现这种有趣的转弯过程，仅从空军战役看，德国先是穿越海峡试图消灭英国皇家空军，之后是大规模轰炸工业和政治中心城市，“海狮行动”被迫取消后，海峡沿岸的德国空军穿越海峡执行零星的作战任务；进入1942年后，英国皇家空军把这个过程颠倒过来，先是穿越海峡零星地轰炸位于法国和低地国家的德军目标，也就是上文提到的“马戏团”行动以策应苏联，这一时期的轰炸目标基本上限定在法国境内。

随着此消彼长的实力恢复，英国皇家空军的作战规模越来越大，合乎逻辑的下一步就是轰炸德国城市，让希特勒头疼的是英国皇家空军不是“一个人作战”，经济、工业和科技最强大的美国也参与进来，美国人带来了重型轰炸机群和护航战斗机队，最重要的是美国人带来了反法西斯的决心和意志。

我们完全可以理解纳粹德国空军对于美国轰炸机群到来采取的极为夸张的应对措施，那就是德国空军整个防御战斗机大队或联队（包括昼间和夜间战斗机作战单位）仍像以前那样采取一个四机编队或中队规模（三个四机编队）行动就足够了，德国人根本想不到美国人所谓的轰炸机机群是什么概念，最初肯定误以为像英国皇家空军那样一次出动10架或20架轰炸机就属超大规模的行动了（加上数倍于轰炸机的护航战斗机）。美国人的第一次行动就让德国人“眼前一亮”！

美国人第一次用重型轰炸机昼间轰炸德国境内目标行动发生在1943年1月27日，当天，美国出动53架B-17轰炸机对德国威廉港海军基地进行了轰炸，这个港口在三年前的“德国湾战役”中数次遭英国皇家空军“惠灵顿”轰炸机轰炸。阔绰的美国人第一次出手就让德国人大吃一惊，负责威廉港防空任务的Ⅰ./JG 1大队飞行员还是头一次看到这么多的敌人轰炸机。冈瑟尔•拜斯（Gunther Beise）上尉指挥的Ⅰ./JG 1大队声称在拦截战斗中击落5架B-17轰炸机，而事实上，只有1架轰炸机被击落，德国人在这次行动中反倒被击落5架Bf 109G-1战斗机，三名飞行员丧生。

▲二战时期的德国威廉港，这是美国侦察飞机拍摄的照片，可能是遭到轰炸后的照片。

此次行动是美国第八航空军首次对德国境内目标采取行动，六天后，在东面2400公里处斯大林格勒战场，德国保卢斯的第6集团军30余万人（上文说是25

万）无奈地向苏联投降，希特勒此前还没有在一次战役中损失如此惨重，帝国颜面被保卢斯丢尽了，但是，希特勒应该学会适应失败，也要适应此后没有再取得什么重大胜利。

在本土遭受美国轰炸机轰炸和斯大林格勒战役失败的大形势下，以及其他战场艰难的战况和失利后撤的现实面前，对于德国空军来说必须调整和重新部署帝国的空中防御体系。曾经，德国军队已经站在了苏联首都莫斯科和重要城市斯大林格勒门口，如今（到1945年春天），苏联人反过来逼近德国首都柏林了；地中海战场，北非的轴心国军队早就投降了，仓皇的德国军队从意大利向北翻越阿尔卑斯山返回德国；欧洲东北方向，盟军在诺曼底成功登陆后，没有在法莱斯（Falaise）被消灭的德国军队设法逃到了莱茵河，甚至一直到易北河一带。

负责保卫大德意志帝国（the Greater German Reich）领空的德国空军战斗机大队没地方后撤，也不能撤，他们只有硬着头皮与一波又一波的美国重型轰炸机作战。在最初的几个月里，德国空军取得了一些胜利，美国自然也遭受一些损失，由于美国缺乏远程护航战斗机，双方的平衡关系（战术上相持阶段）维持了近一年时间。这一年的时间说是平衡关系也不十分确切，因为这么长的消耗战中，德国明显地已经力不从心了，而美国的重型轰炸机从来就没见少过，实际情况是越打越多，越战越勇。到1943年年底，螺旋桨战斗机的巅峰之作P-51“野马”战斗机登场后，德国空军彻底无法再与美国轰炸机对抗了。尽管如此，征战数年的德国空军仍然顽强地又与美国鏖战了一年多时间，直至灭亡。

1945年4月25日，美国陆军航空兵（USAAF）和英国皇家空军在欧洲上空发动最后一次大规模轰炸行动，此次行动中美英双方投入了1414架重型轰炸机，在损失的15架轰炸机中，没有1架是被德国战斗机击落的。一点也不意外，缺少燃油而且数量已经不多的德国空军战斗机停在地面等候盟军的炸弹问候，飞行员和地勤人员仰望天空中黑压压成片成片的盟军飞机似乎是个局外人。五天后，德国失败的另一个令人振奋证据出现，那就是魔头希特勒自杀了。

▲这些新出厂的Bf 109G-1飞机正准备交付给JG 1联队。Bf 109G就是为拦截敌重型轰炸机设计的，这个型号的子型号非常多。

有必要回过头来

看看德国本土防御作战的演变过程，这个过程其实就是德国侵略历史的缩影。（笔者说明一下，不可避免地，下文中个别内容跟上文中德国湾和西线战役有一些是重复的，要完整地叙述一个故事就不得不再提一下，否则谈一件战事就会缺乏逻辑关系。）

英国在1939年9月3日对德宣战仅仅几个小时后，皇家空军轰炸机司令部就计划派出“汉普顿”和“惠灵顿”轰炸机编队对德国湾的德国海军舰船实施轰炸。尽管宣战当天英国并没有采取敌对行动，但24小时后的9月4日下午，英国皇家空军派出5个中队29架“布伦海姆”IV型和“汉普顿”轰炸机对德国威廉港位于易北河河口的布龙斯比特尔实施了轰炸，这是英国第一次对德国采取军事行动，不幸的是，行动并未取得成功，有7架轰炸机未能返回英国，其中3架被驻扎在诺德霍尔茨的Ⅱ./JG 77大队Bf 109E战斗机击落。

二战前，英国皇家空军一直相信一个教条“轰炸机总能顺利通行”，在损失了近四分之一轰炸机后，有人在这句话后又加上一句“还能安全返回吗？”鉴于损失远远超出英国人的估计，英国暂停了一段时间对德轰炸行动，直到三个星期后的9月29日轰炸行动重新展开。第二次轰炸行动中，英国皇家空军出动了11架“汉普顿”轰炸机去轰炸据称在赫尔格兰岛附近海域发现的德国海军舰船。这次行动同样也是灾难性的，有一半的英国轰炸机被德国空军Ⅰ./ZG 26驱逐机大队（这个大队当时正等着装备Bf 110战斗机）的Bf 109D战斗机击落，也就是此次英国皇家空军轰炸编队分为两个小编队，其中一个五机编队在赫尔格兰岛南部执行轰炸任务，恰恰是这个编队5架轰炸机全部被德国战斗机击落。

▲德国人第一次见识美国的阔绰。一次出动五六十架B-17轰炸机是小菜一碟，英国人一次出动30架就算是很大规模了。德国人日后还会“幸运”地见识一次1000余架轰炸机在德国领空上飞行。

两次重大损失仍然没有引起英国皇家空军高层的警觉，他们顽固地认为轰炸机的主要损失是地面高炮造成的，恶劣的气象条件和轰炸机编队数量不足也是重要原因。甚至有人认为轰炸机飞行员在遭到敌战斗机攻击时为了躲避攻击而擅

▲1939年12月18日的战斗中，德国方面声称击落了12架英国“惠灵顿”轰炸机，图中英国皇家空军第9中队的N2971/WS-B飞机所幸不在损失之列。注意看机翼和后机身明显的弹孔，明显是战斗机射击结果，高炮要么直接命中，要么是碎片击中，弹孔与机枪射击的完全不一样，后者的各个弹孔几乎一样，分布上也有特点。

自离开编队，这显然违背了皇家空军要求保持编队队形的战术。轰炸机编队队形一般是经过研究制定的，是最好的防御战斗机攻击的手段，因此轰炸机保持编队十分重要。事实上，英国皇家空军就是不愿意承认自己的轰炸机是被敌人的战斗机击落的，似乎涉及颜面和尊严的事，不愿意承认德国空军的强大。

尽管不愿意承认德国空军的强大，英国在八周后的一次九机编队行动中还是被命令不要太靠近德国湾的德国本土，英国轰炸机编队只是在德国博尔库姆（Borkum）西部的佛里斯兰(Frisian，也译弗里西亚)岛和北部的斜尔特岛之间弧形开阔水域逛了一圈，什么战事也没发生，英国人没发现一艘德国舰船，也没扔一枚炸弹，更没损失一架飞机。英国人突然谨慎起来是因为英国皇家空军决定限制在北海一带针对德国人的行动，行动仅限于例行的空中巡逻，看看德国西南部情况就知道英国人为什么这么做了。德国在发动西线战役前，双方在加紧备战，这就是上文提到的“静坐战争”，英国皇家空军此时把主要精力投入到这个战场，主要在这个战场执行侦察和巡逻任务，德国北部的德国湾战事可以暂停一段时间。英国皇家空军的想法并不是英国战争内阁的想法，后者一门心思想要击沉一艘德国主要战舰来提升士气，打击德国的气焰。因此，皇家空军不得不分出力量再次关注德国沿岸军事目标。

此时，德国人也没歇着，密切注意着英国的一举一动。二战爆发时，德国西北部的战斗机力量总共不到6个中队，装备的都是稍显过时的Bf 109D战斗机，这些战斗机单位直接归驻扎在汉诺威的第11航空军区司令部（Luftgaukommando XI）指挥。由于英国在9月3日对德宣战，之后又对德国本土目标（威廉港）实施了轰炸，德国人不得不有针对性地调整战斗机单位部署。

1939年11月初，德国空军Ⅱ./JG 77大队原指挥官卡尔•舒马赫中校被授命组建一个新战斗机联队指挥部（Jagdgeschwaderstab，即英语Fighter Wing HQ），指挥部驻地在耶弗尔（德国北部）。舒马赫的JG 1联队指挥部从一开始就很不寻常，这个联队没有真正属于自己的大队，也就是归他指挥的大队仍采用原隶属单位的番号，所有驻扎在德国北海沿岸地带的战斗机单位都归他指挥。截至12月中旬，舒马赫指挥的部队达到鼎盛，他指挥的作战力量包括两个装备Bf 109E战斗机大队、一个同时装备Bf 109D和Bf 109E大队，一个装备Bf 109D的半独立中队和一个装备Bf 110C远程战斗机大队。就是这样一个杂牌军，装备的却是德国当时最先进的战斗机，除此之外，当时技术和性能尚不完善的早期预警雷达也部署在德国沿岸地区密切注视入侵的英国皇家空军飞机，有了雷达，德国空军的预警时间大大提前，这是一个十分明显的优势。

对于前两次重大损失，英国人认为轰炸机编队数量少是重要原因之一，12月14日，“吸取”上次教训的英国皇家空军轰炸机司令部派出截至当时最大规模的轰炸机编队再次对德国湾目标实施轰炸，此次轰炸机编队包括23架“汉普顿”轰炸机、12架“惠灵顿”轰炸机和7架“惠特利”轰炸机。但是，英国人增加了轰炸机数量并没有给作战效能提高带来什么帮助，“汉普顿”和“惠特利”轰炸机都没有发现敌人目标，12架“惠灵顿”轰炸机倒是发现了德国翡翠湾西部的斯切里格道路（威廉港北部）上一支沿岸运输车队，但是，德国空军Ⅱ./JG 77大队的Bf 109E战斗机也发现了“惠灵顿”轰炸机编队，德国战斗机毫不留情地击落其中5架，第六架轰炸机严重受伤返回了英国，但在迫降时坠毁。四天后的12月18日，英国皇家空军派出全部由“惠灵顿”轰炸机组成的轰炸机编队再次到德国威廉港附近海域搜索德国海军舰船。22架“惠灵顿”轰炸机中有12架被舒马赫的飞行员击落，这还是德国空军慌乱中取得的战果，不然，22架轰炸机很难回家（上文中有作战细节叙述）。

英国皇家空军再也不能无视这些最直接最可靠的证据了，当时在英国属最好的“惠灵顿”轰炸机总共才36架，在12月14日和18日两次行动中损失了一半，而且全是被敌战斗机击落的，甚至这些轰炸机都没敢冒险深入德国内陆地区执行任务。英国人发明的相互保护和自卫防御的轰炸机编队队形在德国战斗机面前不堪一击，英国人终于清醒了，此后，英国皇家空军轰炸机司令部大大限制了轰炸机针对德国本土目标的战略轰炸行动，除非必

▲英国皇家空军的每次轰炸行动时，图中这种飞机迫降在海滩、平原的场景就很常见，图中是波兰空军的“惠灵顿”轰炸机，机徽在座舱侧面。波兰人报复心切，英国人正好利用这点组织了波兰人空军，此后在英国还组建了自由法国军队。

要，零星的行动一般只在傍晚时分进行。德国湾保卫战中，德国空军无疑取得了决定性的胜利，这一点也不夸张，因为接下来的三年里，德国北海沿岸地区几乎就成了被遗忘的角落，甚至盟军的军事行动推进到德国内陆，这里也没多少战事发生。

1940年春天和夏天，空中行动的重心转移到德国西部，先是针对低地国家和法国的行动，然后是入侵英国战役。到1940年年底，德国空军一些作战单位部署到南方地中海和巴尔干地区参加那里的战斗，在这段时间，以及进入1941年，卡尔•舒马赫的JG 1直属单位继续保卫着德国北部沿岸地区，他的杂牌军就是一个流动的单位，一会儿有单位进驻，一会儿有单位离开，不管怎样，到这儿来就归他指挥。

德国占领荷兰后，舒马赫的防空区扩大到荷兰沿岸地区，在整个1941年和1942年间，英国皇家空军中型轰炸机逐步升级的轰炸行动大部分就发生在JG 1联队的这个西半部防空空域，主要是轰炸沿岸德国舰（船）队，以及精心选定的低地国家内陆德国军事目标。北面的德国湾一带更加安静了。

也就是在这段时间里，舒马赫中校的杂牌指挥部地位变得越来越重要，他指挥的两个驻扎在这一带的半独立战斗机中队终于变成了他自己的单位，即1./JG 1中队和2./JG 1中队（注意番号中有了“JG 1”），第三个中队（3./JG 1）也在1941年春天组建，舒马赫不再是光棍司令了。一般情况下，三个中队加上直属单位（队部）组成一个大队，但此时舒马赫的三个中队分散部署在几个独立的基地独立作战，中队与中队间的距离还相当远，直到1941年9月这三个中队才组建成一个大队，即Ⅰ./JG 1，新任大队指挥官是埃里希•米克斯博士少校。不要把这个新组建的Ⅰ./JG 1和二战开始后组建的Ⅰ./JG 1大队搞混淆，后者在1940年7月番号改为Ⅲ./JG 27。

▲5./JG 77中队的温弗雷德•施密德特在1939年12月18日的战斗中击落1架“惠灵顿”轰炸机，他刚下座机就被兴奋的地勤人员抬了起来。

由于1941年6月德军入侵苏联，德国空军大量作战部队被部署到东部前线，留在西北欧洲的战斗机单位只剩下JG 2联队和JG 26联队。

这两个联队负责法国和比利时沿岸的防空任务，而舒马赫的JG 1联队防区从荷兰和德国北海沿岸扩展到丹麦和挪威南部。德国入侵英国的作战计划被放弃后，赢得胜利的英国皇家空军从1941年年初开始逐步穿越海峡把战事引向欧洲地区，英国选择的方向是法国，这里正是JG 2联队和JG 26联队的防区。这段时间英国发动的代号为“马戏团”的行动主要是出动中型轰炸机，配以大量护航战斗机，主要作战目标就是吸引德国战斗机升空作战来消耗德国飞机，也是应苏联的要求牵制德国为苏联岌岌可危的战场形势减轻压力。这一时期，英国还没有能力深入德国境内实施轰炸，距离是个大问题。但是，1941年8月12日的“行动77”（Operation 77）却有些不同，这次冒险也是应苏联之邀发起的行动，仍然是为了减轻苏联面临的压力。“行动77”是英国发动的一次深入德国境内的昼间轰炸行动，轰炸编队全部由“布伦海姆”轰炸机组成，目标是德国科隆郊区两个发电厂。此次行动并不算成功，英国皇家空军出动的54架轰炸机中有10架未能返回，德国两座发电站遭受的损失也不严重。英国轰炸机编队选择的路线是穿越荷兰南部上空，这里本应是舒马赫的JG 1联队防区，而实际上大部分被击落的飞机是JG 26联队干的。

当天中午刚过，获知英国轰炸机入侵后，驻扎在荷兰沿岸卡特韦克（Katwijk）的2./JG 1中队的几架Bf 109E战斗机紧急起飞拦截，但是德国飞行员根本就没看到英国飞机。大约一个小时后，该中队起飞第二波战斗机拦截另一个编队英国轰炸机，这次拦截行动获得了成功，德国飞行员看到6架“布伦海姆”轰炸机向荷兰海岸方向飞来，2./JG 1中队齐格菲尔德•齐克（Siegfried Zick）中士设法绕到在1架轰炸机尾部，然后在荷兰南部祖特兰德小村庄上空将其击落。这是未来帝国保卫战王牌齐克的开门红，也是2./JG 1中队组建以来的第一个战果。

将近一个月后的9月5日，2./JG 1中队获得第二个战果，这次击落英国“布伦海姆”轰炸机的是阿尔伯特•阿里•格里纳（Albert Ali Griener）上士。9月5日这天极为少见的原因在于，埃里希•米克斯的Ⅰ./JG 1大队在1941年里击落的24架敌机中，这是仅有的一次在德国领空内击落敌机。接下来一周，驻扎在荷兰的Ⅰ./JG 1的所属中队被调到耶弗尔，此后，这个完整的大队开始按大队编制作战。但是，耶弗尔远离战场，在这里，Ⅰ./JG 1大队几乎三个月没有参加战斗，仅有的一次战斗发生在1941年12月21日，1./JG 1中队的维尔纳•格哈德（Werner Gerhardt）军士长在荷兰斯古尼贝克（Schoonebek）上空击落1架英国皇家空军第106中队“汉普顿”轰炸机（序列号AE151）。实际上在此次击落英国轰炸前两个星期，在不到一年的时间里，Ⅰ./JG 1大队的作战任务从北海巡逻区域转变到帝国保卫战的最前线。

日本在1941年12月7日偷袭美国珍珠

▲3./JG 1中队的1架Bf 109E战斗机在着陆时发生事故，地勤人员正准备将飞机装到一个架子上运回修理，飞机受损并不严重。照片拍摄于1941年的荷兰。

▲英国皇家空军尝试着从芬兰或比利时航线进入德国本土轰炸，这里正是JG 26联队的防区，德国空军势头正劲，英国的行动成果小，损失大。图中是4./JG 26中队的Bf 109E-4战斗机。

港事件把二战的规模扩大到全球，美国和英国在珍珠港事件24小时后正式对日本宣战。12月11日下午3点，希特勒在德国议会正式宣布支持日本盟友，并正式对美国宣战。尽管日本偷袭珍珠港在美国全国激起了空前的民愤，但是美国时任总统罗斯福还是被说服德国才是对美国最大的威胁，首要考虑的是打败德国，解放欧洲。为达到这一目的的重要步骤之一就是在英国建立美国的战略轰炸机力量，为此，1942年2月20日，美国陆军航空兵伊拉.C.埃克尔（Ira C.Eaker）准将和其他航空兵高官抵达英国正式组建美国轰炸机司令部。

英国首相丘吉尔最初的意思是美国第八航空军能加入到英国皇家空军中共同执行夜间轰炸德国的任务，但是，美国人埃克尔顶住了丘吉尔不断施加的压力，他多次充满信心地暗示美国的B-17和B-24四发重型轰炸机有能力执行昼间轰炸任务，在敌人领空，美国的重型轰炸机有足够的生存能力。不仅如此，美国轰炸机对于特定点目标的轰炸精确度也非常高。美国人关于轰炸机“只要数量上足够多，完全可以执行独立的作战任务”的观点早在20世纪30年代初期就形成，那时根本没有护航战斗机这一概念，对付敌人拦截战斗机，轰炸机可以轻易地靠火力密度取胜，B-17轰炸机就秉承了这一理念。美国空中行动规划部（US Air War Plans Division）在对德轰炸精心选定了177个德国军事和工业目标，这些目标被分为七大类，如果摧毁这些目标，那么将大大降低德国的战争能力。第一类目标是德国飞机生产厂。美国的主要目标是在空中或地面摧毁德国空军，这个很容易理解，美国要采取空中行动，德国作战飞机（特别是战斗机）是最大威胁，摧毁德国战斗机力量就可以大大减轻美国的空中行动压力，这也是美国在欧洲登陆的重要先决条件。不难看出，美国的计划跟一年半前（1940年夏天）德国计划入侵英国的战役思想非常相似，只是德国未能消灭英国皇家空军，实际上离消灭英国皇家空军只有一步之遥了。美国陆军航空兵会不会重蹈覆辙呢？

美国先是在英国组建第八航空军司令部，然后再组建作战单位，再装备轰炸机进行训练，这个过程耗费了半年时间。一切成熟后，美国第八航空军重型轰炸机开始穿越海峡执行轰炸任务，第一次在欧洲大陆上空执行作战任务是1942年8月17日。当天，美国出动12架B-17E轰炸机在7000米高度轰炸了法国境内鲁昂－索特维尔（Rouen-Sotteville）火车编组站，其中1架绰号“洋基歌”（Yankee Doodle，美国独立战争期间的歌曲，后来成为爱国歌曲，这首歌也是康涅狄格州的州歌）B-17E飞机（序列号41-2578）飞机上就坐着伊拉•埃克尔准将。此次轰炸取得了成功，美国12架B-17E轰炸机全部返回了英国北安普顿郡的基地，有2架飞机在目标区上空被高射炮击伤。美国第八航空军轰炸机先是选择法国境内德国目标主要考虑的是积累一些作战经验，德国很多战斗机大队被调往苏联前线和地中海、巴尔干地区，西线的德国战斗机力量不像以前那么强，但德国JG 2联队和JG 26联队确实也不是吃素的角儿，在1942年余下的时间里，美国轰炸机被击落了30架以上，大部分是被德国战斗机击落的，少量是高炮所为。四个多月的实战锻炼为的是未来接受更为残酷的考验，德国本土目标渐渐被提上作

▲1942年8月17日，美国出动12架B-17E轰炸机轰炸了法国境内鲁昂－索特维尔火车编组站，上图就是B-17E当时起飞后在英国上空飞行。

▲这架绰号“洋基歌”的B-17E上就坐着美国陆航伊拉•埃克尔准将。照片拍摄于1942年8月17日作战行动前，地勤人员正在维护飞机。

冯•泽勒少校的最后两个大队指挥权归属要曲折一些。二战进展到这个阶段，德国空军几乎每个战斗机联队都有自己的后方训练大队（Erganzungsgruppe），训练大队的主要任务就是为前线的隶属联队单位培养和训练新飞行员。每个训练大队都有下属训练中队（Erganzungsstaffel），这个中队主要由飞行教官和已

战日程。

在整个1942年里，德国北海沿岸基本上没什么战事，相对比较平静，但是这一带的作战部队组织结构在年初发生一些重要变化。1942年1月5日，卡尔•舒马赫中校卸任JG 1联队指挥官一职，到挪威战斗机指挥部任职，他的继任者是埃里希•冯•泽勒（Erich von Selle）少校。泽勒接任后，JG 1联队从一个只有队部的空壳子演变成一个指挥四个大队的联队。汉斯•冯•哈恩上尉的装备Bf 109F战斗机的Ⅰ./JG 3大队在此前的1941年9月从苏联前线撤回到德国休整和换装新装备，两个月后，这个大队被分为两个部分进驻到荷兰沿岸的卡特韦克和弗利辛恩（Vlissingen）基地。1942年1月15日，Ⅰ./JG 3番号更名为Ⅱ./JG 1。

经完成学业的学员（离开这个中队就可以被称为飞行员了）组成，教官通常都是一些前线上退下来的有经验的飞行员，因此他们具备很强的作战能力和实战经验，因此，在必要的情况下，教官和学员可以升空执行作战任务，也算是实战训练吧，因此有人也称训练中队为作战训练中队。德国空军JG 2联队、JG 26联队、JG 27联队、JG 51联队、JG 52联队和JG 53联队的训练大队和作战训练中队中分别抽调一部分人员和装备共同组成了Ⅲ./JG 1大队和Ⅳ./JG 1大队。

JG 1联队从一开始就与众不同，如今仍然比较特别，它是德国空军中仅有的两个由四个大队组成的联队（另一个是JG 51联队，在苏联前线增加一个大队[①]），主要原因就是这个联队的防空管辖区比较狭

① “仅有的两个由四个大队组成的联队”这句话非常值得商榷，从上下文都可以看出，有四个大队的联队还有JG 3联队、JG 27联队、JG 53联队、JG 54联队和JG 300联队等。后面几个都是帝国保卫战中扩编的，特别是1944年下半年西线战线推到德国边境一带后。如果说“当时仅有两个由四个大队组成的联队”，则更为严谨一些。

长。JG 1联队组织结构调整后更便于统一指挥，这无疑对于作战效能的提高有极大的好处。另外，联队的防空管辖区此时因组织结构的调整而连成一片，即从荷兰向北一直延伸到挪威南部。

1942年中期，冯•泽勒的三个新大队开始从Bf 109战斗机换装为Fw 190A战斗机，只有最早的Ⅰ./JG 1大队仍保留Bf 109战斗机，只是从原来的Bf 109E/F换装为Bf 109G-1高空战斗机。

从作战方面看，JG 1联队的1942年的战况基本上就是1941年的延续，联队在1942年中取得的90余架战果大部分都是在低地国家沿海省份上空或是近岸海域上空取得的，因为英国皇家空军这一年中不断派出中型轰炸机对这里的德国目标进行轰炸。Ⅰ./JG 1大队有6个战果是在最西边的防空区取得的，比如2月17日，维尔纳•格哈德军士长在荷兰泰瑟尔（Texel）岛外海击落1架英国皇家空军洛克希德“哈德逊”轻型轰炸机，至此，格哈德的战绩达到9架，这是Ⅰ./JG 1大队最高纪录。

但是，Ⅰ./JG 1大队在1942年下半年击落的英国皇家空军飞机中有11架是在德国境内领空击落的，这一迹象明白无误表明盟军的昼间轰炸任务正在向德国边境推进。被击落的11架飞机中大部分是执行侦察任务的飞机，包括3架高空飞行的“蚊”式侦察机（“蚊”式庞大的家族有战斗机、战斗轰炸机和侦察机等）。Ⅰ./JG 1大队驻扎在德国北部耶弗尔，这里正是JG 1联队的防空区域的中心位置，这个单位换装的Bf 109G-1高空战斗机正适合拦截高空入侵的敌人。

尽管还没有与美国重型轰炸机编队遭

▲这是1架Ⅰ./JG 1大队地道的Bf 109G-4/B战斗机，但是，实际上这个单位主要作战任务就是拦截入侵的英国飞机，根本就没执行过对地攻击任务，因此有人猜测这架飞机携带1枚SC 250炸弹也许是在做试验。

▲维尔纳•格哈德军士长的Bf 109E座机，图中右侧的可能是他。

遇过，1942年9月接任 I ./JG 1大队指挥官的冈瑟尔•拜斯上尉和手下飞行员早就认真地研究过各方面的情报，特别是在法国和低地国家与美国重型轰炸机有过交手的JG 2联队和JG 26联队的作战报告。通过研究这些作战报告，很长时间都被神化的美国重型轰炸机开始慢慢揭去无敌的神秘面纱，一直以来外界就盛传美国B-17和B-24轰炸机遭到战斗机攻击都很难被击落，但是，德国空军JG 2联队和JG 26联队的实战已经证明了“那只是个传说”而已。

此时的美国轰炸机飞行员非常清楚，不久他们就会深入到德国境内执行更加危险的轰炸任务，冈瑟尔•拜斯的飞行员同样明白美国很快就会把战火燃烧到德国本土，对于双方来说，只有时间，不会让他等待太久的时间尚未确定。

后来的战事表明，双方期待的时间是1943年1月27日。

苦战与初期的胜利

美国陆军航空兵首次昼间轰炸德国本土目标的选定跟三年前英国皇家空军的完全一样，后者主要空袭德国北海沿岸的威廉港海军基地。此前在法国的轰炸行动只不过是美国轰炸机的热身运动，真正对德国境内目标实施轰炸就必须把目标的攻击顺序搞清楚，在气象和战术条件允许的情况下，这个顺序是：1.潜艇制造工厂；2.飞机制造工厂；3.运输部门；4.炼油厂和石油化工厂；5.其他军需工厂。德国的潜艇对盟军的威胁很多读者都很清楚，美国要将战争物资运送到英国或其他战场必须依靠海运，没有这些物资就无法发动战争，而德国潜艇正是这种先决条件的最大威胁；德国飞机是接下来战争行动中对盟军威胁最大的武器，这点毋庸置疑，因此美国陆军航空兵把德国威廉港当作首要打击的目标。

1943年1月27日，美国第八航空军发动第31次作战任务，即出动全部六个轰炸机大队，总计64架B-17和27架B-24轰炸机轰炸德国威廉港。但是，由于当地气候恶劣，以及导航出了问题，B-24轰炸

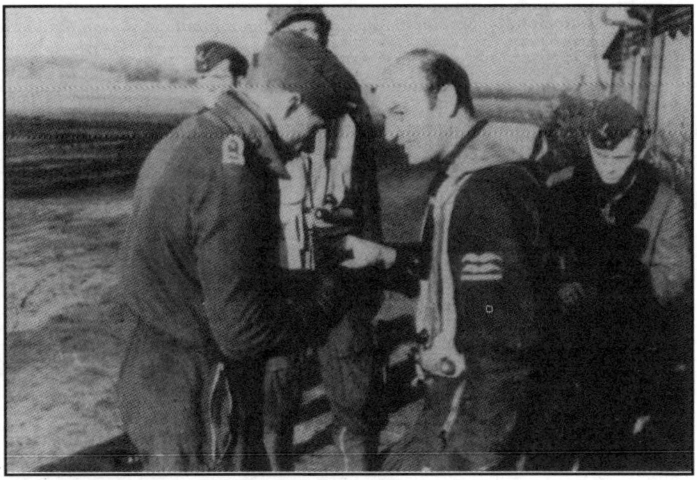

▲2./JG 1中队的雨果•弗雷是1943年1月27日拦截行动中四名声称击落敌重型轰炸机的飞行员之一，下文会反复提到他，每次出击都有战果入账。上图是一年后他任7./JG 1中队指挥官后的照片。雨果•弗雷在1944年3月6日的行动中被击落身亡，当时他驾驶的是Fw 190战斗机。

机编队未能发现目标，就在他们搜索目标时，德国Ⅱ./JG 1大队和Ⅳ./JG 1大队的Fw 190战斗机在荷兰沿岸发现了美国B-24轰炸机编队，号称“轰炸机杀手”的Fw 190在拦截战中击落2架B-24轰炸机。

与此同时，53架B-17轰炸机正飞往威廉港，距德国耶弗尔15公里时，拜斯上尉的Ⅰ./JG 1大队接到紧急起飞迎敌的命令。德国Bf 109G-1高空战斗机在爬升阶段的7500米高度发现远处碎云中的美国轰炸机，随后发生的战斗让德国人很是失望，德国飞行员的作战技能表现得极不成熟，美国轰炸机飞行员事后作战报告称，让他们印象深刻的是德国地面防空高炮的射击，美国轰炸机刚进入德国博尔库姆西部的佛里斯兰岛上空，地面高炮就开始猛烈地射击，幸运的是，地面高炮射击对轰炸机没什么威胁，只是火光满天，到处炮弹爆炸的云团看着挺漂亮。德国空军的战斗机“并没有像法国驻地的德国飞行员那样（给我们）造成严重威胁”。德国空军Ⅰ./JG 1大队飞行员早就研究了兄弟联队的拦截重型轰炸机战术，但是理论和实际存在着巨大的差距，没有真刀实枪地面对面战斗就永远只是理论。

尽管Ⅰ./JG 1大队飞行员第一次参与拦截重型轰炸机战斗，技术显得很不成熟，但拜斯的飞行员中仍有五名飞行员声称分别击落1架B-17“飞行堡垒”轰炸机，这么看来成绩还是不错的。但是，实际上只有1架第305轰炸机大队的B-17F轰炸机（序列号41-24637，机长为万斯•贝克汉姆（Vance Beckham））未能返回英国，这是德国帝国保卫战中美国损失的第一架飞机。此次行动中，美国有一大半的B-17轰炸机在威廉港投下了炸弹，但目标遭受的损失极小。

到底是谁击落了贝克汉姆的轰炸机一直就存在问题，上段中德国声称5人击落5架敌机后来也改为4人4架，有1架没有旁证而被取消。其他4个人中，至少有一

▲Ⅰ./JG 1大队指挥官的冈瑟尔•拜斯上尉的Bf 109G-1/R6座机，机翼下MG 151/20机炮吊舱清晰可见。

▲不清楚这是艺术画还是真实的战场画面，反正比这儿惨烈的战场照片多得是，下文会出现一些让人瞠目的照片。

个几乎可以肯定的是2./JG 1中队的齐格菲尔德•齐克上士（上文中的他还只是中士），如果真是这样，那么这就是齐克的第二个战果，他在1941年8月击落过1架英国皇家空军“布伦海姆”轰炸机（当时英国轰炸机编队白天轰炸德国科隆发电厂）。后来齐克被调到Ⅲ./JG 11大队，他在这里又击落17架重型轰炸机，其中最后7架是驾驶Fw 190战斗机取得的。齐克的总战绩为32架，1944年夏天，他在西线作战时严重受伤，以后未再升空作战。

1943年1月27日的战斗中德国空军也有损失，这也是德国帝国保卫战中首次损失飞机。此次战斗中，Ⅰ./JG 1大队的Bf 109G-1战斗机有5架被击落，其中3架飞机带着飞行员沉入冰冷的北海海底。如果按照美方说法只损失1架B-17的话，那么德国空军的损失可谓严重；如果按德国方面称击落4架，这个损失倒也值得。现在大部分资料都称美国在轰炸行动中共损失3架轰炸机（1架B-17F和2架B-24），从美国出动91架轰炸机的规模来看，3架的损失算是很轻的，这次美国的胜利事实上起到了坏的作用，美军认为这种在白天以密集编队轰炸的战术挺不错，决定以后继续采用。另一方的德国在24小时后也庆祝了胜利，他们宣布此次战斗击落了9架美国轰炸机。但是，双方在某一方面看法却完全相同，也就是他们都认为此次战斗没有达到十分满意的程度，美国方面认为只有一半

▲即使未被当场击落，很多B-17和B-24轰炸机也难逃迫降坠毁或报销的命运。图中是1架B-24轰炸机在迫降过程中失事，飞机的尾翼单元已经与机身脱离。

的轰炸机费了好大劲儿才发现目标，轰炸给敌人造成的损失极其轻微；德国方面认为战斗机部队作战表现远远不如三年前拦截英国皇家空军“惠灵顿”轰炸机行动，那时的作战击毁率达到50%，如果1月27日的战斗中美方有40余架轰炸机与德国空军交战，那么德国空军战斗机应该击落20架才算是合理的。德国空军对于仅仅击落“9架”当然十分不满意。

对于己方的损失，德国空军高层被迫考虑换装Fw 190战斗机来取代Bf 109G飞机，海峡沿岸的JG 2联队和JG 26联队的使用已经证明Fw 190是最合适的轰炸机杀手。

三年前英国曾经也如现在美国一样认为轰炸机无敌，付出惨重代价后，英国人偏向夜间轰炸德国城市和工业目标，英国当然也曾善意地告诫美国昼间轰炸的危险性，而且一再要求美国跟英国一块干（夜间轰炸），美国人先前就拒绝了，损失3架飞机后再次拒绝了。

有一点需要提一下，美国人认为德国人的战绩有夸大的成分，而美国方面夸大的成分则有过之而无不及，德国飞行员声称击落9架美国轰炸机，而事实上是3架。回过头来看看美国轰炸机机枪手的作战报告，这些机枪手声称击落了不少于22架德国战斗机，另外有14架可能被击落，还有13架被击伤，这个轰炸机自卫火力的战绩可以惊掉人的下巴，事实上德国JG 1联队只损失6架飞机。但是，如果完全怪罪轰炸机上的机枪手撒谎也不正确，造成这种夸大战绩的原因是美国重型轰炸机的自卫火力部署，一般像B-17或B-24轰炸机上有六名机枪手，一个人一个射击位置，同一架德国飞机实施攻击时（不管从前方还是后方）肯定要与轰炸机交会，这时就极有可能几个射手同时或先后击中这架倒霉的德国飞机，因此作战报告中每个射手都写自己的内容，这样看起来德国1架战斗机被击落，就会有好几个美国射手认为是他干的。后来这种夸大战果的战绩成了德国帝国保卫战的一大特色，战争后期，双方投入的飞机都呈十倍增长，这更加大了战果统计的夸大成分，除了有意外，大部分情况是激烈的战斗造成的统计困难。

作战损失的统计（必须结合敌对双方情况）如果为的是宣传，夸大一些并不会带来负面影响，事实上正是会带来好的影响才夸大的；但是，如果局内人不客观地看待损失情况就会给以后的战斗带来非常大的麻烦。美国人并没有被机枪手的报告中“迷人”的数据迷惑，但是很显然，美国人只根据一次战斗就得出美国重型轰炸机生存力很高这就太草率了，这就是为什么美国仍然迷信轰炸行动不带护航战斗机也足够安全。

1943年2月2日，美国第八航空军埃克尔将军再次出动全部轰炸机力量准备轰炸德国鲁尔工业区内多特蒙德的哈姆火车编组站，但是，当天北海地区的气象条件非常恶劣（恶劣气候比德国战斗机可怕得多），美国六个轰炸机大队不得不中途返回。两天后，美国轰炸机编队再次全体出

▲这张拍摄于1943年的照片反映的是7./JG 3中队的Bf 109G-6战斗机刚刚完成清洗工作。注意看地面，不像上文几乎所有的都是草地，砖头铺设的机场表明这是德国本土永备机场。

动对同一目标实施轰炸，但是，气象条件虽然大大好转，但途中两个大队的B-24轰炸机出现严重的结冰问题不得不放弃任务。由于作战力量突然削弱，美国第八航空军也改变目标，让四个轰炸机大队中的一大半B-17轰炸机去轰炸德国位于北海沿岸的埃姆登港（Emden，德国主要港口之一，在北海多拉尔特湾右岸、埃姆斯河口附近，即耶弗尔西部，与荷兰交界）。这些美国轰炸机不仅遭到了JG 1联队三个大队的Bf 109G-1和Fw 190战斗机的拦截，也遭到了NJG 1联队（夜间战斗机单位）的Bf 110驱逐机的拦截。为了弥补战斗机数量的不足，德国双发夜间战斗机也加入战斗行动，这是德国夜间战斗机首次在白天参与拦截美国轰炸机。

Ⅰ./JG 1大队的三个中队都紧急起飞参与行动，但实际上只有3./JG 1中队发现了躲进厚厚云层中的美国B-17轰炸机，奥托•维尔纳（Otto Werner）中士声称在埃姆登东南击落1架B-17轰炸机，这是Ⅰ./JG 1大队此次战斗的唯一战果。装备Fw 190战斗机的大队击落6架轰炸机，己方损失2架战斗机，这个成绩尚属满意。由于气象条件并不好，双方对这次战斗仍然不甚满意。

随后的三个星期里，天气恶劣限制了美国再次采取行动。在这三个星期里，美国第八航空军曾试图再次轰炸哈姆火车编组站，但中途不得不再次放弃任务。但是，其间美国轰炸机两次轰炸了法国沿岸的目标。2月26日，美国再次把目光投向德国境内目标，法国和低地国家的目标已经满足不了美国的胃口。

美国第八航空军的第37次作战任务是德国威廉港南部偏东的不来梅，但是，糟糕的天气又一次打乱了美国精心准备的计划。美国轰炸机编队飞临不来梅上空时发现这里的云层很厚，根本找不到目标，随即美国第八航空军命令所有六个轰炸机大队的轰炸机调头去轰炸德国威廉港内的潜艇基地。这次，德国空军装备Fw 190战斗机的大队率先升空实施拦截，但是Fw 190飞行员发挥大失水准，只在开阔水域击落1架轰炸机。就在美国轰炸机穿越海岸线时，Ⅰ./JG 1大队的Bf 109G-1飞行员发现美国轰炸机，在接下来不到20分钟的

▲Ⅰ./JG 1大队的2架Bf 109G战斗机携带副油箱在德国西部上空巡逻，飞机采用了适合欧洲北部的撕裂迷彩涂装。

战斗中，Bf 109G-1一口气击落了8架美国轰炸机，其中4架B-17和4架B-24轰炸机，德国方面无一损失。

击落第一架B-24轰炸机的战果属于2./JG 1中队海因茨•诺克（上文提到过他）少尉，他从正面实施了攻击，第一轮攻击中他就命中敌机的右侧机翼。德国空军早先推荐采用从后方发起攻击的所谓“古典攻击战术”来对付美国轰炸机，这对战斗机来说是正确的（即使现在也是如此），而从后方攻击轰炸机等于自杀，美国轰炸机后方和侧面的自卫火力相当猛烈，设计之初着重考虑的就是后方攻击。战斗机没有后射武器，而美国早期轰炸机也没有前射自卫武器，因此轰炸机对于来自前方的攻击束手无策。但是，正面攻击的时间只有短短几秒钟，双方以时速为一千公里的相对速度接近，在战斗机的瞄准具里，轰炸机的投影瞬间越来越大，必须把握射击时机和及时脱离，因此一般正面攻击会选择稍偏一些的敌机机翼。海因茨•诺克回忆称：

▲海因茨•诺克（右）和他的战友迪特尔•格哈德（左），他们俩共同发明了“空中轰炸战术”，格哈德阵亡后，诺克一人对这种战术进行了实战化试验。

我再次进入攻击程序，当然还是迎头模式，这次，我稍稍压低飞机开火，直到我不得不转弯脱离战斗才停止射击。就在这个过程中，我看到火苗从整个敌机腹部蹿出。我转了一个大弯向右离开美国飞机编队，随后我跟着敌机下降高度，这期间我又从敌机的上方和后方发起两次攻击。美国轰炸机机枪手此时也在不停地向我射击，我看到我射出的子弹在美国飞机的机身到右侧机翼形成了整齐的弹孔。

此时敌机右侧整个机翼也蹿出巨大火焰，内侧发动机已经停止转动。突然，敌机整个右侧机翼从机身脱落，这架B-24“解放者”轰炸机进入螺旋垂直坠向地面，后面拖着浓烟和火焰。在距地面275米高度，敌机发生了大爆炸，飞机完全解体，闪闪发光的飞机残骸散落在巴

▲图中是5./JG 11中队所有飞行员，照片中左五（即中立者）就是中队指挥官诺克。照片拍摄于1943年6月，诺克收藏照片。

特茨维什安（Bad Zwischenahn）机场周围。

这架B-24轰炸机是海因茨•诺克的第三个战果，也是他的第一个重型轰炸机战果，同时也是这个型号轰炸机在帝国保卫战中第一次在德国领空被击落（上次击落2架B-24轰炸机是在荷兰上空）。这架B-24轰炸机上有11人，没有一人生还。美国轰炸德国境内目标行动后，数个星期以来一大群记者也要求参与轰炸任务体验一番真实的战争滋味。2月26日美国第八航空军再次发动轰炸任务时，有五名战地记者被安排乘坐“飞行堡垒”轰炸机，第六个人，《纽约时报》记者罗伯特•B.波斯特（Robert B.Post）被安排乘坐第44轰炸机大队的1架B-24D轰炸机（序列号41-23777），飞机绰号“梅西”（Maisey），机长是霍华德•F.阿达姆斯（Howard F.Adams）上尉。这架“戴西”在参加轰炸德国威廉港行动中被击落，全机只有两人生还，其中没有波斯特。

随后的3月间，海因茨•诺克再次击落2架重型轰炸机，因此他成为Ⅰ./JG 1联队中第二位王牌，第一位就是下段中的2./JG 1中队指挥官雨果•弗雷中尉。跟雨果•弗雷一样，海因茨•诺克后来也成为一位出名的四发重型轰炸机杀手，他的个人总战绩33架中有19架是四发重型轰炸机。跟雨果•弗雷不一样的是，海因茨•诺克的战果均是驾驶Bf 109战斗机取得的，而且他活过了二战。他活过二战很大原因是1944年10月，他所乘的车在公路上碾压到游击队埋设的地雷，他的腿被严重炸伤，以后再也无法升空作战。

海因茨•诺克（Heinz Knoke）（1921年3月24日－1993年5月18日）出生在德国哈梅林，1938年7月6日，18岁的诺克参加一次航展时第一次有幸乘坐飞机飞行了15分钟。这次经历让他决定参加德国空军，1939年11月15日，诺克进入德国空军第11飞行训练团学习飞行。1940年8月，他进入JGSch 1德国空军训练联队，在一位参加过波兰和法国战役的库尔（Kuhl）军士（教官）指导下学习作战飞行。

1941年年初，诺克参加JG 52联队第Ⅱ大队并第一次执行战斗任务，他的战友包括格哈德•巴克豪恩、冈瑟尔•拉尔和瓦尔特•克鲁平斯基，上文提到过这些牛得不能再牛的人。1941年6月短暂在苏联战场参加行动后（在此诺克没有击落苏联飞机，因为战事少，原因可参见上文苏联战役章节），7月，诺克被分配到JG 1联队。1942年2月，3./JG 1中队的诺克参加了“雷电行动”（见上文）。此次行动前的2月14日，诺克被调到临时为“雷电行动”组建的弗里兹•洛西格凯特大队（Jagdgruppe Losigkeit），这个大队负责挪威沿岸段的德国军舰护航。完成任务后，3月1日，诺克返回JG 1联队。1942年3月5日，诺克和战友共同击落1架英国皇家空军第1侦察单位（PRU）“喷火”飞机。1942年10月，诺克被任命为2./JG 1中队指挥官，当月31日，诺克击落他个人第一架敌机，即英国皇家空军1架“布伦海姆”轰炸机。

▲被海因茨•诺克击落的美国陆航第452轰炸机大队所属第731轰炸机中队的1架绰号“困倦女孩”（Sleepy Time Gal，一首歌名，而且不止一架飞机用这个名字，包括轰炸机和战斗机等）的B-17轰炸机（序列号42-38211），从照片判断飞机不是诺克击落的，飞机基本保持完好，飞机左侧发动机螺旋桨没有扭曲，说明这台发动机早就停转。

▲诺克坐在自己的Bf 109G-6座机机轮上休息，注意看机翼下方的MG 151/20机炮吊舱。

随着1943年开始美国昼间轰炸德国本土目标行动逐渐升级，德国空军JG 1联队和JG 11联队的拦截行动也日益增多，就在这段时间里，诺克在1943年2月26日他第164次作战任务中击落1架美国陆航第44轰炸机大队的B-24轰炸机，这是他第一次击落美国重型轰炸机。1943年3月18日，诺克在赫尔格兰上空再次击落1架美国B-24轰炸机，这是他第五架战果。此次战斗中，诺克的朋友，迪特尔•格哈德被美国B-24轰炸机的自卫火力击落身亡。3月22日，诺克采用他和格哈德共同研究出的空中轰炸战术击落1架美国第91轰炸机大队的B-17轰炸机，这架轰炸机坠毁在赫尔格兰岛以西30公里处。机组成员全部丧生。

1943年4月，I./JG 1大队被新成立的JG 11联队吸纳成为其第Ⅱ大队（Ⅱ./JG 11），诺克的2./JG 1中队变成5./JG 11中队。整个1943年间，诺克击落17架敌机，大部分是美国B-17和B-24重型轰炸机。1943年6月25日的行动中，诺克被美国轰炸机的自卫火力击伤，他的大拇指被打断。1943年8月17日，在一次拦截轰炸雷根斯堡的美国轰炸机行动中，诺克再次在作战中受伤，他驾驶Bf 109G-6在波恩附近实施了迫降，飞机受损严重最终注销。

1943年9月27日，诺克用Wfr.Gr.210巨型火箭弹击落1架美国第94轰炸机大队的B-17“健忘的埃尔西”（Elusive Elcy）。此次战斗也是诺克第一次遭遇美国护航战斗机，此前行动未曾有过，兴致不减的诺克随后击落1架第56战斗机大队H.P.杜加斯（H.P.Dugas）少尉的P-47战斗机，杜加斯丧生。诺克没高兴太久，随后他也被美国另1架P-47飞机击落，他跳伞逃生。

▲诺克被击落是常有的事，上图是Bf 109E-4，1942年3月6日。下图是Bf 109F-2飞机，1941年。

1943年10月4日，在拦截美国陆航第392轰炸机大队B-24轰炸机编队行动中，诺克先是击落1架B-24轰炸机，不久他的座机被另1架B-24机腹机枪击中，诺克跳伞后落入冰冷的北海中，在他手下其他飞行员的掩护下，他爬进了Fw 58飞机投下的充气筏上，两个小时后他被救生单位救回。

1943年10月10日，诺克取得他个人第18架战果，即美国陆航1架B-17轰炸机，同样，这些行动中他的Bf 109G-6座机被美国P-47护航战斗机击伤，他的座机损伤超过75%，飞机最终在荷兰特温特（Twente）实施了迫降。

1944年1月4日，诺克再一次被击落。2月10日，冈瑟尔•斯皮切特受伤，诺克代行II./JG 11大队指挥官一职。3月4日，诺克率领II./JG 11大队重创了美国陆航第363战斗机大队，当时，德国战斗机在汉堡上空对毫无防备的美国约60架P-51“野马”战斗机发起攻击，此次行动美国损失了12架“野马”战斗机，诺克击中其中1架。

1944年4月15－20日，诺克被派到莱切费尔德试验站，在此，他第一次驾驶了Me 262喷气式战斗机。4月28日，诺克晋升为上尉并被正式任命为II./JG 11大队指挥官，晋升报告称他“面对敌人表现出十分勇敢”，当时的诺克仅仅23岁，这是德国空军最年轻的大队指挥官。任大队指挥官的第二天（4月29日），诺克被美国第354战斗机大队詹姆斯•加农（James Cannon）的P-47战斗机击落，这次诺克的伤情较为严重（脑震荡），他在医院里治疗了近四个月。在跳伞前，诺克也击落了詹姆斯•加农的战机，后者跳伞后成了战俘。

伤情尚未痊愈，诺克在1944年8月13日返回部队出任III./JG 1大队指挥官。第二天（8月14日）在诺曼底前线，诺克在法国阿让唐（Argentan）东南击落1架美国第358战斗机大队的P-47战斗机，飞行员S.A.吉亚马尔瓦（S.A.Giamalva）丧生。8月15日，诺克再次击落1架P-47飞机；8月16日，他在法国埃唐普又击落1架英国“喷火”战斗机；8月17日，诺克击落美国第31照相侦察中队1架P-38飞机，美国飞行员T.L.伍德（T.L.Wood）丧生。当天晚些时候，他还击落1架美国B-26轰炸机，但是这个战果未被证实；8

▲笔者绘制的诺克“空中轰炸”战术示意图，图中飞机和炸弹不成比例。

月18日，诺克击落2架P-51“野马”战斗机。

8月25日，诺克击落1架美国第354战斗机大队P-51战斗机，此次战斗诺克再次被击落，跳伞后的诺克差点被法国军队抓获。1944年8月底，III./JG 1大队结束西线的战斗，他率领大队先后撤到下奥地利土伦的瓦格拉姆，再返回德国换装并休整。1944年10月9日，接到命令将III./JG 1大队部署到维也纳，诺克坐车前往维也纳途中，在捷克布拉格，他的座车碾压到捷克游击队埋设的地雷，诺克的腿部被严重炸伤。

1945年3月，仍然使用手杖的诺克被任命为耶弗尔空军基地指挥官，在此他指导威廉港的防御作战。1945年4月27日，诺克获得“骑士十字勋章”。二战结束时，诺克被捕，1945年9月被释放。

诺克在2000架次的作战任务中击落33架敌机，所有战果均在西线取得，其中大部分（19架）是美国重型轰炸机，另有19架是未被证实的战果。

另一位击落B-24轰炸机的是中队指挥官雨果•弗雷，他击落的1架B-24轰炸机使得他的战绩达到5架，这个战绩跟当时早就过百的飞行员无法相比，但是，雨果•弗雷后来却在击落四发重型轰炸机的王牌飞行员中首屈一指。雨果•弗雷在1944年3月6日拦截美国空袭柏林的轰炸机群行动中丧生，此次行动丧生前他又击落4架美国轰炸机，至此他的战绩达到32架，其中有26架是四发重型轰炸机。在德国空军积分算点规则中，击落1架战斗机得1分，而击落1架四发重型轰炸机是4分，也就是说击落1架重型轰炸机相当于击落4架战斗机，那么26架轰炸机几乎就是106架战斗机。

2月26日的行动中，美国方面损失2架B-24“解放者”轰炸机，而德国Ｉ./JG 1大队却声称击落4架B-24轰炸机。被击落的第二架B-24飞机（序列号41-23804）绰号是“冒失鬼”（Sad Sack），这个战果属于3./JG 1中队里奥•德梅茨（Leo Demetz）中士。这天的行动中美国还损失5架B-17轰炸机，这几架飞机不太可能是Ｉ./JG 1大队击落的。但是，德国空军却声称此次战斗机击落15架美国轰炸机，其中JG 1联队击落13架，NJG 1夜间战斗机联队击落2架，后者也是临时赶来帮忙的。

至此，德国帝国保卫战的第一个月战事全部结束，对于美国人来说，最可怕的敌人不是德国战斗机，而是当地变幻无常的北欧气候。很多美国飞行员几个月前还在美国南部万里无云的空域进行训练，到了北欧战场才知道这世上还有这么恶劣的天气。倒是在英国呆了两三年的老飞行员对德国湾夏天和冬天的气候有一些认识，见怪不怪了。上文提到过，恶劣的气候导致美国第八航空军三次大规模行动未能完成，或是中途改变目标，这三次行动目标均在北海沿岸地区。这三次不成功的轰炸行动让美国损失了15架重型轰炸机，但是这些损失并没有挫败美国人昼间无护航战斗机伴随轰炸行动的信心。如果说美国人顽固，死不认错也是不对的，事实情况是那时美国和英国都拿不出合适的护航战斗机，美国当时投入二战的战斗机P-40和P-47的航程都不足，而且这两个型号要么性能不佳，要么数量上无法满足；英国最好的“喷火”VB战斗机腿短是有名的，美国第八航空军混编了一定数量该型飞机用于护航，在法国和低地国家情况还好点，穿过北海去轰炸德国境内目标就勉为其难了，一般情况下，“喷火”VB战斗机只能将轰炸机送到半程，除了祝愿轰炸机一路平安，就只有挥手告别了。

德国方面也在总结此前战斗，I./JG 1大队的战绩最好，击落了德国方面声称的一半战果（也是美国实际损失的一半），取得成绩的同时，拜斯上尉的飞行员也意识到他的新座机Bf 109G-1远非理想的轰炸机杀手，早期的该型号飞机的武器系统包括1门安装在发动机位置的20毫米MG 151/20机炮和2门发动机整流罩上方的7.9毫米MG 17机枪，这些武器很难给敌轰炸机致命一击，即使像水平最高，未来“骑士十字勋章”获得者海因茨•诺克也需要四次攻击才击落他的第一架B-24轰炸机，这无疑大大增加了攻击方的危险性。德国方面此时也在采取措施来增加Bf 109G-1的火力。

增加火力最简单的办法就是让Bf 109G-1战斗机的翼下携带MG 151/20机炮吊舱，内置武器系统改变耗时费力，时间上等不起。JG 1联队有一个或两个大队的战斗机稍做改进后具备了这种能力，其他飞机则更极端，也就是携带Wfr.Gr.210巨型空对空火箭弹。更有甚者，有的飞机采用诺克战术在机腹下携带1枚250公斤炸弹来轰炸敌人轰炸机（下文会详细介绍）。

随着美国第八航空军逐步升级对德国境内目标的轰炸，德国也在1943年2月开始考虑重新部署德国的昼间防空战略。当前的德国空军形势是，德国境内防空任务由第1战斗机航空军（Jagdkorps I）负责，在这个航空军管辖的400架在役战斗机中有2/3是夜间战斗机，还有100架是单座战斗机，主要装备JG 1联队的四个大队，平均算下来每个大队都没有满编。目前德国空军需要加强境内防空部署，战斗机单位必须

▲1架德国空军Bf 109战斗机在攻击1架美国陆航第303轰炸机大队的B-17轰炸机，德国飞机是从B-17的侧后方实施的攻击。

分散部署以便更大范围地保卫帝国领空，兵力不足也必须从其他战场抽调战斗机大队回国以增强德国境内和德国西线的防空力量。事实上，就当前的形势，各个战场的战斗机单位日子也很不好过，调走1架飞机都会削弱战斗力。今非昔比啊！

1943年年初最先被调往西线的三个大队都装备Bf 109战斗机，严格地说，其中一个大队的部署只是取代了当地一个大队，而不是增援力量。战斗机兵种总监加兰德将军欠考虑的计划之一是用东部战线一整支战斗机联队去替换海峡前线的一个战斗机联队，这种对调并不能增强各自力量的部署，其意图是什么？就德国当时防空形势来看对调所带来的好处是什么？各自进入一个陌生的环境，面对陌生的敌人需要多长时间去适应？这一切似乎加兰德都没理清。当然历史并不是我们后人只看到事物一面那么简单，加兰德肯定有他的考虑，只是这方面资料还未看到。朝鲜战争期间，苏联空军就采用过德国空军这种整编制轮流上战场制度，结果，每个新上战场的单位都得从零开始，弊端十分明显。

在当时，大部分人还是反对加兰德这种整个联队对调部署计划，最终妥协的方案是在每个联队中抽调一个大队对调部署，但是Ⅰ./JG 26大队和该大队的Fw 190战斗机在苏联前线战斗四个月后返回西线，以及Ⅲ./JG 54大队离开苏联前线后就再也没回去。

第一支被调往西线战场的是莱因哈德•席勒少校指挥的Ⅲ./JG 54大队，这个大队于1943年2月12日抵达法国旺德维尔(Vendeville)，这个半自主的战斗机大队在随后的3月再次被调往奥尔登堡（Oldenburg，德国西北部港口城市），为的是增强德国北海沿岸地区的防空力量。等待Ⅲ./JG 54大队的是一个全新的战争，此时加兰德的对调部署计划的内在缺陷也开始暴露，东线战场的王牌飞行员面对的是苏联性能低劣的战斗机和缺乏训练的苏联飞行员，在这个战场取得几个战果才能抵得上西线的一个战果，而拥有几

▲美国B-17轰炸机轰炸德国威廉港场景，地面已经浓烟四起，整个港口都被浓烟覆盖，美国几个B-17轰炸机编队清晰可见。美国轰炸机编队战术可见下文配图。

十，甚至上百架战果的德国飞行员如今面对的却是高空飞行的美国重型轰炸机。战场环境和对手完全变了，或者说他要面对的是更加强大的敌人。

很快就与美国轰炸机交上手的战斗中立即暴露出所有的问题，仅仅两个月的时间里，Ⅲ./JG 54大队的伤亡飞行员名单中就有两位"骑士十字勋章"获得者，这两人都是在5月15日拦截美国B-17轰炸机时在赫尔格兰岛附近被击落丧生，这两人在苏联前线的战绩均不少于50架，与苏联飞行员作战极为拿手，而拦截美国轰炸机的战斗中却表现得像个新手。"骑士十字勋章"获得者之一的8./JG 54中队指挥官冈瑟尔•芬克上尉在抵达西线战场以来的三个月里竟然没击落1架敌机，战斗倒是参加不少；另一位是7./JG 54中队的弗里德里希•卢普（Friedrich Rupp）少尉，他在相同的时间段里也只击落2架美国四发重型轰炸机，即5月14日击落1架美国B-24轰炸机；5月15日击落1架B-17轰炸机（他的第52架战果），这天的战斗中他也被击中身亡。

▲8./JG 54中队指挥官冈瑟尔•芬克（左）在帝国保卫战中只击落1架敌机就在一次行动中阵亡，照片右侧为鲁道夫•克莱姆，这是他们在苏联前线的照片。

在低地国家短暂部署后，Ⅲ./JG 54大队在1943年夏天返回德国汉堡以加强德国重要城市防空，但是，在此战斗的结果仍然是取得的战果寥寥，而损失巨大。1944年4月，Ⅲ./JG 54大队从前线退到二线（在美国重型轰炸机面前德国任何地方都是前线）开始换装"轰炸机杀手"Fw 190战斗机。

再回到1943年2月底，德美双方都在总结过去一个月的战斗，并重新部署并研究如何打击对方。短暂的停歇后，3月的战斗继续，但是，由于各种原因，3月里美国只发动三次轰炸德国境内目标行动。

3月4日，美国第八航空军决定再次对多特蒙德的哈姆火车编组站实施轰炸，前两次轰炸都因天气原因而中途放弃。但是，这次美国没像上次一样出动所有六个大队的轰炸机，这次只出动一个轰炸机大队的B-17轰炸机，其他B-17大队和B-24大队在当天执行牵制任务，吸引德国拦截战斗机。四个B-17轰炸机大队进入到厚云密布的北海上空时，3个大队转弯去轰炸荷兰鹿特丹的德国目标，第91轰炸机大队16架轰炸机则孤独地直奔德国多特蒙德，进入德国领空后气象条件突然好转，陆地上空晴朗少云，不像北海上空似乎时时刻刻都被浓云覆盖着。

德国Ⅰ./JG 1大队只派出3./JG 1中队拦截美国第91大队轰炸机，这次拦截行动很不成功，除了1架Bf 109G-1飞机被敌轰炸机自卫火力击伤外，德国方面称只有冈瑟尔•兰格（Gunther Range）中士击落1架B-17飞机，但美国方面称此次行动十分成功，没有损失1架飞机，也成功地炸毁了目标。

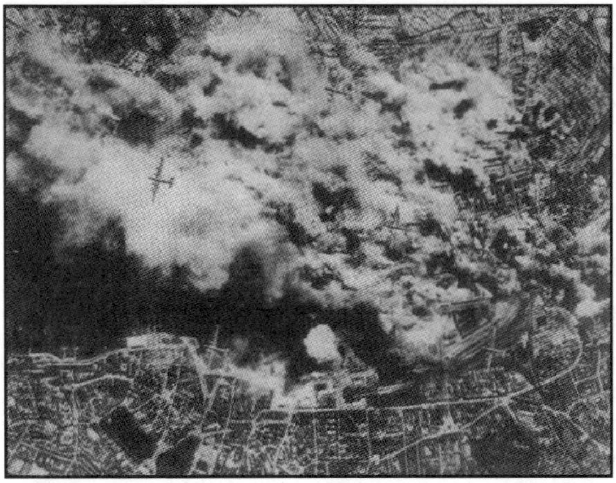

▲美国陆航1943年5月14日轰炸德国基尔照片，图中浓烟上方2架B-24轰炸机可以清楚地看到，照片中不起眼处还有4架。

▲Ⅱ./JG 11大队Bf 109G-2飞机携带的MG 151/20机炮吊舱。即使是20毫米机炮也需要数次攻击才能击落1架美国重型轰炸机，这说明Bf 109G的火力仍嫌弱。

两个星期后，美国轰炸机再次把目标盯在了北海沿岸，这次的目标是不来梅南面威悉河（River Weser）旁的费格扎克（Vegesack）潜艇生产厂。德国Ⅰ./JG 1大队的3个中队全部紧急起飞迎战，Bf 109G-1飞机在赫尔格兰岛南面截下了美国B-24轰炸机编队，双方在赫尔格兰岛与大陆沿岸之间的上空激战了25分钟，2./JG 1中队有三名飞行员声称分别击落1架B-24轰炸机，但是美国方面却承认有1架轰炸机未能返回英国。德国方面有2架Bf 109G-1飞机被B-24的自卫火力击落，尽管两名飞行员受伤，但都成功地跳伞逃生。跳伞后的1./JG 1中队指挥官霍塔里•施穆德（Hortari Schmude）中尉被成功救起，而2./JG 1中队的迪特尔•格哈德（Dieter Gerhardt）少尉伤势较重，在救援部队抵达前他就死在了自己的救生筏里。

40分钟后，在距荷兰海岸120公里处，2./JG 27中队的马克斯•温克勒尔（Max Winkler）中士驾驶Bf 109击落了1架正返回英国的B-17轰炸机（属当天美国另一个轰炸机编队）。

1942年11月从北非返回

后，Ⅰ./JG 27大队被部署在法国北部。1943年3月15日，约瑟夫•詹森（Josef Jansen）中尉指挥的2./JG 27中队被临时部署到阿姆斯特丹的斯希普霍尔临时归JG 1联队指挥，这是德国空军昼间战斗机单位加入到帝国保卫战序列的第一支队伍。温克勒尔的B-17战果只是Ⅰ./JG 27大队日后帝国保卫战中击落近200架美国重型轰炸机中的第一个。

美国第八航空军的第46次任务在3月22日发动，这次出动的中等规模轰炸机编队仍然轰炸德国威廉港。美国的轰炸机编队首先在荷兰泰瑟尔（Texel）的佛里斯兰岛上空遭到JG 1联队的Fw 190战斗机的拦截，随后Ⅰ./JG 1大队的Bf 109G-1战斗机收到起飞的命令，但是，很快起飞的飞机被召回，因为还不能确定美国轰炸的目标。就在Bf 109G-1战斗机准备第二次起飞时，海因茨•诺克少尉抓住了他的机会。当天第二次起飞命令下达时，诺克让他的地勤人员立即给飞机装上250公斤炸弹，他本人则焦急地坐在座舱里等着挂弹完成。此时，诺克只能看着中队飞机紧急起飞并向海岸方向飞去，下面就轮到他了。

上文介绍了海因茨•诺克的生平，这里得多交待几句他的空对空轰炸战术，笔者觉得他的战术称为“轰炸轰炸机战术”实际上更能说明问题，只是读起来相当别扭，也就是说拦截战斗机在轰炸机上方扔下炸弹来轰炸美国轰炸机编队。这个离奇变态的拦截敌轰炸机机群（用编队一词难以表达敌轰炸机之多）方法是1943年年初左右提出的，真的是被逼出来的。“轰炸轰炸机战术”具体做法就是Bf 109战斗机的机腹携带1枚250公斤炸弹到敌轰炸机编队上方投下，确定好引爆时间或是高度在敌轰炸机编队中间爆炸，达到1枚炸弹炸落几架敌轰炸机目的，说白了就是把战斗机当轰炸机来轰炸敌轰炸机（太拗口了）。这个亘古未有的主意是海因茨•诺克的朋友迪特尔•格哈德少尉的杰作，当时两人还在2./JG 1中队共事，后来迪特尔•格哈德在1943年3月18日拦截美国B-24轰炸机的行动中被击落身亡。但是，海因茨•诺克并没有放弃这种他认为颇有创意的战术，以后也一直在试验。迪特尔•格哈德阵亡四天后的3月22日，诺克有机会将这种战术付诸实战进行终极测试。他后来回忆当天战斗称：

▲Ⅰ./JG 27大队的飞机发动机整流罩侧有表示非洲的图案，非常容易辨认。照片拍摄于1943年3月的荷兰吕伐登。

我向前松开油门阀，但是我的座机没向前飞却滑向机场的另一侧，我得尽快驾驶战机升空，当我控制飞机转弯时，飞机突然向左侧倾斜，起落架轮胎爆了！我发射一枚红色信号弹，我的地勤人员知道发生了什么，大概20人或30人立即乘坐卡车从疏散区急驰而来。他们在左侧翼下竟然用后背把飞机“顶”了起来，我的发动机当时仍在旋转，轮胎更换只花了几秒钟时间。

“完毕！”随后地勤人员快速离开飞机，我将油门杆向前推以增加飞机速度，此时飞机又开始向左侧飘移，好在飞机滑行了200米后我设法稳住飞机并离开地面。我把油门加到最大，飞机爬升到海面上方无云的空中，在我上方7000米处，我可以清楚地看到飞机轰炸机留下的笔直的尾迹，还有我们自己的飞机留下的弯曲尾迹，那是我们的战斗机在对轰炸机实施攻击。由于挂载了额外的负荷，我的座机显得十分笨拙，我花了大约25分钟才爬升到6000米高度。这时我看到美国轰炸机已经在威廉港上空投下了炸弹，轰炸机的下方火光和高炮爆炸的云团清晰可见。现在美国轰炸机正在离开威廉港上空向赫尔格兰岛方向飞去。

我缓慢地爬升到美国轰炸机编队上方，直到我与前面的敌长机平行为止，敌机早发现了我，我爬升的过程中一直遭到他们的射击，此时我只能简单地瞄准，先是下倾左侧机翼，再下倾右侧机翼以便保持敌机编队在我的视野里，并且判断我距敌机的（相对）高度和距离。（这个过程中）我的左侧机翼被子弹打了两个或三个弹孔。

我解除炸弹保险，最后一次瞄准敌机并按下操纵杆上释放炸弹的按钮（投弹时机地面上已经反复计算过）。我的炸弹垂直向下落去，我则立即操纵飞机最大角度爬升脱离战斗，大角度爬升的目的是我能观察炸弹下降的过程。炸弹准确地在3架V字形编队的波音轰炸机中间爆炸，1架飞机的机翼被炸飞，另2架飞机立即俯冲加速逃离。在赫尔格兰岛西30公里，我看到第三架重型轰炸机栽入海中，被炸飞的机翼在空中犹如铝制的叶子飘向海面。

此次战斗中，德国JG 1联队声称击

▲左图是原始照片，拍摄于1943年5月，当时他的战绩还只有9架。现代人用PS修改了这张照片，将诺克一生战绩全加了进去。

▲战友和地勤人员在欢迎1架Bf 109G-6的胜利归来。这一时期，德军仍占据着各种优势，美国轰炸机单位则相反，但是，有一点常识的德国人都会觉得有一丝丝的不安。

林也知道了。诺克少尉在耶弗尔着陆后，他被命令立即写战报给联队指挥官，联队指挥官埃里希•米克斯中校（晋升了）当时也在空中，他目睹了那架B-17轰炸机被炸落。

“我说，诺克，你应该尝试着让整个中队都学会这种战术！”

“那正是我的计划，长官。”

“你觉得这种战术会起作用吗？”

诺克说，“如果今天的行动不是偶然事件，我们用这种方法应该能炸落更多的美国‘肥胖的卡车’（指重型轰炸机）。”

随后，德国湾战斗机指挥部司令卡尔•亨斯切尔（Karl Hentschel）上校打电话给诺克。

“我很高兴，亲爱的诺克，表现得非常好，恭喜你！”

当天晚上，刚刚睡着的诺克旁边的电话响起，是接线员的电话。

“少尉先生，我获得最高权力通知您有德国空军最高司令部电话！”

“什么！给我？”

电话接通了，诺克还是不敢相信最高司令部的电话是打给他的，电话里他报了自己的姓名防止搞错，电话另一头的帝国元帅的少校参谋肯定地说，“就是你今天

落了4架B-17轰炸机，但实际上只击落了1架。美国方面提供的信息显示当天第91大队的1架B-17F“独立钟”（Liberty Bell）飞机（序列号42-29659）未返回基地，也就是诺克炸掉的那架。当时美国人并不知道诺克投下的是炸弹，很多人猜想是诺克的战斗机携带了巨型空对空火箭弹。德国方面在总结诺克的“轰炸轰炸机”行动时认为他投下的1枚250公斤炸弹击落了这个小编队3架B-17轰炸机，可能德国人把敌机俯冲加速逃离看成了坠毁。

不管1枚炸弹炸毁几架B-17轰炸机，这个（后来基本上认定是1架）战果属于诺克第五架，也是第三架轰炸机战果。没人在乎这是诺克的第几个战果，用炸弹炸落敌轰炸机这一举动、这一战术、这一消息立即通过德国空军的各级指挥部门飞速地传到空军高层。“轰炸轰炸机”战术竟然可行就足以让人惊愕不已，最后连戈

用炸弹把敌机炸掉了，不是吗？”

“是的，少校先生”，诺克被要求详细地描述白天作战的细节，比如用的是什么型号炸弹，炸弹装的什么引信，他是如何驾机携带着炸弹发起攻击，结果是什么等等。少校参谋接着问，“是谁命令你执行此次轰炸行动？”诺克先是一愣，回答说“没有人，少校先生，我单独执行此次任务并投下了炸弹”。

随后是长长的一阵寂静，双方都没说话，诺克意识到这是他第一次没有得到授权就采取军事行动，确实没有人命令他去试验空中轰炸敌轰炸机的行动，诺克觉得自己的擅自行动是不是惹麻烦了。这时，少校参谋说，“我把你转接到元帅先生那里！”

可能是刚从床上爬起来的缘故，诺克被少校参谋的这句话吓出一身冷汗，跟大人物通话确实不是他这个少尉军官能遇到的事，对大人物的敬畏让他有点不知所措，好在诺克最后还是大声地报出自己的姓名、军衔和单位。戈林元帅简短地祝贺道，“我很高兴你在战斗中极为出色的表现，我仅代表我个人表示诚挚的感谢”。后来诺克对人说，“我不知道元帅是否知道我接电话时根本就没穿内裤”。诺克这个人不喜欢穿内裤睡觉，他一般是穿着夹克睡。

诺克的担心不是多余的，后来第12航空军司令约瑟夫•卡姆胡伯（Josef Kammhuber）上将对诺克擅自行动提出了批评，但是，戈林本人对诺克的点子很是欣赏，希望能完善并推广，雷希林试验中心被命令对诺克的战术进行试验以便形成可行的空对空轰炸战术。由于“轰炸轰炸机”的“壮举”，海因茨•诺克晋升为5./JG 11中队指挥官，也收到了官方正式的嘉奖，他得到官方支持继续他的空对空轰炸试验。后来驻扎在地中海的德国战斗机大队也效仿执行过几次空对空轰炸任务，实战表明这种战术十分失败，第一，美国轰炸机编队在欧洲南部战场的队形十分松散，这种危险的战术如果一次只能击落1架敌机完全得不偿失，况且轰炸前需要飞行员高度集中并稳定占位，穿过枪林弹雨爬升占位，不如用机枪/炮射击；第二，也是最主要的，美国轰

▲海因茨•诺克是个敢想敢做的人，他不仅因为“空中轰炸”战术出名，他个人战技水平也属上乘，重要战斗每次参加都有战果进账。

炸机在这个战场行动有护航战斗机保护。不用解释了，这种情况再用空对空轰炸战术就纯粹是找死。在德国北部，针对美国第八航空军的这种战术仍有施展的空间，任中队指挥官后，加上官方支持，空对空轰炸的战术在5./JG 11中队得以推广试验，而且这种战术在此后的战斗中取得了一连串的胜利，最终这种战术在7月28日达到高潮。当天，5./JG 11中队在拦截12机B-17轰炸机编队的战斗中，携带250公斤炸弹的Bf 109G战斗机用这种战术炸落7架敌轰炸机。这天的“射击聚会日”中最耀眼的明星是威廉•费斯特（Wilhelm Fest）中士，他投下1枚炸弹击落了3架B-17轰炸机（下文有详述）。至此，在不足两个月的时间里，5./JG 11中队击落四发轰炸机的总数达到18架。

奇怪的是，美国人显然并没有完全明白他们在行动中遭受的攻击方式是德国人发明的“轰炸轰炸机”战术，威廉•费斯特1枚炸弹炸毁3架轰炸机在美国人看来是遭到了大口径火箭弹的攻击。但是，5./JG 11中队队志记载这个中队实际上在下个月（4月）才开始试验空对空火箭弹攻击战术。自从证明空对空轰炸战术可行后，德国战斗机单位已经很娴熟地使用这个战术，但是，不管是空对空轰炸还是空对空火箭弹攻击，美国人也在加强轰炸机编队的护航任务，越来越多的盟军护航战术给执行空对空轰炸战术的Bf 109G战斗机带来很大危险。从上文海因茨•诺克第一次实战试验这种战术就可以发现携带1枚250公斤炸弹会恶化飞机性能还是其次，最大的危险性在于飞到敌轰炸机编队上方，被人打了还不能还手，直到炸弹投下。7月28日的“辉煌”表演之后时间不长德国人就只得放弃了，美国人知道了德国的鬼把戏，只是稍稍改变战术就化解了德国这种战术。况且盟军护航战斗机的大量出现使得德国空军放弃了这种危险的战术，转而依赖巨型火箭弹和机炮来攻击敌轰炸机。

▲Ⅱ./JG 11大队的1架Bf 109G-2战斗机，飞机携带了两个机炮吊舱。

▲5./JG 11中队位于耶弗尔的机场，图中可见几架Bf 109G-2战斗机，下方可见人员掩体和高炮阵地，还有气象站。

对付威胁日益严重的美国轰炸机最好的办法就是不断地从其他战场调回战斗机大队加入到帝国保卫战的战斗序列，上文可以清楚地看到这一点，自从1943年以来德国空军在两年时间几乎就没停止这种调动部署。

莱因哈德•席勒少校指挥的Ⅲ./JG 54大队是苏联战场的一支老兵单位，这个单位按阿道夫•加兰德将军的对调部署第一个从苏联前线部署到西线，同时西线的一个同级单位部署到苏联战场。加兰德将军当初的计划是整个联队对调，后来发现这种调动的负面影响太多，因此改为大队之间对调。德国空军大队，甚至中队的独立作战能力强，脱离原母队并不会对大队的作战能力有什么影响。由于Ⅰ./JG 26大队在苏联只战斗了四个月就被从苏联调回西线，Ⅲ./JG 54大队人员直到1943年2月12日才乘坐火车抵达法国旺德维尔，在这里，这个大队全部新换装Bf 109G-4战斗机。换装完成后，该大队在3月27日被调往威廉港南部的奥尔登堡。

四天后的4月1日，德国空军最高司令部大幅度调整西线单位组织结构和战斗序列，为的是增加西线空中防御力量。二战前，德国空军规模扩张的模式一般是由一个独立的单位作为基本单元急剧扩充编制，德国称之为“母亲”或“女儿”系统，比如上文提到的Ⅰ./JG 27大队在其他大队加入后组建成新的JG 27联队；另一种情况就是大队的三个中队扩编成大队，原大队升格为联队。现在，德国空军高层计划也将JG 1联队拆分，让联队的大队扩编成新联队。

JG 1联队的四个大队被一分为二，每两个大队再增加一个新第3大队（Ⅲ）组成一个新联队，也就是JG 1联队繁殖成两个联队，JG 1联队和JG 11联队。三个装备Fw 190战斗机的大队不去管它，这里只谈装备Bf 109战斗机的大队，1943年4月1日，驻扎在耶弗尔的拜斯指挥的Ⅰ./JG 1大队番号改为Ⅱ./JG 11。新成立的JG 11联队现在只负责北海沿岸的德国部分（即德国湾）的防空任务，番号未变但结构大变的JG 1联队负责从德国边境向西的荷兰海岸线的防空，两个联队的分工不仅明确，而且每个联队的作战力量也大大增强，拆分前的JG 1联队的防区支离破碎，很难用语言去形容。两个新第Ⅲ大队从一开始就计划装备Bf 109G-6战斗机，卡尔－海因茨•莱斯曼（Karl-Heinz Leesmann）少校的Ⅲ./JG 1大队驻扎在荷兰蒂伦（Deelen），该大队很快就全部装备了Bf 109G-6战斗机。厄恩斯特－冈瑟尔•海因茨上尉的Ⅲ./JG 11在德国汉堡北部的诺伊明斯特（Neumunster，或译新明斯特）组建，该大队需要再等上一段时间才能装备Bf 109G型号飞机，但是到年底，这个大队却开始装备Fw 190战斗机。

在美国重型轰炸机进入德国西北部的航线两侧驻扎着JG 1联队和JG 11联队，理所当然这两个联队参与了大量拦截轰炸机的作战任务，两个联队所属的六个大队击落了这几个月里该地区德国空军所声称的1200多个战果中的40%以上。德国空军高层此前一般会让装备Bf 109战斗机的单位纯粹执行与盟军护航战斗机战斗的任务，而素有“轰炸机杀手”之称的Fw 190战斗机专门负责攻击敌轰炸机编队。但是，这个战术越来越不适用于越来越激烈和混乱的战斗，因此Bf 109战斗机也参与拦截敌轰炸机，因此这些作战单位的记分板上也越来越多地出现四发重型轰炸机的影子，主要是美国B-17轰炸机。

目前的情况是，装备Bf 109战斗机的大队有四个，装备Fw 190战斗机的大队有三个，这是帝国保卫战以来首次Bf 109战斗机数量占优。另外，还有两个装备Bf 109飞机的中队也被纳入帝国保卫战的战斗序列，一个是2./JG 27中队，另一个是驻扎在赫尔格兰岛的中队。后者没有番号，只是称呼赫尔格兰岛战斗机中队(Jagdstaffel Helgoland)，从名称可以看出这个中队驻扎在岛上，确切地说是赫尔格兰岛东部稍小的岛上，称之为小岛是抬举它了，实际上就是沙滩。赫尔格兰岛中队于1943年4月7日组建，中队指挥官是赫尔曼•海因泽（Hermann Hintzen）中尉，这个中队最为特别的是它装备的是Bf 109T战斗机，上文提到过，Bf 109T是在Bf 109E的基础上

▲在英国皇家空军基地，4架P-47“雷电”战斗机在地面停放的1架B-17F轰炸机前飞过，P-47的航程还不足以保护轰炸机进入德国纵深轰炸，即使是距离比较近的德国北部也勉为其难，因此，地面这架序列号41-24459的B-17F在没有护航的情况下于1943年4月17日被击落。

改进的舰载型号，原计划在“齐柏林伯爵”号航母上使用的。JG 1联队和JG 11联队的三个装备Bf 109战斗机大队，以及Ⅲ./JG 54大队和2./JG 27中队（其母队Ⅰ./JG 27同样）在这一时期归德国空军指挥中心（Luftwaffenbefehlshaber Mitte，1944年2月改称帝国航空队（Luftflotte Reich））指挥，纯粹负责执行德国本土防空任务。

上段中的2./JG 27中队加入到帝国保卫战序列中，而大队（Ⅰ./JG 27）却在法国与盟军作战，得把这事说清楚，因为这里包涵着Ⅰ./JG 27大队在西线作战的一些情况，这是上文中没提到的。

1943年年初几个星期第二个抵达法国的德国空军战斗机大队倒是新近有与西方盟军空军交战的经历，也就是在北非与西方盟军有过交手，这个单位就是Ⅰ./JG 27大队。一直奋战在利比亚沙漠的JG 27联队终于离开北非战场，这里（利比亚沙漠）几乎就是JG 27联队不可分割的一部分，离开北非意味着这个联队历史的终结。在休整和换装完毕后，JG 27联队大部分大队仍然部署在地中海地区参与战斗，而Ⅰ./JG 27大队却将大队全部的沙漠型号Bf 109F换装为新型Bf 109G-4型号，这个大队就准备部署到法

▲赫尔格兰主岛和其旁边的小岛，仔细看可以看到小岛上有一条跑道。

▲美国陆航B-17轰炸机轰炸赫尔格兰岛，有两条交叉跑道的就是赫尔格兰主岛旁边的小岛，赫尔格兰岛战斗机中队就部署在这个小岛上。

▲赫尔格兰岛战斗机中队仍装备着Bf 109T战斗机，这是在Bf 109E战斗机的基础上改进的，这个时候性能显得比较落后了，但是仍有飞行员驾驶该型号取得佳绩。

国与JG 2联队一道在法国执行西线防空任务。

此时的Ⅰ./JG 27大队跟以前的Ⅰ./JG 27大队几乎没有什么相同之处了，目前这个大队的大部分飞行员都来自飞行训练学校，作战缺乏经验；大队的指挥官也换了，新上任的海因里希•塞茨少校直接来自东线战场。一与盟军空军交战Ⅰ./JG 27大队就表现出事物的两面性，为数不多的老飞行员很快就适应了角色转换，如3./JG 27中队的卡尔•冯•利雷斯（Karl von Lieres）中尉和中队指挥官维尔考（Wilkau）分别在3月8日击落1架美国B-17轰炸机和3月9日击落1架英国皇家空军蚊式战斗机。而那些新上前线的菜鸟要击落敌机真是难上加难，根本没有轻量级对手让他们练练手积累经验。

Ⅰ./JG 27大队指挥官海因里希•塞茨（1915年3月12日－1943年3月13日）我们上文提到过他，他的简历多提几句。塞茨在1936年4月加入德国空军，早期他是一名轰炸机飞行员，后改驾驶战斗机。1938年7月，塞茨被分配到Ⅰ./JG 135大队。1939年4月以后，已经成为一名战斗机飞行员的塞茨被分配到战斗机飞行员训练学校做教官①。1940年7月1日，他被分配到4./JG 77中队，随后的9月又被调到6./JG 77中队。当时德国正对英作战，很多战斗机单位被调到英吉利海峡沿岸参加战斗，而JG 77中队却部署在挪威南部的克里斯蒂安桑，没有参加英国战役。但这里也有战斗，1940年8月27日，塞茨取得他个人第一架战果，这天战斗他击落了3架英国皇家空军飞机，可谓三喜临门。1941年3月，塞茨被命令组建一个战斗训练中队，即2(Sch.)/ErgGr 77中队，他任这个中队的教官，这个战斗训练中队的长官似乎不称呼中队指挥官（中文资料称中队长），只是称呼教官。他任教官一直到1941年8月6日。

1941年6月22日德国入侵苏联，塞茨中尉回到4./JG 77中队服役。1941年8月6日，已有9架战果的塞茨被任命为4./JG 77中队指挥官，这个中队指挥官一职任到

① 飞行学校也分等级，如初级、中级和高级，或者一个学校里分初中高级班等，那些战绩颇丰的王牌传授战术，塞茨这种没参加过战斗的只能进行基础飞行教学。

▲海因里希•塞茨接替安东•马德尔（左图）任Ⅱ./JG 77大队指挥官后，马德尔后来在1943年4月1日任JG 11联队指挥官。

▲海因里希•塞茨走下自己的座机，他没有穿飞行服，似乎在检查自己的飞机。

1942年11日。截至1941年年底，塞茨的战绩再次增加36架（总战绩45架），为此，他在1941年12月31日获得“骑士十字勋章”，获勋后他回国休假。1942年3月，4./JG 77中队部署到乌克兰克里米亚，为那里空袭塞瓦斯托波尔的轰炸机和俯冲轰炸机，以及地面部队的战斗提供防空保护。这几个月的战斗中，塞茨数次战斗中一天就击落3－5架敌机，因此他的战绩到6月23日迅速上升到81架，就在当天他获得了“橡树叶加骑士十字勋章”。德国攻克塞瓦斯托波尔要塞后，JG 77联队转移到库尔斯克，为向沃罗涅日挺进的德国军队提供防空保护。塞茨曾在7月短时间取代安东•马德尔（Anton Mader）任Ⅱ./JG 77大队指挥官。7月24日，塞茨的战绩达到100架，之后战绩仍在增加，到10月初，他的战绩达到135架，这时他也在战斗中受伤。在医院治疗期间，Ⅱ./JG 77大队返回德国休整并换装，随后到北非的突尼斯参加战斗。

塞茨伤愈后并没有返回本单位，1942年11月12日，他被任命为Ⅰ./JG 27大队指挥官取代原指挥官格哈德•霍穆特。不久，塞茨率领他的大队返回到德国克雷菲尔德，11月28日，Ⅰ./JG 27大队抵达新驻地。经过简单的准备，这个大队于1943年1月2日部署到法国，在这里，驾驶Bf 109G-4战斗机的飞行员主要与美国第八航空军的重型轰炸机作战。1943年2月20日，塞茨的大队开始完全具备作战能力。

但是，在苏联战场大显神威的塞茨却在部署到法国后该大队首批伤亡名单中找到了位置。3月13日，海因里希•塞茨率领整个大队全部紧急出动去拦截美国的B-17轰炸机编队，指挥官和他的四机编队直接迎向为轰炸机护航的英国皇家空军“喷火”战斗机，接下来，德国战斗机和英国战斗机在法国阿布维尔上空遭遇并混战在一起。姜到底还是老的辣，战斗中塞茨击落了不少于3架“喷火”飞机，其中五分钟内击落2架，但是随后有人看见他下方的塞茨和他的座机几乎垂直坠向地面。到现在也不清楚塞茨是被另1架“喷火”战斗机击落的，还是他与他第三个牺牲品相撞坠毁（这就是不少于3架说法的来由）。

▲转移到普瓦Ⅰ./JG 27大队的飞行员正在享受难得的清闲，他后面是Bf 109G-4战斗机，躺在躺椅上的是1./JG 27中队的卡尔•罗尔（Karl Rohr）。

▲2./JG 27中队指挥官约瑟夫•詹森中尉和卡尔•文施少尉后面的是1架Bf 109G-4/R6战斗机，飞机携带了2个机炮吊舱。照片拍摄于1943年4月。

海因里希•塞茨阵亡后，Ⅰ./JG 27大队从法国伯奈（Bernay）转移到普瓦（Poix），大队新任指挥官是原JG 2联队老兵“骑士十字勋章”获得者埃里希•霍哈根（Erich Hohagen）上尉。部署到新驻地后不久，Ⅰ./JG 27大队在阿布维尔附近的战斗中取得一些胜利，4月18日当天，德国战斗机与英国皇家空军一个中队的“台风”（Hawk Typhoon）战斗轰炸机不期而遇，德国战斗机顺利地击落7架英国飞机。随后的5月，2./JG 27中队也取得骄人成绩，在调往JG 1联队位于荷兰吕伐登（Leeuwarden）驻地期间，2./JG 27中队的厄恩斯特•马克（Ernst Maak）上尉在5月21日的拦截美国B-17轰炸机机群战斗中一口气击落5架敌轰炸机，当天的战斗中德国方面声称共击落24架B-17飞机，事实上，美国方面承认的损失只有德国声称的一半。

1943年6月1日，埃里希•霍哈根在本大队于西北欧洲上空最后几次作战中严重受伤，不久之后，Ⅰ./JG 27大队被调往法国南部，但是不久这个大队再次被调回德国执行帝国保卫战任务。后来，其他战斗机联队的大队加入到Ⅰ./JG 27大队中，这些大队随后和Ⅰ./JG 27大队共同组建成新的JG 27联队，从而成为帝国防御联队中的一员，直到纳粹德国灭亡，新JG 27联队的Bf 109战斗机一直绝望地守护着德国本土领空。

再回到上文JG 1联队繁殖成两个联队和新增单位的事儿，德国空军这种组织结构的调整大大提高了作战效率，数量上的增加也提高了作战能力，特别是作战单位增加和防空区重新配置更加合理，防空体系分工明确，层次分明，美国人很快就会来证明德国人的成就，代价就是4月的行动让美军遭受了迄今为止最严重的损失。

1943年4月17日，美国第八航空军发动了第52次轰炸任务，此次任务美国出动四个B-17轰炸机大队总计115架飞机中的107架（8架因故障修理未参加），目标是不来梅郊区的福克－沃尔夫飞机制造厂。美国的轰炸取得了相当的成功，福克－沃尔夫制造厂被严重炸毁，工厂内已经生产出来的Fw 190战斗机很多在地面被摧毁。美国轰炸的同时，此次行动也遇到了德国空军最强烈的抵抗。

对美国轰炸机编队实施拦截的包括两个Fw 190战斗机大队，装备Bf 109战斗机的Ⅱ./JG 11大队（加上受其指挥的赫尔格兰中队）、Ⅲ./JG 54大队和2./JG 27中队，NJG 1联队，以及NJG 3夜战联队的Bf 110双发夜间战斗机也赶来增援。在美国轰炸机靠近海岸线开始一直到这些飞机再返回海上的两个多小时拦截作战中，德国战斗机对美国轰炸机实施了一波又一波的攻击，帝国保卫战以来从来没像今

▲Ⅱ./JG 11大队新任指挥官阿道夫•迪克费尔德身为少校仍升空作战，德国空军联队指挥官大部分都是战绩相当出众的人，他们随时作战很正常，甚至不让升空作战还不愿意。在帝国保卫战中他们的作用尤为重要，因此戈林要求至少有35—40架飞机保护联队指挥官的安全。

天这样各个单位配合默契，行动有条不紊。作战结果是美国不少于16架轰炸机被击落，其中6架属于第91轰炸机大队的第401中队。

第一个与美国轰炸机编队遭遇的是驻德国湾的老单位，如今已经更名的Ⅱ./JG 11大队，这个大队最近也换了新指挥官，“橡树叶加骑士十字勋章”获得者，阿道夫•迪克费尔德（Adolf Dickfeld）少校，新指挥官此前一直在JG 52联队服役，后来在突尼斯时出任Ⅱ./JG 2大队指挥官，得益于他四处征战的经验，阿道夫•迪克费尔德在4月17日的战斗中击落1架B-17轰炸机，他的战绩也上升到134架。

Ⅱ./JG 11大队第5中队的海因茨•诺克仍然没有放弃他的空对空轰炸战术，此次行动他也如法炮制，但是，他费了九牛二虎之力，又冒着生命危险爬升到轰炸机编队上方投弹后，炸弹竟然没在敌机编队中爆炸。诺克驾着已经减轻重量的战机三次发起攻击用机枪/炮击落1架B-17飞机，这架B-17F“飞行堡垒”就是美国第401轰炸机中队损失的6架之一，飞机序列号为41-24459。

此次战斗中，Ⅱ./JG 11大队飞行员共击落6架B-17轰炸机，赫尔格兰中队的埃瓦尔德•赫霍尔德（Ewald Herhold）中士也击落1架轰炸机。德国方面也有一定的损失，有4架Bf 109G-1飞机由于在空中作战时间过长导致燃油不足，紧急迫降过程中4架飞机不同程度受损；1架Bf 109T在战斗中被击落，飞机坠入诺德奈（Norderney）岛北面海里，飞行员奥斯卡尔•门兹（Oskar Menz）中士成功跳伞逃生。

Ⅲ./JG 54大队也参加了战斗，并且声称击落了4架B-17飞机，本大队有4架Bf 109G-1受伤，1架坠毁。坠毁飞机的飞行员是“骑士十字勋章”获得者，9./JG 54中队指挥官汉斯-埃克哈德•鲍伯（Hans-Ekkehard Bob）上尉，当时他率领他的中队对撤出不来梅正返航的美国轰炸机从正面实施二次攻击，由于鲍伯在距离上估算有误，他来不及转弯避开敌机，瞬间

▲这张照片拍摄于1943年4月17日，这么灿烂的笑容应该是当天执行任务后拍摄的。中间的就是Ⅱ./JG 11大队指挥官阿道夫•迪克费尔德（刚刚接任冈瑟尔•拜斯仅三个星期），左一为皮尔（Perl）博士，左二为雨果•弗雷上尉，左三为基尔（Kiel）少尉，右一为斯皮切特上尉。他们后面就是Ⅱ./JG 11大队指挥所。

▲这架美国B-17轰炸机的机翼已经被打掉，飞机翻转着坠向地面。这种震撼的照片很多，比这更震撼的还有，下文可以看到。

他决定撞击敌机。由于是有目的地撞击，他得以在撞击后的飞机残骸里成功跳伞。在伞降过程中，鲍伯发现自己的周围有十个同时在伞降的人，毫无疑问这是被撞毁的美国轰炸机上的机组成员。

短暂的惊愕之后，鲍伯镇定了一下情绪，随后就是悠哉悠哉被一群美国大兵围绕着向东飘去，这个场面太温馨了，谁都没把自己当外人。当这些人下降到同一高度时，鲍伯解开了他的飞行装具，突然有人大叫"有个美国大兵戴着'骑士十字勋章'！"再次被震惊的鲍伯这才意识到自己是德国空军军官。

但是，美国方面的当天损失记录里没提到空中相撞的事，这个倒也不奇怪，一方面撞击事件发生时没有其他美国空勤人员发现，另一方面全部跳伞的轰炸机机组在德国领空跳伞，美国方面无人知晓此事。鲍伯提供了当天行动的细节，而且德国方面也在不来梅西南方向找到了B-17的坠机地点，确信这架轰炸机属美国第306轰炸机大队，轰炸机序列号为42-29643。撞毁的这架敌机是汉斯－埃克哈德•鲍伯的第57个战果，也是他"辉煌"战绩中4架重型轰炸机战果中的1架。

2./JG 27中队的飞行员也声称在荷兰阿默兰（Ameland）岛北部击落2架B-17飞机，但其中1架未获官方认可，己方没有任何损失。

除了上述Bf 109战斗机取得的战果，

▲这架B-17飞机的美国大兵真得感谢上帝，被击伤的飞机实施了迫降，飞机完好，机组成员性命无忧。注意驾驶舱侧面炸弹和纳粹标志，看来这架飞机执行的作战任务还不算多。

▲Ⅲ./JG 54大队指挥官莱因哈德•席勒的Bf 109G-1座机停放在精心伪装的指挥所旁，他的飞机已经武装到位，随时可升空作战。

装备Fw 190战斗机的大队和夜间战斗机单位也击落13架美国轰炸机，这样算来，德国空军方面统计当天的战果是25架，比美国实际损失多了9架。毫不意外，美国轰炸机射手声称的战绩比惊人还惊人，他们的报告称击落了不少于63架敌机，外加15架可能击落和击伤17架，总数为95架！上文已经分析过原因了，美国事实上也知道这个巨大的误差，但就是没找到更合理的方法来纠正这种误差。德国方面实际损失是5架战斗机，其中2架NJG 1大队的Bf 110战斗机由于能见度不好而在空中相撞。还有1架战斗机紧急着陆时受损严重而注销，9架战斗机在战斗中被击伤。

美国此次不来梅轰炸行动的损失是以往最多一次损失的两倍之多，损失率达到15%，美国再有钱也经不起这么高的损失率，因此，美国首次开始反思在没有护航战斗机的情况下美国轰炸机能否在敌领空生存下来。但是，美国实际上也有难处，当时根本找不到解决问题的办法，英国皇家空军“喷火”战斗机的性能十分出众，与德国Bf 109战斗机不分伯仲，但是它的航程太短，此前的一些轰炸行动中“喷火”飞机也出动了，但都在半程时与轰炸机挥手告别，轰炸机返航时也只能在半程迎接，不管是“送”还是“接”，反正都是在没有德国战斗机拦截的时候。德国Bf 109战斗机的腿也短，因此美国轰炸机离开海岸不多远就不再实施拦截，这就是为什么英国“喷火”在这里从未跟德国Bf 109战斗机交火的原因；4月初，美国投入了P-47“雷电”战斗机为轰炸机护航，但“雷电”飞机的航程也只是比“喷火”飞机远一些而已，仅仅足够在法国和低地国家上空执行护航任务（此前有2架P-47飞机被德国Ⅱ./JG 1大队的Fw 190战斗机击落），德国领空还免为其难。对于重型轰炸机在战斗机面前生存率高的论调早就受到了批判，但当时这种批判的声音还不够响亮，很多人虽然也在盼着远程护航战斗机的出现，但他们对于护航战斗机的重要性认识还是不足，他们仅仅把护航战斗机行动看作是美国轰炸行动的附属行动。不久后，几乎每个人，不仅仅是轰炸机机组成员都觉得护航战斗机对于轰炸行动极为重要，因此美国方面尽最大努力让P-47战斗机携带副油箱以达到护航的目的。

德国北部的两个联队从来没打过这么漂亮的仗，不仅德国空军的此前的战斗序列调整起了作用，这也让德国飞行员信心倍增，战斗机单位等着盼着再重创美军一次。但是，遭受重创的美国轰炸机直到一个月后才再次光顾德国领空。在这一个月的过渡期里，美国又有一个重型轰炸机联队（四个大队）加入到第八航空军战斗序列，数量的增加（美国一个轰炸机联队约120架轰炸机）使得美国轰炸机可以同时在很宽的空域对地面目标实施多批次轰炸，这种战术的另一个好处就是可以分散敌拦截战斗机。

▲P-47“雷电”战斗机虽然圆滚滚的外形看上去并不起眼，性能也比德国Bf 109G型号稍差，但这款飞机的起飞重量较大，俯冲速度快，在优秀飞行员的手里仍然是不可小觑的对手。P-47有几种副油箱，早期就是图中的水滴形，携带这种副油箱只能增加几十公里的作战半径。

5月15日的美国第八航空军第56次任务就是美国新增轰炸机并采用新战术后的第一次重要行动，当天，美国轰炸机大队一小部分在护航战斗机的伴随下去低地国家执行任务，而主要力量（100余架轰炸机）被派往德国去轰炸德国基尔（Kiel）的潜艇制造厂，这里也是德国波罗的海的重要海军基地。

这次也不例外，

德国Ⅱ./JG 11大队外加赫尔格兰中队的Bf 109T战斗机首先实施第一道拦截任务，此时已经晋升为5./JG 11中队指挥官的海因茨•诺克少尉也在这次任务中，他一门心思地要完善他的空对空轰炸战术，因此，在美国“飞行堡垒”飞机穿过石勒苏益格－荷尔斯泰因（Schleswig-Holstein）半岛向目标区飞去时，他率领他的整个中队飞到轰炸机编队上方。但是，每次他和中队飞行员机动到敌机编队上方准备投弹时，美国飞机编队就会立即避开，“似乎他们已经意识到了我们要做什么”，诺克有点纳闷，同时也说明破解这种战术很容易。

此时，美国领航轰炸机已经接近他们的目标——基尔港内部东侧的潜艇制造厂，此时已经不可能再投弹轰炸敌机编队，因此他要求飞行员在敌机离开目标区时轰炸单个轰炸机。诺克抓住一次机会投弹，但炸弹没爆炸，因此他选择用机炮攻击。他从正面对一个离大编队较远的小编队实施了第一轮攻击，但攻击没成功，几分钟后他再次从正面对小编队轰炸机实施了第二次攻击，诺克回忆说：“遭到攻击的‘飞行堡垒’突然拉起机头，仿佛是受惊的野兽，随即敌机向右近乎垂直地螺旋俯冲逃离”。目睹这架第92大队的B-17F轰炸机（序列号42-30003）坠毁的另1架B-17飞机上的飞行员后来报告称“失去控制的轰炸机旋转着坠向地面，飞机的1台发动机和水平尾翼不见了”。这架“飞行堡垒”坠毁在德国胡苏姆附近，也就是靠近石勒苏益格－荷尔斯泰因西海岸，不知道B-17F飞机上的机组成员是跳伞逃生了还是飞机迫降时逃生了，反正让美国人感到些许安慰的是十名机组成员都成了战俘。这架B-17飞机是海因茨•诺克少尉不到三个月时间里的第五个战果，因此他成为帝国保卫战中第一位Bf 109王牌飞行员。

诺克取得胜利不久，又有2架B-17轰炸机坠毁在阿姆鲁姆（Amrum）岛和赫尔格兰岛之间的海里，其中1架战果属于6./JG 11中队指挥官埃贡•福肯萨米尔（Egon Falkensamer）上尉。其他单位也

▲5./JG 11中队部分成员在胡苏姆基地合影，从左向右分别是汉斯－格尔德•文尼克斯、赫尔穆特•莱纳尔茨、安德烈斯•托鲁克斯、海因茨•诺克、瓦尔特•巴特尔梅茨和威廉•费斯特。

参与了此次行动，Ⅰ./JG 11大队两名飞行员和NJG 3联队的一名飞行员声称分别击落1架“飞行堡垒”。

美国第八航空军第44轰炸机大队的17架B-24D也参加了轰炸基尔港的行动，这支轰炸机编队尾随B-17轰炸机编队接踵而至，此前的B-17飞机已经捅了马蜂窝，B-24飞机更被德国地面高炮和战斗机一窝“蜂”地狂“蜇”，5架“解放者”轰炸机被击落，其他12架飞机每架都挂彩。德国Ⅱ./JG 11大队和Ⅲ./JG 54大队的Bf 109击落7架（自称），己方损失5架战斗机，按德国声称的战果，这个买卖是划算的。6./JG 11中队的1架战斗机被B-24的自卫火力击伤后坠毁在基尔港西部，飞行员之前成功跳伞；Ⅲ./JG 54大队有两名飞行员丧生，大队的第9中队2架Bf 109G在自己的家门口相撞坠毁。

空袭基尔的行动美国损失了8架轰炸机，只是上一次空袭不来梅损失的一半，美国觉得还算说得过去，因此美国第八航空军决定在24小时后出动几个轰炸机大队去轰炸呈叉状分布的威廉港和埃姆登港。但是，当美国轰炸机飞临威廉港上空时发现这个空域遍满了乌云，军事术语就是10/10的云，也就是连成片的云没有一丝缝隙。轰炸机编队被迫寻找可以替代的目标，最佳选择是赫尔格兰岛东边的小岛，也就是赫尔格兰中队驻地和万根沃格岛，后者也驻扎着一个战斗机中队。

德国空军回应此次美国空袭的仍是昨天的作战单位，也只能是这些作战单位，这里是他们的防区。装备Bf 109G战斗机的Ⅱ./JG 1大队和Ⅲ./JG 54大队分别声称击落4架和5架轰炸机，Ⅱ./JG 11大队的战果中有1架成为阿道夫•迪克费尔德少校总战绩135架中的最后一个，此后他的作战生涯结束。因战绩“辉煌”，他被提拔到德国航空部任参谋一职；另一个B-17战果属于后来接任迪克费尔德任Ⅱ./JG 11大队指挥的冈瑟尔•斯皮切特上尉，前一天的行动中他在基尔上空击落过1架B-24轰炸机。

斯皮切特上尉在德国北部沿岸一带作战部队中并不陌生，他最早就是Bf 109战斗机飞行员，后来改驾驶Bf 110驱逐机。他在1939年9月驾驶Bf 110战斗机首开自己的记录，同年12月3日的战斗中他失去了左眼（上文提到过），但很快他就重返蓝天，而且成为一名帝国保卫战中最为出色的王牌飞行员之一。德国空军Bf 110驱逐机一般执行夜战任务，少了一只眼的斯皮切特不再适合驾驶Bf 110飞机，因此他改驾驶Bf 109战斗机。尽管少一只眼，采用常规战术拦截敌轰炸机比较成功的就是他。斯皮切特在1943年5月初刚刚接任Ⅱ./JG 11大队指挥官一职，后来战斗越来越频繁，他和本大队的海因茨•诺克一道成为每战必胜的神奇人物。1939年到1943年年底只是冈瑟尔•斯皮切特的初演阶段，自从美国首次轰炸德国本土目标后，他的战绩又上升17架，至此个人战绩达到24架，是大队当时的最高成绩。需要说明的是，他17架战果中有14架是四

▲冈瑟尔•斯皮切特（穿黑色飞行夹克）和库尔特•谭克（Kurt Tank），拍摄这张照片时斯皮切特已经晋升为少校。谭克是德国著名航空科学家和试飞员，福克—沃尔夫公司首席设计师。

发重型轰炸机（11架B-17和3架B-24），击落重型轰炸机需要在空战中反复攻击才行，通常情况飞行员技术好也得4－5次攻击，不像对战斗机一次攻击就可将其击落。

Ⅱ./JG 1大队另2个战果属于海因茨•诺克和他的第5中队赫尔穆特•伦纳茨（Helmut Lennartz）中士，根据后者自己的战况描述，他是用空对空轰炸战术击落敌机的，如果这是真的，这是这种战术成功运用的又一个战例，但是美国方面却没提到这架飞机是被炸掉的。赫尔穆特•伦纳茨不过是小小中士，二战总战绩也不过13架，提到他的原因是他后来驾驶Me 262战斗机击落过8架美国飞机，其中1944年8月15日第一次驾驶Me 262击落美国1架B-17轰炸机。

在过去的六个星期里，Ⅱ./JG 11大队逐渐换装Bf 109G-6替代原来的Bf 109G-1战斗机，前者的翼下可以携带机炮吊舱。对于拦截轰炸机，机炮的威力大得多，因此以后Ⅱ./JG 11大队的战果中大部分是Bf 109G-6取得的，Bf 109G-1还未完全被取代。

跟没有任何损失的Ⅱ./JG 11大队相比，取得5架战果的Ⅲ./JG 54大队损失了

▲德国人幻想巨型火箭弹攻击美国轰炸机群效果应该更好，实际情况却相反，火箭弹精度太差。图中是Bf 109G-6翼下携带火箭弹发射管，管后面的电线用于电子点火。

▲由于实战效果差，携带巨型火箭弹攻击美国轰炸机的战术不久就被放弃。图中是JG 11联队的Bf 109G-6飞机。

4架Bf 109G战斗机，两名飞行员丧生。丧生的两人均是新近才获得“骑士十字勋章”的王牌飞行员，此前都在苏联前线服役，战绩都不少于50架，一个是弗里德里希•卢普上尉，另一位是8./JG 54中队指挥冈瑟尔•芬克上尉（两人上文都有述）。两人的座机坠入赫尔格兰岛附近海域，王牌的陨落说明帝国保卫战逐渐进入另一个阶段，此后德国人必须习惯那些耀眼的王牌一个个地坠落，甚至一天内数个更出名的王牌齐刷刷地坠地。那些带着上百架战果回到西线的新来者必须明白，他们面对的是完全不同的战场环境，他们的对手也是此前未曾遇到过的强大，剩下的两年里，他们要为德国此前的所做所为付出代价。

美国丝毫没有放松对德国的空袭，不彻底将目标摧毁决不收手，先是5月19日，美国第八航空军再次派出B-17轰炸机去轰炸德国的基尔和弗伦斯堡（Flensburg），两天后再次空袭威廉港和埃姆登港。德国空军在重组北部防空系统以来的一个月里取得了十分骄人的战绩，这大大增加了德国人的自信，因此尽管这里的战事时常发生，装备Bf 109的单位仍然是两个大队加两个中队。在5月19日和5月21日两场的战斗中，德国空军声称击落25架B-17轰炸机（美国承认的损失是18架），自己的损失极其轻微。在6月上半个月里，美国又发动两次跟5月下旬相似的空袭行动，即6月11日空袭威廉港和库克斯港（Cuxhaven），6月13日空袭不来梅和基尔港。但是，6月的行动跟5月的有些不同。

最明显的不同就是又有四个装备Bf 109

的战斗机大队加入到战斗序列里。6月11日，一直在旁边观战许久的莱斯曼少校的Ⅲ./JG 1大队终于有机会升空去拦截空袭威廉港的B-17轰炸机编队。卡尔－海因茨•莱斯曼少校一如既往地运气不佳，早在二战开始阶段他就是Ⅰ./JG 52大队指挥官，1941年11月，他严重地受伤，很长一段时间他被鉴定不适合再次执行飞行任务。但是，最终在1943年4月他被任命为新组建的Ⅲ./JG 1大队指挥官。花了好长时间训练，莱斯曼才又具备升空作战能力。6月11日的战斗中，尽管大队飞行员参战热情很高，战果却很少，只有9./JG 1中队指挥官欧根•温特格斯特（Eugen Wintergerst）少尉击落1架敌机。

出任指挥官后的莱斯曼终于在6月25日首开个人纪录，当天他击落1架B-17轰炸机。7月18日，在拦截英国“英俊战斗机”攻击荷兰附近海域航行的德国舰船的行动中，他再次击落2架英国战斗机。一个星期后，他再次击落1架B-17轰炸机。对于他来说，这么短的时间里就击落4架敌机很不容易，特别是其中2架是四发重型轰炸机。有资料称此时他的战绩是5架，不管是几架，莱斯曼的战绩是新Ⅲ./JG 1大队中最高的，同时这个数字也反映出1943年夏天异常激烈的战斗任务中Ⅲ./JG 1大队的表现：抱歉，不太好。

1943年7月25日，莱斯曼再次击落1架B-17轰炸机，但这架轰炸机在坠毁前的自卫还击中也严重击伤莱斯曼的Bf 109G座机，莱斯曼随座机沉入北海海底。Ⅲ./JG 1大队以后摊上了“恶运缠身”的不雅绰号，不仅大队指挥官上任时间不长就殒命，这个大队的五位中队指挥官也在1943年结束前全部阵亡。

上文中的欧根•温特格斯特需要再补充几句，6月11日击落的敌机是他的第21

卡尔—海因茨•莱斯曼　欧根•温特格斯特　弗雷德里希•卢普　赫尔穆特•伦纳茨

▲左图一为卡尔－海因茨•莱斯曼少校，他指挥Ⅲ./JG 1大队，但是这个大队的表现差强人意，指挥官本人战绩却在短时间里增加不少，不过他早早阵亡，他的中队指挥官命运似乎也不好。右图二是9./JG 1中队指挥官欧根•温特格斯特，他的传奇经历值得一读。卢普在苏联战场得心应手，在西线却马失前蹄，实际上，不是他死就是别人亡。伦纳茨驾驶Me 262击落8架敌机，这个战绩对于驾驶喷气式战斗机来说相当不错。

▲8./JG 1中队的地勤人员正在维护Bf 109G-6飞机，从人员着装来看是1943年夏天。

个战果，他的第20个战果是他在1941年9月击落的苏联米格-3战斗机，这两个战果之间相隔了21个月之久，这期间发生了很多事。

1941年9月24日，温特格斯特和4./JG 77中队的赫尔维希•祖齐克（Herwig Zuzic）少尉在敌方上空相撞，大难不死的两人很快被苏联人抓到。在战俘营里，他们决定下一个大赌注，也就是他们假装信仰共产主义，并愿意为共产主义事业献身。他们的把戏骗过苏联人，后来，经过一番训练后苏联人将他们俩当作间谍和破坏者空投到罗马尼亚以便为苏联人服务。一旦逃离苏联人的掌控，温特格斯特和祖齐克立即到最近的德国部门自首，等待他们的不是久别重逢的握手和鲜花，相反，他们遭到的质疑跟当初苏联人的怀疑毫厘不爽。好在最后他们满意地通过了层层审查并返回到作战单位。但是，为了防止再次落入苏联人手中（再被苏联人抓住就没好果子吃了），他们俩都未被允许到苏联前线作战，相反去了西线的Ⅳ./JG 1大队。不久他们俩再次被分配到新成立的Ⅲ./JG 1大队，而且都当了中队指挥官，温特格斯特任9./JG 1中队指挥官，祖齐克任8./JG 1中队指挥官。

从Ⅲ./JG 1大队急切地想参战就知道这个单位驻扎在荷兰的战事并不多，因此首次参加德国北部拦截行动中只击落1架敌机，风头正劲的Ⅱ./JG 11大队在6月11日的行动中击落10架轰炸机，斯皮切特和诺克分别包揽1架。美国方面的战报称第379轰炸机大队1架B-17轰炸机与德国1架Fw 190战斗机相撞坠毁，实际上德国的应该是Bf 109战斗机。对敌轰炸机实施正面攻击后，9./JG 54中队的维尔纳•布舍尔（Werner Buscher）中士想爬升避开敌机，但是已经迟了，他的座机机翼刮到了B-17飞机的机头，随即分别失去一侧机翼的战斗机和轰炸机一道向下坠去。尽管相撞时布舍尔就受了伤，他最终还是成功地跳伞逃生了。

另一个新近刚部署到德国湾并且首次在帝国保卫战中取得战果的是库尔特•鲁佩特（Kurt Ruppert）上尉的Ⅲ./JG 26大队，这个大队在5月底刚刚从比利时调回到德国北部，驻地在库克斯港南部的诺德霍尔茨。Ⅲ./JG 26大队驻扎在比利时期间就积累了丰富的拦截重型轰炸机的作战经验，因此在6月11日的战斗中击

▲Ⅲ./JG 1大队的1架Bf 109G-6战斗机，这架飞机的翼下携带了机炮吊舱，携带该吊舱的飞机被称为“炮艇”。

归Ⅱ./JG 1大队指挥的赫尔格兰中队埃瓦尔德•赫霍尔德中士第一个击落“飞行堡垒”飞机，敌机坠毁在诺伊明斯特（在基尔港正南20多公里）西部。第二架B-17飞机据称是被空对空轰炸战术炸落的（美国没承认是炸落的），如果真是这样，那么炸落这架敌机的极可能是海因茨•诺克5./JG 1中队的基利安（Kilian）少尉，因为当天行动中只有他声称击落了敌机。

落2架B-17轰炸机，胜利分别属于尼斯（Niese）上士和斯塔特（Stutt）中士。

美国第八航空军在6月11日发动的第62次轰炸任务中共出动了250多架B-17轰炸机，这是目前为止美国最大规模的一次空袭行动，这次行动出动的轰炸机数量多，德国拦截的战斗机也多，但是美国方面只损失了8架“飞行堡垒”（德国战斗机和高炮共同造成的），这让美国人坚信轰炸机数量越多越安全。

两天后6月13日的空袭行动似乎反过来印证了美国人的观点，那就是轰炸机数量越少越不安全。当天行动中，美国第八航空军只出动60架B-17轰炸机空袭基尔港，这次行动竟然有22架飞机未能返回，损失率达到了惊人的36%。照例驻扎在耶弗尔的Ⅱ./JG 1大队是第一批实施拦截的单位，大队飞行员接到命令后于8点54分紧急起飞拦截入侵轰炸机。但是，实际上

在目标区上空，Ⅱ./JG 11大队的飞行员也收获了6架B-17轰炸机，本单位唯一的损失是罗赫（Rohe）中士，战斗中受伤后他在诺伊明斯特跳伞；埃瓦尔德•赫霍尔德的Bf 109T座机在对敌轰炸机实施两轮攻击中被目标自卫火力击伤，美国第95轰炸机大队的这架飞机最终被击落。埃瓦尔德•赫霍尔德由于膝盖受伤而不得不跳伞；赫尔格兰中队的另1架Bf 109T也因受伤而选择在弗尔（Fohr）岛迫降。

Ⅲ./JG 54大队在这次战斗中的战绩跟Ⅱ./JG 11的一样，也是8架，Ⅲ./JG 26大队虽然取得的战果只有5架，但这是该大队飞行员在不到10分钟的战斗中取得的，大队唯一的损失是库尔特•鲁佩特上尉，这也是帝国保卫战中Bf 109单位损失的第一位大队指挥官。临时接替鲁佩特的

▲JG 11联队飞行员正在研究攻击美国重型轰炸机战术，照片拍摄于1943年夏天。

下降一些。德国空军也没闲着，德国在各条战线都处在战略溃败的开始，德国领空也越来越不安全，为此，德国空军加紧增加部署帝国保卫战的作战力量。

第三个在1943年年初被调往西线的大队有着与上文Ⅰ./JG 27大队完全不同的背景，后者来自黄沙满天，似乎一切都在燃烧的北非，而克劳斯•夸特－法斯勒姆上尉的Ⅰ./JG 3大队此前一直在广袤的苏联土地上执行支援德国陆军第6集团军向斯大林格勒推进的防空任务，该大队最后一次在苏联领空执行作战任务是1943年1月中旬在已经被包围的斯大林格勒城市上空。1月下旬，在斯大林格勒战役中损失极为惨重的Ⅰ./JG 3大队返回

是罗尔夫•赫尔米辰（Rolf Hermichen）上尉。

6月13日空袭德国基尔的行动中美国方面损失了1/3以上的轰炸机，这个巨大的损失率让美国人十分震惊，48小时前空袭德国威廉港的损失率只有3.2%。除了印证美国人认为的轰炸机数量越多越安全的信条外，美国更加需要远程护航战斗机来为轰炸机行动提供保护。美国国内战斗机研制单位不是没做这方面的努力，只是当时还无法交付令人满意的机型，直到六个月后美国第八航空军的愿望才变成现实。目前应急的办法就是让P-47战斗机携带副油箱来提高航程，至少让“雷电”战斗机的作战半径能够到德国边境，这个要求已经很高了，但至少可以让美国轰炸机的损失

▲Ⅲ./JG 54大队似乎装备了几个Bf 109G子型号，如Bf 109G-1、Bf 109G-6，以及图中7./JG 54中队的Bf 109G-2，照片拍摄于1943年夏天。

德国休整并换装新战斗机，这个大队先是在柏林附近的多布里茨(Doberitz)驻扎几个星期训练新飞机Bf 109G-4，随后的1943年4月被调往德国慕尼黑－格拉德巴赫（Munchen-Gladbach，也称门兴格拉德巴赫），此时，Ⅰ./JG 3大队立即全部换装了新型的Bf 109G-4战斗机，训练又持续近两个月时间。直到6月，这个大队完成训练并开始参与战斗，也就在这时，这个大队又开始接收首批Bf 109G-6战斗机。美国投入重型轰炸机轰炸德国后，德国空军就开始考虑为Bf 109飞机增加火力，1943年上半年，德国空军轻重火力争论过一段时间，最终重火力观点占据了上风，Bf 109G-5和-6就是重火力型号，主要改进是发动机中间安装1门20毫米MG 151/20机炮，发动机整流罩上方的2挺原7.92毫米机枪改为13毫米MG 131机枪，飞机的翼下还可以携带两个20毫米MG 151/20机炮吊舱。由于技术上的一些原因，Bf 109G-6比Bf 109G-5先投产装备部队，Ⅰ./JG 3也是德国空军期待的“轰炸机杀手”大队。

有了前车之鉴，加上充足的训练和装备新型战斗机，Ⅰ./JG 3大队在拦截美国重型轰炸机行动中连续给美国造成重大损失，而己方损失极小。Ⅰ./JG 3大队参与的第一次战斗就是盟军对德国鲁尔工业区发动的第一次大规模空袭行动。

得说明一下，上文提到过，早先还有一个汉斯•冯•哈恩上尉任指挥官的Ⅰ./JG 3大队，这个大队在1941年9月从苏联前线撤回到德国休整和换装新装备，三个月后的1942年1月15日，大队番号更名为Ⅱ./JG 1。跟这个大队相比，夸特－法斯勒姆的大队番号一直没改。跟上文的Ⅰ./JG 27大队一样，夸特－法斯勒姆的Ⅰ./JG 3大队后来作为母队组建了

▲Ⅰ./JG 3大队指挥官克劳斯•夸特－法斯勒姆上尉和他的Bf 109G-4座机。在德国，大队转战各个战场是常有的事，像Ⅰ./JG 3大队在1942年年底到1943年年底就转战过北非战场、苏联战场和地中海战场。德国到处有危机，到处需要作战部队。

▲2./JG 3中队的Bf 109G-4战斗机部署在慕尼黑—格拉德巴赫，照片拍摄于1943年夏天。

自己的联队，并且被编入到帝国防御联队中。

美国第八航空军在6月22日发起的第65次作战任务目标是德国乌尔斯（Huls）的合成橡胶厂，出动轰炸机达到十个轰炸机大队，轰炸机总数达到近300架。美国轰炸机前往鲁尔的航线穿过德国Ⅱ./JG 11大队的最南部，主要负责拦截任务的德国JG 1联队Fw 190战斗机在行动中击落15架B-17轰炸机，Ⅲ./JG 54大队击落1架，第一次参与战斗的新Ⅰ./JG 3大队击落3架。

在这次空袭乌尔斯的行动中，美国陆航派出了最新式防御武器，即11架YB-40轰炸机与轰炸机编队一起出动，说起美德双方的做法十分有意思，上文提到德国海因茨•诺克将Bf 109战斗机当轰炸机来使用在空中轰炸轰炸机（还是读起来别扭），而美国此次出动的YB-40就是在B-17轰炸机基础上改进的当作护航战斗机来使用的，叫护航轰炸机也行。迟迟找不到合适的护航战斗机，美国陆航不得不想其他临时的办法，办法之一就是改进20架B-17轰炸机为轰炸机编队护航，具体改进方法就是为飞机增加额外的炮塔、武器和装甲，从外形看，像刺猬的就是YB-40。11架参加行动的YB-40飞机中有1架（序列号42-5735）被地面高炮击落，跟德国5./JG 11中队执行空中轰炸任务的Bf 109一样，美国的YB-40的护航行动也很不成功，主要原因是YB-40在编队飞行中其爬升和巡航都赶不上B-17轰炸机，因此，这些YB-40仅出道两个多月就退出了战场，一些飞机再次被改回原配置，另一些则被改进成机枪手训练飞机。

6月25日，美国B-17轰炸机再次回到更加熟悉的德国北海沿岸地区，但是，当时当地上空的云层较厚，轰炸机无法发现目标，不得已，这些轰炸机改变轰炸目标，对佛里斯兰岛附近航行的近岸船队发泄了怒火。德国空军8个战斗机大队起飞迎战敌机，Ⅲ./JG 11大队的Bf 109G-6战斗机首次参加战斗，并且击落2架轰炸机，取得战果的是7./JG 11中队指挥官

YB-40“飞行堡垒”

X/YB-40是使用B-17改装的护航轰炸机。由于当时还没有远程护航战斗机，B-17在白天深入德境的轰炸中遭受了惊人的损失，为此陆航设想出“护航轰炸机”概念，就是将轰炸机改装成为具有强大防御火力的武器载机，为编队中的其他轰炸机提供火力支援。

1942年11月洛克希德的威加分部将一架波音生产的标准型B-17F（序列号41-24341）改装成了XB-40验证机。在机背的无线电员舱上方安装了一座炮塔，内置2挺12.7毫米机枪，另外在机鼻下增加了颚部炮塔，内置2挺12.7 毫米机枪，后机身机枪增加到每侧2挺。保留了驾驶舱顶部、腹部和尾部炮塔，这样全部的自卫武器增加到14挺12.7 毫米机枪。此外还增强了乘员防护

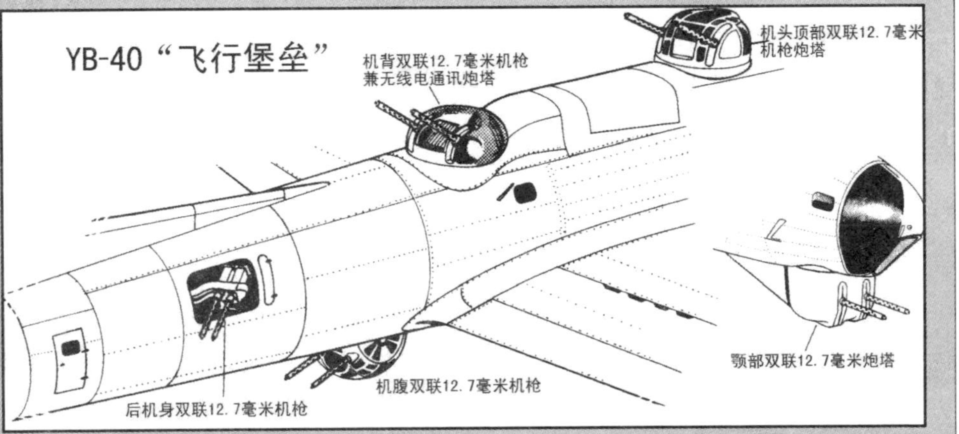

▲YB-40武器部署示意图。YB-40号称“炮艇”，更像飞行刺猬。

▲伸出的枪管加上天线，YB-40浑身长满了刺。把轰炸机改装成护航战斗机只是权宜之计，实际使用发现问题不少。

▲仔细对比两图就可以发现两机的机头明显不同，上图是飞机颚部安装炮塔，下图是机鼻安装炮塔。

装甲，炸弹舱被取消，空间被用于存放机枪弹药，通常可携带11135发子弹，如果减少载油量可以增加到17265发。改进后的XB-40比全副武装的B-17F重约1.8吨。

继XB-40之后，有20架威加公司生产的B-17F被改装成YB-40服役测试机，另外还有4架改装成TB-40训练机。虽然这些飞机拥有V-139-3的威加公司型号，但实际上这些改装都是在道格拉斯的俄克拉荷马州塔尔萨（Tulsa）工厂进行的。这些YB-40还尝试了多种不同的武器布置，一些安装了具有4挺机枪的前炮塔和尾炮塔；一些配备40毫米炮，还有一些YB-40大小口径的机枪加起来有30挺，简直是飞行刺猬。

YB-40在1943年5月29日首次参战，被编入轰炸法国圣纳塞尔（St.Nazaire）港的编队中，后来又飞了其他8次任务，1943年7月4日执行了最后一次任务。在这些任务中，YB-40的炮手宣称击落5架敌机，可能击落另外2架，有1架YB-40被击落。

雨果•弗雷中尉和齐格菲尔德•齐克上士（这两人都在1月27日威廉港的战斗中首次击落B-17轰炸机）。其他参与战斗的Bf 109大队中，Ⅲ./JG 54大队击落1架，Ⅲ./JG 26大队击落3架，而Ⅱ./JG 11大队和Ⅲ./JG 1大队声称分别击落6架和7架，这2个大队指挥官冈瑟尔•斯皮切特上尉和卡尔－海因茨•莱斯曼分别击落1架。至此，斯皮切特上尉的重型轰炸机战果达到了5架。德国方面的损失并不严重，Ⅱ./JG 11大队只有一名飞行员受伤，不是别人，正是大名鼎鼎的海因茨•诺克，他在炸落他的第九架轰炸机时手指被击伤；Ⅲ./JG 1大队有两名飞行员丧生，其中之一是莱斯曼的大队副官，弗雷里里希•哈德特（Friedrich Hardt）中尉，他在此次战斗中刚刚首开记录不久就被击落身亡。另外，莱斯曼的大队还有三人受伤。

整个7月里针对德国湾的行动几乎一次也没进行，仅有的一次大规模行动因为德国西北部上空笼罩着厚厚的云层而中途不得不放弃。与此同时，盟军开始酝酿“闪电周”（Blitz Week），也就是六天里持续不断地日夜轰炸德国境内目标，英国皇家空军主要执行夜间轰炸任务，目标是汉堡；美国第八航空军主要执行昼间轰炸德国军事和工业目标，这些是点目标，难度较大，只能白天进行。7月下旬，“闪电周”行动开始，英国皇家空军的夜间轰炸在7月27/28日（夜里跨两个日期）达到高潮，英国787架重型轰炸机投下的近600吨炸弹和燃烧弹将汉堡几乎夷为平地。

执行夜间轰炸的英国飞机对目标区有无云层并不在乎，但执行昼间任务的美国轰炸机受其影响却很大，7月25日，德国上空的天气仍然没有达到理想的出击程度，有两次作战任务因天气原因而选择次要目标，即汉堡和基尔境内目标，轰炸瓦尔内明德的第三次任务被迫取消。

尽管德国的防御战斗机全体出动，但大部分单位的飞机升空后并没有发现敌机，直到美国B-17飞机返回到海上时才遭遇德国战斗机，在持续了一个多小时的一系列的独立战斗中，德国Bf 109大队声称击落了14架敌轰炸机，其中Ⅱ./JG 11大队（包括受其指挥的赫尔格兰中队）击落6架，己方有四名飞行员在战斗中受伤；Ⅱ./JG 26大队击落3架，己方没有损失；Ⅲ./JG 1大队击落3架，但付出的代价比较沉重，大队指挥官卡尔－海因茨•莱斯曼少校此次战斗中击落他个人第37架，也是最后一架敌机，随后不久，他的Bf 109G-6座机被敌机自卫火力击中，莱斯曼和敌机一同坠入海中。

▲被击中后起火的美国B-17F轰炸机，这种场景隔三差五就会上演，只有美国才能承受得起这种损失，德国经不起这种消耗战。

24小时后，美国第八航空军开始轰炸位于汉诺威的大陆和诺德豪森橡胶厂，以及位于汉堡的德国潜艇制造厂，这次战斗中德国空军几乎复制了上一次行动，作战中击落15架B-17轰炸机，上文我们已经熟悉的几位人物又有斩获，比如Ⅱ./JG 11大队

▲图中5号Bf 109G-6战斗机是8./JG 1中队阿尔弗雷德•米克施的座机，照片拍摄于1943年夏天荷兰吕伐登基地。

的冈瑟尔•斯皮切特和雨果•弗雷。名气不太响的飞行员也开创了他的重型轰炸机记录，比如Ⅲ./JG 1大队的两名飞行员已经拥有40余架的战果，但击落重型轰炸机对他们来说都是第一次。这两人都是JG 3联队的老兵，此前一直在苏联战场作战，一个是阿尔弗雷德•米克施（Alfred Miksch）上士，他不久前刚被调到驻扎在吕伐登的8./JG 1中队；另一个是已经获得“骑士十字勋章”的罗伯特•欧莱伊尼克中尉（击落第一架苏联飞机那位），他早先是原Ⅰ./JG 3大队（后改番号为Ⅱ./JG 1）的一名中队指挥官，上段中卡尔－海因茨•莱斯曼阵亡后，欧莱伊尼克接任大队指挥官一职，军衔晋升为上尉，此次是他任大队指挥官第一天的战斗。

7月28日，美国第八航空军出动十五个“飞行堡垒”轰炸机大队去轰炸德国两个重要的飞机制造厂，一个是位于基尔的菲施乐飞机生产厂，另一个是位于奥舍斯莱本（Oschersleben，基尔正南方约230公里）的AGO飞机生产厂。不管空袭哪个目标，美国轰炸机都必须先经北海进入德国领空（此前任何一次行动都是如此），之后一个轰炸机编队向东，一个轰炸机编队向南。跟往常一样，驻扎在耶弗尔的Ⅱ./JG 11大队的Bf 109战斗机首先迎敌，在不到20分钟的战斗中，Bf 109战斗机击落12架B-17飞机，大队指挥官冈瑟尔•斯皮切特和4./JG 11中队指挥官格哈德•佐默尔都有份儿，后者至此重型轰炸机战果达到6架，加上其他的，他的战绩已经超过两位数。

但是，海因茨•诺克的5./JG 11中队分享了大队一半战果，击落了不少于7架“飞行堡垒”。此次行动中，诺克中队所有11架Bf 109G都携带了250公斤炸弹执行空对空轰炸任务，其中威廉•费斯特的战果最为“辉煌”，他投下的炸弹一次击落3架B-17F轰炸机。费斯特的炸弹先是炸毁了美国第385轰炸机大队的1架B-17F飞机（序列号42-30257），这架被击中的飞机失去控制正好落入其他2架B-17F飞机（序列号分别是42-3316和42-30285）的路径上，3架飞机一道坠入北海[①]。

但是，上段中德国人的描述并未得到美国方面的认可，美国方面关于这3架飞机的坠毁说法也很多，这3架飞机组成的小编队全军覆没，因此没有旁证。一些人认为第一架B-17飞机被在地面高炮直接命中而坠毁，这个说法有一定的可能性，因为这架飞机当时就在防空火力密集的斜尔特岛附近上空；当然也有人称这架B-17飞机是被德国的巨型空对空火箭弹击落，当时德国空军第25测试司令部（Erprobungskommando 25，简称Ekdo.25）的Fw 190测试单位此前6月进驻Ⅰ./JG 1大队专门测试和评估用火箭弹攻击敌轰炸机的战术价值和可行性，而且已经用火箭弹击落过几架"飞行堡垒"。德国Bf 109单位首次使用巨型火箭弹却是8月的事儿。

到底是谁击落了3架B-17F轰炸机，美国人的说法实际上最不靠谱，上面两种说法大相径庭，也就是有百分之一的可能，用百分之九十九的假想去论证。真相就不去管它了，还未到德国陆地领空就遭受严重损失，但是美国轰炸机编队继续奋勇向前进入德国内陆，德国空军有十个战斗机大队，其中六个装备Bf 109战斗机升空实施拦截。就在Ⅱ./JG 11大队最后1架飞机刚刚脱离战斗，Ⅲ./JG 26大队的Bf 109G战斗机接手下一场屠杀，这个大队再次击落3架B-17飞机。在汉诺威附近上空，Ⅲ./JG 11大队也击落2架，而Ⅰ./JG 3大队和Ⅲ./JG 54大队则分别击落1架。

一场战斗结束后，Ⅱ./JG 11大队（包括赫尔格兰中队）的Bf 109G飞机返回基地加油并补充弹药后再次升空与敌轰炸机作战。德国空军早算好了这个时间，美国轰炸机完成轰炸任务还得从北海上空返回英国，也就是一次作战任务要往返两次通过德国Ⅱ./JG 11大队防空区，这个大队第一个接敌，最后一个送敌。一个小时后在送敌作战中，Ⅱ./JG 11大队再次击落3架敌机，这天战斗中该大队的记分板上多了15架战果。

"闪电周"的最后阶段，即美国第八航空军第78次任务中。美国轰炸机返航路线没有选在北海，而是选择取道荷兰领空离开欧洲大陆，这条航线也有德国战斗机单位，主要是装备Fw 190战斗机的单位。返航的美国轰炸机遭到了德国Fw 190战斗机的拦截，但是，在德国埃默里希（Emmerich）镇上空，专心与轰炸机作战的德国飞机突然遭到美国P-47"雷电"战斗机的攻击。上文提到过，P-47D在携带副油箱后作战半径增加了近50公里，虽然少点，至少可以把护航战线推进到德国领空内，这是P-47战斗机首次可以进入德国领空[①]。

德国情报部门不是不知道美国P-47加

① 不清楚当时3架美国B-17飞机组成的是什么队形，极有可能是跟进队形，即有高度差的纵列队形。

装副油箱的事儿，也不是没做这方面的准备，但美国P-47第一次出现在德国领空还是令德国空军大吃一惊。P-47进入德国领空作战可能不是直接原因，也许是巧合，或者是促发因素，此次行动24小时后，德国空军又有两个装备Bf 109战斗机的中队从法国被调回德国境内。这两个中队就是路德维希•弗兰齐斯克特上尉Ⅰ./JG 27的直属单位（上文2./JG 27中队早回国了），回到本土后，Ⅰ./JG 27大队的三个中队会合，共同驻扎在明斯特－汉多夫（Munster-Handorf），也就是美国P-47进入德国领空边界点正东97公里处。此时，帝国保卫战的Bf 109大队的数量是7个。

美国第八航空军7月29日的空袭目标是德国位于基尔的潜艇制造厂（一两次轰炸无法彻底解决问题，必须反复轰炸）和位于瓦尔讷明德（Warnemunde）的亨克尔飞行制造厂，这两个目标都在波罗的海沿岸。德国空军这次拦截行动击落的敌机少了一点，Ⅲ./JG 26大队声称拦截轰炸基尔的轰炸机编队时击落4架B-17轰炸机，其中12./JG 26中队指挥官赫尔曼•施泰格个人就击落3架。Ⅱ./JG 11大队和Ⅲ./JG 11大队升空后竟然没找到回撤的敌机编队，当美国轰炸机编队穿过赫尔格兰岛时这两个大队才最终发现目标，比较少见的是Ⅱ./JG 11大队战斗中竟然没击落1架美国飞机，这跟发现敌机的时机有一点关系。Ⅲ./JG 11大队取得3个战果，己方有一名飞行员受伤。

第二天（7月30日），即“闪电周”的最后一天，美国第八航空军司令部将第80次行动目标转到位于基尔的菲施乐飞机

▲1./JG 27中队的Bf 109G-4飞机正在进行维护，飞机被千斤顶撑起，飞机尾部坐着几名地勤人员。维护完成后飞机会被立即投入战斗，因此飞机翼下挂载的机炮吊舱在维护时并未被卸下。

① P-47D可以加挂至少三种副油箱，一种是283升（75加仑）饱满水滴形副油箱，容量不大，仅供P-47战斗机爬升阶段使用，一般飞过英吉利海峡后副油箱燃油就会耗尽，但剩下的机内燃油足够把P-47D推到德国边境了；另两种副油箱容积较大，其中一种是拉长水滴形，另一种是圆柱形，这两种可能都是409升（108加仑）的纸质副油箱，加挂这两种副油箱可以使P-47D的作战半径达到603公里，可以达到德国边境空域作战，只是这种大容积副油箱到9月才投入战场使用。上文P-47D携带副油箱作战半径增加50公里（30英里）可能有误，对于油耗子P-47飞机来说，1加仑差不多可以增加3英里（约5公里），75加仑可以增加作战半径70公里。当时P-47D只能在机腹携带1个75加仑副油箱，后来才出现翼下携带两个副油箱。

制造厂。美国飞机编队穿越德国边境艾费尔（Eifel）山区上空时与德国空军Ⅰ./JG 3大队的Bf 109战斗机遭遇，尽管后者在30分钟内反复攻击，只有2架B-17轰炸机被击落。由于某些未知原因，Ⅲ./JG 1大队和Ⅲ./JG 11大队的飞机在Ⅰ./JG 3大队飞机起飞两个小时后才起飞，而美国轰炸机此时已经完成了目标轰炸，并正返航回家。在德国埃默里希与荷兰交界不远处，Bf 109战斗机终于与美国轰炸机干上了。几乎就在同时，大量美国P-47“雷电”战斗机从西面赶来。

远道而来的P-47共有三个战斗机大队，总数超过100架，目前的P-47航程水平也仅够保护轰炸机返航，但是，有总比没有好。有了“雷电”战斗机的加入，德国两个Bf 109战斗机大队在行动中只分别击落1架B-17轰炸机，大部分时间里德国Bf 109战斗机在与美国的护航战斗机作战，这是德国帝国保卫战中首次与盟军战斗机交战，尽管这种说法不十分准确，因为战场已经转移到荷兰境内。

德国Ⅲ./JG 1大队有3架飞机被击伤，其中2架损伤严重而最终注销，没有飞行员受伤；Ⅲ./JG 11大队运气差点，有4架战斗机受损，一名飞行员受伤，一名阵亡。与美国护航战斗机交战的结果是仅9./JG 1中队指挥官欧根•温特格斯特击落1架P-47战斗机，到底是在苏联战场磨练过。这架P-47是帝国保卫战中德国Bf 109战斗机首次击落敌战斗机，只是不清楚这架敌机属于美国哪个战斗机中队，当天行动中美国第56和第57战斗机大队分别失踪1架P-47C飞机。这一天被看作是德国帝国保卫战进入另一个阶段的重要转折点。

▲为了给轰炸机编队提供护航任务，美国人为P-47D设计了副油箱，早期副油箱只有283升（75加仑），对飞机作战半径的增加帮助不大，后来又出现了409升（108加仑）副油箱，携带这种副油箱，P-47D可以飞到德国浅纵深作战。注意看两种副油箱并不一样。

在随后近两个星期里，德国西北部天空突然沉寂下来，一方面美国第八航空军利用夏天这段时间大规模扩充的时间，美国人认为此前自己的轰炸机还没有达到数量上绝对领先于德国防御战斗机的程度，财大气粗的美国人认为数量上一定要多得淹死德国空军战斗机才行。除了数量上还不足外，更为重要的是美国当时缺少远程护航战斗机，临时补救措施就是为更多的P-47D战斗机加挂副油箱，更大的副油箱也在加紧生产中。在这个阶段，对于德国来说，白天的战斗结果还未分胜负，事物发展总有一个过程，此时的德国作战能力仍然很大，特别是德国飞行员训练有素，作战经验十分丰富。在与美国轰炸机的较量中，战斗机飞行员很快就找到了击落轰炸机的窍门。前两年，德国Bf 109战斗机腿短给整个对英作战带来很大麻烦，如今盟军要穿越海峡轰炸德国境内目标也存在护航战斗机航程短这个问题，为此，战斗中德国飞行员会耐心地等待盟军护航战斗机燃油不足离开时再发起攻击。或者在盟军作战编队进入法国领空开始时就派战斗机进行骚扰性拦截，为的是迫使P-47战斗机过早地抛掉副油箱。在1943年下半年里，德国空军的这两种战术给盟军轰炸机造成了很大损失。

另一方面，德国空军利用这段时间将JG 3联队的另一个大队从苏联前线撤回加入到本土防御体系中。Ⅲ./JG 3大队几乎在1941年6月德国入侵苏联开始就一直在苏联战场作战，这个大队中有数个“骑士十字勋章”获得者，还有两名飞行员的战绩过百。返回德国前不久，Ⅲ./JG 3大队指挥官沃尔夫冈•埃瓦尔德（Wolfgang Ewald）少校在战斗中座机被苏联高炮击中，他不得不在苏军控制区跳伞逃生，这位拥有78架战果的指挥官在苏联战俘营一直呆到1949年才返回德国。1943年8月3日，Ⅲ./JG 3大队从苏联战场撤回到明斯特－汉多夫，迎接这个单位的是新任指挥官瓦尔特•达尔上尉。Ⅲ./JG 3大队返回德国一是休整，二是继续换装进程，此前在苏联战场，这个大队就开始用Bf 109G-6换下Bf 109G-4飞机，但这个换装过程并没有完成。但是，抵达新驻地仅几天工

▲接到作战命令，JG 11联队飞行员紧急跑向座机。

夫，达尔就得率领新到的飞行员面对火力大大增加的美国重型轰炸机。

这段时间里，德国新成立两个战斗机大队，早先两个大队名称是北方战斗机大队（Jagdgruppe Nord）和南方战斗机大队（Jagdgruppe Sud），番号分别是JG 25和JG 50，这个番号书写方式应该是联队，但实际上是大队编制，分别下辖三个中队，因此很多资料也写成JGr 25和JGr 50。这两个特殊大队的成立主要是为了对付近期频繁出入德国领空的英国皇家空军“蚊”式高空侦察机，也时常执行拦截美国高空重型轰炸机任务。两个大队的指挥官都是德国空军最富作战经验的战斗机飞行员，JGr 25大队在柏林的斯塔根（Staaken）组建，后驻扎在加尔德勒根（Gardelegen，德国萨克森－安哈特州的一个县城），大队指挥官是赫尔伯特•伊勒费尔德少校；JGr 50大队于1943年7月21日在威斯巴登－埃本海姆成立，大队指挥官是东部战役最成功的王牌之一，“钻石加佩剑加橡树叶加骑士十字勋章”获得者，德国空军战斗机单位中第一个战绩达200架大关的赫尔曼•格拉夫少校，除了拦截英国“蚊”式侦察机，这个大队另一个任务就是研究对抗美国第八航空军轰炸机的新战术，因此这个大队的Bf 109G飞机最早改进携带火箭发射管，用火箭弹攻击美国轰炸机群。德国人自己也发现了海因茨•诺克空对空轰炸战术的缺点，因此没有停止探索新战术攻击轰炸机，上述章节中介绍过Bf 109G-6改进携带1个210毫米Wfr.Gr.210火箭发射管型号，火箭弹的精度还无法满足直接命中敌轰炸机的程度，但是，发射Wfr.Gr.210火箭弹可以在远距离打乱敌轰炸机队形，拦截战斗机可以乘机分割围歼。由于存在一些技术和使用上的问题，尽管实战中取得一些战果，携带大口径火箭弹“吓唬”敌人的战术并未推广。

JGr 25和JGr 50成立时的规模实质就是大队，但是番号书写是联队，后来的8月15日改为联队，很明显德国空军准备以此为母队扩充的，但是JG 50联队到1943年10月就被撤销，整个编制并入Ⅰ./JG 301大队，历时仅仅三个月。JG 50联队指挥官是大名鼎鼎的赫尔曼•格拉夫少校，谁能想到，在二战一开始就参与战斗的格拉夫在近两年的时间里没击落一架敌机，奇才的经历总是那么特别。已有202架战果在身的格拉夫从苏联前线返回西线后不久又击落1架“蚊”式侦察机和1架B-17轰炸机，组建JGr 50大队后，他把其原所在的9./JG 54中队最有名的几个飞行员一起招到自己的麾下。

在领导JG 50联队期间，格拉夫只击落2架B-17轰炸机（9月6日），随后联队解散，他也被任命为JG 11联队指挥官。在领导新单位的四个月里，格拉夫又击落6架美国飞机，其中3架是P-51“野马”战斗机，最后2架战果是他在1944年3月29日在汉诺威北部上空取得的，下文详细介绍这次战斗。

1943年初秋，德国空军高层意识到

▲Ⅲ./JG 3大队原指挥官沃尔夫冈•埃瓦尔德在苏联作战时被俘，他待到1949年才返回德国。图中是他在1943年冬天（年初）坐在自己的Bf 109G-4座机里的照片。

备部队。此时，这个大队被称为联队轻型大队（Geschwader's leichte(light)Gruppe），主要职责就是为联队中另两个大队提供护航保护任务。但是，德国空军高层这种一厢情愿的战术安排实际上实施起来问题不少，或者说实际情况完全相反，在1943年临近结束的几个月里，装备Bf 109G-5/-6的大队击落的敌重型轰炸机的数量跟击落敌护航战斗机的数量至少一样多。

虽然德国空军本土战斗机单位重创了美国第八航空军轰炸机，但是美国的重型轰炸机还是源源不断地投放到战场对德国境内目标实施轰炸，德国本土需要更多的增援力量来保卫德国。基于这个战略，德国空军高层决定再调入一支整编联队来保护德国西部边境，具体做法就是将当时正部署在库尔斯克突出部南翼的Ⅱ./JG 3大队和Ⅲ./JG 3大队调回国内，8月初，这两个大队和一直在本土作战的Ⅰ./JG 3大队和联队直属单位会合。

根据当时德国空军当时战术部署规定，本土防空的战斗机联队的大队分工是两个大队专门拦截轰炸机，一个大队负责掩护，也就是与敌护航战斗机作战。库尔特•布兰德勒少校指挥的Ⅱ./JG 3大队在从苏联前线返回后就开始换装Bf 109G-6战斗机，随后又接收了一批Bf 109G-5型号，上文型号介绍中提到过前者比后者先装

根据战术安排瓦尔特•达尔上尉指挥的Ⅲ./JG 3大队主要任务就是拦截敌轰炸机，因此，这个大队起初装备的是跟Ⅰ./JG 3大队一样的Bf 109G-6，安装机头机炮（发动机位置），也可以翼下携带机炮吊舱的型号，后来，又增加了携带巨型火箭弹来攻击轰炸机。

在东线战役中，装备Bf 109F战斗机的大队一般执行四机编队，最多也就是中队规模的编队在低空实施扫射任务，入侵苏联战争初期，苏联空军力量几乎被消灭殆尽，很多Bf 109F战斗机执行的是对地攻击任务。在返回德国后，角色的转换需要Ⅱ./JG 3大队和Ⅲ./JG 3大队重新有针对性地训练，而且必须尽快适应新的作战任务。这个密集训练的过程十分短暂，但多少有一些帮助。

▲5./JG 3中队指挥官利奥波德•“波尔蒂”•明斯特在他的Bf 109G-5座机前，当时，他所属的Ⅱ./JG 3大队正驻扎在荷兰阿姆斯特丹的斯希普霍尔机场。

这一时期返回德国本土的不只是Ⅱ./JG 3大队和Ⅲ./JG 3大队，还有两个大队从欧洲南部返回德国，Ⅱ./JG 27大队和Ⅱ./JG 51大队原来驻扎在意大利在地中海战场作战，德国本土战事吃紧只得返回，实际上，德国在地中海的战事也不乐观，从意大利撤走作战部队等于把“欧洲柔软的腹部”暴露给了盟军。因此，卡尔•拉梅尔特（Karl Rammelt）上尉的Ⅱ./JG 51大队返回德国只几个星期后（1943年年底）就先被调往巴尔干地区最终又返回到意大利，而维尔纳•施瑙尔上尉的Ⅱ./JG 27大队返回德国后就一直作战到二战结束。

德国空军的最新本土防御部署恰恰说明了美国第八航空军针对德国境内目标的昼间轰炸的力度在加大，同时也证明了没有护航战斗机护航的轰炸行动是多么的危险。1943年8月17日的战斗不管是美国第八航空军战史还是德国Bf 109的战史都是不得不提的重要战例，此前五天的战斗只是小小的预演而已。

8月12日，美国第八航空军的轰炸机群又出现在德国领空，这次，美国出动16个大队的B-17轰炸机计划对德国两个独立的目标进行轰炸，一个是鲁尔工业区周

▲1943年中期开始，Ⅱ./JG 51大队跟很多德国空军战斗机单位一样疲于奔命，四处部署解决所有战场出现的危机，这个大队返回德国只几个星期就不得不再次返回意大利，因为盟军从意大利向北，即向德国南部推进了。图中是鲁道夫•尼林格尔（Rudolf Nielinger）少尉和战友站在Bf 109G-6/Trop座机前。

边的城镇，另一个是重要城市波恩。这次空袭，恶劣天气又来捣乱，两个目标区上空因为云层而导致能见度不足，很多轰炸机只能寻机将炸弹投下去。在空袭波恩行动中，美国损失2架B-17飞机，但是空袭鲁尔工业区却导致23架“飞行堡垒”未能返回。

因为基地在德国最北部，Ⅱ./JG 11大队和Ⅲ./JG 11大队没有参加当日的行动，其他五个装备Bf 109战斗机的大队对美国轰炸机实施了拦截，作战结果有喜有忧，比如Ⅲ./JG 1大队没有击落1架敌机。第一个与美国轰炸机交手的是Ⅰ./JG 3大队，这个大队在武珀塔尔南部与敌机遭遇，作战结果是美国1架B-17飞机被2./JG 3中队的格哈德•舒特（Gerhard Schutte）军士长击伤，受伤的敌机脱离编队，25分钟后被3./JG 3中队的弗兰兹•施魏格尔少尉击落。舒特击伤敌机并导致其脱离编队应该得2分（或称2点），算一个战果，而施魏格尔最后一击得1分，不计个人战果。下文详细介绍德国空军的记分标准。

驻扎在明斯特－汉多夫的Ⅰ./JG 27大队和新近刚刚抵达驻地的Ⅲ./JG 3大队也参与了战斗，后者只派出12架Bf 109G战斗机参与战斗，但他们在帝国保卫战中的第一次战斗中就击落3架“飞行堡垒”，这个成绩相当不错。第一个战果属于汉斯•施勒夫（Hans Schleef）少尉，这位拥有95架战果的飞行员11天前在乌克兰上空刚刚击落他在苏联战场的最后一架飞机：雅克-1战斗机。与此同时，路德维希•弗兰齐斯克特上尉的Ⅰ./JG 27大队也是大队所有中队都会合后在德国本土参与的第一次战斗，美国轰炸机编队完成轰炸后选择了一条很大的弧形航线返航，Ⅰ./JG 27大队的飞机在美国飞机返航时一路尾随袭扰，战斗一直持续到比利时上空。在30分钟的袭扰战斗中，这个大队击落了6架B-17飞机，这是所有Bf 109战斗机大队中当天成绩最好的。

五天后（8月17日），美国“飞行堡垒”把目标转向施魏因富特和雷根斯堡（Regensburg），也就是美国第八航空军8月17日的第84次任务分为两个部分。从此前的作战任务也可以看出美国经常一次作战行动轰炸两个目标，这么做的目的是

▲1943年8月12日的美国轰炸机航线正好在Ⅰ./JG 27大队的防区内，这个大队一路尾随攻击，30分钟的战斗击落6架B-17轰炸机，照片拍摄于1943年秋。

分散德国的防空力量。美国第八航空军第1轰炸机联队的9个轰炸机大队组成的轰炸机群空袭目标是施魏因富特，第4轰炸机联队的7个轰炸机大队组成的轰炸机群轰炸雷根斯堡的梅塞施密特飞机制造厂。两个联队合计16个大队的轰炸机总数是375架，这是截至目前规模最大的一次轰炸行动。看看地图就可以发现，雷根斯堡在德国纵深，空袭这么远的德国境内目标还是首次，因此有人称美国此次行动是到目前为止最富冒险和有胆魄的行动，不止于此，空袭雷根斯堡的轰炸机编队在完成轰炸任务后不返回英国，而是直接向南途经意大利，再穿越地中海到北非着陆。这应该是后来“穿梭轰炸”的雏形，或是预演。

行动前，行动策划者把每个细节都尽可能地想到，包括最大程度地增加P-47飞机副油箱的容积，能深入德国领空远一点都是好的，但至少要达到德国亚琛（Aachen，德国、荷兰和比利时三国交界处）。但是，美国人唯一不能控制的是英国多变的天气，当大部分欧洲地区都在享受万里无云的晴空时，密厚的云层却笼罩在美国第八航空军司令部位于东盎格鲁的基地上空，在这种气候条件下组织近

▲美国B-17轰炸机编队飞临施魏因富特上空，前一波飞机已经投完弹，地面升起浓烟。

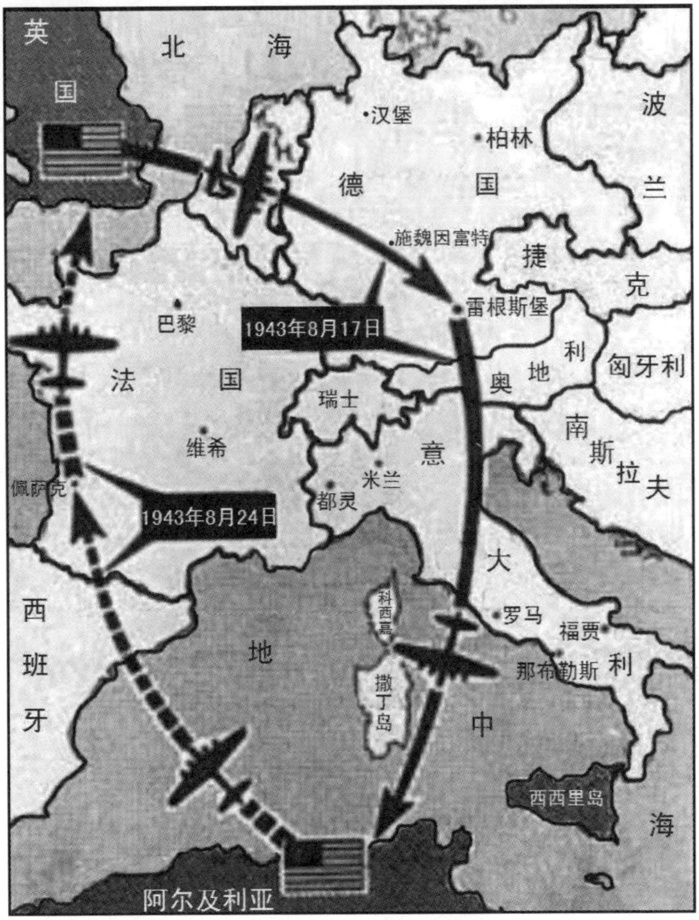

▲美国轰炸机编队在1943年8月17日轰炸施魏因富特和雷根斯堡行动与返航路线示意图。

转再起飞。行动开始就有种不祥的预兆，没想到灾难随后就到。

美国两个轰炸机群一前一后进入德国领空，其间隔时间达到几个小时，这么长的时间使得德国空军战斗机单位有充分的时间对美国第一个轰炸雷根斯堡的轰炸机编队实施两次攻击，即进入和离开德国领空。在完成了第一波拦截攻击后，德国战斗机单位立即返航加油和补充弹药，准备再次对空袭雷根斯堡的敌机实施第二次打击，但是，美国第一批轰炸机编队完成轰炸后没有返航回英国却向南直奔意大利方向飞去，这是德国空

400多架重型轰炸机起飞并组成编队十分冒险。由于这个原因，第84次任务开始时间有所推迟，但是，此次任务中第4轰炸机联队的七个大队轰炸机虽然可以推迟起飞，但必须在北非的阿尔及利亚夜晚来临前抵达，也就是最迟起飞时间是傍晚着陆时间（阿尔及利亚与英国伦敦处在同一个时区）减去任务时间。虽然气象条件不太好，第4轰炸机联队还是接到了起飞命令，而第1轰炸机联队还得等气象条件好

军没有想到的，但也不必悲观，整装待发的战斗机很快就得到情报，第二批美国轰炸机编队不久就会到来。

来看看德国空军拦截第一批美国轰炸机的战果：美方有24架重型轰炸机未能抵达北非，其中只有几架是因燃油不足和机械故障造成的中途迫降。第一批美国轰炸机群虽然没有再次出现（指之前遭到拦截的空域），却让德国空军有所警觉，当第二批美国空袭施魏因富特的轰炸机群

▲施魏因富特轴承厂遭到轰炸。轴承虽不起眼，却是机械工业里重要的产品，因此德国轴承厂被美国列入重要打击目标。

穿越北海飞向斯海尔德河河口（Scheldt Estuary）时，其一举一动都受到严密监视。德国JG 11联队并没有参加拦截第一批美国轰炸机编队的行动，这个联队此前已经从德国北部转移到荷兰和比利时的基地，为的是在此拦截返航的美国轰炸机编队，由于P-47的航程可以抵达德国边境一带，美国轰炸机返航路线也不再仅限于北海地区，8月17日战斗前后，美国轰炸机返航都选择途经低地国家。虽然没能参与当天第一波行动，德国JG 11联队却有机会在三个半小时后拦截美国第二批，也就是空袭施魏因富特的轰炸机群。

当日下午2点30分刚过，冈瑟尔•斯皮切特上尉的Ⅱ./JG 11大队从荷兰希尔泽（Gilze）的莱茵河畔基地起飞，不久，这个大队飞行员就在安特卫普附近发现了敌轰炸机编队。但是，德国飞行员并未立即采取行动，他们一直尾随着美国轰炸机穿过西北部的比利时边境，德国人这么有耐心地等待了30分钟都没下手，为的就是等着美国P-47护航战斗机达到航程极限。在德国亚琛南部的比利时奥伊彭（Eupen）空域，“雷电”战斗机照例在此与轰炸机编队分手，“雷电”飞机摆动机翼向轰炸机致敬并祝一路顺风，随即返航，B-17轰炸机继续向前冲。

德国飞行员苦等的时刻终于到来，Ⅱ./JG 11大队Bf 109G战斗机饿虎扑食般蜂拥而上，当即就有3架“飞行堡垒”飞机被击落，而且击落每架飞机的间隔只有几秒钟。被击落的飞机属美国陆航第381轰炸机大队，当天，这个大队飞机在领航编队的下层位置。这个单位的轰炸机苦难还没结束，刚过奥伊彭，又有1架被击落，当天行动中共有5架被击落。

▲1架美国B-17轰炸机的机翼被打掉，水平尾翼也被打烂。

Ⅱ./JG 11大队指挥官斯皮切特先是在奥伊彭击落1架轰炸机，20分钟后又锦上添花。

上文反复提到的海因茨•诺克终于放弃了他的空对空轰炸战术，他的5./JG 11中队如今迷恋上了用巨型火箭弹攻击敌轰炸机战术，但是，火箭弹攻击战术的效果并不怎么样，诺克中队的飞行员用此战术几乎没成功过，只是心理上吓吓敌人。此次行动中，诺克发射了1枚火箭弹，同样未击中敌机，他的另一个火箭发射管此前被美国轰炸机自卫火力打掉了。但是，诺克却在事后称亲眼所见他的两名飞行员发射的火箭弹直接命中了敌机，“他们的轰炸机在空中爆炸”，实际上这2架“飞行堡垒”只是受伤，并未被击落。这2架B-17后来的命运仍然悲惨，受伤后2架飞机脱离了编队，最终还是被德国战斗机击落。

美国P-47飞机离开到轰炸机编队穿过马斯河南面莱茵河的27分钟时间里是此次战斗最为激烈的时段，其间21架美国轰炸机被击落，也就是占空袭施魏因富特的轰炸机编队总损失的60%，在艾费尔山地和洪斯吕克（Hunsruck）山区，几乎平均每分钟就有1架轰炸机被击落。

▲9./JG 26中队的Bf 109G-6/R6战斗机正在滑向跑道准备升空作战，不管是德国本土还是其他战场，德国空军都在疲于奔命，哪儿都不安全。

这支美国轰炸机编队遭到德国12个战斗机大队的轮番攻击，在高潮时，甚至有九个战斗机大队同时围歼轰炸机编队，德国飞行员们排着队从正面一个接一个地对轰炸机发起攻击。没完没了的攻击中，德国战斗机一般并列12－15架战斗机同时攻击，其后是数量相似的另一波。不管是横向还是纵列，德国战斗机纺织的就是一张火力网。毫不奇怪，这种形势下，轰炸机编队的领航编队遭受的损失最为严重，57架领航机中有22架未能返回英国，而第四个编队（也是殿后的编队）53架轰炸机中只有4架被击落。

其他的在莱茵河西部拦截B-17的德国战斗机大队（指装备Bf 109战斗机的大队）中Ⅲ./JG 11大队只击落1架敌机，Ⅲ./JG 26大队更成功一些。后者新近刚刚上任的大队指挥官是克劳斯•梅图施上尉，二战开始前他就在JG 26大队服役，算是这个联队的老兵。8月13日，Ⅲ./JG 26大队从诺德霍尔茨驻地向南部署到荷兰阿姆斯特丹的斯希普霍尔地区。8月17日的战斗中，Ⅲ./JG 26大队参加了两场战斗，先是起飞截击了空袭雷根斯堡的美国轰炸机编队，此次行动击落6架“飞行堡垒”，其中“骑士十字勋章”获得者海因茨•克梅特穆勒（Heinz Kemethmuller）军士长获得2架战果，此前他的战绩已经达到70余架，大部分战果是在苏联前线取得的；三个半小时后这个大队再次升空拦截空袭施魏因富特的美国轰炸机，这次战斗中，大队指挥官梅图施自己率先做了榜样，在距40公里亚琛处击落第一架敌机。随后，指挥官再次击落1架B-17轰炸机，这架飞机可能属于美国第381轰炸机大队，飞机坠毁在莱茵河畔。Ⅲ./JG 26大队其他两名飞行员也分别击落1架敌机，也就是当天第二次行动中该大队击落4架敌机，当天该大队合计击落10架轰炸机。

12./JG 26中队指挥官赫尔曼•施泰格上尉在当天行动快结束时击落1架B-17轰炸机，这是他一个月内击落的第六架重型轰炸机。后来施泰格被调到JG 7联队

▲Ⅲ./JG 26大队新任指挥官克劳斯•梅图施是一位二战开始就参加JG 26联队的老兵，他在二战期间参加了452架次作战任务，战绩是75架，其中60架是在西线战役中取得的，这其中有13架是重型轰炸机。他还数次在战斗中受伤，被击落十次。1944年9月17日，施图施驾驶Bf 109G-6座机（序列号Wk-Nr 441646）与美国陆航P-51战斗机交战，在击落他第75架战果后，他亦被击落身亡。

驾驶Me 262喷气式战斗机，他也有幸活到了二战结束，他共击落26架重型轰炸机，其中22架是驾驶Bf 109G战斗机取得的。他击落重型轰炸机的排名第五，前面是雨果•弗雷、希密辰（Hermichen）和维尔纳•施瑙尔等。当时德国方面认定排名第一的是赫尔伯特•罗尔瓦格（Herbert Rollwage），他的重型轰炸机战绩是44架，但是，战后资料对他的战绩描述出入很大，最近的研究表明他的战绩应该是14架。赫尔曼•施泰格是西线Bf 109战斗机飞行员中击落四发重型轰炸机最多的人之一，这点得到了各方的承认。驾驶Bf 109战斗机击落四发重型轰炸机比施泰格多的是维尔纳•施瑙尔，但是有一半的战果是在地中海地区取得的。

在拦截美国重型轰炸机的行动中，德国空军取得的击落战绩背后也隐藏着一些问题，比如Ⅲ./JG 26大队在施魏因富特和雷根斯堡上空的战斗逐渐形成一种模式，那就是有经验的长机通常在战斗中获得战果，而被敌轰炸机自卫火力击落的通常是新兵蛋子，这个大队击落的228架敌机中没有1架是新兵击落的。其他单位的情况也是如此。

美国轰炸机在过了莱茵河后仍不断地遭受骚扰式的进攻①，就在这个阶段，Ⅲ./JG 1大队击落2架先前已经受伤脱离编队的2架B-17轰炸机。上文提到Ⅲ./JG 1大队在拦截空袭雷根斯堡的轰炸机行动中没有击落1架敌机，而在这个阶段，先前被8./JG 1中队赫尔穆特•弗罗里希（Helmut Frohlich）击伤脱离编队的2架轰炸机终于被击落。

从德国慕尼黑－格拉德巴赫（雷根斯堡正南方）起飞，Ⅰ./JG 3大队也参加了拦截美国第一批轰炸机编队（空袭雷根斯堡）行动，该大队获得2个战果，在拦截第二批美国轰炸机行动中，这个大队又获得2架战果，至此，这个大队总共获得了4个战果。对于驻地偏僻，参战机会少的Ⅰ./JG 3大队来说，4个战果难能可贵，但很快他们的好日子就来了，当然，也意味着德国的悲惨时刻。

最受争议的是格拉夫的JGr 50联队（大队规模，刚刚改称联队，外文资料自始至终都用JGr 50这个番号）在当天的行动中竟然一口气击落16架轰炸机（仅出动30架战斗机），争议的不是击落敌机的数量，而是附近训练学校教官在JGr 50联队的指挥下前来增援，这些教官都是从苏联前线返回的极富经验的飞行员，堪称专家，取得的16架战果中有一部分就是他们的功劳。为了提高拦截作战能力，威斯巴登附近的训练学校教官和学员经常在JGr 50联队的指挥下进行拦截敌机训练，8月17日的战斗正好用上。但是，水平最高的格拉夫却没击落1架敌机，而他的原9./

① 这句话的意思是德国防御战斗机主要部署在德国西部，过了莱茵河防御战斗机力量大减，因此这个阶段对轰炸机来说比较安全。主要原因是当时德国的帝国保卫战部署还没有针对美国纵深打击。或者说，德国西部，以及低地国家是德国空军拦截美国重型轰炸机的第一道，也是最重要的屏障，德国纵深地区的防御战斗机力量倒相对较弱一些。

JG 52中队的老兵，“骑士十字勋章”获得者阿尔弗雷德•格里斯劳斯基中尉，如今是1./JGr 50中队指挥官，在两次行动中分别击落1架“飞行堡垒”。他回忆当天的战斗称，“就在我们爬升时我首先看到美国飞机编队，敌机竟然这么多！我们大受震惊。我们这些从苏联战场回来的‘老兔子’（老兵）和新兵们一道组成小编队迎敌。升空后我们分开组成四机编队并立即从前面向敌轰炸机发起攻击。一些新飞行员在攻击时过早地脱离战斗，很明显他们在躲避密集的敌机自卫火力”。其他一些小规模Bf 109作战单位，训练中队（每个联队都有自己的训练中队），甚至是工厂防御战斗机单位也参加了当天两次战斗。

▲Bf 109G-6战斗机发射210毫米火箭攻击美国B-17轰炸机群现场照片，W.Gr 210火箭弹采用定时引信，飞行特定时间后引爆，但是，没有制导能力的火箭弹引爆精度很差，图中就可见一斑。

▲1./JGr 50中队指挥官阿尔弗雷德•格里斯劳斯基在8月17日的战斗中击落2架美国重型轰炸机，这使得他的战绩上升到111架。

当美国第二批轰炸机编队抵达施魏因富特上空时，德国大部分单发战斗机已经完成第一次拦截任务并返回基地加油和补充弹药，德国战斗机单位此时不知道第二批美国轰炸机编队是返回英国还是跟第一批轰炸机编队一样向南到北非着陆。当确切的情报显示美国轰炸机正向西穿过莱茵河时，形势很明了，美国轰炸机要返回英国，为此，沿途战斗机单位立即做好再次拦截作战准备。

尽管当天前一次战斗中海因茨•诺克的座机机翼受损（火箭发射

▲9./JG 3中队指挥官威廉•莱姆克的二战总战绩达到131架，其中6架是在西线战役中取得的，这其中有3架是重型轰炸机。

管被打掉），但他还是驾驶着受伤的座机从波恩－汉格拉（Bonn-Hangelar）基地起飞参与了行动，而且他为Ⅱ./JG 11大队当天战绩再增加1架轰炸机，也就是Ⅱ./JG 11大队当天击落4架轰炸机，都是富有经验的飞行员取得的。驻扎在慕尼黑－格拉巴赫的Ⅰ./JG 3大队在不足6个小时里第三次起飞迎敌。跟前两次战斗一样，第三次作战中该大队又击落2架B-17轰炸机（也就是一天取得6个战果），敌机最终坠毁在荷兰境内，夸特－法斯勒姆的大队没有任务损失。

这次漫长的轰炸行动，空袭施魏因富特的美国轰炸机编队在整个任务过程中有两个小时处在德国战斗机轮番虐杀状态，最终，损失惨重的第二批轰炸机编队在德国亚琛东南部空域与P-47战斗机会合准备取道比利时和荷兰交界处返回英国。苦难快结束了，但还没有完全结束，已经被德国占领的比利时和荷兰也有德国战斗机单位，好在此时美国轰炸机编队有P-47战斗机护航。现在应该是德国战斗机在比荷边界到列日之间的空域对决美国P-47“雷电”战斗机，美国轰炸机机组成员则冒着生命危险被迫作为旁观者。

驻扎在明斯特－汉多夫的Ⅲ./JG 3大队在这天的行动十分不成功，可以用倒霉来形容。当天12点刚过，大队指挥官瓦尔特•达尔上尉率领他的手下起飞迎敌，但是，他们没能发现美国第一批空袭雷根斯堡的轰炸机编队，郁闷的达尔只得在一个小时后到荷兰翁斯德雷赫特（Woensdrecht）着陆。90分钟后，达尔再次率队起飞迎击美国第二批轰炸机编队，但是，德国地面指挥中心却把Ⅲ./JG 3大队飞行员直接引到了马蜂窝中心——比利时北部一大群英国皇家空军“喷火”战斗机，达尔的飞行员被迫与英国战斗机混战在一起，而20公里外美国轰炸机编队没有受到任何干扰便进入德国领空。与英国“喷火”战斗机的战斗中，2架德国Bf 109G-6战斗机被击落，不过飞行员都活着。

当天下午，Ⅲ./JG 3大队第三次起飞迎击返航的美国第二批轰炸机编队，前两次的战斗已经让飞行员郁闷不已，这次达尔只派出2个四机编队升空，9./JG 3中队指挥官威廉•莱姆克（Wilhelm Lemke）上尉率领这8架Bf 109G-6飞机准备对“80架”B-17轰炸机实施攻击时，美国P-47“雷电”战斗机突然赶到。放弃攻击轰炸机，德国Bf 109G-6调过头来迎战P-47，还好，Ⅲ./JG 3大队这天倒霉的时刻终于过去，德国飞行员顺利地一口气击落3架“雷电”战斗机，己方没有任何损失。有2架“雷电”飞机是被威廉•莱姆克击落的，这位东线老兵的战绩因此上升到127架。

大约30分钟后，一直耐心地跟在敌机后面的欣茨（Hinz）终于得到了回报，他击落了美国第305轰炸机大队1架B-17F轰炸机（序列号41-24564），敌机坠毁在比利时迪斯特（Diest）附近。这架B-17F是这天轰炸施魏因富特轰炸机编队最后一架坠毁在欧洲陆地上的飞机，后来还有2架B-17飞机中途迫降在海上。

8月17日拦截美国两个轰炸机编队的作战对于德国空军战斗机单位来说十分成功（尽管个别单位有点倒霉），己方的损失极为轻微，虽然有一些飞行员受了伤，但阵亡的只有四人，即Ⅲ./JG 26大队和JGr 50联队分别两人。

德国空军至少有十个驻扎在西部和本土的装备Bf 109战斗机的大队参与了8月17日这场规模宏大的空中行动，他们击落了近50架B-17轰炸机，外加此次行动开始和结束阶段击落大量P-47战斗机。但是，这么宏大场面的战斗，战后战果统计出现较大出入也情有可原，因此德国空军官方的数字有很大的水分，比如严重击伤敌轰炸机，正常情况下多半会坠毁，但是实际没有坠毁，这并不是最终击落。击伤和击落的计分标准不一样，也是两个性质完全不同的词。此次行动中，有七个“轰炸机杀手”之称的Fw 190战斗机大队也参与了行动，但他们只击落了10余架敌轰炸机。这么算来，Bf 109和Fw 190合计击落60多架轰炸机也算与美国方面承认的相吻合，但是，德国空军双发重型战斗机（Bf 110）也参与了战斗，德国地面高炮部队也在猛烈地还击，这些单位击落的数量加上去大大超过美国承认的数量。

▲图中右为1./JGr 50中队指挥官阿尔弗雷德•格里斯劳斯基，左为舒斯（Suss）上士，他们后面的是Bf 109G-6战斗机。飞机的垂尾是白色，这种涂装表明这是格里斯劳斯基的座机，照片拍摄于1943年9月的威斯巴登－埃本海姆。

在二战初期，飞行员击落20架敌机就自动具备资格获得“骑士十字勋章”，但是，德国还有一套跟获得勋章资格有关的认定标准，即计分系统，这个系统比较严格，一般规定是：击落1架战斗机算1分（或称1点），击落1架双发轰炸机算2分，击落1架四发轰炸机算4分。德国空军表示空战胜利或是成功的还有两个词，一是“Herausschusse”，这是德国空军描述重型轰炸机受伤程度的一个名词，专门是指该轰炸机遭受到攻击后无法在编队中保持自己的位置，成为掉队飞机，无法得到其他飞机保护，简单地说就是击伤导致其脱离编队，对应的英语是“shooting out”，注意“out” 这个词。飞行员一个“Herausschusse”胜利可得2分；另一个词是“endgultige Vernichtungen”（德语），它的意思是最后一击（英语final destruction），也就是给予已经受伤或受伤掉队的轰炸机最后致命一击，实际上就是我们通常所说的最后击落这架飞机，由于敌机受伤在先，而且专门指伤势还挺重的，最终击落并无悬念，因此，“endgultige Vernichtungen”只算1分。最大的区别还在于，如果敌轰炸机最终被击落，那么，飞行员的“Herausschusse”胜利算1架战果，而“endgultige Vernichtungen”飞行员（最终击落这架轰炸机）却不计战果。对于双发轰炸机，计分值低一些，对应的分别是1分和0.5分。

德国空军十分成功意味着美国第八航空军极为失败，美国第八航空军原本想以此次（第84次）轰炸任务来庆祝B-17轰炸机参战一周年（一年前第一次轰炸法国鲁昂－索特维尔的德国目标），没想到此次行动完完全全成了一场灾难，两个轰炸机编队共损失了60架轰炸机，将近三倍于此数量的飞机受伤（此次美国共出动376架轰炸机），这是一个令人难以置信的损失，美国第八航空军因此受到严重打击。尽管难以让人接受，但越来越多的美国人终于相信，B-17轰炸机在没有护航战斗机的伴随下在敌对方领空的生存能力很低，一度呼声很高的轰炸机“无护航自卫

▲美国1架B-24轰炸机被德国高炮击中，左侧机翼被炸掉，飞机已经翻滚起来。

队形”论调也开始沉寂下来，在没有护航战斗机前，美国不敢再深入敌纵深执行任务。

但是，一度美国人也在严肃地考虑重型轰炸机采取夜间轰炸的可能性，而事实却是，美国仍旧采取昼间轰炸战术。当然，美国没有采取夜间轰炸战术是因为当时还存在着一些技术和战术上的问题，因此美国当时对于昼间损失惨重的补救措施就是再从美国抽调更多的B-17和B-24轰炸机大队参与昼间轰炸任务。1943年10月14日，美国轰炸机再次光顾施魏因富特，而且仍然是16个大队的B-17轰炸机一起上阵。第二次轰炸任务的结果几乎复制了第一次任务，有60架B-17轰炸机未能返回，唯一不同的就是受损轰炸机的数量稍少一些。下文有述。

相持阶段的战斗

在8月17日的空袭行动惨败后的一段相对平静时间里，美国第八航空军不仅要反思和研究更为妥善的战术，而且也对轰炸机单位组织结构进行一番调整，上文提到的B-17轰炸机第1和第4轰炸机联队如今番号改为第1和第3轰炸机师，新近刚从北非返回英国的几个B-24轰炸机大队组成第2轰炸机师。后到的B-24轰炸机此前一段时间没有参与轰炸德国行动，因为几个B-24轰炸机大队临时被部署到北非，在此期间，B-24轰炸机参与了历史上著名的轰炸行动，即空袭罗马尼亚普洛耶什蒂油田。

休整半个多月后的9月6日，美国第八航空军所有三个轰炸机师全体出动再次深入德国境内执行轰炸任务，此次行动中，“解放者”轰炸机编队从北海方向进入德国，主要是牵制和吸引德国战斗机力量，而两个B-17轰炸机师先是向南，再向东横穿法国，最终目标是德国南部的斯图加特（Stuttgart），外文资料称之为“从侧门进入德国”。跟上文中德国本土防御单位组织结构调整取得立竿见影效果不同，美国第八航空军的调整只是番号改变，实际内容并没有变，最主要的是仍然没有护航战斗机伴随，因此9月6日的行动仍以失败而告终，B-24轰炸机师的牵制行动波澜不惊，两个B-17轰炸机师再遭严重挫折，甚至称得上是美国第八航空军历史上代价最高昂的行动之一。由于目标区上空浓云密布，很多美国“飞行堡垒”大队在云层中失散，几百架B-17轰炸机在德国上空乱成一锅粥，最终的结果就是45架“飞行堡垒”未能返回英国，这其中有一半飞机（主要是第1轰炸机大队）被迫要么在陆上（法国和瑞士），要么在海上迫降（英吉利海峡和北海）。

就在美国第八航空军忙着单位调整时，德国空军也在加强帝国防御力量。在8月里，又有三个装备Bf 109飞机的大队从其他前线返回德国，Ⅱ./JG 3大队从苏联前线返回（上文提到过），Ⅳ./JG 3大队和Ⅱ./JG 27大队从意大利返回。JG 3联队的两个大队没有立即参战，而

▲近处1号机就是Ⅱ./JG 27大队指挥官维尔纳•施瑙尔上尉的Bf 109G座机，图中显示的是1943年2月在地中海战区罗德岛上空执行巡逻任务。

Ⅱ./JG 27大队在9月6日的行动是其帝国保卫战中首次经历战火。美国轰炸机单位的人对德国Ⅱ./JG 27大队指挥官维尔纳•施瑙尔上尉和他的飞行员再熟悉不过了，此前在地中海地区部署的六个月里，施瑙尔的飞行员已经击落近50架B-17和B-24轰炸机，大队指挥官本人就击落了其中12架。从意大利返回的Ⅱ./JG 27大队驻扎在德国法兰克福郊区的埃施博恩（Eschborn）。拦截美国重型轰炸机行动早就司空见惯了，但拦截从英国起飞的“飞行堡垒”还是首次。

尽管气象条件非常糟糕，Ⅱ./JG 27大队飞行员还是在斯图加特空域发现了一个大编队B-17轰炸机并展开了攻击行动，在最主要的半个小时里，德国20架Bf 109G战斗机对美国轰炸机实施了持续不断的攻击，9架“飞行堡垒”惨遭屠戮，大队指挥官施瑙尔再获的3架战果使得他的战绩达到88架。施瑙尔的两位中队指挥官也不负众望，6./JG 27中队威利•基恩施少尉击落2架，4./JG 27中队奥托•迈耶尔上尉击落1架。Ⅱ./JG 27大队首次出镜就大获成功，此天行动的唯一损失就是大队副官丹克沃德•冯•马尔特扎（Dankward von Maltzahn）男爵中尉，这个马尔特扎不是上文JG 53联队指挥官冈瑟尔•冯•马尔特扎。

德国另一个参与斯图加特上空行动的是驻扎在威斯巴登－埃本海姆的JGr 50联队，联队指挥官格拉夫少校和阿尔弗雷德•格里斯劳斯基在目标区上空分别击落1架B-17轰炸机，18分钟后，格拉夫在黑森南部上空再次击落1架敌机。

当天击落敌机最有意思的是JG 3联队副官赫尔曼•冯•卡普（Hermann von Kap）男爵中尉的行动。JG 3联队直属单位（队部）在春末从苏联返回德国后就驻扎在慕尼黑－格拉德巴赫，回国后的这个单位只是空架子，1架飞机也没有。在美国轰炸机空袭斯图加特这天，JG 3联队队部按计划部署到鲁尔最西部莱茵贝

▲JG 3联队副官赫尔曼•冯•卡普在他的Bf 109G-6座机前，参加1943年9月16日的战斗时他还没有属于自己的座机。

格（Rheinberg，多特蒙德西部），在这里，这个单位计划下个月（10月）开始接收全新的Bf 109G-6战斗机。可巧的是，卡普当天正去JG 3联队的某一个大队视察（此时，JG 3联队的四个大队都已返回德国），美国轰炸机来袭时，卡普立即借了1架Bf 109G升空作战，现在不清楚他是怎么，以及向谁借的飞机，反正他升空后就击落1架轰炸机，这是卡普个人第一个重型轰炸机战果。

上文提到过，8月17日的重要战斗中，Ⅲ./JG 3大队最为倒霉，而此次行动中，就是这个单位竟然击落敌机数量在所有单位中最高，在持续30多分钟的一次战斗中，该大队飞行员击落不少于10架“飞行堡垒”，作战空域从斯图加特，穿过莱茵河一直进入法国西部领空。终于一雪前耻了！大队指挥官瓦尔特•达尔上尉此次行动中在苏联战场获得的51架战果上又增加2架重型轰炸机，这是他第一次击落重型轰炸机；另一个击落2架轰炸机的是9./JG 3中队的阿尔弗雷德•苏劳（Alfred Surau）军士长，至此他的战绩提升到43架，比达尔少10架；还有两位飞行员虽然在当天行动中分别只击落1架敌机，但他俩却是本大队最成功的东线飞行员，一个是9./JG 3中队指挥威廉•莱姆克上尉，另一个是汉斯•施列夫少尉，加上这次战果，他们的总战绩分别达到了128架和96架。

整整三个星期后的9月27日，美国第八航空军再次出动300多架B-17轰炸机进入德国领空实施轰炸，但是，这次他们的目标是德国北部港口埃姆登。连续的失利让美国空袭德国纵深目标的热情大减，但

▲9./JG 3中队指挥官阿尔弗雷德•苏劳军士长在9月17日的战斗中击落2架重型轰炸机。9./JG 3中队飞机的发动机整流罩突出的鼓包上画了一对大眼睛。

也绝不能便宜了纳粹分子，空袭行动仍旧进行，只是暂时放弃没有护航的纵深轰炸行动，或者是在相对比较安全的德国北部采取一些行动。这次空袭埃姆登行动有一点开创了先河，那就是轰炸机编队中有4架“飞行堡垒”飞机上安装了英国产H2S雷达，“H2S”的意思是Home Sweet Home。云层造成的能见度不足对轰炸机来说一直就是个大问题，9月6日行动的惨败很大原因就是目标区厚厚的云层，此前很多次行动的情况也是如此。雷达可以穿过云层发现目标，有了它就不怕云层了，执行夜间轰炸任务的英国皇家空军轰炸机如果没有雷达帮助根本无法实施轰炸行动，同样，德国夜间战斗机必须安装雷达才能作战。二战时的雷达技术虽然原始，但却是革命性的“武器”（说装备或装置不足以表达它的无可替代的作用），英国H2S雷达如能工作对于美国轰炸行动帮助极大，9月27日的行动中，4套H2S雷达装置有3套到了德国领空就罢工了，还好，仅能工作的那套发挥了一些作用，这种革

H2S雷达

H2S雷达是一种厘米波雷达装置，它从飞机上向下扫描，在其高速电子显像管（CRT）上相当清晰地显示不断变化的地形地貌，这种装备主要用于导航，并不会受到敌方干扰。H2S雷达早在1938年就已试用，1941年11月雷达系统达到使用

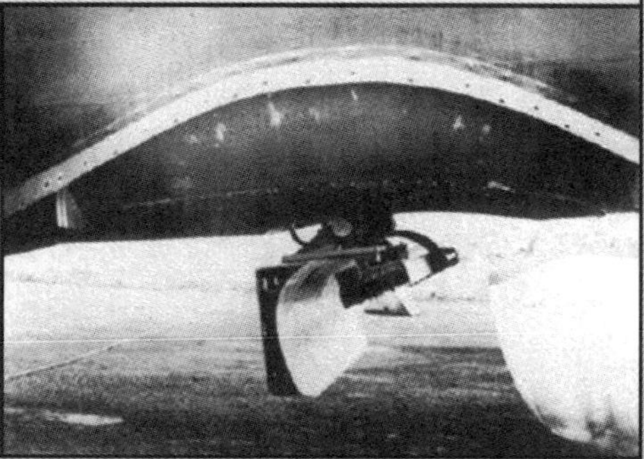

▲英国人研制的H2S雷达最早在“哈利法克斯”轰炸机上运用，后机腹部的水滴形整流罩打开后兼作雷达天线。

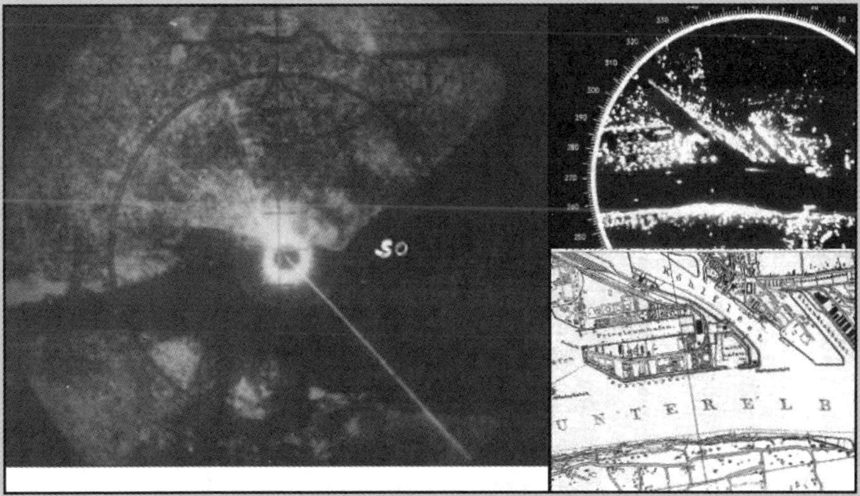

▲H2S雷达对于陆地和水面交界处地形探测的效果最好，这两种介质反射雷达波有很大区别，因此容易在雷达显示器上辨别。图中可能是泰晤士河口雷达照片，可以看到陆地和水体反射雷达波的区别。

▲美国B-17F轰炸机在机颏部安装H2S雷达，右下方是B-17F拍摄的德国科隆雷达回波照片，似蛇一般穿过科隆的黑线就是莱茵河。

状态，1943年1月30－31日夜在对汉堡的轰炸中首次投入使用，并创下了辉煌战绩。报告称，H2S雷达使得全凭仪表操作的透过云层的轰炸可以与在能见度极好的情况下进行轰炸的最好效果相比。

H2S雷达发射10厘米波，回波在机载阴极射线管上显示，最好的反差是水和陆地的交界，此外城镇的回波比郊外空地要强，因此可根据海岸、河弯形状和城镇分布与精确地图比较来判断目标的位置。该系统的最大优点是不使用地面平台，因此没有作用距离的限制，其缺点是设备沉重（300多公斤），操作难度大，信号易被跟踪，此外英国人很担心德国人会从缴获的H2S雷达上发现厘米波雷达的秘密。

命性只有当时的轰炸机飞行员能够体会。

空袭埃姆登行动的另一个里程碑是P-47“雷电”战斗机终于等来了409升的新型纸制副油箱，这样，P-47就可以全程保护轰炸机编队进出德国领空。德国空军负责守卫德国北部领空的JG 11联队飞行员第一次在本土上空看到P-47战斗机着实吓了一大跳。当天，像正常情况一样，Ⅱ./JG 11大队从耶弗尔机场紧急起飞迎敌。仅仅几分钟后德国飞行员就看到美国轰炸机编队正从南面转弯直奔埃姆登，随后汉斯－格尔德•万奈克斯（Hans-Gerd Wennekers）军士长发现敌轰炸机编队上空有一大群战斗机在盘旋，由于也是采用星形发动机，万奈克斯开始以为是己方的Fw 190战斗机，看到这一幕他也纳闷自己的战斗机为什么不攻击敌轰炸机呢？带着疑问，万奈克斯和僚机决定上前一看究竟。

▲Ⅱ./JG 11大队指挥官在战斗结束着陆后受到其他人员的祝贺，很显然他取得了一次胜利。

就在德国这2架飞机开始爬升时，“Fw 190”战斗机开始俯冲直奔他们而来，随着一声大叫“当心！他们要向你射击了”，万奈克斯当即反应过来：敌机发起了攻击。2架Bf 109G立即掉头朝下俯冲脱离不利位置，这是一个正常的摆脱被攻击位置的方

▲汉斯—格尔德•万奈克斯在1943年10月2日的战斗中首次用30毫米MK 108机炮攻击了美国重型轰炸机，这款机炮炮管虽短，但威力惊人。

尽管有美国战斗机搅局，Ⅱ./JG 11大队还是击落8架“飞行堡垒”轰炸机，外加2架P-47“闪电”战斗机，但是，正是由于有护航战斗机的参战，德国获得胜利所付出的代价非常高昂，十名飞行员丧生或失踪，另有四人受伤。这次空战突然将帝国保卫战带入另一个全新的阶段，以后“野马”战斗机加入再次将帝国保卫战带入更新的阶段，不管进入什么阶段，方向只有一个：纳粹德国灭亡！

法，但是，德国飞行员很快就会明白，如果攻击方是7吨重的P-47“雷电”战斗机，那么这个侧滑俯冲动作绝对是错误的。万奈克斯和他的僚机今天还没体会到这一点，因为P-47中途放弃了追击。当万奈克斯和僚机从快速俯冲状态改出时发现他们正处在一支B-17轰炸机编队的中间，他与1架B-17飞机的距离竟然只有20米，这架B-17机背上炮塔射手的脸清晰可见，这位美国射手也被突然蹿上来的德国飞机吓了一大跳，他以为德国飞机会撞过来，本能地躲进机身内部！

万奈克斯和僚机在历险时，携带火箭弹的5./JG 11中队的Bf 109G-6已经对美国轰炸机实施一轮攻击，2架“飞行堡垒”飞机被击落，其中1架就是海因茨•诺克的功劳，他刚击落这架轰炸机“突然，4架外形怪异的单发战斗机在我前面快速俯冲而去，这些飞机的翼尖有白色的条带图饰，上帝啊！这些是‘闪电’战斗机!”

参加拦截空袭埃姆登行动的德国空军单位中除了Ⅱ./JG 11大队外，还有一个大队也取得了战果，这就是Ⅱ./JG 3大队。后者驻扎在荷兰阿姆斯特丹－斯希普霍尔基地，这里正是美国轰炸机进出航线，因此Ⅱ./JG 3大队有机会实施两次拦截行动。Ⅱ./JG 3大队的主要成员也是从苏联战场返回的富有经验的飞行员，其作战经验与Ⅱ./JG 11大队有得一比，因此，前者第一次参与帝国保卫战行动就取得了惊人的成功，一举击落6架美国轰炸机，己方只有一名飞行员阵亡，外加一人受伤。照例要说一下，此次行动德国方面声称击落了15架敌机，实际损失其实不到这个数字的一半。

1943年10月2日，美国“飞行堡垒”

▲美国陆航第九战斗机联队第36大队第23中队这架绰号“天使眼睛”的P-47D战斗机携带了两个纸质409升副油箱，早期尝试在机腹携带一个副油箱对于提高飞机航程作用有限。

轰炸机群再次空袭德国埃姆登，照例由P-47“雷电”战斗机护航。这次德国空军主要拦截单位是Ⅱ./JG 3大队和Ⅲ./JG 11大队，后者此次行动中击落3架B-17轰炸机，其中1架飞机属于大队新任指挥官安东•哈克尔少校第127架战果。在Ⅱ./JG 77联队服役期间，哈克尔就获得了“橡树叶加骑士十字勋章”，而这个大队在三年间分别在苏联战场和地中海战场作战过，就是在地中海战场，1943年2月，安东•哈克尔在突尼斯作战时严重受伤。10月2日的战斗是他帝国保卫战中击落的第三架“飞行堡垒”，前2架是最近他在Ⅲ./JG 11队部时取得的。后来哈克尔成为德国空军最著名的几个四发重型轰炸机杀手之一，他的重型轰炸机战果是29架，其中至少有1架是英国皇家空军“兰开斯特”轰炸机（白天被击落），他的最终个人战绩是192架。二战结束前他升任JG 11联队指挥官。

Ⅱ./JG 3大队也有一些勋位很高，战绩特别突出的王牌飞行员，比如5./JG 3中队指挥官汉斯－约阿西姆•基施纳。10月2日的行动中，Ⅱ./JG 3大队击落的4架B-17飞机中有1架就是他的战利品，这也是他的第173架战果。跟哈克尔不同，基施纳在随后直到1943年年底阵亡前只击落了1架重型轰炸机，也就是基施纳的第二个，即最后一个轰炸机战果是第一个战果48小时后取得的。10月4日，美国第八航空军出动B-17轰炸机准备对德国法兰克福和萨尔兰地区实施轰炸，这次两个B-24轰炸机大队首先穿越北海执行牵制行动（跟9月6日的行动一样），仍然是分散德国战斗机力量，跟上一次不同的是，这次的牵制行动取得了理想的效果。德国拦截战斗机单位中率先执行任务的还是反复提到的Ⅱ./JG 11大队（包括归其指挥的赫尔格兰中队，此时该中队已经部署到Ⅱ./JG 11大队的耶弗尔基地）。

斯皮切特的飞行员在赫尔格兰岛北部与美国B-24轰炸机编队遭遇，Ⅱ./JG 11大队没费多大力就击落6架“解放者”飞机，大队指挥官冈瑟尔•斯皮切特、海因茨•诺克（每战必有战果的牛人）和赫尔格兰中队新任指挥汉斯－海因里希•科尼格（Hans-Heinrich Koenig）中尉分别击落1架，5./JG 11中队的汉斯－格尔德•万奈克斯击落2架敌机。万奈克斯击落2架敌机的过程很特别，此次行动中，他驾驶的Bf 109G-6飞机安装了30毫米MK 108短炮管机炮，正面攻击时，1架B-24轰炸机被击中。30毫米机炮的威力着实不一般，炮弹射入敌机机头导致这架B-24飞机猛地抬头（可能是飞行员本能反应），谁知这个动作导致飞机撞上上面1架B-24飞机，2架B-24轰炸机随即一道坠入海中。加上此前3架重型轰炸机战果，万奈克斯当天成为重型轰炸机杀手王牌。但是，美国方面称此次只损失4架B-24飞机，德国Fw 190飞行员声称也击落5架B-24轰炸机，但是，可能自己也有点心虚，这些战果并没有上报。

B-24轰炸机遭到拦截的同时，美国B-17轰炸机编队正穿过低地国家和法国东部靠近指定目标区，但是，战事的发展并没有按攻击方或防御方的计划进行，美国领航轰炸机编队偏离预定航线达到160公里之远，德国空军地面指挥则未能及时发现美国轰炸机编队的企图，因此未采取相应的应对措施。后者只有两个装备Bf 109战斗机的大队，Ⅱ./JG 3大队和Ⅱ./JG 27大队与“飞行堡垒”编队遭遇，但是，两个大队都因为美国P-47“雷电”护航战斗机的干扰而未能实施有效的攻击行动，每个大队都只分别击落2架B-17飞机，其中Ⅱ./JG 3大队的2架战果是约阿西姆•基施纳一人所为。

10月4日的空袭给法兰克福造成了非常严重的破坏，暴跳如雷的法兰克福行政长官（应该是市长）飞到柏林向希特勒大加抱怨，称德国空军未能保护这座城市。气急败坏的希特勒把怒气发到了戈林的身上，不敢争辩的戈林三天后在一次会议上又把委屈和怒火发到德国空军高层领导人身上，称他们“缺乏好斗精神，甚至还要差”。戈林同时强烈要求立即毫不犹豫地采取最快的步骤提高飞行员的技术水平。

接到命令后，所有帝国保卫战的战斗机单位都给战斗机安装自动测量装置以测量每位飞行员爬升到敌轰炸机作战高度所需要的时间，还必须用照相枪拍照证明与敌机近距离交会过。甚至还考虑过监督员，也就是军官驾驶飞机与战斗机飞行员一起升空，在发起进攻时脱离编队观察每个飞行员攻击步骤，以此判定作战技能是否合格。戈林还下了一道三

▲7./JG 3中队的库尔特•格拉夫（Kurt Graf）上士（左）在和中队另两名士官交流作战心得，他们背后就是1架Bf 109G-6战斗机。7./JG 3中队一颗飞逝的彗星图案在飞机座舱前侧面。

点命令来指导帝国保卫战：

1.没有什么气象条件可以阻止战斗机单位升空作战！

2.如果飞行员没有取得战果却带着伤返回的必须上军事法庭！

3.如果战斗机弹药耗光，或是武器出现故障，那么飞行员必须撞击敌机！

作为战斗机飞行员出身的戈林，此前一直对德国空军战斗机单位在保卫德国领空方面的表现赞赏有加，但是，这次法兰克福遭袭事件使得他与飞行员之间产生了裂痕，而且日后这个裂痕越来越大，解除阿道夫•加兰特战斗机兵种总监就是双方不信任达到白热化的结果。1945年1月，战斗机兵种总监部门一些德国空军高官向戈林摊牌，希望他自动辞职，这就是后人熟知的“战斗机部队叛乱”事件。

10月的第二周，美国又连续发动几次空袭行动，德国战斗机单位参与的这些拦截行动有力地回击了戈林的错误指责。美国第八航空军这个星期发动的四次行动中，德国战斗机单位共击落近150架重型轰炸机，而Bf 109单位包揽了大部分战果，即击落90架轰炸机，这几乎就是德国取得战果总数的60%。

10月8日，美国第八航空军再次回到德国不来梅和其南面威悉河旁的费格扎克潜艇生产厂，理所当然，美国人又遇到了老“朋友”：北海沿岸的Ⅱ./JG 11大队、Ⅲ./JG 11大队和Ⅲ./JG 1大队。尽管有P-47“雷电”战斗机护航，德国Bf 109G-6还是击落了11架B-17轰炸机。

三个大队的上尉指挥官，斯皮切特、哈克尔和欧莱伊尼克分别击落1架敌机，他的各自总战绩分别达到了18架、128架和42架。另两个熟悉的名字是海因茨•诺克（再战再赢）和汉斯－格尔德•万奈克斯，Ⅲ./JG 1大队的齐格菲尔德•齐克在夸肯布鲁克（Quakenbruck）南面的陶格（Talge）镇击落1架B-17飞机，这使得他的总战绩达到5架。8./JG 1中队指挥官弗里德里希•埃贝尔（Friedrich Eberle）上尉当天只击落1架P-47战斗机，第二天，他接替罗伯特•欧莱伊尼克出任Ⅲ./JG 1大队指挥官。

▲5./JG 3中队的一名飞行员在和地勤人员开玩笑，这种轻松的场景不多见，指不定下一次任务中两者就阴阳相隔了。他们俩的后面是1架Bf 109G-5战斗机，这是高空型号。照片拍摄于1943年10月的希斯普霍尔基地。

▲Ⅲ./JG 11大队指挥官安东•哈克尔（右）和格哈德•奥普曼少尉在前者的Bf 109G-6座机前合影，他的座机后机身已经喷涂了识别条纹（黄色），飞机的垂尾是白色，这是单位指挥官座机特有的识别标志。

Ⅰ./JG 3大队和Ⅱ./JG 3大队也参加了10月8日的战斗，从伯宁哈德基地起飞后，Ⅰ./JG 3大队还没与美国轰炸机照面就与美国护航战斗机混战在一起，结果大队仅有第2中队指挥德特勒夫•罗韦尔（Detlev Rohwer）上尉击落1架“雷电”战斗机，而付出的代价却是三名德国飞行员丧生或失踪，外加两人受伤。从阿姆斯特丹的斯希普霍尔基地前来参战的Ⅱ./JG 3大队的战绩好一些，大队飞行员击落4架B-17轰炸机和1架P-47战斗机，其中2架轰炸机战果属于弗兰兹•鲁尔（Franz Ruhl）少尉，己方仅损失1架飞机。

空袭不来梅行动24小时后，美国第八航空军司令部发动一次历时最长的作战行动轰炸德国波罗的海沿岸重要目标，包括但泽（Danzig）和格丁尼亚（Gdynia，波兰港口城市，也称哥德哈芬（Gotenhafen））。这次的行动目标位置已经超出了P-47护航战斗机的作战半径（最远只能抵达德国北海沿岸），但是，美国行动策划人员认为，轰炸机编队突破德国北海空域这个“硬壳”（这里正好是美国护航战斗机可以抵达的空域）后，沿着波罗的海沿岸向东航行遇到德国战斗机拦截的压力会大大减轻，几乎不可能再出现有组织的战斗机拦截行动。随后的行动证明这种分析是有道理的。

尽管很多飞行员在美国轰炸机编队进出北海空域实施了拦截，但JG 1联队和JG 11联队的Bf 109战斗机单位都没能复制昨天的“辉煌”，例如Ⅲ./JG 11大队只击落1架B-17轰炸机，这个战果属于7./JG 11中队指挥官雨果•弗雷，这是他几个月来第九架重型轰炸机战果。

穿过将北海和波罗的海隔开的石勒苏益格－荷尔斯泰因半岛（日德兰半岛），美国轰炸机编队意外地遭到4架德国战斗机的拦截。这几架飞机属于德国Ⅰ./JG 5大队，这个大队最近从挪威基地被临时部署到丹麦的腓特烈港（Frederikshavn），在此起飞的4架Bf 109战斗机对美国轰炸机实施了拦截，战斗中击落1架B-17飞机。美国轰炸机编队航线南部的Ⅲ./JG 54大队也紧急起飞实施了拦截行动，这个大队如今新任指挥官是前JG 2联队老兵齐格菲尔德•乌姆•施奈尔（Siegfried“Wumm”Schnell）上尉，海峡前线的老兵有丰富的与西方盟军作战经验，因此施奈尔的单位一举击落5架敌机，己方仅有一人受伤。

10月10日，美国第八航空军在三天内第三次发动大规模空袭行动。这次空袭德国明斯特的行动，其激烈程度堪比8月空袭施魏因富特，在不到25分钟的时间里，根据双方提供的数据，至少有30架美国轰炸机和25架德国战斗机被击落，这组数据尽管有夸大的成分，但也足以看出战斗的惨烈。

▲Ⅱ./JG 11大队指挥官斯皮切特、Ⅲ./JG 1大队指挥官欧莱伊尼克、5./JG 3中队指挥官基施纳和鲁尔。

▲1943年的帝国保卫战中，德国空军JG 5联队的几个大队分别驻扎在挪威和芬兰，他们参与的是其他战役，比如苏联战役。1943年10月9日的战斗中，美国轰炸机编队远程奔袭轰炸如今属于波兰的格旦斯克等地目标，Ⅰ./JG 5大队这才有机会参与帝国保卫战。上图是Ⅱ./JG 5大队指挥官霍斯特•卡尔加尼科，他座机个人喜爱的图案是一只米老鼠拎着一双鞋，这是纪念他被苏军击落后徒步返回单位的经历。

参与拦截的德国空军六个主要Bf 109战斗机大队声称击落了德国击落总数47架中的12架，战绩最好的是Ⅲ./JG 1大队和Ⅲ./JG 26大队，这两个大队分别击落4架B-17飞机。此次战斗击落2架敌机的有7./JG 11中队指挥官海因里希•克洛普（Heinrich Klopper）中尉和12./JG 26中队指挥官赫尔曼•施泰格上尉，巧合的是，这两位指挥官此前都在JG 51联队服役并在苏联战斗过，而且都获得了“骑士十字勋章”，此次击落2架敌机后，两人战绩分别达到了87架和34架。

连续三天发动大规模空袭行动使得美国损失了88架重型轰炸机（这是美国承认的损失），将近500架飞机受伤，但是，四天后的行动情况更糟糕，令人难以相信的是，美国这次的目标仍是施魏因富特！

8月17月的空袭惨败后，美国第八航空军一度提到“施魏因富特”都有些心有余悸，但是出于使命感，就是害怕也得上。在空袭的目标选择上，上文提到优先顺序，而位于施魏因富特的滚珠轴承厂就是盟军重点打击目标，必须摧毁德国的武器装备生产中关键的滚珠轴承的生产能力，必须对施魏因富特实施第二次打击！跟上次分两批分别空袭施魏因富特和雷根斯堡行动一样，10月14日的第115次空袭任务中，美国再次损失整整60架B-17轰炸机，此次战斗美国最为明显的一个战果就是：无护航战斗机伴随的深入德国纵深轰炸行动彻底终结！除非极为致命的目标盟军会有所考虑外，在有足够的能够为轰炸机来回全程护航的战斗机出现前，不再实施纵深轰炸行动。

德国人当然也知道施魏因富特的重要性，因此能想到的所有手段，能用到的所有武器都被纳入这座城市的防御系统中，仅从作战飞机上看，单发或双发战斗机、夜间战斗机、战斗轰炸机、学校训练飞机和当地重要企业的防御中队战斗机等全部上阵。作战单位中，至少有12个Bf 109战斗机大队参与了战斗，其中包括七个外围的单位，即驻扎北海沿岸的JG 1联队和JG 11联队，这两个联队不是此次战斗主角，因此只击落11架敌轰炸机，7名飞行员丧生。

▲美国第390轰炸机大队B-17轰炸机执行轰炸德国目标任务，为其护航的是图片上方的P-47战斗机。高空温度低，发动机排出的热气会冷凝成白色水汽，就是我们看的尾迹。

其他五个Bf 109战斗机大队声称击落了不少于52架“飞行堡垒”飞机，整个德国空军共声称148架敌机！格拉夫的JGr 50联队击落6架，但这个联队是五个大队中唯一出现阵亡飞行员的单位；Ⅱ./JG 27大队和Ⅱ./JG 51大队分别击落9架；Ⅰ./JG 27大队好一些，击落10架，其中大队指挥官路德维希•弗兰齐斯克特击落2架；击落敌机最多的是瓦尔特•达尔上尉的Ⅲ./JG 3大队，该大队声称击落18架敌机，指挥官达尔、威廉•莱姆克、7./JG 3中队的沃尔夫冈•伦奇（Wolfgang Rentsch）中士分别击落2架。

不管是否有夸大的成分，毫无疑问德国方面取得了重大胜利，在遭惨重损失后，美国第八航空军的行动收敛了很多，在10月的下半月里，美国只进入德国领空执行过一次空袭任务，即10月20日，空袭德国迪伦（Duren，亚琛东不足40公里）。此次行动美国损失2架B-17轰炸机，德国Ⅱ./JG 3大队第4中队指挥官维尔纳•卢卡斯（Werner Lucas）中尉击落其中1架，这位“骑士十字勋章”获得者此前的战绩已经达到106架，这是他首次击落重型轰炸机，不过也是最后1架，四天后，他在荷兰上空被英国皇家空军“喷火”战斗机击落。

空袭迪伦行动，美国人第一次使用英

▲Ⅱ./JG 27大队在10月14日的战斗中击落9架美国轰炸机，这个战绩尚属喜人，但是，德国空军一次战斗中击落近60架美国重型轰炸机的日子不多了。

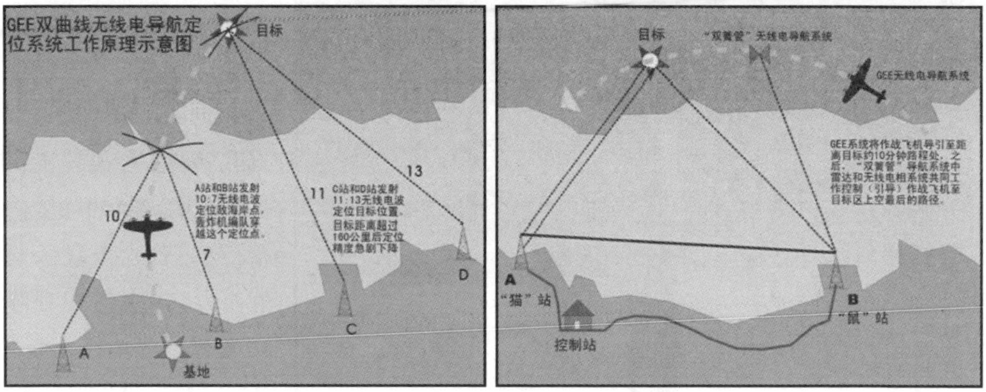

▲GEE双曲线导航定位系统和“双簧管”导航系统工作示意图。为了解决其他设备导航精度差和恶劣气象条件找不到目标的问题，英国、德国和美国都在研制新的导航定位系统，英国的无线电技术最强，因此最早研制出了导航设备，但是，初期的系统工作不够稳定，导航精度也不令人满意。

国人发明的“双簧管”（Oboe）导航设备，这种设备用于轰炸机的盲炸，即通过地面和轰炸机上的无线电设备来精确测量轰炸机与目标的位置，但是，这种设备刚刚进行概念性测试，远没有达到完善的地步，美国这次使用也以失败告终，事实上到二战结束后“双簧管”导航系统才达到堪用的程度；此次行动另一个“第一”是轰炸机编队有双发P-38“闪电”战斗机护航。最早的P-38战斗机大队在1942年抵达英国，但在帝国保卫战前被派往了北非，那时美国人还自信轰炸机无敌呢。

1943年秋天，美国空袭德国的轰炸行动进入另一个全新的阶段，最初德国湾（德国北部）战斗机部队与美国六个轰炸机大队之间的小规模战斗开始演变成数百架轰炸机和护航战斗机参与的大规模行动，双方作战飞机加在一起已经接近千架的水平，德国防御战斗机数量跟美国轰炸机和护航战斗机的总和差不多，甚至稍多一点，比如在第二次空袭施魏因富特的行动中，德国战斗机共出动了800架次。

尽管美国第八航空军在10月下半个月中的轰炸行动严格限制在护航战斗机的作战半径内，德国的天空并不安静，也不安全，德国上空的战斗，不仅在数量，也在地理上出现扩大的趋势。把视野放宽一些就会发现，德国的周边战况不容乐观，盟军部队已经成功地在意大利登陆，这意味着不久这里就会建立起空袭德国南方的空军基地，希特勒所称德国南部的“欧洲堡垒”很快就会遭到盟军的轰炸。

实际上，驻扎在北非的美国第12轰炸机司令部（XII Bomber Command）在10月1日就执行过这样的任务，当天，美国

▲瓦尔特•达尔（右一）上尉的Ⅲ./JG 3大队在10月14日的战斗中击落18架B-17轰炸机，图中是他在祝贺7./JG 3中队获胜的飞行员。

▲Ⅲ./JG 3大队在10月14日的战斗中唯一的损失是9./JG 3中队指挥阿尔弗雷德•苏劳（右一）。

出动两个轰炸机编队对德国南部奥斯堡的梅塞施密特飞机生产厂和奥地利维也纳新城（Wiener Neustadt，奥地利东部，维也纳南部）实施了轰炸。上文提到过，德国空军Ⅰ./JG 27大队在此前8月刚刚从明斯特部署到奥地利，路德维希•弗兰齐斯克特少校指挥的这个大队对空袭维也纳新城的美国B-24轰炸机编队实施了拦截，击落了6架敌机，事实上，德军声称击落的是11架，有5架没有得到官方证实（战果需要官方审定）。

与此同时，驻扎在慕尼黑西部巴特弗里斯霍芬（Bad Worishofen）的Ⅲ./JG 3大队对美国第12轰炸机司令部的第二支轰炸机编队实施了拦截，当时这支计划空袭奥斯堡的美国轰炸机编队因故放弃任务后正在返航。在后穷追猛打的德国Ⅲ./JG 3大队一直战斗到康斯坦茨湖（德国与瑞士之间一个湖泊）上空，有报道称甚至已经进入瑞士境内，美国共有7架“飞行堡垒”被击落。

为了保护德国南部边界，德国空军从意大利战线调回两个战斗机大队，卡尔•拉梅尔特（Karl Rammelt）上尉的Ⅱ./JG 51大队在8月18日返回德国新比贝格（Neubiberg），休整并换装更新的Bf 109G-6战斗机，10月中旬，该大队首次参与重要行动，也就是上文提到的拦截美国第二次空袭施魏因富特轰炸机，并且击落9架敌机。第二次空袭施魏因富特两天后，格哈德•米哈尔斯基少校指挥的Ⅱ./JG 53大队飞行员乘坐Ju 52/3m运输机穿越阿尔卑斯山进驻维也纳瑟林（Seyring），在此大队也换装Bf 109G-6战斗机。Ⅱ./JG 53大队主要作战任务就是保护奥地利和德国南部，后来这个大队在1944年年初向北部署到德国中部莱茵地区。

10月下半月，帝国元帅戈林带领空军高层专程到德国南方检查南部防空部署情况，其间视察Ⅱ./JG 51大队和Ⅱ./JG 53大队，戈林显然还没有从被希特勒斥责的恼羞中恢复过来，他只是简单地欢迎两个新大队加入到帝国保卫战序列中来，言语中缺少应有的热情。在对卡尔•拉梅尔特的飞行员的讲话中，戈林严令他们在攻击敌轰炸机时要“显示出冷酷无情的进攻性，不要像有的飞行员只会耍小聪明，漫无目的地飞行，没有任何目的地用光燃油，或是白白地损失掉飞机”。想想，欢迎仪式上听到这种话飞行员心里会是什么滋味。

为了接受帝国元帅的视察，Ⅱ./JG 53大队被命令从维也纳瑟林转移到Ⅰ./JG 27大队位于费尔萨姆瓦格拉姆（Fels am Wagram，奥地利东北部）附近的基地，在这里，戈林的话更加刺耳。

“我不是有意特别指责哪个大队或中队，但是，我向你们保证，我不希望我的空军部队中出现懦夫，（如果有）我会将其连根拔掉！”帝国元帅仍然怒气未消。

对于戈林的话，很多飞行员都有疑问，那我们应该如何去做呢？

11月1日，美国以陆航第12轰炸机司

▲1940年10月下半月，戈林在“欢迎”新加入帝国保卫战战斗序列的空军单位，受到希特勒批评的戈林在视察场合多次批评一些飞行员没有进攻意识。图中穿皮衣的小胡子是阿道夫•加兰德，被戈林遮挡住只见帽子和鞋尖的是西部战斗机巡视官冈瑟尔•吕佐夫。

这架飞机也使得他的总战绩达到了60架。这还没完，这架B-17只是米哈尔斯基后来13架重型战斗机战果的第一架而已。有意思的是，Ⅰ./JG 27大队的16架B-24飞机战果中有一半是那些新飞行员的第一个战果。

11月2日的空袭后来成为1943年最后几个星期和1944年第一个星期空袭的基本样式。驻扎在英国的美国第八航空军（此时轰炸机数量大增）由于没有合适的护航战斗机保护仍然将空袭目标限定在德国北部沿岸和西部边境一带，美国人对这里的目标相当熟悉。南面，美国第15航空军已于12月从北非部署到意大利，这个单位空袭德国目标的频率要少一些，但是由于距离较近，他们对于德国境内纵深目标的轰炸行动相对要多一些，这里就是德国“脆弱的腹部”。

实际上，从美国针对德国本土目标的战略轰炸行动看，也就是从这时起双方进入一个消耗战阶段，美国不断地将人员和物资投入到欧洲战场，德国空军则继续从其他前线抽调作战部队返回德国以增加帝国领空防御力量。双方的战斗损失都很大，美国的损失不仅可以及时得到补充，而且规模越来越大，与之相反的却是德国

令部为核心组建第15航空军，其实也就是在其他单位加入的情况下，第12轰炸机司令部番号改为第15航空军，级别提高。24小时后，新成立的第15航空军派出B-17和B-24轰炸机对维也纳新城的Bf 109生产厂（德国有数家生产Bf 109飞机的生产厂，当时奥地利已经被德国吞并）实施了轰炸。也许是戈林尖厉刻薄的批评刺痛了德国飞行员，美国轰炸机送上门来检验德国飞行员的忠心，后者誓死要让帝国元帅改变看法，可以想像，美国轰炸机编队遭受了比以往更为残忍的攻击。德国Ⅰ./JG 27大队、Ⅱ./JG 51大队和Ⅱ./JG 53大队的Bf 109G-6战斗机一举击落6架B-17和19架B-24轰炸机，美国方面承认的损失是6架B-17和5架B-24轰炸机。德国Ⅱ./JG 53大队击落的4架“飞行堡垒”中有1架属于大队指挥官格哈德•米哈尔斯基，

战斗机大队越来越出现疲于奔命的状态，损失也开始大幅度上升，最让德国空军担心的是，很多单位有经验的指挥官纷纷殒命。10月是德国空军最强盛时期，当然这也意味着是美国第八空航空军的低谷，但后者不仅很快恢复，而且更强大。任何事物的发展都符合物极必反这一自然规律，德国人很不幸地发现他们开始从高峰跌落，没想到的是他们从高峰跌落的速度竟然那么快，高峰到低谷的坡度竟然那么陡峭。其实，接连有高级指挥官（如大队或联队指挥官）阵亡就是德国帝国保卫战进入另一个阶段的重要标志，Ⅱ./JG 3大队率先垂范。

在1943年结束前，Ⅱ./JG 3大队遭受了极为严重的双重损失，也就是在一个月的时间里这个大队前后损失了两位大队指挥官，第一位就是库尔特•布兰德勒少校。库尔特•布兰德勒少校（1912年1月19日－1943年11月3日）首次取得战果是1940年5月13日，当时在Ⅱ./JG 53大队服役的他在色当南部击落1架MS.406战斗机。1942年2月，布兰德勒上尉被任命为5./JG 53中队指挥官，中队当时驻扎在意大利西西里岛的科米索参与马耳他岛的战斗。在这里的战斗，布兰德勒取得了7架战果。1942年5月20日，已经部署到苏联的布兰德勒击落1架波利卡波夫R-5（Polikarpov R-5）侦察轰炸机，这是他在苏联战场取得的第一架战果。同样在5月，布兰德勒被任命为Ⅱ./JG 3大队指挥官。1942年7月，布兰德勒因在470架次作战任务中击落49架敌机而获得“骑士十字勋章”。一个月后，他的战绩飞速跃升到100架，他也因此获得“橡树叶加骑士十字勋章”。

其他作战情况和参加帝国保卫战序列的情况上文有述。1942年11月3日，盟军出动378架护航战斗机为美国重型轰炸机轰炸威廉港提供护航任务，中午刚过，大队指挥官库尔特•布兰德勒少校驾驶Bf 109G-6战斗机在混战中击落2架P-47“雷电”战斗机，大队其他两人分别击落1架。“橡树叶加骑士十字勋章”获得者布兰德勒就是帝国保卫战中首次击落敌机的人，加上11月3日的这2架，他的战果上升到172架。当天下午，驻扎在荷兰斯希普霍尔的Ⅱ./JG 3大队遭受美国第九航

▲德国必须抓紧生产作战飞机，跟美国打消耗战德国还差点，即使跟苏联相比也远远不如。图中是新出厂的Bf 109G-6飞机，飞机还没有喷涂单位编号和涂装。

空军的B-26“劫掠者”轰炸机突袭，就在敌机投弹时，布兰德勒紧急驾驶他的Bf 109G-6座机升空追击，在北海上空他与地面失去联系，后来的情况显示他的编队与在此接应的加拿大皇家空军“喷火”战斗机遭遇，混战中德国战斗机击落1架“喷火”飞机，但己方有5架飞机被击落，其中就包括指挥官库尔特•布兰德勒，他的遗体在12月30日被冲上岸。接任布兰德勒的是威廉•莱姆克上尉，但是，他的大队指挥官的位子还没坐热就在12月3日的战斗中阵亡。当天，美国出动P-47战斗机对荷兰境内的德国目标实施了扫射，在拦截此次盟军行动中，驾驶Bf 109G-6的莱姆克和其他两名飞行员被美国P-47战斗机击落。

▲库尔特•布兰德勒少校的死只是纳粹德国失败的一个缩影，联队或大队指挥官阵亡只是刚刚开始。

Ⅱ./JG 3大队驻扎在低地国家（荷兰），这里是帝国防御体系的前沿，或者说是第一道屏障。由于这里离英国相对较近，盟军的护航轰炸机编队经常光顾，甚至盟军的战术空军（指战斗轰炸机）也时常骚扰，因此Ⅱ./JG 3大队必须经常与盟军护航战斗机、轰炸机和战斗轰炸机作战。

11月3日空袭威廉港行动中，驻扎在荷兰吕伐登的德国Ⅲ./JG 1大队声称击落3架B-17轰炸机，其中7./JG 1中队指挥官海因里希•克洛普中尉就击落2架，但是Ⅲ./JG 1大队付出的代价也很大，8./JG 1中队和9./JG 1中队指挥官阿尔弗雷德•法贝尔（Alfred Faber）上尉和赖纳•

▲这张库尔特•布兰德勒少校Bf 109G-6座机照片就是他失踪前几天拍摄的，地点是荷兰阿姆斯特丹—希斯普霍尔。

弗拉姆（Rainer Framm）中尉被击落身亡，他们俩的前任赫尔维希•祖齐克和欧根•温特格斯特（上文提到过，他俩被苏联人俘虏过）此前已经阵亡。

Bf 109大队在11月最为成功的战斗是此期间美国三次空袭不来梅行动，三次拦截行动中，德国Bf 109大队共击落50多架敌机，美国承认的损失是84架轰炸机和战斗机，这里包括德国Fw 190单位击落的数量。很多德国湾的老兵，如冈瑟尔•斯皮切特、齐格菲尔德•齐克和雨果•弗雷的战绩还在不断增加。11月29日，也就是11月间三次空袭中的最后一次，Ⅱ./JG 3大队的利奥波德•“波尔蒂”•明斯特（Leopold“Poldi”Munster）少尉在他已有的5架B-17的战果上再增加2架P-38战斗机。7./JG 1中队的海因里希•克洛普也在这天击落1架P-38飞机，这是他第94个战果，但是，克洛普和僚机返回吕伐登的途中，他俩俯冲企图钻出低空云层时径直撞上了地面，不用说，机毁人亡。在一个月的时间里，Ⅲ./JG 1大队损失了三名中队指挥官。

除了天气一直在变坏外，12月的空中行动与11月的基本上类似，美国第15航空军从德国南部方向进入对因斯布鲁克（Innsbruck，属奥地利）和奥格斯堡进行了轰炸，与此同时，德国北部和西部边境一带的战斗也在进行，德国取得一些胜利的同时也遭受了一定的损失。

12月的第一个星期，德国空军有两位重量级的东部战线王牌飞行员在西线作战时丧生，这两人都是在低地国家上空被美国P-47战斗机击落的。12月1日，美国第八航空军出动轰炸机轰炸德国科隆东北部的目标（护航战斗机所及的目标），德国空军5./JG 27中队指挥官赫尔伯特•施拉姆（Herbert Schramm）中尉率队在比利时上空对美国轰炸机编队实施了拦截，但是，德国飞机遭到了美国P-47护航战斗机的攻击，施拉姆在战斗中被击落身亡。帝国保卫战以来，施拉姆仅仅获得3架B-17轰炸机战果，这和他在苏联战场获得的耀眼战绩很不相称，奔赴苏联战场前，他在西线击落过至少10架英法两国战斗机其

▲威廉•莱姆克（左一）的签名照片，中间者为霍哈根，右一为布利根。

中有7架“喷火”战斗机，他的个人战绩最终是42架（+）。他阵亡后的1945年2月1日，他被追授“橡树叶加骑士十字勋章”。施拉姆阵亡三天后，9./JG 3中队前任指挥官，如今刚刚接替库尔特•布兰德勒任Ⅱ./JG 3大队指挥官的威廉•莱姆克上尉在荷兰奈梅亨（Nijmegen）上空被“雷电”战斗机击落阵亡。

威廉•莱姆克（1920年9月27日－1943年12月4日）早在1939年11月就参加了德国空军，1941年春天，他进入JG 3联队服役，当时这个联队正在苏联战场作战。6月26日，8./JG 3中队的莱姆克击落2架苏联轰炸机，这是他首次取得战果。8月26日，战绩已经达到15架的莱姆克在与苏联轰炸机作战中被击落受伤，他驾驶Bf 109F-2座机（序列号Wk-Nr 8245，“黑色7”号）紧急迫降，但迫降过程中受重伤，他在医院医治了很长时间，直到1942年2月中旬才返回战场。再返战场后，莱姆克的战绩一路飙升，半年后的9月19日，他的战绩上升到59架。但是，这天战斗中他再次被苏联高炮击中，他再次驾驶Bf 109F-4座机（序列号Wk-Nr 13390，“黄色1”号）迫降，这次好在他本人没再受伤。1942年8月11日，莱姆克被任命为9./JG 3中队指挥官。1942年年底，他的战绩达到90架，其中包括12月27日被他撞下的1架苏联拉格-3（LaGG-3）战斗机，这回他又一次驾驶Bf 109G-2座机（序列号Wk-Nr 13932，“黄色7”号）实施了迫降。莱姆克的第100架战果是在1943年3月16日的战斗中取得的。达到百架大关后，他返回德国休假两个月。7月28日，他的战绩达到125架，随后的8月，Ⅲ./JG 3大队离开苏联回到德国参加帝国保卫战。阵亡前一个星期，因在苏联战场获得125架战果，莱姆克获得了“橡树叶加骑士十字勋章”。在帝国保卫战开始以来，莱姆克增加了3架B-17轰炸机和3架P-47战斗机的战果。

赫尔伯特•施拉姆（1913年10月13日－1943年12月1日）的资质比莱姆克要老，他在1933年就是一位飞行教官，那时还没成立空军。1938年，施拉姆加入德国空军并开始进行战斗机飞行员训练，入侵波兰的战役期间，他在西线部署的8./JG 53中队服役。法国战役期间的1940年5月14日，施拉姆首开记录，击落1架法国MS.406战斗机，但是战果未获批准。确认战果是5月27日击落另1架MS.406飞机。英国战役期间他的战果是8架，为此他军衔晋升为少尉。

已经是一名有经验的飞行员，施拉姆随JG 53联队在苏联战场上不断取得战果，甚至一天内都有数架战果进账，在10月返回德国前，他的战绩上升到37架。但是，返回德国休整并换装完成后，施拉姆并没有随单位去地中海地区，他去了飞行学校任职。1943年下半年以来，盟军针对德国的战略轰炸规模越来越大，施拉姆不得不返回战斗岗位。1943年8月13日，他被任命为5./JG 27中队指挥官，这个中队刚刚从地中海地区返回德国。面对全新

▲左一为赫尔伯特•施拉姆，中间的为沃尔夫—迪特里希•威尔克，右一为埃里希•施密特。

的敌人，施拉姆刚开始有点不适应，因此他直到10月14日才击落1架美国重型轰炸机，这是他第40架战果。10月结束前，他再次击落2架轰炸机，这是他最后一次取得战果。

1943年12月20日，美国第八航空军第二次空袭德国重要城市不来梅，跟上次一样，此次行动美国再遭重大损失，而且是这一段时间以来最为严重的一次，美国有33架轰炸机未能返航。德国Bf 109战斗机大队声称击落了30架敌机①，仅齐格菲尔德•施内尔的Ⅲ./JG 54大队就包揽了三分之一（11架）。6./JG 27中队指挥官威利•基恩施中尉在不来梅西北击落1架B-24轰炸机，这是他帝国保卫战以来第9架重型轰炸机战果，此前在地中海战场他也击落过9架美国重型轰炸机。之前的11月22日，基恩施获得了“骑士十字勋章”，当时他的战绩是43架，如今已经达到了整整50架。

不远处的另一位“骑士十字勋章”获得者，9./JG 11中队指挥官厄恩斯特•舒斯（Ernst Suss）的运气差了点，他在奥登堡附近刚刚击落1架P-38“闪电”战斗机，随后他的Bf 109G-5座机就被另1架P-38击中，他成功地跳了伞，有人声称看到他在伞降过程中被射击身亡，但是，美国方面称当天既没有P-38被击落，P-38战斗机也没取得任何战果。

48小时后，Ⅱ./JG 11大队也在战斗中损失一名中队指挥官。当天，美国出动轰炸机轰炸德国奥斯纳布吕克（Osnabruck），此次拦截行动中，6./JG 11中队指挥官埃贡•福肯萨米尔上尉在德国和荷兰边界上空被美国P-47战斗机击落丧生。这次行动前，福肯萨米尔脱离中队六个月去教学，去教学前的5月，他击落过2架重型轰炸机。

12月的战斗虽然并不那么频繁，却有两个明显的特点，一是等待已久的P-51“野马”战斗机终于在12月5日登场

① 美国承认的是33架，德国空军声称的战果远大于这个数字，而Bf 109战斗机大队声称的30架，并不是美国承认的33架中的30架。德国Fw 190战斗机大队也声称击落众多敌机。

了。初次登场波澜不惊，但是P-51却是将美国战略轰炸引向另一个重要阶段的关键因素，更确切地说，战略平衡（仅指战略轰炸行动）要靠P-51战斗机来改变；二是自12月13日空袭德国不来梅、汉堡和基尔开始，美国第八航空军的空袭规模首次超过1000架大关，包括护航战斗机在内，比如12月13日仅轰炸机就出动710架，12月24日出动722架，此前11月两次规模较大的分别是11月3日为566架，11月26日是633架。而在前几个月，一次出动400架轰炸机就算是超大规模的编队了。

实际上，为第八航空军护航的“野马”战斗机是从第九航空军（战术单位）借来的，而且“野马”战斗机早就参加了欧洲上空的西线战斗，最早可以追溯到12月1日，当天，美国第354战斗机大队的24架P-51B战斗机在法国加来地区进行了适应性作战。五天之后，P-51战斗机护送B-17轰炸机空袭法国亚眠，作战空域局限在法国境内的主要考虑是“野马”飞行员需要适应新战场环境，也需要了解一下强大的对手。12月里空袭德国境内目标，实际上P-51“野马”战斗机也参加了，12月13日是“野马”第一次进入德国领空，即为轰炸德国基尔的轰炸机编队护航。跟后来如日中天的名声不同的是，“野马”初次的战斗极不成功，声称击落4架德国战斗机，自己却损失了8架。第一次损失

▲等待已久的P-51“野马”战斗机终于在德国领空出现了。“野马”也有几个型号，早期型号毛病多，航程也不够，如今性能更好更稳定的P-51D可以携带两个大型副油箱，它可以在德国纵深为美国重型轰炸机护航。上图是美国陆航第31战斗机大队的P-51D战斗机。

▲P-51“野马”代表着螺旋桨战斗机的巅峰，但是，投入欧洲战场初期，跟德国那些老“兔子”（经验丰富的王牌飞行员）作战，“野马”仍然胜少负多，可喜的是这种状况不会持续太久。

是12月11日，当天P-51B为美国轰炸德国埃姆登的轰炸机编队护航，由于这个德国港口小城与荷兰接壤，P-51B没进入德国领空，但在荷兰上空“野马”战斗机与德国Ⅲ./JG 11大队的Bf 109战斗机接上火，9./JG 11中队的埃米尔•施梅尔兹格尔（Emil Schmelzinger）军士长可能击落1架“野马”飞机，美国方面称这架P-51B是因故障未能返回，这是美国“野马”第一次与德国战斗机交手。12月16日，“野马”战斗机再次进入德国领空，此次战斗中美国“野马”首次击落德国战斗机（此前的12月13日美国人声称可能击落1架Bf 110战斗机）。在12月20日美国空袭不来梅的行动中，美国损失4架“野马”，德国JG 11联队的冈瑟尔•斯皮切特和雨果•弗雷分别包揽1架。

1944年的第一个星期，美国第八航空军又发动两次行动轰炸德国基尔，顺便也用炸弹问候了莱茵兰（Rhineland）地区的目标。随后的1月11日，美国把轰炸重点集中在了德国中部的飞机生产厂，这天行动被德国历史学家称为“对帝国保卫战战斗机单位的大屠杀”。

实际上从1943年年底开始美国实施了近一年的战略轰炸进入下一个重要阶段，即战略进攻阶段。把这段时间称为美国第八航空军轰炸行动和德国帝国保卫战一个重要转折点有两个明显的标志，一是德国空军从11月开始接连损失大队指挥官和中队指挥官，大队指挥官布兰德勒和莱姆克的命运只是德国命运的一个缩影，国运不再，再优秀的飞行员也抵挡不住侵略者失败的命运，那些身经百战的老飞行员在越来越强大的盟军面前只有死路一条，能活过二战的是因为德国投降了。就目前来说，盟军的反攻已经箭在弦上了，德国相继损失两名大队指挥官只是一次预演罢了。对于德国来说，目前无法承受损失有经验的飞行员，特别是既有经验又富有指挥才能的指挥官，因为德国根本就没时间培养一名合格的飞行员。此前，正常情况下培养一名合格的战斗机飞行员需要大约两年时间，这么长的训练时间足够飞行员掌握参与战斗的全部技能，唯一无法提供的就是实战经验。但是到了1943年中期，德国空军训练学校的飞行小时和课程一再被压缩。德国空军高层希望学员们参加速成班立即成为一名杀手，但其中很多学员没成为杀手却被“他杀”了，据统计，空军训练学校每个月有多达30名学员在训练时坠机丧生，这几乎相当于一个战斗机大队飞行员的数量。即使是完成学校训练的学员被分配到前线作战单位也只是数量上的增加而已，他们对于单位作战能力提高几乎没什么用处。他们也很难在实战中积累经验，因为很多新飞行员在前几次的战斗中就永远地消失了。

二战的战略相持阶段很短，德国很快就从战略进攻阶段转为战略防守阶段，德国败局已定，但希特勒不肯承认失败，嘴上不承认，心里不接受，但事实就是事实，德国空军在1943年下半年以来就在忙着把其他战场的作战部队调回德国参加德国保卫战，似乎数量上总是感觉不够。此时的盟军作战飞机不仅数量和质量上急剧上升，飞行员的损失也很快可以得到补充，而德国飞行员损失一名就少一名，特别是那些有四年作战经验的老兵。

Ⅱ./JG 3大队的两名指挥官都是“橡树叶加骑士十字勋章”获得者，而且两人在东线战役的战绩都达到百架以上（布兰德勒战绩是180架，莱姆克战绩是131架），但是，布兰德勒击落的2架P-47飞机实际上是他回国后仅有的两个战果；莱姆克在接任大队指挥官后只击落1架P-47飞机，此前几个星期他任9./JG 3中队指挥官时击落5架敌机。盟军击落这两名作战经验老道的大队指挥官付出的代价是8架战斗机，虽然不能说盟军士兵的生命比德国两位指挥官的轻，但是这种交换对于战术意义来说却是完全划算的，想想如果这两人不死那么盟军得有多少飞行员会丧生？

▲B-17G是“飞行堡垒”家族中最新型号，这个更先进的型号在1943年下半年投入到欧洲战场，首先装备的是陆航第15航空军，这些B-17G轰炸机部署在意大利，穿越阿尔卑斯山从南部进入德国领空作战。

除了身居要职的单位指挥官，其他在苏联战场获得极大成功的飞行员返回德国后的命运也跟帝国国运一样在走下坡路，这种情况同样也发生在那些曾经给英国和美国造成重大伤亡的飞行员身上。

另一个重要标志就是美国护航战斗机参与空袭行动，其实P-47携带副油箱参战只是一个小开始，真正在护航任务上起决定性作用的是P-51“野马”战斗机，只是它首次登台的表演跟它日后如日中天的名声不太相配，正如重大的事件发生之初都是那么平淡无奇，上文提到的德国几位超级王牌也是如此。

不管是德国空军开始接连损失重要指挥官还是“野马”的出现，这个阶段（1943年年底）就像是碾碎纳粹德国的战车刚刚启动，虽然缓慢却义无反顾。每个重要转折阶段都会有一个重要的标志性时间点，但是这个标志性时间点不是孤独出现的，有量变的积累才会出现质变的转折，1943年一年的积累，只为等待1944年1月11日的重要时刻。

战略进攻开始了

美国第八航空军在1944年1月11日的第182次任务中出动650多架重型轰炸机对德国中部奥舍尔斯累本（Oschersleben）、哈尔伯施塔特（Halberstadt）和施魏因富特的飞机生产厂实施了轰炸，此次轰炸行动激起了德国空军自去年10月第二次空袭施魏因富特以来最为激烈的抵抗。德国空

▲德国飞行员在研究如何攻击美国重型轰炸机，一位学员手拿B-24轰炸机模型，模型飞机上用铁丝勾勒出轰炸机火力范围。一位教官手拿Fw 190战斗机向学员演示如何进攻。

军参与此次拦截行动的有19个单发和双发战斗机大队，外加几个特殊的小型单位和五个夜间战斗机联队，德国官方的作战结果通报称：“136架美国飞机，包括124架四发重型轰炸机被击落，最主要的是这些轰炸机在抵达目标前就被击落”。美国第八航空军官方战报称只有不到一半的轰炸机被击落，即60架，还有184架轰炸机受伤，前两次空袭施魏因富特的损失也是60架，似乎60架就是一个重要的节点。

德国战斗机单位中，八个Bf 109战斗机大队在当天拦截行动中声称击落50架敌机，这个单方面的数字有一点夸大，但足以说明在拦截作战行动中Bf 109所起的作用，Ⅱ./JG 11大队、Ⅲ./JG 11大队和Ⅱ./JG 27大队的老兵包揽了其中的30架（德国方面声称的）。上文提到的几个每战必胜的牛人又出现了，5./JG 11中队的万奈克斯上士击落1架轰炸机，至此他的战果上升到12架；Ⅲ./JG 11大队指挥官安东•哈克尔和他的7./JG 11中队指挥官雨果•弗雷分别击落2架B-17轰炸机，他们俩的战绩分别提升到133架和27架；Ⅱ./JG 27大队10架战果中，大队指挥官维尔纳•施瑙尔和第5中队指挥官卡尔－海因茨•本德特（Karl-Heinz Bendert）中尉分别包揽2架，他们的战绩分别上升到95架和47架。6./JG 27中队指挥官威利•基恩施击落1架B-24轰炸机，这是他帝国保卫战中第11架重型轰炸机战果。

但是，有一点需要注意，三次空袭施魏因富特损失都是60架（左右），但是，三次行动出动的轰炸机数量并不一样，1944年1月11日的行动中美国轰炸机的损失率不到10%，与此前的17%（1943年8月17日）和25%（1943年10月14日）不可同日而语。取得重大战果的同时，德国付出的代价是32名飞行员丧生，这个数字相当于德国一个战斗机大队飞行员的数量，也就是一天内德国就消失了一个战斗机大队。如果按照这个损失继续下去，那么理论上德国的帝国保卫战序列中的战斗机大队会在不足三个星期内全部被消灭！

▲尽管照片不甚清楚，但这张照片很能说明当时德国空军的状况。这是在1943年11月5日的战斗中美国战斗机照片枪拍摄的照片，遭到攻击时，德国9./JG 26中队新飞行员罗伯特•波特纳在遭受第一轮攻击时竟然没有抛掉副油箱，严重缺乏作战经验。波特纳后来跳伞逃生，他没死，但他以后的情况不详，只知道他没取得任何战果。

如果把双方的损失对比分析一下就会发现，德国处在完全的负面状态，这天被称为德国帝国保卫战的另一个重要转折点，原因就是德国防御力量开始螺旋式下降，不久后就会直线下降，而且德国的防御力量此后再也没有恢复过。鉴于飞行员损失持续上升（一直持续到纳粹德国灭亡），德国空军必须寻找替补飞行员，这些所谓的替补飞行员一方面来自没有战斗机驾驶经验的原轰炸机飞行员，另一方面主要来自训练严重不足的战斗机训练学校。完全可以想像，上了战场的新手是再次损失名单中的主力军，出现新的空当还需要新飞行员来添补，补上来的仍旧是没有经验的新手，可能是训练更加不足的飞行员，恶性循环由此开始。

尽管新手占阵亡名单的大多数，他们也不寂寞，一些曾经显赫一时的王牌也纷纷加入他们的行列。在数量急剧增多、战术得以改进、越战越勇，以及有护航战斗机保护的情况下，空前强大的美国第八航空军开始一个接一个地把德国顶级王牌飞行员挑下马。

美国的情况跟德国的正相反，除了换装防护能力更强、更先进的B-17G型号外，护航战斗机的出现让美国轰炸机的损失大幅度下降。虽然航程逊色，具有先锋意义的P-47战斗机在加挂副油箱后仍然尽最大可能地护送美国轰炸机进出德国领空。如今，P-47已经让位航程更远，且可在敌国领空全程伴随的护航战斗机：P-51“野马”。必须要搞清一个概念，所

▲哈乔•赫尔曼少校和他的JG 300“野猪”联队。

▲1./JG 300中队的1架Bf 109G-6战斗机正在巡逻，飞机携带了副油箱。这架飞机没准也是从其他单位借的，早期JG 300联队没有自己的飞机和基地。

谓全程护航并不是护航战斗机跟轰炸机编队一起进入德国领空再一道返回，实现全程护航且达到战术效益最大化的方法是将护航战斗机分成若干组，每组战斗机负责一段航线，若干个组连成线就是全程都有护航战斗机保护轰炸机。另外，必须有护航战斗机在轰炸机编队的前方开道，或是两侧护卫，这样就可以打乱德国战斗机对轰炸机编队的攻击。但是，最终必然有护航战斗机伴随轰炸机一道进入德国领空，这些护航战斗机飞行员是最辛苦最危险的，往往要伴随轰炸机飞上五六个小时，有的时间更长，这种超负载的活儿只有P-51“野马”胜任。美国的这种护航战术虽然还不甚完善，但足以让德国防御战斗机花上几个月时间去破解美国人的战术。

就目前来说（1944年年初），德国空军必须增加防御战斗机数量，以及召集更多有经验的飞行员回国参与帝国保卫战，德国已经别无选择。

先回到1943年夏天，一位前轰炸机飞行员哈乔•赫尔曼（Hajo Herrmann）少校想到一个夜间拦截敌轰炸机的新主意，也就是让单发战斗机执行夜间作战任务，赫尔曼是轰炸机飞行员，因此对轰炸机的弱点十分了解。这个主意的背景是英国皇家空军大量使用的干扰措施使德军夜间拦截指挥系统基本失效，赫尔曼的主意就是不依赖雷达系统的单发轻型战斗机在夜间凭借目视（借助探照灯和燃烧的城市火光）拦截英军轰炸机战术，德国称为“野猪”（Wilde Sau，英语Wild Boar）战术。试验期间，这种“野猪”战术取得了意想不到的效果，为此德国空军在1943年7月底组建第一支单位，即JG 300“野猪”联队，联队指挥官就是哈乔•赫尔曼少校。由于组建初期缺乏可用单发战斗机，JG 300联队最初使用昼间作战部队如JG 3联队、JG 11联队等的战斗机和基地，比如Ⅲ./JG 300大队就使用奥登堡的Ⅲ./JG 11大队的飞机和基地。后者白天作战、夜间飞机交由JG 300联队的飞行员驾驶进行“野猪”作战，也就是“人歇马不歇”。但是，这种超负载的工作机器也受不了，到1943年年底，Ⅲ./JG 300大队在夜间作战时就损失了30多架Ⅲ./JG 11大队的Bf 109G飞机，大部分飞机是因为各种事故受损严重而注销。

由于作战强度大，飞机的磨损严重，这对“野猪”单位和昼间单位来说都不是个好消息，也就是作战效率严重地影响了两个单位，初期作战取得一些胜利后，以后的战斗中战果越来越少，损失却越来越大。正是这个原因，德国空军高层决定把“野猪”单位纳入昼间作战序列，此后，JG 300联队主要执行昼间作战任务，而夜间作战成为次要任务，不久就连夜间任务也取消了。后来，“野猪”单位也有了自己的飞机和基地，作战任务改变后，飞行员仍要训练盲飞，这对于执行昼间任务来说一点价值也没有，倒是冬季来临，飞行员需要应付的是恶劣气象条件下的飞行技能。

在1943年和1944年的过渡期间，又有2个“野猪”联队，即JG 301联队和JG 302联队诞生，联队指挥官均是原“斯图卡”俯冲轰炸机飞行员，这2个联队组建时的作战任务就规定了执行昼间作战任务。这三个“野猪”联队的单位番号后来改过多次，外界是眼花缭乱，这其实并不重要，重要的是帝国保卫战的战斗序列中，德国空军一次作战任务中又多了九个新战斗机大队。这九个战斗机大队有六个装备Bf 109战斗机，每个联队的第Ⅱ大队装备Fw 190战斗机。Bf 109战斗机大队中Ⅰ./JG 300大队和Ⅰ./JG 302大队参加了1944年1月11日拦截美国第八航空军空袭奥舍尔斯累本的轰炸机编队，每个大队斩获一个战果。

1月11日战斗后的18天里，德国本土防御主要依靠最为古老、最为可靠的盟友——天气。其间的1月16日，美国第15航空军出动小规模B-17轰炸机编队从南面进入轰炸了位于奥地利境内克拉根福特（Klagenfurt）的Bf 109零配件生产厂。美国第八航空军计划于1月24日对德国法兰克福发动大规模空袭行动，由于

▲Ⅱ./JG 300大队借用Ⅱ./JG 53大队的Bf 109G-6飞机在进行飞行训练，这是一个典型的四机编队，第四架飞机拍摄了这张照片。除了转场，作战时Bf 109各型号都不携带副油箱，训练中携带副油箱最常见，为的是延长滞空时间。

▲JG 302联队的1架Bf 109G-6战斗机，飞机的右侧地面放着一个副油箱，飞机翼下携带了两个机炮吊舱。这个联队从一开始就定位昼间作战任务，这样可以避免不必要的训练损失。

▲如此恶劣的天气德国飞行员也不能休息，美国轰炸机不在乎这种天气，德国人更不能在乎。图中是7./JG 3中队的Bf 109G-6飞机，这个单位彗星图案很大很醒目，这个图案前面是JG 3联队的标志，飞机起落架上的整流罩已经被去除了。照片拍摄于1944年年初巴特弗里斯霍芬。

气候原因这个作战计划未能实施。五天后（1月29日），虽然天气状况几乎没什么改变，美国第八航空军还是决定空袭法兰克福，此次空袭中美国损失29架轰炸机，外加15架护航战斗机。

德国防御战斗机单位中，此次拦截行动最为成功的是瓦尔特•达尔少校的Ⅲ./JG 3大队，这个大队声称击落了15架B-17轰炸机，其中大队指挥官达尔击落2架，本单位损失两名飞行员。驻扎在附近威斯巴登－埃本海姆的Ⅱ./JG 27大队也参与了拦截，损失两名飞行员，其中之一是6./JG 27中队指挥官威利•基恩施中尉，他在低空和美国P-38战斗机格斗时飞入科布伦茨（Koblenz）南部的高地，由于当地有很厚的云层，钻入云层中的基恩施迷失方向，座机Bf 109G-6（序列号Wk-Nr 440073，黄色3号）最终撞上洪斯吕克（Hunsruck）的一座小山。基恩施的战绩是53架，包括20架重型轰炸机，这其中有一半是帝国保卫战中取得的，后来他被追授“橡树叶加骑士十字勋章”。

威利•基恩施（1921年5月21日－1944年1月29日）在1941年5月27日加入德国空军JG 27联队预备中队，1942年年初，他被分配到在北非作战的Ⅱ./JG 27大队。当年3月18日，基恩施击落2架英国皇家空军2架P-40战斗机，这是他首次击落敌机。截至1942年年底，他的战绩上升到16架。1943年6月1日，基恩施被任命为6./JG 27中队指挥官。在西西里岛和意大利南部的作战中，他的战绩突然增加

▲Ⅰ./JG 27大队驻扎在奥地利东北部的费尔萨姆瓦格拉姆，这里的气候条件似乎要好一些。照片拍摄于1944年年初。

击落7架美国轰炸机，己方竟然损失17名飞行员，大多数不是被击落的，比如Ⅰ./JG 3大队指挥官克劳斯•夸特－法斯勒姆和他的僚机在试图找一块空地迫降时飞进了一座山旁的厚云中，结果两人双双撞山而亡。戈林荒诞的“没有什么天气可以阻止战斗机升空”命令让德国战斗机单位损失惨重！让人无法理解的是，夸特－法斯勒姆死后于1944年6月9日只被追授“骑士十字勋章”，他的最终战绩是49架，最后3架战果是B-17飞机。

了25架，其中1架是他在4月16日击落1架美国P-38战斗机，他在地中海战场曾击落过8架P-38飞机，加上9架美国重型轰炸机。1943年8月，6./JG 27中队返回德国参加帝国保卫战，1943年12月20日，他在不来梅附近击落1架美国B-24轰炸机，这是他第50架战果。阵亡前他还击落1架P-47战斗机，1架B-17轰炸机和1架B-24轰炸机。

24小时后的1月30日，天气仍然没有好转，但美国第八航空军依旧出动近800架重型轰炸机去轰炸位于布伦斯维克（Brunswick，也译成布伦瑞克）的德国Bf 110战斗机生产厂。目标区上空的云层严重阻碍了美国的轰炸，但也同样妨碍了德国战斗机单位的拦截行动，有八个Bf 109战斗机大队参与战斗，但只

1月30日的战斗中，又一位帝国保卫战中的未来王牌在这天战斗中首开击落美国轰炸机记录。当天八个战斗机大队中有三个是“野猪”单位，Ⅰ./JG 302大队的

▲夸特－法斯勒姆走下自己的座机。

唯一的战果是1./JG 302中队指挥官海因里希•沃泽尔（Heinrich Wurzer）上尉取得的，他的前两个战果是英国皇家空军的夜间轰炸机。在击落第一架美国轰炸机后，当时还没什么名气的沃泽尔在随后的五个月里击落美国轰炸机的战绩快速提升到23架，外加1架P-51“野马”战斗机。沃泽尔中队最有经验的士官飞行员是威利•雷施克（Willi Reschke）中士（不久晋升军士长），截至目前，他驾驶Bf 109飞机就击落了13架四发重型轰炸机，外加1架P-51“野马”战斗机，后来他驾驶Bf 109战斗机将自己的战绩提升到27架，之后他的中队全部换装Fw 190战斗机。

1944年1月的最后一次空袭是美国第15航空军发动的轰炸克拉根福特行动，休整仅几天的美国第八航空军在2月3日再次光顾老地方——德国威廉港。但是，德国北部的气象条件比德国内陆地区的好不到哪儿去，对进攻方和防御方来说都不适合行动，因此，美国只有3架P-47“雷电”战斗机被德国Ⅲ./JG 11大队的“三剑客”击落，也就是每战必胜的安东•哈克尔、雨果•弗雷和齐格菲尔德•齐克。但是，这三人都是驾驶Fw 190战斗机取胜的，由于战争形势所迫，Ⅲ./JG 11大队换装Fw 190战斗机时单位根本就没休整，边换装边战斗。这支作战能力上乘的单位因不再使用Bf 109飞机，故下文不再提及。

JG 11联队唯一仍在使用Bf 109战斗机的单位是冈瑟尔•斯皮切特少校的Ⅱ./JG 11大队，这个大队的Bf 109飞机一直用到二战结束。2月10日，斯皮切特最坚定的支持者海因茨•诺克中尉在奥斯纳布吕克东南击落1架“飞行堡垒”飞机，这是他的第21个战果。

其实，2月10日战斗中击落敌机飞行员中最著名的是赫尔曼•格拉夫中校，当天的战果是他帝国保卫战中第四个战果。自从试验性质的JGr 25联队和JGr 50联队在1943年冬天解散后，原来两大队中作战经验丰富的飞行员被分配到其他本土防御单位，在短暂出任JG 1联队指挥官后，

▲书中提到的几位王牌飞行员，他们的命运各不一样，坏多好少。

▲Ⅲ./JG 11大队在1943年年底全部换装Fw 190战斗机，那几位牛人也不再提及。上图是该大队之前装备的Bf 109G-6战斗机。

格拉夫在1943年11月接替安东•马德尔任JG 11联队指挥官。

但是，德国目前的形势是，即使像格拉夫这种超级王牌也无法扭转此时德国空军取得的成功少而损失严重的趋势，在美国第八航空军突袭布伦斯维克的2月10日战斗中，德国七个Bf 109战斗机大队参与了拦截战斗，击落16架美国轰炸机，但是，德国方面却有14名飞行员丧生，另有6人受伤。第二天（2月11日）拦截美国空袭法兰克福轰炸机编队的战斗跟前一天的类似，8个Bf 109战斗机大队起飞迎敌，声称击落7架轰炸机，自身损失9架。也就是从这天起，德国的损失开始超过盟军的损失，开始这只是个缓慢而坚定的过程，后来就是快速而更坚定的过程，德国无论如何也无法赢得与盟军的消耗战。枯燥的统计数字背后是德国飞行员个人不同命运的写照，比如在2月11日的战斗中，Ⅱ./JG 3大队的4个战果（全是P-38“闪电”战斗机）中有3个属于获得“橡树叶加骑士十字勋章”的东线战役老兵格哈德•泰本上士；而Ⅳ./JG 3大队指挥官弗兰兹•拜尔少校行动中在比利时列日上空被英国皇家空军的“喷火”战斗机击落身亡。弗兰兹•拜尔少校指挥的Ⅳ./JG 3大队是1943年6月刚组建的，随后部署到意大利作战，当年8月返回德国。1944年年

▲赫尔曼•格拉夫和9./JG 11中队指挥官舒斯，后者在1943年12月20日被美国1架P-38战斗机击落身亡。

▲9./JG 54中队指挥官施灵（Schiling）中尉的Bf 109G-6座机，当时施灵中队驻扎在路德维希斯卢斯特，照片拍摄于1944年2月，不久后的2月20日，施灵驾驶这架飞机作战时被击落，他本人受伤。

初，这个大队开始换装重型火力和装甲防护增强型的Fw 190型号，因此，这个单位成为德国空军第一个专门的战斗突击大队（Sturmgruppe）。就在换装过渡期间，这个大队指挥官弗兰兹•拜尔阵亡。已经拥有82架战果的拜尔在帝国防御战中仅仅为他的战绩增加1架战果，那是在1943年12月19日的战斗中击落1架B-24轰炸机。

如今，盟军作战飞机不管什么类型都已经超过德军战机，比如空袭法兰克福行动中美国有600多架战斗机参与了护航作

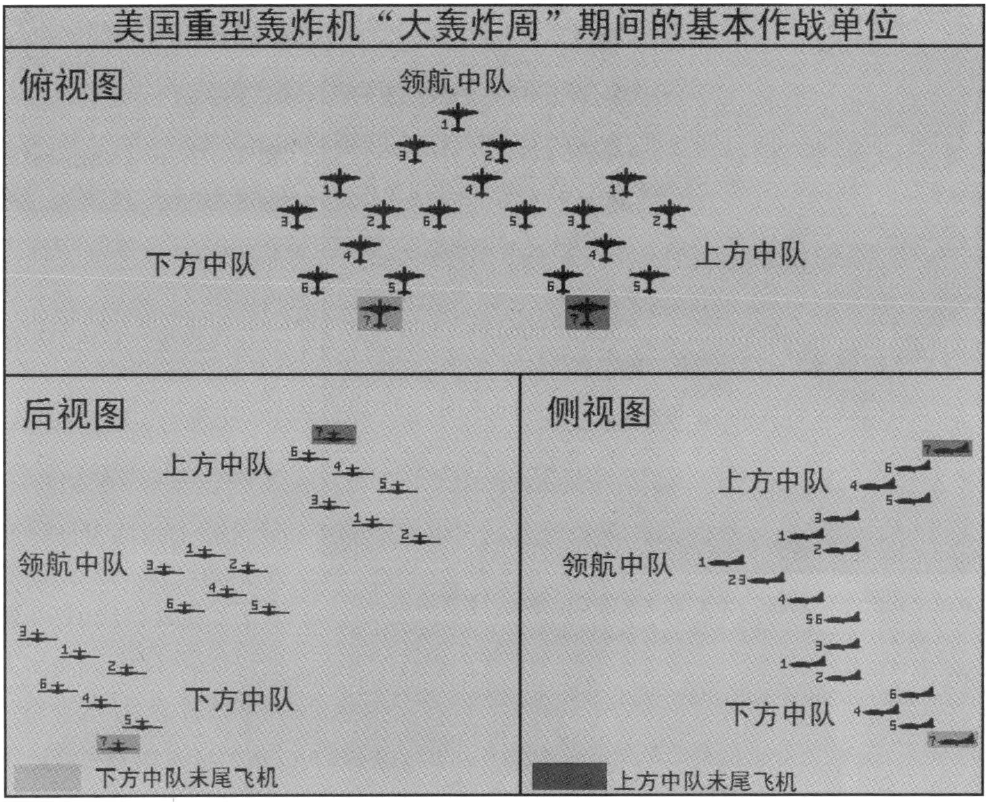

▲上图只是美国重型轰炸机某一种编队的基本作战单位，比如V字形编队等，数量上也不尽相同，比较上图编队为20架轰炸机，有的是36架。这些基本作战单位再组成更大的编队。

▲看了上面美国轰炸机基本作战单位编队的示意图，就会明白这张照片为什么上面的B-17飞机投下的炸弹竟然将下面1架B-17飞机的水平尾翼砸掉了，上下中队的编队水平距离有重叠。

▲图中显示的不过是11架B-17轰炸机而已，想想，数百架，甚至上千架轰炸机，加上差不多数量的护航战斗机一起出动是什么场景，这种超级能力只有实力最强的美国做得到，德国跟人口亿级、国土面积广阔、科技实力强大的国家根本不在一个档次上。

战任务，这天战斗更重要的是美国第八航空军自己的P-51“野马”战斗机首次参与护航作战，只是初上战场的“野马”仍然没有进入德国领空，像此前一样，只是穿越海峡后把轰炸机编队护送到法国北部上空。但是，不久，“野马”战斗机就会深入德国内部，元首的领空没有哪儿是盟军飞机无法到达的，也就是德国没有哪块领空不会遭到攻击。

以航程和性能著称的P-51“野马”战斗机远非此前的P-47“雷电”可比，但是，后者也是二战最著名的战斗机之一，这款飞机的空重惊人，机动性虽然差一些，但俯冲速度快，生存能力强，坚固耐用是它的一大特色。因此，P-51接替P-47深入德国领空护航后，后者仍在一线作战，直到二战结束。

如果远观当时的战争全局就会明白盟军为什么发动“争论行动”(Operation Argument)，如今没多少人知道从2月20日开始的“争论行动”，更为人所熟知的是“大轰炸周”(Big Week)。德国早在1943年就已经进入战略防御阶段，东线的苏联在战略反攻，德国南部的意大利已经被盟军占领，

▲明白人都知道德国必败，但纳粹德国确实是个难啃的骨头，美国也要付出惨重的代价。本图显示第八航空军第493轰炸机大队所属第861中队1架B-24轰炸机被击中起火，另1架飞机机组成员眼看着惨剧发生却无能为力。

▲同样是1架B-24轰炸机被击中起火，机翼已经从翼根处折断。上面所配四图只是“大轰炸周”的缩影，1944年下半年和1945年的轰炸规模比这些更大、更惨烈。

为了减轻东线的压力，西方盟军正考虑在法国登陆开辟第二战场，只有开辟第二战场才能加速纳粹德国的灭亡。西方盟军酝酿在法国登陆，而对盟军此次战略行动威胁最大的就是德国空军，要消除这个威胁就得把轰炸的重点投入到与空军相关的目标上，即机场、飞机生产厂和飞机零配件生产厂等，长达一周的不间断超大规模轰炸行动就是以这些目标为主。

获知情报后，德国空军也做好充分的准备迎击敌人，但是，在“大轰炸周”的第一天（2月20日），德国11个Bf 109战斗机大队参与战斗的表现却很让帝国元帅失望，11个战斗机大队竟然只击落15架美国轰炸机，其中3架战果属于一个人，即5./JG 3中队指挥官利奥波德•明斯特少尉。他的中队拦截了一支轰炸布伦斯维克的美国B-24轰炸机编队，明斯特在敌轰炸机赶往目标的途中击落3架“解放者”轰炸机。

“大轰炸周”的第二天（2月21日），布伦斯维克仍然在盟军的打击目标内，八个Bf 109战斗机大队拦截行动中击落10架敌机，己方损失十名飞行员。

2月22日，美国第八航空军的轰炸机再次空袭布伦斯维克的哈尔伯施塔特地区的飞机生产厂，此次拦截行动中，德国击落26架敌机，己方损失七名飞行员。每战必胜的Ⅱ./JG 11大队指挥官冈瑟尔•斯皮切特这些击落1架P-51战斗机和1架B-17轰炸机，他的个人战绩上升到30架。该大队的海因茨•诺克和汉斯－格尔德•万奈克斯分别击落1架B-17轰炸机，他俩的战绩分别上升到21架和13架。

Ⅱ./JG 11大队战果中的4架属于一个中队，也就是上文提到过的赫尔格兰中队，此时这个单位番号已经改为11./JG 11，此前这个中队是独立的单位，但作战指挥归Ⅱ./JG 11大队，如今正式划归Ⅱ./JG 11大队指挥，但仍是半独立的单位。11./JG 11中队仍然痴心不改地用着自己的Bf 109T战斗机，2月22日行动中，这个中队击落4架美国B-17轰炸机，这是中队成立以来单次战斗中击落敌机最多的一次，其中1架战果属于中队指挥官赫尔伯特•克里斯特曼（Herbert Christmann）中尉。

2月22日这天，驻扎在意大利的美国第15航空军也参加了行动，主要空袭德国雷根斯堡一带的几个梅塞施密特生产厂。“大轰炸周”开始的第一天美国第15航空军就计划空袭该地，由于阿尔卑斯山上的高空结冰严重，计划被迫取消。在拦截由南部进入德国领空的美国第15航空军轰炸机行动中，德国主要拦截单位是驻扎在费尔萨姆瓦格拉姆的Ⅰ./JG 27大队和驻扎在维也纳瑟林的Ⅱ./JG 53大队。美国第15航空军的行动规模远小于第八航空军，也缺乏足够的护航战斗机，因此德国这两个装备Bf 109战斗机的大队击落11架重型轰炸机而己方仅有三名飞行员阵亡，这个胜利的代价相当令人满意。

▲德国空军1架Bf 109战斗机被美国P-47战斗机击中，飞机中弹起火，飞机上似乎有个东西落下。这是美国战斗机照相枪拍摄的照片。

Ⅱ./JG 53大队此次行动中最成功的两名飞行员都是士官老兵（要是二战初期他们早就获勋晋升了），斯特凡•利特延（Stefan Litjen）军士长此次行动击落3架B-17轰炸机，这是他帝国保卫战以来首次击落敌机，而且是以3架首开记录，至此他的战绩上升到35架；赫尔伯特•罗尔瓦格（Herbert Rollwage）击落1架B-24轰炸机，他的战绩至此达到50架。此前的1月7日战斗中，罗尔瓦格击落2架美国P-38战斗机，而Ⅱ./JG 53则声称击落15架P-38飞机。

24小时后（2月23日），由于基地一带被浓云覆盖，美国第八航空军不得不取消当天行动，而美国第15航空军继续对奥地利境内斯泰尔（Steyr）一带的飞机生产厂和轴承厂实施轰炸。德国Ⅰ./JG 27大队和Ⅲ./JG 3大队这天忙得不亦乐乎，大强度作战获得了回报，Ⅰ./JG 27大队声称击落16架敌机，而驻扎在莱普海姆（Leipheim）的Ⅲ./JG 3大队声称击落不少于20架敌机，其中包括7架P-38战斗机。但是美国方面承认当天损失的全部是B-24轰炸机，计17架，没有护航战斗机被击落。德国Ⅰ./JG 27大队的第1中队指挥官汉斯•雷默（Hans Remmer）上尉当天击落2架敌机，战绩上升到22架。

Ⅲ./JG 3大队指挥官瓦尔特•达尔这天也击落2架敌机，分别是1架B-24轰炸机和1架P-38战斗机，这2个战果分别是他第60和第61架战果；8./JG 3中队指挥官埃米尔•比特施上尉击落1架B-24轰炸机，这是他帝国保卫战生涯中第四个重型轰炸机战果，也是他108架战果中的最后一架。

接下来的两天里（2月24日和25日），美国从南北两个方向再次空袭德国飞机工业设施。美国第八航空军在2月24日对德国北部和中部的目标实施了轰炸，这天的行动是美国“大轰炸周”中损失最为严重的一次，49架轰炸机未能返回基地，德国九个Bf 109战斗机大队声称击落了23架轰炸机。南部的美国第15航空军连续第二天空袭斯泰尔境内目标，这一带的三个Bf 109战斗机大队全体出动，行动中声称击落22架美国飞机（跟北方九个大队战绩差不多），己方损失极小。Ⅲ./JG 3大队的瓦尔特•达尔这次声称击落2架B-17轰炸机和1架P-38战斗机，而Ⅱ./JG 53大队指挥官格哈德•米哈尔斯基击落1架“飞行堡垒”飞机。

2月25日，美国第8航空军和第15航空军共同对德国南部中心地带的空军基地实施了轰炸。此次行动中，德国空军不少于32个战斗机大队，不管是单发战斗机大队还是双发战斗机大队，甚至英吉利海峡

▲Ⅱ./JG 53大队指挥官格哈德•米哈尔斯基和年轻飞行员研究战术，他们后面明显是Bf 109G-6/Trop热带型号，在德国不需要这种沙尘过滤装置，有的拆除了，有的单位返回德国后还未来得及拆除。

沿岸和意大利北部的战斗机大队都赶来迎敌，帝国保卫战体系中的13个Bf 109战斗机大队在这次战斗中完全是个配角。

当天战斗中损失最大的是Ⅰ./JG 5大队。该大队实际上在1943年年底就离开了挪威驻地，在丹麦短暂停留后，这个大队被部署到欧洲东南部，第一站是罗马尼亚，随后再转移到保加利亚，驻扎在东欧的主要任务是保卫普洛耶什蒂油田。在保加利亚驻地，Ⅰ./JG 5大队首次与美国第15航空军刚刚执行完轰炸意大利任务的重型轰炸机编队遭遇，此次战斗中，大队指挥官格哈德•文格尔（Gerhard Wengel）上尉被美国1架P-38战斗机击落身亡。接任文格尔的是埃里希•格尔利茨（Erich Gerlitz）少校，换了新指挥官的Ⅰ./JG 5大队在1944年2月返回德国本土并换装素有炮艇之称的Bf 109G-6/R6战斗机。从此之后，这个大队也被纳入帝国保卫战序列。三天前，第一次参加帝国保卫战的Ⅰ./JG 5大队击落1架B-17轰炸机，这是这个单位首次击落“飞行堡垒”轰炸机。但是，2月25日的战斗中，Ⅰ./JG 5大队驻扎在雷根斯堡南部上特劳布灵的基地也在美国轰炸目标名单中，在美国轰炸机编队抵达前，这个大队战斗机及时起飞迎战，并且在战斗中击落3架轰炸机，己方损失两名飞行员，包括一位中队指挥官。

由于未能及时全部起飞，Ⅰ./JG 5大队很多战斗机被摧毁在地面，机场也被炸成了“月亮表面”，弹坑一个接一个，实际上这个机场已经无法使用，不得已，埃里希•格尔利茨率领他的飞行员迅速转移到黑措根奥拉赫（Herzogenaurach），但是，新驻地并不是作战行动最佳的驻扎地点。

著名的“大轰炸周”提前一天结束，此次的战略行动并没有达到之前预想的目标——大大削弱德国飞机生产能力，实际在1944年9月前的六个月里，德国战斗机生产不仅没有下降，反而达到了一个二战以来的新高点，仅在1944年夏天几个月里，德国每个月生产的战斗机数量达到2000架。但也绝不能说“大轰炸周”是完全失败的，此次行动对德国空军的打击影响深远，一方面大大消耗了德国空军有生力量，仅1944年2月间，德国帝国保卫战序列中就有240名飞行员丧生，146人受伤；另一方面，德国战斗

▲JG 5联队的各个中队分散在德国北部如挪威、荷兰等处布防，其他联队一般是以大队为单位部署，而JG 5联队很多时候都是以中队为基本单位部署，帝国保卫战提供了难得的机会让中队、大队和联队有机会聚首。图中是JG 5联队的Bf 109G-6战斗机，当时驻扎在挪威，照片拍摄于1944年，不久这个单位就会返回德国作战了。

机生产突然出现数量上的增长只是一个迷惑性的数据，对航空工业生产飞机方面有足够的知识就会知道这只不过是加紧消耗库存原材料的结果，过了这一关德国飞机生产肯定会出现大幅度的下滑。更绝的是美国很快就会找到釜底抽薪的办法让德国生产出来的飞机成为摆设。

如果说2月的战斗以“大轰炸周”而著名，那么，接下来的3月就只能用一个词来概括：“柏林。”在3月的前三次轰炸行动中，德国空军交织着个人成功和稳定的损失，就成功而言，在3月3日拦截空袭德国威廉港的战斗中，每战必胜的海因茨•诺克和汉斯－格尔德•万奈克斯再次分别击落1架“野马”战斗机。需要说明一下，3月3日，美国第八航空军计划空袭的目标是德国首都柏林，由于天气恶化，行动目标改为了威廉港。当天拦截行动中，Ⅲ./JG 3大队指挥官冈瑟尔•斯皮切特因故没有升空作战，本大队的海因茨•诺克率领18架Bf 109G-6战斗机利用太阳掩护背对着太阳向汉堡上空的60架“野马”战斗机发起了攻击。20多分钟后，汉堡西南约180公里处，Ⅱ./JG 27大队在马格德堡（Magdeburg）附近击落2架P-38战斗机，大队指挥官维尔纳•施瑙尔击落其中1架，此时他的战绩还差1架就达百架大关。3月4日，不屈不挠的美国第八航空军继续出动轰炸机空袭柏林，让人郁闷的是，坏天气再一次干扰了美国的行动，大部分轰炸机在抵达柏林前只得放弃此项任务去寻找其他的替代目标，最终只有30架B-17轰炸机和伴随的“野马”战斗机飞到柏林上空投下了决定性意义的炸弹，炸弹投在了柏林西南郊区，虽然不是柏林市中心，这也是美国陆军航空兵轰炸机首次轰炸德国首都。美国付出的代价也不小，仅仅30架轰炸机空袭柏林的损失就占美国当天所有轰炸机损失的1/3。当天拦截美国这30架轰炸机的德国战斗机大队中包括驻扎在柏林附近的加尔德勒根的Ⅱ./JG 3大队，该大队第5中队（5./JG 3）指挥官利奥波德•明斯特少尉先是在多布里茨上空击落1架B-17轰炸机，不久又击

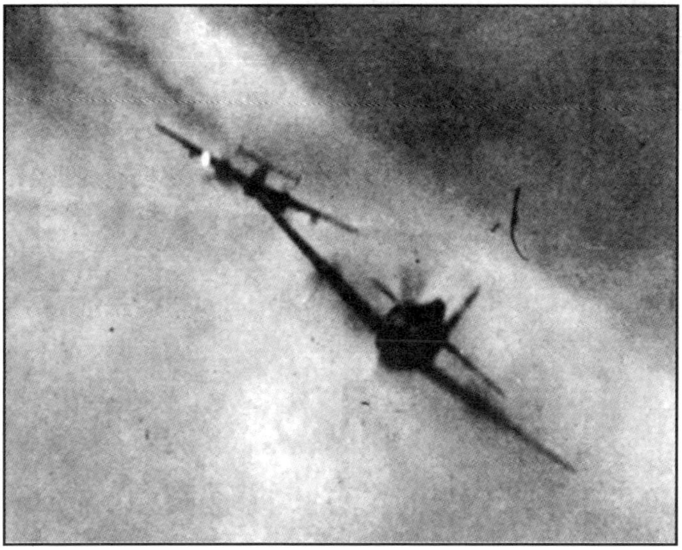

▲美国1架P-47战斗机（前）在和德国空军1架Bf 110驱逐机格斗，此时德国能用的作战飞机悉数上场，书中很少提到的早期Bf 109E和Bf 109F等型号也参加了拦截美国轰炸机行动。

落1架P-51战斗机，这是他第90架和第91架战果。

48小时后的3月6日，美国第八航空军执行第250次作战任务，也就是第三次空袭柏林，这次行动所有轰炸机都抵达了柏林上空。虽然当地气象条件仍然不怎么好，美国730架重型轰炸机（506架B-17和226架B-24）还是透过云层的缝隙对柏林市内和周边的目标投下了炸弹。前两次不成功的空袭柏林行动清楚地表明了盟军的决心，因此第三次蝗虫般美国轰炸机飞抵柏林时遭遇到了德国前所未有的激烈抵抗，德国帝国保卫战序列中的25个战斗机大队（装备各种战斗机）和一些特殊的小型单位全部出动迎击入侵者。一点也不意外，这天美国轰炸机遭受了整个二战期间最为严重的损失——69架轰炸机被击落，超过350架飞机被击伤。德国人公布的这天行动战果是美国承认的两倍之多（包括高炮击落的），也就是击落121架飞机，11个参战的Bf 109大队包揽35架敌机。

驻扎在美国轰炸机航线南部文斯托夫（Wunstorf）的Ⅲ./JG 11大队接到命令后全体起飞并到施泰因胡德湖（Steinhuder Lake，汉诺威西部偏北）上空待命，这里是六个Bf 109和Fw 190战斗机大队近120架战斗机的会合点。在这儿，德国混合战斗机编队准备对刚刚穿过荷德边境线

▲1944年3月6日的第三次空袭柏林仍旧天气不好，但是，美国B-17G轰炸机还是在柏林上空投下了决定性意义的炸弹，上图就是当天战斗的历史照片。

进入德国领空的美国轰炸机编队实施拦截。六个战斗机大队战斗机会合后，战斗机集群浩浩荡荡向西北迎头拦截敌机，在夸肯布鲁克上空双方遭遇。

飞行在战斗机集群上方的是冈瑟尔•斯皮切特率领的Ⅱ./JG 11大队15架Bf 109G-6战斗机，双方遭遇后，斯皮切特率领飞行员首先向美国P-47护航战斗机编队发起了进攻，大队的5./JG 11中队的威廉•费斯特率先击落1架敌机，但随后这个中队也陷入麻烦。汉斯－格尔德•万奈克斯设法击落1架海因茨•诺克后面紧追不舍的P-47战斗机，但同时他也被后面1架敌机击中，座机受伤是小，他的左手腕也被子弹打穿，所幸万奈克斯安全跳伞逃生，伤愈后他再次参战，但这已经是帝国灭亡的前夕。激战中，还有三名飞行员跳伞逃生，但只有一人幸存。

整个Ⅱ./JG 11大队在15分钟内击落3架敌机，其中包括被万奈克斯救了一命的诺克在15分钟后击落1架B-17轰炸机，但是他的黑色1号座机也被轰炸机自卫火力击伤，最后他不得不在文斯托夫实施迫降。即使是Ⅱ./JG 11大队的老兵如今也不得不面对帝国保卫战行动中几乎天天升空作战的形势，疲惫不堪是他们的共同感受。不得不提一下上文中反复提到的7./JG 11中队（属Ⅲ./JG 11大队）指挥官雨果•弗雷中尉，他在3月6日的战斗中阵亡。雨果•弗雷（1915年4月14日－1944年3月6日）二战爆发时在1.(J)/LG 2中队服役，1939年9月4日，他在波兰战役中击落1架波兰空军PZL P.11战斗机，这是他首架战果。在法国战役中再次击落1架Potez 63战斗机。1940年12月，弗雷被调到JG 1联队，他所在的2./JG 1中队驻扎在德国湾地区。虽然跟其他战绩动辄上百的飞行员相比他的战绩似乎少点，个人总战绩也不过32架，但是，弗雷却是德国空军中一流的重型轰炸机杀手，把重型轰炸机折算成战斗机实际上也超过百架。1943年1月21日，弗雷首次击落美国重型轰炸机，八天后的1月29日，他的重型轰炸机战果就上升到10架。1943年4月1日，弗雷中尉被任命为7./JG 11中队指挥官。11月26日，弗雷击落2架美国B-17轰炸机和1架P-47战斗机。1944年1月11日，他再次击落2架B-17轰炸机。阵亡前他在3月6日的空战中十分钟内击落4架B-17轰炸机。尽管弗雷的中队已经换装了Fw 190战斗机，他的最后一次战斗也

▲什末林机场的4./JG 54中队的Bf 109G-6/AS战斗机，照片拍摄于1944年上半年。

是驾驶该型号飞机击落敌机，但他击落的重型战斗机中有22架是驾驶Bf 109G取得的。因此可以这么说，雨果•弗雷和赫尔曼•施泰格是德国保卫战中最为成功的驾驶Bf 109战斗机的“重型轰炸机杀手”。不过，他到1944年5月4日才被追授“骑士十字勋章”。

战斗机集群中包括另1个Bf 109战斗机大队是德国本土防御战中屡获战功的单位，从低地国家被调回德国后，Ⅲ./JG 54大队就一直在德国北部的几个基地不停变换部署，如什未林（Schwerin）、路得维希斯卢斯特（Ludwigslust）和吕内堡（Luneburg）等，这个大队在此前几个月里给美国第八航空军造成了很大损失，仅在“大轰炸周”行动中就击落24架敌机（包括轰炸机和战斗机）。3月6日这天，大队指挥官鲁迪•辛纳（Rudi Sinner）上尉率领20架战斗机从吕内堡基地起飞保护首都柏林，这次该大队依旧给美国造成重大损失，但己方的损失极为严重，或者说是前所未有的损失：十名飞行员在行动中丧生。

鲁迪•辛纳在几天前刚刚出任Ⅲ./JG 54大队指挥官，此前他任Ⅳ./JG 54大队指挥官，一直在东线战场作战，2月底他接任Ⅲ./JG 54大队原指挥官齐格菲尔德•施奈尔上尉。也许是辛纳缺乏与西线敌人作战的经验，他在试图将1架B-17轰炸机从编队中驱散的攻击行动中与敌机靠得太近，在不来梅南部上空，他被美国轰炸机自卫火力严重击伤，幸好他还能从进入疯狂螺旋状态的Bf 109G座机爬出跳伞。8./JG 54中队指挥官格哈德•卢斯（Gerhard Loos）中尉没有辛纳那么走运，这位一个月前刚刚获得“骑士十字勋章”的东线王牌在两个小时后第二次攻击返航的轰炸机时被美国护航的P-51战斗机击中，他在600米高度跳伞逃生。关于他的死有两种不同的说法，美国人的报告称，“当他的降落伞张开时，伞绳和人突然分离，他坠地而死”；德国方面的资料称，在600米高度，伞降过程中卢斯发现前方有高压电线，危急时刻他只得解开他的降落伞。

Ⅲ./JG 54大队装备Bf 109战斗机在帝国保卫战中参与的最后一次战斗中又有三名飞行员丧生，两名受伤。4月，换了新指挥官维尔纳•施瑙尔上尉（前Ⅱ./JG 27指挥官）的Ⅲ./JG 54大队残余部署到纽伦堡西面的伊勒斯海姆（Illesheim），在此，这个大队补充飞行员并换装Fw 190战斗机。

3月6日的拦截行动中，最成功的Bf 109单位是Ⅳ./JG 3大队，该大队击落13架敌机，己方无一损失。Ⅳ./JG 3大队也在2月刚刚换上新任指挥官弗里德里希－卡尔•穆勒少校，穆勒此前一直在Ⅰ./JG 53大队（仍在意大利作战）服役，Ⅳ./JG 3大队前任指挥官弗兰兹•拜尔少校在2月11日的战斗中阵亡。3月6日行动中，Ⅳ./JG 3大队和其他双发驱逐机大队共同组成了第二支战斗机机群，这个机群拦截的目标是空袭布伦斯维克的美国轰炸机，在目标的东部，德国战斗机与美国轰炸机遭遇。

▲上面两图中飞机的编号数字书写方式跟上文中飞机的完全不一样，事实上，上图为JG 105联队Bf 109G-12教练机和Bf 109G-6战斗机，下图为JG 106联队第3中队（3./JG 106）的Bf 109G-6飞机。书中没有介绍这两个单位，这两个单位都在1943年年初由训练学校更名而来，为的是充实帝国保卫战战斗序列。以JG 105为例，该单位于1943年2月25日在德国Villacoublay-Nord以JFS 5训练学校为基础组建，1945年4月16日解散。

“橡树叶加骑士十字勋章”获得者穆勒投入战斗机很快就获得了他在帝国保卫战中的第一次胜利：2架B-17轰炸机，至此他的战绩达到119架。未来“骑士十字勋章”获得者，10./JG 3中队指挥官汉斯•维克（Hans Weik）少尉也击落2架“飞行堡垒”轰炸机，此时他的战绩上升到19架，比他的上级整整少了100架。

参加第三次保卫首都战斗的所有升空作战飞行员中勋位最高，战绩也最高的是赫尔曼•格拉夫中校，如今已是JG 11联队指挥官的格拉夫率领他的四机编队在柏林西部拦截了1支B-24轰炸机编队，他击落的1架B-24飞机是他第209个战果。

3月6日的“柏林之战”是德国帝国保卫战的一个分水岭，海因茨•诺克后来描述此次战斗称“这是我经历过的强度最大的战斗”。双方的损失都很大，德国声称击落121架敌机，而德国自己损失36名飞行员，27人受伤。即使按照德国声称的那样，美国的损失也不是决定性的，或者说美国所受的这点损失微不足道，一个星期内就可以恢复到原来的打击能力，甚至更强。相比之下，德国的人员损失、物资损失和志气遭受的打击在未来几个月内只会更严重，而且不会有丝毫减轻。

经过一年多的打击（主要是1943年下半年以来的消耗战），截至目前，德国帝国保卫战防御体系的飞行员组成结构已经分成明显的三个类别，两个极端是越打越少的老将和越来越多的新兵，阵亡一名老将是莫大的损失，而死掉一名菜鸟可以再补上一名菜鸟，对战斗力并无多大影响。那些只有十多岁的新兵刚刚从学校速成班毕业，他们缺少经验，技能也不娴熟，很多人都没能在第一次作战任务中生还。在第一次作战任务中生还的一般也需要三四次任务后才能获得战绩，但是，这些已经获得战绩的新飞行员很难在被击落前把自己的战果提高到两位数。随着战争推进，获胜者的名单中仍旧找不到他们的名字，而阵亡名单中绝大部分是这些新手，零星点缀着曾经耀眼的明星。

德国仍在把一些作战单位从其他战线调回国内，这其中包括很多作战经验丰富，战绩夺目的王牌飞行员，但是，经验丰富和战绩并不是他们参加帝国保卫战的免死金牌，一些飞行员回国后继续在自己的战绩上添砖加瓦，而大部分没有再击落1架敌机。即使一些人再获战绩，也不可能像原来那样频频获胜，动辄一次战斗击落几架敌机早成了历史，即使是德国飞行员瞧不上眼的苏联，不管是战斗机性能还是飞行员素质都在大幅度提高。

一直就在帝国保卫战战斗序列中战斗的，也就是未与苏联人打过交道，一生只跟西线或西方盟军空军作战的那些德国空军“老兔子”首先在德国湾战役中成长并成熟起来，他们对付西方盟军（主要是英国和美国）飞机很有一套，上文不断提到几个超级牛人每战必胜，但是，这些也不是帝国行将灭亡时他们可以幸存的护身符。

我们对于盟军空袭德国首都柏林这一重要历史意义的战斗又是过程描述又是总结分析，当时的美国没心情细细总结战斗得失，48小时后，盟军派出超级轰炸机编队再次“问候”柏林，美国目的很明确，绝不让柏林有喘息的机会。3月8日的这次战斗中美国第八航空军损失37架重型轰炸机和17架护航战斗机（美国官方承认的），其中很多都是11个Bf 109战斗机大队干的，这些大队声称当天击落40架敌机，其中31架是重型轰炸机。照例是那些此前频繁击落敌机的德国飞行员再次成为击落敌机的主力军，赫尔曼•格拉夫在策勒（Celle）附近击落1架P-51“野马”战斗机。击落美国P-51战斗机非老将不可。

▲1./JG 27中队的Bf 109G-6战斗机不仅携带了翼下的机炮吊舱，机腹还有一个炸弹挂架，这一阶段德国本土各类战斗机仍然以执行拦截敌轰炸机为主要作战任务，因此，估计是挂载副油箱的。

Ⅳ./JG 3大队这天战斗再次声称击落13架敌机，但是这次己方有一名飞行员丧生，两人受伤。大队指挥官弗里德里希-卡尔•穆勒击落3架轰炸机，汉斯•维克击落1架B-17轰炸机和1架P-51战斗机；Ⅰ./JG 302大队指挥官海因里希•沃泽尔上尉在马格德堡上空击落2架B-24轰炸机，加上此前战斗中他击落2架B-17轰炸机，他的帝国保卫战中的战绩迅速飙升到9架。

3月6日的战斗机中，Ⅰ./JG 3大队和Ⅱ./JG 27大队都没有取得战果，3月8日的战斗中两个大队击落7架敌机，但分别损失两名飞行员。Ⅰ./JG 3大队的经历表明了这段时间战斗犹如在刀尖上跳舞，拥有44架战果的1./JG 3中队指挥官汉斯•弗里斯（Hans Frese）少尉在战斗中丧生，而3./JG 3中队指挥官汉斯•施列夫击落的1架P-51将其战果提高到98架。与此同时，Ⅱ./JG 27大队4架战果中的1架属于5./JG 27中队指挥官卡尔－海因茨•本德特中尉，这是他第50架战果。

3月的其他战斗基调就是德国有经验的飞行员或是战绩很高的单位指挥官纷纷加入阵亡者行列，德国几乎不能承受持续损失这些老兵，帝国领空就靠他们来保卫，但是盟军并不答应。在第二次空袭柏

▲接到警报，9./JG 11中队飞行员跑向Bf 109G-6座机。这种情况每天都在上演，德国飞行员必须作战到不能升空为止，而盟军飞行员作战达到一定架次就会从一线退出来，很大的原因就是德国资源少。

▲3./JG 300中队霍斯特•约翰•伯恩的Bf 109G-6座机。图中飞机似乎失事了，轮胎爆了。

林整整一个星期后（3月15日）美国轰炸机再次空袭布伦斯维克的战斗中，Ⅲ./JG 3大队与美国掩护轰炸机回撤的P-47护航战斗机在荷兰边境上空混战在一起，8./JG 3中队指挥官，“骑士十字勋章”获得者埃米尔•比特施上尉的Bf 109G-6（序列号Wk-Nr 161139）被P-47战斗机击落，他本人阵亡。埃米尔•比特施（1916年6月14日－1944年3月15日）在1941年7月到正在苏联前线的Ⅲ./JG 3大队第8中队服役，截至7月底，他在苏联的战绩达到15架。8月的战绩为18架。9月4日，比特施中尉在斯大林格勒附近被高炮击落，他从Bf 109F-4座机（序列号Wk-Nr 13325）上跳伞逃生，受轻伤。1943年3月19日。比特施获得第50架战果。6月1日，他被任命为8./JG 3中队指挥官。7月，他的战绩为29架，包括7月5日一天击落6架苏联飞机（第75至第80架）。7月21日，他的总战绩达到100架。1943年8月，III./JG 3大队返回德国参加帝国保卫战。比特施整个二战生涯都是在Ⅲ./JG 3大队服役，他的总战绩108架中的最后4架是在德国领空击落的轰炸机。

比特施阵亡24小时后的3月16日，Ⅰ./JG 5大队指挥官埃里希•格尔利茨少校在乌尔姆东部也被P-47战斗机击落丧生。接任格尔利茨的是霍斯特•卡尔加尼科少校，他是来自北极前线的王牌飞行员，他任Ⅱ./JG 5大队指挥官近两年时间。卡尔加尼科少校离开Ⅱ./JG 5大队后，接任他的是西奥•魏森贝格尔（Theo Weissenberger）上尉，两个月后，Ⅱ./JG 5大队离开北极地区返回德国准备和其他单位一道拯救危如垒卵的德国命运。1944年5月底，这个大队飞到汉诺威和柏林之间的加尔德勒根（Gardelegen）驻防。

两天后（3月18日），Ⅲ./JG 3大队再次参战，此次战斗9./JG 3中队指挥官埃克哈德•蒂希（Ekkehard Tichy）少尉在斯图加特西北击落1架美国“野马”战斗机，这是蒂希帝国保卫战中第八个战果。但是，击落“野马”几分钟后，他在

霍斯特•卡尔加尼科　埃米尔•比特施　埃克哈德•蒂希　库尔特•布利根

▲本书中提到的几位德国飞行员。

追击1架“飞行堡垒”轰炸机时遭到敌机自卫火力的射击，他的座舱被击碎，他最后设法从Gf 109G-6座机跳伞逃生，但失去了一只眼睛。伤情恢复后，蒂希自愿加入战斗突击大队，驾驶Fw 190战斗机。

穿插着介绍一下英吉利海峡的两个老单位。德国南线和北线战役激战正酣时，英吉利海峡沿岸的JG 2联队和JG 26联队仍在与越来越强大的英国和美国空中力量决战。跟部署在德国境内纵深基地的战斗机大队不同，JG 2联队和JG 26联队的各个大队必须与敌机在两个方面作战，一是途经他们防区的美国高空重型轰炸机，这些轰炸机的主要目标是西部的潜艇基地和东部的机场、工业目标等；二是不断膨胀，如潮水般的英国皇家空军和美国第9空军的对地攻击飞机，盟军的这些战术攻击行动主要针对西北欧沿岸德国目标，试图消耗掉这些德国部队，为不久的将来登陆做准备。

早在1944年1月16日，JG 2联队就声称击落了第2000架敌机，其中包括350架四发重型轰炸机和200架双发中型轰炸机，这个数据不仅表明了JG 2联队作战的强度，也反映出该联队的作战任务的多样性。JG 26联队在六个星期后的2月25日也宣布击落第2000架敌机。

1944年3月2日，当时正驻扎在法国巴黎北部克雷伊（Creil）的Ⅱ./JG 2大队指挥官库尔特•布利根（Kurt Buhligen）少校因为个人战绩96架而获得“橡树叶加骑士十字勋章”，至此，他成为与西方盟军空军作战中个人战绩最高者，排名第二的JG 26联队指挥官约瑟夫•普瑞勒只比布利根少1架。但是，布利根战绩中有40架是Ⅱ./JG 2大队部署在突尼斯期间他驾驶Fw 190战斗机取得的。同样，他的24架重型轰炸机战果中至少有1架（可能是几架）是他在北非或是驾驶Fw 190战斗机取得的，因此，他可以称得上与最成功的

▲12./JG 2中队的Bf 109G-6飞机在试验W.Gr 210火箭弹，发射管与飞机轴线呈15°（上倾）角。照片拍摄于1943年的法国，那里正是美国重型轰炸机练手的地方。

Bf 109"重型轰炸机杀手"雨果•弗雷和赫尔曼•施泰格比肩的飞行员。

在西部战线上，排名第三的王牌是Ⅲ./JG 2大队约瑟夫•沃尔姆席勒中尉（上文提到过他），他的战绩是88架，外加在苏联战场取得9架战果，但是，普瑞勒和沃尔姆席勒在几个月前就改驾Fw 190战斗机了。

在JG 2联队之外，似乎很少有人知道库尔特•布利根，也难怪，当时德国空军名人实在太多，但他的的确确是个了不起的飞行员。布利根的经历比较特别，他从做地勤工作开始他的空军生涯，不像其他飞行员一般从航校毕业，后来他自愿提出飞行训练并且于1940年从航校毕业。英国战役开始时的7月，他作为一名士官进入JG 2联队服役，整个二战期间他都一直在该联队作战并且成为联队第十任也是最后一任指挥官。他的最终战绩是112架，这些战果全部是在西线取得的，他也因此获得了"佩剑加橡树叶加骑士十字勋章"。

库尔特•布利根驾驶过Bf 109和Fw 190战斗机，因此他对这两个型号飞机的优点和毛病十分熟悉，比如Fw 190战斗机在做特定机动时一侧机翼会出现剧烈抖动的现象，特别是飞行员从急转弯状态恢复时会出现；Bf 109战斗机也有自己的毛病，但对这个毛病充分利用时却十分有用，布利根说他的飞行员根据Bf 109飞机的这个毛病创造出一种紧急情况下采用的战术。Bf 109飞机（这里指的是Bf 109G-6）尾部有点重，因此飞机会出现抬头趋势，平飞时飞行员必须压杆才能保持飞机平衡，这无疑会增加飞行员的工作负荷，但是，飞行员发现手一松杆飞机就立即抬头，反应还相当迅速，紧急情况下，比如遭到攻击，只要飞行员松杆座机就会迅速反应破坏敌机瞄准。这个缺点确实挺有用，因此，飞行员一般会在作战前将飞机尾部再增重，进一步提高反应速度，格斗中这一招十分管用。

▲5./JG 2中队的地勤人员在推1架Bf 109G-6飞机，这张照片也拍摄于1943年的法国。

对于当前的德国作战形势，布利根也看得十分透彻，他曾经说"所有从东线战场到我这儿（指Ⅱ./JG 2联队）来的飞行员都在西线战场阵亡了”，这句话不仅反映出东线和西线空中行动的差异，也十分清楚地表明西线战场的残酷，西线盟军空军力量越来越强大，作战飞机也越来越先进。也许他不愿意承认的是苏联不仅在迅速恢复，作战飞机性能和飞行员素质也在提高，实际上苏联方向的德国空军损失也在增加。从其他战场返回德国的飞行员损失同样在持续增加（根本不可能停止），帝国保卫战的将士损失巨大，在大部分有经验的飞行员阵亡后，新补充上来的飞行员在越战越勇的盟军（美、英、苏军）面前不堪一击。德国最无法承受的损失就是各个单位指挥官，一般这些指挥官也是编队长机，这些作战经验丰富的指挥官是消灭盟军飞机的主要力量，而且他们可以指导从其他战场归来的飞行员快速适应新战场环境。但是，决定这些单位指挥官生死的决定权在盟军一方。

3月底的战斗中，德国保卫战序列中又损失（不一定是死）两名级别最高的联队指挥官。其中之一是JG 3联队指挥官沃尔夫－迪特里希•威尔克中校。沃尔夫－迪特里希•威尔克（1913年3月11日－1944年3月23日）是一位参加过“秃鹰军团”的老兵，从西班牙回国后参加了Ⅲ./JG 53大队，他的第一架战果是1939年11月击落1架法国Potez 637双发轰炸机。法国战役期间的1940年5月18日，威尔克被法国空军1架H-75A战斗机击落并被俘，法国战役结束后才被释放。随后威尔克参加了英国战役，在1940年8月，他被任命为Ⅲ./JG 53大队指挥官。8月12日，威尔克因Bf 109E-4座机发动机故障而在海上跳伞逃生，后被Do 18飞机救起。截止英国战役结束，他的战绩是13架。

▲沃尔夫－迪特里希•威尔克是一员老将，作战经验丰富，但这并不是护身符。图中是威尔克的Bf 109G-2座机在苏联莫罗索夫斯卡亚基地。

Ⅲ./JG 53大队参加了“巴巴罗萨行动”，这场战争的第一天，Ⅲ./JG 53大队遭遇苏联I-15战斗机，威尔克击落3架敌机，当天晚些时候，他又击落2架，也就是他在6月22日这天击落5架苏联飞机。1941年8月6日，威尔克上尉因战绩达到25架而获得“骑士十字勋章”。1941年12月，Ⅲ./JG 53大队部署到意大利西西里岛参与马耳他战斗，这里的战斗中他的战绩再增加4架（英国战斗机）。1942年5月，Ⅲ./JG 53大队被调往北非。5月18日，威尔克被调到正在苏联作战的JG 3联队，8月，他被任命为JG 3联队指挥官。当年9月6日，他的战绩达到100架，因此他也获得了“橡树叶加骑士十字勋章”。在1942－1943年间的冬天里，威尔克的JG 3直属单位执行了斯大林格勒上空所有的作战任务，这些战斗任务中他个人战绩狂升到150架之多。自1942年德国夏季攻势以来，JG 联队的战绩是137架，而威尔克本人就包揽了其中97架。1942年9月，威尔克在斯大林格勒上空执行任务期间击落32架敌机。苏联发起反攻包围斯大林格勒后，威尔克的单位不断后撤，其中还到克里米亚东部的刻赤作战一段时间。随后的1943年5月，JG 3联队返回德国明兴格拉德巴赫驻扎。1942年年底，威尔克获得了“佩剑加橡树叶加骑士十字勋章”，获得这个荣誉的飞行员自动被禁止再次升空执行作战任务，但是威尔克还是违反命令在返回德国本土前的1943年春天里再次击落6架苏联飞机。

回国后的威尔克老实了一年，没有再次升空作战，但是1944年年初，JG 3联队开始全部投入战斗执行本土防空作战任务，这次，威尔克再次违反禁止升空作战的规定，准确地说他找了一个变通的办法，上文提到的瓦尔特•奥梭少校也是如此。在参战后不到一个月的时间里，威尔克击落6架美国飞机，其中4架是重型轰炸机，2架是护航战斗机，比如2月10日击落1架美国P-38战斗机，这个开门红后（仍然未被允许升空作战），他随后连续击落3架轰炸机。这些战果中最后1架是他在3月23日的战斗中击落的P-51“野马”战斗机（当天P-51“野马”护送1支B-17轰炸机编队去轰炸布伦斯维克），当时就在这架“野马”战斗机正要与僚机分离时他抓住机会将其击落。击落这架敌机后，威尔克发现自己也处在十分不利的被攻击位置，这种情况一点也不意外，你处在有利的位置攻击敌机，同样很可能另1架敌机也处于有利攻击位置攻击你。刚击落他人生中最后1架飞机，威尔克的Bf 109G座机就被同一编队的另1架“野马”战斗机击中，他随Bf 109G-6座机（序列号Wk-Nr 160613）一道坠毁在布伦斯维克东部的舍彭施德特（Schoppenstedt）附近。威尔克在732架次作战任务中击落162架敌机，其中西线战果是25架，这其中又包括4架重型轰炸机。威尔克的前任JG 3联队指挥官是冈瑟尔•吕佐夫，他评价威尔克是“一个王子，一位绅士，他将永远留存在我们的记忆里”。接任威尔克的是弗

▲冈瑟尔•吕佐夫再次到前线任指挥官，此前他是西部战斗机部队巡视官。照片中的飞机是Bf 108“台风”教练机。

里德里希－卡尔•穆勒。

赫尔曼•格拉夫在苏联战场时的战绩过200架大关就被禁止升空作战，但是上文中他领导JGr 50联队和此后任JG 11联队指挥官后情况已经很清楚了，他在帝国保卫战中一点也不安分，从个人情感来说，德国日夜遭到轰炸，格拉夫不可能袖手旁观，其他人也是如此。3月29日，格拉夫率领四机编队攻击了美国1支从不来梅南部返航的B-17轰炸机编队，战斗中他先是击落1架B-17轰炸机，随后他遭到4架美国护航战斗机的围攻，双方混战一段时间后，格拉夫发现他的弹药耗尽，燃油也只够返回基地。但是，美军战斗机仍在他四周转，他无法脱身。格拉夫无奈地决定与敌机同归于尽，他将座机速度加到最大冲向1架敌机躲闪不及的美军飞机，敌机座舱罩立即被撞碎，随后大角度俯冲坠向地面。格拉夫的座机机翼严重受损，在空中翻转着并剧烈旋转冲向地面。格拉夫最终成功跳伞，但由于座机已损失太多高度，此时跳伞活着的机会不大，幸好他的着陆点是一片沼泽。关于他受什么伤的资料说法不一，有的说撞击美国飞机时他就受重伤，有的说是跳伞高度不够受的伤，总之，格拉夫在医院里养了半年的伤，最后他返回到在东线（此时的东线不再等于苏联战场了）作战的JG 52联队并被任命为该联队指挥官。

3月里，又有两个Bf 109战斗机大队加入到帝国保卫战序列中，这两个从地中海地区调回的大队主要任务就是保卫德国南部（包括奥地利）领空。厄恩斯特•达尔伯格（Ernst Dullberg）少校的Ⅲ./JG 27大队从爱琴海地区被调到维也纳瑟林驻防，而奥托•迈耶尔上尉的Ⅳ./JG 27大队从南斯拉夫返回到奥地利格拉茨（Graz）的塔勒霍夫（Thalerhof）驻扎。这两个部署到奥地利的大队主要协助驻扎在费尔萨姆瓦格拉姆的Ⅰ./JG 27大队拦截从德

▲Ⅳ./JG 27大队指挥官奥托•迈耶尔上尉。

国南部进攻的美国第15航空军轰炸机。3月29日，美国第15航空军出动轰炸机空袭克拉根福特和格拉茨，德国三个Bf 109战斗机大队参与拦截作战，声称击落25架美国B-24轰炸机，其中仅Ⅲ./JG 27大队就包揽了其中13架，首次参加帝国保卫战，这个战果相当令人满意。但是，美国方面承认的损失是18架。

这样的优秀战绩在德国南部又持续了数个星期，但是，驻扎在英国的美国第八航空军作为主力部队丝毫没有放松对德国西墙的轰炸，虽然屡遭严重损失，15个月前就开始轰炸德国北海沿岸目标的第八航空军越战越勇，不仅作战力量稳定提升，也更加自信。尽管持续遇到恶劣天气，第八航空军还是在4月间对德国发动了13次轰炸行动（第15航空军发动4次）。4月的第二次，即4月8日的行动主要是轰炸德国空军位于布伦斯维克地区的空军基地，德国空军有12个Bf 109战斗机大队参与拦截，这么多大队参战仅仅击落25架敌机，其中19架是轰炸机。弗里德里希－卡尔•穆勒击落1架B-24轰炸机，这是他第123架战果，也是他接替沃尔夫－迪特里希•威尔克任JG 3联队指挥官以来第一次获得战果。

三天后的4月11日，仍然是这12个Bf 109战斗机大队参战，但这些大队一改前一次战斗的颓势，此次声称击落51架敌机，战绩最好的Ⅳ./JG 3大队竟然包揽了其中不少于25架。4月11日这天，美国第八航空军空袭德国中部和北部飞机生产厂和空军基地行动中损失了64架轰炸机，这是美国又一次重大损失。

Ⅳ./JG 3大队声称的战果中，11./JG 3中队指挥官奥托•威斯林（Otto Wessling）中尉击落3架B-17飞机，他的战绩也上升到80架。4月19日在卡塞尔（Kassel）被美国P-51战斗机击落前，威斯林又击落3架“飞行堡垒”轰炸机。他被“野马”击中后在一块空地成功地迫降并及时地从熊熊燃烧的Bf 109G-6座机中爬了出来，但是美国“野马”飞行员并未放过他，他在寻找掩体时“野马”不停地向他射击，很难有人在几挺机枪交织的火力网中幸存。已经在苏联前线获得“骑士十字勋章”的奥托•威斯林在1944年7月10日被追授“橡树叶加骑士十字勋章”，他的最终战绩是83架，最后一架是他在4月18日

▲1架Bf 109战斗机被击中，飞行员跳伞逃生，高度如果够，飞行员有幸存的可能。

战斗中取得的。

Ⅳ./JG 3大队是目前为止在4月战斗中最为成功的Bf 109单位，4月18日的战斗中击落19架B-17轰炸机，4月24日又击落16架轰炸机。但是，在4月24日的战斗中，Ⅰ./JG 3大队也损失一名中队指挥官，情况与威斯林的类似。这位飞行员也是在苏联前线获得“骑士十字勋章”的士官，上文提到的汉斯•弗里斯阵亡后，他晋升为Ⅰ./JG 3中队指挥官，他就是弗兰兹•施魏格尔（Franz Schwaiger）少尉。在与美国P-51“野马”战斗机在奥斯堡上空格斗中（这场战斗的过程不甚明了），施魏格尔先是击落1架P-51“野马”战斗机，这是他的第67架，也是最后一架战果，其后，有资料称，由于燃油耗尽，也有资料称是他的Bf 109G-6座机燃油系统故障导致他脱离战斗并返回奥斯堡基地，途中施魏格尔遭到美国P-51战斗机拦截，他在一块很大的空地实施了迫降，寻找掩体过程中，美国P-51将其射杀。

4月24日的战斗中，JG 3联队有12名飞行员丧生，其中就包括Ⅲ./JG 3大队指挥官赫尔曼•冯•卡普男爵上尉，他在三天前刚刚就任指挥官一职。当天战斗是卡普男爵任指挥官后第一次率领他的四机编队作战，他在纽伦堡上空，也就是弗兰兹•施魏格尔迫降的地点上空被击落身亡。冯•卡普男爵是Ⅲ./JG 3大队自从参加帝国保卫战以来阵亡的第四位大队指挥官。

4月29日，美国第八航空军的第327次任务再次把目标定为德国柏林，这回美国再次损失多达63架轰炸机，美国不必忧心了，在旷日持久的消耗比拼中，德国

▲这架Bf 109飞机在低空被击中，翼下的黑点是机炮吊舱。下图显示后机身已经从机身脱落。这么低的高度，飞行员存活的希望不大，除非落到水里或沼泽地里。

终于撑不住了，因为4月29日是美国第八航空军最后一次单日行动损失超过60架。换了新任指挥官威廉•莫里茨（Wilhelm Moritz）少校的Ⅳ./JG 3大队再次参与当天战斗，而且再次获得巨大成功（或者说最成功），声称击落14架敌轰炸机，己方仅有一人阵亡；在过去几个星期里换装特别的高空型号Bf 109G战斗机后，Ⅱ./JG 11大队再次返回战场。但是，此时的Ⅱ./JG 11不是原来的Ⅱ./JG 11，不仅大队换了全新的飞机，也增加了很多新飞行员（大部分是新手），当然也换了新指挥官。

上文提到赫尔曼•格拉夫受伤后，接替他任JG 11联队指挥官的就是冈瑟尔•斯皮切特，同时，斯皮切特Ⅱ./JG 11大队指挥官的位置由当时正在东线作战的JG 52联队的冈瑟尔•拉尔少校接任。拉尔是帝国空军排名第三的王牌飞行员，他的主要战绩是在东线战役中取得的，也就是几乎所有的战果都是在低空击落的苏联红军飞机。返回德国后，拉尔在帝国保卫战中击落的第一架飞机是在8000米高度击落的美国P-38战斗机，这是拉尔的第274个战果，这足以说明他这样一位超级王牌过人的能力。

当天行动（4月29日）获得12个战果的Ⅱ./JG 11大队中海因茨•诺克中尉也获得1架战果，击落的是1架P-51战斗机。但是随后不久，他又遭遇1支美国P-47“雷电”战斗机编队，混战中他的座机被击中，他不得不在布伦斯维克附近迫降，迫降过程中他的头盖骨骨折，所幸大难不死，治疗了将近四个月后才再次驾机升空。1944年8月，诺克被任命为Ⅲ./JG 1大队指挥官，但几个月后他再次受伤。

美国第八航空军在5月7日和8日再次空袭德国柏林，德国Bf 109防御单位参与此次拦截行动战绩有好有坏。在5月8日的行动中，Ⅳ./JG 3大队至少击落24架重型轰炸机，这个战绩到目前为止还未曾有过，只是有约1/3的数量是被刚刚隶属该大队指挥的11./JG 3中队的Fw 190战斗机击落的。该大队此次行动中最成功的飞行员有大队指挥官威廉•莫里茨和10./JG 3中队指挥官

▲4./JG 3中队两名士官飞行员，左为赫尔穆特•罗夫勒，右为汉斯•库普卡。库普卡驾驶图中Bf 109G-6座机在1944年2月21日的战斗中被击落，他跳伞幸存。罗夫勒本人也被击落五次之多，他的战绩只有12架，其中8架是美国重型轰炸机。

汉斯•维克，他俩分别击落2架和3架轰炸机，各自的战绩上升到37架和31架。

Ⅱ./JG 3大队此次行动只击落9架敌机，但自身损失两名飞行员，其中包括本大队战绩最高飞行员之一利奥波德•明斯特少尉。战斗中，他先是击落1架B-17轰炸机，随后他去追击美国1支B-24轰炸机编队，在希尔德斯海姆（Hildesheim）他与美国轰炸机编队遭遇，但是，在攻击敌机时，这位作战经验非常丰富的5./JG 3中队指挥官没有判断好攻击距离，在无法脱离战斗的情况下他选择撞击敌机。被撞的美国B-24轰炸机在空中爆炸，敌对双方已经解体的飞机一同坠向地面。利奥波德•明斯特少尉在5月12日被追授“橡树叶加骑士十字勋章”，他的最终战绩是95架，其中最后19架是他在帝国保卫战中取得的，这其中有4架是重型轰炸机。

5月10日，美国第15航空军在本月中第一次空袭德国境内目标，在拦截美国轰炸维也纳新城（奥地利当时属于德国）的行动中，Ⅳ./JG 27和Ⅱ./JG 302大队共击落13架敌机，后者的7架战果中有2架B-24轰炸机属于海因里希•沃泽尔上尉。

5月间有一个人的死给德国空军高层造成的影响比所有其他飞行员的都要强烈，他的声望和名气可与维尔纳•莫尔德斯和阿道夫•加兰德比肩，他也是一名优秀的作战指挥官，这个人就是上文提到过的瓦尔特•奥梭。奥梭的空军生涯从西班牙内战时的“秃鹰军团”开始，他在这次战争中击落9架共和派飞机。二战开始时，他任7./JG 51中队指挥官，后来又任JG 51联队和JG 3联队的大队指挥官。1941年7月，巴尔萨泽死后他接任JG 2联队指挥官。

在苏联战场五个星期里他击落44架苏联飞机，因此他的战绩猛增到80架，这是德国空军第三个战绩达到80架的飞行员，战果达到86架时，奥梭是1941年7月15日获得了“佩剑加橡树叶加骑士十字勋章”，他是德国空军第三位获得此勋章的

奥托•迈耶尔　　奥托•威斯林　　弗里德里希-卡尔•穆勒　　弗兰兹•施魏格尔

▲本书中提到的单位指挥官。

飞行员，此时他已经被禁止升空执行作战任务。奥梭指挥JG 2联队两年时间，这段时间正是西线盟军空中力量由逐步到爆发式增长的阶段，因此JG 2联队其间作战任务十分繁重。尽管他被禁止升空作战，但他还是在1941年10月26日将自己的战绩提升到100架大关（他“谎称”自己遭到“兰开斯特”轰炸机攻击，出于自卫击落敌机）。随后的4月，他又击落1架敌机，在1943年夏天升任布列塔尼（Britanny，法国）战斗机指挥部（Fighter-Leader Brittany）指挥官前，再次击落至少4架敌机，这些违规战绩不能上报。

但是，让他十分不喜欢的新职务任期十分短暂，1943年11月12日，奥梭上校返回作战前线任JG 1联队指挥官。照例他仍被禁止升空作战，但照例他总是找一些借口参战，因此，在1944年1月到3月初的两个月时间里，他又取得一连串的胜利，战绩包括9架重型轰炸机和4架战斗机，最后1架重型轰炸机战果是在3月6日的“柏林之战”中取得的。后来他违反规定擅自升空作战被“发现”，因此有两个月时间他未能再次驾机作战。终于手痒难耐，5月8日，奥梭又编借口升空作战，这次战斗中他击落他人生中的最后1架敌机：P-47。别急，此次战斗中奥梭没死。

5月11日，美国第八航空军又一次发动超大规模的轰炸行动，此次行动美国出动近1000架B-17和B-24轰炸机，数量更多的护航战斗机也参与其中，此次美国轰炸的目标是法国东部和比利时境内的铁路目标，交通枢纽也是盟军轰炸的重点目标。JG 1联队，包括奥梭上校的四机编队参与了此次拦截行动。驻扎在德国帕德博恩（Paderborn）的奥梭率队拦截的是轰炸比利时东北和卢森堡的美国轰炸机编队。

▲美国陆航第452轰炸机大队的1架B-17G轰炸机已经飞临柏林上空投弹，这是4月29日的战斗，此前的3月实现首次造访后，美国重型轰炸机成了隔三差五就登门的“熟人”。

有些资料对奥梭的此次行动描述有一些出入，一般比较认可的是奥梭的四机编队在试图攻击阿登上空的美国轰炸机编队时与僚机分离。也就是进攻前，美国参与护航的P-38战斗机已经抢先向奥梭的四机编队发起了进攻，此间奥梭的僚机向他报告称自己的座机受伤，得到命令后僚机脱离战斗，只剩下奥梭一人被美国4架P-38战斗机围攻（有资料称是P-51“野马”战斗机）。运用他几年积累的作战技能，奥梭成功地防御住了敌机的致命攻击。但这个过程中他的座机受伤，因此他无法实施反击，“在最后20分钟，他从8500米下降到超低空”。就在此时，紧追不舍的P-38射出的子（炮）弹击中了奥梭的Bf 109G-6/AS座机的座舱位置，奥梭显然没被击毙，或许是受伤，因此他试图紧急迫降，但在这个过程中Bf 109G-6/AS飞机（Wk-Nr 20601，绿13）突然坠地爆炸，坠毁地点在比利时圣－维斯（St Vith）小镇西南10公里处。

为了纪念这位出色的指挥官，德国空军将JG 1联队命名为“奥梭联队”，享此殊荣的只有此前的JG 51“莫尔德斯联队”，JG 3“乌德特联队”是另一种情况。在5月11日的战斗中，德国空军其他战斗机大队指挥官也有阵亡的，但是没有一个人造成的损失有瓦尔特•奥梭上校的大。

德国空军的损失并没有因为奥梭的死而停止，阵亡的名单仍在快速增加，但是，越是如此德国越是要加强西线的防御，德国必须要守住西线，此时德国的愿望就像沙漠中的一艘帆船，帆张得再大，也于事无补，“必须守住”只是痴人说梦。不到四个星期后，盟军首批士兵在诺曼底登陆，这里——诺曼底——就是德国灭亡的又一个起点。

回到5月12日，德军奥梭的死只会激励盟军更加猛烈地打击敌人。这天，美国第八航空军发动第353次作战任务，主要轰炸目标是德国六个主要的石油精炼厂，其中五个在德国东部，另一个在捷克斯洛伐克。美国此次把目标定为石油工业是德国军事和工业部门长久以来最为担心的，作为现代工业“血液”的石油是现代武器最基础的物资，轰炸石油工业可以起到釜底抽薪的效果。此前美国（盟军）就一直想轰炸德国石油工业，只是各种原因未能实现，在“大轰炸周”行动中美国未能达到严重削弱德国航空生产和德国空军的目的，实际上“大轰炸周”的影响在于长远，而不在于紧要的目前时局，因此德国作战飞机产量不降反升，新学员训练照旧进行（当然跟以前无法相比），但是，如果重创德国石油工业就可以达到事半功倍的效果。没有燃油，生产再多的飞机也没用，训练更多的飞行员也会成为摆设。因此，当各种条件都已经成熟时，美国决定把轰炸德国石油工业放在轰炸目标的首位。

深知石油工业的重要性，美国发动此次轰炸行动遭到了德国最为顽强的抵抗，参加拦截行动的11个Bf 109战斗机大队声

▲Ⅳ./JG 27大队的1架Bf 109G-6/U-2战斗机。

称击落了89架美国飞机，美国实际损失数量仅有德国声称的一半。数个有经验的大队指挥官此次行动又为本已惊人的战绩增添数架战果，比如JG 3联队指挥官弗里德里希－卡尔•穆勒在五分钟内击落2架B-17轰炸机，他的战绩也跃升到140架；冈瑟尔•拉尔少校率领他的Ⅱ./JG 11高空战斗机大队从高空向美国1支P-47护航战斗机编队发起了攻击，但实际只击落1架美国“雷电”战斗机（拉尔战果），拉尔的四机编队反倒在随后的混战中全部被击落，脸丢大了。拉尔成功地跳伞了，但他的左手大拇指被子弹打断，他倒是对失去一个拇指并不在乎，“谁需要两个拇指啊？”在1945年年初，拉尔被任命为JG 300联队指挥官，但是1944年5月12日在法国拿骚击落的那架美国P-47竟然是他最后一架，也就是第275架战果，此后再也未击落过敌机。

当日战斗中另一位大队指挥官也受伤的是Ⅰ./JG 27大队的路德维希•弗兰齐斯克特，他在美因河畔法兰克福附近攻击美国1支B-17轰炸机编队时被敌机自卫火力击伤。除了两位联队和大队指挥官受伤，至少还有两位中队指挥官阵亡，其中之一就是4./JG 11中队指挥官吉哈特•佐默尔上尉，他在比勒费尔德（Bielefeld）南部被美国战斗机击落身亡。佐默尔上尉从帝国保卫战一开始就参与了战斗，他的20架战果中有15架是四发重型轰炸机，Bf 109单位中击落重型轰炸机最多的也不过20余架，因此佐默尔也称得上是帝国保卫战中最著名的“四发重型轰炸机杀手”之一。1944年8月19日，佐默尔被追授“骑士十字勋章”；在德国最南部，7./JG 3中队指挥官于尔根•赫舍尔曼（Jurgen Hoerschelmann）少尉在富尔达（Fulda）附近被美国“野马”战斗机击落身亡。帝国保卫战中本来就已经不多的德国出色王牌如今是越打越少。

下面的一组数据似乎更能说明目前德国保卫战序列中的战斗力组成情况。在5月12日的作战中，最成功的两个Bf 109战斗机大队是Ⅱ./JG 3和Ⅳ./JG 3，前者声称的12架战果中，除了1架战果外，其余的都是战绩只有3架或是更少的飞行员取得的；Ⅳ./JG 3大队声称的20架战果中有16架是战绩为个位数的飞行员取得的。实际上，此次战斗是Ⅳ./JG 3大队在帝国保卫战中最后一次取得重大胜利。

Ⅳ./JG 3大队在1944年年初开始换装重型火力和装甲防护增强型的Fw 190型号，换装期间，这个大队只有一个战斗突击中队，即装备Fw 190战斗机第1战斗突击队，主要是以试验性质为目的，后来这个中队番号改为11./JG 3。在混装Bf 109和Fw 190战斗机共同战斗两个月后，威廉•莫尔茨少校的Ⅳ./JG 3大队被选中执行特殊的突击任务，因此，这个单位成为德国空军第一个专门的战斗突击大队（Sturmgruppe）。在5月快结束时，Ⅳ./JG 3全部换装重型装甲的Fw 190战斗机。

与此同时，Bf 109战斗机大队继续与盟军作战，在5月中旬拦截美国四次轰炸行动中，Bf 109飞行员（主要是年轻人）声称击落了69架敌机，其中最成功的一天是5月19日拦截美国第八航空军突袭布伦斯维克行动，当天Ⅰ./JG 27大队声称击落8架敌机，其中2架B-24轰炸机战果属于上任刚刚八天（接任受伤的路德维希•弗兰齐斯克特）的大队指挥官厄恩斯特•伯恩根上尉，第一个牺牲品是他用机炮击落的，第二个则是他撞掉的，严重受伤的伯恩根成功地跳伞逃生，他被送到医院紧急救治，但是还是没保住他的右臂。

5月24日，Ⅰ./JG 27大队返回战场，这次他们拦截的是从意大利起飞去轰炸奥地利机场的美国第15航空军轰炸机，由于驻地位置的缘故，Ⅰ./JG 27大队经常两线作战，即分别与美国第八和第15航空军作战。此次战斗中Ⅰ./JG 27大队声称击落12架敌机。Ⅰ./JG 302大队成绩稍好，在维也纳南部和西部击落13架敌机，其中8架是双击落，也就是海因里希•沃泽尔和其他三名飞行员分别击落2架B-24轰炸机。

真正实力最强大的是美国第八航空军，给纳粹德国造成毁坏最严重的也是这个单位。在5月27日的第373次任务中，第八航空军首次在一次行动中出动1000多架轰炸机空袭德国，上次出动千架飞机中包括护航战斗机，此次的目标是德国西部的火车编组站。这么浩大

▲Ⅲ./JG 3大队第8中队的地勤人员在维护Bf 109G-6战斗机，这个型号的产量比较大，装备的空军单位也多。图中是莱普海姆机场，机场条件比较好，但很快美国轰炸机就会把这里“犁”个遍。

的轰炸机编队让德国所有作战单位一齐上阵，Ⅱ./JG 53大队的赫尔伯特•罗尔瓦格（上文提到过他）在战斗中击落他帝国保卫战中第11架重型轰炸机，但是，驻扎在黑措根奥拉赫的Ⅰ./JG 5大队却有七名飞行员丧生，还有五人受伤，死亡名单中就有大队指挥官霍斯特•卡尔加尼科少校，他在法国上空拦截美国轰炸机编队行动中，他的Bf 109G-5座机（Wk-Nr 110087）被轰炸机自卫火力击伤，在法国谢弗里（Chevry）迫降过程中他的座机撞上高压电线造成机毁人亡。

霍斯特•卡尔加尼科（1917年9月27日－1944年5月27日）在1937年加入德国空军，二战爆发时，他是JG 1联队的技术官。1940年4月，卡尔加尼科到在挪威作战的Ⅱ./JG 77大队任副官。1940年6月21日，他击落1架英国皇家空军“博福特”轻型轰炸机，这是他的开门红。截至1940年11月Ⅱ./JG 77大队被调往法国北部，卡尔加尼科的战绩又增加几架，数量少是因为这里的战斗少。11月30日，他获得第五架战果，即1架英国“布伦海姆”轰炸机。1941年1月，卡尔加尼科少尉被任命为1./JG 77中队指挥官，该中队当时驻扎在挪威索拉。

卡尔加尼科也参加了苏联战役，1941年9月25日，他因战绩达到27架而获得“骑士十字勋章”。1942年年初，他被任命为6./JG 5中队指挥官，不久后的4月，他再次被任命为Ⅱ./JG 5大队指挥官。1942年8月12日，卡尔加尼科的四机编队遭到苏联战斗机拦截，他的Bf 109F-4座机被击伤，他迫降在莫多夫斯克（Motovsk）苏军控制区，但他第二天成功地徒步返回了本单位。

1944年3月26日，霍斯特•卡尔加尼科被任命为Ⅰ./JG 5大队指挥官参加帝国保卫战。出任大队指挥官刚刚两个月后就在战斗中阵亡，他的个人总战绩是60架，西线战果是6架，参加过600架次作战任务。

▲霍斯特•卡尔加尼科个人吉祥图案是一只米老鼠拎着一双鞋，这是纪念他在苏联死里逃生的经历。拍摄这张照片时他还是Ⅱ./JG 5大队指挥官。

Ⅱ./JG 5大队如今的指挥官是“橡树叶加骑士十字勋章”得主西奥多•魏森贝格尔上尉，这个大队是帝国保卫战序列中最后一个被调回德国本地的单位。在短暂地部署在波罗的海沿岸国家后（在此，魏森贝格尔在5月18日击落3架苏联战斗机，他的战绩因此上升到175架），Ⅱ./JG 5大队在5月底返回德国布伦斯维克西北的加德勒根（Gardelegen）驻防。

与此同时，美国第八航空军对德国石油工业又发动两次大规模空袭。在5月28日的第376次作战行动中，德国Bf 109战斗机单位声称击落33架美国轰炸机，仅Ⅲ./JG 27大队就包揽其中13架；5月29日行动中，Bf 109战斗机单位只击落20架美国飞机，其中Ⅱ./JG 3大队和Ⅲ./JG 3大队分别击落6架和7架。目前的情况是，大部分的战果都是战绩只有个位数的年轻飞行员取得的，那些曾经风光的王牌飞行员要么陨落要么难有战绩了，有一个人倒是有点意外，即5./JG 3中队的汉斯•格伦伯格（Hans Grunberg）少尉，他在5月29日战斗中击落1架B-24轰炸机，这是他在帝国保卫战中击落的第七架敌机，这也是他第70架战果，因此他在后来的7月8日获得“骑士十字勋章”。

德国空军在5月29日取得的战果远远比不上当天另一位联队指挥官的损失，这个人就是JG 3联队指挥官弗里德里希－卡尔•穆勒①少校。穆勒（1916年12月25日－1944年5月29日）在二战爆发时在维尔纳•莫尔德斯的Ⅲ./JG 53大队的8./JG 53中队服役，他的第一架战果是1940年5月27日击落的1架法国空军H-75A战斗机。法国战役期间他的战绩是8架，英国战役的战绩是2架。穆勒也参加了入侵苏联战役，截至1941年9月，他的战绩达到20架。11月，他被任命为1./JG 53中队指挥官。1942年春天，1./JG 53中队部署到西西里岛参加地中海一带的战斗，在马耳他战斗中他击落3架英国皇家空军“飓风”战斗机。1942年5月，Ⅰ./JG 53大队返回苏联战场，同年9月19日，他获得“骑士十字勋章”，在获勋的前四天里，9月16日击落4架敌机，9月17日击落5架，9月18日击落7架，9月19日击落2架（第100架和第101架）。几天后的9月23日，他再次获得“橡树叶加骑士十字勋章”。

1942年11月，穆勒上尉被任命为Ⅰ./JG 53大队指挥官，并部署到突尼斯作战。在地中海战区作战到1943年5月，由于身体健康原因他返回德国休假一段时间。1944年2月，他被任命为Ⅳ./JG 3大队指挥官，此时他的战绩已经达到117架。一个月后的3月24日，他再次被任命为JG 3联队指挥官，其间他又击落5架重型轰炸机，随后的9个星期里，他又击落17架重型轰炸机，外加1架P-51“野马”战斗机，这样他的总战绩就达到了

① 德国空军夜战排名第一的飞行员与他的名字完全相同。

▲弗里德里希－卡尔•穆勒既是优秀的飞行员，也是杰出的指挥官，遗憾的是除了一张照片外，难觅其他相关照片。所配图是穆勒的Bf 109G-6/AS座机。

140架。穆勒的战果中有22架是重型轰炸机，因此他也是顶级Bf 109“重型轰炸机杀手”。这样一位优秀的王牌兼指挥官没死在战斗中，却在着陆事故中殒命，5月29日在取消当天作战行动中，在萨尔茨韦德尔（Salzwedel）机场着陆时，在15米高度，他的座机Bf 109G-6（Wk-Nr 410827）突然失速机背朝下坠毁。

5月29日，美国第15航空军也没闲着，继续对维也纳新城发动空袭，执行拦截任务的德国JG 27联队三个大队（Ⅰ./JG 27、Ⅲ./JG 27和Ⅳ./JG 27）和联队直属单位（队部），以及Ⅰ./JG 302大队击落23架美国飞机，其中后者击落7架，海因里希•沃泽尔这次只击落1架飞机。其他击落敌机飞行员中，JG 27联队指挥官古斯塔夫•鲁德尔中校和他的两位大队指挥官卡尔－沃尔夫冈•雷德利希少校（Ⅰ./JG 27）和厄恩斯特•达尔伯格少校（Ⅲ./JG 27）分别击落1架B-24轰炸机，他们三人战绩分别达到94架、37架和33架。实际上，此次行动击落敌机飞行员中战绩最高的是12./JG 27中队指挥官厄恩斯特•威廉•赖纳特少尉，当天他在维也纳西部的圣珀尔滕（St Polten）击落1架P-51“野马”战斗机，这是他帝国保卫战中击落的第二架敌机，也是他的第168架战果。

尽管在南部战斗中那些从其他战场返回的老兵继续增加着他的战果，但付出的代价也相当可观，比如在击落1架B-24飞机后，沃尔夫冈•雷德利希被同编队中的其他B-24的自卫火力击中，他的Bf 109G座机也坠毁在圣珀尔滕不远处。沃尔夫冈•雷德利希是Ⅰ./JG 27大队在不到两个星期内损失的第三位大队指挥官。

5月30日，美国继续从南北两个方向空袭德国，美国第八航空军主要轰炸德国中部的飞机生产厂和物资补给站或仓库，而第15航空军则发动最后一次大规模行动力图彻底摧毁维也纳新城的各类设施。德国Bf 109战斗机大队参与了这天的行动，但是表现平平，只击落21架敌机，其中卡尔－海因茨•兰格（Karl-Heinz Langer）上尉的Ⅲ./JG 3大队击落7架B-17轰炸机，这些轰炸机属于当天空袭德绍容克公司飞机生产厂和发动机厂的轰炸机编队。比Ⅲ./JG 3稍逊色的是Ⅱ./JG 11大队，这个大队换装高空型号Bf 109G后就执行高空掩护任务，也就是从高空掩护其他战斗机攻击敌轰炸机，因为此时美国轰炸机编队有“野马”战斗机护航。行动中Ⅱ./JG 11大队在德绍的马格德堡上空击落3架P-51“野马”战斗机，其中2架战果属于大队新任指挥官（自从1944年以来“新任”这个词就十分常见），即JG 52联队的东线老兵瓦尔特•克鲁平斯基中尉，他在东线战场因击落177架苏联飞机而获得“橡树叶加骑士十字勋章”。克鲁平斯基回国后曾短暂任1./JG 5中队指挥官，冈瑟尔•拉尔受伤后，克鲁平斯基取代他成为Ⅱ./JG 11大队指挥官，5月30日击落的2架“野马”是他第189架和第190架战果。第三架“野马”是Ⅱ./JG 11大队卡尔•基尔（Karl Keil）中士的第一个战果，这种情况正是德国空军当时的真实写照，也就是很多新飞行员取得人生的第一个战果，很多人也许永远也等不到第二个战果的出现。

5月31日，美国第八航空军依旧不肯停手，这天空袭的目标是德国铁路编组站，战斗一如既往，攻击方铺天盖地地投下炸弹，防御方疲于奔命地升空反击。

但是，突然间，德国上空安静起来，没有美国陆航的轰炸机群，也没有为之护航的战斗机。德国人早就习惯了盟军轰炸机日日夜夜不停的问候，突然的寂静似乎是更大危险的前兆。是的，德国人可以稍喘几口气迎接更大的风暴。

▲Ⅰ./JG 27大队的地勤人员正在维护Bf 109G-6/R6飞机的发动机，飞机发动机整流罩上没有大队非洲风情标志，副油箱旁边的草地被油污弄脏。

▲Ⅲ./JG 3大队的地勤人员也在维护Bf 109G-6战斗机。对比上图，两者的机场条件完全不一样。

最后一战

1944年春末夏初，美国第八航空军已经分出时间和精力把空袭的重点放在了德国本土和欧洲西北部地区，这种意图很明显，那就是盟军准备在法国开辟第二战场。盟军要在法国登陆就必须大大压制法国一带的德国军事力量，这就是为什么在6月的第一个星期里美国第八航空军将空袭重点放在英吉利海峡法国一侧，而德国领空看不到美国轰炸机的缘故。德国人也在调整部署应对不可避免的盟军入侵行动，在法国登陆开辟第二战场德国人早就知道（这个问题不需要多高的智力，战场形势发展到这个时候在法国登陆是顺理成章的事），德国唯一不知道的就是登陆点在哪里。一般的思维是从最窄的多佛海峡一带登陆，盟军确实也使出各种欺骗手段让德国相信盟军肯定会在那里登陆。但是，德国高层中也有人认为最可能的登陆点是在海滩比较平缓的诺曼底地区。希特勒为此好长时间不能确定英美盟军的确切登陆点，但是英国和美国人帮助希特勒做出了决定。大规模登陆前必须做必要和充足的准备，这种行动不可能躲过德国人的眼睛，德国人发现英美在诺曼底对面有集结动向后，希特勒的直觉告诉他6月6日在诺曼底的登陆行动是英美两国制造的佯攻假象，他确信盟军的登陆点绝对不是诺曼底。为此，希特勒拒绝了陆军指挥官要求从其他战线速调装甲师到诺曼底增援的

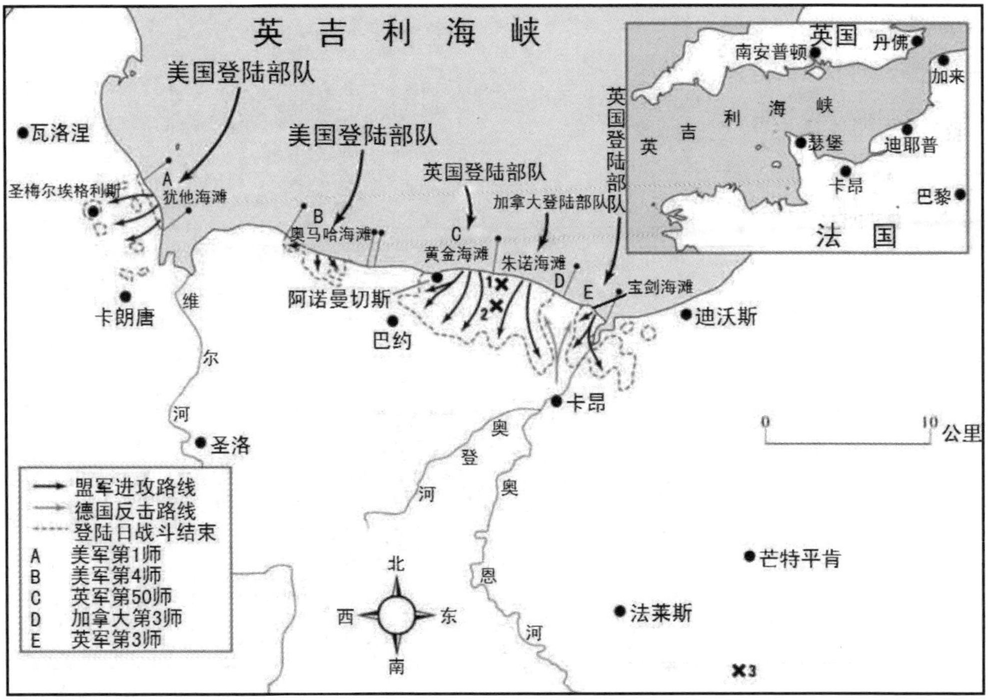

▲诺曼底登陆当天作战示意图。

紧急请求。当希特勒最终同意装甲师调往诺曼底时，一切都太迟了。为了阻止盟军登陆，德国空军将帝国保卫战序列中的单个战斗机大队[①]几乎全部派往受威胁的战区，以增强JG 2联队和JG 26联队实力。截至6月9日（盟军登陆后调动部署没有停止），德国空军不少于15个除了四个外全部装备Bf 109战斗机的大队全部离开德国本土到西线战场参与作战，出发前，这些战斗机大队的作战任务已经明确缜密地制定完毕。总的说来，执行对地攻击任务的大队部署在卢瓦（Loire）河和塞纳河之间，其他大部分大队部署在巴黎－克雷伊－圣康坦一线的后方，还有三个大队部署在法国东部，即战线的后方，防止盟军在此实施空降作战。

以盟军诺曼底登陆为分界线，德国精心构筑的已经运作18个月之久的帝国保卫战组织结构被割裂，德国空军必须分出力量应对盟军在法国的登陆行动，这里的战事也直接关系到德国命运存亡。

但是，跟以前出现的情况一样，不管是德国的地面部队应对部署计划还是精心准备有备而来的空中力量部署计划，盟军不会按德国的准备出牌，主动权在盟军一方，更何况，空中力量中仅战斗机盟军就占有20:1的绝对优势，因此，德国空军战斗机大队很快就放弃了此前精心准备的机场，不放弃不行，盟军铺天盖地的轰炸机没多久就把这些机场炸成一片瓦砾。可怜的德国战斗机单位不得不选择不引人注意的小型机场使用，驻扎机场跑道后还得精心伪装，防止被发现。但是，德国人并没有放心多少，因为盟军空军还派出自由攻击的战斗轰炸机成群结队地四处游荡，发现可疑目标就是一阵狂轰滥炸，德国空军已经没地儿躲没地儿藏。据统计，到6月底，德国空军飞机在地面被炸毁的飞机有350架以上，大部分是战斗机（只有战斗机才会部署到前线机场）。

▲曾经因为腿短限制了英国皇家空军“喷火”战斗机的行动，如今，到诺曼底上空作战问题不大，让德国郁闷的是以法国为基地，“喷火”战斗机可以随时迎战德国作战飞机。

对于很多德国飞行员来说，他们刚刚在帝国保卫战中掌握驾驶高空战斗机拦截盟军轰炸

① 单个战斗机大队指母联队不在德国本土的单位，德国战斗机大队独立作战能力强，因此各个大队少有集中在一起在某个战场作战的，最好的情况也就是联队的两个或三个大队（有的联队有四个大队）在某一战场作战。英国战役是个例外，主要原因就是那时德国开辟的战场少，巴尔干和苏联还没有战事爆发。

机技能，此时在诺曼底地区上演的却是低空混战，这种角色转变让德国空军付出惨重的代价。在6月的最后三周里，超过170架战斗机在行动中被击落。不可避免地，损失的飞行员中大部分是年轻的、没有经验的、也缺乏独立作战能力的新兵。据德国空军后来的报告，每损失一名老飞行员就会相应地损失25－30名新兵蛋子，也就是新老飞行员损失比率为25至30比1。

造成这种现象的另一个原因就是越是有经验的老兵越是要受到官方重点保护，在盟军诺曼底登陆前几个月，德国空军损失了几名赫赫有名的联队或大队指挥官，如今德国空军高层依旧限制他们升空作战，但如果得到很好的保护就可以例外了。这句话的意思是越是有经验的飞行员或指挥官越是要在空中行动中得到其僚机的可靠的保护，在德国，越是水平高的飞行员越是有资格当长机受到僚机的保护，长机有优先发起攻击的权力，而僚机负责长机实施攻击时的安全。目前这种情况，有经验的飞行员更是受到重点保护，帝国空军元帅戈林在7月5日签署命令规定，在大规模空中行动中，中队指挥官如果升空作战必须得到5架战斗机保护（或掩护），大队指挥官的是15架，而联队指挥官的是44架！

进入秋天，随着战场失利并节节后退，德国空军不得不再次将幸存的战斗机大队调回国内，回国后，这些已经被打残的单位迅速得到了补充，不管是飞机设备还是人员都很快达到满编状态，至少从表面看是这样，实际有多强的战斗力就是另一回事儿了。也就是说，诺曼底登陆前和登陆后德国帝国保卫战作战序列结构上已经很不一样了，诺曼底登陆后的德国战斗机大队由原来三个中队组成改为由四个中队组成，其中一个中队（即第四个）一般由在东线战场上作战的大队中抽调，这些中队作战经验丰富一些。

变化最大的实际上是德国的敌人——盟军！原来德国空军面对的主要是盟军轰炸机，如今，铺天盖地的不仅是重型轰炸机，也有战术轰炸机（中小型轰炸机）和战术战斗机或战斗轰炸机，如果性能不如，即使是数量也足以压垮德国空军，更何况事实是此时盟军不论是什么飞机都强于德国货。在法国被打得支离破碎的德国战斗机单位每天都在承受着各种作战飞机不间断的打击，即使是向德国本土回撤的过程中也被追着打。回到德国，事情并没完，德国的帝国保卫战现在也进入另一个阶段，即来自空中的打击不再是美国第8和第15航空军的四发重型轰炸机，英国皇家空军轰炸机司令部原来执行夜间轰炸的轰炸机也敢白天大摇大摆地出现在德国上空，这还不算，在法国立足的盟军中型轰炸机和战斗轰炸机根本不休整，只要有机会（实际上就是天天）就会对德国西北省份实施攻击。

为了有效地对付当前战况，德国空军高层决定调整战术以提高作战效率，其内容就是与盟军战术空军作战的战斗机大队由西部空军司令部（后改称第3航空队，此前法国和低地国家战役中也有一个第3航空队，两者并不一样）指挥，也就是被划为战术单位，而此前专门拦截美国重型轰炸机的帝国保卫战序列中的单位归属不变，仍归帝国航空队指挥，这个单位就是战略战斗机大队。

但是，这种分工明确的战术实际上并没有，也无法真正施行，盟军一天都不曾间断的轰炸让一切变得一团糟，战术单位时不时地会接到命令去拦截敌人高空轰炸机，而战略战斗机大队也会经常奉命拦截在驻地附近，或是被空袭目标附近出现的敌中型轰炸机或战斗轰炸机，两方都有充足的理由：谁都不忍心眼睁睁地看着自己国土被轰炸。

本土防御体系中的战斗机联队不论属于西部空军司令部还是帝国航空队都有自己的彩色识别标志，也就是“帝国防御条纹”，飞机上的彩色条纹为的是在空中识别，德国上空的飞机实在太多了！

JG 1联队　红色　JG 51联队　绿/白/绿

JG 3联队　白色　JG 52联队　红/白

JG 4联队　黑/白/黑　JG 53联队　黑色

JG 5联队　黑/黄　JG 77联队　白/绿

JG 11联队　黄色　JG 300联队　蓝/白/蓝

在抵达法国的两个星期里，由于空战太过激烈，德国空军战斗机单位损失极为惨重，很多战斗机大队的作战飞机数量只剩下个位数，甚至有的连组成两个四机编队都变得不可能。损失人员和飞机都可以得到补充，但是，补充飞机是小事，补充人员却是个大问题，新补充上来的飞行员根本无法独当一面，只是徒增伤亡而已。回过头来再看看这段时间里Bf 109战斗机单位的作战情况，上面谈的困难尽管很多，Bf 109飞行员也击落大量盟军飞机，每个战斗机大队战绩不一，毫不奇怪，取得战果的仍然是那些老鸟，有几个我们已经十分熟悉，他们在此间战斗中取得了人生中最后战果。

素有“重型轰炸机杀手”之称的5./JG 53中队赫尔伯特•罗尔瓦格少尉与诺曼底王牌称号擦肩而过，他在6－8月间的战斗中只击落4架美国飞机，其中1架B-26轰炸机和3架战斗机；Ⅲ./JG 27大队指挥官厄恩斯特•达尔伯格少校在同一时间段里击落4架盟军飞机（全部是战斗机）；Ⅱ./JG 11大队指挥官瓦尔特•克鲁

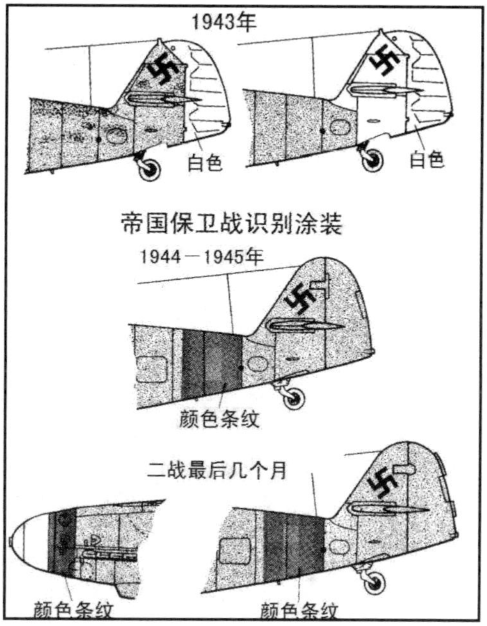

▲德国帝国保卫战不同时期的识别涂装。

平斯基上尉战绩更好一些，在6月和7月的战斗中他击落5架美国战斗机，这样他离200架的战绩只差5架了，此前他的战绩大多数是他在JG 52联队服役时在东线战场上取得的。接下来的8月里，克鲁平斯基在一次战斗中受伤，之后的秋天他被任命为Ⅲ./JG 26大队指挥官，任新单位指挥官期间他又击落2架敌机，1架是英国皇家空军“喷火”战斗机，另1架是美国P-51“野马”战斗机。再往后他被调到JV 44专家中队。

▲瓦尔特•克鲁平斯基在他的Bf 109E-1座机前留影。就是他选中哈特曼作为他的僚机，哈特曼刚出道时克鲁平斯基已经是久经沙场的老将了，受其指导，前者无疑会受益很多。

瓦尔特•克鲁平斯基（1920年11月11日－2000年10月7日）上文中已经断断续续地介绍过他在苏联的作战情况，下面简单地介绍一下他的生平。瓦尔特•克鲁平斯基出生在东普鲁士多姆瑙县（Domnau），在布劳恩斯贝格长大。1939年9月，克鲁平斯基作为候补军官加入德国空军，经基础飞行训练后于同年11月1日进入柏林第二空军学校进行飞行员训练，后又于1940年7月进入维也纳第五战斗机学校，他的校友之一是汉斯－约阿西姆•马尔塞尤，而他的三位室友名气不小，一个是瓦尔特•诺沃特尼，另一个是保罗•加兰德（阿道夫•加兰德的弟弟），第三个是彼得•戈林（帝国元帅戈林的侄子）。

▲克鲁平斯基（左）和哈特曼（右）。实际上，克鲁平斯基只比哈特曼大两岁。

完成第五战斗机学校的飞行员训练后，1940年10月1日，克鲁平斯基被送到梅泽堡的战斗机训练单位继续训练，这个训练单位实际上是JG 52联队的训练中队，每个联队在后方都有一个训练中队，这个单位主要职能就是为从战斗机学校毕业的学员提供参加作战单位前的衔接训练。1941年2月，克鲁平斯基以少尉军衔进入6./JG 52中队。但是，这个时候英国战役早已结束，德国和英国之间跨越海峡的战斗经常有，但规模都不大，克鲁平斯基参加了这一阶段的战斗，但未获任何战果。德国入侵苏联战役开始后，他才有机会获得首个战果，即1941年9月在列宁格勒附近击落1架苏联DB-3轰炸机，截至当年年底，他的战绩达到7架。而到了1942年8月22日，他的战绩上升到50架，为此被授予德意志金质十字勋章，又获得6架战果后的10月29日，他获得了“骑士十字勋章”。此前的10月25日他在空战中被击落，受伤跳伞逃生。到1942年年底，他的战绩为65架。此后，克鲁平斯基到法国的训练中队任教官三个月时间，1943年3月15日返回苏联战场，5月，他被任命为驻扎在库班桥头堡塔曼的7./JG 52中队指挥官，他的僚机就是埃里希•哈特曼。在7月15日获得他第90架战果期间，他驾驶Bf 109G-6座机（序列号Wk-Nr 20062，白色9号）着陆时与另1架Bf 109飞机相撞，他严重受伤。克鲁平斯基治疗了半个月后再次升空作战，8月间他的战绩达到27架，包括8月18日击落他第100架敌机。10月12日他获得的第120架战果也是他的7./JG 52中队的第1000架战果。

1944年3月2日，克鲁平斯基因174架战果而获得“橡树叶加骑士十字勋章”。再获得3架战果后，他于同年4月18日调回德国本土，任刚刚从北极地区返回德国参加帝国保卫战的1./JG 5中队指挥官，任该中队指挥官期间他再获4架战果。1944年5月1日，克鲁平斯基晋升为上尉，随后的5月中旬，他升任Ⅱ./JG 11大队指挥官，该大队当时驻扎在策勒。6月，Ⅱ./JG 11大队被紧急调往诺曼底前线。截至8月12日，他在诺曼底战役期间击落10架盟军飞机。但是在8月12日这天战斗中，他的Bf 109G-5座机（序列号Wk-Nr 110244）发动机爆炸，他的脸和手被烧伤。伤愈后的1944年9月27日，他又被任命为Ⅲ./JG 26大队指挥官，任该大队指挥官期间他获得4架战果，最后一架是他第195架战果。1945年3月26日，Ⅲ./JG 26大队撤消后，克鲁平斯基加入阿道夫•加兰德的JV 44专家中队。1945年4月2日他才开始训练驾驶Me 262喷气式战斗机并获得至少2架战果。到战争结束时，他已经执行了超过1100次作战飞行任务，获得197架战果，苏联战场战绩为177架，西线战绩为20架，其中至少2

▲走在前面的是克鲁平斯基，他后面的是Me 262A1喷气式战斗机。照片拍摄于1945年4月的慕尼黑。

架为重型轰炸机、8架P-51“野马”和7架P-47“雷电”战斗机。他受伤七次，跳伞四次。1945年5月5日被美军俘虏。

克鲁平斯基的战后职业生涯很成功，他在1945年9月26日被释放。1956年11月1日，他以少校军衔进入联邦德国国防部。从1957年1－9月，他在英国完成了喷气式战斗机飞行训练。同年9月30日，他被任命为第33战斗轰炸机联队（FBW 3）指挥官。1965年1月1日再次调入国防部，随后在1966年7月以准将军衔接管驻扎在美国得克萨斯州的德国空军训练特遣队。

1969年7月1日，克鲁平斯基作为少将被任命为第三航空师师长。1971年10月1日调任盟军第二战术航空队参谋长。1974年10月29日被任命为该航空队司令员，并在一年后晋升为中将。1976年11月8日，因“鲁德尔事件”提前退休。1976年春天，具有新纳粹主义色彩的德国帝国党领袖汉斯－乌里希•鲁德尔（“斯图卡”俯冲轰炸机王牌，德国军队中勋位最高的，没有之一）邀请一批空军高官参加第51“伊梅尔曼”侦察机联队老兵聚会。尽管包括克鲁平斯基在内的众多将领不认同鲁德尔的思想，并称其为新纳粹党人和新纳粹主义者。但此次聚会被媒体披露后，受到了多方的指责。联邦德国国防部长格奥尔格•李布只能要求众位与会的将领们提前退休。最终在社会民主党和基督教民主联盟的压力下，李布也在1978年年初下台。“鲁德尔事件”也标志着联邦德国军队同第三帝国国防军传统的彻底决裂。2000年10月7日，瓦尔特•克鲁平斯基在诺伊基兴－泽尔沙伊德去世。

另一位东线老兵是中队指挥官汉斯•瓦尔德曼中尉，在诺曼底战役行将结束时，他的4./JG 52中队番号更改为8./JG 3。瓦尔德曼在8月的战斗中取得8架战果，他的个人战绩也上升到132架，跟上段中克鲁平斯基一样，瓦尔德曼在二战结束前的几个月也被调往JV 44专家中队驾驶喷气式战斗机，并且驾驶Me 262战斗机击落2架P-51“野马”战斗机。1945年3月，瓦

▲很多在联邦德国空军任职的原纳粹德国飞行员都反对引进美国产F-104战斗机，但这是一项政治任务。图为克鲁平斯基在美国驾驶美国空军1架F-104战斗机。

尔德曼在一次空中相撞事故中丧生。同样是在8月间，上文多次提到如今刚刚被任命为Ⅲ./JG 1大队指挥官的海因茨•诺克也取得8架战果，因此他的西线战果达到33架。

至少有四名飞行员在诺曼底战役中的战绩达到两位数，Ⅳ./JG 27大队老兵海因里希•巴特尔斯上士在6月14－25日仅仅12天里就击落11架敌机，上文提到过他，他也是北极和地中海战线的鼎鼎王牌。还有一个是最近才从北极战线调过来的飞行员在这段时间空战中击落11架敌机，他就是Ⅰ./JG 5大队的奥古斯特•摩尔斯（August Mors）少尉。奥古斯特•摩尔斯（1921年7月20日－1944年8月8日）在1942年中期完成飞行训练后被分配到在北极作战的JG 5联队第6中队（6./JG 5）服役，不久后的9月27日他获得首架战果，但是击落的飞机型号和地点都不详。1943年6月12日，摩尔斯的Bf 109G-2座机（序列号Wk-Nr 13764，“黄色7”号）被击落，他跳伞后落到苏军控制地区，六天后的6月18日他历经磨难返回了中队。截至1943年，摩尔斯的战绩为15架。1944年3月20日，他一天击落8架苏联飞机，包括7架伊尔-2攻击机，他在苏联的战绩是48架。1944年6月，I./JG 5大队被部署到法国参加诺曼底战役，其间他击落11架盟军飞机，包括1架重型轰炸机。1944年8月5日，摩尔斯被任命为1./JG 5中队指挥官。8月6日，摩尔斯和他的两名僚机驾驶Bf 109G（这些是这个大队仅存的3架）向盟军一支重型轰炸机编队发起了攻击，摩尔斯击落1架B-24轰炸机（这是他唯一的重型轰炸机战果）①，但是，他的座机也被轰炸机的自卫火力击中，他本人严重受伤，尽管从Bf 109G-6座机（序列号Wk-Nr 165828，“白色4”号）跳伞逃生，他还是在48小时后身亡。死后的10月，奥古斯特•摩尔斯被追授“骑士十字勋章”。

Ⅲ./JG 26大队指挥官克劳斯•梅图施（1918年8月5日－1944年9月17日）少校的经历比较曲折，也是一位灾难缠身的人，因此多说几句。二战前梅图施完成飞行训练后被分配到2./JG 234中队，这个中队于1938年番号改为2./JG 26。1939年9月23日，梅图施少尉被分配到7./JG 26中队，他参加了法国战役，但是，1架战果还没有的梅图施在1940年5月8日②被英国皇家空军“飓风”战斗机击落，他毫发无损地迫降成功，但却被法国平民用枪射中臀部，他成了战俘，法国沦陷后才重获自由。返回自己的7./JG 26中队后，梅图施在1940年5月31日获得他第一个战果，当天他在敦克尔刻上空击落1架英国“飓风”战斗机。截至1940年，他又增加2架战果，军衔晋升为中尉。

① 有资料称摩尔斯击落的是1架B-17“飞行堡垒”轰炸机，也可能是英国皇家空军1架“兰开斯特”轰炸机。

② 很多资料称是6月8日，但是这些资料中这句话跟下一句“返回自己的7./JG 26中队后”取得首架战果的时间对应不上。

▲诺曼底登陆战役期间Ⅲ./JG 1大队的1架Bf 109G-6战斗机正在寻找自己的基地，由于担心遭到盟军铺天盖地的飞机轰炸，德国空军会将机场隐蔽在不起眼的地方。注意看这架飞机的木质高垂尾，飞机也没有红色识别条纹，这说明飞机是最近刚刚交付的。这架飞机在1944年7月30日的战斗中被击落，洛塔尔•鲁茨（Lothar Lutz）受伤后跳伞逃生。

1941年1月，约阿西姆•慕钦堡中尉的7./JG 26中队被部署到西西里岛，梅图施在马耳他岛战斗中获得3架战果。不久，这个单位被调往巴尔干参加南斯拉夫战斗。此间的1941年4月6日，他在波德戈里察上空击落1架“暴怒”（Fury）双翼战斗机，这是他第六架战果。一个星期后，7./JG 26中队再次返回西西里岛参加对马耳他岛的战斗。不久这个中队被调往北非参加了极短一段时间的战斗，其间在托布鲁克上空击落1架敌机。当年8月，该单位再次被调往英吉利海峡前线。1941年9月19日，梅图施被任命为II./JG 26大队指挥官，前任指挥官瓦尔特•阿道夫（Walter Adolph）在此前一天被英国“喷火”战斗机击落身亡。1943年2月，梅图施率领7./JG 26中队到苏联战场替代I./JG 54大队，前者驻扎在列宁格勒西部。当年6月，梅图施的中队再次返回海峡前线，在苏联的四个月里，梅图施击落15架苏联飞机，他的中队击落63架。在苏联期间的3月20日，梅图施在起飞时座机Fw 190A-4因发动机故障而失事坠毁，他医治了两个月才重新返回单位。6月18日那天，他一天击落5架苏联飞机。奇怪的是，有资料却称他在苏联战场1架飞机也没击落，这明显是错误的。

1943年7月5日，梅图施被任命为Ⅲ./JG 26大队指挥官，这时他又改驾Bf 109G-6战斗机。7月25日，他击落1架美国B-17重型轰炸机，这是他未来16架重型轰炸机战果中的第一架。1944年3月8日，在拦截美国第八航空军空袭柏林的轰炸机编队期间，他严重击伤1架B-17轰炸机，迫使这架敌机脱离编队，这种情况算是他的战果，而其他最终击落这架飞机的德国飞行员，只获1分，并不算战果。但是，他在攻击这架轰炸机时也被美国P-47护航战斗机击落，他从Bf 109G-6座机（序列号Wk-Nr 162032，“黑色21”号）跳伞逃生，因受伤他在医院住了几个星期。1944年3月26日，梅图施因战绩达到60

▲本书中提到的四位王牌飞行员。

架获得“骑士十字勋章”，之后的4月军衔晋升为少校。没想到又出事了，4月12日，梅图施驾驶Bf 109G-6座机（序列号Wk-Nr 162345，“黑色24”号）在法国鲁夫雷基地着陆时因撞上跑道上的弹坑而造成飞机翻滚，受伤后的梅图施再次入院治疗三个星期。7月4日，重上战场的梅图施击落1架美国P-38战斗机，这是他第70架战果。7月17日，梅图施驾驶Bf 109G-6/U4（序列号Wk-Nr 440640，“白色20”号）被英国“喷火”战斗机击落，安全跳伞逃生后他第二天才返回单位，随即他又被送到医院治疗。

梅图施取得他最后1架战果，也是他第75架战果是9月17日，他在德国杜塞尔多夫（Dusseldorf）上空击落1架P-51“野马”战斗机。取得最后1架战果仅几分钟后，梅图施被另1架“野马”战斗机击落身亡，美国飞行员是第361战斗机大队所属第376中队威廉·贝耶尔（William Beyer）少尉。梅图施死后被追授“橡树叶加骑士十字勋章”。

▲为了防止被盟军的侦察飞机看到，Ⅱ./JG 3大队的Bf 109G-6飞机掩蔽在一棵树下。可以看到JG 3联队的白色识别条纹。

诺曼底战役期间，在这些战果排名靠前的Bf 109飞行员中最为成功的是Ⅰ./JG 5大队新任指挥官西奥多·魏森贝格尔上尉，他在七个星期的时间里，在法国上空击落了不少于25架敌机，他的个人战绩也迅速飙升到200架大关，第199架和第200架战果是他在7月25日在鲁昂（Rouen）上空击落的2架英国皇家空军“喷火”战斗机。实际上，魏森贝格尔（1914年12月21日－1950年6月10日）二战前是一个滑翔机飞行员，二战爆发后任滑翔机教官。他在1941年中期才加入德国空军当时在挪威作战的I(Z)/JG 77大队，驾驶Bf 110C驱逐机，当年10月他取得第一架战果。随后他驾驶驱逐机又击落22架敌机，外加15个火车头、2个高炮阵地和大量其他地面目标。1942年9月，魏森贝格尔被分配到驻扎在芬兰北部的Ⅱ./JG 5大队驾驶Bf 109战斗机，他先是在6./JG 5中队服役，不久被任命为7./JG 5中队指挥官。截至1943年7月，他的战绩上升到104架，他的主要牺牲品是苏联飞机，为此，他获得了“骑士十字勋章”。1944年4月，魏森贝格尔被任命为Ⅱ./JG 5大队指挥官，不久后的5月，他的战绩跃升到175架。1944年中期，他的单位返回西线作战，6月4日，他再次被任命为Ⅰ./JG 5大队指挥官。诺曼底战役期间魏森贝格尔击落25架敌机，占整个I./JG 5大队战绩的一半，这使得他成为著名的西线王牌。1944年11月，魏森贝格尔被任命为Ⅰ./JG 7大队指挥官，后来的1945年1月1日，他又被任命为JG 7联队指挥官，这个联队当时装备的是Me 262喷气式战斗机，驾驶喷气式战斗机时他又击落8架敌机，其中7架是B-17轰炸机，1架是P-51“野马”战斗机，至此他又成为一名喷气式战斗机王牌。魏森贝格尔战后热衷摩托比赛，1950年6月10日，他在一场比赛中失事丧生。

虽然少数飞行员取得了优异的战绩，但这无法掩盖德国空军作战力量在西线战场直线下降的事实，到1944年8月底，这些三个月前进驻法国的战斗机大队幸存的残余力量，以及数年来就驻扎在海峡沿岸的JG 2联队和JG 26联队一道返回德国本土。返回本土舔拭伤口时发现各个单位残余力量已经所剩无几，很多单位甚至名存实亡了，德国空军高层不得不重新部署帝国防御体系来延缓（“挽救”这个词谁也不敢乱用了）帝国灭亡的命运。

▲8./JG 53中队的1架Bf 109G-6飞机。照片拍摄于1944年7月底，诺曼底战役仍在进行中，照片中看不出一点战争气氛。

要说明Bf 109战斗机大队这段时间的战斗，我们还得把时间推回到1944年6月第一个星期，也就是德国上空突然安静的时候。因为一些帝国保卫战序列中的战斗机大队向西部署去阻止盟军登陆，德国本土防御的重任就主要由两个前“野猪”联队，即JG 300和JG 302来承担，两个单位分别包括一个Fw 190“突击大队”。JG 301联队最近刚刚被划分为诺曼底大队（Ⅰ./JG 301）和罗马尼亚与保加利亚大队，从名字就可以看出大队的去向。另外，三个Bf 109大队，即Ⅱ./JG 5大队、Ⅱ./JG 27大队和Ⅲ./JG 53大队，也没挪窝。

虽然这些大队没有像进驻法国的那些大队在地面遭受重大损失，但是它们的结局基本上类似，也就是一些飞行员个人取得不错的战绩，但付出的代价却是灾难性的，在1944年7月间的战斗中，这些单位取得了329架战果，但自己的损失却达到了341架，这点损失对于盟军来说只是九牛一毛，而且盟军可以迅速地补充损失的部分，不过几天时间而已。但是，德国的情况正相反，不仅如此，德国空军这些大队几乎就是德国本土全部的单发战斗机力量。

德国当时本土战斗机数量远远不及盟军的，随着时间的推移，这种数量上的鸿沟在迅速扩大。但是，那些有经验的战斗机单位指挥官数量虽然不多，而且也在减少，但他们没死就会给盟军造成一定的损失，只是这个损失已经远非昔比了，比如Ⅲ./JG 53联队指挥官弗兰兹•格莰少校在1944年7－9月间的战绩排名第一，但也仅仅是6架而已。二战结束前的9个月里，德国战斗机损失稳定上升，大部分老兵死后，帝国的命运就完全依赖那些只是粗略训练的年轻人，他们绝望地试图阻止战败的命运。

诺曼底登陆战役的第四天，美国重型轰炸机再次出现在德国上空，这次的急先锋是远在意大利的美国第15航空军，美国第八航空军正忙着法国战场登陆后寻求立足点的战斗。6月9日，第15航空军近500架B-17和B-24轰炸机对德国南部慕尼黑地区的目标实施了轰炸，德国参与拦截Ⅰ./JG 302大队声称击落16架B-24轰炸机和1架P-51战斗机，己方无一损失。2./JG 302中队阿图尔•格罗斯（Artur Gross）军士长一个人击落3架B-24轰炸机，还有四名飞行员每人击落2架，这其中就包括海因里希•沃泽尔，他在兰茨胡特（Landshut）南部击落的2架B-24轰炸机将他的重型轰炸机战绩提升到19架。击落2架敌机的人中的另一人是安东•本宁（Anton Benning）军士长，他原是一位运输机飞行员，曾在斯大林格勒战役中执行过运输任务。二战结束时，安东•本宁军衔晋升到少尉，也获得了“骑士十字勋章”，个人最终战绩是14架重型轰炸机。

在德国南部，美国第15航空军对德国境内目标轰炸成为日常活动，德国Ⅰ./JG 302大队也在持续地给美国造成一定的损失，但是，德国空军再也没能复制6月9日的胜利。与此同时，德国北部战场，美国在牢牢掌握诺曼底战场制空权后，第八航空军

▲胜利在望，喜悦溢于言表。图中是英国皇家空军王牌飞行员约翰森，他后面是1架“喷火”战斗机。照片拍摄于1944年7月。

德国异常安静的北海沿岸上空进入德国领空，轰炸目标是德国西北部的石油工业和其他军事目标。德国北海沿岸是JG 1联队和JG 11联队的防空区域。遗憾的是没有见到这方面的详细记载。

48小时后，相同数量的轰炸机再次侵入德国境内轰炸纵深的石油设施。德国Bf 109战斗机大队，即Ⅰ./JG 300大队和Ⅲ./JG 300大队根本无力对抗这么多的美国轰炸机，后者从于特博格（Juterborg，柏林西南约100公里）基地起飞向北去拦截波罗的海沿岸上空的一支庞大的B-24轰炸机编队。这次拦截行动中，美国第2轰炸机师损失了34架B-24轰炸机，还有18架轰炸机飞到中立国瑞典去避难，被击落的飞机大部分遭到了双发Me 410战斗机发射的火箭弹攻击。德国Ⅲ./JG 300大队有五名飞行员丧生，相同数量的飞行员受伤，受伤的人中包括大队指挥官埃罗•伊尔科（Iro Ilk）上尉，这位曾在1942年作为轰炸机飞行员获得了“骑士十字勋章”的指挥官座机被击中后在安克拉姆（Anklam）跳伞逃生。

▲美国P-47战斗机飞行员正在研究地图准备下一次作战任务。注意早期型号P-47的剃刀背，P-47D的后期型号没有剃刀背，座舱突出机身，座舱视野绝佳。

开始恢复对德国境内目标轰炸行动。第一次恢复轰炸行动发生在6月18日，当天，美国第八航空军出动1200余架轰炸机从

在6月的最后时间里，美国第八航空军又发动三次空袭德国石油工业轰炸行动，这回德国空军Ⅰ./JG 300大队和Ⅲ./

JG 300大队损失惨重却没取得什么像样的战果。远在南部的Ⅰ./JG 302大队在6月29日拦截美国第15航空军空袭维也纳附近石油设施的行动中战绩还算喜人，该大队击落7架B-24轰炸机和3架P-51战斗机，对于美国此次近1000架飞机的规模，这点损失跟没损失一样，但德国方面却有三名飞行员丧生。

6月底，第一个从诺曼底返回德国的战斗机大队是Ⅱ./JG 5，这个大队在低地国家作战的时间非常短，而且作战损失也远远低于前线作战单位，总的来说八名飞行员丧生或失踪，外加一人受伤。7月重新加入到帝国保卫战序列的是Ⅱ./JG 27大队和新近刚刚装备Bf 109G-6/AS高空型号战斗机的Ⅲ./JG 53大队，后者从意大利战场返回德国。但是，这些返回德国的老兵数量极为有限，根本无法阻止Bf 109战斗机在帝国保卫战中不停减少的趋势，更挽救不了德国岌岌可危的命运。

盟军诺曼底登陆后的帝国保卫战的作战序列有了明显的变化，也就是帝国领空更多地依赖三个装备Fw 190战斗机的突击大队，每个大队的核心是一个战斗队（Gefechtsverband），其他还包括几个Bf 109战斗机单位，后者主要执行护航任务，在编队的上方为重装甲和重火力的Fw 190战斗机提供掩护。具体地说，突击大队的主要任务就是搜索和攻击美国重型轰炸机编队，Bf 109单位主要职责就是保护Fw 190免受敌护航战斗机的攻击，必要时牵制敌护航战斗机。

德国空军这种新的分工战术在7月18日的战斗中有机会进行实战检验，这天美国第15航空军出动500多架轰炸机专门轰炸Fw 190突击大队位于德国南部梅明根（Memmingen）的基地，机会找上门了。在拦截美国轰炸机行动中，Fw 190突击大队声称击落了47架美国轰炸机，Ⅰ./JG 300大队的Bf 109击落2架

▲JG 302联队的1架Bf 109G-6战斗机。照片拍摄于1944年，不清楚是哪个大队的飞机。

P-51“野马”战斗机，Ⅱ./JG 27大队击落1架敌机，Ⅲ./JG 300大队竟然剃了光头，德国方面的损失情况是九名飞行员丧生，五人受伤。从战果看，德国这种分工战术起到了很好的效果，自从4月29日以来德国空军就再没取得过这么好的战绩。

7月19日，美国第八和第15航空军以90分钟为间隔一起出动轰炸德国西南地区和慕尼黑地区目标，两个单位出动的重型轰炸机数量达到1500余架，护航战斗机不计其数。德国五个Bf 109战斗机大队在拦截行动中声称击落了14架轰炸机和2架战斗机，最为成功的是Ⅰ./JG 302大队，它击落了10架B-17轰炸机，而参与战斗的两个Fw 190突击大队击落的总数也不及它多。

Ⅰ./JG 302大队的10架战果中有1架属于威利•雷施克中士，这是他帝国保卫战中第三个重型轰炸机战果，之前他在苏联战场击落过4架苏联飞机，帝国保卫战中还击落过1架P-51战斗机。这位刚刚冒头的士官在随后的战斗中（直到二战结束）战绩竟然超过海因里希•沃泽尔上尉达到27架，这是Ⅰ./JG 302大队战绩最高的。沃泽尔在7月8日的战斗中在维也纳上空击落个人生涯中最后2架B-24轰炸机的行动中受伤，他取得的26架战果全部是驾驶Bf 109战斗机取得的，包括他首开记录的2架夜间击落的皇家空军重型轰炸机，而雷施克的27架战果中有近一半是Ⅰ./JG 302番号改为Ⅲ./JG 301时换装Fw 190战斗机取得的。

雷施克的成功例子只是极为少见的个案，帝国末日来临的几个月里更多见的是德国空军伤亡者名单。此时，虽然有帝国元帅戈林的限制命令，一些单位重要指挥官（不一定就是战绩特别突出的）依旧会寻机升空作战，他们早就知道了德国灭亡的命运，但作为军人就得战斗。Ⅱ./JG 5大队就是一个典型的例子，这个大队又一位最近新上任的指挥官，即汉斯•特茨纳（Hans Tetzner）中尉（注意这个军衔级别）在7月19日的战斗中在慕尼黑附近阵亡。第二天，9./JG 5中队指挥官洛伦茨•安德烈森（Lorenz Andresen）中尉被美国护航战斗机击落在德国中部地区。一个多月后的8月25日，特茨纳的继任者库尔特•科特纳（Kurt Kettner）中尉在拦截美国第八航空军空袭德国波罗的海沿岸目标的行动中阵亡。如果对德国地理位置十分熟悉就会发现一个问题，Ⅱ./JG 5大队三位指挥官坠机地点从南部慕尼黑到北部波罗的海跨度几乎就是德国南北两个极端方向，一个战斗机大队在这么大的跨度空间作战足以说明帝国保卫战中战斗机单位的窘况，这在过去根本无法想像。

在诺曼底战役中被打得支离破碎，所剩无几的战斗机大队返回德国后只休息了几个星期就又投入到帝国保卫战中，也就是在这个时候，德国本土防空最后一轮调动在1944年夏秋之间开始进行，JG 4联队和JG 77联队的主要成员从欧洲南部和东南部返回德国，为了本土安全，希特勒已经开始急剧缩小“欧洲堡垒”的范围。

▲1944年7月21日清晨，1./JG 301中队指挥官霍斯特•普伦泽尔驾驶他的Bf 109G-6/U2座机到盟军占领区域执行作战任务，两个半小时后的2点40分，他选择在自认为是比利时的一处机场降落，实际上他降落在英国肯特郡的芒斯顿。英国人后来对飞机进行了测试，飞机编号为TP814。

对于作战效能的提高一点帮助也没有。9月17日盟军发动的“市场花园行动”（Operation Market Garden）就说明了这一点，当遮天蔽日的盟军运输机和滑翔机低空进入荷兰后，德国战斗机大队几乎毫无作为，盟军的飞机的损失极轻，仅有的损失还主要是地面高炮造成的。获知盟军的空降行动，德国空军高层紧急组建三个大型战斗队（Gefechtsverbande，英语Battle-group）投入在最近的帝国保卫战中已经被盟军彻底消灭的驱逐机单位，即Ⅰ./ZG 76大队和Ⅱ./ZG 1大队此时番号改为Ⅰ./JG 76和Ⅲ./JG 76，只剩下番号的这两个空壳大队重新装备单座战斗机并开始执行本土防空任务。

此时德国空军战斗机大队很多已经名存实亡，有的只剩下几架战斗机撑门面，因此德国空军一方面要补充损失，另一方面就是快速地调整单位番号以便于指挥，上段中Ⅰ./JG 76大队和Ⅲ./JG 76大队采用新番号不久就又将番号改为Ⅳ./JG 300和Ⅳ./JG 53，也就是分别成了JG 300和JG 53联队的第Ⅳ大队。德国空军高层的意思是简化一下战斗序列，而实际到空降点作战，三个战斗队包括至少八个战斗机大队，但是，大型战斗机在战区没有发挥任何作用，盟军的战斗机和补给飞机照样不受干扰地执行自己的任务。

德国战斗机单位没能在荷兰阿纳姆地区发挥作用有很多原因，说德国那时缺少战斗机肯定是错误的，因为进入疯狂状态的德国，仅在1944年9月就向空军交付了不少于3013架单座战斗机，其中包括新生产的和返修的飞机。未能发挥作用最可能的原因是德国本土防空中根本抽不出额外的战斗机力量到德国以外的战场，德国才是重中之重。

德国还未灭亡，Bf 109战斗机单位就得继续战斗，偶尔取得一些小胜利让德国

▲自从盟军在诺曼底登陆后，德国空军单位就把如何隐蔽作战飞机当作一项重要任务。图中是Ⅱ./JG 27大队的Bf 109G-6飞机隐蔽在树林中。

人高兴一会儿。例如8月24日战斗中，新加入到帝国保卫战序列的Ⅲ./JG 53大队取得了回国后最高击坠纪录：在吕讷堡荒原（Luneburg Heath）地区击落8架B-17轰炸机，其中1架战果属于大队指挥官弗兰兹•戈特兹少校，这是他国土防空战役中第二架重型轰炸机战果。在1945年1月晋升为JG 26联队指挥官前，戈特兹少校又击落2架敌机。

但是，德国飞行员个人取得的小胜利和美国第八航空军给德国造成的损失相比简直可以忽略不计，而自从美国采取打击德国石油行动后，德国石油工业所受的影响从开始一点点显现，到9月份时这种影响迅速演变成重大打击，8月底，希特勒的军需部长阿尔伯特•斯皮尔（Albert Speer）不无忧虑地称，最新一次空袭后，德国9月份的航空煤油产量将只有几个星期前的1/10。斯皮尔请求德国空军能采取行动阻止盟军的轰炸，他说“我们目前需要的，至少在9月中旬能重创美国轰炸机编队一次”，他希望德国空军能立即组织起最好的战斗机单位、最优秀的飞行员和至少1200架战斗机投入战斗拦截美国轰炸机编队。如果他这个愿望能实现，那么希特勒肯定希望立即有10万架战斗机、100万架轰炸机把敌人踏平了事。

与斯皮尔主意不谋而合的是战斗机兵种总监阿道夫•加兰德正在策划的一次行动，不同点就在于加兰德并没有幻想“立即”实现这个目标。好久没提到的战斗机兵种总监阿道夫•加兰德此时已经从坐了三年的办公桌的位置下来了，这倒成全了他的梦想，在台上的加兰德性格一点也没变，他说话直率，公正，对德国空军高层领导的失误总是提出批评，最主要对于航空发展，他跟高层的分歧比较大，特别是希特勒和戈林，帝国元帅实在受够了加兰德，最终解职了事。帝国行将灭亡之际，加兰德还留了一手，用他的话说就是准备给盟军一个“重大打击”，西西里岛战役中他已经预演过他的“重击敌人”的战斗了，但是，没成功。加兰德这个人确实有很强的组织和规划能力，只是他挽救不了侵略者必败的命运。这个阶段德国的燃油供应几乎中断，没想到加兰德早有他个人的计划，因此他私自储存了一些燃油，当然不是给自己用，他计划组织战斗机部队实施一次大规模的反击行动，试图给盟军空军重重一击。加兰德的具体计划就是，在下一个气象条件较好的时间段里（某个时间段里气象条件会比较稳定），每一架可以用的战斗机都参加打击美国重型轰炸机的行动，当时加兰德计划组织2000架。这个超级行动成功的标准是击落盟军400－500架轰炸机，己方损失400架战斗机和100－150名飞行员。如果能达到这个目标，“那将会大大削弱美国第八航空军的作战能力”，加兰德自信地这么认为。

▲Ⅲ./JG 77大队的Bf 109K战斗机，这个型号出来较晚，对德国的命运改变没有任何作用。照片拍摄于1944年的新鲁平（柏林西北部）。

▲上两图中Bf 109飞机被击中时的情况，上图中飞机被击中左侧机翼，这架飞机可能是属于JG 4联队的Bf 109G-10战斗机。

但是，垂死挣扎的最后一击意味着死得更快，即使行动成功也是如此，“阿登反击战”也不例外。相信我们普通读者能预见的结果加兰德比我们更清楚，因此，用他后来的话说实际上就是希望能像一年前施魏因富特－雷根斯保卫行动重创美国轰炸机编队一样打击美国，让德国喘息的时间再延长一些，再利用这个空隙加紧生产致命武器——Me 262喷气式战斗机，使之达到具备决定性的数量。为此，8月和9月间，更多的战斗机大队返回德国听从统一调遣，这些回国单位中有不少于十个Bf 109战斗机大队，即Ⅰ./JG 3和Ⅱ./JG 3大队、Ⅲ./JG 4大队、Ⅱ./JG 11大队、Ⅲ./JG 27大队、Ⅱ./JG 53大队、Ⅰ./JG 76大队和JG 77联队所有三个大队。10月，又有两个单位加入到帝国保卫战序列中，即Ⅲ./JG 3大队和Ⅰ./JG 27大队，11月回国的也有两个大队，即Ⅲ./JG 1大队和Ⅳ./JG 27大队。

但是，说话就是法律的希特勒此时也有一个给盟军“重重一击”的计划。正在精心组织和训练高空拦截轰炸机战术的加兰德被命令为西线一次新的（希特勒构想的）反击战提供支援。希特勒此时正准备一次“重击”盟军的反击行动，试图复制他四年前占领法国的闪电战术，这就是广为熟知的“阿登反击战”。希特勒计划快速从阿登出击，然后向英吉利海峡方向推进，将盟军地面部队一分为二。希特勒没有说将盟军部队一分为二后下一步是什么，潜台词可能是“围而歼之”，或是“各个击破”，但是连他自己也没敢把事情想得如此之美！

先不提希特勒准备“阿登反击战”的事儿，此时的德国Bf 109战斗机大队的处境极为尴尬，一方面他要保护德国工业设施免遭盟军进一步毁坏，另一方面还得保护自己能在数量和质量上远远超过德军的盟军空中打击行动中生存下来，不幸的是，这两个方面目标德国战斗机大队都没能实现。在9月里美国第八和第15航空军发动的20次大规模空袭行动中，除了7次外其余都是轰炸德国石油工业设施，美国在这些行动中也付出了沉重的代价，第八航空军在9月11日和12日的战斗中损失75架轰炸机。而这两天拦截行动中最为成功的Bf 109战斗机大队是新近回国的两个单位，Ⅲ./JG 4大队和Ⅰ./JG 76大队原来都是重型驱逐机大队，如今都换装单发战斗机，驻地都在首都柏林南部。9月11日，Ⅲ./JG 4大队从阿尔特诺（Alteno，如今地图上找不到这个地方，在德累斯顿西北部）被引导去拦截一支去轰炸开姆尼茨（Chemnitz，德累斯顿西南）和捷克边境地区的美国B-17轰炸机编队，该大队作战中击落12架B-17轰炸机和2架P-51“野马”战斗机。Ⅰ./JG 76大队的20架Bf 109G-6战斗机从加罗（Gahro）向西直接拦截另1支美国轰炸机编队，在卡塞尔（Kassel），德国战斗机与美国两个“野马”战斗机大队遭遇，在一番苦战后，Ⅰ./JG 76大队击落5架P-51“野马”战斗机。

但是，德国方面宣称的击坠数字并没有得到美国承认，而且这些比较耀眼的战果也存在一些问题，从伤亡情况可以明显地看出德国这两个大队的主要组成是没有经验的新手，行动中两个大队分别损失了14名飞行员（Ⅲ./JG 4大队死亡九人，伤

▲4./JG 3中队的1架Bf 109G-6被击落，飞机实施了迫降，飞行员命运不详，一群美国士兵正在检查这架飞机。照片拍摄于1944年8月。

▲自从盟军在诺曼底登陆后，树林就成了德国空军战斗机部队的最爱。在盟军登陆前，美国重型轰炸机主要以工业和城市目标为主，不大的机场不值得重型轰炸机冒险跑一趟。而诺曼底登陆后，盟军各种类型飞机均出现在法国的天空，战斗轰炸机和轻型轰炸机日夜不停地搜索德军机场目标。图中是Ⅲ./JG 26大队的Bf 109G-6飞机。

五人；Ⅰ./JG 76大队伤和亡各半）这个数量几乎就是大队飞行员总数的3/4。从前面介绍的上百次的战例可以看出，这种损失前所未有，也只能说明一个问题，飞行员大部分是新上战场的菜鸟。令人惊讶的是，伤亡这么严重，这两个大队第二天竟然又参加了战斗，这天执行的是为II.(Sturm)/JG 4突击大队的Fw 190战斗机护航的任务，每个大队再次宣称分别击落7架B-17轰炸机，己方有12名飞行员丧生，三人受伤。按照这些数据计算，两个大队正好一个飞行员也不剩了！

9月12日的战斗中，德国空军一只老“兔子”（指有经验的飞行员，“老”并不是指年龄）也参加了战斗，他就是“骑士十字勋章”获得者阿尔弗雷德•格里斯劳斯基上尉。格里斯劳斯基一直在东线战场格拉夫的9./JG 52中队服役，后来他随中队指挥官一同回到德国，他先是在JGr 50联队，然后短暂地在JG 1联队服役，最近他才被调往Ⅲ./JG 53大队任该大队第11中队指挥官。9月12日的战斗中，他在柏林上空击落2架B-17轰炸机，他的战绩因此提升到132架，其中最后23架是他在帝国保卫战中取得的，这其中又有17架是重型轰炸机。有意思的是，格里斯劳斯基在参加9月26日的战斗中被天上掉下的馅饼砸中。这天战斗结束后，他获得击落1架P-38战斗机的官方认定战果，但是，他始终不承认自己击落了这架敌机，当天，他确实在明斯特上空与1架P-38发生了格斗，他不仅没有击落敌机，反倒被敌机击伤，这个战果是怎么回事他也不清楚。笔者说明：这种情况在任何时期的世界空战史上都很常见，情况各不相同，唯独飞行员不知内情。比如这次战斗，有可能美国P-38飞机被格里斯劳斯基击中后既没冒烟，也没起火，更没有坠毁，但脱离战斗后，被击中的P-38飞机伤情“发作”坠毁，这也算是他的战果。战争时期，有的人中弹时一点反应也没有，战斗结束后才知道受伤，甚至死亡。

实际上，Ⅲ./JG 4大队和Ⅰ./JG 76大队的伤亡最为真实地反映了1944年最后几个月里19个Bf 109战斗机大队每天战斗的情况，这些大队（也包括其他作战部队）大部分由没有经验的新飞行员组成，他们的对手是数量上占绝对优势，个人技能和作战经验丰富的飞行员，想获胜根本就不可能。这些新飞行员大部分没能在第一次战斗中幸存，有的参加数次战斗也没能取得一个战果，理所当然没有人记住他们的名字。一些为数已经不多的老兵继续战斗，继续为个人战绩增加战果，但是，他们取得战果的频繁和数量也远非过去可比。

有必要提一下Bf 109战斗机家族中最后一个型号，即Bf 109K的作战情况。1944

▲诺伊堡比贝格基地停放着很多Bf 109G-10飞机，这个型号跟Bf 109G-6区别不大，比较明显的是高垂尾。

▲Bf 109G-12教练型出现太迟对于德国空军的训练体系影响非常大，过去的训练体系有充足的时间让学员一步步地掌握飞行技巧，而1943年下半年以后，随着损失增加，德国需要短时间内大量训练飞行员，从其他初级教练机一下子过渡到作战型号带来很多问题，很多基础训练飞行小时不足的学员在转型训练时失事丧生。

年10月中旬，Bf 109K首批飞机（Bf 109K-4）开始交付给帝国保卫战中的战斗机大队。虽然到二战结束时，德国共生产了1500架以上Bf 109K战斗机，但是，这个数量实在不值得一提，而且也太迟了。即使飞机的数量足够多，德国空军此时也拿不出燃油让这些飞机升空作战，更找不到充足的飞行员来驾驶，更何况当前可怜的数量也难发挥应有的作用。德国空军大约有20个战斗机大队同时装备Bf 109K-4和Bf 109G战斗机，只有四个，最多五个大队完全装备的是Bf 109K-4飞机，而且有的大队装备的时间非常短，因为战争结束了。

由于很多战斗机大队在1945年1月被调往东部前线，现在很难确切地统计在二战最后几个月里诞生了多少Bf 109K王牌飞行员，唯一可知的是非常少。装备Bf 109K-4战斗机的主要是三个大队，它们分别隶属于JG 27联队、JG 53联队和JG 77联队，Ⅲ./JG 77大队在东部战线结束战争，其他两个大队一直战斗到德国投降，而且这两个大队是产生Bf 109K王牌的主要单位，实际上也屈指可数。

12./JG 27中队指挥官埃米尔•克莱德（Emil Clade）少尉在1944年12月至1945年2月间取得5架战果，他的最终战绩上升到27架，也就是在1945年2月，他晋升为Ⅲ./JG 27大队指挥官，军衔也晋升至中尉。克莱德的一位飞行员瓦尔特•阿诺德（Walter Arnold）上士也从12月开始后的战斗中击落5架盟军飞机，他取得的最后战果是1945年4月2日击落的1架飞机英

▲德国杜纳堡基地1./NAG 5中队的1架Bf 109G-8战斗机。Bf 109G-6是德国空军主要型号，其后的型号都是为了适应战场变化进行的小改进，即使是Bf 109K也与Bf 109G系列没有外观上的区别，内部区别也不大，Bf 109系列已经不再是德国空军主力，但数量上仍然十分惊人。

▲Bf 109-12教练机出现得太迟，数量也太少，为此，一些Bf 109G-6也被训练单位用来执行新学员训练任务，主要是这个型号比此前型号更好驾驶。注意飞机上三位数字的书写方式。

国奥斯特（Auster）轻型飞机，至此他的战绩总数达到8架。因为Ⅲ./JG 27大队在1944年10月底就全部换装了Bf 109K-4战斗机，克莱德和阿诺德的5架战果肯定是驾驶Bf 109K-4取得的，他们俩是确信无疑的Bf 109K王牌。

还有两个人也在最后阶段取得5架以上战果，一个是Ⅲ./JG 53大队指挥官齐格弗雷德•卢肯巴赫（Siegfried Luckenbach）上尉，他在1945年2－3月间取得五次胜利，他的11./JG 53中队指挥官冈瑟尔•兰特（Gunther Landt）少尉在1945年2月击落3架美国P-47战斗机。2月23日，在德国斯图加特西部上空的战斗中，兰特的Bf 109K-4飞机（序列号Wk-Nr 332660）与美国1架“野马”战斗机在格斗时相撞，兰特受了轻伤，最终安全地跳伞逃生，被撞的“野马”坠毁，这个算兰特的战果。3月，兰特返回部队继续战斗，在4月24日前，他又取得3个战果，包括1架B-26轰炸机。兰特的最后7架战果（他个人总战绩是22架）使得他成为Bf 109K的头号王牌。

除了上面提到的几位飞行员，原来驾驶Bf 109G型号十分成功的飞行员后来也驾驶过Bf 109K，关于这个型号的王牌争夺战还未结束。有一点需要提一下，由于Bf 109K服役时间不长，远远无法与此前型号相比，因此，后来人关于飞机编号的“K”到底是“Karl”还是“Konrad”都没搞清。

1944年10月5日，德国空军高级司令部（Oberkommando der Luftwaffe，英语German-Air Force High Command）骄傲地宣布第2战斗机集团军（II.Jagdkorps或Jagdkorps 2）自6月6日以来在西线取得第1000架战果。这个战果的背后是德国空军付出的巨大伤亡，德国空军高层不愿意提这方面影响士气的数据，以前取得“辉煌”战绩却付出极小代价的日子一去不复返了。负责本土防空的第1战斗机集团军在与美国第八航空军的较量中，取得的任何战果付

▲Ⅰ./JG 300大队的Bf 109G-14战斗机，对比下图的Bf 109G-14/AS，前者发动机整流罩的鼓包突出十分明显。

▲博尔克海德基地2./JG 300中队的Bf 109G-10/AS战斗机，照片拍摄于1944年秋天。1945年1月14日，这架飞机在勃兰登堡附近被击落。

出的伤亡都比第2战斗机集团军更大，比如11月1日，第1战斗机集团军所拥有的347架单座昼间战斗机在一天的战斗中就损失1/3力量。11月2日的情况更糟糕。

11月2日同时也是美国第八航空军最后一次遭受重大损失。这天，美国出动近1200架轰炸机轰炸梅泽堡和德国中部的石油精炼厂，有40架轰炸机未能返回英国基地。但是，在这天残酷的战斗中，损失更严重的是德国一方，在参与拦截行动的305架战斗机中，有一半被击落，73名飞行员丧生，这其中有一半属于三个Bf 109战斗机大队。损失最为严重的是Ⅱ./JG 3大队，该大队有12名飞行员阵亡，这么大的损失换来的却是零记录；Ⅰ./JG 27大队声称击落2架P-51战斗机，代价是损失11名飞行员（不一定是死亡）；Ⅳ./JG 27大队击落4架“野马”，十名飞行员丧生。这种衰败之象只是开始不是结束。

德国空军11月3日的情况跟前一天差不多，但是盟军方面损失锐减，鉴于德国空军拙劣的表现和严重的损失，四天后，希特勒和德国空军总参谋部首脑埃克哈德•克里斯蒂安（Eckhard Christian）之间就11月2日的战斗爆发了激烈的争论，此时已经不招希特勒待见的戈林依旧保持着低姿态，不敢发表什么意见。

总参谋长克里斯蒂安通报称11月2日击落大约80架敌机，其中两个突击大队击落30架，地面高炮击落30架。

“你的意思是我们260架战斗机参加行动却只击落20架敌机？他们（指德国空军）的损失情况如何？”

“90名飞行员，我的元首。”

“好啊！260架战斗机参战，击落20架敌机，自己损失90人。”

“另外”，克里斯蒂安指出，“突击大队都有另1个战斗机大队提供护航任务”。

“我不想对此发表什么意见，目前我关心的是这个战斗机大队作用就是（吸引敌机）射击的，那敌人战斗机也在被击落的飞机之列，不仅仅是轰炸机？”

“是的，我的元首。”

▲于特伯格基地Ⅲ./JG 300大队的Bf 109G-14/AS战斗机，注意看后机身的识别条纹。

“原来如此，这个结果着实让人非常失望。”

克里斯蒂安想解释一下目前德国战斗机大队面临的困难，但是希特勒对此并不感兴趣。

“我不想根据这个结果来批评飞行员，但我可以根据这些数字

▲11./JG 53中队的Bf 109K-4战斗机。除了编号新鲜得让人不清楚"K"到底是什么意思，其他方面没有本质上的提高，德国希望借助超级武器来挽救失败的命运。

得出这样的结论，如果有2600架战斗机升空，我们可以获得200架战果。换句话说，按一次大规模行动10:1来计算，那么我们要生产多少飞机才能让德国空军发动一次大规模行动。"

此一时，彼一时，希特勒应该明白德国的现状，但他在装糊涂。

希特勒念念不忘他的重创盟军的反击行动，他的计划实施就意味着阿道夫•加兰德的计划终止。希特勒的计划是12月在法国阿登地区组织一次大规模反击行动，德国西部的战斗机大队为地面反击部队提供空中掩护。希特勒亲自策划的这场战役被称为"突出部战斗"（Battle of the Bulge），中国人比较熟悉的"阿登反击战"。但是，在此次战役之前，德国两个Bf 109战斗机大队在与盟军轰炸机作战中取得最后一次重大胜利。

12月12日，英国皇家空军轰炸机司令部出动140架"兰开斯特"轰炸机白天轰炸德国鲁尔工业区的钢铁厂，不清楚英国为什么没有派出护航战斗机，英国皇家空军没有远程护航战斗机不假，但此时已经有法国和低地国家机场可用，也可以请美国护航战斗机参与。英国人的大胆让德国空军拣了大便宜，参与拦截的Ⅰ./JG 3大队的Bf 109G战斗机一举击落13架轰炸机，紧随其后的Ⅳ./JG 27大队又击落8架。但是，英国称实际损失是7架"兰开斯特"轰炸机，第八架后来迫降在比利时的盟军机场，还有1架受伤后在北海迫降，两例迫降都没有人员伤亡。有必要提一下，越是到失败的时候，德国越是需要振奋的战果来鼓舞士气，战

▲11./JG 3中队的兹特茨曼和莱尼恩两位士官站在Bf 109K-4飞机前，这一时期，每拍一张照片都可能是遗照。他俩后面的飞机后来在什末林被苏联雅克-9战斗机击落，驾驶员冈特尔丧生。

果认定的苛刻标准早就明存实亡，这种夸大战果的行为一直持续到二战结束。

1944年12月16日，“阿登反击战”正式开始，德国选择这个时间是因为当时的气象条件比较恶劣，跟加兰德原来的计划选择气象条件好完全不一样，德国的意图是恶劣的天气可以阻止盟军作战飞机参战，确实德国这一目的达到了。但是恶劣的天气并没有阻止德国空军采取行动，战役爆发后两天里，德国空军一直参与行动支援德国陆军向前推进，12月19日，此次战役空军总指挥迪特里希•佩尔茨（Dietrich Peltz）少将宣称他自己对德国空军的作战行动，主要是对地攻击表示满意。

但是，12月22日，天气开始放晴，盟军作战飞机立即投入战斗，随后一个星期的战斗后，佩尔茨少将立即改变了态度，他抱怨德国很多飞行员没有任何原因擅自脱离战斗，这些飞行员抛掉副油箱，掉头返回基地。盟军截击单位截获的德国空军一份电文证实了这一现象，电文内容是德国空军JG 27联队指挥官古斯塔夫•罗德尔称在12月23日的战斗中他的联队有20%的飞行员擅自脱离战斗，他威胁说以后再有谁这么做就把他送上军事法庭。

12月23日，德国空军又有一名重量级指挥官丧生，他就是海因里希•巴特尔斯。海因里希•巴特尔斯（1918年7月13日－1944年12月23日）出生在奥地利，早年他是个面包师，希特勒吞并奥地利后他于1938年加入德国空军。1941年夏初，巴特尔斯到JG 26联队的训练和支援中队服役，在此期间的8月19日，他击落2架英国“喷火”战斗机，这是他首次击落敌机。1942年1月27日，巴特尔斯被调到11./JG 1中队服役，这个中队番号后来改为8./JG 5。在北极前线，他在100架次作战任务中击落47架苏联飞机，其中1942年9月就击落21架。在1942年11月13日获得第46架战果后他获得了“骑士十字勋章”。1943年8月，巴特尔斯再次被调到11./JG 27中队，随后又到15./JG 27中队[①]，分别参加了巴尔干和德国保卫战，截至1943年年底，他的战绩上升到73架，后24架是他在六个星期内（1943年10月25日－11月15日）取得的。1944年4－5月间，他击落12架美国战斗机，其中三次在单次战斗中击落3架敌机。在诺曼底战役的6月，五天内他击落11架美国和英国战斗机，为此他获得了“橡树叶加骑士十字勋章”。

12月23日是海因里希•巴特尔斯取得第99个，也是他最后一个战果的日子，当天他在波恩附近上空击落1架美国P-47战斗机，但是他没能返回基地，情况不明。多数资料称巴特尔斯是被美国首次在欧洲战场使用的P-47D最新型号战斗机（P-47D-25-ME是最早采用水泡形座舱型号，此前的P-47D型号都有剃刀背）击

① 德国空军正常情况下一个联队有三个大队，一个大队有三个中队，上文提到过，帝国保卫战期间，一些联队扩编为四个大队，而一些大队也扩编为四个中队，因此，15./JG 27中队属于Ⅳ./JG 27大队。

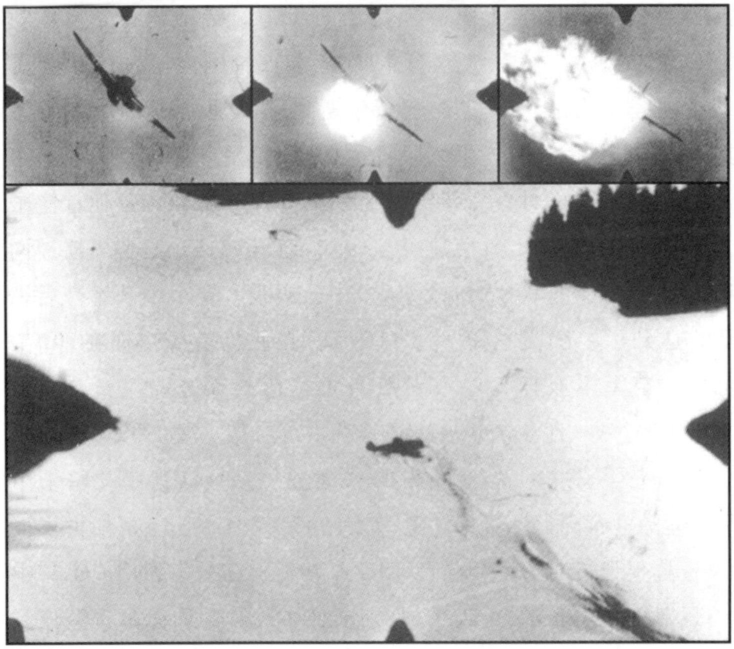

▲12月22日天气放晴后，美国战斗机开始全面出击，毫无疑问，德国空军再遭损失。上图美国战斗机照相枪连续画面显示的是德国1架Bf 109飞机的副油箱被击中起火（未抛副油箱就是一大错误）。不过德国飞行员及时抛掉副油箱并成功迫降。

▲海因里希•巴特尔斯在1942年11月13日获得“骑士十字勋章”，他的座机也是13号（黄色）。

落的，击落他的是美国陆航第56战斗机大队飞行员。直到24年后的1968年1月26日，他的遗骸和Bf 109G-10座机（序列号Wk-Nr 130359，黄色13号）残骸才在巴特戈德斯贝格附近被发现，座舱内降落伞具未被打开。同样在这一天，JG 11联队一支由Bf 109和Fw 190战斗机组成的战斗机编队声称在摩泽尔山谷（Moselle Valley）上空击落不少于28架B-26轰炸机，加上大量美国护航战斗机。

在“突出部战斗”中，原JG 77联队老兵，此前一直在苏联和地中海战场作战，如今是14./JG 27中队指挥官的厄恩斯特•威廉•赖纳特中尉取得他人生174架战果中最后1架，他的牺牲品是1架脱离高空轰炸机编队的奥斯特AOP飞机

（Auster AOP），赖纳特在12月27日将其击落在亚琛南面的奥伊彭（Eupen，属比利时），有意思的是美国P-47护航战斗机刚刚离开这里。

盟军飞行员不要命地参与战斗是为了反法西斯和正义（其他盟军官兵也是如此），上段提到的JG 27联队指挥官古斯塔夫•罗德尔对盟军飞行员的这种牺牲精神敬佩有加，他同样也要求自己的飞行员也具备这种精神，与其临阵逃亡被枪毙，不如抱着必死的信念往前冲，他手下那些毫无经验的新兵战斗力就甭提了，还特别怕死，好言相劝根本不起作用，最后罗德尔几乎是威胁他们为帝国献身。眼睛急红了，什么损招儿都用上，这位JG 27联队指挥官的98架战绩中只有1架是苏联飞机，其余都是西线盟军飞机，能坐上著名联队指挥官的位置肯定不是吃素的。

截至12月最后一周，德国的反击步伐已经被盟军遏制住，德国空军也因为天气的好转而遭受重大打击，在48小时里，战斗机单位就损失了200名飞行员，包括四位战斗机大队指挥官和七名中队指挥官。让人意外的是，尽管仍在中低空执行作战任务，Bf 109大队的损失并不算严重，至少可以接受。在这种情况下，加兰德提出的给盟军“重重一击”的计划得以复活，但是，此时加兰德的计划不是“打击”美国第八航空军，岌岌可危的目前形势下，他的计划是“重击”位于低地国家和法国境内的盟军前线机场。原计划的2000架战斗机已经被希特勒用光了一半，现在只能组织1000架不到的战斗机来实施他的计划，这1000架同样不是个小数字，它可以组成33个战斗机大队，其中19个大队装备Bf 109战斗机。

加兰德这个行动代号为“底板行动”（Unternehmen Bodenplatte，英语Operation Baseplate）的行动在1945年新年的第一天开始进行，德国空军西线战役的死亡丧钟敲响了。这次行动的结果是，德军炸毁了盟军500架左右的战斗机，毙伤人员120－130人，其中只有少量飞行员。相比之下德国空军的损失极为惨重：271架飞机被击落，143名飞行员丧生，70人失踪（也就是被俘，德国不知道情况，盟军可是一清二楚），21人受伤。损失的飞机中有17架德国飞机被自己的高射炮击落，德国人已经习惯了满天的盟军飞机，一次看到这么多德国飞机（事后知道的）还是头一次，因此地面高炮部队误以为天上飞的是盟军飞机。盘点一下双方损失产生的后果，盟军损失的仅仅是停在地面的飞机，不是飞行员，损失的这些飞机可以在一两天内补充上来；德国既损失飞机又损失飞行员，特别是此次行动中又有两名Bf 109联队指挥官丧生，其中之一就是JG 11联队冈瑟尔•斯皮切特少校，他在荷兰马斯特里赫特一带失踪，至今下落不明。此时JG 11队部已经换装了Fw 190战斗机，但斯皮切特的生涯中大部分时间驾驶的是Bf 109战斗机。除了两位联队指挥官，还有六名大队指挥官和九位中队指挥官丧生，这个损失无论如何也无法弥补。

德国空军为“底板行动”贴进了最后的老本，再也无力发动新的攻势。

1945年1月1日的行动中，少数德国空军飞行员取得空战胜利纯属意外，因为此次行动盟军绝少有战斗机升空，因此双方空战并不多，德国空军只有一位或两位王牌好不容易分别取得1架战果。“骑士十字勋章”获得者，东线战役和

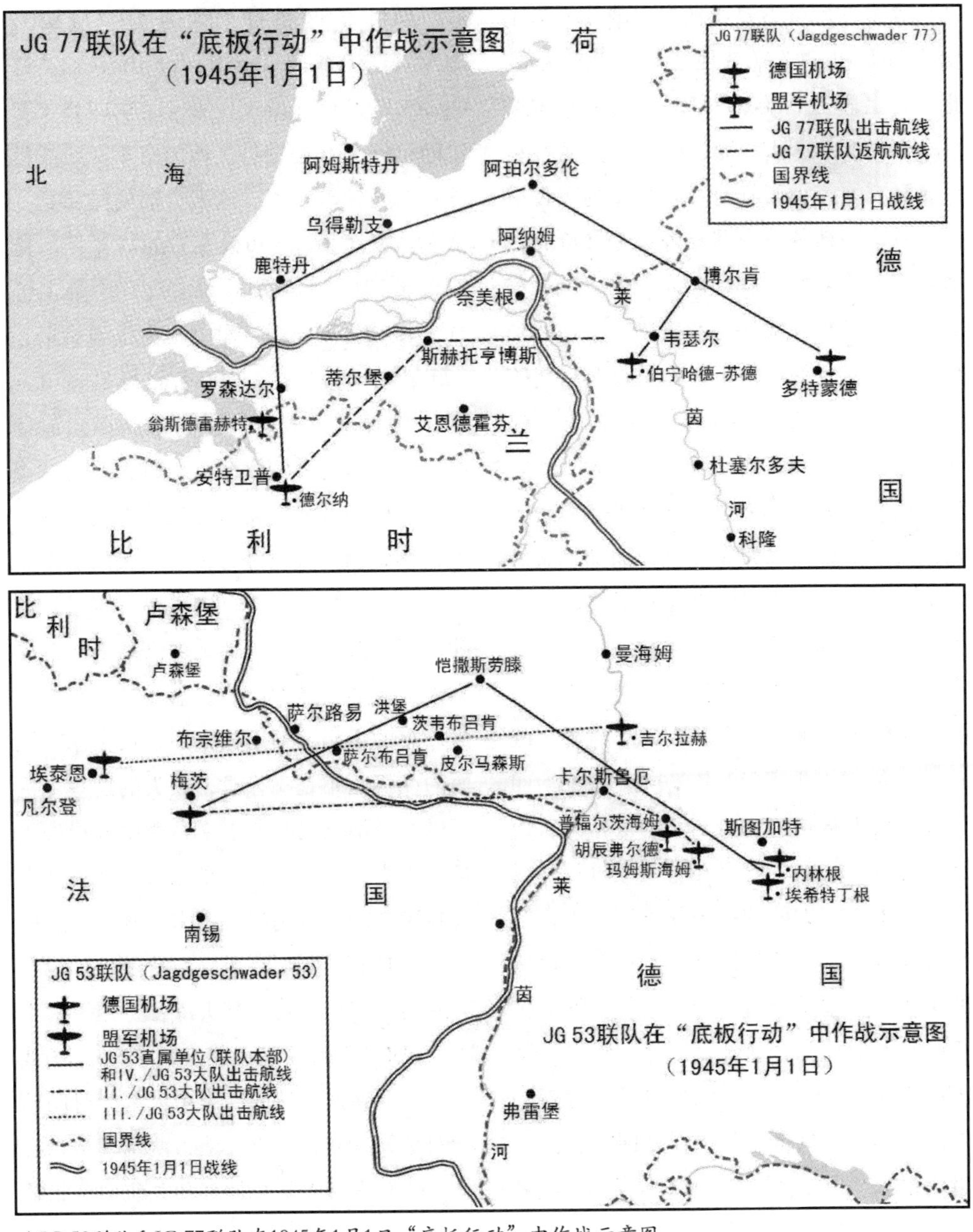

▲JG 53联队和JG 77联队在1945年1月1日“底板行动”中作战示意图。

地中海战场老兵，新近刚被任命为JG 77联队指挥官的齐格菲尔德•弗雷塔格（Siegfried Freytag）少校率领联队飞机编队攻击比利时安特卫普附近德尔纳（Deurne）机场击落1架“喷火”战斗机，这是他个人第102架战果，也是最后一个；最近刚获得“骑士十字勋章”的9./JG 3中队指挥官奥斯卡•齐默尔曼（Oskar Zimmermann）少尉在荷兰艾恩德霍文（Eindhoven，德国空军JG 3联队分配的打击目标）上空击落1架英国皇家空军“暴风”（Tempest）战斗机，二战结束时他的战绩为48架，其中14架是重型轰炸机。

13./JG 53中队的爱德华多•伊斯肯（Eduard Isken）军士长是自1940年以来就参战的老兵，同时也是一位非常富有经验的士官飞行员。1月1日当天，他在飞往梅斯－弗莱斯卡提机场（Metz-Frescaty，当天JG 53大队的目标之一）的途中巧遇1架“奥斯特”飞机在他的

▲这架美国B-17F轰炸机被德国Me 262战斗机击落，飞机的机翼已经从根部脱落。进入到1945年，美国的损失急剧下降，纳粹德国的损失快速增长，直到灭亡。

▲12./JG 53中队的1架Bf 109G-10战斗机被美军缴获。

路径前方穿过，这架毫无悬念地被击落的飞机成为伊斯肯的第50架战果。“底板行动”两个星期后，爱德华多•伊斯肯获得“骑士十字勋章”（1944年以来就很少提到“骑士十字勋章”的事儿，这也是德国空军作战状况的写照），军衔也晋升为少尉，他有幸活过二战，最终战绩为56架，其中17架是四发重型轰炸机。

希特勒想得美，他想在西线发动“阿登反击战”重创西线盟军，增加谈判筹码，再抽出力量对付他最痛恨的苏联，结果，他在西线的赌注以失败而告终，不得已，他再次将目光转向苏联方向。此时的苏联部队早就踏上德国领土并加紧向德国首都柏林挺进。1945年1月中旬，德国空军战斗机部队仅剩的作战力量大部分投向东面（既不是东方，也不是东线，更不是苏联，实实在在是德国境内东面）。西线最后一次比较大规模的战斗发生在1月14日，德国战斗机部队付出的代价是92架

▲13./JG 53中队赫尔伯特•马克希斯的Bf 109K-4座机在“底板行动”中被击落，他实施了迫降，但本人命运不详。

▲这种场景是纳粹德国末日的写照，此类照片不胜枚举。图中是德国空军一处机场被美国轰炸机炸毁，近处是1架Bf 109G-14飞机，远处是Bf 109G-6飞机。

战斗机，而当天德国境内的帝国保卫战中也损失89架战斗机。这天，美国第八航空军再次对德国已经支离破碎的石油工业设施实施大规模空袭，不论过去还是现在，美国典型做法就是，绝不能因为对手已经被打残而放松打击力度。此次拦截行动，德国空军出动25个战斗机大队，其中包括13个Bf 109战斗机大队。

▲这是一年多前（1944年）美国在德国上空散发的传单，到了1945年，这个传单仍然十分恰当，一字不改就可以再次用于攻心战。传单标题：德国空军在哪里？下文是：这是一个你们在东线战场和意大利战场士兵常问的问题。他们被告知，德国空军正在保卫本土。最后一段：现在当然你还会问德国空军在哪儿？最后两行黑体字：去问戈林吧！去问希特勒吧！

不难想像，德国期望给盟军重重打击，实际上情况却是每战斗一次都会与敌人实力的距离拉得更大，1月14日的战斗中美国只损失7架B-17轰炸机，而德国战斗机单位却有107名飞行员丧生，其中包括43名飞行员属Bf 109战斗机大队。损失最为严重的是Ⅲ./JG 300大队和Ⅳ./JG 300大队，后者就是原Ⅰ./JG 76大队，这两个没有参加“底板行动”的战斗机大队共有22名飞行员丧生，还有4人受伤。

此次战斗几天后，德国将大部分作战单位转移到东部，这边，潮水般的苏联红军已经兵临城下，跟美国高空轰炸机相比，这里的战事更为危急。

在二战的最后几周里，德国本土防御完全依赖剩余的Fw 190战斗机大队和新型的Me 262喷气式战斗机，已经所剩无几的Bf 109战斗机被划归帝国航空队指

▲这张照片用于本书正文的结尾最为恰当，11./JG 77中队的罗尔夫•布拉班德正坐在他的Bf 109K-4飞机的残骸上，充满了失败和沮丧的情调。

挥，主要分配给JG 27联队，这些残存的Bf 109战斗机偶尔也会取得一些战果，但仍无法阻止覆亡的命运。

随着战败的德国离投降越来越近，新出厂的Bf 109战斗机全部提供给了西线的JG 53联队。在这里也不例外，在盟军持续不断的打击下，JG 53联队的Bf 109飞机一点点消耗直到战争结束。此前有一位飞行员战绩比较突出，他就是8./JG 53中队（后改任5./JG 53中队）指挥官卡尔•布鲁（Karl Broo）少尉，在1945年1－4月间，他声称击落了8架美国战斗机，他的战绩也上升到13架。

在西线驾驶Bf 109战斗机取得最后战果的实际上是布鲁的大队指挥官尤利乌斯•梅姆伯格（Julius Meimberg）少校，也就是第一个驾驶Bf 109G-1击落敌机的人。尤利乌斯•梅姆伯格1939年就进入JG 2联队服役，他与西线盟军的作战史长达六年。1945年4月13日傍晚，他在德国黑林山（Black Forest）上空击落他第53架，也是最后一架敌机，他的牺牲品是Bf 109战斗机的老对手“喷火”战斗机。拖着火焰坠毁的“喷火”战斗机并没有预示德国的胜利，相反在宣告帝国的灭亡。

美国第八航空军发动最后一次，即第968次作战任务是1945年4月25日，当天美国轰炸目标是德国南部和捷克斯洛伐克境内的机场和火车编组站，这次美国损失仅仅6架B-17轰炸机中也没有1架飞机被德国战斗机击落。

这就是结局！

Bf 109战斗机单位帝国保卫战战斗序列

A：1942年德国空军指挥中心战斗序列

Ⅰ./JG 1	Bf 109F	耶弗尔	67-53
Ⅳ./JG 1	Bf 109E/Fw 190A	阿纳姆•迪伦	67-24

B：1943年5月德国空军指挥中心战斗序列*

Ⅰ./JG 1	弗里茨•罗西格凯特少校	蒂嫩（换装）	
Stab JG 3	沃尔夫－迪特里希•威尔克中校	门兴格拉德	3-3
Ⅰ./JG 3	克劳斯•夸特-法斯勒姆少校	门兴格拉德	40-17
Ⅰ./JG 11	冈瑟尔•斯皮切特上尉	耶弗尔	54-27
Ⅲ./JG 11	厄恩斯特•冈瑟尔•海因茨	诺伊明斯特（组建）	
Ⅰ./JG 27	埃里希•霍哈根上尉	普瓦/吕伐登	37-24
Ⅲ./JG 54	齐格菲尔德•施奈尔	奥登堡	45-41

*德国空军指挥中心于1944年2月3日改名为帝国航空队

C：1944年5月帝国航空队

Ⅲ./JG 1	哈特曼•格拉瑟尔少校	帕德博恩	48-21
Stab JG 3	弗里德里希－卡尔•穆勒少校	萨尔茨韦德尔	4-2
Ⅰ./JG 3	赫尔穆特•默滕斯上尉	马格德堡附近布尔格	26-9
Ⅱ./JG 3	古斯塔夫•弗雷灵豪斯上尉	加尔德勒根	29-23
Ⅲ./JG 3	瓦尔特•达尔少校	巴特弗里斯霍芬	31-9
Ⅰ./JG 5	霍斯特•卡尔加尼科少校	黑措根奥拉赫	43-36
Ⅱ./JG 5	西奥•魏森贝格尔上尉	加尔德勒根	44-36
Stab JG 11	冈瑟尔•斯皮切特少校	奥登堡	4-3
Ⅱ./JG 11	瓦尔特•克鲁平斯基上尉	胡斯泰特	31-14
Stab JG 27	古斯塔夫•罗德尔中校	维也纳瑟林	4-4
Ⅰ./JG 27	卡尔•沃尔夫冈•雷德利希少校	费尔萨姆瓦格拉姆	44-34
Ⅱ./JG 27	弗里茨•凯勒上尉	威斯巴登－埃本海姆	24-12
Ⅲ./JG 27	厄恩斯特•达尔伯格上尉	格岑多夫	26-20
Ⅳ./JG 27	奥托•迈耶尔上尉	施泰纳马格（匈牙利：松博特海伊）	22-16
Ⅱ./JG 53	朱里叶斯•曼贝格上尉	法兰克福埃施博恩	31-14
Ⅰ./JG 300	格哈德•斯塔姆普少校	梅尔茨豪森	29-19
Ⅲ./JG 300	埃罗•伊尔科少校	威斯巴登－埃本海姆	27-25
Ⅰ./JG 301	理查德•卡姆普	新比贝格	25-21
Ⅰ./JG 302	理查德•卢恩斯上尉	维也纳瑟林	27-11

D：1944年6月30日帝国航空队（诺曼底登陆后重组）

Ⅱ.JG 5	汉斯•特茨纳中尉	萨尔茨韦德尔	
Ⅰ./JG 300	格哈德•斯塔姆普少校	巴特弗里斯霍芬	
Ⅲ./JG 300	埃罗•伊尔科少校	于特博格	
Ⅰ./JG 302	海因里希•沃泽尔上尉	格岑多夫	

重新组建和（或）换装

Ⅰ./JG 3	赫尔穆特•默滕斯上尉	文斯托夫
Ⅱ./JG 27	弗里茨•凯勒上尉	费尔萨姆瓦格拉姆
Ⅲ./JG 53	弗兰兹•戈特兹少校	巴特利普施普灵格

E：1944年9月5日帝国航空队

Stab JG 3	海因茨•巴尔少校	柯尼斯堡(诺伊马克)	12-5
Ⅰ./JG 3	厄恩斯特•劳贝上尉	博尔克海德	18-14
Ⅲ./JG 4	弗里德里希•埃伯利	阿尔蒂诺	68-58
Ⅱ./JG 5	弗兰兹•维恩豪森上尉	莱因斯多夫	24-9
Ⅲ./JG 300	埃罗•伊尔科少校	于特博格	20-18
Stab JG 11	冈瑟尔•斯皮切特少校	芬斯特瓦尔德	
Ⅱ./JG 27	弗里茨•凯勒上尉	芬斯特瓦尔德	45-23
Ⅲ./JG 53	弗兰兹•戈特兹少校	莫里茨	52-36
Ⅰ./JG 76	?	加罗	62-50
Ⅰ./JG 302	海因里希•沃泽尔上尉	斯卡夫斯塔德特	25-13
Stab JG 300	瓦尔特•达尔中校	埃尔富特—宾德斯莱本	5-3
Ⅰ./JG 300	格哈德•斯塔姆普少校	艾德施泰特	30-23
JGr 10	?	帕尔希姆	17-14

诺曼底战役后重组和（或）换装

Ⅲ./JG 1	海因茨•诺克上尉	布尔巴赫
Ⅱ./JG 3	赫尔伯特•库特斯恰上尉	齐根海因
Ⅰ./JG 5	西奥•魏森贝格尔上尉	文斯托夫
Ⅰ./JG 27	鲁道夫•辛纳上尉	罗滕堡
Ⅳ./JG 27	汉斯•海因茨•杜德克	胡斯泰特
Ⅰ./JG 53	于尔根•赫尔德少校	维也纳瑟林
Ⅳ./JG 53	汉斯•摩尔上尉	奥登保
Ⅰ./JG 301	?	萨尔茨韦德尔

F：1945年1月帝国航空队

Ⅰ./JG 300	赫尔伯特•朔布上尉	伯尔克海德	57-37
Ⅲ./JG 300	赫尔伯特•诺尔特上尉	于特博格	44-38
Ⅳ./JG 300	海纳尔•奥夫特丁格上尉	维特施托克	53-39

西部空军司令部（Lw.Kdo.West）

Ⅰ./JG 3	阿尔弗雷德•塞德尔	帕德博恩	31-22
Ⅲ./JG 3	卡尔•海因茨•兰格少校	巴特利普施普灵格	32-26
Ⅰ./JG 4	威廉•施泰因曼上尉	达姆施塔特	41-33
Ⅲ./JG 4	格哈德•施特拉森上尉	格里斯海姆	13-10
Ⅳ./JG 4	厄恩斯特•劳贝上尉	法兰克福莱茵—美恩	26-17
Ⅱ./JG 11	卡尔•伦哈德上尉	采尔豪森	37-31
Stab JG 27	路德维希•弗兰齐斯克特	赖纳	2-2
Ⅰ./JG 27	埃贝哈德•谢德	赖纳	33-24
Ⅱ./JG 27	赫尔伯特•库特斯恰上尉	赖纳霍普斯滕	25-20
Ⅲ./JG 27	彼得•维尔福特上尉	赫斯勃	28-23
Ⅳ./JG 27	厄恩斯特•威廉•赖纳特上尉	阿赫默	24-22
Stab JG 53	赫尔穆特•贝内曼中校	埃希特丁根	4-1
Ⅱ./JG 53	朱里叶斯•曼贝格上尉	茅姆斯海因	46-29
Ⅲ./JG 53	弗兰兹•戈特兹少校	吉尔拉赫	39-25
Ⅳ./JG 53	阿尔弗雷特•哈默尔上尉	埃希特丁根	46-34
Stab JG 77	埃里希•莱厄中校	多特蒙德	2-1
Ⅰ./JG 77	约阿西姆•戴克上尉	多特蒙德	43-24
Ⅱ./JG 77	齐格菲尔德•弗雷塔格少校	伯宁哈德特	32-20
Ⅲ./JG 77	阿明•科勒尔少校	多特蒙德	10-7

G：1945年4月帝国航空队

III.JG 4	格哈德•施特拉森上尉	于特博格阿特丹	61-56
Ⅰ./JG 27	埃米尔•克拉德	萨尔茨韦德尔	29-13
Ⅱ./JG 27	弗里茨•凯勒	什未林	48-27
Ⅲ./JG 27	彼德•维尔福特上尉	格罗森海因	19-15

西部空军司令部（Lw.Kdo.West）

Stab JG 53	赫尔穆特•贝内曼中校	厄本斯万格	1-1
Ⅱ./JG 53	朱里叶斯•曼贝格少校	乌尔姆	39-24
Ⅲ./JG 53	齐格菲尔德•卢肯巴赫上尉	克鲁兹拉塞	40-24
Ⅳ./JG 53	阿尔弗雷德•哈默尔上尉	莱兴巴赫	54-27

德国空军Bf 109战斗机单位在帝国保卫战中授勋统计

姓名	单位	获勋日期	战果（截止获勋日期）	总战绩/轰炸机
佩剑加橡树叶加骑士十字勋章				
厄恩斯特•威廉•赖纳特上尉	JG 27联队	1945.2.1	174	174/2
维尔纳•施瑙尔少校	JG 3联队	1945.4.16	108	114/26
橡树叶加骑士十字勋章				
古斯塔夫•罗德尔少校	JG 27联队	1943.6.20	78	98/13
约阿西姆•基施纳中尉	JG 3联队	1943.8.2	170	188/4
维尔纳•施瑙尔上尉	JG 27联队	1943.8.2	84	114/26
威廉•莱姆克中尉	JG 3联队	1943.11.25	130	131/3
瓦尔特•克鲁平斯基中尉	JG 5联队	1944.3.2	177	197/1
阿尔弗雷德•格里斯劳斯基上尉	JG 1联队	1944.4.11	114	133/18
利奥波德•明斯特少尉 *	JG 3联队	1944.5.12	95	95/15
威利•基恩施中尉	JG 27联队	1944.7.20	53	53/20
奥托•威斯林中尉 *	JG 3联队	1944.7.20	83	83/11
格哈德•米哈尔斯基少校	JG 4联队	1944.11.25		73/13
赫尔伯特•罗尔瓦格少尉	JG 53联队	1945.1.21	70	71/14
赫尔伯特•施拉姆上尉 *	JG 27联队	1945.2.1	42	42/3
于尔根•赫尔德少校	JG 11联队	1945.2.14	64	64/9
* 死后追授				
骑士十字勋章				
埃米尔•比特施上尉	JG 3联队	1943.8.29	105	108/4
威利•基恩施中尉	JG 27联队	1943.11.22	43	53/20
古斯塔夫•弗雷灵豪斯上尉	JG 3联队	1944.2.5	74	74/0
格哈德•卢斯中尉	JG 54联队	1944.2.5	85	92/2
瓦尔特•达尔少校	JG 3联队	1944.3.11	64	128/26
鲁道夫•埃伦贝格尔军士长 *	JG 53联队	1944.4.6	49	49/6
赫尔伯特•罗尔瓦格军士长	JG 53联队	1944.4.6	53	102/14
冈瑟尔•斯皮切特中尉	JG 11联队	1944.4.8	30	34/15
约瑟尔•海伯克上尉	JG 3联队	1944.6.9	77	77/0
克劳斯•夸特－法斯勒姆少校 *	JG 3联队	1944.6.9	49	49/3
乔治•彼得•埃德尔中尉	JG 1联队	1944.6.24	49	72/36
汉斯•雷默上尉 *	JG 27联队	1944.6.24	26	26/8
汉斯•格伦伯格中尉	JG 3联队	1944.7.8	70	82/14

厄恩斯特•达尔伯格少校	JG 27联队	1944.7.20	37	50/10
弗兰兹•鲁尔中尉	JG 3联队	1944.7.27	34	37/?
厄恩斯特•伯恩根少校	JG 27联队	1944.8.3	38	38/24
吉哈特•佐默尔上尉 *	JG 11联队	1944.8.19	20	20/14
豪斯特•哈泽上尉	JG 3联队	1944.10.24	56	56/10
朱里叶斯•曼贝格少校	JG 53联队	1944.10.24	48	59/4
奥古斯特•摩尔斯少尉 *	JG 5联队	1944.10.24	?	? /?
奥斯卡•齐默尔曼少尉	JG 3联队	1944.10.29	28	30/?
弗兰兹•巴滕上尉	JG 53联队	1944.12.6	52	52/?
爱德华多•伊斯肯军士长	JG 53联队	1945.1.14	50	56/17
弗里茨•格罗莫特卡少尉	JG 27联队	1945.1.28	29	29/10
彼得•延内上尉	JG 300联队	1945.2.2	17	17/12
阿明•科勒尔少校	JG 77联队	1945.2.7	?	69/13
彼得•维尔福特少校	JG 27联队	1945.2.22	26	26/14
威廉•斯泰因曼少校	JG 4联队	1945.3.28	43	44/6
卡尔•海因茨•兰格少校	JG 3联队	1945.4.20	29	30/4
海因茨•诺克上尉	JG 1联队	1945.4.27	33	33/19

* 死后追授

附 图

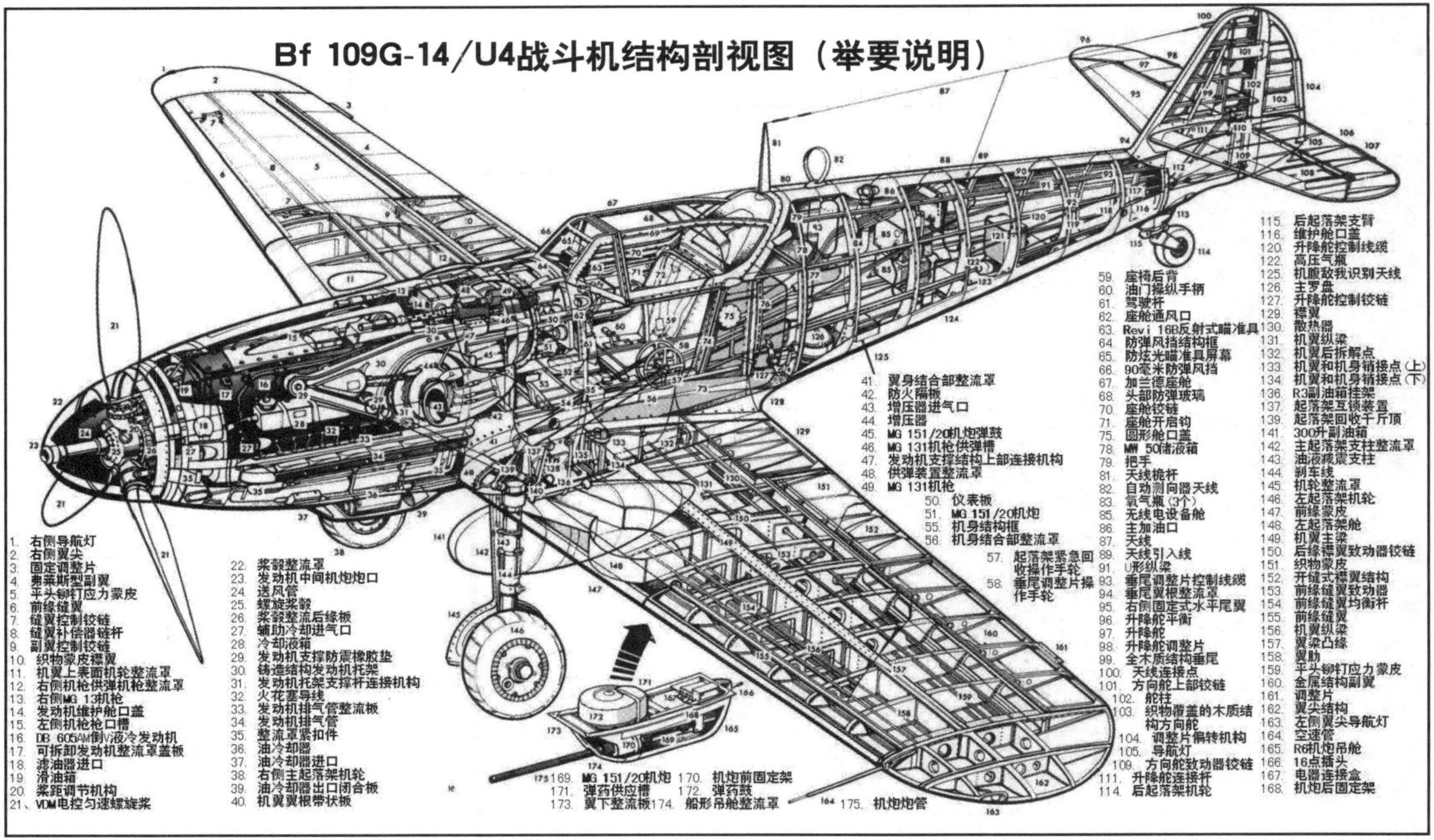
Bf 109G-14/U4战斗机结构剖视图（举要说明）
1. 右侧导航灯
2. 右侧翼尖
3. 固定调整片
4. 弗莱斯型副翼
5. 平头铆钉应力蒙皮
6. 前缘缝翼
7. 缝翼控制铰链
8. 缝翼补偿器链杆
9. 副翼控制铰链
10. 织物蒙皮襟翼
11. 机翼上表面机轮整流罩
12. 右侧机枪供弹机枪整流罩
13. 右侧MG 13机枪
14. 发动机维护舱口盖
15. 左侧机枪枪口槽
16. DB 605AM倒V液冷发动机
17. 可拆卸发动机整流罩盖板
18. 滤油器进口
19. 滑油箱
20. 桨距调节机构
21、VDM电控匀速螺旋桨
22. 桨毂整流罩
23. 发动机中间机炮炮口
24. 送风管
25. 螺旋桨毂
26. 桨毂整流后缘板
27. 辅助冷却进气口
28. 冷却液箱
29. 发动机支撑防震橡胶垫
30. 铸造结构发动机托架
31. 发动机托架支撑杆连接机构
32. 火花塞导线
33. 发动机排气管整流板
34. 发动机排气管
35. 整流罩紧扣件
36. 油冷却器
37. 油冷却器进口
38. 右侧主起落架机轮
39. 油冷却器出口闭合板
40. 机翼翼根带状板
41. 翼身结合部整流罩
42. 防火隔板
43. 增压器进气口
44. 增压器
45. MG 151/20机炮弹鼓
46. MG 131机枪供弹槽
47. 发动机支撑结构上部连接机构
48. 供弹装置整流罩
49. MG 131机枪
50. 仪表板
51. MG 151/20机炮
55. 机身结构框
56. 机身结合部整流罩
57. 起落架紧急回收操作手轮
58. 垂尾调整片操作手轮
59. 座椅后背
60. 油门操纵手柄
61. 驾驶杆
62. 座舱通风口
63. Revi 16B反射式瞄准具
64. 防弹风挡结构框
65. 防炫光瞄准具屏幕
66. 90毫米防弹风挡
67. 加兰德座舱
68. 头部防弹玻璃
70. 座舱铰链
71. 座舱开启钩
75. 圆形舱口盖
78. MW 50储液箱
79. 把手
81. 天线桅杆
82. 自动测向器天线
83. 氧气瓶（3个）
85. 无线电设备舱
86. 主加油口
87. 天线
89. 天线引入线
91. U形纵梁
93. 垂尾调整片控制线缆
94. 垂尾翼根整流罩
95. 右侧固定式水平尾翼
96. 升降舵平衡
97. 升降舵
98. 升降舵调整片
99. 全木质结构垂尾
100. 天线连接点
101. 方向舵上部铰链
102. 舵柱
103. 织物覆盖的木质结构方向舵
104. 调整片偏转机构
105. 导航灯
109. 方向舵致动器铰链
111. 升降舵连接杆
114. 后起落架机轮
115. 后起落架支臂
116. 维护舱口盖
120. 升降舵控制线缆
122. 高压气瓶
125. 机腹敌我识别天线
126. 主罗盘
127. 升降舵控制铰链
129. 襟翼
130. 散热器
131. 机翼纵梁
132. 机翼后拆解点
133. 机翼和机身销接点（上）
134. 机翼和机身销接点（下）
136. R3副油箱挂架
137. 起落架互锁装置
139. 起落架回收千斤顶
141. 300升副油箱
142. 主起落架支柱整流罩
143. 油液减震支柱
144. 刹车线
145. 机轮整流罩
146. 左起落架机轮
147. 前缘蒙皮
148. 左起落架舱
149. 机翼主梁
150. 后缘襟翼致动器铰链
151. 织物蒙皮
152. 开缝式襟翼结构
153. 前缘缝翼致动器
154. 前缘缝翼均衡杆
155. 前缘缝翼
156. 机翼纵梁
157. 翼梁凸缘
158. 翼肋
159. 平头铆钉应力蒙皮
160. 金属结构副翼
161. 调整片
162. 翼尖结构
163. 左侧翼尖导航灯
164. 空速管
165. R6机炮吊舱
166. 16点插头
167. 电器连接盒
168. 机炮后固定架
169. MG 151/20机炮
170. 机炮前固定架
171. 弹药供应槽
172. 弹药鼓
173. 翼下整流板
174. 船形吊舱整流罩
175. 机炮炮管

Bf 109G-7/Trop战斗机结构剖视图

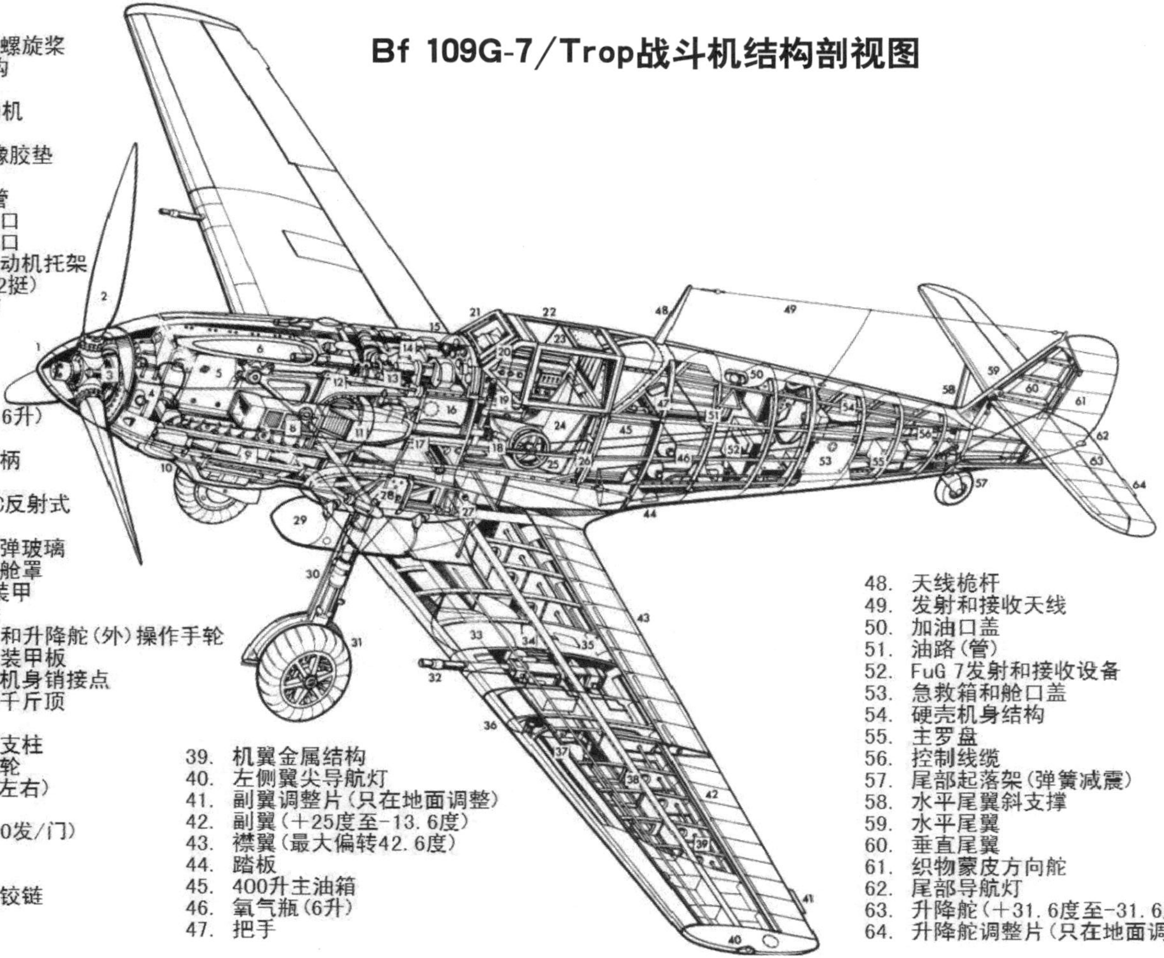

1. 桨毂整流罩
2. VDM可变桨距螺旋桨
3. 桨距调节机构
4. 冷却液箱
5. DB 601N发动机
6. 机枪枪口槽
7. 发动机减震橡胶垫
8. 沙尘过滤器
9. 发动机排气管
10. 油冷却进气口
11. 增压器进气口
12. 铸造结构发动机托架
13. MG 17机枪(2挺)
14. 2000发弹药
15. 仪表板
16. 滑油箱(38.6升)
17. 橡胶踏板
18. 座椅调节手柄
19. 操纵杆
20. Revi C/12C反射式瞄准具
21. 风挡附加防弹玻璃
22. 向右开启座舱罩
23. 8毫米头部装甲
24. 飞行员座椅
25. 方向舵(内)和升降舵(外)操作手轮
26. 座舱10毫米装甲板
27. 机翼主梁与机身销接点
28. 起落架回收千斤顶
29. SC 250炸弹
30. 主油液减震支柱
31. 主起落架机轮
32. MG FF机枪(左右)
33. 起落架舱
34. 机炮弹鼓(60发/门)
35. 装弹口盖
36. 前缘缝翼
37. 缝翼致动器铰链
38. 机翼主梁
39. 机翼金属结构
40. 左侧翼尖导航灯
41. 副翼调整片(只在地面调整)
42. 副翼(+25度至-13.6度)
43. 襟翼(最大偏转42.6度)
44. 踏板
45. 400升主油箱
46. 氧气瓶(6升)
47. 把手
48. 天线桅杆
49. 发射和接收天线
50. 加油口盖
51. 油路(管)
52. FuG 7发射和接收设备
53. 急救箱和舱口盖
54. 硬壳机身结构
55. 主罗盘
56. 控制线缆
57. 尾部起落架(弹簧减震)
58. 水平尾翼斜支撑
59. 水平尾翼
60. 垂直尾翼
61. 织物蒙皮方向舵
62. 尾部导航灯
63. 升降舵(+31.6度至-31.6度)
64. 升降舵调整片(只在地面调整)

Bf 109E-3战斗机结构剖视图

Bf 109E战斗机结构剖视简图

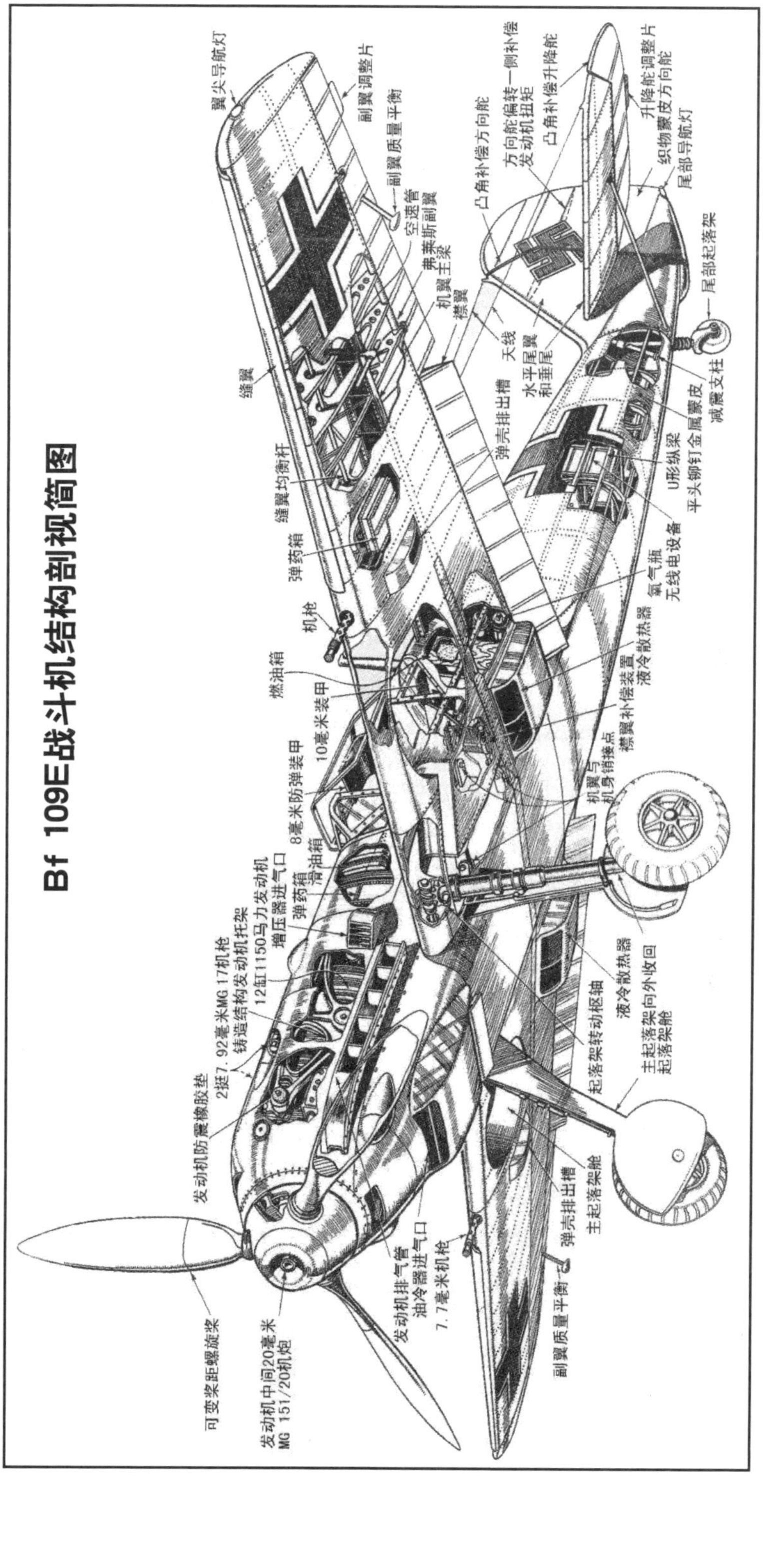

参 考 书 目

(1) John R.Beaman, Jr., Messerschmitt Bf 109 in action Part 1, 1983.

(2) John R.Beaman, Jr., Messerschmitt Bf 109 in action Part 2, 1983.

(3) John Weal, Bf 109D/E Aces 1939-1941, Osprey Publishing Limited, 1996.

(4) John Weal, Bf 109F/G/K Aces of the Western Front 1941-1945, Osprey Publishing Limited, 1999.

(5) John Weal, Bf 109 Aces of the Russian Front, Osprey Publishing Limited, 2001.

(6) John Weal, Bf 109 Defence of the Reich Aces, Osprey Publishing Limited, 2006.

(7) Jochen Prien & Peter Rodeike, Messerschmitt Bf 109F, G, & K Series.

(8) John Weal, Jagdgeschwader 27 "Afrika", Osprey Publishing Limited, 2003.

(9) Marek J, Murawski, JG 27 W akcji, VOL.I, Kagero 2002.

(10) Marek J, Murawski, JG 27 W akcji, VOL.II, Kagero 2002.

(11) Marek J, Murawski, JG 27 W akcji, VOL.III, Kagero 2002.

(12) Marek J, Murawski, JG 27 W akcji, VOL.IV, Kagero 2002.

(13) John Weal, Jagdgeschwader 53 "Pik-As", Osprey Publishing Limited, 2007.

(14) Robert Forsyth, Aces of the Legion Condor, Osprey Publishing Limited, 2011.

(15) Patrick Laureau, CONDOR：The Luftwaffe in Spain 1936-1939, Hikoki Publication, 2000.

(16) Thomas H.Hitchcock, Monogram Close-Up 9 Bf 109F, Monogram Aviation Publication, 1990.

(17) Thomas H.Hitchcock, Monogram Close-Up 6 Bf 109G Part 1, Monogram Aviation Publication, 1990.

(18) Thomas H.Hitchcock, Monogram Close-Up 7 Bf 109G Part 2, Monogram Aviation Publication, 1990.

(19) Thomas H.Hitchcock, Messerschmitt "O-NINE" GALLERY, Monogram Aviation Publication, 1973.

(20) Francis K.Mason, Messerschmitt Bf 109B, C, D, E in Luftwaffe & Foreign Service, Osprey Publishing Limited, 1973.

(21) Ales Janda & Tomas Poruba, Messerschmitt Bf 109G-10/U4 Production & Operational Service.

(22) Robert Peczkowski, Messerschmitt Bf 109G, Mushroom Model Publications, 2000.

(23) Ales Janda & Tomas Poruba, Messerschmitt Bf 109K Production & Operational Service.

(24) Krzysztof W.Wotowski Bf 109 Late Versions Camouflage & Markings, Mushroom Model Publications, 2010.

(25) Jacek Jackiewicz & Mirostaw Wawrzynski, Captured Me 109s.

(26) Kjetil Aakra & Arild Kjaeraas, Camouflage & Markings of Messerschmitt Bf 109T in Norway 1941-1944, 2004.